# Lecture Notes in Mathematics

Edited by A. Dold and B. Eckmann
Series: Institut de Mathématiques, Université de Strasbourg
Adviser: P. A. Meyer

850

# Séminaire de Probabilités XV 1979/80

Avec table générale des exposés
de 1966/67 à 1978/79

Edité par J. Azéma et M. Yor

Springer-Verlag
Berlin Heidelberg New York 1981

**Editeurs**

Jacques Azéma
Marc Yor
Laboratoire de Calcul des Probabilités, Université Paris VI
4, Place Jussieu – Tour 56, 75230 Paris Cédex 05, France

AMS Subject Classifications (1980): 60 G xx, 60 J xx, 60 H xx

ISBN 3-540-10689-8 Springer-Verlag Berlin Heidelberg New York
ISBN 0-387-10689-8 Springer-Verlag New York Heidelberg Berlin



Printing and binding: Beltz Offsetdruck, Hemsbach/Bergstr.
2141/3140-543210

SEMINAIRE DE PROBABILITES XV

TABLE DES MATIERES

# SUR LES LOIS DE CERTAINES INTEGRALES ASSOCIEES A DES MOUVEMENTS BROWNIENS

par Xavier FERNIQUE

0. Soit $(Z_k\ ,\ k \in \mathbb{N})$ une suite de mouvements browniens séparables sur $[0\ ,\ 1]$ indépendants ; on lui associe la suite $(U_k\ ,\ k \in \mathbb{N})$ des fonctions aléatoires sur $[0\ ,\ 1]$ définies par :

$$\forall\ t \in [0\ ,\ 1]\ ,\quad U_o(t) = \int_o^t dZ_o(s)\ ,$$

$$\forall\ k \in \mathbb{N}\ ,\quad \forall\ t \in [0\ ,\ 1]\ ,\quad U_{k+1}(t) = \int_o^t U_k(s)\ dZ_{k+1}(s)\ ;$$

on définit une suite $(a_k\ ,\ k \in \mathbb{N})$ de variables aléatoires en posant :

$$\forall\ k \in \mathbb{N}\ ,\quad a_k = U_k(1)\ ,$$

et on se propose d'étudier les lois des $a_k$ ; il s'agit d'une étude technique utile pour la solution de certain problème probabiliste dont nous ne parlerons pas ici. Nous prouverons :

THEOREME. Les lois des $a_k$ sont absolument continues ; la suite $(g_k\ ,\ k \in \mathbb{N})$ des densités vérifie :

$$(0.1)\qquad \lim_{|u| \to \infty} \frac{\log|\log(g_k(u))|}{\log|u|} = \frac{2}{k+1}\ .$$

## 1. Notations et lemmes préliminaires, schéma de la preuve.

Remarquons pour commencer qu'en notant $(\lambda_k\ ,\ k \in \mathbb{N})$ une suite de v.a. gaussiennes centrées réduites indépendantes entre elles et des données précédentes, l'intégration partielle en $(dZ_{k+1}(s))$ fournit :

LEMME 1.1. *Pour tout entier* $n \in \mathbb{N}$ , $a_n$ *a même loi que* $\lambda_n V_n$ *où* $V_n$ *est défini par* :

$$(1.1) \qquad V_o = 1 \ , \quad V_n = \sqrt{\int_o^1 |U_{n-1}(s)|^2 \, ds} \quad \text{si } n > 0 \ .$$

En fonction de ce lemme, la loi de $a_n$ se calcule comme celle d'un produit de v.a. indépendantes dont l'une a une densité et l'autre n'a pas de charge à l'origine ; on en déduit :

LEMME 1.2. *Pour tout entier* $n \in \mathbb{N}$ , *la loi de* $a_n$ *est absolument continue et sa densité* $g_n$ *vérifie* :

$$(1.2) \qquad \forall\, u \in \mathbb{R} \ , \quad g_n(u) = E\left\{\frac{1}{\sqrt{2\pi}} \frac{\exp(-\frac{u^2}{2V_n^2})}{V_n}\right\}$$

Dans ces conditions, tout le problème consiste à étudier la loi de $V_n$ . En fait, pour des raisons techniques, nous associons à la suite $(g_n \ , n \in \mathbb{N})$ la suite légèrement modifiée $(h_n \ , n \in \mathbb{N})$ définie par :

$$(1.3) \qquad \forall\, n \in \mathbb{N} \ , \quad \forall\, u > 0 \ , \quad h_n(u) = E\{\psi_u(V_n)\} \ ,$$

$$(1.4) \qquad \forall\, v > 0 \ , \quad \forall\, u > 0 \ , \quad \psi_u(v) = \frac{1}{\sqrt{2\pi}} \frac{1}{v} \exp(-\frac{u^2}{2v^2}) \quad \text{si } v < u \ ,$$

$$\psi_u(v) = \frac{1}{\sqrt{2\pi\, e}} \frac{1}{u} \qquad \text{si } v \geq u \ .$$

Un calcul simple de variations montre en effet :

LEMME 1.5. *Pour tout* $u > 0$ , $\psi_u$ *est une fonction croissante sur* $\mathbb{R}^+$ *et on a* :

$$(1.5) \qquad \forall\, n \in \mathbb{N} \ , \quad g_n(u) \leq h_n(u) \leq g_n(u) + \frac{1}{u\sqrt{2\pi e}} P\{V_n > u\} \ .$$

Dans ces conditions, le calcul qui fonde la preuve du théorème est le suivant : nous allons déterminer des suites de variables aléatoires positives et simples à évaluer $(X_n \ , n \in \mathbb{N})$ , $(Y_n \ , n \in \mathbb{N})$ encadrant $(V_n \ , n \in \mathbb{N})$ au sens suivant :

(1.6) $\forall x \in R^+ , \ \forall n \in \mathbb{N}^* , \ P\{X_n \geq x\} \leq P\{V_n \geq x\} \leq n\, 2^n\, P\{Y_n \geq x\}$ ;

les formules (1.3) et (1.4) et le lemme 1.5 impliqueront alors :

(1.7) $n\, 2^n\, E\{\psi_u(Y_n)\} \geq g_n(u) \geq E\{\psi_u(X_n)\} - \frac{n\, 2^n}{u\sqrt{2\pi e}} P\{Y_n \geq u\}$ .

La formule (1.7) et les évaluations sur X et Y fourniront le résultat.

## 2. Construction de la suite Y .

Pour abréger le langage, nous utiliserons la notation suivante pour tout couple $(V , W)$ de variables aléatoires et tout nombre $a > 0$ :

$$V \overset{a}{\ll} W \Longleftrightarrow \forall x \in R , \ P\{V \geq x\} \leq aP\{W \geq x\} .$$

La formule (1.1) s'écrit alors pour tout $n \geq 2$ :

$$V_n \overset{1}{\ll} \sup_{s \in [0,1]} \left| \int_0^s U_{n-2}(\sigma)\, dZ_{n-1}(\sigma) \right| = \sup_{s \in [0,1]} |U_{n-1}(s)| .$$

Pour évaluer la loi du supremum figurant au second membre de cette relation, on peut appliquer les inégalités de Levy : c'est en effet une borne supérieure de sommes partielles pour les accroissements de $Z_{n-1}$ qui sont indépendants et symétriques ; en intégrant ensuite par rapport aux autres variables intervenant, on obtient :

$$\sup_{s \in [0,1]} |U_{n-1}(s)| \overset{2}{\ll} |U_{n-1}(1)| = |a_{n-1}| \overset{1}{\ll} |\lambda_{n-1}|\, V_{n-1} ;$$

Par récurrence et un calcul simple pour $n = 1$ , on en déduit pour tout $n \geq 1$ :

$$V_n \overset{2^n}{\ll} \prod_{k=0}^{n-1} |\lambda_k| \overset{n2^n}{\ll} |\lambda_o|^n .$$

Ceci justifie le résultat annoncé avec :

(2.1) $\forall n \geq 1 , \ Y_n = |\lambda_o|^n$ .

## 3. Construction de la suite X .

Nous fixons $n \geq 1$ et nous choisissons un élément $f_o$ de la boule unité de $L^2\{[0,1], ds\}$. Nous définissons une famille finie $(f_k, 1 \le k \le n\}$ de fonctions sur $[0,1]$ et une famille finie $(W_k, 1 \le k \le n\}$ de variables aléatoires en posant :

$$\forall s \in [0,1], \quad f_k(s) = f_o(s) \int_s^1 f_{k-1}(t)\, dt ,$$

$$W_k = \left| \int_o^1 f_{k-1}(s)\, U_{n-k}(s)\, ds \right| ;$$

la formule (1.1) implique alors :

$$V_n \ge W_1 ;$$

par ailleurs, la définition de $W_k$ fournit :

$$W_k = \left| \int_o^1 U_{n-k-1}(s) \left( \int_s^1 f_{k-1}(t)\, dt \right) dZ_{n-k}(s) \right| ,$$

et par suite :

$$W_k \overset{1}{\gg} |\lambda_{k-1}| \sqrt{\int_o^1 \left[ U_{n-k-1}(s) \int_s^1 f_{k-1}(t)\, dt \right]^2 ds} ;$$

en répétant l'inégalité de Cauchy-Schwarz, ceci donne :

$$W_k \overset{1}{\gg} |\lambda_{k-1}|\, W_{k+1} ,$$

et en regroupant ces inégalités :

$$V_n \overset{1}{\gg} \left( \prod_{k=0}^{n-1} |\lambda_k| \right) \sigma ,$$

où $\sigma$ est un nombre qui s'évalue en fonction de $f_o$ ; en choisissant $f_o = 1$, on obtient par exemple :

$$\sigma = \sqrt{\int_o^1 \left( \int_s^1 f_{n-1}(t)\, dt \right)^2 ds} \ge \frac{1}{(n+1)!} .$$

Ceci justifie le résultat annoncé avec :

$$\text{(3.1)} \qquad \forall n \ge 1 , \quad X_n = \frac{1}{(n+1)!} \prod_{k=0}^{n-1} |\lambda_k| .$$

4. Preuve du théorème.

L'existence des densités étant affirmée au lemme 1.2, il nous suffit de prouver la relation (0.1) ; elle est triviale au rang $k=0$ , nous la prouvons aux rangs suivants.

4.1. Majoration des densités. L'inégalité (1.7) et la relation (2.1) impliquent :

$$\forall\, n\geq 1\ ,\quad \forall\, u\in R\ ,\quad g_n(u)\leq n\ 2^n\ E\{\psi_{|u|}(|\lambda_o|^n)\}\ ,$$

on a évidemment :

$$E\{\psi_{|u|}(|\lambda_o|^n)\}\leq \int_{|\lambda|\geq|u|^{\frac{1}{n+1}}} \frac{\exp(-\frac{\lambda^2}{2})}{|u|\sqrt{2\pi e}}\,d\lambda + \int_{|\lambda|<|u|^{\frac{1}{n+1}}} \frac{\exp(-\frac{u^2}{2|\lambda|^{2n}})}{|\lambda|^n\sqrt{2\pi}}\,d\lambda\ ,$$

ces deux intégrales se majorent facilement ; on obtient :

$$(4.1)\qquad g_n(u)\leq n\ 2^n\ \frac{1}{\sqrt{2\pi}}\ \frac{2}{|u|}\ \exp(-\frac{1}{2}\ |u|^{\frac{2}{n+1}})\ .$$

4.2. Minoration des densités. L'inégalité (1.7) et les relations (2.1) et (3.1) impliquent :

$$\forall\, n\geq 1\ ,\quad \forall\, u\in R\ ,\quad g_n(u)\geq E\Big\{\psi_{|u|}\Big(\frac{\prod_{k=0}^{n-1}|\lambda_k|}{(n+1)!}\Big)\Big\} - \frac{n\ 2^n}{|u|\sqrt{2\pi e}}\,P\{|\lambda|^n>u\}\ ;$$

le dernier terme se majore usuellement ; quant au premier terme du second membre, on le minore efficacement en intégrant par exemple dans le seul domaine :

$$\forall\, k\in[0,n-1]\ ,\quad |\lambda_k|\in\Big[\frac{1}{2}\ |u|^{\frac{1}{n+1}}\ ,\ \frac{3}{2}\ |u|^{\frac{1}{n+1}}\Big],$$

on obtient :

$$(4.2)\qquad E\Big\{\psi_{|u|}\Big(\frac{\prod_{k=0}^{n-1}|\lambda_k|}{(n+1)!}\Big)\Big\}\geq \frac{1}{(2\pi)^{\frac{n+1}{2}}}\ \frac{2}{3\sigma}\ \exp(-\{\frac{2^{2n}}{2\sigma^2}+\frac{9}{8}\}\ |u|^{\frac{2}{n+1}})\ .$$

Les inégalités (4.1) et (4.2) fournissent bien le résultat annoncé.

Novembre 1980

# SUR LE THEOREME DE KANTOROVITCH-RUBINSTEIN DANS LES ESPACES POLONAIS

par

X. FERNIQUE

Le théorème de Kantorovitch-Rubinstein dans les espaces polonais est connu et utile ; nous rappelons son énoncé :

THEOREME K.R. : Soient $(S,d)$ un espace polonais, $\mu$ et $\nu$ deux probabilités sur $S$ vérifiant :

$$\iint d(x,y)d\mu(x)d\mu(y) < \infty \ , \ \iint d(x,y)d\nu(x)\,d\nu(y) < \infty \ ;$$

il existe alors une probabilité $\pi$ sur $S\times S$ ayant pour marges $\mu$ et $\nu$ et vérifiant :

$$\iint d(x,y)d\pi(x,y) = \sup\{\int fd\mu - \int fd\nu \ , \ f\in \mathfrak{F}_S\} \ ,$$

$$\mathfrak{F}_S = \{f : \forall (x,y) \in S\times S \ , f(x)-f(y) \le d(x,y)\} \ .$$

Ce théorème est en général prouvé ([1],[2]) à partir de constructions explicites de mesures ; nous en donnons ci-dessous une preuve différente et peut-être plus élémentaire qu'on peut utiliser dans tous les problèmes de ce type.

(a) Supposons pour commencer que $\mu$ et $\nu$ aient un support fini commun $A = \{a_i, 1\le i\le n\}$ et posons pour tout $i\in[1,n]$, $\mu_i = \mu(a_i) > 0$, $\nu_i = \nu(a_i) > 0$. Nous allons comparer 3 problèmes :

$P_1$ : maximiser $\sum_1^n f(a_i)(\mu_i-\nu_i)$ sous les conditions : $\forall\ k,\ell\in[1,n]$,

$$f(a_k)-f(a_\ell) \le d(a_k,a_\ell) \ .$$

$P_2$ : maximiser $\sum_1^n f(a_i)\mu_i + g(a_i)\nu_i$ sous les conditions : $\forall\ k,\ell\in[1,n]$,

$$f(a_k)+g(a_\ell) \le d(a_k,a_\ell) \ .$$

$P'_2$ : minimiser $\sum_{1,1}^{n,n} d(a_k,a_\ell)\pi_{k,\ell}$ sous les conditions : $\forall\ k,\ell \in [1,n]$ , $\pi_{k,\ell} \geq 0$ ,

$$\sum_{i=1}^{n} \pi_{i,\ell} = \nu_\ell \ , \quad \sum_{j=1}^{n} \pi_{k,j} = \mu_k \ .$$

Remarquons que les problèmes $P_2$ et $P'_2$ sont des problèmes de transport duaux ; on sait qu'ils ont l'un et l'autre des solutions et la même valeur ; ceci montre que le théorème sera établi dans ce premier cas si on prouve le lemme :

LEMME 1. <u>Dans les conditions ci-dessus, les problèmes</u> $P_1$ <u>et</u> $P_2$ <u>ont la même valeur</u>.

<u>Démonstration du lemme</u> : Le problème $P_1$ ayant évidemment une valeur inférieure ou égale à celle de $P_2$ , l'inégalité inverse sera prouvée et le lemme établi si nous montrons que tout couple $(f,g)$ maximal pour $P_2$ a une somme nulle. Or un tel couple vérifie :

$$\forall\ k,\ell \in [1,n] \ , \qquad f(a_k) \leq \inf_{1\leq j\leq n} \{d(a_k,a_j) - g(a_j)\} \ ,$$

$$g(a_\ell) \leq \inf_{1\leq j\leq n} \{d(a_i,a_\ell) - f(a_i)\} \ ,$$

$$f(a_k) + g(a_k) \leq 0 \ ,$$

et nous allons montrer qu'aucune de ces inégalités n'est stricte ; en première et deuxième lignes, c'est immédiat ; supposons en effet par exemple qu'au rang $k_o$ , on ait :

$$f(a_{k_o}) < f'(a_{k_o}) = \inf_{1\leq j\leq n} \{d(a_{k_o},a_j) - g(a_j)\}$$

on en déduirait immédiatement, puisque $\mu_{k_o}$ est strictement positif, que $(f,g)$ n'est pas maximal pour $P_2$ , c'est absurde. Supposons maintenant qu'au rang $k_o$ , on ait :

$$f(a_{k_o}) + g(a_{k_o}) < 0 \ ,$$

la preuve précédente montrerait l'existence de deux rangs $i$ et $j$ tels que :

$$f(a_{k_o})+g(a_j) = d(a_{k_o},a_j)\ ,\ f(a_i)+g(a_{k_o}) = d(a_i,a_{k_o})$$

on aurait alors :

$$f(a_i)+g(a_j) \le d(a_i,a_j) \le d(a_i,a_{k_o})+d(a_{k_o},a_j) \le f(a_i)+g(a_j)+[f(a_{k_o})+g(a_{k_o})]$$

$$< f(a_i)+g(a_j)\ ,$$

c'est encore absurde ; le lemme est établi et le théorème prouvé dans ce cas (a).

(b) Supposons maintenant que $S$ soit compact ; pour tout entier $p>0$ , nous notons $A = A_p$ une partie finie de $S$ (de cardinal $n$) dont le voisinage d'ordre $\frac{1}{p}$ soit $S$ ; nous notons $h = h_p$ une application mesurable de $S$ dans $A$ vérifiant $d(x,h(x)) \le \frac{1}{p}$ ; nous choisissons un point $a$ de $S$ et nous posons :

$$\mu_p = (1-\frac{1}{p})\mu\circ h^{-1} + \frac{1}{np}\sum_A \delta_a\ ,\ \nu_p = (1-\frac{1}{p})\nu\circ h^{-1} + \frac{1}{np}\sum_A \delta_a\ ,$$

de sorte que , $\mu_p$ et $\nu_p$ satisfaisant les hypothèses de (a), il existe une probabilité $\pi_p$ sur $S\times S$ portée par $A\times A$ , ayant $\mu_p$ et $\nu_p$ pour marges et vérifiant :

$$\iint d(x,y)d\pi_p(x,y) \le \sup\{\int f d\mu_p - \int f d\nu_p\ ,\ f\in\mathfrak{F}_A\}\ .$$

Pour transformer ce dernier terme, nous utilisons le lemme suivant :

LEMME 2. <u>Soient</u> $(S,d)$ <u>un espace métrique,</u> $A$ <u>un sous-ensemble de</u> $S$ <u>et</u> $f$ <u>une fonction sur</u> $A$ <u>appartenant à</u> $\mathfrak{F}_A$ ; <u>alors</u> $f$ <u>est la restriction à</u> $A$ <u>d'une fonction</u> $\bar{f}$ <u>sur</u> $S$ <u>appartenant à</u> $\mathfrak{F}_S$ . <u>Si</u> $A$ <u>est mesurable, on a donc pour tout couple</u> $(\mu,\nu)$ <u>de probabilités sur</u> $S$ <u>portées par</u> $A$ :

$$\sup\{\int f d\mu - \int f d\nu,\ f\in\mathfrak{F}_A\} = \sup\{\int f d\mu - \int f d\nu,\ f\in\mathfrak{F}_S\}\ .$$

La preuve de ce lemme est immédiate ; on peut définir $\bar{f}$ par :

$$\forall\, x\in S\ ,\ \bar{f}(x) = \sup\{f(y)-d(x,y)\ ,\ y\in A\}\ .$$

L'application du lemme 2 et des définitions de $\mu_p$ et $\nu_p$ fournit alors :

$$\iint d(x,y)\, d\pi_p(x,y) \leq \sup\{\int f d\mu - \int f d\nu \ , \ f \in \mathcal{F}_S\} + \frac{2}{p} .$$

On peut alors extraire de la suite $\pi_p$ une suite convergeant étroitement sur $S \times S$ vers une probabilité $\pi$ ayant pour marges $\mu$ et $\nu$ et vérifiant, puisque $d$ est continue bornée :

$$\iint d(x,y) d\pi(x,y) \leq \lim \iint d(x,y) d\pi_p(x,y)$$

c'est le résultat du théorème qui est ainsi prouvé dans le cas (b).

(c) Dans le cas général, nous notons a un élément de $S$ ; les hypothèses du théorème impliquent la convergence de $\int (1+d(x,a))(d\mu(x)+d\nu(x))$ ; pour tout entier $p > 0$ , il existe donc une partie compacte $K = K_p$ de $S$ telle que :

$$\int_{S \setminus K_p} [1+d(x,a)](d\mu(x) + d\nu(x)) \leq \frac{1}{p} ;$$

nous définissons alors deux probabilités $\mu_p$ et $\nu_p$ à support compact en posant :

$$\mu_p = I_K \cdot \mu + (1-\mu(K))\delta_a \ , \ \nu_p = I_K \cdot \nu + (1-\nu(K))\delta_a \ ;$$

la preuve précédente montre qu'il existe une probabilité $\pi_p$ sur $S \times S$ de marges $\mu_p$ et $\nu_p$ vérifiant, d'après les définitions de $\mu_p$ et $\nu_p$ :

$$\iint d(x,y) d\pi_p(x,y) = \sup\{\int_{K_p} (f(x) - f(a))(d\mu(x) - d\nu(x)) \ , \ f \in \mathcal{F}_S\} \ ;$$

la définition de $K_p$ majore alors ce dernier membre par :

$$\sup\{\int f(x)(d\mu(x) - d\nu(x) \ , \ f \in \mathcal{F}_S\} + \frac{1}{p} .$$

Enfin l'ensemble $\{\pi_p \ , \ p \in \mathbb{N}\}$ ayant des marges étroitement convergentes est relativement compact, on peut en extraire une suite partielle étroitement convergente vers une probabilité $\pi$ qui a pour marges $\mu$ et $\nu$ ; on a par ailleurs pour tout nombre $t > 0$ et tout entier $p > 0$ :

$$\iint_{d(x,y)>t} d(x,y) d\pi_p(x,y) \leq \iint_{d(x,a)+d(y,a)>t} [d(x,a)+d(y,a)] d\pi_p(x,y)$$
$$\leq 2\int_{d(x,a)>\frac{t}{2}} d(x,a) d\mu(x) + 2\int_{d(y,a)>\frac{t}{2}} d(y,a) d\nu(y) .$$

Ceci montre que $d$ est uniformément intégrable par rapport à l'ensemble $\{\pi_p, p \in \mathbb{N}\}$ et on a donc :

$$\iint d(x,y)d\pi(x,y) \leq \overline{\lim} \iint d(x,y)d\pi_p(x,y) \leq \sup\{\int f d\mu - \int f d\nu, \ f \in \mathfrak{F}_S\} .$$

Ceci prouve le théorème dans le cas général.

[1] DUDLEY, R.M. Probabilities and metrics, Lecture Notes Series n° 45. Matematik Institut, Aarhus University.

[2] DE ACOSTA, A. Invariance principles in probability for triangular arrays of B-valued random vectors and some applications, to appear.

INSTITUT DE RECHERCHE MATHEMATIQUE AVANCEE
Laboratoire Associé au C.N.R.S.
Université Louis Pasteur
7, rue René Descartes
67084 STRASBOURG CEDEX

Séminaire de Probabilités XV Novembre 1980

# LA LOI DU LOGARITHME ITÉRÉ BORNÉE DANS LES ESPACES DE BANACH

par Michel LEDOUX

La loi du logarithme itéré dans les espaces de Banach fait l'objet depuis plusieurs années de nombreuses études. Tout à tour, J. Kuelbs, G. Pisier, B. Heinkel et d'autres ont donné ses lettres de noblesse à cette loi du calcul des probabilités. Toutefois, la solution complète de la loi du logarithme itéré dans les espaces de Banach est encore un problème ouvert. Nous nous proposons ici de résumer et de reformuler dans l'état actuel des recherches, quelques résultats sur la question (le lecteur pourra trouver dans un récent article de J. Kuelbs et J. Zinn ([8]) une approche différente des mêmes problèmes).

Dans toute la suite $(\Omega, \mathcal{F}, P)$ désignera un espace probabilisé et $(B, \|.\|)$ un espace de Banach réel séparable, muni de sa tribu borélienne $\mathcal{B}$. Si $X$ est une variable aléatoire (v.a.) à valeurs dans $B$, et si $(X_n)_{n\in \mathbb{N}}$ désigne une suite de copies indépendantes de $X$, nous noterons pour tout entier $n$ :

$$S_n(X) = \sum_{j=1}^{n} X_j ,$$

et

$$a_n = (2n\, L_2 n)^{\frac{1}{2}} ,$$

où $L_2$ désigne la fonction sur $\mathbb{R}^+$, à valeurs positives, définie par :

$$\forall\, x \geq e^e ,\quad L_2(x) = \mathrm{Log}(\mathrm{Log}\ x) ,$$

$$\forall\, x \in [0, e^e[ ,\quad L_2(x) = 1 .$$

Nous dirons qu'une v.a. X vérifie le théorème de la limite centrale si la suite $(\frac{S_n(X)}{n^{\frac{1}{2}}})_{n\in\mathbb{N}}$ converge en loi dans $(B,\mathcal{B})$ .

Nous dirons qu'une v.a. X vérifie la <u>loi du logarithme itéré bornée</u> (respectivement <u>compacte</u>) si $P\{\sup_{n\geq 1}\frac{\|S_n(X)\|}{a_n}<\infty\}=1$ (respectivement si $P\{(\frac{S_n(X)}{a_n})_{n\in\mathbb{N}}$ est relativement compacte dans $B\}=1$ ).

Les trois grandes étapes dans l'étude de la loi du logarithme itéré ont été les suivantes :

THEOREME 1 (G. Pisier [9], 1975). <u>Soit</u> X <u>une v.a. à valeurs dans</u> B , <u>centrée, vérifiant le théorème de la limite centrale et dont la norme est de carré intégrable</u> ; <u>alors</u> X <u>vérifie également la loi du logarithme itéré compacte</u>.

THEOREME 2 (J. Kuelbs [7], 1977). <u>Soit</u> X <u>une v.a. à valeurs dans</u> B , <u>centrée, dont la norme est de carré intégrable et telle que</u> :

$$\sup_{n\geq 1} E\{\frac{\|S_n(X)\|}{a_n}\}<\infty ;$$

<u>alors</u> X <u>vérifie la loi du logarithme itéré bornée</u>.

THEOREME 3 (B. Heinkel [4], 1979). <u>Soit</u> X <u>une v.a. à valeurs dans</u> B , <u>centrée, vérifiant le théorème de la limite centrale et telle que</u> :

$$E\{\frac{\|X\|^2}{L_2\|X\|}\}<\infty ;$$

<u>alors</u> X <u>vérifie également la loi du logarithme itéré compacte</u>.

Ces trois théorèmes qui donnent tous des conditions suffisantes pour qu'une v.a. à valeurs dans B , centrée, vérifie la loi du logarithme itéré bornée, se résument à démontrer le même type d'implication :

pour le théorème 1,

$$\sup_{n\geq 1} E\{\frac{\|S_n(X)\|}{n^{\frac{1}{2}}}\}<\infty \quad \text{et} \quad E\{\|X\|^2\}<\infty \Longrightarrow P\{\sup_{n\geq 1}\frac{\|S_n(X)\|}{a_n}<\infty\}=1 ;$$

pour le théorème 2,

$$\sup_{n\geq 1} E\{\frac{\|S_n(X)\|}{a_n}\} < \infty \quad \text{et} \quad E\{\|X\|^2\} < \infty \Longrightarrow P\{\sup_{n\geq 1} \frac{\|S_n(X)\|}{a_n} < \infty\} = 1 \ ;$$

pour le théorème 3,

$$\sup_{n\geq 1} E\{\frac{\|S_n(X)\|}{n^{\frac{1}{2}}}\} < \infty \quad \text{et} \quad E\{\frac{\|X\|^2}{L_2\|X\|}\} < \infty \Longrightarrow P\{\sup_{n\geq 1} \frac{\|S_n(X)\|}{a_n} < \infty\} = 1 \ .$$

Les améliorations apportées par les deux derniers théorèmes par rapport au premier laissent conjecturer que l'implication suivante a lieu :

$$\sup_{n\geq 1} E\{\frac{\|S_n(X)\|}{a_n}\} < \infty \quad \text{et} \quad E\{\frac{\|X\|^2}{L_2\|X\|}\} < \infty \Longrightarrow P\{\sup_{n\geq 1} \frac{\|S_n(X)\|}{a_n} < \infty\} = 1 \ ,$$

c'est-à-dire le théorème :

THEOREME (Conjecture). Soit $X$ une v.a. à valeurs dans $B$, centrée, telle que pour tout élément $f$ du dual topologique $B'$ de $B$ on ait : $E\{(f(X))^2\} < \infty$, et vérifiant :

i) $E\{\frac{\|X\|^2}{L_2\|X\|}\} < \infty$ ,

ii) $\sup_{n\geq 1} E\{\frac{\|S_n(X)\|}{a_n}\} < \infty$ ;

alors $X$ vérifie la loi du logarithme itéré bornée.

Les conditions i) et ii) apparaissent alors comme minimales puisqu'il est bien connu qu'elles sont nécessaires pour que $X$ vérifie la loi du logarithme itéré bornée. Malheureusement les techniques actuelles sont impuissantes à établir une telle implication ; c'est pourquoi nous nous proposons de reformuler, dans l'état actuel des recherches, les théorèmes 2 et 3 : nous énonçons à cet effet un théorème reprenant les idées des théorèmes 2 et 3, mais ayant sur eux l'avantage de prendre comme hypothèses celles de la conjecture ; de manière précise nous démontrons :

THEOREME 4. Soit $X$ une v.a. à valeurs dans $B$, centrée, et telle que :

i) $E\{\frac{\|X\|^2}{L_2\|X\|}\} < \infty$ ,

ii) $\sup_{n\geq 1} E\{\frac{\|S_n(X)\|}{a_n}\} < \infty$ ;

alors :

$$\lim_{n\to\infty} \frac{S_n(X)}{a_n(L_2 n)^{\frac{1}{2}}} = 0 \text{ presque sûrement (p.s.).}$$

Il convient en fait d'établir le résultat plus général suivant :

THEOREME 5.

1) Soit $X$ une v.a. à valeurs dans $B$ , centrée, et telle que $E\{\frac{\|X\|^2}{(L_2\|X\|)^{2\alpha}}\} < \infty$ où $\alpha$ désigne un nombre réel positif ou nul ; les assertions suivantes sont équivalentes :

(1.1) $P\{\sup_{n\geq 1} \frac{\|S_n(X)\|}{a_n(L_2 n)^{\alpha}} < \infty\} = 1$ ;

(1.2) $\sup_{n\geq 1} E\{\frac{\|S_n(X)\|}{a_n(L_2 n)^{\alpha}}\} < \infty$ ;

(1.3) La suite $(\frac{S_n(X)}{a_n(L_2 n)^{\alpha}})_{n\in\mathbb{N}}$ est bornée en probabilité.

2) Si de plus $\alpha$ est strictement positif, on a les équivalences :

(2.1) $\lim_{n\to\infty} \frac{S_n(X)}{a_n(L_2 n)^{\alpha}} = 0$ p.s. ;

(2.2) $\lim_{n\to\infty} \frac{S_n(X)}{a_n(L_2 n)^{\alpha}} = 0$ dans $L^1(B)$ ;

(2.3) $\lim_{n\to\infty} \frac{S_n(X)}{a_n(L_2 n)^{\alpha}} = 0$ en probabilité ;

(dans le cas où $\alpha$ est nul, la condition (2.1) est à remplacer par :

(2.4) $P\{(\frac{S_n(X)}{a_n})_{n\in\mathbb{N}}$ est relativement compacte dans $B$ $\} = 1$ ;

(cf. [7])).

Notons que pour $\alpha = 0$ , on retrouve le théorème 2 et pour $\alpha = \frac{1}{2}$ le théorème 4.

Démonstration du théorème 5.

La démonstration reprend outils, arguments et notations de J. Kuelbs ([7]) et B. Heinkel ([4]) en ne les modifiant que sur des points de détail.

Nous nous restreindrons bien entendu au cas où X est symétrique, le cas général s'en déduisant par symétrisation.

1) De l'hypothèse (1.1) on déduit des techniques usuelles de l'étude de la loi du logarithme itéré (voir [9]) que :

$$N(X) = E\{\sup_{n\geq 1} \frac{\|S_n(X)\|}{a_n(L_2n)^\alpha}\} < \infty ,$$

et de l'hypothèse (1.3) la condition d'intégrabilité (1.2) ; comme (1.2) implique trivialement (1.3), la démonstration se réduit à prouver que (1.2) implique (1.1).

Désignons par $\lambda$ un nombre réel strictement positif et posons pour tout entier $n$ :

$$\eta_n = X_n \, I_{\{\|X_n\| \leq \lambda n^{\frac{1}{2}}(L_2n)^{-\frac{1}{2}}(L_2n)^{\alpha}\}} ,$$

$$\xi_n = X_n \, I_{\{\lambda n^{\frac{1}{2}}(L_2n)^{-\frac{1}{2}}(L_2n)^{\alpha} < \|X_n\| \leq \lambda n^{\frac{1}{2}}(L_2n)^{\alpha}\}} ,$$

$$\theta_n = X_n \, I_{\{\|X_n\| > \lambda n^{\frac{1}{2}}(L_2n)^{\alpha}\}} .$$

La démonstration de cette première partie va se borner à établir les trois propriétés suivantes :

i) $$P\left\{\sup_{n\geq 1} \frac{\|\sum_{j=1}^{n} \eta_j\|}{a_n(L_2n)^{\alpha}} < \infty\right\} = 1 ;$$

ii) $P\left\{\sup_{n\geq 1} \frac{\|\sum_{j=1}^{n} \xi_j\|}{a_n(L_2 n)^\alpha} < \infty\right\} = 1$ ;

iii) $\lim_{n\to\infty} \frac{\|\sum_{j=1}^{n} \theta_j\|}{a_n(L_2 n)^\alpha} = 0$ p.s.

(i) Remarquons d'abord que si $\sup_{n\geq 1} E\left\{\frac{\|S_n(X)\|}{a_n(L_2 n)^\alpha}\right\} < \infty$ , alors par symétrie :

$$\sup_{n\geq 1}\left\{\frac{\|\sum_{j=1}^{n} \eta_j\|}{a_n(L_2 n)^\alpha}\right\} < \infty .$$

L'outil essentiel dans la preuve de ce premier point est l'inégalité exponentielle de J. Kuelbs - V.V. Yurinskii ([7], lemme 2.1) que nous rappelons :

LEMME 1. $Y_1, \dots, Y_n$ <u>désignent</u> $n$ <u>v.a. indépendantes à valeurs dans</u> $B$ , <u>telles qu'il existe deux constantes</u> $b>0$ <u>et</u> $c>0$ <u>vérifiant</u> :

$$\forall\, j=1,\dots,n ,\quad \|Y_j\| \leq bc \quad \underline{\text{p.s.}} .$$

<u>Alors pour tout</u> $\varepsilon>0$ <u>et</u> $\alpha\geq 0$ :

$$P\left\{\frac{\|\sum_{j=1}^{n} Y_j\|}{2b} > \varepsilon\right\}$$

$$\leq \exp\Big(-\varepsilon^2 + \frac{\varepsilon^2}{2}\exp(\varepsilon c)\sum_{j=1}^{n}\frac{1}{b^2}E\{\|Y_j\|^2\} + \frac{\varepsilon}{2b}E\{\|\sum_{j=1}^{n} Y_j\|\}\Big)$$

$$\leq \exp\Big(-\varepsilon^2 + \frac{\varepsilon^2}{2}\exp(\varepsilon c)\,(L_2 bc)^{2\alpha}\sum_{j=1}^{n}\frac{1}{b^2}E\Big\{\frac{\|Y_j\|^2}{(L_2\|Y_j\|)^{2\alpha}}\Big\} + \frac{\varepsilon}{2b}E\{\|\sum_{j=1}^{n} Y_j\|\}\Big) .$$

Appliquons cette dernière inégalité aux v.a. indépendantes $\eta_1, \dots, \eta_{2^n}$ $(n\in\mathbb{N})$ avec :

$$b = (2^n)^{\frac{1}{2}}\,(L_2\, 2^n)^\alpha\,\Big(E\Big\{\frac{\|X\|^2}{(L_2\|X\|)^{2\alpha}}\Big\}\Big)^{\frac{1}{2}} ,$$

$$c = \lambda[(L_2\, 2^n)\, E\{\frac{\|x\|^2}{(L_2\|x\|)^{2\alpha}}\}]^{-\frac{1}{2}} ,$$

$$\varepsilon = \gamma(L_2\, 2^n)^{\frac{1}{2}}(E\{\frac{\|x\|^2}{(L_2\|x\|)^{2\alpha}}\})^{-\frac{1}{2}} ,$$

où $\gamma$ désigne un nombre réel strictement positif. Alors pour tout entier $n$:

$$P\left\{\frac{\|\sum_{j=1}^{2^n} \eta_j\|}{2(2^n\, L_2\, 2^n)^{\frac{1}{2}}(L_2\, 2^n)^{\alpha}} > \gamma\right\}$$

$$\leq \exp\left\{\left(E\{\frac{\|x\|^2}{(L_2\|x\|)^{2\alpha}}\}\right)^{-1}(L_2\, 2^n)\left[-\gamma^2 + \frac{\gamma^2}{2}\exp[\lambda\gamma(E\{\frac{\|x\|^2}{(L_2\|x\|)^{2\alpha}}\})^{-1}]\right.\right.$$

$$\times\, [L_2(\lambda(2^n)^{\frac{1}{2}}(L_2 2^n)^{-\frac{1}{2}}(L_2 2^n)^{\alpha})]^{2\alpha}\,(L_2 2^n)^{-2\alpha}$$

$$\left.\left. + \gamma \sup_{n\geq 1} E\left\{\frac{\|\sum_{j=1}^{n} \eta_j\|}{a_n (L_2 n)^{\alpha}}\right\}\right]\right\} .$$

Il reste à choisir $\gamma > 0$ tel que :

$$\sup_{n\geq 1} E\left\{\frac{\|\sum_{j=1}^{n} \eta_j\|}{a_n(L_2 n)^{\alpha}}\right\} \leq \frac{\gamma}{8} \quad \text{et} \quad 2\left(E\left\{\frac{\|x\|^2}{(L_2\|x\|)^{2\alpha}}\right\}\right)^{\frac{1}{2}} < \gamma ,$$

puis ensuite $\lambda > 0$ tel que :

$$\exp\left[\lambda\gamma\left(E\left\{\frac{\|x\|^2}{(L_2\|x\|)^{2\alpha}}\right\}\right)^{-1}\right] \leq \frac{5}{4} ;$$

il existe alors un entier $n_o$ tel que pour tout $n \geq n_o$ on ait :

$$P\left\{\frac{\|\sum_{j=1}^{2^n} \eta_j\|}{2(2^n\, L_2\, 2^n)^{\frac{1}{2}}\,(L_2\, 2^n)^{\alpha}} > \gamma\right\}$$

$$\leq \exp\left\{-\, L_2\, 2^n\left[\frac{\gamma^2}{4}\left(E\left\{\frac{\|x\|^2}{(L_2\|x\|)^{2\alpha}}\right\}\right)^{-1}\right]\right\} ,$$

et donc :

$$\sum_{n=1}^{\infty} P\left\{\frac{\left\|\sum_{j=1}^{2^n} \eta_j\right\|}{(2^n L_2 2^n)^{\frac{1}{2}} (L_2 2^n)^{\alpha}} > 2\gamma\right\} < \infty .$$

Les inégalités pour les v.a. symétriques de P. Lévy permettent d'écrire :

$$\sum_{n=1}^{\infty} P\left\{\sup_{2^{n-1}<k\leq 2^n} \frac{\left\|\sum_{j=1}^{k} \eta_j\right\|}{a_k(L_2 k)^{\alpha}} > 4\gamma\right\}$$

$$\leq \sum_{n=1}^{\infty} P\left\{\sup_{k\leq 2^n} \frac{\left\|\sum_{j=1}^{k} \eta_j\right\|}{(2^n L_2 2^n)^{\frac{1}{2}}(L_2 2^n)^{\alpha}} > 2\gamma\right\}$$

$$\leq 2 \sum_{n=1}^{\infty} P\left\{ \frac{\left\|\sum_{j=1}^{2^n} \eta_j\right\|}{(2^n L_2 2^n)^{\frac{1}{2}}(L_2 2^n)^{\alpha}} > 2\gamma\right\} < \infty ;$$

et enfin, en vertu du lemme de Borel-Cantelli :

$$P\left\{\sup_{n\geq 1} \frac{\left\|\sum_{j=1}^{n} \eta_j\right\|}{a_n(L_2 n)^{\alpha}} < \infty \right\} = 1 ;$$

d'où la propriété (i).

ii) La démonstration de ce deuxième point repose sur un lemme dû à B. Heinkel ([4], lemme 4) :

LEMME 2. Si l'on pose pour tout entier $n$

$$I(n) = \{2^n + 1 , \dots , 2^{n+1}\} ,$$

et

$$\Lambda(n) = \frac{1}{2^n} \sum_{j\in I(n)} E\left\{\frac{\|\xi_j\|^2}{(L_2\|\xi_j\|)^{1+2\alpha}}\right\} ,$$

on a :

$$\sum_{n=0}^{\infty} \Lambda(n)^2 < \infty .$$

<u>Démonstration du lemme 2</u>. L'outil fondamental pour la preuve de ce lemme est l'inégalité suivante :

$$(*) \qquad \forall\, n \in \mathbb{N}\,, \quad \sum_{j \in I(n)} \frac{1}{j} \int_0^1 x\, dx \leq 1\,.$$

Notons $\varphi$ la fonction sur $\mathbb{R}^+$, à valeurs positives, définie par :

$$\varphi(x) = \frac{x^2}{(L_2 x)^{1+2\alpha}}\,.$$

Puisque $\sup_{n \geq 1} E\left\{\frac{\|S_n(X)\|}{a_n(L_2 n)^\alpha}\right\} < \infty$, la suite $\left(\frac{S_n(X)}{a_n(L_2 n)^\alpha}\right)_{n \in \mathbb{N}}$ est bornée en probabilité ; on sait alors (voir [5]) qu'il existe une constante positive C telle que :

$$\forall\, x > 0\,, \quad P\{\|X\| > x\} \leq \frac{C}{\varphi(x)}\,.$$

De l'inégalité (*) on déduit :

$$\sum_{j \in I(n)} \frac{1}{L_2 j} \int_0^1 x^3\, P\left\{\left(\frac{\varphi(\|\xi_j\|)}{16\lambda^2 j (L_2 j)^{-1}}\right)^{\frac{1}{2}} > x\right\} dx \leq \frac{C}{16\lambda^2}\,.$$

Remarquons à présent qu'il existe un entier $n_o$ tel que pour tout $j > 2^{n_o}$ on ait :

$$\forall\, x > 1\,, \quad P\left\{\left(\frac{\varphi(\|\xi_j\|)}{16\lambda^2 j (L_2 j)^{-1}}\right)^{\frac{1}{2}} > x\right\} = 0\,.$$

Donc, pour tout entier $n \geq n_o$ on a :

$$\sum_{j \in I(n)} \frac{L_2 j}{j^2}\, E\{(\varphi(\|\xi_j\|))^2\} \leq 64 C\, \lambda^2\,.$$

Enfin, par application de l'inégalité de Schwarz, on a pour tout $n \geq n_o$ :

$$\Lambda(n) = \frac{1}{2^n} \sum_{j \in I(n)} E\{\varphi(\|\xi_j\|)\}$$

$$\leq 2 \sum_{j \in I(n)} \frac{1}{j}\, \left(E\{(\varphi(\|\xi_j\|))^2\}\right)^{\frac{1}{2}} \left(P\{\|X_j\| > \lambda j^{\frac{1}{2}} (L_2 j)^{-\frac{1}{2}} (L_2 j)^\alpha\}\right)^{\frac{1}{2}}$$

$$\leq 2 \sum_{j \in I(n)} \left(\frac{L_2 j}{j^2}\, E\{(\varphi(\|\xi_j\|))^2\}\right)^{\frac{1}{2}} \left(\frac{1}{L_2 j}\, P\{\|X_j\| > \lambda j^{\frac{1}{2}} (L_2 j)^{-\frac{1}{2}} (L_2 j)^\alpha\}\right)^{\frac{1}{2}}$$

$$\leq 16\,\lambda\, C^{\frac{1}{2}} \Big( \sum_{j\in I(n)} \frac{1}{L_2 j}\, P\{\|X_j\| > \lambda j^{\frac{1}{2}} (L_2 j)^{-\frac{1}{2}} (L_2 j)^{\alpha}\}\Big)^{\frac{1}{2}} .$$

D'où

$$\sum_{n=0}^{\infty} \Lambda(n)^2 \leq K\, E\Big\{\frac{\|X\|^2}{(L_2\|X\|)^{2\alpha}}\Big\} < \infty ,$$

ce qui termine la démonstration du lemme 2.

Désignons par $\delta$ un nombre réel strictement positif et posons pour tout entier $n$ et tout $j \in I(n)$ :

$$\beta_n = (2^n L_2 2^n)^{\frac{1}{2}} (L_2 2^n)^{\alpha} ;$$

$$h_j = \xi_j\, I_{\{\|\xi_j\| \leq \Lambda(n)^{\frac{1}{4}} \beta_n\}} ;$$

$$k_j = \xi_j\, I_{\{\|\xi_j\| > \frac{\delta}{4} \beta_n\}} ;$$

$$\ell_j = \xi_j - k_j - h_j ;$$

$$U_n^1 = \Big\|\sum_{j\in I(n)} h_j\Big\| , \quad U_n^2 = \Big\|\sum_{j\in I(n)} k_j\Big\| , \quad U_n^3 = \Big\|\sum_{j\in I(n)} \ell_j\Big\| .$$

Montrons que l'on peut choisir $\delta > 0$ tel que :

$$\forall\, r = 1, 2, 3 , \quad (r) : \sum_{n=0}^{\infty} P\{U_n^r > \delta\beta_n\} < \infty .$$

(1) On applique l'inégalité exponentielle de J. Kuelbs - V.V. Yurinskii rappelée précédemment :

$$P\{U_n^1 > \delta\,\beta_n\}$$

$$= P\Big\{\frac{U_n^1}{2\,\delta\,\beta_n\,\Lambda(n)^{1/8}} > \frac{1}{2}\,\Lambda(n)^{-1/8}\Big\}$$

$$\leq \exp\Big[-\frac{1}{4}\,\Lambda(n)^{-\frac{1}{4}} + \frac{1}{8\delta^2}\,\Lambda(n)^{-\frac{1}{2}} \exp\big(\tfrac{1}{2\delta}\big)\big[L_2(\beta_n \Lambda(n)^{\frac{1}{4}})\big]^{1+2\alpha} \beta_n^{-2} \Big(\sum_{j\in I(n)} E\{\varphi(\|\xi_j\|)\}\Big)$$

$$+ \frac{1}{4\delta}\,\Lambda(n)^{-\frac{1}{4}}\, E\Big\{\frac{U_n^1}{(2^n L_2 2^n)^{\frac{1}{2}} (L_2 2^n)^{\alpha}}\Big\}\Big] .$$

On peut choisir $\delta > 0$ tel que :

$$\sup_{n\in\mathbb{N}} E\left\{ \frac{U_n^1}{(2^n L_2 2^n)^{\frac{1}{2}}(L_2 2^n)^{\alpha}} \right\} \leq \frac{\delta}{4} .$$

Par suite, il existe un entier $n_1$ tel que pour tout $n \geq n_1$ on ait :

$$P\{U_n^1 > \delta \beta_n\} \leq \exp[- \frac{1}{8} \Lambda(n)^{-\frac{1}{4}}] \leq d \Lambda(n)^2 ,$$

et donc,

$$\sum_{n=0}^{\infty} P\{U_n^1 > \delta \beta_n\} < \infty .$$

(2) Du fait des bornes choisies pour faire la troncation définissant les $\xi_j$, on a :

$$\lim_{j\to\infty} \frac{\|\xi_j\|}{(j L_2 j)^{\frac{1}{2}}(L_2 j)^{\alpha}} = 0 \quad \text{p.s.} ;$$

pour presque tout $\omega \in \Omega$ , il n'y a donc qu'un nombre fini d'indices $n$ tels que :

$$U_n^2(\omega) \neq 0 .$$

D'où le point (2) par le lemme de Borel-Cantelli.

(3) Il est clair qu'il existe un entier $n_2$ tel que, pour tout $n \geq n_2$ :

$$\Lambda(n)^{\frac{1}{4}} \beta_n < \frac{\delta}{4} \beta_n ;$$

donc pour tout entier $n \geq n_2$ ,

$$P\{U_n^3 > \delta \beta_n\}$$

$$\leq P\{\text{il existe au moins 4 indices } j \in I(n) \text{ tels que : } \|\ell_j\| > \beta_n \Lambda(n)^{\frac{1}{4}}\}$$

$$\leq \Big( \sum_{j\in I(n)} P\{\|\ell_j\| > \beta_n \Lambda(n)^{\frac{1}{4}}\}\Big)^4 .$$

D'autre part :

$$\sum_{j\in I(n)} P\{\|\ell_j\| > \beta_n \Lambda(n)^{\frac{1}{4}}\}$$

$$\leq \sum_{j\in I(n)} [\varphi(\beta_n \Lambda(n)^{\frac{1}{4}})]^{-1} E\{\varphi(\|\xi_j\|)\}$$

$$\leq 2^n[\varphi(\beta_n \Lambda(n)^{\frac{1}{4}})]^{-1} \Lambda(n) ;$$

par suite il existe un entier $n_3$ tel que, pour tout $n \geq n_3$ :

$$\sum_{j \in I(n)} P\{\|\ell_j\| > \beta_n \Lambda(n)^{\frac{1}{4}}\} \leq \Lambda(n)^{\frac{1}{2}} ,$$

d'où le point (3).

La conclusion de la démonstration de la propriété (ii) s'obtient alors de la remarque suivante : par symétrie :

$$\sum_{n=0}^{\infty} P\left\{ \sup_{j \in I(n)} \frac{\|\sum_{k=2^n+1}^{j} \xi_k\|}{\beta_n} > 3\delta \right\}$$

$$\leq 2 \sum_{n=0}^{\infty} P\left\{ \|\sum_{j \in I(n)} \xi_j\| > 3\delta\beta_n \right\}$$

$$\leq 2 \sum_{r=1}^{3} \sum_{n=0}^{\infty} P\{U_n^r > \delta\beta_n\} < \infty .$$

Ainsi par application du lemme de Borel-Cantelli :

$$P\left\{ \sup_{n \in \mathbb{N}} \sup_{j \in I(n)} \frac{\|\sum_{k=2^n+1}^{j} \xi_k\|}{\beta_n} < \infty \right\} = 1 .$$

Soit à présent un entier $n$ , $2^k < n \leq 2^{k+1}$ ; on a :

$$\frac{\|\sum_{j=1}^{n} \xi_j\|}{a_n(L_2n)^{\alpha}}$$

$$\leq \frac{\|\xi_1\|}{\beta_k} + \sum_{j=0}^{k-1} \frac{\beta_j}{\beta_k} \cdot \frac{\|\sum_{r \in I(j)} \xi_r\|}{\beta_j} + \sup_{j \in I(k)} \frac{\|\sum_{r=2^k+1}^{j} \xi_r\|}{\beta_k} ;$$

d'où l'on déduit que pour presque tout $\omega \in \Omega$ , il existe une constante $M(\omega)$ telle que :

$$\frac{\|\sum_{j=1}^{n} \xi_j\|}{a_n(L_2n)^{\alpha}} \leq M(\omega) [2 + \sum_{j=0}^{k-1} 2^{j/2 - k/2}] \leq 5M(\omega) ;$$

et donc :

$$P\left\{\sup_{n\geq 1} \frac{\|\sum_{j=1}^{n} \xi_j\|}{a_n(L_2 n)^{\alpha}} < \infty\right\} = 1 .$$

Ce qui achève la démonstration de la propriété (ii).

iii) Comme :

$$\sum_{n=1}^{\infty} P\{\|\theta_n\| \neq 0\} \leq L\, E\left\{\frac{\|X\|^2}{(L_2\|X\|)^{2\alpha}}\right\} ,$$

le lemme de Borel-Cantelli établit la propriété (iii).

Ce qui termine la démonstration de la première partie du théorème 5.

2) La preuve de cette deuxième partie se réduit à établir l'implication (2.2) $\Longrightarrow$ (2.1) ; en effet, (2.3) implique (2.2) par la première partie et le théorème de convergence dominée et (2.1) implique trivialement (2.3).

Notons $T(X)$ la norme $\sup_{n\geq 1} E\left\{\frac{\|S_n(X)\|}{a_n(L_2 n)^{\alpha}}\right\}$ et $\Phi$ une fonction de Young équivalente à l'infini à la fonction $\frac{x^2}{(L_2 x)^{2\alpha}}$ $(x \geq 0)$ . $\Phi$ vérifiant la condition $\Delta_2$ (i.e. $\Phi(2x) \leq M\Phi(x)$ pour $x \geq x_o$ ), l'espace d'Orlicz $L^{\Phi}(B)$ des v.a. $Z$ à valeurs dans $B$ telle que

$$\|Z\|_{\Phi} = \inf\{a > 0 : E\{\Phi(\frac{\|Z\|}{a})\} \leq 1 \} < \infty$$

est, muni de sa norme de Luxemburg $\|.\|_{\Phi}$ , un espace de Banach réel séparable. La première partie et le théorème du graphe fermé nous assurent alors l'existence d'une constante positive $C$ telle que :

$$N(X) \leq C[T(X) + \|X\|_{\Phi}] .$$

Puisque $\lim_{n\to\infty} E\left\{\frac{\|S_n(X)\|}{a_n(L_2 n)^{\alpha}}\right\} = 0$ , pour tout $\varepsilon > 0$ il existe un entier $n_o$ tel que :

$$\sup_{n \geq n_o} E\left\{\frac{\|S_n(X)\|}{a_n(L_2 n)^\alpha}\right\} \leq \frac{\varepsilon}{4C} .$$

Les v.a. étagées étant denses dans l'espace d'Orlicz $L^\Phi(B)$ , on peut choisir une sous-tribu finie $\mathcal{G}$ de $\mathcal{F}$ telle que, si $Y = E\{X \mid \mathcal{G}\}$ :

$$\sup_{n < n_o} E\left\{\frac{\|S_n(X-Y)\|}{a_n(L_2 n)^\alpha}\right\} \leq \frac{\varepsilon}{4C}$$

et

$$\|X-Y\|_\Phi \leq \frac{\varepsilon}{4C} .$$

L'inégalité de Jensen nous assurant que $T(X-Y) \leq 2T(X)$ , il s'ensuit que :

$$N(X-Y) \leq \varepsilon .$$

Il reste à voir que : $\pi(X) = \lim_{k\to\infty} \sup_{n \geq k} \frac{\|S_n(X)\|}{a_n(L_2 n)^\alpha} = 0$ p.s. ; or

$$\pi(X) \leq \pi(Y) + \lim_{k\to\infty} \sup_{n\geq k} \frac{\|S_n(X-Y)\|}{a_n(L_2 n)^\alpha} .$$

Puisque $Y$ est étagée, elle vérifie la loi du logarithme itéré, d'où $\pi(Y) = 0$ p.s. car $\alpha > 0$ . En conclusion $E\{\pi(X)\} \leq \varepsilon$ ; $\varepsilon$ étant arbitraire, $\pi(X) = 0$ p.s. .

Ce qui met un point final à la démonstration du théorème 5.

<u>Remarque</u>. Sous les hypothèses du théorème 4, posons pour tout entier $n$ :

$$\eta'_n = X_n\, I_{\{\|X_n\| \leq n^{\frac{1}{2}}(L_2 n)^{-\frac{1}{2}}\}} ,$$

$$\xi'_n = X_n\, I_{\{n^{\frac{1}{2}}(L_2 n)^{-\frac{1}{2}} < \|X_n\| \leq (nL_2 n)^{\frac{1}{2}}\}} ,$$

$$\theta'_n = X_n\, I_{\{\|X_n\| > (nL_2 n)^{\frac{1}{2}}\}} .$$

Nous ne revenons pas sur la suite $(\theta'_n)_{n\in\mathbb{N}}$ ; il est clair que :

$$\lim_{n\to\infty} \frac{\|\sum_{j=1}^{n} \theta_j'\|}{a_n} = 0 \text{ p.s. .}$$

Observons à présent que pour tout réel $\gamma > 0$ :

$$\lim_{n\to\infty} \frac{\|\sum_{j=1}^{n} \xi_j'\|}{a_n (L_2 n)^\gamma} = 0 \text{ p.s. .}$$

En effet, le lemme 2 du point (ii) de la démonstration du théorème 5 peut être sensiblement amélioré de la manière suivante :

LEMME 3. <u>Si pour tout entier</u> $n$ ,

$$\Lambda(n) = \frac{1}{2^n (L_2\, 2^n)^{2\gamma}} \sum_{j\in I(n)} E\left\{\frac{\|\xi_j'\|^2}{L_2\|\xi_j'\|}\right\} ,$$

<u>alors</u> :

$$\sum_{n=0}^{\infty} \Lambda(n)^2 < \infty .$$

<u>Démonstration du lemme 3</u>. On peut toujours supposer $\frac{1}{2} > \gamma > 0$ ; il existe $m$ tel que :

$$q = 2^{-m} \leq 2\gamma < 2^{-m+1} .$$

Posons à présent pour tout entier $j$ et tout $k = 1, \ldots, 2^m$ :

$$c(k) = k\, 2^{-m+1} - 1 ,$$

$$\xi_j'^k = \xi_j'\, I_{\{[j(L_2 j)^{c(k-1)}]^{\frac{1}{2}} < \|\xi_j'\| \leq [j(L_2 j)^{c(k)}]^{\frac{1}{2}}\}} ;$$

puis pour tout entier $n$ :

$$\Lambda_k(n) = \frac{1}{2^n (L_2\, 2^n)^q} \sum_{j\in I(n)} E\left\{\frac{\|\xi_j'^k\|^2}{L_2\|\xi_j'^k\|}\right\} .$$

Puisque pour tout $n$ ,

$$\Lambda(n)^2 \leq \left[\sum_{k=1}^{2^m} \Lambda_k(n)\right]^2 \leq K \sum_{k=1}^{2^m} \Lambda_k(n)^2 ,$$

il suffira d'établir :

$$\forall\, k = 1, \ldots, 2^m , \quad \sum_{n=0}^{\infty} \Lambda_k(n)^2 < \infty .$$

comme dans le lemme 2, la démonstration repose essentiellement sur l'inégalité :

$$(*) \quad \forall\, n \in \mathbb{N} , \quad \sum_{j \in I(n)} \frac{1}{j} \int_0^1 x \, dx \leq 1 .$$

Nous désignons par $\psi$ la fonction sur $R^+$ , à valeurs positives, définie par $\psi(x) = \frac{x^2}{L_2 x}$ ; sous l'hypothèse ii) du théorème 4, il existe une constante positive $C$ telle que :

$$\forall\, x > 0 , \quad P\{\|X\| > x\} \leq \frac{C}{\psi(x)} .$$

Soit à présent $k$ , $1 \leq k \leq 2^m$ ; d'après ce qui précède, pour tout entier $n$ , on a :

$$\sum_{j \in I(n)} (L_2 j)^{c(k)-1} \int_0^1 x^3 \, P\Big\{\Big(\frac{\psi(\|\xi_j^{k}\|)}{16 j \, (L_2 j)^{c(k)-1}}\Big)^{\frac{1}{2}} > x\Big\} \, dx \leq \frac{C}{16} .$$

Il existe donc un entier $n_o$ , tel que pour tout $n \geq n_o$ on ait :

$$\sum_{j \in I(n)} \frac{(L_2 j)^{1-c(k)}}{j^2} E\{(\psi(\|\xi_j^{k}\|))^2\} \leq 64\, C .$$

Enfin, par application de l'inégalité de Schwarz, on a pour tout $n \geq n_o$ :

$$\Lambda_k(n) = \frac{1}{2^n (L_2 2^n)^q} \sum_{j \in I(n)} E\{\psi(\|\xi_j^{k}\|)\}$$

$$\leq 4 \sum_{j \in I(n)} \frac{1}{j (L_2 j)^q} \left(E\{(\psi(\|\xi_j^{k}\|))^2\}\right)^{\frac{1}{2}} \left(P\{\|X_j\| > [j (L_2 j)^{c(k-1)}]^{\frac{1}{2}}\}\right)^{\frac{1}{2}}$$

$$\leq 32 C^{\frac{1}{2}} \Big( \sum_{j \in I(n)} (L_2 j)^{c(k-1)-1} \, P\{\|X_j\| > [j (L_2 j)^{c(k-1)}]^{\frac{1}{2}}\}\Big)^{\frac{1}{2}} .$$

D'où :

$$\sum_{n=0}^{\infty} \Lambda_k(n)^2 \leq L\, E\left\{\frac{\|X\|^2}{L_2\|X\|}\right\} < \infty .$$

Ce qui achève la démonstration du lemme 3.

Les mêmes arguments que ceux développés dans la preuve de la propriété (ii) nous montrent alors que :

$$\lim_{n\to\infty} \frac{\|\sum_{j=1}^{n} \xi'_j\|}{a_n(L_2 n)^\gamma} = 0 \text{ p.s. ;}$$

(notons également que si $\gamma = 0$ était atteignable dans le lemme 3, nous aurions :

$$P\left\{\sup_{n\geq 1} \frac{\|\sum_{j=1}^{n} \xi'_j\|}{a_n} < \infty\right\} = 1 \text{ ).}$$

Cette observation pose la question de savoir si sous les mêmes hypothèses (c'est-à-dire celles du théorème 4), on a pour tout réel $\gamma > 0$ :

$$P\left\{\sup_{n\geq 1} \frac{\|\sum_{j=1}^{n} \eta'_j\|}{a_n(L_2 n)^\gamma} < \infty\right\} = 1 ;$$

Auquel cas nous concluerions que pour tout $\gamma > 0$ :

$$P\left\{\sup_{n\geq 1} \frac{\|S_n(X)\|}{a_n(L_2 n)^\gamma} < \infty\right\} = 1 ,$$

et
$$\lim_{n\to\infty} \frac{\|S_n(X)\|}{a_n(L_2 n)^\gamma} = 0 \text{ p.s.,}$$

par une démonstration analogue à celle de la deuxième partie du théorème 5.

Comme corollaire du théorème 5, on peut énoncer :

THEOREME 6. <u>Soit</u> X <u>une v.a. à valeurs dans un espace de Banach</u> B <u>de type 2, centrée et telle que</u> $E\left\{\frac{\|X\|^2}{(L_2\|X\|)^{2\alpha}}\right\} < \infty$ <u>où</u> $\alpha$ <u>désigne un nombre réel strictement positif</u> ; <u>alors</u> :

$$\lim_{n\to\infty} \frac{S_n(X)}{a_n(L_2 n)^{\alpha}} = 0 \quad \underline{\text{p.s.}} \ .$$

Remarque. Pour $\alpha = \frac{1}{2}$, la condition $E\left\{\frac{\|X\|^2}{(L_2\|X\|)^{2\alpha}}\right\} < \infty$ est nécessaire pour que X vérifie la loi du logarithme itéré, et, comme l'ont montré récemment V. Goodman, J. Kuelbs et J. Zinn ([3]), jointe à l'hypothèse d'existence de moments faibles (i.e. $\forall f \in B'$, $E\{(f(X))^2\} < \infty$ ), elle est également suffisante pour qu'une v.a. à valeurs dans un espace de Hilbert satisfait à la loi du logarithme itéré bornée. Comme le montre le théorème 6, cette situation n'est pas loin de se généraliser aux espaces de type 2.

Démonstration du théorème 6.

Il suffit de prouver le lemme suivant dû à V. Goodman, J. Kuelbs et J. Zinn ([3], Proposition 7.2), mais la démonstration que nous en donnons est de B. Heinkel (communication personnelle) :

Lemme 4. Sous les hypothèses du théorème 6,

$$\lim_{n\to\infty} \frac{S_n(X)}{n^{\frac{1}{2}}(L_2 n)^{\alpha}} = 0 \quad \underline{\text{en probabilité}}.$$

Démonstration du lemme 4. Posons pour tout entier $n$ :

$$u_n = X_n \, I_{\{\|X_n\| \le n^{\frac{1}{2}}(L_2 n)^{\alpha}\}} \ .$$

Puisque $E\left\{\frac{\|X\|^2}{(L_2\|X\|)^{2\alpha}}\right\} < \infty$, en vertu du lemme de Borel-Cantelli, il suffit de prouver que :

$$\lim_{n\to\infty} \frac{\sum_{j=1}^{n} u_j}{n^{\frac{1}{2}}(L_2 n)^{\alpha}} = 0 \quad \text{en probabilité.}$$

B étant de type 2, il existe une constante positive C telle que, pour tout entier n ,

$$E\left\{\left(\frac{\|\sum_{j=1}^{n} u_j\|}{n^{\frac{1}{2}}(L_2n)^{\alpha}}\right)^2\right\} \leq \frac{C}{n(L_2n)^{2\alpha}} \sum_{j=1}^{n} E\{\|u_j\|^2\} .$$

La démonstration se réduit donc à établir que :

$$\lim_{n\to\infty} \frac{1}{n(L_2n)^{2\alpha}} \sum_{j=1}^{n} E\{\|u_j\|^2\} = 0 ,$$

et utilise la loi des grands nombres de W. Feller ; la formulation que nous en donnons ici est celle qui figure dans le livre de K.L. Chung ([2], page 128) :

THEOREME 7. Si $(Z_n)_{n\in\mathbb{N}}$ est une suite de v.a. réelles indépendantes et équidistribuées et si $(b_n)_{n\in\mathbb{N}}$ est une suite de nombres positifs telle que $\frac{b_n}{n}$ tende en croissant vers l'infini, alors :

$$\limsup_{n\to\infty} \frac{|\sum_{j=1}^{n} Z_j|}{b_n} = 0 \text{ ou } \infty \text{ p.s.}$$

selon que :

$$\sum_{n=0}^{\infty} P\{|Z_n| \geq b_n\} \text{ converge ou diverge.}$$

Par suite :

$$\lim_{n\to\infty} \frac{\sum_{j=1}^{n} \|u_j\|^2}{n(L_2n)^{2\alpha}} \leq \lim_{n\to\infty} \frac{\sum_{j=1}^{n} \|X_j\|^2}{n(L_2n)^{2\alpha}} = 0 \text{ p.s. .}$$

La conclusion s'obtient alors de l'inégalité de J. Hàjek - A. Rényi (cf. [1]) : pour tout $\varepsilon > 0$ et tout entier m ,

$$P\left\{ \sup_{n\geq m} \frac{\left|\sum_{j=1}^{n} (\|u_j\|^2 - E\{\|u_j\|^2\})\right|}{n(L_2 n)^{2\alpha}} > \varepsilon \right\}$$

$$\leq \frac{1}{\varepsilon^2}\left[ \frac{1}{(m(L_2 m)^{2\alpha})^2} \sum_{j=1}^{m} E\{(\|u_j\|^2 - E\{\|u_j\|^2\})^2\} \right.$$

$$\left. + \sum_{j=m+1}^{\infty} \frac{1}{(j(L_2 j)^{2\alpha})^2} E\{(\|u_j\|^2 - E\{\|u_j\|^2\})^2\} \right]$$

$$\leq \frac{1}{\varepsilon^2}\left[ \frac{1}{(m(L_2 m)^{2\alpha})^2} \sum_{j=1}^{m} E\{\|u_j\|^4\} + \sum_{j=m+1}^{\infty} \frac{1}{(j(L_2 j)^{2\alpha})^2} E\{\|u_j\|^4\}\right].$$

Or :

$$\sum_{j=1}^{\infty} \frac{1}{(j(L_2 j)^{2\alpha})^2} E\{\|u_j\|^4\}$$

$$= 4 \sum_{j=1}^{\infty} \int_0^{\infty} t^3 P\{\|X_j\| I_{\{\|X_j\| \leq j^{\frac{1}{2}}(L_2 j)^{\alpha}\}} > t\, j^{\frac{1}{2}} (L_2 j)^{\alpha}\} dt$$

$$\leq 4 \sum_{j=1}^{\infty} \int_0^{1} t^3 P\{\|X_j\| > t\, j^{\frac{1}{2}} (L_2 j)\} dt$$

$$\leq 4K \int_0^1 t^3 E\left\{ \frac{(\|X\|/t)^2}{(L_2(\|X\|/t))^{2\alpha}} \right\} dt$$

$$\leq 4K\, E\left\{ \frac{\|X\|^2}{(L_2\|X\|)^{2\alpha}} \right\} \int_0^1 t\, dt < \infty .$$

Ainsi, par application du lemme de Kronecker :

$$\lim_{n\to\infty} P\left\{ \sup_{n\geq m} \left| \frac{\sum_{j=1}^{n} \|u_j\|^2}{n(L_2 n)^{2\alpha}} - \frac{\sum_{j=1}^{n} E\{\|u_j\|^2\}}{n(L_2 n)^{2\alpha}} \right| > \varepsilon \right\} = 0 ;$$

d'où le résultat.

La situation du théorème 6 ne se généralise pas à tous les espaces de Banach, comme le montre l'exemple suivant (cf. [9], exemple 7.3) : si $c_o$ est l'espace de Banach des suites réelles tendant vers 0 , il existe une v.a. X à valeurs dans $c_o$ , bornée et centrée, vérifiant :

$$P\left\{ \sup_{n\geq 1} \frac{\|S_n(X)\|}{a_n(L_2 n)^\alpha} < \infty \right\} = 1$$

et

$$P\left\{ \left( \frac{S_n(X)}{a_n(L_2 n)^\alpha} \right)_{n\in \mathbb{N}} \text{ est relativement compacte dans } c_o \right\} = 0 ,$$

où $\alpha$ est un nombre réel positif. L'espace $c_o$ n'étant d'aucun type p pour $p>1$ , l'hypothèse de type 2 ne peut être supprimée dans le théorème 6.

Considérons la v.a. X à valeurs dans $c_o$ définie par :

$$X = \sum_{k=0}^{\infty} x_k \, e_k \, \varepsilon_k$$

où $(x_k)_{k\in \mathbb{N}}$ est une suite élément de $c_o$ , $(e_k)_{k\in \mathbb{N}}$ la base canonique de $c_o$ et $(\varepsilon_k)_{k\in \mathbb{N}}$ une suite de v.a. de Rademacher (i.e. $P\{\varepsilon_k = 1\} = P\{\varepsilon_k = -1\} = \frac{1}{2}$ ) indépendantes. X est centrée et :

$$\|X\| = \sup_{k\geq 0} |x_k| = c < \infty .$$

Pour tout entier N , notons $R_N$ l'opérateur de $c_o$ dans $c_o$ défini par :

$$R_N e_k = \begin{cases} 0 & \text{si } k < N \\ e_k & \text{si } k \geq N \end{cases}$$

et

$$Y_N = \sup_{n\geq 1} \left\| R_N \frac{S_n(X)}{a_n(L_2 n)^\alpha} \right\| .$$

$(\varepsilon^i)_{i\in \mathbb{N}}$ désigne une suite de copies indépendantes de la suite de Rademacher $(\varepsilon_k)_{k\in \mathbb{N}}$ de façon à ce que :

$$S_n(X) = \sum_{k=0}^{\infty} x_k \, e_k \left( \sum_{i=1}^{n} \varepsilon_k^i \right) ;$$

on peut donc écrire :

$$\gamma_N = \sup_{m \geq N} |x_m| f_m ,$$

où les v.a. réelles $f_m$ , $m \in \mathbb{N}$ , sont indépendantes de même loi que

$$f = \sup_{n \geq 1} \frac{|\sum_{n=1}^{n} \varepsilon_i|}{a_n (L_2 n)^{\alpha}} .$$

Nous aurons besoin des deux lemmes suivants :

LEMME 5 (J. Kuelbs, [6] lemme 1). <u>Pour tout réel</u> $\beta > 0$ , $E\{\exp(\beta M^2)\} < \infty$ , <u>où</u> $M = \sup_{n \geq 1} \frac{|\sum_{i=1}^{n} \varepsilon_i|}{a_n}$ .

LEMME 6.

1) $$P\left\{ \sup_{n \geq 1} \frac{\|S_n(X)\|}{a_n (L_2 n)^{\alpha}} < \infty \right\} = 1$$

<u>si et seulement si</u> :

$$\exists\, t > 0 , \quad \sum_{m=0}^{\infty} P\{|x_m| f_m > t\} < \infty ;$$

2) $$P\left\{ \left( \frac{S_n(X)}{a_n (L_2 n)^{\alpha}} \right)_{n \in \mathbb{N}} \text{ est relativement compacte dans } c_o \right\} = 1$$

<u>si et seulement si</u> :

$$\forall\, t > 0 , \quad \sum_{m=0}^{\infty} P\{|x_m| f_m > t\} < \infty .$$

<u>Démonstration du lemme 6.</u>

Le point 1) est une conséquence immédiate du lemme de Borel-Cantelli.

Dire que la suite $\left( \frac{S_n(X)}{a_n (L_2 n)^{\alpha}} \right)_{n \in \mathbb{N}}$ est p.s. relativement compacte dans l'espace de Banach $c_o$ équivaut à dire qu'elle est p.s. précompacte, donc que :

$$\text{(a)} \quad \lim_{N \to \infty} \sup_{n \geq 1} \inf_{j=1}^{N} \left\| \frac{S_n(X)}{a_n (L_2 n)^{\alpha}} - \frac{S_j(X)}{a_j (L_2 j)^{\alpha}} \right\| = 0 \text{ p.s. .}$$

En vertu du lemme de Borel-Cantelli il s'agit donc de montrer que (a) est équivalent à (b) où :

(b) $$\lim_{N\to\infty} \gamma_N = 0 \text{ p.s.} .$$

Dans tout ce qui suit, nous omettrons les mots p.s. .

• (a) $\Longrightarrow$ (b) : par hypothèse,

$$\forall \varepsilon>0 , \ \exists N_o \in \mathbb{N} , \ \forall n\geq 1 , \ \exists j , \ 1\leq j\leq N_o :$$

$$\left\| \frac{S_n(X)}{a_n(L_2n)^{\alpha}} - \frac{S_j(X)}{a_j(L_2j)^{\alpha}} \right\|$$

$$= \sup_{k\geq 0} |x_k| \left| \frac{\sum_{i=1}^{n} \varepsilon_k^i}{a_n(L_2n)^{\alpha}} - \frac{\sum_{i=1}^{j} \varepsilon_k^i}{a_j(L_2j)^{\alpha}} \right| \leq \frac{\varepsilon}{2} .$$

Puisque $(x_k)_{k\in\mathbb{N}}$ est une suite élément de $c_o$ , il existe un entier $N_1$ tel que pour tout $N\geq N_1$ , on ait :

$$N_o \sup_{k\geq N} |x_k| \leq \frac{\varepsilon}{2} .$$

Par suite, pour tout $N\geq N_1$ et tout $n\geq 1$ :

$$\left\| R_N \frac{S_n(X)}{a_n(L_2n)^{\alpha}} \right\|$$

$$= \sup_{k\geq N} |x_k| \left| \frac{\sum_{i=1}^{n} \varepsilon_k^i}{a_n(L_2n)^{\alpha}} \right|$$

$$\leq \sup_{k\geq N} |x_k| \left| \frac{\sum_{i=1}^{n} \varepsilon_k^i}{a_n(L_2n)^{\alpha}} - \frac{\sum_{i=1}^{j} \varepsilon_k^i}{a_j(L_2j)^{\alpha}} \right| + \sup_{k\geq N} |x_k| \left| \frac{\sum_{i=1}^{j} \varepsilon_k^i}{a_j(L_2j)^{\alpha}} \right|$$

$$\leq \frac{\varepsilon}{2} + N_o \sup_{k\geq N} |x_k| \leq \varepsilon .$$

D'où (b).

.. (b) $\Longrightarrow$ (a) :

$\forall\, \varepsilon>0\,,\ \exists\, N_o \in \mathbb{N}\,,\ \forall\, n\geq 1$ :

$$\| R_{N_o} \frac{S_n(X)}{a_n(L_2 n)^\alpha} \| = \sup_{k\geq N_o} |x_k| \; | \frac{\sum_{i=1}^{n} \varepsilon_k^i}{a_n(L_2 n)^\alpha} | \leq \frac{\varepsilon}{3} .$$

Le vecteur $(\varepsilon_k\,,\ k=0\,,\ \ldots\,,\ N_o-1)$ satisfait à la loi du logarithme itéré dans $\mathbb{R}^{N_o}$ muni de la norme $S(y_o\,,\ \ldots\,,\ y_{N_o-1}) = \sup_{k=0}^{N_o-1} |y_k|$ ;

la suite $\left( \frac{\sum_{i=1}^{n} \varepsilon_k^i}{a_n}\,,\ k=0\,,\ \ldots\,,\ N_o-1\right)_{n\in\mathbb{N}}$ est donc relativement compacte

dans $\mathbb{R}^{N_o}$ ; ainsi :

$$\lim_{M\to\infty} \sup_{n\geq 1} \inf_{j=1}^{M} S \left( \frac{\sum_{i=1}^{n} \varepsilon_o^i}{a_n(L_2 n)^\alpha} - \frac{\sum_{i=1}^{j} \varepsilon_o^i}{a_j(L_2 j)^\alpha}, \ \ldots\ , \frac{\sum_{i=1}^{n} \varepsilon_{N_o-1}^i}{a_n(L_2 n)^\alpha} - \frac{\sum_{i=1}^{j} \varepsilon_{N_o-1}^i}{a_j(L_2 j)^\alpha} \right) = 0 .$$

Donc :

$\exists\, M_o \in \mathbb{N}\,,\ \forall\, M\geq M_o\,,\ \forall\, n\geq 1\,,\ \exists\, j\,,\ 1\leq j\leq M$ :

$$\sup_{k=0}^{N_o-1} \left| \frac{\sum_{i=1}^{n} \varepsilon_k^i}{a_n(L_2 n)^\alpha} - \frac{\sum_{i=1}^{j} \varepsilon_k^i}{a_j(L_2 j)^\alpha} \right| \leq \frac{\varepsilon}{3C}$$

où $C = \sup_{k\geq 0} |x_k|$ . Par suite :

$\forall\, \varepsilon>0\,,\ \exists\, M_o \in \mathbb{N}\,,\ \forall\, M\geq M_o\,,\ \forall\, n\geq 1\,,\ \exists\, j\,,\ 1\leq j\leq M$ :

$$\| \frac{S_n(X)}{a_n(L_2 n)^\alpha} - \frac{S_j(X)}{a_j(L_2 j)^\alpha} \|$$

$$= \sup_{k\geq 0} |x_k| \left| \frac{\sum_{i=1}^{n} \varepsilon_k^i}{a_n(L_2 n)^\alpha} - \frac{\sum_{i=1}^{j} \varepsilon_k^i}{a_j(L_2 j)^\alpha} \right|$$

$$\leq \sup_{k=0}^{N_o-1} |x_k| \left| \frac{\sum_{i=1}^{n} \varepsilon_k^i}{a_n(L_2 n)^\alpha} - \frac{\sum_{i=1}^{j} \varepsilon_k^i}{a_j(L_2 j)^\alpha} \right|$$

$$+ \sup_{k \geq N_o} |x_k| \left| \frac{\sum_{i=1}^{n} \varepsilon_k^i}{a_n(L_2 n)^\alpha} - \frac{\sum_{i=1}^{j} \varepsilon_k^i}{a_j(L_2 j)^\alpha} \right|$$

$$\leq C \cdot \frac{\varepsilon}{3C} + \frac{2\varepsilon}{3} = \varepsilon .$$

Ce qui termine la preuve du lemme 6.

Venons en maintenant à l'exemple proprement dit ; le lemme 5 nous assure l'existence d'une constante positive $C'$ pour laquelle :

$$\forall \lambda > 0 , \quad P\{f > \lambda\} \leq C' e^{-\lambda^2} .$$

Donc, puisque $P\{f > \lambda\}$ décroît exponentiellement vers $0$ quand $\lambda$ croît vers l'infini :

$$\liminf_{\lambda \to \infty} \frac{P\{f > 2\lambda\}}{P\{f > \lambda\}} = 0 .$$

On peut ainsi trouver une suite $(\lambda_n)_{n \in \mathbb{N}}$ croissant vers l'infini telle que pour tout entier $n$ on ait :

$$P\{f > 2\lambda_n\} \leq \frac{1}{2^n} P\{f > \lambda_n\} .$$

Soit $M_n$ l'entier défini par :

$$M_n - 1 \leq \frac{1}{P\{f > \lambda_n\}} < M_n ;$$

on définit alors $(x_k)_{k \in \mathbb{N}}$ par :

$$x_m = \frac{1}{\lambda_n} \quad \text{si} \quad M_1 + \dots + M_{n-1} < m \leq M_1 + \dots + M_n .$$

Il s'ensuit que :

$$\sum_{m=0}^{\infty} P\{f > \frac{2}{x_m}\}$$

$$= \sum_{n=0}^{\infty} M_n P\{f > 2\lambda n\} \leq \sum_{n=0}^{\infty} \frac{1}{2^n} [P\{f > \lambda_n\} + 1] < \infty ;$$

alors que :

$$\sum_{m=0}^{\infty} P\{f > \frac{1}{x_m}\}$$

$$= \sum_{n=0}^{\infty} M_n P\{f > \lambda_n\} \geq \sum_{n=0}^{\infty} 1 = \infty .$$

Ce qui, en vertu du lemme 6, fournit le contre-exemple annoncé.

## REFERENCES


[1] BAUER H. : Probability theory and elements of measure theory. Holt, Rinehart and Winston, New York (1972).

[2] CHUNG K.L. : A course in probability theory (second edition). Academic Press, New York (1974).

[3] GOODMAN V., KUELBS J., ZINN J. : Some results on the law of the iterated logarithm in Banach space with applications to weighted empirical processes (1980) ; (à paraître dans les Annales de Probabilités).

[4] HEINKEL B. : Relation entre théorème central-limite et loi du logarithme itéré dans les espaces de Banach. Z. Wahrscheinlichkeitstheorie 49, 211-220 (1979).

[5] HOFFMANN-JØRGENSEN J. : Ecole d'été de Probabilités de Saint-Flour, VI, 1976 Lecture Notes in Math., 598, Berlin-Heidelberg-New York : Springer 1977.

[6] KUELBS J. : A counterexample for Banach space valued random variables. The Annals of Probability 1976, vol. 4, 684-689.

[7] KUELBS J. : Kolmogorov law of the iterated logarithm for Banach space valued random variables. Illinois J. Math. 21-4, 784-800 (1977).

[8] KUELBS J., ZINN J. : Some additional stability results for vector-valued random variables. Preprint (1980).

[9] . PISIER G. : Le théorème de la limite centrale et la loi du logarithme itéré dans les espaces de Banach. Séminaire Maurey-Schwartz 1975-76, exposés 3 et 4 .

Département de Mathématique
Université Louis Pasteur
7, rue René Descartes
67084 STRASBOURG Cédex

UNIVERSITE de STRASBOURG
Séminaire de Probabilités

Juin 1980

# FONCTIONS ALEATOIRES LIPSCHITZIENNES

par

Ph. NOBELIS

Dans cette note, on donne une condition suffisante pour que presque toutes les trajectoires d'une fonction aléatoire, définie sur $[0,1]^N$, soient lipschitziennes. La méthode utilisée est celle des "mesures majorantes" ([1],[5]). Elle permet d'étendre la condition obtenue par I. IBRAGIMOV ([2]) à toutes les fonctions de Young.

Soit $X$ une fonction aléatoire définie sur un espace d'épreuves $(\Omega,\mathcal{G},P)$, $\mathcal{G}$ étant P-complète, et sur $([0,1]^N,\mathcal{B},\lambda)$, $N$ étant un entier supérieur à $1$, $\mathcal{B}$ la tribu des boréliens et $\lambda$ la mesure de Lebesgue. De plus, on suppose que $X$ est séparable et $\mathcal{G}\otimes\mathcal{B}$ - mesurable. Pour tout $u \in [0,1]$ et toute fonction de Young $\Phi$, on note

$$Q(u) = \inf \{\alpha > 0 : \iint_{\{\|s-t\| < u\}} E\Phi[\frac{1}{\alpha} |X(s)-X(t)|] \, ds\, dt < 1\},$$

où $\|s-t\| = \mathrm{Max}\,\{|s_i - t_i| : i = 1,\dots,N\}$. Quand $Q(u)$ est finie, c'est la $\Phi$-norme de Luxemberg des accroissements de $X$, elle est positive, croissante et la quantité

$$\tilde{X}(u) = \iint_{\{\|s-t\| < u\}} \Phi[\frac{|X(s)-X(t)|}{Q(u)}] \, ds\, dt$$

est une variable aléatoire dont l'espérance est majorée par $1$.

Pour toute fonction $\varphi$ définie sur $\mathbb{R}^+$, s'annulant en $0$ et croissante, on dira que la trajectoire $X(\omega,\cdot)$ est $\varphi$-lipschitzienne s'il existe une constante $c > 0$ telle que pour tout $\varepsilon > 0$ on ait :

$$\sup_{o<\|s-t\|<\varepsilon} \frac{|X(s)-X(t)|}{\varphi(c\|s-t\|)} < \infty .$$

Le résultat essentiel de cette note est le suivant :

THEOREME. <u>Soit</u> $\varphi$ <u>une fonction définie sur</u> $R^+$ , <u>s'annulant en</u> 0 <u>et croissante</u> ; <u>une condition suffisante pour que presque toutes les trajectoires de</u> X <u>soient</u> $\varphi$-<u>lipschitziennes est qu'il existe une fonction de Young</u> $\Phi$ <u>telle que</u> :

$$\int_o Q(u)\Phi^{-1}\left(\frac{1}{u^{2N}}\right)\frac{1}{u\varphi(u)}\,du < \infty$$

<u>Dans ces conditions, pour tout</u> $\varepsilon > 0$ , <u>on a</u> :

$$E\left[\sup_{o<\|s-t\|<\varepsilon} \frac{|X(s)-X(t)|}{\varphi(12\|s-t\|)}\right] \le 6^{2N+3}\int_o^\varepsilon Q(u)\Phi^{-1}\left(\frac{1}{u^{2N}}\right)\frac{1}{u\varphi(u)}\,du .$$

<u>Démonstration</u> : Pour tout $t \in [0,1]^N$ et tout entier $n \ge 0$ , on note $B_n(t)$ la boule ouverte de centre $t$ et de rayon $2^{-n}$ et $\lambda_n(t)$ sa mesure ; on a $2^{-nN} \le \lambda_n(t) \le 2^{-(n-1)N}$ . Si l'intégrale précédente converge, on en déduit

$$\int_o Q(u)\Phi^{-1}\left(\frac{1}{u^{2N}}\right)\frac{du}{u} < \infty ;$$

on sait alors, par la méthode des mesures majorantes, que presque toutes les trajectoires de X sont continues, et, dans ces conditions, si

$$X_n(t) = \frac{1}{\lambda_n(t)}\int_{B_n(t)} X(u)\,du ,$$

il existe une partie $\Omega_o$ de $\Omega$ , avec $P(\Omega_o) = 1$ , telle que pour tout $\omega \in \Omega_o$ , $\lim_{n\to\infty} X_n(t) = X(t)$ , pour tout $t \in [0,1]^N$ . Soient $\omega \in \Omega_o$ , $q$ un entier positif et $c > 0$ une constante fixés ; alors pour tous $s,t$ tels que $2^{-(q+1)} \le \|s-t\| < 2^{-q}$ , on a :

$$|X(s)-X(t)| \le \sum_{n\ge q} |X_{n+1}(s)-X_n(s)| + |X_q(s)-X_q(t)| + \sum_{n\ge q} |X_{n+1}(t) - X_n(t)| .$$

Pour tout entier $n \geq q$ , on a :

$$|X_{n+1}(s)-X_n(s)| \leq \frac{1}{\lambda_n(s)\lambda_{n+1}(s)} \iint_{B_n(s)\times B_{n+1}(s)} |X(u)-X(v)|dudv ,$$

$$\leq \frac{Q(3.2^{-(n+1)})}{\lambda_n(s)\lambda_{n+1}(s)} \iint_{B_n(s)\times B_{n+1}(s)} \Phi^{-1} \circ \Phi\left(\frac{|X(u)-X(v)|}{Q(3.2^{-(n+1)})}\right) dudv ,$$

$$\leq Q(3.2^{-(n+1)})\, \Phi^{-1}\left[2^{(2n+1)N}\, \tilde{X}(3.2^{-(n+1)})\right] ,$$

où l'on a utilisé successivement le fait que $\Phi^{-1}$ est concave, que $B_n(s)\times B_{n+1}(s) \subset \{\|u-v\| \leq 3.2^{-(n+1)}\}$ et la définition de $\tilde{X}(u)$ et de $\lambda_n(s)$. Le majorant ne dépend pas de $s$ ; le même calcul nous montre qu'il majore également $|X_n(t)-X_{n+1}(t)|$ . L'ensemble $B_q(s)\times B_q(t)$ étant inclus dans $\{\|u-v\| \leq 3.2^{-q}\}$ , un raisonnement identique nous permet de majorer $|X_q(s)-X_q(t)|$. D'où, pour $s,t$ tels que $2^{-(q+1)} \leq \|s-t\| < 2^{-q}$ , on en déduit

$$|X(s)-X(t)| \leq 2 \sum_{n\geq q} Q(3.2^{-n})\Phi^{-1}(2^{2nN}\, \tilde{X}(3.2^{-n})) .$$

De la croissance de $\varphi$ nous obtenons :

$$\sup_{2^{-(q+1)}\leq\|s-t\|<2^{-q}} \frac{|X(s)-X(t)|}{\varphi(c\|s-t\|)} \leq 2 \sum_{n\geq q} \frac{Q(3.2^n)}{\varphi(c2^{-(n+1)})} \Phi^{-1}(2^{2nN}\, \tilde{X}(3.2^{-n})) .$$

Pour $\epsilon > 0$ donné, considérons l'entier $q_o$ tel que $2^{-(q_o+1)} \leq \epsilon < 2^{-q_o}$ . En prenant l'espérance, la concavité de $\Phi^{-1}$ et les propriétés de $\tilde{X}$ nous donnent :

$$E\left(\sup_{o<\|s-t\|<\epsilon} \frac{|X(s)-X(t)|}{\varphi(c\|s-t\|)}\right) \leq E\left(\sup_{q\geq q_o}\ \sup_{2^{-(q+1)}\leq\|s-t\|<2^{-q}} \frac{|X(s)-X(t)|}{\varphi(c\|s-t\|)}\right),$$

$$\leq 2 \sum_{n\geq q_o} \frac{Q(3.2^{-n})}{\varphi(c2^{-(n+1)})} \Phi^{-1}(2^{2nN}) .$$

Un calcul simple nous permet d'écrire la somme sous forme d'intégrale :

$$E\left(\sup_{o<\|s-t\|<\varepsilon}\frac{|X(s)-X(t)|}{\varphi(c\|s-t\|)}\right)\le 4\int_o^{2^{-q_o+1}} Q(3u)\Phi^{-1}\left(\frac{2^{2N}}{4^{2N}}\right)\frac{1}{u\varphi(\frac{cu}{4})}\,du .$$

En prenant $c = 12$ , le fait que $2^{-(q_o+1)} \le \varepsilon < 2^{-q_o}$ et la sous-additivité de $\Phi^{-1}$ nous donnent le résultat annoncé .

Dans la suite, nous appliquons le théorème à une famille particulière de fonctions de Young, les fonctions puissances.

COROLLAIRE 1. <u>Une condition suffisante pour que presque toutes les trajectoires d'une fonction aléatoire soient</u> $\varphi$-<u>lipschitziennes, est qu'il existe un nombre réel</u> $p > 1$ , <u>tel que</u> :

$$\int_o \left[\iint_{\{\|s-t\|<u\}} E|X(s)-X(t)|^p\,ds\,dt\right]^{1/p}\frac{1}{u^{1+\frac{2N}{p}}\varphi(u)}\,du < \infty$$

Il suffit de calculer $Q(u)$ pour $\Phi(x) = |x|^p$ . Quand $\varphi \equiv 1$ nous retrouvons la condition suffisante de continuité de N. KÔNO ([4]) .

COROLLAIRE 2. <u>Si</u> $f$ <u>est une fonction définie sur</u> $R^+$ <u>croissante, telle que pour tous</u> $s,t \in [0,1]^N$ :

$$E|X(s)-X(t)|^p \le f^p(\|s-t\|) ,$$

<u>une condition suffisante pour que presque toutes les trajectoires de</u> $X$ <u>soient</u> $\varphi$-<u>lipschitziennes est que</u>

$$\int_o \frac{f(u)}{\varphi(u)u^{1+\frac{u}{p}}}\,du < \infty .$$

En effet, un simple calcul donne $Q(u) \leq (2u)^N f(u)$. Le cas particulier $\varphi(u) = u^\alpha$ est le résultat de I. IBRAGIMOV ([2]) ; on remarquera que I. IBRAGIMOV a montré de plus, que si l'intégrale diverge, il existe alors une fonction aléatoire X vérifiant les hypothèses, telle que :

$$P\left( \sup_{s \neq t} \frac{|X(s)-X(t)|}{\|s-t\|^\alpha} = \infty \right) = 1 .$$

La méthode présentée ici ne peut se généraliser directement dans un espace quelconque ; on a utilisé, en effet, explicitement le fait que la mesure des boules ne dépend que du rayon de celles-ci. Notons que N. KÔNO ([3]) et G. PISIER ([6]) ont obtenu, pour des fonctions aléatoires définies sur $[0,1]^N$ et sur un espace compact métrisable, respectivement, et associées entre autres, à des fonctions de Young de type puissance, des conditions de régularité à partir de l'entropie.

## REFERENCES

[1] FERNIQUE X. : Régularité des trajectoires des fonctions aléatoires gaussiennes. Lect. Notes Math., 480 (1975), pp. 1-96 .

[2] IBRAGIMOV I. : Sur la régularité des trajectoires des fonctions aléatoires. C.R. Acad.Sci. Paris, Ser. A; 289 (1979), pp. 545-547 .

[3] KÔNO N. : Sample path properties of stochastic processes. J. Math. Kyoto Univ., 20-2 (1980), pp.295-313 .

[4] KÔNO N. : A Remark on Garsia's intégral test about Sample continuity of $L_p$- processes. A paraître dans J. Math. Kyoto Univ. (1980) .

[5] NANOPOULOS C. et Ph. NOBELIS: Régularité et propriétés limites des fonctions aléatoires. Sem. de Prob. XII , Lect. Notes Math. , 649 (1976/77) , pp. 567-690 .

[6] PISIER G. : Conditions d'entropie assurant la continuité de certains processus et applications à l'Analyse Harmonique. Sém. d'Anal. Fonct., Ecole Polyt., 1980 exposés XIII - XIV .

Université de Strasbourg
Séminaire de Probabilités 1979/80

# GEOMETRIE STOCHASTIQUE SANS LARMES

par P.A. Meyer

Il y a une quinzaine d'années, alors que les relations entre la théorie des processus de Markov et la théorie du potentiel étaient en plein développement, P. Cartier avait dit qu'il ne suffisait pas de faire des probabilités sur les espaces localement compacts, qu'il fallait en faire sur des structures riches, et en particulier sur les variétés. Il semble que sa prédiction soit en train de se réaliser : dans un congrès international comme celui organisé à Durham, en Juillet 1980, par la London Mathematical Society, et consacré aux intégrales stochastiques, un bon tiers des exposés avaient un rapport avec la géométrie différentielle, et en particulier avec le " Malliavin Calculus" , c'est à dire les méthodes inventées par Malliavin pour établir des résultats d'hypoellipticité de manière probabiliste.

Le texte qui suit, et dont l'intérêt est surtout pédagogique, a pour but de faciliter aux probabilistes l'abord de la géométrie différentielle. Le point de vue adopté est celui de Schwartz : le langage naturel pour travailler sur les processus à valeurs dans les variétés n'est pas celui que l'on utilise le plus couramment en géométrie différentielle, mais celui des <u>vecteurs tangents et des formes d'ordre 2</u>. Je n'ai pas cherché à aller très loin, mais j'espère que cette présentation permettra d'aborder sans trop de peine les travaux de Malliavin et de son école, de L. Schwartz, le livre en préparation de J.M. Bismut. Un autre texte d'introduction, de beaucoup plus grande ampleur, devrait paraître prochainement : le livre de N. Ikeda et S. Watanabe " Stochastic Differential Equations and Diffusion Processes"[2].

Cet exposé doit beaucoup à des conversations avec d'autres mathématiciens, ou à la communication de travaux non encore publiés. Tous mes remerciements vont donc, à L. Schwartz d'abord, pour de fructueuses discussions ( l'une d'entre elles a fourni le thème principal ), puis à J. M. Bismut, N. Ikeda et S. Watanabe, P. Malliavin ; D. Williams et R.J. Elliott enfin, pour leur invitation à participer au congrès de Durham[1].

1. Le volume des Proceedings de Durham contiendra une version de ce texte, en anglais, plus courte et rédigée dans un esprit assez différent.
2. Voir aussi le cours de Malliavin à Montréal (1978), "Géométrie différentielle stochastique" .

# TABLE DES MATIERES

## 1. VECTEURS ET FORMES DU SECOND ORDRE

Nous désignons par V une variété de dimension $\nu$, de classe $C^{\infty}$ ( nous ne considérerons dans la suite que des variétés, fonctions, champs, formes... de classe $C^{\infty}$ ). L'algèbre $C^{\infty}(V)$ des fonctions réelles indéfiniment dérivables sur V sera simplement désignée par C, la plupart du temps.

Nous utiliserons presque toujours la convention de sommation d'Einstein, consistant à omettre le symbole $\Sigma_i$ lorsque l'indice i est répété, une fois en position supérieure et une fois en position inférieure ( nombreux exemples plus bas ). Dans les cas douteux, les symboles $\Sigma$ seront complètement écrits.

a) Rappelons quelques notations et définitions de géométrie différentielle élémentaire.

i) Soit $a \in V$ . On appelle <u>vecteur tangent</u> en a un opérateur différentiel du premier ordre en a, sans terme constant, c'est à dire une forme linéaire u sur C possédant les propriétés

1) $u(1)=0$

2) Si $f \in C$ a un zéro double en a ( i.e. s'annule en a, ainsi que ses dérivées partielles d'ordre 1 dans une carte locale quelconque ), on a $u(f)=0$.

Soit $(x^i)$ une carte locale autour de a ; nous noterons $D_i$, dans toute la suite, les opérateurs de dérivation partielle $\partial/\partial x^i$. Alors les applications $f \mapsto (D_i f)_a$ sont des vecteurs tangents en a, et la formule de Taylor à l'ordre 1 entraîne que tout $u \in T_a(V)$[1] s'écrit de manière unique $u=u^i D_i$ ( convention de sommation ).

On note T(V) la somme de tous les espaces $T_a(V)$, pour $a \in V$ : un élément de T(V) est donc un couple (a,u) avec $a \in V$, $u \in T_a(V)$. Si U est un ouvert de V, on identifie T(U) à une partie de T(V) ; en particulier, si U est le domaine de la carte locale $(x^i)$, un élément de T(U) est uniquement repéré par les coordonnées $a^i$ de a et les coordonnées $u^i$ de u ( $u=u^i D_i$), et T(U) est en bijection avec $U \times \mathbb{R}^{\nu}$. Nous n'insistons pas sur la manière triviale dont on munit T(V) d'une structure de variété $C^{\infty}$ .

ii) On note $T^*_a(V)$ le dual de $T_a(V)$, et $T^*(V)$ la somme des $T^*_a(V)$ ( les éléments de $T^*_a(V)$ sont les <u>vecteurs cotangents</u>, ou <u>formes</u>, au point a ). Soit $f \in C$ ; nous notons $df_a$ ( resp. df ) l'application $u \mapsto u(f)$ sur $T_a(V)$ ( resp. $(a,u) \mapsto u(f)$ sur T(V) ), et cette application est appelée la <u>différentielle</u> de f ( au point a, ou sur la variété ). Par exemple, les fonctions $u^i$ considérées plus haut sur T(U) sont simplement les $dx^i$, de sorte qu'à toute carte locale $(x^i)$ de domaine U est associée une carte $(x^i, dx^i)$ sur T(U).

Les différentielles de fonctions sont des exemples de <u>formes différentielles</u>, i.e. de fonctions $C^{\infty}$ sur T(V), linéaires sur chaque $T_a(V)$ .

1. J'ai oublié de dire qu'on note ainsi l'espace tangent à V en a !

La restriction à $T(U)$ d'une forme différentielle s'écrit de manière unique $u_i dx^i$, où les fonctions $u_i$ sont $C^\infty$ dans $U$.

iii) Soit $h$ une application d'une variété $W$ dans $V$, et soit $c \in W$, $a=h(c)$. On peut associer à $h$ une application $h_* : T_c(W) \longrightarrow T_a(V)$, définie par

$$< h_*(u), df >_a = < u, d(f \circ h) >_c \quad \text{si } u \in T_c(W),\ f \in C^\infty(V)$$

En particulier, prenons $W=\mathbb{R}$ : $h$ est alors une <u>courbe</u> dans $V$. En tout point $t$ de $\mathbb{R}$, désignons par $D_t$ le vecteur tangent correspondant à la dérivée usuelle : le vecteur tangent $h_*(D_t)$ au point $h(t) \in V$ est appelé le <u>vecteur vitesse</u> de la courbe à l'instant $t$, et noté $\dot{h}(t)$. Si l'on prend une carte locale $(x^i)$ autour de $a=h(t)$, et si l'on pose $h^i=x^i \circ h$ au voisinage de $t$, on a

$$\dot{h}(t) = \dot{h}^i(t) D_i \quad \text{au point } a .$$

b) <u>Etendons maintenant au second ordre toutes les définitions précédentes</u>

Divers auteurs ont étudié l'extension de ces définitions à un ordre $n$ quelconque : il y a en fait des différences assez profondes entre les ordres $\leq 2$ et $\geq 3$, et il est heureux que nous n'ayons pas à dépasser l'ordre 2.

i) Soit $a$ un point de $V$. Un <u>vecteur tangent du second ordre</u> en $a$ est un opérateur différentiel au point $a$, sans terme constant, d'ordre $\leqq 2$, i.e. une application $\lambda$ de $C$ dans $\mathbb{R}$, linéaire, telle que

1) $\lambda(1)=0$

2) Si $f \in C$ a un zéro triple en $a$ ( i.e. s'annule en $a$, ainsi que ses dérivées partielles d'ordre 1 et 2 dans une carte locale quelconque ), on a $\lambda(f)=0$.

L'espace des vecteurs tangents du second ordre en $a$ est noté $\tau_a(V)$. Notons tout de suite qu'un opérateur différentiel d'ordre $\leqq 1$ est aussi d'ordre $\leqq 2$ : on a donc $T_a(V) \subset \tau_a(V)$. La somme de tous les espaces $\tau_a(V)$ est notée $\tau(V)$. Si $U$ est un ouvert de $V$, nous identifions $\tau(U)$ à une partie de $\tau(V)$.

Regardons comment s'écrivent les vecteurs tangents d'ordre 2 : prenons une carte locale $(x^i)$ autour de $a$, en supposant pour simplifier que les $x^i$ s'annulent en $a$. Les opérateurs de dérivation partielle $D_i$ et $D_{ij}$ au point $a$ sont des vecteurs tangents du second ordre, indépendants ( $i \leqq j$ ), car

$$D_i(x^\alpha) = \delta_i^\alpha \quad , \quad D_i(x^\alpha x^\beta) = 0$$

$$D_{ij}(x^\alpha) = 0 \quad , \quad D_{ij}(x^\alpha x^\beta) = \delta_{ij}^{\alpha\beta} + \delta_{ij}^{\beta\alpha}$$

où $\delta$ est un symbole de Kronecker, comme d'habitude. D'autre part, la condition 2) ci-dessus entraîne que ces vecteurs engendrent $\tau_a(V)$. Tout élément de $\tau_a(V)$ s'écrit donc de manière unique

(1) $$\lambda = \lambda^i D_i + \lambda^{ij} D_{ij}$$

où la seconde sommation se fait, non sur les couples $(i,j)$, $i\leq j$, mais sur <u>tous</u> les couples $(i,j)$, et la condition $\lambda^{ij}=\lambda^{ji}$ est imposée pour l'unicité.

Dans une seconde carte locale $(x^{i'})$ autour de a, le même opérateur s'écrira $\lambda = \lambda^{i'} D_{i'} + \lambda^{i'j'} D_{i'j'}$, la formule de transformation étant d'une part

(2) $$\lambda^{i'j'} = D_i x^{i'} D_j x^{j'} \lambda^{ij}$$

de sorte que les $\lambda^{ij}$ se transforment comme les composantes d'une forme bilinéaire ( nous y reviendrons plus loin ), et d'autre part

(3) $$\lambda^{i'} = D_i x^{i'} \lambda^i + D_{ij} x^{i'} \lambda^{ij}$$

ce qui signifie que la formule de transformation des $\lambda^i$ fait intervenir aussi les $\lambda^{ij}$. Autrement dit, <u>les $\lambda^i$ ne sont pas les composantes d'un vecteur tangent du premier ordre</u>. Ou encore, il n'existe pas, sur une variété, de manière naturelle de décomposer un vecteur tangent d'ordre 2 en un vecteur tangent d'ordre 1 et un vecteur tangent "purement d'ordre 2" , comme on peut le faire dans $\mathbb{R}^n$ grâce à la structure linéaire ( dans la formule (3), le second terme à droite s'annule dans les changements de cartes linéaires ). Nous y reviendrons plus loin également.

Ces formules de changement de carte montrent que $\tau(V)$ peut être muni d'une structure de variété $C^\infty$ : si les $(x^i)$ forment une carte locale sur V de domaine U, les $(x^i, \lambda^i, \lambda^{ij})$ avec $i\leq j$ définiront une carte sur l'ouvert $\tau(U)$ de $\tau(V)$.

ii) On appelle <u>forme d'ordre</u> 2 toute fonction $C^\infty$ sur $\tau(V)$, linéaire sur chaque $\tau_a(V)$. Notons tout de suite que la restriction à $T(V)$ d'une forme d'ordre 2 est une forme différentielle ordinaire.

L'exemple fondamental en est le suivant : si $f\in C$, nous noterons $d^2 f_a$ ( resp. $d^2 f$ ) l'application $\lambda \mapsto \lambda(f)$ sur $\tau_a(V)$ ( resp. $(a,\lambda)\mapsto\lambda(f)$ sur $\tau(V)$ ) et nous l'appellerons <u>différentielle seconde de</u> f, au point a ou sur V. Il est clair que $d^2 f$ est une forme d'ordre 2, et il en est de même de $g d^2 f$, où g est une fonction $C^\infty$ sur V .

Pour écrire la différentielle seconde en coordonnées locales, nous introduirons encore la notation suivante : étant données deux fonctions $f\in C$, $g\in C$, nous définissons la forme d'ordre 2

(4) $$df.dg = \tfrac{1}{2}( d^2(fg) - f d^2 g - g d^2 f )$$

Alors :

LEMME. <u>On a dans le domaine de la carte locale</u> $(x^i)$

(5) $$d^2 f = D_i f \, d^2 x^i + D_{ij} f \, dx^i . dx^j$$

En effet, soit $a=(a^i)$ un point du domaine. On a

$$d^2x^i = d^2(x^i-a^i) \quad , \quad dx^i.dx^j = \tfrac{1}{2}d^2((x^i-a^i)(x^j-a^j))$$

de sorte que la formule à démontrer s'écrit

$$d^2(\ f - D_if(a)(x^i-a^i) - \tfrac{1}{2}D_{ij}f(a)(x^i-a^i)(x^j-a^j)\ ) = 0$$

et elle se réduit à la formule de Taylor au second ordre.

La formule (5) a une longue histoire : elle figure dans les anciens cours d'analyse, par exemple, chez Goursat, comme un moyen très commode de manier le système des dérivées secondes de f dans les changements de variables, puisque le côté gauche de la formule est intrinsèque. Il est vrai que les vieux auteurs défigurent (5) en décidant que $d^2x^i=0$ lorsque les $x^i$ sont les "variables indépendantes", ce qui ne veut rien dire. L'exposé le plus clair que j'aie trouvé est celui d'Hadamard ( cours d'analyse de l'école polytechnique, 1917[1]) , qui appelle (5) la différentielle seconde complète, et en souligne bien le caractère invariant. Les auteurs modernes, à la suite de Bourbaki et de Dieudonné, ne conservent que la partie bilinéaire de la différentielle seconde ( Dieudonné, FAM, VIII. 12 ). A mon avis, les deux notions sont nécessaires.

[1] Comment ce cours de 1917 figure t'il dans notre bibliothèque avec le tampon " Reichsuniversität Strasburg " ? Encore une trahison des intellectuels ?

Noter les formules

$$(6) \qquad d^2f|_{T(V)} = df \quad , \quad df.dg|_{T(V)} = 0 \ .$$

Les formes d'ordre 2 $dx^i.dx^j$ $(i\leq j)$ et $d^2x^i$ constituent en tout point a une base de l'espace $\tau_a^*(V)$ dual de $\tau_a(V)$. On en déduit qu'une forme d'ordre 2 s'écrit localement

$$(7) \qquad \omega = a_i d^2x^i + a_{ij}dx^i.dx^j$$

avec des coefficients $a_i$, $a_{ij}$ de classe $C^\infty$ dans le domaine de la carte, et de manière unique si l'on impose que $a_{ij}=a_{ji}$. Contrairement à ce qui se produisait pour les opérateurs différentiels, c'est la partie du premier ordre qui est ici intrinsèque :

$$\omega|_{T(V)} = a_i dx^i$$

tandis que l'expression $a_{ij}dx^i.dx^j$ ne se transforme pas comme une forme bilinéaire dans les changements de cartes arbitraires.

Soit L un champ de vecteurs tangents du second ordre ( ou, comme on dit le plus souvent, un opérateur différentiel du second ordre ). On a $\langle L,d^2f\rangle = L(f)$, donc aussi

$$(8) \qquad \langle\, L,\ df.dg\,\rangle = \tfrac{1}{2}(\ L(fg)-fLg-gLf\ )$$

On reconnaît là l'«opérateur carré du champ» associé à L . En particulier, si $L = \lambda^iD_i + \lambda^{ij}D_{ij}$ , on a

$$\langle\, L,\ df.dg\,\rangle = \lambda^{ij}D_ifD_jg$$

En tout point a, l'espace des différentielles $df_a$ est en bijection avec $T_a^*$. L'application $(df_a, dg_a) \mapsto \lambda^{ij}D_if(a)D_jg(a)$ étant intrinsèque, on voit que L définit une forme bilinéaire symétrique intrinsèque sur l'espace cotangent $T_a^*$ : cela "explique" la formule (2)

Nous reviendrons plus loin sur les formes d'ordre 2.

Soit f une fonction nulle au point a : connaître $d^2f_a$ revient à connaître les dérivées partielles premières et secondes de f en a, ou encore ce que l'on nomme le 2-jet de f-f(a) en a. La formule (4) peut s'interpréter ainsi : si f et g sont nulles en a, le 2-jet de fg en a ne dépend que des 1-jets de f et g en a, d'où une opération qui associe à deux 1-jets ( deux différentielles premières ) un 2-jet ( une différentielle seconde ). Nous n'utilisons pas ce point de vue dans la suite.

iii) Soit h une application d'une variété W dans V, et soit $c\in W$, $a=h(c)$. On peut associer à h une application linéaire $h_* : \tau_c(W) \longrightarrow \tau_a(V)$ de la manière suivante :

$$< h_*(\lambda), d^2f >_a = < \lambda, d^2(f\circ h) >_c \qquad ( \lambda\in\tau_c(W),\ f\in C^\infty(V)).$$

En particulier, prenons $W=\mathbb{R}$ . En tout point t de $\mathbb{R}$, soit $D_t^2$ le vecteur tangent d'ordre 2 correspondant à la dérivée seconde usuelle : le vecteur tangent d'ordre 2 $h_*(D_t^2)$ au point h(t) est appelé le vecteur accélération de la courbe à l'instant t, et noté $\ddot{h}(t)$. Il s'écrit en coordonnées locales

(9) $$\ddot{h} = \ddot{h}^i D_i + \dot{h}^i\dot{h}^j D_{ij} \text{ au point } h(t) .$$

Il est amusant de remarquer que la connaissance de $\ddot{h}$ détermine celle de tous les produits $\dot{h}^i\dot{h}^j$ , donc celle de la vitesse $\dot{h}$ au signe près.

## 2. LE PRINCIPE DE SCHWARTZ

Soit X un processus stochastique ( sur $\Omega$, $\underline{\underline{F}}$, P, $(\underline{\underline{F}}_t)$ comme d'habitude ), à trajectoires continues - il en sera ainsi dans toute la suite, sauf mention expresse du contraire - et à valeurs dans V. Nous dirons que X est une semimartingale si, pour toute fonction $f\in C^\infty$, le processus réel $f\circ X$ est une semimartingale ordinaire par rapport à la famille $(\underline{\underline{F}}_t)$.

a) Soit U le domaine d'une carte locale $(x^i)$, et soit $f\in C=C^\infty(V)$. Ecrivons la formule d'Ito dans l'ouvert aléatoire prévisible $\{X\in U\}$ :

$$d(f\circ X)_t = D_i f\circ X_t\, dX_t^i + \tfrac{1}{2}D_{ij}f\circ X_t\, d\langle X^i,X^j\rangle_t$$

D'un point de vue pédagogique, nous recommandons au lecteur de ne pas s'embarrasser du problème de localisation, et de raisonner comme si V était munie de coordonnées globales $x^i$ : les idées essentielles ressortiront bien plus clairement.

Le côté gauche de cette formule ne fait intervenir aucune carte locale. Le côté droit est donc indépendant de la carte utilisée, et cela suggère que l'<< opérateur différentiel au point $X_t$ >>

(10) $$dX_t^i\, D_i + \frac{1}{2}\, d\langle X^i,X^j\rangle_t\, D_{ij}$$

<u>que nous noterons</u> $d^2X_t$ <u>dans la suite</u> - est indépendant de la carte locale, autrement dit, est un vecteur tangent du second ordre au point $X_t$, intrinsèquement associé au processus. Qu'est ce que cela veut dire ? Rien de plus que la formule d'Ito elle même : que si nous prenons une fonction $f\in C$, un processus prévisible borné $(H_t)$, l'intégrale stochastique

$$\int_0^t I_{\{X_s\in U\}}H_s < d^2X_s,f> = \int_0^t I_{\{X_s\in U\}}H_s(D_i f\circ X_s dX_s^i + \tfrac{1}{2}D_{ij}f\circ X_s d<X^i,X^j>_s)$$

a une signification intrinsèque. Le caractère invariant du vecteur tangent d'ordre 2 $d^2X_t$ ne peut avoir qu'une interprétation heuristique, en raison du $dX_t^i$ qui figure en tête, et qui n'est même pas un véritable élément différentiel. Néanmoins, ce caractère invariant, découvert par L. Schwartz, fournit un fil conducteur extrêmement utile pour le calcul stochastique dans les variétés. Nous l'appellerons <u>principe de Schwartz</u> dans la suite.

b) Soit $Y_t$ une semimartingale continue réelle ; alors $Y_t$ se décompose de manière unique en somme d'un processus à variation finie continue $\tilde{Y}_t$ ( nul en 0 pour fixer les idées ) et d'une martingale locale continue $\overset{c}{Y}_t$. Suivant la terminologie de Jacod, les processus à variation finie $\tilde{Y}_t$ et $<Y,Y>_t = <\overset{c}{Y},\overset{c}{Y}>_t$ sont appelés les <u>caractéristiques locales</u> de Y. Si Y n'est connue que dans un ouvert aléatoire prévisible A, on peut calculer les mesures aléatoires $I_A d\tilde{Y}_t$ et $I_A d<Y,Y>_t$ , que l'on appelle les caractéristiques locales <u>de</u> Y <u>dans</u> A . L'extension au cas vectoriel est immédiate.

En particulier, prenons pour $Y_t$ la semimartingale réelle $f\circ X_t$ , dans l'ouvert prévisible $A=\{X\in U\}$. Nous avons dans A

$$d\tilde{Y}_t = D_i f\circ X_t\, d\tilde{X}_t^i + \tfrac{1}{2}D_{ij}f\circ X_t\, d<X^i,X^j>_t$$

Le côté gauche étant indépendant de toute carte locale, il doit en être de même du côté droit, ce qui signifie que le vecteur tangent du second ordre

(11) $$d^2\tilde{X}_t = d\tilde{X}_t^i\, D_i + \tfrac{1}{2}\, d<X^i,X^j>_t\, D_{ij} \quad \text{au point } X_t$$

est intrinsèquement associé au processus X. Nous l'appellerons le vecteur tangent d'ordre 2 des <u>caractéristiques locales</u> de X .

La signification intuitive de ce fait est la suivante : formellement, on a $d\tilde{Y}_t = E[dY_t|\underline{\underline{F}}_t]$ pour une semimartingale réelle. Ici, conditionnellement à $\underline{\underline{F}}_t$, les divers vecteurs tangents $d^2X_t$ sont tous au même point $X_t$ de V ; on peut donc en prendre l'intégrale, et on a

$$d^2\tilde{X}_t = E[d^2X_t|\underline{\underline{F}}_t] \quad (\text{ formellement ! }) .$$

Contrairement à (10), on peut donner à (11) un sens précis : choisissons un processus croissant réel $(H_t)$ continu, tel que les mesures $d\tilde{X}_t^i$ , $d<X^i,X^j>_t$ sur l'ouvert aléatoire $\{X\in U\}$ soient absolument continues par rapport à $(H_t)$ - le plus souvent, on aura $H_t=t$ dans les applications . Désignons par $\lambda_t^i$ une densité de $d\tilde{X}_t^i/dH_t$, par $\lambda_t^{ij}$ une densité de $d<X^i,X^j>_t/dH_t$.

Alors le vrai vecteur tangent du second ordre

$$\lambda_t^i D_i + \frac{1}{2}\lambda_t^{ij} D_{ij} \quad \text{au point } X_t$$

sur l'ensemble $\{X\epsilon U\}$, est intrinsèquement associé au processus, au sens suivant : si l'on change de carte locale sur U, les vecteurs tangents d'ordre 2 correspondants ne diffèrent que sur un ensemble dH -négligeable.

c) Les deux vecteurs tangents du second ordre $d^2X_t$ et $d^2\tilde{X}_t$ étant placés au même point, on peut considérer leur différence, qui s'écrit

(12) $$d^2\overset{c}{X}_t = d\overset{c}{X}_t D_i$$

C'est en fait un vecteur tangent du premier ordre. Cette remarque a été faite par Schwartz dans son livre [1], p. 66 et suivantes.

REMARQUE. La semimartingale X est à variation finie ( dans l'ouvert aléatoire $\{X\epsilon U\}$ ) si et seulement si les crochets $d\langle X^i,X^j\rangle_t$ sont nuls dans cet ouvert. Cela revient à dire que $d^2X_t$ ( ou $d^2\tilde{X}_t$ ) est constamment du premier ordre dans l'ouvert. Il faut donc se garder d'interpréter $d^2X_t$ comme une accélération : c'est bien une vitesse, et les termes du second ordre proviennent du caractère " brownien" de la trajectoire.

## 3. CONNEXIONS

La notion de connexion marque la frontière de la géométrie différentielle véritable, et c'est une idée relativement difficile à assimiler. Nous espérons convaincre notre lecteur, dans ce paragraphe, qu'il s'agit d'une idée particulièrement simple et intuitive pour les probabilistes, à condition de disposer du langage du second ordre.

a) Plaçons nous d'abord sur $\mathbb{R}^n$, et considérons un opérateur du second ordre à coefficients constants, générateur d'un " mouvement brownien" X . Cet opérateur s'écrit ( en supposant nul le terme d'ordre 0 )

$$\lambda = \lambda^i D_i + \lambda^{ij} D_{ij}$$

où la forme bilinéaire de coefficients $\lambda^{ij}$ est positive, mais peut être dégénérée. Si les $\lambda^i$ sont tous nuls, X est une martingale, le mouvement moyen de X est nul. L'addition de $\lambda^i D_i$ correspond alors à celle d'une dérive déterministe ( ou drift, comme on dit en franglais ). Sur une variété, on ne sait pas définir de manière intrinsèque la " partie du premier ordre " d'un opérateur du second ordre, et cela nous empêche de définir le mouvement moyen instantané d'une semimartingale, et la notion de martingale. Nous introduisons donc la notion qui nous est nécessaire :

DEFINITION 3.1. On appelle connexion au point a de V une application linéaire $\Gamma_a : \tau_a(V) \to T_a(V)$, qui induit l'identité sur $T_a(V)$. Si $\lambda$ est un vecteur tangent d'ordre 2 en a, $\Gamma_a(\lambda)$ est appelé la dérive de $\lambda$ .

Soit $\lambda = \lambda^i D_i + \lambda^{ij} D_{ij}$ un vecteur du second ordre en a ; pour savoir calculer $\Gamma_a(\lambda)$ il suffit de connaître $\Gamma_a(D_i)=D_i$ et $\Gamma_a(D_{ij})$ : on pose

(13) $$\Gamma_a(D_{ij}) = \Gamma^k_{ij}(a)D_k$$

avec $\Gamma^k_{ij}=\Gamma^k_{ji}$ puisque $D_{ij}=D_{ji}$ ( en langage de géométrie différentielle, nous ne considérons ici que des connexions <u>sans torsion</u> ). Les coefficients $\Gamma^k_{ij}(a)$ sont appelés les <u>symboles de Christoffel</u> de la connexion au point a ( dans la carte $(x^i)$).

Il est alors facile de définir ce qu'est une <u>connexion sur</u> V : c'est un champ de connexions en chaque point de V, les symboles de Christoffel étant des fonctions $C^\infty$ dans le domaine de chaque carte locale.

Explicitons une propriété évidente, mais fondamentale, des connexions : soit L un opérateur du second ordre sur V ( i.e. un champ de vecteurs du second ordre ) : alors $\Gamma(L)$ est un champ de vecteurs du premier ordre, et l'on a pour toute fonction f sur V

(14) $$\Gamma(fL) = f\Gamma(L)$$

En particulier, soient X et Y deux champs de vecteurs du premier ordre ; leur produit XY ( $(XY)f = X(Yf)$ : rappelons qu'un vecteur tangent est un opérateur différentiel ! ) est un champ de vecteurs du second ordre, et $\Gamma(XY)$ est à nouveau un champ de vecteurs ordinaire. On pose

(15) $$\Gamma(XY) = \nabla_X Y$$

et on l'appelle la <u>dérivée covariante</u> du champ Y suivant le champ X. Calculons la explicitement , en posant $X=\xi^i D_i$ , $Y=\eta^j D_j$

$$Yf = \eta^j D_j f \quad ; \; XYf = \xi^i D_i(\eta^j D_j f) = \xi^i D_i \eta^j D_j f + \xi^i \eta^j D_{ij} f$$

$$XY = \xi^i D_i \eta^j D_j + \xi^i \eta^j D_{ij}$$

$$\Gamma(XY) = \xi^i D_i \eta^j D_j + \xi^i \eta^j \Gamma^k_{ij} D_k \quad \text{ou} \quad \xi^i (D_i \eta^k + \eta^j \Gamma^k_{ij}) D_k$$

La définition la plus usuelle des connexions - plus précisément, des connexions <u>linéaires</u> - car il y en a d'autres, que nous rencontrerons plus loin - part de la notion de dérivée covariante. Celle que nous avons donnée remonte à Ambrose, Palais et Singer, Sprays, Anais Acad. Bras. Ciencias 32, 1960, p. 163.

Il sera souvent avantageux pour nous de considérer une connexion, non pas comme un opérateur qui transforme les vecteurs d'ordre 2 en vecteurs d'ordre 1 en induisant l'identité sur T(V) , mais dualement, comme un opérateur qui transforme les formes d'ordre 1 en formes d'ordre 2, en préservant la restriction à T(V). Ainsi

(16) $$\Gamma(dx^i) = d^2x^i + \Gamma^i_{jk} dx^j . dx^k \qquad ( \text{ et } \Gamma(f\omega) = f\Gamma(\omega) \text{ si } f\in C )\ .$$

b) Illustrons maintenant la simplicité de cette notion de connexion par divers exemples, empruntés soit à la géométrie différentielle, soit aux probabilités.

i) La notion de géodésique . Soit une courbe $h : \mathbb{R} \to V$ . On dit que h est une géodésique ( pour la connexion $\Gamma$ ) si $\Gamma(\ddot{h}(t)) = 0$ tout le long de la courbe. Ayant calculé $\ddot{h}$ ( formule (9)), nous voyons que l'équation des géodésiques est

(17) $$\ddot{h}^k + \dot{h}^i\dot{h}^j\Gamma^k_{ij}\circ h = 0 \quad (k=1,\dots,\nu)$$

Voir plus bas : note sur l'équation des géodésiques.

ii) Application à la mécanique . Prenons $V=\mathbb{R}^3$, et considérons l'équation de la dynamique newtonienne, sous sa forme "naive"

$$m\ddot{x}(t) = F(x(t)) \quad ( \text{ou } F(x(t), \dot{x}(t)) )$$

F désignant un champ de forces ( vecteurs d'ordre 1 ). Nous avons vu plus haut qu'une accélération n'est pas un vecteur d'ordre 1, donc cette équation n'est pas homogène : on doit donc l'écrire

$$m\Gamma(\ddot{x}(t)) = F(x(t)) \quad ( \text{ou } F(x(t), \dot{x}(t)) )$$

où $\Gamma$ est la connexion sur $\mathbb{R}^3$ dont tous les symboles de Christoffel sont nuls, dans les coordonnées usuelles sur $\mathbb{R}^3$. Cette forme de l'équation de la dynamique est maintenant invariante par les difféomorphismes de $\mathbb{R}^3$ ( la connexion $\Gamma$ étant la connexion riemannienne de $\mathbb{R}^3$, nous verrons plus loin que cela revient à écrire les équations de Lagrange ).

iii) Martingales ( locales ) à valeurs dans une variété. Soit X une semimartingale à valeurs dans V. Le principe de Schwartz nous dit que $d^2X_t$ et $d^2\tilde{X}_t$ se transforment comme des vecteurs tangents du second ordre : on peut donc leur appliquer $\Gamma$ . Nous dirons que X est une martingale ( locale ) à valeurs dans V si $\Gamma(d^2\tilde{X}_t)=0$, autrement dit, si pour toute carte locale $(x^i)$ de domaine U, pour tout $k=1,\dots,\nu$

(18) $$dX^k_t + \tfrac{1}{2}\Gamma^k_{ij}(X_t)d\langle X^i,X^j\rangle_t$$ est une différentielle de martingale locale réelle, dans l'ouvert prévisible $\{X\in U\}$.

Ainsi, les martingales ( locales ) à valeurs dans $\mathbb{R}^n$, pour la connexion usuelle, sont les martingales locales usuelles. Les martingales proprement dites ne pouvant être définies dans les variétés générales, le mot " locale" sera presque toujours supprimé. Nous remettons les exemples à plus tard.

Cette notion est due à J.M. Bismut, bien qu'il n'utilise pas lui même la terminologie des "martingales à valeurs dans V" : je l'ai apprise de lui au cours d'un exposé à Paris en Décembre 79, et ne puis pas pour l'instant donner de référence plus exacte.

Note sur l'équation des géodésiques

c) Ceci est une digression, destinée à présenter aux probabilistes peu familiers avec la géométrie différentielle quelques résultats classiques de cette discipline, dont nous nous servirons plus tard à l'occasion. On trouvera par la suite une ou deux autres digressions de ce genre.

Commençons par le cas où $V=\mathbb{R}^\nu$, muni d'une connexion $\Gamma$ dont les symboles de Christoffel sont $C^\infty$ à support compact. Le système géodésique s'écrit

$$\frac{dx^k}{dt} = \dot{x}^k \qquad \frac{d\dot{x}^k}{dt} = -\Gamma^k_{ij}(x(t))\dot{x}^i\dot{x}^j$$

où l'on peut se fixer les conditions initiales $x^k(0)=\alpha^k$, $\dot{x}^k(0)=\xi^k$. On ne peut appliquer à ce système la théorie de l'existence et de l'unicité pour les systèmes lipschitziens, car il n'est que localement lipschitzien. Néanmoins, on sait qu'il existe une solution maximale $x(t)$ unique, définie dans un intervalle $]a,b[$ avec $a<0<b$, telle que

$$x^k(0)=\alpha^k,\ \dot{x}^k(0)=\xi^k,\ \lim_{t\to a}|x(t)|=\infty,\ \lim_{t\to b}|x(t)|=\infty$$

Mais en fait les $\Gamma^k_{ij}$ sont à support compact, donc la trajectoire s'éloignant à l'infini finit par entrer et rester dans l'ensemble où ils sont nuls, et se réduit donc pour $t$ assez grand à une droite parcourue d'un mouvement uniforme. Il en résulte que $a=-\infty$, $b=+\infty$, et les solutions n'explosent pas.

Ce point étant acquis, on désigne par $\mathrm{Exp}_\alpha(s\xi)$ la valeur à l'instant $s$ de la solution $x(t)$ telle que $x(0)=\alpha$, $\dot{x}(0)=\xi$, et on vérifie que

$$\mathrm{Exp}_\alpha(s(t\xi)) = \mathrm{Exp}_\alpha((st)\xi)$$

L'application $\mathrm{Exp}_\alpha(s\xi)$ est $C^\infty$ en ses trois arguments. En particulier, calculons l'application linéaire $A$ tangente à $\xi\mapsto \mathrm{Exp}_\alpha(\xi)$ en $0$ ( $s=1$ ). On a $A(\xi) = \frac{d}{ds}\mathrm{Exp}_\alpha(s\xi)|_{s=0} =\xi$, donc $A$ est l'identité, et le théorème des fonctions implicites entraîne que $\mathrm{Exp}_\alpha$ induit un homéomorphisme d'un voisinage $|\xi|<r$ de $0$ dans $\mathbb{R}^\nu$ sur un voisinage de $\alpha$ dans $\mathbb{R}^\nu$.

Ce résultat étant de nature locale, nous pouvons revenir au cas d'une variété $V$ quelconque, dont nous fixons un point $\alpha$ ( nous munissons $T_\alpha(V)$ d'une distance euclidienne ). Etant donné $\xi\in T_\alpha(V)$, nous désignons par $s\mapsto \mathrm{Exp}_\alpha(s\xi)$ la géodésique maximale $x(t)$ telle que $x(0)=\alpha$, $\dot{x}(0)=\xi$ ( a priori, cette géodésique n'est définie que sur un intervalle $]a,b[$, $a<0<b$ ). Alors il existe $r>0$ telle que, pour $|\xi|<r$

- $\mathrm{Exp}_\alpha(s\xi)$ soit définie sur un voisinage $]-1-\varepsilon,1+\varepsilon[$ de $[-1,1]$
- $\xi\mapsto \mathrm{Exp}_\alpha(\xi)$ soit un homéomorphisme de $\{|\xi|<r\}$ sur un voisinage $W_\alpha$ de $\alpha$ dans $V$.

Définissons alors une carte - dite carte normale, ou carte exponentielle - au voisinage de $\alpha$, de la manière suivante : choisissons des coordonnées linéaires $y^i$ sur $T_\alpha(V)$ ( relatives à une base orthonormale pour la distance euclidienne utilisée ) et posons sur $W_\alpha$

$$x^i = y^i \circ \mathrm{Exp}_\alpha^{-1}$$

Alors $W_\alpha$ est représenté dans la carte par la boule $|x|<r$, et la propriété essentielle de la carte normale s'écrit ainsi : pour tout $\xi$, $|\xi|\leq r$, la courbe $x^i=t\xi^i$ ( $-1<t<1$ ) est géodésique, c'est à dire

$$\Gamma^k_{ij}(t\xi)\xi^i\xi^j = 0 \qquad k=1,\dots,\nu$$

Faisons d'abord $t=0$ : comme les $\xi^i$ sont arbitraires, et $\Gamma^k_{ij}=\Gamma^k_{ji}$, nous pouvons en déduire que $\Gamma^k_{ij}(0)=0$ : tous les symboles de Christoffel relatifs à une carte normale s'annulent au centre de la carte. Dérivons ensuite la relation précédente par rapport à t :

$$D_\ell\Gamma^k_{ij}(t\xi)\xi^\ell\xi^i\xi^j = 0$$

d'où en faisant t=0 la relation

(19) $$D_\ell\Gamma^k_{ij}(0) + D_i\Gamma^k_{j\ell}(0) + D_j\Gamma^k_{\ell i}(0) = 0 \quad ( k=1,\dots,\nu) .$$

Cela suffit pour l'instant, mais nous aurons sans doute l'occasion de revenir là dessus par la suite.

## 4. INTEGRALES DE STRATONOVITCH ET D'ITO

Dans ce paragraphe, nous allons intégrer des formes déterministes très régulières sur des 1-chaînes aléatoires très irrégulières ( des morceaux de chemins tracés par une semimartingale ). En fait, ceci n'est que le début d'une théorie très riche, que l'on trouvera développée dans les travaux de Bismut : la partie présentée ici semble parvenue à maturité, tandis que le reste est en pleine croissance.

L'idée générale du paragraphe est la suivante : l'"accroissement infinitésimal" d'une semimartingale étant un objet du second ordre, les êtres que l'on sait naturellement intégrer le long des trajectoires sont les formes du second ordre. Ceci dit, le langage usuel de la géométrie différentielle n'est pas du second ordre, mais du premier : il faut donc savoir transformer les formes du premier ordre en formes du second ordre, pour les intégrer. Il y a pour cela deux procédés naturels, de caractère géométrique, non probabiliste. Le premier donne lieu à l'intégrale de Stratonovitch, et le second à l'intégrale d'Ito.

a) Compléments sur les formes du second ordre . Nous avons défini au § 1, b), les formes du second ordre, la différentielle $d^2f$, le produit df.dg de deux différentielles. Nous allons maintenant étendre le domaine des opérations d et . .

LEMME. Etant données deux formes du premier ordre $\omega,\sigma$, on peut définir des formes du second ordre, notées $d\omega$ , $\omega.\sigma$ , de sorte que les propriétés suivantes soient satisfaites

1) L'application d est $\mathbb{R}$-linéaire ; $d(f\omega) = fd\omega + df.\omega$ ( $f\in C$ ) ; $d(df)=d^2f$.
2) L'application . est $\mathbb{R}$-bilinéaire symétrique, et on a $(f\omega).\sigma=f(\omega.\sigma)$ ($f\in C$)
3) Si U est ouvert dans V, on a $(\omega|_U).(\sigma|_U)= (\omega.\sigma)|_U$ et $d(\omega|_U)=d\omega|_U$ .(1)

et ces deux propriétés caractérisent uniquement les deux opérations.

Démonstration ( triviale ). D'après 1), nous avons $d(fdg)=fd^2g+df.dg$, de même $d(gdf)= gd^2f+df.dg$, et on en déduit que df.dg a bien sa valeur donnée par la formule (4). Ainsi, ces conditions déterminent uniquement df.dg ( donc aussi (adf).(bdg) pour $a,b,f,g \in C$ ), et donc aussi d(fdg) d'après 1).

1. En fait, la condition 3 est inutile.

Soit U le domaine d'une carte $(x^i)$ ; dans U $\omega$ et $\sigma$ s'écrivent $\omega_i dx^i$ et $\sigma_j dx^j$ respectivement. Alors on a dans U, d'après la condition 3)

$$d\omega = \omega_i d^2x^i + d\omega_i . dx^i \ , \quad \omega.\sigma = \omega_i\sigma_j dx^i.dx^j$$

d'où l'unicité dans U, et dans V en recouvrant la variété par des domaines de cartes locales. Quant à l'existence, l'unicité qui vient d'être établie entraîne que les expressions qui viennent d'être données en coordonnées locales sont en fait intrinsèques : elles se recollent donc bien, et la vérification des propriétés 1), 2), 3) est facile.(1)

b) Intégration d'une forme du second ordre le long d'une semimartingale.

X désigne à nouveau une semimartingale à valeurs dans V. Rappelons qu'en théorie de l'intégration sur les variétés, on intègre des formes, non seulement sur des chemins, mais sur des chaînes , qui sont des sommes de chemins, multipliés formellement par des coefficients convenables. Ici, nos multiplicateurs seront des processus prévisibles réels bornés.

Donnons nous donc une forme du second ordre $\pi$, un processus prévisible borné K. Nous allons définir un processus réel $Y_t = \int_{K\bullet X_0^t} \pi$ , qui sera une semimartingale ordinaire, satisfaisant formellement à

$$(20) \qquad dY_t = K_t < d^2X_t, \pi > \quad \text{ et } \quad Y_0=0 \ .$$

Pour définir Y, nous adopterons une convention : lorsque nous parlerons d'une carte locale $(x^i)$ de domaine U, nous supposerons que les $x^i$ sont des fonctions appartenant à C, et formant une carte locale sur tout un voisinage de $\overline{U}$ ; ainsi, les processus $X^i = x^i \circ X$ seront des semimartingales réelles, définies sur tout $\mathbb{R}_+$, et non dans un ouvert aléatoire $\{X \in U\}$.

Construction de Y. Soit d'abord U le domaine d'une carte locale $(x^i)$ (au sens précédent). Dans U, nous pouvons écrire

$$\pi = a_i d^2x^i + a_{ij} dx^i.dx^j$$

avec des coefficients $a_i$, $a_{ij}$ de classe $C^\infty$ au voisinage de $\overline{U}$. Nous définissons alors

$$\int_{KI_{\{X\in U\}}\bullet X_0^t} \pi = \Sigma_i \int_0^t K_s I_{\{X_s\in U\}} a_i(X_s) dX_s^i + \frac{1}{2}\Sigma_{ij} \int_0^t K_s I_{\{X_s\in U\}} a_{ij}(X_s) d<X^i,X^j>_s$$

et le principe de Schwartz nous permet d'affirmer que ceci est indépendant de la carte $(x^i)$ de domaine U, utilisée dans cette représentation.

Considérons ensuite un recouvrement localement fini $(U_\alpha)$ par des domaines de cartes locales, et considérons une partition de l'unité $(h_\alpha)$ subordonnée. Posons $H_t^\alpha = h_\alpha \circ X_t$, de sorte que $H^\alpha = H^\alpha I_{\{X\in U^\alpha\}}$ , et que nous pouvons définir par le procédé ci-dessus

$$Y_t^\alpha = \int_{KH^\alpha \bullet X_0^t} \pi$$

1. Noter la formule $\frac{d}{dt} < \dot{h}(t), \omega > = < \ddot{h}(t), d\omega >$ pour toute courbe $h(t)$.

Nous posons maintenant $Y = \Sigma_\alpha Y^\alpha$ , ce qui a un sens, car une trajectoire $X_\bullet(\omega)$ ne rencontre, sur un intervalle compact $[0,t]$, qu'un nombre fini de domaines $U_\alpha$ de cartes locales : soit $P_n$ la loi P conditionnée par l'événement

$$\{ X_\bullet \text{ ne rencontre que n ouverts } U_\alpha \text{ au plus sur } [0,t] \}$$

Alors Y est une semimartingale sous la loi $P_n$, sur $[0,t]$, et d'après un théorème de Jacod, Y est une semimartingale sous la loi $P \ll \Sigma_n 2^{-n}P_n$ .

Reste à vérifier que Y ne dépend pas du recouvrement, ni de la partition de l'unité utilisés. Plutôt que de passer du temps à des choses de ce genre, dressons un catalogue des propriétés utiles de l'intégrale stochastique de formes du second ordre.

c) <u>Quelques propriétés</u>

1) D'une manière générale, si l'on connaît $Y_t = \int_{X_0^t} \pi$ , on a

$$\int_{K\bullet X_0^t} \pi = \int_0^t K_s dY_s$$

Cela nous permettra de nous passer du multiplicateur la plupart du temps.

2) Si $a \in C$, on a

$$\int_{K\bullet X_0^t} a\pi = \int_{a(X)K\bullet X_0^t} \pi$$

3) On a

$$\int_{X_0^t} d^2 f = f(X_t) - f(X_0)$$

4) On a $\displaystyle\int_{X_0^t} df.dg = \langle f(X), g(X) \rangle_t$

5) Soient V et W deux variétés, h une application de V dans W, Z la semimartingale $h\circ X$ à valeurs dans W . Alors on a

$$\int_{Z_0^t} \pi = \int_{X_0^t} h^*\pi$$ où $\pi$ est une forme du second ordre sur W, et $h^*\pi$ est son image réciproque sur V[1].

6) Si X est à variation finie, $\int_{X_0^t} \pi = \int_{X_0^t} \pi_1$ , où $\pi_1$ est la restriction de $\pi$ à T(V), forme du premier ordre, intégrable au sens de Stieltjes sur tout chemin à variation finie.

<u>Les démonstrations sont laissées au lecteur.</u>

1. Définie par $\langle \lambda, h^*\pi \rangle = \langle h_*\lambda, \pi \rangle$ si $\lambda$ est un vecteur tangent d'ordre 2 sur V - en fait, le calcul est immédiat : $h^*(d\omega) = d(h^*\omega)$ , $h^*(\omega.\sigma) = h^*\omega.h^*\sigma$, $h^*(d^2f) = d^2(f\circ h)$, et $h^*(f\omega) = f\circ h\ h^*(\omega)$. Incidemment, citons une formule agréable pour le calcul de $h_*(\lambda)$ : si $\lambda$ est au point a de V, et si les $y^\alpha$ sont les coordonnées locales sur W autour de h(a), on a $h_*(\lambda) = \lambda(h^\alpha)D_\alpha + \lambda(h^\alpha,h^\beta)D_{\alpha\beta}$ , où $h^\alpha = y^\alpha \circ h$ et $\lambda(.,.)$ est la forme bilinéaire associée à $\lambda$.

REMARQUE. L'emploi du " multiplicateur " K pourrait être remplacé par une notion plus générale : on pourrait définir sans difficulté $\int_0^t \langle d^2X_s, \pi_s \rangle$, où $(\pi_s)$ est un processus prévisible à valeurs dans l'espace des formes d'ordre 2 sur V. Nous n'avons pas eu besoin de cette extension, et nous la laissons de côté.

7) Enfin, sans insister non plus, signalons que si l'on pose $Y_t = \int_{K\cdot X_0^t} \pi$, de sorte que, formellement

$$dY_t = K_t \langle d^2X_t, \pi \rangle$$

on peut calculer la décomposition de la semimartingale Y, au moyen du vecteur tangent d'ordre 2 des caractéristiques locales de X :

$$d\tilde{Y}_t = K_t \langle d^2\tilde{X}_t , \pi \rangle \text{ , et donc } d\overset{c}{Y}_t = dY_t - d\tilde{Y}_t = K_t \langle d^2X_t - d^2\tilde{X}_t, \pi_1 \rangle .$$

( cf. (11), (12)). On peut aussi donner une expression intrinsèque à $\langle Y,Y \rangle$ : soit toujours $\pi_1 = \pi|_{T(V)}$ ; on a

$$\langle Y,Y \rangle_t = 2\int_{K^2\cdot X_0^t} \pi_1 \cdot \pi_1 \quad \text{( voir aussi (24) plus bas )}$$

Ces formules n'ont pas d'intérêt particulier ( sauf pour donner des problèmes d'examen ).

d) <u>Intégrales de Stratonovitch et d'Ito</u>. Nous définissons maintenant l'intégrale d'une forme ω <u>d'ordre 1</u> sur les trajectoires d'une semimartingale X .

DEFINITION. On appelle <u>intégrale de Stratonovitch</u> de ω sur la chaîne $K\cdot X$ la semimartingale

$$\int_{K\cdot X_0^t} \omega = \int_{K\cdot X_0^t} d\omega$$

Soit Γ une connexion sur V. On appelle <u>intégrale d'Ito</u> de ω la semimartingale

$$(\Gamma)\int_{K\cdot X_0^t} \omega = \int_{K\cdot X_0^t} \Gamma\omega$$

Les formes du second ordre $d\omega$ et $\Gamma\omega$ ont été définies de manière purement géométrique : $\Gamma\omega$ au paragraphe 3 ( cf (16)), et $d\omega$ au début de ce paragraphe. Les deux intégrales sont ici présentées sur le même pied : noter toutefois que si l'on travaillait sur des formes ω peu régulières, la formation de $d\omega$ exigerait plus de différentiabilité que celle de $\Gamma\omega$ ; cela correspond à l'assertion usuelle, suivant laquelle l'intégrale de Stratonovitch est " moins générale" que l'intégrale d'Ito.

Expliquons la terminologie par un exemple simple : prenons $V=\mathbb{R}^2$ ( avec la connexion Γ dont les symboles de Christoffel sont nuls dans la carte usuelle ) et prenons $X=(Y,Z)$, où Y et Z sont des semimartingales réelles, et

$\omega = y dz$ , de sorte que

$$d\omega = y d^2 z + dy.dz \qquad \Gamma\omega = y d^2 z$$

Alors $\quad (\Gamma)\int_{X_0^t} \omega = \int_0^t Y_s dZ_s$

l'intégrale stochastique ordinaire $Y\cdot Z$ au sens d'Ito, tandis que

(21) $$\int_{X_0^t} \omega = \int_0^t Y_s dZ_s + \frac{1}{2}< Y,Z >_t$$

qui est l'expression usuelle de l'intégrale de Stratonovitch, que nous noterons $Y_*Z$ dans la suite. De manière encore plus concrète, si X est une semimartingale réelle, et $\omega$ est la forme $f(x)dx$, on a

$$(\Gamma)\int_{X_0^t} \omega = \int_0^t f(X_s)dX_s \quad , \quad \int_{X_0^t} \omega = \int_0^t f(X_s)*dX_s =$$
$$\int_0^t f(X_s)dX_s + \frac{1}{2}\int_0^t f'(X_s)d<X,X>_s .$$

Avant d'étudier de manière plus détaillée les propriétés des deux intégrales, remarquons que $d\omega-\Gamma\omega$ est une forme dont la restriction à T(V) est nulle, donc $\int_{X_0^t} d\omega-\Gamma\omega$ ne fait intervenir qu'une intégration par rapport aux crochets de X. Les deux intégrales ne diffèrent donc que d'une semimartingale à variation finie.

<u>Propriétés</u> : <u>Intégrale de Stratonovitch</u>

1) La propriété <u>fondamentale</u> de l'intégrale de Stratonovitch, celle qui la rend plus importante en fait que l'intégrale d'Ito, est la suivante :

(22) $$\text{Si } f \in C \ , \quad \int_{X_0^t} df = f(X_t) - f(X_0)$$

Cela résulte de la propriété 3) de l'intégrale stochastique des formes d'ordre 2, deux pages plus haut.

2) Nous allons étendre cette propriété. Il est bien connu en géométrie différentielle que l'on peut définir l'intégrale d'une forme <u>fermée</u> le long d'un chemin <u>continu</u> ( alors que pour une forme quelconque le chemin doit être supposé différentiable ). Cela donne un sens à la tautologie apparente

(23) <u>Si</u> $\theta$ <u>est fermée</u> , $\int_{X_0^t} \theta = \int_{X_0^t} \theta$ p.s.

( du côté gauche, on a une intégrale stochastique de Stratonovitch, du côté droit, une intégrale calculée de manière déterministe, trajectoire par trajectoire ). Dans le cas des ouverts de $\mathbb{R}^n$, ce résultat est dû à Yor, et il a été étendu aux variétés par Ikeda et Manabe .

<u>Démonstration</u>. Recouvrons V par des ouverts $U_\alpha$ possédant la propriété

suivante : il existe $f_\alpha \in C$ telle que $\Theta = df_\alpha$ dans $U_\alpha$ . Désignons aussi par $(t_i^n)$ la n-ième subdivision dyadique de $[0,t]$ $(0 \leq i \leq 2^n)$. Pour toute application $\varphi$ de $\{0,\dots,2^n-1\}$ dans l'ensemble des indices $\alpha$ désignons par $A_\varphi^n$ l'événement

$$\{ \omega : \text{pour tout } i,\ X_t(\omega) \in U_{\varphi(i)} \text{ pour } t \in [t_i^n, t_{i+1}^n] \}$$

et soit $A_n = \cup_\varphi A_{n,\varphi}$ . Un argument de continuité uniforme montre que $A_n \uparrow \Omega$ .

Soit $\varphi$ tel que $P(A_{n,\varphi}) \neq 0$ , et soit $P_{n,\varphi}$ la loi P conditionnée par $A_{n,\varphi}$. La propriété 1) de l'intégrale de Stratonovitch entraîne que, $P_{n,\varphi}$-p.s.

$$\int_{X_0^t} \Theta = \Sigma_i\, f_{\varphi(i)}(X_{t_{i+1}^n}) - f_{\varphi(i)}(X_{t_i^n})$$

ce qui est aussi la valeur de l'intégrale déterministe de $\Theta$ le long de la trajectoire. La relation (23) ayant lieu $P_{n,\varphi}$-p.s. pour tout couple $n,\varphi$ tel que $P(A_{n,\varphi}) \neq 0$ a aussi lieu P-p.s..

> Cette démonstration fait usage à plusieurs reprises de l'invariance de l'intégrale stochastique par changement de loi absolument continu ( Dellacherie-Meyer, Probabilités et Potentiel, n°VIII.12 ), qui s'étend évidemment au cas des variétés.

3) Considérons deux formes $\rho$ et $\sigma$ , et deux semimartingales

$$Y_t = \int_{K\cdot X_0^t} \rho \quad , \quad Z_t = \int_{L\cdot X_0^t} \sigma$$

Alors on a

(24) $$< Y,Z >_t = 2\int_{KL\cdot X_0^t} \rho.\sigma$$ ( ce résultat s'applique aussi aux intégrales d'Ito )

En effet, il suffit de montrer que $I_{\{X\in U\}}.<Y,Z> = 2\int_{I_{\{X\in U\}}KL\cdot X_0^t} \rho.\sigma$ pour tout ouvert U, domaine d'une carte $(x^i)$. Remplaçant alors K,L par $KI_{\{X\in U\}}$ , $LI_{\{X\in U\}}$ sans changer de notation, écrivant $\rho = r_i dx^i$, $\sigma = s_j dx^j$, on a

$$Y_t \sim \int_0^t K_u r_i(X_u) dX_u^i \quad , \quad Z_t \sim \int_0^t L_u s_j(X_u) dX_u^j$$

( le symbole $\sim$ signifiant que l'on néglige des termes à variation finie ) donc

$$< Y,Z >_t = \int_0^t K_u L_u r_i(X_u) s_j(X_u) d<X^i,X^j>_u$$

tandis que $\int_{KL\cdot X_0^t} \rho.\sigma = \frac{1}{2}\int_0^t K_u L_u\, r_i(X_u) s_j(X_u) d<X^i,X^j>_u$ .

4) Supposons connue la semimartingale $Y_t = \int_{X_0^t} \omega$ , et soit $f \in C$. Peut on calculer la semimartingale $Z_t = \int_{X_0^t} f\omega$ ? La réponse est

(25) $$Z_t = \int_0^t f(X_s) * dY_s .$$

On a en effet $Z_t = \int_{X_0^t} fd\omega + df.\omega$ . Le premier terme vaut $\int_0^t f(X_s) dY_s$ .

Le second vaut $\frac{1}{2}< f(X),Y >_t$ d'après (24). En ajoutant on obtient bien l'intégrale stochastique de Stratonovitch $f(X)*Y$ .

5) Soient V et W deux variétés, h une application de V dans W, Y la semi-martingale $h\circ X$ à valeurs dans W ; alors pour toute forme $\omega$ sur W on a

$$\int_{X_0^t} h^*\omega = \int_{Y_0^t} \omega$$

( évident ).

<u>Propriétés : Intégrales d'Ito.</u>

1) Certaines propriétés sont évidentes, par exemple la formule (24) ou l'analogue de (25) : si $Y_t = (\Gamma)\int_{X_0^t} \omega$ , $Z_t = (\Gamma)\int_{X_0^t} f\omega$ , alors $Z_t=\int_0^t f(X_s)dY_s$ .

2) L'intérêt de l'intégrale d'Ito vient surtout de ses rapports avec la notion de martingale à valeurs dans V . On a en effet le résultat suivant : <u>pour que</u> X <u>soit une martingale à valeurs dans</u> V ( pour la connexion $\Gamma$ ), <u>il faut et il suffit que</u>, <u>pour toute forme</u> $\omega$ <u>du premier ordre</u>, $Y_t = (\Gamma)\int_{X_0^t} \omega$ <u>soit une martingale locale réelle</u>.

En effet, soit U le domaine d'une carte locale $(x^i)$. Ecrivons dans U $\omega=a_i dx^i$ ; on a

$$I_{\{X_t \in U\}}dY_t = a_i(X_s)( dX_s^i + \tfrac{1}{2}\Gamma_{jk}^i(X_s)d<X^j,X^k>_s )$$

et l'énoncé en résulte sans peine, compte tenu de (18) .

3) Terminons ce long paragraphe sur la forme intrinsèque de la formule d'Ito ( due à Bismut, sous une forme un peu différente, comme l'essentiel des résultats de ce paragraphe ). C'est tout simplement la formule

$$\int_{X_s^t} \omega = (\Gamma)\int_{X_s^t} \omega + \int_{X_s^t} (d\omega-\Gamma\omega) \tag{26}$$

En effet, prenons $\omega=df$ ; le côté gauche se réduit alors à $f(X_t)-f(X_s)$. Du côté droit, le terme de droite est un processus à variation finie, ne contenant que les crochets de X, et le premier terme est une martingale locale réelle si X est une martingale à valeurs dans V. En particulier, si $V=\mathbb{R}^n$ avec la connexion triviale, on obtient exactement la formule d'Ito classique.

## 5. UN PEU DE GEOMETRIE RIEMANNIENNE

La suite logique du paragraphe 4 est le paragraphe 6, mais nous préférons nous interrompre, pour introduire un peu de diversité, et quelques exemples aussi ( de connexions et de processus ).

a) On sait que la donnée d'une <u>structure riemannienne</u> sur V est celle d'un produit scalaire $(\ |\ )_a$ sur l'espace tangent $T_a(V)$, en tout point de V . En coordonnées locales, si $x=x^iD_i$ et $y=y^iD_i$ sont deux vecteurs tangents en a , on écrit

$$(x|y)_a = g_{ij}(a)x^iy^j$$

et on suppose que les coefficients $g_{ij}(a)$ sont $C^\infty$ dans le domaine de la carte. On considère aussi le cas où la forme bilinéaire symétrique ( | ) est non dégénérée en tout point, mais non nécessairement positive, et on parle alors de structure <u>pseudo-riemannienne</u>.

La donnée d'une forme bilinéaire non dégénérée sur $T_a(V)$ équivaut à celle d'un isomorphisme entre $T_a(V)$ et $T^*_a(V)$, ou encore à celle d'une forme bilinéaire non dégénérée sur $T^*_a(V)$ ( algèbre linéaire élémentaire ! ). Si $u=u_idx^i$ et $v=v_idx^i$ sont deux vecteurs cotangents en a, on écrit

$$(u|v)_a = g^{ij}(a)u_iv_j \qquad \text{avec } g_{ij}g^{jk}=\delta^k_i$$

Cette forme bilinéaire sur $T^*(V)$ est peut être plus importante pour les probabilistes que la forme bilinéaire sur T(V). En effet

i) Soit L un opérateur différentiel du second ordre ( en coordonnées locales , $L=\lambda^iD_i + \lambda^{ij}D_{ij}$ ). Introduisons l'opérateur carré du champ associé, déjà vu dans la formule (4)

$$(df|dg)_L = \langle L, df.dg \rangle = \tfrac{1}{2}(L(fg)-fLg-gLf) = \lambda^{ij}D_ifD_jg$$

Les vecteurs cotangents au point a étant exactement les $df_a$ , nous voyons que L détermine une forme bilinéaire symétrique sur $T^*_a(V)$

(27) $$(u|v)_L = \lambda^{ij}u_iv_j \qquad ( u=u_idx^i,\ v=v_idx^i )$$

Dans le cas des opérateurs associés aux diffusions, cette forme bilinéaire est <u>positive</u>, mais elle est fréquemment <u>dégénérée</u>, de sorte qu'il ne lui correspond pas une forme bilinéaire symétrique sur $T_a(V)$, i.e. une structure riemannienne. L'étude de la géométrie associée à un tel opérateur L n'a pas été poussée très loin, semble t'il.

ii) Considérons encore un produit scalaire (u|v), positif, mais éventuellement dégénéré, sur les espaces $T^*_a(V)$ : il existe pour tout a une mesure gaussienne unique $\mu_a$ sur $T_a(V)$, centrée, et telle que

$$\int_{T_a(V)} \langle x,u\rangle\langle x,v\rangle d\mu_a(x) = (u|v)_a$$

Bien entendu, on pourrait faire la même chose dans l'autre sens, mais il est plus naturel, semble t'il, que l'on voie apparaître une loi de probabilité sur $T_a(V)$ que sur $T^*_a(V)$.

Une dernière remarque : étant données une forme bilinéaire g sur $T_a(V)$ ( en coordonnées locales, $g(x,y)=g_{ij}x^iy^j$ ), une forme bilinéaire $\lambda$ sur $T^*_a(V)$ ( $\lambda(u,v)= \lambda^{ij}u_iv_j$ ), l'expression $\langle g,\lambda\rangle = g_{ij}\lambda^{ji}$ est intrinsèque. Soit en effet $\hat{g}$ l'opérateur de $T_a(V)$ dans $T^*_a(V)$ associé à g : $\hat{g}(x) = x^ig_{ij}dx^j$ , et $\hat{\lambda}$ l'opérateur de $T^*_a(V)$ dans

$T_a(V)$ associé à $\lambda$ : $\hat{\lambda}(u)= u_j\lambda^{jk}D_k$ , alors $\hat{\lambda}\hat{g}$ est un opérateur sur $T_a(V)$, $x\mapsto x^i g_{ij}\lambda^{jk}D_k$ , dont $< g,\lambda >$ est la trace.

En particulier, si $\lambda$ est un vecteur tangent du second ordre en a, l'expression $g_{ij}\lambda^{ji}$ est intrinsèque : autrement dit, on peut aussi considérer g comme forme du second ordre dont la restriction au premier ordre est nulle : cette forme s'écrit $g_{ij}dx^i.dx^j$ ( une belle trivialité ! ).

Une conséquence qui m'a été signalée par Emery : si X est une semimartingale à valeurs dans V, variété munie de la structure (pseudo)riemannienne g, l'expression

$$\int_0^t g_{ij}(X_s)d\langle X^i,X^j\rangle_s$$

est intrinsèque, et représente une sorte de longueur naturelle pour le processus. Par exemple, le mouvement brownien naturel de $\mathbb{R}^2$ est de longueur nulle pour la métrique de Lorentz $dx^2-dy^2$.

b) Connexion associée à une structure riemannienne .

Le théorème le plus important de toute la géométrie différentielle est peut être celui qui associe, à toute structure riemannienne, la "connexion de Levi-Civita" correspondante. Nous allons en donner ici une démonstration tout à fait fantaisiste, au moyen du langage du second ordre ( pour la démonstration classique , voir n'importe quel traité de géométrie différentielle ). Cette démonstration utilise, pour la première fois, une dérivée de Lie : on consultera à ce sujet, à la fin du paragraphe, la note sur les dérivées de Lie.

Revenons à la définition des connexions ( définition 3.1 ). Pourquoi la dérive d'un vecteur du second ordre doit elle être un vecteur du premier ordre plutôt qu'une forme du premier ordre ? Donnons donc le nom fantaisiste de nexion au point a à une application linéaire $G_a : \tau_a(V) \to T^*_a(V)$. Une telle nexion est déterminée par les " symboles de Christoffel"

$$G_a(D_i) = g_{ij}dx^j \quad , \; G_a(D_{ij}) = g_{kij}dx^k \; ( \; g_{kij}=g_{kji} \; )$$

La forme bilinéaire $g(x,y) = \langle G_a(x),y \rangle = g_{ij}x^iy^j$ et la nexion G sont dites associées l'une à l'autre. Une nexion sur V est un champ G de nexions en tout point de V, dont les symboles de Christoffel sont des fonctions $C^\infty$ dans le domaine de toute carte locale. Dualement, une nexion sur V est un opérateur qui transforme un champ de vecteurs X en une forme d'ordre 2 G(X), linéairement en tout point, avec G(fX)=fG(X) si f∈C .

Ces définitions étant posées, le théorème fondamental s'énonce ainsi :
THEOREME. *Soit g une forme bilinéaire symétrique. On définit une nexion G associée à g en posant* ( formule classique des symboles de Christoffel )

$$g_{kij} = \tfrac{1}{2}(D_i g_{kj} + D_j g_{ki} - D_k g_{ij}) \tag{28}$$

( l'ordre des indices est le même du côté gauche, et dans le terme précédé du signe - à droite ).

<u>Démonstration</u>. Nous allons calculer directement $G(X)$ pour un champ de vecteurs $X$, de manière intrinsèque . Nous introduisons la forme du premier ordre correspondant à $X$ par la forme $g$ :

$$\text{si } X = \xi^i D_i \ , \quad \tilde{X} = \xi^i g_{ij} dx^j$$

L'opération $X \mapsto \tilde{X}$ est parfaitement intrinsèque, et $d\tilde{X}$ est une forme du second ordre. Introduisons aussi la forme du second ordre

$$T = \tfrac{1}{2} g_{ij} dx^i . dx^j$$

Sa dérivée de Lie $\mathcal{L}_X T$ ( voir plus bas ) est une forme du second ordre, et nous posons

(29) $$G(X) = d\tilde{X} - \mathcal{L}_X T$$

et vérifions que c'est la nexion cherchée. Pour cela, nous écrivons

$$d\tilde{X} = \xi^i g_{ij} d^2 x^j + \xi^k D_i g_{kj} dx^i . dx^j + D_i \xi^k \, g_{kj} dx^i . dx^j$$

$$\mathcal{L}_X T = \tfrac{1}{2} \mathcal{L}_X (g_{ij}) dx^i . dx^j + \tfrac{1}{2} g_{ij} (\mathcal{L}_X dx^i) . dx^j + \tfrac{1}{2} g_{ij} dx^i . (\mathcal{L}_X dx^j)$$

Or $\mathcal{L}_X f = \langle X, df \rangle$, donc $\mathcal{L}_X (g_{ij}) = \xi^k D_k g_{ij}$ . De même, $\mathcal{L}_X (df) = d(\mathcal{L}_X f)$, donc $\mathcal{L}_X (dx^k) = d\xi^k = D_i \xi^k \, dx^i$. Ainsi

$$G(X) = \xi^i g_{ij} d^2 x^j + \xi^k (D_i g_{kj} - \tfrac{1}{2} D_k g_{ij}) dx^i . dx^j$$
$$+ D_i \xi^k ( \, g_{kj} dx^i . dx^j - \tfrac{1}{2} g_{kj} dx^i . dx^j - \tfrac{1}{2} g_{jk} dx^i . dx^j )$$

Le dernier terme disparaît en raison de la symétrie, et en récrivant correctement le second terme ( symétrie entre $i$ et $j$ ) il reste

$$G(X) = \xi^k ( \, g_{ki} d^2 x^i + \tfrac{1}{2} (D_i g_{kj} + D_j g_{ki} - D_k g_{ij}) dx^i . dx^j \, )$$

Le côté gauche est intrinsèque, du côté droit on a une forme d'ordre 2, et on lit que $G(fX) = fG(X)$. ▯

Ayant défini la nexion $G$, nous définissons la connexion $\Gamma$ en transformant les formes en vecteurs grâce à la forme bilinéaire $g$ : si $\omega = a_i dx^i$, $\tilde{\omega}$ est le champ de vecteurs $a_i g^{ij} D_j$ , et $\Gamma(\omega) = G(\tilde{\omega})$, de sorte que

$$\Gamma(dx^k) = G(g^{kr} D_r) = g^{kr} g_{ri} d^2 x^i + g^{kr} g_{rij} dx^i . dx^j$$
$$= d^2 x^k + \Gamma^k_{ij} dx^i . dx^j \quad \text{avec } \Gamma^k_{ij} = g^{kr} g_{rij}$$

En particulier, nous avons $\tilde{\tilde{\omega}} = \omega$ ; et la formule (29) devient, pour la connexion $\Gamma$ elle même

(30) $$\Gamma\omega = d\omega - \mathcal{L}_{\tilde{\omega}} T$$

REMARQUE. La démonstration ci-dessus n'est pas aussi fantaisiste qu'on l'a dit : au lieu de dire que $X$ est un champ, appelons le <u>déplacement virtuel</u>, et notons $\delta x^i$ ses composantes. Considérons d'autre part une courbe h(t), et appelons <u>force vive</u> l'expression $< T, \ddot{h} > = g_{ij}\dot{h}^i\dot{h}^j$ . Alors on a

$$< G(X), \ddot{h} > = \left( \frac{d}{dt}\left(\frac{\partial T}{\partial \dot{h}^i}\right) - \frac{\partial T}{\partial h^i}\right)\delta x^i$$

et on a tout simplement traduit en langage du second ordre le caractère intrinsèque des équations de Lagrange. Cette relation entre la connexion riemannienne et la mécanique est tout à fait classique ( E. Cartan, espaces de Riemann, p. 41-42 ).

Il y a une propriété de la connexion riemannienne qui est fondamentale, et que nous n'avons pas obtenue par cette méthode, c'est la suivante :

(31) $$(\nabla_X Y|Z)+(Y|\nabla_X Z) = X(Y|Z)$$ où X,Y,Z sont trois champs de vecteurs

( à droite, on a l'opérateur différentiel X, appliqué à la fonction $(Y|Z)$ ; le côté droit est souvent noté $\nabla_X(Y|Z)$ . Voir plus bas la note sur l'<u>extension de la dérivée covariante</u> ). Le mieux est de faire la vérification à la main

$$\nabla_X Y = (\xi^i D_i \eta^k + \xi^i \eta^j \Gamma^k_{ij}) D_k \quad , \quad (\nabla_X Y|Z) = g_{\ell k}\zeta^\ell(\xi^i D_i \eta^k + \xi^i \eta^j \Gamma^k_{ij}) \ldots$$

La démonstration classique procède en sens inverse : elle part de (31) et du calcul omis ci-dessus pour aboutir à (28), puis aux symboles de Christoffel de la connexion. La connexion riemannienne est donc caractérisée comme la seule connexion ( sans torsion ) satisfaisant à (31).

Signalons une conséquence des formules (28). L'équation des géodésiques de la connexion riemannienne s'écrit

$$\ddot{x}^i + \Gamma^i_{jk}\dot{x}^i\dot{x}^k = 0 \qquad \text{ou encore} \qquad g_{ri}\ddot{x}^i + g_{rjk}\dot{x}^j\dot{x}^k = 0$$

Plaçons nous alors au centre d'une carte normale ( § 3, d) ). Nous avons $g_{rjk}(0) = 0$ pour tout rjk, ce qui ( compte tenu de (28) ) entraîne

(32) $$D_r g_{jk}(0)=0 \quad \text{pour tout triplet } r,j,k$$

Ensuite, à la manière de (19), nous avons

(33) $$D_\ell g_{kij} + D_i g_{kj\ell} + D_j g_{k\ell i} = 0 \text{ au centre de la carte .}$$

c) <u>Le mouvement brownien d'une variété riemannienne</u>. La plus célèbre caractérisation du mouvement brownien dans $\mathbb{R}^n$ affirme que toute martingale continue X, telle que $<X^i,X^j>_t = \delta^{ij}t$, est un mouvement brownien. Par analogie, on définit sur une variété riemannienne V ( métrique g ) :

DEFINITION. On appelle <u>mouvement brownien</u> à valeurs dans V toute semimartingale ( continue ! ) X, qui est une <u>martingale à valeurs dans</u> V, et qui satisfait à

(34) $$d<X^i,X^j>_t = g^{ij}(X_t)dt \ .$$

Plus généralement, une semimartingale ou martingale X telle que $d<X^i,X^j>_t = g^{ij}(X_t)dC_t$ , où C est un processus croissant réel, est dite <u>conforme</u>.

Soit X un mouvement brownien dans V : écrivons la 'formule d'Ito" (26),

$$\int_{K\bullet X_0^t} \omega = (\Gamma)\int_{K\bullet X_0^t} \omega + \int_{K\bullet X_0^t} (d-\Gamma)\omega$$

Le premier terme au second membre est une martingale locale réelle. Pour étudier le second, prenons une carte locale ($x^i$) de domaine U, supposons que $\omega = a_i dx^i$ dans U ( $a_i \in C$ ), et prenons K nul hors de l'ouvert aléatoire $\{X \in U\}$. Alors

$$\alpha = (d-\Gamma)\omega = (D_j a_i - a_k \Gamma^k_{ij})\, dx^i . dx^j \underset{\text{déf.}}{=} \alpha_{ij} dx^i . dx^j \quad \text{dans U}$$

$$\int_{K\bullet X_0^t} (d-\Gamma)\omega = \frac{1}{2}\int_0^t K_s \alpha_{ij}(X_s) d\langle X^i, X^j\rangle_s$$

$$= \frac{1}{2}\int_0^t K_s \alpha_{ij}(X_s) g^{ij}(X_s) ds$$

En tout point, la forme $\alpha$ du second ordre est réduite à une forme quadratique, et l'expression $\alpha_{ij} g^{ij}$ est la <u>trace</u> de $\alpha$ par rapport à la forme fondamentale g ( i.e., si des vecteurs $e_i$ forment une base orthonormale/g, on a $\mathrm{Tr}(\alpha) = \alpha_{ij} g^{ij} = \Sigma_i\ \alpha(e_i, e_i)$ ). J'ai appris dans Ikeda-Manabe [1] que l'expression

$$\mathrm{Tr}(d-\Gamma)\omega = g^{ij}(D_j a_i - a_k \Gamma^k_{ij})$$

est égale à $-\delta\omega$ , où $\delta$ est l'opérateur de codifférentiation ( de Hodge) sur les formes de degré 1, qui les change en formes de degré 0, i.e. en fonctions. Nous avons donc établi la jolie formule d'Ikeda-Manabe pour le mouvement brownien ( le multiplicateur K est omis )

(35) $$\int_{X_0^t} \omega = \text{martingale locale} - \frac{1}{2}\int_0^t \delta\omega(X_s) ds$$

En particulier, prenons $\omega = df$ ($f \in C$). Nous avons

(36) $$\mathrm{Tr}(d-\Gamma)df = g^{ij}(D_{ij} f - \Gamma^k_{ij} D_k f ) \underset{\text{déf.}}{=} \Delta f \text{ (1)}$$

où $\Delta f = -\delta df$ est l'<u>opérateur de Laplace-Beltrami</u> de la variété riemannienne V ( nous verrons plus loin que cette définition coïncide avec la définition plus usuelle $\Delta f = \mathrm{divgrad} f$ ), et la formule (35) nous donne

(37) $$f\circ X_t - f\circ X_0 = \text{martingale locale} + \frac{1}{2}\int_0^t \Delta f(X_s) ds$$

ce qui signifie que <u>le mouvement brownien de</u> V <u>est</u> ( comme dans le cas de $\mathbb{R}^n$ ! ) <u>une diffusion gouvernée par l'opérateur</u> $\frac{1}{2}\Delta$ .

> Nous n'avons rien dit quant à l'<u>existence</u> du mouvement brownien d'une variété riemannienne : l'exemple trivial des ouverts de $\mathbb{R}^n$ montre que ce problème n'est bien posé que si l'on permet au processus d'avoir une durée de vie finie. J'espère revenir plus tard sur cette question.

1. Il est clair sur cette expression que $\Delta$ est un opérateur de dérive nulle.

d) Note sur les dérivées de Lie

Soit X un champ de vecteurs sur V. Comme on va faire une étude locale autour d'un point a, on peut supposer que X est nul hors d'un voisinage compact K de a, contenu dans le domaine U d'une carte locale identifiant a à l'origine de $\mathbb{R}^\nu$, U à un ouvert de $\mathbb{R}^\nu$ : nous pouvons donc aussi interpréter X comme un champ de vecteurs de support K sur $\mathbb{R}^\nu$.

La théorie des équations différentielles ordinaires entraîne l'existence d'un groupe à un paramètre $(p_t)$ de difféomorphismes de $\mathbb{R}^\nu$, tel que pour tout $z\in\mathbb{R}^\nu$ on ait $D_t p_t(z)=X(z)$ pour t=0. Ce groupe laisse fixes tous les points de $\mathbb{R}^\nu\backslash K$. Nous pouvons donc lui associer un groupe de difféomorphismes de V, laissant fixes tous les points de $V\backslash K$, que nous noterons encore $p_t$ . Nous aurons maintenant sur V $D_t p_t(z)|_{t=0}=X(z)$.

Les $p_t$ étant des difféomorphismes de V donnent lieu par transport de structure à des difféomorphismes des variétés T(V), T*(V), τ(V)... le principe de l'opération « dérivée de Lie » consiste à faire agir le groupe $p_t$ sur des objets de toute nature, et à prendre la dérivée pour t=0, ce qui fournit un objet de même nature.

Illustrons cela par des exemples multiples, et importants.

1) Soit f une fonction sur V. Nous avons par définition des $p_t$

(38) $$\frac{d}{dt} f\circ p_t|_{t=0} = Xf = \langle X,df\rangle$$

et nous notons cela $\mathcal{L}_X f$. Rien de plus naturel que la convention $\mathcal{L}_X f=Xf$, cependant, en considérant le cas où $V=\mathbb{R}$ , $p_t(x)=x+t$, $X(t)=D_t$ ( translation vers la droite à la vitesse 1 ) on s'aperçoit que $f\circ p_t$ n'est pas la translatée de f par t vers la droite, mais vers la gauche : dans le transport de structure, $f\circ p_t = p_{-t}f$, et il faudra y prendre garde plus loin.

La valeur de $\mathcal{L}_X f$ en un point a ne dépend que des germes de f et de X au point a, donc $\mathcal{L}_X f$ peut être défini pour un champ X qui n'est pas à support compact, avec les mêmes expressions locales : si $X=\xi^i D_i$ autour de a, $\mathcal{L}_X f= \xi^i D_i f$ au point a. Nous laisserons de côté ce genre de remarques dans la suite.

2) Formes d'ordre 1. Les applications $p_t$ : V→V ont une prolongation en $p_{t*}$ : T(V)→ T(V). Nous posons, pour une forme ω d'ordre 1 considérée comme fonction sur T(V), et par analogie avec (39)

$$\mathcal{L}_X\omega = \frac{d}{dt}(\omega\circ p_{t*})|_{t=0}$$

autrement dit, si u est un vecteur tangent au point a, $\langle u,\mathcal{L}_X\omega\rangle = \frac{d}{dt}\langle u,p_t^*\omega\rangle|_{t=0}$.
Si ω=df, on a

$$p_t^*(df) = d(f\circ p_t)$$

d'où simplement

(39) $$\mathcal{L}_X(df) = d(\mathcal{L}_X f) = d\langle X,df\rangle$$

Pour savoir calculer $\mathcal{L}_X\omega$ en général, il suffit de savoir calculer $\mathcal{L}_X(gdf)$, ce qui résulte de la formule évidente

(40) $$\mathcal{L}_X(g\omega) = (\mathcal{L}_X g)\omega + g(\mathcal{L}_X\omega) .$$

En coordonnées locales, si $\omega=a_i dx^i$, on a

(41) $$\mathcal{L}_X\omega = (a_i D_k\xi^i + D_i a_k \xi^i)dx^k$$

3) Formes d'ordre 2. De la même manière, les $p_t$ ont une prolongation à τ(V).

Les principes du calcul sont les mêmes que ci-dessus :

(42) $$\mathcal{L}_X(d^2f) = d^2(\mathcal{L}_X f) \quad , \quad \mathcal{L}_X(g\Theta) = \langle X,dg\rangle\Theta + g\mathcal{L}_X\Theta$$

$$\mathcal{L}_X(\rho.\sigma) = \rho.\mathcal{L}_X\sigma + \mathcal{L}_X\rho.\sigma$$

C'est grâce à ces règles que nous avons pu calculer la formule (29).

4) <u>Champ de vecteurs du premier ordre</u> : <u>le crochet</u>. Soit Y un champ de vecteurs du premier ordre ; le moyen le plus rapide pour calculer $\mathcal{L}_X Y$ consiste à appliquer une formule de bilinéarité

(43) $$< \mathcal{L}_X Y,\omega > + < Y, \mathcal{L}_X\omega > = \mathcal{L}_X\langle Y,\omega\rangle$$

Prenant $X=\xi^i D_i$ , $Y=\eta^i D_i$ , $\omega=dx^k$, on trouve aussitôt

(44) $$(\mathcal{L}_X Y)^k = \xi^i D_i \eta^k - \eta^i D_i \xi^k$$

On pose $\mathcal{L}_X Y=[X,Y]$, le <u>crochet de Lie</u> de X et Y : le champ de vecteurs [X,Y] est l'opérateur différentiel, en apparence du second ordre, mais en réalité du premier

(45) $$[X,Y]f = XYf-YXf \ .$$

Il importe seulement de se rappeler notre convention de départ (38), implicite dans la formule de bilinéarité (43) : $\mathcal{L}_X Y$ vaut $\frac{d}{dt}(p_{-t}Y)|_{t=0}$ , donc $\frac{d}{dt}(p_t Y)|_{t=0}$ vaut $-\mathcal{L}_X Y = -[X,Y]=[Y,X]$ ! Quant au champ $p_t Y$, sa valeur au point a se calcule ainsi : on regarde la valeur de Y au point $b=p_{-t}a$, et on la ramène en a en appliquant $p_{t*}$ .

5) <u>Champ de vecteurs du second ordre</u> . Si L est un champ de vecteurs du second ordre, on peut montrer que

$$\mathcal{L}_X L = XL-LX = [X,L]$$

opérateur en apparence du 3e ordre, mais en réalité du second. Nous n'aurons pas besoin de ce résultat.

e) <u>Note sur l'extension de l'opération</u> $\nabla_X$ . Nous avons défini par la formule (15) la dérivée covariante d'un champ de vecteurs Y. Les géomètres différentiels l'appliquent couramment à des champs de tenseurs de nature quelconque. Nous ne ferons ici qu'aborder ce sujet, en définissant la dérivée covariante d'une forme $\omega$ .

On commence par introduire la notation $\nabla_X f=Xf=\langle X,df\rangle$ pour une fonction. On cherche alors à définir $\nabla_X\omega$ par la formule

(46) $$< \nabla_X\omega,Y > + < \omega,\nabla_X Y > = \nabla_X\langle\omega,Y\rangle$$

signifiant que $\nabla_X$ se comporte comme une dérivation par rapport à l'application bilinéaire $\langle\omega,Y\rangle$. Un calcul simple en coordonnées locales montre que, si $\omega=a_i dx^i$, $X=\xi^i D_i$ , on a

(47) $$\nabla_X\omega = \xi^j(D_j a_i - a_k\Gamma^k_{ji})dx^i$$

L'extension à des objets plus compliqués se fait de même, en exigeant que $\nabla$ soit une dérivation par rapport aux opérations $\otimes,\wedge$... Il y a une opération bilinéaire par rapport à laquelle $\nabla$ n'est pas une dérivation, c'est le crochet de Lie [X,Y] de deux champs de vecteurs : l'expression est liée à la courbure $\nabla_X[Y,Z] - [\nabla_X Y,Z] - [Y,\nabla_X Z]$ de la connexion $\Gamma$. Nous ne cherchons pas non plus à définir la dérivée covariante de champs ou de formes d'ordre 2.

## 6. CHAMPS DE p-PLANS ET SEMIMARTINGALES

a) Champ de p-plans. Nous appelons champ de p-plans sur V la donnée, en tout point a de V, d'un sous-espace $H_a$ de dimension p dans l'espace tangent $T_a(V)$. Il faut exprimer que $H_a$ dépend de a de manière $C^\infty$, ce que nous ferons de la manière suivante : désignons par $H_a^\perp$ l'ensemble des éléments de $T_a^*(V)$ nuls sur $H_a$, qui est un sous-espace de $T_a^*(V)$ de dimension n-p.

HYPOTHESE. Pour tout point $a\in V$, il existe un voisinage U de a, et n-p formes $\theta^\alpha$ $(\alpha=1,\dots,n-p)$ de classe $C^\infty$ dans V, telles que pour tout $x\in U$ les formes $\theta_x^\alpha$ constituent une base de $H_x^\perp$.

Nous dirons que le champ H est défini dans U par le système d'équations $\theta^\alpha=0$. Ce système n'est pas unique, mais soit $\theta$ une forme $C^\infty$, orthogonale à H au voisinage de a ; on peut écrire au voisinage de a

$$\theta_x = f_\alpha(x)\theta_x^\alpha \qquad \text{de manière unique}$$

puisque les $\theta_x^\alpha$ forment une base de $H_x^\perp$, et il n'est pas difficile de voir que les $f_\alpha(x)$ sont $C^\infty$ au voisinage de a. Autrement dit, on passe d'un système d'équations à un autre $(\theta^{\alpha'})$ au voisinage de a, par une transformation

$$\theta^{\alpha'} = f_\alpha^{\alpha'}\theta^\alpha$$

où les $f_\alpha^{\alpha'}$ forment, au voisinage de a, une matrice $C^\infty$ et inversible.

Comme on peut toujours multiplier une forme par une fonction $C^\infty$ de support assez petit, on voit qu'il existe suffisamment de formes $C^\infty$ - sur V tout entier - orthogonales à H en tout point de V, pour constituer localement des systèmes d'équations de H. Nous désignerons par $H^\perp$ l'espace des formes $C^\infty$ sur V, orthogonales à H en tout point.

Nous appelons variété intégrale du champ ( au voisinage de a ) une sous variété $W\subset U$ ( où U est un voisinage ouvert de a ), de dimension $k\leq p$, telle que $T_x(W)\subset H_x$ pour tout $x\in W\cap U$. Il existe par tout point des courbes intégrales du champ, mais il y a des champs qui refusent d'admettre des variétés intégrales de dimension >1. A l'opposé, le champ est dit complétement intégrable si l'on peut trouver, pour tout point $a\in V$, une variété intégrale au voisinage de a, passant par a et de dimension maximale p. Cela revient à dire que H admet, au voisinage de tout point a, un système d'équations du type

$$df^1=0,\dots,\ df^{n-p}=0 \qquad (\ f^1,\dots,f^{n-p}\in C\ ) \tag{48}$$

et les variétés intégrales de dimension maximale sont alors données par

$$f^1=\text{Cte},\dots,\ f^{n-p}=\text{Cte} \quad \text{au voisinage de a .}$$

L'un des plus célèbres théorèmes de géométrie différentielle, le <u>théorème de Frobenius</u>, donne une condition nécessaire et suffisante pour que le champ soit complètement intégrable. Voici la règle : on regarde au voisinage d'un point quelconque a un système d'équations du champ

$$\theta^\alpha = 0 \quad , \alpha=1,\dots,n-p$$

on forme les différentielles extérieures $\partial\theta^\alpha$ [1], et on examine si elles sont combinaisons linéaires des 2-formes $\theta^\alpha\wedge\theta^\beta$. Si oui, le système est complètement intégrable ( dans le cas de (48), la condition est trivialement satisfaite, car $\partial df=0$ pour $f\in C$ ).

<u>Un exemple</u> . Nous prenons $V=\mathbb{R}^3$ ( coordonnées x,y,z ) et le champ H de plans ( 2-plans ! ) associé à l'unique équation

(49) $$\theta = dz - xdy + ydx = 0$$

Ce champ n'est pas complètement intégrable. Il nous servira plus loin à illustrer les divers résultats probabilistes.

b) <u>Semimartingales intégrales d'un champ de p-plans</u>.

Considérons d'abord une courbe h(t) : pour exprimer que h est une courbe intégrale du champ de p-plans H ( i.e. que sa vitesse $\dot{h}(t)$ appartient à $H_{h(t)}$ à tout instant t ) nous pouvons écrire que

(50) $$\int_{h_0^t} \theta = 0 \quad \text{pour toute forme } h\in H^\perp$$

Cette écriture indique aussitôt comment exprimer qu'une semimartingale X est une "intégrale" du champ H : on écrit que, pour toute forme $\theta\in H^\perp$

(51) $$\int_{X_0^t} \theta = 0$$

Cette condition est indépendante de tout choix des coordonnées, ou d'équations pour le champ. Mais supposons que l'on ait, dans un ouvert U, un système d'équations $\theta^\alpha=0$ ; supposons que l'on ait pour tout $\alpha$

$$Y_t^\alpha = \int_{I_{\{X\in U\}}\cdot X_0^t} \theta^\alpha = 0$$

et soit $\theta\in H^\perp$ ; dans U, on peut écrire $\theta=f_\alpha\theta^\alpha$ , et d'après (25)

$$\int_{I_{\{X\in U\}}\cdot X_0^t} \theta = \int_0^t f_\alpha(X_s)*dY_s^\alpha = 0$$

En particulier, lorsque le champ H est globalement défini par un système d'équations, il suffit d'écrire (51) pour les formes du système. On a ici un 'principe de transfert' permettant d'écrire, pour des semimartingales, beaucoup de conditions de nature géométrique que l'on écrit, pour des courbes,

1. Nous utilisons la notation $\partial$ pour la différentielle extérieure, la notation usuelle d étant déjà prise pour la "vraie" différentielle.

en géométrie différentielle.

Cette idée d'un "principe de transfert", et le mot lui même, sont empruntés à Malliavin. Nous avons fait cela de manière assez formelle : la méthode de Malliavin est différente, et sans doute d'une portée plus générale : il régularise la semimartingale ( par convolution, mais on peut aussi utiliser une méthode d'interpolation linéaire ) pour en obtenir une approximation différentiable au moins par morceaux ; puis il écrit les équations usuelles de la géométrie différentielle - ici, (50) - et passe à la limite. Ce procédé est parfait pour les semimartingales browniennes, mais plus délicat pour les semimartingales quelconques.

REMARQUE. Supposons donnée une connexion $\Gamma$ sur V : alors les équations

$(\Gamma)\int_{X_0^t} \theta = 0$ pour toute forme $\theta \in H^\perp$

$(\Gamma)\int_{X_0^t} \theta =$ martingale locale pour tout $\theta \in H^\perp$

se réduisent toutes deux à (50) dans le cas déterministe, car une martingale locale ( continue ) déterministe est constante. Supposons pour un instant ( pour simplifier ) que le système soit défini par des équations globales $\theta^\alpha=0$ ; alors une démonstration presque identique à celle que l'on vient de présenter montre qu'il suffit d'écrire les propriétés ci-dessus pour les formes $\theta^\alpha$.

Ces deux manières de traduire (50) ne paraissent pas très intéressantes. En revanche, la terminologie suivante est commode : nous dirons qu'une forme $\theta$ est une <u>intégrale première</u> pour la semimartingale X si

(52) $\int_{X_0^t} \theta$ est une martingale locale

L'intégrale étant prise au sens de Stratonovitch, cela n'entraîne pas que $f\theta$ soit une intégrale première pour tout $f \in C$ - et si c'est le cas, la martingale locale $Y_t = \int_{X_0^t} \theta$ est en fait nulle. En effet ( cf. (25))

$$\int_{X_0^t} f\theta - \int_0^t f(X_s)dY_s = \frac{1}{2}< f\circ X,Y >_t$$

est une martingale locale à variation finie, donc nulle. Ceci ayant lieu pour tout f, on peut en déduire que Y=0. Supposons en effet, pour simplifier, que V admette des coordonnées globales $x^i$, de sorte que $\theta=a_i dx^i$ ; on a $Y_t= \int_0^t a_i dX^i$ + termes à variation finie, et $<X^i,Y>=0$ pour tout i, donc $<Y,Y>=0$, et enfin Y=0.

La terminologie précédente permet de poursuivre l'analogie entre <u>équations différentielles</u> et <u>diffusions</u>. Soit $\bar{V}$ la variété $V\times\mathbb{R}$, soit X un champ de vecteurs sur V ( pouvant dépendre du temps t ), et soit h une courbe dans V ; h est solution de l'équation différentielle $\dot{h}(t)=X(h(t),t)$ si et seulement si

$$\int_{\bar{h}_0^t} \theta = 0 \qquad \text{pour } \theta = df-Xfdt \quad (f\in C)$$

où $\bar{h}$ est la courbe (h(t),t) à valeurs dans $\bar{V}$. De même, soit L un opérateur différentiel du second ordre ( $C^{\infty}$, pouvant dépendre du temps ) ; une semimartingale Z à valeurs dans V est une <u>diffusion gouvernée par L</u> si et seulement si

(53) $$\int_{\bar{Z}_0}^{\bar{Z}_t} \Theta = \text{martingale locale} \quad ( \Theta = df\text{-}Lfdt,\ f\epsilon C )$$

où $\bar{Z}_t$ est la semimartingale $(Z_t,t)$ à valeurs dans $\bar{V}$. C'est une manière compliquée d'énoncer la condition usuelle

$$f(Z_t) - \int_0^t Lf(Z_s)ds = \text{martingale locale}^{(1)}$$

c) <u>Exemples</u>

Nous allons donner trois exemples de semimartingales intégrales de champs de k-plans : le premier est trivial, et prendra quelques lignes. Le second est déjà beaucoup plus intéressant. Quant au troisième ( le transport parallèle stochastique et ses variantes ) il nous occupera pendant plusieurs paragraphes.

i) Le premier exemple est celui de la distribution de plans dans $\mathbb{R}^3$ associée à la forme $\Theta = dz\text{-}xdy+ydx$ ( cf (49)). Pour toute semimartingale (X,Y) à valeurs dans $\mathbb{R}^2$ et toute v.a. $Z_0$ , il existe une semimartingale réelle Z et une seule, se réduisant à $Z_0$ pour t=0, et telle que (X,Y,Z) soit intégrale du champ de plans : sa troisième composante est donnée par

(54) $$Z_t = Z_0 + \int_0^t X_s{*}dY_s - Y_s{*}dX_s$$

Par exemple, si (X,Y) est un mouvement brownien plan, on peut remplacer le symbole * par l'intégrale stochastique ordinaire, et $Z_t$ est l'"aire brownienne" étudiée par P. Lévy. Lévy a déterminé la loi jointe des trois variables aléatoires (X,Y,Z), et montré que celle-ci admet une densité continue et >0 dans $\mathbb{R}^3$. Ainsi le processus (X,Y,Z), qui est de " dimension stochastique 2" puisqu'il s'exprime au moyen de deux mouvements browniens indépendants, est de " dimension géométrique 3" puisque sa probabilité de présence est répartie sur l'espace entier. Si le champ de plans était complètement intégrable, le point (X,Y,Z) se promènerait sur la surface intégrale passant par $(X_0,Y_0,Z_0)$, et le processus serait donc de "dimension géométrique 2" .

Une bonne partie du travail récent sur la théorie des diffusions consiste à généraliser cet exemple.

ii) Soit X une diffusion gouvernée par un opérateur L du second ordre, de classe $C^{\infty}$ ( ne dépendant pas du temps ). Nous savons que pour $f\epsilon C$, le processus

1. Cela peut s'énoncer aussi en disant que le vecteur tangent d'ordre 2 des caractéristiques locales de Z est

$$d^2\tilde{Z}_t = L_{Z_t}dt$$

(55) $$C_t^f = f\circ X_t - \int_0^t Lf(X_s)ds$$

est une martingale locale, et même une vraie martingale. Si $g\in C$, on a aussi

(56) $$< C^f, C^g >_t = 2\int_0^t L(f,g)\circ X_s ds \qquad ( L(f,g)= \tfrac{1}{2}(L(fg)-fLg-gLf) )$$

Rappelons brièvement comment cela se démontre : le signe $\sim$ désignant l'égalité modulo les martingales locales, on a

$$d(f\circ X_t) \sim Lf\circ X_t\, dt \quad , \quad d(g\circ X_t) \sim Lg\circ X_t dt$$

d'autre part

$$d(fg\circ X_t) = f\circ X_t d(g\circ X_t)) + g\circ X_t d(f\circ X_t) + d\langle f(X), g(X)\rangle_t$$
$$\sim f\circ X_t Lg\circ X_t dt + g\circ X_t Lf\circ X_t dt + d\langle C^f, C^g\rangle_t$$

mais $d(fg\circ X_t) \sim L(fg)\circ X_t dt$, car $fg\in C$ . Donc par différence

$$d\langle C^f, C^g\rangle_t \sim 2L(f,g)\circ X_t dt$$

et entre processus à variation finie $\sim$ équivaut à =.

Un problème plus délicat de théorie des diffusions consiste à montrer que toute martingale locale orthogonale aux $C_t^f$ , $f\in C$, est constante[1].

Soit maintenant une forme $\Theta$ de classe $C^\infty$ ; la généralisation de (55) est

(57) $$C_t^\Theta = \int_{X_0^t} \Theta - \int_0^t \langle L, d\Theta\rangle(X_s)ds$$

est une martingale locale, et si $\rho$ et $\sigma$ sont deux telles formes

(58) $$< C^\rho, C^\sigma >_t = 2\int_0^t \langle L, \rho.\sigma\rangle(X_s)ds$$

La démonstration est laissée au lecteur ( démontrer d'abord les propriétés dans un ouvert aléatoire $\{X\in U\}$, où U est le domaine d'une carte $(x^i)$).

Nous définissons maintenant un champ de variétés linéaires, naturellement associé à L, de la manière suivante. Soit $a\in V$ ; rappelons que L définit un produit scalaire $L(u,v)$, positif mais peut être dégénéré, sur $T_a^*(V)$. Il est donc équivalent de dire qu'une forme $v\in T_a^*(V)$ satisfait à $L(.,v)_a=0$, ou à $L(v,v)_a=0$, et l'ensemble des v possédant cette propriété est un sous-espace $H_a^\perp$ de $T_a^*(V)$, dont nous désignons par $H_a$ l'orthogonal dans $T_a(V)$.

Dire que L est non dégénérée revient à dire que $H_a=T_a(V)$ en tout point. Nous avons associé à L, au début du § 5, une mesure gaussienne $\mu_a$ sur $T_a(V)$ : $H_a$ en est le support.

Le champ $a\mapsto H_a$ , que nous désignons par H, n'est pas nécessairement un champ de p-plans au sens de a) : il n'est même pas imposé que la dimension de $H_a$ soit constante. Laissant ce problème de côté, supposons qu'il existe une forme $\Theta$ de classe $C^\infty$, nulle sur H ( i.e. $\Theta\in H_a^\perp$ en tout point ) et cherchons

1. Cela équivaut à une condition d'<u>extrémalité</u> des lois de la diffusion dans un problème de martingales, condition réalisée chaque fois qu'il y a unicité en loi, et en particulier lorsque L est elliptique. Voir Jacod-Yor, ZW 38, 1977, p. 119-124.

ce qu'on peut dire de $\theta$ relativement à la semimartingale X.

Tout d'abord, en toute généralité quant à L, on a

$$<C^\theta,C^\theta>_t = 2\int_0^t < L,\theta.\theta>(X_s)ds = 0$$

donc la martingale locale $C^\theta$ est nulle, autrement dit

(59) $$\int_{X_0^t} \theta = \int_0^t < L,d\theta >(X_s)ds$$

Pour dire des choses un peu plus précises, supposons L donné sous la forme étudiée par Hörmander :

(60) $$L = Y_0 + \Sigma_\alpha Y_\alpha Y_\alpha$$

où $Y_0$ et les $Y_\alpha$ ( $\alpha=1,\ldots,p$ ) sont des champs de vecteurs sur V. Un calcul simple montre qu'alors, pour toute forme $\omega$ d'ordre 1

(61) $$< L,d\omega > = < Y_0,\omega > + \Sigma_\alpha Y_\alpha<Y_\alpha,\omega >$$

et aussi

(62) $$< L,\rho.\sigma > = \Sigma_\alpha <Y_\alpha,\rho><Y_\alpha,\sigma>$$

Dans ce cas, on voit que $H_a$ est simplement le sous-espace engendré, en tout point a de V, par les vecteurs $Y_\alpha(a)$ ; si $\theta$ est orthogonale aux $Y_\alpha$, la comparaison entre (59) et (61) montre que

$$\int_{X_0^t} \theta = \int_0^t < Y_0,\theta >(X_s)ds$$

et en particulier, <u>si $\theta$ est orthogonale à $Y_0$ et aux $Y_\alpha$, on a</u> $\int_{X_0^t} \theta = 0$ .

Si $\theta$ est la différentielle d'une fonction f, cela[1] signifie que X se promène dans une sous-variété f=Cte. Une condition nécessaire pour que X " soit de dimension géométrique maximale $\nu$ " est donc la suivante

> il n'existe aucune forme fermée $\theta$ non triviale, orthogonale aux champs $Y_0$, $Y_\alpha$

( une forme fermée est une forme $\theta$ dont la différentielle extérieure $\partial\theta$ est nulle : cela revient à dire qu'elle est localement la différentielle d'une fonction ).

Avec un peu de Frobenius, on s'aperçoit que cette condition est "à peu près équivalente" à la suivante[1], connue sous le nom de <u>condition de Hörmander</u>

(63)
> l'algèbre de Lie engendrée par $Y_0$ et les $Y_\alpha$ est, en tout point, du rang maximal $\nu$ .

( Dans l'un des sens, c'est évident : une forme fermée orthogonale à $Y_0$ et aux $Y_\alpha$ est orthogonale à l'algèbre de Lie engendrée : voir plus bas la formule (71) ).

Un théorème célèbre, dû à Hörmander, affirme que sous la condition précédente, la diffusion "remplit tout l'espace" en un sens beaucoup plus fort : ses résolvantes admettent une densité $C^\infty$ . Le plus grand succès des méthodes de Malliavin a consisté à fournir une méthode d'approche probabiliste pour les théorèmes de ce type.

1. Il se peut que ces deux conditions soient vraiment équivalentes, mais je ne connais pas assez bien ce sujet pour sortir du vague.

d) <u>Aspects déterministes de la théorie précédente</u>.

Revenons aux notations du début de b) : nous avons défini ce qu'est une semimartingale intégrale d'un champ de p-plans H. Faisant fonctionner le principe de Schwartz en sens inverse, nous allons introduire une notion géométrique : celle de <u>vecteur tangent d'ordre</u> 2 <u>intégral pour</u> H, ou de champ de vecteurs d'ordre 2 intégral.

Que signifie explicitement (51) ? Que pour toute forme $\theta \in H^{\perp}$ on a $\langle d^2X_t, d\theta\rangle = 0$ tout le long de la trajectoire. Nous dirons donc qu'un vecteur tangent d'ordre 2 $\lambda \in \tau_a(V)$ est <u>intégral</u> si l'on a

(64) $\quad \langle \lambda, d\theta \rangle = 0$ pour toute forme $\theta \in H^{\perp}$

Remplaçant $\theta$ par $f\theta$ ($f \in C$), on en déduit $\langle \lambda, fd\theta - d(f\theta) \rangle = 0$, soit $\langle \lambda, df.\theta \rangle = 0$, et finalement

(65) $\quad \langle \lambda, \omega.\theta \rangle = 0$ pour $\theta \in H^{\perp}$, $\omega$ quelconque .

Si l'on a un système d'équations $\theta^{\alpha}=0$ pour H au voisinage de a, on voit sans peine que les équations (64) sont équivalentes à

(66) $\quad \langle \lambda, d\theta^{\alpha} \rangle = 0, \quad \langle \lambda, dx^i.\theta^{\alpha} \rangle = 0$

où les $(x^i)$ sont des coordonnées locales autour de a. On définit de la même manière un champ de vecteurs tangents d'ordre 2, intégral pour H.

Un champ de p-plans admet il des vecteurs tangents d'ordre 2 intégraux ? Oui, car si $h(t)$ est une courbe intégrale ( $\langle \dot{h}(t), \theta \rangle = 0$ pour $\theta \in H$ ), le vecteur tangent du second ordre $\ddot{h}(t)$ est intégral tout le long de la courbe, comme le prouve la relation $\langle \ddot{h}(t), d\theta \rangle = \frac{d}{dt} \langle \dot{h}(t), \theta \rangle$. Considérons maintenant deux champs du premier ordre intégraux X et Y : nous allons prouver

(67) $\quad$ Le champ du second ordre $X \cdot Y = \frac{1}{2}(XY+YX)$ est intégral .

A cet effet, nous prouvons quelques formules importantes .

LEMME. <u>Soient</u> X <u>et</u> Y <u>deux champs de vecteurs</u>, $\theta, \rho, \sigma$ <u>des formes d'ordre</u> 1. <u>On a</u> ( $\partial\theta$ étant la différentielle extérieure de $\theta$ )

(68) $\quad \langle XY, d\theta \rangle = X\langle Y,\theta\rangle - \frac{1}{2}\langle X \wedge Y, \partial\theta \rangle$

(69) $\quad \langle XY, \rho.\sigma \rangle = \frac{1}{2}( \langle X,\rho\rangle\langle Y,\sigma\rangle + \langle Y,\rho\rangle\langle X,\sigma\rangle)$

<u>On déduit en particulier de</u> (68)

(70) $\quad \langle XY+YX, d\theta \rangle = X\langle Y,\theta\rangle + Y\langle X,\theta\rangle$

<u>et la formule classique</u>

(71) $\quad \langle [X,Y], \theta \rangle = X\langle Y,\theta\rangle - Y\langle X,\theta\rangle - \langle X\wedge Y, \partial\theta \rangle$ .

Démonstration. Posons $X=\xi^i D_i$, $Y=\eta^i D_i$ , $\theta=a_i dx^i$, $XY = \xi^j D_j \eta^i D_i + \xi^i \eta^j D_{ij}$ , $d\theta = a_i d^2x^i + D_j a_i dx^j.dx^i$, donc en écrivant <u>correctement</u> XY <u>ou</u> $d\theta$ avec les coefficients symétrisés

$$\begin{aligned} \langle XY, d\theta \rangle &= \xi^j D_j \eta^i a_i + \tfrac{1}{2}\xi^i \eta^j (D_j a_i + D_i a_j) \\ X\langle Y,\theta \rangle &= \xi^j D_j \eta^i a_i + \xi^i \eta^j D_i a_j \\ \langle X\wedge Y, \partial\theta \rangle &= \langle \xi^i \eta^j D_i \wedge D_j, D_j a_i dx^j \wedge dx^i \rangle \end{aligned}$$

d'où (68), puis (70) et (71) par somme et différence. Nous laissons (69) au lecteur.

e) <u>Encore quelques trivialités sur les espaces tangents.</u>

Il nous faut revenir ici aux faits très élémentaires du § 1, concernant la variété tangente T(V). Nous désignerons par p l'application canonique de T(V) sur V ( qui à un vecteur tangent t au point a de V associe son "point d'attache" a ). <u>Nous ferons toujours la convention</u>, <u>étant donnée une fonction</u> f <u>sur</u> V, <u>de désigner aussi par la même lettre</u> f <u>la fonction</u> $f\circ p$ <u>sur</u> T(V). Avec cette notation, on peut dire que si des fonctions $x^i \in C$ ( définies sur V entière ) constituent une carte locale sur un ouvert U de V, les fonctions $x^i$ et $dx^i$ sur T(V) constituent une carte locale sur l'ouvert T(U) de T(V) ( identifiant T(U) à $U\times\mathbb{R}^\nu$ ).

Grimpons un échelon de plus, et considérons la seconde variété tangente TT(V) : <u>nous faisons la même convention sur</u> TT(V) <u>que sur</u> T(V), de sorte que la lettre f va encore désigner une fonction sur TT(V). De même qu'une fonction g sur V admet une différentielle dg, qui est une fonction sur T(V), une fonction h sur T(V) admet une différentielle, qui est une fonction sur TT(V). Pour la clarté des notations, nous la désignerons par $\delta h$ . Avec ces notations, on peut dire que les fonctions $(x^i, dx^i, \delta x^i, \delta dx^i)$ forment un système de coordonnées sur l'ouvert TT(U) de TT(V). Si f est une fonction sur V, on a

dans T(U) $\qquad df = D_i f dx^i$

dans TT(U) $\qquad \delta df = D_i f \delta dx^i + D_{ji} f \delta x^j dx^i$

où les conventions précédentes sont appliquées, et $\delta x^j dx^i$ est un vrai produit de fonctions sur TT(V). De même, si $\omega$ est une forme sur T(V)

dans T(U) $\qquad \omega = a_i dx^i$

dans TT(U) $\qquad \delta\omega = a_i \delta dx^i + D_j a_i \delta x^j dx^i$

L'analogie avec le calcul sur $\tau(V)$ est évidente, et se traduit par le fait mathématique suivant : <u>il existe une application naturelle</u> $\varphi$ <u>de</u> TT(V) <u>dans</u> $\tau(V)$, que l'on décrit ainsi. Soit $\gamma$ un vecteur tangent au point (a,u) de T(V), de coordonnées locales

$$x^i=a^i \ , \quad dx^i=u^i \ , \quad \delta x^i=v^i \ , \quad \delta dx^i=w^i$$

Soit $f\in C$ ; on a $< \delta df, \gamma > \ = \ D_i f(a)w^i + D_{ij} f(a)v^i u^j$. Le côté gauche est un opérateur différentiel du second ordre au point a en f, donc un élément $\varphi(\gamma)$ de $\tau(V)$. Ainsi

$$\varphi(\gamma) = w^i D_i + v^i u^j D_{ij}$$

satisfait à $< d^2f, \varphi(\gamma) > \ = \ <\delta df, \gamma>$ pour tout $f\in C$ .

Nous avons vu qu'il y a une application naturelle p de T(V) sur V ; en coordonnées locales, p s'écrit $(x^i,dx^i)\mapsto(x^i)$. L'application tangente

$p_*$ applique TT(V) dans T(V) : en coordonnées locales elle s'écrit

$$(x^i, dx^i, \delta x^i, \delta dx^i) \mapsto (x^i, \delta x^i)$$

( ou si l'on préfère $(x^i, u^i, v^i, w^i) \mapsto (x^i, v^i)$ ). En particulier, le vecteur tangent $\gamma$ est dit <u>vertical</u> si $p_*(\gamma) = 0$ , ce qui s'écrit en coordonnées locales $v^i=0$.

Supposons que l'on change de coordonnées locales dans U , les nouvelles coordonnées étant notées $x^{i'}$. On a alors pour les nouvelles coordonnées sur TT(V)

$$dx^{i'} = D_i x^{i'} dx^i , \quad \delta x^{i'} = D_i x^{i'} \delta x^i , \quad \delta dx^{i'} = D_i x^{i'} \delta dx^i + D_{ji} x^{i'} \delta x^j dx^i$$

Sur ces formules, on peut constater plusieurs choses : on peut vérifier à nouveau le caractère intrinsèque de la condition de verticalité ( nullité des $\delta x^i$ ) ; on peut vérifier la <u>symétrie entre les</u> d <u>et les</u> $\delta$ ( il existe une application $C^\infty$ de TT(V) dans elle même, qui s'écrit en coordonnées locales $S(x^i,u^i,v^i,w^i) = (x^i,v^i,u^i,w^i)$. Enfin, étant donné un vecteur tangent $t=(x^i,v^i) \in T_x(V)$ , on peut définir son <u>relèvement vertical</u> au point (x,u) de T(V), qui admet comme coordonnées $(x^i,u^i,0,v^i)$, et on obtient ainsi un isomorphisme intrinsèque entre $T_x(V)$ et le sous-espace vertical de $T_{x,u}(T(V))$.

Donnons nous maintenant une connexion $\Gamma$ ; le vecteur tangent $\gamma$ sera dit <u>horizontal</u> si $\Gamma(\varphi(\gamma))=0$, ce qui s'écrit en coordonnées locales

(72) $$w^k + \Gamma^k_{ij} v^i u^j = 0 \quad ( k=1,\dots,\nu) .$$

Notons les faits suivants :

i) L'espace tangent $T_{a,u}(T(V))$ est somme directe des sous-espaces horizontal et vertical.

ii) Tout vecteur tangent t à V au point x ( coordonnées : $x^i,v^i$ ) admet un <u>relèvement horizontal</u> unique au point (x,u) de T(V), que nous noterons $H(\gamma)$, de coordonnées

(73) $$H(\gamma) = (x^i,u^i,v^i, w^i= -\Gamma^i_{jk} v^j u^k )$$

Une connexion détermine un <u>champ de</u> $\nu$-<u>plans</u> sur T(V), à savoir les sous-espaces horizontaux $H_{x,u}$ en chaque point (x,u) de T(V). Ce champ n'est que très exceptionnellement complètement intégrable ( cela correspond à l'annulation de la <u>courbure</u> de la connexion, dont on parlera plus loin ). Ce champ est défini localement par l'annulation des formes sur T(V)

(74) $$\theta^i = \delta u^i + \Gamma^i_{kj} u^j \delta x^k \quad ( i=1,\dots,\nu )$$

en notant $(x^i,u^i)$ les coordonnées $(x^i,dx^i)$ sur T(V).

Considérons maintenant une courbe $h(t)$ dans $V$, et un vecteur tangent $u$ au point $h(0)$ ; nous allons définir le <u>transport parallèle</u> du vecteur le long de la courbe $h(t)$. Ce sera une courbe $(h(t),u(t))$ tracée dans $T(V)$ "au dessus" de $h(t)$, telle que $u(0)=u$, et que $\nabla_{\dot{h}(t)}u(t)=0$ tout le long de la courbe - nous ne tenterons pas de justifier cette notation, nous l'écrirons simplement en coordonnées locales :

$$\dot{u}^i + \dot{h}^j u^k \Gamma^i_{jk}(h) = 0 \qquad ( i=1,\ldots,\nu )$$

qui signifie, d'après (72), que le vecteur tangent à la courbe $(h(t),u(t))$ : $( h(t), u(t), \dot{h}(t), \dot{u}(t))$, est <u>horizontal</u>. La théorie des équations différentielles linéaires montre que

- le transport parallèle est possible de manière unique le long de la courbe $h$,
- l'application $u \mapsto u(t)$ est un isomorphisme de $T_{h(0)}(V)$ sur $T_{h(t)}(V)$.

Notre but, dans la section suivante, va être l'extension de ce résultat au <u>transport parallèle stochastique</u>, le long des trajectoires d'une semimartingale. Mais auparavant, nous voudrions mettre le problème sous une forme un peu plus générale - et en fait, plus simple.

Au lieu de la variété $T(V)$, et de sa projection $p$ sur $V$, nous considérons une variété $W$ quelconque, munie d'une application $p : W \mapsto V$ surjective. Nous maintenons la convention faite plus haut, de désigner par une même lettre une fonction $f$ sur $V$ et la fonction 'relevée" $f\circ p$ sur $W$. Nous faisons l'hypothèse suivante :

Autour de tout point $z$ de $W$ il existe un système de coordonnées locales de la forme $(x^i,u^\alpha)$, où les $x^i$ forment un système de coordonnées locales autour de $x=p(z)$, et les $u^\alpha$ sont des fonctions $C^\infty$ sur $W$ autour de $z$.

Cela s'applique à $W=T(V)$, ~~ou~~ à n'importe quel "fibré vectoriel" au dessus de $V$, ~~ou~~ à $W=V\times U$, où $U$ est une variété quelconque. Nous désignerons par $D_i$ l'opérateur différentiel $\partial/\partial x^i$, aussi bien sur $V$ que sur $W$. Avec cet abus de notation, on a $p_*(D_i)=D_i$, le côté gauche s'entendant sur $W$, le côté droit sur $V$.

Un vecteur tangent $\gamma$ à $W$ au point $z$ est dit <u>vertical</u> si $p_*(\gamma)=0$, ce qui signifie que $\gamma$ est combinaison linéaire des $D_\alpha$. Par définition, la donnée d'une <u>connexion</u> sur $W$ est celle, en tout point $z$, d'un sous-espace $H_z \subset T_z(W)$, supplémentaire du sous-espace vertical, et appelé <u>sous-espace horizontal</u>. Comme $H_z$ ne rencontre pas le noyau de $p_*$, $p_*|_{H_z}$ est un isomorphisme de $H_z$ sur $T_x(V)$, et il revient au même de se donner $H_z$, ou l'isomorphisme réciproque, appelé <u>relèvement horizontal</u>, et que nous noterons

(75) $\mathbb{H}_z : T_x(V) \to T_z(W)$ , déterminé par $\mathbb{H}(D_i) = D_i - \Gamma^\alpha_i(z)D_\alpha$

La terminologie et les notations s'accordent avec celles que nous avons utilisées pour les connexions usuelles ( et en particulier le signe -, cf.

la formule (73)). Etant donnée maintenant une courbe h(t) dans V, telle que h(0)=x, on peut définir son relèvement horizontal, qui sera une courbe $\tilde{h}(t)$, à valeurs dans W, telle que $h(t)=p(\tilde{h}(t))$, $\tilde{h}(0)=z$ , et que $\dot{\tilde{h}}(t)$ soit en tout point un vecteur tangent horizontal à W. Autour de z, cette courbe est déterminée par

(76) $$\dot{\tilde{h}}^\alpha + \Gamma_i^\alpha(\tilde{h}(t))\dot{h}^i(t) = 0 \qquad (\alpha=1,\dots)$$

Nous noterons aussi $\tilde{u}$ au lieu de $H_z(u)$ le relèvement horizontal du vecteur tangent $u\in T_x(V)$, lorsque ce sera agréable. L'équation (76) n'est pas aussi excellente dans le cas général que dans le cas de T(V), puisqu'elle n'est plus linéaire : on ne peut donc affirmer que la trajectoire relevée est définie pour tout t.

D'autre part, même dans le cas où W=T(V), la notion de connexion introduite ici est plus générale que celle que nous avons considérée plus haut : elle contient en particulier les connexions avec torsion.

f) Relèvement d'une semimartingale par une connexion

Les définitions précédentes étant posées, nous allons chercher à relever dans W, non plus des vecteurs tangents ou courbes déterministes, mais

- les trajectoires d'une semimartingale X ( ce sera notre troisième exemple de semimartingales, intégrales d'un champ de ν-plans ),

- et, parallèlement, les vecteurs tangents d'ordre 2 sur V ; du même coup, nous verrons apparaître l'une des notions fondamentales de la géométrie différentielle, celle de courbure d'une connexion.

Semimartingales .

Soit X une semimartingale à valeurs dans V. Supposons pour simplifier que les $(x^i)$ et $(u^\alpha)$ soient des coordonnées globales sur W . La semimartingale relevée horizontale de X étant notée $Z=(X^i,U^\alpha)$, nous avons à écrire ( cf. (51)) que

$$\int_{Z_0^t} (du^\alpha + \Gamma_i^\alpha dx^i) = 0 \qquad (\text{ tout } \alpha ) \quad (1)$$

soit encore $dU_s^\alpha + \Gamma_i^\alpha(Z_s)*dX_s^i = 0$ . Rappelons comment on transforme cette équation de Stratonovitch en équation d'Ito : on écrit successivement

$$dU_s^\alpha + \Gamma_i^\alpha(Z_s)dX_s^i + \tfrac{1}{2}d\langle \Gamma_i^\alpha(Z),X^i\rangle_s = 0$$

$$dU_s^\alpha + \Gamma_i^\alpha(Z_s)dX_s^i + \tfrac{1}{2}D_j\Gamma_i^\alpha(Z_s)d\langle X^j,X^i\rangle_s + \tfrac{1}{2}D_\beta\Gamma_i^\alpha(Z_s)d\langle U^\beta,X^i\rangle_s=0$$

Nous tirons $\langle U^\beta,X^i\rangle$ de la première équation, car $dU_s^\beta = -\Gamma_j^\beta(Z_s)dX_s^j$ + processus à variation finie, et il reste finalement les équations suivantes pour déterminer le processus inconnu U, puis ses crochets :

(77) $$dU_s^\alpha = -\Gamma_i^\alpha(Z_s)dX_s^i - \tfrac{1}{2}(D_j\Gamma_i^\alpha(Z_s) - \Gamma_j^\beta(Z_s)D_\beta\Gamma_i^\alpha(Z_s))d\langle X^j,X^i\rangle_s$$

$$d\langle U^\alpha,X^i\rangle_s = -\Gamma_j^\alpha(Z_s)d\langle X^j,X^i\rangle_s \quad , \quad d\langle U^\beta,U^\alpha\rangle_s = \Gamma_j^\beta(Z_s)\Gamma_i^\alpha(Z_s)d\langle X^j,X^i\rangle_s$$

1. On verra plus loin ((112), note 2 ) une autre manière d'écrire cela.

L'équation différentielle stochastique (77) peut être explosive. Il n'en est heureusement pas ainsi dans le cas des connexions usuelles, pour lesquelles on a ( les indices $\alpha$ et i étant en même nombre $\nu$, et les $u^\alpha$ étant les $dx^\alpha$ )

(78) $\quad \Gamma_i^\alpha(x,u) = \Gamma_{i\beta}^\alpha(x)u^\beta$

de sorte que (77) est une équation linéaire en les $U^\alpha$, X étant donnée.

Intéressons nous à ce cas particulier du "transport parallèle stochastique", en conservant les mêmes notations. Nous continuons à supposer, pour simplifier - cela n'a rien d'essentiel - que les $x^i$ sont des coordonnées globales sur V. Les indices i et $\alpha$ étant en nombre égal, nous pouvons écrire (77) sous la forme vectorielle

$$U_t = U_0 + \int_0^t dY_s . U_s$$

où le . désigne un produit matriciel, et $Y_s$ est une matrice carrée semimartingale, qui est donnée, et qu'il est inutile d'expliciter en fonction des $X^i$ et $<X^i,X^j>$. La solution de cette équation se représente comme une exponentielle de Catherine Doléans matricielle $U_t=\mathcal{E}(Y)_t.U_0$ ( cf. Ibero, Bull. SMF 100, 1976, et Emery, ZfW 41, 1978 ). Formellement, $\mathcal{E}(Y)$ est une intégrale multiplicative stochastique

$$\mathcal{E}(Y)_t = \prod_{s\leq t}(I+dY_u)$$

de sorte que le déterminant $\Delta_t$ de $\mathcal{E}(Y)_t$ satisfait lui aussi à une équation linéaire

$$\Delta_u = 1 + \int_0^u \Delta_s dT_s \ , \text{ où } \ T_s=Tr(Y_s)^{(1)}, \text{ soit } \ \Delta_u=\exp(T_u-\tfrac{1}{2}<T,T>_u)$$

__et ne s'annule jamais__. La conclusion géométrique est que, pour presque tout $\omega\in\Omega$, le transport parallèle stochastique le long de la trajectoire $X_.(\omega)$ définit un isomorphisme de $T_{X_0(\omega)}$ sur $T_{X_t(\omega)}$ , quel que soit $t\in\mathbb{R}_+$ .

Lorsque la connexion $\Gamma$ est associée à une structure riemannienne, la formule (31) entraîne sans difficulté que, si l'on transporte simultanément le long d'une même courbe déterministe h(t) deux vecteurs tangents $u\in T_{h(0)}(V)$, $v\in T_{h(0)}(V)$, on a $\frac{d}{dt}(u(t)|v(t))=0$ : __le transport parallèle conserve le produit scalaire__. Nous laissons au lecteur l'extension de ce résultat au transport parallèle stochastique.

> Le transport parallèle stochastique est l'une des plus anciennes questions étudiées en géométrie stochastique. Il remonte à Ito, McKean, Dynkin, Gangolli... pour le mouvement brownien. Il a été très utilisé par Malliavin et son école. L'extension aux semimartingales quelconques est due à Schwartz.

Ainsi, toute semimartingale X sur V peut se relever en une __semimartingale horizontale__, soit sur T(V), soit sur la __variété des repères__ ( __un repère en a est une base__ de $T_a(V)$ ; pour transporter le repère, on transporte

(1). Note sur les épreuves : on n'a $T_s=Tr(Y_s)$ que dans le cas déterministe. En général il y a des termes complémentaires renfermant les crochets.

chacun des vecteurs de la base ; on peut travailler aussi sur la variété des repères orthonormaux ). Notons $\tilde{X}$ ce relèvement ; il n'est pas difficile de voir que, si X est une diffusion gouvernée par un générateur L, $\tilde{X}$ est une diffusion ( très dégénérée ) sur T(V) ou la variété des repères, gouvernée par un opérateur $\tilde{L}$ que l'on peut extraire des formules (77)-(78). En particulier, si L est le laplacien $\Delta$ d'une variété riemannienne, et $\Gamma$ est la connexion riemannienne, $\tilde{\Delta}$ est appelé le <u>laplacien horizontal</u>, sur T(V) ou sur la variété des repères.

> L'intérêt des variétés de repères est le suivant : tout tenseur admet un système de composantes dans un repère donné, donc, lorsqu'on sait transporter les repères, on sait aussi transporter les tenseurs de type quelconque ( il suffit d'écrire que les composantes du tenseur transporté dans le repère transporté restent égales aux composantes initiales ).

La section suivante nous donnera une méthode de relèvement d'opérateurs du second ordre, plus efficace que l'emploi de (77).

<u>Aspect déterministe</u>.

Revenons au paragraphe relatif aux champs de p-plans. Nous avons vu ( cf. (64), (65)) ce qu'est un vecteur tangent d'ordre 2 intégral pour un champ de p-plans. Ici, nous nous posons le problème suivant

Soit $z\in W$, soit $x=p(z)$, et soit $\lambda\in\tau_x(V)$. Existe t'il un vecteur tangent d'ordre 2 $\tilde{\lambda}\in\tau_z(W)$, <u>horizontal</u> ( i.e. intégral pour le champ des $\nu$-plans horizontaux ), et tel que $p_*(\tilde{\lambda})=\lambda$ ( ce qui s'écrit simplement $\tilde{\lambda}(f)=\lambda(f)$ pour toute fonction $f\in C^{\infty}(V)$ ).

La réponse est positive, $\tilde{\lambda}$ existe et est unique, et les formules qui le donnent sont identiques à (77) : on a $\tilde{\lambda}=(\lambda^i D_i+\lambda^{ij}D_{ij})+\lambda^{\alpha}D_{\alpha}+2\lambda^{i\alpha}D_{i\alpha}+\lambda^{\alpha\beta}D_{\alpha\beta}$ ( sommation sur tous les i et $\alpha$, mais on a regroupé $i\alpha$ et $\alpha i$ ), avec

$$(77') \qquad \lambda^{\alpha}+\Gamma_i^{\alpha}\lambda^i+(D_j\Gamma_i^{\alpha}-D_{\beta}\Gamma_i^{\alpha}\Gamma_j^{\beta})\lambda^{ij}=0\ ,\ \lambda^{i\alpha}+\Gamma_j^{\alpha}\lambda^{ji}=0,\ \lambda^{\alpha\beta}-\Gamma_i^{\alpha}\Gamma_j^{\beta}\lambda^{ij}=0\ .$$

Nous écrirons aussi $\tilde{\lambda}=\mathbb{H}(\lambda)$.

> Si X est une semimartingale sur V, Z sa relevée sur W, le principe de Schwartz s'écrit ici
> $$d^2Z_t=\mathbb{H}(d^2X_t)$$
> et de même pour les caractéristiques locales. Les résultats de ce paragraphe sont dus pour l'essentiel à Malliavin ([1], p. 87 ) et à Schwartz.

Remarquons que nous savons calculer $\mathbb{H}$ pour les vecteurs du premier ordre. En effet, il suffit pour cela de savoir calculer $\tilde{D}_i=\mathbb{H}(D_i)$, qui vaut $D_i-\Gamma_i^{\alpha}D_{\alpha}$ (75). Pour savoir calculer $\mathbb{H}$ pour les vecteurs tangents d'ordre 2, il suffit donc de calculer $\mathbb{H}(D_{ij})$. Maintenant, regardons (67) : le champ $\mathbb{H}(D_i)\mathbb{H}(D_j)+\mathbb{H}(D_j)\mathbb{H}(D_i)$ est intégral pour le champ de $\nu$-plans horizontal, et sur les fonctions $f\in C^\infty(V)$ il opère comme $D_iD_j+D_jD_i=2D_{ij}$ . Nous avons donc établi

(78) $$\mathbb{H}(D_{ij}) = \frac{1}{2}(\tilde{D}_i\tilde{D}_j+\tilde{D}_j\tilde{D}_i)$$

et plus généralement, si X et Y sont deux champs sur V

(79) $$\mathbb{H}(XY+YX) = \mathbb{H}(X)\mathbb{H}(Y) + \mathbb{H}(Y)\mathbb{H}(X)$$

Nous en déduisons la formule suivante, plus agréable sans doute que (77'): si $L = \lambda^i D_i+\lambda^{ij}D_{ij}$ avec $\lambda^{ij}=\lambda^{ji}$, on a

(80) $$\tilde{L} = \lambda^i\tilde{D}_i + \lambda^{ij}\tilde{D}_i\tilde{D}_j \ .$$

Comme $XY-YX=[X,Y]$ est un champ d'ordre 1, nous pouvons déduire de (79) la valeur de $\mathbb{H}(XY)$ :

(81) $$\mathbb{H}(XY)= \mathbb{H}(X)\mathbb{H}(Y) - \frac{1}{2}\rho(X,Y)$$

où $\rho(X,Y)$ est un vecteur tangent d'ordre 1, vertical, donné par

(82) $$\rho(X,Y) = \mathbb{H}(X)\mathbb{H}(Y)-\mathbb{H}(Y)\mathbb{H}(X)-\mathbb{H}([X,Y])$$

$\rho$ est appelé la <u>courbure</u> de la connexion $\Gamma$.

Nous avons écrit $\rho$, non R, parce que $\rho$ n'est pas exactement le "tenseur de courbure" usuel, que nous rencontrerons plus loin. Nous sommes d'ailleurs ici dans une situation plus générale de "connexion non linéaire". Cf. Grifone [1].

Il est facile de vérifier sur (82) que si f et g appartiennent à $C^\infty(V)$, on a $\rho(fX,gY)=fg\rho(X,Y)$, et $\rho(X,Y)=-\rho(Y,X)$. Donc si $X=\xi^iD_i$, $Y=\eta^iD_i$, on a $\rho(X,Y)=\xi^i\eta^j\rho(D_i,D_j) = \xi^i\eta^j\rho^\alpha_{ij}D_\alpha$ , et $\rho(D_i,D_j)=[\tilde{D}_i,\tilde{D}_j]$, donc

(83) $$\rho^\alpha_{ij} = \Gamma^\beta_iD_\beta\Gamma^\alpha_j-\Gamma^\beta_jD_\beta\Gamma^\alpha_i -D_i\Gamma^\alpha_j+D_j\Gamma^\alpha_i \ .$$

La signification intuitive de la courbure est la suivante : prenons une petite courbe fermée dans V, d'origine et d'extrémité x, et relevons la dans W à partir de z : la courbe relevée ne se referme pas : elle revient en un autre point z' au dessus de x, d'où un petit déplacement vertical. Assimilant la courbe fermée à un parallélogramme élémentaire de côtés X et Y , et le petit déplacement à un vecteur tangent vertical v, on a $v=\rho(X,Y)$. Ce genre de description n'est pas facile à justifier rigoureusement, mais il est agréable et utile.

<u>Note</u> : <u>lien avec le tenseur de courbure usuel</u>.

Plaçons nous dans le cas où $W=T(V)$ : le point $z\in W$ tel que $p(z)=x$ est alors un vecteur tangent à V au point x, que nous préférons noter par une majuscule : $Z=\zeta^iD_i$ ; nous explicitons la dépendance de $\rho(X,Y)$ par rapport à Z en le notant $\rho_Z(X,Y)$ ; enfin, nous avons $\Gamma^\alpha_i(x,z)=\Gamma^\alpha_{i\gamma}(x)\zeta^\gamma$ (78). En développant alors (83), et en comparant aux expressions classiques du tenseur de courbure, nous trouvons

(84) $$\rho^\alpha_{ij} = -\zeta^\gamma R^\alpha_{\gamma ij} \ .$$ Comment comprendre cela ?

Premièrement, de même que X et Y, considérons Z comme appartenant à un champ défini sur V tout entier. L'expression classique du tenseur de courbure, qui figure dans tous les traités de géométrie différentielle, est

(85) $$R(X,Y)Z = \nabla_X\nabla_Y Z - \nabla_Y\nabla_X Z - \nabla_{[X,Y]}Z = z^i R^k_{imn} x^m x^n D_k$$

Pour tout a, $R(X,Y)_a$ est un opérateur linéaire de $T_a(V)$ dans lui même, ou, dualement, de $T^*_a(V)$ dans lui même . Mais lorsqu'il opère sur les formes, on a ( cf. le signe - de (47))

(85') $$-R(X,Y)\omega = \nabla_X\nabla_Y\omega - \nabla_Y\nabla_X\omega - \nabla_{[X,Y]}\omega$$

Une forme ω sur V est aussi une fonction ω sur T(V), possédant la propriété d'être linéaire sur chaque $T_a(V)$. La formule (82) représente un champ de vecteurs tangents verticaux sur T(V), donc un opérateur différentiel, opérant sur les fonctions sur T(V), et préservant les formes. Si l'on remarque maintenant que, pour tout champ de vecteurs X sur V et toute forme ω

(85") $$\mathbb{H}(X)\omega = \nabla_X\omega$$

( le côté gauche contient ω, considérée comme fonction sur T(V), à laquelle est appliquée l'opérateur différentiel H(X) ; le côté droit contient ω considérée comme forme sur V ), les formules (82) et (85') se trouvent identifiées.

Deux remarques : la formule (85") présente la dérivée covariante comme une dérivée de Lie $\mathcal{L}_{\mathbb{H}(X)}$ , sur T(V). Cela permet de mieux comprendre l'extension de la dérivée covariante à des objets autres que les vecteurs tangents ( cf.(47)).

D'autre part, on peut montrer en toute généralité qu'un champ A d'opérateurs linéaires de $T^*_a(V)$ dans lui même peut toujours être interprété comme un champ α de vecteurs tangents verticaux à T(V), avec $\alpha\omega = A\omega$ pour toute forme ω. Nous laissons cela au lecteur, en lui suggérant aussi de mettre cela en rapport avec l'isomorphisme vertical, mentionné avant la formule (72).

## 7. REPERES QUELCONQUES, EQUATIONS DIFFERENTIELLES STOCHASTIQUES

### a) Repères quelconques en géométrie différentielle.

Jusqu'à maintenant, chaque fois que nous avons rapporté V à des coordonnées locales $(x^i)$, nous avons rapporté $T_a(V)$ au repère correspondant $(D_i)$. Il est souvent plus commode d'utiliser d'autres repères $(H_i)$ : $H_1, \dots H_\nu$ sont des champs de vecteurs ( globalement définis, pour simplifier ), linéairement indépendants en tout point. Le champ de repères dual dans l'espace cotangent est noté $(\omega^i)$. Nous posons $H_{ij} = H_i \cdot H_j = \frac{1}{2}(H_iH_j + H_jH_i)$(1)

LEMME. Les formes $d\omega^i$ et $\omega^i\cdot\omega^j$ $(i\leq j)$ forment en tout point une base de l'espace des formes du second ordre. De même les $H_i$ et $H_i\cdot H_j$ $(i\leq j)$forment en tout point une base de l'espace des vecteurs du second ordre. Si l'on a $\lambda = \lambda^i H_i + \lambda^{ij}H_i\cdot H_j$ , $\Theta = a_i d\omega^i + a_{ij}\omega^i.\omega^j$ ( sommation sur tous les i,j ; $\lambda^{ij}=\lambda^{ji}$, $a_{ij}=a_{ji}$ ) on a $\langle\lambda,\Theta\rangle = \lambda^i a_i + \lambda^{ij}a_{ij}$ .

1. On pose $X\cdot Y = (XY+YX)/2$, pour deux champs quelconques X,Y .

Démonstration. Nous commençons par changer le nom des indices, pour avoir des notations plus agréables : nous utilisons des indices grecs pour les $H_\alpha$ , et nous écrivons

(86) $\omega^\alpha = h^\alpha_i dx^i$ , $dx^i = h^i_\alpha \omega^\alpha$ $H_\alpha = h^i_\alpha D_i$ , $D_i = h^\alpha_i H_\alpha$

la matrice $(h^\alpha_i)$ étant $C^\infty$ et d'inverse $(h^i_\alpha)$ $C^\infty$ . Nous avons alors

$$dx^i.dx^j = h^i_\alpha h^j_\beta \omega^\alpha.\omega^\beta \quad , \quad d^2x^i = h^i_\alpha d\omega^\alpha + D_j h^i_\alpha dx^j.\omega^\alpha$$
$$= h^i_\alpha d\omega^\alpha + h^j_\beta D_j h^i_\alpha \omega^\beta.\omega^\alpha$$

Il en résulte que toute forme d'ordre 2 s'exprime au moyen des $d\omega^\alpha$ et $\omega^\alpha.\omega^\beta$. Nous avons aussi

$$< H_\alpha, d\omega^\beta> = < H_\alpha, \omega^\beta> = \delta^\beta_\alpha \quad , \quad < H_\alpha, \omega^\beta.\omega^\gamma> = 0 \quad (\text{cf. } (6))$$
$$< H_{\alpha\beta}, d\omega^\gamma> = 0 \;(\text{cf. } (70)) \quad , \quad < H_{\alpha\beta}, \omega^\sigma.\omega^\tau> = \tfrac{1}{2}(\delta^\sigma_\alpha\delta^\tau_\beta + \delta^\tau_\alpha\delta^\sigma_\beta) \;(\text{cf. } (69))$$

Le reste est immédiat ( l'une des deux symétries $\lambda^{ij}=\lambda^{ji}$, $a_{ij}=a_{ji}$ suffit même).

Continuons la description : d'autres quantités importantes sont (en revenant aux indices latins )

(87) $[H_i, H_j] = c^k_{ij} H_k$

permettant de calculer des dérivées de Lie dans les repères $(H_i)$ ; si l'on a une structure riemannienne, on posera

(88) $(H_i | H_j) = g_{ij}$

Enfin, si l'on a une connexion $\Gamma$ ( sans torsion ) sur V, la notation traditionnelle des "symboles de Christoffel" est la suivante [ NB : elle est valable aussi pour les connexions tordues ]

(89) $\nabla_{H_i} H_j = \Gamma^k_{ij} H_k$, d'où $\Gamma(H_{ij}) = \hat{\Gamma}^k_{ij} H_k$ avec $\hat{\Gamma}^k_{ij} = \frac{1}{2}(\Gamma^k_{ij} + \Gamma^k_{ji})$ (1)

Traduisons cela au moyen des formes $\omega^i$ . La formule (87) s'écrit

(91) $\partial\omega^k = -\frac{1}{2} c^k_{ij} \omega^i \wedge \omega^j$

( vérifier que les deux membres ont même valeur sur $H_i \wedge H_j$, grâce à (71)). En ce qui concerne (88), le produit scalaire s'écrira $g_{ij}\omega^i\omega^j$, et l'on posera dans l'espace cotangent $(\omega^i | \omega^j) = g^{ij}$. En ce qui concerne la connexion $\Gamma$ ( sans torsion ) on introduit les formes $\omega^k_j$ par la formule $\nabla_X H_j = \omega^k_j(X) H_k$, donc $\omega^k_j(X) = \omega^i(X)\Gamma^k_{ij}$ ; on a aussi ( cf. (46))

(92) $\nabla_X \omega^j = -\omega^j_i(X)\omega^i$

Les relations (89) : $\Gamma(H_i) = H_i$ , $\Gamma(H_{ij}) = \hat{\Gamma}^k_{ij} H_k$ s'écrivent aussi, dualement,

(93) $\Gamma(\omega^k) = d\omega^k + \hat{\Gamma}^k_{ij}\omega^i.\omega^j$

1. Le lecteur vérifiera immédiatement que

(90) $\Gamma^k_{ij} = \frac{1}{2}(\hat{\Gamma}^k_{ij} + c^k_{ij})$

relation qui s'écrit aussi

(94) $\Gamma(\omega^k) = d\omega^k + \omega^k_i \cdot \omega^i$

mais qui ne caractérise pas entièrement les formes $\omega^k_i$, puisqu'elle ne donne que les symétrisés $\hat{\Gamma}^k_{ij}$ . Il faut encore caractériser les parties antisymétriques $\Gamma^k_{ij}-\Gamma^k_{ji}$ qui, d'après (90), sont les $c^k_{ij}$. On écrira donc la <u>première équation de structure de Cartan</u>, équivalente à (90) en vertu de (91)

(95) $0 = \partial\omega^k + \omega^k_i \wedge \omega^i$

Si la connexion présente de la torsion, le côté gauche n'est pas 0, mais la << forme de torsion >>. L'analogie entre (94) et (95) s'éclaircit lorsqu'on introduit les formes d'ordre 2 non symétriques, qui contiennent à la fois les formes d'ordre 2 et les 2-formes extérieures : (94) et (95) sont alors les parties symétrique et antisymétrique d'une même formule. Je me demande si cela s'étend à la seconde équation, plus bas.

Enfin, soit h(t) une courbe ; indiquons la formule qui donne son accélération dans les repères $(H_i)$ :

(96) $\ddot{h} = <\ddot{h}, d\omega^i>H_i + <\ddot{h}, \omega^i.\omega^j>H_{ij}$

$= \frac{d}{dt}<\dot{h},\omega^i>H_i + <\dot{h},\omega^i><\dot{h},\omega^j>H_{ij}$

<u>Note</u>. <u>La seconde équation de structure de Cartan</u>.

Tous les résultats un peu fins de géométrie riemannienne ( stochastique ou non ) font apparaître, d'une manière ou d'une autre, la courbure de la variété, et la façon la plus commode de faire apparaître celle-ci est la relation

(97) $\partial\omega^k_\ell + \omega^k_m \wedge \omega^m_\ell = \frac{1}{2}R^k_{\ell ij}\omega^i \wedge \omega^j$

appelée <u>seconde équation de structure</u>. La démonstration est très simple. On part de la formule (92)

$$-\nabla_Y\omega^k = < Y, \omega^k_j>\omega^j$$

d'où l'on tire

$$\nabla_X\nabla_Y\omega^k = -X< Y, \omega^k_j > \omega^j + \omega^k_j(Y)\omega^j_\ell(X)\omega^\ell \qquad \text{de même}$$

$$-\nabla_Y\nabla_X\omega^k = Y< X, \omega^k_j > \omega^j - \omega^k_j(X)\omega^j_\ell(Y)\omega^\ell$$

$$-\nabla_{[X,Y]}\omega^k = < [X,Y], \omega^k_j > \omega^j$$

et en utilisant du côté gauche les relations (82) à (85')

$$(\nabla_X\nabla_Y-\nabla_Y\nabla_X-\nabla_{[X,Y]})\omega^k = \rho(X,Y)\omega^k = -\omega^i(X)\omega^j(Y)R^k_{\ell ij}\omega^\ell$$

Du côté droit, on trouve à droite $-< X\wedge Y, \omega^k_j\wedge\omega^j_\ell>\omega^\ell$, et en premier d'après (71), $-<X\wedge Y,\partial\omega^k_\ell>\omega^\ell$ ( le nom de l'indice j est changé ). Reste donc

$$< X\wedge Y, \partial\omega^k_\ell+\omega^k_j\wedge\omega^j_\ell > = \omega^i(X)\omega^j(Y)R^k_{\ell ij} = \frac{1}{2}< X\wedge Y, R^k_{\ell ij}\omega^i\wedge\omega^j>$$

puisque $R^k_{\ell ij}=-R^k_{\ell ji}$ .

EXEMPLE. Le choix le plus évident de repères $(H_i)$ mieux adaptés à la géométrie que les repères $(D_i)$ est celui des <u>repères orthonormés</u> en géométrie riemannienne, pour lesquels on a $(\omega^i|\omega^j)=\delta^{ij}$. La relation $\nabla_{H_i}(H_j|H_k)=0$ nous donne alors $\Gamma^k_{ij}+\Gamma^j_{ik}=0$ , soit

(98) $$\omega^k_j+\omega^j_k = 0 \quad .$$

Il y aurait énormément à dire sur tous ces sujets, du point de vue de la géométrie différentielle. Revenons plutôt aux probabilités.

b) <u>Equations différentielles stochastiques</u>

Commençons par définir ce qu'est la <u>lecture d'une semimartingale</u> X ( à valeurs dans V ) dans le repère $(H_i)$ : c'est l'ensemble $Z=(Z^i)$ des semimartingales réelles

(99) $$Z^i_t = \int_{X^t_0} \omega^i$$

On voit pourquoi nous avons supposé, pour simplifier, le champ de repères défini sur V entier, et non sur des ouverts U : on ne pourrait considérer alors que les $dZ^i_t$ sur les ouverts aléatoires $\{X\epsilon U\}$, et cela entraînerait quelques difficultés de présentation.

Le problème des équations différentielles stochastiques est, à peu de choses près, celui de la <u>reconstruction de</u> X <u>à partir de</u> Z.

Pour résoudre ce problème, reprenons les notations (86), en attribuant des indices grecs aux $H_i$, $\omega^i$, $Z^i$ . Nous avons $dx^i=h^i_\alpha\omega^\alpha$, donc

$$X^i_t-X^i_0 = \int_{X^t_0} dx^i = \int_{X^t_0} h^i_\alpha\omega^\alpha = \int_0^t h^i_\alpha(X_s)*dZ^\alpha_s \qquad (25)$$

Ceci est une équation différentielle stochastique de Stratonovitch. Rappelons brièvement comment on la ramène à une équation d'Ito. On l'écrit ( en omettant le $X^i_0$ )

$$dX^i_t = h^i_\alpha(X_s)dZ^\alpha_s + \tfrac{1}{2}d< h^i_\alpha(X_s),Z^\alpha_s>$$

puis $d<h^i_\alpha(X_s),Z^\alpha_s> = D_jh^i_\alpha(X_s)d<X^j_s,Z^\alpha_s>$ , et enfin $d<X^j,Z^\alpha>_s = h^j_\beta(X_s)d<Z^\beta,Z^\alpha>_s$

D'où la forme définitive de l'équation

$$dX^i_t = h^i_\alpha(X_s)dZ^\alpha_s + \tfrac{1}{2}D_jh^i_\alpha(X_s)h^j_\beta(X_s)d<Z^\alpha,Z^\beta>_s$$

La notation symbolique pour cette équation différentielle stochastique est

(100) $$dX_t = dZ^\alpha_t*H_\alpha(X) \quad \text{( provisoirement : cf. (113), n.1 )}$$

Mais il est clair que l'équation (100) doit avoir un sens pour des champs de vecteurs $H_\alpha$ <u>qui ne forment pas un repère</u> : leur nombre n pouvant être distinct de $\nu$, et aucune condition d'indépendance n'étant imposée. Nous allons essayer de présenter cela de manière intrinsèque, et sous une forme un peu plus générale ( les idées essentielles sont dues à Schwartz ).

Pour généraliser l'équation (100), nous nous donnons un entier n, et sur la variété V n champs de vecteurs $H_\alpha$ ( indépendants ou non ). Cela revient à se donner, pour tout $a\in V$, une application $h_a$ de $T_0(\mathbb{R}^n)$ dans $T_a(V)$, avec

$$h_a(D_\alpha) = H_\alpha(a) = h^i_\alpha(a)D_i$$

Nous prolongeons cette application en une application de $\tau_0(\mathbb{R}^n)$ dans $\tau_a(V)$, encore notée $h_a$, telle que

(101) $$h(D_\alpha) = H_\alpha \quad , \quad h(D_{\alpha\beta}) = H_\alpha \cdot H_\beta = h^{ij}_{\alpha\beta}D_{ij} + h^i_{\alpha\beta}D_i$$

Etant donnée une semimartingale Z à valeurs dans $\mathbb{R}^n$, nous recherchons alors une semimartingale X à valeurs dans V, avec $X_0$ donnée, et satisfaisant à

(102) $$d^2X_t = h_{X_t}(d^2Z_t)$$

( du côté droit, $d^2Z_t$ appartient à $\tau_{Z_t}(\mathbb{R}^n)$, mais on identifie cet espace à $\tau_0(\mathbb{R}^n)$ par translation). L'équation intrinsèque (101) s'écrit en coordonnées locales

$$dX^i_t = h^i_\alpha(X_t)dZ^\alpha_t + \tfrac{1}{2}h^i_{\alpha\beta}(X_t)d\langle Z^\alpha, Z^\beta\rangle_t$$
$$d\langle X^i, X^j\rangle_t = h^i_\alpha(X_t)h^j_\beta(X_t)d\langle Z^\alpha, Z^\beta\rangle_t$$

mais la seconde équation est une conséquence de la première, compte tenu du fait que $2h^{ij}_{\alpha\beta} = h^i_\alpha h^j_\beta + h^i_\beta h^j_\alpha$ . De plus, connaissant la valeur de $h^i_{\alpha\beta}$ dans (101), qui est $2h^i_{\alpha\beta} = h^k_\alpha D_k h^i_\beta + h^k_\beta D^k h^i_\alpha$, la première équation s'écrit $dX^i_t = h^i_\alpha(X_t) * dZ^\alpha_t$ , d'où la notation symbolique traditionnelle ( avec les scalaires à gauche ), mais que nous n'utiliserons pas nous mêmes ( cf. (113), note 1 )

(103) $$dX_t = dZ^\alpha_t * H_\alpha(X_t)$$

On peut aussi présenter cela d'une autre manière : posons $U=\mathbb{R}^n$, $W=\mathbb{R}^n\times V$, $p(z,x)=z$ pour $z\in\mathbb{R}^n$, $x\in V$ , et posons par analogie avec (75), au point (z,x) de W

$$H(D_\alpha) = D_\alpha + h^i_\alpha(x)D_i$$

par rapport à (75), les indices grecs et latins, les rôles des lettres z et x, sont <u>intervertis</u> : V qui était la "base" est devenue la "fibre". Nous avons ainsi défini une connexion sur W, à la manière du § 6, e)-f). Alors la semimartingale (Z,X) apparaît comme le <u>relèvement horizontal</u> de la semimartingale Z.

> Ce point de vue suggère que la courbure de la connexion doit apparaître quelque part dans la théorie des équations différentielles stochastiques.

Nous ne donnerons pas de détails sur l'existence des solutions et leurs propriétés, questions qui sont traitées dans un travail à paraître de Schwartz, et dans le livre d'Ikeda-Watanabe. Une remarque ( figurant dans ces deux travaux ) permet d'ailleurs de se rendre compte qu'il ne peut y avoir là de difficultés majeures : V se plongeant dans $\mathbb{R}^N$ pour N suffisamment grand, il suffit de prolonger les champs à $\mathbb{R}^N$ , de résoudre une équation classique dans $\mathbb{R}^N$, et de vérifier que la solution issue d'un point de V reste dans V.

REMARQUE. Il existe des équations différentielles stochastiques du type (102) qui ne sont pas du type (103). Reprenons l'expression (101) de la fonction $h_a : \tau_0(\mathbb{R}^n) \mapsto \tau_a(V)$, et demandons nous quelle doit être la forme des coefficients $h^{ij}_{\alpha\beta}$ , $h^i_{\alpha\beta}$ pour que (102) ait un sens. Nous avons vu que l'on doit avoir $2h^{ij}_{\alpha\beta} = h^i_\alpha h^j_\beta + h^j_\alpha h^i_\beta$ ; cette condition est bien intrinsèque, et signifie que la transposée de h satisfait à $h'(\omega.\theta)=h'(\omega).h'(\theta)$. Supposant qu'elle est satisfaite, on voit que $h(D_{\alpha\beta})-H_\alpha.H_\beta = U_{\alpha\beta}$ est en réalité un vecteur tangent du premier ordre, et que l'équation (102) s'écrit

(104) $$dX^i_t = h^i_\alpha(X_t)*dZ^\alpha_t + \frac{1}{2}u^i_{\alpha\beta}(X_t)d\langle Z^\alpha,Z^\beta\rangle_t$$

Il n'est pas difficile de voir que le système $(u^i_{\alpha\beta})$ représente une application linéaire de $T_0(\mathbb{R}^n)\times T_0(\mathbb{R}^n)$ dans $T_a(V)$, mais cela ne présente pas d'intérêt spécial pour la suite.

Indiquons quelques formules. Soit $\omega$ une forme sur V ; on a

$$\int_{X^t_0} \omega = \int_0^t \langle H_\alpha(X_s),\omega\rangle * dZ^\alpha_s + \frac{1}{2}\int_0^t \langle U_{\alpha\beta}(X_s),\omega\rangle\, d\langle Z^\alpha,Z^\beta\rangle_s$$

En particulier, supposons que l'on ait $n<\nu$, les $H_\alpha$ constituant en tout point une base d'un champ de n-plans. Si les $U_{\alpha\beta}$ sont nuls ( équation (103)), et si la forme $\omega$ est orthogonale aux $H_\alpha$, $\int_X \omega=0$, donc X est une s.m. intégrale du champ. D'autre part, si l'on prend pour Z un mouvement brownien à n dimensions, que l'on régularise par convolution pour le rendre différentiable, Malliavin montre que les solutions de (103) au sens déterministe convergent vers les courbes $X_t$ solutions de (103) pour le brownien. Donc celles-ci sont des <u>limites</u> de courbes intégrales du champ, au sens usuel de ce terme. Cela justifie un peu notre définition très formelle des semimartingales intégrales d'un n-champ.

Autre formule : on a dans tous les cas

$$\langle X^i,X^j\rangle_t = \int_0^t h^i_\alpha h^j_\beta(X_s)d\langle Z^\alpha,Z^\beta\rangle_s$$

En particulier, si Z est un mouvement brownien $\nu$-dimensionnel ($n=\nu$) et si le repère $(H_\alpha)$ est orthonormé, on a $d\langle X^i,X^j\rangle_s = h^i_\alpha h^j_\beta(X_s)\delta^{\alpha\beta}ds = g^{ij}(X_s)ds$.

Supposons toujours que Z soit un mouvement brownien à n dimensions. Il est facile de vérifier que X est alors une diffusion, gouvernée par l'opérateur

$$L = \frac{1}{2}\Sigma_\alpha H_\alpha H_\alpha + \frac{1}{2}\Sigma_\alpha U_{\alpha\alpha}$$

( on peut aussi faire apparaître le terme de droite en faisant figurer dans Z une composante $Z^0_t=t$ , tous les champs $U_{\alpha\beta}$ étant nuls ).

<u>Application</u>. Il est maintenant facile de construire le mouvement brownien d'une variété riemannienne <u>admettant un champ global de repères</u>. En effet,

on en déduit aussitôt un champ de repères ($H_\alpha$) orthonormés. La solution de l'équation (104), Z étant le mouvement brownien de $\mathbb{R}^\nu$, est alors un processus X satisfaisant à $d<X^i,X^j>_s = g^{ij}(X_s)ds$ . Pour que ce soit aussi une martingale à valeurs dans V, il faut et il suffit que l'on ait pour tout i

$$( h^i_{\alpha\beta} + \Gamma^i_{jk} h^j_\alpha h^k_\beta + u^i_{\alpha\beta} )\delta^{\alpha\beta} = 0$$

qui admet par exemple la solution $U_{\alpha\beta} = -\frac{1}{2}(\nabla_{H_\alpha} H_\beta + \nabla_{H_\beta} H_\alpha) = -\Gamma(H_\alpha . H_\beta)$.

Si V n'admet pas un champ global de repères, le mouvement brownien doit être construit localement et recollé, ce qui est bien intuitif, mais toujours délicat à présenter rigoureusement. Nous ne tenterons pas de le faire.

c) Développement le long d'une courbe

Ce paragraphe coûtera sans doute un peu plus de larmes que les autres, et je pense qu'on peut l'omettre sans grand inconvénient ( la notion de développement joue toutefois un rôle important dans les travaux de Bismut ).

Ici, elle sert plutôt comme prétexte pour introduire diverses notions plus ou moins intéressantes : ce que je fais est plus compliqué que ce qu'a fait Bismut.

Notre but est le suivant : nous allons essayer de décrire le mouvement d'un repère mobile aléatoire ($X_t$, ($\dot{H}_{\alpha t}$)), où les vecteurs tangents $H_{\alpha t}$ au point $X_t$ ne sont pas donnés, comme précédemment, comme valeur en $X_t$ d'un champ $H_\alpha$ sur V - par exemple, $H_{\alpha t}$ pourra être défini par transport parallèle le long de la trajectoire $X_.$ , et dépendra donc de tout le passé de celle-ci.

i. Commençons par le cas déterministe. Rappelons qu'au paragraphe 6, e) nous avons défini une application de TT(V) dans T(V), de la manière suivante : soit $\chi$ un vecteur tangent à T(V) au point (x,u) ($u \in T_x(V)$), donné par

$$\chi = (x^i, u^i, v^i, w^i) \quad ;$$

nous lui avons associé $\varphi(\chi) = w^k D_k + v^i u^j D_{ij} \in \tau_x(V)$, puis $\Gamma(\varphi(\chi)) \in T_x(V)$, que dans ce paragraphe nous noterons simplement $\Gamma(\chi)$ ; c'est

(105) $$\Gamma(\chi) = (w^k + v^i u^j \Gamma^k_{ij}) D_k$$

Considérons maintenant une courbe $z(t) = (x(t), u(t))$ à valeurs dans T(V) ( un transport non nécessairement parallèle : $u(t) \in T_{x(t)}(V)$). Sa vitesse $\dot{z}(t) = (x^i, u^i, \dot{x}^i = v^i, \dot{u}^i = w^i)$ est un élément de TT(V), que l'on peut ramener à T(V) par l'opération (105)

(105') $$\Gamma(\dot{z}) = \nabla_{\dot{x}} u = (\dot{u}^k + \dot{x}^i u^j \Gamma^k_{ij}) D_k \quad \text{au point } x(t)$$

La notation agréable $\nabla_{\dot{x}} u$ vient du cas où $u(t) = U_{x(t)}$ , U étant un champ sur la variété ; alors $\Gamma(\dot{z}) = \nabla_{\dot{x}(t)} U$. Si l'on connaît la courbe x(t), et en chaque point la valeur de $\nabla_{\dot{x}} u$ , reconstruire le transport revient à résoudre une équation différentielle linéaire.

L'opération $\Gamma$ peut être présentée de manière duale : si $\omega$ est une forme d'ordre 1 sur V au point x, $\omega = a_i dx^i$, nous lui associons une forme $\Gamma\omega$ sur T(V) au point (x,u)

$$\Gamma(\omega) = a_i \delta dx^i + a_k \Gamma^k_{ij} \delta x^i dx^j$$

( les $dx^i$ sont, rappelons le, des fonctions sur T(V), comme les $x^i$, et les $\delta dx^i$, $\delta x^i$ sont leurs différentielles, fonctions sur TT(V)). On a alors $< \Gamma(\chi), \omega> = <\chi, \Gamma\omega >$, ou encore, $\Gamma(\chi)$ est l'opérateur différentiel d'ordre 1 au point x $f \mapsto < \chi, \Gamma df >$.

<u>Extension à l'ordre 2</u> : faisons une digression, pour prolonger $\Gamma$ en $\overline{\Gamma}$ allant de $\tau(T(V))_{x,u}$ dans $\tau(V)_x$ : il suffit, étant donné un opérateur $\lambda$ d'ordre 2 au point (x,u) de T(V), de noter $\overline{\Gamma}(\lambda)$ l'opérateur différentiel d'ordre 2 en x défini par $\overline{\Gamma}(\lambda)f = < \lambda, \delta\Gamma df >$. On a alors pour toute forme $\omega$ sur V

(106) $$< \overline{\Gamma}(\lambda), d\omega >_x = < \lambda, \delta\Gamma\omega >_{x,u}$$

<u>Calcul</u> ( peut être omis ). Nous notons $(x^i, u^\alpha)$ les coordonnées sur T(V), ce qui permet de noter $D_i$ et $D_\alpha$ les dérivées partielles. L'indice grec correspondant à l'indice latin i est noté $\hat{i}$ : $dx^i = u^{\hat{i}}$ , et de même pour $\hat{\alpha}$, qui est un indice latin. On peut alors écrire

$$\lambda = \lambda^i D_i + \lambda^\alpha D_\alpha + \lambda^{ij} D_{ij} + 2\lambda^{i\alpha} D_{i\alpha} + \lambda^{\alpha\beta} D_{\alpha\beta}$$

( symétries usuelles en ij, $\alpha\beta$ ; il n'y a pas de terme en $\alpha i$, d'où le facteur 2 ). On écrit successivement

$$df = D_i f\, u^{\hat{i}} \ ,\ \Gamma df = D_i f\ \delta u^{\hat{i}} + D_k f \Gamma^k_{ij} \delta x^i u^{\hat{j}}$$

$$\delta\Gamma df = D_{\hat{\alpha}} f \delta^2 u^\alpha + D_k f \Gamma^k_{ij} u^{\hat{j}} \delta^2 x^i + D_{j\hat{\alpha}} f \delta x^j \delta u^\alpha + D_k f \Gamma^k_{i\hat{\alpha}} \delta x^i \delta u^\alpha$$
$$+ D_\ell (D_k f \Gamma^k_{ij}) u^{\hat{j}} \delta x^\ell \delta x^i$$

et enfin ( en omettant les ^ inutiles )

(107) $$\overline{\Gamma}(\lambda) = \overline{\lambda}^k D_k + \overline{\lambda}^{mp} D_{mp} \quad \text{avec} \quad \overline{\lambda}^k = \lambda^{\hat{k}} + (\lambda^i u^j + 2\lambda^{i\hat{j}}) \Gamma^k_{ij} + \lambda^{\ell i} u^j D_\ell \Gamma^k_{ij}$$
$$\overline{\lambda}^{mp} = 2\lambda^{m\hat{p}} + \lambda^{mi} u^j \Gamma^p_{ij} \quad (\text{ à symétriser })$$

Si l'on relève horizontalement en (x,u) un vecteur tangent d'ordre 1 en x, puis qu'on le redescend en x par $\overline{\Gamma}$, on trouve 0. Il n'en est pas de même pour un vecteur tangent d'ordre 2.

ii. Restons toujours dans le cas déterministe, et considérons une courbe $(x(t), u_1(t), \dots, u_\nu(t))$ à valeurs dans l'espace des <u>repères</u> sur V. Nous poserons, avec des notations maintenant familières

$$u_\alpha(t) = h^i_\alpha(t) D_i \ ,\ D_i = h^\alpha_i(t) u_\alpha(t) \quad \text{au point } x(t)$$

Rapportons les vecteurs tangents $\dot{x}(t)$ et $\nabla_{\dot{x}} u_\alpha$ <u>au repère mobile lui même</u>, en posant

(108) $$\dot{x}(t) = a^\alpha(t) u_\alpha(t) \quad , \text{ et de même } \nabla_{\dot{x}} u_\alpha = a^\beta_\alpha u_\beta \ .$$

Résolvons maintenant le système différentiel suivant, où $\xi(t)$, $\upsilon_\alpha(t)$ sont des vecteurs de $\mathbb{R}^\nu$

(109) $$d\xi(t) = a^\alpha(t)\upsilon_\alpha(t)dt \quad , \quad d\upsilon_\alpha(t) = a_\alpha^\beta(t)\upsilon_\beta(t)dt$$
$$\xi(0)=\xi \ , \ \upsilon_\alpha(0)=\upsilon_\alpha \quad (\text{ repère arbitraire dans } \mathbb{R}^\nu )$$

Nous construisons un mouvement qui a, dans la connexion plate de $\mathbb{R}^\nu$ , les mêmes "caractéristiques infinitésimales" que la courbe $(x(t),u_1(t),..u_\nu(t))$ dans l'espace des repères. Si V est munie d'une structure riemannienne, et les repères $(u_\alpha(t))$ sont orthonormés, la matrice $(a_\alpha^\beta)$ est antisymétrique. On en déduit que, si le repère initial $(\upsilon_\alpha)$ est orthonormé dans $\mathbb{R}^\nu$, le repère $(\upsilon_\alpha(t))$ reste orthonormé dans $\mathbb{R}^\nu$. L'idée est alors que l'on fait "rouler" la variété riemannienne V sur l'espace euclidien, en appliquant(1) à chaque instant t le point $x(t)$ sur le point $\xi(t)$, le repère $(u_\alpha(t))$ sur le repère $(\upsilon_\alpha(t))$. Si le repère $(u_\alpha(t))$ est en transport parallèle tout le long de la courbe $x(t)$, les $a_\alpha^\beta(t)$ sont nuls, et le repère $(\upsilon_\alpha(t))$ garde une orientation fixe. Quant à la courbe $\xi(t)$ elle même, on l'appelle le <u>développement de la courbe</u> $x(t)$ <u>sur l'espace euclidien</u>.

Nous avons dit sur ce sujet aussi peu de choses que possible, de manière aussi élémentaire que possible. Voir E. Cartan, Espaces de Riemann, p. 105-109, et les traités modernes de géométrie différentielle pour les idées générales sous-jacentes à la " méthode du repère mobile".

iii. Nous nous proposons maintenant d'étendre ces résultats déterministes aux semimartingales. Commençons par une semimartingale $(Z_t)=(X_t,U_t)$ à valeurs dans $T(V)$, avec $U_t = u_t^i D_i$ au point $X_t$ ( les $u_t^i$ sont des semimartingales réelles ; nous continuons à supposer, pour simplifier, l'existence de coordonnées globales ). Les développements de i), et le principe de Schwartz, nous montrent le caractère intrinsèque du " vecteur tangent d'ordre 2 au point $X_t$" $\Gamma(d^2Z_t)$, et le calcul de (107) permet d'écrire

(110) $$\Gamma(d^2Z_t) = dM_t^k D_k + \tfrac{1}{2}d\langle X^m,M^p\rangle_t D_{mp} \text{ au point } X_t$$
$$\text{avec } dM_t^k = dU_t^k + dX_t^i * (U_t^j \Gamma_{ij}^k(X_t))$$

que nous noterons naturellement $\nabla_{dX}U_t$ . Pour avoir des notations parlantes, nous conviendrons de poser, si les $Y_t^i$ sont des semimartingales réelles

(111) $$dY_t^i * D_i(X_t) = dY_t^i D_i + \tfrac{1}{2}d\langle Y^i,X^j\rangle D_{ij} \quad \text{au point } X_t$$

de sorte que $d^2X_t = dX_t^i * D_i(X_t)$ et

(112) $$\nabla_{dX}U_t = dM_t^i * D_i(X_t) \ ^{(2)}$$

Si $\omega = a_i dx^i$ est une forme sur V, nous avons $\int_{Z_0}^{t} \Gamma\omega = \int_0^t \langle \nabla_{dX}U_s, d\omega \rangle$ (106).

---

1. L'identité des coefficients $a_\alpha$ et $a_\alpha^\beta$ dans les deux mouvements exprime que V " roule sur $\mathbb{R}^\nu$ sans glissement ni rotation".

2. Le transport parallèle ((77),(78)) s'exprime par $\nabla_{dX}U_t=0$, naturellement.

Avant de passer au cas des repères, nous allons généraliser (111) : soit $Y_t$ une semimartingale réelle, nous allons définir un "vecteur tangent d'ordre 2 au point $X_t$", qui sera

(113) $$dY_t * U_t = (U_t^k dY_t + \frac{1}{2} d\langle U^k, Y\rangle) D_k + \frac{1}{2} U_t^i d\langle Y, X^j\rangle D_{ij}$$ (1)

Pour voir que ceci est intrinsèque, on remarque que sa valeur sur $f\in C$ est déterminée par

$$\langle dY_t * U_t,\ d^2 f\rangle = \langle U_t, df\rangle * dY_t$$

Nous n'insistons pas sur les détails, pour ne pas prendre une place démesurée : notons tout de même que, si $K_t$ est une semimartingale scalaire, on a

(114) $$dY_t * (K_t U_t) = (K_t * dY_t) * U_t\ ,\ (K_t dY_t) * U_t = K_t (dY_t * U_t)\ .$$

Je n'ai pas trouvé d'opération déterministe correspondant à cette construction stochastique.

iv. Considérons maintenant un repère mobile stochastique $(X_t, H_{\alpha t})$, avec

$$H_{\alpha t} = h^i_{\alpha t} D_i\ ,\ D_i = h^\alpha_{it} H_{\alpha t} \quad \text{au point } X_t$$

où les $h^i_{\alpha t}$, $h^\alpha_{it}$ sont des semimartingales réelles. Nous introduisons les semimartingales réelles $a^\alpha_t$ et $a^\beta_{\alpha t}$ telles que

(115) $$d^2 X_t = da^\alpha_t * H_{\alpha t}\quad ,\quad \nabla_{dX} H_{\alpha t} = da^\beta_{\alpha t} * H_{\beta t}$$

Ces semimartingales existent bien : il suffit de poser $\nabla_{dX} H_{\alpha t} = dM^i_{\alpha t} * D_i$ (112) et de prendre $da^\alpha_t = h^\alpha_{it} * dX^i_t$, $da^\beta_{\alpha t} = h^\beta_{it} * dM^i_{\alpha t}$. On peut les appeler les composantes du déplacement infinitésimal du repère stochastique.

Si les $H_{\alpha t}$ sont de la forme $H_\alpha(X_t)$ pour des champs $H_\alpha$ sur V, les $a^\alpha_t$ constituent la lecture de X dans le repère (cf.(99)). Cela vaudrait en général si l'on avait défini l'intégrale de Stratonovich $\int_{X_0}^{X_t} \omega_t$ pour une forme semimartingale ( s.m. à valeurs dans l'espace cotangent).

Il est maintenant très simple de développer la trajectoire sur l'espace euclidien : on résout les équations différentielles stochastiques correspondant à (109) :

(116) $$d\xi_t = da^\alpha_t * \upsilon_{\alpha t}\quad ,\quad d\upsilon_{\alpha t} = da^\beta_{\alpha t} * \upsilon_{\beta t}\quad \text{dans } \mathbb{R}^n\ .$$

avec des conditions initiales $\xi(0)$, $\upsilon_\alpha(0)$ arbitraires . Si les $(\upsilon_\alpha(0)|\upsilon_\beta(0))$ dans $\mathbb{R}^\nu$ sont égaux aux $(H_{\alpha 0}|H_{\beta 0})$ dans V,(2) on a la même propriété tout au long, et on peut montrer que la courbe $\xi(t)$ dépend seulement - à un déplacement de $\mathbb{R}^\nu$ près - de la courbe $X_t$, et non des repères utilisés.

1. La formule (103) doit maintenant s'écrire $d^2 X_t = dZ^\alpha_t * H_\alpha(X_t)$ .
2. Nous supposons pour simplifier que le repère initial est fixé, non aléatoire .

Nous démontrons maintenant un joli résultat, dû à Bismut : <u>la semimartingale $X_t$ est une martingale à valeurs dans V si et seulement si son développement $\xi_t$ est une martingale locale dans $\mathbb{R}^\nu$</u>. Nous supposons pour simplifier que $X_0=x$ est fixe, et nous prenons comme repère $(H_{\alpha.})$, le transport parallèle d'un repère orthonormé fixé au point x, le long de la trajectoire $X_.$ . Alors le repère $(\upsilon_{\alpha t})$ reste orthonormé, de direction fixe dans $\mathbb{R}^\nu$ : supprimant t, l'équation (116) s'écrit simplement

$$d\xi_t = da_t^\alpha \upsilon_\alpha$$

Il reste à calculer $da_t^\alpha$ . Nous posons $H_{\alpha t}=h^i_{\alpha t}D_i$ , $D_i=h^\alpha_{it}H_\alpha$ , et alors $da_t^\alpha=h^\alpha_{it}*dX^i_t$ . Un peu de manipulation à partir des relations

$$dh^k_{\beta t}+(h^j_{\beta t}\Gamma^k_{ij})*dX^i_t \quad \text{et} \quad h^k_{\beta t}h^\beta_{mt}=\delta^k_m \text{ , d'où } h^k_{\beta t}*dh^\beta_{mt}+h^\beta_{mt}*dh^k_{\beta t}=0$$

( la première exprime le parallélisme de $H_{\beta t}$ le long de X ) entraîne

$$d\Phi^\alpha_{it} = dh^\alpha_{it} - (h^\alpha_{jt}\Gamma^j_{ik})*dX^k = 0$$

( cela exprime le parallélisme de $\omega^\alpha_t=h^\alpha_{jt}dx^j$ le long de X ). Posons alors

$$M^i_t = dX^i_t + \tfrac{1}{2}\Gamma^i_{jk}d<X^j,X^k>_t$$

il est facile de voir que

$$(117) \qquad da^\alpha_t=h^\alpha_{it}*dX^i_t= h^\alpha_{it}dM^i_t + \tfrac{1}{2}d< \Phi^\alpha_i,X^i>_t = h^\alpha_{it}dM^i_t$$

ainsi, les $a^\alpha_t$ sont des martingales locales si et seulement si les $M^i_t$ en sont.

Supposons que X soit le mouvement brownien de V ; on a alors $d<M^i,M^j>_s= d<X^i,X^j>_s = g^{ij}(X_s)ds$, donc $d<a^\alpha,a^\beta>_s = h^\alpha_{it}h^\beta_{it}g_{ij}(X_s)ds = \delta^{\alpha\beta}ds$ : <u>le mouvement brownien de V se développe selon le mouvement brownien ordinaire de</u> $\mathbb{R}^\nu$. Intuitivement, cela signifie que pour construire le mouvement brownien sur une variété V, on fait rouler sans glisser V sur $\mathbb{R}^\nu$ le long d'une trajectoire brownienne ordinaire, après avoir mis un peu d'encre sur $\mathbb{R}^\nu$, et la trajectoire apparaît en noir sur V.

> Cette manière de voir le mouvement brownien est tout à fait classique, et remonte aux premiers travaux de McKean et Ito sur la question.

DIGRESSION. Revenons au cas déterministe i), et au vecteur tangent à T(V), $\chi=(x^i,u^i,v^i,w^i)$. On peut considérer $\varphi(\chi)=w^iD_i+v^iu^jD_{ij} \in \tau(V)$ comme la partie symétrique de $\chi$, tandis que la partie antisymétrique de $\chi$ est le bivecteur intrinsèque $v^iu^jD_i\wedge D_j$ . Etant donné un transport $z(t)=(x(t),u(t))$, il lui correspond donc une courbe intrinsèque $\dot{x}(t)\wedge u(t)$ dans $\Lambda(V)$ ( bivecteur au point $x(t)$). Existe t'il une notion analogue pour une semimartingale $Z_t=(X_t,U_t)$ ?

Donnons nous une 2-forme extérieure $\Theta= a_{ij}dx^i\wedge dx^j$ sur V ( $a_{ij}=-a_{ji}$), que nous interprétons comme 1-forme sur T(V) : $\Theta=a_{ij}(\delta x^i dx^j-\delta x^j dx^i)$ =

$\theta = a_{ij}(x)(u^j \delta x^i - u^i \delta x^j)$ ; on peut maintenant calculer

(118) $\int_{Z_0^t} \theta = \int_0^t a_{ij}(X_s)(U_s^j dX_s^i - U_s^i dX_s^j) + \frac{1}{2}\int_0^t a_{ij}(X_s)(d[U^j, X^i]_s - d[U^i, X^j]_s)$
$$+ \frac{1}{2}\int_0^t D_k a_{ij}(X_s)(U_s^j d\langle X^i, X^k\rangle_s - U_s^i d\langle X^j, X^k\rangle_s)$$

qui est une intégrale stochastique intrinsèque le long du transport, et dans le cas d'une courbe $C^\infty$ se réduit à $\int_0^t \langle \dot{x}(s) \wedge u(s), \theta \rangle ds$. En fait, c'est $\int_0^t a_{ij}(X_s) * (U_s^j * dX_s^i - U_s^i * dX_s^j)$, conformément au principe de transfert usuel.

d) Note : les "coordonnées polaires géodésiques" .

Voici un exemple classique d'utilisation d'un champ de repères, qui est utilisé en probabilités, lorsque l'on veut faire des estimations précises sur le mouvement brownien au voisinage d'un point d'une variété riemannienne. Nous ne donnerons pas ces estimations, mais nous l'appliquerons plus loin à un autre calcul sur le mouvement brownien de V, où nous verrons apparaître, pour la première fois, le rôle de la courbure sectionnelle.

Nous suivons à peu près l'exposé de Helgason, Differential geometry and symmetric spaces, p. 46 et p.70 et suivantes ( 1e édition ).

Nous nous plaçons autour d'un point a fixé de V, et nous choisissons une base orthonormale $(D_i)$ de $T_a(V)$. Nous désignons par G une boule ouverte de $T_a(V)$, de centre 0 et de rayon c, telle que l'application exponentielle soit un homéomorphisme de G sur un ouvert de V, que nous identifions à G. En particulier, un vecteur tangent à V au point x∈G a deux longueurs : sa longueur riemannienne ( notée $\| \ \|$ ), et sa longueur euclidienne ( notée $| \ |$). La notation $(x^i)$ désigne le système des coordonnées euclidiennes, et $(D_i)$ est le repère naturel associé ( translation des $D_i$ à l'origine ). Nous désignons par $H_i(x)$ le vecteur en x obtenu par transport parallèle de $D_i(0)$ le long de la géodésique $t \mapsto tx$ ; nous emploierons presque toujours des lettres grecques pour noter ce repère, et nous noterons $\hat{\imath}$ l'indice "grec" égal à l'indice "latin" i ( ainsi $H_{\hat{\imath}}(0) = D_i$ ), et inversement pour $\hat{\alpha}$ . Le repère $(H_\alpha)$ est orthonormé au sens riemannien. On pose comme toujours

$$H_\alpha = a_\alpha^i D_i \ , \ D_i = a_i^\alpha H_\alpha \ , \ \omega^\alpha = a_i^\alpha dx^i \ , \ \nabla_{H_\alpha} H_\beta = \Gamma_{\alpha\beta}^\varepsilon H_\varepsilon \ , \ \omega_\alpha^\beta = \omega^\varepsilon \Gamma_{\varepsilon\alpha}^\beta$$

Identités de départ. Considérons la courbe $h(t)=ty$ , $y \in G$. Le transport $t \mapsto (ty, H_\alpha(ty))$ étant parallèle pour tout α, il en est de même du transport $t \mapsto (ty, y^{\hat{\alpha}} H_\alpha(t))$. Mais pour t=0, ce vecteur est la vitesse de la courbe. Une géodésique transportant parallèlement sa vitesse, il coincide avec la vitesse tout au long de la courbe, soit

(119) $$y^i D_i(ty) = y^{\hat{\alpha}} H_\alpha(ty) \quad \text{ou encore} \quad y^{\hat{\alpha}} a_\alpha^i(ty) = y^i$$

Mais alors, l'équation de transport parallèle $\nabla_{\dot{h}(t)}H_\beta(ty)=0$ s'écrit

(120) $$y^{\hat{\varepsilon}}\Gamma^\beta_{\varepsilon\alpha}(ty) = 0 \quad \text{identiquement en } y\in G,\ t\in[-1,1],\alpha,\beta.$$

Nous faisons maintenant le changement de variables $x=ry$, avec $y\in G$, $r\in]-1,1[$. Par ce changement de variables, les $\omega^\alpha(x,dx)$, $\omega^\alpha_\beta(x,dx)$ deviennent des formes $\overset{*}{\omega}{}^\alpha(ry,dr,dy)$, $\overset{*}{\omega}{}^\alpha_\beta$, qui satisfont encore aux équations de structure de Cartan, (95) et (97)

$$\partial\overset{*}{\omega}{}^\alpha = -\overset{*}{\omega}{}^\alpha_\beta\wedge\overset{*}{\omega}{}^\beta \quad , \quad \partial\overset{*}{\omega}{}^\alpha_\beta = -\overset{*}{\omega}{}^\alpha_\varepsilon\wedge\overset{*}{\omega}{}^\varepsilon_\beta + \frac{1}{2}R^\alpha_{\beta\lambda\mu}\overset{*}{\omega}{}^\lambda\wedge\overset{*}{\omega}{}^\mu$$

Ecrivons ces formes en tenant compte de (119) et (120)

$$\overset{*}{\omega}{}^\alpha = a^\alpha_i(ry)(rdy^i+y^idr) = y^{\hat{\alpha}}dr + ra^\alpha_i(ry)dy^i \quad (\ y^ia^\alpha_i(ry)=y^{\hat{\alpha}} :(119))$$
$$\overset{*}{\omega}{}^\alpha_\beta = \overset{*}{\omega}{}^\varepsilon\Gamma^\alpha_{\varepsilon\beta}(ry) = ra^\varepsilon_i(ry)\Gamma^\alpha_{\varepsilon\beta}(ry) \quad (\ y^{\hat{\varepsilon}}\Gamma^\alpha_{\varepsilon\beta}(ry)=0 : (120))$$

<u>Nous poserons dans la suite</u> $\theta^\alpha_\beta = \overset{*}{\omega}{}^\alpha_\beta$ , $\theta^\alpha = \overset{*}{\omega}{}^\alpha - y^{\hat{\alpha}}dr$, <u>formes qui ne contiennent pas</u> dr. Notons explicitement

(121) $$\theta^\alpha(r,y,dy) = ra^\alpha_i(ry)dy^i \ , \ \theta^\alpha_\beta(r,y,dy) = ra^\varepsilon_i(ry)\Gamma^\alpha_{\varepsilon\beta}(ry)dy^i$$

et la relation d'antisymétrie $\theta^\alpha_\beta+\theta^\beta_\alpha=0$. Nous avons le résultat fondamental suivant, qui montre que le mouvement du repère $H_\alpha$ est entièrement déterminé par la courbure ; y et dy étant fixés,

(122) $$D_r\theta^\alpha(r,y,dy) = dy^{\hat{\alpha}} + y^{\hat{\beta}}\theta^\alpha_\beta \qquad ; \ \theta^\alpha(0,y,dy) = 0$$
$$D_r\theta^\alpha_\beta(r,y,dy) = R^\alpha_{\beta\lambda\mu}y^{\hat{\lambda}}\theta^\mu \qquad ; \ \theta^\alpha_\beta(0,y,dy) = 0 .$$

<u>Démonstration</u>. Pour les conditions initiales à droite, appliquer (121). Pour les équations principales, recopier les équations de Cartan, en remplaçant $\overset{*}{\omega}{}^\alpha_\beta$ par $\theta^\alpha_\beta$ , $\overset{*}{\omega}{}^\alpha$ par $y^{\hat{\alpha}}dr+\theta^\alpha$, et <u>identifier dans les deux membres les termes contenant</u> dr, sans s'occuper des autres : d'après les règles usuelles de différentiation extérieure

$$\partial\theta^\alpha = dr\wedge D_r\theta^\alpha + \text{termes sans } dr \ , \ \partial\theta^\alpha_\beta = dr\wedge D_r\theta^\alpha_\beta + \text{termes sans dr.}$$

Les formules (122) sortent toutes seules.

<u>Exercice sur la courbure</u>. Les résultats suivants figurent dans tous les cours de géométrie différentielle, avec de meilleures démonstrations. Ici, nous les avons sous la main.

1) Vérifier que $\lim_{r\to 0}\frac{1}{r}\theta^\alpha(ry)=dy^{\hat{\alpha}}$. Calculer de deux manières $\lim_r\frac{1}{r^2}\theta^\alpha_\beta(ry)$ pour obtenir le tenseur de courbure à l'origine

(*) $$\frac{1}{2}R^\alpha_{\beta\lambda\mu}(0) = D_{\hat{\lambda}}\Gamma^\alpha_{\mu\beta}(0) \quad (\text{ dérivée p.r. à la coordonnée } x^{\hat{\lambda}})$$

2) On rappelle l'antisymétrie en $\lambda,\mu$. Montrer que $R^\alpha_{\beta\lambda\mu}=-R^\beta_{\alpha\lambda\mu}$. Montrer que le sens intrinsèque de cette relation est que, si l'on pose

$$K(X,Y\ ;Z,T) = (X,R(Z,T)Y) \quad (=K_{\alpha\beta\lambda\mu}x^\alpha y^\beta z^\lambda t^\mu,\ K_{\alpha\beta\lambda\mu}=g_{\alpha\varepsilon}R^\varepsilon_{\beta\lambda\mu})$$

(tenseur de Riemann-Christoffel), K est antisymétrique en (Z,T).

3) Vérifier l'identité de Bianchi $R(X,Y)Z+R(Y,Z)X+R(Z,X)Y=0$ ( dans le repère à l'origine, cela s'écrit

$$R^\alpha_{\varepsilon\lambda\mu}(0)+R^\alpha_{\lambda\mu\varepsilon}(0)+R^\alpha_{\mu\varepsilon\lambda}(0) = 0$$

déduire cela de la relation $y^{\hat\lambda}y^{\hat\mu}\Gamma^{\varepsilon}_{\lambda\mu}(ry)=0$ (120), dérivée en r et écrite pour r=0.

4)( moins important et plus compliqué) : déduire des deux antisymétries vues pour $K(X,Y;Z,T)$ et de l'identité de Bianchi que $K(X,Y;Z,T)=K(Z,T;X,Y)$.

Passage en coordonnées polaires. Nous continuons à poser $x=ry$, mais cette fois y va varier sur une sphère euclidienne de $\mathbb{R}^\nu$ - la sphère unité par exemple - tandis que r variera entre -c et c, parfois entre 0 et c. Les différentielles $dy^i$ seront donc liées par la relation $\Sigma_i\ y^i dy^i=0$. Pour pouvoir continuer à omettre les $\Sigma$, nous identifierons $\mathbb{R}^\nu$ à son dual par le produit scalaire euclidien, de sorte que nous pouvons écrire $y^i=y_i$, $dy^i=dy_i$ à volonté ( coordonnées cartésiennes seulement).

La première équation (122) nous donne alors

$$y_{\hat\alpha}D_r\theta^\alpha = y_{\hat\alpha}dy^{\hat\alpha} + y_{\hat\alpha}y^\beta\theta^\alpha_\beta = 0$$ ( le premier terme par la relation précédente, le second par antisym.)

Comme la valeur à l'origine est nulle, on a

$$y_{\hat\alpha}\theta^\alpha(ry,dy) = 0 \tag{123}$$

Considérons ensuite un vecteur tangent à $\mathbb{R}\times S^1$, de coordonnées $dr,dy^i$ ; par l'application $(r,y)\mapsto ry$ il lui correspond un vecteur tangent u au point x=ry de V, de coordonnées $dx^i=rdy^i+y^i dr$. Calculons la longueur riemannienne de u :

$$\|u\|^2_{ry} = \Sigma_\alpha\ \omega^\alpha(x,u)^2 = \Sigma_\alpha\ \overset{*}{\omega}{}^\alpha(x,dr,dy)^2 = \Sigma_\alpha\ (y^{\hat\alpha}dr+\theta^\alpha(ry,dy))^2 \tag{124}$$

$$= dr^2 + \Sigma_\alpha\ \theta^\alpha(ry,dy)^2 \quad \text{d'après (123).}$$

Courbure sectionnelle, et application fondamentale. Considérons un plan $P\subset T_x(V)$, et choisissons deux vecteurs X,Y engendrant P, orthogonaux et unitaires ( au sens riemannien). Alors les propriétés d'antisymétrie de K entraînent que $k(X,Y)=K(X,Y;X,Y)$ ne dépend que de P, non de X et Y. On l'appelle la courbure sectionnelle de V en x suivant P. La variété V est dite à courbure négative si $k(X,Y)\leqq 0$ en tout point et suivant tout plan.

Considérons un vecteur tangent v à la sphère unité, au point y, de composantes $dy^i=v^i$ ( $y_i v^i=0$). Le vecteur tangent u=rv au point x=ry a des composantes dans le repère $H_\alpha(x)$

$$u^\alpha = rv^i a^\alpha_i(rx) = \theta^\alpha(ry,v)$$

Voici le lemme fondamental :

LEMME. Si V est à courbure négative, pour y et v fixés la fonction $r\mapsto\|rv\|_{ry}$ est convexe.

Démonstration. On utilise un lemme élémentaire : si $r\mapsto z(r)$ est une courbe dans $\mathbb{R}^\nu$ ( r joue simplement le rôle d'un paramètre ), et si $z(r)\cdot\ddot z(r)\geqq 0$, alors $r\mapsto|z(r)|$ est convexe. On l'applique à $z(r)=\theta^\alpha(ry,v)e_\alpha$ ( repère $e_\alpha$ fixe ) de sorte que $|z(r)|=\|rv\|$.

D'après (122) :

$$\dot{z}^\alpha(r) = dy^\alpha + y^\beta \theta^\alpha_\beta(ry,dy) \ , \ \ddot{z}^\alpha(r) = y^\beta R^\alpha_{\beta\lambda\mu} y^\lambda \theta^\mu(ry,dy)$$

$$z(r)\ddot{z}(r) = \Sigma_\alpha R^\alpha_{\beta\lambda\mu} \theta^\alpha y^\beta y^\lambda \theta^\mu = K(u,y,y,u) = -K(u,y;u,y)$$

( y étant considéré ici comme vecteur tangent radial au point x ). Les vecteurs u et y sont orthogonaux, le premier de norme riemannienne $\|rv\|$, le second de norme riemannienne 1 ( puisqu'il a aussi pour composantes $y^\alpha$ dans le repère orthonormé $H_\alpha(x)$). Ainsi

(125) $\quad z(r).\ddot{z}(r) = -c(u,y)\|rv\|^2$ où $c(u,y)$ est la courbure sectionnelle suivant le plan déterminé par u,y en x.

REMARQUE. Si l'on s'intéresse à $\|rv\|^2_{ry} = \Sigma_\alpha \theta^\alpha(ry,v)^2$, on a le résultat tout à fait évident

(126) $$\frac{1}{2}\frac{d^2}{dr^2}\|rv\|^2_{ry} = \dot{z}(r)^2 + z(r).\ddot{z}(r) \geqq -c_{ry}(u,y)\|rv\|^2_{ry}$$

APPLICATION. Ce résultat a beaucoup d'applications géométriques. Signalons en une : la fonction $r \mapsto \|rv\|_{ry}$ est convexe, nulle pour r=0, et sa dérivée à l'origine est $\lim_r \frac{1}{r}\|\theta^\alpha(ry,v)\| = |v|$ (121). Donc $\|rv\| \geqq |rv|$. Ce résultat s'étend par (124) à un vecteur tangent quelconque au point x. Donc <u>la longueur riemannienne d'une courbe est toujours supérieure à sa longueur euclidienne</u> en coordonnées normales ( si V est à courbure $\leqq 0$ ).

e) <u>Application probabiliste</u>.

Pour simplifier, <u>nous supposons maintenant que</u> $V=\mathbb{R}^\nu$ <u>entier</u>, avec une structure riemannienne à courbure négative pour laquelle les droites issues de 0 sont des géodésiques. La coordonnée polaire r est alors, d'après l'application précédente, la distance à l'origine, au sens riemannien aussi bien qu'euclidien. Décalquant une démonstration d'Helgason, p.72-73, nous prouvons :

PROPOSITION. <u>Soit</u> $(X_t)$ <u>une martingale à valeurs dans la variété riemannienne</u> V, <u>ne passant jamais par</u> 0. <u>Alors</u> $|X_t|$ <u>est une sousmartingale locale au sens usuel</u> ( i.e. $|X_t|$= martingale locale + processus croissant ).

En particulier, soit $s \mapsto h(s)$ une géodésique ($s\in[0,a]$ ) et soit $b_t$ le mouvement brownien sur l'intervalle [0,a] ( arrêté aux extrémités ). On vérifie sans aucune peine que le processus $h(b_t)$ à valeurs dans V est une martingale. Donc $|h(b_t)|$ est une sous-martingale locale ; comme c'est aussi l'image du m$^{vt}$ brownien sur [0,a] par une application $C^\infty$, sa partie martingale est une vraie martingale, et c'est une vraie sousmartingale. Cela signifie que la fonction $s \mapsto |h(s)|$ est convexe sur [0,a].

<u>Démonstration</u>. Nous représentons $X_t$ en coordonnées polaires $X_t = R_t Y_t$, les deux termes étant des semimartingales puisque X ne passe pas par 0. Posons $Z^\alpha_t = (\Gamma)\int_{X_0}^t \omega^\alpha$, au sens d'Ito, donc $Z^\alpha$ est une martingale locale réelle. Il en est alors de même de $M_t = \Sigma_\alpha \int_0^t Y^\alpha_s dZ^\alpha_s$ . Calculons ceci d'une autre

manière. $M_t$ est l'intégrale le long de X de la forme du second ordre $\Sigma_\alpha\, y^\alpha(d\omega^\alpha + \omega^\alpha_\beta.\omega^\beta)$ (1). Passant en polaires, $M_t$ est intégrale le long de $(R,Y)$ de la forme $\Sigma_\alpha\, y^\alpha(\, d(y^\alpha dr+\Theta^\alpha) + \Theta^\alpha_\beta.(y^\beta dr+\Theta^\beta))$. Développons en commençant par la gauche :

$\Sigma_\alpha\, y^\alpha dy^\alpha.dr$ : donne 0, car $\Sigma_\alpha\, y^\alpha dy^\alpha = 0$ sur la sphère unité.

$\Sigma_\alpha\, y^\alpha y^\alpha d^2r = d^2r$ .

$\Sigma_\alpha\, y^\alpha d\Theta^\alpha = -\,\Sigma_\alpha\, \Theta^\alpha.dy^\alpha$ d'après (123)

$\Sigma_{\alpha\beta} y^\alpha y^\beta \Theta^\alpha_\beta.dr = 0$, par l'antisymétrie $\Theta^\beta_\alpha+\Theta^\alpha_\beta = 0$

Quant au dernier terme, nous échangeons le nom des indices $\alpha,\beta$ et remplaçons $\Theta^\beta_\alpha$ par $-\Theta^\alpha_\beta$ . Il reste donc finalement

$$M_t\ (\text{ mart. loc. }) = r(X_t)-r(X_0) - \int_{R,Y} \Sigma_\alpha\, \Theta^\alpha.(dy^\alpha+y^\beta\Theta^\alpha_\beta)$$

et il suffit de démontrer que cette dernière intégrale est un processus croissant. Or posons $\Theta^\alpha = ra^\alpha_i(ry)dy^i$ (121), $dy^\alpha+y^\beta\Theta^\alpha_\beta = b_i(r,y)dy^i = D_r\Theta^\alpha$ (122). Fixons y et dy=v ; nous avons

$$\Sigma_\alpha\, ra^\alpha_i(ry)b_j(r,y)v^iv^j = \tfrac{1}{2}D_r(\, \Sigma_\alpha\, \Theta^\alpha(ry,v)^2\, ) = \tfrac{1}{2}D_r\|rv\|^2_{ry}$$

Pour la clarté des notations, posons

$$\|rv\|^2_{ry} = p_{ij}(r,y)v^iv^j \quad , \quad D_r\|rv\|^2_{ry} = q_{ij}(r,y)v^iv^j$$

Le processus auquel nous nous intéressons est

$$(*) \qquad \tfrac{1}{2}\int_0^t q_{ij}(R_s,Y_s)d\langle Y^i,Y^j\rangle_s$$

Commençons par démontrer simplement l'énoncé, i.e. le fait que ce processus est croissant. Nous savons ( lemme de convexité ) que la fonction $r\longmapsto\|rv\|_{ry}$ est convexe positive nulle en 0, donc croissante sur $\mathbb{R}_+$ , donc son carré est une fonction croissante, et en dérivant

$$q_{ij}(r,y)v^iv^j \geqq 0 \quad \text{pour tout vecteur v tel que } \Sigma_i\, y^iv^i = 0$$

On a alors aussi, pour toute forme quadratique positive $\lambda$ telle que $\Sigma\, \lambda^{ij}y^iy^j = 0$

$$q_{ij}(r,y)\lambda^{ij} \geqq 0$$

( décomposer $\lambda$ en sommes de carrés ). Alors (*) est croissant : introduire des densités $\lambda^{ij}_s$ de $d\langle Y^i,Y^j\rangle_s$ par rapport à un processus croissant fixe ; comme $\Sigma_i\, Y^{i2}_s = 1$ , $\Sigma_i\, Y^i_s dY^i_s$ est à variation finie, donc son crochet est nul, et on a $\Sigma_{ij}\, Y^i_sY^j_s d\langle Y^i,Y^j\rangle_s = 0$.

<u>Amélioration</u> ( Selon Azencott, Bull. SMF, t. 102, 1974, p.221 ). Nous commençons par étendre le lemme de convexité : si $\lambda$ est une forme comme ci-dessus, la fonction $f(r) = (\, p_{ij}(r,y)\lambda^{ij})^{1/2}$ est convexe croissante. Ce n'est pas difficile : on décompose $\lambda$ en somme de m carrés, et on revient à la démonstration du lemme, en prenant le vecteur z(r) dans $\mathbb{R}^{m\nu}$ au lieu de $\mathbb{R}^\nu$ afin d'interpréter f(r) comme sa norme $|z(r)|$. Ceci étant établi, on a

$f(r) \leq rf'(r)$, ce qui s'écrit ici

$$q_{ij}(r,y)\lambda^{ij} \geq 2rp_{ij}(r,y)\lambda^{ij}$$

Autrement dit, le processus croissant (*) est minoré par

$$\int_0^t R_s p_{ij}(R_s,Y_s)d\langle Y^i,Y^j\rangle_s$$

Or on a d'après (124), si $y^i = rdt$, $\Sigma_i y^{i2}=1$

$$g_{ij}dx^i dx^j = dr^2 + r^2 p_{ij}(r,y)dy^i dy^j$$

et il reste finalement que

$$R_t = R_0 + M_t + \int_0^t \frac{1}{R_s}(g_{ij}(X_s)d\langle X^i,X^j\rangle_s - d\langle R,R\rangle_s) + A_t$$

où $A_t$ est un processus croissant.

Lorsque X est le mouvement brownien de V, il n'est pas difficile de voir que M est un mouvement brownien réel , donc $\langle M,M\rangle_t = \langle R,R\rangle_t = t$ , et $R_t$ est solution de l'équation différentielle stochastique

$$R_t = R_0 + M_t + A_t + \int_0^t \frac{(\nu-1)ds}{R_s}$$

tandis que la partie radiale du mouvement brownien usuel dans $\mathbb{R}^\nu$ satisfait à une équation analogue, mais sans $A_t$. Il est alors possible de montrer que le mouvement brownien de V "s'éloigne plus vite" que celui de $\mathbb{R}^\nu$ - mais nous n'entrerons pas dans ce sujet.

Nous avons admis implicitement que le mouvement brownien de V ne passe jamais par l'origine, i.e. que les points sont polaires. Je pense qu'avec un peu plus de travail on doit pouvoir affranchir la proposition du début du paragraphe de cette hypothèse gênante.

Note ( Novembre 1980 ). La rédaction est interrompue par la date limite de dépôts des manuscrits pour le volume XV . En particulier, diverses questions qui figuraient dans les rédactions préliminaires n'ont pu être abordées dans celle-ci. J'espère qu'il y aura une suite...

REFERENCES.

1. Géométrie différentielle

Pour la géométrie différentielle usuelle, nous renvoyons à la première édition de

HELGASON (S.). Differential Geometry and Symmetric Spaces. Acad. Press 1962.

Pour la géométrie différentielle du second ordre, il y a une littérature considérable, mais inabordable pour les probabilistes ( en tout cas, pour moi ). Je me bornerai donc à deux références qui m'ont été utiles.

DOMBROWSKI (P.). Geometry of the tangent bundle. J. Reine Angew. Math. 210, 1962, p. 73-88.

GRIFONE (J.). Structure presque-tangente et connexions. Ann. Inst. Fourier, 22-1, 1972, p. 287-344.

Je ne crois pas que les géomètres différentiels aient jamais étudié les formes d'ordre 2, et encore moins d'ordre >2. Pourtant elles existent. puisque j'ai écrit dessus un gros papier ( pour me débarrasser du sujet[1]).

2. Géométrie différentielle stochastique

BISMUT (J.). [1]. Principes de mécanique aléatoire. A paraître.

----------- [2]. Notes aux CR, t. 290, 1980 : Formulation géométrique du calcul d'Ito, relèvement de connexions et calcul des variations (p.427-429) ; Flots stochastiques et formule d'Ito-Stratonovich généralisée (p. 483-486) ; Intégrales stochastiques non monotones et calcul différentiel stochastique ( p. 625-628 ).

--- [3]. A generalized formula of Ito on stochastic flows. Prepubl. Orsay, Mars 1980.

--- [4]. Martingales, the Malliavin calculus and hypoellipticity under general Hörmander conditions. A paraître, Proceedings of the LMS Symposium on stochastic differential equations, Durham, Juillet 1980 ( LN in Math. ? ).

DYNKIN (E. B.). Diffusion of tensors. Dokl. A.N. SSSR, 179,1968 . Traduction anglaise, 9, 1968, p. 532-535.

IKEDA (N.) et MANABE (S.). Integral of differential forms along paths of diffusion processes. Publ. RIMS, Kyoto Univ. 15, 1979, p. 827-852.

IKEDA (N.) et WATANABE (S.). Stochastic differential equations and diffusion processes. A paraître.

ITO (K.). [1]. The brownian motion and tensor fields in riemannian geometry. Proc. Int. Congress Math., Stockholm 1962, p. 536-539.

--- [2]. Stochastic parallel displacement. Proc. Victoria Conf. 1974, LN 451, p. 1-7.

1. Formes différentielles d'ordre n>1. Non publié !

MALLIAVIN (P.). [1]. Géométrie différentielle stochastique. Presses de l' Université de Montréal, 1978.

--- [2]. Stochastic calculus of variations and hypoelliptic operators. Proc. Int. Conf. on SDE, Kyoto, 1976, p. 195-263 ( distr. Wiley, 1978 ).

--- [3]. Notes aux CRAS, Paris. Paramétrix trajectorielle pour un opérateur hypoelliptique et repère mobile stochastique ( t.281, 1975, p. 241). Un principe de transfert et son application au calcul des variations ( t.284, 1977, p. 187 ). Champs de Jacobi stochastiques ( t. 285, 1977, p. 789 ).

SCHWARTZ (L.). [1]. Semimartingales sur des variétés, et martingales conformes sur des variétés analytiques complexes. Lecture Notes in M. 780, 1980.

--- [2]. Articles à paraître. ( titre provisoire : Equations différentielles stochastiques sur des variétés. Relèvements des éq. diff. stoch. et des semimartingales par des connexions ).

TAYLOR (J.C.). Some remarks on Malliavin's comparison lemma and related topics. Sem. Prob. XII, 1978, p. 446-456, LN. 649.

YOR (M.). [1]. Formule de Cauchy relative à certains lacets browniens. Bull. SMF 105, 1977, p. 3-31.

---. [2]. Sur quelques approximations d'intégrales stochastiques. Sém. Prob. XI, 1977, p. 518-528.

Université de Strasbourg
Séminaire de Probabilités 1979/80

# FLOT D'UNE EQUATION DIFFERENTIELLE STOCHASTIQUE

( d'après Malliavin, Bismut, Kunita )

par P.A. Meyer

Cet exposé peut être considéré comme un paragraphe détaché de la "géométrie stochastique sans larmes" . L'étude des flots d'équations stochastiques est un outil essentiel dans les travaux géométriques de Malliavin et de Bismut. Mais nous avons essayé ici de présenter ce qui peut être dit aussi dans le cas des semimartingales discontinues, et cela nous éloigne de l'esprit de la "géométrie stochastique".

De quoi s'agit il ? Tout d'abord, d'étudier la différentiabilité des solutions d'une équation différentielle stochastique en fonction des conditions initiales. Le résultat fondamental dans cette direction dit que, si l'on considère la solution $X(t,\omega,x)$ d'une très bonne équation différentielle stochastique, correspondant à la valeur initiale x, il en existe une version qui pour presque tout $\omega$ est $C^{\infty}$ en x. Ce résultat est dû à Malliavin, pour les équations du type classique sur les variétés, et constitue l'une des étapes importantes dans sa démonstration probabiliste des résultats d'hypoellipticité. Nous le démontrerons dans $\mathbb{R}^n$, pour une équation gouvernée par une semimartingale discontinue ( l'extension est un exercice sans difficulté, sur les inégalités de la théorie des équations différentielles stochastiques ).

Les applications $\phi_t(\omega,.) : x \to X(t,\omega,x)$ sont alors analogues au "flot" d'une équation différentielle ordinaire. Dans le cas déterministe, ce flot est un groupe à un paramètre de difféomorphismes. Pour les équations différentielles stochastiques générales, on ne peut espérer l'injectivité que dans le cas où la semimartingale est continue. Dans le cas où il s'agit du processus de Wiener, Malliavin l'a effectivement démontrée, au moyen de l'argument naturel de retournement du temps, et Bismut a démontré aussi la surjectivité ( dans le cas de $\mathbb{R}^n$ ). Ce n'est que tout récemment ( 1980 ) que le cas général a été traité, sans retournement du temps, par Kunita ( exposé du congrès de Durham, à paraître[1]).

Enfin, les développements récents du sujet concernent aussi l'étude des processus de la forme $\phi_t(\omega,Z_t(\omega))$, où le processus $Z_t(\omega)$ substitué à x est une semimartingale : Bismut a montré que ce sont des semimartingales, et les a exprimés au moyen d'une "formule d'Ito" très intéressante. Nous n'avons pas tenté de présenter cette question.

1. H. Kunita m'a signalé que les résultats présentés ici ont été obtenus en collaboration avec S.R.S. Varadhan.

Il existe plusieurs techniques pour traiter les équations différentielles stochastiques. Pour ne citer que les auteurs récents , nous avons celles de C. Doléans-Dade, Emery, Protter, Jacod, Métivier-Pellaumail... La plus accessible pour moi ( et pour les strasbourgeois ) est celle de Doléans revue par Emery ( ZfW 41, 278, p. 241-262 ). Nous allons en rappeler l'essentiel.

RAPPELS SUR LES EQUATIONS DIFFERENTIELLES STOCHASTIQUES

Les équations étudiées par Emery sont du type suivant, où le processus inconnu X est un processus càdlàg. adapté à valeurs dans $\mathbb{R}^n$, et le processus conducteur Z une semimartingale à valeurs dans $\mathbb{R}^m$ :

$$(1) \qquad X_t = H_t + \int_0^t F(X)_{s-} dZ_s \;{}^{(1)}$$

Ici H est un processus càdlàg. donné à valeurs dans $\mathbb{R}^n$, et F est une fonctionnelle, appliquant les processus càdlàg. adaptés à valeurs dans $\mathbb{R}^n$ dans les processus càdlàg. adaptés à valeurs matricielles (n,m), et telle que

i. Pour tout t.d'a. T , $X^{T-}=Y^{T-} \Rightarrow F(X)^{T-}=F(Y)^{T-}$

ii. $(F(X)-F(Y))^* \leqq c(X-Y)^*$ ( condition Lip(c))

( cf. Emery, p. 248 ), auxquelles il est très commode d'ajouter

iii. $F(0) = 0$ ( <u>hypothèse faite dans toute la suite</u> ).

Comme d'habitude , $X^*$ désigne $\sup_s |X_s|$.

L'équation que nous désirons étudier est d'un type bien plus classique : ce sera[2]

$$(2) \qquad X_t^i = x^i + \int_0^t a_\alpha^i(X_{s-}) dZ_s^\alpha \qquad \begin{matrix} i=1,\dots,n \\ \alpha=1,\dots,m \end{matrix}$$

avec la convention de sommation usuelle, les coefficients $a_\alpha^i$ étant très réguliers. Ramenons cette équation à la forme (1). Soit $A(x)$ la matrice $(a_\alpha^i(x))$. Alors

$$(3) \qquad X_t^x = H_t^x + \int_0^t F(X^x)_{s-} dZ_s$$

avec $H_t^x = x + A(0)(Z_t - Z_0)$ et $F(Y)_t = A(Y_t) - A(0)$ pour tout processus Y càdlàg . De même, la différence $X^x - X^y$ de deux solutions de (2) est solution en y, pour x fixé, de l'équation du type (1)

$$(4) \qquad \bar{X}_t = y-x + \int_0^t \bar{F}(\bar{X})_{s-} dZ_s \quad \text{avec } \bar{X}_t = X_t^y - X_t^x \,,\ \bar{F}(Y) = F(X^x+Y) - F(Y) = A(X^x+Y) - A(X^x)$$

---

1. L'intégrale est sur ]0,t], de sorte que la valeur initiale de Z est indifférente. On pourrait la supposer nulle.
2. Toutefois, considérons l'équation (1) générale $X_t^x = H_t^x + \int_0^t F(X_s^x)_- dZ_s$ , où x parcourt un $\mathbb{R}^k$ et l'application $x \mapsto H^x$ est lipschitzienne au sens de la convergence uniforme. Le même raisonnement montrera qu'il en existe une version à trajectoires <u>continues en x</u>.

Le principe de la méthode de Doléans-Dade et Emery consiste alors à

- choisir un exposant p ( ici, on choisira p>n ), et travailler dans l'espace $\underline{\underline{S}}^p$ des processus càdlàg. adaptés ( à valeurs dans $\mathbb{R}^n$ ou $\mathbb{R}^m$ ) Y, tels que $|Y|^* \in L^p$ (1).
- Supposer la norme de la semimartingale Z petite dans $\underline{\underline{H}}^\infty$ : plus précisément, majorée par une quantité k(c,p) dépendant de l'exposant p et de la constante de Lipschitz c de F, et dont la valeur ne nous intéresse pas.

Dans ces conditions, on a la majoration fondamentale ( lemme 3, p. 248 )

(5) $$\|X\|_{\underline{\underline{S}}^p} \leq 2\| H \|_{\underline{\underline{S}}^p}$$

et de plus X peut se construire par la méthode du point fixe ( la constante 2 n'a aucune signification particulière : elle dépend du choix explicite des normes sur $\underline{\underline{H}}^\infty$ et les espaces $\underline{\underline{S}}^p$ matriciels, utilisées par Emery ).

Ensuite, on s'affranchit de la restriction sur Z, en construisant une suite croissante de temps d'arrêt $T_n$ , telle que $T_0=0$, $T_n \uparrow \infty$ , et qui " découpent Z en tranches petites dans $\underline{\underline{H}}^\infty$ " : chacune des semimartingales $Z^n$ égales à

$$0 \text{ pour } t<T_n \text{ , } Z_t-Z_{T_n} \text{ pour } T_n \leq t<T_{n+1}$$
$$Z^{T_{n+1}-}-Z^{T_n} \text{ pour } t \geq T_{n+1}$$

a une norme $\leq$ k(c,p) dans $\underline{\underline{H}}^\infty$ . La solution globale se construit alors par récurrence sur n : le processus $X^1=X^{T_1-}$ satisfait une équation du type (1) par rapport à $Z^1$, puis le processus $X^{T_2-}-X^1=X^2$ satisfait une équation du type (1) par rapport à $Z^2$, etc. Ce raccordement des solutions ne présente que des difficultés de notation, et <u>en général nous le laisserons de côté dans la suite</u>.

UN THEOREME DE NEVEU

La clef de tous les résultats de différentiabilité est un résultat de <u>continuité</u> de la solution par rapport à la donnée initiale x. Ce résultat a été établi par Neveu dans son cours de 3e cycle " Equations différentielles stochastiques et applications" , Paris 1973, pour les équations (2) du type classique ( i.e. gouvernées par des termes en $dB_t$ et dt ).

THEOREME 1. <u>Dans l'équation (2), supposons que les coefficients</u> $a^i_\alpha(.)$ <u>soient lipschitziens sur</u> $\mathbb{R}^n$. <u>Alors il existe une fonction</u> $X(t,\omega,x)$ <u>sur</u> $\mathbb{R}_+\times\Omega\times\mathbb{R}^n$ <u>possédant les propriétés suivantes</u> :

1) <u>Pour tout</u> x, <u>le processus</u> $X^x_t(\omega)=X(t,\omega,x)$ <u>est solution de</u> (2).
2) <u>Pour presque tout</u> ω, <u>l'application</u> $x \mapsto X(.,\omega,x)$ <u>de</u> $\mathbb{R}^n$ <u>dans</u> $\underline{\underline{D}}(\mathbb{R}^n)$ <u>est continue</u>.

1. Ces espaces sont appelés $\mathcal{R}^p$ dans la nouvelle édition du livre "probabilités et potentiel". Nous gardons ici les notations d'Emery.

[ On désigne par $\underline{\underline{D}}(\mathbb{R}^n)$ ( resp. $\underline{\underline{D}}([0,t],\mathbb{R}^n)$) l'espace des applications càdlàg. de $\mathbb{R}$ ( resp. $[0,t]$ ) dans $\mathbb{R}^n$, avec la convergence compacte ( uniforme)]

DEMONSTRATION. Conformément à ce que nous avons dit au début, nous laisserons de côté les problèmes de raccordement[1], et raisonnerons seulement dans le cas où Z est très petite dans $\underline{\underline{H}}^\infty$, de sorte que l'estimation (5) est valable. D'après celle-ci, appliquée à la différence $X^x-X^y$ ( cf. (4)) on a

$$E[(\sup_s |X^y_s-X^x_s|)^p] \leq 2^p|x-y|^p$$

Comme p>n, nous sommes dans les conditions d'applications du <u>lemme de Kolmogorov</u>, dont voici l'énoncé :

Soit $\Delta$ l'ensemble des dyadiques de $\mathbb{R}^n$, et soit E un espace métrique complet pour une distance d. Pour tout $x\in\Delta$, soit $\xi_x$ une v.a. à valeurs dans E. On suppose qu'il existe des constantes $\varepsilon>0$, $C>0$, <u>$p>n$</u> telles que

$$E[d(\xi_x,\xi_y)^\varepsilon] \leq C|x-y|^p$$

Alors, pour presque tout $\omega$, l'application $x\mapsto\xi_x(\omega)$ sur $\Delta$ est prolongeable en une application continue de $\mathbb{R}^n$ dans E.

Ici, nous appliquons cela avec $E=\underline{\underline{D}}([0,\infty],\mathbb{R}^n)$ , $\xi_x(\omega)=X(.,\omega,x)$. Pour obtenir l'énoncé, il suffit de vérifier que le prolongement est solution de (2) pour tout $x\in\mathbb{R}^n$, et non seulement pour $x\in\Delta$ : c'est très facile.

REMARQUE. Supposant toujours Z petite dans $\underline{\underline{H}}^\infty$, on peut démontrer un résultat un peu meilleur. Nous avons en effet $X^y_t-X^x_t = y-x + \int_0^t (A(X^y_{s-})-A(X^x_{s-}))dZ_s$ et $\|A(X^y)-A(X^x)\|_{\underline{\underline{S}}^p} \leq c\|X^y-X^x\|_{\underline{\underline{S}}^p}$ ( condition de Lipschitz). Or nous avons (Emery, prop. 1 p. 244) $\|U\cdot Z\|_{\underline{\underline{H}}^p} \leq c_p\|U\|_{\underline{\underline{S}}^p}\|Z\|_{\underline{\underline{H}}^\infty}$ , d'où finalement, par (5), une inégalité $\|X^x-X^y\|_{\underline{\underline{H}}^p} \leq c|x-y|$, et $\|X^x-X^y\|^p_{\underline{\underline{H}}^1} \leq c|x-y|^p$. On applique alors le lemme de Kolmogorov dans l'espace $\underline{\underline{H}}^1$ de semimartingales ( d'où par ex. l'existence de versions continues en x pour la partie martingale et la partie à variation finie de $X^x$ séparément. Attention : le raccordement des parties martingales ne se fait pas bien si Z n'est pas continue, de sorte qu'on ne peut globaliser ce résultat sans précaution).

Supposons maintenant que les coefficients de l'équation (2) soient seulement <u>localement lipschitziens</u>, et montrons qu'il existe alors une solution, peut être explosive, mais " aussi continue que possible" .

Nous considérons une suite $(h_i)$ de fonctions $C^\infty$ à support compact, comprises entre 0 et 1, tendant vers 1 en croissant de telle sorte que les intérieurs des compacts $U_i=\{h_i=1\}$ recouvrent $\mathbb{R}^n$ . Pour chaque i, soit $X_i(t,\omega,x)$ la solution continue, fournie par le théorème 1, de l'équation différentielle lipschitzienne obtenue en remplaçant la matrice A(x)

1.Il faut un peu d'attention pour les sauts aux instants de raccordement.

par la matrice $h_i(x)A(x)$. Soit aussi $S_i(\omega,x)=\inf\{t : X^i(t,\omega,x)\notin U_i\}$.
Pour tout i, et tout x fixé, on a p.s.

(*) $$X^i(.,\omega,x)=X^{i+1}(.,\omega,x) \text{ sur } [0,S_i(\omega,x)[$$

ces deux processus étant solutions de la même équation sur cet intervalle. Jetant hors de $\Omega$ un ensemble de mesure nulle, nous pouvons supposer que (*) a lieu identiquement, pour tout i, tout $\omega$ et tout x rationnel. On a alors la même propriété pour tout $y\in\mathbb{R}^n$. En effet, si des $y_n$ rationnels convergent vers y, on a $S_i(\omega,y)\leq \liminf_n S_i(\omega,y_n)$, et la relation (*) écrite pour les $y_n$ passe à la limite.

En particulier, on a $S_i(\omega,x)\leq S_{i+1}(\omega,x)$. Si nous notons $\zeta(\omega,x)$ la limite de cette suite, nous avons les propriétés suivantes

- $\zeta(\omega,.)$ est s.c.i. et partout $>0$ ;
- il existe sur $[0,\zeta(\omega,x)[$ une fonction $X(.,\omega,x)$ unique, qui est égale à $X^i(.,\omega,x)$ sur $[0,S_i(\omega,x)[$ pour tout i ;
- Sur $[0,\zeta(\omega,x)[$, $X(.,\omega,x)$ satisfait à l'équation (2). En effet, on a sur $[0,S_i(\omega,x)[$ $X(.,\omega,x)=X^i(.,\omega,x)\in U_i$, donc $h_i(X^i(.,\omega,x))=1$, et $X^i$ satisfait à (2) sur l'intervalle.
- L'une des quantités $X(S_i(\omega,x),\omega,x)$, $X(S_i(\omega,x)-,\omega,x)$ appartient à $U_i^c$. En effet, posons $S_i(\omega,x)=s$, $X(s-,\omega,x)=X^i(s-,\omega,x)=u$, et supposons $u\in U_i$. Alors $h_i(u)=1$, et les deux processus ont même saut à l'instant s, et donc aussi la même valeur : celle ci appartient à $U_i^c$ par définition de $S_i$.

Il est clair d'après la dernière propriété que $\zeta$ joue bien le rôle d'une "durée de vie" : la trajectoire s'éloigne à l'infini à cet instant, sur l'ensemble $\{\zeta<\infty\}$. Si x est tel que $\zeta(\omega,x)>t$, d'autre part, on peut affirmer que $\zeta(\omega,y)>t$ pour y suffisamment voisin de x, et que $X(.,\omega,y)$ converge uniformément vers $X(.,\omega,x)$ sur $[0,t]$ lorsque $y\to x$. Le résultat est donc aussi satisfaisant que possible.

Je ne suis pas parvenu à démontrer la conjecture suivante : si pour tout x il existe une solution non explosive, alors pour presque tout $\omega$ on a $\zeta(\omega,.)=+\infty$. Il se pourrait bien qu'elle soit fausse : cela signifierait que la fonction $X(.,\omega,.)$ a des "pôles" pour certaines valeurs de $(t,x)$, si aigus et mobiles que pour x fixé on ne passe p.s. pas par un "pôle". Remarquer cependant que la fonction $\zeta(\omega,.)$ est s.c.i. et strictement positive, donc localement bornée inférieurement : il existe donc pour t petit toute une bande sans "pôles" , et leur apparition ultérieure est un peu contraire à l'intuition.

Nous passons à l'étude de la différentiabilité, due pour l'essentiel à Malliavin.

## LE THEOREME DE DIFFERENTIABILITE

Nous noterons $U(t,\omega,x,u)$ la dérivée de $X(t,\omega,.)$ dans la direction du vecteur u, si elle existe, c'est à dire

$$U(t,\omega,x,u) = \lim_{\varepsilon \to 0} \frac{1}{\varepsilon}(X(t,\omega,x+\varepsilon u)-X(t,\omega,x))$$

et en particulier, la k-ième dérivée partielle de $X(t,\omega,.)$ sera notée $U_k(t,\omega,x)$. Un calcul formel montre que le couple (X,U) devrait être solution de l'équation différentielle stochastique dans $\mathbb{R}^{2n}$

$$(6) \quad \begin{aligned} X_t^i &= x^i + \int_0^t a_\alpha^i(X_{s-})dZ_s^\alpha \\ U_t^i &= u^i + \int_0^t D_k a_\alpha^i(X_{s-})U_{s-}^k dZ_s^\alpha \end{aligned} \qquad \text{convention de sommation en } k \text{ et } \alpha$$

qui est du même type que (1), mais avec deux nuances importantes : d'une part, X étant calculé, la seconde équation est <u>linéaire</u> en U, donc particulièrement excellente. D'autre part, si l'on considère (6) comme une équation différentielle stochastique du type (1), celle-ci n'est <u>jamais</u> globalement lipschitzienne.

Le théorème 2 s'étendra immédiatement aux ordres de différentiabilité supérieurs.

THEOREME 2. <u>On suppose les coefficients</u> $a_\alpha^i$ <u>pourvus de dérivées partielles d'ordre 1 localement lipschitziennes</u> ( donc localement lipschitziens ! ). <u>Alors</u>, <u>pour presque tout</u> $\omega$, <u>la fonction</u> $X(t,\omega,x)$ <u>possède les propriétés suivantes</u> :

1) <u>Pour tout</u> t, $X(t,\omega,.)$ <u>est continûment dérivable</u>[1] <u>dans l'ouvert</u> $\{x: \zeta(\omega,x)>t\}$
2) <u>Si l'on note</u> $U_k(t,\omega,x)$ <u>sa</u> k-<u>ième dérivée partielle</u>, <u>et</u> $U(t,x,\omega,u) = \Sigma_k u^k U_k(t,\omega,x)$, <u>alors pour tout</u> (x,u) <u>le processus</u> $(X(.,\omega,x),U(.,\omega,x,u))$ <u>est càdlàg identiquement, et solution de</u> (6) <u>sur</u> $[0,\zeta(.,x)[$.

DEMONSTRATION. Nous fixons une constante N. L'ouvert $\{\zeta(\omega,.)>N\}$ étant réunion dénombrable de boules fermées de centre et de rayon rationnels, il nous suffit de démontrer que

Pour toute boule fermée B ( de centre et de rayon rationnels, mais peu importe ), pour presque tout $\omega$ <u>tel que</u> $\zeta(\omega,x)>N$ <u>pour tout</u> $x \in B$, la fonction $X(t,\omega,.)$ est continûment dérivable[1].

Soit J l'événement { pour tout $x \in B$, $\zeta(\omega,x)>N$}. D'après le théorème 1, pour tout $\omega \in J$ l'ensemble des trajectoires $X(.,\omega,x)$ sur [0,N], x parcourant B, est compact dans $\underline{\underline{D}}(\mathbb{R}^n)$, donc contenu dans une boule B(0,R) pour R assez grand. Nous pouvons donc nous borner à raisonner sur les $\omega$ tels que cette propriété ait lieu <u>avec R fixé</u>. Désignons par H l'ensemble de ces $\omega$, et

1. En fait, on démontre un peu mieux : l'application qui à x associe la trajectoire $X(.,\omega,x) \in \underline{\underline{D}}([0,t],\mathbb{R}^n)$ est de classe $C^1$ sur $\{\zeta(\omega,.)>t\}$.

remplaçons - sans changer de notation - la loi P par la loi conditionnelle $P_H$ ( sous laquelle Z est restée une semimartingale ). Nous pouvons donc établir le théorème sous les deux hypothèses supplémentaires suivantes

Pour tout $x\in B$, on a $\zeta(\omega,x)>N$, et la trajectoire $X(.,\omega,x)$ reste dans $B(0,R)$ sur $[0,N]$.

Remplaçons alors - toujours sans changer de notation - les fonctions $a^i_\alpha$ par $ha^i_\alpha$ , où h est $C^\infty$ à support compact, égale à 1 sur $B(0,R)$, et Z par la semimartingale arrêtée $Z^N$ : nous nous trouvons ramenés à <u>l'étude sur</u> $[0,\infty[$, <u>dans le cas globalement lipschitzien</u> .

Enfin, comme dans la démonstration du théorème 1, nous pouvons supposer la norme de Z arbitrairement petite dans $\underline{\underline{H}}^\infty$, quitte à faire ensuite un recollement - que nous négligerons comme plus haut.

Commençons alors la démonstration proprement dite. Nous allons résoudre l'équation différentielle stochastique

$$(7)\qquad U^i_k(t,\omega,x) = \delta^i_k + \int_0^t D_k a^i_\alpha(X^x_{s-})U^k_{s-}dZ^\alpha_s$$

où $X^x$ est déjà connu, et montrer qu'il en existe une version càdlàg. dépendant continûment de x ( même, $x\mapsto U_k(.,\omega,x)$ continue de $\mathbb{R}^n$ dans $\underline{\underline{D}}(\mathbb{R}^n)$ .

Nous montrerons ensuite que $U_k(t,\omega,.)$ est dérivée partielle k-ième de $X_k(t,\omega,.)$, au sens des distributions, pour t rationnel fixé. Il en résultera, puisque nous avons déjà établi la continuité , que l'application $x\mapsto X(.,\omega,x)$ à valeurs dans $\underline{\underline{D}}(\mathbb{R}^n)$ est fortement différentiable, et admet comme différentielle $U = \Sigma_k u^k U_k$.

1) <u>Continuité de</u> $U_k$ <u>en</u> x . Posons $V_s(\omega)= U_k(s,\omega,y)-U_k(s,\omega,x)$. Alors

$$V^i_t = \int_0^t (D_j a^i_\alpha(X^x_{s-})U^{jx}_{ks-} - D_j a^i_\alpha(X^y_{s-})U^{jy}_{ks-})dZ^\alpha_s$$
$$= \int_0^t (D_j a^i_\alpha(X^x_{s-}) - D_j a^i_\alpha(X^y_{s-}))U^{jx}_{ks-}dZ^\alpha_s + \int_0^t D_j a^i_\alpha(X^y_{s-})V^j_{s-}dZ^\alpha_s$$
$$= H^i_t + \int_0^t V^i_{s-}dY^i_{ks} \quad , \text{avec} \quad Y^i_{ks} = \int_0^s D_k a^i_\alpha(X^y_{s-})dZ^\alpha_s$$

Soit C une borne des $D_k a^i_\alpha$ sur $B(0,R)$ ; alors les $Y^i_{ks}$ sont dans $\underline{\underline{H}}^\infty$ , avec une norme $\leq C_1\|Z\|_{\underline{\underline{H}}^\infty}$ ( $C_1$ s'exprime en fonction de C et de la dimension m). Donc la majoration fondamentale (5) nous donne ( la fonctionnelle est ici l'identité, donc lipschitzienne de rapport 1 )

$$\|V\|_{\underline{\underline{S}}^p} \leq C_2\|H\|_{\underline{\underline{S}}^p} \quad ( \text{si } \|Z\|_{\underline{\underline{H}}^\infty} \text{ est assez petit } )$$

Revenons à l'expression de H comme intégrale stochastique : on a d'après les inégalités de base ( Emery, prop. 1 )

$$\|H\|_{\underline{\underline{S}}^p} \leq C_3\|J\|_{\underline{\underline{S}}^p}\|Z\|_{\underline{\underline{H}}^\infty} \quad \text{où} \quad J^i_{\alpha s} = (D_j a^i_\alpha(X^y_{s-}) - D_j a^i_\alpha(X^x_{s-}))U^{jx}_{ks-}$$

Si donc nous pouvons prouver une inégalité du genre $\|J\|_{\underline{\underline{S}}^p} \leq c|x-y|$, nous aurons $\|V\|^p_{\underline{\underline{S}}^p} \leq c_4|x-y|^p$ , et le lemme de Kolmogorov nous donnera à nouveau le résultat de continuité cherché.

Pour majorer $\|J\|_{\underline{\underline{S}}^p}$ , il nous suffit de savoir majorer les normes dans $\underline{\underline{S}}^{2p}$ des processus

$$D_j a^i_\alpha(X^y_s)-D_j a^i_\alpha(X^x_s) \quad \text{et} \quad U^{jx}_{ks}$$

et d'appliquer l'inégalité de Schwarz. Pour le premier, nous appliquons le caractère lipschitzien des $D_j a^i_\alpha$ sur B(0,R), et la majoration de $|X^y-X^x|$ dans $\underline{\underline{S}}^{2p}$ donnée par le théorème 1 ( nous nous sommes ramenés au cas globalement lipschitzien ! Noter aussi que l'exposant p a doublé, et il faut découper Z en morceaux plus petits ). Pour le second, nous écrivons que $U^{jx}_{kt}$ est solution d'une équation exponentielle

$$U^{jx}_{kt} = \delta^j_k + \int_0^t U^{ix}_{ks-}dY^j_{is} \quad , \quad Y^j_{it} = \int_0^t D_i a^j_\alpha(X^x_s)dZ^\alpha_s$$

Or les Y sont petits dans $\underline{\underline{H}}^\infty$ ( déjà vu plus haut ), la donnée initiale est de norme $\leq 1$ , donc la norme de $U^{jx}_k$ est uniformément bornée.

2) <u>Dérivabilité faible de</u> $X(t,\omega,.)$. Avant d'établir cela, faisons une remarque : l'existence de versions continues de $U_k(t,\omega,.)$ jusqu'à la durée de vie étant complètement établie, nous pouvons <u>ajouter</u> à notre construction du début, par conditionnement, la propriété que les $|U_k(s,\omega,x)|$ sont eux aussi bornés par R pour $s\leq N$, $x\in B$ , comme nous l'avons fait pour les $|X(s,\omega,x)|$.

Emery a démontré la convergence de la méthode de Cauchy pour la solution des équations différentielles stochastiques : désignons par $\overset{n}{Z}$ la semimartingale qui vaut $Z_{k.2^{-n}}$ sur $[k.2^{-n},(k+1).2^{-n}[$ , et par $\overset{n}{X}$, $\overset{n}{U}$ les solutions correspondantes de (6). La relation

$$D_k\overset{n}{X}(t,\omega,.) = \overset{n}{U}_k(t,\omega,.)$$

est évidente, car notre "équation différentielle" (6) est alors triviale, tout s'exprimant par des sommes finies, que l'on dérive en x terme à terme. Le théorème sera donc établi si nous prouvons que, le long d'une sous-suite convenable, on a p.s.

$$\overset{n}{X}(t,\omega,.) \to X(t,\omega,.) \quad , \quad \overset{n}{U}_k(t,\omega,.) \to U_k(t,\omega,.)$$

au sens des distributions.

Pour la simplicité des notations, nous ne démontrerons que le résultat concernant X, mais il vaudra en fait aussi pour (X,U) tout entier. En effet, d'après notre hypothèse auxiliaire concernant U , le processus (X,U) tout entier <u>prend ses valeurs dans un compact</u>, et satisfait donc à une équation à coefficients globalement lipschitziens.

Nous appliquons le résultat d'Emery concernant la convergence de la méthode de Cauchy ( prop. 5, p. 252 ) sur l'espace élargi $\overline{\Omega}=\mathbb{R}^n\times\Omega$, muni de la mesure produit $\overline{P}=\lambda\times P$, où $\lambda$ est la mesure de Lebesgue normalisée sur la boule B(0,R) où le processus X prend ses valeurs. On désigne par j la projection de $\overline{\Omega}$ sur $\mathbb{R}^n$, par $\pi$ la projection sur $\Omega$, et comme d'habitude on désigne par la même notation une fonction h sur $\Omega$, et la fonction $h\circ j$ sur $\overline{\Omega}$ . On adjoint à la filtration $(\underline{\underline{F}}_t)$ la tribu indépendante engendrée par j, et on considère l'équation différentielle stochastique sur $\overline{\Omega}$

$$X_t = j + \int_0^t F(X)_{s-}dZ_s$$

dont la solution est $X(t,\pi(\overline{\omega}),j(\overline{\omega}))$. Le théorème d'Emery affirme que ( la norme de Z étant petite dans $\underline{\underline{H}}^{\infty}$ ), $\overset{n}{X}$-X tend vers 0 dans $\underline{\underline{S}}^p$ sur $\overline{\Omega}$. Par conséquent, pour une suite $(n_k)$ convenable

$$\Sigma_k \ \sup_t \ | \overset{n_k}{X}(t,\omega,x)-X(t,\omega,x)| \in L^1(\lambda(dx)\times P(d\omega))$$

Notant $\Sigma(\omega,x)$ cette fonction, nous avons pour presque tout $\omega$ $\Sigma(\omega,.)\in L^1(\lambda)$. Alors $\overset{n_k}{X}(t,\omega,.) \to X(t,\omega,.)$ $\lambda$-p.p. en restant borné par $\Sigma(\omega,.)+|X(t,\omega,.)|$, qui est intégrable sur la boule B(0,R), et donc nous avons bien la convergence au sens des distributions.

> Cette démonstration me gêne un peu, car l'argument de conditionnement que nous avons utilisé pour nous ramener au cas borné est typiquement "semimartingalesque" et ne s'applique pas au mouvement brownien. Je ne sais pas comment les autres auteurs s'en tirent ( sauf Malliavin, dont la méthode repose sur des estimations browniennes beaucoup plus précises ). Peut être existe t'il une démonstration plus simple ?

LE THEOREME D'INJECTIVITE

Nous laissons de côté la différentiabilité, et revenons à l'équation (5) sous l'hypothèse lipschitzienne locale. L'exemple des équations différentielles ordinaires suggère la question suivante : les trajectoires $X(.,\omega,x)$ et $X(.,\omega,y)$ issues de valeurs initiales différentes peuvent elles se rencontrer ? A priori, un résultat de non-confluence de trajectoires peut revêtir deux formes probabilistes :

<u>Forme faible</u> : pour x et y distincts et <u>fixés</u>, $P\{\omega : \exists t, X(t,\omega,x)=X(t,\omega,y)\}$ est nulle.

<u>Forme forte</u> : pour presque tout $\omega$, l'application $x\mapsto X(t,\omega,x)$ est injective pour tout t.

Ces deux énoncés sont à modifier légèrement lorsqu'il y a une durée de vie finie. Il n'y a aucun espoir d'établir la forme forte de la non-confluence dans le cas où Z est discontinue ( par exemple, pour l'équation exponentielle à une dimension , $X_t = x + \int_0^t X_{s-}dZ_s$ , toutes les trajectoires confluent en 0 après le premier saut de Z égal à -1 ). Cela tient au phénomène suivant : plaçons nous en un temps d'arrêt T. Alors

(8) $X^y_T - X^x_T = X^y_{T-}-X^x_{T-} + (a_\alpha(X^y_{T-})-a_\alpha(X^x_{T-}))\Delta Z^\alpha_T$

( sommation en $\alpha$ comme d'habitude ). Si pour un $\omega$ donné l'équation $v-u + (a_\alpha(v)-a_\alpha(u))\Delta Z^\alpha_T = 0$ admet une solution (u,v) avec $u\neq v$, il suffira de déterminer x et y tels que $X^x_{T-}(\omega)=u$, $X^y_{T-}(\omega)=v$ pour observer une confluence de trajectoires. En revanche, la forme faible peut être espérée : en effet, pour x et y fixés (8) est une liaison $\underline{\underline{F}}_{T-}$-mesurable imposée au saut $\Delta Z_T$ , i.e. une restriction imposée à la mesure de Lévy de Z : si celle-ci est "très diffuse", on peut penser que les trajectoires issues de x et y ne se rencontreront pas.

Après ces considérations heuristiques, revenons au cas vraiment intéressant et <u>supposons Z continue</u>. La forme faible de l'injectivité a été établie indépendamment par Emery ( sém. XIV ) et Uppman[1] . La forme forte a été établie, pour les équations classiques, par Malliavin, Bismut. Pour les équations générales, nous suivons toujours l'exposé de Kunita à Durham ( résultats de Kunita et Varadhan ) .

THEOREME 3. <u>Les coefficients</u> $a^i_\alpha$ <u>sont supposés localement lipschitziens, et la semimartingale</u> Z <u>continue</u>. <u>Alors pour presque tout</u> $\omega$, <u>la fonction</u> $X(t,\omega,x)$ <u>possède la propriété suivante</u> :

<u>si</u> x <u>et</u> y <u>sont deux éléments distincts de l'ouvert</u> $\{\zeta(\omega,.)>N\}$, <u>on</u> a $\inf_{s\leqq N} |X(s,\omega,x)-X(s,\omega,y)|>0$ .

DEMONSTRATION. Soit $\mathcal{K}$ l'ensemble des réunions finies de cubes fermés à centre et côté rationnel. Il nous suffit de démontrer que, pour tout élément K de $\mathcal{K}$, on a la propriété suivante :

pour presque tout $\omega\epsilon K$ tel que $\zeta(\omega,u)>N$ <u>pour tout élément de</u> K , on a $\inf_{s\leqq N} |X(s,\omega,x)-X(s,\omega,y)| > 0$ pour tout couple (x,y) <u>d'éléments de</u> K.

Ayant ainsi fixé K compact, et N, nous faisons un travail préparatoire comme pour le théorème 2 : on peut se ramener au cas où les coefficients $a^i_\alpha$ sont globalement lipschitziens ( et la durée de vie est donc infinie ). On n'a pas besoin d'une préparation plus raffinée.

Nous adoptons alors les notations suivantes : p est un exposant positif suffisamment grand et fixé ( p>6n par exemple ), et q=-p ; $\varepsilon$ est un nombre, d'abord >0, puis nul à la fin de la démonstration, et $r(x)=(\varepsilon+|x|^2)^{1/2}$. Nous désignons par C une quantité <u>qui peut varier de place en place</u>, dépendre des coefficients $a^i_\alpha$ , des dimensions, et de p, <u>mais non de</u> $\varepsilon$. Nous posons enfin

$$W^{xy}_t = X^y_t-X^x_t = y-x + \int_0^t H_{\alpha s}dZ^\alpha_s \quad , \quad H_{\alpha s}=a_\alpha(X^y_s)-a_\alpha(X^x_s)$$

Voici l'estimation fondamentale .

1. A. Uppman, CRAS Paris, t. 290 (1980), p. 661-664.

LEMME. <u>Pour</u> $x\epsilon K$, $y\epsilon K$, <u>on a</u>

(9) $$E[\ \sup_{s\leqq N} r^q(W_s^{xy})\ ] \leqq C|x-y|^q$$

<u>à condition que</u> $\|Z\|_{\underline{\underline{H}}^\infty} \leqq C$, <u>suffisamment petit</u>.

Montrons d'abord comment ce lemme entraîne le théorème. Tout d'abord, la restriction concernant $\|Z\|_{\underline{\underline{H}}^\infty}$ ne nous gêne pas : on s'y ramène en découpant Z en tranches. Faisant tendre $\varepsilon$ vers 0 dans (9), nous voyons que, pour x et y fixés, $W^{xy}$ ne s'annule pas sur [0,N], et nous pouvons donc poser pour $u=(x,y)$, $x\neq y$ , et $t\leqq n$

$$M_t^u = |X_t^y-X_t^x|^{-1}$$

Nous allons appliquer le lemme de Kolmogorov à $M^u$ dans $K\times K$ privé de la bande $|x-y|<\delta$ autour de la diagonale : il en résultera que pour presque tout $\omega$ $\sup_{(x,y)\epsilon K\times K,|x-y|\geqq\delta} \sup_{s\leqq N} |X_s^y-X_s^x|^{-1} <\infty$ , le résultat cherché.

Considérons donc $u=(x,y)$, $u'=(x',y')$ ; un calcul simple montre que

$$|M_s^u-M_s^{u'}| \leqq (\ |X_s^y-X_s^{y'}|+|X_s^x-X_s^{x'}|\ )\ |X_s^y-X_s^x|^{-1}|X_s^{y'}-X_s^{x'}|^{-1}$$

Nous passons au $\sup_s$ sur [0,N], et appliquons l'inégalité de Hölder avec des exposants égaux à p. Il vient

$$E[(\ \sup_s |M_s^u-M_s^{u'}|\ )^{p/3}]^{3/p} \leqq \|\ldots\|_{L^p} E[\sup_s r^q(W_s^{xy})]^{1/p} E[\sup_s r^q(W_s^{x'y'})]^{1/p}$$

Les deux derniers termes se majorent par (9), et restent uniformément bornés si $|x-y|\geqq\delta$ , $|x'-y'|\geqq\delta$ . Le premier terme est relatif à un exposant p positif, et le calcul fait pour le théorème 1 ( rappelons que nous nous sommes ramenés au cas lipschitzien ) nous permet de le majorer par $C(|x-x'|+|y-y'|)\leqq C|u-u'|$. Elevant alors à la puissance p/3, nous pouvons appliquer l'énoncé rappelé avec le th. 1, avec l'exposant p/3 dans les deux membres, et comme $p/3>2n$, la dimension de l'espace, on peut conclure.

Il reste donc à prouver (9). Pour cela, nous appliquons la formule du changement de variables à la fonction $r^q$, qui est de classe $C^2$ et bornée lorsque $\varepsilon>0$ :

(10) $$r^q(W_t) = r^q(x-y) + \Sigma_i \int_0^t D_i r^q(W_s)dW_s^i + \frac{1}{2}\Sigma_{ij} \int_0^t D_{ij} r^q(W_s)d\langle W^i,W^j\rangle_s$$

Désignons par $V^i$ , $V^{ij}$ les termes au second membre. Si nous pouvons montrer pour chacun d'eux une inégalité du type

(11) $$E[\ \sup_s|V_s^i|\ ] \leqq CE[\ \sup_s r^q(W_s)\ ]\|Z\|_{\underline{\underline{H}}^\infty} \quad (\text{ de même pour } V^{ij}\ )$$

nous aurons pour le côté gauche de (9), que nous notons A pour simplifier

$$A \leqq r^q(x-y) + CA\|Z\|_{\underline{\underline{H}}^\infty}$$

donc l'inégalité (9) si $\|Z\|_{\underline{\underline{H}}^\infty}$ est assez petit ( on sait que $A<\infty$, car $r^q$ est bornée ) Prouvons donc (11). Pour cela on écrit $D_i r(x) = x^i/r$, donc $D_i r^q(x)=qr^{q-2}(x)x^i$ , et $D_{ji}r^q(x)=q(q-2)r^{q-4}(x)x^ix^j +qr^{q-2}(x)\delta_i^j$ .

On en tire des majorations du type $|D_i r^q| \leq C r^{q-1}$, $|D_{ij} r^q| \leq C r^{q-2}$. Les termes du premier type ($V^i$) s'écrivent alors

$$\Sigma_\alpha \int_0^t D_i r^q(W_s) H^i_{\alpha s} dZ^\alpha_s \quad \text{où} \quad |D_i r^q(W_s)||H^i_{\alpha s}| \leq C r^{q-1}(W_s)|W_s| \leq C r^q(W_s)$$

( condition de Lipschitz ), et l'inégalité (11) est conséquence de (5) écrite pour p=1.

Les termes du second type ($V^{ij}$) s'écrivent de même

$$\Sigma_{\alpha\beta} \int_0^t D_{ij} r^q(W_s) H^i_{\alpha s} H^j_{\beta s} d\langle Z^\alpha, Z^\beta\rangle_s$$

dont le sup sur [0,N] est majoré par

$$( \sup_{s\leq N} |D_{ij} r^q(W_s) H^i_{\alpha s} H^j_{\beta s}| ) . \int_0^N |d\langle Z^\alpha, Z^\beta\rangle_s|$$

Par définition de la norme $\underline{\underline{H}}^\infty$, le second facteur est <u>majoré p.s.</u> par une constante $C\|Z\|_{\underline{\underline{H}}^\infty}$. Quant au second facteur, il est majoré par $C\sup_{s\leq N} r^q(W_s)$ pour les mêmes raisons que ci-dessus. Le théorème est établi.

REMARQUE SUR LE CAS DISCONTINU. Si l'on ne fait pas l'hypothèse de continuité de Z, la formule (10) est modifiée de la manière suivante : une modification triviale ( remplacement de $W_s$ par $W_{s-}$, de $d\langle W^i, W^j\rangle_s$ par $d[W^i, W^j]^c_s$ ) qui n'altère pas ce qui précède, et une modification non triviale, i.e. l'addition du terme de sauts

$$V_t = \Sigma_{s\leq t}(r^q(W_s) - r^q(W_{s-}) - \Sigma_i D_i r^q(W_{s-}) \Delta W^i_s )$$

Supposons que nous puissions établir pour $V_t$ une inégalité comparable à (11) ; nous pourrons alors par le même raisonnement établir le théorème d'injectivité <u>lorsque</u> $\|Z\|_{\underline{\underline{H}}^\infty}$ <u>est assez petit</u> ( sous les hypothèses auxiliaires de la démonstration : condition de Lipschitz globale).Il est vrai, comme on l'a dit au début, que les sauts interdisent de raccorder les injectivités locales. Mais précisément, on démontre ainsi un résultat général qui a peut être un intérêt : <u>dans le cas discontinu</u>, <u>les confluences de trajectoires ne peuvent se produire qu'en des instants de sauts de la semimartingale directrice</u> Z. ( Uppman avait déjà remarqué cela ).

Prouvons donc l'inégalité relative à $V_t$ : nous écrivons

$$(12) \qquad |r^q(W_s) - r^q(W_{s-}) - \Sigma_i D_i r^q(W_{s-}) \Delta W^i_s| \leq C|\Delta W_s|^2 \sup_{\substack{ij \\ x\in I_s}} |D_{ij} r^q(x)|$$

où $I_s$ est le segment d'extrémités $W_{s-}, W_s$. Majorant $|D_{ij} r^q|$ par $Cr^{q-2}$, et remarquant que le maximum de $r^{q-2}(x)$ est atteint à l'une des extrémités du segment, et que $\Delta W_s = \Sigma_\alpha H^i_{\alpha s} \Delta Z^\alpha_s$, avec $|H^i_{\alpha s}| \leq C|W_{s-}| \leq Cr(W_s)$, il nous reste pour le côté gauche de (12) une majoration du type

$$C(r^{q-2}(W_s) \vee r^{q-2}(W_{s-}))r^2(W_{s-})|\Delta Z_s|^2$$

qui se majore simplement par $\sup_{s\leq N} r^q(W_s).|\Delta Z_s|^2$. Il ne reste plus qu'à sommer en s sur [0,N].

LE COMPORTEMENT À L'INFINI

Nous continuons à présenter les résultats de Kunita. <u>Nous supposons les coefficients</u> $a^i_\alpha(x)$ <u>globalement lipschitziens</u>, et nous allons continuer les calculs précédents, avec $\varepsilon>0$ fixé ($\varepsilon=1$ par exemple). La condition de Lipschitz globale va intervenir seulement par le fait que

(12) $\quad |a^i_\alpha(x)| \leqq Cr(x) \qquad (\text{ car } |a^i_\alpha(x)-a^i_\alpha(0)| \leqq c|x| \text{ ! })$

> Il est d'ailleurs classique que la condition de Lipschitz locale, et la condition précédente, entraînent l'absence d'explosion pour x fixé. En regardant d'un peu plus près la démonstration du théorème 1, on peut montrer qu'elle entraîne que p.s. $\zeta(\omega,x)$ $\infty$ <u>identiquement</u>. Nous laisserons cette question de côté, et resterons sous l'hypothèse lipchitzienne globale pour simplifier.

Notre but est de montrer

THEOREME 4. <u>Sous les hypothèses précédentes</u>, <u>on a pour tout</u> N <u>fini</u>, <u>et pour presque tout</u> $\omega$

$$\lim_{x\to\infty} \inf_{s\leqq N} |X(s,\omega,x)| = +\infty$$

DEMONSTRATION. Nous ne restreignons pas la généralité en supposant que la valeur initiale x est prise hors d'une boule fixe B, et que les coefficients $a^i_\alpha(x)$ sont <u>nuls sur B</u>. Les trajectoires $X(.,\omega,x)$ ne dépassent alors jamais la frontière de B, et nous pourrons considérer tranquillement le processus $1/X^x_t$. Notons enfin que notre procédé usuel de raccordement permet de se ramener au cas où $\|Z\|_{\underline{\underline{H}}^\infty} \leqq C$, constante à choisir.

LEMME. <u>Soit</u> $q<0$. <u>On a</u> pour $\|Z\|_{\underline{\underline{H}}^\infty}$ <u>suffisamment petit</u>

(13) $\quad E[\ \sup_s r^q(X^x_s)\ ] \leqq Cr^q(x)$

Appliquons en effet la formule du changement de variables

$$r^q(X^x_t) = r^q(x) + \Sigma_{i\alpha} \int_0^t D_i r^q(X^x_s) a^i_\alpha(X^x_s) dZ^\alpha_s$$
$$+ \tfrac{1}{2}\Sigma_{ij\alpha\beta} \int_0^t D_{ij} r^q(X^x_s) a^i_\alpha a^j_\beta(X^x_s) d\langle Z^\alpha, Z^\beta\rangle_s$$

on applique les inégalités $|D_i r^q| \leqq Cr^{q-1}$, $|D_{ij} r^q| \leqq Cr^{q-2}$, $|a^i_\alpha| \leqq Cr$, et on procède comme dans la démonstration précédente.

Passons à la démonstration proprement dite. Posons $M^x_t = 1/r(X^x_t)$ sorte que $|M^x_t - M^y_t| \leqq |X^x_t - X^y_t| r(X^x_t)^{-1} r(X^y_t)^{-1}$. Passons au sup en t, appliquons une inégalité de Hölder avec des exposants égaux à $p>3n$, le lemme avec $q=-p$ et l'inégalité (5). Il vient

$$E[\ \sup_t |M^x_t - M^y_t|^{p/3}]^{3/p} \leqq C|x-y||x|^{-1}|y|^{-1}$$

du côté droit nous avons une distance $d(x,y)$ compatible avec la topologie du compactifié d'Alexandrov de $B^c$, et si l'on ajoute le lemme, on a la même inégalité au point à l'infini compris. Ce compactifié s'identifiant à une calotte sphérique, on peut appliquer le lemme de Kolmogorov à l'infini, et le théorème en résulte aussitôt.

REMARQUE. Comme dans la démonstration du théorème 3, la première partie de la démonstration marche aussi lorsque Z est discontinue. Mais le raccordement ne marche pas bien, comme le montre l'exemple de l'application exponentielle : si Z a un saut égal à -1 à l'instant t, on a $X_s^x(\omega)=0$ pour tout x si $s\geq t$ , et donc $X_s^x(\omega)$ ne s'éloigne pas à l'infini lorsque $x\to\infty$ .

APPLICATION. Restons toujours sous les hypothèses précédentes, et donnons le merveilleux raisonnement dû à Kunita, qui va permettre d'établir aussi la surjectivité de l'application $X(t,\omega,.)$ pour t fixé ( t est arbitraire, et peut donc dépendre de $\omega$ ).

- l'application $X(t,\omega,.)=f(.)$ est continue ( th.1), injective ( th. 3).
- l'image de $\mathbb{R}^n$ est fermée. En effet, soit $y\in\overline{f(\mathbb{R}^n)}$, et soient des $x_n$ tels que $f(x_n)\to y$ ; les $x_n$ ne pouvant s'éloigner à l'infini (th.4), prenons en une valeur d'adhérence x. Par continuité on a $f(x)=y$.
- f est un homéomorphisme de $\mathbb{R}^n$ sur $f(\mathbb{R}^n)$. En effet, cela revient à dire que si des $y_n=f(x_n)$ convergent vers $y=f(x)$, alors $x_n\to x$ . Mais x est la seule valeur d'adhérence possible pour $(x_n)$ dans le compactifié d'Alexandrov de $\mathbb{R}^n$ ( th.4 ).

D'après le théorème d'invariance du domaine, tout sous-espace de $\mathbb{R}^n$ homéomorphe à une variété de dimension n est ouvert dans $\mathbb{R}^n$. Donc $f(\mathbb{R}^n)$ est aussi ouvert dans $\mathbb{R}^n$. Celui-ci étant connexe, $f(\mathbb{R}^n)=\mathbb{R}^n$.

> La surjectivité avait été auparavant établie par Bismut, dans un cas moins général et par une démonstration délicate. Noter que, lorsque les coefficients $a^i_\alpha$ sont assez différentiables, on peut établir directement que $f(\mathbb{R}^n)$ est ouvert : il suffit de regarder le jacobien et de vérifier qu'il est $\neq 0$ en tout point ; cf. le th. 2 . On n'a donc pas besoin en général du résultat de topologie un peu raffinée qu'est le théorème d'invariance du domaine.
>
> Il est peut être intéressant aussi de noter que le raisonnement s'applique au cas discontinu, si $\|Z\|_{\underline{\underline{H}}^\infty}$ est assez petit.

APPENDICE : DEMONSTRATION DU LEMME DE KOLMOGOROV

Je n'ai pu trouver aucune démonstration du lemme de Kolmogorov, dans les traités de probabilités usuels, qui couvre le cas des processus indexés par $\mathbb{R}^n$. Bien que ce soit une extension triviale du cas de $\mathbb{R}$, je vais esquisser la démonstration, avec les notations de la page 4. Nous désignons par $\Delta$ l'ensemble des nombres dyadiques du cube $[0,1]^n$ , par $\Delta_m$ l'ensemble des $x\in\Delta$ dont toutes les coordonnées sont de la forme $k2^{-m}$ $(0\leq k\leq 2^m)$ ( m-ième réseau dyadique ). On part de l'inégalité $E[d(\xi_x,\xi_y)^\varepsilon]\leq C|x-y|^p$, que l'on écrit pour deux éléments x,y contigus dans $\Delta_m$ ( donc $|x-y|=2^{-m}$ ), et on applique l'inégalité de Tchebychev :

$$P\{ d(\xi_x,\xi_y)\geq 2^{-\alpha m} \}\leq C2^{\alpha\varepsilon m}.2^{-mp}$$

Regardons maintenant l'événement $A_m$, ensemble des $\omega$ tel qu'il existe deux points contigus x et y de $\Delta_m$ avec $d(\xi_x(\omega),\xi_y(\omega)) \geqq 2^{-\alpha m}$ } : tout point x de $\Delta_m$ ayant au plus n voisins, et le nombre des points de $\Delta_m$ étant $2^{mn}$, nous avons $$P(A_m) \leqq Cn\ 2^{m(n+\alpha\varepsilon-p)}$$
Si $\alpha$ est assez petit, comme p>n nous avons $P(A_m) \leqq c2^{-m\delta}$, avec c=nC et $\delta = p-n-\alpha\varepsilon > 0$. D'après le lemme de Borel-Cantelli, pour presque tout $\omega$ il existe $m_o$ tel que

> pour tout $m \geqq m_o$, pour tout couple (u,v) de points de $\Delta_m$ voisins l'un de l'autre, on a $d(\xi_u(\omega),\xi_v(\omega)) \leqq 2^{-\alpha m}$

Cela entraîne que la fonction $x \longmapsto \xi_x(\omega)$ est uniformément continue sur $\Delta$ ( la conclusion désirée ). En effet, soient x et y deux points de $\Delta$ tels que $|x-y| \leqq 2^{-k-1}$, où l'on suppose $k \geqq m_o$. Considérons les développements dyadiques des coordonnées de x et y ( ces développements sont finis )
$$x^i = u^i + \textstyle\sum_{j>k} a^i_j 2^{-j} \quad , \quad y^i = v^i + \sum_{j>k} b^i_j 2^{-j}$$
où les $a^i_j$, $b^i_j$ valent 0 ou 1, et u,v sont deux points de $\Delta_k$, confondus ou contigus. Posons $u_o=u$, $u_1=u+a_{k+1}2^{-k-1}$, $u_2=u_1+a_{k+2}2^{-k-2}$... et de même $v_o$, $v_1,v_2$... $u_o$ et $u_1$ sont confondus ou voisins dans $\Delta_{k+1}$, $u_1$ et $u_2$ confondus ou voisins dans $\Delta_{k+2}$,... donc
$$d(\xi_x(\omega),\xi_u(\omega)) \leqq \textstyle\sum_k^\infty 2^{-\alpha j} \text{ , et de même pour } d(\xi_y(\omega),\xi_v(\omega)).$$
Enfin, on a $d(\xi_u(\omega),\xi_v(\omega)) \leqq 2^{-\alpha k}$ ; d'où par addition la majoration désirée pour $d(\xi_x,\xi_y)$.

## REFERENCES


**Notre référence fondamentale est l'exposé de Kunita à Durham :**

**KUNITA (H.). On the decomposition of solutions of stochastic differential equations. Proceedings of the LMS Symposium on Stoch. Diff. Eqs., Durham, Juillet 1980. A paraître probablement aux Lect. Notes in M.**

**Voir les références à BISMUT et à MALLIAVIN dans la bibliographie de la « géométrie stochastique sans larmes », dans ce volume.**

**Les références à UPPMAN et EMERY sont données dans le texte. Aux dernières nouvelles, UPPMAN aurait par sa méthode ( utilisation de semimartingales exponentielles ) une démonstration améliorée des résultats d'injectivité forts.**

**Enfin, sur le théorème de Kolmogorov, voir une note de I. IBRAGIMOV ( CRAS, t. 289, 1979, p. 545 ). J'extrais de la bibliographie d'Ibragimov les articles de SLUTSKII ( Giornale Ist. Ital. Attuari, 8, 1937, p.183-199) qui est sans doute la référence la plus ancienne, et de DUDLEY ( Ann. Prob. 1, 1973, p. 66-103 ). Stroock m'a expliqué aussi que le lemme de Kolmogorov est une variante des inégalités de Sobolev, mais je ne sais plus pourquoi.**

# Some extensions of Ito's formula

Hiroshi Kunita

Department of Applied Science, Kyushu Univ.

Hakozaki, Fukuoka 812, Japan

In recent studies of stochastic differential equations on manifold, stochastic calculus to differential geometric objects are often considered. In this note we shall discuss three types of formulas for stochastic calculus which may be considered as extensions of Ito's formula. The first formulas (Theorem 1.1 and 1.2) are concerned with the composition of stochastic flows of diffeomorphisms defined by stochastic differential equation. A similar formula is obtained by Bismut [1].

The second formula (Theorem 2.4) is for the stochastic parallel displacement of tensor fields introduced by K. Itô [3]. The third one (Theorem 3.3) is concerned with the stochastic transformation of tensor fields induced by flows of diffeomorphisms defined by stochastic differential equation. The theorem is due to S. Watanabe [9]. A special case of the formula is also discussed in Kunita [7].

## 1. Ito's formula for the composition of processes.

Let $(\Omega,F,P)$ be a complete probability space equipped with a right continuous increasing family $F_t$, $t \geq 0$ of sub $\sigma$-fields of $F$.

Theorem 1.1. Let $F_t(x)$, $t \geq 0$, $x \in R^d$ be a stochastic process continuous in $(t,x)$ a.s., satisfying

(i) For each $t > 0$, $F_t(\cdot)$ is a $C^2$-map from $R^d$ into $R^1$ a.s.

(ii) For each $x$, $F_t(x)$ is a continuous semimartingale represented as

(1.1) $$F_t(x) = F_0(x) + \sum_{j=1}^{m} \int_0^t f_s^j(x)\,dN_s^j$$

where $N_s^1, \ldots, N_s^m$ are continuous semimartingales, $f_s^j(x)$, $s \geq 0$, $x \in R^d$ are stochastic processes continuous in $(s,x)$ such that

(a) For each $s > 0$, $f_s^j(x)$ are $C^1$-maps from $R^d$ into $R^1$.

(b) For each $x$, $f_s^j(x)$ are adapted processes.

Let now $M_t = (M_t^1, \ldots, M_t^d)$ be continuous semimartingales. Then we have

(1.2) $$F_t(M_t) = F_0(M_0) + \sum_{j=1}^{m} \int_0^t f_s^j(M_s)\,dN_s^j + \sum_{i=1}^{d} \int_0^t \frac{\partial F_s}{\partial x_i}(M_s)\,dM_s^i$$
$$+ \sum_{i=1}^{d} \sum_{j=1}^{m} \int_0^t \frac{\partial f_s^j}{\partial x_i}(M_s)\,d\langle N^j, M^i\rangle_s^{\;1)}$$
$$+ \frac{1}{2} \sum_{i,j=1}^{d} \int_0^t \frac{\partial^2 F_s}{\partial x_i \partial x_j}(M_s)\,d\langle M^i, M^j\rangle_s .$$

Proof. Fix a time $t$ and let $\Delta_n = \{0=t_0<t_1< \ldots <t_n=t\}$ be a partition of $[0, t]$. Then

$$F_t(M_t) - F_0(M_0) = \sum_{k=0}^{n-1} (F_{t_{k+1}}(M_{t_k}) - F_{t_k}(M_{t_k}))$$
$$+ \sum_{k=0}^{n-1} (F_{t_{k+1}}(M_{t_{k+1}}) - F_{t_{k+1}}(M_{t_k}))$$
$$= I_1^{(n)} + I_2^{(n)}.$$

It holds

1) $\langle N^j, M^i\rangle_t$ is a continuous process of bounded variation such that $\tilde{N}_t^j\tilde{M}_t^i - \langle N^j, M^i\rangle_t$ is a local martingale, where $\tilde{N}_t^j(\tilde{M}_t^i)$ is the local martingale part of $N_t^j(M_t^i)$. See Kunita-Watanabe [8].

$$I_1^{(n)} = \sum_{k=0}^{n-1} \sum_{j=1}^{m} \int_{t_k}^{t_{k+1}} f_s^j(x)dN_s^j \Big|_{x=M_{t_k}} = \sum_{j=1}^{m} \sum_{k=0}^{n-1} \int_{t_k}^{t_{k+1}} f_s^j(M_{t_k})dN_s^j.$$

Let $\Delta_n$, $n = 1,2,\ldots$ be a sequence of partions such that $|\Delta_n| \to 0$. Then

$$\lim_{n\to\infty} I_1^{(n)} = \sum_{j=1}^{m} \int_0^t f_s^j(M_s)dN_s^j.$$

The second member is computed as follow.

$$I_2^{(n)} = \sum_{i=1}^{d} \sum_{k=0}^{n-1} \frac{\partial}{\partial x_i} F_{t_{k+1}}(M_{t_k})(M_{t_{k+1}}^i - M_{t_k}^i)$$

$$+ \frac{1}{2} \sum_{i,j=1}^{d} \sum_{k=0}^{n-1} \frac{\partial^2}{\partial x_i \partial x_j} F_{t_{k+1}}(\xi_k)(M_{t_{k+1}}^i - M_{t_k}^i)(M_{t_{k+1}}^j - M_{t_k}^j)$$

$$= J_1^{(n)} + J_2^{(n)},$$

where $\xi_k$ are random variables such that $|\xi_k - M_{t_k}| \le |M_{t_{k+1}} - M_{t_k}|$.

We have

$$J_1^{(n)} = \sum_{i=1}^{d} \sum_{k=0}^{n-1} \frac{\partial}{\partial x_i} F_{t_k}(M_{t_k})(M_{t_{k+1}}^i - M_{t_k}^i)$$

$$+ \sum_{i=1}^{d} \sum_{k=0}^{n-1} \left(\frac{\partial}{\partial x_i} F_{t_{k+1}}(M_{t_k}) - \frac{\partial}{\partial x_i} F_{t_k}(M_{t_k})\right)(M_{t_{k+1}}^i - M_{t_k}^i).$$

The first member converges to

$$\sum_{i=1}^{d} \int_0^t \frac{\partial F_s}{\partial x_i}(M_s)dM_s^i$$

The second member is written as

$$\sum_{i=1}^{d}\sum_{j=1}^{m}\sum_{k=0}^{n-1}\int_{t_k}^{t_{k+1}}\frac{\partial f_s^j}{\partial x_i}(x)dN_s^j\Big|_{x=M_{t_k}}\times(M_{t_{k+1}}^i-M_{t_k}^i)$$

$$=\sum_{i=1}^{d}\sum_{j=1}^{m}\sum_{k=0}^{n-1}\left(\int_{t_k}^{t_{k+1}}\frac{\partial f_s^j}{\partial x_i}(M_{t_k})dN_s^j\right)(M_{t_{k+1}}^i-M_{t_k}^i)$$

This converges to

$$\sum_{i=1}^{d}\sum_{j=1}^{m}\int_0^t\frac{\partial f_s^j}{\partial x_i}(M_s)d\langle N^j, M^i\rangle_s.$$

It is easily seen that $J_2^{(n)}$ converges to

$$\frac{1}{2}\sum_{i,j=1}^{d}\int_0^t\frac{\partial^2 F_s}{\partial x_i\partial x_j}(M_s)d\langle M^i, M^j\rangle_s.$$

Summing up these calculations, we arrive at the formula (1.2).

In order to establish Ito formula for Stratonovich integral, we need a stronger assumption.

Theorem 1.2. Let $F_t(x)$, $t \geq 0$, $x \in R^d$ be a stochastic process continuous in $(t, x)$ a.s., satisfying

(i) For each $t > 0$, $F_t(\cdot)$ is a $C^3$-map from $R^d$ into $R^1$ for a.s. $\omega$.

(ii) For each $x$, $F_t(x)$ is a continuous semimartingale represented as

$$(1.3)\qquad F_t(x) = F_0(x) + \sum_{j=1}^{m}\int_0^t f_s^j(x)\circ dN_s^j,\ ^{1)}$$

1) The symbol $\circ$ denotes Stratonovich integral.

where $N_s^1, \ldots, N_s^m$ are continuous semimartingales, $f_t^j(x)$ are stochastic processes satisfying conditions (i) and (ii) of Theorem 1.1, that is, they are continuous in $(t, x)$ a.s., $C^2$-maps from $R^d$ into $R^1$ for each $t > 0$ a.s., and are represented as

$$(1.4) \qquad f_t^j(x) = f_0^j(x) + \sum_{k=1}^{\ell} \int_0^t g_s^{jk}(x) dO_s^k ,$$

where $O_t^1, \ldots, O_t^\ell$ are continuous semimartingales and $g_s^{jk}(x)$ are continuous in $(s, x)$, satisfying conditions (a) and (b) of Theorem 1.1.

Let now $M_t = (M_t^1, \ldots, M_t^d)$ be continuous semimartingales. Then we have

$$(1.5) \qquad F_t(M_t) = F_0(M_0) + \sum_{j=1}^{m} \int_0^t f_s^j(M_s) \circ dN_s^j + \sum_{i=1}^{d} \int_0^t \frac{\partial F_s}{\partial x_i}(M_s) \circ dM_s^i .$$

Proof. Using Ito integral, $F_t(x)$ of (1.3) is written as

$$F_t(x) = F_0(x) + \sum_{j=1}^{m} \int_0^t f_s^j(x) dN_s^j + \frac{1}{2} \sum_{j,k} \int_0^t g_s^{jk}(x) d\langle O^k, N^j \rangle_s .$$

Hence by Theorem 1.1,

$$(1.6) \qquad F_t(M_t) = F_0(M_0) + \sum_j \int_0^t f_s^j(M_s) dN_s^j + \frac{1}{2} \sum_{j,k} \int_0^t g_s^{jk}(M_s) d\langle O^k, N^j \rangle_s$$
$$+ \sum_i \int_0^t \frac{\partial F_s}{\partial x_i}(M_s) dM_s^i + \sum_{i,j} \int_0^t \frac{\partial f_s^j}{\partial x_i}(M_s) d\langle N^j, M^i \rangle_s$$
$$+ \frac{1}{2} \sum_{i,j} \int_0^t \frac{\partial^2 F_s}{\partial x_i \partial x_j}(M_s) d\langle M^i, M^j \rangle_s .$$

We shall apply Theorem 1.1 to $f_t^j(x)$ in the place of $F_t(x)$. Then we see that $f_t^j(M_t)$ is a continuous semimartingale whose martingale part equals

$$\sum_i \int_0^t \frac{\partial f_s^j}{\partial x_i}(M_s)d\tilde{M}_s^i + \sum_k \int_0^t g_s^{jk}(M_s)d\tilde{O}_s^k ,$$

where $\tilde{M}_s^i$ and $\tilde{O}_s^k$ are martingale parts of $M_s^i$ and $O_s^k$, respectively. Therefore we have

$$\int_0^t f_s^j(M_s)\circ dN_s^j = \int_0^t f_s^j(M_s)dN_s^j + \frac{1}{2} \langle f^j(M), N^j \rangle_t$$

$$= \int_0^t f_s^j(M_s)dN_s^j + \frac{1}{2}\sum_i \int_0^t \frac{\partial f_s^j}{\partial x_i} d\langle M^i, N^j \rangle_s$$

$$+ \frac{1}{2}\sum_k \int_0^t g_s^{jk}(M_s)d\langle O^k, N^j \rangle_s .$$

Similarly, $\frac{\partial F_s}{\partial x_i}(M_s)$ is a continuous semimartingale whose martingale part is

$$\sum_j \int_0^t \frac{\partial f_s^j}{\partial x_i}(M_s)d\tilde{N}_s^j + \sum_j \int_0^t \frac{\partial^2 F_s}{\partial x_i \partial x_j}(M_s)d\tilde{M}_s^j ,$$

where $\tilde{N}_t^j$ are martingale parts of $N_t^j$. Then we have

$$\int_0^t \frac{\partial F_s}{\partial x_i}(M_s)\circ dM_s^i = \int_0^t \frac{\partial F_s}{\partial x_i}(M_s)dM_s^i + \frac{1}{2}\langle \frac{\partial F}{\partial x_i}(M), M^i \rangle_t$$

$$= \int_0^t \frac{\partial F_s}{\partial x_i}(M_s)dM_s^i + \frac{1}{2}\sum_j \int_0^t \frac{\partial f_s^j}{\partial x_i}(M_s)d\langle N^j, M^i \rangle_s$$

$$+\frac{1}{2}\sum_{j}\int_0^t \frac{\partial^2 F_s}{\partial x_i \partial x_j}(M_s)d\langle M^j, M^i\rangle_s .$$

Hence the right hand side of (1.6) equals that of (1.5). The proof is complete.

In [6] and [7], the author used the above formula (1.5) without proof for the study of the composition of flows of diffeomorphisms defined by stochastic differential equations. We shall briefly discuss the problem.

Let $M$ be a connected, $\sigma$-compact $C^\infty$-manifold of dimension $d$. Given $C^\infty$-vector fields $X_1,\dots,X_r$ on $M$ and continuous semimartingales $M_t^1,\dots,M_t^r$, $t \geq 0$, consider a stochastic differential equation

$$(1.7)\qquad d\xi_t = \sum_{j=1}^{r} X_j(\xi_t)\circ dM_t^j .$$

The solution starting at $x$ at time 0 is denoted by $\xi_t(x)$. Under some conditions on vector fields $X_1,\dots,X_r$, $\xi_t$ defines a flow of diffeomorphisms of $M$ a.s. See [7]. We assume it throughout this note.

Now let $F_t(x)$, $t \geq 0$, $x \in M$ be a real valued stochastic process continuous in $(t,x)$ a.s., satisfying conditions (i) and (ii) of Theorem 1.2, where we replace $R^d$ by $M$. Then we have

$$(1.8)\qquad F_t(\xi_t) = F_0(\xi_0) + \sum_{j=1}^{m}\int_0^t f_s^j(\xi_s)\circ dN_s^j + \sum_{j=1}^{r}\int_0^t X_jF_s(\xi_s)\circ dM_s^j.$$

Here, $X_jF_s(x)$ is the derivation of $F_s(x)$ ($s$; fixed) by $X_j$. In fact, let $(x^1,\dots,x^d)$ be a local coordinate and let $X_j^i(x)$, $i=1,\dots,d$ be components of $X_j$, i.e., $X_j = \sum_i X_j^i \frac{\partial}{\partial x^i}$. Then $\xi_t = (\xi_t^1,\dots,\xi_t^d)$ are continuous semimartingales represented as

$$(1.9)\qquad d\xi_t^i = \sum_j X_j^i(\xi_t)\circ dM_t^j\,,\qquad i=1,\dots,d.$$

Apply formula (1.5) to $F_t(\xi_t)$. Then the third term of the right hand side of (1.5) is

$$\sum_{i=1}^d \int_0^t \frac{\partial F_s}{\partial x_i}(\xi_s)\circ d\xi_s^i = \sum_j \sum_i \int_0^t X_j^i(\xi_s)\frac{\partial F_s}{\partial x_i}(\xi_s)\circ dM_s^j$$

$$= \sum_j \int_0^t X_j F_s(\xi_s)\circ dM_s^j.$$

This shows the formula (1.8).

Let now $Y_1,\dots,Y_m$ be other $C^\infty$-vector fields on $M$ and $\eta_t$ be a solution of stochastic differential equation

$$(1.10)\qquad d\eta_t = \sum_{k=1}^m Y_k(\eta_t)\circ dN_t^k\,.$$

Then the solution $\eta_t(x)$ starting at $x$ is a $C^\infty$-map under some conditions on $Y_1,\dots,Y_s$. Using a local coordinate $(x^1,\dots,x^d)$, $\eta_t = (\eta_t^1,\dots,\eta_t^d)$ satisfies

$$\eta_t^i(\xi_t) = x^i + \sum_{k=1}^m \int_0^t Y_k^i(\eta_s\circ\xi_s)\circ dN_s^k + \sum_{j=1}^r \int_0^t X_j\eta_s^i(\xi_s)\circ dM_s^j\,.$$

Then the composed process $\zeta_t = \eta_t\circ\xi_t$ satisfies

$$(1.11)\qquad d\zeta_t = \sum_{k=1}^m Y_k(\zeta_t)\circ dN_t^k + \sum_{j=1}^r \eta_{t*}(X_j)(\zeta_t)\circ dM_t^j\,.$$

Here $\eta_{t*}(X_j)$ is a stochastic vector field defined by

$$\eta_{t*}(X_j)_x = (\eta_{t*})_{\eta_t^{-1}(x)}(X_j)_{\eta_t^{-1}(x)},$$

where $\eta_{t*}$ is the differential of the map $\eta_t$. See [6] and [7] for other problems of decompositions.

## 2. Ito's formula for stochastic parralel displacement of tensor fields.

As an application of extended Ito's formula established in Section 1, we shall discuss an Ito's formula for stochastic parallel displacement of tensor fields along curves obtained by a stochastic differential equation. Stochastic parallel displacement along Brownian curves on Riemannian manifold was introduced by K. Itô [3], [4]. Our definition is close to [4]. See Ikeda-Watanabe [2] for other approaches by Eelles-Elworthy and Malliavin, where stochastic moving frames play an important role.

We shall recall some facts on parallel displacement needed later. Let $M$ be a connected, $\sigma$-compact $C^\infty$-manifold of dimension $d$, where an affine connection is defined. Denote by $T_x(M)$ the tangent space at the point $x$ of $M$. Suppose we are given a smooth curve $\phi_s(x)$, $s \geq 0$ starting at $x$ at time $0$. Let $u_t$ be a tangent vector belonging to $T_{\phi_t(x)}(M)$ and let $u_0$ be the parallel displacement of $u_t$ along the curve $\phi_s(x)$, $0 \leq s \leq t$ from the point $\phi_t(x)$ to $x$. Then the map $\pi_{tx} : u_t \longrightarrow u_0$ defines an isomorphism from $T_{\phi_t(x)}(M)$ to $T_x(M)$.

Given a vector field $Y$ on $M$, we denote by $Y_x$ the restriction of $Y$ to the point $x$, which is an element of $T_x(M)$. For each $t > 0$, a vector field $\pi_t Y$ is defined by $(\pi_t Y)_x = \pi_{tx} Y_{\phi_t(x)}$, $\forall x \in M$. The one parameter family of vector fields $\pi_t Y$, $t \geq 0$ satisfies

$$\text{(2.1)} \qquad \frac{d}{dt}(\pi_t Y)_x = (\pi_t \nabla_{\dot\phi} Y)_x \ , \qquad \forall x \in M \ ,$$

where $\nabla_{\dot\phi} Y$ is the covariant derivative of $Y$ along the curve $\phi_t$. If $\phi_t(x)$ is a solution of an ordinary differential equation:

$$\dot\phi_t = \sum_{j=1}^{r} X_j(\phi_t) u_j(t), \qquad \phi_0 = x,$$

where $X_1,\ldots,X_r$ are vector fields on $M$ and $u_1(t),\ldots,u_r(t)$ are smooth scalar functions, then equation (2.1) becomes

$$\text{(2.2)} \qquad \frac{d}{dt}(\pi_t Y)_x = \sum_{j=1}^{r} (\pi_t \nabla_{X_j} Y)_x u_j(t).$$

The inverse map $\pi_{tx}^{-1}$ defines another vector field $\pi_t^{-1} Y$ as $(\pi_t^{-1} Y)_x = \pi^{-1}_{t\phi_t^{-1}(x)} Y_{\phi_t^{-1}(x)}$ [1], which is the parallel displacement of $Y_{\phi_t^{-1}(x)}$ along the curve $\phi_s$, $0 \leq s \leq t$ from $\phi_t^{-1}(x)$ to $x$. It holds

$$\text{(2.3)} \qquad \frac{d}{dt}(\pi_t^{-1} Y)_x = -\sum_{j=1}^{r} (\nabla_{X_j} \pi_t^{-1} Y)_x u_j(t).$$

Let $T_x(M)^*$ be the cotangent space at $x$ (dual of $T_x(M)$). The dual $\pi_{tx}^*$ is an isomorphism from $T_x(M)^*$ to $T_{\phi_t(x)}(M)^*$ such that $\langle \pi_{tx}^* \theta, Y\rangle = \langle \theta, \pi_{tx} Y\rangle$ holds for any $\theta \in T_x(M)^*$ and $Y \in T_{\phi_t(x)}(M)$. Given a 1-form $\theta$ (covariant vector field), $\pi_t^* \theta$ is a 1-form defined by $(\pi_t^* \theta)_x = \pi^*_{t\phi_t^{-1}(x)} \theta_{\phi_t^{-1}(x)}$. $\pi_t^{*-1} \theta$ is defined similarly.

---

1) It is assumed that $\phi_t$ is a one to one map from $M$ into itself for any $t \geq 0$.

A tensor field $K$ of type $(p,q)$ is, by definition, an assignment of a tensor $K_x$ of $T^p_q(x)$ to each point $x$ of $M$, where

$$T^p_q(x) = T_x(M) \otimes \ldots \otimes T_x(M) \otimes T_x(M)^* \otimes \ldots \otimes T_x(M)^*$$

($T_x(M)$; $p$ times and $T_x(M)^*$; $q$ times). Hence for each $x$, $K_x$ is a multilinear form on the product space

$$T_x(M)^* \times \ldots \times T_x(M)^* \times T_x(M) \times \ldots \times T_x(M).$$

Thus, for given 1-forms $\theta^1,\ldots,\theta^p$ and vector fields $Y_1,\ldots,Y_q$,

$$K_x(\theta^1,\ldots,\theta^p, Y_1,\ldots,Y_q) \; (\equiv K_x(\theta^1_x,\ldots,\theta^p_x, Y_{1x},\ldots,Y_{qx}))$$

is a scalar field. In the sequel, we assume that it is a $C^\infty$-function.[1)]

The parallel displacement $\pi_t K$ of the tensor field $K$ along the curve $\phi_s$ is defined by the relation

$$(2.4) \qquad (\pi_t K)_x(\theta^1,\ldots,\theta^p, Y_1,\ldots,Y_q) = K_{\phi_t(x)}(\pi_t^*\theta^1,\ldots,\pi_t^*\theta^p, \pi_t^{-1}Y_1,\ldots,\pi_t^{-1}Y_q).$$

If $K$ is a vector field, it coincides clearly with the usual parallel displacement mentioned above. If $K$ is a 1-form, it coincides with $\pi_t^{*-1} K$. Hence we can write the above relation as

$$(2.4') \qquad (\pi_t K)_x(\theta^1,\ldots,\theta^p, Y_1,\ldots,Y_q) = K_{\phi_t(x)}(\pi_t^{-1}\theta^1,\ldots,\pi_t^{-1}\theta^p, \pi_t^{-1}Y_1,\ldots,\pi_t^{-1}Y_q).$$

---

1) $K$ is a $C^\infty$-tensor field.

Let $X$ be a complete vector field and $\phi_t$, the one parameter group of transformations generated by $X$. Then the covariant derivative $\nabla_X K$ of tensor field $K$ is defined by

$$(2.5)\qquad (\nabla_X K)_x(\theta^1,\ldots,\theta^p, Y_1,\ldots,Y_q) = \frac{d}{dt}(\pi_t K)_x(\theta^1,\ldots,\theta^p, Y_1,\ldots,Y_q)\Big|_{t=0}.$$

The following relation is easily checked.

$$(2.6)\qquad (\nabla_X K)_x(\theta^1,\ldots,\theta^p, Y_1,\ldots,Y_q)$$

$$= X(K_x(\theta^1,\ldots,\theta^p, Y_1,\ldots,Y_q))$$

$$- \sum_{k=1}^{p} K_x(\theta^1,\ldots,\nabla_X\theta^k,\ldots,\theta^p, Y_1,\ldots,Y_q)$$

$$- \sum_{\ell=1}^{q} K_x(\theta^1,\ldots,\theta^p, Y_1,\ldots,\nabla_X Y_\ell,\ldots, Y_q).$$

Now let $\xi_t(x)$ be the stochastic flow of diffeomorphisms defined by the equation (1.7). The curves $\xi_s(x)$, $0 \le s \le t$ are not smooth a.s., so that the argument of the parallel displacement mentioned above is not applied directly. We shall define the stochastic parallel displacement following the idea of Ito [4]. We begins with defining the stochastic parallel displacement of vector fields along $\xi_s(x)$, $0 \le s \le t$ from $\xi_t(x)$ to $x$.

A stochastic analogue of equation (2.2) is as follow.

$$(2.7)\qquad (\pi_t Y)_x = Y_x + \sum_{j=1}^{r}\int_0^t (\pi_s \nabla_{X_j} Y)_x \circ dM_s^j\ , \quad \forall x \in M.$$

Here, $\pi_t$ is a stochastic linear map acting on the space of vector fields such that $\pi_t(fY)_x = f(\xi_t(x))(\pi_t Y)_x$ for scalar function $f$, Let $(x^1,\dots,x^d)$ be a local coordinate and let $\partial_k = \frac{\partial}{\partial x^k}$. Then equation (2.7) is written as

$$(2.8)\qquad (\pi_t\partial_k)_x = (\partial_k)_x + \sum_j \sum_{\alpha,\ell} \int_0^t X_j^\alpha(\xi_s(x))\Gamma_{\alpha k}^\ell(\xi_s(x))(\pi_s\partial_\ell)_x \circ dM_s^j,$$
$$k = 1,\dots,d,$$

where $X_j = \sum_\alpha X_j^\alpha \partial_\alpha$ and $\Gamma_{\alpha k}^\ell$ is the Christoffel symbol. It may be considered as an equation on the tangent space $T_x(M)$. The equation has a unique solution $(\pi_t\partial_k)_x$, $k=1,\dots,d$ for any $x$. Define $(\pi_t Y)_x = \sum_i Y^i(\xi_t(x))(\pi_t\partial_i)_x$ if $Y = \sum Y^i\partial_i$. Then it is a unique solution of (2.7). We shall call $(\pi_t Y)_x$ the parallel displacement of $Y_{\xi_t(x)}$ along the curve $\xi_s(x)$, $0 \le s \le t$ from $\xi_t(x)$ to $x$. Denote the linear map $Y_{\xi_t(x)} \longrightarrow (\pi_t Y)_x$ as $\pi_{tx}$.

Lemma 2.1. $\pi_{tx}$ is an isomorphism from $T_{\xi_t(x)}(M)$ to $T_x(M)$ a.s.

Proof. Using the above local coordinate, we shall write

$$(\pi_t\partial_i)_x = \sum_j \pi_t^{ij}(x)(\partial_j)_x, \quad p_j^{k\ell}(x) = \sum_\alpha X_j^\alpha(x)\Gamma_{\alpha k}^\ell(x).$$

From (2.8), the matrix $\Pi_t(x) = (\pi_t^{ij}(x))$ satisfies

$$(2.9)\qquad \Pi_t(x) = I + \sum_{j=1}^r \int_0^t P_j(\xi_s(x))\Pi_s(x)\circ dM_s^j ,$$

where $P_j = (p_j^{k\ell})$ and $I$ is the identity. Consider the adjoint matrix equation of (2.9):

$$(2.10)\qquad \Sigma_t(x) = I - \sum_{j=1}^{r}\int_0^t \Sigma_s(x)P_j(\xi_s(x))\circ dM_s^j .$$

Then Ito's formula implies $d\Sigma_t(x)\Pi_t(x) = 0$. This proves $\Sigma_t(x)\Pi_t(x) = I$ so that $\Pi_t(x)$ has the inverse $\Sigma_t(x)$. The proof is complete.

Now the inverse map $\pi_{tx}^{-1} : T_x(M) \longrightarrow T_{\xi_t(x)}(M)$ defines the stochastic parallel displacement from $x$ to $\xi_t(x)$. Obviously we have $\pi_{tx}^{-1}(\partial_k)_x = \sum_\ell \sigma_t^{k\ell}(x)(\partial_\ell)_{\xi_t(x)}$, where $\Sigma_t = (\sigma_t^{k\ell})$. The components of the vector $\pi_{tx}^{-1}(\partial_k)_x$ satisfies by (2.10)

$$(2.11)\qquad \sigma_t^{k\ell}(x) = \delta_{k\ell} - \sum_{j=1}^{r}\int_0^t \sum_{i,\alpha} X_j^\alpha(\xi_s(x))\Gamma_{\alpha i}^\ell(\xi_s(x))\sigma_s^{ki}(x)\circ dM_s^j .$$

In [2] and [4], the above equation is employed for defining the stochastic parallel displacement. Actually, if $\sigma_t^{k\ell}$ is a solution of (2.11), $\sum_\ell \sigma_t^{k\ell}(\partial_\ell)_{\xi_t(x)}$ is defined as the stochastic parallel displacement of $(\partial_k)_x$ along $\xi_s(x)$, $0 \le s \le t$ from $x$ to $\xi_t(x)$: Then equation (2.8) is induced from it as the inverse. A reason that we adopt (2.7) as the definition is that all $(\pi_t Y)_x$ are elements of the fixed tangent space $T_x(M)$. While $\pi_{tx}^{-1}Y_x$ are moving in various tangent spaces $T_{\xi_t(x)}(M)$ as $t$ and $\omega$ vary. In fact we may consider that (2.11) is an equation for stochastic moving frames represented by local coordinate $(x^1,\dots,x^d,\sigma^{11},\dots,\sigma^{1d},\dots,\sigma^{d1},\dots,\sigma^{dd})$ (c.f. [2]).

Given a vector field $Y$, we denote by $(\pi_t^{-1}Y)_x$ the stochastic parallel displacement of $Y$ along $\xi_s$, $0 \le s \le t$ from $\xi_t^{-1}(x)$ to $x$. Then it holds $(\pi_t^{-1}Y)_x = \pi^{-1}_{t\xi_t^{-1}(x)} Y_{\xi_t^{-1}(x)}$.

**Proposition 2.2.** It holds

$$(2.12)\qquad (\pi_t^{-1}Y)_x = Y_x - \sum_{j=1}^{r}\int_0^t (\nabla_{X_j}\pi_s^{-1}Y)_x \circ dM_s^j .$$

**Proof.** It is known that the inverse map $\xi_t^{-1}$ satisfies

$$d\xi_t^{-1}(x) = -\sum_j \xi_{t*}^{-1}(X_j)(\xi_t^{-1}(x))\circ dM_t^j .$$

(Kunita [7], Proposition 5.1). Apply Theorem 1.2 to $\Sigma_t$. Then

$$(2.13)\qquad \sigma_t^{k\ell}(\xi_t^{-1}(x)) = \delta_{k\ell} - \sum_{j=1}^{r}\int_0^t \sum_{i,\alpha} X_j^{\alpha}(x)\Gamma_{\alpha i}^{\ell}(x)\sigma_s^{ki}(\xi_s^{-1}(x))\circ dM_s^j$$

$$- \sum_{j=1}^{r}\int_0^t \xi_{s*}^{-1}(X_j)\sigma_s^{k\ell}(\xi_s^{-1}(x))\circ dM_s^j .$$

Noting $\xi_{s*}^{-1}(X_j)f(\xi_s^{-1}(x)) = X_j(f\circ\xi_s^{-1})(x)$, we see that $\kappa_t^{k\ell} \equiv \sigma_t^{k\ell}\circ\xi_t^{-1}$ satisfies

$$(2.14)\qquad \kappa_t^{k\ell} = \delta_{k\ell} - \sum_{j=1}^{r}\int_0^t \sum_{\alpha} X_j^{\alpha}(\sum_i \Gamma_{\alpha i}^{\ell}\kappa_s^{ki} + \partial_\alpha(\kappa_s^{k\ell}))\circ dM_s^j .$$

Since $\pi_t^{-1}\partial_k = \sum_\ell \kappa_t^{k\ell}\partial_\ell$, the above equality shows

$$\pi_t^{-1}\partial_k = \partial_k - \sum_{j=1}^{r}\int_0^t \nabla_{X_j}\pi_s^{-1}\partial_k \circ dM_s^j .$$

This proves the proposition.

The dual $\pi_t^*$ of $\pi_t$ is defined as before. It is acting on the space of 1-forms. It holds

$$\langle \pi_t^*\theta, Y\rangle_{\xi_t(x)} = \langle \theta, \pi_t Y\rangle_x$$

for any 1-form $\theta$ and vector field $Y$. We shall obtain equations for $\pi_t^*\theta$ and $\pi_t^{*-1}\theta$.

Proposition 2.3. It holds

$$(2.15)\qquad (\pi_t^*\theta)_x = \theta_x - \sum_{j=1}^{r}\int_0^t (\nabla_{X_j}\pi_s^*\theta)_x \circ dM_s^j ,$$

$$(2.16)\qquad (\pi_t^{*-1}\theta)_x = \theta_x + \sum_{j=1}^{r}\int_0^t (\pi_s^{*-1}\nabla_{X_j}\theta)_x \circ dM_s^j .$$

Proof. Set $F_t(x) = \langle\theta,\pi_t Y\rangle_x$. We shall calculate $F_t(\xi_t^{-1}(x))$, using Theorem 1.2. It holds

$$F_t(\xi_t^{-1}(x)) - F_0(x) = -\sum_{j=1}^{r}\int_0^t \xi_{s*}^{-1}(X_j)(F_s)(\xi_s^{-1}(x))\circ dM_s^j$$
$$+ \sum_{j=1}^{r}\int_0^t \langle\theta,\pi_s\nabla_{X_j}Y\rangle_{\xi_s^{-1}(x)} \circ dM_s^j .$$

Note that

$$\xi_{s*}^{-1}(X_j)(F_s)(\xi_s^{-1}(x)) = X_j(\langle\theta,\pi_s Y\rangle_{\xi_s^{-1}(x)}).$$

Since $\langle\nabla_{X_j}\theta,Y\rangle + \langle\theta,\nabla_{X_j}Y\rangle = X_j(\langle\theta,Y\rangle)$ holds by (2.6), the above formula leads to

$$\langle\theta,\pi_t Y\rangle_{\xi_t^{-1}(x)} - \langle\theta,Y\rangle_x = -\sum_j\int_0^t \langle\nabla_{X_j}\pi_s^*\theta,Y\rangle_x \circ dM_s^j .$$

This proves (2.15). (2.16) is proved similarly.

The stochastic parallel displacement of tensor field $K$ is defined similarly as before: $\pi_t K$ is a tensor field such that

$$(2.17)\qquad (\pi_t K)_x(\theta^1,\dots,\theta^p, Y_1,\dots,Y_q) = K_{\xi_t(x)}(\pi_t^*\theta^1,\dots,\pi_t^*\theta^p, \pi_t^{-1}Y_1,\dots,\pi_t^{-1}Y_q).$$

We shall obtain an Ito's formula for $\pi_t K$, which is an extension of formulas (2.7) and (2.16).

Theorem 2.4. It holds

$$(2.18)\qquad \pi_t K = K + \sum_{j=1}^{r}\int_0^t \pi_s \nabla_{X_j} K \circ dM_s^j$$

$$= K + \sum_{j=1}^{r}\int_0^t \pi_s \nabla_{X_j} K dM_s^j + \frac{1}{2}\sum_{j,k}\int_0^t \pi_s \nabla_{X_j}\nabla_{X_k} K d\langle M^j, M^k\rangle_s .$$

Proof. Apply Ito's formula to the multilinear form $K_x$. Noting the relation (2.12) and (2.15), we have

$$K_x(\pi_t^*\theta^1,\dots,\pi_t^*\theta^p, \pi_t^{-1}Y_1,\dots,\pi_t^{-1}Y_q) - K_x(\theta^1,\dots,\theta^p, Y_1,\dots,Y_q)$$

$$= -\sum_{j=1}^{r}\Big\{\sum_{k=1}^{p}\int_0^t K_x(\pi_s^*\theta^1,\dots,\nabla_{X_j}\pi_s^*\theta^k,\dots,\pi_s^{-1}Y_1,\dots,\pi_s^{-1}Y_q)\circ dM_s^j$$

$$+ \sum_{\ell=1}^{q}\int_0^t K_x(\pi_s^*\theta^1,\dots,\pi_s^{-1}Y_1,\dots,\nabla_{X_j}\pi_s^{-1}Y_\ell,\dots,\pi_s^{-1}Y_q)\circ dM_s^j\Big\}.$$

Set

$$F_t(x) = K_x(\pi_t^*\theta^1,\dots,\pi_t^*\theta^p, \pi_t^{-1}Y_1,\dots,\pi_t^{-1}Y_q)$$

and apply Theorem 1.2 to $F_t(\xi_t(x))$. Then

$$(2.19)\qquad F_t(\xi_t(x)) - F_0(x)$$

$$= \sum_{j=1}^{r} \{\int_0^t X_j F_s(\xi_s(x))\circ dM_s^j$$

$$- \sum_k \int_0^t K_{\xi_s(x)}(\pi_s^*\theta^1,\dots,\pi_s^*\nabla_{X_j}\theta^k,\dots,\pi_s^{-1}Y_1,\dots,\pi_s^{-1}Y_q)\circ dM_s^j$$

$$- \sum_\ell \int_0^t K_{\xi_s(x)}(\pi_s^*\theta^1,\dots,\pi_s^{-1}Y_1,\dots,\nabla_{X_j}\pi_s^{-1}Y_\ell,\dots,\pi_s^{-1}Y_q)\circ dM_s^j\}.$$

Noting the relation (2.6), we see that the right hand side of (2.19) is

$$\sum_{j=1}^{r}\int_0^t \pi_s\nabla_{X_j}K(\theta^1,\dots,\theta^p, Y_1,\dots,Y_q)\circ dM_s^j .$$

The proof is complete.

Remark. The inverse $\pi_t^{-1}$ is defined by

$$(\pi_t^{-1}K)_x(\theta^1,\dots,\theta^p, Y_1,\dots,Y_q) = K_{\xi_t^{-1}(x)}(\pi_t\theta^1,\dots,\pi_t\theta^p, \pi_tY_1,\dots,\pi_tY_q).$$

Then similarly as Theorem 2.4, we have

$$\pi_t^{-1}K = K - \sum_{j=1}^{r}\int_0^t \nabla_{X_j}\pi_s^{-1}K\circ dM_s^j$$

$$= K - \sum_{j=1}^{r}\int_0^t \nabla_{X_j}\pi_s^{-1}K dM_s^j - \frac{1}{2}\sum_{j,k}\int_0^t \nabla_{X_j}\nabla_{X_k}\pi_s^{-1}K d\langle M^j,M^k\rangle_s .$$

The Ito formula (2.18) can be applied to getting a heat equation for tensor fields. Suppose that $\xi_t$ is determined by

$$(2.20)\qquad d\xi_t = \sum_{j=1}^{r} X_j(\xi_t)\circ dB_t^j + X_0(\xi_t)dt,$$

where $(B_t^1,\ldots,B_t^r)$ is a Brownian motion. Then,

$$(2.21)\qquad \pi_t K - K = \sum_{j=1}^{r}\int_0^t \pi_s \nabla_{X_j} K dB_s^j + \int_0^t \pi_s(\frac{1}{2}\sum_{j=1}^{r}\nabla_{X_j}^2 + \nabla_{X_0})Kds$$

Theorem 2.5. Define for each $t$ a tensor field $K_t$ by

$$(K_t)_x(\theta^1,\ldots,\theta^p, Y_1,\ldots,Y_q) = E[(\pi_t K)_x(\theta^1,\ldots,\theta^p, Y_1,\ldots,Y_q)].$$

Then it satisfies the heat equation

$$\frac{\partial K_t}{\partial t} = (\frac{1}{2}\sum_{j=1}^{r}\nabla_{X_j}^2 + \nabla_{X_0})K_t, \quad K_0 = K.$$

Proof. We shall omit $\theta^1,\ldots,\theta^p$, $Y_1,\ldots,Y_q$ for simplicity. Set $K_s = E[\pi_s K]$. Taking expectation to both sides of (2.21), we have

$$K_s - K = \int_0^s E[\pi_u(\frac{1}{2}\sum_j \nabla_{X_j}^2 + \nabla_{X_0})K]du.$$

Since $K_x$ is smooth relative to $x$, so is $(K_s)_x$.

Let us substitute $K_t$ to the above formula. Then

$$E[\pi_s K_t] - K_t = \int_0^s E[\pi_u(\frac{1}{2}\sum_{j=1}^{r}\nabla_{X_j}^2 + \nabla_{X_0})K_t]du.$$

Now it holds $\pi_{t+s} = \pi_t\hat{\pi}_s$, where $\hat{\pi}_s$ is the parallel displacement along $\xi_u$, $t \leq u \leq t+s$ from $\xi_{t+s}(x)$ to $\xi_t(x)$. Then by Markov property, we have

$$E[\pi_{s+t}K] = E[\pi_t\hat{\pi}_s K] = E[\pi_t K_s].$$

Consequently,

$$K_{t+s} - K_t = \int_0^s E[\pi_u(\frac{1}{2}\sum_j \nabla^2_{X_j} + \nabla_{X_0})K_t]du,$$

so that we have

$$\frac{\partial}{\partial t}K_t = (\frac{1}{2}\sum_{j=1}^r \nabla^2_{X_j} + \nabla_{X_0})K_t.$$

The proof is complete.

## 3. Ito's formula for $\xi_t^*$ acting on tensor fields.

In this section, we shall obtain an Ito's formula for stochastic maps $\xi_t^*$ acting on tensor fields, which is induced by the solution $\xi_t(x)$ of (1.7). The formula looks similar to the one for parallel displacement. The only difference is that Lie derivative is involved in place of covariant derivative. The formula has been obtained by S. Watanabe [9]. His approach is based on the lift of the process to a frame bundle in a suitable way and the use of scalarization of tensor field on the bundle. On the other hand, our proof is very close to the method in previous section.

Given a diffeomorphism $\phi$ of M, the differential $\phi_{*x}$ is a linear map of $T_x(M)$ onto $T_{\phi(x)}(M)$. The dual map $\phi_x^*$ of the differential $\phi_{*x}$ is a linear map of $T_{\phi(x)}(M)^*$ onto $T_x(M)^*$. Let Y be a vector field. The $\phi$-related vector field $\phi_*(Y)$ is defined by the relation $\phi_*(Y)_x = \phi_{*\phi^{-1}(x)} Y_{\phi^{-1}(x)}$. For 1-form $\theta$, $\phi^*(\theta)$ is defined by $\phi^*(\theta)_x = \phi_x^* \theta_{\phi(x)}$. The inverse $\phi^{*-1}(\theta)$ is defined in the same way.

Let $K$ be a tensor field of type $(p,q)$. We define a tensor field $\phi^* K$ by the relation

$$(3.1) \qquad (\phi^* K)_x(\theta^1,\ldots,\theta^p, Y_1,\ldots,Y_q)$$

$$= K_{\phi(x)}(\phi^{*-1}(\theta^1),\ldots,\phi^{*-1}(\theta^p),\phi_*(Y_1),\ldots,\phi_*(Y_q)).$$

If $K$ is a vector field, it holds $\phi^* K = \phi_*^{-1}(K)$ and if $K$ is a 1-form, it holds $\phi^* K = \phi^*(K)$.

Remark. The definition of the above $\phi^*$ is not equal to that of $\tilde{\phi}$ in Kobayashi-Nomizu [5], p. 28. The relation of these is $\tilde{\phi}^{-1} = \phi^*$ or $\tilde{\phi} = (\phi^{-1})^*$.

Let $X$ be a complete vector field and $\phi_t$, $t \in (-\infty, \infty)$ be the one parameter group of transformations generated by $X$. The Lie derivative of tensor field $K$ with respect to $X$ is defined by

$$(3.2) \qquad L_X K = \lim_{t \downarrow 0} \frac{1}{t}\{\phi_t^* K - K\}.$$

The following properties are well known. (i) If $K$ is a scalar function, then $L_X K = X(K)$. (ii) If $K$ is a vector field, then $L_X K = [X,K]$, where $[\ ,\ ]$ is the Lie bracket. (iii) If $Y$ is a vector field and $\theta$ is a 1-form, then

$$(3.3) \qquad \langle L_X\theta\ , Y\rangle + \langle\theta\ , L_X Y\rangle = X\langle\theta\ , Y\rangle.$$

(iv) If K is a tensor field of type (p,q), then

$$(3.4)\qquad (L_XK)_x(\theta^1,\dots,\theta^p, Y_1,\dots,Y_q) = X(K_x(\theta^1,\dots,\theta^p, Y_1,\dots,Y_q))$$

$$- \sum_{k=1}^{p} K_x(\theta^1,\dots,L_X\theta^k,\dots,\theta^p, Y_1,\dots,Y_q)$$

$$- \sum_{\ell=1}^{q} K_x(\theta^1,\dots,\theta^p, Y_1,\dots,L_XY_\ell,\dots,Y_q).$$

Now let $\xi_t(x)$ be a solution of stochastic differential equation (1.7). Then $\xi_t^*K$ is a stochastic tensor field. We shall obtain Ito's formula for $\xi_t^*K$ and $(\xi_t^*)^{-1}K$. We first consider the case that K is a vector field and then the case that K is a 1-form

Lemma 3.1. (c.f. [7], Proposition 5.2 and 5.3). Let Y be a vector field. Then it holds

$$(3.5)\qquad \xi_t^*Y = Y + \sum_{j=1}^{r}\int_0^t \xi_s^*L_{X_j}Y\circ dM_s^j$$

$$(3.6)\qquad \xi_{t*}(Y) = Y - \sum_{j=1}^{r}\int_0^t L_{X_j}\xi_{s*}(Y)\circ dM_s^j$$

Lemma 3.2. Let $\theta$ be a 1-form. Then it holds

$$(3.7)\qquad \xi_t^*\theta = \theta + \sum_j \int_0^t \xi_s^*L_{X_j}\theta\circ dM_s^j$$

$$(3.8)\qquad (\xi_t^*)^{-1}\theta = \theta - \sum_j \int_0^t L_{X_j}(\xi_s^*)^{-1}\theta\circ dM_s^j.$$

Proof. We shall prove (3.8) only since (3.7) is a special case of the next theorem. It holds

$$<(\xi_t^*)^{-1}\theta\ ,\ Y>_x = <\xi_t^{*-1}\theta\ ,\ Y>_x = <\theta\ ,\ \xi_t^* Y>_{\xi_t^{-1}(x)} .$$

Then similarly as the proof of Proposition 2.3, we have

$$<\theta\ ,\ \xi_t^* Y>_{\xi_t^{-1}(x)} - <\theta, Y>_x = -\sum_j \int_0^t <L_{X_j}(\xi_s^*)^{-1}\theta, Y>_x \circ dM_s^j .$$

This proves (3.8).

Formulas (3.5), (3.6), (3.7) and (3.8) correspond formulas (2.7), (2.12), (2.15) and (2.16), respectively. Then the next Ito's formula for tensor field $\xi_t^* K$ is proved in the same way as the case of parallel displacement.

Theorem 3.3. (c.f. S. Watanabe [9]). Let $K$ be a smooth tensor field of type $(p,q)$. Then it holds

$$(3.9) \qquad \xi_t^* K = K + \sum_{j=1}^r \int_0^t \xi_s^* L_{X_j} K \circ dM_s^j$$

$$= K + \sum_{j=1}^r \int_0^t \xi_s^* L_{X_j} K\, dM_s^j + \frac{1}{2} \sum_{j,k} \int_0^t \xi_s^* L_{X_j} L_{X_k} K d<M^j, M^k>_s .$$

Similarly as Theorem 2.4, we have

Theorem 3.4. Let $\xi_t$ be a solution of (2.20). Set

$$K_t = E[\xi_t^* K].$$

Then it satisfies

$$\frac{\partial}{\partial t}K_t = \frac{1}{2}(\sum_{j=1}^{r} L_{X_j}^2 + L_{X_0})K_t,$$

$$K_0 = K.$$

References

[1] J. M. Bismut; Flots stochastiques et formula de Ito-Stratonovich généralisée, C. R. Acad. Sci. Paris 290 (10 mars 1980).

[2] N. Ikeda-S. Watanabe; Stochastic differential equations and diffusion processes, forthcoming book.

[3] K. Itô; The Brownian motion and tensor fields on Riemannian manifold, Proc. Internat. Congress of Math. Stockholm (1962).

[4] K. Itô; Stochastic parallel displacement, Springer, Lecture Notes in Math., 451 (1975), 1-7.

[5] S. Kobayashi-K. Nomizu; Foundations of differential geometry I, Interscience 1963.

[6] H. Kunita; On the representation of solutions of stochastic differential equations, Séminaire des Probabilités XIV, Lecture Notes in Math., 784 (1980), 282-303.

[7] H. Kunita; On the decomposition of solutions of stochastic differential equations, to appear in the proceedings of Durham conference on stochastic integrals.

[8] H. Kunita-S. Watanabe; On square integrable martingales, Nagoya Math. J., 30 (1967), 209-245.

[9] S. Watanabe; Differential and variation for flow of diffeomorphisms defined by stochastic differential equation on manifold (in Japanese), Sūkaiken Kōkyuroku 391 (1980).

Université de Strasbourg
Séminaire de Probabilités 1979/80

# UNE QUESTION DE THEORIE DES PROCESSUS

par P.A. Meyer

Comme le titre l'indique, il ne s'agit pas ici d'un exposé, mais d'un problème. Ayant rédigé un cours de "géométrie différentielle stochastique", je me suis aperçu qu'on n'utilisait réellement que des intégrales stochastiques du type $\int f(s,X_s)dX_s$. Posons donc les définitions suivantes, en nous restreignant au cas continu pour simplifier.

DEFINITION 1. Soient U et V deux processus réels continus. On dit que U est intégrable par rapport à V s'il existe un processus W continu, nul en 0, tel que l'on ait pour t dyadique

$$W_t = \lim_k \sum_{i<2^{-k}} U_{it2^{-k}}(V_{(i+1)t2^{-k}} - V_{it2^{-k}}) \quad \text{en probabilité}$$

et l'on pose $W=U\cdot V$ ou $W_t=\int_0^t U_s dV_s$.

DEFINITION 2. Soit X un processus continu à valeurs dans $\mathbb{R}^n$. On dit que X est une hyposesquimartingale[1] si les conditions suivantes sont satisfaites :

1) Pour toute fonction de classe $C^\infty$ v sur $\mathbb{R}^n$, toute fonction continue bornée u sur $\mathbb{R}_+\times\mathbb{R}^n$, l'intégrale stochastique
$$W_t = \int_0^t u(s,X_s)dv(X_s)$$
existe au sens de la définition 1.

2) Pour v fixée, cette intégrale stochastique est prolongeable aux fonctions boréliennes bornées u(s,x), avec un théorème de convergence dominée en probabilité ( autrement dit, si des $u_n$ convergent simplement vers 0 en restant bornées en valeur absolue, $(u_n(.,X)\cdot v(X))^*_t \rightarrow 0$ en probabilité pour tout t fini ).

Si X et Y sont deux hyposesquimartingales, il n'y a aucune raison que X et Y soient compatibles , i.e. que le couple (X,Y) en soit une - toutes les semimartingales d'une même filtration sont des hsmartingales compatibles. Jeulin connaît des exemples simples de hsmartingales qui ne sont pas des semimartingales. Stricker sait montrer que toute hsmartingale ( continue) déterministe est à variation finie. Par ailleurs, les hsmartingales continues ont beaucoup de propriétés des semimartingales continues : formule d'Ito, variation quadratique, etc.

<u>Peut on résoudre des équations différentielles stochastiques dans la classe des hsmartingales</u> ?

1. Sesqui=3/4. Il faut prendre hypo < 2/3 pour avoir hyposesqui < 1/2=Semi.

# CALCUL D'ITO SANS PROBABILITES

par H. Föllmer

Le but de cette note est de montrer qu'on peut faire le calcul d'Itô « trajectoire par trajectoire », dans le sens strict du terme. Pour cela, nous allons traiter la formule d'Itô, y compris la construction de l'intégrale stochastique $\int F'(X_{s-})dX_s$ à l'aide de sommes de Riemann, comme un exercise d'analyse sur une classe de fonctions réelles à variation quadratique. Nous allons parler de probabilités seulement après, en vérifiant que pour certains processus stochastiques (les semimartingales, les processus à énergie finie, ...) presque toutes les trajectoires appartiennent à cette classe.

Soit $x$ une fonction réelle sur $[0,\infty[$, continue à droite et pourvue de limites à gauche. Nous utilisons la notation $x_t = x(t)$, $\Delta x_t = x_t - x_{t-}$, $\Delta x_t^2 = (\Delta x_t)^2$.

Nous appellerons <u>subdivision</u> toute suite finie $\tau = (t_o,\ldots,t_k)$ telle que $0 \leq t_o < \ldots < t_k < \infty$, et nous poserons $t_{k+1} = \infty$, $x_\infty = 0$. Soit $(\tau_n)_{n=1,2,\ldots}$ une suite de subdivisions dont le pas tend vers $0$ sur tout intervalle compact. Nous dirons que $x$ est <u>à variation quadratique suivant</u> $(\tau_n)$ si les mesures ponctuelles

$$\xi_n = \sum_{t_i \in \tau_n} (x_{t_{i+1}} - x_{t_i})^2 \varepsilon_{t_i} \tag{1}$$

convergent vaguement vers une mesure de Radon $\xi$ sur $[0,\infty[$, dont la partie atomique est donnée par les sauts quadratiques de $x$ :

$$[x,x]_t = [x,x]_t^c + \sum_{s \leq t} \Delta x_s^2 \tag{2}$$

où $[x,x]$ désigne la fonction de répartition de $\xi$, et $[x,x]^c$ sa partie continue.

THÉORÈME. Soit $x$ à variation quadratique suivant $(\tau_n)$, et soit $F$ une fonction de classe $C^2$ sur $\mathbb{R}$. Alors on a la formule d'Itô

$$(3) \qquad F(x_t) = F(x_o) + \int_o^t F'(x_{s-})dx_s + \frac{1}{2}\int_{]0,t]} F''(x_{s-})d[x,x]_s$$

$$+ \sum_{s\leq t} [F(x_s) - F(x_{s-}) - F'(x_{s-})\Delta x_s - \frac{1}{2}F''(x_{s-})\Delta x_s^2],$$

où on pose

$$(4) \qquad \int_o^t F'(x_{s-})dx_s = \lim_n \sum_{\tau_n \ni t_i \leq t} F'(x_{t_i})(x_{t_{i+1}} - x_{t_i}),$$

et où la série est absolument convergente.

REMARQUE. D'après (2), on peut écrire les deux derniers termes de (3) sous la forme

$$(5) \qquad \frac{1}{2}\int_o^t F''(x_{s-})d[x,x]_s^c + \sum_{s\leq t} [F(x_s) - F(x_{s-}) - F'(x_{s-})\Delta x_s],$$

et on a

$$(6) \qquad \int_o^t F''(x_{s-})d[x,x]_s^c = \int_o^t F''(x_s)d[x,x]_s^c$$

puisque $x$ est une fonction càdlàg.

Démonstration. Soit $t > 0$. D'après la continuité à droite de $x$ on a

$$F(x_t) - F(x_o) = \lim_n \sum_{\tau_n \ni t_i \leq t} [F(x_{t_{i+1}}) - F(x_{t_i})].$$

1) Pour gagner en clarté, nous traitons d'abord le cas particulièrement simple où $x$ est une fonction continue. La formule de Taylor permet d'écrire

$$\sum_{\tau_n \ni t_i \leq t} [F(x_{t_{i+1}}) - F(x_{t_i})] = \sum F'(x_{t_i})(x_{t_{i+1}} - x_{t_i})$$

$$+ \frac{1}{2}\sum F''(x_{t_i})(x_{t_{i+1}} - x_{t_i})^2 + \sum r(x_{t_i}, x_{t_{i+1}}),$$

où

(7) $$r(a,b) \leq \varphi(|b-a|)(b-a)^2 ,$$

$\varphi(\cdot)$ fonction croissante sur $[0,\infty[$ , $\varphi(c) \to 0$ lorsque $c \downarrow 0$ . Lorsque $n \uparrow \infty$, la seconde somme à droite tend vers

$$\frac{1}{2} \int_{[0,t]} F''(x_s) d[x,x]_s = \frac{1}{2} \int_{]0,t]} F''(x_{s-}) d[x,x]_s$$

d'après la convergence vague des mesures ponctuelles $(\xi_n)$ ; noter que la continuité de $x$ donne la continuité de $[x,x]$ , en vertu de (2) . La troisième somme, qui est dominée par

$$\varphi( \max_{\tau_n \ni t_i \leq t} |x_{t_{i+1}} - x_{t_i}|) \sum_{\tau_n \ni t_i \leq t} (x_{t_{i+1}} - x_{t_i})^2 ,$$

tend vers 0 puisque $x$ est continue. On obtient ainsi l'existence de la limite (4) , et la formule d'Itô (3) .

2) Passons au cas général. Soit $\varepsilon > 0$ . Nous séparons les sauts de $x$ sur $[0,t]$ en deux classes: une classe finie $C_1 = C_1(\varepsilon,t)$ , et une classe $C_2 = C_2(\varepsilon,t)$ telle que $\sum_{s \in C_2} \Delta x_s^2 \leq \varepsilon^2$ . Écrivons

$$\sum_{\tau_n \ni t_i \leq t} [F(x_{t_{i+1}}) - F(x_{t_i})] = \Sigma_1 [F(x_{t_{i+1})} - F(x_{t_i})] + \Sigma_2 [F(x_{t_{i+1}} - F(x_{t_i})]$$

où $\Sigma_1$ indique la sommation sur les $t_i \in \tau_n$ , $t_i \leq t$ tels que l'intervalle $]t_i , t_{i+1}]$ contient un saut de la classe $C_1$ . On a

$$\lim_n \Sigma_1 [F(x_{t_{i+1}}) - F(x_{t_i})] = \sum_{s \in C_1} [F(x_s) - F(x_{s-})] .$$

D'autre part, la formule de Taylor permet d'écrire

$$\Sigma_2 [F(x_{t_{i+1}}) - F(x_{t_i})] =$$

$$\sum_{\tau_n \ni t_i \leq t} F'(x_{t_i})(x_{t_{i+1}} - x_{t_i}) + \frac{1}{2} \sum_{\tau_n \ni t_i \leq t} F''(x_{t_i})(x_{t_{i+1}} - x_{t_i})^2$$

$$- \Sigma_1 [F'(x_{t_i})(x_{t_{i+1}} - x_{t_i}) + \frac{1}{2} F''(x_{t_i})(x_{t_{i+1}} - x_{t_i})^2] + \Sigma_2 r(x_{t_i}, x_{t_{i+1}}) .$$

On va montrer ci-dessous (9) que la deuxième somme à droite tend vers

$$\frac{1}{2}\int_{]0,t]} F''(x_{s-})d[x,x]_s ,$$

lorsque $n\uparrow\infty$. La troisième somme tend vers

$$\sum_{s\in C_1} [F'(x_{s-})\Delta x_s + \frac{1}{2}F''(x_{s-})\Delta x_s^2] .$$

D'après la continuité uniforme de $F''$ sur l'ensemble borné des valeurs $x_s$ $(0\le s\le t)$, on peut supposer (7), et cela entraîne

(8) $$\limsup_n \Sigma_2\, r(x_{t_i}, x_{t_{i+1}}) \le \varphi(\varepsilon+)[x,x]_{t+} .$$

Faisons tendre $\varepsilon$ vers 0 : alors (8) tend vers 0, et

$$\sum_{s\in C_1(\varepsilon,t)} [F(x_s)-F(x_{s-}) - F'(x_{s-})\Delta x_s] - \frac{1}{2}\sum_{s\in C_1(\varepsilon,t)} F''(x_{s-})\Delta x_s^2$$

tend vers la série dans (3) ; la série est absolument convergente puisque

$$\sum_{s\le t} |F(x_s)-F(x_{s-}) - F'(x_{s-})\Delta x_s| \le \text{const} \sum_{s\le t}\Delta x_s^2$$

d'après la formule de Taylor. On obtient ainsi l'existence de la limite en (4), et la formule d'Itô (3).

3) Montrons que

(9) $$\lim_n \sum_{\tau_n\ni t_i\le t} f(x_{t_i})(x_{t_{i+1}}-x_{t_i})^2 = \int_{]0,t]} f(x_{s-})d[x,x]_s$$

pour toute fonction continue $f$ sur $\mathbb{R}$. Soit $\varepsilon>0$, et notons $z$ la fonction de répartition pour les sauts dans la classe $C_1 = C_1(\varepsilon,t)$:

$$z_u = \sum_{C_1\ni s\le u} \Delta x_s \qquad (u\ge 0) .$$

On a

(10) $$\lim_n \sum_{\tau_n\ni t_i\le u} f(x_{t_i})(z_{t_{i+1}}-z_{t_i})^2 = \sum_{C_1\ni s\le u} f(x_{s-})\Delta x_s^2$$

pour tout $u\ge 0$. Notons $\zeta_n$ et $\eta_n$ les mesures ponctuelles associées à $z$ et à $y = x - z$ à la manière de (1). D'après (10), les mesures $\zeta_n$ convergent vaguement vers la mesure ponctuelle

$$\zeta = \sum_{s \in C_1} \Delta x_s^2 \varepsilon_s .$$

Comme la dernière somme de

$$\sum_{\tau_n \ni t_i \le u} (x_{t_{i+1}} - x_{t_i})^2 =$$

$$\Sigma (y_{t_{i+1}} - y_{t_i})^2 + \Sigma (z_{t_{i+1}} - z_{t_i})^2 + 2\Sigma (y_{t_{i+1}} - y_{t_i})(z_{t_{i+1}} - z_{t_i})$$

tend vers 0, les mesures $\eta_n$ convergent vaguement vers la mesure $\eta = \xi - \eta$, dont la partie atomique a une masse totale $\le \varepsilon^2$. Or la fonction $f \circ x$ est presque sûrement continue par rapport à la partie continue de $\eta$, et cela implique

$$(11) \qquad \limsup_n \Big| \sum_{\tau_n \ni t_i \le t} f(x_{t_i})(y_{t_{i+1}} - y_{t_i})^2 - \int_{]0,t]} f(x_{s-}) d\eta \Big| \le 2\|f\|_t \varepsilon^2 ,$$

où $\|f\|_t = \sup\{ f(x_s) ;\ 0 \le s \le t \}$. Combinant (10) et (11), on obtient (9), et cela achève la démonstration. Soulignons qu'on a suivi de près la démonstration « classique » : voir Meyer [4]. Le seul élément nouveau est l'usage de la convergence vague, qui permet d'en donner une version purement analytique.

REMARQUES. 1) Soit $x = (x^1, \ldots, x^n)$ une fonction càdlàg sur $[0,\infty[$ à valeurs dans $\mathbb{R}^n$. Disons que $x$ est à <u>variation quadratique suivant</u> $(\tau_n)$ si toutes les fonctions réelles $x^i$, $x^i + x^j$ $(1 \le i, j \le n)$ le sont. Dans ce cas, notons

$$[x^i, x^j]_t = \tfrac{1}{2}\big([x^i + x^j, x^i + x^j]_t - [x^i, x^i]_t - [x^j, x^j]_t\big)$$

$$= [x^i, x^j]_t^c + \sum_{s \le t} \Delta x_s^i \Delta x_s^j .$$

Alors on a la formule d'Itô

$$(12) \qquad F(x_t) = F(x_o) + \int_o^t DF(x_{s-}) dx_s + \frac{1}{2} \sum_{i,j} \int_o^t D_i D_j F(x_{s-}) d[x^i, x^j]_s^c$$

$$+ \sum_{s \le t} [F(x_s) - F(x_{s-}) - \sum_i D_i F(x_{s-}) \Delta x_s^i]$$

pour toute fonction $F$ de classe $C^2$ sur $\mathbb{R}^n$, où on pose

(13) $$\int_0^t DF(x_{s-})dx_s = \lim_n \sum_{\tau_n \ni t_i \leq t} \langle DF(x_{t_i}), x_{t_{i+1}} - x_{t_i} \rangle$$

($\langle \cdot , \cdot \rangle$ = produit scalaire dans $\mathbb{R}^n$). La démonstration est la même, avec des notations plus lourdes.

2) La classe des fonctions à variation quadratique est <u>stable pour les opérations</u> $C^1$. Précisément: si $x = (x^1,\ldots,x^n)$ est à variation quadratique suivant $(\tau_n)$, $F$ une fonction continûment différentiable sur $\mathbb{R}^n$, alors $y = F \circ x$ est à variation quadratique suivant $(\tau_n)$, avec

(14) $$[y,y]_t = \sum_{i,j} \int_0^t D_iF(x_s)D_jF(x_s)d[x^i,x^j]_s^c + \sum_{s \leq t} \Delta y_s^2 .$$

C'est la version analytique d'un résultat de Meyer sur les semimartingales: voir [4] p. 359. La démonstration est analogue à la précédente.

Passons aux processus stochastiques. Soit $(X_t)_{t \geq 0}$ une semimartingale. Alors, pour tout $t \geq 0$, les sommes

(15) $$S_{\tau,t} = \sum_{\tau \ni t_i \leq t} (X_{t_{i+1}} - X_{t_i})^2$$

convergent en probabilité vers

$$[X,X]_t = \langle X^c,X^c \rangle_t + \sum_{s \leq t} \Delta X_s^2$$

lorsque le pas de la subdivision $\tau$ tend vers 0 sur $[0,t]$; voir Meyer [4] p. 358. Pour toute suite, il y a donc une sous-suite $(\tau_n)$ telle que, presque sûrement,

(16) $$\lim_n S_{\tau_n,t} = [X,X]_t$$

pour tout $t$ rationnel. Cela implique que <u>presque toutes les trajectoires sont à variation quadratique suivant</u> $(\tau_n)$; en plus, la relation (16) est valable pour tout $t \geq 0$, d'après (9). La formule d'Itô (3), appliquée trajectoire par trajectoire, ne dépend pas de la suite $(\tau_n)$ ; en particulier, on obtient la convergence en probabilité des sommes de Riemann en (4) vers l'intégrale stochastique $\int_0^t F'(X_{s-})dX_s$ , lorsque le pas de $\tau$ tend vers 0 sur $[0,t]$ .

REMARQUES. 1) Pour le mouvement brownien, et une suite arbitraire de subdivisions $(\tau_n)$ dont le pas tend vers 0 sur tout intervalle compact, presque toutes les trajectoires sont à variation quadratique suivant $(\tau_n)$ . En fait, d'après le théorème de Lévy on a (16) sans passage aux sous-suites.

2) Pour l'argument ci-dessus, il faut seulement savoir que les sommes (15) convergent en probabilité vers un processus croissant $[X,X]$ dont les trajectoires sont de la forme (2) . La classe de ces processus à variation quadratique est, bien entendu, plus large que la classe des semimartingales: on n'a qu'à prendre un processus déterministe à variation quadratique qui n'est pas à variation bornée. Citons aussi les processus à énergie finie $X = M + A$ où $M$ est une martingale locale et où $A$ est un processus dont les trajectoires sont à variation quadratique 0 suivant les subdivisions dyadiques. Ces processus interviennent dans l'étude probabiliste des espaces de Dirichlet: voir Fukushima [3] .

3) Pour les semimartingales, on sait construire l'intégrale stochastique $\int H_{s-}dX_s$ ($H$ càdlàg adapté) trajectoire par trajectoire comme limite de sommes de Riemann, dans ce sens que les sommes convergent presque sûrement en dehors d'un ensemble exceptionnel qui dépend de $H$: voir Bichteler [1]. On vient de montrer que, pour les besoins particuliers du calcul d'Itô où $H = f \circ X$ ($f$ de classe $C^1$), on peut choisir l'ensemble exceptionnel à l'avance, indépendemment de $H$ . On peut aller au-delà de la classe $C^1$ , par un traitement « trajectoire par trajectoire » du temps local. Mais pas trop: Stricker [5] vient de préciser qu'une extension aux fonctions continues n'est possible que pour les processus à variation finie.

REFERENCES.

[1] BICHTELER, K.: Stochastic Integration and $L^p$ - theory of semimartingales. Technical report No. 5, U. of Texas (1979).

[2] DELLACHERIE, C., et MEYER, P.A.: Probabilités et Potentiel; Théorie des Martingales. Hermann (1980).

[3] FUKUSHIMA, M.: Dirichlet forms and Markov processes. North Holland (1980).

[4] MEYER, P.A.: Un cours sur les intégrales stochastiques. Sém.Prob.X, LN 511 (1976).

[5] STRICKER, C.: Quasimartingales et variations. Sém.Prob.XV (1980).

Université de Strasbourg

Séminaire de Probabilités 1980/81

# RETOUR SUR LA THEORIE DE LITTLEWOOD-PALEY

par P.A. Meyer

Le volume X du séminaire contient quatre exposés sur la théorie de Littlewood-Paley-Stein ( référence [2] ci-dessous ) ; malheureusement, le théorème principal de la partie analytique ( th. 3 de l'exposé IV)contient une faute ( signalée par M. Silverstein, qui semble avoir été le seul lecteur de ces exposés ), et la démonstration du th. 1' p. 177 est également fausse. La publication toute récente d'un article de Varopoulos ( J. Funct. Anal. 1980, référence [5] ) sur la théorie de Littlewood-Paley m'a fait revenir sur cette question. Il me semble en effet que les démonstrations probabilistes en théorie de Littlewood-Paley utilisent très peu de structure, et qu'en particulier, le théorème de multiplicateurs que l'on obtient finalement devrait s'étendre à tous les groupes commutatifs. J'ai surtout essayé de faire une meilleure pédagogie, en débarrassant les idées essentielles des inégalités parasites, et en renvoyant à [2] pour les détails techniques.

## I. LES HYPOTHESES PRINCIPALES

a) La donnée fondamentale du problème est un espace mesuré $\sigma$-fini $(E,\underline{\underline{E}},m)$, et un semi-groupe fortement continu $(T_t)$ d'opérateurs bornés sur $L^2(m)$, <u>sousmarkoviens</u>

$$f\in L^2\ ,\ 0\leqq f\leqq 1 \Rightarrow 0\leqq T_t f\leqq 1$$

et <u>symétriques</u>

$$< f,T_t g > = < T_t f,\ g > \quad \text{si } f,g \in L^2$$

Il est bien connu ( et facile à établir ) que l'on peut faire opérer les $T_t$ sur tous les $L^p$, $1\leqq p\leqq\infty$. Le but de la théorie est de prouver que certains opérateurs naturellement associés au semi-groupe opèrent, eux aussi, sur les $L^p$ ( mais cette fois avec $1<p<\infty$ ). L'exemple suivant est dû à Stein, et constitue la principale application de sa monographie [3]. Puisque $(T_t)$ est un semi-groupe borné symétrique, il admet dans $L^2$ une représentation

$$T_t = \int_{[0,\infty[} e^{-\lambda t} dE_\lambda$$

et l'on peut poser $T_m = \int_{]0,\infty[} m(\lambda)dE_\lambda$, pour $m(\lambda)$ bornée sur $\mathbb{R}_+$. Alors, si m est du type $m(\lambda)=\int_{]0,\infty[} \lambda e^{-\lambda t}M(t)dt$ avec $M(t)$ bornée, $T_m$ est borné sur tous les $L^p$. Varopoulos démontre, dans l'article cité plus haut, une version un peu moins générale de ce résultat - dans toute sa force, il échappe encore aux méthodes probabilistes directes[1].

1. La démonstration de Stein est à demi probabiliste seulement.

La première étape dans l'application de méthodes probabilistes consiste à supposer que $(T_t)$ s'obtient en faisant agir sur $L^2$ un semi-groupe de vrais noyaux $(P_t)$ sur $(E,\underline{\underline{E}})$, markovien, admettant une réalisation $(\Omega, \underline{\underline{F}}, (P_x)_{x\in E}, (\underline{\underline{F}}_t), (X_t))$ qui possède la propriété usuelle :

pour toute loi initiale $\mu$, pour toute fonction $f = U_p g$ ( $U_p$ est la résolvante ; $p>0$ ; $g$ est $\underline{\underline{E}}$-mesurable bornée ) la fonction $f\circ X_.(\omega)$ est continue à droite sur $[0,\infty[$, pour $P^\mu$-presque tout $\omega$.

Il est bien connu que la réalisation $(X_t)$ possède alors la propriété de Markov forte.

Cette régularité est anodine pour deux raisons : l'une, c'est que le semi-groupe $(T_t)$ sera toujours donné de cette manière en pratique. L'autre, c'est que le procédé de compactification de Ray permet toujours de s'y ramener ( nous verrons cela en appendice ). En fait, la seule hypothèse un peu gênante est le caractère markovien ($P_t 1=1$) du semi-groupe, car le procédé habituel pour rendre markovien un semi-groupe ne respecte pas la symétrie par rapport à m. Nous ferons cette hypothèse dans la suite, bien qu'elle soit peu satisfaisante ( Stein la fait aussi, d'ailleurs )[1].

c) Une troisième hypothèse, qui permet de beaucoup approfondir la théorie, est celle de l'existence d'un opérateur carré du champ. Du point de vue probabiliste, elle s'énonce ainsi :

Sur $(\Omega,\underline{\underline{F}},(\underline{\underline{F}}_t))$ muni d'une loi $P^\mu$, pour toute martingale de carré intégrable $(M_t)$, le processus croissant $\langle M,M\rangle_t$ est absolument continu par rapport à t .

On montre que cette hypothèse est équivalente à l'hypothèse analytique suivante : nous dirons que $f\in\mathcal{D}_\infty(A)$ et $Af=a$ si : f est universellement mesurable bornée, a universellement mesurable ( définie à un ensemble de potentiel nul près ) ; pour tout t

$$P_t f - f = \int_0^t P_s a\, ds \quad , \quad \text{avec} \quad \int_0^t P_s|a|ds < \infty$$

Alors l'hypothèse ci-dessus équivaut à

$\mathcal{D}_\infty$ est stable pour la multiplication

On peut donc définir l'opérateur carré du champ sur $\mathcal{D}_\infty(A)\times\mathcal{D}_\infty(A)$ par

$$2\Gamma(f,g) = A(fg) - fAg - gAf$$

et vérifier que si $f\in\mathcal{D}_\infty(A)$, $Af=a$ , $M_t=f(X_t)-f(X_0)-\int_0^t a(X_s)ds$ est une martingale de carré intégrable , avec $\langle M,M\rangle_t = 2\int_0^t \Gamma(f,f)\circ X_s ds$ . Pour tout cela, voir [2], p. 142 et p. 162.

1. Cette hypothèse entraîne que la mesure m est invariante par les $P_t$.

Avant d'aller plus loin, donnons quelques exemples :

1) On fabrique d'excellents semi-groupes symétriques en prenant un noyau markovien symétrique H, et en posant ( c est une constante positive )

$$P_t = e^{ct(H-I)} \qquad \text{de générateur } A=c(H-I)$$

( description probabiliste : une particule issue de x attend en x jusqu'à un temps exponentiel S de paramètre c, puis saute en y suivant la loi H(x,dy), attend en y un nouveau temps exponentiel de paramètre c, etc. ). Toutes les fonctions bornées appartiennent à $\mathcal{D}_\infty(A)$ et on a

$$\Gamma(f,g)(x) = c\int H(x,dy)(f(y)-f(x))(g(y)-g(x))$$

2) Prenons $E=\mathbb{R}^d$, et pour $(P_t)$ un semi-groupe de convolution symétrique. Alors $P_tf(x)=\int f(x+y)\pi_t(dy)$, où $\pi_t$ est une mesure symétrique par rapport à l'origine ; la transformée de Fourier $\hat{\pi}_t(u)$ est réelle, et de la forme

$$\hat{\pi}_t(u) = e^{-t\psi(u)du}$$

avec $\psi(u) = q(u)+\int(1-\cos(u.x))\nu(dx)$ : q est une forme quadratique positive, $\nu$ est une mesure positive[1] sur $\mathbb{R}^d\setminus\{0\}$, intégrant la fonction $|x|^2\wedge 1$. Les caractères $e_u(x)=e^{iu.x}$ appartiennent à $\mathcal{D}_\infty(A)$ ( complexe ), et l'on a $Ae_u=-\psi(u)e_u$. Posant $q(u)=\sum a^{ij}u_iu_j$, il est connu que

$$\Gamma(f,f)(x) = \sum a^{ij}D_if(x)D_jf(x) + \int_{\mathbb{R}^d} (f(y)-f(x))^2\nu(dx)$$

En particulier, dans le cas des processus stables symétriques d'ordre $\alpha$ $(0<\alpha\leq 2)$ on a $\psi(u)=|u|^\alpha$ ; alors $\Gamma(f,f)=\text{grad}^2 f$ pour $\alpha=2$, et pour $\alpha<2$

$$\Gamma(f,f)(x) = c\int (f(x+y)-f(x))^2/|y|^{d+\alpha}$$

d) Enfin, dans cette partie de préliminaires, rappelons la définition d'un autre semi-groupe associé à $(P_t)$ : les mesures $\mu_t$ sur $\mathbb{R}_+$

$$\mu_t(ds) = \frac{t}{\sqrt{\pi}}e^{-t^2/4s}s^{-3/2}ds \quad ( \text{noté } m_t(s)ds \text{ dans la suite} )$$

forment un semi-groupe de convolution ("stable unilatéral d'ordre 1/2")[2] sur $\mathbb{R}_+$, et les noyaux sur E

$$Q_t = \int P_s\mu_t(ds)$$

forment donc un nouveau semi-groupe sur E. Lorsque $(P_t)$ est le semi-groupe brownien, $(Q_t)$ est le semi-groupe de Poisson ( ou de Cauchy ). Lorsque $(P_t)$ est un semi-groupe de convolution sur $\mathbb{R}^d$ comme ci-dessus, on peut écrire

$$Q_tf(x) = \int f(x+y)\varkappa_t(y) \quad \text{avec} \quad \hat{\varkappa}_t(u)=e^{-t\sqrt{\psi(u)}}$$

Nous désignerons par B le générateur de $(Q_t)$.

1. La mesure $\nu$ est, elle aussi, symétrique par rapport à l'origine.
2. La formule $\int\mu_t(ds)e^{-ps} = e^{-t\sqrt{p}}$ est utile.

## II. LES FONCTIONS DE LITTLEWOOD-PALEY

a) Nous posons $\hat{E}=E\times\mathbb{R}_+$ , E étant identifié au "bord" $E\times\{0\}$. Si f est une fonction sur E, nous définissons son prolongement harmonique à $\hat{E}$ par la formule

(1) $$f(x,a) = Q_a(x,f) \text{ si } a>0 , \quad f(x,0) = f(x)$$

qui a toujours un sens si f est bornée ou positive. Dans toute la suite, f sera supposée bornée.

Il est facile de montrer que la fonction f(x,t) est indéfiniment dérivable en t, pour tout x fixé, sur $]0,+\infty[$ ; nous désignerons cette dérivée par $D_{\rightarrow}f(x,t)$ ( imaginer $E\times\mathbb{R}_+$ comme $E\vdash\!\!-\mathbb{R}_+$ , $\mathbb{R}_+$ étant horizontal ) et plus généralement, la dérivée n-ième par $D^n_{\rightarrow}f(x,t)$. Cette fonction est bornée sur $[a,\infty[$ par une quantité qui ne dépend que des bornes de f et de a ( strictement positif ). On a $D^n_{\rightarrow}f(x,s+t) = Q_s(x, D^n_{\rightarrow}f(.,t))$. D'autre part, pour tout t>0, la fonction $f_t=f(.,t)$ appartient à $\mathcal{D}_\infty(A)$ et à $\mathcal{D}_\infty(B)$, et l'on a

$$Bf_t = D_{\rightarrow}f(.,t) \quad , \quad Af_t = -D^2_{\rightarrow}f(.,t)$$

Si f appartient à $\mathcal{D}_\infty(B)$, et Bf=h , on a $D_{\rightarrow}f(.,t)=Q_th$ ; si f appartient à $\mathcal{D}_\infty(A)$ et Af=g bornée, il existe $h\in\mathcal{D}_\infty(B)$ telle que Bf=h, Bh=-g[(1)].

Tous ces faits analytiques s'établissent par le calcul , et sont absolument sans mystère [(2)]. La symétrie du semi-groupe n'y intervient pas.

b) La fonction f étant toujours bornée, définissons les fonctions de Littlewood-Paley . Il y en a toute une variété.

- Fonctions horizontales, ou radiales : elles font intervenir seulement les dérivées horizontales $D_{\rightarrow}f(x,t)$ de f. La principale est la fonction sur E

$$G^{\rightarrow}_f(x) =(\int_0^\infty t(D_{\rightarrow}f(x,t))^2dt \ )^{1/2}$$

mais il y en a deux autres qui apparaissent naturellement, de plus en plus grandes

$$K^{\rightarrow}_f(x) = (\int_0^\infty t(Q_t(x, |D_{\rightarrow}f_t|)^2dt \ )^{1/2}$$

$$H^{\rightarrow}_f(x) = (\int_0^\infty t \ Q_t(x,(D_{\rightarrow}f_t)^2)dt \ )^{1/2}$$

Il est clair que $H^{\rightarrow}_f \geqq K^{\rightarrow}_f$ ( Schwarz ), et $K^{\rightarrow}_f \geqq \frac{1}{2}G^{\rightarrow}_f$ ( car $Q_t(D_{\rightarrow}f_t)=D_{\rightarrow}f_{2t}$, donc $Q_t(|D_{\rightarrow}f_t|) \geqq |D_{\rightarrow}f_{2t}|$).

Dans le langage de Stein, $G^{\rightarrow}_f$ correspond à $g_1(f)$, $K^{\rightarrow}_f$ à $g^*_\lambda(f)$ pour une valeur convenable de λ, et $H^{\rightarrow}_f$ est liée à S(f), l'intégrale d'aire. Cela,

1. Nous n'énonçons cela que pour justifier l'idée intuitive que $B^2=-A$ .
2. Stein démontre aussi que la fonction $P_t(x,f)$ est $C^\infty$ en t ( en un sens un peu affaibli ), ce qui ne vient pas d'un calcul, mais de la symétrie du semi-groupe par rapport à m.

dans la situation classique où $(P_t)$ est le semi-groupe brownien. D'autre part, Stein considère d'autres fonctions dépendant d'un paramètre entier k, dont le prototype est $(\int_0^\infty t^{2k-1}(D_{\rightarrow}^k f(x,t))^2 dt\ )^{1/2}$. Nous ne nous en occuperons pas.

- <u>Fonctions complètes</u> : on suppose que $(P_t)$ admet un opérateur carré du champ, et on remplace partout $D_{\rightarrow}f(x,t)$, dans les expressions précédentes, par $(\ (D_{\rightarrow}f_t)^2 + \Gamma(f_t,f_t))^{1/2}$. La notation est la même, en supprimant seulement la flèche horizontale : $G_f$ , $K_f$, $H_f$ .

- <u>Cas vectoriel</u>. Ici, f désigne une suite finie $(f_n)$ de fonctions bornées. On pose $f(x,t) = (f_n(x,t))_n$ , et

$$|f(x,t)| = (\sum f_n(x,t)^2)^{1/2}\ ,\quad G_f^{\rightarrow} = (\ \sum (G_{f_n}^{\rightarrow})^2)^{1/2}\ ,\ \text{etc.}$$

et bien sûr $\|f\|_{L^p} = \|\,|f|\,\|_{L^p}$ , comme d'habitude.

c) L'énoncé du théorème de Littlewood-Paley-Stein est alors le suivant. On suppose toujours f bornée.

MINORATION. <u>On a pour tout</u> p, $1<p<\infty$ , $\|G_f^{\rightarrow}\|_p \leq c_p\|f\|_p$ . <u>Si</u> $(P_t)$ <u>admet un opérateur carré du champ</u>, <u>et si</u> $p\geq 2$ , <u>on a</u> $\|H_f\|_p \leq c_p\|f\|_p$ .

MAJORATION. <u>On a pour tout</u> p, $1<p<\infty$ , $\|f\|_p \leq c_p\|G_f^{\rightarrow}\|_p$ [(1)].

COMPLEMENT. Le résultat vaut dans le cas vectoriel, <u>avec des constantes indépendantes de la dimension</u>.

Nous verrons en fait que le résultat de minoration peut être amélioré en y remplaçant $G_f^{\rightarrow}$ par $H_f^{\rightarrow}$ , $K_f^{\rightarrow}$ , etc. <u>dans certains cas</u> ( et le résultat de majoration peut <u>toujours</u> être affaibli en y remplaçant $G_f^{\rightarrow}$ par les autres fonctions, qui sont plus grandes ). En conclusion, on a une panoplie assez riche de normes équivalentes à la norme $L^p$.

## III. SCHEMA DE LA DEMONSTRATION

a) On commence par établir une <u>égalité</u> dans $L^2$, qui repose essentiellement sur la symétrie du semi-groupe

(2) $$\|f\|_2 = 2\|G_f^{\rightarrow}\|_2 \quad (1)$$

La démonstration utilise la décomposition spectrale ; elle est très simple, et figure dans [2], p. 169. Elle vaut aussi pour le cas vectoriel.

On remarque alors que les résultats de majoration de $\|G_f^{\rightarrow}\|$ pour tout p, et l'égalité dans $L^2$, entraînent par dualité des résultats de minoration de $\|G_f^{\rightarrow}\|$ pour tout p. C'est très simple : voir [2], p. 136, l'« étape 4 » .

1. Pour l'égalité dans $L^2$, et les majorations en général, il y a une petite difficulté supplémentaire, analysée dans [2], p. 169 : il faut se borner aux fonctions $f\in L^2$ ou $L^p$ dont la partie invariante est nulle.

En définitive, il ne reste que les résultats dits plus haut " de majoration" . Il se trouve que ceux-ci s'interprètent très bien au moyen de la théorie des martingales. Nous allons les démontrer complètement.

b) Interprétations probabilistes.

Nous désignons par $(Y_t)$ un mouvement brownien ( de générateur $D^2$, non $\frac{1}{2}D^2$ ) sur $\mathbb{R}$ , et par $\tau$ l'instant où il rencontre 0 ; le processus arrêté $Y^\tau$ est une martingale. Nous formons le processus produit $(X_t,Y_t)$, qui est un processus de Markov sur $E\times\mathbb{R}$ : pour toute mesure initiale de la forme $\lambda\otimes\mu$, en particulier pour les mesures initiales ponctuelles, les deux composantes sont indépendantes. Nous posons enfin $\hat{X}_t=(X_{t\wedge\tau},Y_{t\wedge\tau})$ sur $E\times\mathbb{R}_+$

Les mesures initiales que nous considérerons seront de la forme $m_a=m\otimes\varepsilon_a$.

PREMIER RESULTAT. Pour toute mesure initiale, pour toute fonction f bornée sur E ( prolongement harmonique encore noté f ), le processus

$$M_t=f(\hat{X}_t) = f(X_{t\wedge\tau},Y_{t\wedge\tau})$$

est une martingale continue à droite. ( [2], p. 153 et p. 130 )

La démonstration de la continuité à droite est omise dans [2]. Elle résulte de théorèmes généraux sur les processus de Markov si l'on a un bon semi-groupe $(P_t)$. Sans cette hypothèse, on rencontre des problèmes techniques assez délicats ( Varopoulos [5] ). Voir la fin de cet exposé.

SECOND RESULTAT. Sous la mesure initiale $m_a$ , la loi de $X_\tau$ est m . Soit $j(x,t)$ une fonction positive sur $\hat{E}$. On a

$$(3) \qquad E^{m_a}[\int_0^\infty j(\hat{X}_s)ds \mid X_\tau ] = J(X_\tau) \text{ où } J(x) = \int_0^\infty t\wedge a\; Q_t(x,j_t)dt$$

C'est d'ici que vient le coefficient t dans l'expression des fonctions de Littlewood-Paley. ( [2], p. 131 )

TROISIEME RESULTAT. La projection de la martingale M sur la martingale $Y^\tau$ est égale à $\int_0^{t\wedge\tau} D_\rightarrow f(\hat{X}_s)dY_s$ . ( [2], p. 156 )

Il en résulte que $<M^c,M^c> \geqq 2\int_0 (D_\rightarrow f(\hat{X}_s))^2ds$ .

QUATRIEME RESULTAT. Si $(P_t)$ admet un opérateur carré du champ, on a

$$<M,M>_t = 2\int_0^{t\wedge\tau} g(\hat{X}_s)ds \text{ , avec } g(\cdot,t)=\Gamma(f_t,f_t)+(D_\rightarrow f_t)^2$$

( [2], p. 158 ) .

Tous ces résultats, sauf le dernier, ont été démontrés indépendamment par Varopoulos. Ils demandent un peu de technique, mais sont tous d'une nature très compréhensible. Nous passons maintenant à leur application aux inégalités de L-P, en insistant sur le cas vectoriel, qui a été escamoté dans [2].

c) Démonstration des inégalités

Le cas $p\geq 2$. Rappelons la démonstration de l'inégalité de Burkholder vectorielle : nous avons k martingales $(M_t^n)$ de carré intégrable, nous posons $|M_t| = (\sum M_t^{n2})^{1/2}$, $\langle\!\langle M,M\rangle\!\rangle_t = \sum \langle M^n,M^n\rangle_t$ ; nous avons pour tout n $E[\langle M^n,M^n\rangle_\infty - \langle M^n,M^n\rangle_T | \underline{F}_T] \leq E[M_\infty^{n2}|\underline{F}_T]$ ; sommant en n, on a la même chose entre $\langle\!\langle M,M\rangle\!\rangle$ et $|M_\infty^2|$. Appliquant la forme prévisible du lemme de Garsia-Neveu, on obtient l'inégalité désirée :

$$E[\langle\!\langle M,M\rangle\!\rangle^r] \leq c_r E[|M_\infty|^{2r}] \quad \text{pour } r>1 \ .$$

la constante $c_r$ étant indépendante du nombre k des martingales. Dans cette inégalité, $\langle\!\langle M,M\rangle\!\rangle$ contient $|M_0|^2$, mais nous négligerons ce terme, l'inégalité restant vraie a fortiori.

Supposons donc que les $M_t^n$ soient de la forme $f^n(\hat{X}_t)$, et donnons nous pour chaque t une fonction $j^n(x,t)$ positive, telle que $d\langle M^n,M^n\rangle_t$ majore $j^n(\hat{X}_t)dt$ . Nous posons $\sum j^n = j$ . Nous avons pour une mesure initiale - bornée d'abord, puis quelconque

$$E[\ |f(X_\tau)|^{2r}\ ] \geq E[\ \langle\!\langle M,M\rangle\!\rangle_\tau^r\ ] \geq E[\ (E[\langle\!\langle M,M\rangle\!\rangle_\tau|X_\tau])^r\ ]$$

Nous prenons maintenant $m_a$ comme mesure initiale ; la loi de $X_\tau$ étant m, le côté gauche vaut $|||f|||_{2r}^{2r}$ . Du côté droit on minore $E[\langle\!\langle M,M\rangle\!\rangle_\tau|X_\tau]$ par $E[\int_0^\tau j(\hat{X}_s)ds|\underline{F}_\tau]$ et on applique (3) : il reste simplement $\|J\|_r^r$ , avec

$$J(x) = \int t\wedge a\ Q_t(x,j_t)dt$$

Comme a est arbitraire, on le fait tendre vers l'infini, et maintenant on distingue deux cas .

Cas général : Le troisième résultat probabiliste nous permet de prendre toujours $j(x,t) = 2(D_{\rightarrow}f(x,t))^2$, et on obtient $|||f|||_{2r} \geq c_r\|H_f^{\rightarrow}\|_{2r}$ ( avec une constante indépendante du nombre k des fonctions $f_n$ ).

S'il y a un opérateur carré du champ, le quatrième résultat probabiliste nous permet de prendre $j(\cdot,t) = 2(\ (D_{\rightarrow}f_t)^2 + \Gamma(f_t,f_t))$ , et nous obtenons la même inégalité avec $H_f$ au lieu de $H_f^{\rightarrow}$ .

Dans beaucoup de cas importants ( semi-groupes de convolution ) on peut affirmer que $Q_t(\ \Gamma(f_t,f_t)) \geq \Gamma(f_{2t},f_{2t})$, et on a alors la même inégalité avec $G_f$ au lieu de $H_f$ .

Le cas où $1<p\leq 2$ .

Nous considérons la martingale vectorielle $(M_t^1,\dots M_t^k,\varepsilon)$ à valeurs dans $\mathbb{R}^{k+1}$, où ε est un nombre >0 , et nous appliquons la formule d'Ito à la fonction $F(u) = |u|^p$ sur $\mathbb{R}^{k+1}$ , qui est convexe, et de classe $C^2$ sur l'hyperplan $\{u_{k+1}=\varepsilon\}$ où la martingale prend ses valeurs. Les dérivées partielles de F sont

$$D_iF(u) = pu_i|u|^{p-2} \ , \quad D_{ij}F(u) = p|u|^{p-2}\delta_{ij} + p(p-2)u_iu_j|u|^{p-4}.$$

Remarquons que pour toute forme quadratique positive sur $\mathbb{R}^{k+1}$, $q(u)=\sum a^{ij}u_iu_j$ , on a $\sum u_iu_j|u|^{-2}a^{ij} \leq \sum a^{ii}$ ( comparaison entre la norme ordinaire et la norme trace ), donc d'après l'hypothèse $p\leq 2$

$$\sum a^{ij}D_{ij}F(u) \geq p(p-1)|u|^{p-2}\sum a^{ii}$$

Ecrivons alors la formule d'Ito :

$$F(M_t) = F(M_0) + \sum \int_0^t D_iF(M_{s-})dM_s^i + \tfrac{1}{2}\sum \int_0^t D_{ij}F(M_s)d\langle M^{ic},M^{jc}\rangle_s$$
$$+ \text{ termes de sauts}$$

Comme F est convexe, les termes de sauts sont positifs. Prenons l'espérance, appliquons la remarque ci-dessus, il vient avec les notations antérieures

$$E[(\varepsilon^2+|M_t|^2)^{p/2}] \geq \frac{p(p-1)}{2} E[\int_0^t (\varepsilon^2+|M_s|^2)^{p/2-1}d\langle M^c,M^c\rangle_s]$$

Nous faisons tendre ε vers 0, t vers l'infini ( ce qui nous laisse τ comme borne d'intégration, puisque M est arrêtée à l'instant τ ). Puis nous pouvons prendre $m_a$ comme mesure initiale. Le côté gauche devient alors $\|f\|_p^p$ , et il faut évaluer le côté droit, en suivant Stein. Soit j une fonction positive telle que $j(\hat{X}_t)dt \leq d\langle M^c,M^c\rangle_t$ ( remarquer à la fois la ressemblance et la différence avec la discussion précédente : M est remplacé par $M^c$ ). Nous avons du côté droit, après conditionnement par $X_\tau$

$$\int J(x)m(dx) \quad \text{où} \quad J(x) = c\int_0^\infty t\wedge a\ Q_t(x,|f_t|^{p-2}j_t)dt$$

Nous faisons tendre a vers l'infini et l'oublions, de même que la constante $c = p(p-1)/2$ . Posons $h=|f|^{p-2}j$ , et posons

$$k(x) = ( \int_0^\infty tQ_t^2(x,\sqrt{j}_t)dt )^{1/2}$$

Alors $\sqrt{j} = h^{1/2}f^{1-p/2}$, par Schwarz

$$Q_t^2(\sqrt{j}_t) \leq Q_t(h_t)Q_t(f_t^{2-p}) \leq Q_t(h_t)Q_t(f_t)^{2-p} \quad ( \text{car } 1\geq 2-p\geq 0 )$$
$$\leq Q_t(h_t)f^{*(2-p)} \quad \text{où} \quad f^* = \sup_t Q_t|f|$$

Ainsi $k \leq f^{*(1-p/2)}(\int_0^\infty tQ_t(h_t)dt)^{1/2} = f^{*(1-p/2)}J^{1/2}$

Elevons à la puissance p, appliquons Hölder avec les exposants 2/2-p et 2/p , il vient

$$\int k^p(x)m(dx) \leq \|f^*\|_p^{p(2-p)/2}\|J\|_1^{p/2}$$

On écrit enfin que $\|J\|_1 \leq c\|f\|_p^p$ ( calcul fait plus haut ) et que $\|f^*\|_p \leq c\|f\|_p$ ( lemme maximal fréquemment utilisé par Stein, et qui peut se déduire du lemme ergodique maximal classique ).

<u>Application</u> : D'après le troisième ingrédient probabiliste, p.6, nous pouvons toujours prendre $j(x,t) = 2(D_{\rightarrow}f(x,t))^2$ , et nous obtenons les inégalités $\|K_f^{\rightarrow}\|_p , \|G_f^{\rightarrow}\|_p \leq c_p\|f\|_p$ . Si $(P_t)$ admet un opérateur carré du

champ <u>et si toutes les martingales sont continues</u> nous pouvons prendre $j_t = (D_{\rightarrow}f_t)^2+\Gamma(f_t,f_t)$, et nous atteignons $K_f$ au lieu de $K_{\rightarrow}f$ . Enfin, si la fonction $j_t$ ainsi construite satisfait à $Q_t(\sqrt{j_t}) \geqq \sqrt{j_{2t}}$ ( cas classique : grad f(x,t) est une fonction harmonique vectorielle, donc $|\text{grad } f(x,2t)| \leqq Q_t(x,|\text{grad } f(.,t)|)$ ), on peut atteindre la fonction $G_f$ .

REMARQUE. Le fait le plus important de la théorie de L-P est l'équivalence de norme entre une fonction <u>radiale</u> telle que $G_f^{\rightarrow}$ et une fonction <u>complète</u> telle que $G_f$ ou $K_f$ . On constate que cette équivalence <u>n'a lieu en général que pour</u> $p\geq 2$ ; elle a lieu pour $p>1$ dans le cas où toutes les martingales sont continues.

Les inégalités que nous avons démontrées ici peuvent s'obtenir sans symétrie, au prix d'une petite complication supplémentaire, et on peut aussi démontrer sans symétrie certaines inégalités inverses, mais pour les fonctions <u>complètes</u> seulement. Le rôle de la symétrie est crucial pour établir que la partie radiale à elle seule suffit à majorer le tout .

Enfin, par rapport à [2], nous n'avons rien apporté de nouveau : nous avons plus soigneusement traité le cas vectoriel ( p. 173 ) et laissé de côté une foule de petites inégalités inutiles.

## IV . SEMI-GROUPES DE CONVOLUTION

a) Nous désignons par $\underline{\underline{C}}_u$ l'espace des fonctions bornées uniformément continues sur $\mathbb{R}^d$, par $\underline{\underline{C}}_u^2$ l'espace des fonctions qui appartiennent à $\underline{\underline{C}}_u$, ainsi que leurs dérivées des deux premiers ordres. On en fait des espaces de Banach de manière évidente. Rappelons quelques faits ( Courrège [1] )

- $\underline{\underline{C}}_u$ est stable par convolution avec une mesure bornée, $\underline{\underline{C}}_u^2$ également.
- Tout semi-groupe de convolution $(P_t)$ est fortement continu sur $\underline{\underline{C}}_u$ et $\underline{\underline{C}}_u^2$.
- Le domaine du générateur A de $(P_t)$ sur $\underline{\underline{C}}_u$ contient $\underline{\underline{C}}_u^2$ , et A applique continûment $\underline{\underline{C}}_u^2$ dans $\underline{\underline{C}}_u$ .

On notera que $\underline{\underline{C}}_u^2$ est une algèbre. Considérons l'opérateur carré du champ à l'origine, $\Gamma_\circ(f,f) = \frac{1}{2}A(f^2)_\circ - f(0)Af(0)$ ; c'est une forme quadratique positive ( peut être dégénérée ) sur $\underline{\underline{C}}_u^2$ , qui est continue pour la norme de $\underline{\underline{C}}_u^2$ . Considérant $\underline{\underline{C}}_u^2$ comme espace préhilbertien, et appliquant le procédé d'orthogonalisation usuel, nous pouvons trouver des éléments $h_n$ de $\underline{\underline{C}}_u^2$ tels que(1)

$$\Gamma_\circ(h_n,h_n)=1 \quad , \quad \text{pour } f\in\underline{\underline{C}}_u^2 \text{ , } \Gamma_\circ(f,f) = \sum_n \Gamma_\circ(f,h_n)^2$$

Posons $\lambda_n(f)= \Gamma_\circ(f,h_n)$ : c'est une forme linéaire continue sur $\underline{\underline{C}}_u^2$, donc une distribution tempérée. En fait, si nous utilisons $\underline{\underline{C}}_u^2$ , c'est parce que les

1. Nous travaillons dans le domaine réel, mais dans le domaine complexe on aurait $\Gamma_\circ(f,g) = \frac{1}{2}(A(f\bar{g})-fA\bar{g}-\bar{g}Af)_\circ = \Sigma_n\lambda_n(f)\lambda_n(\bar{g})$

caractères $e_u(x) = e^{iu.x}$ appartiennent à $\underline{\underline{C}}^2_u$ : si l'on désigne par $\hat{\lambda}_n$ la transformée de Fourier de $\lambda_n$, on a

$$2\Gamma_o(e_u,e_v) = \psi(u)+\psi(-v)-\psi(u-v) = 2\sum_n \hat{\lambda}_n(u)\overline{\hat{\lambda}_n(v)}$$

et en particulier, si u=v, $\mathrm{Re}(\psi(u)) = \sum_n |\hat{\lambda}_n(u)|^2$, ce qui montre que[1] $|\hat{\lambda}_n(u)| \leq c|u|$ à l'infini. L'exemple le plus connu est celui où $\psi(u)=|u|^2$, les $\hat{\lambda}_n$ étant les $iu_n$ ( $n=1,\ldots,d$), en nombre fini .

Désignant maintenant par la lettre $L_n$ l'<u>opérateur de convolution</u> par la distribution $\lambda_n$, cet opérateur applique $\underline{\underline{C}}^2_u$ dans $\underline{\underline{C}}_u$ ( car $\lambda_n$ est une forme linéaire continue sur $\underline{\underline{C}}^2_{u_d}$, et la translation $x\mapsto f(x+.)$, pour $f\in\underline{\underline{C}}^2_u$, est uniformément continue de $\mathbb{R}^d$ dans $\underline{\underline{C}}^2_u$ ). On a le même résultat pour $\underline{\underline{C}}^2_0$ au lieu de $\underline{\underline{C}}^2_u$ . On a alors, en tout point

$$\Gamma(f,f) = \sum_n (L_nf)^2$$

<u>Remarque</u>. Posons $f^n=L_nf$ , $f_t=Q_tf$ , $f^n_t = Q_tf^n$ ; nous avons pour $f\in\underline{\underline{C}}^2_u$

$$\Gamma(f_t,f_t) = \sum_n(L_nf_t)^2 = \sum_n (Q_tf_n)^2$$

et de même $D_{\rightarrow}f_t = Q_tBf$ , d'où sans peine $Q_s((\Gamma(f_t,f_t)+(D_{\rightarrow}f_t)^2)^{1/2})$ $\geq (\Gamma(f_{s+t},f_{s+t})+(D_{\rightarrow}f_{s+t})^2)^{1/2}$ ; nous avons rencontré ce genre d'inégalités dans la comparaison des diverses fonctions de L-P.

Plus généralement, considérons une distribution $\lambda$ satisfaisant à l'inégalité $\lambda(f)^2\leq \Gamma_o(f,f)$ pour $f\in\underline{\underline{C}}^{\infty}_c$ ; on vérifie sur la forme explicite de Lévy-Khintchine que $\underline{\underline{C}}^{\infty}_c$ est dense dans $\underline{\underline{C}}^2_u$ pour la norme préhilbertienne associée à $\Gamma$ ; donc $\lambda$ se prolonge en une forme linéaire continue sur $\underline{\underline{C}}^2_u$ et, si l'on pose $Lf(x) = <\lambda, f(x+.)>$, on définit un opérateur linéaire continu de $\underline{\underline{C}}^2_u$ dans $\underline{\underline{C}}_u$. Soit $\hat{\lambda}(u)=\lambda(e_u)$ ; on voit comme plus haut que $|\hat{\lambda}(u)|\leq c|u|$. D'autre part, si s est une fonction à décroissance rapide ( non nécessairement $C^{\infty}$ ) l'intégrale $f(x) = \int e^{ix\cdot u}s(u)\tilde{d}u$ ( le ~ indique une normalisation de la mesure de Lebesgue ) est une intégrale forte dans $\underline{\underline{C}}^2_u$ , et on a donc $Lf(0)=\lambda(f)= \int \hat{\lambda}(u)s(u)\tilde{d}u$, puis on voit enfin que sur les fonctions f, transformées de Fourier de fonctions à décroissance rapide ( fonctions qui appartiennent à $\underline{\underline{C}}^2_0$ ), L est donné par le multiplicateur de Fourier $\hat{\lambda}$. Nous désignerons par $\underline{\underline{H}}$ l'espace des fonctions sur $\mathbb{R}^d$, transformées de Fourier de fonctions à décroissance rapide : cet espace contient $\underline{\underline{S}}$ , et contrairement à $\underline{\underline{S}}$ il a l'avantage d'être stable par $Q_t$, A, B, L...
Toute fonction f de $\underline{\underline{H}}$ est bornée et appartient à $L^2$ , donc aussi à $L^p$ pour $p\geq 2$ ; il résulte sans peine du théorème ergodique usuel que $Q_tf$ a une limite

1. Les quelques considérations précédentes n'exigeaient pas la symétrie. Nous la remettons en vigueur maintenant.

p.p. lorsque $t\to\infty$, qui est aussi limite au sens de $L^2$ et de $L^p$, et qui est invariante par $P_t$ et $Q_t$ ( $P_t h=h$ p.p. pour tout t ) ; nous désignons par $\underline{\underline{H}}_0$ l'ensemble des $f\in\underline{\underline{H}}$ pour lesquels cette limite est <u>nulle</u> p.p..

b) Voici les résultats principaux de ce paragraphe. Nous considérons une distribution $\lambda$ comme ci-dessus, l'opérateur L correspondant.

Par rapport aux résultats de [2], on a corrigé l'erreur consistant à affirmer l'inégalité (5) pour $p<2$ ( erreur provenant du théorème 2', p. 179 : le " de même" ne repose sur rien ), et l'inégalité (6) s'en trouve affaiblie également. Néanmoins, le n° 6.12 de Stein [4] p. 162 suggère que cette dernière inégalité est vraie pour tout $p>1$.

THEOREME. i) <u>Soit</u> $f\in\underline{\underline{H}}$ . <u>On a alors, pour</u> $1<p<\infty$

$$\|Lf\|_p \leq c_p\|Bf\|_p \tag{4}$$

<u>et, pour</u> $2\leq p<\infty$

$$\|\sqrt{\Gamma(f,f)}\|_p \leq c_p\|Bf\|_p \tag{5}$$

ii) <u>L'inégalité inverse a lieu pour</u> $1<p\leq 2$

$$\|Bf\|_p \leq c'_p\|\sqrt{\Gamma(f,f)}\|_p \tag{6}$$

iii) <u>Si</u> $(P_t)$ <u>est une diffusion</u> ( toutes les martingales sont continues ) <u>ces inégalités s'étendent à l'intervalle</u> $]1,\infty[$ <u>entier</u> .

iv) <u>La fonction bornée</u> $\hat{\lambda}(u)/\sqrt{\psi(u)}$ <u>est un multiplicateur de</u> $\mathcal{F}L^p$ <u>pour</u> $1<p<\infty$ .

DEMONSTRATION. Les démonstrations de [2] sont à peu près satisfaisantes. On va cependant les reprendre, pour clarifier quelques détails .

i) Soit $f\in\underline{\underline{H}}_0$ ; posons $Lf=r$ , $Bf=u$ . Nous savons que $Q_t f\to 0$ dans $L^2$ lorsque $t\to\infty$ . D'après Plancherel , $\hat{f}e^{-t\sqrt{\psi}}$ tend vers 0 dans $L^2$. D'autre part, $Q_t r$ converge dans $L^2$ vers la "partie invariante" h de r, donc d'après Plancherel, $\hat{\lambda}\hat{f}e^{-t\sqrt{\psi}}$ converge dans $L^2$ vers $\hat{h}$. Utilisant une suite extraite qui converge vers 0 p.p. on voit que $\hat{h}=0$ p.p. - donc $r\in\underline{\underline{H}}_0$ , et de même $u\in\underline{\underline{H}}_0$.

Nous avons, en introduisant les prolongements harmoniques

$$D_{\rightarrow}r_t = BQ_tLf = LQ_tBf = Lu_t \quad \text{( immédiat par Fourier )}$$

donc, d'après l'inégalité imposée à L

$$(D_{\rightarrow}r_t)^2 \leq \Gamma(u_t,u_t)$$

et toute fonction de Littlewood-Paley <u>radiale</u> de r est majorée par la fonction de Littlewood-Paley correspondante <u>complète</u> de u . Utilisant les fonctions H , nous obtenons (4) pour $p\geq 2$

$$\|r\|_p \leq c_p\|H^{\rightarrow}_r\|_p \leq c_p\|H_u\|_p \leq c'_p\|u\|_p \qquad \text{( pour } f\in\underline{\underline{H}}_0 \text{ )}$$

Nous ne savons pas majorer les fonctions de L-P complètes lorsque $p<2$, sauf dans le cas où toutes les martingales sont continues : dans ce cas, en utilisant la fonction K au lieu de H, nous étendons directement (4) à l'intervalle ]1,2[ . Nous reviendrons sur (4) dans un instant.

Passons à (5) : les distributions $L_n$ introduites au début satisfont à $\sum (L_n f)^2 = \Gamma(f,f)$ . Posant maintenant $r=(r^n)_{1\leq n\leq k} = (L_n f)_{1\leq n\leq k}$ ( fonction à valeurs vectorielles ), le même raisonnement nous donne, dans les mêmes intervalles, que $\|r\|_p \leqq \|u\|_p$ ; d'où (5), lorsque $k\to\infty$.

Etendons maintenant ces résultats à $\underline{\underline{H}}$ : soit $f\in\underline{\underline{H}}$ , et soit h sa "partie invariante" , limite de $Q_t f$ dans $L^2$ lorsque $t\to\infty$ . On a d'après Plancherel $\hat{h} = \lim_t \hat{f}e^{-t\sqrt{\psi}}$ dans $L^2$, donc $|\hat{h}|\leq|\hat{f}|$, $\hat{h}$ est à décroissance rapide, et donc $h\in\underline{\underline{H}}$ ainsi que f-h. D'autre part, $\hat{h}=0$ p.p. dans l'ensemble où $\psi\neq 0$ , donc $\sqrt{\psi}\,\hat{h}=0$ et $Bh=0$ ( évident aussi d'après l'invariance ), mais aussi $\hat{\lambda}\hat{h}=0$ et $Lh=0$ . L'inégalité (4) ou (5) écrite pour f-h équivaut donc à la même inégalité pour f.

Prouvons maintenant (iv). Soit $f\in\underline{\underline{C}}_c^\infty$ , et soit $h=V_\mu f\in\underline{\underline{H}}$ , où $V_\mu$ est la résolvante de $(Q_t)$ ; nous avons $Bh = \mu V_\mu f - f$ , donc pour $p\geqq 2$

$$\|Lh\|_p \leqq c_p\|\mu V_\mu f-f\|_p \leqq 2c_p\|f\|_p$$

car $\mu V_\mu$ est une contraction dans tout $L^p$. Cela signifie que $\hat{\lambda}/\mu+\sqrt{\psi}$ est un multiplicateur de $\mathcal{F}L^p$, avec une norme uniformément bornée. Le résultat (iv) s'obtient alors en faisant tendre $\mu$ vers 0. Pour atteindre l'intervalle ]1,2[, on remarque que la distribution $\lambda'$ symétrique de $\lambda$ par rapport à l'origine, et dont la transformée de Fourier est $\bar{\hat{\lambda}}$ , possède les mêmes propriétés que $\lambda$, du fait de la symétrie des noyaux $P_t$ par rapport à l'origine. Donc $\hat{\lambda}/\sqrt{\psi}$ est un multiplicateur de $\mathcal{F}L^q$, où $q>2$ est l'exposant conjugué de p . Un argument classique de dualité entraîne alors que $\hat{\lambda}/\sqrt{\psi}$ est un multiplicateur de $\mathcal{F}L^p$. L'inégalité (4) pour $p<2$ en résulte.

Reste enfin (6) : soit $f\in\underline{\underline{H}}$ , et soit $j\in\underline{\underline{C}}_c^\infty$ ; posons $h=-V_\mu j$ , $g=Bh=j-\mu V_\mu j$ ; comme Bf appartient à $L^2\cap\underline{\underline{H}}$ , et $\mu V_\mu j$ tend lorsque $\mu\to 0$ vers la partie invariante i de j, on a

$$\lim_{\mu\to 0} < Bf,g > = < Bf,j > - < Bf,i > = < Bf,j >$$

car $i\in\underline{\underline{H}}$ ( voir ci-dessus ) et $<Bf,i>=<f,Bi>=0$. Il nous suffit donc de montrer que $|<Bf,g>| \leqq c_p\|\sqrt{\Gamma(f,f)}\|_p \|g\|_q$ et de passer à la limite, car $\|g\|_q \leqq 2\|j\|_q$ . Pour cela on écrit, comme dans [2], p. 180

$$< Bf,g > = < Bf,Bh > = \int\Gamma(f,h)m$$ ( toujours vrai pour deux fonctions de $L^2$ : [2], p.161, (46)).

on majore $|\Gamma(f,h)|$ par $\Gamma(f,f)^{1/2}\Gamma(h,h)^{1/2}$, et on applique Hölder . Finalement, on applique (5) pour avoir $\|\Gamma(h,h)^{1/2}\|_q \leqq c_q\|Bh\|_q$ .

Puisque l'inégalité (5) est valable seulement pour $p\geqq 2$, les conséquences que l'on en déduit dans [2] ( théorème de commutateurs, p.180, application aux contractions p. 182 ) ne sont établies que pour $p\geqq 2$ .

## V. UN THEOREME DE STEIN

Nous allons maintenant établir, en suivant littéralement Varopoulos, le théorème de multiplicateurs très intéressant que nous avons cité au début, et qui ne figurait pas dans [2]. Nous revenons à la décomposition spectrale

$$P_t = \int_{[0,\infty[} e^{-\lambda t} dE_\lambda$$

et nous considérons l'opérateur suivant, borné sur $L^2(m)$

$$T = \int_{[0,\infty[} h(\lambda) dE_\lambda \text{ , où } h(\lambda) \text{ est une fonction bornée sur } \mathbb{R}_+$$

<u>Supposons que</u> $h(\lambda)$ <u>soit de la forme</u> $\lambda\int_0^\infty e^{-2t\sqrt{\lambda}} t\, r(t)dt$, <u>où</u> $r(t)$ <u>est une fonction bornée</u>. Alors nous allons montrer que $T$ <u>est un opérateur borné sur les</u> $L^p$, $1<p<\infty$.

Avant de prouver cela, faisons quelques remarques

1) le cas le plus important est celui où $r(t)=t^{2i\alpha}$ , où $\alpha$ est réel. Un calcul très simple montre qu'alors $h(\lambda)=c\lambda^{i\alpha}$, et le théorème de Stein nous dit que l'opérateur $(-A)^{i\alpha}$ est borné dans les $L^p$.
2) Le coefficient 2 dans l'expression de $h(\lambda)$ n'est là que pour la commodité. En revanche, la présence du $\sqrt{\lambda}$ dans l'exponentielle est essentielle pour la démonstration. Cependant, Stein peut démontrer le même théorème avec $e^{-t\lambda}$ au lieu de $e^{-t\sqrt{\lambda}}$ , résultat qui échappe aux méthodes de Varopoulos et de cet exposé.
3) Nous pouvons nous borner à raisonner dans $L^p$, $p\geq 2$ : le cas $p\leq 2$ s'en déduit par un argument familier de dualité. Remarquer aussi que $h(0)=0$ : nous pouvons donc écrire tout simplement $\int_0^\infty$ au lieu de $\int_{[0,\infty[}$ dans l'expression de $T$.

Soit $f$ une fonction bornée appartenant à $L^2(m)$. Nous définissons un opérateur $J_a$ sur $L^2(m)$ par la relation suivante, où l'espérance conditionnelle est prise pour la loi $P^{m_a}$

$$J_a f(X_\tau) = E^{m_a}[\int_0^\tau r(s) D_\rightarrow f(\hat{X}_s) dY_s \mid X_\tau ]$$

Autrement dit : nous considérons la martingale $M_t^f=f(\hat{X}_t)$ ; sa projection $N_t$ sur $(Y_{t\wedge\tau})$ , qui vaut $\int_0^{t\wedge\tau} D_\rightarrow f(\hat{X}_s)dY_s$ ; l'intégrale stochastique $\int_0^t r(s)dN_s$ ; enfin, nous conditionnons par $X_\tau$ . Toutes ces opérations correspondent à des opérateurs bornés entre espaces $L^p$, et nous avons donc uniformément en a

$$(7) \qquad |\langle J_a f,g\rangle| \leq c_p \|f\|_p \|g\|_q$$

Nous allons calculer $\langle J_a f,g\rangle$ pour $g\in L^\infty \cap L^2$, et montrer que cela vaut

$$(8) \qquad \int dm \int_0^\infty t\wedge a\; r(t)\; D_\rightarrow f_t\; D_\rightarrow g_t dt = \int_0^\infty t\wedge a\; r(t)(\int \lambda e^{-2t\sqrt{\lambda}}\, d\langle E_\lambda f,g\rangle)dt$$

car $D_\rightarrow f_t = \int -\sqrt{\lambda}\, e^{-t\sqrt{\lambda}}\, dE_\lambda f$ . D'autre part

$$< Tf,g > = \int_0^\infty h(\lambda)d<E_\lambda f,g> = \iint \lambda e^{-2t\sqrt{\lambda}} tr(t)dtd<E_\lambda f,g>$$

qui est la limite de l'expression précédente lorsque $a\to\infty$. Reste donc à prouver (8). Or on a

$$
\begin{aligned}
<J_a f,g> &= E^{m_a}[\ g\circ X_\tau\ E[\int_0^\tau r(s)D_\to f(\hat{X}_s)dY_s|X_\tau]\ ] \\
&= E^{m_a}[\ M^g_\tau\ (r.N)_\tau] \\
&= E^{m_a}[\ <M^g,(r.N)>_\tau]\quad (\text{ remarquer que } N_0=0\ ) \\
&= E^{m_a}[\ \int_0^\tau D_\to g(\hat{X}_s)\ r(s)D_\to f(\hat{X}_s)ds\ ] \\
&= E^{m_a}[\ E[\ldots|X_\tau]] \\
&= \int dm \int s\wedge a\ r(s)D_\to g_s\ D_\to f(s)ds\ ]\quad (\text{ cf. } (3))
\end{aligned}
$$

et cela établit (8).

Pour finir, on voit que l'opérateur T est la limite de $J_a$ lorsque $a\to\infty$, et l'on s'explique la forme un peu bizarre de T. Quel opérateur obtiendrait on si dans l'expression de $J_a$ on remplaçait r(s) par $r(Y_s)$ ?

Dans le même ordre d'idées, consulter la très jolie note de Gundy et Varopoulos sur les transformations de Riesz : les transformations de Riesz et les intégrales stochastiques, CRAS Paris t. 289, Juillet 79, p. 13-16.

## VI. RETOUR SUR LE CAS GENERAL

Dans tous les calculs qui précèdent, nous avons utilisé en toute liberté les outils probabilistes, en supposant que nous sommes dans une "bonne" situation : est ce légitime ? dans quelle mesure est ce une restriction par rapport à la situation analytique générale ? Varopoulos a été le premier à étudier ce genre de problèmes. Nous allons les aborder ici, par une méthode différente de la sienne.

Tout d'abord, il est clair que l'on ne restreint pas la généralité en supposant que l'espace $L^2(E,\underline{\underline{E}},m)$ est <u>séparable</u> . On peut alors trouver une tribu séparable $\underline{\underline{E}}_0$ dont la complétion par rapport à m soit $\underline{\underline{E}}$. On peut aussi trouver une fonction $\varphi$ , m-p.p. strictement positive, telle que la mesure $\hat{m}=\varphi.m$ soit bornée, et l'on peut supposer $\varphi$ $\underline{\underline{E}}_0$-mesurable. Enfin, on peut supposer que $\underline{\underline{E}}_0$ sépare les points de E.

D'après le théorème I-11 de Dellacherie-Meyer , Probabilités et potentiels A , on peut alors supposer que E est une partie ( non nécessairement borélienne ) de l'intervalle [0,1], $\underline{\underline{E}}_0$ étant la trace sur E de la tribu borélienne de [0,1]. Soit m' l'image de $\hat{m}$ par l'injection de E dans [0,1] : c'est une excellente mesure sur [0,1], et l'on peut trouver un borélien E' de [0,1], contenant E et tel que $m'(E')=\hat{m}(E)$ : les espaces mesurés $(E,\underline{\underline{E}}_0,\hat{m})$ et $(E',\mathcal{B}(E'),m')$ sont isomorphes, et l'espace mesurable $(E',\mathcal{B}(E'))$ est un excellent espace lusinien. On ne perd donc aucune généralité en supposant

- après un changement de notation - que $(E,\underline{\underline{E}})$ est un espace mesurable lusinien.

Nous introduisons maintenant, pour $p>0$, les opérateurs de la résolvante

$$\tilde{U}_p = \int e^{-pt}T_t dt \quad (\text{ le } \sim \text{ sera expliqué plus loin })$$

D'après la théorie de la régularisation des " pseudo-noyaux " ( voir par exemple Dellacherie-Meyer, th. V-66, ou l'exposé de Getoor dans le séminaire IX ) il existe de vrais noyaux $U_p$ sur $(E,\underline{\underline{E}})$, tels que $pU_p$ soit sousmarkovien, et tels que $U_p$ représente $\tilde{U}_p$ : pour toute fonction $f\underline{\underline{\geq}}0$, $U_pf$ appartient à la classe $\tilde{U}_pf$ pour l'égalité m-p.p..

Soulignons que tout ce qui vient d'être fait est absolument dépourvu de difficultés, et tout à fait classique. Notre étape suivante va consister à jeter hors de E un ensemble borélien m-négligeable N, de sorte que sur $N^c$ les $U_p$ forment une vraie résolvante. avec $pU_p1=1$.

Nous établissons d'abord un petit lemme :

LEMME. Soit A un ensemble m-négligeable. Il existe un ensemble ( borélien ) $\bar{A}$ m-négligeable contenant A , possédant la propriété suivante : pour tout $x\notin\bar{A}$ et tout p rationnel on a $U_p(x,\bar{A})=0$ [ autrement dit, les noyaux $U_p$ pour $p\in\mathbb{Q}$ peuvent être restreints au complémentaire de $\bar{A}$ ]

Démonstration. Pour tout $p\in\mathbb{Q}$ nous choisissons une constante $c_p>0$, de telle sorte que $\sum_p c_p=1$, et nous posons $V=\sum pc_pU_p$ ; c'est un noyau sousmarkovien. Chacun des noyaux $pU_p$ préservant la mesure m, il en est de même de V ; donc si A est un ensemble négligeable, $V(I_A)$ est une fonction m-négligeable. On pose alors

$$A_0=A \ , \ A_1=A_0\cup\{x : V(x,A_0)\neq 0\},\ A_2=A_1\cup\{x : V(x,A_1)\neq 0\} \ \ldots$$

ces ensembles sont m-négligeables et grossissent, et il suffit de prendre $\bar{A}=\cup_n A_n$ .

Considérons maintenant une algèbre de Boole dénombrable $\mathcal{B}$ engendrant la tribu borélienne $\underline{\underline{E}}$, et désignons par $\underline{\underline{I}}$ l'ensemble des indicatrices $I_B$ , $B\in\mathcal{B}$ . Soit A l'ensemble m-négligeable, réunion des ensembles suivants, en infinité dénombrable :

$$A_p = \{ x : pU_p(x,1)\neq 1 \} \quad (\text{ p rationnel })$$

$$A_{p,q,f} = \{ x : (p-q)U_p(x,U_qf)\neq U_q(x,f)-U_p(x,f)\} \quad ( f\in\underline{\underline{I}},\ \text{p.q rationnels } )$$

et jetons hors de E l'ensemble négligeable $\bar{A}$ fourni par le lemme : sur l'ensemble restant nous avons une vraie résolvante pour p rationnel, et le prolongement aux valeurs réelles de p est immédiat. Nous pouvons aussi jeter l'ensemble où $\varphi=0$ , si nous le désirons.

Nous conservons la notation E pour l'espace d'états ainsi diminué .

Et maintenant, nous sommes dans les conditions d'application de la méthode de compactification de Ray : E se plonge dans un espace compact métrisable $\overline{E}$, sur lequel on sait construire d'excellents processus $(X_t)$ (en général, m n'est pas une mesure de Radon sur $\overline{E}$ : cela ne semble pas être gênant ). Les "points de branchement" ne nous gêneront pas, car ils forment un ensemble de potentiel nul pour la résolvante, donc aussi un ensemble m-négligeable, et nous pouvons utiliser sans inquiétude tous les outils probabilistes.

REFERENCES.

[1]. COURREGE (Ph.). Générateur infinitésimal d'un semi-groupe de convolution sur $\mathbb{R}^n$ et formule de Lévy-Khintchine. Bull. Sci. Math. 88, 1964, p. 3-30.

[2]. MEYER (P.A.). Démonstration probabiliste de certaines inégalités de Littlewood-Paley. Sém. Prob. X, 1976, p. 125-183 ( Springer L.N. 511 )

[3]. STEIN (E.). Topics in harmonic analysis related to the Littlewood-Paley theory. Ann. Math. Studies 63, Princeton 1970.

[4]. STEIN (E.). Singular integrals and differentiability properties of functions. Princeton University Press, 1970.

[5]. VAROPOULOS ( N.T.). Aspects of probabilistic Littlewood-Paley theory. J. Funct. Analysis, 38, 1980, p. 25-60.

IRMA , Université Louis Pasteur
7 rue René Descartes
67084 Strasbourg-Cedex

# PROPRIETES D'INVARIANCE DU DOMAINE DU GENERATEUR INFINITESIMAL ETENDU D'UN PROCESSUS DE MARKOV

par N.BOULEAU

Alors qu'on ne connaît pas pour les domaines des générateurs infinitésimaux au sens fort des semigroupes de Feller de propriétés algébriques remarquables, H.KUNITA [6] a montré l'intérêt à cet égard d'une définition du générateur en un sens plus faible, qui permet en outre d'appliquer les méthodes du calcul intégral stochastique. Une définition voisine, mais qui restitue à la mesure dt sur $\mathbb{R}_+$ le rôle particulier qui apparaît si l'on considère les résolvantes, et que nous adopterons dans le présent travail, a été introduite par P.A.MEYER dans son étude de l'opérateur carré du champ [9] où il montre que le domaine étendu ainsi défini est une algèbre si et seulement si le processus est de type Lebesgue(1) (c'est à dire s'il admet la fonctionnelle $K_t \equiv t$ comme fonctionnelle additive canonique) et qu'alors cette algèbre est stable par les fonctions de classe $C^2$. Cette étude a été reprise ensuite et certains de ses résultats améliorés par G.MOKOBODZKI [15] et D.FEYEL [5] par des méthodes de théorie du potentiel. Nous nous proposons de poursuivre ici l'étude initiée en [9] en montrant que les méthodes probabilistes et particulièrement la théorie des temps locaux des semimartingales sont susceptibles de donner des résultats sensiblement plus fins qui confirment, par les propriétés d'invariance obtenues, l'intérêt de cette notion de générateur étendu.

La première partie est consacrée à l'étude de la stabilité du domaine étendu par composition avec une application. Nous montrons que le processus est de type Lebesgue dès que son domaine étendu contient une algèbre dense (nouvelle démonstration d'un résultat de [15]) ou dès que son domaine étendu est stable par composition avec une fonction différence de fonctions convexes non affine. De plus, si parmi les fonctions qui opèrent sur le domaine étendu existe une fonction convexe dont la dérivée à gauche n'est pas absolument continue (en particulier si les fonctions de classe $C^1$ opèrent), le processus est (de type Lebesgue et) sans diffusion.

La deuxième partie concerne l'invariance du domaine étendu par changement absolument continu de probabilité, c'est à dire par les transformations par fonctionnelles multiplicatives martingales locales. Il résulte des travaux cités de KUNITA que le domaine étendu est invariant par de telles transfor-

---

(1) P.A.MEYER utilise dans [9] la dénomination "processus de Lévy".

mations si le processus est de type Lebesgue. L'introduction d'un certain type de fonctionnelles multiplicatives martingales locales qui ne font pas intervenir le système de Lévy du processus et pour lesquelles est possible la détermination explicite du domaine étendu du processus transformé, nous permet de montrer que réciproquement si le domaine étendu est invariant par de telles transformations, le processus est de type Lebesgue.

## PREMIERE PARTIE

### §1. LE GENERATEUR INFINITESIMAL ETENDU

On considère un semigroupe droit $(P_t)$ au sens de [12] d'espace d'état E, de résolvante $(U_p)_{p>0}$. On adopte les notations usuelles pour les tribus et le processus $(\Omega, \underline{\underline{F}}_t, X_t, P^\mu)$. $\underline{\underline{E}}^*$ est la tribu des sousensembles universellement mesurables de E, on pose $\underline{\underline{F}}_t^{o*} = \sigma\{f(X_s) : 0\leq s\leq t, f\in b\underline{\underline{E}}^*\}$; $\underline{\underline{F}}_t^\mu$ est la tribu engendrée par $\underline{\underline{F}}_t^{o*}$ et les ensembles $(\underline{\underline{F}}_\infty^{o*}, P^\mu)$-négligeables. On note $\underline{\underline{F}}_t^x$ pour $\underline{\underline{F}}_t^{\varepsilon_x}$.

I.1.<u>Définition</u>. <u>Le générateur infinitésimal étendu</u> (A, DA) <u>de</u> $(P_t)$ <u>est défini par</u> : $u\in DA$ <u>et</u> $Au=v$ <u>si et seulement si</u>

a) $u\in b\underline{\underline{E}}^*$,

b) v <u>est</u> $\underline{\underline{E}}^*$<u>-mesurable telle que</u> $U_p|v|$ <u>soit bornée pour un</u> $p>0$ (donc pour tout $p>0$),

c) <u>pour tout</u> $p>0$ $u=U_p(pu-v)$.

On montre facilement que si u et v vérifient les conditions a) et b), la condition c) est équivalente à chacune des conditions suivantes :

c') pour tout $x\in E$, $C_t^u = u(X_t) - u(X_0) - \int_0^t v(X_s)\,ds$ est une $(\underline{\underline{F}}_t^x, P^x)$-martingale de carré intégrable au sens large $(E^x[(C_t^u)^2]<\infty\ \ \forall t<\infty)$ localement bornée

c") $C_t^u$ est une $(\underline{\underline{F}}_t^x, P^x)$-martingale locale pour tout $x\in E$.

Il résulte aisément de la condition c') que la fonction v est déterminée de façon unique à un ensemble de potentiel nul près, ce qui fait de A une application de son domaine DA dans l'ensemble des classes de fonctions $\underline{\underline{E}}^*$-mesurables égales presque partout. On peut d'ailleurs d'après [13] définir cette application sur son domaine DA par la formule explicite

$$Au = \lim_{n\uparrow\infty} n(u-nU_n u)$$

et même (cf. [14], [1]) par

$$Au = \lim_{t\downarrow 0} \frac{1}{t}(P_t u - u)$$

limites qui existent presque partout et vérifient la condition b).

Exemples. Pour le processus de la translation uniforme (droite ou gauche) sur $\mathbb{R}$, DA est constitué des fonctions u bornées absolument continues dont la dérivée de Lebesgue v est telle que $\int_n^{n+1} |v(x)|\, dx$ soit borné pour $n \in \mathbb{Z}$.

Pour le mouvement brownien linéaire, DA est constitué des fonctions bornées primitives secondes de fonctions $v \in L^1_{loc}$ telles que $\int_n^{n+1} |v(x)|\, dx$ soit borné pour $n \in \mathbb{Z}$.

Notons que DA est un espace vectoriel qui contient les constantes et rappelons le résultat suivant de MEYER [9] qui justifie la dénomination de processus de type Lebesgue lorsque DA est une algèbre.

I.2.Théorème. DA est une algèbre si et seulement si, pour toute loi $\mu$ sur E, pour toute M $(\underline{\underline{F}}_t^{\mu}, \mathbb{P}^{\mu})$-martingale de carré intégrable, la mesure aléatoire $d\langle M,M\rangle_t$ sur $\mathbb{R}_+$ est absolument continue par rapport à la mesure de Lebesgue dt.

Remarques 1) La plupart des résultats de cette étude serait valable (avec des démonstrations légèrement plus simples) en prenant (comme en [4] §7a ) la définition suivante du générateur étendu

i) $u \in b\underline{\underline{E}}^*$

ii) v est $\underline{\underline{E}}^*$-mesurable telle que $\int_0^t |v|(X_s)\, ds < \infty$ $\mathbb{P}^x$p.s. $\forall x \in E$ $\forall t < \infty$

iii) condition c").

Mais il nous paraît plus intéressant d'obtenir ces résultats avec la définition (I.1) étant donnée la simplicité de l'expression du lien entre u et v au moyen de la résolvante par la condition c).

2) Les méthodes de cette étude consistant à appliquer aux processus de Markov des techniques de calcul intégral stochastique, il eût été possible d'utiliser les tribus optionnelle et prévisible au sens de SHARPE et les résultats de [17] [11] et [4] qui permettent de définir les projections, les projections duales et l'intégration stochastique pour toutes les mesures $\mathbb{P}^{\mu}$ à la fois. Cependant comme nous n'utilisons qu'en deux endroits ces résultats, afin de ne pas alourdir l'exposé par des définitions et des rappels, nous raisonnons le plus souvent sur $(\Omega, \underline{\underline{F}}_t^x, \mathbb{P}^x)$ pour chaque x.

## §2. PROCESSUS DE TYPE LEBESGUE

Fixons quelques notations. Nous raisonnons sur $(\Omega, \underline{\underline{F}}_t^x, \mathbb{P}^x)$ pour chaque $x \in E$. Si $u_1, \dots, u_d$ sont des éléments de $b\underline{\underline{E}}^*$, on note $\bar{u}$ l'application à valeurs $\mathbb{R}^d$ $\bar{u} = (u_1, \dots, u_d)$ et on écrira $\bar{u} \in DA$ pour dire $u_1, \dots, u_d \in DA$, on note dans ce cas $Y_t$ la semimaringale à valeurs $\mathbb{R}^d$

$$\bar{u}(X_t) = (u_1(X_0) + C_t^{u_1} + \int_0^t Au_1(X_s)ds\ , \dots,\ u_d(X_0) + C_t^{u_d} + \int_0^t Au_d(X_s)ds\ ).$$

Notons que Y prend ses valeurs dans un ensemble borné de $\mathbb{R}^d$.

Si G est une fonction de classe $C^2$ ou convexe de classe $C^1$ sur $\mathbb{R}^d$, nous écrirons la formule d'Ito sous la forme

(I.3) $G(Y_t) = G(Y_0) + \sum_{i=1}^d \int_{]0,t]} G_i'(Y_{s-})\, dY_s^i + K_t(G,Y)$

où K(G,Y) est un processus à variation finie (croissant si G est convexe) donné par $K(G,Y) = C(G,Y) + B(G,Y)$ avec

(I.4) $B_t(G,Y) = \sum_{0<s\leq t} G(Y_s) - G(Y_{s-}) - \sum_{i=1}^d G_i'(Y_{s-})\, \Delta Y_s^i$

et où C(G,Y) est un processus à variation finie continu, donné si G est de classe $C^2$ par

(I.5) $C_t(G,Y) = \frac{1}{2}\sum_{i,j} \int_0^t G_{ij}''(Y_s)\, d\langle Y^{ic}, Y^{jc}\rangle_s$.

I.6.<u>Lemme</u>. <u>Si</u> G <u>est convexe de classe</u> $C^1$ <u>sur</u> $\mathbb{R}^d$ <u>et si</u> $\bar{u}\in DA$, <u>pour que</u> $G\circ\bar{u}\in DA$, <u>(il faut et) il suffit que pour tout</u> $x\in E$ K(G,Y) <u>admette un compensateur absolument continu</u>.

<u>Démonstration</u>. La nécéssité résulte immédiatement de la formule (I.3) et de la définition (I.1) condition c').

Supposons réciproquement que pour tout $x\in E$ K(G,Y) admette un compensateur absolument continu. Ainsi défini par l'équation (I.3) le processus K(G,Y) dépend de x, mais d'après les faits suivants

– les $C^{u_i}$ sont des fonctionnelles additives martingales locales au sens de [11]

– les processus $G_i'(Y_-)$ sont homogènes sur $]\!]0,\infty[\![$ car les fonctions $u_i$ étant des différences de p-potentiels bornés on a $Y_- = \bar{u}(X_-)$,

il résulte de l'équation (I.3) et du théorème 6 de [11] qu'il existe une version de K(G,Y) optionnelle au sens de Sharpe qui est une fonctionnelle additive croissante, et dont la projection prévisible duale au sens de Sharpe que nous noterons $K^p(G,Y)$ est une fonctionnelle additive croissante qui est, pour tout $x\in E$, une version de la projection prévisible duale de K(G,Y) relativement à $(\underline{\underline{F}}_t^x, \mathbb{P}^x)$.

On a alors d'après le theorème des densités relatives de MOTOO

$$K_t^p(G,Y) = \int_0^t \varphi(X_s)\, ds \qquad \text{où } \varphi\in\underline{\underline{E}}_+^*.$$

Pour montrer que $G\circ\bar{u}\in DA$ il suffit donc d'après la définition (I.1) condition c") de montrer que $U_p\varphi$ est bornée pour un p>0. Or ceci est toujours réalisé en effet :

(I.7) $U_p\varphi(x) = \mathbb{E}^x[\int_0^\infty e^{-ps}\,(X_s)ds] = \int_0^\infty pe^{-pt}\,\mathbb{E}^x[\int_0^t\,(X_s)ds]dt$

et d'après l'équation (I.3)

$$\mathbb{E}^x[\int_0^t \varphi(X_s)ds] = \mathbb{E}^x[K_t(G,Y)] \leq$$

$$\leqslant 2\|G\circ\bar u\|_\infty+\sum_{i=1}^d \mathbb{E}^x|\int_{]0,t]} G_i'(Y_{s-})dC_s^{u_i}| +\sum_{i=1}^d \mathbb{E}^x|\int_0^t G_i'(Y_s)Au_i(X_s)ds|,$$

des majorations

$$\mathbb{E}^x|\int_{]0,t]} G_i'(Y_{s-})dC_s^{u_i}| \leqslant \|\ .\ \|_{H_1} \leqslant \|G_i'\circ\bar u\|_\infty \ \mathbb{E}^x\{[C^{u_i},C^{u_i}]_t^{1/2}\}$$

$$\mathbb{E}^x\{[C^{u_i},C^{u_i}]_t^{1/2}\} \leqslant 5\mathbb{E}^x[(C^{u_i})_t^*] \leqslant 10\|u_i\|_\infty + 5\mathbb{E}^x[\int_0^t |Au_i(X_s)|\,ds]$$

on déduit donc

(I.8) $\quad \mathbb{E}^x[\int_0^t \varphi(X_s)ds] \leqslant k_1+k_2\sum_{i=1}^d \mathbb{E}^x[\int_0^t |Au_i(X_s)|\,ds]$

où les constantes $k_1$ et $k_2$ ne dépendent que de G et de $\bar u$.

D'où d'après (I.7)

$$U_p\varphi \leqslant k_1+k_2\sum_{i=1}^d U_p\,|Au_i|$$

d'où le lemme puisque les $u_i$ sont dans DA.

(I.9) Remarque. Nous avons montré en [3] que la formule (I.3) s'étend au cas où G est une fonction convexe quelconque sur $\mathbb{R}^d$ si on remplace les $G_i'$ par les composantes d'une pseudo-dérivée de G. Il est facile de voir que le lemme I.6 s'étend alors aux fonctions convexes quelconques, la démonstration s'appliquant sans changement.

Si $A_1$ et $A_2$ sont deux processus croissants (càd adaptés nuls en zéro) nous dirons que $A_1$ est fortement majoré par $A_2$ et nous noterons $A_1 \prec A_2$ si $A_2-A_1$ est un processus croissant. Le lemme suivant est évident.

I.10. Lemme. Si deux processus croissants sont tels que $A_1 \prec A_2$ et si $A_2$ admet un compensateur prévisible absolument continu, il en est de même de $A_1$.

La proposition suivante (dont la démonstration n'utilise pas le noyau de Lévy et ne fait aucune hypothèse quant à la quasi-continuité à gauche des tribus $\underline{F}_t^\mu$) reprend le théorème 2 de [9] et les résultats de [15].

I.11. Proposition. Soit F une fonction réelle de classe $C^2(\mathbb{R})$ telle que $F''>0$, posons $H = \{u\in DA : F\circ u \in DA\}$, et $H' = \{u \in DA : \forall x \in E \ \ d^{P^x}\langle C^u,C^u\rangle_t \ll dt\}$. Alors

1) $H = H'$

2) H est la plus grande algèbre contenue dans DA et est stable par les fonctions de $\mathbb{R}^d$ dans $\mathbb{R}$ de classe $C^1$ à dérivées localement lipschitziennes;

3) fixons un $p>0$, si $u\in DA$ et si $pu-Au \in \bigcap_{x\in E} \overline{(pI-A)H}^{L^1(\varepsilon_x U_p)}$, alors $u\in H$ ;

4) si le noyau potentiel U est tel que $U1<\infty$, alors la propriété 3) est vraie pour p=0.

<u>Démonstration</u>. 1) a) Montrons que $H \subset H'$. Soit $u \in H$, on raisonne sur $(\Omega, \underline{\underline{F}}^x_t, P^x)$ pour chaque x. Dans la formule d'Ito (I.3) appliquée à la fonction F et à la semimartingale $Y=u(X)$, le processus $K(F,Y)$ est croissant. Le fait que $F \circ u \in DA$ entraîne alors que $K(F,Y)$ admet un compensateur prévisible absolument continu. Comme $F'' \geq k > 0$ sur $[-\|u\|_\infty, \|u\|_\infty]$, on a

$$2K(F,Y) \succ k(\langle Y^c,Y^c\rangle + \sum_{0<s\leq .} \Delta Y_s^2) = k[C^u,C^u]$$

d'où l'assertion par le lemme (I.10).

b) Si $u \in DA$ et $v \in DA$, on a $u+v \in DA$ et $C^{u+v}=C^u+C^v$. Il résulte alors de l'inégalité de Kunita-Watanabe trajectorielle que H' est un espace vectoriel. En effet

$$\langle C^{u+v},C^{u+v}\rangle = \langle C^u,C^u\rangle + 2\langle C^u,C^v\rangle + \langle C^v,C^v\rangle$$

et si R est un processus mesurable on a

$$\int_0^t |R_s|\, |d\langle C^u,C^v\rangle_s| \leq (\int_0^t R_s^2\, d\langle C^u,C^u\rangle_s)^{1/2} (\langle C^v,C^v\rangle_t)^{1/2}$$

d'où il résulte que $d\langle C^u,C^v\rangle_t \ll dt$.

c) Soit G une fonction de $\mathbb{R}^d$ dans $\mathbb{R}$ de classe $C^1$ à dérivées localement lipschitziennes, montrons que si $u_1,\dots,u_d \in H'$ et $\bar{u}=(u_1,\dots,u_d)$ alors $G \circ u \in DA$.

Sur toute boule de $\mathbb{R}^d$ G peut s'écrire comme différence de fonctions convexes à dérivées lipschitziennes, puisque l'application

$$(x_1,\dots,x_d) \longrightarrow G(x_1,\dots,x_d) + k(x_1^2+\dots+x_d^2)$$

est convexe sur la boule pour k suffisamment grand. On est donc ramené au cas où G est convexe.

Régularisons G par des fonctions $\alpha_n \in \mathcal{D}$ positives d'intégrale 1 dont les supports tendent uniformément vers l'origine, en posant $G_n = G * \alpha_n$.

Les fonctions $G_n$ sont convexes de classe $C^2$ et, sur une boule contenant l'image de la semimartingale $Y=\bar{u}\circ X$, leurs dérivées secondes sont uniformément majorées par une constante k constante de Lipschitz des dérivées $G'_i$ sur une boule suffisamment grande.

Appliquons la formule d'Ito (I.3) aux $G_n$ et à la semimartingale Y. Lorsque $n \uparrow \infty$, $G_n(Y_t)$, $G_n(Y_0)$, et les intégrales stochastiques $\int_{]0,t]} (G_n)'_i(Y_{s-})\, dY_s^i$ convergent en probabilité respectivement vers $G(Y_t)$, $G(Y_0)$, $\int_{]0,t]} G'_i(Y_{s-})dY_s^i$ et donc les processus croissants $K(G_n,Y)$ convergent également vers un processus qui, régularisé à droite est un processus croissant qui n'est autre que $K(G,Y)$, (c'est ainsi qu'on établit l'existence de $K(G,Y)$).

Or les processus $K(G_n,Y)$ sont fortement majorés, et donc $K(G,Y)$ également, par le processus croissant

$$\frac{k}{2}\sum_{i,j} (\langle Y^{ic},Y^{jc}\rangle + \sum_{0<s\leq .} \Delta Y_s^i \Delta Y_s^j) = \frac{k}{2}\sum_{i,j} [C^{u_i},C^{u_j}] = \frac{k}{2}[C^{u_1+\dots+u_d},C^{u_1+\dots+u_d}]$$

qui, puisque $u_1+\dots+u_d \in H'$ d'après le b), admet un compensateur prévisible absolument continu. Il résulte alors du lemme (I.6) que $G\circ\bar{u}\in DA$.

d) La démonstration du 1) et du 2) de la proposition est alors immédiate : Si nous appliquons le c) à la fonction $F\circ G$ qui est à dérivées localement lipschitziennes, nous voyons que $F\circ G\circ\bar{u}\in DA$ et donc $G\circ\bar{u}\in H$. Il en résulte que H est stable par les fonctions à dérivées localement lipschitziennes et est donc une algèbre. Il en résulte aussi que H=H' et H ne dépend donc pas de la fonction F donc $H=\{u\in DA : u^2\in DA\}$ et H est la plus grande algèbre contenue dans DA.

2) Soit u vérifiant les hypothèses du point 3) de la proposition, pour montrer que $u\in H$ il suffit d'après ce qui précède de montrer que pour tout $x\in E$,

$$d^{P^x}\langle C^u,C^u\rangle_t \ll dt.$$

Fixons $x\in E$ et $p>0$.

a) Posons $v=pu-Au$ de sorte que $u=U_pv$ et soient $u_n\in H$ telles que les fonctions $v_n=pu_n-Au_n$ tendent vers v dans $L^1(\varepsilon_xU_p)$. Pour tout $(\underline{\underline{F}}^x_t)$-temps d'arrêt T borné, mettons par $t_o$, on a $C_T^{u_n}\longrightarrow C_T^u$ dans $L^1(P^x)$.

En effet comme

$$C_T^{u_n} = U_pv_n\circ X_T - U_pv_n\circ X_0 + \int_0^T (v_n-pU_pv_n)\circ X_s\,ds$$

$$C_T^{u} = U_pv\circ X_T - U_pv\circ X_0 + \int_0^T (v-pU_pv)\circ X_s\,ds$$

cela résulte immédiatement des inégalités :

$$P^x[\,|U_pv_n-U_pv|\circ X_T] \leq e^{pt_o}\,U_p|v_n-v|(x)$$

$$P^x[\int_0^T (v_n-v)\circ X_s\,ds] \leq e^{pt_o}\,U_p|v_n-v|(x)$$

$$P^x[\int_0^T pU_p(v_n-v)\circ X_s\,ds] \leq p\int_0^{t_o} e^{ps}ds\;U_p|v_n-v|(x).$$

b) Les martingales $C^u$, $C^{u_n}$ sont de carré intégrable au sens large et à sauts bornés donc localement bornées. Notons $\mathcal{M}^{ac}$ le sousespace stable des martingales de carré intégrable M telles que $d\langle M,M\rangle_t\ll dt$. Soit T un $(\underline{\underline{F}}^x_t)$-temps d'arrêt borné, si $(C^u)^T = M'+M''$ est la décomposition de la martingale arrêtée $(C^u)^T$ sur le sousespace $\mathcal{M}^{ac}$ et son orthogonal, il résulte du lemme I.12 ci-dessous que M' et M'' sont à sauts bornés donc localement bornées. Il découle alors du a) par localisation que M'' et $(C^u)^T$ sont orthogonales et donc que $(C^u)^T\in\mathcal{M}^{ac}$ d'où le résultat.

c) Si $U1<\infty$ on voit facilement que pour tout $u\in DA$, si $Au=-v$ on a $U|v|<\infty$ et $u=Uv$, et le raisonnement ci-dessus s'applique pour p=0.

I.12. <u>Lemme</u>. <u>Soit</u> N <u>une martingale de carré intégrable et soit</u> $N=N_1+N_2$ <u>sa décomposition sur le sousespace stable</u> $\mathcal{M}^{ac}$ <u>et son orthogonal, alors</u> $N_1$ <u>et</u> $N_2$ <u>n'ont pas de sauts communs</u>.

<u>Démonstration</u>. Soit T un temps d'arrêt totalement inaccessible ou prévisible tel que $[\![T]\!] \subset \{(\omega,s) : \Delta N_{1s}(\omega) \neq 0\}$. On sait (cf. [10] chapitre II ) que la martingale

$$N_1' = \widehat{N_{1T}\, 1_{\{\cdot \geq T\}}}^{c}$$

est une martingale purement discontinue continue hors de $[\![T]\!]$ et donc telle que $[N_1',N_1'] = (\Delta N_{1T})^2\, 1_{\{\cdot \geq T\}}$. L'hypothèse $N_1 \in \mathcal{M}^{ac}$ entraîne donc $N_1' \in \mathcal{M}^{ac}$ (lemme I.10). L'appartenance à $\mathcal{M}^{ac}$ pour les martingales du type $N_1'$ s'exprime ainsi : Pour tout K prévisible positif,

$$\int_0^\infty K_s\, ds = 0 \text{ p.s.} \implies K_T 1_{\{T<\infty\}} = 0 \quad \text{p.s..}$$

Il en résulte que la martingale

$$N_2' = \widehat{N_{2T}\, 1_{\{\cdot \geq T\}}}^{c}$$

appartient également au sousespace $\mathcal{M}^{ac}$ donc est orthogonale à $N_2$, ce qui s'écrit $\mathbb{E}[(\Delta N_{2T})^2\, 1_{\{T<\infty\}}] = 0$. Donc $[\![T]\!] \cap \{(\omega,s) : \Delta N_{2s}(\omega)=0\}$ est evanescent.

On tire immédiatement de la proposition (I.11) les corollaires suivants :

I.13. <u>Corollaire</u>. <u>Si</u> X <u>est de type Lebesgue</u>, (<u>i.e. si</u> DA <u>est une algèbre</u>), DA <u>est stable par les fonctions de classe</u> $C^1(\mathbb{R}^d)$ <u>à dérivées localement lipschitziennes</u>.

I.14. <u>Corollaire</u>. <u>Si une fonction de classe</u> $C^2$ <u>sur</u> $\mathbb{R}$ <u>de dérivée seconde strictement positive opère sur</u> DA, X <u>est de type Lebesgue</u>.

I.15. <u>Corollaire</u>. <u>Soit</u> $p>0$, <u>si</u> DA <u>contient une algèbre</u> $H_0$ <u>telle que</u> $(pI-A)H_0$ <u>soit dense dans</u> $L^1(\varepsilon_x U_p)$ <u>pour tout</u> $x \in E$, <u>alors</u> X <u>est de type Lebesgue</u>. <u>Cette propriété est vraie pour</u> $p=0$ <u>si</u> $U1<\infty$.

Nous allons voir que le corollaire I.14 peut être sensiblement amélioré, pour cela fixons quelques notations relatives aux temps locaux.

Nous nous plaçons toujours sur $(\Omega, \underline{\underline{F}}_t^x, \mathbb{P}^x)$ pour $x \in E$ fixé.

Soit $u \in DA$ et Y la semimartingale $u \circ X$, soit $a \in \mathbb{R}$ et soit h la fonction sur $\mathbb{R}$

$$h = -1_{]-\infty,a]} + 1_{]a,+\infty[}.$$

On a alors

$$(I.16) \qquad |Y_t - a| = |Y_0 - a| + \int_{]0,t]} h(Y_{s-})\, dY_s + \mathcal{L}_t^u(a)$$

avec

$$\mathcal{L}_t^u(a) = L_t^u(a) + 2 \sum_{0<s\leq t} 1_{[Y_s \wedge Y_{s-}, Y_s \vee Y_{s-}[}(a)\, |Y_s - a|.$$

D'après [18] il existe une version $\mathcal{B}(\mathbb{R}_+) \times \mathcal{P}^x$-mesurable ($\mathcal{P}^x$ tribu prévisible de la famille $\underline{\underline{F}}_t^x$) de $L^u(a)$ telle que pour chaque a ce soit un processus croissant continu, nous utiliserons cette version dans la suite.

I.17. Remarque. Nous n'avons pas besoin ici de l'existence (qui ne résulte pas directement de [18] ni de [11]) d'une version $\mathcal{B}(\mathbb{R}_+)\times\mathcal{P}$-mesurable ($\mathcal{P}$ tribu prévisible au sens de Sharpe) qui soit une fonctionnelle additive et convienne pour toutes les mesures $\mathbb{P}^x$.

Un calcul analogue à celui utilisé dans la démonstration du lemme I.6 donne la majoration

(I.18) $\forall a\in\mathbb{R},\ \forall t\in\mathbb{R}_+,\ \mathbb{E}^x[\mathcal{L}^u_t(a)] \leqslant 3\|u\|_\infty + 2\mathbb{E}^x\int_0^t|Au(X_s)|ds.$

Notons aussi que

(I.19) si $a\notin[-\|u\|_\infty,\|u\|_\infty]$ on a $\mathcal{L}^u(a)=0$.

Si maintenant F est une fonction sur $\mathbb{R}$ différence de deux fonctions convexes de dérivée à gauche $F'_g$ et admettant pour dérivée seconde au sens des distributions la mesure de radon $\mu$, on a la formule d'Ito-Tanaka :

(I.20) $F(Y_t) = F(Y_0) + \int_{]0,t]}F'_g(Y_{s-})\,dY_s + K_t(\mu,Y)$

où

$$K_t(\mu,Y) = \tfrac{1}{2}\int_{\mathbb{R}}\mathcal{L}^u_t(a)\,d\mu(a).$$

D'après (I.18) et (I.19) le processus $K(\mu,Y)$ est à variation intégrable sur tout compact.

Il est clair que si $\mu$ est telle que $F\circ u\in DA$, on a aussi $G\circ u\in DA$ pour toute primitive seconde G de $\mu$ puisque G ne diffère de F que par une fonction affine. Considérons alors l'espace vectoriel $\mathcal{H}^u$ des mesures bornées $\mu$ sur $\mathbb{R}$ dont une primitive seconde F est telle que $F\circ u\in DA$. On a alors

(I.21) Lemme. Une mesure bornée $\mu$ appartient à $\mathcal{H}^u$ si et seulement si, pour tout $x\in E$, le processus $K(\mu,Y)$ admet un compensateur prévisible absolument continu.

Démonstration. Il résulte en effet de l'équation (I.20) et du théorème 6 de [11] qu'il existe une version de ce compensateur qui est une fonctionnelle additive et la démonstration est alors semblable à celle du Lemme I.6, l'inégalité (I.18) permettant de voir que la condition imposée par la définition (I.1,b) à la densité de Motoo de ce compensateur est toujours réalisée.

(I.22) Il est clair que si $\mu$ et $\nu$ sont deux mesures positives telles que $\mu\leqslant\nu$ alors si $\nu\in\mathcal{H}^u$ on a aussi $\mu\in\mathcal{H}^u$. Mais la propriété qui sera essentielle pour la suite est la suivante :

(I.23) Lemme. $\mathcal{H}^u$ est stable par mélange.

Cela signifie que si $\rho$ est une probabilité sur un espace mesurable $(I,\mathcal{I})$ et si $(\mu_i)_{i\in I}$ est une famille mesurable (i.e. telle que pour tout borélien $b\subset\mathbb{R}$ l'application $i\longrightarrow\mu_i(b)$ soit $\mathcal{I}$-mesurable) de mesures de $\mathcal{H}^u$ telle que $\sup_{i\in I}\|\mu_i\|<\infty$ alors la mesure bornée $\nu=\int\mu_i\,d\rho(i)$ est dans $\mathcal{H}^u$.

Démonstration. Les mesures $\beta_i$ sur $(\Omega\times\mathbb{R}_+, \underline{\underline{F}}^x\times\mathcal{B}(\mathbb{R}_+))$ associées aux processus $K(\mu_i,Y)$ sont bornées sur $\Omega\times[0,t]$ uniformément en i (inégalité I.18) et sont absolument continues par rapport à $\mathbb{P}^x\times dt$ sur la tribu prévisible $\mathcal{P}^x$. Il en résulte en intégrant par rapport à $\rho$ que la mesure $\beta=\int\beta_i d\rho(i)$ est absolument continue par rapport à $\mathbb{P}^x\times dt$ sur $\mathcal{P}^x$ et le théorème de Fubini montre que la mesure $\beta$ est la mesure associée au processus $K(\nu,Y)$.

Ceci nous permet d'établir le résultat suivant :

I.24. Théorème. S'il existe un entier $d\geq 1$ et une fonction sur $\mathbb{R}^d$ différence de deux fonctions convexes et non affine qui opère sur DA, alors X est de type Lebesgue.

Démonstration. a) Il est simple de voir que F n'étant pas affine, il existe une droite de $\mathbb{R}^d$ sur laquelle elle n'est pas affine. En restreignant F à cette droite on se ramène au cas d=1.

b) Pour montrer que X est de type Lebesgue, il suffit de montrer la propriété suivante :

(I.25) $\forall u\in DA,\ \exists G_u\in C^2(\mathbb{R})$ : $G''_u>0$ sur $[\inf u, \sup u]$ et $G_u\circ u\in DA$.

En effet le raisonnement de la partie 1)a) de la démonstration de la proposition I.11 montre qu'alors pour toute $u\in DA$ on a

$d^{\mathbb{P}^x}\langle C^u,C^u\rangle_t \ll dt$ d'où le résultat.

c) La mesure $\mu$ dérivée seconde de F étant non nulle, il existe une fonction $\alpha$ positive indéfiniment dérivable à support dans $[-1,+1]$ d'intégrale 1 telle que la fonction $\alpha*\mu$ soit non nulle ; et donc il existe un intervalle $[a,b]$ $a<b$, sur lequel la fonction $G=\alpha*F$ a une dérivée seconde qui ne s'annule pas et quitte à remplacer F par -F on peut supposer $G''>0$ sur $[a,b]$.

Sur $[a,b]$ la fonction $G''=\alpha*\mu$ coincide avec $\alpha*(1_{[a-1,b+1]}\cdot\mu)$ et la mesure $\alpha*(1_{[a-1,b+1]}\cdot\mu)(x)dx$ est une mélangée des translatées $\tau_x(1_{[a-1,b+1]}\cdot\mu)$ par la probabilité $\alpha(x)dx$.

Soit alors $u\in DA$ et construisons une fonction $G_u$ vérifiant (I.25). Il existe des réels $\theta,\eta$, $\theta>0$, tels que

$$[\inf(\theta u+\eta), \sup(\theta u+\eta)]\subset[a,b],$$

le fait que F opère entraîne alors que pour tout $x\in[-1,+1]$

$$\tau_x(1_{[a-1,b+1]}\cdot\mu)\in\mathcal{H}^{\theta u+\eta}$$

et il résulte donc du lemme I.23 que

$$\alpha*(1_{[a-1,b+1]}\cdot\mu)(x)dx\in\mathcal{H}^{\theta u+\eta}$$

et finalement que $G(\theta u+\eta)\in DA$, on peut donc prendre $G_u(x)=G(\theta x+\eta)$.

On peut exprimer ce résultat de la façon suivante : Si X n'est pas de type Lebesgue, les seules fonctions différences de fonctions convexes qui opèrent sur DA sont les fonctions affines.

## §3. PROCESSUS SANS DIFFUSION

Nous dirons qu'un processus droit est <u>sans diffusion</u>[(1)] si pour toute $u \in DA$ la partie martingale continue $Y^c$ de la semimartingale $Y = u \circ X$ est nulle (pour $\mathbb{P}^x$ pour tout $x \in E$).

Ceci n'entraîne pas que X soit de type Lebesgue, si cependant c'est le cas, d'après le théorème I.2 la fonctionnelle additive $\Upsilon_t \equiv t$ est canonique et par conséquent pour toute loi $\mu$ sur E la famille $\underline{\underline{F}}_t^\mu$ est quasi-continue à gauche. (En effet, si M est une $(\underline{\underline{F}}_t^\mu)$-martingale de carré intégrable, le fait que $\langle M,M\rangle$ soit continu entraîne que pour tout temps $(\underline{\underline{F}}_t^\mu)$-prévisible T borné on a

$$\mathbb{E}(M_T^2 | \underline{\underline{F}}_{T-}^\mu) = M_{T-}^2 = [\mathbb{E}(M_T | \underline{\underline{F}}_{T-}^\mu)]^2$$

ce qui ne peut avoir lieu que si $M_T$ est $\underline{\underline{F}}_{T-}^\mu$-mesurable et donc si $M_T = M_{T-}$ en appliquant ceci à $M = \mathbb{E}(1_A | \underline{\underline{F}}_t^\mu)$ où $A \in \underline{\underline{F}}_T^\mu$ on a $\underline{\underline{F}}_T^\mu = \underline{\underline{F}}_{T-}^\mu$.)
D'après [12] théorème 13 si l'on prend alors sur E la topologie d'un compactifié de Ray, X devient un processus de Hunt (en particulier pourvu de limites à gauches $X_{s-}$ dans E). Il existe alors (cf. [2]) un noyau N(x,dx) sur $(E, \underline{\underline{E}}^*)$ (le noyau de Lévy de X associé à la fonctionnelle $\Upsilon_t \equiv t$) tel que

- $N(x,\{x\}) = 0 \quad \forall x \in E$
- pour tout $x \in E$, pour toute f $\underline{\underline{E}} \times \underline{\underline{E}}$-mesurable positive sur $E \times E$ nulle sur la diagonale, la projection prévisible de la mesure aléatoire
$$\sum_s f(X_{s-}, X_s)\, \varepsilon_s$$
soit la mesure aléatoire
$$N(X_s, dy) f(X_s, y)\, ds.$$

On a alors le résultat suivant qui justifie le terme "sans diffusion".

I.26.<u>Lemme</u>. <u>Soit</u> X <u>de type Lebesgue et sans diffusion, soient</u> $u_1, \ldots, u_d \in DA$ <u>et</u> $\bar{u} = (u_1, \ldots, u_d)$, <u>pour toute fonction</u> G <u>de classe</u> $C^1(\mathbb{R}^d)$ <u>à dérivées localement lipschitziennes,</u>

a) <u>la fonction</u> $y \to g(x,y) = G\circ\bar{u}(y) - G\circ\bar{u}(x) - \sum_{i=1}^d G_i' \circ\bar{u}(x)(u_i(y) - u_i(x))$ est N(x,dy)-intégrable pour presque tout $x \in E$,

b) <u>on a</u>
$$A(G\circ\bar{u})(x) = \sum_{i=1}^d G_i'\circ\bar{u}(x) A u_i(x) + \int N(x,dy) g(x,y).$$

<u>Démonstration</u>. Ce résultat est presque contenu dans la partie 1)c) de la démonstration de la proposition I.11. On se ramène au cas où G est convexe X étant sans diffusion le processus croissant K(G,Y) (formule I.3) s'écrit par convergence dominée

$$K(G,Y) = \sum_{0<s\leq .} g(X_{s-}, X_s)$$

(1) P.A.MEYER a employé en [8]p.136 le terme "purement discontinu"

où on a utilisé le fait que les fonctions $u_i$ étant des différences de p-potentiels bornés, vérifient $(u_i \circ X)_- = u_i \circ X_-$.

La fonction g n'est pas borélienne en général, mais cela ne pose pas de difficulté car les fonctions $u_i$ sont presque boréliennes et on peut appliquer la définition du noyau de Lévy qui dit précisément que la densité de Motoo de la projection prévisible duale de K(G,Y) est la fonction

$$\varphi(x) = \int N(x,dy)g(x,y)$$

fonction qui vérifie $U_p\varphi$ bornée d'après le lemme I.6.

Le principal résultat de ce paragraphe est le suivant :

I.27. <u>Théorème</u>. <u>Si une fonction convexe sur $\mathbb{R}$ dont la dérivée à gauche n'est pas absolument continue opère sur</u> DA, <u>alors</u> X <u>est de type Lebesgue et sans diffusion</u>.

Nous aurons besoin d'un lemme

I.28. <u>Lemme</u>. <u>Soit $\mu$ une mesure positive bornée sur $\mathbb{R}$ étrangère à la mesure de Lebesgue, et soient $\mu_h = \tau_h\mu$ ses translatées par</u> $h \in \mathbb{R}$. <u>L'ensemble des réels</u> h <u>tels que $\mu_h$ ne soit pas étrangère à $\mu$ est Lebesgue-négligeable</u>.

<u>Preuve</u>. Il existe un borélien S Lebesgue-négligeable tel que $\mu(S)=\|\mu\|$. D'après le thèorème de Fubini l'intégrale double

$$\int d\mu(x) \int 1_S(x+y)\, dy = \int dy \int 1_S(x+y)\, d\mu(x)$$

est nulle. La fonction $h \longrightarrow 1_S(x+h)d\mu(x) = \mu_h(S)$ est donc nulle Lebesgue-presque partout. c.q.f.d.

<u>Démonstration du théorème</u>. Il existe une fonction convexe non affine qui opère, donc nous savons déja que X est de type Lebesgue.

D'après la propriété (I.22) des espaces $\mathcal{H}^u$, il existe une mesure $\mu$ bornée positive non nulle sur $\mathbb{R}$, étrangère à la mesure de Lebesgue dont les primitives secondes opèrent, les translatées $\mu_h$ de $\mu$ ont donc leurs primitives secondes qui opèrent également.

Soit $u \in DA$ et $L^u(a)$ le temps local en a de la semimartingale $Y=u \circ X$. Pour tout réel h la mesure aléatoire $\nu_h(\omega,dt)$ associée au processus croissant $\int_{a\in\mathbb{R}} L^u_t(a)\, \mu_h(da)$ est, pour presque tout $\omega$, absolument continue par rapport à la mesure de Lebesgue et donc sur $(\mathbb{R}_+\times\Omega, \mathcal{B}(\mathbb{R}_+)\times\underline{\underline{F}}^x)$ les mesures $\nu_h \times \mathbb{P}^x$ sont absolument continues par rapport à $dt\times\mathbb{P}^x$. Ces mesures sont uniformément bornées sur $[0,t]\times\Omega$ (inégalité I.18). Il existe donc un ensemble dénombrable $J \subset \mathbb{R}$ tel qu'elles soient toutes absolument continues par rapport à la mesure $\sum_{i\in J} \alpha_j\, \nu_j \times \mathbb{P}^x$ où les $\alpha_j$ sont des réels positifs tels que $\sum_{j\in J} \alpha_j = 1$.

Par ailleurs d'après le lemme pour j fixé dans J, l'ensemble $H_j$ des réels h tels que $\mu_h$ ne soit pas étrangère à $\mu_j$ est Lebesgue-négligeable.

Or si $\mu_h$ et $\mu_j$ sont étrangères, les mesures $\nu_h \times \mathbb{P}^x$ et $\nu_j \times \mathbb{P}^x$ sont étrangères également (et même étrangères sur la tribu prévisible).

En effet soit $S_h$ et $S_j$ deux boréliens disjoints tels que

$$\mu_j(S_j) = \|\mu_j\|, \quad \mu_h(S_h) = \|\mu_h\|,$$

le temps local $L^u(a)$ étant porté par l'ensemble $\{(t,\omega) : Y_{t-}(\omega) = a\}$ (cf. [10] chapitre VI) les mesures $\nu_h \times \mathbb{P}^x$ et $\nu_j \times \mathbb{P}^x$ sont respectivement portées par $\{(t,\omega) ; Y_{t-}(\omega) \in S_h\}$ et $\{(t,\omega) : Y_{t-}(\omega) \in S_j\}$ qui sont disjoints (et prévisibles).

Il en résulte que si h n'est pas dans l'ensemble $\bigcup_{j\in J} H_j$ la mesure $\nu_h \times \mathbb{P}^x$ est à la fois étrangère et absolument continue par rapport à la mesure $\sum_{j\in J} \alpha_j \nu_j \times \mathbb{P}^x$ et donc nulle.

L'ensemble $\bigcup_{j\in J} H_j$ étant négligeable-Lebesgue, nous avons

$$\int_{h\in\mathbb{R}} (\nu_h \times \mathbb{P}^x)\, dh = 0$$

c'est à dire pour tout $t \in \mathbb{R}_+$

$$\mathbb{E}^x \int_{h\in\mathbb{R}} dh \int_{a\in\mathbb{R}} L_t^u(a)\, \mu_h(da) = 0.$$

La mesure sur $\mathbb{R}$ $\int \mu_h\, dh$ n'est autre que la mesure $\|\mu\| da$ et donc le processus $\int_{a\in\mathbb{R}} L_t^u(a)\, da$ est evanescent. Comme d'après [10] pour presque tout $\omega$ la mesure $L_t^u(a) da$ est l'image par l'application $s \to Y_s(\omega)$ de la mesure $d\langle Y^c, Y^c\rangle_s(\omega)$ sur $[0,t]$, on en déduit $\langle Y^c, Y^c\rangle = 0$ d'où $Y^c = 0$ c.q.f.d.

<u>Remarque</u>. Joint à (I.13) ce résultat peut s'énoncer ainsi : Si X est de type Lebesgue et n'est pas sans diffusion, les fonctions différences de fonctions convexes qui opèrent sur DA forment une classe intermédiaire entre

1) les fonctions différences de convexes G telles que la mesure $|G''|$ soit absolument continue par rapport à la mesure de Lebesgue

2) les fonctions différences de convexes G telles que $|G''|$ ait une densité localement bornée par rapport à la mesure de Lebesgue.

Notons que le raisonnement précédent donne aussi bien le résultat suivanr

I.29. <u>Proposition</u>. <u>Sous les conditions habituelles, soit</u> Y <u>une semimartingale réelle et</u> G <u>une fonction convexe sur</u> $\mathbb{R}$ <u>de classe</u> $C^1$, <u>notons</u> $C_t(G)$ <u>le processus croissant continu tel que</u>

$$G(Y_t) = G(Y_0) + \int_{]0,t]} G'(Y_{s-})\,dY_s + C_t(G) + \sum_{0<s\leq t} G(Y_s) - G(Y_{s-}) - G'(Y_{s-})\Delta Y_s.$$

<u>Si, lorsque</u> G <u>décrit les fonctions convexes de classe</u> $C^1$, <u>les mesures</u> $\mathbb{P}\times dC_t(G)$ <u>sur</u> $\Omega\times\mathbb{R}_+$ <u>muni de la tribu prévisible</u> $\mathcal{P}$ <u>restent absolument continues par rapport à une même probabilité sur</u> $(\Omega\times\mathbb{R}_+, \mathcal{P})$, <u>alors</u> Y <u>est sans partie martingale continue</u>.

## §4. PROCESSUS DU TYPE A VARIATION FINIE

Nous dirons que X est du type à variation finie si pour toute $u \in DA$ la semimartingale $Y=u\circ X$ est un processus à variation finie (pour $P^x$ $\forall x \in E$). Il est aisé de voir qu'il faut et il suffit pour cela que X soit sans diffusion et que pour toute $u \in DA$ le processus $\sum_{0<s\leq\cdot} |\Delta(u\circ X)_s|$ soit à valeurs finies $P^x$p.s. $\forall x \in E$.

I.30. __Théorème__. __Si__ X __est du type à variation finie et du type Lebesgue, alors toutes les fonctions convexes sur__ $\mathbb{R}^d$ __opèrent__.

__Démonstration__. Soit F convexe de classe $C^1$ sur $\mathbb{R}^d$, la formule de changement de variable dans l'intégrale de Stieltjes donne en posant $Y=\bar{u}\circ X$

(I.31) $$F(Y_t)=F(Y_0)+\sum_{i=1}^d\int_{]0,t]} F_i'(Y_{s-})dY_s^i + \sum_{0<s\leq t} F(Y_s)-F(Y_{s-})-\sum_{i=1}^d F_i'(Y_{s-})\, Y_s^i$$

Le terme de sauts est un processus croissant fortement majoré par le processus

$$(2\sum_{i=1}^d \|F_i'\circ\bar{u}\|_\infty) \sum_{0<s\leq t} |\Delta Y_s|$$

localement intégrable puisqu'à sauts bornés. Or le processus $B_t=\sum_{0<s\leq t}|\Delta Y_s|$ a les mêmes instants de sauts que le processus $\sum_{0<s\leq t}(\Delta Y_s)^2$ qui admet un compensateur prévisible absolument continu car X est de type Lebesgue (la fonction $x \to x^2$ opère) et il en résulte aisément que $B_t$ admet un compensateur prévisible absolument continu (preuve du lemme I.12) d'où le résultat par le lemme I.6.

Le cas général où F est convexe quelconque se traite de la même façon, la formule (I.31) étant encore valable en remplaçant les $F_i'$ par les composantes d'une pseudo-dérivée de F (voir [3] et la remarque I.9).

Considérons inversement, un processus droit X tel que la fonction valeur absolue opère sur DA, ou plus généralement tel qu'une fonction convexe sur $\mathbb{R}$ non de classe $C^1$ opère, alors d'après les raisonnemnts précédents (remarque I.22 et lemme I.23) toutes les fonctions convexes sur $\mathbb{R}$ opèrent. Dans ce cas X est de type Lebesgue et sans diffusion et DA est une algèbre réticulée. Nous ne pensons pas que cela suffise à entraîner que X soit du type à variation finie, mais nous n'avons pas de résultat dirimant dans cette direction.

En admettant le résultat de mesurabilité évoqué à la remarque I.17, on peut toutefois établir le résultat suivant (à comparer avec I.26)

I.32. __Proposition__. __Soit__ X __tel que toutes les fonctions convexes sur__ $\mathbb{R}$ __opèrent, alors pour toute__ $u \in DA$ __et pour toute fonction__ G __convexe sur__ $\mathbb{R}$ __on a__

$$A(G\circ u)(x) = G_g'\circ u(x)Au(x) + \int N(x,dy)[G\circ u(y)-G\circ u(x)-G_g'\circ u(x)(u(y)-u(x))] + \tfrac{1}{2}G''[\{u(x)\}]\, \varphi_u(x)$$

<u>où</u> $G'_g$ <u>désigne la dérivée à gauche de</u> G, $G''[\{u(x)\}]$ <u>la masse de la mesure de Radon</u> G'' <u>au point</u> u(x), <u>et</u> $\varphi_u$ <u>une fonction positive dont la dépendance en</u> u <u>peut être précisée de la façon suivante</u> :

<u>Si</u> F <u>est une fonction croissante sur</u> $\mathbb{R}$ <u>différence de fonctions convexes on peut prendre pour</u> $\varphi_{F\circ u}(x)$ <u>la fonction</u> $F'_d\circ u(x)\varphi_u(x)$, <u>où</u> $F'_d$ <u>désigne la dérivée à droite de</u> F.

<u>Démonstration</u>. Soit $u\in DA$ et $Y=u\circ X$, dans la formule I.16, puisque la fonction valeur absolue opère, le temps local $L^u_t(a)$ est absolument continu en t. En vertu du résultat admis de mesurabilité, il existe une densité de Motoo $\psi_{u,a}$ dépendant mesurablement de a, de sorte que, d'après le théorème de Fubini, pour une fonction convexe quelconque, le processus croissant C(G,Y) tel que

$$G(Y_t)=G(Y_0)+\int_0^t G'_g(Y_{s-})dY_s+C_t(G,Y)+\sum_{0<s\leq t} G(Y_s)-G(Y_{s-})-G'_g(Y_{s-})\Delta Y_s$$

s'écrit $$C_t(G,Y) = \tfrac{1}{2}\int G''(da)\int_0^t \psi_{u,a}(X_s)ds.$$

Le temps local $L^u(a)$ étant porté par l'ensemble $\{s : Y_s=a\} = \{s : u(X_s)=a\}$, ceci vaut aussi bien

$$= \tfrac{1}{2}\int G''(da)\int_0^t 1_{\{u(X_s)=a\}}\psi_{u,a}(X_s)ds = \tfrac{1}{2}\int_0^t G''[\{u(X_s)\}]\,\psi_{u,u(X_s)}(X_s)ds$$

d'où la première partie de l'énoncé en posant $\varphi_u(x)=\psi_{u,u(x)}(x)$, la seconde résulte alors du résultat général suivant :

I.33. <u>Proposition</u>. (Formule de changement de variable pour les temps locaux) <u>Sous les conditions habituelles, soit</u> Y <u>une semimartingale réelle et</u> F <u>une fonction croissante différence de fonctions convexes</u>. <u>Soit</u> $a\in\mathbb{R}$, <u>posons</u> b=F(a) <u>alors si</u> $L^a(Y)$ <u>désigne le temps local en</u> a <u>de</u> Y, <u>on a</u>

$$L^b(F\circ Y) = F'_d(a)L^a(Y)$$

<u>où</u> $F'_d$ <u>est la dérivée à droite de</u> F.

<u>Démonstration</u>. On obtient la formule par un calcul long à écrire mais élémentaire qui consiste à calculer de deux façons différentes le temps local $L^b(F\circ Y)$ par la formule de changement de variables pour les fonctions convexes en utilisant l'identité suivante qui résulte du fait que F est croissante

$$(F\circ Y_t - b)^+ = F((Y_t-a)^+ + a) - b.$$

<u>Remarques</u>. Si nous avions pris dans la construction des temps locaux les dérivées à droite, nous aurions obtenu la dérivée à gauche dans la formule.

La proposition montre que si Y admet une version de ses temps locaux càd en a, il en est de même de F∘Y (cf. [20]).

## DEUXIEME PARTIE

Nous étudions dans cette partie les propriétés d'invariance du domaine DA par changement absolument continu de probabilité obtenu au moyen d'une fonctionnelle multiplicative martingale locale.

### §1. LE GENERATEUR INFINITESIMAL DE KUNITA

Les résultats suivants ont été obtenus en 1969 par H.Kunita [6] pour les processus standards vérifiant l'hypothèse L. Mais il résulte par exemple de [12] et de [2] qu'ils sont valables pour les processus droits dont les familles de tribus $\underline{\underline{F}}_t$ sont quasi-continues à gauche.

On dit qu'une fonctionnelle additive K est canonique si pour toute loi $\mu$ sur E

i) toute $(\underline{\underline{F}}_t^\mu, \mathbb{P}^\mu)$-martingale de carré intégrable M est telle que

$$d^{\mathbb{P}^x}\langle M,M\rangle_t \ll dK_t$$

ii) $K_t=t+K'_t$ où $K'_t$ est une FA positive telle que $dK'_t$ soit étrangère à dt.

L'existence de FA canoniques a été démontrée par Motoo et Watanabe [16], (voir aussi [8]). On peut alors poser :

II.1. __Définition. Le générateur infinitésimal de Kunita__ $(A_K, DA_K)$ __relatif à la FA canonique__ K __est défini par__ $u \in DA_K$ __et__ $A_K u=v$ __si__

a) $u \in b\underline{\underline{E}}^*$

b) v __est__ $\underline{\underline{E}}^*$__-mesurable telle que__ $\int_0^\cdot |v(X_s)|\, dK_s$ __soit localement intégrable pour__ $\mathbb{P}^\mu$ __pour toute__ $\mu$,

c) $u(X_t)-u(X_0)-\int_0^t v(X_s)dK_s$ __est une__ $(\underline{\underline{F}}_t^\mu, \mathbb{P}^\mu)$__-martingale locale localement de carré intégrable pour toute__ $\mu$.

On a alors

(II.2) $(A_K, DA_K)$ est une extension de (A,DA)

(II.3) $DA_K$ est une algèbre stable par les fonctions de classe $C^2$ de $\mathbb{R}^d$ dans $\mathbb{R}$

Le principal résultat de Kunita dans [6] est que par transformation par une fonctionnelle multiplicative martingale locale M strictement positive sur $[\![0,\zeta[\![$ où $\zeta$ est la durée de vie de X,

(II.4) K reste canonique pour le M-processus,

(II.5) le domaine $DA_K$ est inchangé,

(II.6) sur ce domaine le nouveau générateur de Kunita $A_K^M$ s'écrit

$$A_K^M=A_K+B_1+B_2$$

où l'opérateur $B_1$ a la propriété d'un opérateur de dérivation

$$B_1 uv = uB_1 v + vB_1 u$$

et où $B_2$ s'exprime explicitement en fonction de M et du noyau de Lévy associé à la FA canonique K.

Nous allons voir que par les transformations par fonctionnelles multiplicatives martingales locales, le domaine DA du générateur étendu lui-même (définition I.1) est en général modifié, et DA n'étant pas une algèbre en général, le résultat (II.6) de Kunita ne donne pas directement la forme du générateur étendu du processus transformé $(A^M, DA^M)$ à moins que X soit de type Lebesgue.

Nous donnons dans le paragraphe suivant une forme particulière de fonctionnelles multiplicatives martingales locales M pour lesquelles, pour un processus droit général, la détermination explicite du générateur étendu transformé est possible et nous étudions quelques propriétés du M-processus correspondant.

## §2. UNE FORME REMARQUABLE DE FONCTIONNELLES MULTIPLICATIVES MARTINGALES LOCALES

Nous nous plaçons à nouveau sous les hypothèses de la 1ère partie §1.

II.7. <u>Proposition.</u> <u>Si</u> $f \in b\underline{\underline{E}}^*$ <u>et si</u> g <u>est</u> $\underline{\underline{E}}^*$<u>-mesurable telle que</u> $U_p|g|$ <u>soit bornée</u> (p>0), <u>les conditions suivantes sont équivalentes</u> :

a) $e^f \in DA$ <u>et</u> $Ae^f = g$

b) $M_t = \exp\left[f(X_t) - f(X_0) - \int_0^t (e^{-f}g)(X_s)ds\right]$ <u>est une</u> $(\underline{\underline{F}}_t^x, P^x)$<u>-martingale locale pour tout</u> $x \in E$.

<u>Démonstration</u>. a) $\Rightarrow$ b). Notons $m_t$ la martingale $C_t^{\exp(f)}$, il résulte aisément de la formule d'intégration par partie ( [10] p.303) que

$$M_t = 1 + e^{-f}(X_0)\int_{]0,t]} \exp\left[-\int_0^s (e^{-f}g)(X_\alpha)\, d\alpha\right] dm_s$$

donc M est une martingale locale.

b) $\Rightarrow$ a). Un calcul analogue montre que

$$m_t = e^f(X_0)\int_{]0,t]} \exp\left[\int_0^s (e^{-f}g)(X_\alpha)\, d\alpha\right] dM_s$$

d'où le résultat par la définition I.1 condition c").

II.8. <u>Théorème. Soient</u> f <u>et</u> $g \in b\underline{\underline{E}}^*$ <u>telles que</u> $e^f \in DA$ <u>et</u> $Ae^f = g$. <u>La fonctionnelle multiplicative</u> M <u>de la proposition précédente est une</u> $(\underline{\underline{F}}_t^x, P^x)$<u>-martingale. On pose pour toute</u> $u \in b\underline{\underline{E}}^*$ $Q_t u(x) = E^x[M_t . u(X_t)]$. <u>On a alors</u> :

a) $(Q_t)$ <u>est un semigroupe markovien droit définissant la même topologie fine que</u> $(P_t)$

b) $(Q_t)$ <u>est de Hunt si et seulement si</u> $(P_t)$ <u>est de Hunt,</u>

c) <u>on note</u> $A^M$ <u>le générateur étendu de</u> $(Q_t)$, <u>alors</u>

$$(u \in DA^M,\ A^M u=v) \Leftrightarrow (e^f u \in DA,\ A(e^f u)=e^f v+gu)$$

d) <u>on note</u> $\mathcal{R}$ <u>la réalisation canonique de</u> $(P_t)$, <u>et</u> $T_f(\mathcal{R})$ <u>celle de</u> $(Q_t)$. <u>Soit</u> h <u>bornée telle que</u> $e^h \in DA^M$ <u>et</u> $A^M(e^h)=k$ <u>bornée, alors</u> $e^{f+h} \in DA$, $Ae^{f+h}$ <u>est bornée et on a</u> :

$$T_h(T_f(\mathcal{R})) = T_{f+h}(\mathcal{R}).$$

<u>Démonstration</u>. Les points a) et b) sont laissés au lecteur.

c) Soit $u \in DA^M$ et $A^M u=v$, et soit c une constante telle que $c > \|u\|_\infty$, alors la proposition II.7 appliquée à $(Q_t)$ nous dit que

$$\exp\left[\operatorname{Log}(c+u)(X_t) - \operatorname{Log}(c+u)(X_0) - \int_{]0,t]} \frac{v}{c+u}(X_s)ds\right]$$

est une $(\underline{\underline{F}}^{o*}_{t+}, Q^x)$-martingale locale. Il en résulte en passant à $P^x$ que

$$\exp\left[(f+\operatorname{Log}(c+u))\circ X_t - (f+\operatorname{Log}(c+u)\circ X_0 - \int_0^t (e^{-f}g+\frac{v}{c+u})\circ X_s\, ds\right]$$

est une $(\underline{\underline{F}}^{o*}_{t+}, P^x)$-martingale locale. On voit facilement que, si $(V_p)$ désigne la résolvante de $(Q_t)$, $V_p|v|$ bornée entraîne $U_p|v|$ bornée et en appliquant II.7 dans le sens b) $\Rightarrow$ a) à $(P_t)$ on a

$$(c+u)e^f \in DA \quad \text{et} \quad A[(c+u)e^f] = (c+u)g+e^f v$$

d'où $\quad ue^f \in DA \quad$ et $\quad A(ue^f) = ug+e^f v$.

L'implication dans l'autre sens se traîte de façon analogue.

d) Soit h comme dans l'énoncé, en appliquant le raisonnement du c) avec $u=e^h$ on obtient que

$$e^{f+h} \in DA \quad \text{et} \quad Ae^{f+h} = e^h g + e^f k \quad \text{qui est bornée}$$

et si $M'_t$ est la $(\underline{\underline{F}}^{o*}_{t+}, Q^x)$-martingale

$$\exp\left[h(X_t)-h(X_0)-\int_0^t (e^{-h}k)(X_s)ds\right]$$

on a

$$M_t M'_t = \exp\left[(f+h)\circ X_t - (f+h)\circ X_o - \int_0^t e^{-(f+h)}(e^h g+e^f k)\circ X_s\, ds\right]$$

c'est à dire

$$T_h(T_f(\mathcal{R})) = T_{f+h}(\mathcal{R}).$$

## §3. INVARIANCE DU DOMAINE PAR TRANSFORMATIONS MULTIPLICATIVES

Nous désignerons par le sigle FMML les processus qui sont des fonctionnelles multiplicatives martingales locales relativement à $(\underline{\underline{F}}^\mu_t, P^\mu)$ pour toute loi $\mu$ et qui sont strictement positives sur $[\![0,\zeta[\![$ où $\zeta$ est la durée de vie de X.

II.9. <u>Thèorème</u>. X <u>est de type Lebesgue si et seulement si</u> DA <u>est invariant par les transformations par</u> FMML.

Démonstration. Si X est de type Lebesgue, les résultats de Kunita s'appliquent et DA est invariant par les transformations par FMML.

Réciproquement supposons DA invariant par les transformations par FMML, DA est alors aussi le domaine du générateur étendu du semigroupe $e^{-pt}P_t$, on peut donc supposer le noyau potentiel borné.

Il résulte du thèorème II.8 que pour toute $f \in b\underline{\underline{E}}^*$,

$\exp f \in DA$ et $Ae^f \; b\underline{\underline{E}} \Longrightarrow e^f DA = DA$.

En particulier en prenant $f = \mathrm{Log}(u+2\|u\|)$, si $u \in DA$ et $Au \in b\underline{\underline{E}}^*$ on a

$$(u+2\|u\|)DA = DA$$

d'où $u^2 \in DA$.

L'algèbre $H = \{u \in DA \; : \; u^2 \in DA\}$ contient donc les potentiels de fonctions bornées donc AH est dense dans $L^1(\mathcal{E}_x U_p)$ pour tout $x \in E$. D'où le résultat par le corollaire I.15.

## §4. UNE PROPRIETE D'ITERATION DE L'EXPONENTIELLE $\mathcal{E}_\infty$

Les fonctionnelles multiplicatives martingales locales introduites au §2 pour un processus droit général, peuvent, dans le cas particulier d'un processus de type Lebesgue, s'exprimer grâce à l'exponentielle $\mathcal{E}_\infty$(voir la définition de $\mathcal{E}_\infty$ci-dessous).

En effet si X est de type Lebesgue et si $u \in DA$, alors $\exp u \in DA$ et les martingales locales

$$C_t^u = u(X_t) - u(X_0) - \int_0^t Au(X_s)\, ds$$
$$M_t^u = \exp\{u(X_t) - u(X_0) - \int_0^t (e^{-u}Ae^u)(X_s)\, ds\}$$

sont reliées par

$$M^u = \mathcal{E}_\infty[C^u].$$

La propriété d) du thèorème II.8 peut donc s'exprimer au moyen de l'exponentielle $\mathcal{E}_\infty$. Nous montrons dans ce paragraphe que ceci provient d'une propriété de l'exponentielle $\mathcal{E}_\infty$ appliquée aux martingales locales quasi-continues à gauche.

Sous les conditions habituelles, soit U une martingale locale quasi-càg nulle en zéro, telle que le processus

$$\sum_{0<s\leq \cdot} (e^{\Delta U_s} - \Delta U_s - 1)$$

soit localement intégrable. Alors (cf. [19]) le processus

$$\mathcal{E}_\infty^{\mathbb{P}}[U] = \exp\left\{U - ½\langle U^c, U^c\rangle - \left[\sum_{0<s\leq \cdot} (e^{\Delta U_s} - \Delta U_s - 1)\right]^{(p,\mathbb{P})}\right\}$$

(où $[.]^{(p,\mathbb{P})}$ désigne la projection prévisible duale par rapport à $\mathbb{P}$) est une martingale locale.

Nous supposons que $\mathcal{E}_\infty^{\mathbb{P}}[U]$ est uniformément intégrable et nous définissons une probabilité $\mathbb{Q}$ sur $(\Omega, \underline{\underline{F}}_\infty)$ par $\mathbb{Q} = (\mathcal{E}^{\mathbb{P}}_\infty[U])_\infty.\mathbb{P}$, comme $\mathcal{E}^{\mathbb{P}}_\infty[U]_t>0$ pour tout $t<\infty$, $\mathbb{P}$ et $\mathbb{Q}$ sont équivalentes sur chaque $\underline{\underline{F}}_t$. Les conditions habituelles ne sont pas en général vérifiées pour $\mathbb{Q}$, mais si $s<t$, $\underline{\underline{F}}_s$ contient les $\mathbb{Q}$-négligeables de $\underline{\underline{F}}_t$ ce qui suffit.

Les deux lemmes suivants sont des conséquences aisées du théorème de Girsanov pour les semimartingales (cf. [7]).

II.10. Lemme. *Soit V une $\mathbb{P}$-martingale locale telle que le processus*

$$\sum_{0<s\leq \cdot} |(e^{\Delta U_s}-1)\Delta V_s|$$

*soit localement $\mathbb{P}$-intégrable, alors le processus*

$$\tilde{V} = V - \langle V^c, V^c\rangle - [\sum_{0<s\leq\cdot} (e^{\Delta U_s}-1)\Delta V_s]^{(p,\mathbb{P})}$$

*est une $\mathbb{Q}$-martingale locale.*

II.11. Lemme. *Soit A un processus à variation finie tel que $\int_0^\cdot e^{\Delta U_s}|dA_s|$ soit localement $\mathbb{P}$-intégrable, alors A est à variation localement $\mathbb{Q}$-intégrable et $[\int_0^\cdot e^{\Delta U_s}\, dA_s]^{(p,\mathbb{P})}$ est une version de $A^{(p,\mathbb{Q})}$.*

Nous pouvons alors démontrer la propriété d'iteration suivante

II.12. Proposition. *Soient U et V deux $\mathbb{P}$-martingales locales quasicàg, à sauts bornés, nulles en zéro. On suppose $\mathcal{E}^{\mathbb{P}}_\infty[U]$ uniformément intégrable. Si $\mathbb{Q}$ est la probabilité $\mathbb{Q} = (\mathcal{E}^{\mathbb{P}}_\infty[U])_\infty.\mathbb{P}$ on a*

$$\mathcal{E}^{\mathbb{Q}}_\infty[\tilde{V}]\mathcal{E}^{\mathbb{P}}_\infty[U] = \mathcal{E}^{\mathbb{P}}_\infty[U+V]$$

*où $\tilde{V}$ est défini au lemme* II.10.

Démonstration. On sait (cf. [10]) que

$$^{\mathbb{Q}}\langle (V)^c_{\mathbb{Q}}, (V)^c_{\mathbb{Q}}\rangle = {^{\mathbb{P}}\langle (V)^c_{\mathbb{P}}, (V)^c_{\mathbb{P}}\rangle} = \langle V^c, V^c\rangle$$

donc d'après l'expression de $\tilde{V}$, on a

$$\mathcal{E}^{\mathbb{Q}}_\infty[\tilde{V}] = \exp\Big\{V - \langle V^c,V^c\rangle - [\sum_{0<s\leq\cdot} (e^{\Delta U_s}-1)\Delta V_s]^{(p,\mathbb{P})} - \tfrac{1}{2}\langle V^c,V^c\rangle - [\sum_{0<s\leq\cdot} (e^{\Delta V_s}-\Delta V_s-1)]^{(p,\mathbb{Q})}\Big\}.$$

D'où d'après l'expression de la projection prévisible duale par rapport à $\mathbb{Q}$ (lemme II.11),

$$\mathcal{E}^{\mathbb{Q}}_\infty[\tilde{V}] = \exp\Big\{V - \langle V^c,U^c\rangle - \tfrac{1}{2}\langle V^c,V^c\rangle - [\sum_{0<s\leq\cdot} e^{\Delta U_s+\Delta V_s}-e^{\Delta U_s}-\Delta V_s-1]^{(p,\mathbb{P})}\Big\}.$$

Le résultat est alors immédiat compte tenu de l'expression de $\mathcal{E}^{\mathbb{P}}_\infty[U]$.

**Remarque**. La propriété d'itération qu'on peut schématiser ainsi

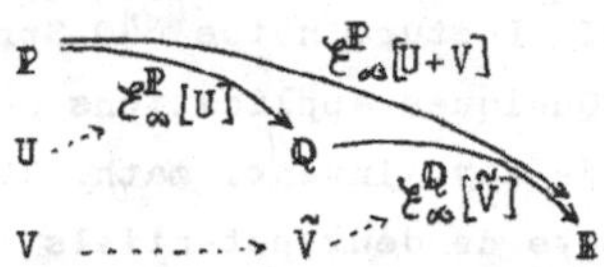

n'est pas vérifiée en général par l'exponentielle $\mathcal{E}$ de Doléans-Dade. Elle peut être considérée comme la propriété limite obtenue dans le procédé de construction des exponentielles successives $\mathcal{E}_n$ de Yor [19]. On peut voir en effet que si Y est une martingale locale quasicàg à sauts bornés, ces exponentielles vérifient :

$$\mathcal{E}_n[\tilde{Y}]\ \mathcal{E}_n[Y] = \mathcal{E}_{2n}[2Y]$$

où $$\tilde{Y} = Y - \int_0^{\cdot} \frac{1}{\mathcal{E}_n[Y]_{s-}} d\langle \mathcal{E}_n[Y], Y\rangle_s .$$

BIBLIOGRAPHIE


[1] H.AIRAULT et H.FOLLMER Relative densities of semimartingales. Invent. math. 27 299-327 (1974)

[2] A.BENVENISTE et J.JACOD Système de Lévy des processus de Markov Invent. math. 21 183-198 (1973)

[3] N.BOULEAU Semimartingales à valeurs $\mathbb{R}^d$ et fonctions convexes Note C.R.A.S. (à paraître)

[4] E.CINLAR, J.JACOD, P.TROTTER et M.J.SHARPE Semimartingales and Markov processes (à paraître)

[5] D.FEYEL Propriétés de permanence du domaine d'un générateur infinitésimal. Sém. Th. du potentiel n°4 Lecture notes 713 Springer

[6] H.KUNITA Absolute continuity of Markov processes and generators. Nagoya J. Math. 36 1-26 (1969)

[7] E.LENGLART Transformation des martingales locales par changement absolument continu de probabilité. Z.f.W. 39 65-70 (1977)

[8] P.A.MEYER Intégrales stochastiques. Exposés III et IV Sém. Prob. I Lecture notes 39 Springer

[9] P.A.MEYER Démonstration probabiliste de certaines inégalités de Littlewood-Paley. Exposé II Sém. Prob. X Lecture notes 511 Springer

[10] P.A.MEYER Un cours sur les intégrales stochastiques Sém. Prob. X Lecture notes 511 Springer

[11] P.A.MEYER Martingales locales fonctionnelles additives I. Sém. Prob. XII Lecture notes 649 Springer

[12] P.A.MEYER et J.B.WALSH Quelques applications des résolvantes de Ray. Invent. math. 14 143-146 (1971)

[13] G.MOKOBODZKI Densité relative de deux potentiels comparables. Sém. Prob. IV Lecture notes 124 Springer

[14] G.MOKOBODZKI Quelques propriétés remarquables des opérateurs presque positifs. Sém. Prob. IV Lecture notes 124 Springer

[15] G.MOKOBODZKI Sur l'algèbre contenue dans le domaine étendu d'un générateur infinitésimal. Sém. Th. Pot. n°3 Lecture notes 681 Springer

[16] M.MOTOO et S.WATANABE On a class of additive functionals of Markov processes. J. Math. Kyoto Univ. 4 429-469 (1965)

[17] M.J.SHARPE Fonctionnelles additives de Markov Cours de 3ème cycle, Univ. Paris VI 1973/74

[18] C.STRICKER et M.YOR Calcul stochastique dépendant d'un paramètre. Z.f.W. 45 109-133 (1978)

[19] M.YOR Sur les intégrales stochastiques optionnelles et une suite remarquable de formules exponentielles. Sém. Prob. X Lecture notes 511 Springer

[20] M.YOR Sur la continuité des temps locaux associés à certaines semimartingales. S.M.F. Astérisque n°52-53 23-35 (1978)

N.BOULEAU
Centre de Mathématiques
de l'Ecole polytechnique
Plateau de Palaiseau
91128 Palaiseau Cedex

# On Brownian Local Time

by M.T. Barlow

Let $B$ be a Brownian motion starting at 0, and $L_t^a$ denote its local time - as usual we take a version of $L$ which is jointly continuous in $(a,t)$. Recently, Perkins has proved that, for fixed $t$, the process $a \to L_t^a$ is a semimartingale relative to the excursion fields. It is natural to ask about $L_T^a$, where $T$ is a stopping time: in this note we give an example to show that $L_T^a$ may be very far from being a semimartingale.

Given a stopping time $T$ (which will be defined later) let

$$M = \inf \{ a : L_T^a > 0 \} = \inf_{s \leq T} B_s ,$$

$$Y_a = L_T^{M+a} ,$$

$\underline{\underline{Y}}_a$ , $a > 0$ , be the (usual augmentation of the) natural filtration of $Y$

We will choose $T$ so that, for some fixed $x > 0$, if $R = \inf\{a: Y_a = x\}$, then the process $(t,\omega) \to Y_{R+t}(\omega)$ is $\mathcal{B}([0,\infty)) \otimes \sigma(R)$ measurable with positive probability. Since $Y$ is never of finite variation, it follows that $Y$ is not a semimartingale $/\underline{\underline{Y}}_t$.

Let $\psi : C[0,\infty) \to [0,1]$ be injective and measurable. Set $S = \inf \{ t : |B_t| = 1 \}$ , and let $\varepsilon, x$ be positive reals. On $\{B_S = 1\}$ let $T = S$ , and on $\{B_S = -1\}$ define

$$U = \inf \{ a : L_S^a \geq x \} ,$$

$$V = \psi ( L_S^{U+\cdot} )$$

$$W = \max \{ a < 1 : a + n\varepsilon = U - \varepsilon V \quad \text{for some} \quad n \geq 0 \}$$

Thus $-(1 + \varepsilon) \leq W < -1$ , and $U - W = \varepsilon(V + n)$ for some $n(\omega) \geq 0$. Now on $\{B_S = -1\}$ let $T = \inf \{ t > S : B_t = U \text{ or } W \}$. Then, if

$$F = \{B_S = -1\} \cap \{B_T = W\} \cap \{ L_T^a < x , \quad \text{for} \quad a \geq U \} ,$$

it is evident that $\varepsilon, x$ may be chosen so that $P(F) > 0$. However, on $F$ $V = [R / \varepsilon]$ ( $[ x ]$ denotes the fractional part of $x$ ), and thus if $X_{R+\cdot} = \psi^{-1} ([R/\varepsilon])$, $1_F Y_{R+\cdot} = 1_F X_{R+\cdot}$ . Thus $T$ has the required properties, and it is clear, from, for example, the characterization of semimartingales as stochastic integrators, that $Y$ is not a semimartingale.

Statistical Laboratory,

16, Mill Lane,

Cambridge. CB2 1SB

England

# ON LEVY'S DOWNCROSSING THEOREM AND VARIOUS EXTENSIONS*

B. MAISONNEUVE

Our aim is to show that the results of [7] can be extended to regenerative systems as taken in a weak sense which will be made precise. Such a generality is motivated by Lévy's downcrossing theorem, which does not fit to the framework of [7] due to a lack of homogeneity of the processes involved. The first six sections are devoted to this result.

## 1. FIRST NOTATIONS.

Let $X = (\Omega, \underline{\underline{F}}, \underline{\underline{F}}_t, X_t, \theta_t, P)$ denote the canonical one dimensional brownian motion started at the origin: $\Omega$ is the set of all continuous functions from $\mathbb{R}_+$ to $\mathbb{R}$; $(X_t)_{t\geq 0}$ is the process of the coordinates; $(\theta_t)_{t\geq 0}$ is the process of the shifts; the progression $(\underline{\underline{F}}_t)_{t\geq 0}$ is the P-completion of the natural progression $(\underline{\underline{F}}_t^0)$ of the process $(X_t)$; finally $P[X_0 = 0] = 1$.

Now let us introduce some basic notations for our problem: for each $t \geq 0$ we put

* This work was supported by AFOSR Grant N° 80-0252 while the author was visiting Northwestern University, Evanston.

(1.1) $$C_t = \sup_{s \leq t} X_s ,$$

(1.2) $$Y_t = C_t - X_t ,$$

(1.3) $$M_t = I_{\{Y_t = 0\}} ,$$

(1.4) $$M = \{t: M_t = 1\} = \{t: Y_t = 0\} .$$

## 2. LEVY'S DOWNCROSSING THEOREM.

For $\varepsilon > 0$, $t \geq 0$ let $d_t(\varepsilon)$ denote the number of downcrossings of the process Y over the interval $(0,\varepsilon]$ by time t. Lévy's downcrossing theorem asserts that

(2.1) $$P[\lim_{\varepsilon \to 0} \varepsilon d_t(\varepsilon) = C_t,\ t \in \mathbb{R}_+ ] = 1 .$$

(2.2) HISTORICAL REMARK. The result (2.1) was only conjectured by P. Lévy. The first proof can be found in ITO, McKEAN [4], including some gaps that were filled by CHUNG and DURRETT [1]. Another complete proof was given simultaneously by GETOOR [2] in a much more general context. Finally a short proof was discovered by Williams [8], [9], but his proof remains much more complicated than that of the similar result of Lévy's involving the length of the excursions, namely that there exists $\lambda \in (0,\infty)$ such that

(2.3) $$P[\lim_{\varepsilon \to 0} \varepsilon\, \delta_t(\varepsilon) = \lambda C_t,\ t \in \mathbb{R}_+ ] = 1 ,$$

where $\delta_t(\varepsilon)$ denotes the number of contiguous intervals of length $>\varepsilon$ contained in $[0,t]$. The term "contiguous" means maximal in the complement of M. Our proof (adapted from [7]) will follow Lévy's very simple method for proving (2.3) and will apply to much more general situations.

(2.4) MATHEMATICAL REMARK. (2.1) shows that the processes $(C_t)$ and $(X_t)$ are $(Y_t)$-adapted up to null sets. (2.3) even shows that $(C_t)$ is adapted to the smallest complete progression which makes M progressive. This can be viewed in many other ways.

## 3. A REGENERATIVE SYSTEM.

Let us introduce new shifts $(\eta_t)$:

(3.1) $$\eta_t = \theta_t - X_t = X_{t+\cdot} - X_t \ .$$

With these shifts the strong Markov property of the process X can be stated as follows: for each stopping time T and each $f \in b\underline{\underline{F}}$

(3.2) $$P\ [\ f o \eta_T \mid \underline{\underline{F}}_T\ ] = P(f) \qquad \text{on } \{T < \infty\}\ .$$

Furthermore it is immediate to check that the following M-homogeneity holds for the processes $(Y_t)$ and $(M_t)$: for each $s,t \geq 0$

(3.3) $$Y_{t+s} = Y_s o \eta_t \qquad \text{on } \{t \in M\}\ ,$$

$$M_{t+s} = M_s \circ \eta_t \qquad \text{on } \{t \in M\} . \tag{3.4}$$

We shall sum up these properties by saying that the collection $(\Omega, \underline{\underline{F}}, \underline{\underline{F}}_t, Y_t, \eta_t, M, P)$ is a regenerative system (see §8 for a more formal definition).

## 4. EXCURSIONS OF THE PROCESS Y.

Let $\Omega^0$ be the set of all functions from $\mathbb{R}_+$ to $\mathbb{R}_+$ which remain in 0 after their first hitting of 0. On $\Omega^0$ we define the process of the coordinates $(X_s^0)$ and the $\sigma$-field $\underline{\underline{F}}^0$ generated by the $X_s^0$, $s \geq 0$. For $\omega \in \Omega$, $t \geq 0$ let $i_t\omega$ be the element of $\Omega^0$ such that for each $s \geq 0$

$$X_s^0(i_t\omega) = \begin{cases} Y_{t+s}(\omega) & \text{if } t+s < \inf\{u>t : u \in M(\omega)\} , \\ 0 & \text{otherwise.} \end{cases} \tag{4.1}$$

Let G be the random set of the left-end-points in $(0,\infty)$ of the M-contiguous intervals. Both the $\Omega$-valued process $(i_t)$ and the random set G are M-homogeneous and it follows immediately that for each $A \in \underline{\underline{F}}^0$ the increasing process

$$N_t^A = \sum_{s \in G \cap (0,t]} I_A \circ i_s , \qquad t \geq 0 , \tag{4.2}$$

is an M-additive (non adapted) functional, that is,

$$N_{t+s}^A = N_t^A + N_s^A \circ \eta_t \qquad \text{on } \{t \in M\} . \tag{4.3}$$

The random collection $\{i_t, t \in G\}$ is called the collection of the <u>excursions</u> of Y; $N_t^A$ is the number of excursions of type A which occur by time t.

## 5. TIME CHANGED EXCURSIONS.

The process $(C_t)$ increases exactly on M and is M-additive with respect to the shifts $\eta_t$. Therefore its right continuous inverse $(S_t)$, defined by

$$(5.1) \qquad S_t = \inf\{s : C_s > t\} , \qquad t \geq 0 ,$$

satisfies the following additivity property: for all $s,t \geq 0$

$$(5.2) \qquad S_{t+s} = S_t + S_s \circ \eta_{S_t} \qquad \text{on } \{S_t < \infty\} ;$$

in fact $S_t \in M$ on $\{S_t < \infty\}$ and $C_{S_t} = t$ on $\{S_t < \infty\}$, due to the continuity of $(C_t)$.

(4.3) and (5.2) further imply that for each $A \in \underline{\underline{F}}^0$ the process $\nu_t^A = N_{S_t}^A$ satisfies

$$(5.3) \qquad \nu_{t+s}^A = \nu_t^A + \nu_s^A \circ \eta_{S_t} \qquad \text{on } \{S_t < \infty\} .$$

But $S_t < \infty$ a.s. since $\lim_{r \to \infty} C_r = +\infty$ a.s.. Hence $(S_t)$ is a subordinator, due to (5.2) and to (3.2) applied with $T = S_t$; and whenever the process $(\nu_t^A)$ is a.s. finite, it has independent and homogeneous increments, due to (5.3) and (3.2); it is even a Poisson process, since it increases by unit jumps. In the same manner, let $A_1,\dots,A_n$ be n pairwise disjoint sets in $\underline{\underline{F}}^0$ such that the processes $(\nu_t^{A_i})$ are a.s. finite; then the n-dimensional process $(\nu_t^{A_1},\dots,\nu_t^{A_n})$ has independent and homogeneous increments and its components $(\nu_t^{A_1}),\dots,(\nu_t^{A_n})$ are Poisson processes which pairwise have no common time of jump; therefore, due to a classical result of Lévy, these processes are independent We have just extended to the present situation Ito's excursion theory [3] and this will allow us to proceed as in [7].

6. PROOF OF LEVY'S DOWNCROSSING THEOREM.

For $\varepsilon \in (0,\infty]$ let $A_\varepsilon = \{\sup_{s \text{ rational}} X_s^0 > \varepsilon\}$. For $0 < \varepsilon < \varepsilon' \leq \infty$ the process $(\nu_t^{A_\varepsilon \setminus A_{\varepsilon'}})$, which is a.s. finite, is a Poisson process by previous considerations. If $0 < \varepsilon_1 < \dots < \varepsilon_n \leq \infty$ the processes $(\nu_t^{A_{\varepsilon_i} \setminus A_{\varepsilon_{i+1}}})$, $i = 1,\dots,n-1$ are further independent. But

$$\nu_t^{A_{\varepsilon_i} \setminus A_{\varepsilon_{i+1}}} = \nu_t^{A_{\varepsilon_i}} - \nu_t^{A_{\varepsilon_{i+1}}}$$

and therefore the process $\varepsilon \to \nu_t^{A_\varepsilon}$ is a process with independent (non-homogeneous) increments for each fixed t. The strong law of large numbers applies to this process as $\varepsilon \to 0$ and yields

$$\lim_{\varepsilon \to 0} \frac{\nu_t^{A_\varepsilon}}{P[\nu_t^{A_\varepsilon}]} = 1 \qquad \text{a.s.} \tag{6.1}$$

But we shall see that the denominator in (6.1) equals $t/\varepsilon$; hence (6.1) becomes

$$(6.2)\qquad \lim_{\varepsilon\to 0} \varepsilon\nu_t^{A_\varepsilon} = t \qquad \text{a.s.}$$

Due to the monotonicity in t of $\varepsilon\nu_t^{A_\varepsilon}$ and t, the null set in (6.2) can be chosen independently of t; therefore one has

$$P\left[\lim_{\varepsilon\to 0} \varepsilon\nu_{C_t}^{A_\varepsilon} = C_t \ , \ t \in \mathbb{R}_+\right] = 1$$

and since $\nu_{C_t}^{A} = N_t^A$, we get

$$(6.3)\qquad P\left[\lim_{\varepsilon\to 0} \varepsilon N_t^{A_\varepsilon} = C_t,\ t \in \mathbb{R}_+\right] = 1 \ .$$

Lévy's downcrossing theorem follows from the fact that $|d_t(\varepsilon) - N_t^{A_\varepsilon}| \leq 1$ for each t.

It remains to prove that $P\left[\nu_t^{A_\varepsilon}\right] = t/\varepsilon$. Put $T_\varepsilon = \inf\{s: Y_s>\varepsilon\}$ From the equality $Y_{T_\varepsilon} = \varepsilon$ a.s. and from the martingale property of X, one immediately checks that $P\left[C_{T_\varepsilon}\right] = \varepsilon$. On the other hand, $C_{T_\varepsilon}$ is the time of the first jump of the process $(\nu_t^{A_\varepsilon})$, which is Poisson; therefore

$$P(\nu_t^{A_\varepsilon}) = t/P(C_{T_\varepsilon}) = t/\varepsilon \ .$$

## 7. OTHER LIMIT RESULTS FOR THE PROCESS $(C_t)$.

(7.1) THEOREM. Let $\alpha \in (0,\infty]$ and let $\{A_\varepsilon,\ 0<\varepsilon\leq\alpha\}$ be a decreasing right continuous family of elements of $\underline{\underline{F}}^0$. Set

(7.2) $$T_{A_\varepsilon} = \inf\{t \in G : i_t \in A_\varepsilon\} = \inf\{t : N_t^{A_\varepsilon} > 0\}$$

and suppose that

(7.3) $$P\left[\, 0 < T_{A_\varepsilon} < \infty,\ \varepsilon \in (0,\alpha];\ \lim_{\varepsilon\to 0} T_{A_\varepsilon} = 0 \,\right] = 1 .$$

Then, with the notation (4.2), one has

(7.4) $$P\left[\, \lim_{\varepsilon\to 0} P\left[\, C_{T_{A_\varepsilon}} \,\right] N_t^{A_\varepsilon} = C_t,\ t \in \mathbb{R}_+ \,\right] = 1 \quad .$$

The proof is similar to the proof of Lévy's downcrossing theorem. For more details we refer to the proof of theorem 2 of [7] and to the appendix.

(7.6) REMARK. Theorem (7.1) unifies the results (2.1) and (2.3): for (2.1) choose $A_\varepsilon = \{\sup_{s \text{ rational}} X_s^0 > \varepsilon\}$, for (2.3) choose $A_\varepsilon = \{X_\varepsilon^0 > 0\}$.

## 8. EXTENSIONS TO REGENERATIVE SYSTEMS.

Let us consider a regenerative system $(\Omega,\underline{\underline{F}},\underline{\underline{F}}_t,Y_t,\eta_t,M,P)$ in the sense of [5], except that the homogeneity properties are only required on M. More precisely $(\Omega,\underline{\underline{F}},\underline{\underline{F}}_t,P)$ is a stochastic basis with usual conditions, $(Y_t)$ is a progressive process (with state space $(E,\underline{\underline{E}})$), $(\eta_t)$ is a measurable process with values in $(\Omega,\underline{\underline{F}})$, M is a right closed progressive random set. We further assume the following properties:

(8.1) M-<u>homogeneity</u>: for $s,t \geq 0$

$$Y_s \circ \eta_t = Y_{t+s} \qquad \text{on } \{t \in M\} ,$$

$$M_s \circ \eta_t = M_{t+s} \qquad \text{on } \{t \in M\} ,$$

where $M_t = I_{\{t \in M\}}$;

(8.2) <u>Regeneration</u>: For each stopping time T and each $f \in b\underline{\underline{F}}$

$$P\,[\,f \circ \eta_T \mid \underline{\underline{F}}_T\,] = P[f] \qquad \text{on } \{T \in M\} ,$$

(8.3) REMARK. This weak notion of regenerative system was already introduced in [6], in order to time change a Markov process by using the inverse of a non-continuous additive functional.

Throughout this section let us assume that the random set M is perfect, unbounded, with an empty interior a.s. and that $(C_t)$ is a local time of M, that is $(C_t)$ is a continuous adapted <u>M-additive</u> functional which increases exactly on $\overline{M}$ (the closure of M).

Then all considerations of Sections 4,5,7 extend to the present framework, with the following differences: in the definition (4.1) of $i_t\omega$ we set

$$X_s^0(i_t\omega) = \delta \qquad \text{if } t+s \geq \inf\{u > t:\ u \in M(\omega)\}\ ,$$

where $\delta$ is a distinguished point in E which is a.s. ignored by the process Y and such that $\{\delta\} \in \underline{\underline{E}}$; in the definition (4.2) of $N_t^A$, we assume that A is a subset of the space $\Omega^0$ of all mappings from $\mathbb{R}_+$ to E with life time and that A further belongs to the $\sigma$-field $\underline{\underline{F}}^0$ generated by the coordinates of $\Omega^0$.

Finally under the assumptions (7.2) and (7.3) we can state the following constructive result, which is the analog of theorem 2´ of [7]:

(8.4) THEOREM. There exists a local time $C_t'$ such that

$$P\ [\ \lim_{\varepsilon\to 0} p(\varepsilon)\ N_t^{A_\varepsilon} = C_t',\ t \in \mathbb{R}_+\ ] = 1\ ,$$

where we set $p(\varepsilon) = P\ [\ T_{A_\varepsilon} = T_{A_\alpha}\ ]$.

## 9. APPENDIX.

This appendix is devoted to fixing the proof of theorem 2 of [7], which is incomplete. We shall do this in the framework of theorem (7.1) of the present paper. For $A \in \underline{\underline{F}}^0$, set

$Q(A) = P[\nu_1^A]$ and for $\varepsilon \in (0,\alpha]$ set $q(\varepsilon) = Q(A_\varepsilon)$. Let p (resp. $\bar{p}$) be the right (resp. left) continuous inverse of q:

$$p(u) = \sup\{\varepsilon \in (0,\alpha] : q(\varepsilon) > u\} , \qquad u \geq 0 ,$$

$$\bar{p}(u) = \sup\{\varepsilon \in (0,\alpha] : q(\varepsilon) \geq u\} , \qquad u \geq 0 .$$

Let us fix $t \geq 0$ and define the processes Z, $\bar{Z}$ by setting

$$Z_u = \nu_t^{p(u)} , \qquad \bar{Z}_u = \nu_t^{\bar{p}(u)} , \qquad u \geq 0 .$$

It was claimed in [7] that the restriction to the set $T = q((0,\alpha])$ of the process Z is <u>left continuous</u>. Here is a proof of this fact. Let D be the set of all points u in T which are not isolated from the left and which are such that $p(u) \neq \bar{p}(u)$. For each $u \in D$ one has $q(p(u)) = q(\bar{p}(u))$. Therefore the set

$$B = \bigcup_{u \in D} (A_{p(u)} \setminus A_{\bar{p}(u)})$$

is null for the measure Q and the variable $\nu_t^B$ vanishes a.s. This implies that

$$P[\ Z_u = \bar{Z}_u,\ u \in D\ ] = 1$$

and the a.s. left continuity of the process $(Z_u)_{u\in T}$ now follows from the left continuity of $\bar{Z}$ ($u_n \uparrow u \Rightarrow \bar{p}(u_n) \downarrow \bar{p}(u) \Rightarrow \nu_t^{\bar{p}(u_n)} \uparrow \nu_t^{\bar{p}(u)}$).

The proof ends like in [7]. Basically one applies the strong law of large numbers to the process $(Z_u)_{u\in T}$: this process has independent increments and for $u,\nu \in T$, $u \leq \nu$, $Z_\nu - Z_u$ is Poisson distributed with parameter $t(\nu-u)$, since $q(p(u)) = u$ for each $u \in T$. Since we have not been able to find a reference for the version of the strong law of large numbers which is needed here, we state and prove it as a

(9.1) LEMMA. Let T be a left (resp. right) closed unbounded subset of $\mathbb{R}_+$ and let $(Z_t)_{t\in T}$ be a left (resp. right) continuous integrable process with independent increment defined on $(\Omega,\underline{\underline{F}},P)$. Assume that there exists a convolution semi-group $(\mu_s)_{s\in(0,\infty)}$ of probability measures on $\mathbb{R}$ such that $Z_\nu - Z_u$ has the distribution $\mu_{\nu-u}$ for all $u,\nu \in T$, $u < \nu$. Then one has

$$(9.2)\qquad \lim_{t\to\infty} \frac{Z_t}{t} = \int x\mu_1(dx) \qquad P\text{-a.s.}$$

(9.3) REMARK. The result is well known if $T = \mathbb{R}_+$: See Doob [10] p. 364. The proof given below follows the martingale method indicated by Doob [10] p. 365.

PROOF. We can restrict ourselves to the case where $0 \in T$, $Z_0 = 0$. Consider, on some auxiliary space $(W,\underline{\underline{G}},Q)$ a right continuous process $(Y_s)_{s\in\mathbb{R}_+}^{*}$ such that $Y_0 = 0$ and such that $Y_v - Y_u$ has the distribution $\mu_{v-u}$ for all $u,v \in \mathbb{R}_+$, $u < v$. One checks easily that for $k,\ell \in \mathbb{N}$ with $k \leq \ell$

$$\frac{Y_{\ell/2^n}}{\ell} = Q\left[ \frac{Y_{k/2^n}}{k} \mid Y_u,\ u \geq \ell/2^n \right],$$

which implies that for $s,t \in \mathbb{R}_+$, with $s \leq t$

$$\frac{Y_t}{t} = Q\left[ \frac{Y_s}{s} \mid Y_u,\ u \geq t \right].$$

Since the process $(Z_t)_{t\in T}$ has the same distribution as the process $(Y_t)_{t\in T}$ (both are markovian relative to the same semi-group), one has also for $s,t \in T$, with $s \leq t$

$$\frac{Z_t}{t} = P\left[ \frac{Z_s}{s} \mid Z_u,\ u \geq t \right].$$

Fix $s > 0$ in $T$ and let $t \to \infty$ in $T$. By the backward martingale convergence theorem, $\frac{Z_t}{t}$ converges a.s. The limit has to be constant by the 0-1 law and equal to $P\left[ \frac{Z_s}{s} \right] = \int x\mu_1(dx)$ by uniform integrability.

---

* with independent increments

## REFERENCES

[1]. CHUNG, K.L., DURRETT, R.: Downcrossings and local time. Z. Wahrscheinlichkeitstheorie verw. Gebiete 35, 147-149 (1976).

[2]. GETOOR, R.K.: Another limit theorem for local time. Z. Wahrscheinlichkeitstheorie verw. Gebiete 34, 1-10 (1976).

[3]. ITO, K.: Poisson point processes attached to Markov processes. Proc. Sixth Berkeley Sympos. Math. Statist. Probab. 3, 225-240 (1971).

[4]. ITO, K., McKEAN, H.P. Jr.: Diffusion processes and their sample paths. 2nd ed. Springer-Verlag, Berlin, 1965.

[5]. MAISONNEUVE, B.: Systèmes Régénératifs. Astérisque 15, Société Mathématique de France, 1974.

[6]. MAISONNEUVE, B.: Changements de temps d'un processus markovien additif. Séminaire de Probabilités XI (Univ. Strasbourg), pp. 529-538. Lecture notes in Math. 581, Springer-Verlag, Berlin, 1977.

[7]. MAISONNEUVE, B.: Temps local et dénombrements d'excursions. Z. Wahrscheinlichkeitstheorie verw. Gebiete **52**. 109-113 (1980).

[8]. WILLIAMS, D.: On Lévy's downcrossing theorem. Z. Wahrscheinlichkeitstheorie verw. Gebiete **40**, 157-8 (1977).

[9]. WILLIAMS, D.: Diffusions, Markov Processes and Martingales, vol. 1: Foundations. Wiley, New York, 1979.

[10]. DOOB, D.L.: Stochastic Processes. Wiley, New York, 1953.

B. Maisonneuve
Université de Grenoble II
I.M.S.S.
47X-38040 Grenoble Cedex, France

# A DIRECT PROOF OF THE RAY-KNIGHT THEOREM

P. Mc GILL (*)

Of the several known proofs of the Ray-Knight theorem, the martingale stopping argument of ([3], problem 5, p. 74) and [2] is arguably the most elementary. Here we exploit what is essentially the same idea to give a proof which avoids explicit computations.

Let $(B_t)_{t \geq 0}$ be a Brownian motion started at zero. Its local time $L_t^a$ is given by the Doob-Meyer decomposition

$$|B_t - a| = |a| + L_t^a + \beta_t^a$$

where $\beta_t^a$ is a Brownian motion. The occupation density formula [1] gives

$$\int_0^t g(B_s)ds = \int_R g(a)\, L_t^a\, da.$$

Here $g$ is a bounded Borel function and we always assume that $L_t^a$ is the jointly continuous version. In the following, $T$ will always denote the stopping time : $\inf\{t \,/\, B_t = 1\}$.

Now define a process $(Z_a)_{a \geq 0}$ as the unique (positive) solution of the S.D.E

$$Z_a = 2\int_0^a \sqrt{|Z_b|}\, d\tilde{\beta}_b + 2\int_0^a 1_{\{0 \leq b \leq 1\}} db$$

Here $\tilde{\beta}_a$ is a Brownian motion and by [8] this equation has a unique $\tilde{\beta}_a$ adapted solution. $(Z_a)_{a \geq 0}$ is a diffusion. Let

$$m_0 = \inf\{a > 0 : Z_a = 0\}.$$

As remarked in [9], $(Z_a)_{0 \leq a \leq 1}$ is equivalent in law to $(X_t)_{0 \leq t \leq 1}$ where $X_t$ is a $BES^2(2)$ process. Therefore, by path continuity, $m_0$ is greater than one almost surely.

*Lemma 1* : $m_0$ is finite almost surely.

*Proof* : For $\alpha > 0$, let $u$ be the decreasing (strictly positive on $R^+$) solution of

$$2a\frac{d^2u}{da^2} = \alpha u$$

---

(*)

Dept. of Mathematics, New University of Ulster, Coleraine, N. Ireland

We can take $u(a) = \sqrt{2\alpha a}\ K_1(\sqrt{2\alpha a})$ where $K_1$ is the modified Bessel function so that (see [6] 5.7.12) $\lim_{a\to 0} u(a) = 1$. Now for $0 < \varepsilon < c$ if

$m^1_\varepsilon = \inf\{b \geq 1 ; \mathcal{Z}_b = \varepsilon\}$, we can use Itô's formula to check that

$$1_{\{a \geq 1\}}\, 1_{\{c < \mathcal{Z}_1\}}\, [u(\mathcal{Z}_a) \exp\{-\alpha(a-1)\} - u(\mathcal{Z}_1)]$$

is a bounded martingale. By stopping at $m^1_\varepsilon$, we get

$$E[\exp\{-\alpha m^1_\varepsilon\} ; c < \mathcal{Z}_1] = e^{-\alpha} E[\frac{u(\mathcal{Z}_1)}{u(\varepsilon)} ; c < \mathcal{Z}_1]$$

Letting $\varepsilon \to 0$, $\alpha \to 0$ and $c \to 0$ we find that $P[m_0 < +\infty] = 1$.

The next result is well-known.

*Lemma 2* : Let $g \geq 0$ be continuous with compact support on $\mathbb{R}$. The equation

$$f'' = 2fg \ ; \quad f'(-\infty) = 0 \ ; \quad f(0) = \delta > 0$$

has a unique (strictly positive, convex, increasing) solution.

*Theorem* (Ray [7], Knight [5]) : The process $(L^{1-a}_T, a \geq 0)$ has the same law as $(\mathcal{Z}_a, a \geq 0)$.

*Proof* : We show that for every continuous function $g \geq 0$ with compact support in $(-\infty, 1)$,

$$E[\exp\{-\int_{-\infty}^1 g(a)\, L^a_T\, da\}] = E[\exp\{-\int_0^\infty g(1-a)\, \mathcal{Z}_a\, da\}]$$

To do this, we use martingale stopping to calculate a more explicit form for each side of this equation.

L.H.S.: By *Lemma 2*, find $f$ with

$$f'' = 2gf \ ; \quad f'(-\infty) = 0 \ ; \quad f(0) = 1$$

By convexity, the martingale

$$f(B_t) \exp\{-\int_0^t g(B_s) ds\}$$

is uniformly integrable up to time $T$ so by the occupation density formula we get

$$E[\exp\{-\int_{-\infty}^1 g(a)\, L^a_T\, da\}] = \frac{1}{f(1)}$$

R.H.S. : By *Lemma 2* choose $v$ with

$$v'' = 2\, g(1-a)v \ ; \quad v(1) = 1 \ ; \quad v'(+\infty) = 0$$

Then $v(a) = f(1-a)$ for $a \geq 0$ and by Itô's formula

$$\frac{1}{v(a\wedge 1)} \exp\{Z_a \frac{v'}{2v}(a) - \int_0^a g(1-b)\, Z_b\, db\}$$

is a local martingale. It is uniformly integrable since $v' \leq 0$ hence by stopping at $m_0$ we have (since $Z_0 = 0$, $m_0 > 1$)

$$E\left[\exp\{-\int_0^\infty g(1-b)\, Z_b\, db\}\right] = \frac{1}{v(0)}$$

This completes the proof.

*Final Remark* : The above method applies equally well to any suitable diffusion $X_t$ with generator

$$\mathcal{G} = \tfrac{1}{2}\sigma^2(x)\frac{d^2}{dx^2} + \tau(x)\frac{d}{dx}$$

In this case we choose $f$ such that

$$\tfrac{1}{2}\sigma^2 f'' + \tau f' = fg\,\sigma^2 \;;\quad f(0) = 1 \;;\quad f'(-\infty) = 0$$

and we replace $Z_a$ by the solution of

$$W_a = 2\int_0^a \sqrt{|W_b|}\, d\beta_b + 2\int_0^a \left[1_{\{0 \leq b \leq 1\}} - W_b \frac{\tau(b)}{\sigma^2(b)}\right] db$$

The argument now proceeds as before. See [4], *Proposition 5*.

*Acknowledgement* : I wish to thank T. Jeulin for his invaluable help with both the proofs and the presentation.

REFERENCES :


[1] J. AZEMA and M. YOR : "En guise d'introduction". Soc. Math. France Astérisque 52-53, 3-16, (1978).

[2] J. AZEMA and M. YOR : "Une solution simple au problème de Skorokhod". Sem. Probab. XIII, Lecture Notes in Mathematics 721, 90-115, Springer (1979).

[3] K. ITO and H.P. Mc KEAN : "Diffusion Processes and their Sample Paths". Springer (1965).

[4] T. JEULIN and M. YOR : "Autour d'un théorème de Ray". Soc. Math. France Astérisque 52-53, 145-158, (1978).

[5] F. KNIGHT : "Random Walks and a sojourn density of Brownian motion". TAMS 109, 56-86, (1963).

[6] N. LEBEDEV : "Special functions and their applications". Prentice Hall (1965).

[7] D. RAY : "Sojourn times of diffusion processes". Ill. Journ. Math. 7, 615-630, (1963).

[8] T. YAMADA and S. WATANABE : "On the uniqueness of solutions of stochastic differential equations". J. Math. Kyoto Univ. 11, 155-167, (1971).

[9] T. SHIGA and S. WATANABE : "Bessel diffusions as a one-parameter family of diffusion processes". Z. für Wahr., 27, 37-46, (1973).

SUR LES DISTRIBUTIONS DE CERTAINES FONCTIONNELLES

DU MOUVEMENT BROWNIEN

T.Jeulin et M.Yor

## 1. Introduction.

Soit $(\Omega,\underline{\underline{F}},(\underline{\underline{F}}_t)_{t\geq 0},P)$ un espace de probabilité filtré usuel. Dans tout ce travail, $(X_t)_{t\geq 0}$ désigne un $(\underline{\underline{F}}_t)$ mouvement brownien réel, nul en 0 ; on note

(1.0) $\quad S_t = \sup_{s\leq t} X_s \quad (t\geq 0) \; ; \quad \sigma_a = \inf\{t \mid X_t = a\} \quad (a\geq 0).$

F.Knight ([13]) a explicité la transformée de Laplace de la loi conjointe de :

$$\left(\int_0^{\sigma_a} 1_{(-\infty,g(S_s))}(X_s)ds \; ; \int_0^{\sigma_a} 1_{(g(S_s);h(S_s))}(X_s)ds \; ; \int_0^{\sigma_a} 1_{(h(S_s),+\infty)}(X_s)ds \right)$$

pour $g,h : \mathbb{R}_+ \longrightarrow \mathbb{R}$, fonctions boréliennes vérifiant : $g(y)\leq h(y)\leq y$.

Le paragraphe 2 de ce travail est consacré à l'obtention, et à la généralisation de ces résultats, à l'aide de la construction de martingales convenables, associées au processus $(S_t)$ (pour de telles constructions, voir Kennedy [10] ; Azéma [2] ; Azéma-Yor [3],[4] ; Yor [22]).

Cette méthode a déjà permis à Azéma-Yor [4] de donner la solution explicite suivante au problème de Skorokhod :

si $\mu$ est une probabilité sur $\mathbb{R}$, ayant un moment d'ordre 1, et centrée, on note $\psi_\mu(x) = \dfrac{1}{\mu([x,\infty))} \displaystyle\int_{[x,\infty)} t\,d\mu(t)$, et $\phi_\mu$ son inverse continue à <u>droite</u> ( à l'instar de [4], où $\phi_\mu$ désignait l'inverse continue à gauche de $\psi_\mu$); le temps d'arrêt

(1.1) $\quad T\ (= T_\mu) = \inf\{t \mid S_t \geq \psi_\mu(X_t)\} = \inf\{t \mid \phi_\mu(S_t) \geq X_t\}$

est tel que $X_T$ a pour loi $\mu$, et $E[T] = \int x^2\, d\mu(x)$.

Si la formule (1.1) est simple, la loi du couple $(S_T,T)$ -dont la connaissance implique celle de $(X_T,T)$, car $X_T = \phi_\mu(S_T)$- l'est moins, comme en témoigne la formule suivante ([4]; formule (10)) :

soit $a\ (= a_\mu) = \inf\{x \mid \mu([x,\infty))\} = 0$, $\varphi(x) = x - \phi_\mu(x)$ ; pour tous $p,q > 0$,

(1.2) $E\left[\exp(-pS_T - \frac{q^2}{2}T)\right]$

$$= \exp-\int_0^a ds\,(p + q\coth q\,\varphi(s)) + q\int_0^a \frac{dx}{\operatorname{sh} q\,\varphi(x)} \exp(-\int_0^x ds\,(p + q\coth q\,\varphi(s))).$$

Toutefois, si $\mu = m_a \overset{\text{déf}}{=} \frac{1}{2a} 1_{[-a,+a]}(x)dx$ , la formule (1.1) devient :

(1.3) $R_a \overset{\text{déf}}{=} T_{m_a} = \inf\{t \mid 2S_t - X_t = a\}$ ;

de plus, on trouve, à l'aide de (1.2), que :

(1.4) $S_{R_a} = \frac{1}{2}(X_{R_a} + a)$ et $R_a$ sont indépendantes, et

(1.5) $E\left[\exp-\frac{q^2}{2}R_a\right] = \frac{qa}{\operatorname{sh} qa}$ .

Une démonstration directe de (1.5), puis (1.4), est fournie par le théorème de Pitman ([17]), à savoir : $Z_t = 2S_t - X_t$ est un processus de Bessel de dimension 3, et le fait que $S_t = \inf_{s \geq t} Z_s$ .

Revenant maintenant à la formule générale (1.2), on voit, avec un peu d'intuition, que l'on peut la réécrire partiellement en :

(1.6) $E\left[e^{-\lambda T} / S_T = x\right] = E\left[e^{-\lambda R_{\varphi(x)}}\right] . E\left[e^{-\lambda \sigma_x} / \sigma_x < T\right]$

pour tous $\lambda > 0$ , et $x \in \mathbb{R}$ .

La présence de $R_{\varphi(x)}$ dans cette dernière formule est expliquée par le résultat suivant, qui sera démontré, dans un cadre un peu plus général, au paragraphe 3: soit $\rho\ (=\rho_t) = \sup\{s \leq T \mid S_s = X_s\}$ . Conditionnellement à $\underline{\underline{F}}_{\rho-}$ , le processus $(S_\rho - X_{(t+\rho)\wedge T})$ est un processus de Bessel de dimension 3 , issu de 0, arrêté à son premier passage en $S_\rho - X_T$ .

On expliquera, dans le même paragraphe, la figuration de la loi conditionnelle de $\sigma_x$ , quand ($\sigma_x < T$), dans la formule (1.6), par un calcul général d'espérances conditionnelles de variables ($\underline{\underline{F}}_{\rho-}$) mesurables, $S_\rho$ (= $S_T$) étant donné.

Rappelons maintenant que, d'après la formule de Tanaka, il existe un second ($\underline{\underline{F}}_t$) mouvement brownien ($X'_t$), dont le processus des maxima locaux est noté ($S'_t$) tel que :

(1.7) $|X_t| = S'_t - X'_t$ , et $L_t = S'_t$ ,

où ($L_t$) désigne le temps local en 0 de ($X_t$) .

On retrouve ainsi l'égalité en loi des processus $(S_t - X_t ; S_t)$ et $(|X_t| ; L_t)$ ,dûe à Paul Lévy. Ceci permet à l'évidence de traiter les sujets décrits précédemment en remplaçant le couple $(S_t;X_t)$ par $(L_t;L_t-|X_t|)$. Le temps d'arrêt T qui figure en (1.1) apparaît alors comme un temps d'entrée de $(L_t;|X_t|)$ dans un ensemble borélien de $\mathbb{R}_+^2$ ; nous considèrerons en fait, plus généralement, certains temps d'entrée de $(L_t,X_t)$ dans des ensembles boréliens de $\mathbb{R}_+ \times \mathbb{R}$. Pour cette raison, nous adopterons <u>uniquement</u>, par la suite, la présentation avec le temps local. Par exemple, nous étendrons, au paragraphe 4, les résultats de F.Knight en calculant des expressions du type :

$$K(a,b,c) \overset{\text{déf}}{=} E\left[a(X_T,L_T)\exp\left\{-\int_0^{\rho} b(X_u,L_u)du \;-\; \int_{\rho}^{T} c(X_u,L_u)du\right\}\right]$$

où : a,b,c sont des fonctions boréliennes, positives, bornées sur $\mathbb{R} \times \mathbb{R}_+$,

$T = \inf\{t \mid (X_t,L_t) \in \Gamma\}$ , $\Gamma \in \underline{\underline{B}}(\mathbb{R} \times \mathbb{R}_+)$ ,

$\rho = \sup\{t < T \mid X_t = 0\}$ .

## <u>2.Sur les calculs de F.Knight</u> ([13]).

Nous donnons d'abord quelques formules de calcul stochastique dont découleront les résultats de ce paragraphe.

<u>Proposition (2.1)</u> (voir [22], par exemple) : <u>soit</u> H <u>un processus</u> $(\underline{\underline{F}}_t)$ <u>prévisible tel que</u> $\int_0^{\cdot} |H_s| dL_s$ <u>soit p.s. fini</u>. <u>Alors</u>, <u>on a l'égalité</u> :

$$(2.2) \qquad H_{G_t} X_t^+ = \int_0^t H_{G_s} 1_{(X_s>0)} dX_s + \frac{1}{2}\int_0^t H_s\, dL_s \quad ,$$

<u>où</u> $G_t = \sup\{s < t \mid X_s = 0\}$ .

Le résultat précédent s'applique en particulier au cas où $H_t\ (=H_{G_t}) = h(L_t)$, avec h fonction borélienne bornée. Nous serons amenés, plus généralement, à considérer les processus $f(L_t,X_t^+)$ , avec $f : \mathbb{R}_+ \times \mathbb{R}_+ \longrightarrow \mathbb{R}$ , borélienne, localement bornée.

Dans la suite, si $g : \mathbb{R}_{(+)} \longrightarrow \mathbb{R}$ est borélienne, et localement bornée, $[g'']$ désigne la dérivée seconde de g au sens des distributions.

<u>Proposition (2.1')</u> : <u>soit</u> $f : (\lambda,x) \longrightarrow f(\lambda,x)$ <u>définie sur</u> $\mathbb{R}_+^2$, <u>borélienne</u>, <u>localement bornée</u>, <u>et telle que</u> :

(i) <u>il existe</u> $\varphi : \mathbb{R}_+^2 \longrightarrow \mathbb{R}$ , <u>borélienne</u>, <u>localement bornée</u>, <u>telle que</u> :

$$\left[f''_{x^2}(\lambda,.)\right] = \varphi(\lambda,x)dx \quad ;$$

(ii) $f'_\lambda(.,0)$ <u>existe</u>, <u>et est localement intégrable sur</u> $\mathbb{R}_+$ .

<u>Alors</u>, <u>on a l'égalité</u> :

$$(2.3)\quad f(L_t,X_t^+) = f(0,0) + \int_0^t f'_x(L_s,X_s)1_{(X_s>0)}\,dX_s + \frac{1}{2}\int_0^t f'_x(L_s,0)\,dL_s$$
$$+ \frac{1}{2}\int_0^t \varphi(L_s,X_s)\,1_{(X_s>0)}ds + \int_0^t f'_\lambda(L_s,0)\,dL_s\ .$$

Il nous faut maintenant préciser quelques notations concernant les solutions de l'équation de Sturm-Liouville $(e_q)$ sur $\mathbb{R}_+$ associée à $q : \mathbb{R}_+ \longrightarrow \mathbb{R}_+$, borélienne, localement intégrable :

$$(e_q) \qquad [f''] = q(x)f(x)dx \quad .$$

$\alpha$) Pour $a \in \mathbb{R}_+^*$, $(T_q(x,a);x \geq 0)$ désigne la solution de $(e_q)$ telle que : $f(0) = 1$ ; $f(a) = 0$.

Rappelons que, si $f_1$ et $f_2$ sont deux solutions linéairement indépendantes de $(e_q)$, on a :

$$(2.4) \qquad T_q(x,a) = \frac{f_1(a)f_2(x) - f_1(x)f_2(a)}{f_1(a)f_2(0) - f_1(0)f_2(a)}$$

L'expression $\widetilde{T}_q(a) \overset{\text{déf}}{=} \dfrac{\partial T_q}{\partial x}(0+,a)$ joue un rôle important par la suite.

$\beta$) Il existe une unique solution $U_q : \mathbb{R}_+ \longrightarrow \mathbb{R}_+$ de $(e_q)$ sur $\mathbb{R}_+$, telle que :

$$(2.5) \qquad U_q(0) = 0 \quad ; \quad U'_q(0) \ \Big(\overset{\text{déf}}{=} \lim_{x \to 0_+} \frac{U_q(x)}{x}\Big) = 1 \ .$$

(Par un léger abus de notation, si q est définie sur $\mathbb{R}$, et à valeurs positives, on note encore $U_q$ l'unique solution de $(e_q)$ <u>sur $\mathbb{R}$</u> telle que :

$$U_q(0) = 0 \quad , \text{ et} \quad U'_q(0) \ \Big(\overset{\text{déf}}{=} \lim_{x \to 0} \frac{U_q(x)}{x}\Big) = 1 \ ).$$

$\gamma$) Il existe une unique solution positive, décroissante $F_q$ de $(e_q)$ telle que $F_q(0) = 1$.

<u>Remarques (2.6)</u> :

0) Dans le paragraphe 2, seule la fonction $F_q$ -parmi les fonctions $T_q, U_q, F_q$- sera utilisée de façon essentielle. Cependant, il nous a semblé préférable de présenter ces notations de façon groupée, même si les fonctions $T_q$ et $U_q$ n'apparaissent effectivement qu'au paragraphe 4.

1) Si q dépend mesurablement du paramètre $\lambda \in \mathbb{R}_+$, par exemple (i.e.: $(x,\lambda) \longrightarrow q(x,\lambda)$ est borélienne), les fonctions

$$T_q(x,a,\lambda) \overset{\text{déf}}{=} T_{q(.,\lambda)}(x,a) \ ; \ \widetilde{T}_q(a,\lambda) \overset{\text{déf}}{=} \widetilde{T}_{q(.,\lambda)}(a) \ ; \ U_q(x,\lambda) \overset{\text{déf}}{=} U_{q(.,\lambda)}(x) \ ;$$

$F_q(x,\lambda) \overset{\text{déf}}{=} F_{q(.,\lambda)}(x)$ sont boréliennes en $(x,a,\lambda)$.

2) Les fonctions $U_q$ et $F_q$ étant linéairement indépendantes, on déduit aisément de la formule (2.4) que :

$$(2.7) \quad T_q(x,a) = F_q(x) - \frac{F_q(a)}{U_q(a)} U_q(x) \quad ;$$

$$(2.7.1) \quad \tilde{T}_q(a) = F_q'(0) - \frac{F_q(a)}{U_q(a)} ,$$

d'où, puisque $U_q(a)$ tend vers l'infini avec a :

$$(2.7.2) \quad \tilde{T}_q(\infty -) = F_q'(0) .$$

Introduisons encore, pour $q : \mathbb{R} \longrightarrow \mathbb{R}$, les notations $q_+ = q\big|_{\mathbb{R}_+}$ ; $q_- = (q(-x), x \geq 0)$

On peut maintenant énoncer :

<u>Proposition (2.8)</u> : <u>soit</u> $\tau_\alpha = \inf\{t \mid L_t > \alpha\}$ $(\alpha > 0)$ <u>et</u> $b : \mathbb{R} \times \mathbb{R}_+ \longrightarrow \mathbb{R}_+$ <u>une fonction borélienne</u>, <u>bornée</u>. <u>Alors</u> :

$$(2.9) \quad E\left[\exp - \frac{1}{2}\int_0^{\tau_\alpha} b(X_u,L_u)du\right] = \exp \frac{1}{2}\int_0^{\alpha} du \left[F'_{b_+}(0,u) + F'_{b_-}(0,u)\right] .$$

<u>Démonstration</u> : introduisons la fonction B (sur $\mathbb{R}^3_+$) :

$$(2.10) \quad B(x,y,\lambda) = F_{b_+}(x,\lambda)F_{b_-}(y,\lambda) \exp -\frac{1}{2}\int_0^{\lambda} du \left[F'_{b_+}(0,u) + F'_{b_-}(0,u)\right] .$$

On montre alors aisément, à l'aide de la "formule d'Ito" (2.3), que le processus :

$$(2.11) \quad M_t = B(X_t^+, X_t^-, L_t) \exp - \frac{1}{2}\int_0^t b(X_u,L_u)\, du$$

est une $(\underline{\underline{F}}_t)$ martingale locale. Pour tout $\alpha > 0$, $(M_{t\wedge\tau_\alpha}, t \geq 0)$ est uniformément bornée, et on a donc : $E[M_{\tau_\alpha}] = E[M_0]$, ce qui implique immédiatement (2.9).

Dans le cas où $b(x,\lambda) \equiv b(x)$, la formule (2.9) se simplifie en :

$$(2.9') \quad E\left[\exp - \frac{1}{2}\int_0^{\tau_\alpha} b(X_u)du\right] = \exp \frac{\alpha}{2}\left[F'_{b+}(0) + F'_{b-}(0)\right] .$$

Inversement, il n'est pas difficile de retrouver la formule "générale" (2.9) à partir de (2.9') : en effet, d'après K.Itô [7], le processus des excursions du mouvement brownien en dehors de 0 est un processus de Poisson ponctuel de mesure caractéristique U . On a alors aisément :

$$E\left[\exp - \frac{1}{2}\int_0^{\tau_\alpha} b(X_u,L_u)du\right] = \exp \int_0^{\alpha} du \int U(d\omega)\left[\exp(-\frac{1}{2}\int_0^{T_0} b(X_s,u)ds) - 1\right] ,$$

où $T_0 = \inf\{s > 0 \mid X_s = 0\}$ , ce qui permet immédiatement d'identifier $[F'_{b_+}(0,u) + F'_{b_-}(0,u)]$ dans le cas général.

Remarques (2.12) :

1) La formule (2.9') n'est pas nouvelle, et figure, en fait, dans le paragraphe (6.2) de Itô-Mc Kean ([6]).

2) Plus généralement, la plupart des résultats de cet article, ainsi que la solution du problème de Skorokhod donnée en [4] , peuvent être obtenus comme application de la théorie des excursions d'Itô. Cette remarque nous a été faite, de façon indépendante, après la lecture de cet article, par M.Balkéma, J.Pitman, et L.Rogers (voir, en particulier [19]).

Examinons brièvement deux conséquences importantes de (2.9') :

(i) Réécrivons l'intégrale $\int_0^{\tau_\alpha} b(X_u)du$ comme $\int_{\mathbb{R}} da\, b(a)\, L^a_{\tau_\alpha}$ , où $(L^a_t \,;\, a \in \mathbb{R}, t \geq 0)$ désigne le processus (bi-continu) des temps locaux de $X$ . L'apparition de $F_{b_+}$ et $F_{b_-}$ dans le membre de droite traduit l'indépendance -bien connue- des processus $(L^a_{\tau_\alpha}, a \geq 0)$ , et $(L^a_{\tau_\alpha}, a \leq 0)$ .

(ii) De plus, (2.9') permet d'identifier, sans calculs explicites, à la manière de P.Mc Gill [15] , le processus $(L^a_{\tau_\alpha}, a \geq 0)$ comme diffusion (voir le théorème suivant). C'est ce type de résultat qui sert d'outil-clé à F.Knight en [13].

Théorème (2.13) (F.Knight, [11]) : le processus $(L^a_{\tau_\alpha}, a \geq 0)$ a pour loi celle du carré $(Z_t, t \geq 0)$ du processus de Bessel de dimension 0, issu de $Z_0 = \alpha$ .

Rappel (voir, par exemple, Shiga et Watanabe [20] ) : ce processus $(Z_t, t \geq 0)$ est caractérisé par les propriétés suivantes :
a) $Z_0 = \alpha$ ; b) $(Z_t)$ est une martingale locale, positive, continue, de processus croissant ( $4\int_0^t Z_u du$ ). En conséquence, $(Z_t)$ est absorbé en 0 .

Démonstration du théorème : soit $(Z_t)$ le processus caractérisé par a) et b). Il s'agit de montrer que, pour toute fonction $b : \mathbb{R}_+ \longrightarrow \mathbb{R}_+$ , bornée, on a :

$$(*) \quad E\left[\exp - \frac{1}{2}\int b(a) Z_a da\right] = \exp \frac{\alpha}{2} F'_b(0) \ .$$

Or, on montre facilement, par application du calcul d'Itô, que :

$$N_t \overset{\text{déf}}{=} \exp\left\{ Z_t \frac{F'_b(t)}{2F_b(t)} - \frac{1}{2}\int_0^t b(a) Z_a \, da \right\}$$

est une $\underset{=}{Z}_t = \sigma\{Z_s, s \leq t\}$ martingale locale, bornée par 1. D'où : $E[N_\infty] = E[N_0]$ ce qui est précisément l'égalité (*).

On se propose maintenant d'expliciter $\tilde{T}_q$ et $U_q$ dans de nombreux cas importants, en particulier lorsque q est constante par morceaux, ce qui permet de retrouver, et de généraliser (pour tout $n \in \mathbb{N}$ ) les résultats de Knight, qui considère en [13] (pour $n \leq 2$) les fonctions :

$$(2.14)\ b(x,\lambda) = a_1^2 1_{(0<x<k_1(\lambda))} + a_2^2 1_{(k_1(\lambda)\leq x < k_2(\lambda))} + \dots + a_{n+1}^2 1_{(k_n(\lambda)\leq x)}$$

où : $a_i \geq 0$, et $k_i : \mathbb{R}_+ \longrightarrow \mathbb{R}_+$ est une suite croissante de fonctions boréliennes $(i \leq n+1)$ .

Les formules en question sont : si $0 < u < x$ ,

$$(2.15)\quad \tilde{T}_q(x) = \tilde{T}_q(u) + \frac{\frac{\partial}{\partial x}\Big|_{x=u} (T_q(x,u))}{U_q(u)\, \tilde{T}_{q(.+u)}(x-u) - U'_q(u)}$$

$$(2.16)\quad U_q(x) = U'_q(u)\, U_{q(.+u)}(x-u) - U_q(u)\, \tilde{T}_{q(.+u)}(x-u)\, U_{q(.+u)}(x-u) .$$

Dans le cas où $q(x) = m^2$ $(m \neq 0)$, on a :

$$(2.17.1)\quad U_{m^2}(x) = \frac{\operatorname{sh}(mx)}{x}$$

$$(2.17.2)\quad T_{m^2}(x,a) = \frac{\operatorname{shm}(a-x)}{\operatorname{shma}} \quad ; \quad \tilde{T}_{m^2}(a) = -m \operatorname{cothma} .$$

Afin de calculer $\tilde{T}_b(\infty-,\lambda) = F'_b(0,\lambda)$, pour b donnée par la formule (2.14), on étudie tout d'abord ce que devient la formule (2.15) lorsque $q(x) \equiv m^2$ sur $(0,u)$. On a alors, d'après les formules (2.17.1) et (2.17.2), pour $u < x$ :

$$(2.15.1)\quad \tilde{T}_q(x) = m \left\{ \frac{\tilde{T}_{q(.+u)}(x-u) - m \operatorname{thmu}}{m - \tilde{T}_{q(.+u)}(x-u)\operatorname{thmu}} \right\} ,$$

et donc, si $H_q \overset{\text{déf}}{=} -\tilde{T}_q(\infty-)$ $(= -F'_q(0))$, on a :

$$(2.15.2)\quad H_q = m \left\{ \frac{H_{q(.+u)} + m \operatorname{th}(mu)}{m + H_{q(.+u)}\operatorname{th}(mu)} \right\} .$$

Remarque (2.18) : notons $\mathbb{P}^{\alpha}$ la loi du processus $(Z_t)_{t\geq 0}$ qui figure dans l'énoncé du théorème (2.13). Remarquons que le relation de récurrence (2.15.2) n'est qu'une traduction -via (2.9')- de l'égalité :

$$\mathbb{E}^{\alpha}\left[\exp -\frac{1}{2}\left\{m^2\int_0^u da\ Z_a + \lambda Z_u\right\}\right] = \exp -\frac{\alpha m}{2}\left\{\frac{\lambda + m\ \mathrm{thmu}}{m + \lambda\,\mathrm{thmu}}\right\} \quad (m \neq 0; \lambda \geq 0).$$

Remarquons encore que l'on peut retrouver, à partir de cette dernière formule, l'expression de la transformée de Laplace conditionnelle de $\int_0^u da\ Z_a$, étant donné $Z_u$, expression calculée par F.Knight en ([12],theorem 2.2).

b étant maintenant définie par (2.14), définissons $\bar{H}_{n+1}(\lambda) = a_{n+1}$, puis par récurrence pour $1 \leq j \leq n$, les fonctions :

$$(2.19) \qquad \bar{H}_j(\lambda) = a_j\left\{\frac{\bar{H}_{j+1}(\lambda) + a_j\ \mathrm{th}(a_j(k_j - k_{j-1})(\lambda))}{a_j + \bar{H}_{j+1}(\lambda)\ \mathrm{th}(a_j(k_j-k_{j-1})(\lambda))}\right\} \qquad (k_0(\lambda) = 0)\ ;$$

on a alors : $\bar{H}_1(\lambda) = H_{b(.,\lambda)}$ .

(La formule de récurrence (2.19) est suggérée très clairement par les expressions qui apparaissent dans les calculs de [13]).

Pour terminer, nous calculons les fonctions $U_q$ et $F_q$ , pour $q(x) = k^2|x|^{2p-2}$ $(k>0, 2p>1)$. On a alors : $q_+ = q_-$ (que l'on notera simplement $q$ ). Deux solutions linéairement indépendantes de $(e_q)$ sont :

$$f_1(x) = \sqrt{x}\ \ I_{1/2p}\left(\frac{k}{p}x^p\right) \quad ; \quad f_2(x) = \sqrt{x}\ \ K_{1/2p}\left(\frac{k}{p}x^p\right) .$$

Notons : $\nu = 1/2p$ , $\tilde{x} = \frac{k}{p}x^p$ .

A l'aide des équivalents de $I_\nu$ et $K_\nu$ en $x = 0$, et des relations de récurrence classiques entre fonctions de Bessel, on trouve aisément :

$$f_1(0) = 0\ ;\ f_1'(0) = \frac{1}{\Gamma(\nu+1)}(k\nu)^{\nu} \qquad \left(\text{d'où : } U_q(x) = \frac{f_1(x)}{f_1'(0)}\right);$$

$$f_2(0) = \frac{\Gamma(\nu)}{2(k\nu)^{\nu}} \qquad \left(\text{ et donc : } F_q(x) = \frac{f_2(x)}{f_2(0)}\right);$$

$$f_2'(x) = -\frac{\tilde{x}}{2\nu\sqrt{x}}\,K_{\nu-1}(\tilde{x}),\ \text{d'où}\ f_2'(0) = -\frac{\Gamma(1-\nu)}{2\nu}(k\nu)^{\nu},$$

et finalement : $-F_q'(0) = c_\nu\,(k^2)^{\nu}$ , avec :

$$c_\nu = \frac{\Gamma(1-\nu)}{\Gamma(\nu)}\ \nu^{2\nu-1} = \frac{\pi}{\nu\sin(\nu\pi)}\left(\frac{\nu^{\nu}}{\Gamma(\nu)}\right)^2 .$$

On trouve donc, d'après la formule (2.9'), après changement de $k^2$ en $k \geq 0$ :

$$E\left[ \exp - \frac{k}{2} \int_0^{\tau_\alpha} |X_u|^{2p-2} du \right] = \exp(-\alpha c_\nu k^\nu),$$

autrement dit : le processus $( \int_0^{\tau_\alpha} |X_u|^{2p-2} du \,;\, \alpha \geq 0 )$ est le "one-sided stable process, with exponent $\nu$, and rate $2^\nu c_\nu$". A nouveau, ce résultat figure, à un changement de temps près, en haut de la page 226 de Itô-Mc Kean [6]. Signalons encore que Molchanov-Ostrovski [16] montrent que, si $(\gamma_t, t \geq 0)$ désigne l'inverse continu à droite d'un temps local en 0 pour le processus de Bessel d'indice $a \in (-1,0)$ (défini avec le point 0 comme barrière instantanément réfléchissante), alors, $(\gamma_t, t \geq 0)$ est un "one-sided stable process, with exponent $\nu = -a$". Ce résultat découle du précédent lorsque l'on a remarqué que, si $(B_t)$ désigne le mouvement brownien réel, issu de 0, alors, pour tout $p > 1/2$, le processus $( \frac{1}{p} |B_t|^p, t \geq 0)$, changé de temps avec l'inverse de la fonctionnelle additive $(A_t = \int_0^t |B_u|^{2p-2} du)$ est le processus de Bessel d'indice $(-\nu)$, si $\nu = 1/2p$ (processus défini toujours avec 0 pour barrière instantanément réfléchissante).

## 3. Une décomposition des trajectoires du mouvement brownien.

L'explication de la formule (1.6) -annoncée dans l'introduction- est fondée ici sur des techniques de grossissement de filtration (voir, par exemple, M. Barlow [5], T. Jeulin et M. Yor [9], ou, pour un ensemble complet de résultats, T. Jeulin [8]), techniques que nous rappelons brièvement.

On utilisera deux types de grossissement de la filtration $(\underline{\underline{F}}_t)$, à savoir :

- si $\rho$ est la fin d'un ensemble $(\underline{\underline{F}}_t)$ optionnel, $(\underline{\underline{F}}_t^\rho)$ désigne la plus petite filtration contenant $(\underline{\underline{F}}_t)$ et faisant de $\rho$ un temps d'arrêt.
- si U est une v.a. $\underline{\underline{F}}_\infty$-mesurable, on définit $\underline{\underline{F}}_t^{\sigma(U)}$ comme $\bigcap_{s>t} (\underline{\underline{F}}_s \vee \sigma(U))$.

Les rappels en question sont concentrés dans les deux énoncés ci-dessous.

__Lemme (3.1)__ : __soit__ T __un__ $(\underline{\underline{F}}_t)$ __temps d'arrêt fini, totalement inaccessible sur__ $(T > 0)$, __et__ $(A_t)$ __la__ $(\underline{\underline{F}}_t)$ __projection duale prévisible de__ $1_{(0 < T \leq t)}$. __Alors__ :

a) A __est continu, et__ $T = \inf\{t \mid A_t = A_T\} = \sup\{t \mid A_t = A_T\}$ (Azéma [1]).

b) (Azéma [1]) __La distribution de__ $A_T$ ( __sur__ $\mathbb{R}_+$ ) __est__ :

$$P[T=0]\ \varepsilon_0(dt) + P[T>0]\ \exp(-t)\, dt .$$

c) __Soit__ U __une variable__ $(\underline{\underline{F}}_T)$ __mesurable__ (__éventuellement triviale__) __telle que les__ tribus $\sigma(U)$ et $(\underline{\underline{F}}_{T-})$ soient indépendantes, conditionnellement à $A_T$. Alors, si

$(\underline{\underline{G}}_t) \overset{\text{déf}}{=} (\underline{\underline{F}}_t^{\sigma(A_T;U)})$,

(i) T est un $(\underline{\underline{G}}_t)$ temps d'arrêt prévisible ;

(ii) toute $(\underline{\underline{F}}_t)$-semi-martingale est une $(\underline{\underline{G}}_t)$-semi-martingale ;

(iii) les $(\underline{\underline{F}}_t)$ martingales locales continues en T restent des $(\underline{\underline{G}}_t)$ martingales locales.

Nous préparons maintenant les notations pour la proposition suivante : soit $\rho$ la fin d'un ensemble $(\underline{\underline{F}}_t)$ optionnel ; Z désigne la projection $(\underline{\underline{F}}_t)$ optionnelle de $1_{[0,\rho[}$ et A l'unique processus croissant $(\underline{\underline{F}}_t)$ prévisible, nul en 0, tel que $M \overset{\text{déf}}{=} Z + A$ soit une $(\underline{\underline{F}}_t)$ martingale.

Proposition (3.2) : soit $\rho$ la fin d'un ensemble $(\underline{\underline{F}}_t)$ optionnel tel que $P[0 < \rho = T] = 0$, pour tout $(\underline{\underline{F}}_t)$ temps d'arrêt T. Alors :

a) $\rho$ est un $(\underline{\underline{F}}_t^{\rho})$ temps d'arrêt, totalement inaccessible sur $(\rho > 0)$ ; la projection duale $(\underline{\underline{F}}_t^{\rho})$ prévisible de $1_{(0<\rho\leq t)}$ est A ; $A_\infty = A_\rho$ ;

b) $\rho$ est un $(\underline{\underline{F}}_t^{\sigma(A_\infty)})$ temps d'arrêt prévisible ; en particulier, $\underline{\underline{F}}_t^{\rho} \subset \underline{\underline{F}}_t^{\sigma(A_\infty)}$, pour tout t ; $\underline{\underline{F}}_{\rho-} = \underline{\underline{F}}^{\rho}_{\rho-} = \underline{\underline{F}}^{\sigma(A_\infty)}_{\rho-}$, où, pour toute filtration $(\underline{\underline{G}}_t)$, on note :

$\underline{\underline{G}}_{\rho-} \overset{\text{déf}}{=} \sigma\left\{Z_\rho 1_{(\rho<+\infty)} \mid Z \ (\underline{\underline{G}}_t) \text{ prévisible}\right\}$ .

c) Soit U une variable $(\underline{\underline{F}}_{\rho+} \overset{\text{déf}}{=} \sigma\{Z_\rho \mid Z \ (\underline{\underline{F}}_t) \text{ progressivement mesurable}\})$ mesurable (éventuellement triviale) telle que les tribus $\sigma(U)$ et $\underline{\underline{F}}_{\rho-}$ soient conditionnellement indépendantes par rapport à $A_\infty$ $(= A_\rho)$.

Alors, si $\underline{\underline{G}}_t \overset{\text{déf}}{=} \underline{\underline{F}}_t^{\sigma(A_\infty;U)}$, et si $(N_t)$ est une $(\underline{\underline{F}}_t)$ martingale locale,

$$(3.3) \quad \bar{N}_t = N_t - \int_0^{t\wedge\rho} \frac{d\langle N,M\rangle_s}{Z_{s-}} + \int_0^t 1_{(\rho<s)} \frac{d\langle N,M\rangle_s}{1 - Z_{s-}}$$

est une $(\underline{\underline{G}}_t)$ martingale locale (et donc, a fortiori, une $(\underline{\underline{F}}_t^{\rho})$ martingale locale).

Les assertions qui figurent dans cette proposition sont :

- purement des résultats de grossissement, si elles s'expriment en termes de la filtration $(\underline{\underline{F}}_t^{\rho})$ ;
- des applications du lemme (3.1), où l'on a remplacé le couple $(T,(\underline{\underline{F}}_t))$ par $(\rho,(\underline{\underline{F}}_t^{\rho}))$, si elles s'expriment en termes d'une filtration contenant $(\underline{\underline{F}}_t^{\rho})$.

Venons en maintenant à notre propos. Soient H et K deux processus prévisibles positifs tels que :

3.i) $\int_0^{\cdot} (H_s+K_s)\, dL_s$ est p.s. fini ;

3.ii) $\int_0^{\infty} (H_s+K_s)\, dL_s = +\infty$ ,p.s.

On définit $G_t = \sup\{ s < t \mid X_s = 0 \}$ $(t > 0)$ ;
$T = \inf\{ t \mid H_{G_t} X_t^+ + K_{G_t} X_t^- = 1 \}$ , et $\rho = G_T$ .

Il suffirait pour "expliquer" la formule (1.6) de prendre $H = K$ (cette hypothèse simplifie également la présentation, mais le cas général n'est pas plus difficile à traiter).

Le lemme suivant nous permettra d'appliquer la proposition (3.2) au temps $\rho$ .

Lemme (3.4) : a) $T$ est p.s. fini .

b) Avec les notations qui précèdent la proposition (3.2), on a :

$Z\ (= M - A\ ) = \ (1 - H_{G_\cdot} X^+ - K_{G_\cdot} X^-)\, 1_{[0,T[}$ , avec :

$$A_t = \frac{1}{2}\int_0^{t\wedge T} (H_s+K_s)\, dL_s \ ;$$

$$M_t = 1 - \int_0^{t\wedge T} dX_s \,(1_{(X_s>0)}H_{G_s} - 1_{(X_s<0)}K_{G_s}) \ .$$

c) Pour tout $(\underline{\underline{F}}_t)$ temps d'arrêt $V$ , $P[\rho = V] = 0$ .

Démonstration : a) D'après la formule (2.2), on a :

$$(3.5)\ H_{G_{t\wedge T}} X^+_{t\wedge T} + K_{G_{t\wedge T}} X^-_{t\wedge T} = \int_0^{t\wedge T} dX_s\,(1_{(X_s>0)}H_{G_s} - 1_{(X_s<0)}K_{G_s}) + \frac{1}{2}\int_0^{t\wedge T} (H_s+K_s)\, dL_s \ .$$

Le membre de gauche étant borné par 1 , $\int_0^T (H_s+K_s)\, dL_s$ est intégrable ; $T$ est donc fini, d'après 3.ii).

b) Il suffit, d'après l'égalité (3.5), de montrer que $1_{(\rho \leq t)}$ admet

$$A_t \overset{\text{déf}}{=} \frac{1}{2}\int_0^{t\wedge T} (H_s+K_s)\, dL_s$$ pour $(\underline{\underline{F}}_t)$ projection duale prévisible.

Soit donc $(U_t)$ un processus $(\underline{\underline{F}}_t)$ prévisible, borné, positif. Quitte à remplacer le couple $(H,K)$ par $(UH,UK)$ en (3.2), il vient :

$E[U_\rho] = E\left[U_{G_T}(H_{G_T}X_T^+ + K_{G_T}X_T^-)\right] = E\left[\int_0^T U_s\, dA_s\right]$ , d'où le résultat cherché.

c) L'égalité $Z_\rho = 1$ implique (cf. [9]) $P[\rho = V] = 0$, pour tout $(\underline{\underline{F}}_t)$ temps d'arrêt V .

Une conséquence immédiate de la proposition (3.2,c) est que : pour toute $(\underline{\underline{F}}_t)$ martingale locale N , le processus

$$(3.6)\quad \bar{N}_t = N_t + \int_0^{t\wedge\rho} \frac{d\langle N,M\rangle_s}{Z_{s-}} - \int_0^{t\wedge T} 1_{(\rho < s)} \frac{d\langle N,X\rangle_s}{X_s}$$

est une $(\underline{\underline{F}}_t^{\sigma(A_\infty)})$ martingale locale.

Le résultat principal de ce paragraphe est le :

<u>Théorème (3.7)</u> :
a) $P[X_T > 0 \mid \underline{\underline{F}}_{\rho-}] = \dfrac{H_\rho}{H_\rho + K_\rho}$ ; $P[X_T < 0 \mid \underline{\underline{F}}_{\rho-}] = \dfrac{K_\rho}{H_\rho + K_\rho}$

b) <u>Conditionnellement à</u> $\underline{\underline{F}}_{\rho-}$ , <u>et à l'ensemble</u> $(X_T > 0)$ (<u>resp</u>. $(X_T < 0)$, <u>le processus</u> $X_{(t+\rho)\wedge T}$ , <u>resp</u>. $- X_{(t+\rho)\wedge T}$ , <u>est un processus de Bessel de dimension</u> 3, <u>issu de</u> 0, <u>arrêté à son premier passage en</u> $H_\rho^{-1}$ , <u>resp</u>. $K_\rho^{-1}$.

<u>Remarque (3.8)</u> : Dans le cas où H = 1 , et K = 0 , ce qui implique $T = \inf\{t \mid X_t = 1\}$, le théorème (3.7) a été obtenu par D.Williams [21] .

<u>Démonstration du théorème</u> :

a) Soit $(U_t)$ un processus $(\underline{\underline{F}}_t)$ prévisible borné ; d'après (2.2) et (3.4), on a :

$$E[U_\rho ; X_T > 0] = E\left[U_{G_T} H_{G_T} X_T^+\right] = \frac{1}{2} E\left[\int_0^T U_s H_s \, dL_s\right]$$

$$= E\left[\int_0^\infty U_s \frac{H_s}{H_s + K_s} dA_s\right] = E\left[U_\rho \frac{H_\rho}{H_\rho + K_\rho}\right] .$$

b) Le résultat cherché découle immédiatement de la formule (3.6), appliquée à N = X , et de la caractérisation du processus de Bessel de dimension 3 , comme solution de l'équation stochastique : $dy_t = d\beta_t + \dfrac{dt}{y_t}$ ; $y_t > 0$ $(t > 0)$ , où $(\beta_t)$ est un mouvement brownien réel.

Si l'on adopte, avec les notations de (1.7), une présentation avec le mouvement brownien $X_t' = L_t - |X_t|$ , et $S_t' = L_t$ , on obtient, dans le cas où H = K :

<u>Corollaire (3.9)</u> : <u>Conditionnellement à</u> $\underline{\underline{F}}_{\rho-}$ , <u>le processus</u> $S_\rho' - X_{(t+\rho)\wedge T}$ <u>est un processus de Bessel de dimension</u> 3 , <u>issu de</u> 0 , <u>arrêté à son premier passage en</u> $H_\rho^{-1}$ .

Conservons, très provisoirement, les notations du corollaire (3.9) pour commencer l'explication de la formule (1.6). On a, d'après ce corollaire, en écrivant $T = (T-\rho) + \rho$ :

$$E\left[\exp(-\lambda T)/S'_\rho = s;\ H_\rho^{-1} = v\right] = E\left[\exp-\lambda R_v\right]\ E\left[\exp(-\lambda\rho)\ /\ S'_\rho = s\ ;\ H_\rho^{-1} = v\right] .$$

Pour terminer l'explication de la formule (1.6), nous sommes donc amenés de façon naturelle à étudier (en particulier) les lois conditionnelles de variables $(\underline{\underline{F}}_{\rho-})$ mesurables, $L_T = L_\rho$ étant donné (rappelons que $S'_t \equiv L_t$ ).

Introduisons les temps d'arrêt $T_u = \inf\{t \mid L_t = u\}$ $(u > 0)$, et les processus $(\underline{\underline{F}}_t)$ prévisibles : $\lambda'_t = \frac{1}{2}(H_t+K_t)$ , et $\lambda_t = \lambda'_t 1_{(t\leq T)}$. On a alors, dans le cadre général de notre étude , la :

<u>Proposition (3.10)</u> : <u>Soit</u> $(U_t, t\geq 0)$ <u>un processus</u> $(\underline{\underline{F}}_t)$ <u>prévisible positif</u>. <u>Alors</u> :

a) (3.11) $$E\left[U_\rho\ /\ L_\rho = u\right] = \frac{E\left[U_{T_u}\ \lambda_{T_u}\right]}{E\left[\lambda_{T_u}\right]}$$ (<u>avec la convention</u> $0/0 = 0$ ).

b) (3.12) $$E\left[U_\rho;(X_T>0)\ /\ L_\rho = u\right] = \frac{E\left[U_{T_u}\ (1/2\ H_{T_u})\ ;T_u\leq T\right]}{E\left[\lambda_{T_u}\right]}$$

Remarquons que, si $V$ désigne un second processus prévisible positif, on a, en conséquence de la formule (3.11) :

(3.11.1) $$E\left[U_\rho\ /\ L_\rho = u\ ;\ V_\rho = v\right] = \frac{E\left[U_{T_u}\ \lambda_{T_u}\ /\ V_{T_u} = v\right]}{E\left[\lambda_{T_u}\ /\ V_{T_u} = v\right]}$$

En particulier, il vient, avec $V = \lambda'$ :

(3.11.2) $$E\left[U_\rho\ /\ L_\rho = u\ ;\ \lambda'_\rho = v\right] = \frac{E\left[U_{T_u}\ 1_{(T_u\leq T)}\ /\ \lambda'_{T_u} = v\right]}{P\left[T_u\leq T\ /\ \lambda'_{T_u} = v\right]} .$$

<u>Démonstration de la proposition</u> :

a) D'après le lemme (3.4,b), on a, pour toute fonction borélienne $a : \mathbb{R}_+ \longrightarrow \mathbb{R}_+$ :

$$E\left[U_\rho\ a(L_\rho)\right] = E\left[\int_0^\infty U_s\,\lambda_s\, a(L_s)\, dL_s\right] = E\left[\int_0^\infty U_{T_u}\,\lambda_{T_u}\, a(u)\, du\right] ,$$

d'où l'on déduit aisément la formule (3.11).

b) La formule (3.12) découle de (3.11), via l'égalité : $P\left[X_T>0\,|\,\underline{\underline{F}}_{\rho-}\right] = \dfrac{H_\rho}{H_\rho+K_\rho}$

(cf. théorème (3.7,a)).

Remarquons que, lorsque le processus $\lambda'$ est de la forme $f(L_\cdot)$, avec

$f : \mathbb{R}_+ \longrightarrow \mathbb{R}_+$, borélienne, la formule (3.11.2) se simplifie en :

$$(3.11.3) \quad E\left[U_\rho / L_\rho = u\right] = \frac{E\left[U_{T_u} \; ; \; T_u \leqslant T\right]}{P\left[T_u \leqslant T\right]} .$$

L'explication de l'égalité (1.6) est (a fortiori) terminée.

Il peut également être intéressant de connaitre les lois conditionnelles de variables $(\underline{\underline{F}}_{\rho-})$ mesurables, $\rho$ étant donné. Pour ce faire, plaçons nous sur l'espace canonique $\Omega = C(\mathbb{R}_+,\mathbb{R})$, muni de la mesure de Wiener $W_0$. $(X_t)$ désigne maintenant le processus des coordonnées, et $(\underline{\underline{F}}_t)$ est ici la filtration naturelle de $(X_t)$. On a alors la

__Proposition (3.13)__ ([18]) : __Soit__ $\rho : \Omega \longrightarrow \mathbb{R}_+$ __une variable aléatoire__ $(\underline{\underline{F}}_\infty)$ __mesurable, telle que la projection duale prévisible de__ $1_{(0 < \rho \leqslant t)}$ __soit__ $\int_0^t \lambda_s \, dL_s$ , __où__ $(\lambda_s)$ __est un processus__ $(\underline{\underline{F}}_t)$ __prévisible positif. Alors, on a, pour tout processus__ $(\underline{\underline{F}}_t)$ __prévisible positif__ $(U_t, t \geqslant 0)$ :

$$(3.14) \quad E\left[U_\rho / \rho = t\right] = \frac{W_0^{t,0}\left[U_t \lambda_t\right]}{W_0^{t,0}\left[\lambda_t\right]} ,$$

__où__ $W_0^{t,0}$ __désigne la loi, sur__ $\underline{\underline{F}}_t$ , __du pont brownien entre__ 0 __et__ t , __valant__ 0 __aux deux extrémités__.

Si V désigne un second processus prévisible positif, on a donc :

$$(3.14.1) \quad E\left[U_\rho / \rho = t \; ; \; V_\rho = v\right] = \frac{W_0^{t,0}\left[U_t \lambda_t / V_t = v\right]}{W_0^{t,0}\left[\lambda_t / V_t = v\right]} ,$$

formule qui, dans le cas où V = L , ou $\lambda'$ , peut (éventuellement) être aussi utile que (3.11.1).

## __4. Une nouvelle extension des résultats de F.Knight__ ([13]).

On suppose maintenant que $H = h(L)$ , $K = k(L)$ , où $h,k : \mathbb{R}_+ \longrightarrow \overline{\mathbb{R}}_+$ sont des fonctions boréliennes finies sur $[0,\alpha[$ $(0 < \alpha \leqslant \infty)$, et identiquement égales à $(+\infty)$ sur $[\alpha,\infty[$. On suppose en outre que :

4.i) $\forall\, x < \alpha$ , $\int_0^x (h+k)(u)du < \infty$ ; 4.ii) $\int_0^\infty (h+k)(u)du = +\infty$ .

L'introduction de $\alpha$ (éventuellement $+\infty$ !) est nécessaire pour englober dans le cadre du problème de Skorokhod le cas où $a_\mu < +\infty$ ; on peut prendre, en effet, dans ce cas :

$h(x) = k(x) = (x-\phi_\mu(x))^{-1}$ , si $x < a_\mu$ ; $+\infty$ , si $x \geqslant a_\mu$ .

On modifie en conséquence la définition de T en $T' = T\wedge T_\alpha$ et de $\rho$ en $\rho' = \sup\{s\leq T' \mid X_s = 0\}$ . Les résultats obtenus dans le paragraphe 3 restent valides lorsque l'on remplace le couple $(\rho,T)$ par $(\rho',T')$, hormis le fait que la projection duale prévisible de $1_{(0<\rho'\leq t)}$ est :

$$A'_t = \frac{1}{2}\int_0^{t\wedge T'} (h+k)(L_s)\,dL_s + 1_{(T_\alpha = T'\leq t)} \quad .$$

La distribution explicite de $(L_{T'})$ est une conséquence facile du lemme (3.1,b). On trouve :

$$(4.1)\quad P[L_{T'}\in du] = \frac{du}{2}\,(h+k)(u)\exp(-\frac{1}{2}\int_0^u (h+k)(v)dv)\,1_{(0\leq u<\alpha)}$$
$$+\ \varepsilon_\alpha(du)\exp(-\frac{1}{2}\int_0^\alpha (h+k)(v)dv) \quad .$$

Introduisons maintenant la plus petite filtration $(\underline{\underline{G}}_t)_{t\geq 0}$ telle que $L_{T'}$ et $(X_{T'}>0)$ soient $\underline{\underline{G}}_0$ mesurables ( $X_{T'}$ sera alors $\underline{\underline{G}}_0$ mesurable!), et $\underline{\underline{G}}_t\supset\underline{\underline{F}}_t$ , pour tout t . De l'égalité $P[X_{T'}>0\mid \underline{\underline{F}}_{\rho'-}] = (\dfrac{h}{h+k}\,1_{(0,\alpha)})(L_{\rho'})$ (théorème (3.7,a)), et de la proposition (3.2,c), on déduit que, si $(N_t)$ est une $(\underline{\underline{F}}_t)$ martingale locale, le processus $(\bar{N}_t)$ qui figure en (3.6), soit :

$$(4.2)\quad \bar{N}_t = N_t + \int_0^{t\wedge\rho'} (1_{(X_s>0)}\frac{h(L_s)}{1-X_s^+h(L_s)} - 1_{(X_s<0)}\frac{k(L_s)}{1-X_s^-k(L_s)})\ d\langle N,X\rangle_s$$
$$-\int_0^{t\wedge T'} 1_{(\rho'<s)}\,\frac{d\langle N,X\rangle_s}{X_s}$$

est une $(\underline{\underline{G}}_t)$ martingale locale (par rapport à (3.6), on a explicité ici la martingale locale M ; cf. lemme (3.4,b)).

On déduit maintenant de la forme des $(\underline{\underline{G}}_t)$ martingales locales (4.2) et de la formule d'Itô (2.3), l'extension suivante des formules (2.10) et (2.11) :

__Proposition (4.3)__ : a) __Soit__ b : $\mathbb{R}\times\mathbb{R}_+\longrightarrow\mathbb{R}_+$ , __borélienne__, __bornée__. __Si__ B __est la fonction définie sur__ $\mathbb{R}_+^3$ __par__ :

$B(x,y,\lambda) = 0$ , __si__ $xh(\lambda)\geq 1$ __ou__ $yk(\lambda)\geq 1$ ,

$$= \frac{T_{b_+}(x,h^{-1}(\lambda),\lambda)}{1-xh(\lambda)}\cdot\frac{T_{b_-}(y,k^{-1}(\lambda),\lambda)}{1-yk(\lambda)}\exp-\frac{1}{2}\int_0^\lambda du\left[(h+k)(u)+\tilde{T}_{b_+}(h^{-1}(u),u)+\tilde{T}_{b_-}(k^{-1}(u),u)\right]$$

__sinon__ (__on fait__, __en outre__, __la convention__ $1/0 = +\infty$ ) ; __alors__ :

$$\frac{B(X^+_{t\wedge\rho'},X^-_{t\wedge\rho'},L_{t\wedge\rho'})}{B(0,0,L_{T'})}\exp-\frac{1}{2}\int_0^{t\wedge\rho'} b(X_u,L_u)\,du$$

__est une__ $(\underline{\underline{G}}_t)$ __martingale uniformément intégrable.__

b) __Soit__ $c : \mathbb{R} \times \mathbb{R}_+ \longrightarrow \mathbb{R}_+$ , __borélienne, bornée. Alors,__

$$1_{(\rho' \leq t)} \frac{X_{T'}}{X_{t\wedge T'}} \frac{U_c(X_{t\wedge T'}, L_{T'})}{U_c(X_{T'}, L_{T'})} \exp - \frac{1}{2} \int_{\rho'}^{t\wedge T'} c(X_u, L_u)\, du$$

__est une__ $(\underline{\underline{G}}_{\rho' \vee t})$ __martingale uniformément intégrable (on fait la convention :__

$\frac{U_c(0)}{0} = 1 \ ( = U_c'(0))$ ).

Dans le but de calculer "explicitement" les expressions K(a,b,c), définies à la fin de l'introduction, on commence par appliquer le théorème d'arrêt, d'abord en $\rho'$ , puis en 0 , obtenant ainsi la formule (4.5) ci dessous, qui mérite le nom de __formule de Lehoczky__, car elle étend les résultats de [14].

__Proposition (4.4)__ : __soient__ $b,c : \mathbb{R} \times \mathbb{R}_+ \longrightarrow \mathbb{R}_+$ , __boréliennes, bornées. On a :__

$$(4.5) \quad E\left[\exp - \frac{1}{2}\left\{\int_0^{\rho'} b(X_u,L_u)du + \int_{\rho'}^{T'} c(X_u,L_u)du\right\} / (X_{T'},L_{T'})\right]$$

$$= \frac{X_{T'}}{U_c(X_{T'},L_{T'})} \exp \frac{1}{2}\int_0^{L_{T'}} du\left[(h+k)(u) + \tilde{T}_{b_+}(h^{-1}(u),u) + \tilde{T}_{b_-}(k^{-1}(u),u)\right] .$$

Le calcul explicite de K(a,b,c) résulte alors de la connaissance de la loi conjointe de $(X_{T'},L_{T'})$ , donnée par la formule (4.1) et l'égalité :

$$P[X_{T'} > 0 \mid \underline{\underline{F}}_{\rho'-}] = \left(\frac{h}{h+k}\right)(L_{\rho'})\ 1_{(L_{\rho'} < \alpha)} \ .$$

__Références.__


[1] __J.Azéma__ : Quelques applications de la théorie générale des processus I. Inv. Math. 18, 293-336, 1972 .

[2] __J.Azéma__ : Représentation multiplicative d'une surmartingale bornée. Zeitschrift für Wahr. 45, 191-212, 1978 .

[3] __J.Azéma, M.Yor__ : En guise d'Introduction (... aux Temps Locaux). Astérisque (Soc. Math. France) 52-53,p. 3-35, 1977 .

[4] __J.Azéma, M.Yor__ : Une solution simple au problème de Skorokhod. Sém. Proba. Strasbourg XIII, Lect.Notes in Math. 721, 1979 .

[5] __M.Barlow__ : Study of a filtration expanded to include an honest time. Zeitschrift für Wahr., 44, 307-323, 1978 .

[6] K.Itô, H.P.Mc Kean : Diffusion processes and their sample paths. Springer, 1965 .

[7] K.Itô : Poisson point processes attached to Markov processes. Proc. 6$^{th}$ Berkeley Symposium, 225-239, 1972 .

[8] T.Jeulin : Semi-martingales et grossissement d'une filtration. Lect. Notes in Math. 833, Springer, 1980 .

[9] T.Jeulin, M.Yor : Nouveaux résultats sur le grossissement des tribus. Ann.Sci.E.N.S., 4$^{e}$ Série, t.11, 429-443, 1978 .

[10] D.Kennedy : Some martingales related to cumulative sum tests and single server queues. Stochastic processes and their applications 4 , 261-267, 1976 .

[11] F.Knight : Random Walks and a sojourn density process of Brownian motion. Trans.Amer.Math.Soc. 109, 56-86, 1963 .

[12] F.Knight : Brownian local times and taboo processes. Trans.Amer.Math.Soc; 143, 173-185, 1969 .

[13] F.Knight : On sojourn times of killed Brownian motion. Sém. Proba. Strasbourg XII, Lect.Notes in Math.649, 1978.

[14] J.Lehoczky : Formulas for stopped diffusion processes, with stopping times based on the maximum. Ann. Probability, 5, 601-608, 1977 .

[15] P.Mc Gill : A direct proof of the Ray-Knight theorem. Dans ce volume .

[16] S.A. Molchanov, E.Ostrovskii : Symmetric stable processes as traces of degenerate diffusion processes. Teo.Vero.ii.Prim.

[17] J.W.Pitman : One-dimensional Brownian motion and the three-dimensional Bessel process. Adv. Appl. Prob. 7, 511-526, 1975 .

[18] J.W.Pitman, T.Jeulin, M.Yor : Sur le calcul de certaines espérances conditionnelles en théorie des processus de Markov. En préparation.

[19] L.Rogers : Williams' characterization of the Brownian excursion law : proof and applications. Dans ce volume.

[20] T.Shiga, S.Watanabe : Bessel diffusions as a one-parameter family of diffusion processes. Z. für Wahr. 27, 37-46, 1973 .

[21] D.Williams : Path decomposition and continuity of local time for one-dimensional diffusions I. Proc.London Math.Soc.,28, 738-768, 1974 .

[22] M.Yor : Sur le balayage des semi-martingales continues. Sem. Proba. Strasbourg XIII, Lect.Notes in Math. 721, 453-471, Springer, 1979 .

**Williams' characterisation of the Brownian excursion law: proof and applications**

by

L.C.G. ROGERS

University College of Swansea

## 1. Introduction.

Let $\Omega^o = \{$continuous functions from $[0,\infty)$ to $\mathbb{R}\}$, let $X_t : \Omega^o \to \mathbb{R}$ be the mapping $\omega \mapsto \omega(t)$, let $\mathcal{F}^o_t \equiv \sigma(\{X_s \; ; \; 0 \le s \le t\})$ with $\mathcal{F}^o \equiv \sigma(\{X_s \; ; \; s \ge 0\})$, and let $M_t(\omega) \equiv \max\{X_s(\omega) \; ; \; 0 \le s \le t\}$.

Let $P$ be Wiener measure on $(\Omega^o, \mathcal{F}^o)$; then $P(X_o = 0) = 1$, and there exists $\Omega \in \mathcal{F}^o$ with $P(\Omega) = 1$ and such that for all $\omega \in \Omega$, for all $t \ge 0$, the limit

(1)
$$\lim_{\varepsilon \downarrow 0} (\tfrac{1}{2}\pi\varepsilon)^{\frac{1}{2}} N(t,\varepsilon,\omega) \equiv L_t(\omega)$$

exists, defining a continuous function $L_t(\omega)$ of $t$. Here, $N(t,\varepsilon,\omega)$ is the number of $I_k(\omega)$ contained in $(0,t)$ and of length at least $\varepsilon$, where

$$K(\omega) \equiv \{t \; ; \; \omega(t) \neq 0\} = \bigcup_{k=1}^{\infty} I_k(\omega)$$

is a representation of the set $K(\omega)$ as a disjoint countable union of open intervals (for the existence of such an $\Omega$, and other properties of $L$ see, for example, Williams [8] ). Henceforth we restrict our $\sigma$-fields $\mathcal{F}^o$, $\mathcal{F}^o_t$ to $\Omega$, writing the restrictions as $\mathcal{F}$, $\mathcal{F}_t$.

The normalisation of local time we have made here has been chosen so that the remarkable distributional identity:

(2)
$$(|X_t|, L_t) \overset{\mathcal{D}}{=} (M_t - X_t, M_t)$$

is valid.

In recent years, a number of papers have appeared dealing with the distributions of $T$, $M_T$ and $X_T$, where $T$ is an $(\mathcal{F}_t)$-optional time of the form:

$$T \equiv \inf\{t\ ;\ (B_t, M_t) \in A\}$$

for some (closed) subset $A$ of $\mathbb{R}^2$. (See Azéma-Yor [1], Jeulin-Yor [3], Knight [4], Lehoczky [5], Taylor [7], and Williams [9]). Various approaches have been adopted by these authors; the aim of this paper is to show that Itô's excursion theory provides a natural setting for these problems, and that the explicit characterisation of the Brownian excursion law due to Williams [10] turns this natural way of considering the problems into a powerful method for solving them. No proof of this characterisation of the Brownian excursion law has yet appeared, so we devote section 3 of this paper to a proof using the path decompositions of Williams. In section 2 we see how the Azéma-Yor proof of the Skorokhod embedding theorem can be quickly established using ideas from excursion theory, and finally in section 4 we use the result of section 3 to solve the problem dealt with by Jeulin and Yor of finding a method of calculating

$$E \exp\{-a(X_S, L_S) - \int_0^{G_S} b(X_t, L_t)dt - \int_{G_S}^{S} c(X_t, L_t)dt\},$$

where $a, b, c$ are any measurable functions from $\mathbb{R}^2$ to $\mathbb{R}^+$,

(3) $$G_t \equiv \sup\{s < t\ ;\ X_s = 0\},$$

and

(4) $$S \equiv \inf\{t\ ;\ h(L_t)X_t^+ + k(L_t)X_t^- = 1\};$$

here, $h, k : \mathbb{R}^+ \to \mathbb{R}^+$ are measurable, and $X_t^+ \equiv (X_t) \vee 0 \equiv X_t + X_t^-$.

We conclude this section by setting up the notation to be used for the rest of the paper.

Let $U^+ \equiv \{f \in \Omega^o\ ;\ \exists\ 0 < \zeta < \infty$ with $f(t) > 0$ on $(0,\zeta)$, $f(t) = 0$ otherwise$\}$

$U^- \equiv \{f \in \Omega^o\ ;\ -f \in U^+\}$,

$U \equiv U^+ \cup U^-$.

For $f \in U$, let $\zeta(f) \equiv \sup\{t\ ;\ f(t) \neq 0\}$,

$$m(f) \equiv \begin{cases} \max\{f(t)\ ;\ t \geq 0\} & \text{if } f \in U^+ \\ \min\{f(t)\ ;\ t \geq 0\} & \text{if } f \in U^- \end{cases}.$$

Equipping $U$ with the topology of uniform convergence on compact sets makes $U$ into a Polish space; let $\mathcal{U}$ denote its Borel $\sigma$-field.

Now it is a central idea of the historic paper by Itô [2] that there exists a $\sigma$-finite measure $n$ on $U$, satisfying

$$\text{(5)} \qquad \int_U n(df)[1-\exp(-\zeta(f))] < \infty,$$

such that, from a Poisson process on $\mathbb{R}^+ \times U$ with measure $dt \times dn$ one can synthesize the original process $X$, and, conversely, by breaking the set $K(\omega)$ into its components $I_k(\omega)$ and considering the excursions of $X$ during these intervals, one can construct a Poisson process on $\mathbb{R}^+ \times U$. In more detail, if $\omega \in \Omega$, define for each $t > 0$

$$\text{(6)} \qquad \sigma_t(\omega) \equiv \inf\{u\ ;\ L_u(\omega) > t\},$$

and use $J(\omega)$ to denote the (countable) set of discontinuities of $t \mapsto \sigma_t(\omega)$. For $t \in J(\omega)$, let $f_t$ denote the element of $U$ defined by

$$\begin{aligned} f_t(s) &= X(\sigma_{t-} + s) \qquad && 0 \le s \le \sigma_t - \sigma_{t-} \\ &= 0 && \text{otherwise.} \end{aligned}$$

Then $\{(t,f_t)\ ;\ t \in J(\omega)\}$ is a realisation of a Poisson point process on $\mathbb{R}^+ \times U$ with measure $dt \times dn$; in particular, defining for each measurable subset $A$ of the Polish space $\mathbb{R}^+ \times U$, the random variable:

$$N(A) \equiv \text{number of } t \in J(\omega) \text{ for which } (t,f_t) \in A,$$

then if $A_1, \dots, A_k$ are disjoint, $N(A_1), \dots, N(A_k)$ are independent Poisson random variables with parameters:

$$E\, N(A_i) = \int_{A_i} dt \times dn.$$

In what follows, we will freely switch from considering the process $X$ as a continuous function of <u>real</u> time to considering it as a point process in <u>local</u> time.

## 2. The Skorokhod embedding theorem.

We begin this section with a simple lemma, which can be deduced from Williams' characterisation of n, the Brownian excursion law, but which we here prove directly.

Lemma 2.1.

$$n(\{f \in U ; |m(f)| > x\}) = x^{-1} \quad \text{for each} \quad x > 0.$$

Proof.

Bearing in mind that $(|X_t|, L_t) \overset{\mathcal{D}}{=} (M_t - X_t, M_t)$, and fixing $x > 0$, we see that if

$$\rho \equiv \inf\{s ; M_s - X_s > x\},$$

then $M_\rho$ is exponentially distributed with rate $n(\{f ; |m(f)| > x\})$. An application of Itô's formula tells us that for each $\theta > 0$,

$$Z_t^\theta \equiv e^{-\theta M_t}(M_t - B_t + \theta^{-1}) \quad \text{is a local martingale.}$$

But $Z^\theta$ is bounded on $[0,\rho]$, and using the optional sampling theorem at $\rho$ proves that $M_\rho$ is exponential, rate $x^{-1}$.

Now let $\mu$ be a probability measure on $\mathbb{R}$ satisfying

$$\int_{\mathbb{R}} |t| \, \mu(dt) < \infty, \quad \int_{\mathbb{R}} t \, \mu(dt) = 0.$$

Azéma and Yor define a left continuous non-negative increasing function $\Psi : \mathbb{R} \to \mathbb{R}^+$ by

$$\text{(7)} \qquad \Psi(x) = \bar{\mu}(x)^{-1} \int_{[x,\infty)} t \, \mu(dt) \quad \text{if} \quad \bar{\mu}(x) > 0$$

$$= x \quad \text{if} \quad \bar{\mu}(x) = 0,$$

where $\bar{\mu}(x) \equiv \mu([x,\infty))$; they remark that $\Psi(x) \geq x \; \forall x$, $\Psi(x) = x \Rightarrow \Psi(y) = y \quad \forall y \geq x$, and $\lim_{x \to -\infty} \Psi(x) = 0$.

Now define

$$\text{(8)} \qquad T \equiv \inf\{t ; M_t \geq \Psi(X_t)\}.$$

Theorem (Skorokhod; Azéma-Yor).

The optional time $T$ is finite a.s., and the law of $X_T$ is $\mu$. Moreover, if $\mu$ possesses a finite second moment, then $E\,T = \int t^2 \,\mu(dt)$.

Proof.

We leave the proof of the last assertion aside until Section 4.

Define the right continuous inverse $\Phi$ to $\Psi$ by

$$\Phi(x) \equiv \inf\{y \,;\ \Psi(y) > x\},$$

and notice that, with this definition,

$$T = \inf\{t \,;\ \Phi(M_t) \geq X_t\}.$$

Since $X_T = \Phi(M_T)$ when $T < \infty$, it is enough to find the law of $M_T$. We make the convention that $M_T = \infty$ if $T = \infty$.

Now look at Fig. 1 and think in terms of excursions. A sample path of $(X_t, M_t)$ in $\mathbb{R}^2$ consists of a (countable) family of horizontal "spikes" (corresponding to excursions of $X$ below its maximum) with their right-hand end-points on the line $x = y$. The time $T$ occurs when one of these spikes goes far enough to the left to enter the shaded set, $\{(x,y) \,;\ y \geq \Phi(x)\}$. If

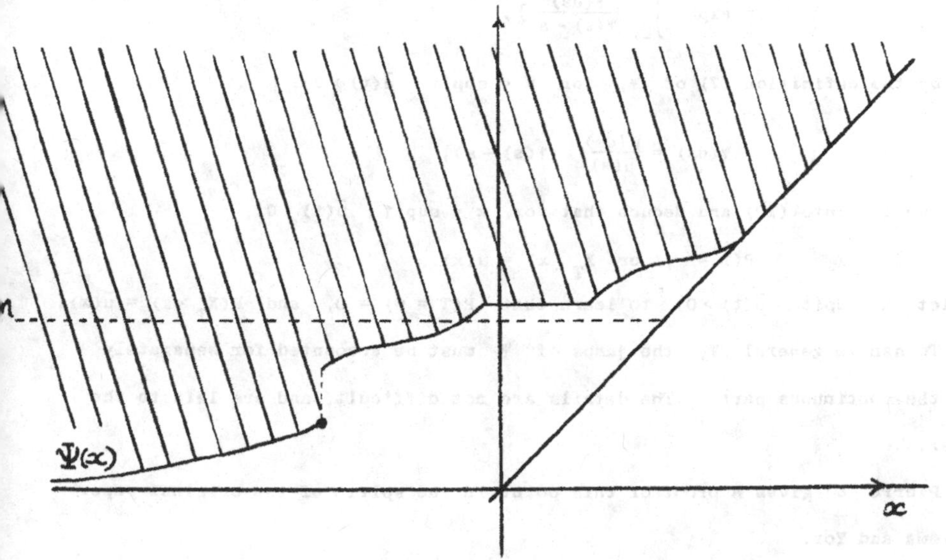


Fig. 1.

we fix $m > 0$, then $M_T \geq m \iff$ no excursion of $M - X$ during the local time interval $[0,m)$ has maximum greater than or equal to $u - \Phi(u)$, where $u$ is the local time at which the excursion occurs. But this latter event occurs iff the Poisson process of excursions puts no point into the set

$$D \equiv \{(u,f) \; ; \; 0 \leq u < m, \; |m(f)| \geq u - \Phi(u)\}.$$

Now the number of excursions in $D$ is a Poisson random variable with mean

$$\int_D dt \times dn = \int_0^m dt \; (t - \Phi(t))^{-1},$$

by Lemma 2.1. So

$$\begin{aligned} P(M_T \geq m) &= P \text{ (no excursions in } D) \\ &= \exp[-\int_0^m dt \; (t - \Phi(t))^{-1}]. \end{aligned} \tag{9}$$

If we make the simplifying assumption that $\Psi$ is continuous and strictly increasing, then, as $X_T = \Phi(M_T)$ when $T < \infty$, for $x < \sup\{t \; ; \; \bar{\mu}(t) > 0\}$,

$$P(T = \infty, \text{ or } X_T > x) = P(M_T > \Phi(x))$$

$$= \exp[-\int_{-\infty}^x \frac{\Psi(ds)}{\Psi(s) - s}]. \tag{10}$$

But, by the definition (7) of $\Psi$, for $s < \sup\{t \; ; \; \bar{\mu}(t) > 0\}$,

$$\Psi(ds) = \frac{\mu(ds)}{\bar{\mu}(s)} \; (\Psi(s) - s), \tag{11}$$

which we put into (10) and deduce that for $x < \sup\{t \; ; \; \bar{\mu}(t) > 0\}$,

$$P(T = \infty, \text{ or } X_T > x) = \bar{\mu}(x).$$

Now let $x \uparrow \sup\{t \; ; \; \bar{\mu}(t) > 0\}$ to learn that $P(T = \infty) = 0$, and $P(X_T > x) = \bar{\mu}(x)$.

To handle general $\Psi$, the jumps of $\Psi$ must be accounted for separately from the continuous part. The details are not difficult, and are left to the reader.

Pierre [6] gives a proof of this point in the spirit of the original paper by Azéma and Yor.

## 3. Williams' characterisation of the Brownian excursion law.

Informally, Williams'[10] characterisation of the Brownian excursion law says this; pick the maximum of the excursion according to the "density" $x^{-2}\,dx$, and then make up the excursion by running an independent $BES^0(3)$ process until it reaches the maximum, and then run a second (independent) $BES^0(3)$ process down from the maximum until it hits zero. We shall here treat the excursion measure of $(X_t)_{t\geq 0}$, which is only trivially different from the case treated by Williams, that of the excursion measure of $(|X_t|)_{t\geq 0}$.

In more detail, set up on a suitable probability triple $(\Omega', \mathcal{F}', P')$ the independent processes

(i) $(R_t)_{t\geq 0}$, a $BES^0(3)$ process,

(ii) $(\tilde{R}_t)_{t\geq 0}$, another $BES^0(3)$ process.

Define for each $x>0$ $\tau_x(R) \equiv \inf\{s\,;\, R_s > x\}$, $\tau_x(\tilde{R}) \equiv \inf\{s\,;\, \tilde{R}_s > x\}$. Now for each $x>0$ define the process $(Z^x_t)_{t\geq 0}$ by

$$Z^x_t \equiv \begin{cases} R_t & , \quad 0 \leq t \leq \tau_x(R), \\ x - \tilde{R}(t-\tau_x(R)), & \tau_x(R) \leq t \leq \tau_x(R) + \tau_x(\tilde{R}), \\ 0 & , \quad \tau_x(R) + \tau_x(\tilde{R}) \leq t. \end{cases}$$

For $x<0$, set $Z^x_t \equiv -Z^{-x}_t$ $(t \geq 0)$, and define the kernel $(n|m)(\cdot,\cdot)$ from $\mathbb{R}\backslash\{0\}$ to $U$ by

$$(n|m)(x,A) = P'(Z^x_\cdot \in A) \qquad (x \in \mathbb{R}\backslash\{0\},\ A \in \mathcal{U}).$$

(It is plain that for each $x$, $(n|m)(x,\cdot)$ is a probability measure on $(U,\mathcal{U})$ and to prove the measurability of $(n|m)(\cdot,A)$, notice that $(Z^x_t)_{t\geq 0} \overset{\mathcal{D}}{=} (x\, Z^1_{t x^{-2}})_{t\geq 0}$ so if $\Phi: U \to \mathbb{R}$ is bounded continuous, the map $x \mapsto \int (n|m)(x,df)\,\Phi(f)$ is continuous, and measurability of $(n|m)(\cdot,A)$ follows by a standard monotone class argument). The kernel $(n|m)$ provides a regular conditional n-distribution for the excursion given its maximum.

Theorem 3.1. (Williams)

The Brownian excursion law is the σ-finite measure $n$ on $(U,\mathcal{U})$ defined by

(12)
$$n(A) = \tfrac{1}{2}\int_{\mathbb{R}\setminus\{0\}} x^{-2}(n|m)(x,A)\,dx$$
$$= \int_{\mathbb{R}\setminus\{0\}} n\circ m^{-1}(dx)(n|m)(x,A).$$

The rest of this section is devoted to the proof.

We begin by reviewing briefly some results on random measures which we shall use. Let $\mathcal{M}$ denote the set of σ-finite measures $\nu$ on $(\mathbb{R}^+\times U,\ \mathcal{B}(\mathbb{R}^+)\times\mathcal{U})$ with values in $\mathbb{Z}^+\cup\{\infty\}$ satisfying the condition

(13) $$\nu(\{t\}\times U) \le 1 \quad \forall\, t\ge 0.$$

We equip $\mathcal{M}$ with the smallest σ-field $\mathcal{B}(\mathcal{M})$ for which all the maps
$$\nu \mapsto \nu(E) \qquad (E\in\mathcal{B}(\mathbb{R}^+)\times\mathcal{U})$$
are measurable. There is a natural 1-1 correspondence between $\mathcal{M}$ and the space of point functions considered by Itô [2]. We shall if need be phrase statements in point function language, but generally the statements in terms of $\mathcal{M}$ are cleaner. For each $t\ge 0$ define the map $\theta_t : \mathbb{R}^+\times U \to \mathbb{R}^+\times U$ by $\theta_t(s,f) = (t+s,f)$. A random measure is a random element $N$ of $\mathcal{M}$; we say $N$ is renewal if for all $t\ge 0$, $N\circ\theta_t^{-1}$ is independent of the restriction of $N$ to $[0,t)\times U$ and has the same law as $N$. Itô proved that every renewal random measure for which the measure $A\mapsto EN(A)$ is σ-finite is a Poisson random measure, and conversely (a random measure $N$ is a Poisson random measure if there exists a σ-finite measure $\lambda$ - the characteristic measure - on $(U,\mathcal{U})$ such that

(i) $N(A)$ is Poisson with mean $\int_A dt\times d\lambda$, $A\in\mathcal{B}(\mathbb{R}^+)\times U$;

(ii) if $A_1,\dots,A_k$ are disjoint measurable subsets of $\mathbb{R}^+\times U$, then $N(A_1),\dots,N(A_k)$ are independent. ).

We now give a careful construction of the map $\Phi : (\Omega,\mathcal{F}) \to (\mathcal{M},\mathcal{B}(\mathcal{M}))$

which was outlined in the Introduction. Fix $n \in \mathbb{N}$, and consider the $(\mathcal{F}_t)$-optional times

$$\rho_0 \equiv 0,\ \rho_{k+1} \equiv \inf\{t > \sigma_k\ ;\ |X_t| = n^{-1}\}$$

(14) $$(k = 0,1,2,\dots)$$

$$\sigma_0 \equiv 0,\ \sigma_{k+1} \equiv \inf\{t > \rho_{k+1}\ ;\ X_t = 0\}.$$

The map $\Phi_n : (\Omega, \mathcal{F}) \to (M, \mathcal{B}(M))$ takes $\omega$ to the measure which puts mass 1 on each of the points $(\ell_k, f_k)$, $k = 1,2,\dots,$ where

$$\ell_k \equiv L_{\rho_k}$$

(15) $$f_k(t) \equiv \omega(t + \eta_k) \qquad 0 \le t \le \sigma_k - \eta_k$$

$$\equiv 0 \qquad t \ge \sigma_k - \eta_k,$$

using $\eta_k$ to denote $\sup\{t < \rho_k\ ;\ X_t = 0\}$.

The measure $\Phi(\omega)$ is defined by

(16) $$\Phi(\omega)(A) = \lim \Phi_n(\omega)(A), \qquad A \in \mathcal{B}(\mathbb{R}^+) \times \mathcal{U}.$$

<u>Proposition 3.2.</u>

The map $\Phi : (\Omega, \mathcal{F}) \to (M, \mathcal{B}(M))$ is measurable.

<u>Proof.</u>

It is plainly enough to establish measurability of each $\Phi_n$, and to prove that each $\Phi_n$ maps into $M$. The latter follows from the fact that the set of points of increase of $L_\cdot(\omega)$ is the zero set of $X_\cdot(\omega)$ for all $\omega \in \Omega$, and to prove the former, it is enough to prove that the probability measure putting mass 1 at the point $(\ell_k, f_k)$ is measurable. The $\sigma$-field on $\mathbb{R}^+ \times U$ is the product $\sigma$-field, so it is enough to prove measurability of $\ell_k$, $f_k$ separately. Measurability of $\ell_k$ is immediate; as for $f_k$, if we fix $a > 0$ and $t > 0$ and note that

$$\{f_k(t) > a\} = \bigcup_{m=1}^{\infty} \bigcup_{r=1}^{\infty} \bigcup_{j=1}^{\infty} \bigcup_{s=1}^{\infty} \bigcap_{\rho \in \mathbb{Q}} A_{mrjs\rho},$$

where

$A_{mrjs\rho} = \Omega$ if $\rho \notin [j\,2^{-r}+t,\ (j+1)2^{-r}+t]$

$= \{\omega(\rho) > a+m^{-1},\ \eta_k \in [j\,2^{-r},(j+1)2^{-r}),\ \sup\{\omega(x)\ ;\ j\,2^{-r} \le x < (j+1)2^{-r}\} < n^{-1}$

and $\inf\{\omega(x)\ ;\ (j+1)2^{-r} \le x \le (j+1)2^{-r}+t\} > s^{-1}\}$ otherwise,

is in $\mathcal{F}$, then this proves $f_k$ to be measurable.

**Remarks.**

(a) By the properties of L, it is easy to see that $\Phi(\omega) \in \mathcal{M}$ always satisfies the condition

(17) $\sigma_t \equiv \int_{[0,t]\times U} \Phi(\omega)(ds,df)\ \zeta(f)$ is a strictly increasing finite-valued function of t.

Later in this section we shall give a sort of converse to Proposition 3.2 ; we shall prove that there is a subset $\mathcal{M}_o$ of $\mathcal{M}$ and a measurable function $\Psi : \mathcal{M}_o \to \Omega$ such that $\Phi(\Omega) \subseteq \mathcal{M}_o$, and $\Psi \circ \Phi(\omega) = \omega$ for all $\omega \in \Omega$. In other words, not only is it true that the Brownian path can be decomposed into its excursions from zero, but also, given a Poisson process of excursions with measure n, one can synthesize a Brownian motion from them.

(b) By the strong Markov property of X and the fact that the points of increase of L form the zero set of X, the random measure $\Phi(X)$ is renewal, and the $\sigma$-finiteness of $A \mapsto E\,\Phi(X)(A)$ is immediate, so $\Phi(X)$ is a Poisson random measure. Thus the <u>existence</u> of the Brownian excursion law n is not in question - nor is its uniqueness!

As stated in the Introduction, we are going to use the path decompositions of Williams [8] to prove the characterisation of n, which will follow from Theorem 3.4 and Proposition 3.3. Firstly, we give an obvious characterisation of n which we shall prove equivalent to the result stated.

Proposition 3.3.

Fix $a > 0$, and set up on a suitable probability triple the independent processes

(i) $(B_t)_{t\geq 0}$, a Brownian motion started at $0$;

(ii) $(\tilde{B}_t)_{t\geq 0}$, a Brownian motion started at $a$ and stopped when it hits $0$.

Let $\tau \equiv \inf\{u ; B_u = a\}$, $\eta \equiv \sup\{t < \tau ; B_t = 0\}$ and define the process $Z$ by

$$\begin{aligned} Z_t &= B_{\eta+t} && 0 \leq t \leq \tau-\eta \\ &= \tilde{B}_{t-\tau+\eta} && \tau-\eta \leq t. \end{aligned}$$

The process $Z$ is a random element of $U$, whose law is the restriction of $n$ to

$$U_a \equiv \{f \in U ; m(f) \geq a\},$$

normalised to be a probability measure.

Proof.

If we restrict $\Phi(X)$ to $\mathbb{R}^+ \times U_a$, we observe a discrete Poisson process whose points come at rate $n(U_a)$ and are i.i.d. with law $n(U_a)^{-1}.n$. The law of $Z$ is nothing other than the law of the first excursion of $X$ with maximum greater than or equal to $a$.

We now turn to the path decompositions of Williams [8]. The following result is a slight extension of Theorem 2.4 in that paper.

Theorem 3.4 (Williams).

Let $\{X_t ; 0 \leq t < \zeta\}$ be a regular diffusion on $(A,B)$ with infinitesimal generator $\mathcal{G}$ satisfying the conditions

(i) $X_0 = b \in (A,B)$;

(ii) the scale function $s$ of $X$ satisfies

$$s(A) = -\infty, \ s(B) < \infty;$$

(iii) $\zeta = \inf\{t ; X_{t-} = B\}$ a.s..

Then, defining

(18) $\gamma \equiv \inf\{X_t ;\ 0 \le t < \zeta\}$,

there exists a.s. a unique $\rho$ such that $X_\rho = \gamma$. The law of $\gamma$ is

(19) $$P(\gamma < x) = \frac{s(B) - s(b)}{s(B) - s(x)} \qquad (x \le b)$$

and conditional on $\gamma$, the processes $\{X_t ;\ 0 \le t \le \rho\}$ and $\{X_{t+\rho} ;\ 0 \le t < \zeta-\rho\}$ are independent; the law of the pre-$\rho$ process is that of a diffusion in $(A,B)$ with generator

(20) $$[s(B) - s]^{-1}\, \mathcal{G}\, [s(B) - s]$$

started at $b$ and stopped at $\gamma$, and the law of the post-$\rho$ process is that of a diffusion in $[\gamma,B)$ started at $\gamma$ and killed at $B$, with generator

(21) $$[s - s(\gamma)]^{-1}\, \mathcal{G}\, [s - s(\gamma)].$$

Finally, if $\sigma \equiv \sup\{s ;\ X_s = b\}$, then the process $\{X_{t+\sigma} ;\ 0 \le t < \zeta - \sigma\}$ has the same distribution as a diffusion in $[b,B)$ with generator

(22) $$[s - s(b)]^{-1}\, \mathcal{G}\, [s - s(b)]$$

started at $b$ and killed at $B$.

Let us apply this result to the case of interest where $A = -\infty$, $B = 0$, $b = -a < 0$, and the diffusion $X$ is Brownian motion started at $b$ and killed on reaching $0$. The scale function of $X$ is the identity map, and the generator is $\frac{1}{2}\frac{d^2}{dx^2}$ on $C_k^2(-\infty,0)$. We can now read off the decomposition at the minimum of $X$ from (19), (20), and (21);

(23) $$P(\inf X_t < -x) = a/x;$$

(24) $\{X_t ;\ 0 \le t \le \rho\}$ has generator $\frac{1}{2}\frac{d^2}{dx^2} + \frac{1}{x}\frac{d}{dx}$, so $\{-X_t ;\ 0 \le t \le \rho\}$

is a $BES^a(3)$ process, stopped on reaching $-\gamma$;

(25) $\{X_{t+\rho}\ ;\ 0 \le t < \zeta - \rho\}$ has generator $\frac{1}{2}\frac{d^2}{dx^2} + \frac{1}{x-\gamma}\frac{d}{dx}$, so the process $\{X_{t+\rho} - \gamma\ ;\ 0 \le t < \zeta-\rho\}$ is a $BES^o(3)$, stopped on reaching $-\gamma$.

Finally, we can read off from (22) what the law of

$$\{X_{t+\sigma}\ ;\ 0 \le t < \zeta - \sigma\}$$

will be; the same argument proves that

(26) $$\{a + X_{t+\sigma}\ ;\ 0 \le t < \zeta - \sigma\}$$

is a $BES^o(3)$ process, stopped on first reaching $a$.

Now we can use these path decompositions and Proposition 3.3 to finish off the proof of Theorem 3.1. From Proposition 3.3, the piece of the path of $Z$ up to the first hit on $a$ is just a Brownian motion from its last hit on zero before its first hit on $a$, and this, by (26), is a $BES^o(3)$ run until it first hits $a$. The path of $Z$ from its first hit on $a$ now splits, by (23), (24) and (25), into

(27) a $BES^a(3)$ run until it first hits $\gamma$;

(28) a $BES^o(3)$ run down from $\gamma$ until it hits zero,

independently of the path of $Z$ up to the first hit on $a$. The law of $\gamma$ is given by (23). The path of $Z$ is now in three pieces; the last piece, (28), is what we said it would be, and the first two pieces, the path up to the first hit on $a$, together with (27), can now be assembled to make a $BES^o(3)$ run until it hits $\gamma$, since the two pieces are independent. This completes the proof of Theorem 3.1.

Notice that Williams deduced Theorem 3.4 from his path decomposition of $BES^b(3)$ process by change of scale and speed, which transforms the diffusion to the most general possible regular diffusion. We have taken this general result and applied it to the particular example, though it is equally possible to calculate the changes of scale and speed which transform $BES^b(3)$ into $BM^{-a}$. The result is the same; the diagram commutes!

As stated earlier, we return to the question of finding an inverse to the mapping $\Phi$. The natural thing to do is to define for $\nu \in \mathcal{M}$, $t \geq 0$,

$$\sigma_t \equiv \int_{[0,t]\times U} \nu(ds,df)\ \zeta(f), \tag{29}$$

and

$$L_t \equiv \inf\{u\ ;\ \sigma_u > t\}, \tag{30}$$

and then define the function $\Psi(\nu) : \mathbb{R}^+ \to \mathbb{R}$ by

$$\begin{aligned} \Psi(\nu)(t) &= 0 \qquad \text{if } \sigma(L_t) = \sigma(L_t-) \\ &= f(t-\sigma(L_t-)) \qquad \text{if } \sigma(L_t) > \sigma(L_t-), \\ &\qquad \text{where } \nu((L_t,f)) = 1. \end{aligned} \tag{31}$$

The problem is that the function $\Psi(\nu)$ thus defined <u>may not be continuous</u>; the solution is to restrict the set on which $\Psi$ is defined, but we must be sure to choose the restricted domain big enough to catch all (or almost all) the $\Phi(\omega)$.

Define for $k \in \mathbb{N}$

$$U_k \equiv \{f \in U\ ;\ |m(f)| \geq \frac{1}{k}\}$$

$$V_k \equiv U_k \backslash U_{k-1}, \quad \text{with } U_0 \equiv \phi.$$

By Theorem 3.1, we know the characteristic measure $n$ of $\Phi(X)$, and it is clear from this description of $n$, and the Laplace transform of the $BES^0(3)$ first passage times that for $\theta > 0$, $x \neq 0$,

$$n(e^{-\frac{1}{2}\theta^2\zeta(f)}\ |m(f) = x) = (\theta x \operatorname{cosech} \theta x)^2, \tag{32}$$

where this equation is to be understood in the sense of regular conditional distributions. Taking $\theta = x^{-1-\varepsilon}$, trivial estimation yields for each $\varepsilon > 0$

$$n(\zeta(f).|m(f)|^{-2-2\varepsilon} < 1 \mid |m(f)| = x) \le e^{\frac{1}{2}} (x^{-\varepsilon} \operatorname{cosech} x^{-\varepsilon})^2 .$$

Now consider what happens to the process $\Phi(X)|_{V_k}$; since $n(V_k) = 1$ for all $k$,

$$\begin{aligned} P(\exists (s,f) \in [0,t] \times V_k \text{ with } \zeta(f) < |m(f)|^{2+2\varepsilon}) &\le 1 - \exp(-t\, e^{\frac{1}{2}}(k^{\varepsilon} \operatorname{cosech} k^{\varepsilon})^2) \\ &\le 2t\, e^{\frac{1}{2}}(k^{\varepsilon} \operatorname{cosech} k^{\varepsilon})^2 \\ &\qquad \text{for } k \text{ large enough.} \end{aligned}$$

By Borel-Cantelli, we deduce that, for each $0 < t < \infty$ P-almost surely there exists a constant $K(t)$ such that

$$\Phi(X)(\{(s,f)\ ;\ 0 \le s \le t,\ \zeta(f)\ K(t) < |m(f)|^{2+2\varepsilon}\}) = 0.$$

So we define $M_o$ to be the set of $\nu \in M$ for which the following two conditions hold:

(i) $t \mapsto \sigma_t$ is finite and strictly increasing ($\sigma_t$ defined at (29));

(ii) for each $t > 0$, $\exists\, K(t) \in (0,\infty)$ with

$$\nu(\{(s,f)\ ;\ 0 \le s \le t,\ \zeta(f)\ K(t) < |m(f)|^{2+2\varepsilon}\}) = 0, \quad \text{each } \varepsilon > 0.$$

With $\nu$ restricted to lie in $M_o$, definition (31) makes sense; the function $\Psi(\nu)$ is continuous. (Indeed, continuity in the open intervals where $L$ is constant is immediate, and, at the end points, the fact that $|m(f)|^{2+2\varepsilon}$ is dominated by a multiple of $\zeta(f)$ for all $f$ implies continuity). An argument similar to that used in Proposition 3.2 proves that $\Psi : M_o \to \Omega^o$ is measurable; the details are left to the reader. The final observation is that for $\omega \in \Omega$, $\Psi \circ \Phi(\omega) = \omega$, since, by the construction of $\Phi$, the function $\sigma$ defined at (29) is the right continuous inverse to Brownian local time. We conclude that any Poisson process with characteristic measure $n$ maps under $\Psi$ to Brownian motion, which is the converse to Theorem 3.1.

## 4. Functionals of the Brownian path

Recall the notation of the Introduction; $a,b,c : \mathbb{R}^2 \to \mathbb{R}^+$ and $h,k : \mathbb{R}^+ \to \mathbb{R}^+$ are fixed measurable functions, and for each $t \geq 0$, $G_t \equiv \sup\{s < t;\ X_s = 0\}$. Define the optional time

$$T \equiv \inf\{t;\ h(L_t)X_t^+ + k(L_t)X_t^- = 1\}\ , \tag{33}$$

the random variables

$$Y_1 \equiv \exp\{-a(X_T, L_T) - \int_{G_T}^{T} c(X_s, L_s)ds\}\ ,$$

$$Y_2 \equiv \exp\{-\int_0^{G_T} b(X_s, L_s)ds\}\ , \tag{34}$$

and consider the expected value of

$$Y \equiv Y_1 Y_2\ .$$

We impose the condition

$$\lim_{t\to\infty} \int_0^t \{h(x) + k(x)\}dx = \infty\ , \tag{35}$$

whose interpretation will become obvious shortly.

Let $(R_t)_{t\geq 0}$ be a $BES^\circ(3)$ process with first hitting times $\{\tau_x(R);\ x \geq 0\}$, and define the measurable functions $\beta, \gamma : \mathbb{R} \times \mathbb{R}^+ \to [0,1]$ by

$$\begin{aligned} \beta(x,\ell) &= E\exp[-\int_0^{\tau_x(R)} b(R_s,\ell)ds] \quad \text{if } x \geq 0 \\ &= E\exp[-\int_0^{\tau_{-x}(R)} b(-R_s,\ell)ds] \quad \text{if } x < 0\ , \end{aligned} \tag{36}$$

with $\gamma$ defined similarly, replacing $b$ with $c$.

In this section, we shall incline to the point function description of Poisson random measures (equivalently, Poisson point processes), since this accords more directly with intuition, though, as remarked before, the two are equivalent.

Now let $N \equiv \{N(F);\ F \in \mathcal{B}(\mathbb{R}^+ \times U)\}$ be the Poisson process of excursions of $X$. For $C \in \mathcal{B}(\mathbb{R}^+ \times U)$ we write:

$$N|_C \equiv \{N(F);\ F \subseteq C\}\ .$$

For each $x > 0$ define the Borel subsets of $\mathbb{R}^+ \times U$:

$$A_x \equiv \{(t,f);\ 0 \le t \le x,\ -k(t)^{-1} < m(f) < h(t)^{-1}\},$$

$$\bar{A}_x \equiv ([0,x] \times U) \setminus A_x,$$

with $A \equiv \bigcup_{x>0} A_x$, $\bar{A} \equiv \bigcup_{x>0} \bar{A}_x$. Now look at Fig.2 and think in terms of excursions. If we map $N$ to a Poisson process $m \circ N$ on $\mathbb{R}^+ \times \mathbb{R}$ by sending $(t,f)$ to $(t,m(f))$, then the excursions lying in $A$ go to the (open) unshaded region of Fig.2, and the others go to the (closed) shaded region. It is clear from the Poisson process description of $N$ that

(i) $N|_A$ and $N|_{\bar{A}}$ are independent;

(ii) $L_T = \inf\{x;\ N(\bar{A}_x) > 0\}$; in particular, $L_T$ is independent of $N|_A$;

(37)

(iii) $P(L_T \in d\ell,\ X_T > 0)/d\ell = \frac{1}{2}h(\ell)\exp[-\frac{1}{2}\int_0^\ell \{h(x)+k(x)\}dx]$,

$P(L_T \in d\ell,\ X_T < 0)/d\ell = \frac{1}{2}k(\ell)\exp[-\frac{1}{2}\int_0^\ell \{h(x)+k(x)\}dx]$;

(iv) $X_T = h(L_T)^{-1}$ if $X_T > 0$,

$\quad\;\; = -k(L_T)^{-1}$ if $X_T < 0$.

Let us now note some consequences of properties (37). From (iii) we see that

$$P(L_T > \ell) = \exp[-\tfrac{1}{2}\int_0^\ell \{h(x)+k(x)\}dx],$$

explaining condition (35) - it is to ensure that $T < \infty$ a.s.. The random variable $Y_1$ is measurable on the $\sigma$-field generated by $N|_{\bar{A}}$ so, conditional on $L_T$ and the sign of $X_T$, $Y_1$ and $Y_2$ are independent, since $Y_2$ is measurable on the $\sigma$-field generated by $N|_{A_{L_T}}$.

From the characterisation (Theorem 3.1) of the Brownian excursion law, we have that, conditional on $L_T$, and $X_T > 0$,

$$\{X_s;\ G_T \le s \le L_T\} \text{ is distributed as } \{R_s;\ 0 \le s \le \tau_{h(L_T)^{-1}}\},$$

where $R$ is a $\mathrm{BES}^\circ(3)$ process. Thus

(38) $E(Y_1 | L_T,\ X_T > 0) = \gamma(h(L_T)^{-1},\ L_T)\exp[-a(h(L_T)^{-1},\ L_T)]$ a.s.,

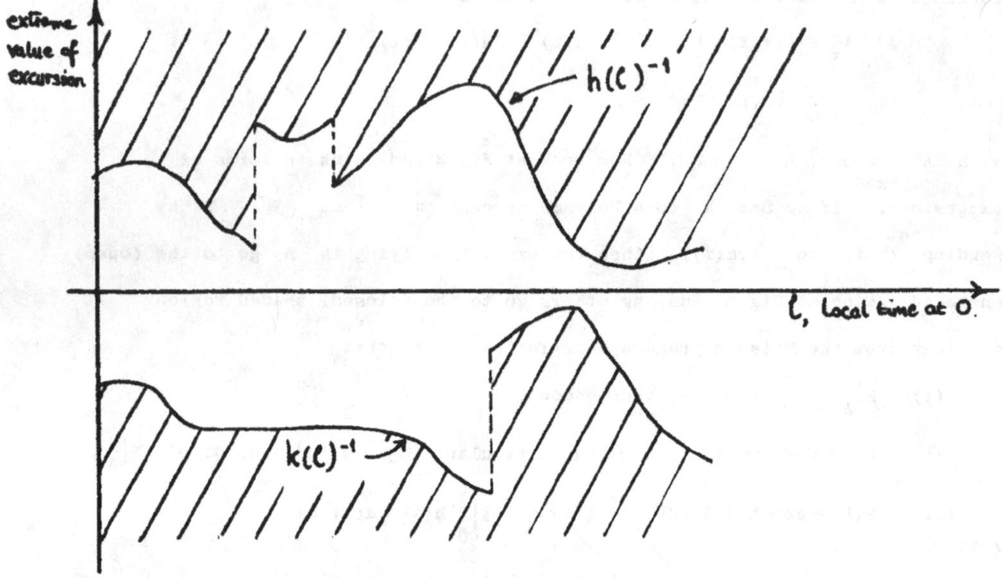


Fig. 2.

with a corresponding expression for $E(Y_1 | L_T, X_T < 0)$.

Turning to $E(Y_2 | L_T, X_T > 0)$, we have to think of the process in another way. If the function $b$ was equal everywhere to $\xi > 0$, we could take a Poisson process in $\mathbb{R}^+$ of rate $\xi$ independent of the process $X$ and superimpose it on $X$ to give a Brownian motion marked at the points of an independent Poisson process, and then

(39) $$Y_2 = P(\text{no mark in } [0, G_T] | X_s;\ 0 \leq s) \quad \text{a.s.}.$$

The case of general $b$ is only a little more complicated; the rate of the Poisson process of marks is no longer constant, but is equal to $b(X_t, L_t)$. $Y_2$ still has the interpretation (39). We now think of building up the marked Brownian motion from marked excursions. Informally, the Poisson process $N^*$ of marked excursions is obtained from the Poisson process $N$ of unmarked excursions by taking each unmarked excursion and independently inserting marks at rate $b(X.,L.)$. In more detail, if, in the unmarked excursion process, an excursion $f \in U$ appears at local time $\ell$, then the number of marks which go into it is a Poisson random variable with mean

$$\int_0^{\zeta(f)} b(X_s, \ell)ds$$

independently of all the other excursions.

In particular, the probability that the excursion receives no mark is

$$\exp[-\int_0^{\zeta(f)} b(X_s, \ell)ds],$$

and so, by the characterisation of the Brownian excursion law (Theorem 3.1), the probability that the excursion receives no mark <u>conditional on</u> <u>m(f)</u>, its extreme value, is

$$\beta(m(f), \ell)^2.$$

If we now project the marked excursion process $N|_A^*$ into the marked Poisson process $m \circ N|_A^*$ on $\mathbb{R}^+ \times \mathbb{R}$ as before (by identifying excursions with the same extreme value), we observe a Poisson process with measure $dt \times \frac{1}{2}x^{-2}dx$, whose points $(t,x)$ are independently marked with probability $1-\beta(x,t)^2$, and unmarked with probability $\beta(x,t)^2$. Thus the number of marked excursions before time $\ell$ is a Poisson random variable with mean

$$\theta(\ell) \equiv \int_0^{\ell} dt \int_{-k(t)^{-1}}^{h(t)^{-1}} \frac{dx}{2x^2}\,[1-\beta(x,t)^2]\,. \tag{40}$$

Thus

$$Y_2 = P(\text{no mark in } [0,G_T]\,|\,X_s;\ 0 \le s) = e^{-\theta(L_T)}\,,$$

and finally we can, by the independence of $Y_1$ and $Y_2$ conditional on $L_T$ and $\operatorname{sgn}(X_T)$, and the explicit expression (37)(iii) for the density of $L_T$ put everything together and get

$$\begin{aligned} EY = \int_0^\infty \tfrac{1}{2}d\ell\, e^{-\rho(\ell)-\theta(\ell)} \{ & h(\ell)\gamma(h(\ell)^{-1},\ell)\, e^{-a(h(\ell)^{-1},\ell)} \\ & + k(\ell)\gamma(-k(\ell)^{-1},\ell)\, e^{-a(-k(\ell)^{-1},\ell)}\}\,, \end{aligned} \tag{41}$$

where

$$\rho(\ell) \equiv \tfrac{1}{2}\int_0^{\ell} \{h(x)+k(x)\}\,dx\,.$$

This is really the whole story, though the functions $\gamma$ and $\theta$ which appear in (41) are as yet in no very explicit form. Jeulin and Yor give a characterisation of $\gamma$ and $\theta$ through solutions of certain differential equations. Our approach also leads naturally to a differential equations characterisation of $\beta$ and $\gamma$; indeed, referring back to the definition (36) of $\beta$, we see that for each $\ell \ge 0$, $\beta(\cdot,\ell)$ is the reciprocal of the solution to

$$\begin{aligned} &\tfrac{1}{2}\frac{d^2y}{dx^2} + \frac{1}{x}\frac{dy}{dx} - b(x,\ell)y = 0 \qquad (x>0) \\ &y(0) = 1\,,\quad y \text{ increasing}\,, \end{aligned} \tag{42}$$

with the analogous differential equation in $(-\infty,0)$. It can be shown that the differential equations obtained by Jeulin and Yor are equivalent to (42); as in their work, we understand (42) in the distributional sense if $b(\cdot,\ell)$ is not continuous. The easy way to see that (42) is true, at least in the case where $b(.,\ell)$ is continuous, is to note from (36) that for each $\ell$

(43) $$\beta(R_t,\ell)^{-1}\exp[-\int_0^t b(R_s,\ell)ds] \quad \text{is a local martingale.}$$

Itô's formula now gives (42) as a necessary and sufficient condition for (43).

Let us now apply this to the final assertion of the statement of Skorokhod's embedding result, as promised. In fact, we shall do more; we shall obtain the Laplace transform of $(M_T,T)$, as do Azéma and Yor.

Let us fix $\xi,\eta > 0$ and take the measurable functions a, b, and c of (34) to be defined by

$$b(x,\ell) = c(x,\ell) = \tfrac{1}{2}\xi^2, \quad a(x,\ell) = \eta\ell \qquad (x\in\mathbb{R},\ \ell\geq 0).$$

The measurable functions h and k of (33) are defined by

$$h(\ell) = k(\ell) = \phi(\ell)^{-1} \qquad (\ell\geq 0),$$

where $\phi(\ell) \equiv \ell - \Phi(\ell)$. It is possible that $\phi$ may vanish; in this case, we replace $\phi$ by $\phi\vee\varepsilon$, solve, and let $\varepsilon\downarrow 0$. Plainly, the optional times $T^\varepsilon$ defined by (33) with h and k replaced by $h\wedge\varepsilon^{-1}$, $k\wedge\varepsilon^{-1}$ will converge almost surely to T, so we lose no generality by assuming that $\phi$ is bounded away from zero.

These definitions of a, b, c, h and k cast the problem of this Section into the problem of Section 2; all that remains is a few trivial calculations. From (36) or (42), we obtain

$$\beta(x,\ell) = \gamma(x,\ell) = \xi x \operatorname{cosech}\xi x$$

so that, from (40),

$$\theta(\ell) = \int_0^\ell dt\,\{\xi\coth\xi\phi(t) - \phi(t)^{-1}\},$$

and from (41)

$$\rho(\ell) = \int_0^\ell dt\,\phi(t)^{-1}.$$

Putting this all into (41) gives

(44) $$E\exp(-\eta M_T - \tfrac{1}{2}\xi^2 T) = \xi\int_0^\infty dx\operatorname{cosech}\xi\phi(x)\exp(-\int_0^x(\xi\coth\xi\phi(t)+\eta)dt),$$

which agrees with the result of Azéma and Yor in the case where $\bar{\mu}(x) > 0$ for all $x$ ; the remaining case is handled by the approximation argument outlined above.

If we are interested in the expected value of $T$, we can differentiate (44) with respect to $\xi$, divide by $-\xi$ and let $\xi$ and $\eta$ drop to zero, giving

(45) $$ET = \tfrac{1}{3}\int_0^\infty dx\, [\phi(x) + \phi(x)^{-1}\int_0^x 2\phi(t)dt]\exp(-\int_0^x \phi(t)^{-1}dt) .$$

If we now suppose that $\Psi$ is continuous and strictly increasing, we can change variables in (45) and we obtain after a few calculations that

(46) $$ET = \int_{-\infty}^{\infty} \mu(dt)(\Psi(t) - t)^2 .$$

By Schwarz' inequality, and the assumption that $\mu$ has a second moment,

(47) $$\bar{\mu}(t)\, \Psi(t)^2 \leq \int_t^\infty x^2\mu(dx) \to 0 \text{ as } t \to \infty ,$$

so we can integrate by parts to give for each $N \in \mathbb{N}$ that

(48) $$\int_{-N}^{N} \mu(dt)\Psi(t)^2 = \bar{\mu}(-N)\Psi(-N)^2 - \bar{\mu}(N)\Psi(N)^2 + \int_{-N}^{N} 2\Psi(t)(\Psi(t) - t)\mu(dt) ,$$

using (11). Rearranging (48) gives

(49) $$2\int_{-N}^{N} \mu(dt)t\Psi(t) = \int_{-N}^{N} \mu(dt)\Psi(t)^2 + o(1) ;$$

applying Schwarz' inequality to the left-hand side of (49), we see from the fact that $\mu$ has a second moment that the right-hand side of (49) remains bounded as $N \to \infty$, and, taking the limit, we deduce from (46) and (49) that

$$ET = \int_{-\infty}^{\infty} \mu(dt)\, t^2 ,$$

as required. The case where $\Psi$ is not continuous and strictly increasing can be handled directly, or by appeal to the results of Pierre [6] , as in Section 2.

Using the results of this Section, we can provide alternative proofs of the results of Knight [4] ; these are concerned with the case where

$$h(\ell) = k(\ell) = 0 \qquad (0 \le \ell \le \alpha)$$

$$= +\infty \qquad (\alpha < \ell) ,$$

and

$$b(x,\ell) = c(x,\ell) = \lambda I_{[0,g_1(\ell))}(x) + \mu I_{[g_1(\ell),g_2(\ell))}(x) + \nu I_{[g_2(\ell),\infty)}(x) \quad (x \in \mathbb{R}, \ell \ge 0)$$

where $g_1$, $g_2$ are given measurable functions, and $\lambda$, $\mu$, $\nu$ are positive.

REFERENCES

[1] AZEMA, J., YOR, M. Une solution simple au problème de Skorokhod. Séminaire de Probabilités XIII, SLN 721, Springer (1979).

[2] ITÔ, K. Poisson point processes attached to Markov processes. Proc. 6th Berkeley Symposium Math. Statist. and Prob. Univ. of California Press (1971).

[3] JEULIN, T., YOR, M. Lois de certaines fonctionelles du mouvement Brownien et de son temps Local. Séminaire de Probabilités XV (1981).

[4] KNIGHT, F.B. On the sojourn times of killed Brownian motion. Séminaire de Probabilités XII, SLN 649, Springer (1978).

[5] LEHOCZKY, J. Formulas for stopped diffusion processes with stopping times based on the maximum. Ann. Probability **5** pp.601-608 (1977).

[6] PIERRE, M. Le problème de Skorokhod; Une remarque sur la démonstration d'Azéma-Yor. Séminaire de Probabilités XIV, SLN 784, Springer (1980).

[7] TAYLOR, H.M. A stopped Brownian motion formula. Ann. Probability **3** pp.234-246 (1975).

[8] WILLIAMS, D. Path decomposition and continuity of local time for one-dimensional diffusions. Proc. London Math. Soc. (3) **28** pp.738-768 (1974).

[9] WILLIAMS, D. On a stopped Brownian motion formula of H.M. Taylor. Séminaire de Probabilités X, SLN 511, Springer (1976).

[10] WILLIAMS, D. The Itô excursion law for Brownian motion. (unpublished - but see §II.67 of Williams' book 'Diffusions, Markov processes, and martingales' (Wiley, 1979).)

# A note on $L_2$ maximal inequalities

by

Jim Pitman*

## 1. Introduction

According to the $L_2$ maximal inequality of Doob [3], for a martingale $X_1,\ldots,X_n$

$$(1.1) \qquad E(\max_k |X_k|)^2 \leq 4EX_n^2 .$$

And an inequality of Newman and Wright [9] states that (1) holds (with constant 2 instead of 4) if $X_k = D_1 + \ldots + D_k$ where $D_1,\ldots,D_n$ is a collection of mean zero random variables which are associated, meaning that for every two coordinatewise non-decreasing functions $f_1$ and $f_2$ on $R^n$ such that the variance of $f_j(D_1,\ldots,D_n)$ is finite for $j = 1$ and 2, the covariance of these two random variables is non-negative. (See Esary, Proschan and Walkup [5], Fortuin, Kastelyn and Ginibre [6], and other references in Newman and Wright [9] for uses of this concept of association in statistical mechanics and other contexts.)

This note offers a simple general method for obtaining $L_2$ maximal inequalities of this kind. Amongst other things, it is shown that Doob's inequality (1.1) admits the following improvement: the random variable $\max_k |X_k|$ can be replaced by the larger random variable

---

*Research supported by NSF Grant MCS-75-10376.

(1.2) $\max_k X_k^+ - \min_k X_k^-$

where $X^+ = \max(X,0)$, $X^- = \min(X,0)$ .

This is a little surprising in view of the observation of Dubins and Gilat [4] that the constant 4 in Doob's inequality is best possible. Still, it turns out that even with this refinement, equality can never be attained in either (1.1) or its extension to continuous time martingales except in the trivial case of a martingale which is identically zero.

## 2. Inequalities in Discrete Time

Given a sequence of random variables $X_1,\ldots,X_n$ , define

$$\Delta X_k = X_k - X_{k-1} , \; k = 1,\ldots,n ,$$

where $X_0 = 0$ by convention, so $\Delta X_1 = X_1$ , and

$$X_n = \sum_{k=1}^n \Delta X_k .$$

The following Lemma is just an algebraic identity for sequences of real numbers, expressed for convenience in terms of random variables:

Lemma. Let $X_1,\ldots,X_n$ and $M_1,\ldots,M_n$ be sequences of random variables such that

(2.1) $M_k = X_k$ whenever $\Delta M_k \neq 0$ .

Then

(2.2) $X_n^2 = (M_n - X_n)^2 + 2 \sum_{k=2}^n M_{k-1} \Delta X_k + \sum_{k=1}^n (\Delta M_k)^2$ .

Remark. Here is another way of expressing condition (2.1): viewing $k$ as a time parameter, there are random times

$$0 = T_0 \le T_1 \le T_2 \le \cdots$$

such that if

$$L_k = \max \{T_j : T_j \le k\}$$

then

$$M_k = X_{L_k} \ , \ k = 1,\ldots,n \ .$$

That is, $M_k$ is the value of the process $X$ at the last time $T_j$ before time $k$, with $M_k = 0$ for $k < T_1$. The most important example is

$$M_k = \max_{1 \le j \le k} X_j \ ,$$

in which case the times $T_k$ are ladder indices.

Proof of the Lemma. For two arbitrary sequences $X_1,\ldots,X_n$ and $M_1,\ldots,M_n$ there is the product difference rule

$$\Delta(M_k X_k) = M_{k-1}\, \Delta X_k + X_k\, \Delta M_k \ . \tag{2.3}$$

In particular

$$\Delta M_k^2 = M_{k-1}\, \Delta M_k + M_k\, \Delta M_k \ ,$$

whence

$$\Delta(2M_k X_k - M_k^2) = 2M_{k-1}\, \Delta X_k + (2X_k - M_k - M_{k-1})\, \Delta M_k \ . \tag{2.4}$$

If (2.1) holds the last term in (2.4) reduces to $(\Delta M_k)^2$ , and (2.2) results from adding (2.4) from $k = 1$ to $n$ .

Theorem. Let $X_1, \ldots, X_n$ be a sequence of random variables with $EX_k^2 < \infty$ , and suppose $M_1, \ldots, M_n$ is a sequence with $M_k = X_k$ whenever $\Delta M_k \neq 0$ . If

(2.5) $\quad E\sum_{k=2}^{n} M_{k-1} \Delta X_k \geq 0$ .

then

(2.6) $\quad E(M_n - X_n)^2 \leq EX_n^2$ , and

(2.7) $\quad EM_n^2 \leq 4EX_n^2$ .

Proof. Integrate (2.2).

It seems that in most cases of interest (2.5) is a consequence of the stronger condition

(2.8) $\quad EM_{k-1} \Delta X_k \geq 0$ for $2 \leq k \leq n$ .

Suppose for example that $(X_k, \mathcal{F}_k)$ is a martingale or positive sub-martingale. Then (2.8) holds if $M_k$ is $\mathcal{F}_k$-measurable, that is if the random times $T_j$ in the remark above are $(\mathcal{F}_k)$ stopping times. For $M_k = \max_{1 \leq j \leq k} X_j$ the resulting inequality (2.7) is Doob's inequality (1.1). The inequality (2.6) in this case seems to be new, though of course it could be obtained with constant 4 instead of 1 from Doob's inequality. To obtain the improvement (1.2) of Doob's inequality for a martingale $(X_k)$ , let $M_k^+ = \max_{1 \leq j \leq k} X_j$ , $M_k^- = \min_{1 \leq j \leq k} X_j^-$ , so

(2.9) $\qquad (M_n^+ - M_n^-)^2 \leq 2(M_n^+ - X_n)^2 + 2(M_n^- - X_n)^2 ,$

and use (2.6) twice.

Considering a square integrable martingale $(X_k)$ , from (2.2) it is plain that the process $Y$ defined by

(2.10) $\qquad Y_k = X_k^2 - (M_k - X_k)^2 - \sum_{j=1}^k \Delta M_j^2 = 2 \sum_{j=2}^k M_{j-1} \Delta X_j$

is a martingale. It follows that the inequalities (2.6) and (2.7) for the maximum of a martingale are sharp but not attained in discrete time except in the trivial case when $X_n = 0$ . In continuous time the situation is different. As will be seen in the next section, equality obtains in the continuous time analogue of (2.6) if and only if the maximal process increases continuously, while there can never be equality in (2.7) except for the zero martingale.

Condition (2.8) also holds if $M_k = \max_{1 \leq j \leq k} X_j$ and $\Delta X_1, \ldots, \Delta X_n$ is a sequence of associated random variables with $E\Delta X_k \geq 0$ , $1 \leq k \leq n$ . In this case (2.7) holds with constant 1 instead of 4 , which can be seen by applying (2.6) after reversing the order of the increments. This is the inequality of Newman and Wright [9].

## 3. Inequalities in Continuous Time

To obtain an analogue in continuous time of the formula (2.2), let $(X_t, t \geq 0)$ be a semimartingale with right continuous paths adapted to a filtration $(\mathscr{F}_t)$ satisfying the usual conditions (see for example Meyer [7]) and suppose that

(3.1) $(M_t)$ is a process of locally bounded variation such that $\{t : M_t = X_t\}$ a.s. contains the support of the random measure $dM_t$ ,

for example $M_t = \sup_{0 \leq s \leq t} X_s$ .

Then by following the steps used to derive (2.4) using stochastic differential calculus one obtains the formula

$$(3.2) \qquad X_t^2 = (M_t - X_t)^2 + 2\int_0^t M_{s-}\, dX_s + [M,M]_t ,$$

where $[M,M]_t = \sum_{0 \leq s \leq t} (\Delta M_s)^2$ , and a continuous time analogue of the theorem of the previous section follows immediately.

Suppose now that $X$ is a square integrable martingale. Then the process $Y$ defined by

$$(3.3) \qquad Y_t = X_t^2 - (M_t - X_t)^2 - [M,M]_t = 2\int_0^t M_{s-}\, dX_s$$

is a martingale. This observation extends a result of Azéma and Yor [2], who showed that for $M_t = \sup_{0 \leq s \leq t} X_s$ the process $Z$ defined by

$$(3.4) \qquad Z_t = X_t^2 - (M_t - X_t)^2$$

is a martingale if $X$ has continuous paths. Indeed, we see from (3.3) that $Z$ is a submartingale for any square integrable martingale $X$ and any process $M$ satisfying (3.1), and that $Z$ is a martingale if and only if $M$ has continuous paths.

Considering again the maximum process $M$ , Azéma and Yor [1] gave a characterization of the increasing process $\langle X,X \rangle$ associated with the sqaure-integrable martingale $X$ as the dual predictable projection of the (non-adapted) increasing process

$$A_t = (I_0 - M_\infty)^2 - (I_t - M_\infty)^2$$

where $I_t = \sup_{s \geq t} X_s$. As a consequence of these remarks concerning the process $Z$ of (3.4), this characterization of $\langle X,X\rangle$ now extends to all square intégrable martingales whose trajectories have no upward jumps.

Consider now the continuous time version of the improvement (1.2) of Doob's inequality (1.1) : for a square integrable martingale $(X_t, 0 \leq t \leq \infty)$,

$$E(\sup_t X_t^+ - \inf_t X_t^-)^2 \leq 4EX_\infty^2. \tag{3.5}$$

To partly confirm a conjecture of Dubins and Gilat [4], let us show that equality obtains in (3.5) only in the trivial case when $X_\infty = 0$ a.s..
Indeed, by inspection of (2.9) and (3.3) it is plain that equality in (3.5) implies that both the process $M^+$ and $M^-$ are continuous, where

$$M_t^+ = \sup_{0 \leq s \leq t} X_s^+, \quad M_t^- = \sup_{0 \leq s \leq t} X_s^-,$$

and moreover that

$$M_t^+ - X_t = X_t - M_t^- \quad \text{a.s.}, \quad t \geq 0, \quad \text{i.e.}$$

$$M_t^+ + M_t^- = 2X_t \quad \text{a.s.}, \quad t \geq 0. \tag{3.6}$$

But the left side of (3.6) is a continuous process with bounded variation, while the right side is a martingale. This forces $X = c$ for a constant $c$, and then obviously $c = 0$.

(I thank Marc Yor for suggesting this argument, which simplifies considerably my earlier one).

## 4. Concluding remarks

The importance of the property (3.1) of the maximal process seems first to have been appreciated by Azéma and Yor [2].
Using their method one can neatly obtain Doob's maximal inequality in $L_p$ for any $p > 1$ (see Dellacherie [10]), but it is still not clear how to obtain the right extension to $L_p$ of the refinements described here for $L_2$.

Department of Statistics
University of California
Berkeley, California

## References

[1] Azéma, J. and Yor, M. (1978). Temps Locaux. Soc. Math. de France, Astérisque 52-53.

[2] Azéma, J. and Yor, M. Une solution simple au problème de Skorokhod. Séminaire de Probabilités XIII. Lect. Notes in Maths 721. Springer-Verlag(1978)

[3] Doob, J.L., Stochastic Processes, Wiley, New York, 1953.

[4] Dubins, L.E., and Gilat, D. (1978). On the distribution of maxima of martingales. Proc. Amer. Math. Soc.68, 337-338.

[5] Esary, J., Proschan, F., and Walkup, D. (1967). Association of random variables with applications. Ann. Math. Stat. 38, 1466-1474.

[6] Fortuin, C., Kastelyn, P., and Ginibre, J. (1971). Correlation inequalities on some partially ordered sets. Proc. Camb. Phil. Soc. 59, 13-20.

[7] Meyer, P.A., Un cours sur les intégrales stochastiques. Séminaire de Probabilités X. Lecture Notes Math 511, Springer-Verlag, Berlin, 1976.

[8] Monroe, I. (1972). On embedding right continuous martingales in Brownian motion. Ann. Math. Statist. 43, 1293-1311.

[9] Newman, C.M. and Wright, A.L. (1980). An invariance principle for certain dependent sequences. Preprint.

[10] Dellacherie, C. (1979). Inégalités de convexité pour les processus croissants et les sous-martingales. Sém. de Probabilités XIII. Lect. Notes in Math 721, Springer-Verlag.

# AUTOUR DE LA DUALITE $(H^1, BMO)$

par

B. BRU, H. HEINICH et J.C. LOOTGIETER (*)

INTRODUCTION :

Nous nous proposons de poursuivre ici l'étude de l'expression de la dualité $(H^1, BMO)$ commencée par Jeulin et Yor dans le Séminaire n° 13, ([4]).

Il s'agit de répondre à deux types de questions :

- Ponctuellement, "pour quels couples de martingales $(X,Y)$ de $H^1 \times BMO$, a-t-on $X_\infty Y_\infty \in L^1$ et $(X|Y)_{H^1 \times BMO} = E(X_\infty Y_\infty)$ ?"
- Globalement, "quelles sont les martingales $X$ de $H^1$ (resp. de BMO) telles que $(X|Y) = E(X_\infty Y_\infty)$ pour toutes les martingales $Y$ de BMO (resp. de $H^1$) ?"

Il est possible de répondre de façon assez satisfaisante à la question ponctuelle (paragraphe 1) mais la question globale, qui revient à caractériser les espaces de Banach réticulés les plus proches de $H^1$ et BMO, soulève de nombreuses difficultés (voir, par exemple, [4] page 370). En effet la géométrie des espaces de martingales proches de $H^1$ et BMO semble dépendre de propriétés particulières des filtrations. On observe, notamment, que toute martingale équi-intégrable construite sur le jeu de pile ou face est égale, au signe près, à une martingale de $H^1$, mais qu'il n'en est plus de même dans le cas de la filtration naturelle des entiers munis d'une probabilité géométrique.

Nous étudions ce genre de problèmes dans les paragraphes 2 et 3. Nous concluons en examinant l'exemple des filtrations régulières (paragraphe 4).

Nous remercions chaleureusement nos amis T. Jeulin et M. Yor qui nous ont encouragé à écrire ce petit article.

---

(*) Laboratoire de Probabilités associé au CNRS LA 224 "Processus Stochastiques et Applications", Université P. et M. Curie - Paris VI - Tour 56 - 3ème Etage 4 place Jussieu - 75230 PARIS CEDEX 05.

I) Expression de la dualité $(H^1, BMO)$.

Sur un espace probabilisé $(\Omega, \mathcal{F}, P)$, on se donne une filtration $(\mathcal{F}_n)_{n \geq 0}$ vérifiant $\bigvee_n \mathcal{F}_n = \mathcal{F}$. On supposera toujours que $\mathcal{F}$ est séparable.

Si $X \in L^1$, on notera toujours $E^n(X) = E(X|\mathcal{F}_n)$ et on identifiera la martingale $(E^n(X))$ à sa variable terminale $X$.

On pose $X^* = \sup_n |E^n(X)|$ et on munit l'espace $H^1 = \{X \in L^1 | X^* \in L^1\}$ de la norme $||X||_{H^1} = E(X^*)$. Le dual de $H^1$ s'identifie à l'espace $BMO = \{Y \in L^1 | \sup_n E^n(Y - E^{n-1}(Y))^2 \in L^\infty\}$. On munit BMO de la norme duale et on note $(\cdot|\cdot)$ la dualité $(H^1, BMO)$. On sait que

$$(X|Y) = \lim_n E(E^n(X) \cdot E^n(Y)). \qquad \text{(cf. [3] et [7]).}$$

Contrairement à $H^1$, l'espace BMO est un espace de Riesz (mais ce n'est pas un espace de Banach réticulé solide ; i.e : BMO ne vérifie pas : $|x| \leq |y| \Longrightarrow ||x|| \leq ||y||$) on a :

$$||\mathrm{Inf}(Y_1, Y_2)||_{BMO} \leq k(||Y_1||_{BMO} + ||Y_2||_{BMO})$$

pour une constante k ([4] page 361).

*Remarque* : Le temps n est entier, mais tous les résultats obtenus ici sont transposables au temps continu, et les exemples que nous traitons sont indifféremment à temps discret et à temps continu.

- On dispose des deux résultats suivants :

*Proposition 1* :

Si $X \in H^1$ et $Y \in BMO$ vérifie $XY \in L^1$, alors $(X|Y) = E(XY)$.

*Démonstration* :

- Si $Y \in L^\infty$, le théorème de Lebesgue montre que $E(XY) = \lim_n E(E^n(X)\, Y) = (X|Y)$.

- Si $Y \in BMO_+$, $E^n(Y) \in L^\infty_+(\mathcal{F}_n)$ et $Y \wedge E^n(Y) \in L^\infty_+$. On a :

$$(X|\mathrm{Inf}(Y, E^n(Y))) = E(X \cdot \mathrm{Inf}(Y, E^n(Y))) \xrightarrow[n\uparrow\infty]{} E(XY) \text{ puisque}$$

$$|X \cdot \mathrm{Inf}(Y, E^n(Y))| \leq |XY| \in L^1.$$

D'autre part $||\mathrm{Inf}(Y, E^n(Y)))||_{BMO} \leq 2k\, ||Y||_{BMO}$, ce qui montre que la suite $(\mathrm{Inf}(Y, E^n(Y)))$ est faiblement compacte, d'où il résulte que

$$(X|\mathrm{Inf}(Y, E^n(Y)) \xrightarrow[n\uparrow\infty]{} (X|Y)$$

et donc que $(X|Y) = E(XY)$.

Le lemme de Fatou permet de préciser davantage le résultat précédent :

*Proposition 2 :*

- Soit $X \in H^1$ et $Y \in BMO$ telles que $XY \geq Z \in L^1$, alors $XY \in L^1$ (et la dualité s'écrit $E(XY)$).

- Symétriquement, soit $X \in H^1$ et $Y \in BMO$ telles que $XY \leq Z \in L^1$, alors $XY \in L^1$.

*Démonstration :*

Soit $X \in H^1$ et $Y \in BMO$ vérifiant $XY \geq Z \in L^1$ ; on a : $XY \geq Z \geq -Z^-$ et donc $X \cdot Y^+ \geq -Z^- \cdot 1_{\{Y \geq 0\}} \geq -Z^-$, ce qui permet de supposer $Y \geq 0$, on a alors, pour tout n :

$$\mathrm{Inf}(Y, E^n(Y)) \cdot X \geq -Y \cdot X^- \geq -Z^- \in L^1.$$

Comme dans la démonstration précédente, $E(X \cdot \mathrm{Inf}(Y, E^n(Y))) = (X | \mathrm{Inf}(Y, E^n(Y))) \underset{n}{\to} (X|Y)$;
le lemme de Fatou montre alors que $XY \in L^1$.
Le cas $XY \leq Z \in L^1$ se traite de la même façon.

II) Espaces proches de $H^1$ et BMO.

(1) D'après la proposition 1 l'ensemble des $X \in H^1$ tels que pour tout $Y \in BMO$ $(X|Y) = E(XY)$ est exactement $\{X|XY \in L^1, \forall Y \in BMO\}$ ; cet ensemble a été étudié par Jeulin et Yor qui ont montré le résultat suivant :

*Proposition 3* : ([4], proposition 3)

$\{X|XY \in L^1, \forall Y \in BMO\} = \{X \in H^1 \,|\, |X| \in H^1\}$

*Démonstration* :

Si $X \in H^1_+$ et Y $BMO_+$ $E(XY) \leq \underline{\lim}\, E(E^n(X)E^n(Y)) = (X|Y)$ donc $XY \in L^1$.

Inversement, si X vérifie $XY \in L^1$, $\forall Y \in BMO$, en tronquant X et en utilisant le théorème de Banach Steinhaus on montre que l'application $X \to E(XY)$ est une forme linéaire continue sur BMO et le corollaire de [2] page 111 montre que $X \in H^1$.

- Jeulin et Yor notent $K^1$ l'ensemble des $X \in H^1$ tels que $|X| \in H^1$ ; pour la norme $||X||_{K^1} = |||X|||_{H^1}$, $K^1$ est un espace de Banach réticulé solide (Banach lattice), très régulier, comme le montre la remarque suivante :

*Lemme 4* : $K^1$ est convexe pour l'ordre, c'est à dire ([1]) :

si $0 \leq X \leq Y$ et $||X||_{K^1} = ||Y||_{K^1}$ alors $X = Y$

*Démonstration* :

Si $0 \leq X \leq Y$ et $||X||_{K^1} = ||Y||_{K^1}$ on a $X^* = Y^*$, en particulier $X^* \geq E^o(Y)$ et donc $(X-E^o(Y))^* \geq 0$ ; l'inégalité maximale montre alors :

$$E(X-E^o(Y)) = \int_{\{(X-E^o(Y))^* \geq 0\}} (X-E^o(Y))\cdot dP \geq 0, \text{ d'où } E(X) = E(Y) \text{ et } X = Y.$$

- $K^1$ est donc faiblement séquentiellement complet ([1]) ; en particulier comme l'ont remarqué Jeulin et Yor, $(K^1)' = \{Y|XY \in L^1$ pour tout $X \in K^1\}$ et $K^1 = \{X|XY \in L^1$ pour tout $Y \in (K^1)'\}$ (cf. [5] pages 29 et 30).

- Rappelons qu'un idéal (pour l'ordre) de $L^1$ est un sous-espace de Riesz I de $L^1$ vérifiant : $\forall X \in L^1$, $|X| \leq |Y|$ et $Y \in I \Longrightarrow X \in I$. On observe que $K^1$ est le plus gros idéal de $L^1$ contenu dans $H^1$. On peut également caractériser $K^1$ d'une autre façon :

*Lemme 5* :

$K^1 = \{X \,|\, \mathrm{Sup}\{||\phi X||_{H^1} \,|\, \phi$ mesurable par rapport à $\mathcal{F}_n$, $n \in \mathbb{N}$, et $|\phi| \leq 1\} < \infty\}$.

*Démonstration :*

Soit $\phi \in L^\infty(\mathcal{F})$ vérifiant $|\phi| \leq 1$ ; on peut approcher $\phi$ p.s. par une suite $\phi_q$ de v.a. $\mathcal{F}_q$ mesurables et vérifiant $|\phi_q| \leq 1$.

Soit X vérifiant la propriété du second membre de l'égalité à démontrer on a $E(\operatorname{Sup}_n |E^n(\phi_q X)|) \leq M$, pour une constante M convenable, le lemme de Fatou montre alors :

$$E(\underline{\lim}_q \operatorname{Sup}_n |E^n(\phi_q X)|) \leq M \text{ d'où } E(\operatorname{Sup}_n |E^n(\phi X)|) \leq M \text{ et le lemme en résulte.}$$

- Le dual $(K^1)'$ de $K^1$ est un espace de Banach réticulé contenant BMO, c'est un idéal de $L^1$ il contient donc l'idéal engendré par BMO dans $L^1$, cet idéal est égal à $\{\phi \cdot Y | \phi \in L^\infty, Y \in BMO\}$ qui est le complété de Dedekind de l'espace de Riesz BMO ([6], corollaire 32.8), nous notons $\widetilde{BMO}$ cet espace.

Jeulin et Yor ont posé la question de savoir si $\widetilde{BMO} = (K^1)'$ en général. Nous répondons ci-dessous à cette question :

*Proposition 6 :*

$\widetilde{BMO} = (K^1)'$

*Démonstration :*

Posons $A = \{Z \in (K^1)' |$ il existe $Y \in BMO_+$ tel que $|Z| \leq Y$ et $||Y||_{BMO} \leq 1\}$

On vérifie que A est un ensemble convexe, équilibré, borné de $(K^1)'$. On note $\mathbb{E}_A$ l'espace vectoriel engendré par A, on munit $\mathbb{E}_A$ de la norme $||Z||_A = \operatorname{Inf}_{X \in \lambda A} |\lambda|$.

- Montrons que A est fermé dans $(K^1)'$, soit $Z_n$ une suite de A convergeant vers Z dans $(K^1)'$, on a $|Z_n| \leq Y_n$ et $||Y_n||_{BMO} \leq 1$ ; la suite $(Y_n)$ est faiblement compacte dans BMO, quitte à en extraire une sous-suite elle converge vers une v.a. $Y \in BMO_+$ pour la topologie $\sigma(BMO, H^1)$, en particulier, pour tout $B \in \mathcal{F}$, $E(Y_n 1_B) \to E(Y 1_B)$ d'où $|Z| \leq Y$ et comme $||Y||_{BMO} \leq 1$, $Z \in A$.

On sait alors que $\mathbb{E}_A$ est un espace de Banach.

- On a clairement $||Z||_A = \operatorname{Inf}_{\substack{Y \in BMO \\ |Z| \leq Y}} ||Y||_{BMO}$ et par conséquent pour tout $Z \in \mathbb{E}_A$ il existe une suite $Y_n$ de v.a. de $BMO_+$ vérifiant $||Y_n||_{BMO} \searrow ||Z||_A$ ; de la suite $Y_n$ on peut extraire une sous-suite convergeant vers une v.a. $Y \in BMO_+$ pour la topologie $\sigma(BMO, H^1)$ qui vérifie nécessairement $||Y||_{BMO} = ||Z||_A$.

Il est d'autre part évident que $\mathbb{E}_A$ est un espace de Banach réticulé solide.

- Montrons que $\mathbb{E}_A$ possède la propriété de Fatou, c'est à dire que si $(Z_n)$ est une suite croissante d'éléments positifs de $\mathbb{E}_A$ vérifiant pour tout n $||Z_n||_A \leq k$, la limite p.s. Z de $(Z_n)$ appartient à $\mathbb{E}_A$ et $||Z_n||_A \to ||Z||_A$ :

En effet, il existe une suite $(Y_n)$ de $BMO_+$ telle que, pour tout n, $Z_n \le Y_n$ et $||Y_n||_{BMO} = ||Z_n||_A$ ; pour une sous-suite convenable, $(Y_n)$ converge vers une v.a. $Y \in BMO_+$ pour $\sigma(BMO,H^1)$ ; on vérifie aisément que $Z \le Y$, $||Y||_{BMO} = ||Z_n||_A$ et $||Z_n||_A \to ||Z||_A$.

- On observe enfin que $\mathbb{E}_A = \widetilde{BMO}$ et que $\{X|XY\in L^1 \ \forall Y\in \widetilde{BMO}\} = K^1$.

Rappelons le résultat suivant ([5] page 30) : soit $\mathbb{E}$ un espace de Banach de v.a. intégrables, réticulé solide possédant la propriété de Fatou, alors, si on note

$$\mathbb{E}_o^* = \{Y|XY\in L^1 \ \forall X\in \mathbb{E}\}, \text{ on a } (\mathbb{E}_o^*)_o^* = \mathbb{E}.$$

Comme $(K^1)_o^* = (K^1)'$, la proposition s'en déduit.

*Remarque* :

Il résulte de la proposition précédente que la norme de $(K^1)'$ est équivalente à la norme $||\cdot||_A$.

② De façon duale, on introduit l'espace

$$BO = \{Y|XY\in L^1, \ \forall X\in H^1\} \quad \text{et l'on pose}$$

$$||Y||_{BO} = \sup_{||X||_{H^1} \le 1} E|XY|$$

*Lemme 7* :

$||\cdot||_{BO}$ est une norme qui fait de BO un espace de Banach réticulé vérifiant $L^\infty \subset BO \subset BMO$, $(X|Y)=E(XY)$ pour tout $X\in H^1$ et $Y\in BO$ ; de plus

$$||Y||_1 \le ||Y||_{BMO} \le ||Y||_{BO} \le ||Y||_\infty$$

*Démonstration* :

Soit $Y\in BO$, en tronquant $Y$ et en appliquant le théorème de Banach-Steinhaus on vérifie que l'application $X \to XY$ est une application linéaire continue de $H^1$ dans $L^1$; on en déduit que $||Y||_{BO} < \infty$.

On remarque ensuite que :

$$||Y||_{BMO} = \sup_{||X||_{H^1}\le 1} |E(XY)| \le \sup_{||X||_{H^1}\le 1} E(|XY|) = ||Y||_{BO}$$

Enfin, si $(Y_n)$ est une suite de Cauchy de BO, elle est de Cauchy dans BMO, elle converge donc vers une v.a. $Y$ dans BMO et, quitte à en extraire une sous-suite, p.s., on a :

$$\text{si } X\in H^1 \quad E(|XY|) \le \underline{\lim}\, E(|XY_n|) \le \underline{\lim}\, ||X||_{H^1}\cdot||Y_n||_{BO} < \infty \text{ d'où } Y\in BO.$$

D'autre part BO se plonge dans l'espace de Banach des applications linéaires continues de $H^1$ dans $L^1$ ; $(Y_n)$ converge dans cet espace et sa limite est nécessairement l'application $X \to XY$. Ce qui montre que $||Y_n - Y||_{BO} \to 0$.

– Le plus gros idéal de $L^1$ contenu dans BMO s'écrit visiblement $\{Y|\phi Y\in BMO$, pour tout $\phi\in L^\infty\}$, cet ensemble est compris entre BO et BMO ; en fait on a :

*Proposition 8 :*

$BO = \{Y|\phi Y\in BMO,\ \forall\phi\in L^\infty\} = \{Y|\phi Y\in BMO,\ \forall\phi\in L^\infty$ telle que $|\phi| = 1\}$.

*Démonstration :*

Soit $Y\in L^1$ telle que $\phi Y\in BMO$ pour toute v.a. $\phi$ vérifiant $|\phi| = 1$ et soit $X\in H^1$, posons $\phi$ = signe(XY). On a :

$\phi Y\in BMO$, $X\in H^1$ et $\phi YX \geq 0$, la proposition 2 permet d'en déduire $\phi YX\in L^1$ et par conséquent $Y\in BO$.

On dispose également du résultat symétrique du lemme 5 :

*Lemme 9 :*

$BO = \{Y\in BMO \big| \mathrm{Sup}\{||\phi Y||_{BMO} \big| \phi$ mesurable par rapport à $\mathcal{F}_n$, $n\in\mathbb{N}$, et $|\phi|\leq 1\} < \infty\}$

*Démonstration :*

Notons $\mathcal{E}$ l'ensemble des v.a. $\phi\in L^\infty(\mathcal{F}_n), n\in\mathbb{N}$, nous munissons $\mathcal{E}$ de la norme $||\cdot||_\infty$.

Si Y appartient à l'ensemble figurant au second membre de l'égalité du lemme 9, l'application $u : \phi \to \phi Y$ de $\mathcal{E}$ dans BMO est continue, elle se prolonge à l'adhérence $\bar{\mathcal{E}}$ de $\mathcal{E}$ dans $L^\infty$, sa transposée ${}^t u$ est alors fortement continue de (BMO)' dans $(\bar{\mathcal{E}})'$. On observe que $H^1$ se plonge dans (BMO)' et que $L^1$ est un sous-espace fermé de $(\bar{\mathcal{E}})'$ puisque si $X\in L^1$ $||X||_1 = \mathrm{Sup}\,\{|E(|X)| \;\big|\; \phi\in\mathcal{E}$ telle que $|\phi|\leq 1\}$. Soit $X\in L^\infty$ et $\phi\in\mathcal{E}$, on a :

$$({}^t u(X)|\phi)_{(\bar{\mathcal{E}}',\bar{\mathcal{E}})} = (X|u(\phi))_{(BMO,BMO')} = (X|\phi Y) = E(X\phi Y)$$

donc ${}^t u(X) = XY\in L^1$, c'est à dire que ${}^t u(L^\infty)\subset L^1$ et comme $L^\infty$ est dense dans $H^1$, il en résulte que

$${}^t u(H^1)\subset L^1 \quad \text{et} \quad Y\in BO.$$

*Remarques :*

1) BO, comme $L^\infty$, n'est pas fermé dans BMO en général ; en effet si BO est fermé dans BMO, les normes BO et BMO sont alors équivalentes et l'application $Y \to E(|X|Y)$ de BO dans $\mathbb{R}$ est prolongeable à BMO pour tout $X\in H^1$, ce qui implique $|X|\in H^1$ puis BO = BMO et $L^\infty$, qui est dense dans BO, devient dense dans BMO ce qui se produit seulement si $H^1 = L^1$ ([2] page 112).

2) BO ressemble donc beaucoup à $L^\infty$ et, dans tous les exemples que nous considérerons plus loin, nous vérifierons que $BO = L^\infty$. Nous ne savons pas montrer une telle égalité en toute généralité. Mokobodzki a montré que si $\mathcal{F}$ est atomique, $BO = L^\infty$ et $||Y||_{BO} \geq \frac{1}{2} ||Y||_\infty$.

③ On introduit maintenant (au moins provisoirement) l'espace

$$J^1 = \{X | XY \in L^1, \forall X \in BO\}$$

on le munit de la norme d'opérateur $||X||_{J^1} = \sup_{||Y||_{BO} \leq 1} E(|XY|)$ ; on a :

*Lemme 10 :*

- $J^1$ est un espace de Banach réticulé, $H^1 \subset J^1 \subset L^1$, $||X||_1 \leq ||X||_{J^1} \leq \alpha ||X||_{K^1}$, pour une constante $\alpha$ ne dépendant que de la filtration
- $BO = \{Y | XY \in L^1, \forall X \in J^1\}$

*Démonstration :*

Que $J^1$ soit un espace de Banach réticulé résulte de [5] page 29 par exemple, $||X||_1 = \sup_{||Y||_\infty \leq 1} |E(XY)| \leq \sup_{||X||_{BO} \leq 1} E(|XY|) = ||X||_{J^1} \leq \sup_{||X||_{BMO} \leq 1} E(|XY|)$ qui est une norme équivalente à $||X||_{K^1}$.

Pour montrer que $BO = \{Y | XY \in L^1, \forall X \in J^1\}$ il suffit, d'après [5] page 30, de vérifier que BO possède la propriété de Fatou c'est à dire que, si $(Y_n)$ est une suite croissante d'éléments positifs de BO bornée en norme BO elle converge vers une v.a. $Y \in BO$ et $||Y_n||_{BO} \to ||Y||_{BO}$.

Or si $X \in J^1_+$ $E(XY) \leq \underline{\lim}\, E(XY_n) \leq \underline{\lim}\, ||X||_{J^1} \cdot ||Y_n||_{BO} < \infty$, donc $Y \in BO$.

De plus $||Y||_{BO} = \sup_{||X||_{H^1} \leq 1} E(|XY|) = \sup_{||X||_{H^1} \leq 1} \sup_n E(|XY_n|) = \sup_n \sup_{||X||_{H^1} \leq 1} E(|XY_n|)$ $= \lim_n ||Y_n||_{BO}$.

*Remarques :*

- Il résulte du lemme précédent que $BO = L^\infty \iff J^1 = L^1$.

- Comme $H^1$ n'est pas un espace de Riesz, il existe entre $H^1$ et $J^1$ de nombreux espaces intéressants, nous n'en considérons ici que deux :

$$|H^1| = \{X \in L^1 \mid |X| = |Z| \text{ pour une v.a. } Z \in H^1\}$$

et

$$\tilde{H}^1 = \{X \in L^1 \mid |X| \leq \sum_{i=1}^{k} |Z_i|, k \in \mathbb{N}, Z_i \in H^1\}.$$

On vérifie que $\tilde{H}^1$ est l'idéal engendré par $H^1$ et que

$$H^1 \subset |H^1| \subset \tilde{H}^1 \subset J^1 \subset L^1.$$

Nous ignorons si l'égalité $\tilde{H}^1 = L^1$ est valable en toute généralité bien que nous n'ayons pas réussi à la mettre en défaut, par contre nous savons qu'en général

$$H^1 \neq |H^1| \neq \tilde{H}^1.$$

Nous examinerons ce point au paragraphe suivant, au préalable nous traitons, comme Jeulin et Yor ([4] page 370), l'exemple pédagogique de [2] pages 112-113.

*Exemple :*

$(\Omega,\mathcal{F},P)$ est l'espace de Lebesgue, $\mathcal{F}_t = \sigma(]0,1-t[,\mathcal{F}\cap]1-t,1[)$, $t\in]0,1[$)

$$H^1 = \{f\in L^1(0,1) \mid t \to \frac{1}{t}\int_0^t f(u)du \in L^1\}$$

$$BMO = \{f\in L^1 \mid t \to f(t) - \frac{1}{t}\int_0^t f(u)du \in L^\infty\}, \qquad [2]$$

$$K^1 = \{f\in L^1 \mid t \to f(t)\cdot \mathrm{Log}(e/t) \in L^1\}$$

$$(K^1)' = \widetilde{BMO} = \{f\in L^1 \mid t \to \frac{f(t)}{\mathrm{Log}(e/t)} \in L^\infty\}, \qquad [4]$$

On a

*Lemme 11 :*

Dans cet exemple, $|H^1| = \tilde{H}^1 = J^1 = L^1$ et $BO = L^\infty$

*Démonstration :*

Soit $f\in L^1_+$, choisissons une suite de réels $(x_n)$ décroissant vers 0, découpons ensuite chacun des intervalles $[x_{n+1},x_n]$ en intervalles $I_{n,i}$ suffisamment petits pour que $\int_{I_{n,i}} f(u)du \leq x_{n+1}$; à $n$ fixé, ces intervalles $I_{n,i}$ sont en nombre fini $K_n$. Construisons maintenant des fonctions $\phi_{n,i}$ valant $+1$ ou $-1$ et telles que $\int_{I_{n,i}} \phi_{n,i}(u)\, f(u)du = 0$, pour tout $n\in\mathbb{N}$ et $i\in K_n$.

Il suffit alors de poser $\phi(x) = \sum_{n,i} 1_{I_{n,i}}(x)\, \phi_{n,i}(x)$ ; on a, si $t\in I_{n,i}$,

$$\left|\frac{1}{t}\int_0^t \phi(u)\, f(u)du\right| \leq \frac{1}{x_{n+1}}\int_{I_{n,i}} f(u)du \leq 1, \text{ d'où } \phi f\in H^1.$$

Cet exemple possède également la curieuse propriété suivante :

*Lemme 12* :

$\forall X \in H^1$, il existe une suite $t_n \nearrow 1$, telle que

i) $X 1_{[1-t_n,1[} \to X$ dans $H^1$

ii) $\forall Y \in BMO \quad (X|Y) = \lim_n E[XY 1_{[0,t_n[}]$

*Démonstration* :

Posons $f(t) = |\int_0^t X(u)du|$, de deux choses l'une

- ou bien il existe $t_n \nearrow 1$ telle que $f(1-t_n) \equiv 0$, auquel cas :

$$E^{t_n}(X) = X 1_{[1-t_n,1[} \to X \text{ dans } H^1$$

- ou bien $f(1-t) > 0$ pour tout $t > T$, quitte à changer $X$ en $X 1_{]0,1-T]}$ on peut supposer $T = 0$.

Il existe alors une suite $t_n \nearrow 1$ telle que

$$f(1-t_n) \leq f(1-t) \qquad \forall t \leq t_n, \quad \text{on a alors}$$

si $t \geq t_n$ : $|E^t(X 1_{[1-t_n,1[})| = |X 1_{[1-t_n,1[}| \leq |X|$

si $t \leq t_n$ : $|E^t(X 1_{[1-t_n,1[})| \leq |X| 1_{[1-t,1[} + \frac{1}{1-t} [f(1-t) + f(1-t_n)] 1_{]0,1-t[}$

$$\leq 2 X^*$$

d'où $(X 1_{[1-t_n,1[})^* \leq 2 X^*$ pour tout $n$ et comme $X 1_{[1-t_n,1[}$ converge vers $X$ dans $L^1$, le théorème 1 de [2] permet d'en déduire que $X 1_{[1-t_n,1[} \to X$ fortement dans $H^1$.

La propriété ii) en résulte trivialement.

## III) Filtrations diffusantes.

*Définitions 13 :*

a) Une filtration $(\mathcal{F}_n)$ est dite diffusante si $\forall X\in L^\infty$ et $\forall \varepsilon > 0$, il existe deux v.a. $\phi$ et $Z$ vérifiant $|\phi| = 1$, $Z \geq 0$, $E(Z) \leq \varepsilon$ et telles que

$$(\phi X)^* \leq |X| + Z$$

b) Une filtration $(\mathcal{F}_n)$ est dite faiblement diffusante si $\forall X\in L^\infty$ et $\forall \varepsilon > 0$ il existe une v.a. $\phi$ vérifiant $|\phi| = 1$ et telle que

$$||\phi X||_{H^1} \leq ||X||_1 + \varepsilon$$

c) Une filtration $(\mathcal{F}_n)$ est dite fortement diffusante si $\forall n$, $\forall X\in L^\infty(\mathcal{F}_n)$, il existe une v.a. $\phi$ vérifiant $|\phi| = 1$ et telle que

$$(\phi X)^* = |X|$$

**Propriétés des filtrations diffusantes.**

1) (Communication personnelle de T. Jeulin) ; dans les définitions 13a et 13b, on peut remplacer " $\forall X\in L^\infty$" par "$\forall X = 1_A$ avec $A\in \bigcup_n \mathcal{F}_n$".

*Démonstration :*

On ne traite que le cas diffusant (13.a), le cas (13.b) étant analogue. Soit $X\in L^\infty$ et $\varepsilon > 0$, choisissons une v.a. $X'$ étagée mesurable par rapport à l'algèbre et telle que $||X'-X||_2 \leq \frac{\varepsilon}{6}$.

Soit $\phi$ et $Z'$ les v.a., vérifiant $(\phi X')^* \leq |X'| + Z'$ et $E(Z') \leq \frac{\varepsilon}{2}$, dont l'existence est assurée par hypothèse. On a alors :

$$(\phi X)^* \leq (\phi X')^* + |X'-X|^* \leq |X| + |X'-X| + |X'-X|^* + Z'$$

et $\qquad Z = |X'-X| + |X'-X|^* + Z'$ vérifie $E(Z) \leq \varepsilon$ (inégalité de Doob)

2) Dans les 3 définitions précédentes, on peut remplacer "$\forall X\in L^\infty$" par "$\forall X\in L^1$"

*Démonstration :*

On ne traite que le cas faiblement diffusant, les autres cas étant analogues. Soit $X\in L^1_+$ et $\varepsilon > 0$, posons $X_n = X\, 1_{\{n \leq X < n+1\}}$, choisissons $(\varepsilon_n)$ de sorte que $\sum_n \varepsilon_n = \varepsilon$, appelons $\phi_n$ la v.a. associée à $X_n, \varepsilon_n$ vérifiant :

$$||\phi_n X_n||_{H^1} \leq ||X_n||_1 + \varepsilon_n$$

posons $\phi = \sum_n \phi_n 1_{\{n \leq X < n+1\}}$, on a :

$$||\phi X||_{H^1} \leq \sum_n ||\phi_n X_n||_{H^1} \leq \sum_n ||X_n||_1 + \varepsilon = ||X||_1 + \varepsilon.$$

3) Dans les définitions 13, c) ⟹ a) ⟹ b) (cf. propriété 1)

4) Si $(\mathcal{F}_n)$ est faiblement diffusante :

$|H^1| = \tilde{H}^1 = J^1 = L^1$ et $BO = L^\infty$ (cf. propriété 2)

*Remarque* :

- L'expression "la filtration $(\mathcal{F}_n)$ est diffusante" est impropre (mais commode) en effet les définitions 13 font intervenir la propabilité P de façon cruciale ; nous avons d'ailleurs choisi l'adjectif diffusant précisément parce qu'il évoquait à la fois une propriété de mesure et de "filtre".

Exemples de filtrations diffusantes.

1) La filtration de l'exemple de [2] considérée à la fin du paragraphe II est fortement diffusante, on a même :

$\forall f \in L^1$ et $\forall \varepsilon > 0$, il existe une v.a. $\phi$ à valeurs $\{-1,+1\}$ vérifiant:

$(\phi f)^* \leq |f| + \varepsilon$

*Démonstration* :

Le même argument que celui donné dans la démonstration du lemme 11 montre que si $f \in L^1$ et $\varepsilon > 0$, on peut trouver une v.a. $\phi$ à valeurs $\{-1,+1\}$ vérifiant :

$|\frac{1}{t}\int_0^t \phi(u)\, f(u)du| \leq \varepsilon$ pour tout $t \in ]0,1]$, il en résulte :

$$|E^t(\phi f)| = |\frac{1}{1-t}\int_0^{1-t} \phi(u)\, f(u)du|\, 1_{]0,1-t[} + |f|\, 1_{]1-t,1[}$$

$$\leq |f| + \varepsilon$$

2) Les filtrations naturelles des p.a.i. sont fortement diffusantes.

*Démonstration* :

Soit $X \in L^1_+(\mathcal{F}_t)$ et soit $\phi$ une variable à valeurs $\{-1,+1\}$, mesurable par rapport à la tribu $\mathcal{F}_{(t,\infty)}$ des accroissements après t et d'espérance nulle, on a : $E[\phi X|\mathcal{F}_u] = X\, E[\phi|\mathcal{F}_u]$ si $u > t$

$= E(\phi)\, E[X|\mathcal{F}_u] = 0$ si $u \leq t$

d'où $(\phi X)^* \leq X$ et par conséquent $(\phi X)^* = X$ ; on conclut en utilisant la propriété 1).

3) Si $\mathcal{F}$ est une tribu non-atomique et si, pour tout $n$, $\mathcal{F}_n$ est engendrée par un nombre fini d'atomes, la filtration $(\mathcal{F}_n)$ est fortement diffusante.

*Démonstration :*

Soit $X \in L^\infty(\mathcal{F}_N)$, on a : $|E^n(\phi X)| = |X| \cdot |E^n(\phi)| \leq |X|$ pour tout $n \geq N$ et toute v.a. $\phi$ à valeurs $\{-1,+1\}$.

Choisissons maintenant $\phi$ de sorte que $E^N(\phi X) = 0$, ce qui est possible sous les hypothèses considérées, on a donc :

$E^n(\phi X) = 0$ pour tout $n \leq N$, ce qui achève la démonstration.

- A l'opposé des filtrations diffusantes, il existe des filtrations qui maintiennent autour de $H^1$ des espaces résiduels de martingales ; c'est en particulier le cas lorsque la tribu finale $\mathcal{F}$ est atomique, nous détaillons ce point sur un exemple.

Nous supposons jusqu'à la fin de ce paragraphe que $\Omega = \mathbb{N}$, $\mathcal{F} = \mathcal{P}(\mathbb{N})$, $P$ est une probabilité chargeant tous les entiers et $\mathcal{F}_n = \sigma(\{0\}, \{1\}, \ldots, \{n-1\})$.

Il est clair que ce type de filtrations n'est pas diffusant, il est, cependant, suffisamment régulier pour que l'idéal engendré par $H^1$ soit $L^1$ tout entier :

*Proposition 14 :*

$\tilde{H}_1 = L^1$

*Démonstration :*

Soit $X \in L^1_+(\mathbb{N},P)$, nous allons montrer que $X \leq |Z_1| + |Z_2|$ avec $Z_1$ et $Z_2 \in H^1$

Posons pour $n \geq 0$, $\begin{cases} Z_1(2n) = X(2n) \\ Z_1(2n+1) = -\dfrac{X(2n)}{P(2n+1)} P(2n) \end{cases}$ et $\begin{cases} Z_2(2n) = -\dfrac{X(2n+1)}{P(2n)} P(2n+1) \\ Z_2(2n+1) = X(2n+1) \end{cases}$

Il est clair que $Z_1$ et $Z_2 \in L^1$ et que $X \leq |Z_1| + |Z_2|$.

On vérifie aisément que $Z_i^* \leq |Z_i| + \sup\limits_n \dfrac{X(n)\,P(n)}{P([n,\infty))} 1_{[n,\infty)}$, $i = 1$ et $2$.

Posons $\alpha_n = \dfrac{X(n)\,P(n)}{P([n,\infty))}$ et considérons la suite (éventuellement finie) $(\alpha_{n_i})$ des records successifs de la suite $(\alpha_n)$ : $\alpha_{n_i} \geq \alpha_k$ pour $n_i \leq k < n_{i+1}$.

On a $E(\sup\limits_n \alpha_n 1_{[n,\infty)}) \leq \sum\limits_i \alpha_{n_i} P([n_i,n_{i+1}[) \leq \sum\limits_{n_i} X(n_i) \leq E(X)$ et par conséquent $Z_1$ et $Z_2$ appartiennent à $H^1$.

– Cependant, en général, l'espace $|H^1|$ est plus petit que $L^1$ :

*Proposition 15 :*

Il existe des probabilités $P$ telles que $|H^1| \neq L^1$

*Démonstration :*

Choisissons $P(n) = \frac{1}{2^{n+1}}$ et considérons la v.a. $X \in L^1_+$ définie par

$$X(n) = \begin{cases} \frac{1}{q!\,2^{q!}} & \text{si } n \text{ est de la forme } q! \\ 0 & \text{sinon} \end{cases}$$

Soit $\phi$ une fonction quelconque de $\mathbb{N}$ dans $\{-1,+1\}$, on vérifie que si $(q-1)! < n \leq q!$, on a :

$$(\phi X)^*(n) \geq |E^n \phi X|(n) \geq |\frac{1}{q!} + O(\frac{1}{q!})|\,2^{n+1} - X(n).$$

D'où visiblement $E(\phi X)^* = \infty$.

## IV) Filtrations régulières.

Une filtration $(\mathcal{F}_n)$ est dite régulière, si pour tout n, $\mathcal{F}_n$ est engendrée par un nombre fini d'atomes et s'il existe une constante $c > 0$ telle que, pour tout $X \in L^1_+$ et tout n

$$E^n(X) \leq c\, E^{n-1}(X) \qquad [7], [3].$$

Dans ce paragraphe, nous considérons une filtration régulière $(\mathcal{F}_n)$ et nous supposons, en outre, que $\mathcal{F}_o$ est triviale.

Soit $X \in L^1_+$ on a :

outre l'inégalité maximale (qui est toujours vraie) :

$$(1) \quad t\, P\{X^* > t\} \leq \int_{\{X^* > t\}} X\, dP$$

l'inégalité maximale inverse, [3] p. 86-88

$$(2) \quad \int_{\{X^* > t\}} X\, dP \leq t\, P[X^* > t] + E(X)\, 1_{\{t < E(X)\}}.$$

Soit U, une fonction de Young, c'est à dire une fonction de $\mathbb{R}_+$ dans $\mathbb{R}_+$, croissante, convexe, nulle en 0, et de densité u infinie à l'infini, nous convenons de choisir toujours la version continue à gauche de u. Nous notons v l'inverse continue à gauche de u, la conjuguée V de U est la primitive nulle en 0 de v, c'est une fonction de Young vérifiant $V \circ u(x) = xu(x) - U(x)$.

En intégrant les deux inégalités précédentes par rapport à la mesure du(t) il vient :

$$(1') \quad E[V \circ u(X^*)] \leq E[u(X^*) \cdot X]$$

$$(2') \quad E[Xu(X)] \leq E[V \circ u(X^*)] + E(X)\, u[E(X)]$$

qui impliquent à leur tour :

$$(1'') \quad E\left[V \circ u\left(\frac{X^*}{2}\right)\right] \leq E[U(X)], \qquad \text{voir } [3], [7]$$

$$(2'') \quad E[U(X)] \leq E[V \circ u(X^*)] + E(X)\, u[E(X)]$$

On note $L^U = \{X \in L^1 \mid \exists \rho$ tel que $E[U(\frac{|X|}{\rho})] < \infty\}$ l'espace d'Orlicz associé à U, on le munit de la norme de Luxemburg

$$||X||_{(U)} = \inf\{\rho > 0 \mid E[U(\frac{|X|}{\rho})] < \infty\}$$

On introduit en outre les espaces

$$\mathbb{H}^U = \{X \in L^1 \mid X^* \in L^U\} \text{ que l'on munit de la norme } ||X||_{\mathbb{H}^U} = ||X^*||_{(U)}$$

et $$K^U = \{X \in L^1 \mid |X| \in \mathbb{H}^U\} \text{ muni de la norme } ||X||_{K^U} = ||\,|X|\,||_{\mathbb{H}^U}.$$

On vérifie que $\mathbb{H}^U$ et $K^U$ sont des espaces de Banach et que $K^U$ est un espace de Banach réticulé, convexe pour l'ordre dès que $L^U$ l'est aussi (c'est-à-dire [1] lorsque U est modérée).

Rappelons, [1] lemme 15, que si U est une fonction de Young, il existe une fonction de Young $U_1$, "dominant" U et vérifiant

$U = V_1 o u_1$, dans lequel $V_1$ et $u_1$ désignant la conjuguée et la densité de $U_1$.

Les inégalités (1") et (2") montrent alors :

*Lemme 16* :

$$K^U = L^{U_1}$$

*Exemples* :

- Si $U(x) = x$, on a $U_1(x) = x \operatorname{Log}^+ x$ et par conséquent

$$\mathbb{H}^U = H^1, \qquad K^U = K^1 = L \operatorname{Log} L \quad \text{et} \quad \widetilde{BMO} = (K^1)' = e^L.$$

- Si $U(x) = x \operatorname{Log}^+ x$, on a $U_1(x) = x(\operatorname{Log}^+ x)^2$ et par conséquent

$\mathbb{H}^U$ = "HLogH" et $K^U = L(\operatorname{Log} L)^2$ cf. [1].

etc.....

Le théorème 18 de [1] montrent maintenant :

*Proposition 17* :

Les énoncés suivants sont équivalents :

(i) U est comodérée

(ii) $L^U = \mathbb{H}^U = K^U$

Enfin, en remarquant que toute filtration régulière est diffusante (exemple 3), on obtient avec des notations évidentes et en supposant U modérée, de sorte que $(L^U)' = L^V$ (seul cas intéressant) :

*Proposition 18* :

- Soit $\varepsilon > 0$ et $X \in L^U_+$, il existe deux v.a. $\phi$ et Z, vérifiant $|\phi| = 1$ et $||Z||_{(U)} \leq \varepsilon$, telles que

$$(\phi X)^* \leq X + Z$$

$$BO(U) = L^V \quad \text{et} \quad \widetilde{\mathbb{H}}^U = J^U = L^U = |\mathbb{H}^U|.$$

BIBLIOGRAPHIE :

[1] B.BRU et H. HEINICH : Isométries positives et propriétés ergodiques de quelques espaces de Banach, à paraître aux Annales de l'I.H.P. (1980).

[2] C. DELLACHERIE, P.A. MEYER et M. YOR : Sur certaines propriétés des espaces de Banach $H^1$ et BMO, Séminaire de Probabilités XII, Lecture Notes in Math. 649, Springer Verlag, 1978.

[3] A. GARSIA : Martingale Inequalities, Benjamin, Reading Mass. 1973.

[4] T. JEULIN et M. YOR : Sur l'expression de la dualité entre $H^1$ et BMO, Séminaire de Probabilitiés XIII, Lecture Notes in Math 721, Springer Verlag, 1979.

[5] J. LINDENSTAUSS et L. TZAFRIRI : Classical Banach Spaces II, Springer Verlag, 1979.

[6] W.A.J. LUXEMBURG et A.C. ZAANEN : Riesz Spaces I, North-Holland, Amsterdam Londres, 1971.

[7] J. NEVEU : Discrete Parameter Martingales, North Holland, Amsterdam Londres, 1975.

COMPLEMENT A L'EXPOSE PRECEDENT.

# SUR UN RESULTAT DE M.TALAGRAND.

par J.C.LOOTGIETER.

Sous l'hypothèse que les $\sigma$-algèbres $\mathcal{F}_n$ soient dénombrablement engendrées, M.Talagrand vient de démontrer le résultat suivant ([1]) :

Théorème : Pour toute fonction h réelle mesurable sur $(\Omega,\mathcal{F},P)$, l'on a :

(1) $\|h\|_\infty \leq 2 \sup\{E(|hf|):\|f\|_{H^1} \leq 1\}$.

Ce théorème assure en particulier que $BO=L^\infty$. La démonstration de (1) que nous proposons, différente de celle de M.Talagrand, est remarquablement simple et ne nécessite pas que les $\sigma$-algèbres $\mathcal{F}_n$ soient dénombrablement engendrées.

Démonstration : Comme le souligne M.Talagrand dans [1], il suffit de se limiter au cas où $h=1_A$ avec $P(A)>o$ ; nous convenons que "$B\in\mathcal{F}_n$" signifie que $B\in\mathcal{F}_n$ à un ensemble $(\mathcal{F},P)$ négligeable près. Le cas où $A\in\mathcal{F}_o$ est trivial (prendre $f=1_A/P(A)$). Supposons dorénavant que $A\notin\mathcal{F}_o$. Fixons $\varepsilon$, $o<\varepsilon<1$, et introduisons, pour tout $n\geq 0$, l'ensemble

$$C_n=\{E^n(1_A)\geq 1-\varepsilon\}.$$

Considérons, pour tout $n\geq 0$, l'entier $m(n)$ défini par

$$m(n)=\inf\{m:C_n\in\mathcal{F}_m\}.$$

Il est clair que $o\leq m(n)\leq n$ ; comme, suivant un argument de martingale, $C_n\to A$ presque-sûrement et que, par hypothèse, $A\notin\mathcal{F}_o$, on voit qu'il existe un $n_o$ tel que $m(n_o)>0$. La définition de $m(n_o)$ assure que $E(|1_{C_{n_o}} - E^{m(n_o)-1}(1_{C_{n_o}})|>0$ ;

posons alors

$g=1_{C_{n_o}} -E^{m(n_o)-1}(1_{C_{n_o}})$, puis $f = g/E(|g|)$.

Il est clair que $E(f)=0$ et $E(|f|)=1$, d'où $E(f^+)=1/2$ ; il va de soi que $f^+$ coïncide avec f sur $C_{n_o}$ et est égale à 0 sur $\Omega\backslash C_{n_o}$. D'autre part, comme $C_{n_o}\in\mathcal{F}_{m(n_o)}$, on voit que

$$E^n(f)=\begin{cases} 0 & \text{si } n<m(n_o), \\ f & \text{si } n\geq m(n_o). \end{cases}$$

Par suite $\|f\|_{H^1}=1$. Enfin, on a successivement :

$E(1_A|f|)= E(E^{n_o}(1_A)|f|)$ (puisque f est $\mathcal{F}_{n_o}$-mesurable),

$\geq(1-\varepsilon)E(1_{C_{n_o}}|f|)$ (suite à la définition des $C_n$),

$\geq \frac{1-\varepsilon}{2}$ (suite aux considérations sur $f^+$)

N.B. L'extension de l'inégalité (1) au cas d'une filtration $\{\mathcal{F}_t, t\in T\}$ (T désignant un intervalle de $\underline{R}$) croissante et continue à droite est, à nôtre connaissance, ouverte.

BIBLIOGRAPHIE.

[1] M.TALAGRAND : Sur l'espace $H^1$(manuscrit).

Note de la rédaction : Nous regrettons vivement de n'avoir pu inclure ici, pour des raisons d'ordre pratique, ce travail de Talagrand, qui paraîtra sans doute au Séminaire de Théorie du Potentiel.

Séminaire de Probabilités

Volume XV

# LE THEOREME DE GARNETT-JONES,

# D'APRES VAROPOULOS

par M. Emery

Le théorème de Garnett-Jones [2] est relatif à la distance à $L^\infty$ d'un élément de l'espace $BMO(\mathbb{R}^d)$. Varopoulos a montré dans [4] comment une méthode probabiliste permet de retrouver ce résultat. Nous allons exposer ici, en suivant Varopoulos, le théorème de Garnett-Jones probabiliste.

Commençons par quelques rappels sur BMO, empruntés à [1]. Soit $(\Omega,\underline{\underline{F}},P)$ un espace probabilisé complet pourvu d'une filtration $(\underline{\underline{F}}_t)_{t\geq 0}$ remplissant les conditions habituelles. L'espace BMO est l'espace de Banach dont la boule de rayon c est formée des martingales uniformément intégrables M telles que, pour tout temps d'arrêt T,

$$E[|M_\infty - M_{T-}||\underline{\underline{F}}_T] \leq c \text{ p.s.}$$

(avec la convention $M_{0-}=0$). Lorsque ceci a lieu, on a aussi

$$E[|M_\infty - M_T||\underline{\underline{F}}_T] \leq c \text{ p.s.} \quad ; \quad |\Delta M_T| \leq c \text{ p.s.}$$

et, pour $S \leq T$,

$$E[|M_T - M_{S-}||\underline{\underline{F}}_T] \leq c \text{ p.s.}$$

Si X est un processus càdlàg adapté intégrable admettant une limite $X_\infty$ et vérifiant pour tout T $E[|X_\infty - X_{T-}||\underline{\underline{F}}_T] \leq c$, alors la martingale $E[X_\infty|\underline{\underline{F}}_t]$ est dans BMO, avec une norme majorée par 2c.

Rappelons enfin l'inégalité de John-Nirenberg : Si $\|M\|_{BMO} = c$, et si $0 \leq a < 1/4c$, on a pour tout T

$$E[e^{a|M_\infty - M_{T-}|}|\underline{\underline{F}}_T] \leq \frac{1}{1-4ac} < \infty .$$

Réciproquement, si une martingale M vérifie pour tout T

$$E[e^{a|M_\infty - M_{T-}|}|\underline{\underline{F}}_T] \leq c \quad \text{(où la constante } a \text{ est } >0\text{)} ,$$

on en déduit, par l'inégalité de Jensen, que

$$e^{aE[|M_\infty - M_{T-}||\underline{\underline{F}}_T]} \leq c ,$$

donc que $M$ est dans BMO avec $\|M\|_{BMO} \leq \frac{1}{a}\text{Log}c$. Le problème auquel nous allons nous intéresser est d'obtenir, à partir d'inégalités exponentielles de ce genre, des renseignements sur $M$ faisant intervenir l'exposant $a$ mais non la constante $c$.

A toute martingale $M$ de BMO, on peut associer un <u>exposant critique</u> $a_0 = a_0(M) > 0$ tel que

$$\sup_T \| E[e^{a|M_\infty - M_{T-}|}|\underline{\underline{F}}_T] \|_{L^\infty}$$

soit fini pour $a < a_0$ et infini pour $a > a_0$. L'inégalité de John-Nirenberg entraîne que l'exposant critique de $M$ est au moins $1/4\|M\|_{BMO}$. Une inégalité inverse, qui donnerait l'équivalence entre $1/a_0$ et $\|M\|_{BMO}$ est-elle possible ? Non, car si $M$ est bornée et non nulle, $M$ est dans BMO avec une norme non nulle et un exposant critique infini. Mais on a le résultat suivant :

THEOREME (Garnett-Jones-Varopoulos). <u>Supposons que toutes les martingales sont continues</u>. <u>Alors</u>, <u>pour toute martingale</u> $M$ <u>dans</u> BMO, <u>on a</u>

$$\frac{1}{4a_0(M)} \leq d(M,L^\infty) \leq \frac{4}{a_0(M)} ,$$

<u>où</u> $d(M,L^\infty)$ <u>désigne la borne inférieure de</u> $\|M-N\|_{BMO}$ <u>quand</u> $N$ <u>décrit les martingales bornées</u>.

L'hypothèse sur la filtration (de continuité de toutes les martingales) peut encore s'énoncer ainsi : les tribus optionnelle et prévisible sont égales. Comme nous le verrons plus loin, cette hypothèse est cruciale pour l'inégalité de droite. Elle est vérifiée pour le mouvement brownien, ce qui permet à Varopoulos d'appliquer ce résultat à la théorie analytique de BMO. Par contre, l'inégalité de gauche est vraie en toute généralité, sans cette hypothèse.

DEMONSTRATION (Varopoulos).

1) <u>Inégalité de gauche</u>. La martingale $M$ étant dans BMO, soit $N$ une martingale bornée par un réel $n$. De

$$E[e^{a|M_\infty - M_{T-}|}|\underline{\underline{F}}_T] \leq e^{2an} E[e^{a|(M-N)_\infty - (M-N)_{T-}|}|\underline{\underline{F}}_T] \quad ,$$

on déduit que $a_0(M-N) \leq a_0(M)$ ; mais l'inégalité de John-Nirenberg fournit $\frac{1}{4\|M-N\|_{BMO}} \leq a_0(M-N)$ , d'où $\frac{1}{4a_0(M)} \leq \|M-N\|_{BMO}$ . Il ne reste qu'à faire varier $N$ parmi les martingales bornées pour obtenir le résultat. ▬

2) <u>Inégalité de droite</u>. Nous supposons maintenant que toutes les martingales sont continues. Nous aurons besoin d'un lemme, qui utilise de manière essentielle cette hypothèse.

LEMME. <u>Soient</u> $0 \leq T_0 \leq T_1 \leq \infty$ <u>deux temps d'arrêt</u>, $m$ <u>un entier</u> $\geq 1$ , $c$ <u>un réel de</u> $]0,1[$ . <u>On suppose que</u> $P[T_1 < \infty|\underline{\underline{F}}_{T_0}] \leq c^m$ . <u>Il existe alors des temps d'arrêt</u> $T_0 = R_0 \leq R_1 \leq \ldots \leq R_m = T_1$ <u>tels que</u>, <u>pour</u> $0 \leq n < m$ , <u>on ait</u> $P[R_{n+1} < \infty|\underline{\underline{F}}_{R_n}] \leq c$ .

<u>Démonstration du lemme</u>. Soit $X_t$ la martingale $P[T_1 < \infty|\underline{\underline{F}}_t]$ . Par hypothèse, $X$ est continue et vérifie $X_{T_0} \leq c^m$ ; posons, pour $0 \leq n \leq m$ , $S_n = \inf\{t \geq T_0 | X_t = c^{m-n}\}$. Cette suite vérifie $T_0 \leq S_0 \leq S_1 \leq \ldots \leq S_m \leq T_1$ ; d'autre part, pour $n < m$ , on peut écrire, sur $\{S_n < \infty\}$ ,

$$c^{m-n-1} P[S_{n+1} < \infty|\underline{\underline{F}}_{S_n}] \leq E[X_{S_{n+1}}|\underline{\underline{F}}_{S_n}] = X_{S_n} = c^{m-n} \quad ,$$

donc $P[S_{n+1} < \infty|\underline{\underline{F}}_{S_n}] \leq c\, I_{\{S_n < \infty\}} \leq c$ . Il ne reste qu'à poser $R_0 = T_0$ , $R_n = S_n$ pour $1 \leq n \leq m-1$ , $R_m = T_1$ pour avoir

$$P[R_1 < \infty|\underline{\underline{F}}_{R_0}] = P[S_1 < \infty|\underline{\underline{F}}_{S_0}|\underline{\underline{F}}_{T_0}] \leq c \quad ;$$

$$P[R_m < \infty|\underline{\underline{F}}_{R_{m-1}}] \leq P[S_m < \infty|\underline{\underline{F}}_{S_{m-1}}] \leq c \quad ,$$

ce qui établit le lemme. ▬

Pour démontrer l'inégalité de droite, <u>soit</u> $M$ <u>une martingale de</u> BMO <u>telle que</u>, <u>pour tout</u> $T$ , $E[e^{a|M_\infty - M_T|}|\underline{\underline{F}}_T] \leq e^{ak}$ $(a>0, k>0)$ . <u>Pour</u> $\varepsilon \in ]0,1[$ , <u>nous allons exhiber une décomposition</u> $N+L$ <u>de</u> $M$ <u>en une martingale bornée</u> $L$ <u>et une martingale</u> $N$ <u>telle que</u> $\|N\|_{BMO} \leq \frac{4+\varepsilon}{a}$ .

Soient donc donnés $M$ , $a$ , $k$ , $\varepsilon$ . Quitte à faire rentrer la v.a. bornée (car $M$ est dans BMO ) $M_0$ dans $L$ , on peut supposer $M$ nulle en $0$ . Soit $b$ un réel de la forme $m\frac{\varepsilon}{a}$ , où l'entier $m$ est choisi assez grand pour que $b > \frac{k}{\varepsilon}$ , de sorte que $b-k>(1-\varepsilon)b$ . On définit une suite croissante de temps d'arrêt par

$$T_0=0\ ;\ T_{n+1}=\inf\{t\geq T_n\ ,\ |M_t-M_{T_n}|=b\}\ .$$

Sur $\{T_n<\infty\}$, on peut écrire

$$e^{ab}\,P[T_{n+1}<\infty|\underline{\underline{F}}_{T_n}]\leq E[e^{a|M_{T_{n+1}}-M_{T_n}|}|\underline{\underline{F}}_{T_n}]$$
$$\leq E[e^{a|E[M_\infty-M_{T_n}|\underline{\underline{F}}_{T_{n+1}}]|}|\underline{\underline{F}}_{T_n}]$$
$$\leq E[e^{a|M_\infty-M_{T_n}|}|\underline{\underline{F}}_{T_{n+1}}|\underline{\underline{F}}_{T_n}]\leq e^{ak}\ ,$$

de sorte que

$$P[T_{n+1}<\infty|\underline{\underline{F}}_{T_n}]\leq e^{-a(b-k)}\leq e^{-ab(1-\varepsilon)}=c^m\ ,$$

avec $c=e^{-\varepsilon(1-\varepsilon)}\in\ ]0,1[$ . Considérons les deux processus croissants

$$A^+=\sum_{n\geq 0}I_{\{M_{T_{n+1}}-M_{T_n}=+b\}}I_{[\![T_{n+1},\infty[\![}\ ,$$

$$A^-=\sum_{n\geq 0}I_{\{M_{T_{n+1}}-M_{T_n}=-b\}}I_{[\![T_{n+1},\infty[\![}\ .$$

Le processus $b(A^+-A^-)-M$ est borné par $b$ . Le processus $A^+$ varie par sauts d'une unité, il est donc de la forme $A^+=\sum_{n\geq 1}I_{[\![S_n,\infty[\![}$ , pour des temps d'arrêt $S_n$ dont les graphes sont inclus dans la réunion des graphes des $T_i$ . D'où

$$P[S_{n+1}<\infty|\underline{\underline{F}}_{S_n}]=\sum_i P[S_{n+1}<\infty|\underline{\underline{F}}_{T_i}]I_{\{S_n=T_i<\infty\}}$$
$$\leq\sum_i P[T_{i+1}<\infty|\underline{\underline{F}}_{T_i}]I_{\{S_n=T_i<\infty\}}$$
$$\leq c^m I_{\{S_n<\infty\}}\ .$$

Le lemme, appliqué à $(0,S_1)$ et à chacun des couples $(S_n,S_{n+1})$ , permet d'interpoler la suite $(S_n)$ par une suite croissante $(R_n)_{n\geq 0}$ de temps d'arrêt telle que $R_0=0$ , $R_{mn}=S_n$ pour tout $n$ , et $P[R_{n+1}<\infty|\underline{\underline{F}}_{R_n}]\leq c$ .

Soit $B^+$ le processus croissant $\frac{1}{m}\sum_{n\geq 1}I_{[\![R_n,\infty[\![}$ . Par construction, il est compris entre $A^+$ et $A^++1$ ; en outre, si $T$ est un temps d'arrêt, on a, sur $\{R_{n-1}<T\leq R_n\}$ ,

$$E[B^+_\infty-B^+_{T-}|\underline{\underline{F}}_T]=E[B^+_\infty-B^+_{R_{n-1}}|\underline{\underline{F}}_{R_n}|\underline{\underline{F}}_T]\leq\frac{1}{m}\frac{1}{1-c}\ ,$$

car $P[B^+_\infty-B^+_{R_{n-1}}>\frac{i}{m}|\underline{\underline{F}}_{R_n}]=P[R_{n+i}<\infty|\underline{\underline{F}}_{R_n}]\leq c^i$ . La martingale $E[B^+_\infty|\underline{\underline{F}}_t]$ est donc dans BMO , avec pour norme au plus $2\,\frac{1}{m}\frac{1}{1-c}$ .

Il ne reste qu'à construire de même un processus $B^-$ tel que $\frac{1}{m}B^-$ approche $A^-$. La variable aléatoire $M_\infty - b(B^+_\infty - B^-_\infty)$ est alors bornée (par $3b$), c'est donc la v.a. terminale d'une martingale bornée $L$, tandis que la martingale $N_t = M_t - L_t = E[b(B^+_\infty - B^-_\infty)|\underline{\underline{F}}_t]$ vérifie

$$\|N\|_{BMO} \leq 2b\,\frac{2}{m(1-c)} = \frac{4\varepsilon}{1-e^{-\varepsilon(1-\varepsilon)}}\;1/a \quad ,$$

d'où le résultat, avec, au lieu de la constante $4+\varepsilon$ annoncée, la constante $\frac{4\varepsilon}{1-e^{-\varepsilon(1-\varepsilon)}}$, qui tend aussi vers 4 quand $\varepsilon$ tend vers zéro. ▬

Il est naturel de chercher à affaiblir l'hypothèse de continuité des martingales, en supposant seulement que la tribu optionnelle est égale à la tribu accessible (ce qui revient à dire qu'il n'y a pas de temps d'arrêt totalement inaccessibles), ou que la filtration est quasi-continue à gauche (ce qui revient à dire que les martingales n'ont pas de sauts prévisibles). Aucune de ces deux hypothèses n'est suffisante pour préserver le théorème, comme le montrent les deux contre-exemples suivants.

a) Tous les temps d'arrêt sont accessibles. On prend pour $\Omega$ l'ensemble $\mathbb{N}$, pour $\underline{\underline{F}}_t$ la tribu engendrée parla partition $(\{0\},\{1\}, \dots ,\{n-1\},\{n,n+1, \dots \})$, où $n$ est la partie entière de $t$, pour probabilité $P$ la loi géométrique $G(p)$ (où le paramètre $p$ est dans $]0,1[$ ) : $P(\{n\}) = (1-p)p^n$. Pour tout $n$, la v.a. $T_n(\omega) = \begin{cases} n \text{ si } \omega \geq n \\ \infty \text{ si } \omega < n \end{cases}$ est un temps d'arrêt. La martingale telle que $M_\infty(\omega) = \omega$ vaut

$$M_t(\omega) = \begin{cases} \omega \text{ si } t \geq \omega+1 \\ [t] + \frac{p}{1-p} \text{ si } t < \omega+1 \end{cases}$$

; elle est dans BMO, puisque $M_\infty = B_\infty$ où $B = \sum_{n\geq 1} I_{[\![T_n,\infty[\![}$, avec $P[T_{n+1}<\infty|\underline{\underline{F}}_{T_n}] = p\, I_{\{T_n<\infty\}}$.

La loi conditionnelle $\underline{\underline{L}}[M_\infty - M_n|\underline{\underline{F}}_n]$ est facile à expliciter : elle vaut $\delta_0$ si $\omega < n$, et $G(p) * \delta_{-p/(1-p)}$ si $\omega \geq n$. Si T est un temps d'arrêt fini, $\underline{\underline{L}}[M_\infty - M_T|\underline{\underline{F}}_T]$ et $\underline{\underline{L}}[M_\infty - M_n|\underline{\underline{F}}_n]$ coïncident sur $\{n \leq T < n+1\}$. Ceci entraîne que, pour tout exposant $a < -\mathrm{Log}\, p$,

$$E[e^{a|M_\infty - M_T|}|\underline{\underline{F}}_T] \leq c = \sup(1, \sum_{n\geq 0} e^{a(n-\frac{p}{1-p})}(1-p)\,p^n)$$

et donc, $M$ étant à sauts bornés,

$$E[e^{a|M_\infty - M_{T-}|}|\underline{\underline{F}}_T] \leq c\, e^{a|\Delta M_T|} \leq c' \quad ;$$

l'exposant critique $a_0(M)$ vaut donc au moins $-\mathrm{Log}\, p$ . En prenant $p$ assez petit, on peut choisir $a_0$ arbitrairement grand, donc $\frac{1}{a_0}$ arbitrairement petit. Néanmoins $d(M,L^\infty)$ reste bornée inférieurement par 1 . Si en effet une martingale $N$ de BMO vérifie $\|M-N\|_{BMO} = 1-\varepsilon < 1$ , les sauts de $M-N$ sont bornés par $1-\varepsilon$ ; comme $\Delta M_{T_n} = 1$ pour $n \geq 1$ , on a $\Delta N_{T_n} \geq \varepsilon$ , d'où $N_{T_n} - N_0 \geq n\varepsilon$ sur $\{T_n < \infty\}$ , et $N$ n'est pas bornée. ▬

b) <u>La filtration est quasi-continue à gauche</u>. Soient $B = \sum_{n\geq 1} I_{[\![T_n,\infty[\![}$ un processus de Poisson de paramètre 1 , $A_t = t$ son compensateur, $X = B-A$ son compensé, et $S$ le premier temps de saut d'un processus de Poisson de paramètre $p>0$ , indépendant de $B$ . Désignons par $M$ la martingale arrêtée $X^S$ et par $S_n$ ses temps de saut : $S_n = T_n$ si $T_n \leq S$ , $S_n = \infty$ sinon. On peut écrire $M = B^S - A^S$ , avec $B^S = \sum_{n\geq 1} I_{[\![S_n,\infty[\![}$ . Nous prendrons comme filtration la filtration naturelle de $M$ , pour laquelle les seuls instants où il se passe quelquechose sont les temps $S$ et $S_n$ .

Nous allons montrer que, pour $0 \leq a < b(p)$ (la fonction $b(p)$ sera explicitée plus bas), $E[e^{a|M_\infty - M_T|}|\underline{\underline{F}}_T] \leq c$ ,où $c$ dépend de $a$ , mais non de $T$ . Comme $M$ est à sauts bornés, on en déduira que $M$ est dans BMO , avec un exposant critique au moins égal à $b(p)$ .

L'homogénéité temporelle du processus $M$ entraîne que la loi conditionnelle $\underline{\underline{L}}[M_\infty - M_T||\underline{\underline{F}}_T]$ ne prend que deux valeurs : elle vaut $\delta_0$ sur $\{T \geq S\}$ et $\underline{\underline{L}}(M_\infty)$ sur $\{T<S\}$ . Il suffit donc d'établir que, pour $0 \leq a < b(p)$ , la v.a. $e^{a|M_S|}$ est intégrable. Majorons $|M_S|$ par $A_S + B_S$ ; la loi de $A_S$ est la loi exponentielle de paramètre $p$ , et, conditionnellement en $A_S = x$ , la loi de $B_S$ est la loi de Poisson de paramètre $x$ . Donc

$$E[e^{a(A_S+B_S)}] = \int_0^\infty p\, e^{-px} \sum_{n\geq 0} e^{-x} \frac{x^n}{n!} e^{a(x+n)}\, dx = \sum_{n\geq 0} \frac{pe^{an}}{(p+1-a)^n}$$

Cette série converge dès que $\frac{e^a}{p+1-a} < 1$ , c'est-à-dire $a < b(p)$ , où $b(p)$ est la racine de l'équation $e^x + x - 1 = p$ . La martingale $M$ est dans BMO , d'exposant critique au moins $b(p)$ . Lorsque $p$ est choisi assez grand, l'exposant critique peut être rendu arbitrairement grand.

Cependant, la distance de $M$ à $L^\infty$ reste au moins égale à $1$ . En effet, si la martingale $N$ est telle que $\|M-N\|_{BMO} = 1-\varepsilon < 1$ , les sauts de $M-N$ sont bornés par $1-\varepsilon$ , d'où $|\Delta N_S| < 1$ et $\varepsilon \leq \Delta N_{S_n} < 2$ . Par ailleurs, $N$ est la somme compensée de ses sauts : $N = C-\widetilde{C}+D-\widetilde{D}$ , où $C = \Delta N_S I_{[\![S,\infty[\![}$ , $\widetilde{C}$ est le compensateur de $C$ , $D = \sum_{n\geq 1} \Delta N_{S_n} I_{[\![S_n,\infty[\![}$ et $\widetilde{D}$ est le compensateur de $D$ . Des encadrements des sauts, on déduit que $\left|\frac{d\widetilde{C}}{dt}\right| < p$ , et $\varepsilon \leq \frac{d\widetilde{D}}{dt} < 2$ . Fixons $t$ . Les trois v.a. $\widetilde{C}_t$ , $\widetilde{D}_t$ , $C_t$ sont bornées respectivement par $pt$ , $2t$ , $1$ ; comme les sauts $\Delta N_{S_n}$ sont minorés et que, pour tout $k$, l'événement $\{S_k < t < S\}$ a une probabilité non nulle, la v.a. $D_t$ n'est pas bornée. Ainsi $N_t$ n'est pas dans $L^\infty$ , et $N$ n'est pas bornée, d'où l'assertion. ▬

**REMARQUE.** L'exemple a) est un cas particulier de la situation étudiée par Pavlov dans [3], situation dans laquelle $\underline{\underline{H}}^\infty$ n'est pas dense dans BMO . Une modification facile des démonstrations ci-dessus montre que, dans l'exemple a) comme dans l'exemple b), la martingale $M$ n'est pas approchable dans BMO par des éléments de $\underline{\underline{H}}^\infty$ .

**REFERENCES.**

[1] C. DELLACHERIE et P.A. MEYER. Probabilités et Potentiels. Chapitres V à VIII. Hermann, Paris 1980.

[2] J.B. GARNETT et P.W. JONES. The distance in BMO to $L^\infty$ . Ann. Math. 108, 373-393, 1978.

[3] I.V. PAVLOV. Contre-exemple à l'hypothèse de la densité de $H^\infty$ dans l'espace BMO . Théorie des Probabilités et Applications, XXV, 154-157, 1979 (en russe).

[4] N. VAROPOULOS. A probabilistic proof of the Garnett-Jones theorem on BMO . Preprint, Université d'Orsay, 1979.

Université de Strasbourg
Séminaire de Probabilités 1979/80

# UNE INEGALITE DE MARTINGALES AVEC POIDS

par C.S. CHOU

Nous travaillons sur un espace probabilisé complet $(\Omega,\underline{\underline{F}},P)$ muni d'une filtration $(\underline{\underline{F}}_t)$ satisfaisant aux conditions habituelles.

Désignons par $\Phi$ une fonction sur $\mathbb{R}_+$, continue à droite, nulle en 0, croissante, convexe et modérée, c'est à dire telle que l'on ait $\Phi(2x)\leqq\alpha\Phi(x)$ pour tout $x>0$, où $\alpha$ est une constante finie.

Pour toute martingale locale M, posons

(1) $$S(M)_t = M_t^* \vee [M,M]_t^{1/2} \qquad I(M)_t = M_t^* \wedge [M,M]_t^{1/2}$$

Chevalier a établi récemment que, pour tout $p\geqq1$, on a $E[S(M)^p]\leqq c_pE[I(M)^p]$ ( voir [1] ). Lenglart, Lepingle et Pratelli ont étendu ce résultat aux fonctions modérées $\Phi$ au lieu de la fonction $x^p$ ( voir [2]). Nous nous proposons ici de donner de ce résultat une version faisant intervenir un <u>poids</u> Z, en utilisant les résultats de Bonami et Lepingle [3].

Rappelons ce dont il s'agit : soit Z une variable aléatoire strictement positive d'intégrale égale à 1 ( un <u>poids</u> ) ; on note $\hat{P}$ la loi ZP, et $Z_t$ la martingale $E[Z|\underline{\underline{F}}_t]$, dont on prend une version càdlàg.. Alors $1/Z=\hat{Z}$ est un poids pour la loi $\hat{P}$, on a $\hat{\hat{P}}=\hat{Z}\hat{P}=P$ , et la martingale correspondante est $\hat{E}[\hat{Z}|\underline{\underline{F}}_t]=1/Z_t$ ; il y a donc symétrie complète entre P et $\hat{P}$.

On dit que le poids Z <u>satisfait à la condition</u> $(A_p)$, où $p>1$, s'il existe une constante $c_p$ telle que l'on ait p.s., pour tout $t>0$

$$Z_t(E[\,Z^{-1/p-1}|\underline{\underline{F}}_t])^{p-1} \leqq c_p$$

en permutant les rôles de P et $\hat{P}$, nous dirons que Z <u>satisfait à la condition</u> $(\hat{A}_p)$ si l'on a

$$\frac{1}{Z_t}(\hat{E}[Z^{1/p-1}|\underline{\underline{F}}_t])^{p-1} \leqq c_p$$

autrement dit, si $\hat{Z}$ satisfait à $(A_p)$.

Dans tout le travail, c désigne un nombre ( pouvant dépendre de p, $\Phi$... mais non des processus considérés ), dont la valeur ne nous intéresse pas, et qui peut varier de place en place.

## INEGALITES POUR LE CAS PREVISIBLEMENT BORNE

Dans toute cette section, on suppose que <u>le poids</u> Z <u>satisfait à</u> $(\hat{A}_p)$, et que M est une martingale locale <u>à sauts prévisiblement bornés par</u> D. Cela signifie que D est un processus croissant adapté, continu à droite, et que l'on a pour tout t $|\Delta M_t|\leqq D_{t-}$ ( pour $t=0$, cela se lit $|M_0|\leqq D_0$ : la v.a. $D_0$ n'est donc pas supposée nulle ) .

Recopions d'abord la proposition 1 de Bonami-Lepingle [3], p. 299.

LEMME 1. <u>Sous les hypothèses précédentes, on a si</u> $\lambda>0$, $0<\delta<\beta-1$

$$\hat{P}\{[M,M]_\infty^{1/2}>\beta\lambda\ ,\ M_\infty^* \vee D_\infty <\delta\lambda\} \leq c(\frac{\delta^2}{\beta^2-\delta^2-1})^{1/p}\ \hat{P}\{[M,M]_\infty^{1/2} > \lambda\}$$

$$\hat{P}\{M_\infty^* >\beta\lambda,\ [M,M]_\infty^{1/2}\vee D_\infty <\delta\lambda\}\leq c(\frac{\delta}{\beta-\delta-1})^{1/p}\ \hat{P}\{M_\infty^* >\lambda\}$$

Recopions aussi le lemme 7.1 de Burkholder [4], sous la forme que lui a donnée Lepingle :

LEMME 2. <u>Soient X et Y deux v.a. positives, et soit un</u> $\beta>1$ <u>fixé. Si l'on a pour tout</u> $\delta$ , $0<\delta<\beta-1$ <u>et tout</u> $\lambda>0$

$$P\{X > \beta\lambda\ ,\ Y < \delta\lambda\ \} \leq \varepsilon(\beta,\delta)P\{X\geq\lambda\}$$

<u>avec</u> $\lim_{\delta\to 0} \varepsilon(\beta,\delta) = 0$, <u>on a pour toute fonction</u> $\Phi$ <u>modérée</u> ( <u>non nécessairement convexe</u> )

$$E[\Phi(X)] \leq cE[\Phi(Y)]$$

Appliquant ce lemme à la situation précédente, nous obtenons le corollaire suivant :

COROLLAIRE 3. <u>On a</u>

$$\hat{E}[\Phi([M,M]_\infty^{1/2})] \leq c\hat{E}[\ \Phi(M^*) + \Phi(D_\infty)]$$

$$\hat{E}[\Phi(M^*)] \leq c\hat{E}[\ \Phi([M,M]_\infty^{1/2}) + \Phi(D_\infty)]$$

Ces résultats constituent notre point de départ. Nous en déduisons une nouvelle inégalité de distribution.

LEMME 4. <u>Avec les mêmes notations que dans le lemme 1, on a</u>

$$\hat{P}\{\ S(M)_\infty > \beta\lambda\ ,\ I(M)_\infty +D_\infty < \delta\lambda\ \} \leq \frac{c\delta^2}{(\delta-1)^2}\hat{P}\{S(M)_\infty \geq\lambda\}\ .$$

DEMONSTRATION. Nous partons de la première inégalité du corollaire 3, avec $\Phi(x)=x$ , que nous appliquons à la martingale locale

$$N_t = M_{T+t}-M_{T-} \quad \text{par rapport à la famille } (\underline{\underline{F}}_{T+t})$$

Cette martingale locale satisfait à

$$N_\infty^* \leq 2M^*\ ,\ |\Delta N_t| \leq D_{T+t-}\ ,\ [N,N]_\infty = [M,M]_\infty-[M,M]_{T-}$$

On a donc

$$\hat{E}[\ [M,M]_\infty^{1/2}-[M,M]_{T-}^{1/2}]\leq\hat{E}[[N,N]_\infty^{1/2}] \leq (2)c\hat{E}[M^*+D_\infty\ ]$$

Nous omettons le facteur 2. Remplaçant T par $T_A$ ($A\in\underline{\underline{F}}_T$ ), on a

$$\hat{E}[[M,M]_\infty^{1/2}-[M,M]_{T-}^{1/2}|\underline{\underline{F}}_T] \leq c\hat{E}[M^*+D_\infty\ |\underline{\underline{F}}_T]$$

et par conséquent, en intégrant par rapport au processus croissant $[M,M]_t^{1/2}$

$$\hat{E}[\ \int_{0-}^\infty ([M,M]_\infty^{1/2}-[M,M]_{t-}^{1/2})d[M,M]_t^{1/2}] \leq c\hat{E}[(M^*+D_\infty\ )[M,M]_\infty^{1/2}]$$

On sait que $A_\infty^2 \leq \int_{0-}^\infty 2(A_\infty-A_{t-})dA_t$ pour tout processus croissant $(A_t)$. Négligeant le facteur 2, et prenant $A_t=[M,M]_t^{1/2}$

$$\hat{E}[[M,M]_\infty] \leq c\hat{E}[(M^*+D_\infty)[M,M]_\infty^{1/2}]$$

d'où sans peine

$$\hat{E}[([M,M]_\infty^{1/2}+D_\infty)^2] \leq c\hat{E}[(M^*+D_\infty)([M,M]_\infty^{1/2}+D_\infty)]$$

Dans l'autre sens, prenons la seconde inégalité du corollaire 3 avec $\Phi(x)=x^2$

$$\hat{E}[M^*] \leq c\hat{E}[[M,M]_\infty + D_\infty^2]$$

d'où sans peine

$$\hat{E}[(M^*+D_\infty)^2] \leq c\hat{E}[([M,M]_\infty^{1/2}+D_\infty)^2]$$

Nous avons rejoint de manière directe l'article de Lenglart-Lépingle-Pratelli, Sém. XIV, p.39, ligne 8, et nous pouvons en déduire comme eux l'inégalité

(2) $$\hat{E}[S(M)_\infty^2] \leq c\hat{E}[(I(M)_\infty+D_\infty)^2]$$

- sans aucune restriction d'intégrabilité sur M, puisque celle-ci a des sauts prévisiblement bornés : on peut se ramener par arrêt au cas où M est bornée. Soit T un temps d'arrêt ; $N_t$ étant définie comme plus haut, nous avons

$$S(M)_\infty \leq S(M)_{T-}+S(N)_\infty \quad ,$$

$$N_\infty^* \leq 2M_\infty^* \;,\; [N,N]_\infty^{1/2} \leq [M,M]_\infty^{1/2} \;,\; \text{donc } I(N)_\infty \leq 2I(M)_\infty I_{\{T<\infty\}}$$

et enfin

$$\hat{E}[(S(M)_\infty-S(M)_{T-})^2] \leq c\hat{E}[(I(M)_\infty+D_\infty)^2 I_{\{T<\infty\}}]$$

d'après l'inégalité (2) appliquée à N . Remplaçant T par $T_A$ , $A\in\underline{\underline{F}}_T$ , on a

(3) $$\hat{E}[(S(M)_\infty-S(M)_{T-})^2|\underline{\underline{F}}_T] \leq c\hat{E}[(I(M)_\infty+D_\infty)^2|\underline{\underline{F}}_T]$$

Pour obtenir l'inégalité de l'énoncé, on procède un peu autrement. On pose $T=\inf\{t : S(M)_t\geq\lambda\}$ , $U=\inf\{t : I(M)_t+D_t \geq \delta\lambda\}$, et on applique (3) à la martingale locale $M^U$ et au processus croissant $D^{U-}$. On a donc

$$\begin{aligned}\hat{E}[(S(M)_U-S(M)_{T-})^2 I_{\{T<U\}}] &\leq c\hat{E}[(I(M)_U+D_{U-})^2 I_{\{T<U\}}]\\ &\leq c\hat{E}[(I(M)_{U-}+D_{U-})^2 I_{\{T<U\}}]\\ &\leq \delta^2\lambda^2\hat{P}\{T<U\}\end{aligned}$$

D'autre part, sur l'ensemble $\{S(M)_\infty \geq \beta\lambda,\ I(M)_\infty + D_\infty < \delta\lambda\}$, on a $U=+\infty$ , donc $S(M)_U \geq \beta\lambda$ , et $S(M)_{T-} \leq \lambda$ , donc le côté gauche de l'inégalité majore $(\beta-1)^2\lambda^2\hat{P}\{S(M)_\infty \geq\beta\lambda\ ,\ I(M)_\infty+D_\infty \leq \lambda\}$. Le lemme est établi.

Appliquant alors le lemme 2, nous obtenons

THEOREME 1. <u>Sous les hypothèses de ce paragraphe</u>, <u>on a pour toute fonction $\Phi$ modérée</u> ( <u>non nécessairement convexe</u> )

(4) $$\hat{E}[\Phi(S(M)_\infty)] \leq c\hat{E}[\Phi(I(M)_\infty + D_\infty)]$$

INEGALITES POUR LE CAS GENERAL

Nous allons maintenant lever l'hypothèse sur M : nous ne la supposons plus à sauts prévisiblement bornés. En revanche, nous renforçons l'hypothès sur le poids Z en supposant non seulement la condition $(\hat{A}_p)$, mais l'existence d'une constante k telle que

(5) $$Z_{t-}/Z_t \leq k \ .$$

Nous avons alors :

THEOREME 2. Sous les hypothèses précédentes, on a pour toute fonction $\Phi$ convexe modérée

(6) $$\hat{E}[\Phi(S(M)_\infty)] \leq c\hat{E}[\Phi(I(M)_\infty)]$$

DEMONSTRATION. Rappelons brièvement la décomposition de Davis dans le cas continu ([5]). On pose

$$H_t = \sup_{s\leq t} |\Delta M_s| \quad , \quad K_t = \Sigma_{u\leq t} I_{\{|\Delta M_u|\geq 2H_{u-}\}}\Delta M_u$$

Alors K est à variation localement intégrable, admet un compensateur prévisible $\tilde{K}$ et un compensé $K^c=K-\tilde{K}$. La décomposition de Davis de M est

$$M = K^c + L \quad \text{où } L=M-K^c$$

La martingale locale L est à sauts prévisiblement bornés : on montre que $|\Delta L_t| \leq 4H_{t-}$ . On a d'autre part

$$\int_0^\infty |dK_s| \leq 2H_\infty$$

D'autre part, $[K^c,K^c]_t^{1/2} \vee (K_c)_t^* \leq \int_0^t |dK_s^c|$ . D'après la proposition 2 de Bonami et Lepingle [3], p.300, on a

(7) $$\hat{E}[\Phi(\int_0^\infty |dK_s^c|)] \leq c\hat{E}[\Phi(\int_0^\infty |dK_s|)] \leq c\hat{E}[\Phi(H_\infty)]$$

D'autre part, on a $|\Delta_t M| \leq [M,M]_\infty^{1/2}$, $|\Delta_t M| \leq 2M^*$, donc $|\Delta_t M| \leq 2I(M)_\infty$ , et finalement $H_\infty \leq 2I(M)_\infty$ , d'où finalement

$$\hat{E}[\Phi(S(K^c)_\infty)] \leq c\hat{E}[\Phi(I(M)_\infty)]$$

Il reste à montrer l'inégalité analogue pour $S(L)_\infty$. Or nous avons d'après le théorème 1, les sauts de L étant prévisiblement bornés par $H_-$

$$\hat{E}[\Phi(S(L)_\infty)] \leq c\hat{E}[\Phi(I(L)_\infty + H_\infty)]$$

et il ne reste plus qu'à remarquer $I(L) \leq I(M)+I(K^c) \leq I(M) + \int|dK_s^c|$, après quoi l'inégalité (7) de Bonami-Lepingle donne à nouveau le résultat.

REFERENCES

[1]. L. CHEVALIER. Un nouveau type d'inégalités pour les martingales discrètes. Z.W. 49, 1979, p.249-256.

[2]. E. LENGLART, D. LEPINGLE, M. PRATELLI. Présentation unifiée de certaines inégalités de la théorie des martingales. Sém. Prob. XIV, p.26-48. Lecture Notes in M. 784, Springer-Verlag 1980.

[3]. A. BONAMI et D. LEPINGLE. Fonction maximale et variation quadratique des martingales en présence d'un poids. Sém. Prob. XIII, p. 294-306. Lecture Notes in M. 721, Springer-Verlag 1979.

[4]. D.L. BURKHOLDER. Distribution function inequalities for martingales. Annals of Prob. 1, 1973, p.

[5]. P.A. MEYER. Martingales and stochastic integrals I. Lecture Notes in M. 284, Springer 1972.

CHOU Ching-Sung
Mathematics Department
National Central University
Chung-Li , Taiwan, Republic of China.

## Spatial Trajectories

R.V. Chacon, Y. Le Jan, and J.B. Walsh

### Introduction

It was W. Feller who suggested thinking of the paths of a stochastic process in terms of a speedometer and a road map. The road map tells one where the path is going and the speedometer tells him how fast. In certain questions of Markov processes, it is useful to study these road maps alone, without looking at the speedometer. When we talk of a path observed without reference to a speedometer, we will call it a trajectory. More formally, a trajectory is an equivalence class of paths, where two paths are equivalent if they trace out the same points in the same order, or, to continue with Feller's metaphor, if they follow the same routes.

One technical question which comes up almost immediately is whether or not the Borel field on the space of trajectories has good measure-theoretic properties. This was answered (it does) in connection with a study of time-changes of Markov processes (see [1] and [2]) but only under the assumption that the processes had no holding points. This condition on the holding points turns out to be unnecessary, although it does greatly simplify the mathematics.

We will show here that if the paths are right continuous and have left limits, then the trajectory field is a separable subfield of the $\sigma$-field of a Blackwell space (which passes for good behavior in this permissive age) and that the trajectories are determined by a countable number of intrinsic stopping times.

## §1 Equivalence and Intrinsic times

Let $\mathcal{D}$ be the set of all right-continuous functions with left limits, from $\mathbb{R}_+$ to a locally compact metric space $E$. We say two functions $f$ and $g$ in $\mathcal{D}$ are <u>equivalent</u> if there exist functions $F$ and $G$ which are right continuous and increasing from $\mathbb{R}_+$ to $\mathbb{R}_+$ such that

(i) $f = g \circ F$ and $g = f \circ G$

(ii) $F$ and $G$ are inverses, i.e. $F(t) = \inf\{s \geq 0: G(s) > t\}$ and $G(t) = \inf\{s \geq 0: F(s) > t\}$.

We write $f \sim g$ and say that $f$ and $g$ are <u>equivalent via $F$ and $G$</u>.

Equivalence can be described in terms of time-changes: $f$ and $g$ are time changes of each other. The equivalence classes of $\mathcal{D}$ generated by this relation are called <u>trajectories</u>; two equivalent functions determine the same trajectory.

The functions $F$ and $G$ above are not necessarily continuous and in fact may not even be uniquely determined by $f$ and $g$. If, however, $f$ and $g$ have no "flat spots", then $F$ and $G$ are continuous, strictly increasing, and unique, which simplifies the situation enormously. In a way, the rather formidable technical complications encountered below in the proof of Theorem 2.1 are all due to the possibility of flat spots.

There are several elementary properties of time changes which we will need to deal with these flat spots and with possibly discontinuous $F$ and $G$. Let $f \sim g$ via $F$ and $G$. Then the reader can verify straightforwardly that

(1.1) $F(G(t)-) \leq t \leq F(G(t))$;

(1.2) $g$ is constant on the closed interval $[F(t-),F(t)]$;(*)

(1.3) if $f(t-) \neq f(t)$ and if $u = F(t-)$, then

$(f(t-),f(t)) = (g(u-),g(u))$ .

Let $\mathcal{E}$ be the $\sigma$-field on $\mathcal{D}$ generated by the cylinder sets, and let $\mathcal{E}^*$ be its universal completion, that is, if $\mathcal{E}^\mu$ is the completion of $\mathcal{E}$ with respect to the measure $\mu$, then $\mathcal{E} = \cap \mathcal{E}^\mu$, where $\mu$ ranges over all probability measures on $\mathcal{E}$ .

Following Courrège and Priouret [ 3 ], if $t \geq 0$ we define the <u>stopping operator</u> $\alpha_t: \mathcal{D} \to \mathcal{D}$ by $(\alpha_t f)(s) = f(s \wedge t)$ .

<u>Definition</u>. A function $T: \mathcal{D} \to [0,\infty]$ is a <u>stopping time</u> if

(i) $T$ is $\mathcal{E}^*$-measurable

(ii) if $T(f) < t$, then $T(\alpha_t f) = T(f)$ .

This definition agrees with the usual one [ 3 ]. Since we won't be dealing with measures in this article, we won't be overly concerned with (i); it is (ii) which expresses the usual condition that $T$ is determined by the past. We will be particularly interested in intrinsic times, which are stopping times, which, like first hitting times, are determined by the road map, not the speedometer.

<u>Definition</u>. A stopping time $T$ is <u>intrinsic</u> if, whenever $f \sim g$ via $F$ and $G$, then

(1.4) $T(g) \leq F(T(f))$ and $T(f) \leq G(T(g))$ .

<u>Example</u>. There need not be equality in (1.4): let $f(t) \equiv t$,

---

*Indeed $G$ is equal to $t$ and therefore $g$ equal to $f(t)$ on the half-open interval $[F(t-), F(t))$ . If $G$ jumps at $F(t)$ , $F$ is constant between $t$ and $G(F(t))$ . Thus $g(F(t)) = f(G(F(t)) = f(t)$ .

$g(t) = (t-1)^+$ $(a^+ = a \vee 0)$; then $f$ and $g$ are equivalent via $F(t) = t + 1$ and $G(t) = (t-1)^+$. Let $S$ be the first hit of zero, which is intrinsic. Then $S(f) = S(g) = 0$, so $S(g) < 1 = F(S(f))$.

Here are some elementary properties of intrinsic times.

Proposition 1.1. Let $S$ and $T$ be intrinsic times and let $f \sim g$ via $F$ and $G$. Then

(i) $T(f) < \infty \iff T(g) < \infty$, and $F(T(f)-) \leq T(g) \leq F(T(f))$;

(ii) $f(T(f)) = g(T(g))$;

(iii) $T(g)$ does not fall into the interior of an interval of constancy of $g$. In particular, $T(g)$ equals either $F(T(f)-)$ or $F(T(f))$;

(iv) if $S(g) < T(g)$, then $S(f) \leq T(f)$, and there may be equality;

(v) the class of intrinsic times is closed under finite suprema, infima, and under monotone convergence;

(vi) $T \equiv 0$ is intrinsic, but other constant times are not;

(vii) first jump and hitting times are intrinsic. More generally, if $A$ and $B$ are Borel subsets of $E \times E$ and if $A$ does not intersect the diagonal, then $D$ and $\tau$ are intrinsic, where

$$D(f) = \inf\{t > S(f): (f(t-),f(t)) \in A\}$$

$$\tau(f) = \inf\{t > S(f): (f(S(t)),f(t)) \in B\} .$$

Proof. (i) Since $T(f) \leq G(T(g))$ and $T(g) \leq F(T(f))$, $T(f)$ and $T(g)$ are finite together. These inequalities together with (1.1) imply that

$$F(T(f)-) \leq F(G(T(g))-) \leq T(g) \leq F(T(f)) .$$

(ii) $f(T(f)) = g(F(T(f)))$, while $g$ is constant on $[F(T(f)-), F(T(f))]$, which contains $T(g)$ by (i).

(iii) $g$ is equivalent to itself, and if it is constant on $[a,b]$, this equivalence can be realized via the function $G$ and its inverse, where

$$G(t) = \begin{cases} t & \text{if } t < a \text{ or } t > b \\ b & \text{if } a \leq t \leq b . \end{cases}$$

If $T(g) > a$, then $b \leq G(T(g)-) \leq T(g)$, so $T(g)$ can't be in the open interval $(a,b)$. The second statement follows since $g$ is constant on $[F(T(f)-), F(T(f))]$ by (1.1).

(iv) $S(f) \leq G(S(g)) \leq G(T(g)-) \leq T(f)$ by (i). To see there can be equality, consider the example above and let $T$ be the first hit of $(0,\infty)$. Then $S(f) = T(f) = 0$, even though $S(g) = 0$ and $T(g) = 1$.

(v) This is clear.

(vi) A strictly positive constant does not satisfy (iii).

(vii) The universal measurability of $D$ and $\tau$ is well-known. If $S(f) < t < b$ and if $f(t-) \neq f(t)$, then $S(g) \leq F(S(f)) \leq F(t-) \leq F(b)$ and, if $u = F(t-)$, then $f(t-) = g(u-)$ and $f(t) = g(u)$ by (1.3). Thus if $(f(t-),f(t)) \in A$ then $(g(u-),g(u)) \in A$, so that $D(g) \leq u \leq F(b)$. Letting $b \downarrow D(f)$, we see $D(g) \leq F(D(f))$, so $D$ is intrinsic. The proof for $\tau$ is similar.

## §2 Trajectories

Let $\mathcal{T}$ be the sub-$\sigma$-field of $\mathcal{E}$ generated by the trajectories, i.e. a set $\Lambda \in \mathcal{T}$ iff $\Lambda \in \mathcal{E}$ and if $f \in \Lambda$ and $g \sim f$ imply $g \in \Lambda$. We call $\mathcal{T}$ the $\sigma$-field of spatial events.

Let d be a distance on E and for each $n \geq 1$ define two sequences of intrinsic times by induction (the fact that they are intrinsic is a consequence of Prop. 1.1 (vii)):

$$\tau_{n\,0}(f) = 0$$

$$\tau_{n\,k+1}(f) = \inf\{t > \tau_{nk}(f) \colon d(f(t), f(\tau_{nk}(f))) > 1/n\}$$

and

$$D_{n\,1}(f) = \inf\{t > 0 \colon d(f(t-), f(t)) > 1/n\}$$

$$D_{n\,k+1}(f) = \inf\{t > D_{nk}(f) \colon d(f(t-), f(t)) > 1/n\} .$$

For each n,k, set

$$Q_{nk}(f) = \begin{cases} 1 & \text{if } \exists\, a < D_{nk}(f) \ni f \text{ is} \\ & \text{constant on } (a, D_{nk}(f)) \\ 0 & \text{otherwise.} \end{cases}$$

This brings us to the central results of this paper.

**Theorem 2.1.** Let $f, g \in \mathcal{D}$. Then $f \sim g$ iff

(i) $f(\tau_{nk}(f)) = g(\tau_{nk}(g))$ for all n,k, and

(ii) $Q_{nk}(f) = Q_{nk}(g)$.

Remarks. 1° It is implicit in (i) that $\tau_{nk}(f) < \infty \iff \tau_{nk}(g) < \infty$.

2° If $f$ is constant on $[t,\infty)$ for some $t$, one of the $D_{nk}$ will be infinite. Thus the $Q_{nk}$ also tell whether $f$ is constant on an infinite interval.

3° One could replace the $\tau_{nk}$ above by any set of intrinsic times $\{T_j\}$ with the property that if $f$ is not constant on a given interval $[a,b]$, then there exists $j$ such that $a \leq T_j(f) \leq b$.

4° The only thing at all surprising about Thm. 2.1 is that the $Q_{nk}$ should be necessary. Here is an example to indicate why they are.

Let

$$f(x) = \begin{cases} x & \text{if } x < \pi/4 \\ x+1 & \text{if } x \geq \pi/4 \end{cases}, \quad g(x) = \begin{cases} x & \text{if } x < \pi/4 \\ \pi/4 & \text{if } \pi/4 \leq x < \pi/4 + 1 \\ x & \text{if } x \geq \pi/4 + 1 \end{cases}.$$

None of the $\tau_{nk}(f)$ or $\tau_{nk}(g)$ can equal $\pi/4$, so that $f(\tau_{nk}(f)) = g(\tau_{nk}(g))$ for all $n,k$. In spite of this, $f$ and $g$ are not equivalent, for $g$ takes on the value $\pi/4$ while $f$ does not. This is reflected in the fact that $Q_{11}(f) = 0$ while $g$, which is constant for an interval preceeding its unique jump, has $Q_{11}(g) = 1$.

<u>Corollary 2.2</u>. The $\sigma$-field of spatial events is separable.

<u>Proof</u>. As a measurable space, $(\mathcal{D},\mathcal{E})$ is isomorphic to an analytic subspace of the unit interval ([4] ch. IV, §19). By Blackwell's theorem ([4] Ch. III, §26) a separable sub-$\sigma$-field $\mathcal{S}$ of $\mathcal{T}$ equals $\mathcal{T}$ iff it contains the atoms of $\mathcal{T}$, i.e. the trajectories. Now if $\mathcal{S}$ is the $\sigma$-field generated by the $Q_{nk}(f)$ and $f(\tau_{nk}(f))$, then $\mathcal{S} \subset \mathcal{T}$,

since these are $\mathcal{E}$-measurable functions which are constant on trajectories. Furthermore, $\mathcal{S}$ is generated by a countable family of functions, so it is a separable σ-field. Each trajectory is an atom of $\mathcal{S}$ by Theorem 2.1. Thus $\mathcal{S}$ and $\mathcal{T}$ have the same atoms, so $\mathcal{S} = \mathcal{T}$.

Q.E.D.

§3. The Proof of Theorem 2.1.

The $\tau_{nk}$ and $D_{nk}$ are intrinsic, so if $f \sim g$, (i) holds by Prop. 1.1 (ii). Let $D = D_{mn}$ for some m and n, and suppose $f \sim g$ via the functions F and G. Since D is intrinsic, $D(f) \in [G(D(g)-), G(D(g))]$. But f is constant on this interval so we couldn't have $D(f) > G(D(g)-)$ or ... no jump at $D(f)$. Thus $D(f) = G(D(g)-)$. Then if f is constant on some interval $[a,D(f))$, $g(t) = f(G(t))$ must be constant on some interval $[D(g)-\varepsilon,D(g))$, and (ii) must hold.

The proof of the converse involves the verification of a large - but finite - number of details. We will arrange this into a sequence of statements with proofs. Thus suppose f and g satisfy (1) and (2). To show that $f \sim g$, we must produce the pair F and G of functions required by the definitions. Our first step in this direction is to construct a sequence of functions $\{f_n\}$, all equivalent to g, which converge uniformly to f.

Fix n, and define a continuous, strictly increasing function $F_n$ as follows:

(a) $F_n(\tau_{nk}(f)) = \tau_{nk}(g)$ if $\tau_{nk}(f) < \infty$ ;

(b) $F_n$ is linear between the $\tau_{nk}(f)$ ;

(c) if $\tau_{nk}(f) < \infty$ while $\tau_{n\,k+1}(f) = \infty$, set

$$F_n(\tau_{nk}(f)+t) = \tau_{nk}(g) + t \quad \text{for} \quad t \geq 0 .$$

Let $G_n$ be the inverse function of $F_n$, and define $f_n$ by $f_n(t) = g(F_n(t))$. Then clearly

1° $f_n \sim g$ via $F_n, G_n$ .

2° $\tau_{nk}(f_n) = \tau_{nk}(f)$ and $f_n(\tau_{nk}(f)) = f(\tau_{nk}(f))$, $k = 0,1,2,\ldots$

Furthermore, each $t$ must fall into some interval $[\tau_{nk}(f), \tau_{n\ k+1}(f))$, so by 2° and the triangle inequality

3° $||f_n - f||_\infty \leq 2/n$ .

Thus the sequence $f_n$ converges uniformly to $f$. Let us look at the convergence properties of $F_n$ and $G_n$. We first note the following, which is an easy consequence of the definition of the $\tau_{nk}$ and the triangle inequality.

4° Let $f,h \in \mathcal{D}$ and let $p \geq 3q$ be integers. If $||f - h||_\infty < 1/p$ and if $\tau_{q\ k+1}(f) < \infty$, there exists a $j$ such that $\tau_{pj}(h) \in [\tau_{qk}(f), \tau_{q\ k+1}(f)]$ .

5° For each $t$, the sequences $\{F_n(t)\}$ and $\{G_n(t)\}$ are bounded.

Proof. We will prove this for the $F_n$. The proof for $G_n$ is similar.

Consider first the case where $f$ is constant on some interval $[a,\infty)$. Then $g$ and $f_n$ must be constant on intervals $[b,\infty)$ and $[a_n,\infty)$ respectively by (ii) and Remark 2° above.

$F_n$ was defined to be linear after the last finite $\tau_{nk}(f_n)$, which is less than $b$, so that

$$F_n(t) \leq b + t - \tau_{nk}(f_n) \leq b + t .$$

Next, consider the case in which $f$ is not constant on $[t,\infty)$.

There must exist $q,k$ such that $t < \tau_{qk}(f) < \tau_{q\,k+1}(f) < \infty$. By 3° and 4°, for all large enough $n$, say $n \geq n_0$, there exists $j$ such that, if $p = 3q$, $\tau_{qk}(f) \leq \tau_{pj}(f_n) < \infty$. A priori, $j$ may depend on $n$, but we claim there is $j_0$ such that $\tau_{p\,j_0}(f_n) > t$ for all $n \geq n_0$. Indeed, if $\tau_{pj}(f) < \infty$ for only finitely many $j$, choose $j_0$ to be the largest $j$ for which this is finite. Since this is also the largest $j$ for which $\tau_{pj}(f_n) < \infty$ for all $n$, this must work. On the other hand, if $\tau_{pj}(f) < \infty$ for all $j$, there must still be a $j_0$ such that $\tau_{p\,j_0}(f_n) > t$ for all $n$. Suppose not. Then there exists a subsequence $(n_j)$ such that for all $j$ $\tau_{pj}(f_{n_j}) \leq t$. But let $r \geq 3p$ and apply 4° again: for large enough $j$, there is at least one $\tau_{ri}(f)$ in each interval $[\tau_{pk}(f_{n_j}), \tau_{p\,k+1}(f_{n_j})]$. Consequently, if $\tau_{pj}(f_{n_j}) \leq t$, then $\tau_{ri}(f) \leq t$ for at least $j/2$ values of $i$. As $j$ is arbitrary, we have $\tau_{ri}(f) \leq t$ for all $i$, which is impossible.

But now, if $t < \tau_{p\,j_0}(f_n)$ for all large enough $n$,

$$F_n(t) \leq F_n(\tau_{p\,j_0}(f_n)) = \tau_{p\,j_0}(g) < \infty,$$

proving 5°.

Since the $F_n(t)$ are bounded we may assume, by taking a subsequence if necessary, that

6° there exist increasing functions $F$ and $G$ such that $F_n(t) \longrightarrow F(t)$ and $G_n(t) \longrightarrow G(t)$ for all $t \geq 0$.

For the remainder of the proof we will simplify notation by arranging the jump times $\{D_{mn}\}$ in a single sequence $\{D_i\}$ and writing

$$d_i = D_i(f), \qquad \delta_i = D_i(g) .$$

When $F$ and $G$ enter symmetrically, or nearly so, we will give the proof for $F$ alone.

For each $i$, let $A_i$ be the maximal interval of constancy of $f$ of the form $A_i = [a_i, d_i)$ and $B_i$ the maximal interval of constancy of $g$ of the form $B_i = [b_i, \delta_i)$ . (This defines $a_i$ and $b_i$ .) Let $A = \bigcup_i A_i$ and $B = \bigcup_i B_i$ . The $A_i$ and $B_i$ may be empty (corresponding to $a_i = d_i$ nad $b_i = \delta_i$ resp.) but by hypothesis (ii), $A_i = \phi$ iff $B_i = \phi$ .

7° For each $i$, if $n$ is large enough, $D_i(f_n) = d_i$ and $F(d_i) = F_n(d_i) = \delta_i$ . Similarly $G(\delta_i) = G_n(\delta_i) = d_i$ .

Proof. By uniform convergence $\Delta f_n(t) \overset{def}{=} f_n(t) - f_n(t-)$ converges to $\Delta f(t)$ for each $t$ . Consequently $D_i(f_n) = D_i(f)$ for large enough $n$ . As $D_i(f_n) = \tau_{nk}(f_n)$ for some $k$ (again if $n$ is large enough) we get that $F_n(D_i(f_n)) = \delta_i$ and 7° follows since $F(d_i) = \lim_{n\to\infty} F_n(d_i) = \delta_i$. The proof for $G$ is similar.

8° a) If $s \in \mathbb{R}_+ - A$ and $t \in \mathbb{R}_+ - B$, then $f(s) = g(F(s))$ and $g(t) = f(G(t))$.

b) If $s \in A_i$ and $t \in B_i$, then $f(s) = f(d_i-) = g(d_i-) = g(t)$ .

Proof. $f(s) = g(F(s))$ if $g$ is continuous at $t$ (by 1° and 6°) or if $s = d_i$ (by 7°). Evidently it can fail only if $F(s) = \delta_i$ for some $i$ . Then $F_n(s) < \delta_i$ for large $n$, for if not the right continuity of $g$ would give $g(F(s)) = \lim g(F_n(s)) = f(s)$ . Thus -

as $F_n(d_i) = \delta_i$ for large $n$ - we must have $s < d_i$, and evidently $f(s) = f(d_i-) = g(\delta_i-)$. But note that the same must hold for each $t' \in [t,d_i)$, so that $[t,d_i) \subset A_i$, the maximal interval of constancy of $f$.

9° $F(A_i) \subset \overline{B}_i$ and $G(B_i) \subset \overline{A}_i$.

Proof. Let $a_i \leq t < d_i$. Then $F_n(t) < F_n(d_i) = \delta_i$, so $F_n(t)$, and hence $F(t)$, is bounded above by $\delta_i$. Now we claim that $F(t) \geq b_i$. Suppose not. Then, for some $\varepsilon > 0$, $F_n(a_i) \leq b_i - \varepsilon$ for all large $n$. As $F_n$ is continuous and $F_n(d_i) = \delta_i$, the range of $\{f_n(t): a_i \leq t < d_i\}$ contains the set $K = \{g(t): b - \varepsilon \leq t < \delta_i\}$. Since $f_n$ converges uniformly to $f$, we find that the closure of the range: $\{f(t), a_i \leq t < d_i\}$ also contains $K$. But, as $[b_i,\delta_i)$ is a maximal interval of constancy, $K$ is not a singleton, while $\{f(t), a_i \leq t < d_i\} = \{f(\delta_i)\}$ is one, which is a contradiction. This proves 9°.

The equations 8° may not hold for $s$ and $t$ in $A$ and $B$, and we are forced to modify $F$ and $G$ there. We do this in two steps. First define

$$\overline{F}(t) = \begin{cases} F(t) & \text{if } t \in \mathbb{R}_+ - A \\ b_i + \dfrac{\delta_i - b_i}{d_i - a_i}(t-a_i) & \text{if } t \in A_i \end{cases}$$

$$\overline{G}(t) = \begin{cases} G(t) & \text{if } t \in \mathbb{R}_+ - B \\ a_i + \dfrac{d_i - a_i}{\delta_i - b_i}(t-b_i) & \text{if } t \in B_i\,. \end{cases}$$

10° $\overline{F}$ is increasing, maps $A_i$ one to one and onto $B_i$, maps $\mathbb{R}_+ - A$ into $\mathbb{R}_+ - B$, and $f(t) = g(\overline{F}(t))$ for all $t$. The corresponding statements hold for $\overline{G}$.

Proof. $\overline{F}$ is increasing on each $A_i$ by construction and on $\mathbb{R}_+ - A$ since it equals $F$ there. It is not hard to verify that $s < a_i \Rightarrow \overline{F}(s) < b_i$ and $t > d_i \Rightarrow \overline{F}(t) \geq \delta_i$, which allows us to conclude that $\overline{F}$ is increasing on $\mathbb{R}_+$. It also shows that if $t \notin A_i$, $\overline{F}(t) \notin B_i$. Since $\overline{F}$ maps $A_i$ one-to-one and onto $B_i$ by construction, we can conclude that $\overline{F}$ maps $\mathbb{R}_+ - A$ into $\mathbb{R}_+ - B$ as well. Finally, $f(t) = g(\overline{F}(t)$ for all $t \in \mathbb{R}_+ - A$ by 8(a), and for all $t \in A$ by 8(b).

Now $\overline{F}$ and $\overline{G}$ may not be right-continuous, so define

$$\hat{G}(t) = \overline{G}(t+) \quad \text{and} \quad \hat{F}(t) = \overline{F}(t+) .$$

By 10° and the right-continuity of $f$ and $g$

11° $f(t) = g(\hat{F}(t))$ and $g(t) = f(\hat{G}(t))$ for all $t \geq 0$.

The proof of the theorem will be complete once we show that $\hat{F}$ and $\hat{G}$ are inverses. We begin by noting that, as $F_n$ and $G_n$ are inverses for all $n$, 6° implies straightforwardly that $F(t+)$ and $G(t+)$ are too, i.e.

12° $F(t+) = \inf\{s: G(s+) > t\}$ for all $t \geq 0$.

13° a) $\hat{F}(t) = \overline{F}(t)$ if $t \in A$ and $\hat{G}(t) = \overline{G}(t)$ if $t \in B$.

b) $\hat{F}(t) = F(t+)$ if $t \in \mathbb{R}_+ - A$ and $\hat{G}(t) = G(t+)$ if $t \in \mathbb{R}_+ - B$.

Proof. a) is trivial since $\overline{F}$ is already right continuous on $A$. Since $\overline{F} = F$ on $\mathbb{R}_+ - A$, (b) is clear except possibly when $t \in \mathbb{R}_+ - A$ is a limit from the right of points in $A$. But in this case, it must be a limit from the right of the $d_i$, so

$$\hat{F}(t) = \lim_{d_i \downarrow t} \overline{F}(d_i -) = \lim_{d_i \downarrow t} F(d_i) = F(t+) .$$

14° $\hat{F}(t) = \inf\{s: \overline{G}(s) > t\}$ for all $t \in \mathbb{R}_+$.

Proof. This holds for $t \in B_i$ by 13°(b) and the definitions of $\overline{F}$ and $\overline{G}$, hence it holds on all of $B$. Thus we can restrict our attention to $t$ in $\mathbb{R}_+ - B$. Consider

$$H(t) = \inf\{s: \hat{G}(s) > t\}$$

and

$$F(t+) = \inf\{s: G(s+) > t\} .$$

By 12° and 13°, $F(t+) = \hat{F}(t)$ for $t \in \mathbb{R}_+ - A$, so we must show that $H(t) = F(t+)$ for all $t \in \mathbb{R}_+ - A$. This will follow if we can show that

a) $t \in \mathbb{R}_+ - A$ and $G(s+) \leq t \Rightarrow \hat{G}(s) \leq t$

b) $t \in \mathbb{R}_+ - A$ and $G(s+) > t \Rightarrow \hat{G}(s) > t$.

But if $s \in \mathbb{R}_+ - B$, then $G(s+) = \hat{G}(s)$ and a) and b) both follow trivially, so suppose $s \in B_i$ for some $i$. Then $G(s)$ and $G(s+)$ are both in $[a_i, d_i]$ by 9°. Thus $G(s+) \leq t$ and $t \in \mathbb{R}_+ - A$ imply $t \geq d_i$. But $\hat{G}(s) \in A_i$ by 10° and 13° so $\hat{G}(s) \leq t$ as well, verifying (a). To verify (b), note that $G(s+) > t$ and $t \in \mathbb{R}_+ - A$

implies $t < a_i$, hence $\hat{G}(s) > a_i$ by 10° and 13° again. This completes the proof of the theorem.

## References

1. R.V. Chacon and Benton Jamison, A fundamental property of Markov processes with an application to equivalence under time changes, Israel J. Math. Vol. 33, p. 241-269, (1979).

2. ______________________________, Processes with state-dependent hitting probabilities and their independence under time changes, Advances in Math. Vol. 32, p. 1-35, (1979).

3. P. Courrège et P. Priouret, Temps d'arrêt d'une fonction aléatoire; Publications de L'Institut de Statistique de L'Univ. de Paris 14 (1965), pp. 245-274.

4. C. Dellacherie et P.A. Meyer, Probabilités et Potentiels, (version refondue).

# TRIBUS MARKOVIENNES ET PREDICTION.

Yves LE JAN (*)

1. Dans des travaux précédents (cf. [3], [4]) on a caractérisé les tribus de processus aléatoires susceptibles d'être représentées comme l'ensemble des fonctions boréliennes bornées d'un processus de Ray, pour une loi d'entrée donnée.

Etant donné une tribu $\mathcal{U}$ de processus aléatoires bornés $F_t$, $t > 0$, si $\mathcal{F}_t$ désigne la filtration continue à droite engendrée par les processus de $\mathcal{U}$, les noyaux de prédiction $\pi_t = \pi o \theta_t$ obtenus en composant la projection $\mathcal{F}_t$-optionnelle $\pi$ par les opérateurs de translation naturels sur $\Omega \times \mathbb{R}^+$ forment un semi-groupe.

Nous disons que $\mathcal{U}$ est une <u>tribu markovienne</u> (droite) si et seulement si elle est engendrée par une famille de processus continus à droite et stable par les noyaux de prédiction $\pi_t$.

La représentation (évidemment non unique) d'une telle tribu par un processus de Ray est possible dès que l'espace de probabilités $L^1(\Omega,\mathcal{A},P)$ est séparable.

2. Considérons une famille $\Phi$ de fonctions aléatoires bornées $f_t$ définies dt presque partout.

Posons $\mathcal{F}_{t-} = \sigma(\int_0^t \phi(s) f_s ds, f \in \Phi, \phi \in L^1(ds))$, et $\mathcal{F}_t = \bigcap_{s>t} \mathcal{F}_{s-}$.

Le problème de la prédiction consiste à déterminer à tout instant $t$ les espérances conditionnelles par rapport au "passé large" $\mathcal{F}_t$, de fonctions du "futur"

$$\mathcal{G}_t = \sigma(\int_t^\infty \phi(s) f_s ds,\ f \in \Phi,\ \phi \in L^1(ds)).$$

Notons $\theta\Phi$ la tribu de processus aléatoires engendrée par les processus continus $\int_0^\infty \phi_s f_{t+s} ds$, $\phi \in L^1(ds)$, $f \in \Phi$.

Vu que $\mathcal{G}_t = \sigma(F_t, F \in \theta\Phi)$, la prédiction à l'instant $t$ peut être donnée sous la forme d'une mesure de probabilité $\nu_t$ sur $\theta\Phi$ définie par $\nu_t(F) = E(F_t / \mathcal{F}_t)$. La famille des mesures aléatoires $\nu_t$ admet une version définie aux évanescents près induite par la projection optionnelle $\pi$ car $\nu_t(F) = \pi(F)_t$ (1).

---

(*) Laboratoire de Probabilités - Tour 56 - 3ème Etage - 4 Place Jussieu 75230 PARIS CEDEX 05.

(1) Il est naturel de privilégier cette version car elle est déterminée par la conservation de la continuité à droite.

$\nu_t$ devient ainsi un véritable processus aléatoire à valeurs dans les mesures de probabilité sur $\theta\Phi$. C'est ce processus que Knight (cf. [2], [5]) appelle le processus de prédiction. A l'aide d'une topologie convenable, il peut montrer qu'il s'agit d'un processus fortement markovien continu à droite (moyennant une hypothèse de séparabilité).

Du point de vue des tribus markoviennes, un processus $\nu_t$ à valeurs dans un espace de mesures bornées X sur une tribu $\mathcal{B}$ est associé à la tribu de processus réels engendrée par les processus $\nu_t(A)$, $A\in\mathcal{B}$, (car les fonctions cylindriques engendrent la tribu borélienne de X).

Ainsi si l'on néglige les questions topologiques qui n'apparaissent pas intrinsèquement liées au problème de la prédiction, on peut se réduire à montrer le résultat bien plus aisé suivant :

*Théorème :* La tribu de processus engendrée par $\pi(\theta\Phi)$ est markovienne.

*Remarque :* Il est alors facile de voir que c'est la plus petite tribu markovienne $\mathcal{F}_t$-adaptée contenant au moins une version de chaque fonction aléatoire de $\Phi$. Nous la noterons $\mathcal{U}(\Phi)$.

3. Démonstration du théorème.

a) Il est clair que $\mathcal{U}(\Phi)$ est engendrée par la semi algèbre des processus continus à droite de la forme $G = \pi(F^1)\,\pi(F^2)\ldots\pi(F^n)$, $F^i\in\theta\Phi$ et continus à droite.

Il suffit donc de montrer que $\pi_t(G)$ appartient à $\mathcal{U}(\Phi)$.

b) Lemme : Soit $\pi^{(t)}$ la projection optionnelle relative à la filtration $\mathcal{F}_s^{(t)} = \mathcal{F}_{t+s}$. On a :

$$\pi^{(t)} \circ \theta_t = \theta_t \circ \pi.$$

Démonstration : Si A est un processus continu à droite son image par chacun des deux noyaux coïncide avec l'unique version continue à droite des espérances conditionnelles $E(A_{t+s}/\mathcal{F}_{t+s})$.

c) Introduisons sur $\Omega\times\mathbb{R}^+$ la probabilité $Q(d\omega,ds) = P(d\omega)e^{-s}ds$. Il suffit de montrer que G est Q-p.s. égal à un élément G' de $\mathcal{U}(\Phi)$ car on a alors, du fait de la continuité à droite de G :

$$G = \lim_{\alpha\to\infty} \alpha\pi\left(\int_0^\infty e^{-\alpha u}\,\theta_u\,G du\right) = \lim_{\alpha\to\infty} \alpha\int_0^\infty e^{-\alpha u}\pi_u\,G' du.$$

Pour chaque $t \geq 0$, $\pi^{(t)}$ est une version de la Q-espérance conditionnelle sur la tribu $\mathcal{F}_s^{(t)}$-optionnelle $\mathcal{O}^{(t)}$.

Il est clair que $\pi_t\Phi\in\mathcal{U}(\Phi)$ si chacun des $\theta_t\pi(F^i) = \pi^{(t)}(\theta_t F^i)$ est Q p.s. $\mathcal{U}(\Phi)\vee\theta\Phi$ mesurable, puisque $\pi$ projette $\theta\Phi$ sur $\mathcal{U}(\Phi)$.

$\mathcal{O}$ et $\theta\Phi$ sont Q-conditionnellement indépendants par rapport à $\mathcal{U}(\Phi)$.

Posons $\theta_0^t\Phi = \sigma(\int_0^t \phi(u)\ \theta_u F du,\ \phi \in L^1(du),\ F \in \Phi)$. Il est clair que $\mathcal{O} \vee \theta_0^t\Phi$ et $\theta\Phi$ sont conditionnellement indépendants par rapport à $\mathcal{U}(\phi) \vee \theta_0^t\Phi$.

Si nous montrons que $\mathcal{O}^{(t)} = \mathcal{O} \vee \theta_0^t\Phi$ Q-p.s., il est alors clair que $\pi^{(t)}(\theta\Phi) \in \mathcal{U}(\Phi) \vee \theta(\Phi)$ et nous pouvons conclure.

d) Prouvons ce dernier point : Tout d'abord, on peut remplacer les tribus optionnelles par les tribus prévisibles car un processus optionnel et sa projection prévisible sont égales Q-p.s..

Définissons l'opérateur de translation à gauche $\eta_t$ par

$$\eta_t F(s,\omega) = F(s-t,\omega)\ 1_{\{s>t\}} \quad \text{et posons} \quad \overline{\Phi} = \Phi \cup \{1\}.$$

*Lemme :* La tribu prévisible est la σ-algèbre $\eta(\overline{\Phi})$ engendrée par les processus continus $\int_0^\infty \phi(s)\ \eta_s F\ ds,\ F \in \overline{\Phi},\ \phi \in L^1(ds)$.

Soit $\mathcal{A}$ l'algèbre de processus continus engendrée par les processus de cette forme. Il est clair que $\mathcal{F}_{t-} = \sigma(F_t, F \in \mathcal{A})$.

Comme d'autre part la tribu prévisible est engendrée par les intervalles stochastiques $1_A ]\!]t + \infty[\![$, $A \in \mathcal{F}_{t-}$ on pourra conclure si pour tout $F \in \mathcal{A}$, le processus arrêté à t $a_t F(s) = F_{t\wedge s}$ appartient à $\sigma(\mathcal{A})$. En effet on a alors $1_A ]\!]t + \infty[\![ = a_t F\ ]\!]t + \infty[\![$, si $A = F_t$ et les processus déterministes appartiennent évidemment à $\sigma(\mathcal{A})$. Mais, du fait de la continuité de F, on a

$$a_t F = \lim_{n\to\infty} \sum_1^\infty \eta_{p/_n} F\ 1_{]\!]p/_n + t\quad p+1/_n + t]\!]}$$ ce qui permet de conclure.

Il suffit maintenant de remarquer que la filtration $\mathcal{F}_s^{(t)}$ est engendrée par $\Phi \vee \theta_0^t\Phi$ et qu'ainsi la tribu $\mathcal{F}_s^{(t)}$ prévisible $\mathcal{P}^{(t)}$ est $\eta(\overline{\Phi} \vee \theta_0^t\Phi)$. On vérifie aisément que $\eta(\theta_0^t\Phi)$ est inclus dans $\mathcal{P} \vee \theta_0^t\Phi$ du fait que $\eta_s\theta_u = \eta_{s-u}\ 1_{\{s>u\}} + \theta_{u-s}\ 1_{\{u\geq s\}}$. On obtient finalement l'identité $\mathcal{P}^{(t)} = \mathcal{P} \vee \theta_0^t\Phi$.

*Remarque finale :* Dans l'étude des "processus de prédiction", il y a lieu de distinguer entre les propriétés qui ne dépendent que de la filtration $\mathcal{F}_t$ ("continuité" = absence de temps inaccessibles ; quasi continuité à gauche) et les autres telles que la récurrence l'ergodicité etc... (cf. [1] pour une transposition de ces propriétés dansle cadre des tribus markoviennes).

BIBLIOGRAPHIE.

[1] M. BRANCOVAN, Y. LE JAN : Récurrence et résolvantes de noyaux. Notes aux CRAS. t 289 p. 763-766 (1979).

[2] F.B. KNIGHT : A predictive view of continuous time processes. Ann. of Probability, Vol. 3 p. 573-596 (1975).

[3] Y. LE JAN : Tribus markoviennes et quasi continuité. Thèse de Doctorat d'état, Université P. et M. Curie Juin 1979.

[4] Y. LE JAN : Tribus markoviennes, résolvante et quasi continuité CRAS. t 288, p. 739-740 (1979).

[5] P.A. MEYER : La théorie de la prédiction de F. Knight. Séminaire de probabilité X. Lect.Notes in Maths 511 Springer (1976).

# On Countable Dense Random Sets

by

D. J. Aldous and M. T. Barlow

We shall discuss point processes whose realisations consist typically of a countable dense set of points. In particular, we discuss when such a process may be regarded as Poisson.

The most primitive way to describe a point process on $[0,\infty)$ is as a subset $B$ of $\Omega \times [0,\infty)$, where the section $B_\omega$ represents the times of the "points" in realisation $\omega$. In the locally finite case, there are the more familiar descriptions using the counting process

$$N_t(\omega) = \#(B_\omega \cap [0,t]) \qquad \text{(as in [BJ])}$$

or using the random measure

$$\xi(\omega,D) = \#(B_\omega \cap D) \qquad \text{(as in [K])}$$

Our point processes will generally not be locally finite, so we cannot use these familiar descriptions: we revert to describing a process as a subset $B$.

We first describe an (obvious) construction of a countable dense Poisson process. Let $\Theta$ be a countable infinite set. Let $(F_t)$ be a filtration (all filtrations are assumed to satisfy the usual conditions). Suppose $\{S_i^\theta : i \geq 1, \theta \in \Theta\}$ are optional times such that each counting process $N_t^\theta = \sum_i 1_{(S_i^\theta \leq t)}$ is a Poisson process of rate 1 with respect to $(F_t)$, and suppose the process $N^\theta$ are independent. Let $\xi$ be the random measure on $\Theta \times [0,\infty)$ whose realisation $\xi(\omega)$ has the set of atoms $\{(\theta, S_i^\theta(\omega)) : i \geq 1, \theta \in \Theta\}$. Then $\xi$ describes a uniform Poisson process on $\Theta \times [0,\infty)$, with respect to $(F_t)$. But we can also think of $\xi$ as a marked point process on the line. That is, each realisation is an a.s. countable dense set $\{S_i^\theta(\omega) : i \geq 1, \theta \in \Theta\}$ of points in $[0,\infty)$, and each point is marked by some $\theta$. The corresponding unmarked process can be described by

$$(1) \quad B = \{(\omega,t) : S_i^\theta(\omega) = t \text{ for some } i,\theta\} = \{(\omega,t) : \xi(\omega,\Theta \times \{t\}) = 1\} .$$

Think of $B$ as a $\sigma$-finite Poisson process. We are concerned with the converse procedure: given a set $B$, when can we assign marks $\theta$ to the points of $B$ to construct a uniform Poisson process $\xi$ satisfying (1)? To allow external randomisation in assigning marks, we make the following definitions:

(2) <u>Definition</u>. $(G_t)$ is an <u>extension</u> of $(F_t)$ if for each t

(i) $G_t \supset F_t$

(ii) $G_t$ and $F_\infty$ are conditionally independent given $F_t$

(3) <u>Definition</u> $B$ is a <u>$\sigma$-finite Poisson process</u> with respect to $(F_t)$ if

(i) $B$ is $(F_t)$-optional

(ii) There exists a uniform Poisson process $\xi$ on $\Theta \times [0,\infty)$ with respect to some extension $(G_t)$ of $(F_t)$ such that (1) holds.

Theorem 4 below gives a more intrinsic description of $\sigma$-finite Poisson processes. First we recall some notation. An optional time $T$ has <u>conditional intensity</u> $a(\omega,s)$ if $T$ has compensator $A_t = \int_0^t a(s)ds$. We may assume $a(\omega,s)$ is previsible by [D.V. 19]. Replacing $(F_t)$ by an extension does not alter the conditional intensity of an $(F_t)$-optional time $T$.

Recall also the notation

$$\begin{aligned} T_D &= T \quad \text{on} \quad D \\ &= \infty \quad \text{elsewhere.} \end{aligned}$$

Let $\lambda$ be Lebesgue measure on $[0,\infty)$.

(4) THEOREM. Let $(F_t)$ be a filtration. Let $B$ be an optional set whose sections $B_\omega$ are a.s. countable. The following are equivalent

(a) $B$ is a $\sigma$-finite Poisson process

(b) There exists a family $(T^n)$ such that

(5) $T^n$ is optional; the graphs $[T^n]$ are disjoint; $B = \cup[T^n]$ a.s.;

(6) $T^n$ has a conditional intensity, say $a_n(\omega,s)$;

(7) $\sum_n a_n(\omega,s) = \infty$ a.e. $(P \times \lambda)$

(b') Every family $(T^n)$ satisfying (5) also satisfies (6) and (7)

(c) For every previsible set $C$

$$\{\omega : C_\omega \cap B_\omega = \emptyset\} = \{\omega : \lambda(C_\omega) = 0\} \quad \text{a.s.}$$

<u>Remark</u> Families satisfying (5) certainly exist, by the section theorem and transfinite induction [D. VI. 33] .

The next result comes out of the proof of Theorem 4.

(8) PROPOSITION. Let $\mu$ be a probability measure on $[0,\infty)$ which is equivalent to Lebesgue measure .

(a) Let $(Y_i)$ be i.i.d. with law $\mu$ , and let $(F_t)$ be the smallest filtration making each $Y_i$ optional - that is, the filtration generated by the processes $1_{[Y_i,\infty)}$ . Then $B = \cup[Y_i]$ is a $\sigma$-finite Poisson process with respect to $(F_t)$.

(b) Conversely, let $B$ be a $\sigma$-finite Poisson process with respect to some $(F_t)$ . Then there exist times $(Y_i)$ such that $B = \cup[Y_i]$ a.s., $(Y_i)$ are i.i.d. with law $\mu$ , and $(Y_i)$ are optional with respect to some extension of $(F_t)$ .

Before the proofs, here is an amusing example.

<u>Example</u> There exists a process $X_t$ and filtrations $(F_t)$ , $(G_t)$ such that $X$ is optional with respect to each of $(F_t)$ and $(G_t)$ , but $X$ is not optional with respect to $F_t \cap G_t$ .

To construct the example, let $(Y_i),B,(F_t)$ be as in

part (a) of Proposition 8, and let $X = 1_B$. Let $\Pi$ be the set of finite permutations $\pi = (\pi(1), \pi(2), \ldots\ )$ of $(1,2,\ldots\ )$. Since $\Pi$ is countable we can construct a random element $\pi^*$ of $\Pi$ such that $P(\pi^* = \pi) > 0$ for each $\pi \in \Pi$. Take $\pi^*$ independent of $\underset{\sim}{Y} = (Y_1, Y_2, \ldots\ )$. Define $\underset{\sim}{V} = (V_1, V_2, \ldots\ ) = (Y_{\pi^*(1)}, Y_{\pi^*(2)}, \ldots\ )$. Let $(F_t)$ be the smallest filtration making each $V_i$ optional. Since $X_t = \Sigma 1_{(Y_i = t)} = \Sigma 1_{(V_i = t)}$, plainly $X$ is both $(F_t)$- and $(G_t)$-optional. But $F_\infty \cap G_\infty$ is trivial! For let $D \in F_\infty \cap G_\infty$. Then there exist measurable functions $f, g$ such that

$$1_D = f(\underset{\sim}{Y}) = g(\underset{\sim}{V}) \quad \text{a.s.}$$

So $f(\underset{\sim}{Y}) = h(\underset{\sim}{Y}, \pi^*)$ a.s., where $h(y_1 y_2, \ldots\ ; \pi) = g(y_{\pi(1)}, y_{\pi(2)}, \ldots)$ But $\pi^*$ is independent of $\underset{\sim}{Y}$ with support $\Pi$, so

$$f(\underset{\sim}{Y}) = h(\underset{\sim}{Y}, \pi) \quad \text{a.s., each } \pi \in \Pi .$$

So, putting $G = \{g = 1\}$,

$$D = \{(Y_{\pi(1)}, Y_{\pi(2)}, \ldots\ ) \in G\} \quad \text{a.s., each } \pi \in \Pi .$$

Thus $D$ is exchangeable, and so is trivial by the Hewitt-Savage zero-one law.

We now start the proof of Theorem 4. The lemma below shows that (b) and (b') are equivalent.

(9) LEMMA. Let $(T^n)$ be optional times whose graphs $[T^n]$ are disjoint. Let $(\hat{T}^m)$ be a similar family, and suppose $\cup[T^n] = \cup[\hat{T}^m]$. Suppose $T^n$ has conditional intensity $a_n$.

Then $\hat{T}^m$ has a conditional intensity, $\hat{a}_m$ say, and $\Sigma\hat{a}_m = \Sigma a_n$ a.e. $(P \times \lambda)$ .

<u>Proof</u> Put $U_{m,n} = T^n_{(T^n=\hat{T}^m)}$ . Then $U_{m,n}$ has a conditional intensity, $a_{m,n}$ say. It is easy to verify

$$a_n = \sum_m a_{m,n} \quad \text{a.e.}$$

$\hat{a}_m \equiv \sum_n a_{m,n}$ is the conditional intensity of $\hat{T}^m$ , where the sum is a.e. finite because

$$E\int \sum_{n=1}^{N} a_{m,n}(s)\, ds = \sum_{n=1}^{N} P(U_{m,n} < \infty) \le P(T^m < \infty) \le 1 .$$

Hence $\Sigma a_n = \Sigma\Sigma a_{m,n} = \Sigma\hat{a}_m < \infty$ a.e.

Lemmas 10 and 13 show that conditions (b') and (c) are equivalent.

(10) LEMMA. For $B$ as in theorem 4, the following are equivalent

(i) $\{\omega : C_\omega \cap B_\omega = \emptyset\} \supset \{\omega : \lambda(C_\omega) = 0\}$ a.s., each previsible $C$ .

(ii) Each family $(Y^n)$ satisfying (5) also satisfies (6).

<u>Proof: (ii) implies (i)</u> Let $C$ be previsible. Put $T = \inf\{t : \lambda(C_\omega \cap [0,t]) > 0\}$ . Then $T$ is optional, so $C' = C \cap [0,T]$ is previsible. Now $\lambda(C'_\omega) = 0$ a.s. We must prove

(11) $C'_\omega \cap B_\omega = \emptyset$ a.s.

Let $(T^n)$ satisfy (5) and (6). Then

$$P(T^n \in C'_\omega) = E\int 1_{C'}\, dl_{[T^n,\infty)}$$

$$= E\int 1_{C'}(s)\; a_n(s)\; ds$$

$$= 0\ .$$

Since $B = \cup [T^n]$ , (11) follows.

<u>(i) implies (ii)</u>. Let $T$ be optional, $[T] \subset B$ . Let $A_t$ be the compensator of $T$ . From the proof of the Lebesgue decomposition theorem, we can write $A_t = \hat{A}_t + \int_0^t a(s)ds$, where there exists a progressive set $D$ such that

(12) $\lambda(D_\omega) = 0$ a.s.; the measure $d\hat{A}(\omega)$ is carried on $D_\omega$ a.s.

Let $C = \{^p(1_D) > 0\}$ ; then $C$ is previsible and since

$$\hat{A}_t \geq \int_0^t 1_C(s)d\hat{A}_s \geq \int_0^t {}^p(1_D)(s)d\hat{A}_s = \int_0^t 1_D(s)d\hat{A}_s = \hat{A}_t\ ,$$

and

$$\int_0^t {}^p(1_D)(s)ds = \int_0^t 1_D(s)ds = 0\ ,$$

$C$ satisfies (12). However

$$E\hat{A}_\infty = E\int 1_C(s)d\hat{A}_s$$

$$= E\int 1_C(s)dA_s$$

$$= P(T \in C_\omega) = 0 \quad \text{by (11)}.$$

So $\hat{A} \equiv 0$ .

(13) LEMMA. For $B$ as in Theorem 4, the following are equivalent.

(i) $\{\omega : C_\omega \cap B_\omega \neq \emptyset\} \supset \{\omega : \lambda(C_\omega) > 0\}$ a.s., each previsible $C$.

(ii) Each family $(T^n)$ satisfying (5) and (6) also satisfies (7).

<u>Proof</u>. <u>(ii) implies (i)</u> Let $C$ be previsible. Define optional times :

$$T = \inf\{t : \lambda(C_\omega \cap [0,t]) > 0\}$$
$$S = \inf\{t : t \in B_\omega \cap C_\omega\}.$$

It is sufficient to prove

(14) $S \leq T$ a.s.

Consider the previsible set $C' = C \cap (T,S]$

Let $(T^n)$ satisfy (5), (6). By definition of $S$ , the sets $\{\omega : T^n \in C'_\omega\}$ are disjoint. So $\sum_n P(T^n \in C'_\omega) \leq 1$ . But

$$\Sigma\, P(T^n \in C'_\omega) = \Sigma E\int 1_{C'}\, d1_{[T^n,\infty)}$$
$$= \Sigma E\int 1_{C'}(s) a_n(s) ds$$
$$= \Sigma E\int 1_{C'}(s)\ \Sigma a_n(s)\ ds\ .$$

But $\Sigma a_n = \infty$ a.e., and so $\lambda(C'_\omega) = 0$ a.s. But by definition of $T$ we have $\lambda(C'_\omega) > 0$ on $\{T < S\}$ . This proves 14.

<u>(i) implies (ii)</u> Let $(T_n)$ satisfy (5), (6). Fix $N < \infty$. Consider the previsible set $H = \{(\omega,s): \Sigma a_n \le N-1\}$. We must prove $P \times \lambda(H) = 0$. Suppose not : then for some $\varepsilon > 0$ we have

$$P(\Omega_0) \geq \varepsilon \ , \text{ where } \Omega_0 = \{\omega : \lambda(H_\omega) > \varepsilon\}$$

Define optional times

$$S_i = \inf\{t : \lambda(H_\omega \cap [0,t]) > i\varepsilon/N\} \qquad i = 0,\dots,N \ .$$

Consider the previsible sets

$$H^i = H \cap (S_{i-1}, S_i] \qquad\qquad i = 1,\dots,N$$

$$\bar{H} = H \cap (S_0, S_n] \ .$$

By construction, $\lambda(H^i_\omega) = \varepsilon/N$ on $\Omega_0$. So by (i), $B_\omega \cap H^i_\omega$ is a.s. non-empty on $\Omega_0$. So

$$E \sum_n 1_{(T_n \in \bar{H}_\omega)} = E \sum_{in}\sum 1_{(T_n \in H^i_\omega)} \geq N\, P(\Omega_0) \geq N\varepsilon$$

But $E \sum_n 1_{(T_n \in \bar{H}_\omega)} = E\sum_n \int 1_{\bar{H}}\, dI_{[T_n,\infty)}$

$$= E \int 1_{\bar{H}}(s) \ . \ \Sigma a_n(s)\, ds$$

$$\le (N-1)\,\varepsilon$$

because $\Sigma a_n \le N-1$ on $H$, and $\lambda(\bar{H}_\omega) \le \varepsilon$ by construction. This contradiction establishes the result.

It remains to prove that (b) and (a) are equivalent. Recall from [BJ] that optional times $0<S_1<S_2< \dots$ form a Poisson process of rate 1 with respect to $(F_t)$ iff $S_n$ has conditional intensity $1_{(S_{n-1} < s \le S_n)}$ . If moreover this condition holds for each family $(S_i^\theta)_{i\ge 1}$, $\theta\in\Theta$ , and if the graphs $\{[S_i^\theta] : i\ge 1,\ \theta\in\Theta\}$ are disjoint, then the families $\{(S_i^\theta)_{i\ge 1} : \theta\in\Theta\}$ are independent.

The proof that (a) implies (b) is easy. The family $(S_i^\theta)$ in (1) plainly satisfies the conditions of (b) with respect to the extension $(G_t)$ . Because (b) implies (b'), we deduce that any $(G_t)$-optional family satisfying (5) will also satisfy (6) and (7) with respect to $(G_t)$ . Now, as remarked before, there exists a family satisfying (5) with respect to $(F_t)$ ; and since conditional intensities are unchanged by extension, this family satisfies (6) and (7) with respect to $(F_t)$ .

The proof that (b) implies (a) is harder. There are only two ideas. First, we show how to construct $S_1$ with $[S_1] \subset B$ such that $S_1$ has exponential law (Lemma 19). Then we can proceed inductively to construct a uniform Poisson process $(S_i^\theta)$ . Finally, we must show that $\bigcup_{i,\theta} [S_i^\theta]$ exhausts $B$ .

Here is a straightforward technical lemma.

(14) LEMMA. Let $(Q_i)$ be optional times with conditional intensities $a_i$ . Suppose $Q_i \to \infty$ a.s. and $[Q_i]$ are disjoint. Let $T= \min(Q_i)$ . Then

$T_{(T=Q_i)}$ has conditional intensity $a_i 1_{(s\le T)}$

$T$ has conditional intensity $\Sigma a_i\, 1_{(s\le T)}$ .

Here is an informal description of the external randomisation. Suppose

(15) $T$ is optional, with conditional intensity $a$,

$p(\omega,s)$ is previsible, $0 \le p \le 1$ .

Then we can define $Q$ such that:

$$\text{if } T = t \text{ then } Q = t \text{ with probability } p(\omega,t)$$
$$= \infty \text{ otherwise}$$

It is intuitively obvious that $Q$ has conditional intensity p.a. Here is the formal construction and proof.

(16) LEMMA. Let $T,a,p$ be as in (15), on a filtration $(\hat{F}_t)$ . Let $U$ be uniform on $[0,1]$ , independent of $\hat{F}_\infty$ . Define

$$Q = T \text{ if } U \le p(T) \equiv p(\omega,T(\omega))$$
$$= \infty \text{ otherwise.}$$

Let $G_t$ be the usual augmentation of $G_t^0 = \sigma(\hat{F}_t, Q_{(Q \le t)})$ . Then $(G_t)$ is an extension of $(\hat{F}_t)$ , and $Q$ is $(G_t)$-optional with conditional intensity p.a.

<u>Proof</u> $Q_{(Q \le t)} \in \sigma(\hat{F}_t, U)$ , and hence $G_t^0 \subset \sigma(\hat{F}_t, U)$ , so $(G_t)$ is indeed an extension of $(\hat{F}_t)$ . Plainly $Q$ is $(G_t)$-optional. To prove the final assertion, let $S<\infty$ be a $(G_t)$-optional time. It is sufficient to prove

(17) $$P(Q \le S) = E \int_0^S a(s)p(s)ds .$$

We assert

(18) $R = S_{(S<T)}$ is $(F_t)$-optional.

For $\{R<u\} = \bigcup_{\substack{t<u \\ t \text{ rational}}} \{S<t<T\}$, and $\{S<t<T\}$ is in $F_t$ since $G_t \cap \{T>t\} = F_t \cap \{T>t\}$. To prove (17), note that $\{Q\leq S\} = \{T\leq S, Q<\infty\} = \{T\leq R, Q<\infty\} = \{T\leq R, T<\infty, U\leq p(T)\}$. So

$$
\begin{aligned}
P(Q\leq S) &= P(T\leq R, T<\infty, U\leq p(T)) \\
&= E(1_{(T\leq R, T<\infty)} P(U\leq p(T) \mid F_\infty)) \\
&= E\, 1_{(T\leq R, T<\infty)}\, p(T) \quad \text{by the independence of } U \\
&= E \int 1_{(s\leq R)} p(s)\, dl_{[T,\infty)} \\
&= E \int 1_{(s\leq R)} p(s)\, a(s)\, ds .
\end{aligned}
$$

(17) now follows, as $[S,R] \subset [T,\infty)$, and $a = 0$ on this set.

(19) LEMMA. Let $(\hat{F}_t)$ be an extension of $(F_t)$. Suppose $(T^n)$ satisfies condition (b) with respect to $(\hat{F}_t)$. Let $S_0<\infty$ be $(\hat{F}_t)$-optional. Then there exists an extension $(G_t)$ of $(\hat{F}_t)$ and a $(G_t)$-optional time $S$ with conditional intensity $1_{(S_0<s\leq S)}$ such that $[S] \subset \bigcup [T^n]$.

**Proof** Define

$$\phi(x) = 1 \quad x \geq 1$$
$$= x \quad 0 \leq x \leq 1$$
$$= 0 \quad x \leq 0$$

Define inductively

$$p_1(\omega,s) = \phi\left(\frac{1}{a_1(\omega,s)}\right) 1_{(s>S_0)}$$

$$p_j = \phi\left(\frac{1 - \sum_1^{j-1} a_i \, p_i}{a_j}\right) 1_{(s>S_0)}$$

Then $p_j$ is predictable, $0 \leq p_j \leq 1$, and

$$(20) \quad \sum_1^N a_j p_j = (1 \wedge \sum_1^N a_j) \cdot 1_{(s>S_0)}$$

By Lemma 16 we can construct extensions $(G_t^j)$ of $(F_t)$ and $(G_t^j)$-optional times $Q_j$ such that

$[Q_j] \subset [T^j]$ ,

$Q_j$ has conditional intensity $p_j a_j$ .

Then

$$\sum_j P(Q_j < t) = \sum_j E\int_0^t p_j(s) a_j(s) \, ds$$
$$= E\int_0^t \Sigma a_j(s) p_j(s) \, ds$$
$$\leq t \quad \text{by (20)} .$$

By the Borel-Cantelli lemma, $Q_j \to \infty$ a.s.

Set $S = \min (Q_j)$, and let $(G_t)$ be the filtration generated by $(G_t^j, j \geq 1)$. By Lemma 14, $S$ has conditional intensity $\Sigma a_j p_j \; 1_{(s \leq S)}$, and by (20) this equals $1_{(S_0 < s \leq S)}$.

For later use, note that, by Lemma 14, $S_{(S=T^n)}$ has conditional intensity $p_n a_n \; 1_{(s \leq S)}$. In other words, using (20),

(21) $T^n_{(T^n=S)}$ has conditional intensity

$$[(1 \wedge \sum_1^N a_i) - (1 \wedge \sum_1^{N-1} a_i)] \; 1_{(S_0 < s \leq S)} .$$

We can now prove (b) implies (a). Let $(T^{1,n})$ satisfy condition (b). By Lemma 19 we can construct extensions $G_t^1, G_t^2, \ldots$ of $F_t$ and $(G_t^i)$-optional times $S_i^1$ such that $[S_i^1] \subset B$ and such that $S_i^1$ has conditional intensity $1_{(S_{i-1}^1 < s \leq S_i^1)}$. Let $F^1$ be the filtration generated by $(G^i : i \geq 1)$. Then $(S_i^1)_{i \geq 1}$ is a Poisson process of rate 1 with respect to $F^1$.

Now let $T^{2,n} = T^{1,n}_{(T^{1,n} \neq S_i^1 \text{ for any } i)}$.

We assert that $(T^{2,n})$ satisfies (b) with respect to $(F_t^1)$, for a certain set $B'$. We need only check (7). Write $a_{k,n}$ for the conditional intensity of $T^{k,n}$. Write

$$R_{n,i} = T^{1,n}_{(T^{1,n} = S_i^1)}$$

$$R_n = T^{1,n}_{(T^{1,n} = S_i^1 \text{ for some } i)} .$$

Then

(22) $R_n$ has conditional intensity $a_{1,n} - a_{2,n} \geq 0$ .

But $U[R_n] = \underset{n,i}{U}[R_{n,i}] = \underset{i}{U}[S_i^1]$ , so by Lemma 9

$$\sum_n (a_{1,n} - a_{2,n}) = \sum_i 1_{(S_{i-1}^1 < s \leq S_i^1)} = 1 \quad \text{a.e.}$$

Thus condition (7) extends from $(T^{1,n})$ to $(T^{2,n})$ .

Now we may apply Lemma 19 again to construct an extension $F^2$ and $F^2$-optional times $(S_i^2)$ with $[S_i^2] \subset \underset{n}{U} [T^{2,n}]$ and such that $(S_i^2)_{i\geq 1}$ is again a Poisson process of rate 1.

Continuing, we obtain a uniform Poisson process $(S_i^k : i,k\geq 1)$ on $\{1,2,\ldots\} \times [0,\infty)$ . By construction $\underset{i,k}{U}[S_i^k] \subset B$ , but we must show there is a.s. equality. Thus we must show that, for each $n$ ,

$$(23) \quad P(T^{k,n} < \infty) = E\int a_{k,n}(s)\, ds \to 0 \quad \text{as } k \to \infty .$$

Define

$$R_n^k = T^{k,n}_{(T^{k,n} = S_i^k \text{ for some } i)}$$

As at (22), $R_n^k$ has conditional intensity $a_{k,n} - a_{k+1,n}$ . But from (21), $R_n^k$ has conditional intensity $(1\wedge\sum_1^n a_{k,j}) - (1\wedge \sum_1^{n-1} a_{k,j})$ .

So

$$(24) \quad E\int (a_{k,N} - a_{k+1,N})\, ds = E\int (1\wedge\sum_1^N a_{k,j}) - (1\wedge \sum_1^{N-1} a_{k,j})\, ds$$

Now $a_{k,m} \downarrow a_{\infty,n}$ , say, as $k \to \infty$ . Suppose, inductively, that (23) holds for $n<N$ . As $k \to \infty$ the left side of (24) tends to 0 , and the right side tends to $E\int (1 \wedge a_{\infty,N})ds$ by the inductive hypothesis. Thus $a_{\infty,N} = 0$ a.e, so (23) holds for N .

Proof of Proposition 8. Put $f(t) = \frac{F'(t)}{1-F(t)}$ , where F is the distribution function of $\mu$ .

From [BJ] , if Y has conditional intensity $f(s)1_{(s\le Y)}$ then Y has law $\mu$ : conversely, if Y has law $\mu$ then Y has conditional intensity $f(s)1_{(s\le Y)}$ with respect to the smallest filtration making Y optional. Thus the random variables $(Y_i)$ in part (a) of Proposition 8 satisfy condition (b) of Theorem 4, so $U[Y_i]$ is indeed a $\sigma$-finite Poisson process.

Part (b) is similar to , but simpler than, the proof that (b) implies (a) in Theorem 4. Let B be a $\sigma$-finite Poisson process, and let $(T^{1,n})$ satisfy condition (b) of Theorem 4. Lemma 19 showed how to construct an optional time S with conditional intensity $1_{(s\le S)}$ . Essentially the same argument shows we can construct $Y_1$ with conditional intensity $f(s)1_{(s\le Y_1)}$ , and hence with law $\mu$ . Put $T^{2,n} = T^{1,n}_{(T^{1,n}\ne Y_1)}$ , and continue. We obtain i.i.d. variables $(Y_k)$ , with $U[Y_k] \subset B$ : arguing as at (23), we show that there is a.s. equality.

Acknowledgements. This work arose from conversations with T.C. Brown and A.D. Barbour at the 1980 Durham Conference on Stochastic Integration.

## References

Brémaud, P., Jacod, J. : Processus ponctuels et martingales: résultats récents sur la modelisation et le filtrage. Adv. Appl. Prob. 9, 362-416 (1977)

Dellacherie, C. : Capacités et processus stochastiques. Springer 1972

Kallenberg, O. : Random measures. Academic Press 1976

Department of Statistics
University of California, Berkeley
Berkeley, California 94720
U.S.A.

Statistical Laboratory
16 Mill Lane
Cambridge CB2 1SB

Séminaire de Probabilités 1979/80

# SUR DES PROBLEMES DE REGULARISATION, DE RECOLLEMENT ET D'INTERPOLATION EN THEORIE DES MARTINGALES

par C. Dellacherie et E. Lenglart

Soit $(\Omega,\underline{\underline{F}},P)$ un espace probabilisé complet muni d'une filtration $\mathbb{F}=(\underline{\underline{F}}_t)_{t\in\mathbb{R}_+}$ ne vérifiant pas nécessairement les conditions habituelles (on suppose toutefois, pour simplifier, que $\underline{\underline{F}}$ est la complétée de $\underline{\underline{F}}_\infty=\bigvee_t \underline{\underline{F}}_t$) ; les processus que nous considérerons serons à valeur dans $\mathbb{R}$. Nous dirons qu'une famille $\Theta$ de temps d'arrêt de $\mathbb{F}$ est une <u>chronologie</u> si elle contient 0, est stable pour sup et inf (finis) et contient une suite $(T_n)$ telle que $T_n \geq n$ ; dans cette introduction nous noterons $\Theta_c$ (resp $\Theta_b$) la chronologie usuelle formée des temps constants finis (resp des temps d'arrêt bornés). Etant donnée une chronologie $\Theta$, nous dirons qu'une famille $\mathbb{X}=(X(T))_{T\in\Theta}$ de v.a. indexée par $\Theta$ (soit encore, une application $\mathbb{X}$ de $\Theta$ dans $L^0$) est un <u>$\Theta$-système</u> si elle vérifie la condition de compatibilité

(C) $X(S)=X(T)$ p.s. sur $\{S=T\}$ pour tout $S,T\in\Theta$

et la condition d'adaptation

(A) $X(T)$ est $\underline{\underline{F}}_T$-mesurable pour tout $T\in\Theta$

Nous dirons qu'un processus optionnel $X=(X_t)$ <u>agrège</u> le $\Theta$-système $\mathbb{X}=(X(T))_{T\in\Theta}$ si on a $X_T=X(T)$ p.s. pour tout $T\in\Theta$. Tout processus optionnel se désagrège évidemment en un $\Theta$-système, mais l'opération inverse, beaucoup plus délicate, n'est pas toujours possible : pour $\Theta=\Theta_c$, la notion de $\Theta$-système coincide avec celle de processus adapté et l'agrégation de $\mathbb{X}$ revient alors à trouver une modification optionnelle de ce processus, ce qui est possible ssi $\mathbb{X}$ est une application mesurable de $\mathbb{R}_+$ dans un sous-espace séparable de $L^0$ (pour voir cela, appliquer un théorème classique de Doob - IV.30 de [4] - pour obtenir un processus mesurable, puis le théorème de projection optionnelle) ; pour $\Theta=\Theta_b$, on sait, grâce au théorème de section optionnelle, qu'il y a au plus une agrégation possible (à l'indistinguabilité près), et un théorème profond et difficile de Mokobodzki (voir [9]) assure que si $(\mathbb{X}^n)$ est une suite de $\Theta_b$-systèmes agrégeables telle que $\lim X^n(T)$ existe dans $L^0$ (i.e. en probabilité) pour tout $T\in\Theta_b$, alors le $\Theta_b$-système limite $\mathbb{X}$ est encore agrégeable. Par ailleurs, nous montrons dans [3] que, sous les conditions habituelles, tout $\Theta$-système $\mathbb{X}$ "s.c.s. à droite" (i.e. vérifiant $X(T)\geq \limsup X(T_n)$ p.s. pour tout $T\varepsilon\Theta$ et toute suite $(T_n)$ dans $\Theta$ décroissant vers T) peut être agrégé par un processus optionnel à trajectoires s.c.s. à droite.

Dans l'article présent, nous nous intéressons à l'agrégation de systèmes $\mathbb{X}$ se comportant comme une surmartingale, ou une quasi-martingale, ou encore une semimartingale. Nous nous contenterons pour le moment de définir ce que nous appellerons une <u>$\Theta$-surmartingale</u> : c'est, pour une chronologie $\Theta$ donnée, un $\Theta$-système $\mathbb{X}$ vérifiant comme il se doit la condition

(S) $X(T)$ est intégrable pour tout $T\varepsilon\Theta$ et on a
$X(S) \geq E[X(T)|\underline{\underline{F}}_S]$ p.s. pour tout $S,T \varepsilon \Theta$ avec $S \leq T$

Pour $\Theta = \Theta_c$, on retrouve la notion de surmartingale ; rappelons par ailleurs qu'un processus X est appelé une <u>surmartingale forte</u> s'il est optionnel et s'il se désagrège en une $\Theta_b$-surmartingale. Ecrivons maintenant, dans notre jargon, deux résultats tirés de [5] :

1) toute $\Theta_c$-surmartingale $\mathbb{X}$ peut être agrégée en une surmartingale forte
2) toute $\Theta_b$-surmartingale $\mathbb{X}$ peut être agrégée en une surmartingale forte

Dans le premier cas, il s'agit d'une <u>régularisation</u> : le système $\mathbb{X}$ est en fait un processus, dont le processus X est une excellente modification (non unique en général). Dans le second cas, il s'agit d'un <u>recollement</u> : le processus X recolle les données temporelles X(T), de manière unique d'après le théorème de section. Nous établirons entr'autres le résultat suivant, contenant 1) et 2) comme cas particulier

0) Etant donnée une chronologie $\Theta$, toute $\Theta$-surmartingale $\mathbb{X}$ peut être agrégée **par une surmartingale forte** X

Nous dirons, dans ce cas général, qu'il s'agit d'une <u>interpolation</u> : les données temporelles X(T), pour $T\varepsilon\Theta$, peuvent en effet être insuffisantes pour déterminer le processus X, même à une modification près.

Maintenant que notre titre est élucidé dans le contexte "optionnel", parlons du cadre dans lequel nous allons effectivement nous placer. Comme il nous a paru intéressant d'étudier aussi le cas "prévisible" (les éléments de $\Theta$ sont prévisibles, X(T) est $\underline{\underline{F}}_{T-}$-mesurable pour tout $T\varepsilon\Theta$ et on doit agréger par un processus prévisible), et, pourquoi pas, le cas "accessible",etc, nous nous sommes décidés finalement à tout écrire dans le cadre naturel des tribus de Meyer introduites dans [7] : cela permet d'unifier le langage et les démonstrations, sans d'ailleurs compliquer la situation (la tribu optionnelle <u>sans</u> les conditions habituelles est aussi délicate à manipuler que la tribu de Meyer la plus générale). Aussi commencerons nous par exposer succinctement une partie de [7] (en l'édulcorant quelque peu), exposition poursuivie à l'intérieur de l'article au fur et à mesure de nos besoins. Nous n'interdisons cependant pas au lecteur de ne s'intéresser qu'au cas optionnel (ou prévisible) sous les conditions habituelles.

Deux mots enfin sur les démonstrations : nous n'introduisons pas, à proprement parler, d'idées nouvelles, mais nous devrons utiliser, non sans invention, une bonne part de l'arsenal de la théorie des martingales et de la théorie générale des processus - ce qui est bien naturel pour un problème d'agrégation...

## §1. TRIBUS DE MEYER

Nous continuons à travailler à partir d'un espace probabilisé complet $(\Omega,\underline{\underline{F}},P)$ muni d'une filtration $\mathbb{F}=(\underline{\underline{F}}_t)$ telle que $\underline{\underline{F}}$ soit la complétée de $\underline{\underline{F}}_\infty = \bigvee_t \underline{\underline{F}}_t$, quoique, à bien des égards, il soit plus naturel de définir intrinsèquement la notion de tribu de Meyer sur $\mathbb{R}_+\times\Omega$ sans faire intervenir a priori une filtration (cf [7]).

1 DEFINITION. <u>Nous dirons qu'une tribu</u> $\underline{\underline{A}}$ <u>sur</u> $\mathbb{R}_+\times\Omega$ <u>est une</u> tribu de Meyer (relative à $\mathbb{F}$) <u>si elle est engendrée par une famille de processus càdlàg adaptés contenant les processus continus adaptés</u>.

Ainsi la tribu optionnelle $\underline{\underline{O}}$, engendrée par tous les processus càdlàg adaptés, est la plus grande tribu de Meyer (relative à $\mathbb{F}$) tandis que la tribu prévisible $\underline{\underline{P}}$, engendrée par tous les processus continus adaptés est la plus petite. En général, une tribu de Meyer (relative à $\mathbb{F}$) est, comme la tribu accessible ou celle introduite par Le Jan [6], une tribu engendrée par des processus càdlàg et située entre $\underline{\underline{P}}$ et $\underline{\underline{O}}$.

Nous désignons désormais par $\underline{\underline{A}}$ une tribu de Meyer fixée (relative à notre filtration). Si T est un temps d'arrêt de $(\underline{\underline{F}}_{t+})$, alors l'intervalle stochastique $]T,+\infty[$ appartient à $\underline{\underline{P}}$ et donc à $\underline{\underline{A}}$. Nous définissons maintenant la notion de temps d'arrêt de $\underline{\underline{A}}$ (en abrégé, $\underline{\underline{A}}$-temps d'arrêt, ou $\underline{\underline{A}}$-t.d'a.)

2 DEFINITION. <u>Une v.a.</u> T <u>à valeurs dans</u> $[0,+\infty]$ <u>est un</u> temps d'arrêt de $\underline{\underline{A}}$ <u>si l'intervalle stochastique</u> $[T,+\infty[$ <u>appartient à</u> $\underline{\underline{A}}$.

Lorsque $\underline{\underline{A}}=\underline{\underline{P}}$ (resp $\underline{\underline{A}}=\underline{\underline{O}}$), on retrouve la définition des temps prévisibles (resp optionnels) de [4], auquel nous renvoyons le lecteur pour la terminologie adoptée ici sans explications. On montre que, si T est un $\underline{\underline{A}}$-t.d'a. et X un processus $\underline{\underline{A}}$-mesurable, alors le processus $X_T 1_{[T,+\infty[}$ est encore $\underline{\underline{A}}$-mesurable ; en particulier l'arrêté

$X^T = X1_{[0,T[} + X_T 1_{[T,+\infty[}$ est encore $\underline{\underline{A}}$-mesurable (cette propriété est encore vraie si on suppose seulement que T est un temps d'arrêt de $(\underline{\underline{F}}_{t+})$).

Nous allons enfin associer à tout $\underline{\underline{A}}$-temps d'arrêt T une sous-tribu de $\underline{\underline{F}}_{\infty}$ ; nous dirons qu'un processus $(X_t)_{t\in\overline{\mathbb{R}}_+}$, défini jusqu'à l'infini, est $\underline{\underline{A}}$-mesurable si $(X_t)_{t\in\mathbb{R}_+}$ est $\underline{\underline{A}}$-mesurable et si $X_{\infty}$ est une v.a. $\underline{\underline{F}}_{\infty}$-mesurable.

3 DEFINITION. <u>A tout $\underline{\underline{A}}$-temps d'arrêt</u> T <u>on associe la tribu $\underline{\underline{F}}^a_T$ engendrée par les v.a. de la forme $X_T$ quand</u> X <u>parcourt l'ensemble des processus $\underline{\underline{A}}$-mesurables définis jusqu'à l'infini</u>.

Lorsque $\underline{\underline{A}}=\underline{\underline{O}}$, on retrouve la tribu $\underline{\underline{F}}_T$ et, lorsque $\underline{\underline{A}}=\underline{\underline{P}}$, la tribu $\underline{\underline{F}}_{T-}$ (pour T prévisible, mais on peut définir $\underline{\underline{F}}^a_T$ pour toute v.a. $T\geq 0$). De manière générale, si T est un $\underline{\underline{A}}$-temps d'arrêt, on a les inclusions $\underline{\underline{F}}_{T-}\subseteq\underline{\underline{F}}^a_T\subseteq\underline{\underline{F}}_T$ et l'égalité $\underline{\underline{F}}^a_T=\{H\in\underline{\underline{F}}_{\infty} : T_H$ est un $\underline{\underline{A}}$-t.d'a.$\}$ où, comme d'ordinaire, on a posé $T_H = T$ sur H et $T_H=+\infty$ sur $H^c$. On démontre que, si S et T sont des $\underline{\underline{A}}$-temps d'arrêt et si H appartient à $\underline{\underline{F}}^a_S$, alors $A\cap\{S\leq T\}$ et $A\cap\{S<T\}$ appartiennent à $\underline{\underline{F}}^a_T$ ; en particulier, on a $\underline{\underline{F}}^a_S\subseteq\underline{\underline{F}}^a_T$ pour $S\leq T$ et, de manière générale, les ensembles $\{S<T\}$, $\{S\leq T\}$ et $\{S=T\}$ appartiennent à la fois à $\underline{\underline{F}}^a_S$ et $\underline{\underline{F}}^a_T$.

Nous pouvons maintenant énoncer les deux théorèmes fondamentaux de la théorie générale des processus

4 THEOREME DE SECTION. <u>Soit B un élément de $\underline{\underline{A}}$. Pour tout</u> $\varepsilon>0$, <u>il existe un $\underline{\underline{A}}$-temps d'arrêt</u> T <u>tel que</u> B <u>en contienne le graphe</u> $[\![T]\!]$ <u>dans</u> $\mathbb{R}_+\times\Omega$ <u>et que l'on ait</u> $P\{T<+\infty\}>P[\pi(B)]-\varepsilon$, <u>où</u> $\pi(B)$ <u>est la projection de</u> B <u>sur</u> $\Omega$.

REMARQUE. Si T est un $\underline{\underline{A}}$-t.d'a., alors $[\![T]\!]$ appartient à $\underline{\underline{A}}$. Réciproquement, le théorème de section entraine que, si T est une v.a. $\geq 0$ telle que $[\![T]\!]$ appartienne à $\underline{\underline{A}}$, alors T est p.s. égal à un $\underline{\underline{A}}$-t.d'a, et égal à un $\underline{\underline{A}}$-t.d'a. si $\underline{\underline{A}}$ est P-complète (i.e. si tout processus càdlàg indistinguable d'un processus $\underline{\underline{A}}$-mesurable est $\underline{\underline{A}}$-mesurable ; nous renvoyons à [7] pour l'étude de cette notion importante qui permet, en considérant la P-complétée d'une tribu de Meyer, d'en ramener bien souvent l'étude au cas où la filtration $\mathbb{F}$ vérifie les conditions habituelles).

5 THEOREME DE PROJECTION. <u>Soit</u> X <u>un processus mesurable, borné ou positif. Il existe un processus $\underline{\underline{A}}$-mesurable</u> ${}^aX$, <u>unique à l'indistinguabilité près, tel que l'on ait</u> ${}^aX_T = E[X_T|\underline{\underline{F}}^a_T]$ <u>p.s. pour tout $\underline{\underline{A}}$-temps d'arrêt fini</u> T. <u>Ce processus est appelé la</u> $\underline{\underline{A}}$-projection de X.

REMARQUE. Ce théorème s'étend au cas où X est un processus mesurable

$\underline{\underline{A}}$-projetable, i.e. tel que $E[|X_T| | \underline{\underline{F}}^a_T]$ soit fini p.s. pour tout $\underline{\underline{A}}$-temps d'arrêt fini T.

Nous ne donnons pas le théorème de projection duale car nous n'aurons pas à l'utiliser explicitement. Par contre, nous aurons grand besoin d'une variante d'un théorème d'analyse fonctionnelle dû à Meyer [8] (voir surtout [5]) ; nous ne chercherons pas ici à donner le meilleur énoncé possible.

6 THEOREME. Soit $\mathbb{G}$ l'espace vectoriel de processus càglàd jusqu'à l'infini engendré par les processus $1_{]T,+\infty]}$, où T parcourt l'ensemble des $\underline{\underline{A}}$-temps d'arrêt, et soit J une forme linéaire positive sur $\mathbb{G}$ vérifiant la condition suivante

Si $(X^n)$ est une suite décroissante d'éléments positifs de $\mathbb{G}$ telle que $\lim_n \sup_t |X^n_t| = 0$ p.s., alors on a $\lim_n J(X^n) = 0$.

Il existe deux processus $\underline{\underline{A}}$-mesurables A et B définis jusqu'à l'infini, positifs, à trajectoires p.s. càdlàg et croissantes, tels que $A_0 = 0$ et que

$$J(X) = E[\int_{]0,+\infty]} X_s dA_s + \int_{[0,+\infty[} X_{s+} dB_s]$$

pour tout $X \in \mathbb{G}$ ; A peut être pris prévisible ($A+B_-$ est alors unique).

Nous terminons cet aperçu en définissant la notion de $\underline{\underline{A}}$-surmartingale, qui généralise celle de surmartingale forte. Nous donnerons au moment opportun les définitions des $\underline{\underline{A}}$-(quasi,semi)martingales.

7 DEFINITION. Un processus X est une $\underline{\underline{A}}$-surmartingale s'il est $\underline{\underline{A}}$-mesurable, si $X_T$ est intégrable pour tout $\underline{\underline{A}}$-t.d'a. T borné et si on a

$$X_S \geq E[X_T | \underline{\underline{F}}^a_S] \text{ p.s.}$$

pour tout couple S,T de $\underline{\underline{A}}$-t.d'a. bornés tel que $S \leq T$.

REMARQUE. Sous les conditions habituelles, toute $\underline{\underline{O}}$-martingale (i.e. toute martingale forte) est càdlàg (et réciproquement), mais ce n'est pas le cas en général ; même sous les conditions habituelles, il existe quantité de $\underline{\underline{O}}$-surmartingales non càdlàg. On peut montrer cependant que toute $\underline{\underline{A}}$-surmartingale est làdlàg (ou presque : plus précisément, presque toutes ses trajectoires sont làdlàg).

## §2. GENERALITES

Dans toute la suite de l'article, nous nous donnons une tribu de Meyer $\underline{\underline{A}}$, et nous commençons par reprendre, avec des petites variantes et quelques compléments, les notions introduites dans l'introduction.

8 DEFINITION. Une famille $\Theta$ de temps d'arrêt de $\underline{\underline{A}}$ est une chronologie si elle contient 0, est stable pour les sup. et inf. finis, et contient une suite $(T_n)$ telle que $\sup_n T_n = +\infty$.

Nous désignons dans toute la suite par $\Theta$ une chronologie fixée. Nous aurons souvent l'occasion d'utiliser le petit lemme suivant (dont la démonstration n'a pas été sans mal... ; merci, Jeulin !)

9 LEMME. Soient $T_1,\dots,T_n \in \Theta$. Il existe $S_1,\dots,S_n \in \Theta$ tels que
a) $S_1 \leq S_2 \leq \dots \leq S_n$,
b) $\bigcup_i [\![S_i]\!] = \bigcup_i [\![T_i]\!]$.

Nous dirons que $S_1,\dots,S_n$ est un réordonnement de $T_1,\dots,T_n$.

DEMONSTRATION. C'est trivial pour $n=1$ (et même $n=2$). Raisonnons par récurrence, en supposant que l'on sache réordonner toute suite de longueur $n$ fixée, et soit $T_1,\dots,T_{n+1}$ une suite de longueur $n+1$. Désignons par $S'_1,\dots,S'_n$ un réordonnement de $T_1,\dots,T_n$, puis, par $S_2,\dots,S_n,S_{n+1}$ un réordonnement de $S'_2,\dots,S'_n,S'_1 \vee T_{n+1}$. Après avoir posé $S_1 = S'_1 \wedge T_{n+1}$, on vérifie sans peine que $S_1,S_2,\dots,S_n,S_{n+1}$ est un réordonnement de $T_1,T_2,\dots,T_n,T_{n+1}$.

REMARQUE. On peut aussi réordonner une suite infinie grâce à l'argument p. 49-50 de [2]. Ce dernier est aussi applicable à une suite finie de longueur n, mais a l'inconvénient de fournir alors une suite finie de longueur bien plus grande que n.

10 DEFINITION. Une famille $(X(T))_{T\in\Theta}$ de v.a. indexée par la chronologie $\Theta$ est un $\Theta$-système (adapté à $\underline{\underline{A}}$) si elle vérifie

(C) $X(S)=X(T)$ p.s. sur $\{S=T\}$ pour tout $S,T\in\Theta$,

(A) $X(T)$ est $\underline{\underline{F}}^a_T$-mesurable pour tout $T\in\Theta$.

Le $\Theta$-système $\mathbb{X}$ est une $\Theta$-surmartingale si il vérifie de plus

(S) $X(T)$ est intégrable pour tout $T\in\Theta$ et l'on a
$X(S) \geq E[X(T)|\underline{\underline{F}}^a_S]$ p.s. pour tout $S,T\in\Theta$ avec $S\leq T$.

Enfin, un processus $X$ défini jusqu'à l'infini agrège le $\Theta$-système $\mathbb{X}$ (dans $\underline{\underline{A}}$) si $X$ est $\underline{\underline{A}}$-mesurable et si l'on a

$$X_T = X(T) \text{ p.s. pour tout } T\in\Theta$$

Dans la suite, nous nous intéressons à des problèmes d'agrégation spéciaux que nous avons appelés problèmes d'interpolation : notre $\Theta$-système $\mathbb{X}$ vérifie une propriété liée à la théorie des martingales (par exemple, $\mathbb{X}$ est une $\Theta$-surmartingale) et nous cherchons à agréger $\mathbb{X}$ par un processus $X$ de sorte que, $\mathcal{T}$ désignant l'ensemble des $\underline{\underline{A}}$-t.d'a., le $\mathcal{T}$-système engendré par $X$ vérifie "l'extension naturelle" de la propriété satisfaite par $\mathbb{X}$ (par exemple, si $\mathbb{X}$ est une $\Theta$-surmartingale, $X$ doit être une $\underline{\underline{A}}$-surmartingale). On notera que, pour $\Theta=\mathcal{T}$, le théorème de section nous prive de toute liberté dans le choix de $X$ ; mais ce n'est pas le cas dans le cas général.

11 Nous dirons qu'une v.a. T est un $\underline{\underline{A}}$-temps d'arrêt <u>Θ-étagé</u> s'il existe une partition finie $A_1,\ldots,A_n$ de $\Omega$ et $T_1,\ldots,T_n \in \Theta$ tels que l'on ait $A_i \in \underline{\underline{F}}^a_{T_i}$ et $T = T_i$ sur $A_i$ pour $i = 1,\ldots,n$. <u>Nous désignerons par $[\Theta]$ l'ensemble des $\underline{\underline{A}}$-t.d'a. Θ-étagés</u>. Lorsque Θ contient le temps constant $+\infty$ , ce que nous supposerons à partir du §3, on voit aisément qu'un $\underline{\underline{A}}$-t.d'a. T est Θ-étagé ssi son graphe $[\![T]\!]$ est contenu dans la réunion des graphes $[\![T_i]\!]$ d'une suite finie d'éléments de Θ et que $[\Theta]$ est alors la plus petite chronologie contenant la chronologie Θ et stable par <u>découpage</u> (i.e. $T \in [\Theta]$ et $H \in \underline{\underline{F}}^a_T \Rightarrow T_H \in [\Theta]$). Par ailleurs, on vérifie sans peine que tout Θ-système $\mathbb{X}$ se prolonge de manière essentiellement unique en un $[\Theta]$-système. Comme tout processus X agrégeant $\mathbb{X}$ agrège aussi son extension en un $[\Theta]$-système, nous commettrons l'abus de langage de considérer que $\mathbb{X}$ est lui-même un $[\Theta]$-système. Cela n'amènera pas d'ambiguité car on a l'extension suivante aux Θ-surmartingales du théorème d'arrêt de Doob pour les surmartingales et les temps d'arrêt étagés.

12 PROPOSITION. <u>Toute Θ-surmartingale est encore une $[\Theta]$-surmartingale</u>.

DEMONSTRATION. Nous supposerons pour simplifier que l'on a $+\infty \in \Theta$ . Soit $\mathbb{X}$ une Θ-surmartingale, que nous prolongeons implicitement en un $[\Theta]$-système. D'abord, il est clair que X(T) est encore intégrable pour tout $T \in [\Theta]$. Soient $S,T \in [\Theta]$ tels que $S \leq T$ ; il nous faut vérifier que l'on a $X(S) \geq E[X(T)|\underline{\underline{F}}^a_S]$ p.s.. Soient $T_1,\ldots,T_n \in \Theta$ avec $T_n = +\infty$ tels que $[\![S]\!]$ et $[\![T]\!]$ soient contenus dans la réunion des $[\![T_i]\!]$. En vertu du lemme 9, on peut supposer que l'on a $T_1 \leq T_2 \leq \ldots \leq T_n$ et on voit sans peine que l'on peut écrire

$$S = \sum_i T_i 1_{A_i} \quad , \quad T = \sum_i T_i 1_{B_i}$$

où $A_1,\ldots,A_n$ et $B_1,\ldots,B_n$ sont des partitions de $\Omega$ avec $A_i, B_i \in \underline{\underline{F}}^a_{T_i}$. Posons, pour $i = 1,\ldots,n$,

$$\underline{\underline{G}}_i = \underline{\underline{F}}^a_{T_i} \quad , \quad Y_i = X(T_i) \quad , \quad U = \sum_i i\, 1_{A_i} \quad , \quad V = \sum_i i\, 1_{B_i}$$

Alors $(Y_i)_{1 \leq i \leq n}$ est une surmartingale pour la filtration $(\underline{\underline{G}}_i)_{1 \leq i \leq n}$ et U et V sont des t.d'a. de cette filtration avec $U \leq V$. Comme on a $Y_U = X(S)$ et $Y_V = X(T)$, on conclut aisément en utilisant le théorème d'arrêt de Doob.

13 Pour simplifier l'exposition, <u>nous supposerons désormais que la chronologie Θ contient</u> $+\infty$. Tout processus X sera supposé défini jusqu'à l'infini ; un tel processus est, par exemple, une <u>$\underline{\underline{A}}$-surmartingale jusqu'à l'infini</u> si, dans la définition 6, on ne restreint pas les $\underline{\underline{A}}$-t.d'a. S et T à être bornés. Il est très facile de passer du cas où Θ contient $+\infty$ au cas où Θ contient une suite $(T_n)$ avec $T_n \geq n$ (on remplace alors, par exemple, la notion de $\underline{\underline{A}}$-surmartingale jusqu'à l'infini par celle de $\underline{\underline{A}}$-surmartingale),

et aussi au cas général, où l'on suppose seulement que $\Theta$ contient une suite $(T_n)$ avec $\sup_n T_n = +\infty$ (on remplace alors, par exemple, la notion de $\underline{\underline{A}}$-surmartingale jusqu'à l'infini par celle de $\underline{\underline{A}}$-surmartingale locale - que nous laissons au lecteur le soin de définir). Enfin, nous notons désormais $\mathcal{T}$ la chronologie de tous les $\underline{\underline{A}}$-t.d'a..

## §3. SURMARTINGALES ET ENVELOPPE DE SNELL

Nous adaptons de manière évidente le vocabulaire relatif à l'ordre sur les processus aux $\Theta$-systèmes. Nous dirons par exemple qu'un $\Theta$-système $\mathbf{X}$ est majoré par un $\mathcal{T}$-système $\mathbf{Y}$ si on a $X(T) \leq Y(T)$ p.s. pour tout $T \in \Theta$ ; comme nous travaillons à l'indistinguabilité près, le théorème de section assure que, si X et Y sont deux processus $\underline{\underline{A}}$-mesurables, il équivaut de dire que Y majore X ou que le $\mathcal{T}$-système engendré par Y majore le $\mathcal{T}$-système engendré par X.

Le théorème suivant comprend la définition de l'enveloppe de Snell d'un $\Theta$-système $\mathbf{X}$ : c'est, si elle existe, **la plus petite $\mathcal{T}$-surmartingale $\geq 0$ majorant $\mathbf{X}$.** On montre ensuite, à l'aide de cette notion, que toute $\Theta$-surmartingale peut être agrégée en une $\underline{\underline{A}}$-surmartingale si bien qu'en particulier l'enveloppe de Snell, quand elle existe, s'agrège (de manière unique) en une $\underline{\underline{A}}$-surmartingale.

14 THEOREME. Soit $\mathbf{X}$ un $\Theta$-système tel qu'on ait $\sup_{S\in\Theta} E[X^+(S)] < +\infty$ et posons, pour tout $\underline{\underline{A}}$-temps d'arrêt T,

$$Y(T) = \operatorname{ess\,sup}_{S\in\Theta,\, S\geq T} E[X^+(S)|\underline{\underline{F}}^a_T]$$

La famille $\mathbf{Y}$ ainsi définie est une $\mathcal{T}$-surmartingale, et c'est la plus petite $\mathcal{T}$-surmartingale positive majorant $\mathbf{X}$ ; on dit que $\mathbf{Y}$ est **l'enveloppe de Snell de $\mathbf{X}$.**

DEMONSTRATION. Il s'agit, comme pour le théorème suivant, d'un simple aménagement des démonstrations de [5]. D'abord, en retranchant de $\mathbf{X}$ la restriction à $\Theta$ de la $\mathcal{T}$-martingale $(E[X^+(\infty)|\underline{\underline{F}}^a_T])_{T\in\mathcal{T}}$, on se ramène aisément au cas où $\mathbf{X}$ est positif et $X(\infty) = 0$. Vérifions alors que $\mathbf{Y}$ est un $\mathcal{T}$-système. L'adaptation est évidente ; la compatibilité résulte du fait qu'on a, pour $T\in\mathcal{T}$ et $A\in\underline{\underline{F}}^a_T$, $Y(T_A) = 1_A Y(T)$ p.s. car on a, $\Theta$ étant stable par découpage,

$$Y(T_A) = \operatorname{ess\,sup}_{S\in\Theta,\, S\geq T_A} E[X(S)|\underline{\underline{F}}^a_{T_A}] = \operatorname{ess\,sup}_{S\in\Theta,\, S\geq T} E[X(S_A)|\underline{\underline{F}}^a_{T_A}]$$
$$= \operatorname{ess\,sup}_{S\in\Theta,\, S\geq T} 1_A E[X(S)|\underline{\underline{F}}^a_T] = 1_A Y(T).$$

Nous faisons maintenant la remarque capitale suivante : pour $T\in\mathcal{T}$ fixé, la famille des v.a. $\underline{\underline{F}}^a_T$-mesurables $Z(S) = E[X(S)|\underline{\underline{F}}^a_T]$, S parcourant les éléments de $\Theta$ majorant T, est filtrante croissante. En effet, pour $U, V \in \Theta$ majorant T, Z(U) et Z(V) sont à la fois $\underline{\underline{F}}^a_U$-mesurables et $\underline{\underline{F}}^a_V$-mesurables et on a $Z(U) \vee Z(V) = Z(W)$ où W est l'élément de $\Theta$ défini par $W = U$ sur $\{Z(U) \geq Z(V)\}$ et $W = V$ ailleurs.

On a par conséquent, pour tout $\underline{\underline{A}}$-t.d'a. T et tout $A\varepsilon\underline{\underline{F}}^a_T$,

$$\int_A Y(T)\,dP = \sup_{S\varepsilon[\Theta],S\geq T} \int_A X(S)\,dP$$

d'où l'on déduit sans peine que la v.a. Y(T) est intégrable et que $\mathbb{Y}$ est une $\tau$-surmartingale ; et c'est évidemment la plus petite $\tau$-surmartingale majorant le $\Theta$-système (positif) $\mathbb{X}$.

REMARQUES. a) Si on renforce l'hypothèse faite sur $\mathbb{X}$ en demandant que le $\Theta$-système $\mathbb{X}^+$ soit $[\Theta]$-uniformément intégrable (i.e. la famille de v.a. $(X^+(T))_{T\varepsilon[\Theta]}$ est uniformément intégrable), la construction de l'enveloppe de Snell $\mathbb{Y}$ montre que celle-ci est alors $\tau$-uniformément intégrable ; $\mathbb{Y}$ deviendra donc, après agrégation, une $\underline{\underline{A}}$-surmartingale jusqu'à l'infini "de la classe (D)" .

b) La définition 10 d'un $\Theta$-système et 11 de l'ensemble $[\Theta]$ des $\underline{\underline{A}}$-temps d'arrêt $\Theta$-étagés a encore un sens si on suppose seulement que $\Theta$ est une famille (non vide) de $\underline{\underline{A}}$-temps d'arrêt. Et, si $\mathbb{X}$ est un $\Theta$-système dans ces conditions, on peut encore définir l'enveloppe de Snell $\mathbb{Y}$ de $\mathbb{X}$ comme étant, si elle existe, la plus petite $\tau$-surmartingale $\geq 0$ majorant $\mathbb{X}$. Nous laissons au lecteur le soin de vérifier qu'elle existe ssi on a $\sup_{S\varepsilon[\Theta]} E[X^+(S)] < +\infty$ et qu'elle est $\tau$-uniformément intégrable ssi $\mathbb{X}^+$ est $[\Theta]$-uniformément intégrables. Le moyen le plus "économique" pour établir cela est sans doute de se ramener au cas où $\Theta$ est une chronologie en procédant comme suit : on considère la plus petite chronologie $\Theta°$ contenant $\Theta$ avec $+\infty\varepsilon\Theta°$, puis on prolonge $\mathbb{X}$ en posant $X(0) = \text{ess sup}_{T\varepsilon\Theta} X(T)\,1_{\{T=0\}}$ et de même $X(\infty) = \text{ess sup}_{T\varepsilon\Theta} X(T)\,1_{\{T=+\infty\}}$ , ce qui permet ensuite de prolonger $\mathbb{X}$ en un $\Theta°$-système de manière essentiellement unique.

Nous résolvons maintenant notre problème d'agrégation

15 THEOREME. Toute $\Theta$-surmartingale peut être agrégée par une $\underline{\underline{A}}$-surmartingale jusqu'à l'infini.

DEMONSTRATION. Soit $\mathbb{X}$ une $\Theta$-surmartingale. D'après la proposition 12 c'est encore une $[\Theta]$-surmartingale si bien que l'on peut supposer que $\Theta$ est stable par découpage. Maintenant, quitte à retrancher de $\mathbb{X}$ la restriction à $\Theta$ de la $\tau$-martingale constituée des $E[X(\infty)|\underline{\underline{F}}^a_T]$, on se ramène aisément au cas où $\mathbb{X}$ est $\geq 0$ car le théorème de projection assure que la $\tau$-martingale précédente est agrégée en une $\underline{\underline{A}}$-martingale jusqu'à l'infini. Soit alors $\mathbb{Y}$ l'enveloppe de Snell de $\mathbb{X}$ : d'après la définition de $\mathbb{Y}$, il est clair que $\mathbb{X}$ est la restriction de $\mathbb{Y}$ à $\Theta$, si bien qu'on est finalement ramené à traiter le cas où l'on a $\Theta = \tau$. Par ailleurs, on se ramène facilement au cas où $\mathbb{X}$ est de plus borné : en effet, si on sait agréger les $\tau$-surmartingales $\mathbb{X}^n = ((X(T)\wedge n)$ en des $\underline{\underline{A}}$-surmartingales $X^n$, alors $\mathbb{X}$ est agrégé par le processus $X = \lim\inf_n X^n$ (qui est fini $\geq 0$ d'après le théorème de section) et X est une $\underline{\underline{A}}$-surmartingale car, si S,T sont deux $\underline{\underline{A}}$-t.d'a. avec $S \leq T$, on a

$$E[X_T|\underline{\underline{F}}^a_S] \leq \lim\inf_n E[X^n_T|\underline{\underline{F}}^a_S] \leq \lim\inf_n X^n_S = X_S \text{ p.s.}$$

Il nous reste donc à montrer qu'une $\boldsymbol{\tau}$-surmartingale $\mathbb{X}$, positive et bornée, peut s'agréger en une $\underline{\underline{A}}$-surmartingale (jusqu'à l'infini). Soit $\mathbb{G}$ l'espace vectoriel de processus càglàd engendré par les processus $1_{]T,+\infty]}$, $T \in \boldsymbol{\tau}$, et définissons une forme linéaire positive J sur $\mathbb{G}$ en posant $J(1_{]T,+\infty]}) = E[\mathbb{X}(T) - \mathbb{X}(\infty)]$ et en prolongeant par linéarité (nous laissons au lecteur le soin de vérifier que c'est possible ; c'est élémentaire, mais encore faut-il bien s'y prendre). Nous vérifions que J satisfait à l'hypothèse du théorème 6. Soit $(Z^n)$ une suite décroissante d'éléments positifs de $\mathbb{G}$ telle qu'on ait $\lim_n \sup_t |Z^n_t| = 0$ p.s. ; il faut montrer qu'on a $\lim_n J(Z^n) = 0$. Fixons un $\varepsilon > 0$ et posons, pour tout n et tout $\omega$,

$$T_n(\omega) = \inf\{t : |Z^n_t(\omega)| > \varepsilon\} \quad (\inf\emptyset = +\infty)$$

En écrivant $Z^n$ comme combinaison linéaire finie de générateurs de $\mathbb{G}$ on voit sans peine que l'on définit ainsi un $\underline{\underline{A}}$-t.d'a. $T_n$ ; d'autre part, $Z^n$ est majoré par $\varepsilon$ sur $]0,T_n]$, la suite $(T_n)$ est croissante et, pour presque tout $\omega$, $T_n(\omega)$ vaut $+\infty$ pour n assez grand. Comme J est une forme linéaire positive, on a, si c est une constante qui majore la $\boldsymbol{\tau}$-surmartingale $\mathbb{X}$,

$$J(Z^n) = J(Z^n 1_{]0,T_n]}) + J(Z^n 1_{]T_n,+\infty]}) \leq \varepsilon J(1) + c\|Z^1\|_\infty P\{T_n < +\infty\}$$

d'où, finalement, on a $\lim_n J(Z^n) = 0$. D'après le théorème 6, on sait qu'il existe deux processus $\underline{\underline{A}}$-mesurables positifs A et B, (presque) càdlàg et croissants, tels que l'on ait pour tout $\underline{\underline{A}}$-t.d'a. T

$$E[\mathbb{X}(T) - \mathbb{X}(\infty)] = J(1_{]T,+\infty]}) = E[(A_\infty - A_T) + (B_{\infty-} - B_{T-})]$$

en convenant que $B_{0-} = 0$. Si M désigne la $\underline{\underline{A}}$-martingale jusqu'à l'infini agrégeant la $\boldsymbol{\tau}$-martingale $(E[\mathbb{X}(\infty) + A_\infty + B_{\infty-}|\underline{\underline{F}}^a_T])_{T\in\boldsymbol{\tau}}$, et si X est le processus $\underline{\underline{A}}$-mesurable défini par $X = M - A - B_-$ (en toute rigueur, il faudrait remplacer $B_-$ par un processus $\underline{\underline{A}}$-mesurable qui en est indistinguable car $t \to B_{t-}(\omega)$ n'est défini que pour presque tout $\omega\in\Omega$), alors on a $\mathbb{X}(\infty) = X_\infty$ et $E[\mathbb{X}(T)] = E[X_T]$ pour tout $T\in\boldsymbol{\tau}$. Remplaçant T par $T_H$, H parcourant $\underline{\underline{F}}^a_T$, on en déduit que l'on a $\mathbb{X}(T) = X_T$ p.s. pour tout $T\in\boldsymbol{\tau}$ et donc que X est une $\underline{\underline{A}}$-surmartingale jusqu'à l'infini qui agrège $\mathbb{X}$.

**REMARQUES. a) Chemin faisant, nous avons démontré que toute $\underline{\underline{A}}$-surmartingale X bornée (mais la démonstration, légèrement modifiée, vaut pour X "de la classe (D)") admet une <u>décomposition de Mertens</u> :**

on a $X = M - V$ où M est une $\underline{\underline{A}}$-martingale et $V = A + B_-$ est un processus $\underline{\underline{A}}$-mesurable $\geq 0$ (presque) làdlàg et croissant, qu'on peut supposer prévisible car $B_-$ l'est et A peut l'être pris dans le théorème 6 (la décomposition est alors unique si on impose en plus que $V_0 = 0$, $V_+ - V = B - B_-$ étant $\underline{\underline{A}}$-mesurable). On pourra consulter [7] pour une autre démonstration, basée sur la décomposition de Doob-Meyer.

b) La remarque précédente permet d'étendre à notre situation le critère d'appartenance à la classe (D) de Mertens. Un $\Theta$-système $\mathbb{X}$ est $\boxed{\Theta}$-uniformément intégrable ssi $\mathbb{X}$ est majoré en module par une $\underline{\underline{A}}$-martingale jusqu'à l'infini. La condition suffisante est triviale. La condition nécessaire résulte de la remarque a) du n°14 et de la remarque précédente. Comme en la remarque b) du n°14, ce critère ne nécessite pas que $\Theta$ soit une chronologie.

c) Le critère de Mertens précédent permet d'affirmer que, si un $\Theta$-système $\mathbb{X}$ est d'une part $\boxed{\Theta}$-uniformément intégrable et d'autre part agrégeable par un processus $\underline{\underline{A}}$-mesurable, alors il peut être agrégé par un processus $\underline{\underline{A}}$-mesurable $\mathbb{X}$ "de la classe (D)" (i.e. X est $\tau$-uniformément intégrable en tant que $\tau$-système).

Le corollaire suivant est inspiré d'un résultat de Mokobodzki [11] en théorie du potentiel (voir aussi la remarque ci-dessous).

16 COROLLAIRE. Munissons l'espace E des $\underline{\underline{A}}$-surmartingales jusqu'à l'infini de la topologie de la convergence simple après avoir identifié tout $X \in E$ à l'application $T \to X_T$ de $\tau$ dans $L^1$ muni de la topologie faible $\sigma(L^1, L^\infty)$. Alors une partie H de E est relativement compacte ssi, pour tout $T \in \tau$, la famille de v.a. $(X_T)_{X \in H}$ est uniformément intégrable.

DEMONSTRATION. Rappelons que, d'après le critère de Dunford-Pettis (cf [4]-II.25), une partie de $L^1$ est faiblement relativement compacte ssi elle est uniformément intégrable. La condition de l'énoncé est donc nécessaire. Montrons qu'elle est suffisante. Soit $\underline{\underline{U}}$ un ultrafiltre sur H et, pour tout $T \in \tau$, désignons par Y(T) la valeur de la limite de l'ultrafiltre image par l'application continue $X \to X(T)$ de E dans $L^1$. On vérifie sans peine que la famille de v.a. $\mathbb{Y} = (Y(T))_{T \in \tau}$ ainsi définie est une $\tau$-surmartingale, et le théorème précédent permet d'agréger $\mathbb{Y}$ en une (unique) $\underline{\underline{A}}$-surmartingale Y, qui est alors la limite de l'ultrafiltre $\underline{\underline{U}}$.

REMARQUES. a) Réciproquement, il n'est pas difficile de déduire le théorème 15 de l'énoncé 16. C'est d'ailleurs la démarche adoptée par Mokobodzki qui démontre un énoncé analogue à 16 par d'autres moyens et obtient ainsi un énoncé analogue à 15 comme corollaire.

b) On peut aussi, après une étude de la continuité de la décomposition de Mertens, démontrer une extension du théorème de Helly aux $\underline{\underline{A}}$-surmartingales (inspiré également d'un résultat démontré par Mokobodzki [11] à l'aide d'un théorème profond d'analyse provenant de [1]) : si H est une partie relativement compacte de E et si X est un point adhérent de H, alors X est limite d'une suite $(X^n)$ d'éléments de H (voir [12]).

17 COROLLAIRE. Soit $(\mathbf{X}^n)$ une suite de $\Theta$-surmartingales telle que les suites de v.a. $(X^n(0))$ et $(X^n(\infty))$ soient uniformément intégrables. Il existe alors une $\underline{\underline{A}}$-surmartingale X telle qu'on ait $X_T = \lim_n X^n(T)$ dans $L^1$ muni de la topologie faible $\sigma(L^1,L^\infty)$ pour tout $T\varepsilon\Theta$ tel que $\lim_n X^n(T)$ existe.

DEMONSTRATION. Quitte à extraire une sous-suite de $(\mathbf{X}^n)$, on peut supposer que $\lim_n X^n(0)$ et $\lim_n X^n(\infty)$ existent. On vérifie alors aisément que l'ensemble $\Theta° = \{T\varepsilon\Theta : \lim_n X^n(T) \text{ existe}\}$ est une chronologie et que, si X(T) désigne la limite de $(X^n(T))$ pour $T\varepsilon\Theta°$, alors $\mathbf{X} = (X(T))_{T\varepsilon\Theta°}$ est une $\Theta°$-surmartingale ; il ne reste plus qu'à appliquer le théorème 15 à la chronologie $\Theta°$.

## §4. QUASIMARTINGALES ET DECOMPOSITION DE RAO

On désigne toujours par $\mathcal{T}$ la chronologie de tous les $\underline{\underline{A}}$-t.d'a. et par $\Theta$ une sous-chronologie contenant $+\infty$.

18 DEFINITION. a) Un $\Theta$-système $\mathbf{X} = (X(T))_{T\varepsilon\Theta}$ est une $\Theta$-quasimartingale si X(T) est intégrable pour tout $T\varepsilon\Theta$ et si l'on a

$$\mathrm{Var}_\Theta X = \sup_\sigma E\left( \sum_i |E[X(T_{i+1}) - X(T_i)|\underline{\underline{F}}^a_{T_i}]|\right) < +\infty$$

où $\sigma = (T_1,\ldots,T_n)$ est une suite finie croissante d'éléments de $\Theta$.

b) Un processus X est une $\underline{\underline{A}}$-quasimartingale jusqu'à l'infini si X est $\underline{\underline{A}}$-mesurable et se désagrège en une $\mathcal{T}$-quasimartingale.

Nous allons démontrer que toute $\Theta$-quasimartingale peut être agrégée par une $\underline{\underline{A}}$-quasimartingale jusqu'à l'infini. Il y aura comme précédemment deux étapes intermédiaires : d'abord, le fait que toute $\Theta$-quasimartingale est une $\boxed{\Theta}$-quasimartingale ; puis, l'analogue de la décomposition de Rao. On pourra alors conclure grâce au n°15. Nous commençons par établir un lemme complétant le lemme 9 et précisant les rapports entre la chronologie $\Theta$ et celle $\boxed{\Theta}$ des $\underline{\underline{A}}$-t.d'a. $\Theta$-étagés.

19 LEMME. a) <u>L'espace vectoriel $\mathbb{G}_\Theta$ engendré par les processus de la forme</u> $1_H 1_{]T,+\infty]}$ <u>avec</u> $T\varepsilon\Theta$ <u>et</u> $H\varepsilon\underline{\underline{F}}^a_T$ <u>est l'ensemble des processus</u> $Y$ <u>de la forme</u>

$$Y = \sum_{1\leq i\leq n} y_i 1_{]T_i,T_{i+1}]}$$

<u>avec</u> $T_i\varepsilon\Theta$ <u>et</u> $y_i$ <u>v.a. étagée</u> $\underline{\underline{F}}^a_{T_i}$<u>-mesurable pour</u> $i=1,\dots,n$, <u>où l'on peut supposer que l'on a</u> $T_1\leq\dots\leq T_n$.

b) <u>On a</u> $\mathbb{G}_\Theta=\mathbb{G}_{[\Theta]}$ <u>et tout</u> $Y\varepsilon\mathbb{G}_\Theta$ <u>est de la forme</u>

$$Y = \sum_{1\leq i\leq n} c_i 1_{]T_i,T_{i+1}]}$$

<u>avec</u> $T_i\varepsilon[\Theta]$, $c_i\varepsilon\mathbb{R}$ <u>pour</u> $i=1,\dots,n$ <u>et</u> $T_1\leq\dots\leq T_n$.

DEMONSTRATION. Le seul point non évident de a) est la possibilité de prendre $T_1\leq\dots\leq T_n$. Donnons nous un élément $Y=\sum_i y_i 1_{]T_i,T_{i+1}]}$ de $\mathbb{G}_\Theta$, où les $T_i$ ne sont pas en ordre croissant ; réordonnons alors $T_1,\dots,T_n$ en $S_1,\dots,S_n$ grâce au lemme 9 : $]S_i,S_{i+1}[$ ne rencontre aucun des graphes $[T_j]$ et donc $t\to Y_t(\omega)$ est constante, pour tout $\omega$, sur $]S_i(\omega),S_{i+1}(\omega)[$. Comme $Y_+=\sum_i y_i 1_{[T_i,T_{i+1}[}$ est $\underline{\underline{A}}$-mesurable, on peut alors écrire $Y=\sum_i z_i 1_{]S_i,S_{i+1}]}$ où $z_i=Y_{S_i+}$ est $\underline{\underline{F}}^a_{S_i}$-mesurable. Passons au point b). D'abord, on a $\mathbb{G}_\Theta=\mathbb{G}_{[\Theta]}$ ; en effet, comme $[\Theta]$ est stable par découpage, les générateurs de $\mathbb{G}_{[\Theta]}$ sont de la forme $1_{]T,\infty]}$ avec $T\varepsilon[\Theta]$ et, si $T_1,\dots,T_n$ avec $T_n=+\infty$ sont des éléments de $\Theta$ tels que le graphe de $T\varepsilon[\Theta]$ soit contenu dans la réunion des $[T_i]$, alors $1_{]T,+\infty]}$ est la somme des $1_{A_i}1_{]T_i,+\infty]}$ avec $A_i=\{T\leq T_i\}$. Il ne nous reste plus qu'à montrer que, si on a $Y=y1_{]S,T]}$ avec $S,T\varepsilon[\Theta]$ et $y$ v.a. étagée $\underline{\underline{F}}^a_S$-mesurable, alors il existe $U_1,\dots,U_n\varepsilon[\Theta]$ tels que l'on ait $S=U_1\leq\dots\leq U_n=T$ et que $X_{U_i}$ soit constante sur $\{U_i<U_{i+1}\}$ pour $i=1,\dots,n-1$. Soient $c_1,\dots,c_n$ les valeurs prises par x ; posons $U_1=S$ et, pour $i=1,\dots,n-1$,

$$U_{i+1}=U_i 1_{\{x\neq c_i\}}+T\,1_{\{x=c_i\}}$$

Il est clair que les $U_i$ ont les propriétés requises.

Quelques préliminaires encore avant d'aborder l'étude des $\Theta$-quasimartingales : nous allons définir l'intégrale stochastique élémentaire par rapport à un $\Theta$-système.

20 Soit $\mathbb{X}$ un $\Theta$-système. Nous désignerons par $I_\mathbb{X}$ l'application linéaire de l'espace $\mathbb{G}_\Theta$ (défini au n°19) dans l'espace $L^0$ des v.a. finies définie comme suit : pour un générateur $1_H 1_{]T,+\infty]}$ de $\mathbb{G}_\Theta$, on pose

$$I_\mathbb{X}(1_H 1_{]T,+\infty]}) = 1_H\,(X(\infty)-X(T))$$

et on prolonge par linéarité (comme au §3, nous laissons au lecteur le soin de vérifier que $I_\mathbb{X}$ est bien définie). Lorsque $X(T)$ est intégrable pour tout $T\varepsilon\Theta$ (nous dirons pour abréger que $\mathbb{X}$ est alors <u>intégrable</u>), nous définissons sur $\mathbb{G}_\Theta$ une forme linéaire $J_\mathbb{X}$ par

$$J_\mathbb{X}(Y) = E[I_\mathbb{X}(Y)]$$

$\mathbb{X}$ est alors une $\Theta$-surmartingale ssi $J_\mathbb{X}$ est négative (exercice !).

21 PROPOSITION. <u>Soit $\mathbb{X}$ un $\Theta$-système intégrable. L'espace $\mathbb{G}_\Theta$ étant muni de la norme uniforme, on a les égalités suivantes entre quantités finies ou infinies</u>

$$\|J_{\mathbb{X}}\| = \mathrm{Var}_\Theta\, \mathbb{X} = \mathrm{Var}_{[\Theta]}\, \mathbb{X} = \sup_\sigma \sum_i |E[X(T_{i+1}) - X(T_i)]|$$

<u>où $\sigma$ parcourt les suites finies croissantes d'éléments de $[\Theta]$.</u>

DEMONSTRATION. Ecrivons $Y\in\mathbb{G}_\Theta$ sous la forme $Y = \sum_i c_i 1_{]T_i,T_{i+1}]}$ avec $T_1 \leq \ldots \leq T_n \in [\Theta]$ et $c_1,\ldots,c_n \in \mathbb{R}$ ; on a $I_{\mathbb{X}}(Y) = \sum_i c_i (X(T_{i+1}) - X(T_i))$. Prenant $c_i = \mathrm{sgn}\, E[X(T_{i+1}) - X(T_i)]$, on obtient, après intégration, $\|J_{\mathbb{X}}\| \geq \sum_i |E[X(T_{i+1}) - X(T_i)]|$ ; on a d'autre part en général

$$|J_{\mathbb{X}}(Y)| \leq (\sup_i |c_i|)(\sum_i |E[X(T_{i+1}) - X(T_i)]|),$$

d'où finalement l'égalité des quantités extrèmes de l'énoncé. Ecrivons maintenant $Y\in\mathbb{G}_\Theta$ sous la forme $Y = \sum_i y_i 1_{]T_i,T_{i+1}]}$ avec $y_i$ v.a. $\underline{\underline{F}}^a_{T_i}$-mesurable étagée et $T_1 \leq \ldots \leq T_n \in [\Theta]$ ; on vérifie sans peine que l'on a $I_{\mathbb{X}}(Y) = \sum_i y_i (X(T_{i+1}) - X(T_i))$. D'où l'on déduit $\mathrm{Var}_{[\Theta]} \leq \|J_{\mathbb{X}}\|$ en prenant $y_i = \mathrm{sgn}\, E[X(T_{i+1}) - X(T_i)|\underline{\underline{F}}^a_{T_i}]$ et en intégrant ; d'autre part, on a évidemment $\mathrm{Var}_\Theta \mathbb{X} \leq \mathrm{Var}_{[\Theta]} \mathbb{X}$. Ecrivons enfin $Y\in\mathbb{G}_\Theta$ sous la forme $Y = \sum_i y_i 1_{]T_i,T_{i+1}]}$ comme précédemment, mais avec les $T_i \in \Theta$ ; on a alors le petit calcul classique

$$J_{\mathbb{X}}(Y) = E(\sum_i y_i (X(T_{i+1}) - X(T_i))) = E(\sum_i y_i\, E[X(T_{i+1}) - X(T_i)|\underline{\underline{F}}^a_{T_i}])$$
$$\leq \|Y\|_\infty\, E(\sum_i |E[X(T_{i+1}) - X(T_i)|\underline{\underline{F}}^a_{T_i}]|) \leq \|Y\|_\infty\, \mathrm{Var}_\Theta \mathbb{X}$$

d'où finalement on a $\mathrm{Var}_\Theta \mathbb{X} = \mathrm{Var}_{[\Theta]} \mathbb{X} = \|J_{\mathbb{X}}\|$.

22 COROLLAIRE. <u>Soit $\mathbb{X}$ un $\Theta$-système intégrable. Les assertions suivantes sont équivalentes</u>

a) $\mathbb{X}$ <u>est une $\Theta$-quasimartingale</u>

b) $\mathbb{X}$ <u>est une $[\Theta]$-quasimartingale</u>

c) $J_{\mathbb{X}}$ <u>est une forme linéaire continue sur $\mathbb{G}_\Theta = \mathbb{G}_{[\Theta]}$ muni de la norme uniforme</u>.

Nous montrons maintenant que toute $\Theta$-quasimartingale admet une <u>décomposition de Rao</u>. La démonstration est en fait un aménagement de celle de [5] pour les quasimartingales càdlàg sous les conditions habituelles.

23 PROPOSITION. <u>Toute $\Theta$-quasimartingale est la différence de deux $\Theta$-surmartingales</u>.

DEMONSTRATION. D'après ce qui précède, on peut supposer $\Theta$ stable par découpage, quitte à remplacer $\Theta$ par $[\Theta]$. Soit alors $\mathbb{X}$ une $\Theta$-quasimartingale ; quitte à retrancher de $\mathbb{X}$ la $\Theta$-martingale constituée des v.a. $E[X(\infty)|\underline{\underline{F}}^a_T]$ , $T\in\Theta$ , on peut supposer que l'on a $X(\infty) = 0$. Fixons $T\in\Theta$ ; nous désignons par $s(T)$ l'ensemble des $\Theta$-subdivisions finies de $[T,+\infty]$, i.e. l'ensemble des suites finies $\sigma = \{T_1,\ldots,T_n\}$ d'éléments de $\Theta$ telles que $T = T_1 \leq \ldots \leq T_n = +\infty$ ; pour $\sigma = \{T_1,\ldots,T_n\}$ nous posons

$[\sigma]^+ = \{Y\varepsilon \mathbb{G}_\Theta : Y = \sum_i 1_{A_i} 1_{]\!]T_i,T_{i+1}]\!]}$ avec $A_i \varepsilon \underline{\underline{F}}^a_{T_i}\}$
$[\sigma]^- = \{Y : -Y\varepsilon[\sigma]^+\}$
our $\sigma_1,\sigma_2 \varepsilon$ s(T), nous dirons que $\sigma_2$ raffine $\sigma_1$ si la réunion des raphes des éléments de $\sigma_1$ est contenue dans celle des graphes des léments de $\sigma_2$ ; pour tout $\sigma_1,\sigma_2 \varepsilon$ s(T), il est facile de trouver, l'aide du lemme 9, un élément $\sigma_3$ de s(T) raffinant $\sigma_1$ et $\sigma_2$ à la ois. Enfin nous posons, pour $\sigma = \{T_1,\dots,T_n\} \varepsilon$ s(T),

$$^+X(\sigma,T) = E[\textstyle\sum_i E[X(T_{i+1}) - X(T_i)|\underline{\underline{F}}^a_{T_i}]^+ \,|\, \underline{\underline{F}}^a_T].$$

i $\sigma_2$ raffine $\sigma_1$, alors on a

$$^+X(\sigma_1,T) \leq {}^+X(\sigma_2,T)$$

ar, d'une part, $[\sigma_1]^+$ est inclus dans $[\sigma_2]^+$ et, d'autre part, on a

$$^+X(\sigma,T) = \text{ess sup}_{Y\varepsilon[\sigma]^+} E[I_{\mathbf{X}}(Y)|\underline{\underline{F}}^a_T]$$

n effet, si on a $\sigma = \{T_1,\dots,T_n\}$ et $Y = \sum_i 1_{A_i} 1_{]\!]T_i,T_{i+1}]\!]}$, alors

$$\begin{aligned} E[I_{\mathbf{X}}(Y)|\underline{\underline{F}}^a_T] &= E[\textstyle\sum_i 1_{A_i} E[X(T_{i+1}) - X(T_i)|\underline{\underline{F}}^a_{T_i}] \,|\, \underline{\underline{F}}^a_T] \\ &\leq E[\textstyle\sum_i 1_{A_i} E[X(T_{i+1}) - X(T_i)|\underline{\underline{F}}^a_{T_i}]^+ \,|\, \underline{\underline{F}}^a_T] \\ &\leq {}^+X(\sigma,T) \end{aligned}$$

t on obtient l'égalité en prenant $A_i = \{E[X(T_{i+1}) - X(T_i)|\underline{\underline{F}}^a_{T_i}] \geq 0\}$. ar conséquent, la famille $({}^+X(\sigma,T))_{\sigma\varepsilon s(T)}$ est filtrante croissante osons alors

$$^+X(T) = \text{ess sup}_{\sigma\varepsilon s(T)} {}^+X(\sigma,T) \;;$$

omme $^+X(T)$ est une v.a. $\geq 0$ et que $E[{}^+X(T)]$ est majoré par $\text{Var}_\Theta\mathbf{X}$ et onc fini, on a $^+X(T) = \lim_\sigma {}^+X(\sigma,T)$ dans $L^1$ (fort). Faisons mainenant varier $T\varepsilon\Theta$ et montrons que $^+\mathbf{X} = ({}^+X(T))_{T\varepsilon\Theta}$ est une $\Theta$-surmaringale. L'adaptation est évidente ; pour la compatibilité, comme n a $X(\infty) = 0 = {}^+X(\infty)$ et que $\Theta$ est stable par découpage, il nous uffit de vérifier que l'on a $^+X(T_H) = 1_H{}^+X(T)$ pour tout $T\varepsilon\Theta$ et tout $\varepsilon\underline{\underline{F}}^a_T$. On a

$$^+X(T_H) = \text{ess sup}_{\sigma\varepsilon s(T_H), Y\varepsilon[\sigma]^+} E[I_{\mathbf{X}}(Y)|\underline{\underline{F}}^a_{T_H}]$$

t, avec des notations évidentes,

$$\sigma\varepsilon s(T_H) \iff \exists\sigma'\varepsilon s(T)\ \sigma = \sigma'_H$$

'où

$$^+X(T_H) = \text{ess sup}_{\sigma\varepsilon s(T), Y\varepsilon[\sigma]^+} 1_H E[I_{\mathbf{X}}(Y)|\underline{\underline{F}}^a_T] = 1_H{}^+X(T)$$

érifions enfin l'inégalité des surmartingales. Soient $S,T \varepsilon \Theta$ avec $\leq T$ ; si $\sigma = \{T_1,\dots,T_n\}$ appartient à s(T), alors $\sigma' = \{S,T_1,\dots,T_n\}$ ppartient à s(S) et $[\sigma]^+$ est inclus dans $[\sigma']^+$. On a donc

$$^+X(\sigma',S) \geq E[{}^+X(\sigma,T)|\underline{\underline{F}}^a_S]$$

'où l'on déduit l'inégalité voulue, soit $^+X(S) \geq E[{}^+X(T)|\underline{\underline{F}}^a_S]$, car es familles $(X(\sigma,T))_{\sigma\varepsilon s(T)}$ et $(X(\sigma',S))_{\sigma'\varepsilon s(S)}$ sont filtrantes roissantes. Par ailleurs, on définit, de manière analogue,

$$^-X(T) = \text{ess sup}_{\sigma\varepsilon s(T), Y\varepsilon[\sigma]^-} E[I_{\mathbf{X}}(Y)|\underline{\underline{F}}^a_T]$$

our tout $T\varepsilon\Theta$, et donc une nouvelle $\Theta$-surmartingale $^-\mathbf{X} = ({}^-X(T))_{T\varepsilon\Theta}$. our terminer la démonstration, il ne reste plus qu'à remarquer qu'on a $^+X(\sigma,T) - {}^-X(\sigma,T) = X(T)$ pour tout $T\epsilon\Theta$ et tout $\sigma\epsilon s(T)$ si bien que $\mathbf{X} = {}^+\mathbf{X} - {}^-\mathbf{X}$.

REMARQUE. Nous avons en fait démontré mieux que l'énoncé : toute Θ-quasimartingale $\mathbf{X}$ s'écrit $\mathbf{X} = {}^+\mathbf{X} - {}^-\mathbf{X}$ où $^+\mathbf{X}$, $^-\mathbf{X}$ sont deux Θ-surmartingales positives telles que $\mathrm{Var}_\Theta\,\mathbf{X} = E[^+X(0) + {}^-X(0)]$. Il y a unicité d'une telle décomposition.

Le résultat d'interpolation que nous avions en vue est maintenant conséquence immédiate des n°23 et 15, et nous avons de surcroit établi le maillon manquant du théorème 5 du §V de [7]

24 THEOREME. <u>Toute Θ-quasimartingale</u> $\mathbf{X}$ <u>peut être agrégée par une $\underline{\underline{A}}$-quasimartingale jusqu'à l'infini</u> X (<u>avec</u> $\mathrm{Var}_\Theta\mathbf{X} = \mathrm{Var}\,X$). <u>De plus, toute $\underline{\underline{A}}$-quasimartingale jusqu'à l'infini est la différence de deux $\underline{\underline{A}}$-surmartingales jusqu'à l'infini</u>.

Nous ne chercherons pas à étudier la convergence de suites de quasimartingales ; le lecteur intéressé pourra se reporter [12].

## §5. SEMIMARTINGALES ET INTEGRALE STOCHASTIQUE ELEMENTAIRE

Il est possible, ici encore, de donner des définitions "parallèles" des notions de Θ-semimartingale et de $\underline{\underline{A}}$-semimartingale. Nous avons cependant trouvé plus naturel de définir cette dernière en suivant la "tradition" (décomposition en une martingale locale et processus à variation finie) et de définir la première par une propriété de continuité de l'intégrale stochastique élémentaire. Notre théorème d'interpolation incluera alors la caractérisation "à la Bichteler-Dellacherie-Mokobodzki" (cf [5]) des $\underline{\underline{A}}$-semimartingales - cela, sans s'être placé sous les conditions habituelles, et en ne se bornant pas à l'étude des semimartingales càdlàg.

25 Un processus M est une <u>$\underline{\underline{A}}$-martingale locale jusqu'à l'infini</u> s'il est $\underline{\underline{A}}$-mesurable et s'il existe une suite croissante $(T_n)$ de $\underline{\underline{A}}$-t.d'a. telle que, pour tout $\omega\epsilon\Omega$, on ait $T_n(\omega) = +\infty$ pour n grand, et que les processus arrêtés $M^{T_n}$ soient des $\underline{\underline{A}}$-martingales jusqu'à l'infini (nous supposons donc, pour simplifier, que $M_0$ est une v.a. intégrable). Un processus X est une <u>$\underline{\underline{A}}$-semimartingale jusqu'à l'infini</u> s'il est $\underline{\underline{A}}$-mesurable et s'il peut s'écrire $X = M + V$ où M est une $\underline{\underline{A}}$-martingale locale jusqu'à l'infini et V est un processus à variation finie jusqu'à l'infini (i.e. presque toutes les trajectoires de V ont une variation finie sur $[0,+\infty]$ ; ces trajectoires sont alors làdlàg, mais pas nécessairement càdlàg).

Nous reprenons dans la définition suivante les notations introduites aux n°19 et 20

26 DEFINITION. Un $\Theta$-système $\mathbb{X}$ est une $\Theta$-semimartingale si l'application linéaire $I_{\mathbb{X}}$ de $\mathbb{G}_\Theta$ dans $L^0$ est continue quand $\mathbb{G}_\Theta$ est muni de la norme uniforme et $L^0$ de la topologie de la convergence en probabilité.

REMARQUES. a) Comme $\mathbb{G}_\Theta$ est égal à $\mathbb{G}_{[\Theta]}$, toute $\Theta$-semimartingale est encore évidemment une $[\Theta]$-semimartingale.

b) On vérifie sans peine que, si $\mathbb{X}$ est une $\Theta$-semimartingale, alors $I_{\mathbb{X}}$ est encore continue lorsque $\mathbb{G}_\Theta$ est muni de la topologie de la "convergence uniforme en probabilité" (une suite $(Y^n)$ converge vers 0 pour cette topologie si les v.a. $\sup_t |Y^n_t|$ convergent vers 0 en probabilité).

27 THEOREME. Soit $\mathbb{X}$ un $\Theta$-système. Les assertions suivantes sont équivalentes

a) $\mathbb{X}$ est une $\Theta$-semimartingale

b) Il existe une probabilité Q équivalente à P (à densité bornée si on le désire) telle que $\mathbb{X}$ soit une $\Theta$-quasimartingale relativement à Q.

c) $\mathbb{X}$ peut être agrégé par une $\underline{\underline{A}}$-semimartingale jusqu'à l'infini.

DEMONSTRATION. Le théorème 5 du §V de [7] affirme (lorsqu'on se limite à considérer des processus définis jusqu'à l'infini) que les assertions suivantes, relatives à un processus $\underline{\underline{A}}$-mesurable X, sont équivalentes

1) L'application $I_X$ de $\mathbb{G}_\tau$ dans $L^0$ est continue (les notations adoptées dans [7] sont différentes de celles utilisées ici)

2) Il existe une probabilité Q équivalente à P (à densité bornée si on le désire) telle que X soit une $\underline{\underline{A}}$-quasimartingale jusqu'à l'infini relativement à Q

3) Il existe une probabilité Q équivalente à P (à densité bornée si on le désire) telle que X soit la différence de deux $\underline{\underline{A}}$-surmartingales jusqu'à l'infini relativement à Q

4) Le processus X est une $\underline{\underline{A}}$-semimartingale.

Les implications 1)$\Rightarrow$2) et 3)$\Rightarrow$4)$\Rightarrow$1) sont établies dans [7] ; pour 2)$\Rightarrow$3), le lecteur est renvoyé dans [7] à l'article présent, et en effet nous avons établi cela au n°24. Ceci dit, on voit que c)$\Rightarrow$a) résulte de 4)$\Rightarrow$1) et que b)$\Rightarrow$c) résulte de 2)$\Rightarrow$3)$\Rightarrow$4) et du n°24. Il nous reste donc à établir a)$\Rightarrow$b) ; comme cela se fait de manière analogue à l'établissement de 1)$\Rightarrow$2) , nous ne donnerons que les grandes lignes de cette dernière étape.

Le lemme suivant, qui généralise le lemme 3 du §V de [7] (repris en partie dans [5] pour le même usage), est très utile pour étudier la majoration d'un processus (même càdlàg)

28 LEMME. <u>Soit</u> $\mathbb{X}$ <u>un</u> $\Theta$<u>-système borné dans</u> $L^0$ : <u>pour tout</u> $\varepsilon>0$, <u>il existe</u> $c_\varepsilon>0$ <u>tel qu'on ait</u> $P\{|X(T)|>c_\varepsilon\}\leq\varepsilon$ <u>pour tout</u> $T\varepsilon\Theta$. <u>Alors la v.a.</u> ess $\sup_{T\varepsilon\Theta}|X(T)|$ <u>est p.s. finie</u> ; <u>plus précisément, pour tout</u> $\varepsilon>0$, <u>on a</u> $P\{\text{ess}\sup_{T\varepsilon\Theta}|X(T)|>c_\varepsilon\}\leq\varepsilon$ <u>où</u> $c_\varepsilon$ <u>est la</u> même <u>constante que plus haut</u>.

DEMONSTRATION. Nous fixons $\varepsilon>0$ et la constante $c_\varepsilon$ associée. Comme l'ess sup est atteint sur une partie dénombrable de $\Theta$, il nous suffit de montrer que, pour toute suite finie $T_1,\ldots,T_n\,\varepsilon\,\Theta$, on a

$$P\{|X(T_1)| \text{ ou } \ldots \text{ ou } |X(T_n)|>c_\varepsilon\}\leq\varepsilon$$

Posons, pour $i=1,\ldots,n$, $S_i=T_i$ sur $\{|X(T_i)|>c_\varepsilon\}$ et $S_i=+\infty$ ailleurs, puis $S=\inf_i S_i$ ; comme $\Theta$ est stable par découpage, on a $S\varepsilon\Theta$ et donc $P\{|X(S)|>c_\varepsilon\}\leq\varepsilon$. D'autre part, on a évidemment, pour presque tout $\omega$, $|X(S)|(\omega)>c_\varepsilon$ ssi il existe i tel que l'on ait $|X(T_i)|(\omega)>c_\varepsilon$, d'où la conclusion.

RETOUR A LA DEMONSTRATION DE 27. Nous établissons a)$\Rightarrow$b). Si $I_{\mathbb{X}}$ est continue, l'image de la boule unité de $\mathbb{G}_\Theta$ par $I_{\mathbb{X}}$ est bornée dans $L^0$. Comme, pour $T\varepsilon\Theta$, on a $X(T)=X(0)+I_{\mathbb{X}}(1_{]0,T]})$, on en déduit en particulier, grâce au lemme précédent, que la v.a. égale à ess $\sup_{T\varepsilon\Theta}|X(T)|$ est p.s. finie. Donc, quitte à remplacer P par une probabilité équivalente à densité bornée, on peut supposer que cette v.a. est intégrable ; alors $\mathbb{X}$ est un $\Theta$-système intégrable. Dans ces conditions, l'image H de la boule unité de $\mathbb{G}_\Theta$ par $I_{\mathbb{X}}$ est un convexe borné de $L^0$ contenu dans $L^1$. On sait alors, grâce à un théorème de Mokobodzki (cf [8], [5]), ou encore, grâce à un théorème récent de Yan (cf [13]) , qu'il existe une loi Q équivalente à P, à densité bornée, telle que $\sup_{Z\varepsilon H}|E_Q(Z)|<+\infty$. Or cela signifie que la forme linéaire $J^Q_{\mathbb{X}}$ définie sur $\mathbb{G}_\Theta$ comme au n°20 par $J^Q_{\mathbb{X}}(Y)=E_Q[I_{\mathbb{X}}(Y)]$ est continue, et donc que $\mathbb{X}$ est une $\Theta$-quasimartingale relativement à Q d'après le n°22.

REMARQUE. Rappelons que, pour $\Theta=\overline{\mathbb{R}}_+$, un $\Theta$-système n'est autre qu'un processus adapté à la filtration $(\underline{\underline{F}}^a_t)$ (un processus adapté à notre grosse filtration $(\underline{\underline{F}}_t)$ si on prend $\underline{\underline{A}}=\underline{\underline{O}}$). En particulier, le théorème précédent fournit, pour tout processus adapté à $(\underline{\underline{F}}^a_t)$ définissant une "bonne" intégrale stochastique élémentaire, une régularisation de ce processus en une $\underline{\underline{A}}$-semimartingale (jusqu'à l'infini).

BIBLIOGRAPHIE

[1] BOURGAIN (J.), FREMLIN (D.H.), TALAGRAND (M.) : Pointwise compact sets of Baire-measurable functions (Amer. J. of Math. 100, 1978, p. 845-886)

[2] DELLACHERIE (C.) : Deux remarques sur la séparabilité optionnelle (Sém. de Proba. XI, Lect. Notes in Math. n°581, p. 47-50, Springer, Heidelberg 1977)

[3] DELLACHERIE (C.), LENGLART (E.) : Sur des problèmes de régularisation, de recollement et d'interpolation en théorie générale des processus (A paraitre dans Sém. de Proba. XVI)

[4] DELLACHERIE (C.), MEYER (P.A.) : Probabilités et potentiel. Chapitres I à IV (Hermann, Paris 1975)

[5] : Probabilités et potentiel. Chapitres V à VIII (Hermann, Paris 1980)

[6] LE JAN (Y.) : Temps d'arrêt stricts et martingales de sauts (Z. Wahrscheinlichkeitstheorie 44, 1978, p. 213-225)

[7] LENGLART (E.) : Tribus de Meyer et théorie des processus (Sém. de Proba. XIV, Lect. Notes in Math. n°784, p. 500-546, Springer, Heidelberg 1980)

[8] MEYER (P.A.) : Un cours sur les intégrales stochastiques. Chapitre VI (Sém. de Proba. X, Lect. Notes in Math n°511, p. 354-400, Springer, Heidelberg 1970)

[9] : Convergence faible de processus, d'après Mokobodzki (Sém. de Proba. XI, Lect. Notes in Math. n°581, p. 109-119, Springer, Heidelberg 1977)

[10] : Caractérisation des semimartingales, d'après Dellacherie (Sém. de Proba. XIII, Lect. Notes in Math. n°721, p. 620-623, Springer, Heidelberg 1979)

[11] MOKOBODZKI (G.) : Ensembles compacts de fonctions fortement surmédianes (Sém. de théorie du potentiel n°4, Lect. Notes in Math. n°713, p. 178-193, Springer, Heidelberg 1979)

[12] UPPMAN (A.) : L'analogue du théorème de Helly en théorie des martingales (A paraitre dans Sém. de Proba. XVI)

[13] YAN (J.A.) : Caractérisation d'une classe d'ensembles convexes de $L^1$ ou $H^1$ (Sém. de Proba. XIV, Lect. Notes in Math. n°784, p. 220-222, Springer, Heidelberg 1980)

**SURMARTINGALES - MESURES**

par Bernard MAISONNEUVE

Cette étude a été inspirée par la lecture du paragraphe "Martingales positives et fonctions d'ensembles" du livre de NEVEU ([ 1 ], III-1), ainsi que par un cours donné par SHIRYAEV à Grenoble en 1978.

Soit $(\Omega,\mathcal{F},P)$ un espace probabilisé muni d'une filtration $(\mathcal{F}_n)_{n\in\mathbb{N}}$ telle que $\bigvee_n \mathcal{F}_n = \mathcal{F}$. On pose $\mathcal{a} = \bigcup_n \mathcal{F}_n$.

A toute surmartingale positive $\{X_n, \mathcal{F}_n, n\in\mathbb{N}\}$ on peut associer une fonction d'ensemble définie sur $\mathcal{a}$ par la formule

(1) $\mu(A) = \lim \int_A X_n dP\ , \quad A \in \mathcal{a}\ .$

Cette limite existe puisque la suite $(\int_A X_n dP)$ est décroissante à partir d'un certain rang ; précisément si $A \in \mathcal{F}_k$ la suite $(\int_A X_n dP)_{n\geq k}$ est décroissante, de sorte que l'on a

(2) $\mu(A) \leq \int_A X_k dP \quad \text{si} \quad A \in \mathcal{F}_k\ .$

Voici le résultat principal de cette étude.

THEOREME 1. - Soit $\{X_n, \mathcal{F}_n, n\geq 0\}$ une surmartingale positive telle que la fonction d'ensemble $\mu$ qui lui est associée par (1) soit $\sigma$-additive sur $\mathcal{a}$ (nous dirons que $(X_n)$ est une surmartingale-mesure). La mesure sur $(\Omega,\mathcal{F})$ qui prolonge $\mu$, et que nous noterons encore $\mu$, admet alors la décomposition de Lebesgue suivante :

(3) $\mu(A) = \int_A X dP + \mu(A \cap \{X=+\infty\})$, $A \in \mathcal{F}$ ,

où $X = \limsup X_n$ . De plus $\mu$ est absolument continue par rapport à $P$ si et seulement si $X_n \to X$ dans $L^1(P)$ ou encore si $\mu\{X=+\infty\} = 0$ .

Remarques.

1) La fonction d'ensemble $\mu$ est toujours additive sur $\mathcal{A}$ et même $\sigma$-additive sur chaque tribu $\mathcal{F}_k$ ; en effet si $(A_m)$ est une suite décroissante de $\mathcal{F}_k$ la suite double $(\int_{A_m} X_n dP)_{m\geq 0,\, n\geq k}$ est séparément décroissante, d'où il résulte que $\mu(A_m) \to \mu(\bigcap_m A_m)$ .

2) La fonction d'ensemble $\mu$ n'est pas nécessairement $\sigma$-additive sur $\mathcal{A}$ , même lorsque $(X_n)$ est une martingale. Par exemple si $\Omega = ]0,1]$ , $\mathcal{F} = \mathcal{B}(]0,1])$ , $P = \text{Leb}(]0,1])$ , $\mathcal{F}_n = \mathcal{T}\{](k-1)2^{-n}, k2^{-n}];\ k=1,\dots,2^n\}$ , $X_n = 2^n I_{]0,2^{-n}]}$ la fonction $\mu$ n'est pas $\sigma$-additive puisque $\mu(]0,2^{-n}]) = 1 \not\to 0$ .

3) Partons cette fois d'une mesure positive finie $\mu$ sur $(\Omega,\mathcal{F})$ telle que pour tout $n \in \mathbb{N}$ , $\mu \ll P$ sur $\mathcal{F}_n$ . Si $(X_n)$ est une suite de v.a. positives adaptée à $(\mathcal{F}_n)$ telle que $\mu = X_n . P$ sur $\mathcal{F}_n$ pour tout $n$ , la mesure $\mu$ satisfait évidemment à l'égalité (1) et la suite $(X_n)$ est une martingale, donc d'après le théorème 1 on a aussi l'égalité (2). Ce résultat était déjà connu (je n'ai pas de référence exacte) ; mais si l'on ne suppose plus l'absolue continuité de $\mu$ sur chaque $\mathcal{F}_n$ , le théorème 1 permet encore d'obtenir la décomposition de Lebesgue de $\mu$ à partir des décompositions de $\mu$ sur les tribus $\mathcal{F}_n$ . Précisément, on a le résultat suivant, qui complète la proposition III-1-5 de NEVEU [1].

THEOREME 2. - Soit $\mu$ une mesure positive finie sur $(\Omega,\mathcal{F})$ . Pour tout $n \in \mathbb{N}$ soit $X_n$ une v.a. $\mathcal{F}_n$-mesurable positive et soit $N_n$ un ensemble P-négligeable appartenant à $\mathcal{F}_n$ tels que

(4) $\mu(A) = \int_A X_n dP + \mu(A \cap N_n)$ , $A \in \mathcal{F}_n$ , $n \in \mathbb{N}$ .

Alors :

(5) $\mu(A) = \int_A X dP + \mu(A\cap(N\cup\{X=+\infty\}))$ , $A \in \mathcal{F}$ ,

où $X = \limsup X_n$ , $N = \bigcup_n N_n$ . De plus, on a les équivalences suivantes :

$$\mu(\cdot\cap N^c) << P \Leftrightarrow X_n \xrightarrow{L^1(P)} X \Leftrightarrow \mu(\{X=+\infty\}\cap N^c) = 0 .$$

Démonstration. - Nous allons appliquer le théorème 1 à la suite $(X_n)$ . Vérifions pour cela que c'est une surmartingale. D'après (4)

$$\mu(N_n \cap N^c_{n+1}) = \int_{N_n} X_{n+1} dP = 0 \quad ,$$

donc la suite $(I_{N_n})$ est $\mu$-p.p. croissante et par suite

$$X_{n+1}\cdot P = \mu(\cdot\cap N^c_{n+1}) \le \mu(\cdot\cap N^c_n) = X_n\cdot P \quad \text{sur } \mathcal{F}_n ,$$

ce qui montre que $\{X_n, \mathcal{F}_n, n\geq 0\}$ est une surmartingale. Comme $I_{N_n^c} \to I_{N^c}$ $\mu$-p.p., la fonction d'ensemble associée à $(X_n)$ est égale à $\mu(\cdot\cap N^c)$ sur $\mathcal{A}$ , donc elle est $\sigma$-additive sur $\mathcal{A}$ . D'après le théorème 1, il vient

$$\mu(\cdot\cap N^c \cap\{X<\infty\}) = X.P ,$$

égalité qui équivaut à (5). La dernière assertion découle de l'assertion correspondante du théorème 1.

Remarque. Supposons que les $X_n$ aient été choisis de sorte que l'on ait

$$\mu = X_n \cdot P + \mu(\cdot\cap\{X_n=+\infty\}) \quad \text{sur } \mathcal{F}_n , \quad n \in \mathbb{N} .$$

Il est alors facile de voir que

$$\mu = X\cdot P + \mu(\cdot\cap\{X=+\infty\}) ,$$

toujours avec $X = \limsup X_n$ ; en effet, $\{X_n=+\infty\} \subset \{X=+\infty\}$ à un ensemble $\mu$-négligeable près.

Démonstration du théorème 1. - La surmartingale positive $(X_n)$ converge P-p.s. vers $X$ , donc d'après le lemme de Fatou

(6) $\int_A X dP \le \mu(A)$ , $A \in \mathcal{A}$ ;

cette inégalité s'étend à $A \in \mathcal{F}$ par un raisonnement de classe monotone ( $\mathcal{A}$ est une algèbre qui engendre $\mathcal{F}$ ). Pour établir (3), il reste à montrer que la mesure $\mu$-X.P est portée par $\{X=+\infty\}$ , c'est-à-dire que

$$(7)\quad \mu\{X<+\infty\} = \int X dP .$$

Soit $x \in \mathbb{R}_+$ . On a $\{\limsup X_n < x\} \subset \liminf\{X_n < x\}$ , donc

$$\mu\{X<x\} \le \liminf \mu\{X_n<x\}$$
$$\le \liminf \int_{\{X_n<x\}} X_n dP \quad \text{d'après (2).}$$

Si $P\{X=x\} = 0$ , on a $X_n I_{\{X_n<x\}} \to X I_{\{X<x\}}$ P-p.s. , et d'après le théorème de convergence dominée, il vient

$$\mu\{X<x\} \le \int_{\{X<x\}} X dP ,$$
$$\mu\{X<+\infty\} \le \int_{\{X<+\infty\}} X dP = \int X dP.$$

D'après (6) cette dernière inégalité est en fait une égalité, ce qui donne (7) et le résultat cherché.

Comme les v.a. $X_n$ sont positives et que $X_n \to X$ P-p.s. on a l'équivalence $X_n \xrightarrow{L^1} X \Leftrightarrow E(X_n) \to E(X)$ ; la dernière assertion du théorème en découle.

[1] J. NEVEU , Martingales à temps discret, Masson, Paris, 1972.

NOTE IMPORTANTE : Comme me le signale J. Azéma, le théorème 2, sous la forme indiquée en remarque, est dû à E.S. Andersen et B. Jessen (Some limit theorems on set functions, Danske vid. Selsk. Mat.-Fys. Medd. 25, 1948) et a même été étendu en temps continu par J. Horowitz (Optional supermartingales and the Andersen-Jessen theorem, Z.f.W., 1978).

---

(octobre 80)

# MESURABILITE DES DEBUTS ET THEOREME DE SECTION : LE LOT A LA PORTEE DE TOUTES LES BOURSES

par C. Dellacherie

Cet exposé, rédigé à la demande de Chung et Protter entr'autres, a la prétention d'écarter définitivement la crainte qu'inspire à bon nombre de probabilistes non friands d'ensembles analytiques la démonstration des théorèmes cités dans le titre. J'avais déjà tenté il y a quelques années, dans le premier chapitre de ma monographie [3] "Capacités et processus stochastiques", de présenter les choses sans parler d'ensembles analytiques grâce à la technique des "rabotages de Sierpinski" ; mais - pêché de jeunesse - j'avais fait alors pis que mieux. Aussi aurais-je pu adopter comme titre de cet exposé :

Comment j'aurais dû écrire mon chapitre I, ou
les rabotages de Sierpinski sans sabotage de Dellacherie.

J'ai cette fois pris la résolution d'écrire le minimum de choses nécessaire pour présenter la matière avec clarté (ainsi, chaque concept "nouveau" sera introduit dans un contexte suffisamment général pour mettre en valeur ses traits saillants, mais sera illustré au même moment par les quelques exemples d'applications que nous avons en vue ici), et j'ai aussi mis à profit une simplification notable, due à Telgarsky, de la présentation des rabotages (ils deviennent ici des stratégies gagnantes pour un joueur dans un certain jeu topologique à deux personnes). On trouvera cependant, annoncés par la rubrique "Commentaires", des compléments pour le lecteur curieux d'aller au delà de notre cadre strict : on doit omettre en première lecture ces passages (que j'aurais écrits en petits caractères si j'en avais eu la possibilité).

## §I. ESPACES PAVES ET CAPACITES

1 Dans cet exposé, nous entendrons par pavage sur un ensemble E un ensemble $\underline{E}$ de parties de E contenant $\emptyset$ et stable pour les réunions finies et les intersections dénombrables ; le couple $(E,\underline{E})$ est appelé

espace pavé. Quelques pavages bien connus du lecteur : le pavage constitué des parties fermées, ou encore des parties compactes d'un espace topologique, et celui constitué par les éléments d'une tribu sur un ensemble "abstrait". En théorie des processus, on est amené à considérer un "produit" de ces deux types :

EXEMPLE. Soit $(\Omega,\underline{\underline{F}})$ un espace mesurable ; désignons par $\underline{\underline{R}}$ l'ensemble des rectangles $K\times A$ où $K$ est un compact de $\mathbb{R}_+$ et $A$ un élément de $\underline{\underline{F}}$ et par $\underline{\underline{S}}$ l'ensemble des réunions finies de tels rectangles : comme $\underline{\underline{R}}$ est stable pour les intersections finies, il en est de même pour $\underline{\underline{S}}$. Nous posons $E=\mathbb{R}_+\times\Omega$ que nous munissons du pavage $\underline{\underline{E}}$ engendré par $\underline{\underline{R}}$ : les éléments de $\underline{\underline{E}}$ sont les parties $L$ de la forme $L=\bigcap_n L_n$ où $(L_n)$ est une suite dans $\underline{\underline{S}}$ - suite que l'on peut supposer décroissante (cela est important pour la suite).

**2** Pour abréger nous écrirons $A_n\uparrow A$ (resp $A_n\downarrow A$) pour signifier que $(A_n)$ est une suite croissante (resp décroissante) d'ensembles de limite $A$ ; nous ferons de même pour les suites de réels.

DEFINITION. Etant donné un espace pavé $(E,\underline{\underline{E}})$, une application $C$ de $\underline{\underline{P}}(E)$ dans $\mathbb{R}_+$ est une $\underline{\underline{E}}$-capacité (de Choquet) sur $E$ si elle est

a) croissante : $A\subseteq B \Rightarrow C(A)\leq C(B)$

b) montante : $A_n\uparrow A \Rightarrow C(A_n)\uparrow C(A)$

c) descendante sur $\underline{\underline{E}}$ : $L_n\in\underline{\underline{E}}$ et $L_n\downarrow L \Rightarrow C(L_n)\downarrow C(L)$

EXEMPLES. 1) Si $(\Omega,\underline{\underline{F}},P)$ est un espace probabilisé, la probabilité extérieure $P^*$ définie sur $\underline{\underline{P}}(\Omega)$ par

$$P^*(A) = \inf P(B)\,,\ B\in\underline{\underline{F}}\,,\ B\supseteq A$$

est évidemment une $\underline{\underline{F}}$-capacité.

2) Si $(\Omega,\underline{\underline{F}},P)$ est un espace probabilisé et si $E=\mathbb{R}_+\times\Omega$ est muni du pavage $\underline{\underline{E}}$ défini au n°1, la fonction $C$ sur $\underline{\underline{P}}(E)$ définie par

$$C(A) = P^*[\pi(A)] \text{ avec } \pi \text{ projection de } E \text{ sur } \Omega$$

est une $\underline{\underline{E}}$-capacité. Cela résulte immédiatement du petit lemme suivant (rédigé en ayant en vue une utilisation future).

LEMME. La projection $\pi$, considérée comme application de $\underline{\underline{P}}(E)$ dans $\underline{\underline{P}}(\Omega)$, a les propriétés suivantes

a) elle est croissante : $A\subseteq B \Rightarrow \pi(A)\subseteq\pi(B)$

b) elle est montante : $A_n\uparrow A \Rightarrow \pi(A_n)\uparrow\pi(A)$

c) sa restriction à $\underline{\underline{E}}$ est à valeur dans $\underline{\underline{F}}$ et est descendante :

$$L_n\in\underline{\underline{E}} \text{ et } L_n\downarrow L \Rightarrow \pi(L_n)\in F \text{ et } \pi(L_n)\downarrow\pi(L)$$

DEMONSTRATION. Seule c) n'est pas tout à fait évidente. D'abord, il est facile de voir qu'on a $\pi(L_n)\downarrow\pi(L)$ pour $L_n\downarrow L$ dès que les $L_n$ ont leurs coupes $L_n(\omega)$ compactes pour tout $\omega\in\Omega$ (ce qui est le cas quand les $L_n$ appartiennent à $\underline{\underline{E}}$). Ensuite, pour $L\varepsilon\underline{\underline{E}}$, il existe des $L_n\varepsilon\underline{\underline{S}}$ tels que $L_n \downarrow L$ (cf n°1) ; on a alors $\pi(L_n)\downarrow\pi(L)$ et donc $\pi(L)\varepsilon\underline{\underline{F}}$. Etant donnés deux espaces pavés $(E,\underline{\underline{E}})$ et $(F,\underline{\underline{F}})$, nous dirons qu'une application de $\underline{\underline{P}}(E)$ dans $\underline{\underline{P}}(F)$ est une <u>opération</u> $(\underline{\underline{E}},\underline{\underline{F}})$<u>-capacitaire de</u> E <u>dans</u> F si elle vérifie les propriétés a),b),c) du lemme.

**3** Soient $(E,\underline{\underline{E}})$ un espace pavé et C une $\underline{\underline{E}}$-capacité. Une partie A de E est dite C-<u>capacitable</u> si on a

$$C(A) = \sup C(L),\ L\varepsilon\underline{\underline{E}},\ L\subseteq A$$

Nous reprenons les exemples du n°2, dans leur ordre

EXEMPLES. 1) Il est clair qu'une partie A de $\Omega$ est $P^{*}$-capacitable ssi elle appartient à la complétée $\underline{\underline{F}}^{*}$ de $\underline{\underline{F}}$ pour P.

2) D'abord, si une partie A de $\mathbb{R}_+\times\Omega$ est $P^{*}[\pi(.)]$-capacitable, alors sa projection $\pi(A)$ appartient à $\underline{\underline{F}}^{*}$ (on a $\pi(L)\varepsilon\underline{\underline{F}}$ pour $L\varepsilon\underline{\underline{E}}$ d'après le lemme du n°2). Cela nous fournira plus loin la mesurabilité des débuts tandis que le lemme suivant, où sont caractérisées les parties $P^{*}[\pi(.)]$-capacitables, nous fournira le théorème de section

LEMME. <u>Une partie</u> A <u>de</u> $\mathbb{R}_+\times\Omega$ <u>est</u> $P^{*}[\pi(.)]$<u>-capacitable ssi, pour tout</u> $\varepsilon>0$, <u>il existe une v.a.</u> S <u>à valeur dans</u> $\overline{\mathbb{R}}_+$ <u>vérifiant</u>

a) <u>le graphe de</u> S <u>dans</u> $\mathbb{R}_+\times\Omega$ <u>est contenu dans</u> A :

$$S(\omega)<+\infty \Rightarrow (S(\omega),\omega)\in A$$

b) S <u>est finie "à</u> $\varepsilon$ <u>près" sur la projection de</u> A :

$$P\{S<\infty\} \geq P^{*}[\pi(A)]-\varepsilon$$

DEMONSTRATION. Fixons $\varepsilon>0$. Si A est capacitable, il existe un élément L de $\underline{\underline{E}}$ inclus dans A tel que $P[\pi(L)]\geq P^{*}[\pi(A)]-\varepsilon$ ; le début S de L, défini par

$$S(\omega) = \inf\ \{t : (t,\omega)\varepsilon L\} \quad (\inf\emptyset = +\infty)$$

vérifie alors a) et b). En effet, pour $\omega\varepsilon\{S<\infty\}$, $S(\omega)$ appartient à la coupe $L(\omega)$, qui est compacte ; d'autre part S est une v.a. car c'est la limite de la suite croissante des débuts des $L_n$ où $(L_n)$ est une suite dans $\underline{\underline{S}}$ telle que $L_n\downarrow L$. Pour établir la réciproque, on peut évidemment supposer qu'il existe une constante k telle que l'on ait $S\leq k$ sur $\{S<\infty\}$ ; en encadrant convenablement S par des v.a. étagées, on obtient alors que le graphe de S dans $\mathbb{R}_+\times\Omega$ appartient à L, ce qui permet de conclure.

REMARQUE. Avec un iota de travail supplémentaire, on voit qu'on peut prendre $\varepsilon=0$ dans le lemme - nous laissons cela au lecteur. De toute manière, il ne sera pas possible de prendre $\varepsilon=0$ dans l'énoncé à venir du théorème de section.

Nous verrons plus loin que tout élément de $\underline{\underline{B}}(\mathbb{R}_+)\times\underline{\underline{F}}$ est capacitable.

4 Etant donné un espace pavé $(E,\underline{\underline{E}})$, nous dirons qu'une partie A de E est <u>$\underline{\underline{E}}$-capacitable</u> si elle est C-capacitable pour toute $\underline{\underline{E}}$-capacité C (lorsque E est un espace métrisable compact muni du pavage de ses compacts, on dit plutôt <u>universellement capacitable</u>). L'étude de la stabilité de l'ensemble des parties $\underline{\underline{E}}$-capacitables pour les opérations ensemblistes usuelles n'est pas facile (et ne peut d'ailleurs être "complète" que si on renforce d'une manière ou d'une autre les axiomes habituels de la théorie des ensembles). Nous citons, sans démonstration (plus précisément, voir les "commentaires" plus loin), un résultat "négatif" : le complémentaire d'une partie $\underline{\underline{E}}$-capacitable n'est pas $\underline{\underline{E}}$-capacitable en général (même si E est un espace métrisable compact muni du pavage de ses parties compactes). Et nous donnons deux résultats "positifs" simples et précieux

PROPOSITION. a) <u>Si</u> $(A_n)$ <u>est une suite croissante de parties $\underline{\underline{E}}$-capacitables de</u> E, <u>alors</u> $A = \lim\uparrow A_n$ <u>est encore $\underline{\underline{E}}$-capacitable</u>.
b) <u>Si</u> $\pi$ <u>est une opération</u> $(\underline{\underline{E}},\underline{\underline{F}})$-<u>capacitaire de</u> E <u>dans</u> F (cf n°2), <u>alors</u> $\pi(A)$ <u>est $\underline{\underline{F}}$-capacitable dès que</u> A <u>est $\underline{\underline{E}}$-capacitable</u>.

DEMONSTRATION. a) résulte immédiatement du fait que toute capacité est montante. Démontrons b). Si I est une $\underline{\underline{F}}$-capacité, alors J définie sur $\underline{\underline{P}}(E)$ par $J(H) = I[\pi(H)]$ est une $\underline{\underline{E}}$-capacité, et, si A est une partie $\underline{\underline{E}}$-capacitable de E, on a $J(A) = \sup J(L) = \sup I[\pi(L)]$ où L parcourt les éléments de $\underline{\underline{E}}$ contenus dans A. D'où la conclusion puisque, par hypothèse, $\pi(\underline{\underline{E}})$ est inclus dans $\underline{\underline{F}}$.

<u>Commentaires</u>. 1) Plaçons nous, pour fixer les idées, dans le cadre des espaces métrisables compacts munis des pavages constitués par leurs parties compactes. Si $\pi_1,\pi_2$ sont les projections de $E\times E$ sur E et si A, B sont des parties de E telles que $A\times B$ soit universellement capacitable dans $E\times E$, alors A, B, $A\cup B$ et $A\cap B$ sont universellement capacitables dans E ; en effet, les opérations de $E\times E$ dans E qui à H associent $\pi_1(H)$, $\pi_2(H)$, $\pi_1(H)\cup\pi_2(H)$ et $\pi_1(H)\cap\pi_2(H)$ sont toutes capacitaires. Cependant, si A et B sont universellement capacitables dans E, on ne sait pas démontrer en général que $A\times B$ est universellement capacitable dans $E\times E$.
2) Nous restons dans notre cadre topologique simple. Si A est une partie de E telle que $A\times A^c$ soit universellement capacitable dans $E\times E$, alors A est nécessairement borélien. Soit en effet C la capacité sur $E\times E$ définie par $C(H) = 0$ si H est disjoint de la diagonale et $C(H) = 1$ sinon et définissons C' sur $\underline{\underline{P}}(E\times E)$ par

$$C'(H) = \inf C(R),\ R\in\underline{\underline{B}}_r,\ R\supseteq H$$

où $\underline{\underline{B}}_r$ est l'ensemble des rectangles à côtés boréliens de $E\times E$ (noter que l'inf est atteint). Comme $\underline{\underline{B}}_r$ est stable pour les lim inf de suites, on voit aisément que C' est aussi une capacité. Mais C' coincide avec C sur les rectangles à côtés compacts, et donc sur les rectangles universellement capacitables dans $E \times E$. En écrivant que l'on a $C'(A \times A^c) = C(A \times A^c) = 0$, on obtient alors que A est borélien.

3) Nous revenons à notre cadre abstrait. Soient $(E,\underline{\underline{E}})$ et $(F,\underline{\underline{F}})$ des espaces pavés, et $\pi$ une opération $(\underline{\underline{E}},\underline{\underline{F}})$-capacitaire de E dans F. On démontre assez facilement que tout élément B de $\underline{\underline{E}}_{\sigma\delta}$ (i.e. on a $B = \bigcap_n \bigcup_m L^n_m$ où $(L^n_m)$ est une suite double dans $\underline{\underline{E}}$) est $\underline{\underline{E}}$-capacitable d'où l'on déduit que $A = \pi(B)$ est $\underline{\underline{F}}$-capacitable. On retrouve là, sous un habillage un peu différent, la voie classique (celle de Choquet) pour aborder le théorème de capacitabilité. En effet, on peut montrer que les parties A de F qui peuvent s'écrire $A = \pi(B)$ comme ci-dessus (avec $(E,\underline{\underline{E}})$, $\pi$ et B variables) sont ce qu'on appelle les parties $\underline{\underline{F}}$-<u>analytiques</u> ou encore $\underline{\underline{F}}$-<u>sousliniennes</u> de F (voir [8]) ; et on montre classiquement que l'ensemble $\underline{\underline{A}}(\underline{\underline{F}})$ de ces parties de F est, par exemple, stable pour les réunions dénombrables et les intersections dénombrables (voir [8] ou [5] pour une démonstration reposant sur la notion d'opération capacitaire à un nombre fini ou infini dénombrable d'arguments). Comme $\underline{\underline{A}}(\underline{\underline{F}})$ contient évidemment $\underline{\underline{F}}$, il contient aussi le stabilisé $\hat{\underline{\underline{F}}}$ de $\underline{\underline{F}}$ pour les réunions dénombrables et les intersections dénombrables ; en particulier, tout élément de $\hat{\underline{\underline{F}}}$ est $\underline{\underline{F}}$-capacitable - ce que nous allons redémontrer plus loin, sans utiliser la notion d'ensemble $\underline{\underline{F}}$-analytique.

4) Retournons une dernière fois dans notre cadre topologique simple. Ici $\underline{\underline{E}}$ n'est autre que la tribu borélienne de E ; les boréliens sont donc analytiques et les analytiques universellement capacitables. Il existe cependant des ensembles analytiques, naturellement rencontrés en théorie des processus, qui ne sont pas boréliens (cf [6]). Il existe aussi des complémentaires d'analytiques qui ne sont pas universellement capacitables

## §II. JEU DE SIERPINSKI ET THEOREME DE CAPACITABILITE

**5** Nous dirons qu'un ensemble de parties d'un ensemble E est une <u>mosaïque</u> s'il contient Ø et est stable pour les réunions dénombrables et les intersections dénombrables ; une variante du théorème des classes monotones montre que la mosaïque $\hat{\underline{\underline{E}}}$ engendrée par un pavage $\underline{\underline{E}}$ sur E est aussi le stabilisé de $\underline{\underline{E}}$ pour les réunions de suites croissantes et les intersections de suites décroissantes. Et $\hat{\underline{\underline{E}}}$ est une tribu ssi le complémentaire de tout élément de $\underline{\underline{E}}$ (et même d'un sous-ensemble de $\underline{\underline{E}}$ engendrant le pavage $\underline{\underline{E}}$) appartient à $\hat{\underline{\underline{E}}}$ ; c'est le cas pour notre exemple d'espace pavé en théorie des processus : la mosaïque $\hat{\underline{\underline{E}}}$ y est égal à la tribu $\underline{\underline{B}}(\mathbb{R}_+)\times\underline{\underline{F}}$. Nous allons démontrer dans ce paragraphe le théorème de capacitabilité de Choquet

THEOREME. Soit $(E,\underline{\underline{E}})$ un espace pavé. Tout élément de la mosaïque $\hat{\underline{\underline{E}}}$ engendrée par $\underline{\underline{E}}$ est $\underline{\underline{E}}$-capacitable

Le petit lemme suivant va nous ramener à démontrer le théorème dans le cas particulier où E est un espace topologique (pas forcément séparé) et $\underline{\underline{E}}$ le pavage de ses parties fermées

LEMME. Soient $(E,\underline{\underline{E}})$ un espace pavé et A un élément de $\underline{\underline{E}}$. Il existe sur E une topologie à base dénombrable telle que tout fermé appartienne au pavage $\underline{\underline{E}}\cup\{E\}$ et que A appartienne à la mosaïque engendrée par les fermés.

DEMONSTRATION. Une variante du théorème des classes monotones entraine l'existence d'une suite $(L_n)$ dans $\underline{\underline{E}}$ telle que A appartienne à la mosaïque engendrée par les $L_n$. La topologie la moins fine rendant les $L_n$ fermés a alors les propriétés voulues. On notera que, si $\underline{\underline{F}}$ est le pavage des fermés, toute $\underline{\underline{E}}$-capacité est une $\underline{\underline{F}}$-capacité et donc que toute partie $\underline{\underline{F}}$-capacitable est égale à E ou est $\underline{\underline{E}}$-capacitable ; en outre, si E appartient à $\hat{\underline{\underline{E}}}$, alors E est réunion d'une suite croissante d'éléments de $\underline{\underline{E}}$ et est donc $\underline{\underline{E}}$-capacitable d'après la proposition du n°4. Cela justifie les quelques lignes précédant l'énoncé du lemme.

6 Dans ce numéro, nous désignons par E un espace topologique et par $\underline{\underline{E}}$ le pavage de ses parties fermées. Soit A un sous-ensemble de E et soient C une capacité (nous oublions le préfixe $\underline{\underline{E}}$-) et $t\in\mathbb{R}_+$ tels que $C(A)>t$ ; nous associons à A,C,t le jeu de Sierpinski, à deux joueurs I et II, défini comme suit :

I choisit $B_1\subseteq A$ tel que $C(B_1)>t$, puis
II choisit $A_1\subseteq B_1$ tel que $C(A_1)>t$, puis
I choisit $B_2\subseteq A_1$ tel que $C(B_2)>t$, etc

A la fin de la partie (il y a une infinité dénombrable de coups joués) I et II ont construit chacun une suite décroissante $(B_n)$ et $(A_n)$ de sous-ensembles de A telles que $B_n\supseteq A_n\supseteq B_{n+1}$ et $C(A_n)>t$ pour tout n. Par définition, le joueur II a gagné la partie si l'ensemble fermé $\bigcap_n \overline{A}_n = \bigcap_n \overline{B}_n$ est contenu dans A. On a alors $C(\bigcap_n \overline{A}_n) = \lim\downarrow C(\overline{A}_n)\geq t$ et donc A est $\underline{\underline{E}}$-capacitable si II arrive à gagner pour toute capacité C et tout $t<C(A)$. Pour A,C,t donnés, on définit de manière évidente la notion de stratégie gagnante pour le joueur II : une telle stratégie f lui dit quel sous-ensemble $A_n = f(B_1,\ldots,B_n)$ de $B_n$

choisir au n-ième coup pour être assuré de gagner, le joueur I ayant choisi $B_1,\dots,B_n$ aux coups précédents. Nous dirons, pour abréger, que la partie A de E est <u>supercapacitable</u> si le joueur II a une stratégie gagnante dans le jeu de Sierpinski A,C,t pour toute capacité C et tout $t < C(A)$ ; un tel ensemble est évidemment $\underline{\underline{E}}$-capacitable.

La démonstration du résultat suivant est adaptée de Sierpinski [12] (voir les "commentaires" pour des précisions)

THEOREME. <u>Toute partie fermée de</u> E <u>est supercapacitable et l'ensemble des parties supercapacitables de</u> E <u>est stable pour les intersections dénombrables et pour les réunions de suites croissantes</u>. <u>En particulier, tout élément de</u> $\hat{\underline{\underline{E}}}$ <u>est supercapacitable</u>.

DEMONSTRATION. Nous désignons par $\mathbb{S}$ l'ensemble des parties supercapacitables de E : il est clair que $\mathbb{S}$ contient $\underline{\underline{E}}$ et donc contiendra $\hat{\underline{\underline{E}}}$ si l'on montre qu'il satisfait aux propriétés de stabilité susdites. Soient d'abord $(A^m)$ une suite croissante dans $\mathbb{S}$ et $A = \lim\uparrow A^m$ (attention à la place des indices !). Considérons une capacité C et $t\in\mathbb{R}_+$ tels que $C(A) > t$ ; comme C monte, on a $C(A^m) > t$ pour m grand et nous désignons alors par $f^m$ une stratégie gagnante pour II dans le jeu de Sierpinski $A^m$,C,t. Si, dans le jeu A,C,t, I commence par choisir $B_1 \subseteq A$ avec $C(B_1) > t$, il existe un (plus petit) entier k tel qu'on ait $C(A^k \cap B_1) > t$, et nous faisons répondre II comme si I avait choisi $A^k \cap B_1$ au premier coup dans le jeu $A^k$,C,t : II répond donc par $A_1 = f^k(A^k \cap B_1)$ si bien que I sera obligé ultérieurement de jouer le jeu $A^k$,C,t tout en pensant jouer le jeu A,C,t. La stratégie $A_n = f^k(A^k \cap B_1, B_2, \dots, B_n)$ est alors gagnante pour II dans le jeu initial A,C,t et donc A est supercapacitable. Passons aux intersections, en commençant par le cas de l'intersection A de deux éléments $A^1, A^2$ de $\mathbb{S}$. Soient C et t tels que $C(A) > t$ et soit $f^1$ (resp $f^2$) une stratégie gagnante pour II dans le jeu $A^1$,C,t (resp $A^2$,C,t). Si I commence par choisir $B_1 \subseteq A$ (avec $C(B_1) > t$), nous faisons répondre II comme si I jouait $B_1$ dans le jeu $A^1$,C,t : $A_1 = f^1(B_1)$ ; puis, si I continue en jouant $B_2 \subseteq A_1$, nous faisons répondre II comme si I jouait $B_2$ au premier coup dans le jeu $A^2$,C,t : $A_2 = f^2(B_2)$. De manière générale, si I a joué $B_1,\dots,B_n$, II répondra par $A_n = f^1(B_1,B_3,B_5,\dots,B_n)$ si n est impair et par $A_n = f^2(B_2,B_4,B_6,\dots,B_n)$ si n est pair : il est clair que l'on définit ainsi une stratégie gagnante pour II dans le jeu A,C,t et donc A est supercapacitable. Dans le cas général où A est l'intersection d'une suite finie ou infinie $(A^m)$ dans $\mathbb{S}$, on commence par se donner une partition $(N^m)$ de $\mathbb{N}$ en autant de sous-ensembles infinis qu'il y a d'éléments dans la suite $(A^m)$. Soient alors C et t avec $C(A) > t$ et, pour tout m, $f^m$ une stratégie gagnante pour II dans le jeu $A^m,C,t$. Si, au n-ième coup, I se trouve avoir joué $B_1,\dots,B_n$, nous faisons répondre II comme suit : m étant l'entier tel que $n\in N^m$, on prend $A_n = f^m(B_{n^1},B_{n^2},\dots,B_n)$ où $n^1,n^2,\dots,n$ sont les éléments de $\{1,2,\dots,n\}\cap N^m$ rangés en ordre croissant. On vérifie sans peine que l'on définit bien ainsi une stratégie gagnante pour II dans le jeu A,C,t et donc A est supercapacitable.

REMARQUES. 1) Bien entendu, le théorème de capacitabilité du n°5 est maintenant entièrement démontré.

2) Le novice en théorie des jeux peut se demander si le joueur I a quelquechose à faire dans le jeu de Sierpinski : jouer $B_1 = A$ puis $B_n = A_{n-1}$ pour $n>1$ ne serait-il pas ce qu'il a de mieux à faire ? Un instant de réflexion convainc qu'il n'en est rien. On s'en convaincra aussi en regardant le problème suivant, dont je ne connais pas la solution : si A est supercapacitable dans $E=[0,1]$, est-ce-que $A\times E$ est supercapacitable dans $E\times E$ ?

3) Soient F un autre espace topologique, muni du pavage de ses fermés, et $\pi$ une opération capacitaire de E dans F. Nous savons maintenant que, pour $A\in\underline{\underline{E}}$, $\pi(A)$ est $\underline{\underline{F}}$-capacitable. On peut en fait démontrer mieux : $\pi(A)$ est supercapacitable dans F.

<u>Commentaires</u>. Pour fixer les idées, nous nous plaçons dans le cadre des espaces métrisables compacts quoique tout ce que nous allons dire ait une version abstraite (mais je ne veux pas retomber dans l'ornière ancienne). Nous dirons, suivant Sion, qu'un ensemble $\underline{\underline{C}}$ de parties de E est une <u>capacitance</u> si elle vérifie

a) $A\in\underline{\underline{C}}$ et $B\supseteq A \Rightarrow B\in\underline{\underline{C}}$

b) $A_n\uparrow A$ et $A\in\underline{\underline{C}} \Rightarrow \exists n\ A_n\in\underline{\underline{C}}$

Ainsi, si C est une capacité sur E, $\underline{\underline{C}}_t = \{H\in\underline{\underline{P}}(E) : C(H) > t\}$ est, pour tout $t\in\mathbb{R}_+$, une capacitance ; mais il existe de nombreux exemples de capacitances ne provenant pas d'une capacité (par exemple, l'ensemble $\underline{\underline{C}}$ des parties non maigres de E). Nous généralisons maintenant, en deux temps, notre notion de "jeu de Sierpinski"

1) Ayant fixé une capacitance $\underline{\underline{C}}$ sur notre espace E, nous définissons comme plus haut le jeu de Sierpinski associé à $\underline{\underline{C}}$,A pour $A\in\underline{\underline{C}}$ donné et nous dirons, pour abréger, qu'une partie A de E est <u>$\underline{\underline{C}}$-lisse</u> si A n'appartient pas à $\underline{\underline{C}}$ ou, dans le cas contraire, si le joueur II a une stratégie gagnante dans le jeu $\underline{\underline{C}}$,A. On démontre alors, comme plus haut, que l'ensemble des parties $\underline{\underline{C}}$-lisses de E contient les compacts et est stable pour les intersections dénombrables et les réunions de suites croissantes ; il contient donc $\underline{\underline{B}}(E)$ et on peut aussi montrer

qu'il contient en fait $\underline{\underline{A}}(E)$ - nous verrons ci-dessous mieux encore pour $\underline{\underline{A}}(E)$. Dans [12], Sierpinski considère (seulement) la capacitance $\underline{\underline{C}}$ constituée des parties non dénombrables de E ; quoique dans ce cas la capacitance $\underline{\underline{C}}$ ne provienne pas d'une capacité, Sierpinski montre que tout ensemble $\underline{\underline{C}}$-lisse appartenant à $\underline{\underline{C}}$ contient un compact appartenant à $\underline{\underline{C}}$ (autrement dit, un compact non dénombrable) et en déduit une nouvelle démonstration du théorème de Alexandrov-Hausdorff : tout borélien non dénombrable contient un compact non dénombrable. Il est curieux que Sierpinski n'ait point pensé à démontrer que tout analytique est $\underline{\underline{C}}$-lisse - ce qui lui aurait permis de donner en fait une nouvelle démonstration du théorème de Souslin : tout analytique non dénombrable contient un compact non dénombrable. Signalons au passage que la seconde partie de [12], que nous venons d'évoquer, se trouve à l'origine du second chapitre de "Capacités et processus stochastiques", que nous ne reprendrons pas ici.

2) Dans [2] - encore un peu plus illisible que le chapitre I de ma monographie - , j'avais introduit, sous le nom d'ensemble poli, une notion plus forte que celle d'ensemble lisse (i.e. $\underline{\underline{C}}$-lisse pour toute capacitance $\underline{\underline{C}}$) : elle avait l'avantage sur cette dernière que la classe des ensembles polis était stable pour les intersections dénombrables, les réunions dénombrables (pas seulement croissantes) et les images par opérations capacitaires (donc en particulier par l'opération $A \to A \times E$ évoquée à la remarque 2) vue plus haut). La meilleure manière pour définir clairement cette notion est sans doute d'introduire un jeu à trois personnes : étant donné un sous-ensemble A de E, on définit le <u>jeu de Sierpinski à trois joueurs</u> 0,I,II comme suit

0 choisit une capacitance $\underline{\underline{C}}_1$ telle que $A \in \underline{\underline{C}}_1$, puis

I choisit $B_1 \subseteq A$ tel que $B_1 \in \underline{\underline{C}}_1$, puis

II choisit $A_1 \subseteq B_1$ tel que $A_1 \in \underline{\underline{C}}_1$, puis

0 choisit une capacitance $\underline{\underline{C}}_2$ telle que $A_1 \in \underline{\underline{C}}_2$, puis

I choisit $B_2 \subseteq A_1$ tel que $B_2 \in \underline{\underline{C}}_2$, etc

Ici encore, II a gagné la partie si, au bout du compte, A contient $\bigcap_n \overline{A}_n = \bigcap_n \overline{B}_n$. L'ensemble A est dit <u>poli</u> si II a une stratégie gagnante contre 0 et I coalisés, et on montre que la classe des parties polies a les propriétés de stabilité énoncées ci-dessus (cf [7] plus lisible que [2]). En particulier, toute partie analytique de E est polie et, récemment, le logicien Martin m'a montré qu'inversement toute partie polie est analytique. En rédigeant cela (cf [7]), j'ai fini par m'apercevoir que, finalement, I n'avait guère sa place dans le jeu : si, dans le jeu A, le joueur II a une stratégie gagnante contre 0 tout seul (I se contentant de jouer $B_1 = A$ puis $B_n = A_{n-1}$

pour $n>1$ ; c'est aussi ce qu'il a de mieux à faire s'il se coalise avec II !), un simple aménagement de cette stratégie en fait une stratégie gagnante contre O et I coalisés. Il est probable que, sans axiomes supplémentaires, on ne puisse ni prouver ni réfuter les implications supercapacitable $\Rightarrow$ lisse $\Rightarrow$ poli ( = analytique) ; voir [7] pour l'étude de universellement capacitable $\Rightarrow$ analytique.

## §III. MESURABILITE DES DEBUTS ET THEOREME DE SECTION

Dans ce paragraphe, on se donne un espace probabilisé complet $(\Omega,\underline{\underline{F}},P)$ muni d'une filtration $(\underline{\underline{F}}_t)_{t\in\mathbb{R}_+}$ vérifiant les conditions habituelles - on rappelle que cela signifie que $(\underline{\underline{F}}_t)$ est une famille croissante de sous-tribus de $\underline{\underline{F}}$, continue à droite (i.e. $\underline{\underline{F}}_t = \bigcap_{\varepsilon>0} \underline{\underline{F}}_{t+\varepsilon}$) telle que $\underline{\underline{F}}_0$ contienne tous les éléments négligeables de $\underline{\underline{F}}$. En outre, on désigne par $\pi$ la projection de $\mathbb{R}_+\times\Omega$ sur $\Omega$

7 On rappelle qu'une partie H de $\mathbb{R}_+\times\Omega$ est dite <u>progressive</u> (ou encore progressivement mesurable) si, pour tout $t\in\mathbb{R}_+$, la partie $H\cap([0,t]\times\Omega)$ de $[0,t]\times\Omega$ appartient à la tribu produit $\underline{\underline{B}}([0,t])\times\underline{\underline{F}}_t$. Voici alors le théorème de mesurabilité des débuts (à notre avis, il serait mieux venu de dire "optionalité des débuts")

THEOREME. <u>Soit</u> H <u>une partie progressive de</u> $\mathbb{R}_+\times\Omega$. <u>Alors le début</u> $D_H$ <u>de</u> H, <u>défini par</u>

$$D_H(\omega) = \inf\{t\geq 0 : (t,\omega)\in H\} \quad (\text{avec } \inf\emptyset = +\infty)$$

<u>est un temps d'arrêt</u>. <u>En particulier</u>, $\pi(H) = \{D_H < +\infty\}$ <u>appartient à</u> $\underline{\underline{F}}$.

DEMONSTRATION. Comme $(\underline{\underline{F}}_t)$ est continue à droite, il nous suffit de vérifier que $\{D_H < t\}$ appartient à $\underline{\underline{F}}_t$ pour tout t. On a

$$\{D_H < t\} = \pi(H'_t) \quad \text{avec} \quad H'_t = H\cap([0,t[\times\Omega).$$

Comme H est progressif, $H'_t$ appartient à $\underline{\underline{B}}([0,t])\times\underline{\underline{F}}_t$, et cette tribu est la mosaïque sur $[0,t]\times\Omega$ engendrée par les rectangles KxL avec K compact de $[0,t]$ et $L\in\underline{\underline{F}}_t$. Il résulte alors des n°5 et 3 que $\pi(H'_t)$ appartient à $\underline{\underline{F}}_t$, cette tribu étant complète.

REMARQUE. Soit $A = (A_t)$ un processus croissant adapté (sous-entendu : continu à droite), avec $A_0\neq 0$ éventuellement. On définit le <u>A-début</u> $D^A_H$ de l'ensemble progressif H par

$$D^A_H(\omega) = \inf\{t\geq 0 : \int_{0]}^{t} 1_H(s,\omega)\, dA_s(\omega) > 0\}$$

l'intégrale étant prise sur $[0,t]$, bornes comprises. Comme le processus $A^H_t = \int_{0]}^{t} 1_{H_s}\, dA_s$ est un processus croissant adapté, il est très facile de prouver que $D^A_H$ est un temps d'arrêt (l'inf. ci-dessus peut être pris sur les rationnels). Par conséquent, si $D^O_H$ est un représentant de ess inf $D^A_H$ , A parcourant l'ensemble des processus croissants adaptés, $D^O_H$ est un temps d'arrêt (qu'on pourrait appeler le début <u>optionnel</u> de H ; je laisse au lecteur le soin de définir et étudier le début <u>prévisible</u> de H). On a évidemment $D_H^o \geq D_H$ p.s., et le théorème de section optionnel nous assurera en particulier que l'on a $D_H^o = D_H$ p.s. si H est optionnel ; on peut par contre avoir $D_H = 0$ p.s. et $D_H^o = +\infty$ p.s. pour H progressif (c'est le cas pour l'ensemble progressif H défini dans [4]).

<u>8</u> On rappelle qu'une partie H de $\mathbb{R}_+ \times \Omega$ est dite <u>optionnelle</u> (ou encore bien mesurable) si elle appartient à la tribu sur $\mathbb{R}_+ \times \Omega$ engendrée par les intervalles stochastiques de la forme

$$[\![S,T[\![ = \{(t,\omega)\in\mathbb{R}_+ \times \Omega \ : \ S(\omega) \leq t < T(\omega)\}$$

où S,T sont deux temps d'arrêt tels que $S \leq T$. Rappelons aussi que "temps optionnel" est un synonyme de "temps d'arrêt" et que le graphe $[\![T]\!]$ d'un temps optionnel T est égal à $\{(t,\omega)\in\mathbb{R}_+ \times \Omega : T(\omega) = t\}$, i.e. au graphe de T dans $\mathbb{R}_+ \times \Omega$. Voici alors le théorème de section optionnelle

THEOREME. <u>Soit</u> H <u>une partie optionnelle de</u> $\mathbb{R}_+ \times \Omega$. <u>Pour tout</u> $\varepsilon > 0$, <u>il existe un temps optionnel</u> T <u>vérifiant</u>

a) <u>le graphe</u> $[\![T]\!]$ <u>de</u> T <u>est contenu dans</u> H

b) <u>on a</u> $P\{T < +\infty\} > P[\pi(H)] - \varepsilon$ .

DEMONSTRATION. Notons d'abord que H, optionnel, est a fortiori progressif : $\pi(H)$ appartient donc à $\underline{\underline{F}}$ d'après le théorème précédent, et il est donc licite d'écrire $P[\pi(H)]$. Maintenant, H appartient à $\underline{\underline{B}}(\mathbb{R}_+) \times \underline{\underline{F}}$, mosaïque engendrée par les rectangles KxL avec K compact de $\mathbb{R}_+$ et $L\in\underline{\underline{F}}$. D'après les n°5 et 3, il existe, pour $\varepsilon > 0$ fixé, une v.a. S (non nécessairement un temps d'arrêt) de graphe $[\![S]\!]$ contenu dans H et telle que $P\{S < +\infty\} > P[\pi(H)] - \frac{\varepsilon}{2}$. Soit m la mesure bornée sur la tribu $\underline{\underline{O}}$ des ensembles optionnels définie par

$$m(A) = P[\pi(A \cap [\![S]\!])] = E[X_S 1_{\{S < +\infty\}}] \text{ avec } X = 1_A, \ A\in\underline{\underline{O}}$$

(faire un dessin). La mesure extérieure associée à m est une $\underline{\underline{E}}$-capacité pour le pavage $\underline{\underline{E}}$ sur $\mathbb{R}_+ \times \Omega$ engendré par les intervalles stochastiques de la forme $[\![U,V[\![$ (U et V temps d'arrêt) ; d'après le théorème de capacitabilité (ou un résultat classique de théorie de la mesure), il existe donc $L\in\underline{\underline{E}}$ contenu dans H tel qu'on ait $m(L) > m(H) - \frac{\varepsilon}{2}$. Mais on a $L = \bigcap_n L_n$ où, pour chaque n, $L_n$ est une réunion finie d'intervalles du type $[\![U,V[\![$ ; par conséquent, chaque coupe $L(\omega)$ contient son inf. si elle n'est pas vide, et donc L contient le graphe de son début. Il est alors clair qu'on peut prendre pour temps optionnel T "sectionnant H à ε près" le début $D_L$ (lequel est un temps d'arrêt d'après le théorème précédent, mais cela peut être établi aussi de manière élémentaire).

REMARQUE. Nous poursuivons ici la remarque du n° précédent, dont nous reprenons les notations. Soient H optionnel, $D_H$ son début et $D_H^o$ son début optionnel. L'ensemble $L = H \cap [\![D_H, D_H^o[\![$ est optionnel et on a évidemment $D_L^o = +\infty$ p.s.. Pour démontrer que $D_H = D_H^o$ p.s., il nous suffit donc de démontrer qu'un ensemble optionnel L est évanescent dès qu'on a $E[\int_{]0}^{\infty} 1_L(s,\omega)\, dA_s(\omega)] = 0$ pour tout processus croissant adapté et intégrable A (autrement dit, dès que L est négligeable pour toute P-mesure optionnelle bornée) ; et cela nous est évidemment assuré par le théorème de section optionnelle (lequel peut, réciproquement, être déduit élémentairement de l'égalité $D_H = D_H^o$ p.s. pour tout H optionnel - c'est donc peine perdue de chercher à démontrer élémentairement cette égalité).

9 On rappelle qu'une partie H de $\mathbb{R}_+ \times \Omega$ est dite <u>prévisible</u> (ou encore très bien mesurable) si elle appartient à la tribu sur $\mathbb{R}_+ \times \Omega$ engendrée par les ensembles de la forme $\{0\} \times A$, $A \in \underline{F}_0$ et par les intervalles stochastiques de la forme

$$]\!]S,T]\!] = \{(t,\omega) \in \mathbb{R}_+ \times \Omega \,:\, S(\omega) < t \leq T(\omega)\}$$

où S,T sont deux temps d'arrêt tels que $S \leq T$. Depuis la parution de [3], la définition des temps d'arrêt prévisibles s'est affinée. On dit désormais que le temps (d'arrêt) T est <u>prévisible</u> si l'intervalle $[\![T,+\infty[\![$ est prévisible, et qu'il est <u>annonçable</u> s'il existe une suite croissante $(T_n)$ de temps d'arrêt convergeant vers T de sorte qu'on ait $T_n < T$ pour tout n sur $\{T > 0\}$. Il est facile de voir que tout temps annonçable est prévisible ; sous le conditions habituelles (et donc dans cet exposé), il est vrai aussi que tout temps prévisible est annonçable, mais ce n'est pas évident et nous le démontrerons ici pour être complet (cela est fait dans [3], mais ce n'est pas dit ainsi car "prévisible au sens de [3]" est synonyme ici de "annonçable"). Nous laissons au lecteur le soin de vérifier (ou de trouver dans [3]) le fait suivant : l'ensemble des temps annonçables est stable pour l'égalité p.s., les sup. de suites et les inf. de suites stationnaires pour chaque ω. Cela étant, nous allons esquisser une démonstration "économique" du théorème de section prévisible, quoique je continue à penser que le bon cheminement reste celui de [3] (repris et affiné dans [8]) car il permet d'obtenir d'autres théorèmes de section intéressants (voir en particulier [10]).

THEOREME. <u>Soit</u> H <u>une partie prévisible de</u> $\mathbb{R}_+ \times \Omega$. <u>Pour tout</u> $\varepsilon > 0$, <u>il existe un temps annonçable</u> (<u>et donc prévisible</u>) T <u>vérifiant</u>

a) <u>le graphe</u> $[\![T]\!]$ <u>de</u> T <u>est contenu dans</u> H

b) <u>on a</u> $P\{T < +\infty\} > P[\pi(H)] - \varepsilon$

<u>De plus, tout temps prévisible est annonçable</u>.

DEMONSTRATION. Ayant fixé $\varepsilon>0$, on considère, comme dans la démonstration du théorème précédent, une v.a. S "sectionnant H à $\frac{\varepsilon}{2}$ près", puis la mesure m associée, en la restreignant cette fois à la tribu $\underline{\underline{P}}$ des ensembles prévisibles. La mesure extérieure est une $\underline{\underline{E}}$-capacité où, cette fois, $\underline{\underline{E}}$ est le pavage sur $\mathbb{R}_+\times\Omega$ engendré par les intervalles de la forme $[\![U,V]\!]$ où U,V sont des temps annonçables finis. On vérifie sans peine que $\underline{\underline{P}}$ est la mosaique engendrée par ce pavage (si W est un temps optionnel, $W+\frac{1}{n}$ est un temps annonçable), et on en déduit que notre ensemble prévisible H contient un élément L de $\underline{\underline{E}}$ tel que $m(L)>m(H)-\frac{\varepsilon}{2}$. On peut écrire $L=\bigcap_n L_n$ où, pour chaque n, $L_n$ est une réunion finie d'intervalles du type $[\![U,V]\!]$ avec U,V temps annonçables finis. Ces intervalles étant à coupes compactes, on a $D_L=\sup D_{L_n}$, d'où $D_L$ est annonçable, et fournit la "section de H à $\varepsilon$ près" cherchée. Passons au dernier point de l'énoncé. Si S est un temps prévisible, alors $[\![S]\!]=[\![S,+\infty[\![-]\!]S,+\infty[\![$ est un ensemble prévisible, auquel on peut donc appliquer le théorème de section. Prenant $\varepsilon=1/n$, on en déduit l'existence d'une suite $(T_n)$ de temps annonçables tels qu'on ait $T_n=+\infty$ sur $\{S\neq T_n\}$ et $P\{S=T_n\}>1-\frac{1}{n}$ pour tout n. Alors S est p.s. égal à l'inf. de la suite stationnaire pour chaque $\omega$ constituée par les $S_n=\inf(T_1,\dots,T_n)$, et est donc annonçable.

<u>Commentaires</u>. 1) Dans la démonstration du dernier théorème, on peut même faire l'économie du passage par une section "non adaptée". En effet, les coupes des éléments du pavage $\underline{\underline{E}}$ considéré étant compactes, la fonction d'ensemble $P^*[\pi(.)]$ est une $\underline{\underline{E}}$-capacité, d'où l'existence de $L\in\underline{\underline{E}}$ inclus dans H tel que $P[\pi(L)]>P[\pi(H)]-\varepsilon$ ; on retrouve là la démarche de Meyer dans la première démonstration des théorèmes de section (voir [11]). Ainsi, on peut présenter les théorèmes de section dans l'ordre suivant : d'abord le théorème du n°9, puis le lemme du n°3 avec $A\in\underline{\underline{B}}(\mathbb{R}_+)\times\underline{\underline{F}}$ (qui en est un corollaire : cas où on a $\underline{\underline{F}}_t=\underline{\underline{F}}$ pour tout t), et enfin le théorème du n°8. Dans ce dernier cas, il est difficile d'opérer directement à cause de l'absence d'un "pavage à coupes compactes" engendrant $\underline{\underline{O}}$ en tant que mosaïque (voir cependant [1], qui ne manque pas d'ingéniosité).

2) Je montre ici comment construire un ensemble prévisible n'admettant pas de section complète par un graphe de temps d'arrêt. Soit H un ensemble prévisible tel que $\pi(H)=\Omega$ et que sa fin L définie par

$$L(\omega)=\sup\{t\geq 0 : (t,\omega)\in H\}$$

soit finie, et de graphe disjoint (à un ensemble évanescent près) de tout graphe de temps d'arrêt (on peut par exemple prendre pour H l'ensemble des zéros du mouvement brownien pour $t<1$). Soit S un représentant de l'ess. sup. des temps d'arrêt majorés par L : on a

$0 < S < L$ p.s., et l'ensemble prévisible $H - [\![0,S]\!]$ a une projection p.s. égale à $\Omega$ et n'admet évidemment pas de section complète par un graphe de temps d'arrêt vu la définition de S.

3) J'apporte ici un complément aux remarques des n°8 et 9. Pour H progressif, définissons le <u>temps de pénétration</u> $T_H$ dans H par

$$T_H(\omega) \geq t \quad \text{ssi} \quad H(\omega) \cap [0,t] \text{ est dénombrable}$$

(dénombrable = vide, fini, ou infini dénombrable). On démontre dans [3] que $T_H$ est un temps d'arrêt. Par ailleurs, désignons par $T_H^c$ un représentant de ess inf $D_H^A$ quand A parcourt l'ensemble des processus croissants adaptés <u>continus</u>. On a évidemment $T_H^c \geq T_H$ p.s. et il se peut qu'on ait $T_H = 0$ p.s. et $T_H^c = +\infty$ p.s. (c'est le cas pour l'ensemble progressif H défini dans [4]). Cependant, si H est optionnel, on a $T_H^c = T_H$ p.s. (cela est implicitement démontré dans le dernier chapitre de [3]). Cela revient encore à dire qu'un ensemble optionnel est p.s. à coupes dénombrables ssi il est de mesure nulle pour toute P-mesure optionnelle bornée ne chargeant pas les graphes de temps d'arrêt. On a encore ici une espèce de théorème de section (mais pas par un graphe !) : pour H optionnel, il existe un processus croissant intégrable, adapté et continu, $A = (A_t)$ vérifiant

a) la coupe $H(\omega)$ porte la mesure $dA_t(\omega)$ pour tout $\omega$,

b) la mesure $dA_t(\omega)$ est non nulle pour tout $\omega$ tel que la coupe $H(\omega)$ soit non dénombrable.

Cela est démontré dans le dernier chapitre de [3].

## §IV. APPLICATIONS DIVERSES DU THEOREME DE CAPACITABILITE

Un lot publicitaire n'allant pas sans prime, je terminerai cet exposé en montrant comment on peut établir aisément, à l'aide du théorème de capacitabilité, divers théorèmes de la théorie de la mesure bien utiles aux probabilistes (allez, Mesdames, Messieurs, jetez un coup d'oeil sur nos sous-titres !). Ici encore, je n'ai pas cherché la plus grande généralité, mais la clarté jointe à l'utilité.

### 1°/ Le théorème d'extension de Carathéodory

On se donne ici une algèbre $\underline{\underline{A}}$ de parties d'un ensemble $\Omega$ et une mesure de probabilité P sur $(\Omega, \underline{\underline{A}})$

THEOREME. <u>La probabilité</u> P <u>a une unique extension en une probabilité</u> (<u>encore notée</u> P) <u>sur la tribu</u> $\underline{\underline{F}}$ <u>engendrée par</u> $\underline{\underline{A}}$. <u>De plus, pour tout élément</u> H <u>de</u> $\underline{\underline{F}}$, <u>on a les approximations intérieure et extérieure</u>

$$P(H) = \sup P(L),\ L \subseteq H,\ L \in \underline{\underline{A}}_\delta = \inf P(G),\ G \supseteq H,\ G \in \underline{\underline{A}}_\sigma$$

<u>où</u> $\underline{\underline{A}}_\delta$ (<u>resp</u> $\underline{\underline{A}}_\sigma$) <u>désigne l'ensemble des intersections</u> (<u>resp réunions</u>) <u>de suites d'éléments de</u> $\underline{\underline{A}}$.

DEMONSTRATION. L'ensemble $\underline{\underline{A}}_\delta$ est le pavage (en notre sens) engendré par $\underline{\underline{A}}$, et la tribu $\underline{\underline{F}}$ est la mosaïque engendrée par $\underline{\underline{A}}$. Définissons une fonction $P^*$ sur $\underline{\underline{P}}(\Omega)$ en posant d'abord, pour $G\varepsilon\underline{\underline{A}}_\sigma$,

$$P^*(G) = \sup P(A)\ ,\ A\subseteq G\ ,\ A\varepsilon\underline{\underline{A}}$$

puis, pour $H\varepsilon\underline{\underline{P}}(\Omega)$,

$$P^*(H) = \inf P(G)\ ,\ G\supseteq H\ ,\ G\varepsilon\underline{\underline{A}}_\sigma$$

En utilisant la $\sigma$-additivité de P sur $\underline{\underline{A}}$, on vérifie sans grande peine que $P^*$ est une $\underline{\underline{A}}_\delta$-capacité. Si on désigne par P la restriction de $P^*$ à $\underline{\underline{F}}$, on a alors l'approximation extérieure de l'énoncé par définition et l'approximation intérieure par application du théorème de capacitabilité. Cela établi, c'est un jeu d'enfant de vérifier que P est $\sigma$-additive sur $\underline{\underline{F}}$, et l'unicité du prolongement résulte comme d'habitude du théorème des classes monotones.

<u>Commentaires</u>. 1) Il est possible d'adapter la démonstration précédente aux différentes variantes du théorème d'extension. Pour tous ces problèmes, la meilleure chose à faire est d'utiliser le théorème de Choquet sur la construction de capacités fortement sous-additives (version abstraite et version topologique - cf [8]), qui est de toute manière indispensable en théorie du potentiel.

2) Il est possible aussi de démontrer le théorème d'extension de Daniell à l'aide du théorème de capacitabilité. Cela est fait dans [8] mais de manière un peu maladroite à mon avis. En effet, comme le théorème de Daniell porte sur l'extension d'une intégrale (i.e. les arguments sont des fonctions et non des ensembles), il faut, pour bien voir les choses, définir la notion de capacité à argument fonction (positive) relative à un pavage de fonctions, i.e. un ensemble de fonctions positives stable pour les sup. finis et les inf. dénombrables. Les fonctions s.c.s. positives, bornées, jouent alors le rôle que tenaient auparavant les fermés.

## 2°/ Régularité intérieure des mesures

Nous désignons ici par E un espace métrisable séparable (ou à base dénombrable, cela revient au même) et par $\underline{\underline{B}}(E)$ sa tribu borélienne. Il est bien connu qu'un espace topologique est métrisable séparable ssi il est plongeable dans un espace métrisable compact $\hat{E}$ et qu'on peut toujours prendre pour $\hat{E}$ le cube $[0,1]^{\mathbb{N}}$.

THEOREME. <u>Si P est une probabilité sur</u> $(E,\underline{\underline{B}}(E))$, <u>on a, pour tout borélien</u> H, <u>les approximations intérieure et extérieure</u>

$$P(H) = \sup P(L)\ ,\ L\subseteq H\ ,\ L \text{ fermé} = \inf P(G)\ ,\ G\supseteq H\ ,\ G \text{ ouvert}$$

DEMONSTRATION. Nous n'utiliserons pas la séparabilité, et la métrisabilité nous sert seulement à assurer que tout ouvert est réunion dénombrable de fermés et donc que $\underline{\underline{B}}(E)$ est la mosaique engendrée par le pavage $\underline{\underline{E}}$ des fermés. Comme la probabilité extérieure $P^*$ est une $\underline{\underline{E}}$-capacité, le théorème de capacitabilité nous donne l'approximation intérieure, d'où l'approximation extérieure par passage au complémentaire.

La probabilité P sur E est dite <u>tendue</u> si on a l'approximation intérieure par des compacts : pour tout $H \in \underline{\underline{B}}(E)$, on a

$$P(H) = \sup P(K)\,,\ K \subseteq H\,,\ K \text{ compact.}$$

L'espace E est dit <u>radonien</u> si toute probabilité P sur E est tendue. Nous introduisons ici cette notion (malheureusement omise dans [8]) car elle a pris pas mal d'importance en théorie des processus de Markov (voir [5] ; Getoor dit "$\underline{\underline{U}}$-space" au lieu de "Radon space").

THEOREME. <u>L'espace</u> E <u>est radonien ssi il est plongeable comme partie universellement mesurable dans un espace métrisable compact</u>.

DEMONSTRATION. La condition est suffisante. En effet, supposons que E soit une partie universellement mesurable du compact métrisable $\hat{E}$, et soient P une probabilité sur E et $\hat{P}$ la probabilité image sur $\hat{E}$ par l'injection canonique ; $\hat{P}$ est tendue sur $\hat{E}$ d'après le théorème précédent, et donc P l'est aussi sur E car E s'écrit $H \cup N$ où H est un borélien de $\hat{E}$ et N un ensemble $\hat{P}$-négligeable. La condition est nécessaire. Plongeons en effet E dans $\hat{E} = [0,1]^{\mathbb{N}}$ et soit $\hat{P}$ une probabilité sur $\hat{E}$. La restriction de la probabilité extérieure $\hat{P}^*$ à $\underline{\underline{B}}(E)$ est une probabilité P sur $(E, \underline{\underline{B}}(E))$, tendue par hypothèse. Elle est donc portée par une réunion dénombrable de compacts de E, et donc de $\hat{E}$ ; d'où E s'écrit $H \cup N$ où H est un borélien de $\hat{E}$ et N un ensemble $\hat{P}$-négligeable.

REMARQUE. Tout espace localement compact à base dénombrable est radonien (c'est un ouvert dans son compactifié d'Alexandrov ; on peut aussi appliquer le premier théorème). Plus généralement, tout espace polonais - i.e. un espace séparable, métrique, complet dont on ne regarde que la topologie - est radonien (il se plonge en effet dans $[0,1]^{\mathbb{N}}$ sous forme d'une intersection dénombrable d'ouverts).

<u>Commentaires</u>. 1) Sont encore radoniens les espaces métrisables lusiniens, sousliniens, cosousliniens introduits dans [8]. Un espace métrisable est dit lusinien (resp souslinien, cosouslinien) s'il est homéomorphe à une partie borélienne (resp analytique, coanalytique = complémentaire d'analytique) d'un espace métrisable compact - on montre que cette propriété ne dépend pas du plongement. Sont aussi radoniens les espaces lusiniens et sousliniens - non nécessairement métrisables - au sens de Bourbaki (voir [8]).

2) Soient E un espace topologique séparé, $\underline{\underline{K}}(E)$ le pavage de ses compacts et $\underline{\underline{F}}(E)$ celui de ses fermés. Une fonction C de $\underline{\underline{P}}(E)$ dans $\mathbb{R}_+$ est une <u>capacité continue à droite</u> si elle est croissante, montante, et vérifie, pour tout $K\in\underline{\underline{K}}(E)$, $C(K) = \inf C(G)$, $G\supseteq K$, G ouvert. Toute capacité continue à droite est une $\underline{\underline{K}}(E)$-capacité et, si E est métrisable, toute $\underline{\underline{F}}(E)$-capacité est une capacité continue à droite. Cette notion, qui remonte à Choquet mais dont l'étude est surtout due à Sion, est mieux adaptée au cadre topologique (voir par exemple [5]). La mesure extérieure associée à une probabilité tendue est une telle capacité (même si E n'est pas métrisable).

### 3°/ Mesurabilité au sens de Lusin

Nous désignons ici par E,F deux espaces métrisables séparables et par P une probabilité sur E. Une application f de E dans F est dite <u>mesurable au sens de Lusin</u> si, pour tout $\varepsilon>0$, il existe un borélien H de E, de mesure $P(H) > 1-\varepsilon$, tel que la restriction de f à H soit une application continue de H dans F ; on peut évidemment prendre H compact si P est tendue. Il est clair qu'une application f mesurable au sens de Lusin est P-mesurable (i.e. telle que $f^{-1}(B)$ appartienne à la complétée de $\underline{\underline{B}}(E)$ pour tout $B\in\underline{\underline{B}}(F)$). Réciproquement, on a

THEOREME. <u>Toute application</u> P-<u>mesurable</u> f <u>de</u> E <u>dans</u> F <u>est mesurable au sens de Lusin</u>.

DEMONSTRATION. L'espace F étant à base dénombrable, toute application P-mesurable de E dans F est P-p.s. égale à une application borélienne et on se ramène donc à traiter le cas où f est borélienne. Nous commençons par établir le théorème dans le cas où E et F sont des espaces métrisables compacts. Désignons par $\pi_E$ (resp $\pi_F$) la projection de $E\times F$ sur E (resp F) et, ayant muni $E\times F$ du pavage $\underline{\underline{K}}$ de ses parties compactes, nous considérons la $\underline{\underline{K}}$-capacité $P^*[\pi_E(.)]$ sur $E\times F$. Le graphe G de f étant un borélien de $E\times F$, le théorème de capacitabilité assure, pour tout $\varepsilon>0$, l'existence d'un compact $K\subseteq G$ tel que $P[\pi_E(K)] > 1-\varepsilon$. La restriction de f à $\pi_E(K)$ est alors une application du compact $\pi_E(K)$ dans le compact $\pi_F(K)$, à graphe compact K : c'est donc une application continue de $\pi_E(K)$ dans $\pi_F(K)$, et donc dans F. Pour traiter le cas général, plongeons E,F dans des espaces métrisables compacts $\hat{E},\hat{F}$ et appelons $\hat{P}$ la mesure image de P sur $\hat{E}$. Comme f est une application borélienne de E dans F, il existe une application borélienne $\hat{f}$ de $\hat{E}$ dans $\hat{F}$ dont la restriction à E soit égale à f (voir le lemme ci-dessous). On sait, d'après ce qui précède, que $\hat{f}$ est mesurable au sens de Lusin relativement à $\hat{P}$ ; en composant avec l'injection de E dans $\hat{E}$, on obtient que f l'est relativement à P.

Le lemme suivant est une forme un peu unusuelle d'un lemme classique de Doob ; nous en verrons plus loin une conséquence trop méconnue

LEMME. Soit $g$ une application d'un espace mesurable $(E,\underline{\underline{E}})$ dans un autre $(\hat{E},\hat{\underline{\underline{E}}})$ telle que $\underline{\underline{E}}=g^{-1}(\hat{\underline{\underline{E}}})$. Une application $f$ de $E$ dans un espace polonais $\hat{F}$ muni de sa tribu borélienne est mesurable ssi il existe une application mesurable $\hat{f}$ de $\hat{E}$ dans $\hat{F}$ telle que $f=\hat{f}\circ g$.

DEMONSTRATION. La suffisance est triviale. La nécessité est claire si $f$ est étagée, i.e. ne prend qu'un nombre fini de valeurs. Dans le cas général, on remarque que $f$, mesurable de $E$ dans $\hat{F}$, est limite simple d'une suite $(f_n)$ d'applications étagées mesurables ($\hat{F}$ est métrisable, séparable). Soit alors $(\hat{f}_n)$ une suite d'applications mesurables de $\hat{E}$ dans $\hat{F}$ telle que $f_n=\hat{f}_n\circ g$ et soit $H$ l'ensemble des $x\in\hat{E}$ tels que $\lim_n f_n(x)$ existe : $H$ est un élément de $\hat{\underline{\underline{E}}}$ - cela se voit en écrivant le critère de Cauchy pour une distance $d$ sur $\hat{F}$ compatible avec sa topologie et le rendant complet. Il ne reste plus qu'à prendre $f=\lim f_n$ sur $H$ et $f$ égale à un point fixé de $\hat{F}$ sur $H^c$.

REMARQUE. Au sujet du théorème. Comme me l'a fait remarquer Troallic, qui connait depuis longtemps ce genre de démonstration du théorème de Lusin, il n'est même pas nécessaire d'introduire de capacité : il suffit d'utiliser la mesure image de $P$ par l'application borélienne $x\to(x,f(x))$ de $E$ sur le graphe de $f$. Cette ultime simplification m'a bloqué pendant plus d'un mois à cet endroit dans ma rédaction. Finalement, je ne change rien : j'aime trop les capacités !

Commentaires. L'énoncé du lemme reste évidemment valable si on suppose seulement que $(\hat{F},\hat{\underline{\underline{F}}})$ est un espace mesurable de sorte que $\hat{\underline{\underline{F}}}$ soit la tribu borélienne d'une topologie polonaise sur $\hat{F}$. Un tel espace mesurable est dit lusinien. Sont de cette sorte les espaces mesurables sous-jacents aux espaces topologiques lusiniens, métrisables ou non. On montre (voir [8]) que deux espaces mesurables lusiniens sont isomorphes dès qu'ils ont même cardinalité, et qu'un espace mesurable lusinien non dénombrable a la puissance du continu - il est alors isomorphe à $[0,1]$ par exemple. Enfin, on peut montrer que la véracité du lemme précédent caractérise les espaces mesurables lusiniens quand on fait varier les espaces mesurables $E$, $\hat{E}$ et l'application $g$.

## 4°/ Théorème de section (sans filtration) et application

Nous désignons ici par $(\Omega,\underline{\underline{F}},P)$ un espace probabilisé complet et par $E$ un borélien d'un espace polonais $\hat{E}$, muni de la topologie induite.

THEOREME. Soit $H$ un élément de la tribu produit $\underline{\underline{B}}(E)\times\underline{\underline{F}}$. Il existe une application mesurable $S$ de $\Omega$ dans $E$ telle que $S(\omega)$ appartienne à la coupe $H(\omega)$ pour tout $\omega\varepsilon\Omega$ tel que $H(\omega)\neq\emptyset$.

DEMONSTRATION. Nous supposons d'abord que $\hat{E}=\mathbb{R}_+$. Il s'agit alors de l'énoncé du lemme du n°3, un peu amélioré. En effet H appartient alors à $\underline{\underline{B}}(\mathbb{R}_+)\times\underline{\underline{F}}$ et le lemme précité nous fournit, pour $\varepsilon=1/n$, une v.a. $S_n$ de $\Omega$ dans $\overline{\mathbb{R}}_+$ et un élément $A_n$ de $\underline{\underline{F}}$, contenu dans la projection $\pi(H)$ de H sur $\Omega$, de sorte qu'on ait $P(A_n) > P[\pi(H)]-\frac{1}{n}$ et $S_n(\omega)\,\varepsilon\, H(\omega)$ pour tout $\omega\varepsilon A_n$. On pose alors

$$S(\omega) = S_n(\omega) \text{ pour } \omega\,\varepsilon\, A_n - (\textstyle\bigcup_{m<n} A_m)$$
$$S(\omega) = \text{un point fixé de E pour } \omega\notin\pi(H)$$

et on complète la définition de S sur l'ensemble $\pi(H)-(\bigcup_n A_n)$, qui est P-négligeable, grâce à l'axiome de choix. Maintenant, il est bien connu (?) que tout espace métrisable séparable est isomorphe, quant à sa structure borélienne, à une partie de [0,1] (esquisse de démonstration pour le non-initié : appelons E notre espace, et $(E_n)$ une suite de boréliens engendrant $\underline{\underline{B}}(E)$, puis posons $f(x)=\sum 3^{-n}1_{E_n}(x)$ ; on vérifie aisément que f est une bijection biborélienne – autrement dit un isomorphisme borélien – de E sur f(E)). Le cas général résulte alors du lemme suivant

LEMME. Soit f un isomorphisme borélien d'une partie E d'un espace polonais $\hat{E}$ sur une partie F d'un espace polonais $\hat{F}$. Alors f s'étend en un isomorphisme borélien d'une partie borélienne de $\hat{E}$ contenant E sur une partie borélienne de $\hat{F}$ contenant F. En particulier F est un borélien de $\hat{F}$ ssi E est un borélien de $\hat{E}$.

DEMONSTRATION. D'après le lemme de Doob rappelé au 3°/ (en y prenant pour g l'injection de E dans $\hat{E}$), il existe une application borélienne $\hat{f}$ de $\hat{E}$ dans $\hat{F}$ telle que $f=\hat{f}_{|E}$ ; de même, si h désigne l'inverse de f, il existe une application borélienne $\hat{h}$ de $\hat{F}$ dans $\hat{E}$ telle que $h=\hat{h}_{|F}$. Posons $E'=\{x\varepsilon\hat{E} : \hat{h}\circ\hat{f}(x)=x\}$, borélien de $\hat{E}$ contenant E, et de même $F'=\{y\varepsilon\hat{F} : \hat{f}\circ\hat{h}(y)=y\}$, borélien de $\hat{F}$ contenant F : il est clair que $f'=\hat{f}_{|E'}$ est un isomorphisme borélien de E' sur F' prolongeant f.

REMARQUE. On démontre de la même manière que tout espace radonien (cf 2°/) est, quant à sa structure borélienne, isomorphe à une partie universellement mesurable de [0,1].

Je me contenterai de donner une application du théorème de section (il y en a d'autres dans [8], par exemple au n°111 de l'appendice au chapitre IV)

THEOREME. Soient E un borélien d'un espace polonais $\hat{E}$, et f une application borélienne surjective de E sur un espace métrisable séparable F Pour toute probabilité P sur F il existe une probabilité Q sur E telle

<u>que</u> P <u>soit l'image de</u> Q <u>par</u> f .

DEMONSTRATION. Posons $\Omega = F$ , $\underline{\underline{F}}$ = complétée de $\underline{\underline{B}}(F)$ pour P. Le graphe H de f appartenant à $\underline{\underline{B}}(E) \times \underline{\underline{F}}$ , le théorème de section nous fournit "un inverse mesurable" S de f, et il n'y a plus qu'à prendre pour Q la probabilité image de P par S .

<u>Commentaires</u>. 1) Au sujet du lemme. Il entraine aussi que F est analytique (resp coanalytique) dans $\hat{F}$ ssi E l'est dans $\hat{E}$. D'où l'invariance par "plongement borélien" des notions d'espaces sousliniens, cosousliniens, lusiniens et radoniens.

2) Au sujet du théorème de section. Il s'étend bien entendu au cas où E est une partie analytique de $\hat{E}$ et où H est $\underline{\underline{B}}(E) \times \underline{\underline{F}}$-analytique. Ceci dit, en s'enfonçant un peu dans la théorie des ensembles analytiques, on peut démontrer un meilleur théorème de section, connu sous le nom de "théorème de Jankov-Von Neumann" sous sa forme topologique (voir [8]) : si on part d'un espace mesurable $(\Omega, \underline{\underline{F}}^{\circ})$, notre énoncé nous dit que, pour une probabilité P fixée, il existe une section P-mesurable alors qu'on peut obtenir une section indépendante de P et P-mesurable pour tout P (et même un peu mieux).

BIBLIOGRAPHIE

[1] CORNEA (A.), LICEA (G.) : Une démonstration unifiée des théorèmes de section de P.A. Meyer (Z.f.W., 10, 198-202, 1968)

[2] DELLACHERIE (C.) : Ensembles pavés et rabotages (Sém. Proba. V, L.N. n°191, 103-126, Springer, 1971)

[3] : Capacités et Processus stochastiques (Ergebnisse n°67, Springer, 1972)

[4] : Un ensemble progressivement mesurable (Sém. Proba. VIII, L.N. n°381, 22-24, Springer, 1974)

[5] : Théorie unifiée des capacités et des ensembles analytiques (Sém. Proba. XII, L.N. n°649, 707-738, 1978)

[6] : Quelques exemples familiers, en probabilités, d'ensembles analytiques non boréliens (Ibid., 746-756)

[7] : Capacités, rabotages et ensembles analytiques (à paraitre dans Séminaire d'Initiation à l'analyse, Paris)

[8] DELLACHERIE (C.), MEYER (P.A.) : Probabilités et Potentiel. Chapitres I à IV (Hermann, Paris 1975)

[9] GETOOR (R.K.) : Markov Processes : Ray processes and right processes (L.N. n°440, Springer, 1975)

[10] LENGLART (E.) : Tribus de Meyer et théorie des processus (Sém. Proba. XIV, L.N. n°784, 500-546, Springer, 1980)

[11] MEYER (P.A.) : Probabilités et Potentiel (Hermann, Paris 1966)

[12] SIERPINSKI (W.) : Sur la puissance des ensembles mesurables B (Fund. Math. 5, 166-171, 1924)

Séminaire de Probabilités 1979/80

# SUR LES NOYAUX $\sigma$-FINIS

par C. Dellacherie

Cet exposé est essentiellement consacré au problème suivant (qui sera défini précisément plus loin)

Si $m^x(dy)$ est une mesure $\sigma$-finie dépendant mesurablement de x, peut-on trouver une probabilité $P^x(dy)$ mesurable en x et une fonction $g(x,y)$ mesurable en $(x,y)$ de sorte que $m^x(dy) = g(x,y)\, P^x(dy)$ ?

problème que m'a suggéré la lecture de l'exposé "Sur l'extension d'un théorème de Doob à un noyau $\sigma$-fini, d'après Mokobodzki" de M. Yor et P.A. Meyer, paru dans le volume XII du Séminaire (L.N. n°649, p 482 à 488), et désigné par [°] par la suite.

Dans toute la suite, on désigne par $(X,\underline{\underline{X}})$ un espace mesurable, par $(Y,\underline{\underline{Y}})$ un espace mesurable <u>séparable</u> et par M un noyau $\sigma$-fini de $(X,\underline{\underline{X}})$ dans $(Y,\underline{\underline{Y}})$, i.e. une application de $X\times\underline{\underline{Y}}$ dans $\overline{\mathbb{R}}_+$ vérifiant

(1) pour $x\in X$ fixé, l'application $A\to M(x,A)$ est une mesure positive, $\sigma$-finie, sur $(Y,\underline{\underline{Y}})$, que nous noterons $m^x$

(2) pour $A\in\underline{\underline{Y}}$ fixé, la fonction $x\to M(x,A) = m^x(A)$ est $\underline{\underline{X}}$-mesurable.

Nous dirons que le noyau M est <u>mesurable</u> s'il vérifie la propriété de mesurabilité à la Fubini suivante

(3) pour tout espace mesurable auxiliaire $(Z,\underline{\underline{Z}})$ et pour tout $B\in\underline{\underline{Z}}\times\underline{\underline{Y}}$, la fonction $(x,z)\to m^x(B_z)$ est $\underline{\underline{X}}\times\underline{\underline{Z}}$-mesurable.

où $\underline{\underline{X}}\times\underline{\underline{Z}}$, $\underline{\underline{Z}}\times\underline{\underline{Y}}$ dénotent les tribus produits, et $B_z$ la coupe de B selon z. Il est clair que (3) implique (2), mais l'inverse n'est pas vrai (nous donnerons des contre-exemples). Il est bien connu que (2) est équivalente à (3) si les mesures $m^x$ sont bornées (il est clair que (2) implique (3) pour tout rectangle $B\in\underline{\underline{Z}}\times\underline{\underline{Y}}$, et on obtient le cas général par classes monotones, la bornitude des $m^x$ intervenant dans la considération des suites décroissantes), et, plus généralement, si le noyau M est <u>propre</u> (i.e. s'il existe une fonction $\underline{\underline{Y}}$-mesurable u partout $>0$ telle que la fonction $m^x(u) = \int u(y)\,M(x,dy)$ soit finie partout). Notons par ailleurs que (3) s'écrit aussi "si $\Psi$ est l'indicatrice d'un élément de $\underline{\underline{Z}}\times\underline{\underline{Y}}$, la fonction $(x,z)\to\int\Psi(z,y)\,M(x,dy)$ est

$\underline{\underline{X}}\times\underline{\underline{Z}}$-mesurable" , et qu'alors cette assertion est encore vraie si on suppose seulement que $\Psi$ est une fonction $\underline{\underline{Z}}\times\underline{\underline{Y}}$-mesurable positive (en effet, $\Psi$ est limite d'une suite croissante de fonctions étagées). On en déduit en particulier que, si M est mesurable, alors la fonction $x \to \int f(x,y)\,M(x,dy)$ est $\underline{\underline{X}}$-mesurable pour toute fonction $\underline{\underline{X}}\times\underline{\underline{Y}}$-mesurable positive f (ce que (2) ne me semble pas impliquer, mais je n'ai pas de contre-exemple). Enfin, nous rassurons le lecteur quant au nombre d'espaces auxiliaires à envisager dans (3)

PROPOSITION 1.- Pour que le noyau M soit mesurable, il suffit qu'il vérifie (3) pour le seul espace auxiliaire $(\mathbb{R},\underline{\underline{B}}(\mathbb{R}))$.

DEMONSTRATION. Soient $(Z,\underline{\underline{Z}})$ un espace mesurable auxiliaire et B un élément de $\underline{\underline{Z}}\times\underline{\underline{Y}}$. Comme il existe une sous-tribu séparable $\underline{\underline{Z}}°$ de $\underline{\underline{Z}}$ telle que B appartienne à $\underline{\underline{Z}}°\times\underline{\underline{Y}}$ , on peut supposer $\underline{\underline{Z}}$ séparable. Mais alors, des arguments classiques, exposés aux n°I.9 et I.11 du livre rose (i.e. 1er volume de "Probabilités et Potentiel"), montrent que, quitte à remplacer $(Z,\underline{\underline{Z}})$ par son séparé, on peut supposer que Z est une partie de $\mathbb{R}$ et $\underline{\underline{Z}}$ sa tribu borélienne. L'ensemble B est alors la trace sur $Z\times Y$ d'un élément C de $\underline{\underline{B}}(\mathbb{R})\times\underline{\underline{Y}}$ , et $(x,z)\to m^x(B_z)$ la restriction à $Z\times Y$ de $(x,t)\to m^x(C_t)$. C'est fini.

REMARQUE.- On pourrait prendre à la place de $\mathbb{R}$ n'importe quel autre espace polonais non dénombrable car, d'après un résultat classique (livre rose III.80), deux tels espaces sont "Borel-isomorphes".

Nous poursuivrons l'étude de la mesurabilité des noyaux $\sigma$-finis à la fin de l'exposé. Nous revenons à notre problème :

DEFINITION.- Soient $\underline{\underline{X}}^{*}$ une tribu sur X contenant $\underline{\underline{X}}$, N un noyau markovien de $(X,\underline{\underline{X}}^{*})$ dans $(Y,\underline{\underline{Y}})$ et g une fonction $\underline{\underline{X}}^{*}\times\underline{\underline{Y}}$ -mesurable à valeurs dans $\mathbb{R}_+$. Nous dirons que (N,g) est une $\underline{\underline{X}}^{*}$-réalisation du noyau M si on a $M(x,dy) = g(x,y)\,N(x,dy)$ pour tout $x\in X$.

Il est clair qu'un noyau admettant une $\underline{\underline{X}}$-réalisation est mesurable. Réciproquement, nous démontrerons un résultat plus faible : si M est mesurable, il admet une $\hat{\underline{\underline{X}}}$-réalisation, où $\hat{\underline{\underline{X}}}$ est la tribu sur X engendrée par ses parties $\underline{\underline{X}}$-analytiques. Cependant, lorsqu'on connait un noyau markovien $x\to P^x$ de $(X,\underline{\underline{X}})$ dans $(Y,\underline{\underline{Y}})$ de sorte que $m^x$ soit absolument continue par rapport à $P^x$ pour tout $x\in X$ (autrement dit, si l'on connait la moitié d'une $\underline{\underline{X}}$-réalisation éventuelle), nous prouverons que M, mesurable, admet une $\underline{\underline{X}}$-réalisation (où $N(x,dy) = P(x,dy)$) quand l'espace mesurable $(X,\underline{\underline{X}})$ est de Blackwell. Nous commencerons par traiter le cas, plus facile, où M est un noyau basique (i.e. il existe une probabilité fixe P sur $(Y,\underline{\underline{Y}})$ telle que $m^x$ soit absolument continue par rapport à P pour tout $x\in X$ ; c'est l'hypothèse qui est faite dans [°]) : nous montrons alors que M est mesurable en notre sens ssi il est mesurable au sens de [°], puis, améliorant un résultat de [°], nous montrons en particulier que M, mesurable, admet une $\underline{\underline{X}}$-réalisation (où $N(x,dy) = P(dy)$) quand $(X,\underline{\underline{X}})$ est de Blackwell. Lorsqu'on connait la moitié $x \to P^x$ d'une $\underline{\underline{X}}$-réalisation éventuelle, trouver l'autre moitié g revient à étendre un théorème classique de Doob au cas d'un noyau σ-fini. Avant de nous mettre au travail, nous rappelons ce théorème car nous aurons besoin d'un énoncé précisé.

THEOREME DE DOOB.- Soit $x \to P^x$ un noyau markovien de $(X,\underline{\underline{X}})$ dans $(Y,\underline{\underline{Y}})$ et soit $x \to Q^x$ un noyau borné de $(X,\underline{\underline{X}})$ dans $(Y,\underline{\underline{Y}})$ tel que $Q^x$ soit absolument continue par rapport à $P^x$ pour tout $x \in X$. Il existe alors une fonction $\underline{\underline{X}}\times\underline{\underline{Y}}$-mesurable g, à valeurs dans $\mathbb{R}_+$, telle qu'on ait $Q(x,dy) = g(x,y)P(x,dy)$ pour tout $x \in X$. De plus, on peut supposer que l'on a $g(x,.) = g(\xi,.)$ pour tout couple $(x,\xi)$ d'éléments de X tel que l'on ait $Q^x = Q^\xi$ et $P^x = P^\xi$.

DEMONSTRATION. Nous rappelons brièvement la démonstration, en suivant de près les n°V.56 et V.58 du livre bleu (i.e. 2ème volume de "Probabilités et Potentiel", Hermann 1980). Soient $(\underline{\underline{A}}_n)$ une suite croissante de sous-tribus finies de $\underline{\underline{Y}}$, engendrant $\underline{\underline{Y}}$, et $(\underline{\underline{P}}_n)$ la suite des partitions de Y constituées des atomes des tribus $\underline{\underline{A}}_n$. Posons alors, pour tout $n \in \mathbb{N}$ et tout $(x,y) \in X\times Y$,

$$g_n(x,y) = \sum_{A \in \underline{\underline{P}}_n} \frac{Q^x(A)}{P^x(A)} 1_A(y) \quad \text{(avec } 0/0 = 0)$$

Les fonctions $g_n$ sont évidemment $\underline{\underline{X}}\times\underline{\underline{Y}}$-mesurables. D'autre part, pour $x \in X$ fixé, les $g_n(x,.)$ constituent une $P^x$-martingale positive, uniformément intégrable, relativement à la filtration $(\underline{\underline{A}}_n)$ ; elles convergent donc $P^x$-p.s. et dans $L^1(P^x)$. Il ne reste plus qu'à poser $g = h 1_{\{h<\infty\}}$ où $h = \lim\sup_n g_n$, le "de plus" de l'énoncé étant assuré par le choix des $g_n$.

LE CAS BASIQUE

Dans ce paragraphe, nous désignons par P une probabilité de base pour M sur $(Y,\underline{\underline{Y}})$, par F l'espace $L^0_+(\underline{\underline{Y}},P)$ des classes des fonctions $\underline{\underline{Y}}$-mesurables, à valeurs P-p.s. dans $\mathbb{R}_+$, muni de la convergence en probabilité (c'est un espace polonais, de tribu borélienne $\underline{\underline{B}}(F)$), et par E le sous-espace de F constitué des classes (d'indicatrices) des éléments de $\underline{\underline{Y}}$ (c'est aussi un espace polonais, de tribu borélienne $\underline{\underline{B}}(E)$). Si on identifie $m^x$ à l'ensemble de ses densités par rapport à P, le noyau M s'identifie alors à une application $x \to m^x$ de X dans F. La propriété (2) de "mesurabilité faible" exprime alors exactement que cette application est mesurable de $(X,\underline{\underline{X}})$ dans $(F,\underline{\underline{T}})$ où $\underline{\underline{T}}$ est la tribu sur F engendrée par les fonctions $f \to \int_A f\,dP$ quand A parcourt la tribu $\underline{\underline{Y}}$ ; il est montré dans [°] que $\underline{\underline{T}}$ est une sous-tribu de $\underline{\underline{B}}(F)$, non séparable (et donc distincte de $\underline{\underline{B}}(F)$) si P n'est pas purement atomique. Nous redémontrerons cela dans un appendice consacré à quelques remarques sur les rapports entre $\underline{\underline{T}}$ et $\underline{\underline{B}}(F)$.

Considérons $(x,A) \to m^x(A)$ comme une fonction définie sur XxE (au lieu de $X\times\underline{\underline{Y}}$). On voit sans peine que la mesurabilité faible (2) de M équivaut à la mesurabilité séparée en x et en A de cette fonction pour les tribus $\underline{\underline{X}}$ et $\underline{\underline{B}}(E)$ ; nous prouvons maintenant que la mesurabilité (3) de M équivaut à la mesurabilité en le couple (x,A) de cette fonction pour la tribu $\underline{\underline{X}}\times\underline{\underline{B}}(E)$, laquelle sert à définir la notion de noyau mesurable basique dans [°] (il y a un "lapsus" dans [°] : E doit y être muni de la tribu borélienne induite par $L^0(\underline{\underline{Y}},P)$, et non de celle induite par $L^\infty(\underline{\underline{Y}},P)$).

THEOREME 1.- <u>Le noyau</u> M <u>de base</u> P <u>est mesurable ssi l'application</u> $(x,A) \to m^x(A)$ <u>définie sur</u> XxE <u>est une fonction</u> $\underline{\underline{X}}\times\underline{\underline{B}}(E)$-<u>mesurable</u>.

DEMONSTRATION. Supposons d'abord que $(x,A) \to m^x(A)$ soit une fonction $\underline{\underline{X}}\times\underline{\underline{B}}(E)$-mesurable, et soient $(Z,\underline{\underline{Z}})$ un espace mesurable auxiliaire et B un élément de $\underline{\underline{Z}}\times\underline{\underline{Y}}$. Identifiant la coupe $B_z$ de B selon $z\in Z$, qui est un élément de $\underline{\underline{Y}}$, à sa classe modulo P, qui est un élément de E, on voit aisément que $z \to B_z$ est une application mesurable de $(Z,\underline{\underline{Z}})$ dans $(E,\underline{\underline{B}}(E))$ (c'est trivial si B est un rectangle, et on obtient le cas général par classes monotones). On en déduit que la fonction $(x,z) \to m^x(B_z)$ est $\underline{\underline{X}}\times\underline{\underline{Z}}$-mesurable par composition d'applications mesurables. Supposons maintenant que M soit un noyau mesurable et prenons $(Z,\underline{\underline{Z}}) = (E,\underline{\underline{B}}(E))$ si bien que, confondant un ensemble avec son indicatrice, un élément z de Z est une fonction $y \to z(y)$ modulo P. Définissons alors un noyau borné N, de base P, de $(Z,\underline{\underline{Z}})$ dans $(Y,\underline{\underline{Y}})$ par $N(z,dy) = z(y)\,P(dy)$ . D'après le théorème de Doob, il existe une fonction $\underline{\underline{Z}}\times\underline{\underline{Y}}$-mesurable g , à valeurs dans $\mathbb{R}_+$, telle que l'on ait $N(z,dy) = g(z,y)\,P(dy)$ , soit encore telle que, pour $z\in Z$ fixé, la fonction $g(z,.)$ soit un représentant de la classe de fonctions z . On a alors, pour tout $z\in Z$ et tout $x\in X$,

$$m^x(z) = \int g(z,y)\,M(x,dy)$$

et (3) implique que $(x,z) \to m^x(z)$ est $\underline{\underline{X}}\times\underline{\underline{Z}}$-mesurable : c'est fini.

REMARQUE.- Prenons $(X,\underline{\underline{X}}) = (F,\underline{\underline{T}})$, où $\underline{\underline{T}}$ est la tribu "faible" sur F définie plus haut. D'après [°], le noyau $\sigma$-fini M, de base P, induit par l'application identité de F (i.e. $M(x,dy) = x(y)\,P(dy)$) n'est pas mesurable si P n'est pas purement atomique. Cet exemple ne me satisfait pas entièrement car $(X,\underline{\underline{X}})$ y est un espace "lamentable", mais je n'ai pas réussi à trouver d'exemple où l'espace $(X,\underline{\underline{X}})$ serait au moins séparable.

Revenant à l'interprétation du noyau M de base P comme application $x \to m^x$ de X dans F, nous allons maintenant nous intéresser à la traduction de la mesurabilité de M dans ce cadre. Suivant [°], le noyau M est dit <u>fort</u> si $x \to m^x$ est une application mesurable de $(X,\underline{\underline{X}})$ dans $(F,\underline{\underline{B}}(F))$. On sait d'après [°] (et nous le redémontrerons) que M est mesurable s'il est fort ; nous allons voir que la réciproque est vraie si $(X,\underline{\underline{X}})$ est un espace de Blackwell (nous parlerons du cas général dans une remarque).

THEOREME 2.- <u>Si</u> M <u>de base</u> P <u>induit une application mesurable</u> $x \to m^x$ <u>de</u> $(X,\underline{\underline{X}})$ <u>dans</u> $(F,\underline{\underline{B}}(F))$, <u>alors</u> M <u>est mesurable</u>. <u>Réciproquement</u>, <u>si</u> M <u>de base</u> P <u>est mesurable</u>, <u>l'application induite de</u> $(X,\underline{\underline{X}})$ <u>dans</u> $(F,\underline{\underline{B}}(F))$ <u>est mesurable lorsque</u> $(X,\underline{\underline{X}})$ <u>est un espace de Blackwell</u>.

DEMONSTRATION. D'abord le premier point. Pour tout $n\in\mathbb{N}$ , l'application $f \to f\wedge n$ de F dans lui-même est continue ; on en déduit sans peine que, M étant fort, l'application $x \to m^x \wedge nP$ est un noyau borné $M_n$ de $(X,\underline{\underline{X}})$ dans $(Y,\underline{\underline{Y}})$, et donc mesurable. Alors M, limite de la suite croissante des $M_n$, est aussi mesurable. Passons au second point. Le noyau M étant mesurable, nous montrons d'abord, sans hypothèse sur $(X,\underline{\underline{X}})$, que le graphe de $x \to m^x$ dans XxF appartient à $\underline{\underline{X}}\times\underline{\underline{B}}(F)$. D'après le théorème 1, la fonction $(x,A) \to m^x(A)$ est $\underline{\underline{X}}\times\underline{\underline{B}}(E)$-mesurable. On en déduit que la fonction $(x,f) \to m^x(f) = \int f\, dm^x$, définie sur XxF, est $\underline{\underline{X}}\times\underline{\underline{B}}(F)$-mesurable, par exemple en remarquant que

$$m^x(f) = \int_0^\infty m^x[\{f\geq t\}]\, dt$$

et que l'application $(f,t) \to \{f\geq t\}$ de $F\times\mathbb{R}_+$ dans E est mesurable pour les tribus $\underline{\underline{B}}(F)\times\underline{\underline{B}}(\mathbb{R}_+)$ et $\underline{\underline{B}}(E)$ (noter que $1_{\{f\geq t\}}$ est la limite dans F de la suite décroissante des fonctions $f_n = (\frac{f}{t}\wedge 1)^n$ ). Soit par ailleurs $\underline{\underline{A}}$ une algèbre de Boole dénombrable engendrant $\underline{\underline{Y}}$ et définissons une partie G de XxF par

$$(x,f)\in G \Leftrightarrow \forall A\in\underline{\underline{A}} \quad P(A) = \int_A f\, dm^x + \int_A f\, dP .$$

Pour $x\in X$ fixé, on a $(x,f)\in G$ ssi f est la densité (en tant que classe) de la mesure P par rapport à la mesure $m^x+P$ . D'autre part, $\underline{\underline{A}}$ est dénombrable et, pour $A\in\underline{\underline{A}}$ fixé, l'application $f \to f1_A$ de F dans lui-même est continue ; comme $(x,f) \to m^x(f)$ est $\underline{\underline{X}}\times\underline{\underline{B}}(F)$-mesurable, on en déduit que G appartient à $\underline{\underline{X}}\times\underline{\underline{B}}(F)$. Enfin, le graphe de $x \to m^x$ dans XxF appartient à $\underline{\underline{X}}\times\underline{\underline{B}}(F)$ car c'est l'image réciproque de G par l'application $(x,g) \to (x,1/1+g)$ de XxF dans lui-même, qui est mesurable pour la tribu $\underline{\underline{X}}\times\underline{\underline{B}}(F)$. Soit H le graphe de $x \to m^x$; si B est un borélien de F, l'ensemble $\{x : m^x\in B\}$ est projection sur X de $(X\times B)\cap H$ et donc d'un élément de $\underline{\underline{X}}\times\underline{\underline{B}}(F)$. Comme $F$ est polonais, on en déduit que $\{x : m^x \in B\}$ est une partie $\underline{\underline{X}}$-analytique de $X$, et donc $\underline{\underline{X}}$-bianalytique car son complémentaire, égal à $\{x : m^x \in B^c\}$, est aussi $\underline{\underline{X}}$-analytique. Si $(X,\underline{\underline{X}})$ est un espace de Blackwell, toute partie $\underline{\underline{X}}$-bianalytique de $X$ appartient à $\underline{\underline{X}}$, et alors $x \to m^x$ est mesurable pour les tribus $\underline{\underline{X}}$ et $\underline{\underline{B}}(F)$.

REMARQUE.- Sans rien supposer sur $(X,\underline{\underline{X}})$, on a vu que, si $M$ de base $P$ est mesurable, le graphe de $x \to m^x$ dans $X\times F$ appartient à $\underline{\underline{X}}\times\underline{\underline{B}}(F)$, et que donc $x \to m^x$ est mesurable de $(X,\overset{\frown}{\underline{\underline{X}}})$ dans $(F,\underline{\underline{B}}(F))$, où $\overset{\frown}{\underline{\underline{X}}}$ est la tribu des parties $\underline{\underline{X}}$-bianalytiques de $X$. Cette tribu est en général plus petite que la tribu $\hat{\underline{\underline{X}}}$ engendrée par les parties $\underline{\underline{X}}$-analytiques de $X$ : lorsque $(X,\underline{\underline{X}})$ est l'espace de Blackwell $(\mathbb{R},\underline{\underline{B}}(\mathbb{R}))$, on a $\overset{\frown}{\underline{\underline{X}}} = \underline{\underline{X}}$, mais $\hat{\underline{\underline{X}}} \neq \underline{\underline{X}}$.

On pourrait tout de suite, en invoquant [°], déduire du théorème précédent que le noyau $M$ "satisfait au théorème de Doob" s'il est mesurable et si $(X,\underline{\underline{X}})$ est de Blackwell. Mais nous préférons donner d'abord une version canonique de ce résultat, implicite dans [°], car elle éclairera notre démarche dans le cas général.

THEOREME 3.- *Il existe une fonction* $\underline{\underline{B}}(F)\times\underline{\underline{Y}}$*-mesurable* $\Psi$, *à valeurs dans* $\mathbb{R}_+$, *telle que, pour tout* $z \in F$, *la fonction* $\Psi(z,.)$ *soit un représentant de la classe* $z$. *De plus, on peut supposer que* $\Psi(z,.)$ *est partout* $>0$ *si* $z$ *est* $>0$ $P$-p.s..

DEMONSTRATION. L'application identité de $F$ dans lui-même induit évidemment un noyau fort de $(F,\underline{\underline{B}}(F))$ dans $(Y,\underline{\underline{Y}})$ ; d'après [°], ce noyau est donc de la forme $g(z,y)P(dy)$ où $g$ est une fonction $\underline{\underline{B}}(F)\times\underline{\underline{Y}}$-mesurable et à valeurs dans $\mathbb{R}_+$ (rappelons la démonstration : on applique le théorème de Doob au noyau borné induit par $z \to z\wedge n$, d'où une fonction $g_n$, et on prend $g = h\,1_{\{h<\infty\}}$ où $h = \limsup_n g_n$). De plus, l'ensemble $B = \{z \in F : z \text{ est } >0 \ P\text{-p.s.}\}$ appartient à $\underline{\underline{B}}(F)$ (on a $z \in B \Leftrightarrow \lim_n (z\wedge 1)^{-n} = 1$), et on assure alors le "de plus" de l'énoncé en prenant $\Psi$ égale à $g$ sur $(B^c\times Y)\cup\{g>0\}$ et à 1 ailleurs.

REMARQUE.- Si on désigne par $\underline{\underline{L}}^0_+(\underline{\underline{Y}})$ l'ensemble des fonctions (et non des classes) $\underline{\underline{Y}}$-mesurables à valeurs dans $\mathbb{R}_+$, alors, pour tout $f \in \underline{\underline{L}}^0_+(\underline{\underline{Y}})$, il existe $z \in F$ tel que $f = \Psi(z,.)$ $P$-p.s. : autrement dit, la fonction $\Psi$ est une fonction "$P$-presque universelle" pour $\underline{\underline{L}}^0_+(\underline{\underline{Y}})$, douée par ailleurs d'autres propriétés (il y a unicité de $z \in F$ représentant $f \in \underline{\underline{L}}^0_+(\underline{\underline{Y}})$ et on a $f \in z$).

COROLLAIRE.- *Si* $M$ *de base* $P$ *est mesurable et si* $(X,\underline{\underline{X}})$ *est de Blackwell, il existe une fonction* $\underline{\underline{X}}\times\underline{\underline{Y}}$*-mesurable* $g$ *à valeurs dans* $\mathbb{R}_+$ *telle qu'on ait* $M(x,dy) = g(x,y)P(dy)$ *pour tout* $x \in X$.

DEMONSTRATION. D'après le théorème 2, $x \to m^x$ est une application mesurable de $(X,\underline{\underline{X}})$ dans $(F,\underline{\underline{B}}(F))$ ; d'après le théorème 3, on peut alors prendre $g(x,y) = \Psi(m^x,y)$.

REMARQUE.- Autrement dit, $(P,g)$ est une $\underline{\underline{X}}$-réalisation de $M$. Si on ne fait aucune hypothèse sur $(X,\underline{\underline{X}})$, on obtient de même une $\hat{\underline{\underline{X}}}$-réalisation $(P,g)$ de $M$ d'après la remarque du théorème 2.

LE CAS GENERAL

Nous continuons à désigner par $M$ un noyau $\sigma$-fini de $(X,\underline{\underline{X}})$ dans $(Y,\underline{\underline{Y}})$, mais nous ne supposons plus $M$ basique. Désignant par $\Omega$ l'espace polonais $\mathbb{N}^{\mathbb{N}}$, nous commençons par établir l'existence d'une fonction $\underline{\underline{B}}(\Omega)\times\underline{\underline{Y}}$-mesurable $\Psi$, à valeurs dans $\mathbb{R}_+$, qui soit, pour toute probabilité $P$ sur $(Y,\underline{\underline{Y}})$, "P-presque universelle" pour l'ensemble $\underline{\underline{L}}_+^0(\underline{\underline{Y}})$ des fonctions $\underline{\underline{Y}}$-mesurables, à valeurs dans $\mathbb{R}_+$. On n'aura cependant pas ici d'unicité du "code" $\omega\in\Omega$ représentant $f\in\underline{\underline{L}}_+^0(\underline{\underline{Y}})$ pour $P$ donnée, ce qui nous compliquera un peu la vie.

PROPOSITION 2.- <u>Il existe une fonction</u> $\underline{\underline{B}}(\Omega)\times\underline{\underline{Y}}$-<u>mesurable</u> $\Psi$, <u>à valeurs dans</u> $\mathbb{R}_+$, <u>telle que</u>, <u>pour toute probabilité</u> $P$ <u>sur</u> $(Y,\underline{\underline{Y}})$ <u>et toute fonction</u> $f\in\underline{\underline{L}}_+^0(\underline{\underline{Y}})$, <u>il existe</u> (<u>au moins</u>) <u>un</u> $\omega\in\Omega$ <u>de sorte que l'on ait</u> $f = \Psi(\omega,.)$ P-p.s. <u>et que</u>, <u>de plus</u>, $\Psi(\omega,.)$ <u>soit partout</u> $>0$ <u>si</u> $f$ <u>est partout</u> $>0$. <u>Nous dirons qu'une telle fonction</u> $\Psi$ <u>est une fonction</u> presque universelle <u>pour l'ensemble</u> $\underline{\underline{L}}_+^0(\underline{\underline{Y}})$.

DEMONSTRATION. Toute $f\in\underline{\underline{L}}_+^0(\underline{\underline{Y}})$ est limite d'une suite décroissante de fonctions dans $\underline{\underline{L}}_+^0(\underline{\underline{Y}})$ dénombrablement étagées et à valeurs dans $\mathbb{Q}_+$. D'autre part, si $\underline{\underline{A}}$ désigne une algèbre de Boole dénombrable engendrant la tribu $\underline{\underline{Y}}$, on sait que, pour tout $B\in\underline{\underline{Y}}$ et toute probabilité $P$ sur $(Y,\underline{\underline{Y}})$, il existe une suite double $(A_p^q)$ d'éléments de $\underline{\underline{A}}$ telle que $B$ soit contenu dans et P-p.s. égal à $\bigcap_q \bigcup_p A_p^q$. Par conséquent, la proposition sera établie si l'on trouve une fonction $\underline{\underline{B}}(\Omega)\times\underline{\underline{Y}}$-mesurable $\Psi$ à valeurs dans $\mathbb{R}_+$ vérifiant la propriété suivante : pour $f\in\underline{\underline{L}}_+^0(\underline{\underline{Y}})$, il existe $\omega\in\Omega$ de sorte qu'on ait $\Psi(\omega,.) = f$ <u>partout si</u> $f$ est de la forme $f = \inf_n \sup_m f_m^n$, où chaque $f_m^n$ est combinaison linéaire dénombrable, à coefficients dans $\mathbb{Q}_+$, d'indicatrices d'éléments de $\underline{\underline{A}}$. Nous fixons une énumération $p \to r_p$ de $\mathbb{Q}_+$ et $q \to A_q$ de $\underline{\underline{A}}$, puis un homéomorphisme $\omega \to (\alpha,\beta)$ de $\Omega$ sur $\Omega^3\times\Omega^3$ ($\alpha$ et $\beta$ sont donc des applications de $\mathbb{N}^3$ dans $\mathbb{N}$) et nous posons, pour $\omega\in\Omega$ et $y\in Y$,

$$\Phi(\omega,y) = \inf_n \sup_m \textstyle\sum_k r_{\alpha(m,n,k)}\, 1_{A_{\beta(m,n,k)}}$$

On vérifie sans peine que $\Phi$, à valeurs dans $\overline{\mathbb{R}}_+$, est $\underline{\underline{B}}(\Omega)\times\underline{\underline{Y}}$-mesurable, et il ne reste plus qu'à poser $\Psi = \Phi 1_{\{\Phi<\infty\}}$.

REMARQUE. Si, par exemple, on a $(Y,\underline{\underline{Y}}) = (\mathbb{R},\underline{\underline{B}}(\mathbb{R}))$, l'énoncé analogue obtenu en oubliant "P-p.s." est faux, même en remplaçant $(\Omega,\underline{\underline{B}}(\Omega))$ par n'importe quel espace mesurable. Cela résulte aisément des propriétés de la hiérarchie de Baire sur $\underline{\underline{L}}^0_+(\mathbb{R})$.

Voici maintenant l'extension annoncée du théorème de Doob au cas où le noyau qu'on dérive est $\sigma$-fini. C'est aussi une généralisation du corollaire du théorème 3.

THEOREME 4.- <u>Supposons</u> $(X,\underline{\underline{X}})$ <u>de Blackwell et</u> M <u>mesurable. Si</u> $x\to P^x$ <u>est un noyau markovien de</u> $(X,\underline{\underline{X}})$ <u>dans</u> $(Y,\underline{\underline{Y}})$ <u>tel que</u> $m^x$ <u>soit absolument continue par rapport à</u> $P^x$ <u>pour tout</u> $x\varepsilon X$, <u>alors il existe une fonction</u> $\underline{\underline{X}}\times\underline{\underline{Y}}$<u>-mesurable</u> g , <u>à valeurs dans</u> $\mathbb{R}_+$, <u>telle qu'on ait</u>

$$M(x,dy) = g(x,y)\ P(x,dy)$$

<u>pour tout</u> $x\varepsilon X$ .

DEMONSTRATION. Nous supposons dans un premier temps que $(Y,\underline{\underline{Y}})$ est aussi un espace de Blackwell (le cas où $(Y,\underline{\underline{Y}}) = (\mathbb{R},\underline{\underline{B}}(\mathbb{R}))$ nous suffirait d'ailleurs) et nous désignons par $\underline{\underline{A}}$ une algèbre de Boole dénombrable engendrant $\underline{\underline{Y}}$ , par $\Psi$ une fonction $\underline{\underline{B}}(\Omega)\times\underline{\underline{Y}}$-mesurable presque universelle pour $\underline{\underline{L}}^0_+(\underline{\underline{Y}})$. Définissons une partie Z de $X\times\Omega$ par

$$(x,\omega)\varepsilon Z \Leftrightarrow \forall A\varepsilon\underline{\underline{A}}\quad P^x(A) = \int_A \Psi(\omega,.)\,dm^x + \int_A \Psi(\omega,.)\,dP^x$$

Pour x fixé, on a $(x,\omega)\varepsilon Z$ ssi $\Psi(\omega,.)$ est une densité de la mesure $P^x$ par rapport à la mesure $m^x+P^x$ ; cette dernière étant équivalente à une probabilité, il existe, d'après les propriétés de $\Psi$ (cf proposition 2), <u>au moins</u> un $\omega\varepsilon\Omega$ tel que $(x,\omega)\varepsilon Z$ . D'autre part, les noyaux $x\to m^x$ et $x\to P^x$ étant mesurables, et $\underline{\underline{A}}$ étant dénombrable, il est clair que Z appartient à $\underline{\underline{X}}\times\underline{\underline{B}}(\Omega)$. Ayant muni Z de la tribu $\underline{\underline{Z}}$ , trace de $\underline{\underline{X}}\times\underline{\underline{B}}(\Omega)$ sur Z, nous définissons un noyau markovien $z\to P^z$ et un noyau sousmarkovien $z\to Q^z$ de $(Z,\underline{\underline{Z}})$ dans $(Y,\underline{\underline{Y}})$ comme suit :

$$\text{si } z=(x,\omega),\quad P(z,dy)=P(x,dy) \text{ et } Q(z,dy)=\Psi(\omega,y)\,P(x,dy)$$

Noter que, si $z=(x,\omega)$ et $\zeta=(x,w)$ sont deux éléments de Z ayant même première composante, alors on a $P^z=P^\zeta$ et aussi $Q^z=Q^\zeta$ (car $\Psi(\omega,.)$ et $\Psi(w,.)$ sont deux densités de $P^x$ par rapport à $m^x+P^x$ ) ; il résulte alors du théorème de Doob "précisé" (i.e., notre énoncé avec son "de plus") qu'il existe une fonction $\underline{\underline{Z}}\times\underline{\underline{Y}}$-mesurable f , à valeurs dans $\mathbb{R}_+$, telle que $Q(z,dy)=f(z,y)\,P(z,dy)$ pour tout $z\varepsilon Z$ et vérifiant de plus la propriété suivante : si z et $\zeta$ sont deux éléments de Z ayant même première composante, alors $f(z,.)=f(\zeta,.)$. Comme par ailleurs la projection de Z sur X est égale à X, cette dernière propriété nous permet de définir une fonction h de XxY dans $\mathbb{R}_+$ en posant, pour tout $(x,y)\varepsilon X\times Y$ et tout $t\varepsilon\mathbb{R}$ ,

$$h(x,y)=t \Leftrightarrow \exists\omega\varepsilon\Omega\quad (x,\omega)\varepsilon Z \text{ et } f((x,\omega),y)=t$$

Comme $\Omega$ est polonais, le graphe H de h défini ci-dessus, projection le long de $\Omega$ d'un élément de la tribu $\underline{\underline{X}}\times\underline{\underline{B}}(\Omega)\times\underline{\underline{Y}}\times\underline{\underline{B}}(\mathbb{R})$, est une partie $\underline{\underline{X}}\times\underline{\underline{Y}}\times\underline{\underline{B}}(\mathbb{R})$-analytique de $X\times Y\times\mathbb{R}$ . Maintenant, si B est un borélien de $\mathbb{R}$, l'ensemble $h^{-1}(B)$ est la projection de $H\cap(X\times Y\times B)$ sur $X\times Y$ et est donc $\underline{\underline{X}}\times\underline{\underline{Y}}$-analytique ; comme il en est de même pour $B^c$, $h^{-1}(B)$ est finalement $\underline{\underline{X}}\times\underline{\underline{Y}}$-bianalytique, et donc appartient à $\underline{\underline{X}}\times\underline{\underline{Y}}$ si $\underline{\underline{X}}$ et $\underline{\underline{Y}}$ sont des tribus de Blackwell - ce que nous supposons. Par conséquent, la fonction h est $\underline{\underline{X}}\times\underline{\underline{Y}}$-mesurable, à valeurs dans $\mathbb{R}_+$, et, par ailleurs, pour tout $x\in X$, $h(x,.)$ est une densité de $P^x$ par rapport à $m^x+P^x$ . Il ne reste plus alors qu'à poser $g = (\frac{1}{h}-1)1_{\{0<h<1\}}$. Nous voyons enfin, rapidement, comment traiter le cas où $(Y,\underline{\underline{Y}})$ est un espace séparable quelconque. D'abord, des arguments classiques (évoqués dans la démonstration de la proposition 1) permettent de se ramener au cas où Y est une partie de $\mathbb{R}$ et $\underline{\underline{Y}}$ sa tribu borélienne. Soient alors $x\to\overline{P}^x$ et $x\to\overline{m}^x$ les noyaux mesurables de $(X,\underline{\underline{X}})$ dans $(\mathbb{R},\underline{\underline{B}}(\mathbb{R}))$ où $\overline{P}^x,\overline{m}^x$ sont les images de $P^x, m^x$ par l'injection de Y dans $\mathbb{R}$ , et appliquons leur la première partie de la démonstration : on obtient une fonction $\overline{g}$ , d'où g en restreignant $\overline{g}$ à $X\times Y$ .

REMARQUES.- 1) On peut ajouter un "de plus" dans l'énoncé, analogue à celui de notre énoncé du théorème de Doob.

2) Si $(X,\underline{\underline{X}})$ est un espace mesurable quelconque, la même démonstration fournit une fonction $\widehat{g}$ mesurable pour la tribu $\widehat{\underline{\underline{X}}\times\underline{\underline{Y}}}$ des parties $\underline{\underline{X}}\times\underline{\underline{Y}}$-bianalytiques, laquelle est en général strictement plus grande que $\widehat{\underline{\underline{X}}}\times\widehat{\underline{\underline{Y}}}$ (même si $\underline{\underline{Y}}$ est de Blackwell). Il faut alors encore un coup de pouce pour obtenir une fonction $\widehat{\underline{\underline{X}}}\times\underline{\underline{Y}}$-mesurable g telle que $((P^x)_{x\in X}, g)$ soit une $\widehat{\underline{\underline{X}}}$-réalisation de M : pour tout $n\in\mathbb{N}$ , on applique le théorème de Doob au noyau borné $x\to Q_n^x$ de $(X,\widehat{\underline{\underline{X}}})$ dans $(Y,\underline{\underline{Y}})$ défini par $Q_n(x,dy) = n\wedge\widehat{g}(x,y)\,P(x,dy)$, ce qui nous fournit une fonction $\widehat{\underline{\underline{X}}}\times\underline{\underline{Y}}$-mesurable $g_n$, et on prend alors pour g la fonction $h\,1_{\{h<\infty\}}$ , où $h = \limsup_n g_n$ .

En corollaire, nous obtenons, dans un cas bien particulier, une caractérisation de la mesurabilité de M , qui étend un résultat de [°]

COROLLAIRE.- <u>Supposons</u> $(X,\underline{\underline{X}})$ <u>de Blackwell</u>, <u>et</u>, <u>sans supposer</u> M <u>mesurable</u>, <u>supposons connu un noyau markovien</u> $x\to P^x$ <u>de</u> $(X,\underline{\underline{X}})$ <u>dans</u> $(Y,\underline{\underline{Y}})$ <u>tel que</u> $m^x$ <u>soit absolument continue par rapport à</u> $P^x$ <u>pour tout</u> $x\in X$. <u>Alors le noyau</u> M <u>est mesurable ssi</u>, <u>pour tout</u> $k\in\mathbb{N}$, <u>l'application</u> $M_k : x\to m^x\wedge kP^x$ <u>est un noyau</u> <u>(borné)</u> <u>de</u> $(X,\underline{\underline{X}})$ <u>dans</u> $(Y,\underline{\underline{Y}})$.

DEMONSTRATION. Le noyau M étant la limite croissante des $M_k$, la condition suffisante est triviale. Réciproquement, supposons M mesurable. D'après le théorème, on a alors $M(x,dy) = g(x,y)\,P(x,dy)$ où g est $\underline{\underline{X}}\times\underline{\underline{Y}}$-mesurable, et donc $m^x\wedge kP^x = k\wedge g(x,.)\,P^x$, d'où $M_k$ est un noyau.

Nous terminons nos constructions de réalisation de M par ce que nous savons dire de mieux dans le cas le plus général ; ici, supposer $\underline{\underline{X}}$ de Blackwell ne nous apporterait rien de plus (voir cependant une conjecture en remarque)

THEOREME 5.- *Si le noyau* M *est mesurable, il admet une $\hat{\underline{\underline{X}}}$-réalisation, où $\hat{\underline{\underline{X}}}$ est la tribu engendrée par les parties $\underline{\underline{X}}$-analytiques de* X.

DEMONSTRATION. Soit $\Psi$ une fonction $\underline{\underline{B}}(\Omega)\times\underline{\underline{Y}}$-mesurable, presque universelle pour $\underline{\underline{L}}^0_+(\underline{\underline{Y}})$, et posons $\theta = \Psi + 1_{\{\Psi=0\}}$ ; la fonction $\theta$ est $\underline{\underline{B}}(\Omega)\times\underline{\underline{Y}}$-mesurable, à valeurs dans $\mathbb{R}_+$, *et partout* $>0$, et le "de plus" de la proposition 2 assure que, si $f\in\underline{\underline{L}}^0_+(\underline{\underline{Y}})$ est partout $>0$, alors, pour toute mesure $\sigma$-finie m sur $(Y,\underline{\underline{Y}})$, il existe au moins un $\omega\in\Omega$ tel que $f=\theta(\omega,.)$ m-p.s.. Soit alors Z la partie de $X\times\Omega$ définie par

$$(x,\omega)\in Z \Leftrightarrow \int\theta(\omega,.)\,dm^x = 1$$

Comme M est mesurable, Z appartient à $\underline{\underline{X}}\times\underline{\underline{B}}(\Omega)$ ; par ailleurs, l'ensemble $H=\{x : m^x\neq 0\}$ appartient à $\underline{\underline{X}}$ et, pour $x\in H$ fixé, il existe au moins un $\omega\in\Omega$ tel que $(x,\omega)\in H$, si bien que H est la projection de Z sur X. Appliquons à Z la forme abstraite du théorème de section de Jankov-Von Neumann (cf les n°III.81-82 du livre rose, où le rôle de notre $\Omega$ est joué par $\mathbb{R}_+$, qui a même structure borélienne) : on obtient une application mesurable $x\to\omega(x)$ de $(X,\hat{\underline{\underline{X}}})$ dans $(\Omega,\underline{\underline{B}}(\Omega))$ telle que $(x,\omega(x))$ appartienne à Z pour tout $x\in H$. Alors M admet comme $\hat{\underline{\underline{X}}}$-réalisation le couple (N,g) où $N(x,dy) = \theta(\omega(x),y)\,M(x,dy)$ pour $x\in H$ et $N(x,dy)=\varepsilon_\eta$, $\eta$ point fixé dans Y, pour $x\notin H$, et $g(x,y)=1/\theta(\omega(x),y)$ pour $x\in H$ et $g(x,y)=0$ pour $x\notin H$.

REMARQUE.- Le problème de trouver une $\underline{\underline{X}}$-réalisation d'un noyau $\sigma$-fini mesurable ressemble (mais c'est peut-être superficiel) à celui de décomposer un borélien à coupes $\underline{\underline{F}}_\sigma$ dans un produit d'espaces polonais en une réunion dénombrable de boréliens à coupes fermées (problème que Saint-Raymond a résolu positivement). Aussi ne serais je pas étonné que le noyau mesurable M ait une $\underline{\underline{X}}$-réalisation dans le cas où $(X,\underline{\underline{X}})$ est un espace de Blackwell.

En prime, nous avons une extension du théorème de Doob au cas de deux noyaux $\sigma$-finis

COROLLAIRE.- *Supposons* M *mesurable et soit* L *un autre noyau $\sigma$-fini mesurable de* $(X,\underline{\underline{X}})$ *dans* $(Y,\underline{\underline{Y}})$. *Si, pour tout* $x\in X$, *la mesure* $M(x,dy)$ *est absolument continue par rapport à la mesure* $L(x,dy)$, *alors il existe une fonction $\hat{\underline{\underline{X}}}\times\underline{\underline{Y}}$-mesurable* g, *à valeurs dans* $\mathbb{R}_+$, *telle qu'on ait* $M(x,dy) = g(x,y)\,L(x,dy)$ *pour tout* $x\in X$.

DEMONSTRATION. Soient (V,v) une $\hat{\underline{\underline{X}}}$-réalisation de M et (U,u) une $\hat{\underline{\underline{X}}}$-réalisation de L. Posons, pour tout $x\in X$,

$$P(x,dy) = U(x,dy) \qquad Q(x,dy) = 1_{\{v>0\}}(x,y)\, V(x,dy)$$

et appliquons le théorème de Doob aux noyaux $x \to P^x$ et $x \to Q^x$ : on obtient une fonction $\hat{\underline{\underline{X}}}\times\underline{\underline{Y}}$-mesurable $w$, à valeurs dans $\mathbb{R}_+$, telle que $Q(x,dy) = w(x,y)\,P(x,dy)$. On prend alors $g = \frac{vw}{u}\, 1_{\{u>0\}}$.

Nous terminons ce paragraphe en donnant, rapidement, un exemple où le noyau M n'est pas mesurable alors que chaque mesure $m^x$ est somme de mesures de Dirac (cela ne peut évidemment pas arriver dans le cas basique). Nous prenons $(Y,\underline{\underline{Y}}) = (\mathbb{R},\underline{\underline{B}}(\mathbb{R}))$, puis $X = \mathbb{R}$ muni de la tribu $\underline{\underline{X}}$ des boréliens invariants par toutes les translations rationnelles. Enfin, nous posons, pour tout $x \in X$, $M(x,dy) = \sum_{r\in\mathbb{Q}} \varepsilon_{x+r}$. Pour $A \in \underline{\underline{B}}(\mathbb{R})$, $M(x,A)$ est le nombre des $y \in A$ tels que $xRy$ où R est la relation d'équivalence $xRy \Leftrightarrow x-y \in \mathbb{Q}$. Comme le saturé d'un borélien A pour R (encore égal à $\{x : M(x,A) \geq 1\}$) est un borélien, on peut montrer que l'application $M : x \to M(x,dy)$ est un noyau de $(X,\underline{\underline{X}})$ dans $(Y,\underline{\underline{Y}})$ ; plus précisément, $A \in \underline{\underline{B}}(\mathbb{R})$ étant fixé, posons $M_0(x,A) = 1$ si on a $M(x,A) \geq 1$ et $M_0(x,A) = 0$ sinon, puis, $\underline{\underline{P}}_n$ étant la n-ième partition dyadique de $\mathbb{R}$, posons $M_n(x,A) = \sum_{B\in\underline{\underline{P}}_n} M_0(x,A\cap B)$ : pour chaque $n \in \mathbb{N}$, l'application $x \to M_n(x,A)$ est $\underline{\underline{X}}$-mesurable, et on a $M(x,A) = \lim_n \uparrow M_n(x,A)$. Cependant, le noyau M n'est pas mesurable. En effet, s'il l'était, l'ensemble $\{(x,y) : M(x,\{y\}) = 1\}$, qui est le graphe de la relation R, appartiendrait à $\underline{\underline{X}}\times\underline{\underline{Y}}$, et il est bien connu que ce n'est pas le cas ; plus précisément, si ce graphe appartenait à $\underline{\underline{X}}\times\underline{\underline{Y}}$, on en déduirait, à l'aide du théorème de section de Jankov-Von Neumann, l'existence d'une sélection universellement mesurable pour R, en contradiction avec un résultat célèbre de Vitali. Noter que la tribu $\underline{\underline{X}}$ n'est pas séparable (si elle l'était, le graphe de R appartiendrait à $\underline{\underline{X}}\times\underline{\underline{X}}$, car $\underline{\underline{X}}$ serait de Blackwell), si bien, qu'ici encore, l'espace mesurable $(X,\underline{\underline{X}})$ est "lamentable".

AUTOUR DE LA MESURABILITE

Nous continuons ici à explorer notre définition de la mesurabilité d'un noyau $\sigma$-fini (nous jetterons un coup d'oeil sur le cas non $\sigma$-fini à la fin). L'espace $(Y,\underline{\underline{Y}})$ est toujours supposé séparable, et nous supposerons désormais que $(X,\underline{\underline{X}})$ est un espace de Blackwell. Si m et n sont deux mesures $\sigma$-finies sur $(Y,\underline{\underline{Y}})$, nous noterons $m \lessdot n$ (resp $m \sim n$) l'absolue continuité de m par rapport à n (resp l'équivalence de m et de n), puis $m|n$ la plus grande mesure $\lessdot n$ et majorée par m, $m \wedge n$ la plus grande mesure majorée par m et n, et $(m-n)^+$ l'unique mesure telle que $m = m\wedge n + (m-n)^+$. Enfin, nous désignons par M et N deux noyaux $\sigma$-finis $x \to m^x$ et $x \to n^x$ de $(X,\underline{\underline{X}})$ dans $(Y,\underline{\underline{Y}})$, d'où les notations $M|N$, etc, pour $x \to m^x|n^x$, etc.

THEOREME 6.- Si M et N sont mesurables, alors $M|N$ , $M\wedge N$ et $(M-N)^+$ sont des noyaux mesurables.

DEMONSTRATION. Afin de traiter à la fois les trois fonctions de M,N considérées, nous démontrerons un énoncé plus général. Soit f une fonction de $\mathbb{R}_+^2$ dans $\mathbb{R}_+$, homogène de degré 1 ; si m et n sont deux mesures $\sigma$-finies sur $(Y,\underline{\underline{Y}})$, on définit classiquement une nouvelle mesure $\sigma$-finie $f(m,n)$ sur $(Y,\underline{\underline{Y}})$ comme suit : P étant une probabilité telle que $m\lesssim P$ et $n\lesssim P$, et a,b des densités, à valeurs dans $\mathbb{R}_+$ de m,n par rapport à P, on pose $f(m,n)(dy) = f(a(y),b(y))P(dy)$ , la mesure $f(m,n)$ ainsi définie ne dépendant pas de la probabilité de base P choisie. Et, si $f(s,t)=s1_{]0,\infty[}(t)$ (resp $f(s,t)=s\wedge t$ , $=(s-t)^+$), on a $f(m,n)=m|n$ (resp $f(m,n)=m\wedge n$ , $=(m-n)^+$). Nous nous donnons une telle fonction f et nous allons montrer que $f(M,N): x\to f(m^x,n^x)$ est un noyau mesurable, M et N étant supposés mesurables. D'abord, comme $f(0,.)=0$ et que $\{x: m^x=0\}$ appartient à $\underline{\underline{X}}$, quitte à tout restreindre à $\{x: m^x\neq 0\}$, on se ramène au cas où $m^x$ est non nulle pour tout $x\varepsilon X$. Soit alors $\Psi$ une fonction $\underline{\underline{B}}(\Omega)x\underline{\underline{Y}}$-mesurable presque universelle pour $\underline{\underline{L}}_+^0(\underline{\underline{Y}})$ et posons comme plus haut $\Theta = \Psi + 1_{\{\Psi=0\}}$, puis définissons une partie Z de $X\times\Omega$ par

$$(x,\omega)\varepsilon Z \Leftrightarrow \int\Theta(\omega,.)\,dm^x + \int\Theta(\omega,.)\,dn^x = 1$$

Comme M et N sont mesurables, Z appartient à $\underline{\underline{X}}x\underline{\underline{B}}(\Omega)$, et nous munissons Z de la tribu $\underline{\underline{Z}}$, trace de $\underline{\underline{X}}x\underline{\underline{B}}(\Omega)$ sur Z : $(Z,\underline{\underline{Z}})$ est alors un espace de Blackwell, $(X,\underline{\underline{X}})$ l'étant par hypothèse et $\Omega$ étant polonais. Nous définissons maintenant deux noyaux $\sigma$-finis mesurables $z\to m^z$ , $z\to n^z$ et un noyau markovien $z\to P^z$ de $(Z,\underline{\underline{Z}})$ dans $(Y,\underline{\underline{Y}})$ en posant, pour $z=(x,\omega)\varepsilon Z$, $m^z=m^x$, $n^z=n^x$ et $P^z=\Theta(\omega,.)(m^x+n^x)$. D'après le théorème 4, il existe deux fonctions $\underline{\underline{Z}}x\underline{\underline{Y}}$-mesurables a et b , à valeurs dans $\mathbb{R}_+$, telles que $m^z=a(z,.)P^z$ et $n^z=b(z,.)P^z$ , ce qui nous permet de définir un noyau mesurable $z\to f(m^z,n^z)=f[a(z,.),b(z,.)]\,P^z$ de $(Z,\underline{\underline{Z}})$ dans $(Y,\underline{\underline{Y}})$ tel que $f(m^z,n^z)=f(m^x,n^x)$ si $z=(x,\omega)$ . Vérifions que $x\to f(m^x,n^x)$ est un noyau mesurable : d'après la proposition 1, nous devons vérifier que, si B appartient à $\underline{\underline{B}}(\mathbb{R})x\underline{\underline{Y}}$ , alors la fonction $\phi: (x,s)\to f(m^x,n^x)(B_s)$ est $\underline{\underline{X}}x\underline{\underline{B}}(\mathbb{R})$-mesurable. Comme $\underline{\underline{X}}$ et $\underline{\underline{B}}(\mathbb{R})$ sont de Blackwell, il nous suffit de montrer que le graphe de $\phi$ dans $X\times\mathbb{R}\times\mathbb{R}$ est une partie $\underline{\underline{X}}x\underline{\underline{B}}(\mathbb{R})x\underline{\underline{B}}(\mathbb{R})$-analytique (cf la fin de la démonstration du théorème 4), et cela résulte de l'équivalence logique, pour $x\varepsilon X$ et $s,t\,\varepsilon\,\mathbb{R}$,

$$\phi(x,s)=t \Leftrightarrow \exists\omega\varepsilon\Omega\quad (x,\omega)\varepsilon Z \text{ et } f(m^{x,\omega},n^{x,\omega})(B_s)=t$$

car $\Omega$ est polonais, Z appartient à $\underline{\underline{X}}x\underline{\underline{B}}(\Omega)$ et $z\to f(m^z,n^z)$ est un noyau mesurable.

REMARQUE.- Si M n'est pas mesurable, $M\wedge N$ n'est même pas un noyau en général, même si N est un noyau borné. En effet, si M, de base P, n'est pas mesurable, il existe $k \in \mathbb{N}$ tel que $x \to m^x \wedge kP$ ne soit pas un noyau (partie triviale du corollaire du théorème 4).

COROLLAIRE 1.- <u>Si les noyaux</u> M <u>et</u> N <u>sont mesurables</u>, <u>les ensembles</u> $\{x : m^x \leq n^x\}$, $\{x : m^x = n^x\}$, $\{x : m^x \ll n^x\}$ <u>et</u> $\{x : m^x \perp n^x\}$ <u>appartiennent à</u> $\underline{X}$.

DEMONSTRATION. Cela résulte immédiatement du fait que l'on a $m^x \leq n^x$ ssi $(m^x - n^x)^+ = 0$ et $m^x \ll n^x$ ssi $(m^x - m^x | n^x)^+ = 0$.

REMARQUE.- Si le noyau N n'est pas défini sur $(X,\underline{X})$ comme M, mais sur un autre espace de Blackwell $(Z,\underline{Z})$, on a des résultats analogues pour $(x,z) \to m^x | n^z$, etc et pour $\{(x,z) : m^x \leq n^z\}$, etc : il suffit d'étendre de manière triviale M et N à l'espace produit $(X{,}Z,\underline{X}\times\underline{Z})$, qui est de Blackwell, pour pouvoir appliquer le théorème et son corollaire.

COROLLAIRE 2.- <u>Si</u> M <u>est mesurable</u>, <u>et si</u>, <u>pour tout</u> $x \in X$, <u>on désigne par</u> $a^x$ (<u>resp</u> $d^x$) <u>la partie atomique</u> (<u>resp la partie sans atomes</u>) <u>de la mesure</u> $m^x$, <u>alors</u> $x \to a^x$ <u>et</u> $x \to d^x$ <u>sont des noyaux mesurables</u>.

DEMONSTRATION. Soit $A = \{(x,y) : M(x,[y]) > 0\}$, où $[y]$ est l'atome de $\underline{Y}$ contenant y. Si M est mesurable, on voit aisément que A appartient à $\underline{X}\times\underline{Y}$, si bien que $x \to a^x = 1_A(x,.)\, m^x$ est un noyau mesurable, ainsi que $x \to d^x = (m^x - a^x)^+$ d'après le théorème.

Nous allons maintenant caractériser la mesurabilité d'un noyau $\sigma$-fini en termes de noyaux à mesures bornées (donc, quelque chose comme le corollaire du théorème 4, mais ce sera plus compliqué !). Cela ne donnera pas un critère "utile", mais sera satisfaisant pour l'esprit. Nous supposons désormais que Y est un espace polonais, $\underline{Y}$ sa tribu borélienne (ce qui n'est pas vraiment une restriction : cf la fin de la démonstration du théorème 4), et nous désignons par Z l'ensemble des mesures bornées sur $(Y,\underline{Y})$, que nous munissons de la tribu $\underline{Z}$, tribu borélienne pour la convergence étroite sur Z : Z étant polonais pour la convergence étroite, l'espace $(Z,\underline{Z})$ est de Blackwell. Notons qu'un noyau à mesures bornées de $(X,\underline{X})$ dans $(Y,\underline{Y})$ est alors exactement une application mesurable de $(X,\underline{X})$ dans $(Z,\underline{Z})$.

THEOREME 7.- <u>Le noyau</u> $\sigma$<u>-fini</u> M <u>est mesurable ssi</u> $\{(x,z) : m^x \ll z\}$ <u>appartient à</u> $\underline{X}\times\underline{Z}$ <u>et</u> $(x,z) \to m^x \wedge z$ <u>est un noyau de</u> $(X\times Z,\underline{X}\times\underline{Z})$ <u>dans</u> $(Y,\underline{Y})$.

DEMONSTRATION. La nécessité résulte du théorème précédent et de son corollaire 1. Démontrons la suffisance. Nous remarquons d'abord que, lorsque k parcourt $\mathbb{N}$, on a $m^x | z = \sup_k m^x \wedge kz$ si bien que l'application $(x,z) \to m^x | z$ est un noyau $\sigma$-fini mesurable de $(X\times Z,\underline{X}\times\underline{Z})$ dans $(Y,\underline{Y})$ si $(x,z) \to m^x \wedge z$ est un noyau. On achève alors la démonstration comme celle du théorème 6 : si B appartient à $\underline{B}(\mathbb{R})\times\underline{Y}$, on a

$m^x(B_s) = t \iff \exists z \in Z \ m^x \gtrsim z$ et $m^x|z(B_s) = t \qquad x\in X,\ s\in \mathbb{R},\ t\in \overline{\mathbb{R}}$
Comme $\{(x,z) : m^x \gtrsim z\}$ appartient à $\underline{\underline{X}}\times\underline{\underline{Z}}$ par hypothèse, on en déduit que la fonction $(x,s) \to m^x(B_s)$ a un graphe $\underline{\underline{X}}\times\underline{\underline{B}}(\mathbb{R})\times\underline{\underline{B}}(\overline{\mathbb{R}})$-analytique et donc, finalement, que cette fonction est $\underline{\underline{X}}\times\underline{\underline{B}}(\mathbb{R})$-mesurable.

Maintenant, que peut-on dire si on sort du cadre des mesures $\sigma$-finies ? En fait, je ne sais pas dire grand chose, sauf que notre notion de mesurabilité est alors trop forte. En effet, soient m une mesure (positive) sur l'espace polonais Y, A une partie analytique de $\mathbb{R}\times Y$ et $f_A$ la fonction $s \to m(A_s)$ de $\mathbb{R}$ dans $\overline{\mathbb{R}}_+$. Si m est une mesure "décente" (par exemple, la limite d'une suite croissante de capacités), $f_A$ est une fonction analytique (i.e. $\{f_A > t\}$ est analytique pour tout $t\in\mathbb{R}_+$) ; de plus, si A est borélien et si m est une mesure $\sigma$-finie (ou plus généralement la somme d'une série de mesures bornées), $f_A$ est une fonction borélienne, mais, si m est par exemple la mesure de comptage des points (mesure bien décente), alors $f_A$ est en général "seulement" analytique pour A borélien (noter que $\{f_A > 0\}$ est alors la projection de A sur $\mathbb{R}$). On pourrait alors dire qu'une application $x \to m^x$ de $(X,\underline{\underline{X}})$ dans l'ensemble des mesures sur $(Y,\underline{\underline{Y}})$ est un noyau décent si, pour toute partie analytique A de $\mathbb{R}\times Y$, la fonction $(x,s) \to m^x(A_s)$ est $\underline{\underline{X}}\times\underline{\underline{B}}(\mathbb{R})$-analytique. Je laisse au lecteur, à titre d'exercice, le soin de montrer que tout noyau $\sigma$-fini mesurable est un noyau décent.

APPENDICE

Ayant muni notre espace séparable $(Y,\underline{\underline{Y}})$ d'une probabilité P, nous désignons comme au début par F l'espace polonais $L^0_+(\underline{\underline{Y}},P)$, par $\underline{\underline{B}}(F)$ sa tribu borélienne et par $\underline{\underline{T}}$ la tribu "faible" sur F, sous-tribu de $\underline{\underline{B}}(F)$ engendrée par les fonctions $z \to \int_A z\,dP$ de F dans $\overline{\mathbb{R}}_+$, A parcourant $\underline{\underline{Y}}$. Nous dirons qu'une partie H de F est <u>faiblement séparable</u> si la trace $\underline{\underline{T}}_{|H}$ de $\underline{\underline{T}}$ sur H est une tribu séparable ; lorsque H appartient à $\underline{\underline{B}}(F)$, on a alors $\underline{\underline{T}}_{|H} = \underline{\underline{B}}(F)_{|H}$ d'après le théorème de Blackwell. Enfin, nous dirons qu'une partie C de F est un <u>L-convexe</u> si c'est un convexe, héréditaire (i.e. pour $z,z'\in F$, $z\in C$ et $z' \leq z \Rightarrow z'\in C$), vérifiant la condition suivante : pour toute suite $(z_n)$ dans C, il existe une suite $(c_n)$ de réels $>0$ telle que $\sum c_n z_n$ appartienne à C. Il résulte du lemme de Borel-Cantelli que F lui-même, et donc tout convexe héréditaire fermé de F, est un L-convexe ; par ailleurs, pour tout $p\in[0,\infty]$, $L^p_+(\underline{\underline{Y}},P)$ est un L-convexe partout dense.

PROPOSITION A1.- <u>Une partie</u> H <u>de</u> F <u>est contenue dans un</u> L-<u>convexe faiblement séparable ssi il existe une</u> $\underline{\underline{Y}}$-<u>partition dénombrable</u> $(A_n)$ <u>de</u> Y <u>telle que</u> H <u>soit contenu dans</u> $C = \{z\in F : \forall n \int_{A_n} z\,dP < \infty\}$, <u>ensemble qui est un cône</u> L-<u>convexe</u>, <u>faiblement séparable</u>, <u>appartenant à</u> $\underline{\underline{T}}$.

DEMONSTRATION. La condition suffisante et les propriétés de C sont immédiates. Pour la nécessité, on peut évidemment supposer que H est un L-convexe faiblement séparable, non vide et distinct de $\{0\}$. Soit alors $(B^n)$ une suite d'éléments de $\underline{\underline{Y}}$ telle que les fonctions sur H $z \to \int_{B^n} z\,dP$ engendrent $\underline{\underline{T}}_{|H}$ et qu'aucune d'elles ne soient identiquement nulle ; je dis qu'il existe un n tel que tout $z \in H$ soit intégrable sur $B^n$. En effet, sinon, il existerait pour tout n un élément $z_n$ de H non intégrable sur $B^n$ et donc, H étant L-convexe, un élément z de H d'intégrale infinie sur chaque $B^n$ ; mais alors la suite $(B^n)$ ne distinguerait pas z de z/2, ce qui est absurde $\{z\}$ étant atome de $\underline{\underline{T}}_{|H}$. Maintenant, soit $(A^i)$ une famille maximale d'éléments de $\underline{\underline{Y}}$ disjoints et de probabilité $>0$ telle que tout $z \in H$ soit intégrable sur chacun des $A^i$ ; c'est nécessairement une famille dénombrable $(A^n)$, et, si $A = Y - (\bigcup_n A^n)$, l'ensemble $H_A = \{z1_A, z \in H\}$ est égal à $\{0\}$. En effet, cet ensemble est L-convexe, faiblement séparable (il est contenu dans H) et, s'il était distinct de $\{0\}$, le raisonnement du début appliqué à $H_A$ fournirait un $B \in \underline{\underline{Y}}$ de sorte que tout $z \in H$ soit intégrable sur $A \cap B$ avec au moins un z d'intégrale non nulle, ce qui contredirait la maximalité de notre famille. Il ne reste plus qu'à prendre pour $(A_n)$ la partition fournie par A et les $A^n$.

$L^1_+(\underline{\underline{Y}},P)$ est évidemment faiblement séparable ; pour $p<1$, nous obtenons en corollaire un peu mieux que le résultat de [°] (mais notre démonstration est un avatar de celle de [°])

COROLLAIRE.- <u>L'ensemble</u> $H = \bigcap_{p<1} L^p_+(\underline{\underline{Y}},P)$ <u>n'est pas faiblement séparable si</u> P <u>n'est pas purement atomique</u>.

DEMONSTRATION. Nous laissons au lecteur le soin de vérifier que H est L-convexe. Supposons que P ne soit pas purement atomique, et soit $(A_n)$ une $\underline{\underline{Y}}$-partition dénombrable de Y. Il existe alors $A \in \underline{\underline{Y}}$, contenu dans un des $A_n$ et non négligeable, tel que la restriction de P à $(\underline{\underline{A}},\underline{\underline{Y}}_{|A})$ soit sans atomes. Dans un tel ensemble A, il existe une suite décroissante $(B^n)$ d'éléments de $\underline{\underline{Y}}$ telle que $P(B_n) = P(A)/n$. Mais alors la fonction $\sum_n n\,1_{B^n - B^{n+1}}$ appartient à tout $L^p_+$ pour $p<1$ et n'est pas intégrable sur A. Elle n'est donc pas intégrable sur un des éléments de notre partition, d'où la conclusion.

REMARQUES.- 1) Si $u \in F$ est $>0$ P-p.s., l'ensemble $C_u$ des $z \in F$ tels que le produit zu soit intégrable est un L-convexe faiblement séparable. Sauf si P purement atomique n'a qu'un nombre fini d'atomes, un L-convexe faiblement séparable C n'est pas nécessairement contenu dans un tel $C_u$ ; mais, c'est quand même "presque" vrai : pour toute probabilité Q sur $(F,\underline{\underline{B}}(F))$, il existe $u>0$ P-p.s. tel que $C - C_u$ soit Q-négligeable. Cela résulte aisément de la proposition A1 et du lemme de Borel-Cantelli

2) Soient $(X,\underline{\underline{X}},Q)$ un autre espace probabilisé et g une fonction $\underline{\underline{X}}\times\underline{\underline{Y}}$-mesurable à valeurs dans $\mathbb{R}_+$. Il résulte de la remarque précédente qu'il existe une fonction $\underline{\underline{Y}}$-mesurable u à valeurs dnas $]0,\infty[$ telle que $x \to \int g(x,y)\,u(y)\,P(dy)$ soit Q-p.s. finie ssi l'image de Q par l'application mesurable $x \to g(x,.)$ de $(X,\underline{\underline{X}})$ dans $(F,\underline{\underline{B}}(F))$ est portée par un L-convexe faiblement séparable.

Nous allons montrer maintenant qu'en un certain sens il y a peu de boréliens de F faiblement séparables et encore moins de L-convexes faiblement séparables en prouvant qu'il existe

a) une mesure de probabilité $Q_1$ sur $(F,\underline{\underline{B}}(F))$ négligeant tout borélien faiblement séparable,

b) une mesure de probabilité $Q_2$ sur $(F,\underline{\underline{B}}(F))$ portée par un borélien faiblement séparable et appartenant à $\underline{\underline{T}}$, mais négligeant tout L-convexe faiblement séparable,

lorsque la probabilité P n'est pas purement atomique. Nous nous contenterons de traiter le cas où $Y = \mathbb{R}$, $\underline{\underline{Y}} = \underline{\underline{B}}(\mathbb{R})$ et où P est équivalente à la mesure de Lebesgue, le cas général s'y ramenant par des procédés classiques.

Nous prenons désormais $(X,\underline{\underline{X}}) = (Y,\underline{\underline{Y}}) = (\mathbb{R},\underline{\underline{B}}(\mathbb{R}))$, que nous munissons de la mesure de Lebesgue $\lambda$. La fonction $f : (x,y) \to |x-y|^{-1}$ sur $X\times Y$ est finie $\lambda\times\lambda$-p.p. et $x \to f(x,.)$ est une application continue de X dans F. L'image B de X par cette application est un borélien de F (c'est en fait un $\underline{\underline{K}}_\sigma$), et, si $(A^n)$ est une énumération des intervalles compacts à extrémités rationnelles, la tribu $\underline{\underline{T}}_{|B}$ est engendrée par les fonctions $\Psi_n : z \to \int_{A^n} z\,d\lambda$, si bien que B est faiblement séparable et appartient à $\underline{\underline{T}}$ (la tribu engendrée par les $\Psi_n$ sur tout F est séparable ; comme les points de B sont des atomes de cette tribu, le théorème de Blackwell entraine que B appartient à cette tribu, et donc à $\underline{\underline{T}}$). Le point b) ci-dessus résulte alors immédiatement de la remarque 2) précédente et de la proposition suivante

PROPOSITION A2.- <u>La fonction</u> $f : (x,y) \to |x-y|^{-1}$ <u>est finie</u> $\lambda\times\lambda$-<u>p.p. mais, pour tout borélien</u> A, <u>la fonction</u> $x \to \int_A f(x,y)\,dy$ <u>vaut</u> $+\infty$ $\lambda$-<u>p.p. sur</u> A.

DEMONSTRATION. Rappelons que, si A est un borélien de $\mathbb{R}$, $\lambda$-presque tout point x de A est un point de densité de A, i.e., lorsque I parcourt les intervalles bornés contenant x, le rapport $\lambda(A\cap I)/\lambda(I)$ tend vers 1 lorsque le diamètre de I tend vers 0. Nous montrons que, si x est un point de densité de A, alors $\int_A f(x,y)\,dy = +\infty$. Par translation, on se ramène au cas où $x=0$. On a alors

$$\int_A |y|^{-1}\,dy = \int_0^{\infty} \lambda[A\cap(-\tfrac{1}{t},+\tfrac{1}{t})]\,dt \geq \sum_n \lambda[A\cap(-\tfrac{1}{n},+\tfrac{1}{n})] = +\infty$$

REMARQUE.- Feyel m'a indiqué qu'un peu de théorie du potentiel permet de montrer beaucoup mieux. En effet, notre fonction f est la restriction à $\mathbb{R}$ du noyau newtonien dans $\mathbb{R}^3$, et $\mathbb{R}$ est polaire dans $\mathbb{R}^3$. Par conséquent, pour toute mesure de Radon $\mu$ sur $\mathbb{R}$, la restriction à $\mathbb{R}$ $x\to\int f(x,y)\,\mu(dy)$ du potentiel de $\mu$ vaut $+\infty$ $\mu$-presque partout.

Nous nous donnons maintenant une énumération $(r_n)$ des rationnels et choisissons, à l'aide du lemme de Borel-Cantelli, des réels $c_n>0$ tels que la fonction $y\to\sum_n c_n|r_n-y|^{-1}$ soit finie $\lambda$-p.p. . Nous posons alors $g(x,y)=\sum_n c_n|x+r_n-y|^{-1}$ et définissons ainsi une fonction g sur XxY finie $\lambda\times\lambda$-p.p. . L'application $x\to g(x,.)$ de X dans F est continue, et le point a) ci-dessus résulte alors immédiatement de la proposition suivante

PROPOSITION A3.- <u>La fonction</u> $g:(x,y)\to\sum_n c_n|x+r_n-y|^{-1}$ <u>est finie</u> $\lambda\times\lambda$-p.p., <u>mais, pour tout borélien</u> A <u>tel que</u> $\lambda(A)>0$, <u>la fonction</u> $x\to\int_A g(x,y)\,dy$ <u>est</u> $\lambda$<u>-p.p. égale à</u> $+\infty$ .

DEMONSTRATION. Fixons A non négligeable et soit B l'ensemble des x tels que $\int_A g(x,y)\,dy=+\infty$. D'après la proposition précédente, B est non négligeable et invariant par les translations rationnelles. Il est bien connu que cela entraine que $B^c$ est négligeable.

Université de Strasbourg
Séminaire de Probabilités 1979/80

# SUR LES TRAVAUX DE N.V. KRYLOV EN THEORIE DE L'INTEGRALE STOCHASTIQUE

par Jean SPILIOTIS

On se propose dans cet exposé de donner une vue d'ensemble sur les travaux déjà anciens, mais remarquables, de N.V. Krylov, concernant l'existence de densités pour la loi de certaines variables aléatoires construites à partir d'intégrales stochastiques. Ces travaux ont été publiés dans l'ordre suivant :

[1]. On Ito's stochastic integral equations . Theor. Prob. Appl. 14, 1969.

[2]. An inequality in the theory of stochastic integrals. Theor. Prob. Appl. 16, 1971.

[3]. On the uniqueness of the solution of Bellmann's equation. Izv. Akad. Nauk SSSR, 5, 1971.

[4]. Control of a solution of a stochastic integral equation. Theor. Prob. Appl. 17, 1972.

[5]. Some estimates of the probability density of a stochastic integral. Izv. Akad. Nauk, 38, 1974.

L'article [1] est un précurseur, et nous ne l'examinerons pas. Du point de vue du probabiliste, les articles fondamentaux sont [2] et [5]. On voit dans les titres que certains articles se réfèrent aux intégrales stochastiques, d'autres à la théorie du contrôle : on ne peut les séparer, d'où la difficulté de la lecture de ces articles, car ils renvoient les uns aux autres, utilisant les inégalités de la théorie du contrôle pour estimer des intégrales stochastiques, et vice-versa.

La traduction du livre de Krylov

[6]. Controlled diffusion processes.

est annoncée pour Février 1980 ( Springer-Verlag ).

Nous allons analyser ici les résultats des articles [2] et [5], puis donner des idées très sommaires sur leur démonstration.

## RESULTATS FONDAMENTAUX DE L'ARTICLE [2]

On se place sur $\mathbb{R}^n$ ( coordonnées $x^i$, $i=1,\dots,n$ ), et on considère le mouvement brownien à n dimensions $B_t=(B_t^i)$ issu de 0. On considère un processus $X_t$ à valeurs dans $\mathbb{R}^n$ , donné comme intégrale stochastique

$$(1) \qquad X_t^i = X_0^i + \Sigma_j \int_0^t a_{js}^i(\omega)dB_s^j(\omega) + \int_0^t b_s^i(\omega)ds$$

Signalons tout de suite une originalité du point de vue de Krylov : il s'agit ici d'<u>intégrales stochastiques</u>, et non d'<u>équations différentielles</u>

<u>stochastiques</u> . On fait sur les coefficients les hypothèses suivantes

- La matrice ( prévisible ) $a_s=(a^i_{js}(\omega))$ a ses coefficients bornés en valeur absolue par une constante M ( voir commentaire plus bas ).

On pose $\delta_s(\omega) = \det(a_s(\omega))^2$ ; c'est un nombre positif.

- On a $|b^i_s| \leqq \beta\delta_s^{1/n}$ .

On considère maintenant un ouvert borné U de $\mathbb{R}^n$ , et l'on désigne par $\tau$ le temps de rencontre du complémentaire de U

$$\tau = \inf\{ t : X_t \notin U \} \qquad ( \tau = 0 \text{ si } X_0 \notin U ) .$$

Le résultat principal de l'article est alors le suivant :

THEOREME 1. <u>On a pour toute fonction</u> f

(2) $$E[ \int_0^\tau |f(X_s)|\delta_s^{1/n}ds ] \leqq c\|f\|_{L^n}$$

<u>où la constante</u> c <u>dépend</u> : <u>de la dimension</u> n, <u>du diamètre de</u> U, <u>de la constante</u> $\beta$ <u>figurant dans les hypothèses</u>.

La constante M n'intervient nulle part dans les majorations : elle n'intervient que pour assurer que les intégrales stochastiques considérées ont un sens, et le théorème 1 admet donc des généralisations faciles, que nous ne détaillerons pas.

Interprétons ces résultats lorsque X est solution d'une équation différentielle stochastique : on a $a^i_{js}= a^i_j(X_s)$ , $b^i_s = b^i(X_s)$ , où les fonctions $a^i_j(x)$, $b^i(x)$ sont boréliennes sur U, et, en principe, uniformément bornées - mais cette condition n'est pas vraiment nécessaire, localement bornées suffit - mais le gain en généralité est un peu illusoire : si les coefficients sont trop grands, on ne pourra pas s'assurer que l'équation différentielle stochastique admet une solution <u>non explosive</u>, ce que nous avons implicitement supposé. Faisons de plus une hypothèse de non dégénérescence uniforme

(3) $$\delta(x) = \det(a(x))^2 \geqq \lambda > 0$$

L'hypothèse concernant les $b_i$ sera satisfaite dès que les $b_i$ seront uniformément bornés. Dans la formule (2), l'hypothèse (3) permet de se débarasser du poids $\delta_s^{1/n}$ sous l'intégrale. Quant au processus X lui-même, c'est une diffusion ; si l'on prend $X_0=x$ , l'écriture habituelle du côté gauche de la formule (2) est ( après suppression du coefficient $\delta^{1/n}$ )

$$V(x,f) = E^x[\int_0^\zeta f(X_s)ds ] \qquad \text{pour } f \text{ positive}$$

où on a écrit $\zeta$ et non $\tau$ pour exprimer que c'est la durée de vie de la diffusion sur U : c'est le <u>potentiel de Green</u> de la diffusion dans l'ouvert

U. Ainsi, la formule (2) entraîne que l'opérateur potentiel de Green applique $L^n(U)$ dans $L^\infty(U)$ - le résultat est un peu plus précis, l'inégalité ayant lieu partout, et non presque partout. Mais la formule (2) est beaucou plus riche :

- elle s'applique aux coefficients $a^i_j(x,t)$ dépendant du temps, i.e. aux équations paraboliques ;

- le coefficient $\delta_s^{1/n}$ dans la formule permet de se passer entièrement de l'hypothèse (3), permettant par exemple à la diffusion de dégénérer au bord.

Citons aussi deux résultats de l'article [1], moins fins que le théorème 2, mais utiles. Le premier affirme que si la matrice $a_s$ satisfait à une condition (que nous énonçons plutôt ici dans le langage du th. 2 )

(4) $\quad |a^i_{js}| \leqq M \ , \ |b^i_s| \leqq M \ , \ \delta_s \geqq m > 0$

( entraînant l'ellipticité de la forme quadratique $\Sigma\, a^i_{ks} a^j_{\ell s} \delta^{k\ell} \xi_i \xi_j$), on peut remplacer (2) par une estimation sur tout $\mathbb{R}^n$ du type

(5) $$E[\int_0^\infty e^{-\lambda s}|f(X_s)|ds\ ] \leqq c\|f\|_{L^n} \qquad (\lambda>0)$$

( En théorie du potentiel, cela correspond au remplacement d'un potentiel de Green par un $\lambda$-potentiel. La constante c dépend de $\lambda$, M, m, n ).

Le second dit que, si u est une fonction appartenant à l'espace de Sobolev $W^2_n$ ( n est la dimension), le processus $u(X_t)$ est une semimartingale, et on a une "formule d'Ito" pour ce processus. Nous donnerons des détails plus loin.

LE THEOREME FONDAMENTAL DE [5]

La condition sur les $b^i$ est remplacée par la suivante, moins restrictive lorsque a peut dégénérer :

(6) $$|b_s| \leqq \beta\ tr(a_s a^*_s)$$

où $\beta$ est une constante, et $a^*_s$ est la matrice transposée de $a_s$ . On pose aussi

(7) $$\varphi_t = \frac{1}{2}\int_0^t tr(a_s a^*_s)ds$$

On va généraliser aussi le théorème 1 en considérant une fonction f(s,x), et non plus seulement f(x). Cela explique l'intégration sur $\mathbb{R}^{n+1}$ et non $\mathbb{R}^n$.

THEOREME 2. <u>On se donne</u> $\lambda>0$, <u>et</u> $p\geqq n+1$. <u>On a</u>

(8) $$E[\int_0^\infty e^{-\lambda t-\lambda\varphi_t}|f(t,X_t)|\,\delta_t^{1/n+1}dt| \leqq c(\ \int|f(t,x)|^p e^{-\gamma t}dx\ )^{1/p}$$

<u>où</u> c <u>ne dépend que de</u> p,$\lambda$,n , <u>et</u> $\gamma>0$ <u>ne dépend que de</u> $\lambda$ <u>et</u> $\beta$.

Il est absolument impossible de présenter même une esquisse de la démonstration de ce théorème, mais nous allons essayer de présenter sommairement le théorème 1 et ses variantes.

DEMONSTRATION DU THEOREME 1 : PARTIE PROBABILISTE

A) Nous allons d'abord travailler dans le cas où U est la boule de centre 0 et de rayon 1 dans $\mathbb{R}^n$ . Plus généralement, nous posons

(8) $$C_r = \{ x : |x| < r \} \text{ dans } \mathbb{R}^n .$$

Nous considérons une fonction f <u>nulle hors de</u> $C_1$ et il suffit de traiter le cas où f est <u>positive</u> et <u>continue</u> . Nous posons simplement $\|f\|_{L^n} = \|f\|$.

B) Soit a une matrice (n,n), b un vecteur, et soit $X_t^{a,b}$ le processus

(9) $$X_t^{a,b} = x + a(B_t) + bt$$

c'est une diffusion - dégénérée si la matrice a l'est - de générateur

(10) $$L^{ab} = \frac{1}{2}\Sigma\, a_k^i a_\ell^j \delta^{k\ell} D_i D_j + \Sigma b^i D_i \quad (\text{ on posera } \alpha^{ij} = \Sigma\, a_k^i a_\ell^j \delta^{k\ell} )$$

Si b = 0 , on écrira simplement $L^a$, $X^a$. D'autre part, on posera comme plus haut $\delta(a) = (\det(a))^2$.

C) Tout l'article de Krylov repose maintenant sur le lemme suivant, que nous commenterons en appendice. Rappelons que toutes les dérivées partielles secondes d'une fonction concave, au sens des distributions, sont des mesures, et qu'un opérateur elliptique ( même dégénéré ) à coefficients constants appliqué à une fonction concave donne une mesure $\leqq 0$ [1].

LEMME 1. <u>Soit</u> f <u>une fonction continue</u>, <u>positive</u>, <u>nulle hors de</u> $C_1$. <u>Il existe une fonction concave</u> z <u>sur</u> $\mathbb{R}^n$ <u>possédant les propriétés suivantes</u>

1) z <u>est positive dans</u> $C_2$
2) $|z(x)-z(y)| \leqq K|x-y|\,\|f\|$
3) $K\|f\| \geqq z(x) \geqq -K|x|\,\|f\|$
4) <u>Pour toute matrice</u> a , $L^a(z)+k\delta(a)^{1/n}f dx$ <u>est une mesure</u> $\leq 0$ .

<u>Les notations</u> K <u>et</u> k <u>désignent des constantes qui ne dépendent que de la dimension de l'espace</u>.

Ce résultat analytique étant admis, nous en déduisons l'étape probabiliste la plus importante :

LEMME 2. <u>Quels que soient la matrice</u> a <u>et le vecteur</u> b, <u>le processus</u>

(11) $$Y_t = z(X_t^{ab}) + k\delta(a)^{1/n}\int_0^t f(X_s^{ab})ds - K\|f\|\,|b|t$$

<u>est une surmartingale</u>.

DEMONSTRATION. Soient $\bar{z}$ et $\bar{f}$ les régularisées de z et f par une même fonction $\varphi\in C_c^\infty$ . Nous avons

$$\bar{z}(X_t^{ab})+k\delta(a)^{1/n}\int_0^t \bar{f}(X_s^{ab})ds = \int_0^t L^{ab}\bar{z}(X_s^{ab})ds + \int_0^t k\delta(a)^{1/n}\bar{f}(X_s)ds + M_t$$

1. Voir les remarques sur les fonctions convexes en appendice.

où $M_t$ est une martingale : cela provient du fait que $\bar{z}$ est une fonction $C^\infty$ à croissance au plus linéaire ( condition 3) du lemme 1 ) et que $L^{ab}$ est le générateur du processus $X^{ab}$ . D'autre part, d'après la condition 4) du lemme 1, la fonction $L^a\bar{z} + k\delta(a)^{1/n}\bar{f}$ , régularisée d'une mesure négative, est négative. Le côté droit s'écrit donc

$$\int_0^t \Sigma\, b^i D_i \bar{z}(X_s^{ab})ds \ + \text{surmartingale}$$

Pour évaluer ce terme, nous appliquons la propriété 2) du lemme 1 : z est lipschitzienne de rapport $K\|f\|$ , cela passe à $\bar{z}$ , et donc $\Sigma\, b^i D_i \bar{z} \leqq K|b|\,\|f\|$. Ainsi le côté droit s'écrit

$$K\|f\|\,|b|t + \text{surmartingale}$$

D'où la formule (11) avec $\bar{z}$, $\bar{f}$ au lieu de z, f . Il ne reste plus qu'à faire converger les régularisations.

D) Nous passons maintenant aux intégrales stochastiques : $a_s$ et $b_s$ sont des matrices prévisibles, f est continue, positive, nulle hors de $C_1$, z est comme dans le lemme 1, et X est donné par les intégrales stochastiques (1) - la condition que $a_s$ et $b_s$ soient bornés par M n'intervient toujours que pour affirmer que les intégrales stochastiques ont un sens, car les majorations sont indépendantes de M.

LEMME 3. <u>Le processus</u>

$$(12) \qquad z(X_t) + k\int_0^t \delta(a_s)^{1/n} f(X_s)ds - K\|f\|\int_0^t |b_s|ds$$

<u>est une surmartingale</u>.

DEMONSTRATION. Laissant fixes le brownien $(B_t)$, les fonctions f et z, nous faisons varier les processus prévisibles $a_s$ et $b_s$ ( les coefficients restant toujours bornés par M pour plus de sécurité ). La théorie usuelle des intégrales stochastiques montre que $X_t \in L^2$ est fonction continue de a et b, pour la norme

$$\Big( \Sigma \int_0^t (a^i_{js})^2 ds \Big)^{1/2} + \Sigma \int_0^t |b^i_s|ds$$

et comme f est continue bornée, z continue à croissance au plus linéaire, les v.a. (12) sont fonctions continues de (a,b), à valeurs dans $L^2$. Il suffit donc d'établir le lemme 3 pour des processus (a,b) formant un ensemble dense pour la norme ci-dessus, et on choisit des processus <u>étagés</u> du type suivant : $(t_n)$ désignant la p-ième subdivision dyadique de $\mathbb{R}_+$ , on a sur $[t_n, t_{n+1}[$

$$a^i_{js}(\omega) = a^i_j(\omega) \ , \quad b^i_s(\omega) = b^i(\omega)$$

ces matrices dépendant de ω, mais non de s. Ensuite, il suffit de démontrer la propriété de surmartingale sur chaque intervalle $[t_n, t_{n+1}[$. Conditionnant par $\underline{\underline{F}}_{t_n}$ , on se ramène sur cet intervalle à traiter le cas où $a^i_j, b^i$ sont des constantes, et alors on est ramené au lemme 2 .

Nous désignons maintenant par T le temps de rencontre de $\mathbb{R}^n\backslash C_2$ . Nous écrivons comme au début $\delta_s$ pour $\delta(a_s)=(\det(a_s))^2$.

LEMME 4. <u>On a ( indépendamment de la position initiale</u> $X_0$)

(13) $\qquad k E[\int_0^T \delta_s^{1/n} f(X_s)ds\ ] \leq K\|f\|(1+E[\int_0^T |b_s|ds])$

DEMONSTRATION. Nous écrivons la propriété de surmartingale du lemme précédent, entre les temps d'arrêt bornés 0 et $t\wedge T$ :

$$kE[\int_0^{t\wedge T}\delta_s^{1/n}f(X_s)ds\ ] \leq E[z(X_0)]-E[z(X_{t\wedge T})]+ K\|f\|E[\int_0^{t\wedge T}|b_s|ds]$$

Nous majorons $E[z(X_0)]$ par $K\|f\|$ , $-E[z(X_{t\wedge T})]$ par 0 ( lemme 1, propriétés 3) et 1), et nous faisons enfin tendre t vers l'infini.

E) L'hypothèse relative aux coefficients $b^i$ n'est pas encore intervenue. Nous nous en occupons à présent. Le théorème 1 sera démontré ( dans le cas où $U=C_1$ ) si nous avons le résultat suivant :

LEMME 5. <u>Supposons</u> $|b_s|\leq\beta\delta_s^{1/n}$ . <u>Alors</u> $E[\int_0^T|b_s|] \leq \gamma$ , <u>constante qui dépend seulement de la dimension et de</u> $\beta$ .

DEMONSTRATION. Krylov utilise une fonction $u\in C^\infty(\mathbb{R}^n)$, qui dans $C_3$ ( par exemple ) est concave, positive, et satisfait à la propriété

(14) $\qquad L^{ab}u + c|b| \leq 0 \quad ( c\ ,\ \text{constante} > 0 )$

pour toute matrice a et tout vecteur b tel que $|b|\leq\beta\delta(a)^{1/n}$. Admettant l'existence d'une telle fonction, on voit ( cf. lemme 2 ) que, pour de tels a,b

$$u(X^{ab}_{t\wedge T}) + c|b|t\wedge T \quad \text{est une surmartingale}$$

et alors ( lemme 3 )

$$u(X_{t\wedge T}) + c\int_0^{t\wedge T}|b_s|ds \quad \text{est une surmartingale si } |b_s|\leq\beta\delta_s^{1/n} .$$

Mais alors on a $cE[\int_0^T|b_s|ds] \leq E[u(X_0)]-E[u(X_T)] \leq E[u(X_0)]$, qui est borné uniformément pour $X_0\in C_2$ .

Reste à construire u . La formule (14) s'écrit

$$\frac{1}{2}\Sigma\ a^i_k a^j_\ell \delta^{k\ell} D_{ij}u + b.\text{grad}u + c|b| \leq 0$$

Or on a[(1)] $\Sigma\ \alpha^{ij}\gamma_{ij} \geq n(\det(\alpha))^{1/n}(\det(\gamma))^{1/n}$ si $\alpha$ et $\gamma$ sont positives. Donc le premier terme à gauche est $\leq -\frac{n}{2}\delta(a)^{1/n}(\det(-D_{ij}u))^{1/n}$. Pour finir, il suffit donc que

$$-\frac{n}{2}(\det(-D_{ij}u))^{1/n}+\beta|\text{grad}u|+c \leq 0$$

Krylov construit une fonction de la forme $u(x)=h(|x-x_o|)$, où $x_o$ est un point hors de $C_3$ : les calculs des $D_{ij}u$ , grad u... sont alors relativement simples en coordonnées polaires, et nous laisserons les détails de côté.

1. Se ramener à une base où $\alpha$ et $\gamma$ sont diagonales.

F) Nous avons travaillé jusqu'à maintenant sur $C_1$ ; exprimons les résultats analogues pour $C_r$, en désignant par $T_r$ le premier temps de rencontre de $\mathbb{R}^n\setminus C_r$ ( ou $C_{2r}$ ; peu importe ). Soit f une fonction positive nulle hors de $C_r$, et soit $\bar{f}(x)=f(rx)$, nulle hors de $C_1$ ; soit $\bar{X}=\frac{1}{r}X$, processus associé par (1) aux matrices $\bar{a}_s=a_s/r$, $\bar{b}_s=b_s/r$, qui satisfont aux mêmes hypothèses ( avec le même coefficient $\beta$ ). Nous avons $\det(a_s)^2=r^{2n}\det(\bar{a}_s)^2$

$$E[\int_0^{T_r} f(X_s)\delta_s^{1/n}ds] = r^2E[\int_0^{\bar{T}} \bar{f}(\bar{X}_s)\bar{\delta}_s^{1/n}ds] \leqq cr^2\|\bar{f}\|_{L^n}$$

Mais $(\int f^n(rx)dx)^{1/n}=\frac{1}{r}(\int f^n(x)dx)^{1/n}$, donc il reste simplement un facteur r . Revenant alors au théorème 1 ( dont la démonstration est achevée, car tout ouvert borné U est contenu dans une boule de rayon diam(U)), on voit que la constante au second membre peut s'écrire $c=c(\beta,n)\mathrm{diam}(U)$.

QUELQUES APPLICATIONS DU THEOREME 1

Nous allons commencer par rechercher des majorations globales du type (5). Nous désignerons par $\mathcal{P}_x$ la classe des processus

$$X_t = x + \Sigma \int_0^t a^i_{js}dB^j_s + \Sigma \int_0^t b^i_s ds$$

issus du point x, et satisfaisant à des conditions du type

(15) $$|a^i_{js}| \leqq M\ ,\quad |b^i_s| \leqq M\ ,\quad \delta(a_s) \geqq m>0 \quad (1)$$

et nous noterons $\mathcal{P}$ la réunion $\cup_x \mathcal{P}_x$. Le résultat démontré plus haut nous dit que, en désignant maintenant par $\tau_x$ le temps de rencontre du complémentaire de la boule $C_1(x)$ de centre x et de rayon 1, on a pour tout $X\in\mathcal{P}$

(16) $$E[\int_0^{\tau_x} f(X_s)ds] \leqq c\|f\|_{L^n} \qquad (\text{ pour tout } x\in\mathbb{R}^n )\ .$$

( la condition (15) nous a permis de faire disparaître le facteur $\delta_s^{1/n}$, et la condition $|b_s|\leqq \beta\delta_s^{1/n}$ est satisfaite pour $\beta$ assez grand ). Nous nous proposons d'établir une majoration globale :

THEOREME 3. <u>Soit</u> $\lambda>0$. <u>Alors on a pour tout processus</u> $X\in\mathcal{P}$ <u>et toute fonction</u> $f\geqq 0$

(17) $$E[\int_0^\infty e^{-\lambda s}f(X_s)ds] \leqq c\|f\|_{L^n}$$

( c dépend de M,m,$\lambda$ et de la dimension de l'espace ).

On se ramène aussitôt au cas où f est continue bornée. Alors la fonction

$$v(x)=v_f(x) = \sup_{Y\in\mathcal{P}_x} E[\int_0^\infty e^{-\lambda s}f(Y_s)ds]$$

est bornée sur $\mathbb{R}^n$, et nous poserons $V=\sup_x v(x)$. L'étude de cette fonction est très importante en théorie du contrôle optimal, mais nous ne

1. Contrairement à ce qui se passait plus haut, la constante M intervient explicitement dans les raisonnements de ce paragraphe.

l'aborderons pas ici. Nous écrivons

$$v(x) = \sup_{Y\in P_x} E[\int_0^{\tau_x} e^{-\lambda s} f(Y_s)ds + e^{-\lambda\tau_x}\int_0^{\infty} e^{-\lambda s} f(Z_s)ds\ ]$$

où $Z_s = Y_{\tau_x+s}$. Mais nous avons [1] $Z\in P_{Y_{\tau_x}}$ conditionnellement à $\underline{\underline{F}}_{\tau_x}$, donc

$$E[\int_0^{\infty} e^{-\lambda s} f(Z_s)ds\ ] \leqq V$$

et par conséquent, grâce à (16)

$$v(x) \leqq c\|f\|_{L^n} + V \sup_{Y\in P_x} E[e^{-\lambda\tau_x}]$$

Passons au sup en x, et posant $\gamma_\lambda = \sup_x \sup_{Y\in P_x} E[e^{-\lambda\tau_x}]$

$$V(1-\gamma_\lambda) \leqq c\|f\|_{L^n}$$

et tout revient à démontrer que $\gamma_\lambda < 1$ pour tout $\lambda > 0$.

Prenons x=0, posons $\tau_0 = \tau$, appliquons la formule d'Ito à $e^{-\lambda t}u(Y_t)$ où $u\in C_c^{\infty}$ vaut $1-|x|^2$ dans la boule unité. Nous avons

$$0 = e^{-\lambda\tau}u(Y_\tau) = 1 + M_\tau - \int_0^{\tau} \lambda e^{-\lambda s} u(Y_s)ds - 2\Sigma \int_0^{\tau} e^{-\lambda s} b_s^i Y_s^i ds - \int_0^{\tau} e^{-\lambda s}\alpha_s ds$$

où le terme $\alpha_s$ provenant des dérivées secondes vaut $\Sigma_{i,j} (a_{js}^i)^2$, et où $M_t$ est une martingale locale, correspondant à la partie brownienne de l'intégrale stochastique. Il n'y a aucune difficulté à intégrer cette relation, et $E[M_\tau]$ disparaît. Il reste donc

$$1 = E[\int_0^{\tau} e^{-\lambda s}(\lambda u(Y_s) + 2\Sigma\, b_s^i Y_s^i + \alpha_s)ds\ ]$$

Comme on a (15), et $|Y| \leqq 1$ sur $[0,\tau[$, cela entraîne l'existence d'une constante k, dépendant seulement de $\lambda$ et M, telle que

$$1 \leqq E[k\int_0^{\tau} e^{-\lambda s}ds\ ] = \frac{k}{\lambda}(1-E[e^{-\lambda\tau}])$$

Ce qui a été fait pour $\tau$ vaut pour tout $\tau_x$, et c'est le résultat cherché.

COROLLAIRE. <u>Sous les mêmes hypothèses</u>, <u>on a</u> $E[\int_0^t f(X_s)ds] \leqq e^{\lambda t}c\|f\|_{L^n}$.

Krylov étudie aussi dans [1] la validité d'une " formule d'Ito"

$$(18)\qquad u(X_t) = u(X_0) + \Sigma \int_0^{t} a_{js}^i D_i u(X_s)dB_s^j + \Sigma \int_0^{t} D_i u(X_s) b_s^i ds + \frac{1}{2}\Sigma \int_0^{t} D_{ij}u(X_s) a_{ks}^i a_{\ell s}^j \delta^{k\ell}\, ds$$

pour des fonctions u qui ne sont pas de classe $C^2$, mais appartiennent à

---

1. En fait, il y a là une petite difficulté : si l'on pose $B'_s = B_{\tau_x+s} - B_{\tau_x}$, $a'_s = a_{\tau_x+s}$, $b'_s = b_{\tau_x+s}$, les processus $a'_s$, $b'_s$ sont prévisibles par rapport à une filtration <u>plus riche</u> que la filtration naturelle du brownien $B'_s$. Dans notre définition de v(x) ou $P_x$, il aurait donc fallu permettre l'adjonction à $\underline{\underline{F}}_0$ d'une tribu séparable indépendante des processus.

un espace de Sobolev convenable : rappelons brièvement ce dont il s'agit.

D'abord le problème de la formule (18) est local : on peut donc se borner à étudier des fonctions u à support dans une boule $C_r$ fixée. On fera l'hypothèse que u appartient à l'espace de Sobolev $W^2_n$ , c'est à dire à la complétion de $C^\infty_c$ pour la norme

$$[\![v]\!] = \|v\|_{L^n} + \Sigma_i \|D_i v\|_{L^n} + \Sigma_{ij} \|D_{ij} v\|_{L^n}$$

Si l'on choisit des $v_k \in C^\infty_c$ ( on peut les prendre à support dans $C_r$ ) qui convergent vers u au sens de cette norme, on peut montrer

- que les $D_i v$ convergent vers $D_i u$ dans <u>tout</u> $L^p$ ( p fini )
- que les $v_k$ convergent <u>uniformément</u> vers u p.p., de sorte que u est égale p.p. à une fonction continue ( sur ces points, voir Dunford-Schwartz , vol II, p. 1680 et p. 1684 ).

Dans ces conditions, la démonstration de (18) est très simple : on écrit la formule d'Ito pour les $v_n$ , et on remarque que les $(D_i v_n - D_i u)^2$, $|D_i v_n - D_i u|$ , $|D_{ij} v_n - D_{ij} u|$ convergent vers 0 dans $L^n$. On applique alors le corollaire ci-dessus, pour montrer que chacun des termes de la formule (18) pour $v_n$ converge vers le terme correspondant pour u.

## APPENDICE : SUR LES FONCTIONS CONVEXES

On a vu le rôle capital joué par le lemme 1. Nous allons essayer de faire comprendre la signification de ce lemme, sans prétendre le démontrer complètement.

Soit d'abord $\zeta(x)$ une fonction <u>convexe</u> de classe $C^2$ sur $\mathbb{R}^n$. Soit $u \in \mathbb{R}^n$, $t \in \mathbb{R}$, et x un vecteur de $\mathbb{R}^n$. Ecrivant que la fonction $\zeta(u+tx)$ est convexe en t, de classe $C^2$, et admet donc une dérivée seconde positive à l'origine, nous obtenons

(1) $$\Sigma_{ij}\, x^i x^j D_{ij}\zeta(u) \geqq 0$$

Notons $L_x$ l'opérateur $\Sigma_{ij}\, x^i x^j D_{ij}$ ; il est clair, par un argument d'indépendance linéaire , que tout opérateur $D_{ij}$ est combinaison linéaire à coefficients réels d'un nombre fini d'opérateurs $L_x$, les vecteurs x et les coefficients utilisés nous important peu .

Il résulte de (1) que les $D_{ii}\zeta(u)$ sont positifs, que leur somme $\Delta\zeta(u)$ est positive. Utilisant au point u un système d'axes orthonormés qui met la matrice $(D_{ij}\zeta(u))$ sous forme diagonale, on voit que

(2) $$\det(D_{ij}\zeta(u)) \geqq 0 \ , \ \sqrt[n]{\det(D_{ij}\zeta(u))} \leqq \frac{1}{n}\Delta\zeta(u) \ .$$

Considérons maintenant une fonction convexe, non nécessairement de classe $C^2$. Toutes les distributions $L_x\zeta$ sont des mesures positives, absolument continues par rapport à $\Delta\zeta$ . Il résulte de ce qui précède que toutes les distributions $D_{ij}\zeta$ sont des mesures réelles, absolument continues par rapport à $\Delta\zeta$ : ainsi

$$D_{ij}\zeta = \lambda_{ij}\Delta\zeta$$

où les $\lambda_{ij}$ sont des fonctions boréliennes bornées. Le fait que toute distribution $L_y\zeta = ( \Sigma_{ij}\ y^i y^j \lambda_{ij})\Delta\zeta$ soit positive, pour y rationnel, entraîne que la forme $\Sigma_{ij}\ \lambda_{ij}(x)y^i y^j$ est positive, pour $\Delta\zeta$-presque tout x, et l'on peut associer à $\zeta$ la mesure positive

$$\mu_\zeta = (\det(\lambda_{ij}))^{1/n}\Delta\zeta \ \leqq \frac{1}{n}( \Sigma_i\ \lambda_{ii})\Delta\zeta \ = \frac{1}{n}\Delta\zeta$$

Si l'on avait utilisé une autre mesure que $\Delta\zeta$ pour calculer les densités $\lambda_{ij}$ , on aurait abouti à la même mesure $\mu_\zeta$ ( en particulier, si $\zeta$ est de classe $C^2$, $\mu_\zeta$ est la mesure $(\det(D_{ij}\zeta(x))^{1/n}$ dx ). Noter aussi que $\zeta \mapsto \mu_\zeta$ n'est pas linéaire, mais que $\mu_{t\zeta} = t\mu_\zeta$ .

Si z est une fonction <u>concave</u>, nous nous permettrons de noter $\mu_z$ la mesure positive $\mu_{-z}$ .

Passons à la signification du lemme 1. Ce que fait Krylov consiste formellement à résoudre un problème de Dirichlet non linéaire

$$(3) \qquad \begin{array}{l} (\det( -D_{ij}z ))^{1/n} = f \quad \text{dans } \mathbb{R} \text{ entier} \quad ( \text{ou : } \mu_z(dx)=f(x)dx ) \\ z \text{ concave}, \quad z=0 \text{ sur le bord de } C_2 \end{array}$$

( les problèmes de ce genre sont dits " de Monge-Ampère" ). Supposant z de classe $C^2$, montrons la relation entre (3) et la propriété cruciale 4) du lemme 1 : on a d'après (3)

$$L^a(z)+ k\delta(a)^{1/n}f = \Sigma\ \alpha^{ij}D_{ij}(z) +k(\det(\alpha^{ij}))^{1/n}\ (\det(-D_{ij}z))^{1/n}$$

avec $\alpha^{ij}=\Sigma\ a^i_k a^j_l \delta^{kl}$. Or nous avons utilisé déjà l'inégalité suivante, généralisation de l'inégalité entre les moyennes arithmétique et géométrique :

$$\Sigma\ \alpha^{ij}D_{ij}(-z) \geqq\ n(\det(\alpha))^{1/n}(\det(-D_{ij}z))^{1/n}$$

et donc la propriété 4) du lemme 1 sera satisfaite dès que $k\leqq n$. Les autres conditions du lemme 1 apparaissent comme des estimations simples concernant la solution de (3). Le raisonnement ci-dessus peut être rendu rigoureux pour une fonction concave non nécessairement de classe $C^2$, en travaillant sur les densités par rapport à la mesure $-\Delta z(dx)+dx$.

Mais en fait, Krylov ne résout pas l'équation (3) : il en construit des solutions approchées $z^i$, qui sont des fonctions concaves polyédrales ( i.e. des enveloppes inférieures de fonctions affines en nombre fini ), et qu'il fait converger vers la solution désirée. On s'attend à un raisonnement du genre suivant : on se donne des polyèdres convexes $Q_i$ dans $\mathbb{R}$ , contenant la boule $C_1$ ( ou même $C_{3/2}$) et croissant vers $C_2$ ; on se donne des mesures $\mu_i$ à support fini $S_i\subset C_1$ , convergeant vaguement vers la mesure f(x)dx, et on cherche à construire $z_i$, fonction concave polyédrale, telle que $\mu_{z_i}=\mu_i$, l'ensemble des points extrémaux du sous-graphe de $z_i$ étant contenu dans $S_i$, et $z_i$ étant nulle sur le bord de $Q_i$. Or ce n'est pas ainsi que procède Krylov : il prend bien les $Q_i$ comme on l'a dit, mais les mesures $\mu_i$ qu'il considère convergent vaguement <u>vers $f^n(x)dx$</u>, et les fonctions polyédrales $z_i$, nulles sur le bord de $Q_i$, possèdent une propriété différente : soit $\Sigma_i$ le sous-graphe de $z_i$ ; alors

- l'ensemble des points extrémaux de $\Sigma_i$ est contenu dans $S_i$
- pour tout $x\in S_i$, le volume euclidien de l'ensemble des $p\in\mathbb{R}^n$ tels que $p.(y-x) \geqq z_i(y)-z_i(x)$ pour tout $y\in\mathbb{R}^n$ est égal à $\mu_i\{x\}$.

Les références que donne Krylov sont malheureusement introuvables dans les bibliothèques non spécialisées en ouvrages soviétiques.

NOTE SUR LES EPREUVES ( Novembre 80 ). Le livre [6] de Krylov n'est toujours pas paru en traduction anglaise. En revanche, on peut trouver en traduction anglaise :

A.V. Pogorelov. The Minkowski Multidimensional Problem. Winston and Sons, Washington DC , 1978 ( distribué par Halsted Press, J. Wiley, )
Ce livre contient tous les résultats nécessaires sur l'équation de Monge-Ampère.

# SUR LA DERIVATION STOCHASTIQUE AU SENS DE M.H.A. DAVIS

CH. YOEURP(*)

Isaacson [2] a montré que si $(B_t)$ est un mouvement brownien et $(H_t)$ est un processus prévisible continu, alors, pour tout $t \in \mathbb{R}_+$, le rapport $\frac{1}{B_{t+\varepsilon}-B_t}\int_t^{t+\varepsilon} H_s dB_s$ converge en probabilité vers $H_t$, quand $\varepsilon \to 0$. Nous avons donné un contre-exemple ([7]) prouvant que cette propriété devient fausse, en général, si on remplace le mouvement brownien par une martingale continue quelconque.

De son côté, M.H.A. Davis [1] a introduit une autre notion de dérivation stochastique par rapport à un mouvement brownien, en étudiant l'expression suivante :

$$\frac{1}{B_{T_t^\varepsilon}-B_t}\int_t^{T_t^\varepsilon} H_s dB_s, \text{ où } T_t^\varepsilon = \text{Inf}\{s > t \ / \ |B_s-B_t| \geq \varepsilon\}$$

L'objet de cet article est l'étude de cette notion de dérivation dans le cas d'une semi-martingale continue.

*Notations et rappels* :

On travaille sur un espace de probabilité $(\Omega,\mathcal{F},(\mathcal{F}_t),P)$ vérifiant les conditions habituelles. On utilise les notations suivantes :

$\mathcal{L}^c$ : espace des martingales locales continues.

$\mathcal{V}$ : espace des processus continus à droite, adaptés, à variation finie sur tout compact.

$\mathcal{V}^c$ : sous-espace de $\mathcal{V}$, constitué de processus continus.

$\mathcal{S}$ : espace des semi-martingales.

$\mathcal{S}^c$ : espace des semi-martingales continues.

Pour tout processus continu adapté $(X_t)$ et pour tout t.a. fini S, on introduit les t.a. suivants :

$$T_S^\varepsilon(X) = \text{Inf}\{s > S \ / \ |X_s-X_S| \geq \varepsilon\}$$
$$= \infty \text{ si } \{\cdot\} = \emptyset$$
$$T_S(X) = \lim_{\varepsilon\to 0} T_S^\varepsilon(X)$$

---

(*) Université Paris VI - Laboratoire des Probabilités - Tour 56 - Couloir 46-56
3ème Etage - 4, Place Jussieu - 75230 PARIS CEDEX 05

Quand $S = 0$, on notera simplement $T^{\varepsilon}(X), T(X)$. On omettra $X$, s'il n'y a pas de risque de confusion.

Supposons que $X = (X_t)$ soit une semi-martingale continue, et soit $H = (H_t)$ un processus prévisible càdlàg. Définissons $Y = (Y_t)$ et $K = (K_t)$, en posant : $Y_t = X_{S+t} - X_S$, $K_t = H_{S+t}$. Alors, $Y$ et $K$ sont respectivement semi-martingale nulle en $0$ et processus prévisible càdlàg, relativement à la filtration $(\mathcal{F}_{S+t})$. De plus, on a $T^{\varepsilon}_S(X) = S + T^{\varepsilon}(Y)$. Il est donc facile de voir que l'on a l'égalité suivante :

$$\frac{\int_S^{T^{\varepsilon}_S(X)} H_s dX_s}{X_{T^{\varepsilon}_S(X)} - X_S} 1_{(T^{\varepsilon}_S(X) < \infty)} = \frac{\int_0^{T^{\varepsilon}(Y)} K_s dY_s}{Y_{T^{\varepsilon}(Y)}} 1_{(T^{\varepsilon}(Y) < \infty)}$$

<u>Ainsi, sans perdre de généralité, on peut se limiter à l'étude de la dérivation par rapport à $X$, au point $0$, le résultat obtenu reste valable pour un t.a. fini $S$.</u> Mais alors, on fera attention à ne pas supposer que $X_0 = 0$, lorsque $(H_t)$ est de la forme $(h(X_t))$, comme dans la proposition (1-3).

On rappelle ici deux cas particuliers d'inégalités de normes pour les intégrales stochastiques ([6]), que l'on utilise dans la suite. Etant donnés une martingale locale $M = (M_t)$ et un processus prévisible $H = (H_t)$, il existe des constantes universelles $c_1$ et $c'_p$, $p \in [1,\infty[$, telles que :

(1) $$\left\|\int_0^{\infty} H_s dM_s\right\|_1 \leq c_1 \left\| \sup_{s \geq 0} |H_s| \right\|_2 \|M_\infty\|_2$$

(2) $$\left\|\int_0^{\infty} H_s dM_s\right\|_p \leq c'_p \left\| \sup_{s \geq 0} |H_s| \right\|_p \|M\|_{BMO}$$

## 1 - <u>Cas d'une martingale continue</u>.

L'article [1] de M.H.A. Davis comporte en tout deux théorèmes. Son premier résultat, relatif à la convergence presque sûre, reste encore vrai, si l'on remplace le temps constant $t$ par un t.a. fini $S$, mais nous pensons qu'il n'en est pas de même pour son deuxième résultat, relatif à la convergence dans $L^p$.

Dans ce paragraphe, seule la proposition (1-4) se ramène au cas d'un mouvement brownien (par changement de temps) et utilise par conséquent le théorème 1 de Davis.

*<u>Proposition (1-1)</u>* :

<u>Etant donnée</u> $X = (X_t) \in \mathcal{L}^c$, <u>nulle en</u> $0$, <u>soient</u> $T^{\varepsilon}$ <u>et</u> $T$ <u>les t.a. correspondants (voir les notations dans le paragraphe précédent)</u>.

<u>Soit</u> $H = (H_t)$ <u>un processus prévisible càdlàg</u>.

<u>Alors, le rapport</u> : $\dfrac{\int_0^{T^\varepsilon} H_s dX_s}{X_{T^\varepsilon}} 1_{(T = 0,\ T^\varepsilon < \infty)}$ <u>converge en probabilité vers</u> $H_0 1_{(T=0)}$, <u>quand</u> $\varepsilon \to 0$.

*Démonstration :*

Notons d'abord que tout processus prévisible càdlàg est localement borné, de sorte que l'intégrale stochastique $\int_0^t H_s dX_s$ est bien définie.

Soit $(T_n)$ une suite de t.a. tendant en croissant vers $\infty$ tels que $H_t - H_0$ soit borné par $n$, pour tout $t \in [0, T_n]$. Posons :

$$\delta^\varepsilon = \frac{\int_0^{T^\varepsilon} (H_s - H_0) dX_s}{X_{T^\varepsilon}} 1_{(T = 0,\ T^\varepsilon < \infty)}$$

on peut écrire :

$$|\delta^\varepsilon| = \frac{1}{\varepsilon}\left|\int_0^{T^\varepsilon \wedge T_n} (H_s - H_0) dX_s\right| 1_{(T = 0,\ T^\varepsilon < \infty,\ T^\varepsilon \leq T_n)} +$$

$$\frac{1}{\varepsilon}\left|\int_0^{T^\varepsilon} (H_s - H_0) dX_s\right| 1_{(T = 0,\ T^\varepsilon < \infty,\ T^\varepsilon > T_n)}.$$

Le 2e terme du 2e membre de l'égalité converge en probabilité vers 0, quand $n \to \infty$, en effet :

$$P\{T = 0,\ T^\varepsilon < \infty,\ T^\varepsilon > T_n\} \leq P\{T_n < T^\varepsilon < \infty\} \xrightarrow[n\to\infty]{} 0.$$

Montrons que le 1er terme du 2e membre de l'égalité converge vers 0 en probabilité, quand $\varepsilon \to 0$ ; il y a en fait convergence dans $L^p$, $p \geq 1$. En effet, d'après l'inégalité (2) (voir les rappels), on a :

$$\frac{1}{\varepsilon} \left\|\int_0^{T^\varepsilon \wedge T_n} (H_s - H_0) dX_s\, 1_{(T = 0,\ T^\varepsilon < \infty,\ T^\varepsilon \leq T_n)}\right\|_p$$

$$\leq \frac{c'_p}{\varepsilon} \left\|\sup_{s \in [0, T^\varepsilon \wedge T_n]} |H_s - H_0|\, 1_{(T=0)}\right\|_p \left\|X^{T^\varepsilon}\right\|_{BMO}$$

où $X^{T^\varepsilon}$ désigne l'arrêté de X au t.a. $T^\varepsilon$.

$\leq c'_p \, || \sup_{s\in[0,T^\varepsilon \wedge T_n]} |H_s - H_0| \, 1_{(T=0)}||_p$, qui converge vers 0, quand $\varepsilon \to 0$,

d'après la convergence dominée et la continuité à droite de H. Pour finir, il suffit de remarquer que $H_0 \, 1_{(T^\varepsilon < \infty,\, T = 0)}$ converge vers $H_0 \, 1_{(T=0)}$, quand $\varepsilon \to 0$. □

On donne maintenant une condition sur H pour que la convergence dans la proposition (1-1) ait lieu dans $L^p$.

*Proposition (1-2) :*

Etant donnée $X = (X_t) \in \mathcal{L}^c$, nulle en 0, soient $T^\varepsilon$ et T les t.a. correspondants.

Soit $H = (H_t)$ un processus prévisible càdlàg tel qu'il existe un t.a. $S > 0$ vérifiant : $\sup_{s\in[0,S]} |H_s| \in L^p$, $p \geq 1$.

Alors, le rapport : $\dfrac{\int_0^{T^\varepsilon} H_s dX_s}{X_{T^\varepsilon}} \, 1_{(T^\varepsilon < S,\, T = 0)}$ converge dans $L^p$ vers $H_0 \, 1_{(T=0)}$, quand $\varepsilon \to 0$.

*Remarque :*

Supposer qu'il existe un t.a. $S > 0$ tel que $\sup_{s\in[0,S]} |H_s| \in L^p$ revient exactement à supposer que $H_0 \in L^p$. En effet, soit :

$$R = \mathrm{Inf}\{s \geq 0 \;/\; |H_s - H_0| \geq k\}$$

$$= \infty \text{ si } \{\cdot\} = \emptyset.$$

Alors, R est un t.a. prévisible, strictement positif. Si $(R_n)$ est une suite de t.a. qui l'annoncent, on pose :

$$S = \mathrm{Inf}\{s > 0 \;/\; s \in \bigcup_n [\![R_n]\!]\}, \quad [\![R_n]\!] \text{ désigne le graphe de } R_n$$

$$= \infty \text{ si } \{\cdot\} = \emptyset$$

on a immédiatement que $0 < S < R$ sur $\{R < \infty\}$, et que $\sup_{s\in[0,S]} |H_s - H_0| \leq k$. On en déduit que $\sup_{s\in[0,S]} |H_s| \leq k + |H_0|$ □

Démonstration de la proposition (1-2).

Posons :

$$\delta^{\varepsilon} = \frac{1}{X_{T^{\varepsilon}}} \int_0^{T^{\varepsilon}} (H_s - H_0)\, dX_s \; 1_{(T^{\varepsilon} < S,\, T = 0)}$$

L'inégalité (2) permet d'écrire :

$$\|\delta^{\varepsilon}\|_p \le \frac{c'_p}{\varepsilon} \| \sup_{s\in[0,T^{\varepsilon}\wedge S]} |H_s - H_0| \; 1_{(T = 0)}\|_p \; \|X^{T^{\varepsilon}}\|_{BMO}$$

$$\le c'_p \; \|\sup_{s\in[0,T^{\varepsilon}\wedge S]} |H_s - H_0| \; 1_{(T = 0)}\|_p \xrightarrow[\varepsilon\to 0]{} 0,$$

d'après la convergence dominée et la continuité à droite de H.

Pour terminer, il suffit de remarquer que $H_0 \, 1_{(T^{\varepsilon} < S,\, T = 0)}$ converge vers $H_0 \, 1_{(T = 0)}$, quand $\varepsilon \to 0$, car $S > 0$, par hypothèse. □

Lorsque $H_t$ est de la forme $h(X_t)$, où h est une fonction réelle uniformément continue, on a le résultat suivant (déjà remarqué par Davis [1]), qui est un peu meilleur que la proposition précédente :

*Proposition (1-3)* :

Etant donnée $X = (X_t) \in \mathcal{L}^c$, soient $T^{\varepsilon}$ et T les t.a. correspondants. Soit $h : \mathbb{R} \to \mathbb{R}$ une fonction uniformément continue telle que $h(X_0) \in L^p$, $p \ge 1$.

Alors, le rapport : $\frac{1}{X_{T^{\varepsilon}} - X_0} \int_0^{T^{\varepsilon}} h(X_s)\, dX_s \; 1_{(T^{\varepsilon} < \infty)}$ converge dans $L^p$ vers $h(X_0) \, 1_{(T < \infty)}$, quand $\varepsilon \to 0$.

*Démonstration* :

Posons :

$$\delta^{\varepsilon} = \frac{1}{X_{T^{\varepsilon}} - X_0} \int_0^{T^{\varepsilon}} \big(h(X_s) - h(X_0)\big)\, dX_s \; 1_{(T^{\varepsilon} < \infty)}$$

D'après l'inégalité (2), on peut écrire :

$$\|\delta^{\varepsilon}\|_p \le \frac{c'_p}{\varepsilon} \; \|\sup_{s\in[0,T^{\varepsilon}]} |h(X_s) - h(X_0)|\,\|_p \; \|X^{T^{\varepsilon}}\|_{BMO}$$

$$\le c'_p \; \|\sup_{s\in[0,T^{\varepsilon}]} |h(X_s) - h(X_0)|\,\|_p$$

Comme $h$ est uniformément continue, on a :

$$\forall \alpha > 0,\ \exists \eta > 0 \text{ tel que } |x-y| \leq \eta \Longrightarrow |h(x)-h(y)| \leq \alpha.$$

$\alpha$ et $\eta$ étant ainsi fixés, pour tout $\varepsilon \leq \eta$, on a :

$$\forall s \in [0,T^\varepsilon],\quad |X_s - X_0| \leq \varepsilon \leq \eta, \text{ donc } \sup_{s\in[0,T^\varepsilon]} |h(X_s)-h(X_0)| \leq \alpha.$$

Ce qui montre que le 2$^e$ membre de l'inégalité précédente converge vers 0, quand $\varepsilon \to 0$. □

*Remarque :*

Dans la démonstration précédente, on vient de voir que si l'on supprime l'hypothèse d'intégrabilité de $h(X_0)$, le rapport $\frac{1}{X_{T^\varepsilon}-X_0}\int_0^T (h(X_s)-h(X_0))dX_s\, 1_{(T^\varepsilon < \infty)}$ converge toujours vers 0 dans $L^p$, pour tout $p \geq 1$. □

La proposition suivante donne un critère pour que la convergence ait lieu presque sûrement :

*Proposition (1-4) :*

Etant donnée $X = (X_t) \in \mathcal{L}^c$, nulle en 0, soient $T^\varepsilon$ et $T$ les t.a. correspondants. On pose $c_t = \langle X,X\rangle_t$ et on définit $(i_t)$ comme inverse à gauche de $(c_t)$.

Soit $H = (H_t)$ un processus prévisible càdlàg vérifiant la condition suivante : il existe deux constantes strictement positives $\alpha$ et $k$ telles que

$$\limsup_{s \searrow 0} \frac{|H_{i_s} - H_0|}{s^\alpha} \leq k \quad \text{p.s.}$$

Alors, le rapport : $\frac{1}{X_{T^\varepsilon}}\int_0^{T^\varepsilon} H_s dX_s\, 1_{(T^\varepsilon < \infty,\ T = 0)}$ converge p.s. vers $H_0\, 1_{(T=0)}$, quand $\varepsilon \to 0$.

*Démonstration :*

Désignons par $(j_t)$ l'inverse à droite de $(c_t)$ et posons $b_t = X_{j_t}$. Alors, on sait que $(b_t)$ est un mouvement brownien relativement à la filtration $(\mathcal{F}_{j_t})$, et que $X_t = b_{c_t}$.

Soit :

$$\delta^\varepsilon = \frac{1}{X_{T^\varepsilon}}\int_0^{T^\varepsilon} (H_s - H_0)dX_s\, 1_{(T^\varepsilon < \infty,\ T = 0)}.$$

La formule de changement de temps dans les intégrales stochastiques ([3], p. 390, formule (10)) permet d'écrire :

$$\delta^{\varepsilon} = \frac{1}{X_{T^{\varepsilon}}} \int_0^{T^{\varepsilon}} (H_s - H_0) db_{c_s} 1_{(T^{\varepsilon} < \infty,\ T = 0)}$$

$$= \frac{1}{X_{T^{\varepsilon}}} \int_0^{c_{T^{\varepsilon}}} (H_{i_s} - H_0) db_s 1_{(T^{\varepsilon} < \infty,\ T = 0)}.$$

Mais, sur $\{T^{\varepsilon} < \infty\}$, on a : $c_{T^{\varepsilon}} = \tau^{\varepsilon} \overset{\text{Déf.}}{=} \operatorname{Inf}\{s \geq 0 \ / \ |b_s| \geq \varepsilon\}$.

On a donc :

$$|\delta^{\varepsilon}| \leq \frac{1}{\varepsilon} \left| \int_0^{\tau^{\varepsilon}} (H_{i_s} - H_0) db_s \right| 1_{(T = 0)} \xrightarrow[\varepsilon \to 0]{} 0,$$ d'après le théorème 1 de Davis ([1]).

*Remarque* :

A la fin de la démonstration précédente, on ne voit pas très bien l'utilité de l'indicatrice $1_{(T = 0)}$, laquelle est indispensable dans l'énoncé de la proposition (1-4). Cela provient des conventions faites au point $0$ $(c_0 = i_0 = 0)$, masquant ainsi une certaine difficulté qui apparaît clairement quand on considère un point $t$ non nul. En effet, si on reprend la démonstration on obtient que sous la condition $\limsup_{s \downarrow 0} \frac{|H_{i_{c_t+s}} - H_{i_{c_t}}|}{s^{\alpha}} \leq k$, le rapport $\frac{1}{X_{T_t^{\varepsilon}} - X_t}\left(\int_0^{T_t^{\varepsilon}} H_s dX_s\right) 1_{(T_t^{\varepsilon} < \infty,\ T_t = t)}$ converge p.s. vers $H_{i_{c_t}} 1_{(T_t = t)}$, quand $\varepsilon \to 0$. Il nous reste encore à prouver que $H_{i_{c_t}} 1_{(T_t = t)} = H_t 1_{(T_t = t)}$. On a $i_{c_t} = t$ si $t$ est un point de croissance à gauche de $c$, mais $T_t = t$ signifie que $t$ est un point de croissance à droite de $c$. En fait, l'hypothèse sur $H$ entraîne que $H_{i_{c_t}} = H_{i_{c_t+0}} = H_{j_{c_t}}$. Comme $j_{c_t} = t$ sur $\{T_t = t\}$, on a le résultat désiré. □

*Corollaire (1-5)* :

<u>Etant donnée</u> $X = (X_t) \in \mathcal{L}^c$, <u>soient</u> $T^{\varepsilon}$ <u>et</u> $T$ <u>les t.a. correspondants.</u>

<u>Soit</u> $h : \mathbb{R} \to \mathbb{R}$, <u>une fonction telle que sur tout compact</u> $K$ <u>de</u> $\mathbb{R}$, $h$ <u>est lipschitzienne de rapport</u> $\mu$ <u>et d'ordre</u> $\lambda > 0$, <u>c'est-à-dire que</u> :
$\forall x \in K,\ \forall y \in K,\ |h(x) - h(y)| \leq \mu |x-y|^{\lambda}$, $\lambda$ <u>et</u> $\mu$ <u>peuvent dépendre du compact</u> $K$.

Alors, le rapport : $\frac{1}{X_{T^\varepsilon}-X_0}\int_0^{T^\varepsilon} h(X_s)dX_s\, 1_{(T^\varepsilon < \infty)}$ converge p.s. vers $h(X_0)\, 1_{(T < \infty)}$, quand $\varepsilon \to 0$.

*Preuve :*

Il suffit de démontrer le corollaire sur chaque ensemble $\{|X_0| \leq n\}$, $n \in \mathbb{N}$. Pour cela, d'après la proposition (1-4), il s'agit de vérifier qu'il existe deux constantes $\alpha > 0$ et $k > 0$ telles que

$$\limsup_{s \searrow 0} \frac{1}{s^\alpha} |h(X_{i_{c_0+s}})-h(X_{i_{c_0}})|\, 1_{(|X_0| \leq n)} \leq k.$$

Mais, $X_{i_{c_0+s}} = b_{c_{i_{c_0+s}}} = b_{c_0+s}$ et $X_{i_{c_0}} = b_{c_0} = X_0$. Il revient donc à vérifier

que $\limsup_{s \searrow 0} \frac{1}{s^\alpha} |h(b_{c_0+s})-h(b_{c_0})|\, 1_{(|b_{c_0}| \leq n)} \leq k.$

Cette condition est évidemment satisfaite, puisque $h$ est lipschitzienne d'ordre $\lambda > 0$ sur $\{|b_{c_0}| \leq n+1\}$ et que $\limsup_{s \searrow 0} \frac{|b_{c_0+s}-b_{c_0}|}{\sqrt{2s \text{ Log Log } 1/s}} \leq 1$. □

Ce corollaire peut se démontrer facilement sans passer par le mouvement brownien. Voici comment on procède :

On peut se restreindre à $\{|X_0| \leq m\}$, que nous n'écrirons pas, et on considère le compact $[-m-1,m+1]$, sur lequel $h$ est lipschitzienne de rapport $\mu$ et d'ordre $\lambda > 0$. On pose :

$$\delta^\varepsilon = \frac{1}{\varepsilon} \sup_u \left|\int_0^{T^\varepsilon \wedge u} (h(X_s)-h(X_0))dX_s\right|$$

A l'aide de l'inégalité de Tchebycheff et du lemme de Borel-Cantelli, on montre que la suite $\delta^{r_n}$, avec $r_n = \frac{1}{n^{1/\lambda}}$, converge p.s. vers $0$.

Pour $\varepsilon > 0$, quelconque, mais assez petit, il existe $n \in \mathbb{N}$ tel que $r_{n+1} \leq \varepsilon < r_n$. Alors, on a :

$$\delta^\varepsilon \leq \frac{r_n}{r_{n+1}} \delta^{r_n} \xrightarrow[\varepsilon \to 0]{} 0.$$

c.q.f.d.

2 - Cas d'une semi-martingale continue.

Dans le cas général, la proposition (1-1) n'a pas d'analogue, cela provient du terme à variation finie (non monotone) de la semi-martingale. Par contre, on a le résultat suivant :

*Proposition (2-1) :*

Etant donnée $X = (X_t) \in \mathcal{S}^c$, soient $T^\varepsilon$ et $T$ les t.a. correspondants. Soit $h : \mathbb{R} \to \mathbb{R}$, une fonction localement lipschitzienne.

Alors, le rapport : $\frac{1}{X_{T^\varepsilon} - X_0} \int_0^{T^\varepsilon} h(X_s)\, dX_s \, 1_{(T^\varepsilon < \infty)}$ converge en probabilité vers $h(X_0)\, 1_{(T < \infty)}$, quand $\varepsilon \to 0$.

*Démonstration :*

Soit $X = M + A$ la décomposition canonique de $X$, et soit :

$$S_n = \operatorname{Inf}\{s \geq 0 \;/\; |M_s - M_0| \geq n\}$$

$$= \infty, \text{ si } \{\cdot\} = \emptyset$$

Il suffit de prouver que pour tout $m \in \mathbb{N}$ et pour tout $n \in \mathbb{N}$,

$$\delta^\varepsilon \overset{\text{Déf.}}{=} \frac{1}{X_{T^\varepsilon} - X_0} \left[\int_0^{T^\varepsilon \wedge S_n} (h(X_s) - h(X_0))\, 1_{(|X_0| \leq m)}\, dX_s\right] 1_{(T^\varepsilon < \infty)} \text{ converge}$$

vers 0 en probabilité, quand $\varepsilon \to 0$.

Pour cela, remarquons d'abord que $X$, $M$ et $A$ sont constants sur l'intervalle $[0,T]$. On a, en effet :

$$\forall s \geq 0,\ \forall \varepsilon > 0,\quad |X_{T^\varepsilon \wedge s} - X_0| \leq \varepsilon$$

D'où, quand $\varepsilon \to 0$, on obtient :

$$\forall s \geq 0,\quad |X_{T \wedge s} - X_0| = 0.$$

Ce qui montre que $X$ est constant sur $[0,T]$, et il en est de même pour $M$ et $A$, d'après l'unicité de la décomposition canonique de $X$.

Cela étant, soit $\varepsilon \leq 1$ et soit $k$ le rapport de lipschitz de $h$ sur le compact $[-m-1, m+1]$. On a alors :

$$|\delta^\varepsilon| \leq \frac{1}{\varepsilon}\left|\int_0^{T^\varepsilon \wedge S_n} (h(X_s) - h(X_0))\, 1_{(|X_0| \leq m)}\, dM_s\right| + \frac{1}{\varepsilon}\left|\int_0^{T^\varepsilon \wedge S_n} (h(X_s) - h(X_0))\, 1_{(|X_0| \leq m)}\, dA_s\right|$$

$$\overset{\text{Déf.}}{=} a^\varepsilon + b^\varepsilon.$$

Montrons que $a^\varepsilon$ converge vers 0 dans $L^2$ :

$$||a^\varepsilon||_2 = \frac{1}{\varepsilon}\{E(\int_0^{T^\varepsilon\wedge S_n}(h(X_s)-h(X_0))^2\, 1_{(|X_0|\leq m)}d\langle M,M\rangle_s)\}^{1/2}$$

$$\leq k\,\{E(\langle M,M\rangle_{T^\varepsilon\wedge S_n}-\langle M,M\rangle_0)\}^{1/2}$$

$$= k\,\{E(M_{T^\varepsilon\wedge S_n}-M_0)^2\}^{1/2} \xrightarrow[\varepsilon\to 0]{} k\{E(M_{T\wedge S_n}-M_0)^2\}^{1/2} = 0,$$

d'après la convergence dominée et la continuité à droite de M.

Montrons que $b^\varepsilon$ converge p.s. vers 0 :

$$|b^\varepsilon| \leq \frac{k\varepsilon}{\varepsilon}\int_0^{T^\varepsilon}|dA_s| \xrightarrow[\varepsilon\to 0]{} k\int_0^T |dA_s| = 0.$$

On a donc terminé la démonstration. □

*Remarque :*

Comme on a pu voir dans la démonstration précédente, si X se réduit à un processus à variation finie (non monotone et non nul en 0), alors, dans la proposition (2-1), la convergence a lieu presque sûrement. □

Lorsque le terme à variation finie de X est croissant (resp. décroissant), X est une sous-martingale locale (resp. sur-martingale locale). Dans ces conditions, on a l'analogue de la proposition (1-1) :

*Proposition (2-2) :*

Etant donnée $X = M + A \in \mathcal{L}^c + \mathcal{V}^c_+$ (resp. $X = M - A \in \mathcal{L}^c - \mathcal{V}^c_+$) une sous-martingale locale (resp. sur-martingale locale), nulle en 0, soit $T^\varepsilon$ et T les t.a. correspondants.

Soit $H = (H_t)$ un processus prévisible càdlàg.

Alors, le rapport : $\frac{1}{X_{T^\varepsilon}}\int_0^{T^\varepsilon} H_s dX_s\, 1_{(T^\varepsilon<\infty,\, T=0)}$ converge en probabilité vers $H_0\, 1_{(T=0)}$, quand $\varepsilon \to 0$.

*Démonstration :*

On fait la démonstration dans le cas où X est une sous-martingale locale ; le cas d'une sur-martingale locale se ramène au cas précédent en considérant son opposé.

Soit $(S_n)$ une suite de t.a. tendant en croissant vers $+\infty$ tels que $(H_t - H_0)$ soit borné par $n$, pour tout $t \in [0, S_n]$. Il nous suffit de prouver que, pour tout $n \in \mathbb{N}$, $\delta^\varepsilon \overset{\text{Déf.}}{=} \frac{1}{X_{T^\varepsilon}} \int_0^{T^\varepsilon \wedge S_n} (H_s - H_0) dX_s \, 1_{(T^\varepsilon < \infty,\, T = 0)}$ converge vers 0 en probabilité, quand $\varepsilon \to 0$.

Puisque $(X_{T^\varepsilon \wedge t})$ est une sous-martingale locale, il existe une constante $c$ telle que ([4], théorème 3-2) :

$$||A_{T^\varepsilon}||_2 \leq c \, || \sup_{s \geq 0} |X_{T^\varepsilon \wedge s}| \, ||_2 = c\varepsilon$$

On en déduit que :

$$||M_{T^\varepsilon}||_2 \leq ||X_{T^\varepsilon}||_2 + ||A_{T^\varepsilon}||_2 \leq (1+c)\varepsilon$$

Cela étant, revenons à $\delta^\varepsilon$. On peut écrire :

$$|\delta^\varepsilon| \leq \frac{1}{\varepsilon} \left| \int_0^{T^\varepsilon \wedge S_n} (H_s - H_0) \, 1_{(T = 0)} dM_s \right| + \frac{1}{\varepsilon} \left| \int_0^{T^\varepsilon \wedge S_n} (H_s - H_0) \, 1_{(T = 0)} dA_s \right|$$

$$\overset{\text{Déf.}}{=} a^\varepsilon + b^\varepsilon.$$

Pour prouver que $a^\varepsilon$ converge vers 0 dans $L^1$, on utilise l'inégalité (1), qui permet d'écrire :

$$||a^\varepsilon||_1 \leq \frac{c_1}{\varepsilon} \, || \sup_{s \in [0, T^\varepsilon \wedge S_n]} |H_s - H_0| \, 1_{(T = 0)} ||_2 \, ||M_{T^\varepsilon}||_2$$

$$\leq c_1 (1+c) \, || \sup_{s \in [0, T^\varepsilon \wedge S_n]} |H_s - H_0| \, 1_{(T = 0)} ||_2 \xrightarrow[\varepsilon \to 0]{} 0,$$

d'après la convergence dominée et la continuité à droite de $H$.

Pour prouver que $b^\varepsilon$ converge vers 0 dans $L^1$, on utilise l'inégalité de Schwarz qui donne :

$$||b^\varepsilon||_1 \leq \frac{1}{\varepsilon} \, || \sup_{s \in [0, T^\varepsilon \wedge S_n]} |H_s - H_0| \, 1_{(T = 0)} ||_2 \, ||A_{T^\varepsilon}||_2$$

$$\leq c \, || \sup_{s \in [0, T^\varepsilon \wedge S_n]} |H_s - H_0| \, 1_{(T = 0)} ||_2 \xrightarrow[\varepsilon \to 0]{} 0$$

D'où le résultat désiré. □

Dans le cas où H est à variation finie sur tout compact, la formule de changement de variables permet d'obtenir le joli résultat suivant, où la convergence a lieu presque sûrement :

*Proposition (2-3) :*

Etant donnée $X = (X_t) \in \mathcal{S}^c$, nulle en 0, soient $T^\varepsilon$ et T les t.a. correspondants.

Soit $V = (V_t) \in \mathcal{V}$.

Alors, le rapport : $\frac{1}{X_{T^\varepsilon}} \int_0^{T^\varepsilon} V_s dX_s \, 1_{(T^\varepsilon < \infty,\, T = 0)}$ converge presque sûrement vers $V_0 \, 1_{(T = 0)}$, quand $\varepsilon \to 0$.

*Démonstration :*

Posons : $\delta^\varepsilon = \frac{1}{X_{T^\varepsilon}} \int_0^{T^\varepsilon} (V_s - V_0) dX_s \, 1_{(T^\varepsilon < \infty,\, T = 0)}$

Par intégration par parties, il vaut :

$$\delta^\varepsilon = \frac{1}{X_{T^\varepsilon}} \left[(V_{T^\varepsilon} - V_0) X_{T^\varepsilon} - \int_0^{T^\varepsilon} X_s dV_s\right] 1_{(T^\varepsilon < \infty,\; T = 0)}$$

Donc, on obtient la majoration suivante :

$$|\delta^\varepsilon| \leq \left(|V_{T^\varepsilon} - V_0| + \int_0^{T^\varepsilon} |dV_s|\right) 1_{(T = 0)} \xrightarrow[\varepsilon \to 0]{} 0,$$

d'après la continuité à droite de V. □

*Remarque :*

Contrairement à ce qu'on pourrait croire, le fait que X se réduit à un processus à variation finie (non monotone) ne simplifie pas les choses : on ne sait pas démontrer que le rapport $\frac{1}{X_{T^\varepsilon}} \int_0^{T^\varepsilon} H_s dX_s \, 1_{(T^\varepsilon < \infty,\, T = 0)}$ converge en probabilité vers $H_0 \, 1_{(T = 0)}$, sauf dans le cas où H est une semi-martingale, car alors, on peut appliquer la formule d'intégration par parties. □

Nous terminons ce paragraphe en étudiant le cas où $X$ est de la forme $X_t = M_t + \int_0^t \phi_s d\langle M,M\rangle_s$, où $(M_t) \in \mathcal{L}^c$ et où $(\phi_t)$ est un processus prévisible càdlàg. On dit alors que $X$ est un processus du type d'Itô généralisé.

*Proposition (2-4) :*

<u>Etant donné</u> $X_t = M_t + \int_0^t \phi_s d\langle M,M\rangle_s$ <u>un processus du type d'Itô généralisé nul en</u> 0, <u>soient</u> $T^\varepsilon$ <u>et</u> $T$ <u>les t.a. correspondants.</u>

<u>Soit</u> $H = (H_t)$ <u>un processus prévisible càdlàg.</u>

<u>Alors, le rapport :</u> $\frac{1}{X_{T^\varepsilon}} \int_0^{T^\varepsilon} H_s dX_s \, 1_{(T^\varepsilon < \infty,\, T = 0)}$ <u>converge en probabilité vers</u> $H_0 \, 1_{(T=0)}$, <u>quand</u> $\varepsilon \to 0$.

*Démonstration :*

Soit $L = \mathcal{E}(-\int_0^\cdot \phi_s dM_s)$, l'exponentielle de la martingale locale continue $-\int_0^t \phi_s dM_s$, qui vaut 1 en 0. Soit $(S_n)$ une suite croissante de t.a., tendant P-p.s. vers $+\infty$, et tels que $L^{S_n}$ soit une martingale uniformément intégrable.

Pour tout $n \in \mathbb{N}$, on pose : $Q^n = L^{S_n} \cdot P$. Alors, $Q^n$ est une probabilité équivalente à P, et d'après le théorème de Girsanov ([5] p. 377), $(X_t^{S_n})$ est une martingale locale sous la loi $Q^n$. Définissons maintenant :

$$T^{\varepsilon,n} = \operatorname{Inf}\{s \geq 0 \;/\; |X_s^{S_n}| \geq \varepsilon\}$$

$$= \infty \text{ si } \{\cdot\} = \emptyset$$

$$T^n = \lim_{\varepsilon \to 0} T^{\varepsilon,n}$$

Alors, d'après la proposition (1-1), l'expression suivante :

$$\frac{1}{\varepsilon} \left| \int_0^{T^{\varepsilon,n} \wedge S_n} (H_s - H_0) dX_s^{S_n} \right| 1_{\{T^{\varepsilon,n} < \infty,\, T^n = 0\}}$$

converge vers 0 en probabilité sous la loi $Q^n$, donc aussi sous la loi P. D'autre part, on a $T^{\varepsilon,n} \wedge S_n = T^\varepsilon \wedge S_n$, car : $T^{\varepsilon,n} = T^\varepsilon$ sur l'ensemble $\{T^{\varepsilon,n} \leq S_n\} \equiv \{T^\varepsilon \leq S_n\}$. Donc finalement, $\frac{1}{\varepsilon} \left| \int_0^{T^\varepsilon \wedge S_n} (H_s - H_0) dX_s \right| 1_{(T^\varepsilon \leq S_n,\, T = 0)}$ converge vers 0 en probabilité sous la loi P. D'où le résultat désiré, puisque $S_n \nearrow +\infty$.

BIBLIOGRAPHIE :

[1] M.H.A. DAVIS : On stochastic differentiation, SIAM, Theory of Probability and its applications, vol. 20, N° 4 (1975).

[2] D. ISAACSON : Stochastic integrals and derivatives, Ann. Math. Stat., 40 (1969), p. 1610-1616.

[3] Y. LE JAN : Martingales et changements de temps. Sém. Proba. XIII, Lect. Notes in Math. N° 721, Springer Verlag (1979).

[4] E. LENGLART, D. LEPINGLE, M. PRATELLI : Présentation unifiée de certaines inégalités de la théorie des martingales. Sém. Proba. XIV, Lect. Notes in Math. N° 784, Springer Verlag (1980).

[5] P.A. MEYER : Un cours sur les intégrales stochastiques. Sém. Proba. X, Lect. Notes in Math. N° 511, Springer Verlag (1976).

[6] P.A. MEYER : Inégalités de normes pour les intégrales stochastiques. Sém. Proba. XII, Lect. Notes in Math. N° 649, Springer Verlag (1978).

[7] CH. YOEURP : Sur la dérivation des intégrales stochastiques. Sém. Proba. XIV, Lect. Notes in Math. N° 784, Springer Verlag (1980).

# LES SEMI-MARTINGALES FORMELLES

par Laurent SCHWARTZ

## INTRODUCTION

Ce n'est que récemment que les semi-martingales ont été systématiquement considérées comme définissant (ou définies par) des mesures sur la tribu prévisible, à valeurs dans l'espace $L^0$ des fonctions mesurables (espace non localement convexe !). On trouve sans doute cette idée pour la première fois dans J. Pellaumail [1], en 1973, puis dans de nombreux travaux de Métivier et Pellaumail, par ex. Métivier-Pellaumail [1], et Küssmaul [1]. Un théorème de Dellacherie de 1977, voir P.A. Meyer [2], achève de caractériser les semi-martingales comme mesures. Cependant, beaucoup d'articles ont redémontré des théorèmes sur ces semi-martingales-mesures, comme s'il n'existait pas de théorie générale antérieure des mesures à valeurs vectorielles. Il y a là une rencontre bien intéressante. Il existe une quantité de publications sur les mesures à valeurs banachiques, les premières sans doute dues à Bartle-Dunford-Schwartz, voir Dunford-Schwartz [1] ; on trouve d'importants résultats dans Erik Thomas [1], puis dans Erik Thomas [2] pour les mesures à valeurs dans un espace vectoriel topologique non localement convexe (comme l'est l'espace $L^0$ !). Mais ces mesures vectorielles pouvaient souvent apparaître comme un peu gratuites, dans la mesure où il n'existait pas tellement d'exemples non fabriqués ad hoc. Il y avait bien la mesure spectrale (décomposition spectrale d'un opérateur self-adjoint, borné ou non), à valeurs dans l'espace $\mathcal{L}(H;H)$ des opérateurs d'un Hilbert H, c'est bien une vraie mesure à valeurs dans un espace de Banach, et qui a donné lieu à de nombreux travaux ; mais $\mathcal{L}(H;H)$ a une structure d'ordre (les opérateurs hermitiens $\geq 0$), et c'est une mesure $\geq 0$, donc pas encore générale. Et voilà que l'intégrale stochastique par rapport à une semi-martingale est "découverte",

2

après plusieurs décennies d'utilisation, comme une "vraie" mesure, complètement originale, à valeurs dans $L^0$, avec tous les traits difficiles que donnent la non locale convexité de $L^0$ d'une part, la non positivité due à la martingale d'autre part. Et quand cette intégrale stochastique apparaît, elle met un temps très long à être reconnue et traitée comme mesure ; la rencontre de la théorie générale de l'intégration vectorielle et de la théorie de l'intégrale stochastique reste difficile. (J'ai l'air de faire là une critique, mais alors je n'y échappe pas moi-même ! c'est plutôt la constatation, une fois de plus, d'un fait très général.) C'est sans doute K. Bichteler [1] le premier qui ait fait un exposé systématique de la théorie des semi-martingales à partir de la notion de mesure vectorielle.

La rencontre difficile n'est sans doute pas encore terminée. Le but du présent article y ajoute un aspect supplémentaire. Les mesures $\geq 0$ sur un ensemble muni d'une tribu, à valeurs finies ou non, ont été traitées dès le début de la théorie de l'intégration ; la mesure de Lebesgue sur $\mathbb{R}$ n'est pas finie ! La théorie des mesures de Radon sur un espace localement compact, donne des mesures non finies, non partout définies, à valeurs ou banachiques ou vectorielles topologiques ; l'espace est réunion, disons dénombrable en prenant des mesures $\sigma$-finies pour simplifier, de compacts, sur chacun desquels la mesure est partout définie et bornée. Mais la théorie des mesures abstraites, même à valeurs réelles, non partout définies, ne semble jamais avoir été écrite ; sans exemple probant, elle ne paraissait pas en valoir la peine ; ces mesures n'ont d'ailleurs pas de propriétés extraordinaires, tout est contenu dans les mesures partout définies. Par exemple, si f est une fonction réelle borélienne quelconque sur $\mathbb{R}$, $f(s)ds$ est une telle mesure ; $\Omega = \mathbb{R}$ est une réunion dénombrable $\Omega = \bigcup_{k\in\mathbb{N}} \Omega_k$, $\Omega_k = [-k,+k] \cap \{|f| \leq k\}$, et la mesure est partout définie, et bornée, sur chaque $\Omega_k$. Une telle mesure n'a pas de primitive, pas de fonction de répartition F, $F(t) = \int_0^t f(s)ds$, parce que peut-être aucun intervalle de $\mathbb{R}$ n'est intégrable pour cette mesure. J'appellerai mesures formelles de telles mesures. Si f est borélienne et si $\mu$ est une mesure formelle, $\mu(f)$ n'a pas toujours un sens, parce que f n'est pas forcément

$\mu$-intégrable, mais le produit $f\mu$ a toujours un sens, comme mesure formelle ; et d'ailleurs toute mesure formelle est un produit $f\mu$ d'une vraie mesure $\mu$, bornée, par une fonction f non nécessairement $\mu$-intégrable. Puisque maintenant une semi-martingale X définit une mesure dX sur la tribu prévisible, par l'intégrale stochastique, $f \mapsto \int_{]0,+\infty]} f_s dX_s$, on va aussi pouvoir parler de semi-martingales formelles. Mais elles ne définiront pas de processus, car X est la primitive ou fonction de répartition de dX, $X_t = \int_0^t dX_s$, et que l'ensemble prévisible $]0,t] \times \Omega$ n'est peut-être dX-intégrable pour aucune valeur de t. L'intégrale $f \cdot X$ est un produit, $d(f \cdot X) = f\, dX$ ; si X est une semi-martingale formelle, et f une fonction prévisible, $\int_{]0,t]} f_s dX_s$ n'aura pas de sens si f n'est pas dX-intégrable, mais $f \cdot X$ aura toujours un sens comme semi-martingale formelle ; et d'ailleurs toute semi-martingale formelle est une intégrale stochastique $f \cdot X$, où X est une vraie semi-martingale, et f une fonction prévisible non nécessairement dX-intégrable.

La possibilité d'écrire $f \cdot X$, sans s'astreindre à vérifier si f est dX-intégrable, grâce aux semi-martingales formelles, apporte une incontestable "libération" dans la démonstration de nombreuses propriétés. Par exemple, si $X = (X_1, X_2, \ldots, X_m)$ est un système de m semi-martingales réelles, $f = (f_1, f_2, \ldots, f_m)$ un système de m fonctions prévisibles, on sait qu'on peut définir $\sum_{k=1}^{m} f_k \cdot X_k$ comme vrai semi-martingale, $f \cdot X$, dans des cas où même aucune des $f_k$ n'est $dX_k$-intégrable. Cette difficulté disparaît ici : $f_k \cdot X_k$ existe toujours comme semi-martingale formelle, et la somme $\sum_{k=1}^{m} f_k \cdot X_k$ est une semi-martingale formelle, qui peut très bien en être une vraie ! Bien des faits étranges trouvés ces dernières années pour les semi-martingales, deviennent plus clairs avec des semi-martingales formelles. Beaucoup de résultats donnés ici sont déjà bien connus, ou sont des compléments nouveaux à des résultats connus, nécessaires à une certaine cohésion de l'ensemble. J'utilise systématiquement les notations de "Strasbourg" ; je référerai à P.A. Meyer [1] comme à M[1], et à L. Schwartz [1], comme à S[1]. Chaque § contient, au début, un résumé de son contenu

* * *

## § 1. RAPPELS SUR LES MESURES A VALEURS VECTORIELLES[1]

Résumé du § 1. (1.1), page 5, donne la définition d'une mesure sur un ensemble $\Omega$, muni d'une tribu $\mathcal{O}$, à valeurs dans un espace vectoriel topologique E sur $\mathbb{R}$ (non nécessairement localement convexe) métrisable complet. (1.1 bis) définit les jauges $| \ |_\alpha$, qui remplacent la norme absente (propriétés (1.2), page 6 ). La théorie de l'intégration utilise Ies intégrales supérieures (1.5), (1.6), pp. 7-8. On définit alors les ensembles négligeables, les fonctions mesurables et intégrables, l'espace $L^1$, (1.8 bis), page 8 . Viennent ensuite deux énoncés plus délicats : l'intégrabilité à partir de la mesurabilité et des intégrales supérieures (1.8 ter), page 9 ; et le théorème de convergence dominée de Lebesgue. Ici s'introduit naturellement la notion des C-espaces E, pour lesquels ces deux théorèmes deviennent plus faciles ; les espaces $L^p$, $0 \leq p < +\infty$, sont des C-espaces. (1.8 quarto), page 11, définit l'espace vectoriel topologique des mesures, $Mes(\Omega,\mathcal{O};E)$, et (1.9), page 12, la multiplication $h\mu$ d'une mesure $\mu$ par une fonction borélienne h.

Aucun des résultats de ce paragraphe n'est vraiment nouveau. Mais ils seront indispensables dans la suite ; en outre, l'intégration par rapport à une mesure vectorielle, et la notion de C-espaces, ne sont pas, en fait, si bien connus, et valent la peine d'être rappelées.

(1.0) On définit habituellement une mesure à valeurs dans un Banach comme une fonction dénombrablement additive d'ensembles ; elle est alors automatiquement bornée. Mais, pour une mesure à valeurs dans un espace vectoriel topologique séparé non localement convexe, il faut des hypothèses supplémentaires pour avoir des théorèmes intéressants : par exemple, l'ensemble des valeurs de la mesure n'est plus automatiquement borné, et, même s'il l'est, on a besoin que son enveloppe convexe soit bornée. Comme on en déduit un théorème de convergence dominée de Lebesgue, pourquoi ne pas tout simplifier en partant d'une définition fonctionnelle de la mesure, où les fonctions bornées remplaceront les sous-ensembles, la boule unité de l'ensemble des fonctions bornées étant alors convexe et ayant donc automatiquement une image convexe ? L'additivité dénombrable sera alors remplacée par la continuité pour la convergence simple bornée, qui est un morceau du théorème de convergence dominée de Lebesgue. Nous nous bornerons aux espaces vectoriels topologiques métrisables complets, suffisants pour ce qui nous intéresse.

Définition (1.1) : Soient $\Omega$ un ensemble, $\mathcal{O}$ une tribu sur $\Omega$ ; $\mathcal{O}$ désignera indifféremment l'ensemble des parties de $\Omega$ éléments de $\mathcal{O}$ ou l'ensemble des fonctions réelles $\mathcal{O}$-mesurables (qu'on appellera aussi les fonctions boréliennes) ; $B\mathcal{O}$ sera l'espace vectoriel des fonctions bornées $\mathcal{O}$-mesurables, muni de la norme $\|\varphi\|_\infty = \operatorname{Sup} |\varphi|$ : c'est un Banach. Soit E un espace vectoriel topologique métrisable complet (non nécessairement localement convexe). On appellera mesure sur $(\Omega,\mathcal{O})$ à valeurs dans E une application $\mu$ de $B\mathcal{O}$ dans E, linéaire, continue pour la convergence simple bornée des suites : si $(\varphi_n)_{n\in\mathbb{N}}$ est une suite de fonctions de $B\mathcal{O}$, $\|\varphi_n\|_\infty \leq 1$, convergeant simplement vers 0, $\mu(\varphi_n)$ converge vers 0 dans E. A fortiori $\mu$ est continue de $B\mathcal{O}$ (muni de la topologie de la norme) dans E.

L'espace $\mathcal{L}(B\mathcal{O};E)$ des applications linéaires continues de B dans E est classiquement muni de la topologie $\mathcal{L}_b(B\mathcal{O};E)$ de la convergence uniforme sur la boule unité de B, qui le rend métrisable complet. L'espace $\mathrm{Mes}(\Omega,\mathcal{O};E)$ en est évidemment un sous-espace vectoriel fermé, donc il est lui aussi métrisable complet. La topologie de Mes, induite par $\mathcal{L}_b(B\mathcal{O};E)$, donnera exactement la topologie d'Emery [1] pour les semi-martingales.

(1.1 bis) Pour compléter la mesure, on peut utiliser les distances, mais il est plus commode sans doute d'utiliser les jauges (la fonction distance peut, par exemple, être bornée, alors qu'une jauge est positivement homogène, donc non bornée) [(2)]. On appelle jauge sur E une fonction $|\ |$, à valeurs finies $\geq 0$ , homogène $(|Re| = |R|\,|e|,\ R\in\mathbb{R})$, semi-continue inférieurement, continue à l'origine ; alors l'ensemble $V_{|\ |} = \{e\in E;\ |e|\leq 1\}$ est un voisinage

6

de 0 équilibré fermé, appelé la boule unité de la jauge ; $RV_{|\ |}$, $0 < R < +\infty$, est la boule de rayon R de la jauge ; équilibré veut dire qu'il ne peut contenir $e \in E$ sans contenir Re, pour $|R| \leq 1$. Inversement, si V est un voisinage de 0 équilibré fermé, la fonction $e \mapsto \text{Min}\{R \in \mathbb{R}_+ ; e \in RV\}$ est une jauge $|\ |_V$, et l'ensemble $\{e \in E ; |e|_V \leq 1\}$ est V ; on dit que $|\ |_V$ est la jauge de V. Une semi-norme continue n'est autre qu'une jauge convexe, ou sous-additive, ou à boules convexes. On a $|\ |_{V_{|\ |}} = |\ |$, $V_{|\ |_V} = V$. Il existe alors un système fondamental de voisinages de 0 qui sont les boules de rayons > 0 d'une famille de jauges $(|\ |_\alpha)_{\alpha>0}$, ayant les propriétés suivantes :

$$(1.2)\quad \begin{cases} 1) \text{ pour } e,f \in E,\ \alpha,\ \beta \text{ réels} > 0,\ |e+f|_{\alpha+\beta} \leq |e|_\alpha + |f|_\beta\ ; \\ 2) \text{ pour tout } e \in E,\ \alpha \mapsto |e|_\alpha \text{ est décroissante et continue à droite.} \end{cases}$$

Il suffit en effet d'appeler d la distance à l'origine pour une métrique définissant la topologie, invariante par translation et telle que $d(Re) \leq d(e)$ pour $|R| \leq 1$, et d'appeler $|\ |_\alpha$ la jauge de la d-boule de rayon $\alpha$, $|e|_\alpha = \text{Min}\{R \geq 0 ; d(e/R) \leq \alpha\}$. L'inégalité 1) est évidente ; si $|e|_\alpha = a$, $|f|_\beta = b$, et $c = a \vee b$, $d(e/a) \leq \alpha$, $d(f/b) \leq \beta$, donc $d((e+f)/c) \leq \alpha + \beta$, d'où le résultat et même $|e+f|_{\alpha+\beta} \leq |e|_\alpha \vee |f|_\beta$. La propriété 2) aussi est évidente ; car, si $e \neq 0$, $|e|_\alpha = R > 0$, et, si $R' < R$, il existe $\eta > 0$ tel que $d(\frac{e}{R'}) > \alpha + \eta$, sans quoi on aurait $d(\frac{e}{R'}) \leq \alpha$ contrairement à la définition de R ; alors $|e|_{\alpha+\eta} > R'$, ce qui est la continuité à droite de 2). Si E est normé, on peut prendre $|\ |_\alpha = |\ |_E$ pour tout $\alpha$ ; c'est ce que nous appellerons le cas normé. Inversement, si $(|\ |_\alpha)_{\alpha>0}$ est une famille de fonctions réelles $\geq 0$ sur un espace vectoriel E, homogènes , vérifiant (1.2), et si, pour tout $e \neq 0$, il existe $\alpha > 0$ tel que $|e|_\alpha \neq 0$, les boules $\{e \in E ; |e|_\alpha \leq R\}$, indexées par R et $\alpha > 0$, sont un système fondamental de voisinages de 0 équilibrés fermés d'une d'une topologie métrisable compatible avec la structure vectorielle, et les $|\ |_\alpha$ sont les jauges des boules unités. [Les deux seuls choses à montrer sont sont d'une part le fait que, si $V = \{e \in E ; |e|_\alpha \leq R\}$, il existe $W = \{e \in E ; |e|_\beta \leq S\}$ tel que $W + W \subset V$ : il suffit de prendre $\beta = \frac{\alpha}{2}$, $S = \frac{R}{2}$ ; et d'autre part le fait que V soit fermée pour cette topologie, ou chaque $|\ |_\alpha$ semi-continue inférieurement : si $(e_n)_{n \in \mathbb{N}}$ converge vers e pour cette topologie et $|e_n|_\alpha \le 1$ pour tout n, alors, pour $\varepsilon > 0$ donné, on chosit $\eta > 0$ tel que $|e|_\alpha \le |e|_{\alpha+\eta} + \frac{\varepsilon}{2}$, puis n tel que $|e - e_n|_\eta \le \frac{\varepsilon}{2}$, alors $|e|_\alpha \le |e|_{\alpha+\eta} + \frac{\varepsilon}{2} \le |e_n|_\alpha + |e - e_n|_\eta + \frac{\varepsilon}{2} \le 1 + \varepsilon$ ; donc $|e|_\alpha \le 1$ aussi, d'où la semi-continuité inférieure.]

Si $\Omega$ est un ensemble muni d'une tribu $\mathcal{O}$ et d'une probabilité $\lambda$ sur $(\Omega,\mathcal{O})$, on appelle $L^0(\Omega,\mathcal{O},\lambda)$ l'espace des $\lambda$-classes de fonctions réelles $\lambda$-mesurables, et on le munit de la topologie métrisable complète de la convergence en probabilité ; on peut prendre pour jauges ayant les propriétés ci-dessus les

(1.3) $$J_{\alpha,\lambda}(f) = \text{Min}\,\{R \ge 0 \;;\; \lambda\{|f| > R\} \le \alpha\} \;;$$

$J_{\alpha,\lambda}$ est nulle pour $\alpha \ge 1$. Alors $J_{\alpha,\lambda}(f) \le R \Leftrightarrow |f| \le R$ sauf sur un ensemble de $\lambda$-probabilité $\le \alpha$. Cet espace ne dépend pas de $\lambda$, toute mesure $\lambda'$ équivalente à $\lambda$ donne le même espace $L^0$ (mais avec des jauges $J_\alpha$ différentes) ; on peut donc parler de $L^0(\Omega,\mathcal{O};\Lambda)$, où $\Lambda$ est une classe d'équivalence de mesures sur $(\Omega,\mathcal{O})$ ; le choix d'une $\lambda \in \Lambda$ détermine des jauges $J_{\alpha,\lambda}$.
Bien entendu, (1.2) 1) s'étend à une série convergente $\sum_{n\in\mathbb{N}} e_n$ :

(1.4) $$\Big|\sum_{n\in\mathbb{N}} e_n\Big|_{\sum_{n\in\mathbb{N}} \alpha_n} \le \sum_{n\in\mathbb{N}} |e_n|_{\alpha_n}.$$

Si E est muni des jauges $|\;|_\alpha$, $\mathcal{L}_b(B\mathcal{O};E)$ donc $\text{Mes}(\Omega,\mathcal{O};E)$ est muni des jauges

(1.4 bis) $$\|\mu\|_\alpha = \sup_{\substack{\varphi\in B\mathcal{O}\\ \|\varphi\|_\infty \le 1}} |\mu(\varphi)|_\alpha \;,$$

vérifiant (1.2).

La théorie de l'intégration se fait alors comme suit. Pour toute f borélienne $\ge 0$, à valeurs finies ou non, on pose

(1.5) $$\mu^*_\alpha(f) = \sup_{\substack{\varphi\in B\mathcal{O}\\ |\varphi| \le f}} |\mu(\varphi)|_\alpha$$

8

et, pour $f \geq 0$ quelconque, à valeurs finies ou non,

(1.6) $$\mu_\alpha^*(f) = \operatorname*{Inf}_{\substack{g \in \mathcal{B} \\ +\infty \geq g \geq f}} \mu_\alpha^*(g) .$$

Ces semi-variations $\mu_\alpha^*$ ont les propriétés suivantes:

$\mu_\alpha^*$ est $\geq 0$, croissante ($f \leq g$ entraîne $\mu_\alpha^*(f) \leq \mu_\alpha^*(g)$) ; on a la sous-additivité dénombrable : si $(f_n)_{n \in \mathbb{N}}$ est une suite de fonctions $\geq 0$, finies ou non,

(1.7) $$\mu^*_{\sum_n \alpha_n}\left(\sum_{n \in \mathbb{N}} f_n\right) \leq \sum_{n \in \mathbb{N}} \mu^*_{\alpha_n}(f_n) \quad ;$$

si $f$ est borélienne $\geq 0$, $\alpha \mapsto \mu_\alpha^*(f)$ est décroissante et continue à droite ; si $f$ n'est pas borélienne, elle est encore décroissante, mais je ne sais pas si elle est continue à droite ;

si $(f_n)_{n \in \mathbb{N}}$ est une suite croissante de fonctions boréliennes $\geq 0$, finies ou non,

(1.8) $$\lim_{n \to +\infty} \mu_\alpha^*(f_n) = \mu_\alpha^*(\lim_{n \to \infty} f_n) \quad ;$$

on ne sait pas si ce résultat subsiste pour des $f_n$ non boréliennes (même pour le cas normé).

On notera que $\|\mu\|_\alpha$ (1.4 bis) $= \mu_\alpha^*(1)$. On appelle négligeable un ensemble $A \subset \Omega$ tel que $\mu_\alpha^*(A) = 0$ pour tout $\alpha$. Il est alors contenu dans un borélien négligeable. Si $(f)_{n \in \mathbb{N}}$ est une suite de fonctions $\geq 0$ telles que $\mu_\alpha^*(f_n)$ tende vers 0, il existe une suite partielle qui converge $\mu$-pp. vers 0.

(1.8 bis) Une fonction $f$ réelle est $\mu$-intégrable si, pour tout $\alpha > 0$ et tout $\varepsilon > 0$, il existe $\varphi$ borélienne bornée telle que $\mu_\alpha^*(|f - \varphi|) \leq \varepsilon$ ; ou encore s'il existe une suite $(\varphi_n)_{n \in \mathbb{N}}$ de fonctions boréliennes bornées telle que $\mu_\alpha^*(|f - \varphi_n|)$ tende vers 0 pour tout $\alpha$. On en déduit aussitôt l'intégrale $\mu(f) \in E$ pour $f$ réelle $\mu$-intégrable ; si $f$ est $\mu$-intégrable, $|f|$ aussi. L'ensemble $\mathcal{L}^1(\Omega, \mathcal{B}, \mu)$ des fonctions réelles $\mu$-intégrables est un espace vectoriel, dont on prend le quotient habituel $(\Omega,\mathcal{O},\mu)$. On munit $L^1(\Omega,\mathcal{O},\mu)$ de la topologie vectorielle où un système fondamental de voisinages de 0 est formé des boules de rayon $>0$ des jauges $f \mapsto \mu_\alpha^*(|f|)$ ; il est métrisable complet (Fischer-Riesz). L'intégrale est une application linéaire continue de $\mathcal{L}^1(\Omega,\mathcal{O},\mu)$ dans E, avec $|\mu(f)|_\alpha \leq \mu_\alpha^*(|f|)$.

Un ensemble $A \subset \Omega$ est $\mu$-mesurable s'il est compris entre deux ensembles boréliens dont la différence est $\mu$-négligeable. Les parties $\mu$-mesurables forment une tribu $\hat{\mathcal{O}}_\mu$, engendrée par $\mathcal{O}$ et les parties $\mu$-négligeables. Une fonction réelle est $\mu$-mesurable ssi elle est $\hat{\mathcal{O}}_\mu$-mesurable ; donc ssi elle est $\mu$-pp. égale à une fonction borélienne, ou ssi elle est comprise entre deux fonctions à valeurs dans $\overline{\mathbb{R}}$, $\mu$-pp. égales ; (1.8) est aussi vrai pour des $f_n$ mesurables, et alors $\lim_{n\to\infty} f_n$ est mesurable (et on a d'ailleurs le théorème d'Egoroff sur la mesurabilité de la limite simple d'une suite de fonctions mesurables).

(1.8 ter) Il y a ensuite deux théorèmes qui sont plus délicats que pour des mesures à valeurs réelles ; Erik Thomas a beaucoup insisté sur la délicatesse de l'énoncé, qui se rencontre déjà dans les cas normés les plus simples. Si f réelle est $\mu$-intégrable, elle est $\mu$-mesurable, et $\mu_\alpha^*(|f|) < +\infty$ pour tout $\alpha$ ; mais ces conditions ne sont pas suffisantes pour que f soit intégrable. Par exemple une fonction $f \geq 0$ borélienne telle que $\mu_\alpha^*(f) < +\infty$ pour tout $\alpha$ n'est pas forcément $\mu$-intégrable. Un contre-exemple simple est le suivant : $E = c_o$, espace des suites tendant vers 0, $\Omega = \mathbb{N}$, $\mathcal{O} = \mathcal{P}\mathbb{N}$ ; soit $(a_k)_{k\in\mathbb{N}}$ une suite $>0$ tendant vers 0 ; on considère la mesure à valeurs dans $c_o$ : $\mu = \sum_{k\in\mathbb{N}} a_k e_k \delta_{(k)}$, où $e_k$ est le n-ième vecteur de base de $c_o$, c-à-d. $e_k = (0,0,\ldots,0,1,0,0,0,\ldots)$, où 1 occupe la place k. Si $\varphi$ est une fonction bornée sur $\mathbb{N}$, $\mu(\varphi) = \sum_{k\in\mathbb{N}} a_k e_k \varphi(k) = (a_k \varphi(k))_{k\in\mathbb{N}} \in c_o$. On vérifie aussitôt que, pour toute $f \geq 0$, finie ou non, nécessairement borélienne, $\mu^*(f) = \sup_{k\in\mathbb{N}} a_k f(k)$. Si alors f est la fonction $f(k) = \frac{1}{a_k}$, $\mu^*(f) = 1$. Cependant f n'est pas intégrable ; si en effet $f_n$ est définie par $f_n(k) = \frac{1}{a_k}$ pour $k \leq n$, $= 0$ pour $k > n$, $f_n$ converge partout vers f pour $n \to +\infty$, le théorème de convergence dominée de Lebesgue donnerait, si f était intégrable, $\mu(f) = \lim_{n\to+\infty} \mu(f_n)$ ; or $\mu(f_n) = \sum_{k\leq n} e_k$, est la suite $(1,1,\ldots,1,0,0,\ldots,0,\ldots) \in c_0$, qui n'a pas de limite dans $c_0$ pour $n \to +\infty$. Par contre, ce qui est toujours vrai, c'est qu'*une fonction* f *réelle mesurable, majorée en module par une fonction* $g \geq 0$ *intégrable, est intégrable* [3]. De même on a le théorème de convergence dominée de Lebesgue suivant : *si* $(f_n)_{n\in\mathbb{N}}$ *est une suite de fonctions réelles, admettant une majoration* $|f_n| \leq g$, $g \geq 0$ *intégrable, alors* f *est intégrable, et les* $f_n$ *convergent vers* f *dans* $\mathcal{L}^1(\mu)$, *donc* $\mu(f_n)$ *converge vers* $\mu(f)$ *dans* E. Par contre la condition "g intégrable" ne peut pas en général être remplacée par la condition plus faible "$\mu^*_\alpha(g) < +\infty$ pour tout $\alpha$". C'est encore la même mesure $\mu$ que ci-dessus, avec $E = c_0$ qui donne un contre-exemple. Si $f_n$ est la fonction sur $\mathbb{N}$, $f_n(k) = 1/a_k$ pour $k \leq n$, 0 pour $k > n$, elles sont intégrables, et convergent en croissant vers la fonction f ci-dessus, avec $\mu^*(f) = 1$, et leur limite f n'est pas intégrable. Du théorème de convergence dominée de Lebesgue on déduit un nouveau critère d'intégrabilité, qui est commode, quoiqu'il puisse difficilement être pris comme définition puisqu'il ne permet pas de voir immédiatement que la somme de deux fonctions intégrables est intégrable : f est intégrable ssi elle est $\mu$-mesurable (c-à-d. $\mu$-pp. égale à une fonction borélienne) et si $\mu^*_\alpha(|f|\ 1_{|f|>n})$ tend vers 0 pour $n \to +\infty$, pour tout $\alpha$ [c'est nécessaire, puisque $f\ 1_{|f|>n}$ tend vers 0 en restant majorée par $|f|$, et suffisant parce qu'alors $\mu^*_\alpha(|f - f\ 1_{|f|\leq n}|)$ tend vers 0 pour tout $\alpha$], et alors $\mu(f)$ est la limite de $\mu(f\ 1_{|f|\leq n})$.

La situation se simplifie si on introduit les espaces appelés par Erik Thomas faiblement $\Sigma$-complets dans le cas normé, et C-espaces dans le cas général. On peut en donner un grand nombre de définitions équivalentes, nous ne le ferons pas ici. E *est un* C-*espace si toute application linéaire continue de* $c_0$ *dans* E *est compacte* [4]. *Si* E *est normé, il est un* C-*espace si et seulement s'il ne contient aucun sous-espace isomorphe à* $c_0$. Dans le cas général, comme $c_0$ n'est pas un C-espace, il y a là toujours une condition nécessaire, mais peut-être pas suffisante, le problème reste ouvert. Alors, *si* E *est un* C-*espace, une fonction* f *réelle mesurable, telle que* $\mu^*_\alpha(|f|) < +\infty$ *pour tout* $\alpha$ (*pour* f *borélienne, cela veut simplement dire que l'ensemble des* $\mu(\varphi)$, *pour* $\varphi \in B\mathcal{O}$,

$|\varphi| \leq |f|$, est borné dans E), est intégrable ; et si des $f_n$ intégrables convergent μ-pp. vers f, et sont majorées en module par $g \geq 0$ telle que $\mu^*_\alpha(g) < +\infty$ pour tout α, f est intégrable, et les $f_n$ convergent vers f dans $\mathcal{L}^1$ (5). Inversement, si l'une de ces deux propriétés est vraie pour toute mesure à valeurs dans E sur tout $(\Omega,\mathcal{O})$, E est un C-espace. On voit pourquoi les contre-exemples précédents sont choisis avec $E = c_0$. On notera que tous les $L^p(\Omega,\mathcal{O},\lambda)$, $0 \leq p < +\infty$, sont des C-espaces, en particulier $L^0$ est un C-espace (6). Mais évidemment $L^\infty$ ne l'est pas si sa dimension est infinie, puisqu'il contient $c_0$.

(1.8 quarto) Soient μ, ν, deux mesures, alors μ+ν est une mesure. Si $A \subset \Omega$ est μ-négligeable et ν-négligeable, il est (μ+ν)-négligeable ; s'il est μ-mesurable et ν-mesurable, il est (μ+ν)-mesurable ; $(\mu+\nu)^*_{\alpha+\beta}(f) \leq \mu^*_\alpha(f) + \nu^*_\beta(f)$ pour $f \geq 0$ ; si f est μ-intégrable et ν-intégrable, elle est (μ+ν)-intégrable, et $(\mu+\nu)(f) = \mu(f) + \nu(f)$ (parce que
$(\mu+\nu)^*_\alpha(|f|\, 1_{|f|>n}) \leq \mu^*_{\alpha/2}(|f|\, 1_{|f|>n}) + \nu^*_{\alpha/2}(|f|\, 1_{|f|>n})$ tend vers 0 pour $n \to +\infty$).

(1.8 quinto) Deux familles de jauges sur E, vérifiant les conditions (1.2), sont équivalentes dans un sens évident. Changer de famille, c'est aussi changer de jauges $\| \ \|_\alpha$ sur $\mathrm{Mes}(\Omega,\mathcal{O};E)$ et sur chaque $L^1(\Omega,\mathcal{O},\mu)$, mais cela ne change ni ces espaces ni leurs topologie. Il est utile d'en avoir des définitions indépendantes des $| \ |_\alpha$. Pour $\mathrm{Mes}(\Omega,\mathcal{O};E)$, nous l'avons vu, c'est la topologie induite par $\mathcal{L}_b(B\mathcal{O};E)$. Une partie A de Ω est μ-négligeable ssi elle est contenue dans un borélien μ-négligeable, et un borélien est μ-négligeable ssi toutes ses parties boréliennes ont la mesure 0. La tribu mesurable est engendrée par $\mathcal{O}$ et les parties μ-négligeables. Pour l'intégrabilité, on pourra dire ceci. Une fonction f réelle est μ-intégrable, si et seulement s'il existe une suite $(\varphi_n)_{n\in\mathbb{N}}$ de fonctions boréliennes bornées, convergeant μ-pp. vers f, telle que $\mu((\varphi_m - \varphi_n)\psi)$ converge vers 0 dans E pour $n \to +\infty$, uniformément pour $\psi \in B\mathcal{O}$, $\|\psi\|_\infty \leq 1$ (et ce sera alors vrai pour toute suite de $\varphi_n$ μ-mesurables tendant vers f μ-pp., et vérifiant $|\varphi_n| \leq |f|$, par exemple pour $\varphi_n = f\, 1_{|f|\leq n}$) ; $(\varphi_n)_{n\in\mathbb{N}}$ est en effet une suite de Cauchy dans $\mathcal{L}^1$ complet, et sa limite ne peut être que f puisque $\varphi_n$ converge $\mu$-pp. vers f. C'est là une définition de $L^1$ ne faisant intervenir que E mais pas les jauges $|\ |_\alpha$. Et la topologie de $\mathcal{L}^1$ sera définie de la même manière : $(f_n)_{n\in\mathbb{N}}$ converge vers 0 dans $\mathcal{L}^1$ si et seulement si $\mu(f_n\ \psi)$ converge vers 0 dans E, uniformément pour $\psi \in B\mathcal{O}$, $\|\psi\|_\infty \leq 1$.

<u>(1.9)</u> On comprendra mieux comme suit. <u>Si</u> h <u>est une fonction réelle</u> $\mu$-<u>inté-grable, elle définit une nouvelle mesure sur</u> $(\Omega,\mathcal{O})$ <u>à valeurs dans</u> E, <u>la mesure produit</u> $h\mu$, <u>par</u> $(h\mu)(\varphi) = \mu(h\varphi)$. On montre les égalités :

(1.9) $$(h\mu)^*_\alpha(f) = \mu^*_\alpha(|h|f) \quad \text{pour } f \geq 0, \text{ finie ou non} \;;$$

<u>(1.10)</u> $A\subset\Omega$ est $h\mu$-négligeable ssi $A\cap\{h\neq 0\}$ est $\mu$-négligeable, $\mu$-mesurable ssi $A\cap\{h\neq 0\}$ est $\mu$-mesurable ; f réelle est $h\mu$-intégrable ssi hf est $\mu$-intégrable, et $(h\mu)(f) = \mu(hf)$, et alors $f(h\mu) = (fh)\mu$. En particulier $(f\mu)^*_\alpha(1) = \mu^*_\alpha(|f|)$ pour f $\mu$-intégrable ; donc f $\mu$-intégrable définit la mesure $f\mu \in \mathrm{Mes}(\Omega,\mathcal{O};E)$, et $f_n$ converge vers 0 dans $\mathcal{L}^1(\Omega,\mathcal{O},\mu)$ ssi $f\mu$ converge vers 0 dans $\mathrm{Mes}(\Omega,\mathcal{O};E)$, ce qui est bien une définition de la topologie de $\mathcal{L}^1$ ou $L^1$ qui dépend seulement de E. D'ailleurs $\mathrm{Mes}(\Omega,\mathcal{O};E)$ ne dépend que de E, vectoriellement et topologiquement, et $f\mapsto f\mu$ est un isomorphisme de $\mathcal{L}^1(\Omega,\mathcal{O},\mu)$ sur son image dans $\mathrm{Mes}(\Omega,\mathcal{O};E)$.

<u>(1.11)</u> On peut encore dire que $\mu$, mesure à valeurs dans E, définit $\tilde{\mu}$, mesure à valeurs dans $\mathrm{Mes}(\Omega,\mathcal{O};E)$ par $\varphi\mapsto\mu(\varphi) = \varphi\mu$ ; $A\subset\Omega$ est $\tilde{\mu}$-négligeable (resp. $\tilde{\mu}$-mesurable) ssi il est $\mu$-négligeable (resp. $\mu$-mesurable) ; f réelle est $\tilde{\mu}$-intégrable ssi elle est $\mu$-intégrable, et $\tilde{\mu}(f) = f\mu$ ; si $f\geq 0$, $\tilde{\mu}^*_\alpha(f) = \mu^*_\alpha(f)$ ; $f\mapsto f\mu = \tilde{\mu}(f)$ est un isomorphisme vectoriel topologique de $\mathcal{L}^1(\Omega,\mathcal{O},\mu)$ sur son image, qu'on peut donc noter $\tilde{\mu}(\mathcal{L}^1(\Omega,\mathcal{O},\mu))$ ou $\mathcal{L}^1(\Omega,\mathcal{O},\mu)\mu$, sous-espace vectoriel fermé de $\mathrm{Mes}(\Omega,\mathcal{O};E)$, l'espace des mesures "de base $\mu$".

<u>(1.12)</u> L'application bilinéaire $(f,\mu)\mapsto\mu(f)$ (resp. $(f,\mu)\mapsto f\mu$) est bilinéaire continue de $B\mathcal{O}\times\mathrm{Mes}(\Omega,\mathcal{O};E)$ dans E (resp. $\mathrm{Mes}(\Omega,\mathcal{O};E)$). Et même si $(f_n)_{n\in\mathbb{N}}$

converge simplement vers f en restant bornée dans $B\mathcal{O}$, et $\mu_n$ vers $\mu$ dans $Mes(\Omega,\mathcal{O};E)$, $\mu_n(f_n)$ converge vers $\mu(f)$ dans E, et $f_n\mu_n$ vers $f\mu$ dans $Mes(\Omega,\mathcal{O};E)$.

## § 2. MESURES NON BORNEES, OU MESURES FORMELLES

Résumé du § 2. C'est la notion fondamentale de cet article. (2.0), page 13, donne la définition des mesures formelles ; et leurs intégrales supérieures (2.1), (2.2), page 14. Les principales propriétés sont étudiées ensuite à (2.3), page 14; (2.4), page 15, définit la somme $\mu+\nu$ et le produit $h\mu$, puis une nouvelle définition tensorielle, page 16, de l'espace des mesures formelles comme module sur l'anneau $\mathcal{O}$ des fonctions boréliennes ; cette propriété de module sera essentielle dans la suite (l'espace des semi-martingales formelles sera un module sur l'anneau des fonctions prévisibles, la multiplication étant l'intégration stochastique). (2.5), page 16, donne la convergence des mesures formelles. (2.6), page 18 , étudie des sous-modules du module. (2.8) à (2. 9), pages 19-24, étudie les familles boréliennes de sous-espaces vectoriels de $\mathbb{R}^N$, et les sous-modules libres de $\mathcal{O}^{\mathbb{N}}$ ; cela paraît ici un peu abstrait et inutile, mais c'est bien ici que cela doit figurer, et ce sera fondamental dans l'étude, par la géométrie différentielle, des semi-martingales sur les variétés (article ultérieur), avec les idées des semi-martingales formelles.

(2.0) Il est très habituel de considérer des mesures ≥ 0 à valeurs finies ou non, mais pas très habituel de considérer des mesures analogues réelles ou vectorielles, donc non partout définies ; plutôt que de les appeler mesures non partout définies ou mesures non bornées (ce qu'on fait pour des mesures ≥ 0 ; non partout définies voulant dire non nécessairement partout définies, non bornées voulant dire non nécessairement bornées) je les appellerai mesures formelles ; un des seuls exemples vraiment intéressants rencontrés jusqu'à présent en analyse est celui des mesures de Radon sur un espace non compact. Provisoirement, une telle mesure $\mu$ formelle sur $(\Omega,\mathcal{O})$, à valeurs dans E métrisable complet, sera la donnée d'une suite croissante $(\Omega_k)_{k\in\mathbb{N}}$ de parties boréliennes de $\Omega$, de réunion $\Omega$, et d'une suite $(\mu_k)_{k\in\mathbb{N}}$, $\mu_k$ mesure bornée sur $\Omega_k$, $\mu_{k+1}$ induisant $\mu_k$ sur $\Omega_k$ (ce qui veut dire que nous nous bornons au cas $\sigma$-fini). On posera alors :

$$(2.1)\qquad \mu_\alpha^*(f) = \sup_{\substack{\varphi\in B\mathcal{O},\\ |\varphi|\leq f;\\ k\in\mathbb{N}}} |\mu_k(\varphi_{|\Omega_k})|_\alpha ,$$

pour f borélienne $\geq 0$, finie ou non,

$$(2.2)\qquad \mu_\alpha^*(f) = \inf_{\substack{g \text{ borélienne}\\ g\geq f}} \mu_\alpha^*(g) ,$$

pour f quelconque $\geq 0$, finie ou non.

<u>(2.3)</u> Les propriétés seront les mêmes que pour une mesure bornée. On dira que f réelle est $\mu$-intégrable s'il existe une suite $(\varphi_n)_{n\in\mathbb{N}}$ de fonctions boréliennes bornées, chaque $\varphi_n$ portée par l'un des $\Omega_k$, telle que $\mu_\alpha^*(|f-\varphi_n|)$ tende vers 0 pour tout $\alpha$, et tout le reste s'en suit. Chaque $\Omega_k$ est $\mu$-intégrable. Si E est un C-espace, f est $\mu$-intégrable ssi elle est $\mu$-mesurable, et $\mu_\alpha^*(|f|)<+\infty$ pour tout $\alpha$. Il y a un espace $L^1(\Omega,\mathcal{O},\mu)$ et une topologie définie par des jauges $f\mapsto\mu_\alpha^*(|f|)$ (mais pour l'instant l'espace des mesures formelles n'a pas de topologie naturelle).

La définition précédente n'était que provisoire, car, telle quelle, elle dépend de la suite des $\Omega_k$. Si alors $(\Omega'_k)_{k\in\mathbb{N}}$, $(\mu'_k)_{k\in\mathbb{N}}$ sont deux autres suites, on dira que les mesures formelles $\mu$, $\mu'$, définies respectivement par $(\Omega_k)_{k\in\mathbb{N}}$, $(\mu_k)_{k\in\mathbb{N}}$, $(\Omega'_k)_{k\in\mathbb{N}}$, $(\mu'_k)_{k\in\mathbb{N}}$, sont égales, $\mu=\mu'$, si $\mu_k$ et $\mu'_{k'}$ induisent la même mesure sur $\Omega_k\cap\Omega'_{k'}$ ; ou encore si tout $\Omega_k$ est $\mu'$-intégrable, et si la mesure vraie induite par $\mu'$ sur $\Omega_k$ est $\mu_k$ ; alors bien entendu $\Omega'_k$ sera $\mu$-intégrable, et $\mu$ induira sur $\Omega'_k$ la mesure $\mu'_k$ ; on pourra d'ailleurs définir $\mu$ et

$\mu'$ par les $((\Omega_k \cap \Omega'_k)_{k\in\mathbb{N}}, (\mu_k)|_{\Omega_k\cap\Omega'_k} = (\mu'_k)|_{\Omega_k\cap\Omega'_k})_{k\in\mathbb{N}}$.
[La seule chose pas tout-à-fait triviale est que, si $\mu_k$ et $\mu'_k$ induisent la même mesure sur $\Omega_k \cap \Omega'_{k'}$, $\Omega_k$ est $\mu'$-intégrable. Soit $\varphi \in B\mathcal{C}$, $\|\varphi\|_\infty \leq 1$, $\varphi$ portée par $(\Omega_k \setminus \Omega'_\ell) \cap \Omega'_m$, $m \geq \ell$ ; alors $\mu'^*(\varphi) = \mu'_m(\varphi) = \mu_k(\varphi)$ ; en prenant le sup des $|\mu'(\varphi)|_\alpha$ pour toutes ces $\varphi$ et tous les $m \geq \ell$, $\mu^*_\alpha(\Omega_k \setminus \Omega'_\ell) \leq \mu^*_{k,\alpha}(\Omega_k \setminus \Omega'_\ell)$ ; mais les $\Omega_k \cap \Omega_\ell$ convergent vers $\Omega_k$ pour $\ell \to +\infty$, alors le théorème de convergence dominée de Lebesgue dit que $\mu^*_{k,\alpha}(\Omega_k \setminus \Omega'_\ell)$ tend vers 0 pour $\ell \to +\infty$, donc aussi $\mu'^*_\alpha(\Omega_k \setminus \Omega'_\ell)$, donc $\Omega_k$ est $\mu'$-intégrable.]
Ensuite $\mu^*_\alpha = \mu'^*_\alpha$ pour tout $\alpha$ ; les parties $\mu$-négligeables et $\mu'$-négligeables, $\mu$-mesurables et $\mu'$-mesurables, les fonctions réelles $\mu$-intégrables et $\mu'$-intégrables seront les mêmes, etc. Si $\mu$ est une mesure vraie, elle pourra être définie par $\Omega_k = \Omega$ pour tout k ; une mesure formelle est vraie ssi $\Omega$, ou 1, est intégrable. (Rappelons que, si E n'est pas un C-espace, il ne suffit pas, pour que 1 soit $\mu$-intégrable, que $\mu^*_\alpha(1) < +\infty$ pour tout $\alpha$ ; il faut et il suffit que $\lim_{k\to+\infty} \mu^*_\alpha(\complement \Omega_k) = 0$ pour tout $\alpha$). Une mesure $\mu$ formelle pourra être définie par n'importe quelle suite, de réunion $\Omega$, de parties boréliennes $\mu$-intégrables. Des exemples simples de telles mesures sont, sur $\mathbb{R}$, où dx est la mesure de Lebesgue : $\mu = f(x)dx$, f fonction borélienne non localement dx-intégrable, avec $\Omega_k = [-k,+k] \cap \{|f| \leq k\}$, ou $\mu = \sum_{n\in\mathbb{N}} n!\, \delta_{\{r_n\}}$, où $(r_n)_{n\in\mathbb{N}}$ est une suite dense de points deux à deux disjoints, avec $\Omega_k = \{r_n\}_{n\leq k} \cup \complement\{r_n\}_{n\in\mathbb{N}}$.

(2.4) On définit la somme de deux mesures formelles, $\mu + \mu'$, par $(\Omega_k \cap \Omega'_k)_{k\in\mathbb{N}}$, $((\mu_k + \mu'_k)|_{\Omega_k\cap\Omega'_k})_{k\in\mathbb{N}}$. Si $\mu$ est une mesure formelle définie par les $\Omega_k$, $\mu_k$, et h une fonction $\mu$-mesurable réelle, on définit $h\mu$ comme mesure formelle par $((\Omega_k \cap \{|h| \leq k\}), h\mu_k)_{k\in\mathbb{N}}$ ; toutes les propriétés qu'on espère sont vraies. En particulier, f est $h\mu$-intégrable ssi fh est $\mu$-intégrable ; h est $\mu$-intégrable ssi 1 est $h\mu$-intégrable, i.e. ssi $h\mu$ est une mesure vraie ; $h\mu = 0$ ssi h est $\mu$-négligeable. Si $\mu$ est une mesure, vraie ou formelle, f une fonction borélienne, $\mu(f)$ n'a pas toujours un sens, mais $f\mu$ en a toujours un comme mesure formelle. On peut d'ailleurs définir toute mesure formelle comme une $h\mu$, avec $\mu$ mesure vraie et h borélienne réelle, qu'on peut choisir partout

$> 0$. Ou encore, si $\mu$ est une mesure formelle, il existe $\gamma$ borélienne bornée partout $> 0$ telle que $\gamma\mu$ soit une mesure vraie : si $\mu$ est définie par les $\Omega_k$, $\mu_k$, on choisit $c_k$ réelle $> 0$ par $c_k\, \mu^*_{k+1,\frac{1}{2^k}}(\Omega_{k+1}) \leq \frac{1}{2^k}$, et $\gamma = c_k$ dans $\Omega_{k+1} \setminus \Omega_k$ ; $\gamma$ est $\mu$-intégrable, donc $\gamma\mu$ est une mesure vraie ; et $\mu = \frac{1}{\gamma}(\gamma\mu)$. On remarque aussi que, si $(A_k)_{k\in\mathbb{N}}$ est une suite de parties boréliennes deux à deux disjointes, et $\nu_k$ une mesure, vraie ou formelle, portée par $A_k$, $\sum_{k\in\mathbb{N}} \nu_k$ est une mesure formelle. Enfin, quelles que soient $\mu$, f, g, f et g boréliennes, on a toujours $f(g\mu) = (fg)\mu$ ; $\mathrm{Mes}(\Omega,\mathcal{B};E)$ est un $B\mathcal{B}$-module, l'espace des mesures formelles est un $\mathcal{B}$-module. Plus spécialement il est exactement (et on pourrait le définir ainsi au lieu de définir une mesure non bornée par des suites $(\Omega_k)_{k\in\mathbb{N}}$, $(\mu_k)_{k\in\mathbb{N}}$) l'extension du $B\mathcal{B}$-module $\mathrm{Mes}(\Omega,\mathcal{B};E)$ par l'extension $B\mathcal{B} \to \mathcal{B}$ de l'anneau de base, c-à-d. $\mathcal{B} \otimes_{B\mathcal{B}} \mathrm{Mes}(\Omega,\mathcal{B};E)$ (voir Nicolas Bourbaki, Eléments de Mathématique, Algèbre I, chap. II, § 5). En effet, l'application $B\mathcal{B}$-bilinéaire $(h,\mu) \mapsto h\mu$ de $\mathcal{B} \times \mathrm{Mes}(\Omega,\mathcal{B};E)$, dans l'espace des mesures formelles, définit une application $\mathcal{B}$-linéaire unique de $\mathcal{B} \otimes_{B\mathcal{B}} \mathrm{Mes}(\Omega,\mathcal{B};E)$ dans l'espace des mesures formelles, où l'image de $h \otimes \mu$, $h \in \mathcal{B}$, $\mu \in \mathrm{Mes}(\Omega,\mathcal{B};E)$ est la mesure formelle $h\mu$. Cette application $B\mathcal{B}$-linéaire est surjective, puisque toute mesure formelle est de la forme $h\mu$, h borélienne, $\mu$ mesure vraie ; et elle est injective, car si l'image $\sum_i h_i \mu_i$ de $\sum_i h_i \otimes \mu_i$, $h_i \in \mathcal{B}$, $\mu_i \in \mathrm{Mes}(\Omega,\mathcal{B};E)$, est nulle, et si $\gamma$ est une fonction borélienne bornée $> 0$ telle que les $\gamma h_i$ soient bornées, $\sum_i (\gamma h_i)\mu_i = 0$, donc aussi $0 = 1 \otimes \sum_i (\gamma h_i) = \sum_i \gamma h_i \otimes \mu_i$ (parce que $\otimes$ est ici $\otimes_{B\mathcal{B}}$) $= \gamma \sum_i h_i \otimes \mu_i$, et aussi $\sum_i h_i \otimes \mu_i = \frac{1}{\gamma}\gamma \sum_i h_i \otimes \mu_i = 0$ ; elle est donc bijective. [Nous avons utilisé le fait que $\otimes = \otimes_{B\mathcal{B}}$ ; si on partait de $\mathcal{B} \otimes_{\mathbb{R}}$ Mes, ce ne serait pas injectif !] L'espace des mesures formelles sera noté $\mathcal{B} \otimes_{B\mathcal{B}} \mathrm{Mes}(\Omega,\mathcal{B};E)$, ou plus brièvement $\mathcal{B}\,\mathrm{Mes}(\Omega,\mathcal{B};E)$, ou même $\mathcal{B}$ Mes.

<u>(2.5)</u> On peut définir une topologie sur $\mathcal{B}$ Mes, mais c'est une limite inductive, pas drôle ! On se bornera à définir des convergences de suites. <u>On dira que</u> $(\mu_n)_{n\in\mathbb{N}}$ <u>tend vers</u> $\mu$ <u>dans</u> $\mathcal{B}$ Mes, <u>s'il existe une fonction</u> $\gamma$ <u>borélienne</u>

bornée, partout > 0, telle que $(\gamma\mu_n)_{n\in\mathbb{N}}$ tende vers $\gamma\mu$ dans Mes. Si la limite existe, elle est unique. Si en effet $(\mu_n)_{n\in\mathbb{N}}$ converge dans $\mathcal{R}$ Mes vers $\mu$ et vers $\mu'$, il existe $\gamma$, $\gamma'$, boréliennes bornées > 0 telles que $\gamma\mu_n$, $\gamma'\mu_n$ convergent respectivement vers $\gamma\mu$, $\gamma'\mu'$, dans Mes. Mais alors $\gamma\gamma'\mu_n$ converge dans Mes à la fois vers $\gamma\gamma'\mu$ et vers $\gamma\gamma'\mu'$, donc $\gamma\gamma'\mu = \gamma\gamma'\mu'$ et par suite $\mu = \mu'$. Si alors $(h_n)_{n\in\mathbb{N}}$ est une suite de fonctions boréliennes, tendant simplement vers h (sans aucune condition de majoration), et si $\mu_n$ tend vers $\mu$ dans $\mathcal{R}$ Mes, $h_n\mu_n$ tend vers $h\mu$ dans $\mathcal{R}$ Mes. En effet, si $\gamma$ est une fonction borélienne bornée partout > 0 telle que $\gamma\mu_n$ tende vers $\gamma\mu$ dans Mes, et $\gamma'$ une fonction borélienne bornée partout > 0 telle que $\|\gamma' h_n\|_\infty \leq 1$ pour tout n ($\gamma' \leq \bigwedge_n \frac{1}{|h_n|}$, qui est > 0 puisque $h_n$ tend vers h), alors $\gamma' h_n$ tend simplement vers $\gamma h$ en restant bornée en module par 1, $\gamma\mu_n$ vers $\gamma\mu$ dans Mes, donc $\gamma\gamma' h_n\mu_n$ vers $\gamma\gamma' h\mu$ dans Mes, donc $h_n\mu_n$ vers $h\mu$ dans $\mathcal{R}$ Mes. Cette propriété de convergence, pour une convergence non dominée des $h_n$, est au premier abord assez étonnante ! Un exemple dissipera les malentendus. Sur $\mathbb{R}$, la suite des $\delta_{(1/n)}$, n entier $\geq 1$, tend vaguement vers $\delta_0 = \delta$ ; dans Mes$(\mathbb{R},\mathcal{R};\mathbb{R})$ ($\mathcal{R}$ tribu borélienne de $\mathbb{R}$), elle n'a pas de limite, mais dans $\mathcal{R}$ Mes elle tend vers 0. En effet, si $\gamma$ est la fonction égale à $\frac{1}{n}$ aux points $\frac{1}{n}$, $n \geq 1$, à 1 ailleurs, $\gamma\delta_{(1/n)}$ tend vers 0 dans Mes. Quelles que soient les constantes $c_n$, $c_n\delta_{(1/n)}$ tend aussi vers 0 dans $\mathcal{R}$ Mes. Si $(\varphi_n)_{n\in\mathbb{N}}$ est une suite de fonctions continues $\geq 0$ sur $\mathbb{R}$, support de $\varphi_n \subset [-\frac{1}{n}, +\frac{1}{n}]$, $\int \varphi_n(x)dx = +1$, $\varphi_n(x)dx$ converge vaguement vers $\delta$, mais converge vers 0 dans $\mathcal{R}$ Mes : en effet, si $\alpha$ est une fonction continue, nulle en 0 et > 0 partout ailleurs, et $\gamma$ la fonction égale à $\alpha$ sur $\complement\{0\}$, à 1 en 0, $\gamma\varphi_n dx$ tend vers 0 dans Mes. La convergence vague vers $\delta_{(0)}$ est liée à la structure topologique de $\mathbb{R}$, alors que les mesures ne sont liées ici qu'à la structure borélienne ; un automorphisme borélien de $\mathbb{R}$, consistant à échanger le point 0 et le point 1, sans rien changer ailleurs, ne peut pas changer les limites précédentes dans $\mathcal{R}$ Mes, puisqu'il respecte ces mesures ; or $\delta_{(0)}$ devient $\delta_{(1)}$ ! Inversement, si $(h_n\lambda)_{n\in\mathbb{N}}$ converge vers 0 dans $\mathcal{R}$ Mes, on peut extraire une suite partielle pour laquelle $(h_n)_{n\in\mathbb{N}}$ converge vers 0 $\lambda$-pp. ; si en effet $\gamma > 0$ borélienne bornée est telle que $\gamma h_n\lambda$ converge vers 0 dans

Mes, donc $\gamma h_n$ vers 0 dans $\mathcal{L}^1(\Omega,\mathcal{O},\lambda)$, on peut extraire une suite partielle pour laquelle $\gamma h_n$, donc $h_n$ converge $\lambda$-pp. vers 0.

<u>(2.6)</u> Soit $\mathfrak{N}$ un sous-$B\mathcal{O}$-module de $\mathrm{Mes}(\Omega,\mathcal{O};E)$ ; on notera $\mathcal{O}\mathfrak{N}$ le sous-$\mathcal{O}$-module engendré par $\mathfrak{N}$ dans $\mathcal{O}$ Mes, ensemble des $h\mu$, $\mu\in\mathfrak{N}$, $h\in\mathcal{O}$. On a aussi $\mathcal{O}\mathfrak{N} = \mathcal{O}\otimes_{B\mathcal{O}}\mathfrak{N}$. On a $\mathfrak{N}\subset\mathfrak{N}' = (\mathcal{O}\mathfrak{N}\cap\mathrm{Mes})\subset\overline{\mathfrak{N}}$, adhérence de $\mathfrak{N}$ dans Mes. En effet, si $\mu\in\mathfrak{N}'$, $\mu = h\lambda$, $\lambda\in\mathfrak{N}$, $h$ $\lambda$-intégrable puisque $h\lambda\in\mathrm{Mes}$, alors $h\,1_{|h|\leq n}\lambda\in\mathfrak{N}$ converge vers $h\lambda$ dans Mes par Lebesgue, donc $\mu = h\lambda\in\overline{\mathfrak{N}}$. Mais on notera que $\mathfrak{N}$ peut être strictement plus petit que $\mathfrak{N}'$ ; le cas typique est $\mathfrak{N} = B\mathcal{O}\lambda$, le sous-$B\mathcal{O}$-module formé des $h\lambda$, $h\in B\mathcal{O}$ ; $\mathcal{O}\mathfrak{N} = \mathcal{O}\lambda$ est l'ensemble des $h\lambda$, $h\in\mathcal{O}$, et $\mathfrak{N}' = \mathcal{O}\lambda\cap\mathrm{Mes}$ est l'ensemble des $h\lambda$, $h$ $\lambda$-intégrable ; bien entendu $\mathcal{O}\lambda$ est fermé dans $\mathcal{O}$ Mes car, si $h_n\lambda$, $h_n\in\mathcal{O}$, converge vers $\mu$ dans $\mathcal{O}$ Mes, et si $\gamma\in\mathcal{O}$, $\gamma > 0$, bornée est telle que $\gamma h_n\lambda$ converge vers $\gamma\mu$ dans Mes, $\gamma h_n$ est une suite de Cauchy dans $\mathcal{L}^1(\Omega,\mathcal{O},\lambda)$, donc a une limite $k$ $\lambda$-intégrable, donc $\gamma h_n\lambda$ converge vers $k\lambda$ dans Mes, donc $\gamma\mu = k\lambda$, $\mu = \frac{k}{\gamma}\lambda$, $\mu\in\mathcal{O}\lambda$. Nous venons donc de montrer que, <u>dans $\mathcal{O}$ Mes (mais non dans Mes), un module à un générateur est fermé</u>. On notera aussi que $\mathfrak{N}'$ peut être strictement plus petit que $\overline{\mathfrak{N}}$. Par exemple, sur $(\mathbb{R},\mathcal{R})$, soit $\mathfrak{N}$ le sous-$B\mathcal{R}$-module de $\mathrm{Mes}(\mathbb{R},\mathcal{R};\mathbb{R})$ engendré par les $\delta_{(n)}$, $n\in\mathbb{N}$ ; c'est l'ensemble des mesures $\sum_n c_n\,\delta_{(n)}$, sommes finies ; $\overline{\mathfrak{N}}$ est l'ensemble des mesures $\sum_n c_n\,\delta_{(n)}$, sommes infinies, $\sum_n |c_n| < +\infty$, et $\mathcal{O}\mathfrak{N} = \mathfrak{N}$, donc $\mathfrak{N}' = \mathfrak{N}\subsetneqq\overline{\mathfrak{N}}$. Puisque $\mathfrak{N}\subset\mathfrak{N}'\subset\overline{\mathfrak{N}}$, $\mathfrak{N}' = \mathfrak{N}$ si $\mathfrak{N}$ est fermé dans Mes, et $\mathfrak{N}$ est toujours dense dans $\mathfrak{N}'$ ; $\mathfrak{N}$ est aussi toujours dense dans $\mathcal{O}\mathfrak{N}$. Si $\mathfrak{N}$ est fermé dans Mes, $\mathcal{O}\mathfrak{N}$ est fermé dans $\mathcal{O}$ Mes, et $\mathfrak{N} = \mathcal{O}\mathfrak{N}\cap\mathrm{Mes}$ est donc fermé dans Mes, même pour la convergence de $\mathcal{O}$ Mes ; en effet, si $\mu_n\in\mathcal{O}\mathfrak{N}$ converge vers $\mu$ dans $\mathcal{O}$ Mes, si $\gamma > 0$ borélienne bornée est telle que $\gamma\mu_n$ converge vers $\gamma\mu$ dans Mes, $\gamma\mu_n\in\mathcal{O}\mathfrak{N}\cap\mathrm{Mes} = \mathfrak{N}$, supposé fermé, donc $\gamma\mu\in\mathfrak{N}$, et $\mu\in\mathcal{O}\mathfrak{N}$. On considère aussi des $B\mathcal{O}_+$-modules et $\mathcal{O}_+$-modules ; par exemple, pour $E = \mathbb{R}$, $\mathrm{Mes}_+$ est le $B\mathcal{O}_+$-module des mesures bornées $\geq 0$, $\mathcal{O}_+\,\mathrm{Mes}_+$ le $\mathcal{O}_+$-module des mesures non bornées $\sigma$-finies $\geq 0$.

<u>(2.7)</u> On dit qu'<u>une mesure</u> $\nu$ <u>sur</u> $(\Omega,\mathcal{O})$ <u>à valeurs dans</u> F <u>domine une mesure</u> $\mu$ <u>sur</u> $(\Omega,\mathcal{O})$ <u>à valeurs dans</u> E, <u>si toute partie borélienne</u> $\nu$-<u>négligeable est</u>

$\mu$-négligeable ; c'est alors aussi vrai pour une partie quelconque de $\Omega$, et toute fonction réelle $\nu$-mesurable est $\mu$-mesurable. Si alors $(f_n)_{n\in\mathbb{N}}$ est une suite de fonctions réelles $\mu$-mesurables, $|f_n| \leq g$, $g \geq 0$ $\mu$-intégrable, et si $\nu_\alpha^*(|f_n|)$ tend vers 0 pour tout $\alpha$, $\mu_\alpha(|f_n|)$ aussi tend vers 0 pour tout $\alpha$. En effet, on peut extraire des $f_n$ une suite partielle convergeant $\nu$-pp. vers 0, donc $\mu$-pp., et on peut appliquer aux $f_n$ le théorème de convergence dominée de Lebesgue pour $\mu$. Si par exemple les $\Omega_n'$ sont des parties $\mu$-mesurables de $\Omega$, si $\mu$ est bornée, si $\nu_\alpha^*(\Omega_n')$ tend vers 0 pour tout $\alpha$, alors $\mu_\alpha^*(\Omega_n')$ aussi.

(2.8) Modules de fonctions boréliennes et familles boréliennes de sous-espaces.

Nous allons donner ici un certain nombre de résultats faciles, mais que nous utiliserons dans certaines circonstances, sur les fonctions boréliennes sur $\Omega$ à valeurs dans $\mathbb{R}^N$ ; ces fonctions forment le $\mathcal{B}$-module $\mathcal{B}^N$.
Nous aurons à considérer des champs de sous-espaces vectoriels de $\mathbb{R}^N$, dont la dimension pourra être variable, comme dans la théorie des sommes hilbertiennes d'espaces hilbertiens. Pour ne pas nous canuler inutilement, <u>si $(F_k)_{k\in K}$ est un système fini d'éléments de $\mathcal{B}^N$</u>, <u>nous dirons qu'il est libre si</u>, <u>pour tout $\omega\in\Omega$</u>, <u>certains des vecteurs</u>, $(F_k(\omega))_{k\in K'(\omega)\subset K}$, <u>forment un système libre dans $\mathbb{R}^N$</u>, <u>les autres étant nuls</u> (pas toujours les mêmes lorsque $\omega$ varie, $K'(\omega)$ dépend de $\omega$). Si $F\in\mathcal{B}^N$, nous dirons que $F = \sum_{k\in K} \alpha_k F^k$, $\alpha_k \in \mathcal{B}$, est une décomposition unique en ce sens que $\alpha_k(\omega)$ est unique pour $k\in K'(\omega)$. Le mot base sera entendu dans le même sens.

Une famille de sous-espaces vectoriels de $\mathbb{R}^N$ sera une application de $\Omega$ dans l'ensemble des sous-espaces vectoriels de $\mathbb{R}^N$ ; si $\tau$ est une telle famille, $\tau(\omega)$ est un sous-espace vectoriel de $\mathbb{R}^N$, pour $\omega\in\Omega$. <u>Nous dirons que $\tau$ est borélienne si elle admet une base borélienne</u> (base au sens abusif ci-dessus), $(F_k)_{k\in K}$ : le système des $F_k$ est libre, et, pour tout $\omega$, $\tau(\omega)$ est le sous-espace vectoriel de $\mathbb{R}^N$ engendré par les $F_k(\omega)$, $k\in K$. <u>Si $\mathfrak{N}$ est un sous-$\mathcal{B}$-module de $\mathcal{B}^N$</u>, <u>nous dirons qu'il est libre</u>, <u>s'il est $\mathcal{B}$-engendré par un système libre $(F_k)_{k\in K}$</u>.

Si $\tau$ est borélienne, de base $(F_k)_{k\in K}$, le sous-module $\mathfrak{N}(\tau)$ des sections boréliennes de $\tau$ ($F \in \mathfrak{N}(\tau)$ si $F$ est borélienne et $F(\omega) \in \tau(\omega)$ pour tout $\omega$) est libre, de base $(F_k)_{k\in K}$ ; mais $\mathfrak{N}(\tau)$ peut être libre même si $\tau$ n'est pas borélienne.

Si $\mathfrak{N}$ est un sous-module libre de $\mathfrak{O}^N$, de base $(F_k)_{k\in K}$, la famille $\tau(\mathfrak{N})$ des sous-espaces de $\mathfrak{N}$, $\tau(\mathfrak{N})(\omega)$ = sous-espace vectoriel de $\mathbb{R}^N$ constitué par les $F(\omega)$, $F \in \mathfrak{N}$), est borélienne, de base $(F_k)_{k\in K}$ ; mais $\tau(\mathfrak{N})$ peut être borélienne même si $\mathfrak{N}$ n'est pas libre. Si $\mathfrak{N}$ est libre, $\mathfrak{N}(\tau(\mathfrak{N})) = \mathfrak{N}$; si $\tau$ est borélienne, $\tau(\mathfrak{N}(\tau)) = \tau$. On a aussi une correspondance bijective entre familles boréliennes $\tau$ et sous-$\mathfrak{O}$-modules libres $\mathfrak{N}$.

Le théorème d'échange joue un rôle essentiel. Si $(J^k)_{k\in K}$ est un système libre de $\mathfrak{O}^N$, on peut le compléter en un système libre $(J^{k'})_{k'\in K'}$, choisi dans la base canonique de $\mathfrak{O}^N$, de manière à obtenir une base borélienne de $\mathfrak{O}^N$ (cela se fait en chaque $\omega$ ; un calcul explicite de déterminants affirme que ce système est borélien). Un sous-$\mathfrak{O}$-module libre de $\mathfrak{O}^N$ est séquentiellement fermé pour la convergence simple sur $\Omega$.

<u>(2.8 bis)</u> <u>Une famille</u> $\tau$ <u>engendrée par un nombre fini de fonctions</u> $F_k \in \mathfrak{O}^N$ <u>est borélienne</u>, <u>un sous-$\mathfrak{O}$-module</u> $\mathfrak{N}$ <u>de type fini de $\mathfrak{O}^N$</u> <u>est libre.</u> [On peut partager $\Omega$ en un nombre fini de parties boréliennes disjointes, dans chacune desquelles une partie des $F_k$ est libre et les autres en sont dépendantes ; on remplace les dépendantes par 0.]

<u>(2.8 ter)</u> L'orthogonalité des $\mathbb{R}^N$ est relative au produit scalaire euclidien canonique. Si $\tau$ est une famille de sous-espaces de $\mathbb{R}^N$, on construit sa famille orthogonale $\tau^+$ : $\tau^+(\omega)$ est l'orthogonal de $\tau(\omega)$ dans $\mathbb{R}^N$. Trivialement $\tau^{++} = \tau$ ; $\tau^+$ <u>est borélienne si et seulement si</u> $\tau$ <u>est borélienne</u> [si $\tau$ est borélienne, soit $(F_k)_{k\in K}$ une base, $(F_{k'})_{k'\in K'}$ construite par le théorème d'échange, de manière que $(F_k \cup F_{k'})_{k\in K, k'\in K'}$ soit une base de $\mathbb{R}^N$ en chaque point ; on construit sa base duale $(E_k \cup E_{k'})_{k\in K, k'\in K'}$, qui est aussi borélienne par des calculs de déterminants ; $\tau^+$ a pour base $(E_{k'})_{k'\in K'}$.]

(2.8 quarto) Soient $\tau_1$, $\tau_2$, deux familles boréliennes de sous-espaces. Trivialement $\tau_1 + \tau_2$ est borélienne (nombre fini de générateurs $\in \mathcal{O}^N$), donc aussi $\tau_1 \cap \tau_2 = (\tau_1^+ + \tau_2^+)^+$. Si $\tau_1 \supset \tau_2$, il existe $\tau_3$ borélienne telle que $\tau_1 = \tau_2 \oplus \tau_3$.

(2.8 quinto) Soit $\mathfrak{N}$ un sous-$\mathcal{O}$-module de $\mathcal{O}^N$. On dit que, F, G $\in \mathcal{O}$ sont orthogonales si $(F(\omega)|G(\omega))_{\mathbf{R}^N} = 0$ en tout point $\omega$ ; l'ensemble des éléments de $\mathcal{O}^N$ orthogonaux à $\mathfrak{N}$ est son orthogonal $\mathfrak{N}^+$. Si $\mathfrak{N}$ est libre, $\mathfrak{N}^+$ aussi et $\mathfrak{N}^+ = \mathfrak{N}((\tau(\mathfrak{N}))^+)$ (même démonstration que (2.8 ter)) ; mais $\mathfrak{N}^+$ peut être libre sans que $\mathfrak{N}$ le soit ; si $\mathfrak{N}$ est libre, $\mathfrak{N}^{++} = \mathfrak{N}$. Si $\tau$ est borélienne, $\tau^+ = \tau((\mathfrak{N}(\tau)^+)$. Si $\mathfrak{N}_1$, $\mathfrak{N}_2$, sont deux sous-$\mathcal{O}$-modules libres de $\mathcal{O}^N$, $\mathfrak{N}_1 + \mathfrak{N}_2$ est libre (de type fini !), donc aussi $\mathfrak{N}_1 \cap \mathfrak{N}_2 = (\mathfrak{N}_1^+ + \mathfrak{N}_2^+)^+$ ; si $\mathfrak{N}_1 \supset \mathfrak{N}_2$, il existe $\mathfrak{N}_3$ libre tel que $\mathfrak{N}_1 = \mathfrak{N}_2 \oplus \mathfrak{N}_3$.

Si $\tau_1$, $\tau_2$, sont boréliennes, $\mathfrak{N}(\tau_1 + \tau_2) = \mathfrak{N}(\tau_1) + \mathfrak{N}(\tau_2)$, $\mathfrak{N}(\tau_1 \cap \tau_2) = \mathfrak{N}(\tau_1) \cap \mathfrak{N}(\tau_2)$ ; si $\mathfrak{N}_1$, $\mathfrak{N}_2$ sont libres, $\tau(\mathfrak{N}_1 + \mathfrak{N}_2) = \tau(\mathfrak{N}_1) + \tau(\mathfrak{N}_2)$, $\tau(\mathfrak{N}_1 \cap \mathfrak{N}_2) = \tau(\mathfrak{N}_1) \cap \tau(\mathfrak{N}_2)$. (On peut former une base borélienne de $\tau_1 + \tau_2$ formée d'un système libre engendrant $\tau_1 \cap \tau_2$, d'un système libre engendrant un supplémentaire de $\tau_1 \cap \tau_2$ dans $\tau_1$, et d'un système libre engendrant un supplémentaire de $\tau_1 \cap \tau_2$ dans $\tau_2$.)

Proposition (2.9) : Soit $(\mu_k)_{k=1,2,\ldots,N}$ un système de mesures formelles sur $(\Omega,\mathcal{O})$, à valeurs dans E ; elles définissent une mesure formelle $\mu$ à valeurs dans $E^N = \mathbf{R}^N \otimes E$. On suppose qu'il existe un système $(\nu_{k'})_{k'=1,2,\ldots,N'}$ $\mathcal{O}$-engendrant les $\mu_k$, orthogonal au sens suivant : si $\sum_{k'=1}^{N'} \alpha_{k'} \nu_{k'} = 0$, $\alpha_{k'} \in \mathcal{O}$, chacune des $\alpha_{k'} \nu_{k'}$ est nulle (i.e. chaque $\alpha_{k'}$ est $\nu_{k'}$-pp. nulle), [nous définirons l'orthogonalité en un sens plus strict au § 7 ; c'est sans grand inconvénient] et que chaque $\nu_{k'}$ admet une mesure $\lambda_{k'} \geq 0$ équivalente. Alors $\mu$ admet une mesure $\nu \geq 0$ équivalente. Il existe un sous-$\mathcal{O}$-module libre $\mathfrak{N}$ de $\mathcal{O}^N$, et une famille borélienne $\tau$ de sous-espaces vectoriels de $\mathbf{R}^N$ indexée par $\Omega$, $\mathfrak{N} = \mathfrak{N}(\tau)$, $\tau = \tau(\mathfrak{N})$, uniques à un ensemble $\mu$- ou $\nu$-négligeable près, tels que : si $\alpha = (\alpha_k)_{k=1,2,\ldots,N} \in \mathcal{O}^N$, $\alpha\mu = \sum_{k=1}^{N} \alpha_k \mu_k$ est nulle, ssi $\alpha$ est $\mu$- ou $\nu$-pp. égale à un élément de $\mathfrak{N}$, ou ssi $\alpha$ prend $\mu$- ou $\nu$-pp. ses valeurs dans $\tau$. Il existe une infinité de systèmes $(\overline{\nu},\overline{\tau})$ d'une mesure $\overline{\nu} \geq 0$ et d'une famille borélienne

$\overline{\tau}$ de sous-espaces vectoriels, tels que, pour $\alpha \in \mathcal{D}^N$, $\sum_{k=1}^{N} \alpha_k \mu_k$ soit nulle ssi $\alpha$ prend $\overline{\nu}$-pp. ses valeurs dans $\overline{\tau}$ ; à une équivalence près, $\nu$ est la plus petite de toutes ces $\overline{\nu}$ (autrement dit, toute $\overline{\nu}$ domine $\nu$, $\nu$ est de base $\overline{\nu}$), et $\overline{\nu}$ est équivalente à $\nu$ ssi elle est $\overline{\tau}$-minimale, i.e. ne charge pas l'ensemble $\{\overline{\tau} = \mathbf{R}^N\}$ des $\omega \in \Omega$ tels que $\overline{\tau}(\omega) = \mathbf{R}^N$. On peut prendre pour $\overline{\nu}$ n'importe quelle mesure $\geq 0$ dominant $\nu$ ; $\overline{\tau}$ est toujours déterminée à un ensemble $\overline{\nu}$-négligeable près (en particulier $\tau$ est unique à un ensemble $\nu$-négligeable près) ; si $\overline{\nu}$ domine $\nu$, $(\overline{\nu},\overline{\tau})$ convient ssi $\overline{\tau} = \tau$ $\nu$-pp. (de sorte que $(\nu,\overline{\tau})$ convient aussi), et $\overline{\tau} = \mathbf{R}^N$ $\overline{\nu}$-pp. sur tout ensemble $\nu$-négligeable ; donc $\overline{\nu}$-pp. $\overline{\tau} = \tau$ ou $\overline{\tau} = \mathbf{R}^N$.

Remarque : Il est commode de savoir que $A \in \mathcal{D}$ est $\mu$-négligeable ssi, pour toute $\alpha \in \mathcal{D}^N$ portée par $A$, $\sum_{k=1}^{N} \alpha_k \mu_k = 0$.

Démonstration : Soit $\mu_k = \sum_{k' \in N'} \beta_{k,k'} \nu_{k'}$ ; $\sum_{k=1}^{N} \alpha_k \mu_k = \sum_{k,k'} \alpha_k \beta_{k,k'} \nu_{k'}$. Posons $\theta_{k'} = (\beta_{k,k'})_{k=1,2,\ldots,N}$, $\theta_{k'} = \mathcal{D}^N$ pour tout $k' = 1,2,\ldots,N'$. Alors $\sum_{k=1}^{N} \alpha_k \beta_{k,k'} = (\alpha|\theta_{k'})$, pour le produit scalaire canonique sur $\mathbf{R}^N$ ; l'orthogonalité des $\nu_{k'}$ implique que $\sum \alpha_k \mu_k = 0$ ssi chaque $(\alpha|\theta_{k'})$, $k' = 1,2,\ldots,N'$, est $\nu_{k'}$-pp. nulle ; ou $\lambda_k$ pp. nulle puisque $\lambda_k \geq 0$ est équivalente à $\nu_{k'}$. Soit $\overline{\nu}$ n'importe quelle mesure $\geq 0$ dominant les $\lambda_{k'}$, $\lambda_{k'} = \rho_{k'} \overline{\nu}$, $\rho_{k'}$ borélienne. Alors $\sum_{k=1}^{N} \alpha_k \mu_k = 0$ ssi chaque $(\alpha|\theta_{k'} \rho_{k'})$ est $\overline{\nu}$-pp. nulle. Soit $\overline{\mathfrak{N}}'$ le sous-$\mathcal{O}$-module libre engendré par les $\theta_{k'}\rho_{k'}$, $\overline{\mathfrak{N}}$ son sous-module libre orthogonal. Alors le système d'égalités $(\alpha|\theta_{k'}\rho_{k'}) = o$ $\overline{\nu}$-pp. signifie que $\alpha$ est $\overline{\nu}$-pp. égale à un élément de $\mathfrak{N}$. [Soit $(G_k)_{k\in K}$ une $\mathcal{D}$-base de $\mathfrak{N}'$, $(G_{k'})_{k'\in K}$ une $\mathcal{D}$-base supplémentaire ; soit $(F_k)_{k\in K} \cup (F_{k'})_{k'\in K'}$ la base duale. Alors $\alpha$ est $\overline{\nu}$-pp. égale à $\sum_{k'\in K'} (\alpha|G_{k'})F_{k'}$.]

Nous avons ainsi montré l'existence d'un couple $(\overline{\tau},\overline{\nu})$ tel que $\alpha\mu = 0$ ssi $\alpha$ est $\overline{\nu}$-pp. à valeurs dans $\overline{\tau} = \tau(\overline{\mathfrak{N}})$. D'après la construction de $\overline{\nu}$, on peut toujours trouver un autre couple, en remplaçant $\overline{\nu}$ par une mesure dominant $\overline{\nu}$ ; il est donc intéressant de chercher une $\overline{\nu}$ minima. Sur $\{\overline{\tau} = \mathbf{R}^N\}$ ; on peut remplacer $\overline{\nu}$ par une mesure arbitraire ; car, si $\alpha \in \mathcal{D}^N$ est portée par $\{\overline{\tau} = \mathbf{R}^N\}$, $\alpha\mu = 0$, cet ensemble est $\mu$-négligeable, et aussi $\alpha \in \overline{\tau}$, presque partout pour toute mesure portée par cet ensemble ; il y a donc intérêt à remplacer $\overline{\nu}$ par 0 sur $\{\overline{\tau} = \mathbb{R}^N\}$ , donc à supposer que $\overline{\nu}$ ne charge pas $\{\overline{\tau} = \mathbb{R}^N\}$ , ce que nous avons appelé $\overline{\tau}$-minimale ; supposons-le désormais, et appelons $(\tau, \nu)$ un tel système minimal . Soit alors A borélien $\subset \{\tau \neq \mathbb{R}^N\}$ ; soit $\alpha \in \mathcal{O}^N$ à valeurs dans $\complement \tau$ dans $\{\tau \neq \mathbb{R}^N\}$ , nulle sur $\{\tau = \mathbb{R}^N\}$ ; alors, si A est $\mu$-négligeable, voir la remarque, $\alpha\mu = 0$, donc $\alpha$ est $\nu$-pp. dans $\tau$, et comme elle n'y est jamais sur A, A est $\nu$-négligeable, et A $\nu$-négligeable entraîne $\beta\mu = 0$ pour toute $\beta \in \mathcal{O}^N$ portée par A donc A $\mu$-négligeable. Comme $\{\tau = \mathbb{R}^N\}$ est à la fois $\mu$-négligeable et $\nu$-négligeable, $\mu$ et $\nu$ ont les mêmes parties négligeables. Donc $\mu$ admet une mesure $\nu \geq 0$ équivalente, et toute $\nu$ $\tau$-minimale est équivalente à $\mu$, et réciproquement bien sûr, puisque $\{\tau = \mathbb{R}^N\}$ est $\mu$-négligeable ; en particulier, une $\nu$ $\tau$-minimale est unique à une équivalence près. Il existe donc un système minimal $(\tau, \nu)$ ou $(\tau, \mu)$. Pour tout couple $(\overline{\nu}, \overline{\tau})$, $\overline{\tau}$ est unique à un ensemble $\overline{\nu}$-négligeable près (en particulier, $\tau$ est unique à un ensemble $\mu$-négligeable près). Soient en effet $(\overline{\nu}, \overline{\tau}), (\overline{\nu}', \overline{\tau}')$ deux couples. Soit $\alpha \in \mathcal{O}^N$, portée par $\{\overline{\tau}' \not\subset \overline{\tau}\}$, à valeurs dans $\overline{\tau}' \setminus \overline{\tau}$ ; puisque $\alpha \in \overline{\tau}'$, $\alpha\mu = 0$ ; donc $\alpha \in \overline{\tau}$ $\overline{\nu}$-pp. ; or $\alpha \notin \overline{\tau}$ sur $\{\overline{\tau}' \not\subset \overline{\tau}\}$, donc cet ensemble est $\overline{\nu}$-négligeable. Donc $\overline{\nu}$-pp., $\overline{\tau}' \subset \tau$, et aussi $\overline{\tau} \subset \overline{\tau}'$, donc $\overline{\tau}' = \overline{\tau}$ .

Toute $\overline{\nu}$ domine $\nu$, puisque, si A est $\overline{\nu}$-négligeable, $\alpha\mu = 0$ pour toute $\alpha \in \mathcal{O}^N$ portée par A, donc A est $\mu$-négligeable ou $\nu$-négligeable. Inversement, soit $\overline{\nu}$ dominant $\nu$. On peut faire une partition $\Omega = \Omega_1 \cup \Omega_2$, $\Omega_1$ et $\Omega_2$ boréliennes disjointes, $\Omega_1$ portant $\nu$, $\Omega_2$ $\nu$-négligeable, $\overline{\nu}$ équivalente à $\nu$ sur $\Omega_1$ , arbitraire sur $\Omega_2$. Nécessairement $\overline{\tau} = \tau$, $\nu$ et $\overline{\nu}$-pp. sur $\Omega_1$ . Sur $\Omega_2$ , $\tau$ est arbitraire puisque $\Omega_2$ est $\nu$-négligeable ; mais $\tau = \overline{\tau} = \mathbb{R}^N$ répond à la question pour $\nu$ et $\overline{\nu}$, car, pour $\alpha$ arbitraire $\in \mathcal{O}^N$ portée par $\Omega_2$, $\alpha\mu = 0$, et $\alpha$ est aussi $\nu$ et $\overline{\nu}$-presque partout à valeurs dans $\mathbb{R}^N$ . Donc, pour toute $\overline{\nu}$ dominant $\nu$, il existe un couple $(\overline{\nu}, \overline{\tau})$ : $\overline{\tau} = \tau$ sur $\Omega_1$, $\overline{\tau} = \mathbb{R}^N$ sur $\Omega_2$, peut être associé à $\overline{\nu}$. Puisque $\overline{\tau}$ est unique à un ensemble $\overline{\nu}$-négligeable près, $(\overline{\nu}, \overline{\tau})$ convient, ssi $\overline{\tau} = \tau$ $\nu$-pp. sur $\Omega_1$ donc $\nu$-pp. (et alors $(\nu, \overline{\tau})$ convient aussi), et $\overline{\tau} = \mathbb{R}^N$ $\overline{\nu}$-pp. sur $\Omega_2$, ou $\overline{\nu}$-pp. sur tout ensemble $\nu$-négligeable. Et alors $\overline{\nu}$-pp., $\overline{\tau} = \tau$ ou $\overline{\tau} = \mathbb{R}^N$ .

Remarque : Le plus simple est presque toujours de prendre $\overline{\nu} = \nu$. Mais, si on a à comparer plusieurs mesures telles que $\mu$, soit $\mu^{(1)}, \mu^{(2)}, \ldots, \mu^{(n)}$, il est indispensable de prendre une même mesure $\overline{\nu}$ dominant toutes les $\mu^{(i)}$, si on désire comparer les $\overline{\tau}^{(i)}$ associées.

## § 3. LES SEMI-MARTINGALES COMME MESURES SUR LA TRIBU PREVISIBLE (7)

Résumé du § 3. (3.0 bis), page 26, introduit les mesures sur la tribu prévisible $\mathcal{P} = \mathcal{P}$ré de $\Omega = \overline{\mathbb{R}}_+ \times \Omega$, à valeurs dans $E = L^0(\Omega, \mathcal{O}, \lambda)$. Les semi-martingales sont de telles mesures, par l'intégrale stochastique, page 27, vérifiant les propriétés (3.1), page 27 ; inversement, (3.2), page 27, ces propriétés caractérisent les semi-martingales (théorème de Dellacherie). La suite montre comment les propriétés des semi-martingales sont liées aux mesures qu'elles définissent : intégrabilité (3.4 bis), page 29, topologie sur l'espace $\mathcal{M}$ des semi-martingales (Emery) à (3.7), page 31. On étudie ensuite les sous-espaces importante de $\mathcal{M}$ ; $\mathcal{V}$, $\mathcal{V}^c$, $\mathcal{m}$, $\mathcal{m}^\delta$, $\mathcal{m}^c$, (3.8 bis), page 32, les opérations $X \mapsto X^c$, $X \mapsto X^T$ (arrêt), le crochet [ , ], à (3.10), page 34. Retour à l'intégrabilité (3.11), p. 35, avec critères ; cas de $\mathcal{V}$, $\mathcal{m}$, des semi-martingales spéciales (3.14), page 37. Cas des espaces $H^p$, (3.17), page 38.

Tout ce qui est traité dans ce paragraphe est connu, et le lien avec la théorie de la mesure vectorielle a déjà été fait par Bichteler [1]. Mais il est indispensable de rappeler tout cela pour bien comprendre ensuite les semi-martingales formelles. Sauf mention expresse du contraire, toutes les semi-martingales considérées seront supposées nulles au temps 0.

(3.0) On prend le plus souvent comme échelle du temps $[0,+\infty[$ ; par exemple le mouvement brownien n'est défini que pour $0 \leq t < +\infty$. On peut considérer soit des temps d'arrêt partout définis, variables aléatoires à valeurs dans $[0,+\infty[$, soit non partout définis, c-à-d. à valeurs dans $[0,+\infty]$. Par exemple, si A est une partie optionnelle de $\mathbb{R}_+ \times \Omega$, son début T a la valeur $T(\omega) = +\infty$, si $A(\omega) = \{t\,;\,(t,\omega) \in A\}$ est vide. L'épigraphe fermé de T est alors l'intervalle stochastique $[T,+\infty[\; = \{(t,\omega)\,;\,T(\omega) \leq t < +\infty\}$, son éprigraphe ouvert est $]T,+\infty[\; = \{t,\omega)\,;\,T(\omega) < t < +\infty\}$, son graphe est $\{(t,\omega)\,;\,t = T(\omega) < +\infty\}$. Je préfère prendre partout ici $[0,+\infty] = \overline{\mathbb{R}}_+$ comme échelle des temps. Dans ce cas, il y aura des temps d'arrêt partout définis, à valeurs dans $[0,+\infty]$, et d'autres non partout définis, à valeurs dans $[0,\overline{+\infty}]$, où $\overline{+\infty}$ est un temps rajouté, $> +\infty$, $[0,\overline{+\infty}] = [0,+\infty] \cup \{\overline{+\infty}\}$. Si $A \subset \overline{\mathbb{R}}_+ \times \Omega$, le début de A sera, ou bien partout défini, alors on prend $T(\omega) = +\infty$ si $A(\omega)$ est vide, ou bien non partout défini, $T(\omega) = \overline{+\infty}$ si $A(\omega)$ est vide ; sauf mention expresse du contraire, les temps d'arrêt seront à valeurs dans $[0,+\infty]$, c-à-d. partout définis. L'épigraphe fermé est toujours $[T,+\infty]$, l'épigraphe ouvert toujours $]T,+\infty[$ , le graphe est toujours $\{(t,\omega)\,;\,T(\omega) \leq t \leq +\infty\}$. Pour définir des propriétés locales (martingale locale, etc.), on considère une suite croissante $(T_n)_{n\in\mathbb{N}}$ de temps d'arrêt, qui, pour une échelle de temps $[0,+\infty[$ , sont en général non partout définis, et tendent vers $+\infty$, non nécessairement stationnairement. Pour une échelle de temps $[0,+\infty]$, que nous prendrons toujours ici, les temps d'arrêt seront, sauf mention expresse du contraire, partout définis et convergeront stationnairement vers $+\infty$ (pour presque tout $\omega$, $T_n(\omega) = +\infty$ pour n assez grand). Dans certains cas, qui seront explicitement spécifiés, les $T_n$ sont à valeurs dans $[0,\overline{+\infty}]$, et tendent stationnairement vers $\overline{+\infty}$ pour $n \to +\infty$. Voici un cas où $\overline{+\infty}$ est utile : une proposition de P.A. Meyer, M [1], citée dans S [1],(8), avec des temps d'arrêt partout définis, s'énonce de façon meilleure avec $[0,\overline{+\infty}]$ : si X est un processus, si $(T_n)_{n\in\mathbb{N}}$ est une suite croissante de temps d'arrêt à valeurs dans $[0,\overline{+\infty}]$, tendant stationnairement vers $\overline{+\infty}$, et si, dans chaque $[0,T_n[$ , X est restriction d'une semi-martingale, X est une semi-martingale (sans l'hypothèse "$X_\infty$ est $\mathcal{T}_\infty$-mesurable" faite dans S [1], avec $T_n \leq +\infty$). De même, dans S [1], lemme (2.3), page 10, S pourra avantageusement être pris à valeurs dans $[s,\overline{+\infty}]$ ; alors $[s,S_n|$ est toujours $[s,S_n[$, ce qui simplifie la démonstration.

(3.0 bis) Ainsi $\Omega$ sera un ensemble muni d'une tribu $\mathcal{O}$, d'une probabilité $\lambda$ sur $\mathcal{O}$, et d'une filtration $(\mathcal{T}_t)_{t\in\overline{\mathbb{R}}_+=[0,+\infty]}$, famille de tribu $\lambda$-mesurables, $\lambda$-complètes, croissante et continue à droite ; on pourra prendre $\mathcal{T}_{\overline{+\infty}} = \mathcal{T}_{+\infty}$. La tribu optionnelle (resp. prévisible) de $\overline{\mathbb{R}}_+ \times \Omega$ est définie par les épigraphes fermés (resp. ouverts) des temps d'arrêt, et les parties $\lambda$-négligeables (ou $\lambda$-évanescentes) ; $E = L^0(\Omega,\mathcal{O},\lambda)$ sera l'espace des fonctions réelles sur $\Omega$, mesurables, muni de la topologie de la convergence en probabilité. Une fois pour toutes, $\mathfrak{\Omega}$ sera l'ensemble $]0,+\infty] \times \Omega$, $\mathfrak{P}$ le tribu prévisible $\mathcal{P}$ré sur $\mathfrak{\Omega}$, et Mes désignera l'ensemble Mes$(\mathfrak{\Omega},\mathfrak{P},E)$ des mesures sur $(\mathfrak{\Omega},\mathfrak{P})$, à valeurs dans E.

La raison pour laquelle nous prenons $]0,+\infty]$ au lieu de $[0,+\infty]$ est la suivante : les intégrales stochastiques seront $\int_{]0,t]}$ ; l'intégrale stochastique est nulle au temps 0 ; elle est égale à $f \bullet (X - X_0)$, on a donc toujours avantage à supposer $X_0 = 0$. Au lieu de se donner $\lambda$, on peut se donner seulement une classe $\Lambda$ de probabilités (ou de mesures $\geq 0$ finies) deux à deux équivalentes sur $(\Omega,\mathcal{O})$ ; l'espace $E = L^0(\Omega,\mathcal{O},\Lambda)$ est bien déterminé (vectoriellement et topologiquement), ainsi que les tribus optionnelles et prévisibles. Mais les jauges $J_\alpha$ sur E dépendent du choix de $\lambda \in \Lambda$, ainsi que les espaces $L^p(\Omega,\mathcal{O},\lambda)$.

[On peut partout remplacer l'intervalle stochastique $\overline{\mathbb{R}}_+ \times \Omega$ par $[S,T]$, S et T temps d'arrêt, $S \leq T$. Comme $[S,T]$ est optionnel, la tribu optionnelle sur $[S,T]$ est évidente. La tribu prévisible, nécessaire pour l'intégration, a été prise sur $\mathfrak{\Omega} = ]0,+\infty] \times \Omega$, pour éviter le temps 0 ; elle sera alors prise sur $]S,T]$, qui est prévisible. Les semi-martingales réelles ou vectorielles, étaient toujours, sur $\overline{\mathbb{R}}_+ \times \Omega$, nulles au temps 0 ; elles seront ici nulles en S ; on pourra prolonger X par $\overline{X}$, semi-martingale sur $\overline{\mathbb{R}}_+ \times \Omega$, par 0 dans $[0,S[$, $X_T$ sur $[T,+\infty]$; si X est continue, nulle en S, $\overline{X}$ sera continue, nulle en 0. Les intégrales stochastiques seront prises à partir de S, $(h \bullet X)_t = \int_{]S,t]} h_s \, dX_s$, et $h \bullet X$ est encore une semi-martingale sur $[S,T]$, nulle en S. Tout ce qui a été énoncé sur $\overline{\mathbb{R}}_+ \times \Omega$ est alors vrai sur $[S,T]$. Par exemple, au § 3, $\mathcal{P}$ré $\mathcal{M}[S,T]$ sera l'espace des semi-martingales formelles X sur $[S,T]$, nulles en S, ou l'espace des semi-martingales formelles $\overline{X}$ sur $[0,+\infty] \times \Omega$, nulles sur $[0,S]$, arrêtées en T ; X est continue, ssi $\overline{X}$ l'est. Ceci dit, revenons à $\overline{\mathbb{R}}_+ \times \Omega$.]

<u>Si alors</u> X <u>est, par rapport à ce système, avec</u> $\lambda \in \Lambda$, <u>une semi-martingale réelle, ou plus généralement une</u> $\lambda$-<u>classe de semi-martingales</u> (classe pour l'égalité $\lambda$-presque-partout), <u>nulle au temps</u> 0, <u>elle définit une intégrale stochastique</u> ; si $\varphi$ est une fonction sur $]0,+\infty] \times \Omega$, prévisible bornée, on définit l'intégrale stochastique $\varphi \cdot X$, $(\varphi \cdot X)_t = \int_{]0,t]} \varphi_s \, dX_s$, qui est elle-même une $\Lambda$-classe de semi-martingales ; donc une application linéaire $\mu_X : \varphi \mapsto (\varphi \cdot X)_\infty = \int_{]0,+\infty]} \varphi_s \, dX_s$ de $\mathcal{P}$ré dans $E = L^0$ ; et on sait que, si $(\varphi_n)_{n\in\mathbb{N}}$ est une suite de fonctions prévisibles bornée, $\|\varphi_n\|_\infty \leq 1$, convergeant simplement vers 0, $(\varphi_n \cdot X)_\infty$ converge vers 0 dans $L^0$ (et même $\operatorname{Sup}_{t\in\overline{\mathbb{R}}_+} |(\varphi_n \cdot X)_t|$ converge vers 0 dans $L^0$)[(9)]. <u>Donc</u> $\varphi \mapsto (\varphi \cdot X)_\infty$ <u>est une mesure bornée</u> $\mu_X$ <u>sur</u> $(]0,+\infty] \times \Omega, \mathcal{P}\text{ré}) = (\Omega, \mathcal{O})$, <u>à valeurs dans</u> $E = L^0$, $\mu_X \in \text{Mes}(\Omega,\mathcal{O};E) = \text{Mes}$. <u>Cette mesure possède les deux propriétés fondamentales suivantes</u> :

(3.1)
1) <u>Elle est adaptée</u> (<u>ou progressive</u>) : <u>si</u> $\varphi$ <u>est portée par</u> $]0,t] \times \Omega$ (<u>c-à-d. si elle est nulle sur son complémentaire</u>), $\mu_X(\varphi)$ <u>est</u> $\mathcal{T}_t$-<u>mesurable</u> ;
2) <u>Elle est localisable</u> : <u>si</u> $\varphi$ <u>est portée par</u> $]0,+\infty] \times \Omega'$, $\Omega' \subset \Omega$, $\mu_X(\varphi)$ <u>est portée par</u> $\Omega'$ [(10)].

Elle a même bien des propriétés beaucoup plus fortes, mais nous ne les considérons pas ici. On sait aussi que X reste une semi-martingale pour toute $\lambda' \in \Lambda$ (Girsanov) et que l'intégrale stochastique ne dépend pas de $\lambda'$. On peut donc ne pas spécifier $\lambda \in \Lambda$ [(11)]. Ce qui est essentiel, c'est que la réciproque est vraie :

<u>Théorème (3.2)</u> : <u>Si</u> $\mu$ <u>est une mesure</u> $\in$ Mes, <u>adaptée et localisable</u>, <u>il existe une</u> $\Lambda$-<u>classe de semi-martingales</u> X <u>unique</u> (<u>nulle au temps</u> 0), <u>telle que</u> $\mu = \mu_X$.

<u>Esquisse de la démonstration</u> : L'idée de ce type de propriétés vient, je crois, de Pellaumail [1], puis de nombreux travaux de Pellaumail et Métivier. Cette réciproque est dûe à Dellacherie [(12)]. Le principe est le suivant. On remarque que, si l'on pose $X_t = \mu(]0,t] \times \Omega)$, $X_t \in \mathcal{T}_t$, et $t \mapsto X_t$ est continue à droite de $\overline{\mathbb{R}}_+$ dans $L^0$. Ensuite, par une technique de temps d'arrêt, $\operatorname{Sup}_{t\in\mathbb{Q}_+} |X_t| < \infty$

Λ-ps ; on a donc là une variable M partout finie, et il existe $\lambda \in \Lambda$ pour laquelle cette variable aléatoire est intégrable. Alors, encore par continuité à droite, $|X_t| \leq M$ pour tout t, donc X est de la classe D pour λ, lorsqu'on se borne aux temps d'arrêt à nombre fini de valeurs. Ensuite, si Γ est l'espace vectoriel des fonctions, combinaisons linéaires finies de fonctions caractéristiques d'ensembles de la forme $\Omega' \times ]s,t]$, $\Omega' \in \mathcal{T}_s$, et si on munit Γ de la topologie de la convergence uniforme sur $]0,\infty] \times \Omega$, c-à-d. de la norme $\| \|_{+\infty}$, μ est une application linéaire continue de Γ dans $L^0$, mais μ(Γ) est contenue dans $L^1(\Omega,\mathcal{O},\lambda)$. La démonstration de Dellacherie utilise alors un théorème de Maurey, de géométrie des Banach, qui prouve qu'il existe une nouvelle mesure $\lambda' \in \Lambda$, majorée par un multiple de λ, par rapport à laquelle X est une quasi-martingale, donc une D-quasi-martingale ; elle admet donc, par Pellaumail (13), une version semi-martingale cadlag X. Alors μ et $\mu_X$ coïncident sur Γ, mais sont toutes les deux des mesures sur 𝒫ré, donc elles coïncident sur B𝒫ré,

<u>cqfd</u>.

<u>Remarque</u> : La démonstration de ce théorème dépend du théorème de Girsanov, car on trouve que X est une semi-martingale relativement à une certaine $\lambda' \in \Lambda$, donc, par Girsanov, pour toute mesure $\lambda \in \Lambda$.

<u>(3.3)</u> Il est donc bien évident qu'il devient intéressant de changer la définition des semi-martingales (et même il faudrait changer leur nom) : <u>une (Λ-classe de) semi-martingale(s) est une mesure</u> $\mu \in$ Mes, <u>adaptée et localisable, c-à-d. vérifiant (3.1)</u>. On en déduit tout de suite bien des propriétés des semi-martingales (14). Ce n'est que très lentement que les probabilistes ont adopté cette définition (y compris moi-même), on s'en aperçoit par exemple au temps qu'il a fallu à la topologie d'Emery pour être adoptée. Voici des corollaires immédiats :

<u>Corollaire (3.3)</u> (Girsanov généralisé) : <u>Si</u> Λ' <u>est une classe de mesures équivalentes sur</u> Ω, <u>de base</u> Λ, <u>une semi-martingale</u> X <u>relative à</u> Λ <u>l'est a for-</u>

tiori relativement à $\Lambda'$.

Démonstration : La tribu $\mathcal{P}ré(\Lambda')$ est engendrée par la tribu $\mathcal{P}ré(\Lambda)$ et les parties $\Lambda'$-négligeables. Soit $\varphi'$ prévisible $(\Lambda')$ ; il existe $\varphi$ prévisible $(\Lambda)$, $\Lambda'$-pp. égale à $\varphi'$. On peut donc considérer $\mu_X(\varphi) \in L^0(\Omega,\mathcal{O},\Lambda)$ et prendre sa classe dans $L^0(\Omega,\mathcal{O},\Lambda')$, qui ne dépend pas du choix de $\varphi$, à cause de la localisation (3.1), 2 ; on définit ainsi une application linéaire de $B\mathcal{P}ré(\Lambda')$ dans $L^0(\Omega,\mathcal{O},\Lambda')$, qui vérifie évidemment (3.1), donc définit une mesure $\in Mes(]0,+\infty]\times\Omega,\mathcal{P}ré(\Lambda'), L^0(\Omega,\mathcal{O},\Lambda'))$, donc une semi-martingale $X'$ relative à $\Lambda'$ ; on a $X'_t = \mu_X(]0,t]\times\Omega) = X_t$, donc $X$ est bien une semi-martingale pour $\Lambda'$, cqfd.

On démontre de la même manière le théorème de remplacement de la famille $(\mathcal{T}_t)_{t\in\overline{\mathbb{R}}_+}$ par une famille plus petite $(\mathcal{S}_t)_{t\in\overline{\mathbb{R}}_+}$, si $X$ est adaptée pour cette famille [15], le théorème d'adjonction aux $\mathcal{T}_t$ des ensembles d'une partition dénombrable de $\Omega$ [15], le théorème de convexité de Jacod [16], qui sont tous des théorèmes spécialement adaptés à la définition des semi-martingales comme mesures sur la tribu prévisible.

(3.4) Parfois on confondra $X$ et $\mu_X$, parfois on les distinguera soigneusement, car $X$ est une "primitive" de $\mu_X$ (comme une fonction à variation finie $F$ sur $\mathbb{R}$ est la primitive de la mesure $dF = \mu$ qu'elle définit) : $X_t = \mu_X(]0,T]\times\Omega)$. On écrira aussi $dX$ au lieu de $\mu_X$.

(3.4 bis) On a beaucoup écrit sur l'intégrabilité d'une fonction $f$ sur $]0,+\infty]\times\Omega$ par rapport à une semi-martingale. En réalité, on n'a pas le choix, puisque $dX$ est une mesure sur $(]0,+\infty]\times\Omega,\mathcal{P}ré)$ à valeurs dans $L^0(\Omega,\mathcal{O},\Lambda)$ ; on appliquera (1.8 bis) ou (1.10).

On démontre facilement que $f$ est sûrement $dX$-intégrable si d'une part elle est $dX$-mesurable, si d'autre part, pour une $\lambda\in\Lambda$ choisie, il existe une décomposition $X = V + M$, $V$ processus adapté à variation finie, $M$ $\lambda$-martingale locale, tels que

$$(3.5)\quad \begin{cases} \int_{]0,+\infty]} |f_s|\,|dV_s| < +\infty \text{ ps.} \\ \int_{]0,+\infty]} |f_s^2|\, d[M,M]_s < +\infty \text{ ps. et } (f^2 \bullet [M,M])^{1/2} \\ \text{est localement intégrable.} \end{cases}$$

Alors on calcule $f \bullet V$, pour chaque $\omega$, comme une intégrale de Stieltjes, et $f \bullet V$ est adaptée à variation finie ; et $f \bullet M$ est une martingale locale. On remarquera que $L^0 = E$ est un C-espace (1.8 ter), donc f est dX-intégrable, ssi elle est dX-mesurable, et, pour $\lambda \in \Lambda$ choisie, $(\mu_X)^*_\alpha(|f|) < +\infty$ pour tout $\alpha$ ; pour f prévisible, cela veut simplement dire que l'ensemble des $(\varphi \bullet X)_\infty$, $\varphi \in B\mathcal{P}ré$, $|\varphi| \leq |f|$, est borné dans $E = L^0$.

(3.6) Il peut être plus agréable de considérer partout $\varphi \bullet X$ plutôt que $(\varphi \bullet X)_\infty$. La mesure $\tilde{\mu}_X$ (voir (1.11)) est définie par $\tilde{\mu}_X(\varphi) = \varphi\mu_X$, c'est la mesure $\psi \mapsto (\varphi\mu_X)(\psi) = \mu_X(\varphi\psi) = (\varphi\psi \bullet X)_\infty = (\psi \bullet (\varphi \bullet X))_\infty = \mu_{\varphi\bullet X}$, donc $\tilde{\mu}_X(\varphi) = \mu_{\varphi\bullet X}$, mesure cette fois sur $(]0,+\infty] \times \Omega, \mathcal{P}ré)$ à valeurs dans Mes, mais en fait dans le sous-espace $\mathcal{S}\mathcal{M}$ des semi-martingales (muni de la topologie induite par Mes). On pourra donc toujours, au lieu de considérer $\mu_X : \varphi \mapsto (\varphi \bullet X)_\infty \in L^0$, considérer $\tilde{\mu}_X : \varphi \mapsto \varphi \bullet X \in \mathcal{S}\mathcal{M}$. Comme l'intégrabilité est la même pour $\mu_X$ et pour $\tilde{\mu}_X$, on voit que $\int_{]0,+\infty]} f_s\, dX_s$ a un sens si et seulement si $f \bullet X$ a un sens, si et seulement si f est $\mu_X$ ou $\tilde{\mu}_X$-intégrable. Le fait que, si h est dX-intégrable, f est $d(h \bullet X)$-intégrable ssi fh est dX-intégrable, et qu'alors $h \bullet (f \bullet X) = hf \bullet X$, est simplement la propriété générale (1.10). On ne sait pas si $Mes(\Omega,\mathcal{O};E)$ est un C-espace quand E est un C-espace. Mais de toute façon, puisque f est $\tilde{\mu}_X$-intégrable ssi elle est $\mu_X$-intégrable, et que $\tilde{\mu}^*_\alpha(|f|) = \mu^*_\alpha(|f|)$, on peut dire aussi que, pour f prévisible, f est $\mu_X$-intégrable ssi l'ensemble des $\varphi \circ X$, pour $B\mathcal{P}ré$, $|\varphi| \leq f$, est borné dans $\mathcal{S}\mathcal{M} \subset Mes$.

(3.6 bis) Notons que dX admet une mesure $\mu \geq 0$ équivalente : si $\lambda \in \Lambda$ est choisie de manière que X soit une semi-martingale $H^2$, $X = V + M$, $V \in \mathcal{V}^{pré}$, $M \in \mathcal{M}$, alors $A \subset \overline{\mathbb{R}}_+ \times \Omega$ prévisible est dX-négligeable ssi $1_A \cdot V = 0$, et $1_A \cdot M$ ou $1_A \cdot [M,M] = 0$, ou $\mu(A) = 0$, avec $\mu$ mesure réelle $\geq 0$ sur $(\overline{\mathbb{R}}_+ \times \Omega, \mathcal{P}ré)$ définie par

$$\mu(\varphi) = \mathbb{E}_\lambda \left(\int_{]0,+\infty]} \varphi_s \, |dV_s| + \int_{]0,+\infty]} \varphi_s \, d[M,M]_s\right) .$$

C'est en fait sans rapport avec la théorie des semi-martingales. Toute mesure à valeurs dans un Banach admet une mesure $\geq 0$ équivalente (17). Mais une mesure $\mu$ sur $(\Omega,\mathcal{O})$ à valeurs dans $E = L^0(\Omega,\mathcal{O},\lambda)$, est d'abord une application linéaire continue de $B\mathcal{O}$ dans $L^0$, et $B\mathcal{O}$ est isométrique à un espace $C(K)$ ; donc elle factorise par une application linéaire continue de $B\mathcal{O}$ dans $L^2(\Omega,\mathcal{O},\lambda)$, et la multiplication par une fonction $\alpha \in L^0(\Omega,\mathcal{O},\lambda)$ (18) ; si on remplace $\lambda$ par la mesure équivalente $\lambda' = \frac{\lambda}{1+\alpha^2}$, on voit que $\mu$ est linéaire continue de $B\mathcal{O}$ dans $L^2(\Omega,\mathcal{O},\lambda')$. Si ensuite $(\varphi_n)_{n\in\mathbb{N}}$ converge simplement vers 0 dans $B\mathcal{O}$, $\|\varphi_n\|_\infty \leq 1$, $\mu(\varphi_n)$ est bornée dans $L^2(\Omega,\mathcal{O},\lambda')$ et converge vers 0 dans $L^0(\Omega,\mathcal{O},\lambda')$, donc, par Hölder, converge vers 0 dans $L^{2-\varepsilon}(\Omega,\mathcal{O},\lambda')$, $\varepsilon > 0$. Donc $\mu$ est une mesure à valeurs dans un Banach $L^{2-\varepsilon}(\Omega,\mathcal{O},\lambda')$, d'injection continue dans $L^0(\Omega,\mathcal{O},\lambda)$, donc admet une mesure $\geq 0$ équivalente.

<u>(3.7)</u> <u>La topologie d'Emery, pour l'espace $\mathcal{S}\mathcal{M}$ des semi-martingales est la topologie induite par</u> Mes. Comme $\mathcal{S}\mathcal{M}$ est trivialement (condition (3.1)) fermé dans Mes, $\mathcal{S}\mathcal{M}$ est un espace vectoriel topologique métrisable complet ; si on a choisi $\lambda \in \Lambda$ donc les jauges $J_\alpha$ sur $L^0(\Omega,\mathcal{O},\lambda)$, il est défini par les jauges $\| \ \|_\alpha$, où $\|\mu_X\|_\alpha = (\mu_X)^*_\alpha(1) = \sup_{\substack{\varphi\in B\mathcal{P}ré \\ \|\varphi\|_\infty \leq 1}} = J_\alpha((\varphi \cdot X)_\infty)$. Emery introduit aussi l'espace $\mathcal{S}^0$ des ($\Lambda$-classes de) processus réels cadlag, muni de la topologie définie par les jauges $f \mapsto J_\alpha(f^*) = J_\alpha(\sup_{t\in\mathbb{R}_+} |f_t|)$ qui est aussi métrisable complet ($f_n$ converge vers 0 sans $\mathcal{S}^0$ si $f_n^*$ converge vers 0 dans $L^0$). Bien évidemment, si X est une semi-martingale, $J_\alpha(X^*) \geq J_\alpha(X_\infty)$ ; mais
$J_\alpha(X^*) \leq \sup_{\substack{\varphi\in B\mathcal{P}ré \\ \|\varphi\|_\infty \leq 1}} J_\alpha((\varphi \cdot X)_\infty) = (\mu_X)^*_\alpha(1)$. En effet, supposons $(\mu_X)^*_\alpha(1) \leq R$. Soit

32

$T = \mathrm{Inf}\{t \in \mathbb{R}_+ ; |X_t| > R\}$. Alors

$$\lambda\{X^* > R + \varepsilon\} \leq \lambda\{|X_T| > R\} = \lambda\{|(1_{]0,T]} \cdot X)_\infty| > R\} \leq \alpha \quad ;$$

donc, $\varepsilon$ étant $> 0$ arbitraire,

$$\lambda\{X^* > R\} \leq \alpha \ , \quad \text{ou} \quad J_\alpha(X^*) \leq R \quad ;$$

donc $$J_\alpha(X^*) \leq (\mu_X)^*_\alpha(1) \quad .$$

(3.8) Donc la topologie de $\mathcal{S}\mathcal{M}$ est indifféremment celle de la convergence dans $\mathcal{L}_b(\mathcal{B}\mathcal{P}ré;L^0)$ (pour $\varphi \mapsto (\varphi \cdot X)_\infty$), ou de $\mathcal{L}_b(\mathcal{B}\mathcal{P}ré;\mathrm{Mes}$ ou $\mathcal{S}\mathcal{M})$ (pour $\varphi \mapsto \varphi \cdot X$), ou de $\mathcal{L}_b(\mathcal{B}\mathcal{P}ré; \mathcal{S}^0)$ (pour $\varphi \mapsto \varphi \cdot X$). En prenant $\varphi = 1$, $1 \cdot X = X$, ou simplement par (3.7), $\mathcal{S}\mathcal{M}$ est plus fine que $\mathcal{S}^0$. Il résulte de (1.12) que, si $(\varphi_n)_{n\in\mathbb{N}}$ converge vers 0 simplement, avec $\|\varphi_n\|_\infty \leq 1$, et si $X_n$ converge vers X dans $\mathcal{S}\mathcal{M}$, $\varphi_n \cdot X_n$ converge vers $\varphi \cdot X$ dans $\mathcal{S}\mathcal{M}$.

(3.8 bis) Emery a montré de remarquables propriétés de la topologie $\mathcal{S}\mathcal{M}$. Choisissons une fois pour toutes $\lambda \in \Lambda$. Appelons $\mathcal{V}$ l'espace des processus adaptés à variation finie, $\mathcal{M}$ l'espace des martingales locales, $\mathcal{S}\mathcal{M}^c$, $\mathcal{V}^c$, $\mathcal{M}^c$ l'espace des processus de $\mathcal{S}\mathcal{M}$, $\mathcal{V}$, $\mathcal{M}$, qui sont continus ; $\mathcal{S}\mathcal{M}^c$ est trivialement fermé dans $\mathcal{S}\mathcal{M}$. L'espace $\mathcal{V}$ est muni d'une topologie trivialement plus fine que la topologie induite par $\mathcal{S}\mathcal{M}$, définie, pour $\lambda \in \Lambda$, par les jauges $V \mapsto J_\alpha(\int_{]0,+\infty]} |dV_s|)$ ; il est métrisable complet ; bien sûr $\mathcal{V}^c$ aussi sera muni de cette topologie et il est fermé dans $\mathcal{V}$. Pour une martingale locale M, appelons $\delta(M)$ le sup. $\Lambda$-essentiel des discontinuités de M ; appelons $\mathcal{M}^\delta$ l'espace des martingales locales à sauts bornés, et munissons-le de la topologie définie par les jauges (pour $\lambda \in \Lambda$ choisi) $M \mapsto \delta(M) + J_\alpha([M,M]_\infty^{1/2})$. Cette topologie est plus fine que la topologie induite par $\mathcal{S}\mathcal{M}$, et le rend métrisable et complet ; elle est aussi définie par la famille de jauges équivalentes $M \mapsto \delta(M) + J_\alpha(M^*)$. [Emery montre ces propriétés par la méthode très féconde des arrêts à $T_-$. Soit $(M_n)_{n\in\mathbb{N}}$ une suite tendant vers 0 dans $\mathcal{M}^\delta$ : $\delta(M_n)$ tend vers 0, et $[M_n,M_n]^{1/2}$ tend vers 0 dans $L^o$. On peut extraire une suite partielle $\overline{M}_n$ telle que $[\overline{M}_n,\overline{M}_n]_\infty^{1/2}$ tende vers 0 $\Lambda$-ps. Posons $T_k = \mathrm{Inf}\{t;\ \exists\ n$ tel que $[\overline{M}_n,\overline{M}_n]_t^{1/2} \geq k\}$ ; $(T_k)_{k\in\mathbb{N}}$ est une suite croissante de temps d'arrêt, convergeant stationnairement vers $+\infty$. Fixons k ; alors $[\overline{M}_n,\overline{M}_n]_{T_k-}^{1/2}$ tend vers 0 $\Lambda$-ps., mais est majorée par k ; puisque $\delta(\overline{M}_n)$ tend vers 0, $[\overline{M}_n,\overline{M}_n]_{T_k}^{1/2}$ converge vers 0, en restant bornée, donc, pour $\lambda\in\Lambda$ choisie, $(\overline{M}_n)^{T_k}$ converge vers 0 dans l'espace des martingales $H^2$. Mais alors $[\varphi\cdot\overline{M}_n,\varphi\cdot\overline{M}_n]_{T_k}^{1/2}$ tend aussi vers 0 dans cet espace, donc $(\varphi\cdot\overline{M}_n^{T_k})_\infty$ vers 0 dans $L^2(\Omega,\mathcal{O},\lambda)$, uniformément pour $\varphi\in\mathcal{P}ré$, $\|\varphi\|_\infty\leq 1$ ; donc $\overline{M}_n^{T_k}$ tend vers 0 dans $\mathcal{S}\mathcal{M}$ ; ceci étant vrai pour tout k, $\overline{M}_n$ tend vers 0 dans $\mathcal{S}\mathcal{M}$, donc aussi $M_n$, donc $\mathcal{M}^\delta$ est plus fine que $\mathcal{S}\mathcal{M}$. En outre, $(\overline{M}_n^{T_k})^*$ converge vers 0 dans $L^2$ donc dans $L^o$, et, k étant quelconque, $\overline{M}_n$ converge vers 0 pour la topologie des jauges $M\mapsto J_\alpha(M^*)$ ; donc aussi la suite $(M_n)_{n\in\mathbb{N}}$ tout entière, et le même raisonnement, fait en sens inverse, montre que les familles de jauges $M\mapsto\delta(M)+J_\alpha([M,M]_\infty^{1/2})$, $M\mapsto\delta(M)+J_\alpha(M^*)$, sont équivalentes. Il résulte de cela que, pour tout $\alpha$, il existe $\beta\dot{<}\alpha$ et C tels que $J_\alpha(M^*)\leq C(\delta(M)+J_\beta([M,M]_\infty^{1/2}))$, $J_\alpha([M,M]_\infty^{1/2})\leq C(\delta(M)+J_\beta(M^*))$ ; la méthode utilisée donne un moyen pour estimer C, $\beta$, en fonction de $\alpha$. Le fait que $\mathcal{M}^\delta$ soit complet se montre de la même manière : si $(M_n)_{n\in\mathbb{N}}$ est une suite de Cauchy, il existe une suite partielle $(\overline{M}_n)_{n\in\mathbb{N}}$ telle que $\sum_n[\overline{M}_{n+1}-\overline{M}_n]^*<+\infty$ ps. ; alors $\overline{M}_n$ a une limite M, pour $\Lambda$-presque tout $\omega$, uniformément en t ; on peut trouver une suite de $T_k$ comme ci-dessus, permettant de se ramener à l'espace des martingales $H^2$, qui est complet. Notons que sur l'espace $\mathcal{M}$ des martingales locales, les familles des jauges $J_\alpha([M,M]_\infty^{1/2})$ et $J_\alpha(M^*)$ ne sont pas équivalentes et ne rendent pas $\mathcal{M}$ complet.]

<u>(3.9)</u> Ensuite toute semi-martingale X admet une décomposition $X=V+M$, $V\in\mathcal{V}$, $M\in\mathcal{M}^\delta$, donc $(V,M)\mapsto V+M$ est une surjection linéaire continue de $\mathcal{V}\oplus\mathcal{M}^\delta$, sur $\mathcal{S}\mathcal{M}$ (19), donc, par le théorème du graphe fermé, $\mathcal{S}\mathcal{M}$ est le quotient de $\mathcal{V}\otimes\mathcal{M}^\delta$ défini par cette surjection. Cela signifie que $(X_n)_{n\in\mathbb{N}}$ converge vers 0

dans $\mathcal{S}\mathcal{M}$ si et seulement s'il existe des décompositions $X_n = V_n + M_n$, où $V_n$ converge vers 0 dans $\mathcal{V}$, $M_n$ dans $\mathcal{M}^\delta$.

<u>(3.9 bis)</u> <u>Par ailleurs les sous-espaces</u> $\mathcal{V}^c$, $\mathcal{M}^c$, $\mathcal{S}\mathcal{M}^c$ <u>sont évidemment fermés dans</u> $\mathcal{V}$, $\mathcal{M}^\delta$, $\mathcal{S}\mathcal{M}$, <u>donc complets</u> (la topologie de $\mathcal{M}^c$ est définie par les jauges, pour $\lambda \in \Lambda$ choisi, $M \mapsto J_\alpha([M,M]_\infty^{1/2})$ ou $J_\alpha(M^*)$). Mais ici $(V,M) \mapsto V + M$ est linéaire continue bijective de $\mathcal{V}^c \oplus \mathcal{M}^c$ sur $\mathcal{S}\mathcal{M}^c$, donc c'est un isomorphisme par Banach ; $\mathcal{V}^c$ et $\mathcal{M}^c$ sont fermés dans $\mathcal{S}\mathcal{M}^c$ (lui-même fermé dans $\mathcal{S}\mathcal{M}$), et les topologies propres de $\mathcal{V}^c$ et $\mathcal{M}^c$ sont induites par $\mathcal{S}\mathcal{M}^c$ ou $\mathcal{S}\mathcal{M}$. (Par contre, $\mathcal{V}$ <u>et</u> $\mathcal{M}$ <u>ou</u> $\mathcal{M}^\delta$ <u>ne sont pas fermés dans</u> $\mathcal{S}\mathcal{M}$.) Plus généralement, si $\mathcal{V}^{pré}$ est l'espace des processus à variation finie prévisibles, il est fermé dans $\mathcal{V}$ et dans $\mathcal{S}\mathcal{M}$, et sur lui les topologies $\mathcal{V}$ et $\mathcal{S}\mathcal{M}$ coïncident. [Ces deux affirmations sont équivalentes par Banach. Il suffit de montrer que $\mathcal{V}$ est moins fine que $\mathcal{S}\mathcal{M}$ sur $\mathcal{V}^{pré}$. Soit $V \in \mathcal{V}^{pré}$ ; il existe W, processus croissant prévisible associé, $W_t = \int_{]0,t]} |dV_s|$, $W \in \mathcal{V}^{pré}$, et $\varphi \in B\mathcal{P}ré$, prenant seulement les valeurs $\pm 1$, telle que $W = \varphi \cdot V$ ; alors $W_\infty = (\varphi \cdot V)_\infty$, donc $J_\alpha(W_\infty) \leq \sup_{\substack{\psi \in B\mathcal{P}ré \\ \|\psi\|_\infty \leq 1}} J_\alpha((\psi \cdot V)_\infty) = (\mu_V)^*_\alpha(1)$.]

<u>L'espace</u> $\mathcal{S}\mathcal{M}^{pré}$ <u>des semi-martingales prévisibles est d'ailleurs évidemment fermé dans</u> $\mathcal{S}\mathcal{M}$, et on a la décomposition en somme directe (toute semi-martingale prévisible étant spéciale) $\mathcal{S}\mathcal{M}^{pré} = \mathcal{V}^{pré} \oplus \mathcal{M}^c$. Alors $(V,M) \mapsto V + M$ est une bijection linéaire continue de $\mathcal{V}^{pré} \times \mathcal{M}^c$ sur $\mathcal{S}\mathcal{M}^{pré}$ complet, ce qui reprouve, par le théorème de l'isomorphisme de Banach, que tous ces espaces sont fermés, et que, sur $\mathcal{V}^{pré}$, les topologies induites par $\mathcal{V}$ et $\mathcal{S}\mathcal{M}$ coïncident. Bien évidemment, l'espace $\mathcal{S}\mathcal{M}^{acc}$ des semi-martingales accessibles est aussi fermé dans $\mathcal{S}\mathcal{M}$, mais je ne pense pas que l'espace $\mathcal{V}^{acc}$ des processus à variation finie accessibles soit fermé dans $\mathcal{S}\mathcal{M}$, ni que, sur lui, les topologies induites par $\mathcal{V}$ et $\mathcal{S}\mathcal{M}$ coïncident, ni qu'il y ait une décomposition $\mathcal{S}\mathcal{M}^{acc} = \mathcal{V}^{acc} \oplus \mathcal{M}^c$, mais nous verrons à (4.6) que c'est vrai pour les semi-martingales formelles.

<u>(3.10)</u> Toujours d'après Emery, $X \mapsto X^c$ (composante martingale locale continue) est linéaire continue de $\mathcal{S}\mathcal{M}$ dans $\mathcal{M}^c$. [D'après (3.9), il suffit de montrer que

$M \mapsto M^c$ est continue de $\mathcal{M}^\delta$ dans $\mathcal{M}^c$. Si $(M_n)_{n\in\mathbb{N}}$ converge vers 0 dans $\mathcal{M}^\delta$, il existe une suite partielle $(\overline{M}_n)_{n\in\mathbb{N}}$, et une suite $(T_k)_{k\in\mathbb{N}}$ de temps d'arrêt, croissante et tendant stationnairement vers $+\infty$, telles que $(\overline{M}_n^{T_k})_{n\in\mathbb{N}}$, pour tout k, converge vers 0 dans l'espace des martingales $H^2$ ; alors $(\overline{M}_n^c)^{T_k}$ aussi, donc $(\overline{M}_n^c)_{n\in\mathbb{N}}$ tend vers 0 dans $\mathcal{M}^c$ ; donc aussi $(M_n^c)_{n\in\mathbb{N}}$.] Et $(X,Y)\mapsto[X,Y]$ est bilinéaire continue de $\mathcal{SM}\times\mathcal{SM}$ dans $\mathcal{V}$ [d'après (3.9) il suffit de montrer qu'elle l'est de $\mathcal{V}\times\mathcal{V}$ dans $\mathcal{V}$, $\mathcal{V}\times\mathcal{M}^\delta$ dans $\mathcal{V}$, $\mathcal{M}^\delta\times\mathcal{M}^\delta$ dans $\mathcal{V}$. La première assertion est évidente, la 2ème et la 3ème se prouvent toujours par la même technique de temps d'arrêt remplaçant $\mathcal{M}^\delta$ par $H^2$ ].

<u>(3.11)</u> Si $V\in\mathcal{V}$, et si f est dV-intégrable, $f\cdot V$ n'est pas nécessairement à variation finie. [Par exemple, si V est une martingale à variation finie, il suffit, pour que f prévisible soit dV-intégrable, par (3.5), que $\sum_s |f_s|^2\,\Delta V_s^2<+\infty$ ps. ; cela n'entraîne pas que $\sum_s |f_s|\,|dV_s|<+\infty$ ps.] Mais :

<u>(3.11 bis)</u> <u>f prévisible est dV-intégrable, et $f\cdot V$ est à variation finie, si et seulement si</u> $\int_{]0,+\infty]}|f_s|\,|dV_s|<+\infty$ ps. ; <u>alors $f\cdot V$ se calcule par intégration de Stieltjes pour tout $\omega$. Si $V\in\mathcal{V}$ est prévisible, f est dV-intégrable ssi</u> $\int_{]0,+\infty]}|f_s|\,|dV_s|<+\infty$ <u>ps., et $f\cdot V$ est à variation finie et prévisible</u> ; <u>si V est croissante, f est dV-intégrable ssi</u> $\int_{]0,+\infty]}|f_s|\,dV_s<+\infty$ ps.

<u>Démonstration</u> : L'une des implications est évidente, montrons l'autre ; supposons donc f prévisible dV-intégrable et $f\cdot V$ à variation finie. On a $(1_{|f|\le n}\,f)\cdot V=1_{|f|\le n}\cdot(f\cdot V)$, donc, $f\cdot V$ étant à variation finie, $\int_{]0,+\infty]}(1_{|f_s|\le n}\,|f_s|)\,|dV_s|$ est borné dans $L^0_+(\Omega,\mathcal{O};\Lambda)$ pour $n\in\mathbb{N}$ ; donc $\int_{]0,+\infty]}|f_s|\,|dV_s|<+\infty$ ps. Le cas V prévisible s'obtient en choisissant $\varphi\in B\mathcal{P}ré$, ne prenant que les valeurs $\pm1$, telle que, si $W_t=\int_{]0,t]}|dV_s|$, $|f|\cdot W=f\varphi\cdot V$ ; donc $|f|$ est dW-intégrable, avec W croissante et $|f|\ge0$, ce qui ramène au cas croissant. Alors les $(|f|\,1_{|f|\le n}\cdot W)_\infty$ doivent être bornés dans $L^0$ pour $n\in\mathbb{N}$ ; donc $\int_{]0,+\infty]}|f_s|\,dW_s<+\infty$ ps.

(3.12) Si M est une martingale locale, f dM-intégrable, $f \bullet M$ n'est pas nécessairement une martingale locale. [Par exemple, si M est une martingale à variation finie, et si $\int_{]0,+\infty]} |f_s|\,|dM_s| < +\infty$ ps., f est dM-intégrable ; donc $\sum_s |f_s|\,|\Delta M_s| < +\infty$ ps., a fortiori $\sum_s |f_s|^2\,\Delta M_s^2 < +\infty$ ps., mais cela n'entraîne pas forcément que $(\sum_{s\leq \bullet} |f_s|^2\,\Delta M_s^2)^{1/2}$ soit localement intégrable.] Mais :

(3.12 bis) f prévisible est dM-intégrable et $f \bullet M$ est une martingale locale, ssi $\int_{]0,+\infty]} |f_s|^2\, d[M,M]_s < +\infty$ ps. et $(f^2 \bullet [M,M])^{1/2}$ est localement intégrable. Si M est continue, f est dM-intégrable ssi $\int_{]0,+\infty]} |f_s|^2\, d[M,M]_s < +\infty$ ps. et $f \bullet M$ est une martingale locale continue.

Démonstration : L'implication dans un sens est évidente, montrons l'autre. Soit donc f dM-intégrable, et $f \bullet M$ martingale locale. Alors elle est localement $H^1$, donc $[f \bullet M,\, f \bullet M]_\infty^{1/2}$ est localement intégrable ; or c'est $f^2 \bullet [M,M]_\infty^{1/2}$. Le cas M continue se règle en remarquant que $f \bullet M$ est limite dans $\mathcal{S}\mathcal{M}$, des $f\, 1_{|f|\leq n} \bullet M \in \mathcal{M}^c$, et que $\mathcal{M}^c$ est fermé dans $\mathcal{S}\mathcal{M}$.

(3.13) Si X • Y sont des semi-martingales, f, g des fonctions prévisibles sur $]0,+\infty] \times \Omega$, f est dX-intégrable, g dY-intégrable, $f^2$ est d[X,X]-intégrable, $g^2$ est d[Y,Y]-intégrable, fg est |d[X,Y]|-intégrable, et $[f \bullet X\,,\, g \bullet Y] = fg \bullet [X,Y]$ ; on a Kunita-Watanabé :

$$\int_{]0,t]} |f_s\, g_s|\, |d[X,Y]_s| \leq \left(\int_{]0,t]} f_s^2\, d[X,X]_s\right)^{1/2} \left(\int_{]0,t]} g_s^2\, d[Y,Y]_s\right)^{1/2} .$$

[On passe à la limite, par (3.10), à partir des $f\, 1_{|f|\leq n}$, $g\, 1_{|g|\leq n}$.]

Proposition (3.14) : Soit X une semi-martingale spéciale, $X = V + M$ sa décomposition canonique, V à variation finie prévisible, M martingale locale. Alors f est dX-intégrable et $f \bullet X$ spéciale, si et seulement si f est dV-intégrable (et $f \bullet V$ à variation finie prévisible, par (3 11 bis)), et f dM-intégrable et

$f \cdot M$ <u>martingale locale</u> <u>(voir (3.12 bis))</u> ; <u>alors la décomposition canonique de</u> $f \cdot X$ <u>est</u> $f \cdot X = f \cdot V + f \cdot M$.

<u>Démonstration</u> : On peut supposer f prévisible. C'est évident dans un sens, montrons l'autre : soit f dX-intégrable, et $f \cdot X$ spéciale. Soit $\gamma > \sigma$ prévisible bornée, telle que $\gamma f$ soit bornée. Soit $f \cdot X = W + N$ la décomposition canonique de $f \cdot X$ ; alors celle de $\gamma f \cdot X = \gamma \cdot (f \cdot X)$ est indifféremment $\gamma f \cdot V + \gamma f \cdot M$ et $\gamma \cdot W + \gamma \cdot N$. Donc $\gamma f \cdot V = \gamma \cdot W$, $\gamma f \cdot M = \gamma \cdot N$. Mais 1 est dW-intégrable, donc $\frac{1}{\gamma}$ est $d(\gamma \cdot W)$-intégrable, donc aussi $d(\gamma f \cdot V)$-intégrable, donc $f = \frac{1}{\gamma} \gamma f$ est dV-intégrable, et $f \cdot V = \frac{1}{\gamma} \cdot (\gamma f \cdot V) = \frac{1}{\gamma} \cdot (\gamma \cdot W) = W$ est à variation finie prévisible. De même 1 est dN-intégrable, donc $\frac{1}{\gamma}$ est $d(\gamma \cdot N)$-intégrable, donc aussi $d(\gamma f \cdot M)$-intégrable, donc $f = \frac{1}{\gamma} \gamma f$ est dM-intégrable, et
$f \cdot M = \frac{1}{\gamma} \cdot (\gamma f \cdot M) = \frac{1}{\gamma} \cdot (\gamma \cdot N) = N$ est une martingale locale.

<u>Corollaire (3.15)</u> (Yan Jia-An[35]). (Réciproque de (3.5)) : <u>Si</u> f <u>est prévisible et</u> dX-<u>intégrable, il existe une décomposition</u> $X = V + M$, V <u>à variation finie</u>, M <u>martingale locale, telle que</u> f <u>soit</u> dV-<u>intégrable et</u> $f \cdot V$ <u>à variation finie (3.11 bis), et que</u> f <u>soit</u> dM-<u>intégrable et</u> $f \cdot M$ <u>martingale locale (3.12 bis)</u>.

<u>Démonstration</u> : Soient $T_0, T_1, \ldots, T_n, \ldots$ les temps d'arrêt, $T_n \geq T_{n-1}$, $T_n = \mathrm{Inf}\{t > T_{n-1} ; |\Delta X_t| \geq 1$ ou $|f_t \Delta X_t| \geq 1\}$. Alors $(T_n)_{n \in \mathbb{N}}$ croît et tend stationnairement vers $+\infty$. Si on pose $X = \Sigma\, 1_{t \geq T_n} 1_{T_n > T_{n-1}} \Delta X_{T_n} + Y$ ; forcément f est intégrable par rapport au processus de sauts, donc dY-intégrable ; mais les sauts de Y et de $f \cdot Y$ sont de module $\leq 1$, donc Y et $f \cdot Y$ sont des semi-martingales spéciales, d'où le résultat par (3.14).

<u>(3.16)</u> Emery a enfin montré (cela résulte de la formule d'Itô) que, si $C^2(F;G)$ est l'espace des applications de classe $C^2$ d'un espace vectoriel de dimension finie F dans un autre G, nulles au temps 0, muni de la topologie de la convergence uniforme sur tout compact des fonctions et de leurs dérivées d'ordre $\leq 2$, l'application $(\Phi, X) \mapsto \Phi(X)$ est continue de $C^2(F;G) \times \mathcal{SM}(F)$ dans $\mathcal{SM}(G)$ (où $\mathcal{SM}(F)$ est l'espace des semi-martingales à valeurs dans F). <u>Ici</u>

il importe de distinguer le processus X, et la mesure dX : $\Phi(X)$ n'a rien à voir avec une image de dX par $\Phi$, et Itô compare $d(\Phi(X))$ et dX [20]. Ceci permet de passer aux semi-martingales à valeurs dans une variété V. On ne peut plus alors imposer $X_o = 0$, 0 n'ayant pas de sens pour une variété. Mais bien évidemment on peut topologiser l'espace des semi-martingales réelles ou vectorielles non nécessairement nulles au temps 0 par la somme directe $L^o(\Omega, \mathcal{T}_o, \Lambda) \oplus \mathcal{SM}$, $X = X_o + (X - X_o)$ ; on appellera encore sans danger, dans ce n° (3.16), $\mathcal{SM}$ l'espace de toutes les semi-martingales, nulles ou non au temps 0. Alors on déduit aisément du résultat d'Emery que, si $C^2(V;W)$ est l'espace des applications $C^2$ d'une variété V de classe $C^2$ dans une autre W, et si on topologise l'espace $\mathcal{SM}(V)$ des semi-martingales à valeurs dans V par un plongement de V dans un espace vectoriel, $(\Phi,X) \mapsto \Phi(X)$ est continue de $C^2(V;W) \times \mathcal{M}(V)$ dans $\mathcal{SM}(W)$.

(3.17) Les espaces $H^p$ de semi-martingales, $0 \le p < +\infty$ [21].

Soit $1 \le p < +\infty$. On appelle $H^p(\Omega,\mathcal{O},\lambda,(\mathcal{T}_t)_{t\in\overline{\mathbb{R}}_+}) = H^p$ (ici $\lambda \in \Lambda$ est choisie) l'espace des semi-martingales réelles X admettant une décomposition $X = V + M$, où V est à variation $L^p$, $(\mathbb{E}(\int_{]0,+\infty]} |dV_s|)^p)^{1/p} < +\infty$, et où M est une martingale $H^p$, $[M,M]_\infty^{1/2} \in L^p(\Omega,\mathcal{O},\lambda)$, équivalent à $M^* \in L^p$. Cet espace $H^p$ est un Banach pour la norme

$$(3.18) \qquad \|X\|_{H^p} = \operatorname*{Inf}_{X=V+M} \left(\mathbb{E}\left(\left(\int_{]0,+\infty]} |dV_s|\right)^p + [M,M]_\infty^{p/2}\right)\right)^{1/p} .$$

Remarquons que $X \in H^p$ est une semi-martingale spéciale, et la norme peut, à une équivalence près, se calculer sur la décomposition canonique $X = V + M$, où V est prévisible. Le théorème suivant est dû à Marc Yor [22] :

(3.19) Soit X une semi-martingale. Les trois propriétés suivantes sont équivalentes [23] :

$$(3.19\text{ bis})\begin{cases} 1) & X \in H^p \,; \\ 2) & \underline{\text{Pour toute}}\ \varphi \in B\mathcal{P}ré,\ (\varphi \cdot X)_\infty \in L^p \,; \\ 3) & dX = \mu_X\ \underline{\text{est une mesure sur}}\ (]0,+\infty] \times \Omega, \mathcal{P}ré)\ \underline{\text{à valeurs dans}} \\ & L^p(\Omega,\mathcal{O},\lambda). \end{cases}$$

On peut donc dire que $H^p$ est l'espace des mesures sur $(]0,+\infty] \times \Omega, \mathcal{P}ré)$ à valeurs dans $L^p$, adaptées et localisables (3.1). Bien entendu, le théorème du graphe fermé entraîne que, sur $H^p$, les normes $H^p$ (3.18) et $Mes(]0,+\infty] \times \Omega, \mathcal{P}ré, L^p)$, c-à-d.

$$(3.20) \qquad \|X\|_{Mes} = \sup_{\substack{\varphi \in B\mathcal{P}ré \\ \|\varphi\|_\infty \leq 1}} (\mathbb{E}\,|(\varphi \cdot X)_\infty|^p)^{1/p} \quad ,$$

sont équivalentes.

Aucun théorème analogue ne semble exister pour $0 < p < 1$, et, pour une martingale locale $M$, $(\mathbb{E}[M,M]_\infty^{p/2})^{1/p}$ et $(\mathbb{E}(M^{*p}))^{1/p}$ ne semblent pas équivalentes. Si de tels espaces, pour $0 < p < 1$, doivent jamais servir à quelque-chose, on peut imaginer que le plus utile sera l'espace des semi-martingales qui définissent des mesures sur $(]0,+\infty] \times \Omega, \mathcal{P}ré)$ à valeurs dans $L^p(\Omega,\mathcal{O},\lambda)$ (adaptées et localisables), muni de la p-norme (3.20). C'est un espace vectoriel p-normé complet ; c'est lui qui mériterait le nom de $H^p$ (et $\mathcal{SM}$ pourrait s'appeler $H^0$). Mais c'est là une conjecture sans fondement réel actuellement, et peut être sans intérêt.

## § 4. SEMI-MARTINGALES FORMELLES

__Résumé du § 4.__ Ce § est au § 3 ce qu'est le § 2 au § 1 ; il est la partie la plus importante de cet article. (4.1), page 40, introduit l'espace $\mathcal{P}ré\,\mathcal{SM}$ des semi-martingales formelles, module (pour l'intégration stochastique) sur

sur la tribu prévisible $\mathcal{P}$ré. (4.1 bis), p. 40, en étudie les sous-modules : $\mathcal{P}$ré$\mathcal{V}$, $\mathcal{P}$ré$\mathcal{M}$, $\mathcal{P}$ré$\mathcal{V}^c$, $\mathcal{P}$ré$\mathcal{M}^c$. (4.2), p. 42, définit l'arrêt à un temps T, (4.3), p.42, les discontinuités d'une semi-martingale formelle. On en déduit un théorème nouveau : (4.5), page 43 , toute semi-martingale formelle accessible est somme d'une manière unique, d'un processus à variation fini formel accessible et d'une martingale locale continue formelle ; ce théorème n'a sans doute pas d'équivalent pour des semi-martingales vraies. (4.6), page 44 , donne l'application aux intégrales stochastiques $\sum_{k=1}^{m} h_k \cdot X_k$, signalée dans l'Introduction. (4.7), page 44 , donne la composante $X^c$, la semi-martingale arrêtée $X^T$, le processus croissant formel $[X,X]$. Et (4.8), page 45 , étudie les semi-martingales formelles $H^p$.

Ce paragraphe est très court ; parce que tout a été préparé pour lui. On pourrait, à la rigueur, ne lire que lui !

<u>(4.1)</u> Avec les notations du § 3, $\mathcal{SM}$ est un sous-B$\mathcal{P}$ré-module de Mes, on peut donc former $\mathcal{P}$ré$\mathcal{SM}$, <u>qui sera l'espace des semi-martingales formelles</u> (voir § 2). Ici seule existe la mesure formelle $\mu_X$ ou dX, le processus X n'existe pas (exactement comme, sur $\mathbb{R}$ , une mesure réelle formelle n'a pas de primitive). Mais nous continuerons à employer X sans danger, en sachant seulement que ce n'est pas un processus, et que $X_t$ n'a pas de sens (sauf $X_o = 0$). On peut dire qu'une mesure semi-martingale formelle est une mesure formelle $\in \mathcal{P}$ré Mes, adaptée et localisable : si f est dX-intégrable et portée par $]0,t] \times \Omega$, $\mu_X(f)$ est $\mathcal{T}_t$-mesurable, et, si f est dX-intégrable, et portée par $]0,+\infty] \times \Omega$, $\mu_X(f)$ et $f \cdot X$ sont portées par $\Omega'$ ; ou encore, il existe $\gamma$ prévisible bornée > 0 telle que $\gamma\mu_X$, encore notée $\gamma \cdot X$, soit une semi-martingale, i.e. une mesure adaptée et localisable. Notons que $\mu_X$ est équivalente à $\gamma\mu_X$, donc admet une mesure $\geq 0$ équivalente (3.6 bis).

<u>(4.1 bis)</u> On a ensuite, pour les divers sous-B$\mathcal{P}$ré-modules $\mathfrak{N}$ de $\mathcal{SM}$, des espaces $\mathcal{P}$ré $\mathfrak{N} = \mathcal{P}$ré $\otimes_{B\mathcal{P}ré}$ $\mathfrak{N}$ :

<u>$\mathcal{P}$ré $\mathcal{V}$, espace des processus à variation finie formels, avec les sous-espaces</u>

$\mathcal{P}$ré $\mathcal{V}^c$, $\mathcal{P}$ré $\mathcal{V}^{pré}$ ; et $\mathcal{P}$ré $\mathcal{V}$ a une notion de suites convergentes, plus fine que $\mathcal{P}$ré $\mathcal{SM}$ ;

$\mathcal{P}$ré $\mathcal{M}$, espace des martingales formelles, avec son sous-espace $\mathcal{P}$ré $\mathcal{M}^c$ ; etc. Et $\mathcal{P}$ré $\mathcal{SM} = \mathcal{P}$ré $\mathcal{V} + \mathcal{P}$ré $\mathcal{M}$, $\mathcal{P}$ré $\mathcal{SM}^c = \mathcal{P}$ré $\mathcal{V}^c \oplus \mathcal{P}$ré $\mathcal{M}^c$. Aucun théorème de graphe fermé ne permet de dire ici qu'il s'agisse d'une somme directe topologique, mais c'est visible directement. Supposons que $X_n = V_n + M_n$ tende vers 0 dans $\mathcal{P}$ré $\mathcal{SM}^c$. Soit $\gamma > 0$ bornée telle que les $\gamma \bullet X_n$ soient des semi-martingales vraies, et convergent vers 0 dans $\mathcal{SM}^c$. Alors leurs décompositions sont $\gamma \bullet X_n = \gamma \bullet V_n + \gamma \bullet M_n$, donc $\gamma \bullet V_n$ et $\gamma \bullet M_n$ convergent vers 0 respectivement dans $\mathcal{V}^c$ et dans $\mathcal{M}^c$ (qui ont les topologies induites par $\mathcal{SM}^c$), et par suite $V_n$ et $M_n$ dans $\mathcal{P}$ré $\mathcal{V}^c$ et $\mathcal{P}$ré $\mathcal{M}^c$. Par rapport à une semi-martingale formelle X, on peut parler d'ensemble dX-négligeable ou dX-mesurable de $]0,+\infty] \times \Omega$, de fonction f dX-mesurable, $(\mu_X)^*_\alpha(f)$ existe pour $f \geq 0$, par rapport à des jauges $J_\alpha$ pour un choix de $\lambda \in \Lambda$ ; on peut parler de f dX-intégrable, f est dX-intégrable ssi elle est dX-mesurable et $(\mu_X)^*_\alpha(|f|) < +\infty$ pour tout $\alpha$, ($L^o$ est un C-espace, (1.8 ter)); pour f prévisible, cela veut dire que, pour toute $\varphi$ prévisible bornée telle que $|\varphi| \leq |f|$, $\varphi$ est dX-intégrable, et que $\sup_{\substack{\varphi \in B\mathcal{P}ré \\ |\varphi| \leq |f|}} J_\alpha((\varphi \bullet X)_\infty) < +\infty$

pour tout $\alpha$, ou que les $(\varphi \bullet X)_\infty$, $\varphi \in B\mathcal{P}$ré, $|\varphi| \leq f$, forment une partie bornée de $E = L^o$ ; f est dX-intégrable ssi $f \bullet X$ est une vraie semi-martingale. Puisque $\mathcal{SM}$ est fermé dans Mes, $\mathcal{P}$ré $\mathcal{SM} \cap$ Mes $= \mathcal{SM}$ ; puisque $\mathcal{V}^c$, $\mathcal{V}^{pré}$, $\mathcal{M}^c$, $\mathcal{SM}^c$ sont fermés dans $\mathcal{SM}$, $\mathcal{P}$ré $\mathcal{V}^c \cap \mathcal{SM} = \mathcal{V}^c$, $\mathcal{P}$ré $\mathcal{V}^{pré} \cap \mathcal{SM} = \mathcal{V}^{pré}$, $\mathcal{P}$ré $\mathcal{SM}^c \cap \mathcal{SM} = \mathcal{SM}^c$ (2.6). Par contre, on a vu (3.9 bis) que $\mathcal{V}$ et $\mathcal{M}$ ne sont pas fermés dans $\mathcal{M}$ ; et on a $\mathcal{P}$ré $\mathcal{V} \cap \mathcal{SM} \supsetneqq \mathcal{M}$, $\mathcal{P}$ré $\mathcal{M} \cap \mathcal{SM} \supsetneqq \mathcal{M}$ : si V est un processus à variation finie, f une fonction prévisible dV-intégrable telle que $f \bullet V$ ne soit pas à variation finie, $f \bullet V \in \mathcal{P}$ré $\mathcal{V} \cap \mathcal{SM}$ et $\notin \mathcal{V}$ ; si M est une martingale locale, f une fonction prévisible dM-intégrable telle que $f \bullet M$ ne soit pas une martingale locale, $f \bullet M \in \mathcal{P}$ré $\mathcal{M} \cap \mathcal{SM}$ et $\notin \mathcal{M}$.

On peut aussi considérer le $B\mathcal{P}$ré-module $\mathcal{SM}_{sp}$ des semi-martingales spéciales, somme directe $\mathcal{V}^{pré} \oplus \mathcal{M}$. Alors $\mathcal{P}$ré $\mathcal{SM}_{sp} = \mathcal{P}$ré $\mathcal{V}^{pré} \oplus \mathcal{P}$ré $\mathcal{M}$ (c'est bien une somme directe, autrement dit la décomposition $X = V + M$ reste unique ; car, si $V+M=0$, on trouvera $\gamma>0$ prévisible bornée dV- et dM-intégrable, alors $\gamma\bullet V+\gamma\bullet M=0$, $\gamma\bullet V\in\mathcal{V}^{pré}$, $\gamma\bullet M\in\mathcal{M}$, donc $\gamma\bullet V=0$, $\gamma\bullet M=0$, donc $V=0$, $M=0$. Mais $\mathcal{SM}_{sp}$ n'est pas fermé dans $\mathcal{SM}$, et Pré $\mathcal{SM}_{sp}\cap\mathcal{SM}\supsetneqq\mathcal{SM}_{sp}$ ; par exemple, si M est une martingale formelle, semi-martingale vraie mais non martingale locale, $M\in$ Pré $\mathcal{M}\subset$ Pré $\mathcal{SM}_{sp}$, et $M\in\mathcal{SM}$, cependant $M\notin\mathcal{SM}_{sp}$, car sa décomposition canonique est $0+M$, et $M\notin\mathcal{M}$). En fait, c'est bien ce raisonnement qu'on a fait pour démontrer (3.14) : si X est une semi-martingale spéciale, $X=V+M$; alors, si f est dX-intégrable, $f\bullet X$ est une semi-martingale spéciale formelle, $f\bullet X=f\bullet V+f\bullet M$ ; si elle est une vraie semi-martingale spéciale, sa décomposition canonique est la même, par l'unicité, donc f est dV- et dM-intégrable, $f\bullet V$ est un processus à variation finie, et $f\bullet M$ est une martingale.

<u>(4.2)</u> <u>Si</u> T <u>est un temps d'arrêt</u>, $X\mapsto X^T$ <u>est une application Pré-linéaire (séquentiellement) continue de</u> Pré $\mathcal{SM}$ <u>dans</u> Pré $\mathcal{SM}$ ; l'image est Pré $\mathcal{SM}^T$, l'espace des semi-martingales formelles arrêtée en T, associé au sous-BPré-module $\mathcal{SM}^T$ de $\mathcal{SM}$, ou de celles pour lesquelles $]T,+\infty]$ est négligeable. On peut d'ailleurs aussi arrêter en $T_-$, et $X\mapsto X^{T_-}$ est Pré-linéaire continue de Pré $\mathcal{SM}$ sur Pré $\mathcal{SM}^{T_-}$, espace des semi-martingales formelles arrêtées en $T_-$.

<u>(4.3)</u> <u>Soit</u> X <u>une semi-martingale</u>. <u>On peut parler de ses sauts</u>, <u>définis à un ensemble</u> $\Lambda$-<u>négligeable près</u>, et qui sont contenus dans une réunion dénombrable de graphes de temps d'arrêt ; on distingue alors les sauts accessibles et les sauts inacessibles. On peut donc en faire autant pour une semi-martingale formelle X : on choisit $\gamma$ prévisible bornée > 0 dX-intégrable, et on posera

$$\Delta X_s = \frac{1}{\gamma_s}\,\Delta(\gamma\bullet X)_s \;. \tag{4.4}$$

C'est évidemment indépendant du choix de $\gamma$ ; faisons une fois ce raisonnement, nous ne répèterons en général plus. Si $\gamma'$ est une autre fonction analogue, $\frac{1}{\gamma'_s}\,\Delta(\gamma'\bullet X)_s=\frac{1}{\gamma'_s}\,\Delta(\frac{\gamma'}{\gamma}\bullet\gamma\bullet X)_s=\frac{1}{\gamma'_s}\,\frac{\gamma'_s}{\gamma_s}\,\Delta(\gamma\bullet X)_s=\frac{1}{\gamma_s}\,\Delta(\gamma\bullet X)_s$. Et on peut parler de sauts accessibles et de sauts inaccessibles de X.

Il n'y a pas de sens immédiat à dire que $\sum_s \Delta X_s^2 < +\infty$ ps. Mais, si $(A_k)_{k\in\mathbb{N}}$ est une suite de parties prévisibles dX-intégrables, croissante et de réunion $]0,+\infty] \times \Omega$, $\sum_{s\in A_k} \Delta X_s^2 < +\infty$ pour tout k ; si $\gamma > 0$ est prévisible dX-intégrable, $\sum_s \gamma_s^2 \, \Delta X_s^2 < +\infty$ ; on pourra dire que $\sum_s \Delta X_s^2$ est formellement fini. Par contre, en général $\sum_s |\Delta X_s|$ n'est pas formellement fini.

(4.5) Voici cependant un résultat étrange. On sait que toute semi-martingale prévisible est spéciale, et $\mathcal{SM}^{pré} = \mathcal{V}^{pré} \oplus \mathcal{M}^c$, et de même $\mathcal{P}ré\,\mathcal{SM}^{pré} = \mathcal{P}ré\,\mathcal{V}^{pré} \oplus \mathcal{P}ré\,\mathcal{M}^c$ ; pour X semi-martingale prévisible, $\sum_s |\Delta X_s| < +\infty$ ps. Mais supposons X semi-martingale formelle n'ayant que des discontinuités accessibles. Il existe une suite $(T_k)_{k\in\mathbb{N}}$ de temps d'arrêt (non partout définis) prévisibles disjoints, qui épuise ses sauts. Alors, si $V_k = \Delta X_{T_k} 1_{t\geq T_k}$, c'est une semi-martingale accessible, et $\sum_k \mu_{V_k}$ est une mesure formelle (puisque les $\mu_{V_k}$ sont portées par des ensembles disjoints), adaptée localisable , définissant un processus de sauts accessible formel $V^\sigma$ qu'on peut écrire $dV^\sigma = \sum_k dV_k^\sigma$, ou $\mu_{V^\sigma} = \sum_k \mu_{V_k}$ ; autrement dit, $\sum_s |\Delta X_s|$ est formellement fini, et $V^\sigma = \sum_{s\leq\bullet} \Delta X_s$. Alors $X = \sum_{s\leq\bullet} \Delta X_s + Z$, Z semi-martingale continue formelle, admettant donc la décomposition usuelle $V^c + M$, $V^c \in \mathcal{P}ré\,\mathcal{V}^c$, $M \in \mathcal{P}ré\,\mathcal{M}^c$. En posant $V^\sigma + V^c = V$, $V \in \mathcal{P}ré\,\mathcal{V}^{acc}$ ; en particulier $X = V+M$ est accessible, et inversement une semi-martingale formelle accessible n'a que des discontinuités accessibles. <u>D'où une décomposition en somme directe</u> $\mathcal{P}ré\,\mathcal{SM}^{acc} = \mathcal{P}ré\,\mathcal{V}^{acc} \oplus \mathcal{P}ré\,\mathcal{M}^c$. [C'est bien une somme directe : une martingale locale continue à variation finie est nulle, c'est donc vrai aussi en formel.] Mais, même si $X \in \mathcal{SM}$ est une semi-martingale <u>vraie</u>, sa décomposition $X = V + M$ est en général <u>formelle</u>(36), $V \in \mathcal{P}ré\,\mathcal{V}^{acc}$, $M \in \mathcal{P}ré\,\mathcal{M}^c$, Pour des espaces avec suites convergentes et sans topologie, pas question d'appliquer un théorème du graphe fermé ; la décomposition de $\mathcal{P}ré\,\mathcal{SM}^{acc}$ en somme directe est algébrique, peut-être pas topologique. Supposons que $X_n$ converge vers 0 dans $\mathcal{P}ré\,\mathcal{SM}^{acc}$ ; $X_n^c = M_n$ converge vers 0 dans $\mathcal{P}ré\,\mathcal{M}^c$, donc aussi $V_n$ dans $\mathcal{SM}$, mais rien ne dit que $V_n$ converge vers 0 dans $\mathcal{P}ré\,\mathcal{V}$, plus fin que $\mathcal{P}ré\,\mathcal{SM}$. Je ne le pense pas.

Soit X une semi-martingale formelle accessible spéciale : elle a deux décompositions canoniques, $X = V_1 + M_1$, $V_1 \in$ Pré $\mathcal{V}^{acc}$, $M_1 \in$ Pré $\mathcal{M}^c$, et $X = V_2 + M_2$, $V_2 \in$ Pré $\mathcal{V}^{pré}$, $M_2 \in$ Pré $\mathcal{M}$. Elles ne coïncident pas en général. Soit par exemple T un temps d'arrêt prévisible, $\Phi$ une variable aléatoire intégrable $\in \mathcal{T}_T$, $\notin \mathcal{T}_{T_-}$, $\mathbb{E}(\Phi/\mathcal{T}_{T_-}) = 0$, et soit $X = 1_{t\geq T}\,\Phi$ ; X est une semi-martingale vraie, accessible et spéciale, à variation finie et martingale non prévisible. Alors $V_1 = X$, $M_1 = 0$ ; $V_2 = 0$, $M_2 = X$.

<u>(4.6)</u> <u>Un exemple d'application à des intégrales stochastiques vectorielles.</u>

Soient X une semi-martingale à valeurs dans un espace vectoriel E de dimension finie, J un processus prévisible à valeurs dans son dual $E^*$. Quel sens donnera-t-on à l'intégrale stochastique $J \cdot X$, $(J \cdot X)_t = \int_{]0,t]} (J_s | dX_s)_{E^*,E}$ ? On peut prendre des coordonnées, $E = \mathbb{R}^N$, et dire que c'est $\sum_{k=1}^{N} J_k \cdot X_k$, mais il faut évidemment dépasser le cas où chaque $J_k$ est $dX_k$-intégrable. Il n'est pas nécessaire de se creuser beaucoup les méninges : $J \cdot X = \sum_{k=1}^{N} J_k \cdot X_k$ existe toujours comme semi-martingale formelle, et on dira que J est dX-intégrable, si le résultat $J \cdot X$ (indépendant du choix de la base, par calcul formel) est une semi-martingale [(21)].

<u>(4.7)</u> <u>Il existe donc une application</u> Pré-<u>linéaire</u> <u>(séquentiellement)</u> <u>continue</u> $X \mapsto X^c$ <u>de</u> Pré $\mathcal{SM}$ <u>dans</u> Pré $\mathcal{M}^c$ (nous l'avons déjà vu à (4.5)) et une Pré-bilinéaire (séquentiellement) continue $(X,Y) \mapsto [X,Y]$ de Pré $\mathcal{SM} \times$ Pré $\mathcal{SM}$ dans Pré $\mathcal{V}$. Par exemple, pour définir $[X,Y]$, on prend $\gamma > 0$ prévisible bornée dX- et dY-intégrable, et on pose $[X,Y] = \frac{1}{\gamma^2}[\gamma \cdot X, \gamma \cdot Y]$ ; $[X,Y]$ est un processus à variation finie formel. [Faisons encore une fois le raisonnement complet qui montre que c'est indépendant du choix de $\gamma$. Soit $\gamma'$ une autre fonction analogue. Puisque $\gamma$ est dX-intégrable, et aussi $\gamma' = \frac{\gamma'}{\gamma}\gamma$, $\frac{\gamma'}{\gamma}$ est $d(\gamma \cdot X)$-intégrable, et $\gamma' \cdot X = \frac{\gamma'}{\gamma} \cdot (\gamma \cdot X)$. Alors $\frac{1}{\gamma'^2} \cdot [\gamma' \cdot X, \gamma' \cdot Y] = \frac{1}{\gamma'^2} \cdot [\frac{\gamma'}{\gamma} \cdot (\gamma \cdot X), \frac{\gamma'}{\gamma} \cdot (\gamma \cdot Y)] = \frac{1}{\gamma'^2}\frac{\gamma'^2}{\gamma^2} \cdot [\gamma \cdot X, \gamma \cdot Y]$ (3.13) $= \frac{1}{\gamma^2} \cdot [\gamma \cdot X, \gamma \cdot Y]$. Tous les raisonnements sont de ce type !] Tout processus à variation finie est somme unique d'un processus de sauts et d'un processus à variation finie continu ; donc on a la même décomposition unique pour un

processus à variation finie formelle, et $[X,Y] = \sum_{s\leq\bullet} \Delta X_s \Delta Y_s + \langle X^c, Y^c\rangle$ ; $\sum_{s\leq\bullet}$ est un processus de sauts formel ; $\sum_{s\leq t}$ n'a pas de sens ; mais il existe une suite $(A_k)_{k\in\mathbb{N}}$ croissante de parties prévisibles, de réunion $]0,+\infty]\times\Omega$, et $\sum_{s\leq\bullet,\, s\in A_k} \Delta X_s \Delta Y_s$ a un sens comme vrai processus de sauts, $\sum_{s\leq t,\, s\in A_k}$ est défini pour tout tout t. Et $\langle X^c, Y^c\rangle \in \mathcal{V}^c$. Ensuite $[X,X]$ est un processus croissant formel $\in \mathcal{P}ré_+ \mathcal{V}_+$, définissant sur $(]0,+\infty]\times\Omega, \mathcal{P}ré)$ une mesure non bornée "positive", dont la valeur sur tout ensemble B prévisible est un élément de $L^0(\Omega,\mathcal{O},\Lambda;\overline{\mathbb{R}}_+)$, une fonction $\Lambda$-mesurable $\geq 0$, finie ou non.

<u>(4.8)</u> <u>Une semi-martingale</u> X <u>sera dite formellement</u> $H^p$ $(1\leq p<+\infty)$ <u>s'il existe</u> $\gamma$ <u>prévisible bornée</u> > 0 <u>telle que</u> $\gamma\bullet X\in H^p$ (24). Une semi-martingale localement $H^p$ est formellement $H^p$ ; si en effet $(T_n)_{n\in\mathbb{N}}$ est une suite croissante de temps d'arrêt convergeant stationnairement vers $+\infty$, $T_o = 0$, telle que chaque semi-martingale arrêtée $X^{T_n}$ soit $H^p$, et si nous posons $\gamma = \overline{\gamma}_n = 1\wedge\gamma_n \|X^{T_{n+1}}\|^{-1}_{H^p}$ dans $]T_n, T_{n+1}]$, $\gamma_n$ constantes > 0, $\sum_n \gamma_n < +\infty$, alors $\gamma\bullet X = \sum_n \overline{\gamma}_n (X^{T_{n+1}} - X^{T_n})$, et $\|\gamma\bullet X\|_{H^p} \leq \sum_n \gamma_n < +\infty$. Il y a donc identité entre semi-martingales localement $H^p$ formelles et semi-martingales $H^p$ formelles ; leur espace pourra être noté $\mathcal{P}ré\ H^p$. Une semi-martingale est localement $H^1$, rappelons-le, ssi elle est spéciale. On sait que $X\in H^p_{loc}$ ssi il existe une suite $(T_n)_{n\in\mathbb{N}}$ de temps d'arrêt, tendant stationnairement vers $+\infty$, telle que, pour tout temps d'arrêt T, $\Delta X_{T\wedge T_n}\in L^p$. Supposons en effet cette condition réalisée; alors X est spéciale, soit $X = V + M$ sa décomposition canonique. Soit $(T'_n)_{n\in\mathbb{N}}$ une suite croissante de temps d'arrêt, tendant stationnairement vers $+\infty$, $T'_n\leq T_n$, telle que $V^{T'_n}$ soit à variation bornée, et $M^{T'_n}$ martingale, bornée dans $[0,T'_n[$. Alors $\Delta X_{T'_n}\in L^p$, donc $\Delta V_{T'_n}$ est bornée et $\Delta M_{T'_n}\in L^p$ ; finalement $X^{T'_n}\in H^p$ et $X\in H^p_{loc}$.

Alors $X\in\mathcal{P}ré\ H^p$ ssi il existe $\gamma$ prévisible > 0 bornée, et $(T_n)_{n\in\mathbb{N}}$ croissante, tendant stationnairement vers $+\infty$, telle que, pour tout temps d'arrêt T, $\gamma_{T\wedge T_n}\Delta X_{T\wedge T_n}\in L^p$ (rappelons que les sauts d'une semi-martingale formelle sont bien définis). Il pourra arriver que X soit une semi-martingale vraie, non localement $H^p$, mais formellement $H^p$ ; par exemple, pour $p=1$, non spéciale, mais formellement spéciale ; dans ce dernier cas, elle a une décomposition unique $X = V + M$, $V \in \mathcal{P}ré\ \mathcal{V}^{pré}$ (mais non nécessairement $\in \mathcal{V}^{pré}$), $M \in \mathcal{P}ré\ \mathcal{M}$ (mais non nécessairement $\in \mathcal{M}$). C'est ce qui a été vu à (4.1 bis).

## § 5. INTEGRALE STOCHASTIQUE OPTIONNELLE PAR RAPPORT A DES SEMI-MARTINGALES CONTINUES FORMELLES

Résumé du § 5. Quand une semi-martingale est continue, elle intègre aussi les fonctions optionnelles ; on peut remplacer la tribu prévisible $\mathcal{P}$ré par la tribu optionnelle $\mathcal{O}$pt. (5.1), page 47 , caractérise la mesure associée à une semi-martingale continue sur la tribu optionnelle. Ceci passe évidemment aux semi-martingales formelles continues ; tout est évident.

(5.0) On peut considérer une semi-martingale continue X comme une mesure $\overline{\mu}_X$ sur la tribu optionnelle $\mathcal{O}$pt, $\overline{\mu}_X \in \text{Mes}(]0,+\infty] \times \Omega, \mathcal{O}pt, L^0(\Omega,\mathcal{O},\Lambda))$. [Si on travaille sur un intervalle stochastique [S,T], au lieu de [0,+∞], avec des semi-martingales continues nulles X en S, il n'y a aucune modification, puisqu'elles se prolongent en semi-martingale $\overline{X}$ continues sur $\overline{\mathbb{R}}_+ \times \Omega$ , nulles sur [0,S], arrêtées en T. Tous les résultats de ce § sont donc valables, avec ces modifications évidentes.] Il ne s'agit pas là d'un prolongement de Lebesgue de la restriction $\mu_X$ de $\overline{\mu}_X$ à la tribu prévisible : si X est continue, $\mu_X$ la mesure qu'elle définit pour la tribu prévisible, le graphe d'un temps d'arrêt inacessible ne sera pas en général $\mu_X$-négligeable ni même $\mu_X$-mesurable. Il s'agit d'un prolongement d'une autre nature, en posant, pour $\varphi$ optionnelle, $\|\varphi\|_\infty \leq 1$, $\overline{\mu}_X(\varphi) = \mu_X(\varphi^{pré})$, où $\varphi^{pré}$ est la projection prévisible de $\varphi$, ou plus généralement $\overline{\mu}_X(\varphi) = \mu_X(\varphi')$, où $\varphi'$ est n'importe quelle fonction prévisible bornée, coïncidant avec $\varphi$ sauf sur un ensemble à coupes dénombrables [parce que $\varphi' - \varphi^{pré}$ est prévisible portée par un ensemble prévisible à coupes dénombrables, donc ne chargeant pas dX].

<u>Proposition (5.1)</u> : <u>Pour que</u> $\mu \in Mes(]0,+\infty] \times \Omega, \mathcal{O}pt, L^o)$ <u>soit la mesure</u> $\overline{\mu}_X$ <u>associée à une semi-martingale continue</u> X, <u>il faut et il suffit qu'elle vérifie les propriétés suivantes (voir (3.1))</u> :

(5.2)
1) <u>elle est adaptée</u> ;
2) <u>elle est localisable</u> ;
3) <u>elle ne charge aucun graphe de temps d'arrêt</u> ;
4) <u>sa restriction à</u> $\mathcal{P}$ré <u>est la mesure définie par une semi-martingale continue</u>.

<u>Démonstration</u> : Nous avons montré dans S [1] [(25)] que les conditions étaient nécessaires. Pour la suffisance, 3 et 4 entraînent le résultat. En effet, soit $\mu$ une mesure vérifiant 3 et 4. Sa restriction à $\mathcal{P}$ré est supposée être par 4), $\mu_X$, X semi-martingale continue ; alors $\mu_X$ possède un prolongement $\overline{\mu}_X$ comme ci-dessus, et nous devons montrer que $\overline{\mu}_X = \mu$. Mais, si $\varphi \in B\mathcal{O}pt$, $\overline{\mu}_X(\varphi) = \mu_X(\varphi^{pré})$, et $\varphi - \varphi^{pré}$ est portée par une réunion dénombrable de graphes de temps d'arrêt, donc, par 3, $\mu(\varphi) = \mu(\varphi^{pré}) = \mu_X(\varphi^{pré}) = \overline{\mu}_X(\varphi)$, cqfd.

<u>Remarque</u> : 1 et 2 ne sont mis que pour mémoire, puisque 3 et 4 suffisent. On pourrait espérer en fait que 1, 2, 3, suffisent ; il n'en est rien. Considérons la mesure $\mu$ suivante sur $\mathcal{O}pt$ : $\mu(\varphi) = \varphi_T^{pré}$, où T est un temps d'arrêt inaccessible. Sa restriction à la tribu prévisible $\mathcal{P}$ré est $\mu_V$, où $V = 1_{\{t \geq T\}}$ est un processus croissant adapté <u>discontinu</u> ; elle est définie comme $\mu_V$, mais avec V discontinue ! Bien évidemment $\mu$ est adaptée, c-à-d. vérifie la condition 1). Ensuite $\mu$ ne charge aucun graphe de temps d'arrêt $\tau$ inaccessible ; soit en effet $\varphi$ portée par $\tau$ et optionnelle bornée ; pour tout temps d'arrêt prévisible S, $\varphi_S^{pré}$ est l'espérance conditionnelle de $\varphi_S$ pour la tribu $\mathcal{T}_{S_-}$, mais $\varphi_S = 0$, donc $\varphi_S^{pré} = 0$ ; $\varphi^{pré}$ étant prévisible, par le

théorème des sections, $\varphi^{pré} = 0$, donc $\overline{\mu}_V(\varphi) = \mu_V(\varphi^{pré}) = 0$. Mais $\mu$ ne charge non plus aucun graphe de temps d'arrêt prévisible $\tau$ ; car si $\varphi$ est optionnelle bornée portée par ce graphe, $\varphi^{pré}$ est aussi portée par ce graphe, donc $\varphi_T^{pré} = 0$, $\mu_V(\varphi^{pré}) = 0$. Donc $\mu$ vérifie la condition 3. Il est moins clair qu'elle vérifie 2. Montrons que c'est vrai dans le cas particulier suivant : $\Omega = [0,+\infty]$, $\mathcal{O}$ = tribu borélienne, $\Lambda$ = classe de la mesure de Lebesgue ; $\mathcal{T}_t$ est, dans $[0,t]$, la tribu $\Lambda$-mesurable, et, dans $]t,+\infty]$, la tribu engendrée par la tribu grossière $\{\emptyset, ]t,+\infty]\}$ et les parties $\Lambda$-négligeables. Alors T, application identique de $\overline{\mathbb{R}}_+$, $T(\omega) = \omega$, est un temps d'arrêt inaccessible (et c'est d'ailleurs le seul) [(26)]. Une fonction $\varphi$ est optionnelle si et seulement si elle est dans $\mathcal{O} \otimes \hat{\mathcal{O}}_\Lambda$ (i.e. $\Lambda$-mesurable) et $\Lambda$-ps. indépendante de $\omega$ dans $\{(t,\omega);\omega > t\}$ ; elle est prévisible si et seulement si elle est $\Lambda$-mesurable, et $\Lambda$-ps. indépendante de $\omega$ dans $\{\omega \geq t\}$. La projection prévisible $\varphi^{pré}$ de $\varphi$ optionnelle (quelle que soit $\lambda \in \Lambda$) est $\varphi^{pré} = \varphi$ dans $\complement\{\omega = t\}$, et $\varphi^{pré}(\omega,\omega) = \varphi(\omega,\omega+\delta)$, pour $\Lambda$-presque tout $\delta > 0$. Supposons $\varphi$ optionnelle portée par $\overline{\mathbb{R}}_+ \times \Omega'$, $\Omega' \subset \Omega$. Soit $\sigma = \mathrm{Inf}\{\omega ; ]\omega,+\infty] \subset \Omega' \text{ ps.}\}$ ; alors $]\sigma,+\infty] \subset \Omega'$ $\Lambda$-ps., mais, pour tout $\sigma' < \sigma$, $[\sigma',\sigma] \cap \complement\Omega'$ est de mesure extérieure $> 0$. Alors $\varphi^{pré}$ est portée, a priori, par $(\overline{\mathbb{R}}_+ \times \Omega') \cup \Delta$, où $\Delta$ est la diagonale de $\overline{\mathbb{R}}_+ \times \overline{\mathbb{R}}_+$. Mais, si $\varphi^{pré}(\omega,\omega) \neq 0$, cela veut dire que $\varphi(\omega,\omega+\delta) \neq 0$ pour $\Lambda$-presque tout $\delta > 0$, donc $\omega \geq \sigma$ ; et alors $\Lambda$-presque tout $\omega$ pour lequel $\varphi^{pré}(\omega,\omega) \neq 0$ est dans $\Omega'$. Donc $\varphi^{pré}$ est portée par $\overline{\mathbb{R}}_+ \times \Omega'$ à un ensemble $\Lambda$-négligeable près, donc $\mu_V(\varphi^{pré})$ est portée par $\Omega'$, $\mu$ est localisable, condition 2. Ainsi $\mu$ vérifie 1, 2, 3, mais pas 4, V admet un saut unité sur le graphe de T.

De toute façon, les conditions (1,2,3,4) font de $\mathcal{S}\mathcal{M}^c$ un sous-espace vectoriel fermé de $\mathrm{Mes}(]0,+\infty] \times \Omega, \mathcal{O}pt, L^0)$ ; et, sur $\mathcal{S}\mathcal{M}^c$, la topologie induite par $\mathrm{Mes}(]0,+\infty] \times \Omega, \mathcal{O}pt, L^0)$ et par $\mathrm{Mes}(]0,+\infty] \times \Omega, \mathcal{P}ré, L^0)$ coïncident, car si $\varphi \in B\mathcal{O}pt$ $\|\varphi\|_\infty \leq 1$, on a $\varphi^{pré} \in B\mathcal{P}ré$, $\|\varphi^{pré}\|_\infty \leq 1$. Donc tout ce qui a été dit sur $\mathcal{S}\mathcal{M}^c$, $\mathcal{V}^c$, aux §§ 3, 4, subsiste complètement, en remplaçant partout la tribu prévisible par la tribu optionnelle ; et on continuera à écrire dX, $\mu_X$, pour la mesure définie par X sur la tribu optionnelle, à la place de $\overline{\mu}_X$.

## § 6. LOCALISATION DES SEMI-MARTINGALES FORMELLES SUR DES OUVERTS DE $\overline{\mathbb{R}}_+ \times \Omega$

Résumé du § 6. On a défini dans S [1] les équivalences de semi-martingales sur des ouverts A de $\overline{\mathbb{R}}_+ \times \Omega$ ; on va faire de même ici pour les semi-martingales formelles - (6.1), page 50 , donne la définition, puis quelques propriétés. La proposition (6.3 ter), page 51 , est toute nouvelle, elle n'a pas d'équivalent pour les semi-martingales vraies, et c'est la clef de nombreuses propriétés intéressantes. Par exemple, (6.4), page 52 , aurait normalement dû figurer dans S [1], mais arrive en fait naturellement ici. Alors (6.4 ter), page 53 , est très intéressant : une semi-martingale sur $\overline{\mathbb{R}}_+ \times \Omega$ , continue sur A, est équivalente sur A à une semi-martingale formelle partout continue ; ce qui permettra, sur A, d'intégrer par rapport à elle des processus optionnels. (6.5), page 54 , définit suivant P.A. Meyer les semi-martingales dans l'ouvert A ; (6.5 bis) et (6.5 ter), page 55 , en rappelle des propriétés importantes. (6.5 quinto), page 56 , les étend aux variétés de classe $C^2$. (6.6 bis), page 58 , définit l'équivalence sur A d'un processus défini seulement sur A, et d'une semi-martingale formelle. (6.6 ter), page 58 , est un théorème utile. Et (6.7), page 59 , étend (6.4 ter) aux semi-martingales dans A ; on applique ensuite à des intégrales stochastiques de fonctions optionnelles. (6.12) traite des semi-martingales formelles localement bornées. Ce sont (6.4 ter) et (6.7) et leurs conséquences qui donneront les meilleures applications des semi-martingales formelles à l'intégration de processus cotangents d'ordre 2 par rapport à des semi-martingales continues sur des variétés, et aux équations différentielles stochastiques sur les variétés (article ultérieur).

Dans les §§ 3, 4, 5, les semi-martingales étaient considérées sur $\overline{\mathbb{R}}_+ \times \Omega$ , ou sur [S,T], S et T temps d'arrêt, $S \leq T$ ; elles étaient supposées nulles au temps 0, ou au temps S. Ici on considèrera des semi-martingales sur un ensemble A, généralement ouvert, de $\overline{\mathbb{R}}_+ \times \Omega$ , et on ne leur imposera évidemment aucune condition de ce genre pour le temps 0 ! Elles seront encore supposées à valeurs vectorielles, sauf à (6.5 quarto et quinto).

<u>(6.1)</u> <u>Soit</u> A <u>un ouvert de</u> $\overline{\mathbb{R}}_+ \times \Omega$. <u>On dit que</u> $X \underset{A}{\sim} 0$, X <u>semi-martingale formelle, s'il existe</u> $\gamma$ <u>prévisible bornée</u> $> 0$, <u>telle que</u> $\gamma \cdot X$ <u>soit une semi-martingale vraie, équivalente à</u> 0 <u>sur</u> A ; c'est alors vrai aussi de $f \cdot X$, pour toute f prévisible dX-intégrable (parce que $f \cdot X = \frac{f}{\gamma} \cdot (\gamma \cdot X)$, $\frac{f}{\gamma}$ $d(\gamma \cdot X)$-intégrable). En choisissant une fois pour toutes $\gamma$ dX-intégrable, on voit qu'il existe un plus grand ouvert d'équivalence de X à 0, et qu'il est optionnel. Les diverses propriétés des §§ 3, 4 de S [1] se transportent aussitôt au cas formel : si X est continue, $X \underset{A}{\sim} 0$ ssi A est dX-négligeable ; il existe un plus grand ouvert d'équivalence de X à une martingale continue formelle , et il est optionnel, etc.

<u>(6.2)</u> Si X est une vraie semi-martingale, équivalente sur A à une martingale locale continue formelle, elle est aussi équivalente sur A à une vraie martingale locale continue, à savoir $X^c$.
Si X est une vraie semi-martingale continue, équivalente sur A à un processus à variation fini continu formel, elle est aussi équivalente à un processus à variation finie continu vrai, à savoir $\tilde{X} = X - X^c$ (27). Le résultat ne subsiste sans doute pas si X n'est pas continue, car alors $\tilde{X}$ n'est pas nécessairement à variation finie, et n'est pas continue. Tout aussi tristement, une vraie semi-martingale, continue sur A, équivalente, sur A, à une semi-martingale continue formelle, n'est pas nécessairement équivalente à une semi-martingale continue vraie ; voir (6.4 ter) (un contre-exemple a été donné par Stricker).

<u>(6.3)</u> Une semi-martingale continue formelle X est équivalente sur A ouvert optionnel à une vraie semi-martingale continue, ssi A est dX-intégrable.

<u>(6.3 bis)</u> <u>L'équivalence des semi-martingales sur un ouvert</u> A <u>est conservée par passage à la limite</u> : si $(X_n)_{n \in \mathbb{N}}$, $(Y_n)_{n \in \mathbb{N}}$, sont deux suites de semi-martingales formelles, convergeant vers X, Y dans $\mathcal{P}\text{ré}\,\mathcal{S}\mathcal{M}$, et si $X_n \sim Y_n$ sur A

ouvert de $\overline{\mathbb{R}}_+ \times \Omega$, alors $X \sim Y$ sur A. Il suffit de le voir pour des semi-martingales vraies. Or on peut extraire des suites partielles, que nous noterons encore $X_n$, $Y_n$, pour lesquelles $\operatorname{Sup}_{t \in \overline{\mathbb{R}}_+} |((X_n - Y_n) - (X - Y))_t|$ converge vers 0 $\Lambda$-ps., d'où le résultat.

<u>Proposition (6.3 ter)</u> : <u>Soient</u> A <u>un ouvert de</u> $\overline{\mathbb{R}}_+ \times \Omega$, $(A_n)_{n \in \mathbb{N}}$ <u>une suite d'ouverts optionnels recouvrant</u> A, $(X_n)_{n \in \mathbb{N}}$ <u>une suite de semi-martingales continues formelles</u>, $X_m \sim X_n$ <u>sur</u> $A \cap A_m \cap A_n$. <u>Alors il existe une semi-martingale continue formelle</u> $\overline{X}$, <u>unique à une équivalence près sur</u> A, <u>équivalente à</u> $X_n$ <u>sur</u> $A \cap A_n$, <u>pour tout</u> n. <u>On peut la définir par</u>

(6.3 quarto) $$\overline{X} = 1_{A_o} \cdot X_o + 1_{A_1 \setminus A_o} \cdot X_1 + \dots + 1_{A_k \setminus A_{k-1} \setminus \dots \setminus A_o} \cdot X_k + \dots$$

<u>Démonstration</u> : Les intégrales de (6.3 quarto) ont un sens, puisque les $X_k$ sont continues et les $A_k$ optionnels. La série est une somme de semi-martingales continues formelles, dont les mesures associées sont portées par des parties optionnelles disjointes, donc cette somme définit une mesure formelle $\mu \in \mathcal{O}pt\, Mes(\overline{\mathbb{R}}_+ \times \Omega, \mathcal{O}pt, L^o)$, et, si $S_N$ est la somme $\sum_{0 \leq n \leq N}$, $\mu_{S_N}$ converge vers $\mu$ dans $\mathcal{O}pt$ Mes pour $N \to +\infty$, par (2.5). Comme $\mathcal{O}pt\ \mathcal{S}\mathcal{M}^c$ est fermé dans $\mathcal{O}pt$ Mes, $\mu = \mu_{\overline{X}}$, $\overline{X}$ semi-martingale continue formelle. Montrons que $\overline{X} \sim X_n$ sur $A \cap A_n$. Nous devons utiliser un lemme : si A, B, sont deux ouverts de $\overline{\mathbb{R}}_+ \times \Omega$, B optionnel, si Y est une semi-martingale continue formelle, si $Y \sim 0$ sur $A \cap B$, alors $1_B \cdot Y \underset{A}{\sim} 0$. [C'est vrai si Y est un processus V à variation finie, car on peut alors raisonner pour tout $\omega$, et $A(\omega)$ est alors $dV(\omega)$-mesurable ; V est localement constant sur $A \cap B$, donc $1_B \cdot V$ aussi, donc $1_B \cdot V$ ne charge pas $A \cap B$ ; mais il ne charge pas non plus $\complement B$, donc il ne charge pas A, donc $1_B \cdot V \underset{A}{\sim} 0$. C'est aussi vrai si Y est une martingale locale continue M, car alors $\langle M,M\rangle \underset{A \cap B}{\sim} 0$, donc $1_B \cdot \langle M,M\rangle \underset{A}{\sim} 0$, donc $1_B \cdot M \underset{A}{\sim} 0$. C'est donc vrai pour $Y \in \mathcal{S}\mathcal{M}^c$, donc aussi trivialement pour $Y \in \mathcal{O}pt\ \mathcal{S}\mathcal{M}^c$.] On a

$1_{A_k \setminus A_{k-1} \setminus \dots \setminus A_o} \cdot X_k = 1_{A_k \setminus A_{k-1} \setminus \dots \setminus A_o} (1_{A_k} \cdot X_k)$ ; et d'après ce que nous venons de voir, puisque $X_k \sim X_n$ sur $A \cap A_n \cap A_k$, $1_{A_k} \bullet X_k \sim 1_{A_k} \bullet X_n$ sur $A \cap A_n$, donc $1_{A_k \setminus A_{k-1} \setminus \ldots \setminus A_0} \bullet X_k \sim 1_{A_k \setminus A_{k-1} \setminus \ldots \setminus A_0} \bullet X_n$ sur $A \cap A_n$. Donc

$$S_N \underset{A\cap A_n}{\sim} \sum_{k=0}^{N} 1_{A_k \setminus A_{k-1} \setminus \ldots \setminus A_0} \bullet X_n = 1_{\bigcup_{0\leq k\leq N} A_k} \bullet X_n \underset{A\cap A_n}{\sim} X_n$$

dès que $N \geq n$. L'équivalence des semi-martingales étant conservée par passage à la limite (6.3 bis), $\overline{X} \sim X_n$ sur $A \cap A_n$. Donc $\overline{X}$ répond bien à la question. L'unicité de $\overline{X}$ à une équivalence près résulte de (6.1).

<u>Remarque</u> : Même si toutes les $X_n$ sont des semi-martingales vraies, $\overline{X}$ est en général seulement formelle (voir Remarque après (6.4 ter)).

Voici maintenant deux propriétés qui auraient dû figurer dans S [1] :

<u>Corollaire (6.4)</u> : 1) <u>Soient</u> X <u>un processus défini sur un ouvert</u> A <u>de</u> $\overline{\mathbb{R}}_+ \times \Omega$, $(A_n)_{n=0,1,\ldots,N}$ <u>une suite finie d'ouverts optionnels recouvrant</u> A. <u>Si</u> X <u>est équivalent sur chaque</u> $A \cap A_n$ <u>à une semi-martingale continue, il l'est aussi sur</u> A.

2) <u>Soit</u> $(A_n)_{n\in\mathbb{N}}$ <u>une suite d'ouverts optionnels recouvrant</u> $\overline{\mathbb{R}}_+ \times \Omega$. <u>Si un processus</u> X <u>sur</u> $\overline{\mathbb{R}}_+ \times \Omega$ <u>est, sur chaque</u> $A_n$, <u>équivalent à une semi-martingale continue, et si</u> $X_0$ <u>est</u> $\mathcal{T}_0$<u>-mesurable</u>, X <u>est une semi-martingale continue</u>.

<u>Démonstration</u> : 1) On reprend le résultat précédent, mais avec une suite finie : sur $A \cap A_n$, X est équivalent à une semi-martingale continue vraie $X_n$, donc $X_m \sim X \sim X_n$ sur $A \cap A_m \cap A_n$ ; la semi-martingale continue formelle $\overline{X}$ de (6.3 quarto) est alors une semi-martingale continue vraie, puis $X \underset{A\cap A_n}{\sim} X_n \underset{A\cap A_n}{\sim} \overline{X}$, donc $X \underset{A}{\sim} \overline{X}$.

2) Soit $T_N$ le temps de sortie de $\bigcup_{n=0}^{N} A_n$. D'après 1), X est équivalent à une semi-martingale continue sur cette réunion, donc sur $[0,T_N[$, donc, $X_0$ étant $\mathcal{T}_0$-mesurable, X est égal à une semi-martingale continue sur

$[0,T_n[$, donc sur $[0,T_N]$ par continuité, donc sur $\overline{\mathbb{R}}_+ \times \Omega$.

Corollaire (6.4 bis) : Soient X une semi-martingale formelle, A un ouvert de $\overline{\mathbb{R}}_+ \times \Omega$, $(A_n)_{n\in\mathbb{N}}$ une suite d'ouverts recouvrant A. Si, dans chaque $A \cap A_n$, X est équivalent à une semi-martingale continue formelle, soit $X_n$, elle l'est aussi sur A.

Démonstration : On peut remplacer $A_n$ par le plus grand ouvert d'équivalence de X et de $X_n$, donc le supposer optionnel. Sur $A \cap A_n \cap A_m$, $X_m \sim X \sim X_n$, donc il existe $\overline{X}$ semi-martingale continue formelle, $\overline{X} \underset{A\cap A_n}{\sim} X_n$ par (6.3 ter). Alors $X \underset{A\cap A_n}{\sim} X_n \underset{A\cap A_n}{\sim} \overline{X}$, donc, par réunion dénombrable, $X \underset{A}{\sim} \overline{X}$.

Remarque : Si X est une vraie semi-martingale, et si, sur chaque $A \cap A_n$, elle est équivalente à une vraie semi-martingale continue, il se peut qu'elle soit seulement, sur A, équivalente à une semi-martingale continue formelle $\overline{X}$. Voir (6.4 ter).

Corollaire (6.4 ter) : Soient X une semi-martingale formelle, A un ouvert de $\overline{\mathbb{R}}_+ \times \Omega$. Les deux propriétés suivantes sont équivalentes :

1) X est continue sur A ;

2) X est équivalente, sur A, à une semi-martingale continue formelle.

Donc il existe un plus grand ouvert d'équivalence de X à une semi-martingale continue formelle, et il est optionnel : c'est l'intérieur de l'ensemble optionnel des points de continuité de X.

Remarque : Ce corollaire sera généralisé à (6.7).

Démonstration : On peut toujours supposer X semi-martingale vraie. 2)⇒ 1) est trivial, montrons 1)⇒ 2). Quitte à remplacer A par l'intérieur de l'ensemble des points de continuité de X, on peut le supposer optionnel, et $X_0 = 0$. Supposons d'abord $A = ]S,T[$, S et T temps d'arrêt, T à valeurs dans $[0,+\infty]$, $S \leq T$.

54

Alors

$$1_{[0,T[}(X - X^S) + 1_{\{t\geq T\}}\, 1_{\{T>S\}}(X_{T_-} - X_S) = 1_{\{T>S\}}(X^{T_-} - X^S)$$

est une semi-martingale, nulle dans $[0,S]$, arrêtée en $T_-$. Elle est continue, sauf peut-être en $T$ ; mais en $T_-$, la première semi-martingale vaut $1_{\{T>S\}}(X_{T_-} - X_S)$, la deuxième 0, tandis qu'en $T$ la première vaut 0 et la deuxième $1_{\{T>S\}}(X_{T_-} - X_S)$ ; donc c'est une semi-martingale continue ; et elle est équivalente à $X$ dans $]S,T[$. Le résultat est aussi vrai dans $[S,T[$ ou $[S,T]$ pour $T \leq +\infty$, non nécessairement ouvert.

Prenons maintenant $A$ ouvert optionnel quelconque. Il est réunion d'intervalles stochastiques $[s,S[$, $s \in \mathbb{Q}_+$, $S$ temps de sortie de $A$ postérieur à $s$, à valeurs dans $[s,\overline{+\infty}]$ ; $]s,S[$ est l'intérieur de $[s,S[$ dans $\overline{\mathbb{R}}_+$. Dans chacun de ces intervalles, nous venons de voir que $X$ est équivalente à une semi-martingale continue, et on applique (6.4 bis).

<u>Remarque</u> : Même si $X$ est une semi-martingale vraie, continue sur $A$, elle n'est pas nécessairement équivalente sur $A$ à une semi-martingale continue vraie (Stricker m'a communiqué un contre-exemple). Il n'existe donc pas de plus grand ouvert d'équivalence de $X$ à une semi-martingale continue vraie : il existe une semi-martingale $X$ et une suite $(A_n)_{n\in\mathbb{N}}$ d'ouverts de réunion $A$, telle que $X$ soit, dans chaque $A_n$, équivalente à une semi-martingale continue vraie, mais dans $A$ seulement équivalente à une semi-martingale continue formelle.

<u>Définition (6.5)</u> : <u>Soit</u> $A$ <u>un ensemble arbitraire de</u> $\overline{\mathbb{R}}_+ \times \Omega$, $X$ <u>un processus sur</u> $A$, <u>à valeurs dans une variété</u> $V$ <u>de classe</u> $C^2$. $X$ <u>est dit restriction à</u> $A$ <u>de semi-martingale, s'il admet un prolongement à</u> $\overline{\mathbb{R}}_+ \times \Omega$, <u>qui est une semi-martingale</u>.

<u>La tribu optionnelle de</u> $A$ (<u>règle générale pour la tribu induite sur</u> $A$ <u>par la tribu optionnelle de</u> $\overline{\mathbb{R}}_+ \times \Omega$) <u>est l'intersection avec</u> $A$ <u>de la tribu optionnelle</u>

de $\overline{\mathbb{R}}_+ \times \Omega$. Alors une fonction sur A, à valeurs dans un espace lusinien, est optionnelle si elle est restriction à A d'une fonction optionnelle sur $\overline{\mathbb{R}}_+ \times \Omega$ [28].

Un processus X réel sur A est appelé une semi-martingale dans A [29], s'il est optionnel, et s'il existe une suite $(A_n)_{n \in \mathbb{N}}$ d'ouverts recouvrant A, telle que, dans chaque $A \cap A_n$, X soit restriction d'une semi-martingale $X_n$. Les $A_n$ peuvent être choisis optionnels si A est ouvert ; si en effet X est restriction à A de $\overline{X}$ défini partout et optionnel, et si $A'_n$ est le plus grand ouvert d'égalité de $\overline{X}$ et $X_n$, $A \cap A'_n \supset A \cap A_n$, et $A'_n$ est optionnel. C'est encore vrai dans certains A non ouverts, par exemple un ouvert relatif A d'un intervalle stochastique $[S,T]$, S et T temps d'arrêt, $S \leq T$, parce qu'on peut d'abord remplacer $\overline{X}$ et $X_n$ par les processus respectivement égaux à 0 sur $[0,S[$, $\overline{X}$ et $X_n$ dans $[S,T[$, $\overline{X}_T$ et $(X_n)_T$ dans $[T,+\infty]$, et si alors $A'_n$ est défini de la même manière pour ces processus transformés, ils sont encore optionnels ; et $A \cap A'_n \supset A \cap A_n$. Il est automatique que si $(A_n)_{n \in \mathbb{N}}$ est une suite d'ouverts recouvrant A, et si X, processus sur A, est optionnel sur A et semi-martingale dans chaque $A \cap A_n$, il est semi-martingale dans A. Si $A = \overline{\mathbb{R}}_+ \times \Omega$, on retrouve les semi-martingales sur $\overline{\mathbb{R}}_+ \times \Omega$, par la proposition (2.4) de S [1].

(6.5 bis) Si $A = [S,T]$, S et T temps d'arrêt, $S \leq T$, et si X est semi-martingale dans A, il est restriction de semi-martingale [30].

(6.5 ter) Si $A = [S,T[$, S et T temps d'arrêt, $S \leq T$, et si X est semi-martingale dans A, il existe une suite croissante $(T_n)_{n \in \mathbb{N}}$ de temps d'arrêt, $S \leq T_n \leq T$, tendant vers T, telle que, dans chaque $[S,T_n[$, X soit restriction de semi-martingale [30].

(6.5 quarto) Si X est un processus défini sur A à valeurs dans une variété V, il est dit semi-martingale si, pour toute $\varphi$ réelle $C^2$ sur V, $\varphi(X)$ est semi-martingale. Si alors $\Phi$ est une application $C^2$ de V dans une variété W, $\Phi(X)$ est aussi une semi-martingale. Supposons V plongée dans un espace vectoriel E ;

X est une semi-martingale si et seulement si, d'une part il est restriction d'un processus optionnel sur $\overline{\mathbb{R}}_+ \times \Omega$ à valeurs dans V (V est lusinienne !), et si d'autre part il existe une suite $(A_n)_{n\in\mathbb{N}}$ d'ouverts recouvrant A telle que, dans chaque $A_n$, X soit restriction d'une semi-martingale $X_n$ à valeurs dans E ; on voudrait bien que ce soit à valeurs dans V :

**Proposition (6.5 quinto)** : Soit X un processus sur un ouvert relatif A de $[S,T]$, S, T temps d'arrêt, $S \leq T$, à valeurs dans une sous-variété V' (non nécessairement fermée) d'une variété V. On suppose en outre que, pour tout $(t,\omega) \in A, t > S(\omega), X(t_-,\omega) \in V'$ (ce qui est toujours réalisé si V' est fermée ou X continue). Si X est semi-martingale à valeurs dans V, il l'est à valeurs dans V', et il existe une suite $(A_n)_{n\in\mathbb{N}}$ d'ouverts recouvrant A, telle que, dans chaque $A \cap A_n$, X soit restriction d'une semi-martingale à valeurs dans V'. En particulier, pour un tel A, si X est une semi-martingale dans A à valeurs dans une variété V, il existe une suite $(A_n)_{n\in\mathbb{N}}$ d'ouverts recouvrant A, dans chacun desquels il est restriction d'une semi-martingale à valeurs dans V. Si $A=[S,T]$, X est restriction à A d'une semi-martingale à valeurs dans V ; si $A=[S,T[$, il existe $(T_n)_{n\in\mathbb{N}}$, $S \leq T_n \leq T$, tendant vers T, telle que, dans chaque $[S,T_n[$, X soit restriction d'une semi-martingale à valeurs dans V.

**Démonstration** : Bornons-nous à A ouvert. Plongeons V comme sous-variété fermée d'un espace vectoriel E ; V' est sous-variété de E, et X semi-martingale à valeurs dans E ; ce qui revient à faire la démonstration avec $V=E$. Soit $(A_n)_{n\in\mathbb{N}}$ une suite d'ouverts recouvrant A telle que, dans chaque $A \cap A_n$, X soit restriction d'une semi-martingale $X_n$ à valeurs dans E. Nous supposerons $X_n$ égale à un élément fixe de V' dans $[0,S[$, et à $X_n^T$ dans $[S,+\infty]$, c-à-d. arrêtée en T. Soit $(K_m)_{m\in\mathbb{N}}$ une suite croissante de compacts épuisant V'. Soit $s \in \mathbb{Q}_+$. Soit $S_{n,m}$ (c'est abusivement qu'on écrit $S_{n,m}$, on devrait l'écrire $S_{n,m}(s)$) le temps de sortie $\geq s$ de $K_m$ du processus $X_n$, à valeurs dans $[s,\overline{+\infty}]$ ($S_{n,m} = \overline{+\infty}$ si $X_n$ est dans $K_m$ dans $[s,+\infty]$). C'est un temps d'arrêt. Nous appellerons $|s,S_{n,m}[$ l'intérieur de $[s,S_{n,m}[$ ; c'est $]s,S_{n,m}[$, sauf pour $s=0$, où c'est

$[0,S_{n,m}(0)[$ . Appelons $X_{n,m}$ (on devrait dire $X_{n,m,s}$) la semi-martingale égale à une constante de $K_m$ dans $[0,s[\times\Omega$ et dans $[s,+\infty]\times\{S_{n,m}=s\}$, et à $X_n^{(S_{n,m})-}$ dans $[s,+\infty]\times\{S_{n,m}>s\}$ (ce sont 3 ensembles semi-martingales) ; elle prend ses valeurs dans $K_m$ (parce que nous avons mis $X^{S_{n,m}-}$ et non $X^{S_{n,m}}$) compact de V', donc [31] c'est une semi-martingale à valeurs dans V ; or $X=X_n=X_{n,m}$ dans $A\cap A_n\cap ]s,S_{n,m}[$ . Il reste à voir que les $A\cap A_n\cap ]s,S_{n,m}[$ , $s\in\mathbb{Q}_+$, $n,m\in\mathbb{N}$ , qui sont des ouverts relatifs de A, recouvrent A ; car alors, si $A'_{s,n,m}$ est un ouvert de $\overline{\mathbb{R}}_+\times\Omega$ , dont l'intersection avec A est $A\cap A_n\cap ]s,S_{n,m}[$ , X sera dans $A\cap A'_{s,n,m}$ la restriction d'une semi-martingale $X_{n,m}$ à valeurs dans V'. Soit $(t,\omega)\in A$, et supposons d'abord t différent des nombres 0, $S(\omega)$, $T(\omega)$, $+\infty$. Puisque $X_n(t_-,\omega)=X(t_-,\omega)$ et $X_n(t,\omega)=X(t,\omega)$, ils sont dans V', et il existe m tel que $K_m$ soit un voisinage de ces deux points dans V'. Puisque X est cadlag, il existe s rationnel $<t$ et $t'>t$ tel que, dans $[S,t']$, $X_n(\omega)=X(\omega)\in K_m$ , donc $S_{n,m}(s)(\omega)\geq t'$, et $(t,\omega)\in ]s,S_{n,m}[\cap A\cap A_n$ . Il reste à examiner les cas particuliers. Soit $t=0$. On prendra $K_m$ voisinage de $X(0,\omega)=X_n(0,\omega)$ seulement ; on remplace $s<t$ par $s=0$ ; on trouvera un $t'>0$ tel que $X(\omega)=X_n(\omega)\in K_m$ dans $[0,t']$ si $T(\omega)>0$, et, si $T(\omega)=0$, on prendra $t'=+\infty$, en se rappelant que $X_n$ est arrêtée en T donc qu'alors $X_n(\omega)=X_n(0,\omega)=X(0,\omega)\in K_m$ dans $[0,+\infty]$ donc dans ce cas $S_{n,m}(0)(\omega)=\overline{+\infty}$ ; on aura alors $S_{n,m}(0)(\omega)\geq t'$, et $(0,\omega)\in[0,S_{n,m}(0)[\cap A\cap A_n$ . Soit ensuite $t=S(\omega)$, $0<t<+\infty$. On chosit $K_m$ comme dans le cas général ; on prend $s=0$, en se rappelant que $X_n$ est une constante dans $[0,S[$ , cette constante est $X_n(t_-,\omega)\in K_m$ ; puis $t'>t$ tel que $X_n(\omega)=X(\omega)\in K_m$ dans $[t,t']$ si $T(\omega)>S(\omega)$, et, si $T(\omega)=S(\omega)$, $t'=+\infty$ comme plus haut ; ici encore $S_{n,m}(0)(\omega)\geq t'$, et $(t,\omega)\in[0,S_{n,m}(0)[\cap A\cap A_n$ . Soit ensuite $s=T(\omega)<+\infty$, $S(\omega)<T(\omega)$ ; on choisit $K_m$ comme dans le cas général ; on prend s comme dans le cas général, et $t'=+\infty$ comme ci-dessus ; on a encore $S_{n,m}(s)(\omega)\geq t'$, et $(T(\omega),\omega)\in ]s,S_{n,m}[\cap A\cap A_n$ . Il reste $t=+\infty$. On choisit $K_m$ comme dans le cas général, s aussi si $S(\omega)<+\infty$, et, si $S(\omega)=+\infty$, $s=0$ convient ; alors $S_{n,m}(s)(\omega)=\overline{+\infty}$, et $(+\infty,\omega)\in ]s,S_{n,m}[\cap A\cap A_n$ .

Les énoncés finaux résulteront alors des références de [30], où les résultats sont valables pour une variété.

(6.6) Rappelons qu'on peut parler d'équivalence sur A ouvert de deux processus à valeurs vectorielles , ou de deux semi-martingales formelles, mais pas en général d'un processus et d'une semi-martingale formelle. Cependant :

Définition (6.6 bis) : Soient $A$ un ouvert de $\overline{\mathbb{R}}_+ \times \Omega$, $X$ un processus sur $A$, $Y$ une semi-martingale formelle, toutes deux à valeurs vectorielles. On dit que $X \underset{A}{\sim} Y$, s'il existe une suite $(A_n)_{n\in\mathbb{N}}$ d'ouverts recouvrant $A$, tels que, sur chaque $A\cap A_n$, $X$ soit équivalent à une semi-martingale vraie $X_n$, équivalente à $Y$. Si $X'$ est un autre processus, $Y'$ une autre semi-martingale formelle, si $X \underset{A}{\sim} Y$ et $X' \underset{A}{\sim} Y$, alors $X \underset{A}{\sim} X'$ ; si $X \underset{A}{\sim} Y$ et $X \underset{A}{\sim} Y'$, alors $Y \underset{A}{\sim} Y'$ ; si $X \underset{A}{\sim} X'$, $Y \underset{A}{\sim} Y'$, alors $X \underset{A}{\sim} Y \Leftrightarrow X' \underset{A}{\sim} Y'$ ; et si, dans un sous-ouvert $A'$ de $A$, $X$ est restriction d'une semi-martingale vraie, ou si $Y$ est une semi-martingale vraie, alors $X \underset{A'}{\sim} Y$ au sens antérieur.

Soient $X$ un processus sur $A$, $Y$ une semi-martingale formelle. On suppose qu'il existe une suite $(A_n)_{n\in\mathbb{N}}$ d'ouverts recouvrant $A$, telle que, dans chaque $A\cap A_n$, $X$ soit équivalent à une semi-martingale $X_n$. Alors il existe un plus grand sous-ouvert d'équivalence de $X$ et de $Y$ ; si $A$ est optionnel, il est optionnel. Si en effet $A'_n$ est le plus grand ouvert d'équivalence de $X_n$ et $Y$, qui est optionnel, le plus grand ouvert cherché est $\bigcup_n A\cap A'_n$.

Les hypothèses que nous avons faites là sur $X$ ont l'air d'être beaucoup plus générales que l'hypothèse "$X$ est une semi-martingale dans $A$". Mais :

Proposition (6.6 ter) : Soit $X$ restriction à $A$ d'un processus optionnel $\overline{X}$. Supposons qu'il existe une suite $(A_n)_{n\in\mathbb{N}}$ d'ouverts tels que, dans $A\cap A_n$, $X$ soit équivalente à une semi-martingale $X_n$. Alors $X$ est une semi-martingale dans $A$ (32).

Démonstration : Soit $s\in\mathbb{Q}_+$, et soit $S_n$ le temps de sortie $\geq s$ de $A\cap A_n$, pris à valeurs dans $[s,\overline{+\infty}]$ (ce n'est pas un temps d'arrêt, $A_n$ n'est pas supposé optionnel). Dans $[s,S_n[$, $X\sim X_n$, donc $X = X_n + C_n$, $C_n$ processus constant ; ce processus constant peut être étendu en $\overline{C}_n = \overline{X}_s - X_{n,s}$ dans $[s,+\infty]$, et une constante arbitraire dans $[0,s[$ ; alors $\overline{C}_n$ est une semi-martingale. Donc $X = X_n + \overline{C}_n$ dans $]s,S_n[$, intérieur de $[s,S_n[$, et $\bigcup_{\substack{n\in\mathbb{N}\\ s\in\mathbb{Q}_+}} ]s,S_n[ = A$.

<u>Proposition (6.7)</u> : <u>Soient</u> A <u>un ouvert de</u> $\overline{\mathbb{R}}_+ \times \Omega$, X <u>une semi-martingale dans</u> A. <u>Les propriétés suivantes sont équivalentes</u> :

1) X <u>est continue sur</u> A (<u>nous dirons que</u> X <u>est</u>, <u>dans</u> A, <u>une semi-martingale continue</u>) ;

2) X <u>est équivalente sur</u> A <u>à une semi-martingale continue formelle</u> $\overline{X}$ <u>définie sur</u> $\overline{\mathbb{R}}_+ \times \Omega$.

<u>Démonstration</u> : $2 \Rightarrow 1$ trivialement, montrons $1 \Rightarrow 2$.

Soit $(A_n)_{n\in\mathbb{N}}$ une suite d'ouverts sur chacun desquels X est restriction d'une semi-martingale $X_n$ ; X étant optionnel dans A, on peut supposer les $A_n$ optionnels ; $X_n$ est continue sur $A \cap A_n$ donc équivalente sur $A \cap A_n$ à une semi-martingale continue formelle $\overline{X}_n$, par (6.4 ter). Mais $\overline{X}_m \sim X_m \sim X_n \sim \overline{X}_n$ sur $A \cap A_m \cap A_n$. Donc, par (6.3 ter), il existe une semi-martingale continue formelle $\overline{X}$, $\overline{X} \sim \overline{X}_n \sim X_n = X$ sur $A \cap A_n$ pour tout n, donc $\overline{X} \sim X$ sur A.

<u>Remarque</u> : Si alors X est semi-martingale dans A, il existe un plus grand sous-ouverts A' d'équivalence à une semi-martingale continue formelle, c'est l'intérieur de l'ensemble des points de continuité de X' ; si A est optionnel, il est optionnel [X est optionnel sur A optionnel. Le processus $X_- : t \to X_{t_-}$, égal à $(X_n)_{t_-}$ sur $A_n$ optionnel, est optionnel sur $A_n$, donc sur A. Alors $\{X = X_-\}$, ensemble des points de continuité dans A, est optionnel, et son intérieur aussi].

<u>(6.8)</u> On peut définir beaucoup d'intégrales stochastiques. La seule dont nous aurons besoin est la suivante. Soit X la classe d'équivalence sur A d'une semi-martingale continue formelle $\widetilde{X}$ ; soit f la restriction à A d'une fonction optionnelle $\overline{f}$. Alors on pose $f \cdot X$ = classe d'équivalence sur A de

$\overline{f} \bullet \tilde{X}$ ; elle ne dépend que de f et X, non de $\overline{f}$ et $\overline{X}$ . Ce n'est pas un processus ni une semi-martingale formelle, mais seulement une classe d'équivalence sur A de semi-martingales continues formelles. On a $f \bullet (g \bullet X) = fg \bullet X$.

Soit en particulier X une semi-martingale continue dans A, à valeurs dans E, restriction d'un processus optionnel $\overline{X}$ ; on a vu (6.7) que X est équivalente sur A à une semi-martingale continue formelle $\tilde{X}$. Soit $\Phi$ une application $C^2$ de E dans un espace vectoriel F. Alors $\Phi(X)$ est semi-martingale continue dans A, restriction d'un processus optionnel $\Phi(\overline{X})$, donc aussi équivalente à une semi-martingale continue formelle $\Phi(X)$ ; calculons-la. Soit $(A_n)_{n\in\mathbb{N}}$ recouvrant A, tels que X soit égale dans $A \cap A_n$ à une semi-martingale $X_n$, forcément $\sim \tilde{X}$. Dans $A \cap A_n$ ,

$$\Phi(X) = \Phi(X_n) \sim \Phi'(X_{n_-}) \bullet X_n + \frac{1}{2}\, \Phi''(X_n) \bullet \langle X_n^c, X_n^c \rangle \quad ,$$

où $X_{n_-}$ est $t \mapsto X_{n,t_-}$ ; les termes discontinus n'ont pas été mis ; ils sont $\sim 0$ dans $A \cap A_n$ ; ceci est équivalent à $\Phi'(X_{n_-}) \bullet \tilde{X} + \frac{1}{2}\, \Phi''(X_n) \bullet \langle \tilde{X}^c, \tilde{X}^c \rangle$ ; mais alors on peut remplacer $X_{n_-}$ par $X_n$, et $\Phi'(X_n)$ par $\Phi'(\overline{X})$, optionnel qui le prolonge. Donc, dans $A \cap A_n$, et par conséquent dans A, $\Phi(X)$ est équivalente à

$$\text{(6.9)} \qquad \Phi(X) = \Phi'(\overline{X}) \bullet \tilde{X} + \frac{1}{2}\, \Phi''(\overline{X}) \bullet \langle \tilde{X}^c, \tilde{X}^c \rangle \quad .$$

D'après la définition (6.8) de l'intégrale stochastique, cela pourra s'abréger par la formule d'Itô usuelle,

$$\text{(6.10)} \qquad \Phi(X) = \Phi'(X) \bullet X + \frac{1}{2}\, \Phi''(X) \bullet \langle X^c, X^c \rangle \quad ,$$

où X veut dire, dans $\Phi(X)$, $\Phi'(X)$, $\Phi''(X)$, la restriction de $\overline{X}$, et dans $\Phi(X)$, $\bullet X$ , $\bullet \langle X^c, X^c \rangle$, la classe d'équivalence $\tilde{X}$. Il est donc à la fois $\overline{X}$ et $\tilde{X}$ ; mais $X^c$, $\langle X^c, X^c \rangle$ n'existent que comme classes $\tilde{X}^c$, $\langle \tilde{X}^c, \tilde{X}^c \rangle$. Le plus intéressant est, en fait, (6.9), qui donne $\Phi(X)$, à partir de $\overline{X}$, $\tilde{X}$.

Bien entendu, si X prend ses valeurs dans un ouvert U de E, on peut choisir $\overline{X}$ à valeurs dans U ; mais $\tilde{X}$ n'est qu'à valeurs dans E, et rien d'autre n'aurait de sens ! On choisit des $A_n$, des $X_n$ à valeurs dans U (6.5 quinto), et il suffit alors que $\Phi$ soit définie et $C^2$ de U dans F.

(6.11) Une semi-martingale continue formelle $\overline{X}$ définit une mesure $\mu_{\overline{X}} = d\overline{X}$ qui est toujours σ-finie : il existe une suite $(A_n)_{n\in\mathbb{N}}$ de parties optionnelles de $\overline{\mathbb{R}}_+ \times \Omega$, $d\overline{X}$-intégrables. Nous dirons que $d\overline{X}$ est localement bornée s'il existe une suite d'ouverts optionnels $(A_n)_{n\in\mathbb{N}}$ $d\overline{X}$-intégrables, c-à-d. tels que $1_{A_n} \cdot \overline{X}$ soit une semi-martingale continue vraie [comparer à ceci : une mesure de Radon sur $\mathbb{R}$ est non seulement σ-finie, elle est localement bornée !] ; et que $\overline{X}$ est localement bornée sur un ouvert A de $\overline{\mathbb{R}}_+ \times \Omega$, s'il existe une suite $(A_n)_{n\in\mathbb{N}}$ d'ouverts optionnels recouvrant A tels que $1_{A_n} \cdot \overline{X}$ soit équivalente sur A à une semi-martingale continue vraie.

Voici alors une proposition évidente, et sans doute peu utile :

Proposition (6.12) : Soit X un processus sur A. Pour qu'il existe une suite $(A_n)_{n\in\mathbb{N}}$ d'ouverts optionnels recouvrant A, telle que X soit, sur chaque $A \cap A_n$, équivalente à une semi-martingale continue $X_n$, il faut et il suffit que X soit équivalente sur A à une semi-martingale formelle continue $\overline{X}$, $d\overline{X}$ localement bornée sur A.

Démonstration : Soit X admettant des $A_n$ comme indiqués. Par (6.3 ter), et la définition (6.6 bis), on construit $\overline{X}$ semi-martingale continue formelle $\underset{A}{\sim} X$. Mais, sur $A \cap A_n$, $\overline{X} \sim X_n$ semi-martingale continue vraie, donc $1_{A_n} \cdot \overline{X} \underset{A}{\sim} 1_{A_n} \cdot X_n$ (voir démonstration de (6.3 ter)) semi-martingale continue vraie, $d\overline{X}$ est localement bornée sur A.

Inversement, soit $X \underset{A}{\sim} \overline{X}$, $d\overline{X}$ localement bornée sur A ; soit $(A_n)_{n\in\mathbb{N}}$ une suite d'ouverts optionnels recouvrant A, tels que $1_{A_n} \cdot \overline{X} \underset{A}{\sim} X_n$, semi-martingale continue vraie. Alors $X \underset{A\cap A_n}{\sim} \overline{X} \underset{A\cap A_n}{\sim} 1_{A_n} \cdot \overline{X} \underset{A\cap A_n}{\sim} X_n$.

<u>Remarques</u> : En conséquence, dans (6.4 ter), si X est continue sur A, elle y est équivalente à une semi-martingale continue formelle $\overline{X}$, $d\overline{X}$ localement bornée sur A. On peut en effet prendre A optionnel, et la démonstration montre que, dans chaque $]s,S[$ , X est équivalente à une semi-martingale continue vraie, on peut donc appliquer (6.12). Il en est donc de même dans (6.7) : chaque $\overline{X}_n$ est localement bornée sur $A \cap A_n$ ; donc il existe une suite $(A_{n,m})_{m\in\mathbb{N}}$ d'ouverts optionnels telle que chaque $1_{A_{n,m}} \bullet \overline{X}_n$ soit équivalente sur $A \cap A_n$ à une semi-martingale continue vraie $X'_{n,m}$ ; $\bigcup_{n,m} A_{n,m} \supset A$ ; mais $\overline{X} \underset{A\cap A_{n,m}}{\sim} \overline{X}_n$ donc (voir démonstration de (6.3 ter)) $1_{A_{n,m}} \bullet \overline{X} \underset{A}{\sim} 1_{A_{n,m}} \bullet \overline{X}_n \underset{A}{\sim} 1_{A_{n,m}} \bullet X'_{n,m}$, semi-martingale continue ; $d\overline{X}$ est localement bornée sur A.

## § 7. ESPACES STABLES DE SEMI-MARTINGALES CONTINUES FORMELLES

<u>Résumé du § 7</u>. La théorie des espaces stables se traite bien mieux en semi-martingales formelles qu'en semi-martingales vraies. (7.1), page 63, en donne la définition. (7.3), page 64, étend au formel des propriétés classiques des espaces stables de martingales. Le principal résultat, qui donne l'avantage essentiel des semi-martingales formelles sur les martingales, est (7.4), page 65, et (7.5), page 66 : <u>tout sous-Opt-module de type fini de $\mathcal{S}\mathcal{M}^c$ est fermé</u>, <u>donc stable</u>. La <u>démonstration</u> de ce théorème existait déjà, avec <u>un autre énoncé</u>, bien plus compliqué ; ici l'énoncé est devenu très simple, avec une démonstration analogue, mais simplifiée (l'intégrabilité n'y figure jamais, puisqu'on travaille en formel). (7.6), page 68, étudie les espaces stables et crochets-stables, qui seront utilisés sur les variétés (article ultérieur).

Dans ce §, semi-martingale (formelle) voudra dire semi-martingale <u>continue</u> (formelle), et martingale (formelle) voudra dire martingale <u>locale continue</u> (formelle).

<u>Définition (7.1)</u> : <u>Un sous-espace vectoriel de $\mathcal{S}\mathcal{M}^c$ (resp. $\mathcal{O}pt\ \mathcal{S}\mathcal{M}^c$) est dit stable, si c'est un sous-B$\mathcal{O}$pt-module</u> (resp. <u>sous-$\mathcal{O}$pt-module</u>) <u>fermé</u>. Montrons que cela revient à la définition de S [1] dans le cas de $\mathcal{M}^c$. Soit $\mathfrak{N}$ un sous-B$\mathcal{O}$pt-module fermé de $\mathcal{M}^c$ ; il est stable par arrêt, parce que $M^T = 1_{]0,T]} \cdot M$ ; il est stable par limite croissante de temps d'arrêt $(T_n)_{n\in\mathbb{N}}$ tendant stationnairement $+\infty$, car si $M \in \mathcal{M}^c$ et si les $M^{T_n}$ sont dans $\mathfrak{N}$, M en est la limite dans $\mathcal{M}^c$ donc $M \in \mathfrak{N}$ ; enfin $\mathfrak{N} \cap \mathcal{M}^2$ est fermé dans $\mathcal{M}^2$ parce que la topologie de $\mathcal{M}^2$ est plus fine que la topologie induite par $\mathcal{M}^c$ ; donc $\mathfrak{N}$ est stable dans $\mathcal{M}^c$ au sens de S [1]. Inversement soit $\mathfrak{N}$ un sous-espace stable dans $\mathcal{M}^c$ au sens de S [1] ; nous y avons vu qu'il est un sous-B$\mathcal{O}$pt-module, il reste à voir qu'il est fermé dans $\mathcal{M}^c$. Or, si $(M_n)_{n\in\mathbb{N}}$ converge vers M dans $\mathcal{M}^c$, il existe une suite $(T_k)_{k\in\mathbb{N}}$ croissante de temps d'arrêt, convergeant stationnairement vers $+\infty$, et une suite partielle $\overline{M}_n$, telles que $\overline{M}_n^{T_k}$ converge vers $M^{T_k}$ dans $\mathcal{M}^2$, pour tout k ; si les $M_n$ sont dans $\mathfrak{N}$, les $\overline{M}_n^{T_k}$ aussi, donc $M^{T_k}$ aussi, donc M aussi, et $\mathfrak{N}$ est fermé dans $\mathcal{M}^c$. Les deux définitions sont bien équivalentes, mais celle-ci est bien plus légère ; et elle s'applique aussitôt à $\mathcal{O}pt\ \mathcal{M}^c$.

<u>Définitions (7.2)</u> : 1) <u>On dit que deux processus à variation finie formels</u> V, W, <u>sont orthogonaux si</u> dV, dW, <u>sont portés par deux ensembles optionnels disjoints</u>. En utilisant un multiplicateur $\gamma$, cela veut dire que $\gamma\, dV$, $\gamma\, dW$ sont disjoints. Quitte à changer $\lambda \in \Lambda$, de manière à rendre $\int_{]0,+\infty]} \gamma_s |dV_s|$ et $\int_{]0,+\infty]} \gamma_s |dW_s|$ intégrables, cela veut dire que les mesures réelles $\geq 0$ sur $(\overline{\mathbb{R}}_+ \times \Omega, \mathcal{O}pt) : \varphi \mapsto \mathbb{E}_\lambda \int_{]0,+\infty]} \varphi_s \gamma_s |dV_s|$, $\varphi \mapsto \mathbb{E}_\lambda \int_{]0,+\infty]} \varphi_s \gamma_s |dW_s|$, respectivement équivalentes à dV, dW, sont disjointes ; ou que, pour $\Lambda$-presque tout $\omega$, les mesures réelles formelles sur $\overline{\mathbb{R}}_+$, $dV(\omega)$, $dW(\omega)$, sont disjointes.

2) <u>On dit que deux martingales formelles</u> M, N, <u>sont orthogonales, si</u> $[M,N] = 0$.

3) <u>On dit que deux semi-martingales formelles</u> $X = V + M$, $Y = W + N$, <u>sont orthogonales</u> , <u>si</u> V <u>et</u> W <u>sont orthogonales</u>, <u>et</u> M <u>et</u> N <u>sont ortho-</u>

64

gonales. En particulier, $\mathcal{V}^c$ et $\mathcal{M}^c$ sont orthogonaux.

Etudions maintenant l'orthogonalité dans $\mathcal{M}^c$ :

Proposition (7.3) [(33)] : Soit $\mathcal{K}$ une partie de $\mathcal{M}^c$ (resp. $\mathcal{O}pt\ \mathcal{M}^c$) ; son orthogonal $\mathcal{K}^+$ dans $\mathcal{M}^c$ est stable, et $\mathcal{K}^{++}$ est le plus petit sous-espace stable contenant $\mathcal{K}$. Si $\mathfrak{N}$ est stable, $\mathcal{M}^c$ (resp. $\mathcal{O}pt\ \mathcal{M}^c$) est somme directe orthogonale $\mathfrak{N} + \mathfrak{N}^+$.

Si $M, N \in \mathcal{O}pt\ \mathcal{M}^c$, $[M,N]$ est de base $[M,M]$, c-à-d. il existe $D$ optionnel, unique à un ensemble $dM$-négligeable près, tel que $[M,N] = D \cdot [M,M]$ ; alors la projection orthogonale de $N$ sur le sous-espace stable engendré par $M$ est $D \cdot N$. On écrit $D = \frac{d[M,N]}{d[M,M]}$. Plus généralement, la projection orthogonale de $N$ sur le sous-espace stable engendrée par $(M_k)_{k=1,2,\ldots,m}$, système de martingales formelles orthogonales, est $\sum_{k=1}^{m} \frac{d[N,M_k]}{d[M_k,M_k]} \cdot M_k$.

Démonstration : Tout est à peu près évident, en se ramenant aux martingales vraies. Par exemple, si $\gamma > 0$ borélienne bornée est $dM$ et $dN$-intégable,

$$[M,N] = \frac{1}{\gamma^2} \cdot (\gamma^2 \cdot [M,N]) = \frac{1}{\gamma^2} \cdot [\gamma \cdot M, \gamma \cdot N]$$

$$= \frac{1}{\gamma^2} \cdot (D \cdot [\gamma \cdot M, \gamma \cdot M]) = \frac{1}{\gamma^2} \cdot (D \cdot (\gamma^2 \cdot [M,M]))$$

$$= D \cdot [M,M] \quad .$$

A la fin, $\sum_{k=1}^{m} D_k \cdot M_k$, $D_k = \frac{d[N,M_k]}{d[M_k,M_k]}$, est dans le sous-espace stable engendré, et $M - \sum_{k=1}^{m} D_k \cdot M_k$ est orthogonale aux $M_k$ donc au sous-espace stable qu'elles engendrent, donc $\sum_{k=1}^{m} D_k \cdot M_k$ est bien la projection orthogonale de $N$. Maintenant vient le résultat intéressant, qui montre la grande supériorité des martingales formelles sur les martingales. Un sous-B$\mathcal{O}$pt-module engendré par une martingale $M \in \mathcal{M}^c$ n'est pas fermé dans $\mathcal{M}^c$ (voir (2.6)) ; mais le sous-

B$\mathcal{O}$pt-module fermé et engendré par M, c-à-d. le sous-espace stable engendré, est en tout cas l'ensemble des $h \cdot M$, h dM-intégrable. Si les $M_k$, $k=1,2,\ldots,m$, sont des martingales orthogonales, le sous-espace stable engendré dans $\mathcal{M}^c$ est l'ensemble de $\sum_{k=1}^{m} h_k \cdot M_k$, $h_k$ $dM_k$-intégrable. Mais, dans $\mathcal{M}^c$, ce résultat ne subsiste plus du tout si les $M_k$ ne sont plus orthogonales ; il y a des M du sous-espace stable engendré qui ne peuvent pas s'écrire $\sum_{k=1}^{m} h_k \cdot M_k$, $h_k$ $dM_k$-intégrable. Mais nous allons voir, et c'est là l'intérêt principal des martingales formelles, que, si les $M_k$ sont des martingales formelles, <u>orthogonales ou non</u>, le sous-espace stable engendré dans $\mathcal{O}pt\ \mathcal{M}^c$ est l'ensemble des $\sum_{k=1}^{m} h_k \cdot M_k$. Si donc $M \in \mathcal{M}^c$ est dans le sous-espace stable engendré dans $\mathcal{M}^c$ par des $M_k \in \mathcal{M}^c$, on aura bien encore (mais pas de manière unique) $M = \sum_{k=1}^{m} h_k \cdot M_k$, mais $h_k$ ne sera pas en général $dM_k$-intégrable, $h_k \cdot M_k$ sera seulement une martingale formelle. Ce sera vrai aussi pour des semi-martingales.

<u>Proposition (7.4)</u> : <u>Tout sous-$\mathcal{O}$pt-module de type fini de $\mathcal{V}^c$ est engendré par un seul élément et fermé ; tout sous-$\mathcal{O}$pt-module de type fini de $\mathcal{O}pt\ \mathcal{M}^c$ est fermé. Si $(X_k)_{k=1,2,\ldots,m}$ sont tous des éléments de $\mathcal{O}pt\ \mathcal{V}^c$, ou tous de $\mathcal{O}pt\ \mathcal{M}^c$, le sous-$\mathcal{O}$pt-module stable engendré est l'ensemble des</u> $\sum_{k=1}^{m} h_k \cdot X_k$.

<u>Démonstration</u> : Prenons d'abord le cas de $\mathcal{O}pt\ \mathcal{V}^c$. Si $V_1, V_2, \ldots, V_m \in \mathcal{O}pt\ \mathcal{V}^c$, et si V est le processus croissant formel $W = \sum_{k=1}^{m} |dV_k|$, il existe $\alpha_k$ optionnelle, partout égale à $\pm 1$, telle que $|dV_k| = \alpha_k\, dV_k$, $dV_k = \frac{1}{\alpha_k} |dV_k|$, donc $dV = \sum_{k=1}^{m} \alpha_k\, dV_k$ ; d'autre part $|dV_k|$ est majorée par dV, donc il existe $\beta_k$ optionnelle, $|\beta_k| \leq 1$, telle que $dV_k = \beta_k\, dV$. Le sous-$\mathcal{O}$pt-module engendré par les $V_k$ coïncide donc avec le sous-$\mathcal{O}$pt-module engendré par V ; et on sait, par (2.6), que tout sous-$\mathcal{O}$-module de $\mathrm{Mes}(\Omega, \mathcal{O}, E)$, engendré par un seul élément, est fermé.

Passons au cas de $\mathcal{M}^c$. C'est évident si les $M_k$ sont orthogonales, puisque, si M est dans le sous-espace stable engendré, (7.3) montre que $M = \sum_k D_k \cdot M_k$, $D_k = \frac{d[M, M_k]}{d[M_k, M_k]}$. Si les $M_k$ sont quelconques, on forme son système orthogonalisé de Schmidt $(N_k)_{k=1,2,\ldots,m}$ :

$$N_1 = M_1 \ , \quad N_2 = M_2 - \frac{d[M_2,N_1]}{d[N_2,N_1]} \bullet N_1, \ldots\ldots,$$

$$N_k = M_k - \frac{d[M_k,N_1]}{d[N_1,N_1]} \bullet N_1 - \ldots - \frac{d[M_k,N_{k-1}]}{d[N_{k-1},N_{k-1}]} \bullet N_{k-1} \ ;$$

donc $N_k$ est dans le sous-$\mathcal{O}$pt-module engendré par $N_1,N_2,\ldots,N_{k-1}$, $M_k$, donc par récurrence le sous-$\mathcal{O}$pt-module engendré par les $M_k$ contient les $N_k$ ; mais inversement, $M_k$ est dans le sous-$\mathcal{O}$pt-module engendré par les $N_1,N_2,\ldots,N_{k-1},N_k$, donc le sous-$\mathcal{O}$pt-module engendré par les $N_k$ contient les $M_k$ ; ces deux sous-$\mathcal{O}$pt-modules coïncident. Mais les $N_k$ sont orthogonales, le sous-$\mathcal{O}$pt-module qu'elles engendrent est fermé.

<u>Remarque</u> : Il n'est pas inutile de voir en détail ce qui se passe pour $m=2$, $M_1$, $M_2$, $M \in \mathcal{M}^c$. Alors $N_1 = M_1$, $N_2 = M_2 - D \bullet M_1$, $D = \dfrac{d[M_2,M_1]}{d[M_1,M_1]}$, D est $dM_1$-intégrable. Ensuite $M = H_1 \bullet N_1 + H_2 \bullet N_2$, $H_1$ $dN_1$-intégrable, $H_2$ $dN_2$-intégrable, donc $M = (H_1 - DH_2) \bullet M_1 + H_2 \bullet M_2$ ; $H_1 - DH_2$ n'est pas nécessairement $dM_1$-intégrable, $H_2$ n'est pas nécessairement $dM_2$-intégrable.

Le résultat suivant est plus délicat :

<u>Proposition (7.5)</u> : <u>Tout sous-$\mathcal{O}$pt-module de type fini de $\mathcal{S}\mathcal{M}^c$ est fermé. Le sous-$\mathcal{O}$pt-module stable engendré par $(X_k)_{k=1,2,\ldots,m}$ est l'ensemble des intégrales stochastiques $\sum_{k=1}^{m} h_k \bullet X_k$, $h_k$ optionnelles.</u>

Ce résultat est dû à Memin [34] (dans le cas très semblable de semi-martingales non nécessairement continues, avec des intégrales stochastiques de fonctions prévisibles). La démonstration que nous donnons ici est calquée sur celle de S [1], proposition (6.4), page 74.

<u>Démonstration</u> : Soient $Y_n = \sum_{k=1}^{m} h_{k,n} \bullet X_k$ des semi-martingales formelles convergeant vers Y dans $\mathcal{O}$pt $\mathcal{S}\mathcal{M}^c$. Posons $X_k = V_k + M_k$, $V_k \in \mathcal{O}$pt $\mathcal{V}^c$, $M_k \in \mathcal{O}$pt $\mathcal{M}^c$.

Comme $\mathcal{O}pt\ \mathcal{M}^c = \mathcal{O}pt\ \mathcal{V}^c \oplus \mathcal{O}pt\ \mathcal{M}^c$, somme directe topologique, $Y = W + N$, les $\sum_{k=1}^m h_{k,n} \cdot V_k$ convergent vers $W$ dans $\mathcal{O}pt\ \mathcal{V}^c$, les $\sum_{k=1}^m h_{k,n} \cdot M_k$ convergent vers $N$ dans $\mathcal{O}pt\ \mathcal{M}^c$.

Soit $dV = \sum_{k=1}^m |dV_k|$, $dV = \sum_{k=1}^m \alpha_k\, dV_k$, $dV_k = \beta_k\, dV$ (voir démonstration de (7.4)). D'après (7.4), $dW$ est dans le sous-module engendré par les $V_k$, $W = \rho \cdot V$ ; en outre, par (2.5), quitte à extraire une suite partielle, on peut supposer que $\sum_{k=1}^m h_{k,n}\, \beta_k$ converge $dV$-pp. vers $\rho$ pour $n \to +\infty$ ; quitte à remplacer $\beta_k$ et $\rho$ par 0 sur un ensemble optionnel $dV$-négligeable, on peut supposer qu'il y a convergence partout. Ensuite, d'après (7.4) encore, $N$ est dans le sous-$\mathcal{O}pt$-module engendré par les $M_k$ ; si $(M'_k)_{k=1,2,\dots,m}$ est l'orthogonalisé de Schmidt de $(M_k)_{k=1,2,\dots,m}$, $M_k = \sum_{\ell=1}^m \beta_{k,\ell} \cdot M'_\ell$, $M'_k = \sum_{\ell=1}^m \alpha_{k,\ell} \cdot M_\ell$ ; $\sum_{k=1}^m h_{k,n} \cdot M_k = \sum_{k,\ell=1}^m h_{k,n}\, \beta_{k,\ell} \cdot M'_\ell$ converge vers $N = \sum_{k=1}^m \sigma_\ell \cdot M'_\ell$ pour $n \to +\infty$. Mais si $\sum_{\ell=1}^m \theta_{\ell,n} \circ M'_\ell$ converge vers 0 dans $\mathcal{O}pt\ \mathcal{M}^c$ pour $n \to +\infty$, $\sum_{\ell=1}^m \theta^2_{\ell,n} \cdot [M'_\ell, M'_\ell]$ converge vers 0 dans $\mathcal{O}pt\ \mathcal{V}^c$, donc chaque $\theta^2_{\ell,n}[M'_\ell, M'_\ell]$ aussi, et réciproquement ; quitte à extraire une suite partielle (2.5), on peut supposer que, pour tout $\ell$, $\theta_{\ell,n}$ converge $dM_\ell$-pp. vers 0. Donc $\sum_{k=1}^m h_{k,n}\, \beta_{k,\ell}$ converge $dM'_\ell$-pp. vers $\sigma_\ell$ pour tout $\ell = 1,2,\dots,m$ ; quitte à remplacer $\beta_{k,\ell}$ et $\sigma_\ell$ par 0 sur un ensemble $DM'_\ell$-négligeable, on peut supposer que c'est partout. Nous voulons montrer l'existence de $(h_k)_{k=1,2,\dots,m}$ optionnelles, telles que

$$\rho \cdot V + \sum_{\ell=1}^m \sigma_\ell \cdot M'_\ell = W + N = Y = \sum_{k=1}^m h_k \cdot V_k + \sum_{k=1}^m h_k \cdot M_k$$

$$= \Big(\sum_{k=1}^m h_k\, \beta_k\Big) \cdot V + \sum_{\ell=1}^m \Big(\sum_{k=1}^m h_k\, \beta_{k,\ell}\Big) \cdot M'_\ell \quad ,$$

c-à-d. telles que $\sum_{k=1}^m \beta_k\, h_k = \rho$ $dV$-pp., $\sum_{k=1}^m \beta_{k,\ell}\, h_k = \sigma_\ell$ $dM'_\ell$-pp., $\ell = 1,2,\dots,m$. Nous le montrerons partout.

Considérons l'application $(\xi_k)_{k=1,2,\dots,m} \mapsto (\eta, (\eta_\ell)_{\eta=1,2,\dots,m})$ de $\mathbb{R}^m$ dans $\mathbb{R}^{m+1}$, définie par $\eta = \sum_{k=1}^m \beta_k(t,\omega)\xi_k$, $\eta_\ell = \sum_{k=1}^m \beta_{k,\ell}(t,\omega)\xi_k$. Son image est fermée (espace de dimension finie !). Pour tout n, $(\eta_n, (\eta_{\ell,n})_{\ell=1,2,\dots,m})$, où

$\eta_n = \sum_{k=1}^{m} \beta_k(t,\omega)h_{k,n}(t,\omega)$, $\eta_{\ell,n} = \sum_{k=1}^{m} \beta_{k,\ell}(t,\omega)h_{k,n}(t,\omega)$ est dans l'image, donc aussi sa limite pour $n\to\infty$, $(\rho(t,\omega),(\sigma_\ell(t,\omega))_{\ell=1,2,\ldots,m})$. En outre, la recherche, pour $(\eta,(\eta_\ell)_{\ell=1,2,\ldots,m})$, de $(\xi_k)_{k=1,2,\ldots,m}$, est la résolution d'un système de m+1 équations linéaires à m inconnues ; quand il a une solution, elle peut s'exprimer par des quotients de déterminants, elle peut donc s'exprimer comme une fonction borélienne des données (voir S [1] , page 78 ) ; $\rho$, $\sigma_\ell$ sont optionnelles, donc on peut choisir les $h_k$ optionnelles, cqfd.

<u>Définition (7.6)</u> : <u>Un espace stable et crochet-stable</u> $\mathfrak{N}$ <u>de semi-martingales (formelles) est un espace stable</u>, <u>tel que</u> $X\in\mathfrak{N}$, $Y\in\mathfrak{N}$, <u>implique</u> $[X,Y]\in\mathfrak{N}$.

<u>Remarque</u> : Si $(X_k)_{k)1,2,\ldots,m}$ sont de vraies semi-martingales, le sous-$\mathcal{O}$pt-module stable et crochet-stable engendré est donc le sous-$\mathcal{O}$pt-module engendré par les $X_k$, et les $[X_i,X_j]$ ; ou aussi par les $X_k$ et les $X_iX_j$, par Itô, $X_iX_j = X_i \bullet X_j + X_j \bullet X_i + [X_i,X_j]$. Il contient alors aussi toutes les $\varphi(X_1,X_2,\ldots,X_m) - \varphi(X_{1,o},\ldots,X_{m,o})$ par Itô, $\varphi$ de classe $C^2$.

<u>Proposition (7.7)</u> : <u>Si</u> $\mathfrak{N}$ <u>est stable et crochet-stable</u>, $X\in\mathfrak{N}$ <u>implique</u> $X^c\in\mathfrak{N}$, $\tilde{X}\in\mathfrak{N}$ ; <u>donc</u> $\mathfrak{N} = (\mathfrak{N}\cap\mathcal{O}pt\,\mathcal{V}^c)\oplus(\mathfrak{N}\cap\mathcal{O}pt\,\mathcal{M}^c)$, <u>somme directe topologique</u>.

<u>Démonstration</u> : On peut écrire $V = D\bullet[M,M] + V'$, D optionnelle d[M,M]-intégrable, dV' et d[M,M] portées par des ensembles optionnels (et même prévisibles) disjoints. Mais $[X,X] = [M,M]\in\mathfrak{N}$, donc $D\bullet[M,M]\in\mathfrak{N}$. Soit $\alpha$ la fonction caractéristique d'un ensemble optionnel d[M,M]-négligeable, donc dM-négligeable, et portant dV'. Alors $\alpha\bullet X\in\mathfrak{N}$, mais $\alpha\bullet X = V'$ donc $V'\in\mathfrak{N}$, donc $V\in\mathfrak{N}$ et par suite $M\in\mathfrak{N}$.

Centre de Mathématiques
Ecole Polytechnique
91128 PALAISEAU CEDEX

## N O T E S

(1) page 3. On trouvera une étude de ces mesures, pour E Banach, dans Dunford-Schwartz [1],

Bien que Erik Thomas [1], [2], n'ait étudié que des mesures de Radon, il l'a fait dans [2] pour E arbitraire, et certains de ses résultats, que nous citerons plus loin, sont nouveaux et importants, aussi pour des mesures abstraites. Récemment, K. Bichteler [1] a étudié les mesures abstraites à valeurs dans E non localement convexe, par exemple $E = L^0$, exactement pour les appliquer aux semi-martingales.

(2) page 5. Il semble que, pour E métrisable non localement convexe, tous les auteurs antérieurs aient utilisé la métrique plutôt que les jauges. Comme je le signale, c'est désavantageux, parce que la distance à l'origine n'est pas positivement homogène, $d(0,Rx) \neq |R|\, d(0,x)$, et qu'elle est souvent bornée. Par exemple, pour un espace $E = L^0(\Omega,\mathcal{O},\lambda)$, $\lambda$ probabilité, la distance usuelle $d(0,f) = \mathbb{E}(|f| \wedge 1)$ est bornée par 1.

(3) page 10. Voir Erik Thomas [1], théorème (1.22), page 74, et [2], théorème (1.9), page 14.

(4) page 10. Voir Lindenstrauss-Tzafriri, [1], proposition 2.e.4, page 98.

(5) page 11. Voir Erik Thomas [1], théorème (4.7), page 125, et [2], corollaire (2.1), page 27.

(6) page 11. L. Schwartz [2].

(7) page 24. La présente étude est aussi celle qu'a faite K. Bichteler [1].

(8) page 25. M[1], théorème 33, page 311, et Note (*), page 313 ; cité dans S[1], Note (4), page 9.

(9) page 27. L'un des résultats entraîne l'autre. Soit $T_n = \mathrm{Inf}\{t \in \overline{\mathbb{R}}_+ ; |\varphi_n(t)| \geq \varepsilon\}$. Alors $\lambda\{\sup_t (\varphi_n \cdot X)_t| > \varepsilon\} \leq \lambda\{|(\varphi_n \cdot X)_{T_n}| \geq \varepsilon\} = \lambda\{|(\varphi_n 1_{]0,T_n]} \cdot X)_\infty| \geq \varepsilon\}$.

70

Mais $\varphi_n 1_{]0,T_n]}$ converge vers 0 en restant bornée en module par 1, donc la dernière quantité tend vers 0, donc aussi la première.

(10) page 27. Voir S[1], proposition (3.2), page 17.

(11) page 27. Voir J. Jacod [1], théorème (7.24), page 224.

(12) page 27. Voir P.A. Meyer [2]. Article de P.A. Meyer : Caractérisation des semi-martingales, d'après Dellacherie, pages (620-623).

(13) page 28. J. Pellaumail [1].

(14) page 28. C'est précisément ce que fait K. Bichteler [1].

(15) page 29. Voir J. Jacod [1], chapitre IX.

(16) page 29. J. Jacod [1], théorème (7.42), page 235.

(17) page 31. Voir Dunford-Schwartz [1], IV, 10.5, page 321.

(18) page 31. Théorème dû à Maurey [1].

(19) page 33. Pour tout ce qui concerne la topologie d'Emery sur $\mathcal{S}\mathcal{M}$, voir Emery [1].

(20) page 38. On peut écrire toute semi-martingale X comme somme d'un processus de sauts, épuisant tous les sauts de module $\leq 1$, et d'une semi-martingale à sauts bornés en module par 1, donc spéciale.

(21) page 38. C'est aussi Emery [1] qui a introduit les espaces $H^p$ de semi-martingales.

(22) page 38. Voir Emery [1], proposition 4.

(23) page 38. Voir Marc Yor [1].

(24) page 45. Pour les espaces $H^p$ de semi-martingales, voir Emery [1].

(25) page 47. Voir S[1], (3.7), page 24.

(26) page 48. Cet exemple est étudié dans C. Dellacherie [1], ch. IV, 52, page 63, et ch. V, 55, page 122.

(27) page 50. Dans S[1], la décomposition canonique d'une semi-martingale est écrite $X = X^d + X^c$, $X^c$ partie martingale locale continue ou compensée, $X^d$

compensateur, que j'ai eu tort d'appeler "partie purement discontinue", puisqu'elle peut être un processus à variation finie continu. L'écriture généralement adoptée semble être $X = \tilde{X} + X^c$.

(28) page 55. C'est une propriété générale : si $A \subset \Omega$, si f est une fonction sur A à valeurs dans F lusinien, mesurable pour $\mathcal{O} \cap A$, elle est prolongeable en $\overline{f}$ sur $\Omega$, $\mathcal{O}$-mesurable. C'est en effet évident si $F = \mathbb{N}$, car $f^{-1}\{n\} = A_n = A \cap \Omega_n$, $\Omega_n \in \mathcal{O}$, et on peut supposer les $\Omega_n$ deux à deux disjointes ; on prend $\overline{f} = n$ sur $\Omega_n$, $= 0$ sur $\complement \bigcup_n \Omega_n$. Soit ensuite $F = [0,1]$. On sait alors que f est limite d'une suite croissante $(f_n)_{n \in \mathbb{N}}$ de fonctions sur A, $A \cap \mathcal{O}$-mesurables, chacune ne prenant qu'un nombre fini de valeurs ; $f_n$ admet un prolongement $\overline{f}_n$ $\mathcal{O}$-mesurable sur $\Omega$, et on prend $\overline{f} = \operatorname{Sup}_n \overline{f}_n$. Enfin F lusinien arbitraire est toujours, en tant qu'ensemble muni d'une tribu, isomorphe à une partie borélienne F de $[0,1]$ ; on peut prolonger f en $\overline{\overline{f}}$, $\mathcal{O}$-mesurable, à valeurs dans $[0,1]$ ; on prend $\overline{f} = \overline{\overline{f}}$ sur $\overline{\overline{f}}^{-1}(F) \in \mathcal{O}$, $= a \in F$ sur $\overline{\overline{f}}^{-1}(\complement F)$.

(29) page 55. Cette définition est due à P.A. Meyer [3].

(30) page 55. (6.5 bis) est dû à P.A. Meyer et moi, (6.5 ter) à Stricker. Voir S[1], Note (5), page 10, et P.A. Meyer [3] "Sur un résultat de L. Schwartz", pages 102-103, et Stricker [1].

(31) page 57. S[1], lemme (2.1), page 8.

(32) page 58. Théorème dû à P.A.Meyer, à paraître dans Advances in Math.

(33) page 64. Ces résultats se trouvent un peu partout dans le cas des semimartingales vraies. Voir S[1], § 6, et J. Jacod [1], chapitre IV.

(34) page 66. Memin [1], théorème (V.4), page 36.

(35) page 37. Voir P.A. Meyer [1].

(36) page 43. Voici un contre-exemple très simple, dû à Stricker. Soit $(M_n)_{n \in \overline{\mathbb{N}}}$ une martingale à temps discret, indexée par $\overline{\mathbb{N}} = \mathbb{N} \cup \{+\infty\}$. Si on pose $X_t = M_n$ pour $n \leq t < n+1$, $n \in \mathbb{N}$, on obtient une martingale X sur $\overline{\mathbb{R}}_+ \times \Omega$, accessible, purement discontinue ($X^c = 0$). Si l'on a $X = V + M$, V à varia-

tion finie, M martingale locale continue, on a nécessairement $\sum_s |\Delta X_s| = \sum_s |\Delta V_s| < +\infty$ ; or c'est $\sum_{n\in\overline{\mathbb{N}}} |\Delta M_n|$ ; il n'est pas en général fini, c'est seulement $\sum_{n\in\overline{\mathbb{N}}} |\Delta M_n|^2$ qui est fini. La décomposition en somme directe est ici $X = X + 0 \in \mathcal{P}\text{ré}\, \mathcal{V}^{acc} \oplus \mathcal{P}\text{ré}\, \mathcal{M}^c$, parce que $\sum |\Delta M_n|$ est formellement fini. C'est aussi une semi-martingale spéciale, avec la décomposition $X = 0 + X \in \mathcal{V}^{pré} \oplus \mathcal{M}$.

---

## INDEX BIBLIOGRAPHIQUE

K. BICHTELER

[1] "Stochastic integration and $L^p$-theory of semi-martingales", Technical report, Septembre 1979, Dept. of Math., the University of Texas at Austin, No 78712.

N. DUNFORD - J.T. SCHWARTZ

[1] "Linear operators", part I, Interscience Publishers, New York, 1958.

M. EMERY

[1] "Une topologie sur l'espace des semi-martingales", Séminaire de Probabilités XIII, 1979, Springer Lecture Notes in Math. 721, p. 260-280.

J. JACOD

[1] "Calcul stochastique et problèmes de martingales", Lecture Notes in Math. 714, Springer 1979.

KÜSSMAUL

[1] "Stochastic integration and generalized martingales", Research Notes in Mathematics, collection π, Pitman pub., London 1977.

J. LINDENSTRAUSS, L. TZAFRIRI

[1] "Classical Banach spaces", Ergebnisse der Mathematik 92, Springer 1977.

B. MAUREY

[1] in Séminaire Maurey-Schwartz 1972-73, exposé No XII, Ecole Polytechnique, Paris ;

et : "Théorèmes de factorisation pour des opérateurs linéaires à valeurs dans les espaces $L^p$", Astérisque No 11, S.M.F. 1974.

J. MEMIN

[1] "Espaces de semi-martingales et changements de probabilité", Zeitschrift für W. 52, Springer 1980, p. 9-39.

74

M. METIVIER, J. PELLAUMAIL

[1] "Mesures stochastiques à valeurs dans des espaces $L_o$", Z. fur Wahrscheinlichkeits theorie und verwante Gebiete 40 (1977) 101-114.

P. A. MEYER

[1] indiqué comme M[1], "Un cours sur les intégrales stochastiques", Séminaire de Probabilités X, Strasbourg 1974-75, Lecture Notes in Math. 511, Springer 1976, p. 245-400.

[2] "Caractérisation des semi-martingales", par Dellacherie, Séminaire de Probabilités XIII, Strasbourg 1977-78, Lecture Notes in Math. 721, Springer 1979.

[3] Séminaire de Probabilités XIV, Strasbourg 1978-79, Lecture Notes in Math. 784, Springer 1980.

J. PELLAUMAIL

[1] "Sur l'intégrale stochastique et la décomposition de Doob-Meyer", Astérisque No 9, S.M.F. 1973.

L. SCHWARTZ

[1] "Semi-martingales sur des variétés, et martingales conformes sur des variétés analytiques complexes", Lecture Notes in Math. 780, Springer 1980.

[2] "Un théorème de convergence dans les $L^p$, $0 \leq p < +\infty$", Note aux Compte-Rendus de l'Académie des Sciences, Paris, t. 268, 31 Mars 1969, p. 704-706.

STRICKER

[1] Article à paraître dans Advances in Math. (1981).

E. THOMAS

[1] "L'intégration par rapport à une mesure de Radon vectorielle", Annales Institut Fourier, t. XX, fasc. 2, 1970.

[2] "On Radon maps with values in arbitrary topological vector spaces, and their integral extensions", Preprint, Dept. of Mathematics, Yale University.

M. YOR

[1] Séminaire de Théorie du Potentiel, Lecture Notes in Mathematics 713, p. 264-281, Springer 1979.

-----

# INDEX TERMINOLOGIQUE

et

# INDEX DES NOTATIONS

TABLE DES MATIERES



---

Ce texte a été dactylographié au Centre de Mathématiques de l'Ecole Polytechnique, Laboratoire Associé au C.N.R.S. No 169, par Marie-José Lécuyer.

# SUR DEUX QUESTIONS POSEES PAR L. SCHWARTZ

par C. Stricker

Dans [1] SCHWARTZ a montré la proposition suivante :

Soient $X$ une semimartingale continue, $A$ un ouvert de $\mathbb{R}_+ \times \Omega$. Les propriétés suivantes sont équivalentes :

1) $X$ est croissante par morceaux sur $A$.

2) $X$ est équivalente sur $A$ à un processus adapté càdlàg croissant.

Si $X$ n'est pas continue, 2) $\Rightarrow$ 1) est toujours trivialement vraie, mais 1) n'implique pas 2). Voici un contre-exemple.

Soient $(\Omega, \mathcal{F}, (\mathcal{F}_t), P)$ un espace probabilisé filtré et $X$ un processus. On dit que $X$ est croissant par morceaux (resp. équivalent à un processus $Y$) sur un ouvert aléatoire $A$ si pour presque tout $\omega$ et pour tout intervalle $[a,b]$ contenu dans la coupe $A(\omega)$ de $A$, $X(\omega)$ est croissant (resp. $X(\omega)-Y(\omega)$ est constant) sur $[a,b]$. Supposons qu'il existe une suite strictement croissante de temps d'arrêt $(T_n)$ totalement inacessibles à valeurs dans $[0,1]$. Soit $X$ la martingale de carré intégrable purement discontinue dont les sauts sont : $\Delta N_{T_i} = \frac{1}{i}$. Notons $B^i$ le processus croissant : $B^i = \frac{1}{i} 1_{[T_i,+\infty[}$ et soit $\widetilde{B}^i$ sa projection duale prévisible. Sur chaque intervalle $[T_i, T_{i+1}[$, $N_t = N_{t_i} - \widetilde{B}^{i+1}_t$. Ainsi la martingale $X = -N$ est croissante par morceaux sur l'ouvert $A = \bigcup_i ]T_i, T_{i+1}[$ mais il n'existe pas de processus croissant adapté $C$ équivalent à $X$ sur $A$. En effet, raisonnons par l'absurde et supposons que $C$ existe. Chaque $\widetilde{B}^i$ est croissant sur $[T_{i-1}, T_i[$, continu au point $T_i$, nul avant $T_{i-1}$ et constant après $T_i$. Or $C \geq 1_A . C = \sum_i \widetilde{B}^i$ qui est prévisible et croissant, donc localement intégrable. Par arrêt nous pouvons supposer que $E[1_A . C_\infty] < \infty$. Comme $\widetilde{B}^i$ est la projection duale prévisible de $B_i$, il en résulte que $E[1_A . C_\infty] = E[\sum_i B^i_\infty]$ ; donc $\sum_i B^i_\infty$ converge, ce qui est absurde car $\sum_i \Delta N_{T_i} = +\infty$ !

Ce contre-exemple permet de répondre par la négative à une deuxième question de SCHWARTZ [2] . Est-ce qu'une semimartingale $X$ définie sur $\mathbb{R}^+ \times \Omega$ qui est continue sur un ouvert aléatoire $A$ est équivalente (sur $A$) à une semimartingale continue ? Pour cela il suffit de prendre par exemple la filtration naturelle d'un processus de Poisson et de remplacer l'intervalle $[0,1]$ par $[0,+\infty]$ . Toutes les martingales locales sont purement discontinues, et donc les seules semimartingales continues sont les processus adaptés continus à variation bornée. Reprenons la semimartingale $X$ et l'ouvert $A$ précédents et supposons que $X$ soit équivalente sur $A$ à un processus à variation bornée $C$ . Dans ce cas $1_A . C = \sum_i \widetilde{B}_i$ , ce qui est absurde !

Toutefois si l'ouvert $A$ est accessible on a une réponse positive.

PROPOSITION 1. Soit $X$ une semimartingale sur $\mathbb{R}^+ \times \Omega$ qui est continue sur un ouvert accessible $A$ . Alors elle est équivalente sur $A$ à une semimartingale continue.

DEMONSTRATION. Pour tout rationnel $h$ nous posons $D_h = \inf\{t \geq h,\ t \notin A\}$ . Comme $A$ est un ouvert accessible, $D_h$ est un temps d'arrêt accessible. Ainsi il existe une suite $(T_n)$ de temps d'arrêt prévisibles à graphes deux à deux disjoints qui recouvrent les graphes des temps d'arrêt $D_h$ lorsque $h$ parcourt les rationnels. Soient $B = \bigcup_{h \in \mathbb{Q}} ]h, D_h]$ , $C = \bigcup_n [T_n]$ et $Y = 1_{B \setminus C} . X$ .

La semimartingale $Y$ est continue : en effet si $T$ est un temps d'arrêt , $\Delta Y_T = 1_{B\setminus C}(T)\, \Delta X_T = 0$ car $B \setminus C$ est inclus dans $A$ et $X$ est continue sur $A$ . Il reste à vérifier que $X$ est bien équivalente à $Y$ sur $A$ . Restreignons la loi $P$ à l'ensemble $\{D_h > u > h\}$ , $h$ et $u$ étant deux rationnels fixés. Pour $h \leq t \leq u$ , $Y_t - Y_h = X_t - X_h - \sum_n \Delta X_{T_n} 1_{\{t \geq T_n > h\}}$ , la série convergeant en probabilité. Comme X est continue sur $[h,u]$ , $Y_t - Y_h = X_t - X_h$ et les deux semimartingales X et Y sont équivalentes.

PROPOSITION 2. <u>Soit</u> X <u>une semimartingale accessible. Il existe un plus grand ouvert</u> A <u>tel que</u> X <u>soit équivalente sur</u> A <u>à une semimartingale continue</u>.

DEMONSTRATION. Pour tout h rationnel, nous posons : $D_h = \inf\{t \geq h, X_t \neq X_{t-}\}$ et $A = \bigcup_{h\in\mathbb{Q}^+} ]h,D_h[$ . Comme A est le plus grand ouvert sur lequel X est continue, il suffit de démontrer que X est équivalente sur A à une semimartingale continue Y . Il existe une suite de temps d'arrêt prévisibles $(T_n)$ qui recouvre la partie accessible des temps d'arrêt $D_h$ lorsque h parcourt les rationnels positifs. Soient $B = \bigcup_h ]h,D_h]$ , $C = \bigcup_n [T_n]$ et $Y = 1_{B\setminus C}.X$ . On vérifie comme avant que la semimartingale Y est continue car X ne saute qu'à des temps d'arrêt accessibles. De même X est équivalente à Y sur A .

=:=:=:=:=:=:

REFERENCES

[1] SCHWARTZ L. : Semimartingales sur des variétés et martingales conformes sur des variétés analytiques complexes. Lecture Notes in M. n° 780 page 26 (1980).

[2] SCHWARTZ L. : Article à paraître.

# QUASIMARTINGALES ET VARIATIONS

par C. Stricker

La notion de quasimartingale s'est révélée très fructueuse au cours des dernières années. C'est le moyen le plus commode pour montrer qu'un processus est une semimartingale sans avoir à le décomposer explicitement. Dans cette note nous nous proposons de donner quelques précisions sur le calcul de la variation des quasimartingales.

## 1. QUELQUES RAPPELS

Soit $(\Omega,\mathcal{F}_\infty,(\mathcal{F}_t),P)$ un espace probabilisé filtré vérifiant les conditions habituelles. Nous désignons par $\mathcal{O}$ et $\mathcal{P}$ les tribus optionnelle et prévisible. Tous les processus considérés sont supposés nuls à l'infini.

DEFINITION 1.1. <u>On dit qu'un processus</u> $X = (X_t)_{t\geq 0}$ <u>est une quasimartingale par rapport à la filtration</u> $(\mathcal{F}_t)$ <u>si</u> $X$ <u>est adapté, si</u> $E|X_t| < +\infty$ <u>pour tout</u> $t$ <u>et si</u> $\mathrm{Var}(X) = \sup E[\sum_{i=1}^{n-1} | E[X_{t_{i+1}} - X_{t_i} \mid \mathcal{F}_{t_i}]|]$ <u>est finie, le</u> sup <u>étant pris sur l'ensemble des subdivisions</u> $0 = t_0 < t_1 < \ldots < t_n < +\infty$ .

La décomposition de Rao est le résultat fondamental sur les quasimartingales : toute quasimartingale est la différence de deux surmartingales positives uniques $X'$ et $X''$ telles que $\mathrm{Var}(X) = E[X'_0] + E[X''_0]$ . Ainsi la variation de la quasimartingale n'augmente pas si on remplace les subdivisions ordinaires par des subdivisions aléatoires construites au moyen de temps d'arrêt. L'objet du paragraphe suivant est de montrer qu'on peut se restreindre à des temps d'arrêt engendrant $\mathcal{O}$, mais auparavant nous démontrons un petit lemme de théorie générale des processus.

## 2. UN PETIT LEMME DE THEORIE GENERALE DES PROCESSUS

LEMME 2.1. *Soient X et Y deux processus optionnels (resp. prévisibles) continus à droite et $\mathcal{J}$ une famille de temps d'arrêt, telle que la tribu $\sigma(\mathcal{J})$ engendrée par les intervalles stochastiques $[\alpha,\beta[$ (resp. $]\alpha,\beta]$), $\alpha$ et $\beta$ appartenant à $\mathcal{J}$, soit la tribu optionnelle (resp. prévisible) aux ensembles évanescents près. Si $X_\alpha = Y_\alpha$ pour tout $\alpha \in \mathcal{J}$, alors X et Y sont indistinguables.*

DEMONSTRATION. Si $\{X \neq Y\}$ n'est pas évanescent, il existe d'après le théorème de section un temps d'arrêt T (resp. prévisible) tel que $P[Y_T > X_T] > 0$ ou $P[Y_T < X_T] > 0$. Supposons par exemple que $P[Y_T > X_T] > 0$ et notons $U = \inf\{t \geq T,\ X_t \geq Y_t\}$. Comme $X_\alpha = Y_\alpha$ pour tout $\alpha \in \mathcal{J}$, aucun bout de graphe de temps d'arrêt de $\mathcal{J}$ ne passe dans $[T,U[$ et par conséquent pour tout $\alpha,\beta$ appartenant à $\mathcal{J}$, $[\alpha,\beta[ \cap [T,U[ = \{\beta > T \geq \alpha\} \times [T,U[$. Ainsi les éléments de $\sigma(\mathcal{J})$ sont de la forme : $K \cap [0,T[$, $K \cap [U,+\infty[$ ou $A \times [T,U[$ avec $K \in \mathcal{O}$ et $A \in \mathcal{F}_T$, ce qui est absurde puisque $\sigma(\mathcal{J}) = \mathcal{O}$. Dans le cas prévisible on introduit aussi les temps d'arrêt T et U et on note que U est prévisible car c'est le début d'un ensemble prévisible fermé à droite. Les éléments de $\sigma(\mathcal{J})$ seront de la forme : $K \cap [0,T]$, $K \cap [U,+\infty[$ ou $A \times ]T,U[$ avec $K \in \mathcal{P}$ et $A \in \mathcal{F}_T$, ce qui est aussi absurde car $\sigma(\mathcal{J}) = \mathcal{P}$.

Voici une première application de ce lemme.

PROPOSITION 2.2. *Soient X un processus continu à droite adapté et $\mathcal{J}$ une famille de temps d'arrêt, stable pour $\vee$ et $\wedge$, vérifiant $\sigma(\mathcal{J}) = \mathcal{O}$. Alors X est une quasimartingale si et seulement si $X_T$ est intégrable pour tout $T \in \mathcal{J}$ et $\mathrm{Var}(X,\mathcal{J}) = \sup_\sigma E[\sum_{i=0}^{n-1} | E[X_{T_{i+1}} - X_{T_i} | \mathcal{F}_{T_i}]|$ est finie, où $\sigma = (T_o,\dots,T_n)$ est une suite finie croissante d'éléments de $\mathcal{J}$. De plus $\mathrm{Var}(X) = \mathrm{Var}(X,\mathcal{J})$.*

DEMONSTRATION. D'après [1] il existe une «quasimartingale forte» Z non nécessairement continue à droite qui coïncide avec X sur $\mathcal{J}$. Démontrons qu'elle est continue à droite. La régularisée à droite de $Z$ (que nous noterons $Y$) est encore une quasimartingale. Pour montrer que $X$ et $Y$ sont indistinguables il suffit d'établir que pour tout $\alpha \in \mathbb{R}_*^+$ et tout temps d'arrêt $T$, $P[Y_T > X_T + \alpha] = P[Y_T < X_T - \alpha] = 0$ . Raisonnons par l'absurde et supposons par exemple que $P[Y_T > X_T + \alpha] > 0$ . Soit $U = \inf\{t > T , Z_t \leq X_t + \frac{\alpha}{2}\}$ . Comme $P[Y_T > X_T + \alpha] > 0$ , on a aussi $P[Y_T > X_T + \alpha , U > T] > 0$ . L'égalité $Z_\beta = X_\beta$ pour tout $\beta \in \mathfrak{J}$ entraîne qu'aucun bout de graphe de temps d'arrêt de $\mathfrak{J}$ ne passe dans $\{Y_T > X_T + \alpha\} \times ]T,U]$ , ce qui est absurde. Ainsi $X$ et $Y$ sont indistinguables et $X$ est une quasimartingale. Quant à l'égalité $\mathrm{Var}(X) = \mathrm{Var}(X,\mathfrak{J})$ elle résulte aisément de la proposition 21 de [1] .

REMARQUE 2.3. Chemin faisant nous avons amélioré le lemme. Si $X$ et $Y$ **sont deux processus optionnels qui coïncident sur $\mathfrak{J}$ et admettent des limites à droite, alors leurs régularisées à droite sont indistinguables. On a le même résultat dans le cas prévisible avec les régularisées à gauche.**

## 3. VARIATION RELATIVE A LA FILTRATION $(\mathcal{F}_{t-})$

Nous nous proposons maintenant de retrouver directement (sans utiliser la décomposition de Rao) un résultat établi dans [2] .

PROPOSITION 3.1. *Soit $X$ un processus continu à droite tel que $X_t$ soit intégrable pour tout $t$ et* $\mathrm{Var}_-(X) = \sup E[\sum_{i=0}^{n-1} | E[X_{t_{i+1}} - X_{t_i} | \mathcal{F}_{t_i -}]| < +\infty$ , *le sup étant pris sur l'ensemble des subdivisions finies* $0 = t_0 < t_1 < \ldots < t_n$. *Alors $X$ est une quasimartingale et* $\mathrm{Var}\, X = \mathrm{Var}_- X$ .

Pour démontrer cette proposition nous aurons besoin d'un lemme plus ou moins classique. Désignons par $\mathcal{H}$ la tribu/engendrée par $X$, qui est séparable en vertu de la continuité à droite de $X$ .

LEMME 3.2. *Il existe un ensemble dénombrable $D \subset \mathbb{R}^+$ tel que pour toute variable aléatoire intégrable $Y$ de $\mathcal{H}$ , l'application* $t \to E|E[Y|\mathcal{F}_t]|$ *soit continue en dehors de $D$* .

DEMONSTRATION. Comme $\mathcal{H}$ est séparable, l'espace de Banach $\mathcal{L}^1(\Omega,\mathcal{H},P)$ est aussi séparable. Soit $(Y_n)$ une suite d'éléments de $\mathcal{L}^1(\Omega,\mathcal{H},P)$ dense dans cet espace. Il existe un ensemble dénombrable D tel que toutes les applications croissantes $t \to E|E[Y_n \mid \mathcal{F}_t]|$ soient continues en dehors de D. Par ailleurs d'après l'inégalité de Doob, $\lambda P[\sup_t \mid E[Y - Y_k \mid \mathcal{F}_t]| > \lambda] \leq E|Y - Y_k|$, si bien que l'application croissante $t \to E|E[Y \mid \mathcal{F}_t]|$ est aussi continue en dehors de D et le lemme lemme est établi.

La démonstration de la proposition 3.1. est alors à peu près évidente. En effet d'après le lemme 3.2. $Var_-(X,\mathbb{R}^+ - D) = Var(X,\mathbb{R}^+ - D) = Var(X)$ car X est continu à droite. Donc X est une quasimartingale et la proposition 3.1. est démontrée.

REMARQUE 3.3. L'hypothèse de la continuité à droite (éventuellement en probabilité) est essentielle. Il est aisé de construire des exemples de processus optionnels bornés X tels que $Var_-(X) < +\infty$ et $Var(X) = +\infty$. Il existe aussi des quasimartingales fortes telles que $Var_-(X) < Var(X)$.

PROPOSITION 3.4. <u>Soient</u> X <u>un processus adapté, continu à droite et</u> D <u>un ensemble dense dans</u> $\mathbb{R}^+$. <u>Si</u> $Var_-(X,D) < +\infty$ <u>et si pour tout</u> $t \in \mathbb{R}^+$ <u>et toute suite</u> $(t_n)$ <u>d'éléments de</u> D <u>tendant en décroissant vers</u> t, $(X_{t_n})$ <u>est uniformément intégrable, alors</u> X <u>est une quasimartingale et</u> $Var_-(X,D) = Var(X)$.

DEMONSTRATION. Soit $\sigma$ la subdivision $0 < t_o < t_1 < \ldots < t_n$. Choisissons une suite finie $(u_i)$ de D vérifiant $t_i < u_i < t_{i+1}$ pour tout i et posons $A_i = \{E[X_{t_{i+1}} - X_{t_i} \mid \mathcal{F}_{t_i}] > 0\}$. On a :

$$E|E[X_{u_{i+1}} - X_{u_i} | \mathcal{F}_{u_{i-}}]| \geq E|E[X_{u_{i+1}} - X_{u_i} | \mathcal{F}_{t_i}]|$$

$$\geq |E[(X_{u_{i+1}} - X_{u_i})1_{A_i}]| + |E[(X_{u_{i+1}} - X_{u_i})1_{A_i^c}]| .$$

Faisons maintenant tendre chaque $u_i$ vers $t_i$. En vertu de l'intégrabilité uniforme, $X_{u_i}$ tend vers $X_{t_i}$ dans $\mathcal{L}^1$ et il en résulte que $\mathrm{Var}(X) \leq \mathrm{Var}_-(X,D)$ Comme $\mathrm{Var}(X) \geq \mathrm{Var}_-(X,D)$ pour tout processus $X$, on en déduit que $X$ est une quasimartingale et que $\mathrm{Var}(X) = \mathrm{Var}_-(X)$.

## 4. UNE REMARQUE SUR LES FONCTIONS A VARIATION BORNEE

Meyer [3] a posé récemment la question suivante : si $X$ est un processus et si pour toute fonction continue bornée les sommes de Riemann $\sum_i f(X_{t_i})(X_{t_{i+1}} - X_{t_i})$ convergent lorsque le pas de la subdivision tend vers 0, que peut-on dire sur le processus $X$ ? Voici une réponse partielle dans le cas continu et déterministe.

PROPOSITION 4.1. Soit $a_s$ une fonction continue sur $\mathbb{R}$. Si pour toute fonction continue bornée $\varphi$ sur $\mathbb{R}$, les sommes de Riemann $\sum_i \varphi(a_{s_i})(a_{s_{i+1}} - a_{s_i})$ convergent lorsque le pas de la subdivision tend vers 0, alors $a$ est à variation bornée sur $\mathbb{R}$.

DEMONSTRATION. Soit $E$ l'espace de Banach des fonctions continues bornées sur $\mathbb{R}$ muni de la norme de la convergence uniforme. Les formes linéaires

$$H_\tau : E \to \mathbb{R}$$
$$\varphi \to \sum_i \varphi(a_{s_i})(a_{s_{i+1}} - a_{s_i})$$

sont continues, $\tau$ désignant la subdivision $s_0 < s_1 < \ldots < s_n$ de $[0,+\infty[$. D'après le théorème de Barnach-Steinhaus, $\lim H_\tau$ est aussi continue et $M = \sup_{\varphi \in E,\ \|\varphi\| \leq 1} (\sup_\tau |H_\tau(\varphi)|)$ est fini. Il s'agit maintenant de démontrer que $\sum_i |a_{s_{i+1}} - a_{s_i}| \leq M$. Si tous les $a_{s_i}$ sont distincts on peut évidemment choisir une fonction continue $\varphi$ avec $\|\varphi\| = 1$ et $\varphi(a_{s_i}) = \mathrm{sign}(a_{s_{i+1}} - a_{s_i})$ si bien que $\sum_i |a_{s_{i+1}} - a_{s_i}| \leq M$. Sinon on se ramène à la situation précédente de la manière suivante : soit $n$ le nombre d'éléments de la subdivision $\tau$. On construit par récurrence une nouvelle suite $(s'_p)$ en posant $s'_1 = s_1$ et $\varphi(a_{s_1}) = \mathrm{sign}(a_{s_2} - a_{s_1})$. Supposons $s'_i$ et $\varphi(a_{s'_i})$ construits jusqu'à l'ordre $p$. Si $a_{s_{p+2}} = a_{s_{p+1}}$ on prend $\varphi(a_{s_{p+1}})$ quelconque (mais quand même compatible avec les valeurs précédentes) et on pose $s'_{p+1} = s_{p+1}$. Si $a_{s_{p+2}} \neq a_{s_{p+1}}$ on peut choisir $s'_{p+1}$ tel que :

i) $a_{s'_{p+1}} \neq a_{s_i}$ et $a_{s'_{p+1}} \neq a_{s'_i}$ pour tout $i = 1,\dots,p$

ii) $|a_{s'_{p+1}} - a_{s_{p+1}}| < \frac{\varepsilon}{n}$ $\quad \varepsilon > 0$ fixé.

On pose $\varphi(a_{s'_{p+1}}) = \mathrm{sign}(a_{s_{p+2}} - a_{s'_{p+1}})$ et en considérant la subdivision obtenue en mélangeant les suites $(s_p)$ et $(s'_p)$ on montre aisément que :

$\sum_i |a_{s_{i+1}} - a_{s_i}| \leq M + \varepsilon$ pour tout $\varepsilon > 0$.

=:=:=:=:=:=:=:=

REFERENCES

[1] DELLACHERIE C., LENGLART E. : Sur les problèmes de régularisation, de recollement et d'interpolation en théorie des martingales. Dans ce volume.

[2] DELLACHERIE C., MEYER P.A. : Probabilités et potentiel. Chapitre V à VIII (Herrmann, Paris 1980).

[3] MEYER P.A. : Une question de théorie des processus. Dans ce volume.

# QUELQUES REMARQUES SUR LA TOPOLOGIE DES SEMIMARTINGALES.
# APPLICATIONS AUX INTEGRALES STOCHASTIQUES

par Christophe STRICKER

La topologie des semimartingales a été introduite par EMERY [4] dans l'étude de la stabilité des équations différentielles stochastiques. Elle sert aussi dans la théorie de l'intégrale stochastique par rapport à des processus prévisibles non localement bornés [1] et dans les problèmes de prolongement de semimartingales définies dans des ouverts [12] et [14].

La topologie des semimartingales jusqu'à l'infini se définit de manière naturelle par la distance à l'origine : $d(0, X) = \sup_H E[1 \wedge |1_H \cdot X_\infty|]$ , H parcourant une algèbre qui engendre la tribu prévisible. En s'inspirant de méthodes dues à Yor et perfectionnées par Lenglart, nous retrouvons les principaux théorèmes d'Emery sans utiliser des distances auxiliaires compliquées, ni le théorème du graphe fermé. Ceci nous permet de donner une condition suffisante, englobant celle de MEMIN [10], pour que la décomposition canonique des semimartingales spéciales soit une opération continue. Grâce à ces résultats, nous donnons une démonstration plus simple d'un théorème de prolongement des semimartingales établi dans [14].

La deuxième partie de cet article est consacrée à l'étude des intégrales stochastiques de processus prévisibles non localement bornés, notion introduite par JACOD [7]. L'utilisation systématique des résultats du premier paragraphe permet de simplifier l'exposition de cette théorie et d'obtenir de nouveaux résultats.

Dans la troisième partie, nous examinons certains rapports entre les intégrales stochastiques définies précédemment et les processus croissants contrôlant les semimartingales au sens de Métivier et Pellaumail [11].

## 1. La topologie des semimartingales.

Soit $(\Omega, \mathcal{F}, (\mathcal{F}_t), P)$ un espace probabilisé filtré, vérifiant les conditions habituelles. Pour tout processus càdlàg $X$ et tout temps d'arrêt $T$, on définit de nouveaux processus par :

$$X_t^* = \sup_{s \leq t} |X_s| ,$$

$$X^T = X\, 1_{[0,T]} + X_T\, 1_{]T,+\infty[} \quad \text{(arrêt à } T\text{)},$$

$$X^{T-} = X\, 1_{[0,T[} + X_{T-}\, 1_{[T,+\infty[} \quad \text{(arrêt à } T-\text{)}.$$

L'espace des variables aléatoires sera muni de la quasinorme : $\|U\|_{L^0} = E[1 \wedge |U|]$. Nous dirons qu'une propriété a lieu prélocalement (resp. localement) s'il existe une suite de temps d'arrêt $(T_n)$ tendant stationnairement vers $+\infty$ et telle que pour tout $n$, $X^{T_n-}$ (resp. $X^{T_n}$) satisfasse à cette propriété.

On désigne par $\mathcal{S}^p$ l'ensemble des semimartingales spéciales $X$ de décomposition canonique $X = M + A$ vérifiant : $\|X\|_{\mathcal{S}^p} = \|[M,M]_\infty^{\frac{1}{2}} + \int_0^\infty |dA_s|\,\|_{L^p} < +\infty$.

Yor a montré que cette norme était encore équivalente à la norme :

$$\|X\| = \sup_{|H| \leq 1} \|H \cdot X\|_{L^p} .$$

$\mathcal{S}$ est l'espace des semimartingales jusqu'à l'infini, c'est-à-dire les semimartingales $X$ pour lesquelles il existe une suite de temps d'arrêt $T_n$ tendant stationnairement vers $+\infty$ avec $X^{T_n-} \in \mathcal{S}^1$ pour tout $n$. Cet espace vectoriel sera muni de la topologie définie par la distance : $d(X, Y) = \sup_H \|1_H \cdot (X - Y)_\infty\|_{L^0}$, $H$ parcourant une algèbre $\mathcal{G}$ qui engendre la tribu prévisible $\mathcal{P}$. En réalité, cette distance ne dépend pas de l'algèbre choisie $\mathcal{G}$.

LEMME 1.1. $d(X, Y) = \sup_{H \in \mathcal{P}} \|1_H \cdot (X - Y)_\infty\|_{L^0}$.

Démonstration. On considère l'ensemble $\mathcal{P}' = \{H \in \mathcal{P} ,\ d(X, Y) \geq E[1 \wedge |1_H \cdot (X - Y)|]\}$.

Cet ensemble contient par hypothèse une algèbre engendrant la tribu prévisible $\mathcal{P}$ ; il est stable par convergence monotone d'après le théorème de convergence dominée des intégrales stochastiques. Le théorème des classes monotones entraîne que $\mathcal{P}' = \mathcal{P}$ .

Voici le deuxième lemme technique :

LEMME 1.2. <u>La distance</u> $d'(X, Y) = \sup_{H \in \mathcal{P}} \|(1_H \cdot (X - Y))^*_\infty\|_{L^0}$ <u>est équivalente à</u> d.

<u>Démonstration</u>. Comme $d' \geq d$ , il suffit de démontrer que si $(X^n)$ est une suite de $\mathcal{S}$ qui converge vers 0 pour d , il en est de même pour d' . Supposons le contraire : il existe $\varepsilon > 0$ et une sous-suite (encore notée $X^n$) tels que $d'(0, X^n) > \varepsilon$ pour tout n . Ainsi il existe pour tout n un ensemble prévisible $H_n$ vérifiant $P[(1_{H_n} \cdot X)^*_\infty > \frac{\varepsilon}{2}] \geq \frac{\varepsilon}{2}$ . Posons $T_n = \inf\{t, |1_{H_n} \cdot X_t| > \frac{\varepsilon}{2}\}$. Alors si $K_n = H_n \cap [0, T_n]$ , $P[|1_{K_n} \cdot X_\infty| \geq \frac{\varepsilon}{2}] \geq \frac{\varepsilon}{2}$ , donc $d(0, X^n) \geq (\frac{\varepsilon}{2})^2$ pour tout n , ce qui est absurde.

Nous commencerons par donner quelques propriétés très simples, mais utiles, de la topologie des semimartingales, qui avaient été établies par EMERY [4], grâce à d'autres méthodes. Rappelons qu'un changement de temps est un processus croissant brut $j_t$ tel que pour chaque t , $j_t$ soit un temps d'arrêt. Nous noterons d'une barre l'opération de changement de temps : $\overline{X}_t = X_{j_t}$ , $\overline{\mathcal{F}}_t = \mathcal{F}_{j_t}$ , $\overline{\mathcal{S}}$ est l'espace des semimartingales jusqu'à l'infini par rapport à la filtration $(\overline{\mathcal{F}}_t)$ , etc...

PROPOSITION 1.3. <u>L'application</u> $X \longrightarrow \overline{X}$ <u>de</u> $\mathcal{S}$ <u>dans</u> $\overline{\mathcal{S}}$ <u>est continue</u>.

<u>Démonstration</u>. Soit $k_t = \inf\{s, j_s \geq t\}$ . On a l'équivalence : $t \leq j_s \Longleftrightarrow k_t \leq s$. Prenons un processus de la forme : $H = h_o 1_{\{0\}} + \sum_i h_i 1_{]t_i, t_{i+1}]}$ $(h_o \in \mathcal{F}_o$ , $0 = t_o < t_1 \dots \leq +\infty$ , $h_i \in \mathcal{F}_{t_i})$ . Alors si kH désigne le processus $(H_{k_t})$ , on a :

$$kH = h_o 1_{\{0\}} + \sum_i h_i 1_{]j_{t_i}, j_{t_{i+1}}]} \quad (h_o \in \mathcal{F}_o , h_i \in \mathcal{F}_{j_{t_i}}),$$

qui est prévisible par rapport à $(\overline{\mathcal{F}}_t)$ . On vérifie immédiatement que :

$H\cdot\overline{X}_\infty = (kH)\cdot X_\infty$ p.s. Par classe monotone, on étend l'égalité précédente à tous les processus $(\overline{\mathcal{F}}_t)$ prévisibles bornés. Donc l'application $X \longrightarrow \overline{X}$ de $\mathcal{S}$ dans $\overline{\mathcal{S}}$ est continue, compte tenu de la distance définissant la topologie des semimartingales.

PROPOSITION 1.4. Soit $Q$ une loi de probabilité absolument continue par rapport à $P$. La convergence dans $\mathcal{S}(P)$ entraîne la convergence dans $\mathcal{S}(Q)$ vers la même limite. En particulier, si $P$ et $Q$ sont équivalentes, les deux espaces topologiques $\mathcal{S}(P)$ et $\mathcal{S}(Q)$ sont les mêmes.

Démonstration. Il est maintenant bien connu que si $X$ est une $P$-semimartingale et si $H$ est un processus prévisible borné, $X$ est aussi une $Q$-semimartingale et l'intégrale stochastique $H\cdot X$ calculée sous $P$ est aussi une version de l'intégrale stochastique calculée sous $Q$. Comme la distance est invariante par translation, il suffit de considérer une suite $(X^n)$ convergeant vers $0$ dans $\mathcal{S}(P)$ et de supposer qu'elle ne converge pas dans $\mathcal{S}(Q)$ vers $0$. Quitte à extraire une sous-suite, on peut supposer de plus qu'il existe une suite d'ensembles prévisibles $(H_n)$ et un $\varepsilon > 0$ tels que pour tout $n$, $Q(A_n) \geq \varepsilon$ où $A_n = \{|1_{H_n}\cdot X^n_\infty| \geq \varepsilon\}$. Soit $f = \frac{dQ}{dP}$. Comme $f \in L^1(P)$ et que $P(A_n)$ tend vers $0$ par hypothèse, on arrive à une absurdité et $(X^n)$ converge aussi vers $0$ dans $\mathcal{S}(Q)$.

On sait, grâce à un théorème de Jacod et Meyer, que l'ensemble des lois de probabilités sous lesquelles un processus donné $X$ est une semimartingale est dénombrablement convexe. L'énoncé suivant dans lequel on suppose toujours donné l'espace filtré $(\Omega, \mathcal{F}, (\mathcal{F}_t), P)$ montre que cela s'étend à la convergence des semimartingales.

PROPOSITION 1.5. Soient $(P_k)$ une suite de probabilités telles que $\Sigma\, \lambda_k P_k = P$ (avec $\Sigma\, \lambda_k = 1$) et $(X^n)$ une suite de semimartingales qui converge dans tout $\mathcal{S}(P_k)$. Alors $(X^n)$ converge dans $\mathcal{S}(P)$.

Démonstration. D'après le lemme 1.2, la suite $(X^n)$ converge uniformément en probabilité pour toute loi $P_k$ et donc aussi pour $P$ . Ainsi, nous pouvons choisir un processus càdlàg adapté $X$ tel que $\lim_n X^n = X$ dans $\mathcal{S}(P_k)$ pour tout $k$ . $X$ est aussi une $P$-semimartingale d'après le théorème de Jacod-Meyer et par définition même de la distance $d$ , $(X^n)$ converge aussi vers $X$ dans $\mathcal{S}(P)$ .

COROLLAIRE 1.6. <u>La convergence prélocale dans</u> $\mathcal{S}$ <u>entraîne la convergence dans</u> $\mathcal{S}$ .

<u>Démonstration</u>. Soient $(T_n)$ une suite de temps d'arrêt tendant <u>stationnairement</u> vers $+\infty$ et $(X^P)$ une suite de semimartingales. Supposons que pour tout $n$ , $(X^P)^{T_n-}$ converge dans $\mathcal{S}$ et montrons que $(X^P)$ converge dans $\mathcal{S}$ . Soit $n_o$ le premier entier $n$ tel que $P[T_n = +\infty] > 0$ . Pour $k \geq n_o$ , désignons par $P_k$ la restriction de $P$ à $\{T_k = +\infty\}$ . La suite $(X^P)$ converge évidemment dans tout $\mathcal{S}(P_k)$ et donc d'après la proposition précédente, elle converge aussi dans $\mathcal{S}(P)$ .

PROPOSITION 1.7 (<u>Théorème de convergence dominée de Lebesgue</u>). <u>Soient</u> $X$ <u>une semimartingale et</u> $(H^n)$ <u>une suite de processus prévisibles majorés par un processus prévisible localement borné</u> $K$ . <u>Si la suite</u> $(H^n)$ <u>converge simplement vers un processus</u> $H$ , <u>les semimartingales</u> $H^n \cdot X$ <u>convergent dans</u> $\mathcal{S}$ <u>vers</u> $H \cdot X$ .

<u>Démonstration</u>. Par prélocalisation ou par changement de loi, on peut supposer que $X$ et $K \cdot X$ sont dans $\mathcal{S}^2$ . La démonstration est alors évidente et nous ne la ferons pas.

Dorénavant, nous travaillerons avec la distance $d'$ qui est plus commode et nous nous proposons de démontrer directement le théorème fondamental dû à EMERY [4].

THEOREME 1.8. $\mathcal{S}$ <u>est complet</u>. <u>Si</u> $(X^n)$ <u>est une suite convergente de</u> $\mathcal{S}$ , <u>il existe une sous-suite de</u> $(X^n)$ <u>qui converge prélocalement dans tout</u> $\mathcal{S}^p$ , $p \geq 1$ .

<u>Démonstration</u>. Soit $(X^n)$ une suite de Cauchy de $\mathcal{S}$. On extrait une sous-suite que nous noterons encore $X^n$ telle que $d'(X^{n+1}, X^n) \leq \frac{1}{2^n}$. Posons : $Y^n = X^{n+1} - X^n$. Pour toute suite $(H^n)$ d'ensembles prévisibles $\sum_n (1_{H^n} \cdot Y^n)^*_\infty < +\infty$ d'après le lemme de Borel-Cantelli. En particulier $\sum_n (Y^n)^*_\infty < +\infty$ ; considérons les temps d'arrêt $T_p = \inf\{t, \sum_n (Y^n)^*_t \geq p\}$, alors $\sum_n (Y^n)^*_{T_p-} \leq p$. Désormais nous fixons $p$ et arrêtons toutes les semimartingales $Y^n$ à l'instant $T_{p-}$. Pour alléger les notations, nous appelons encore $Y^n$ ces semimartingales arrêtées : elles sont spéciales, de décomposition canonique $Y^n = M^n + A^n$. Soit $\varepsilon^n$ un processus prévisible à valeurs dans $\{-1, 1\}$ tel que $|dA^n| = \varepsilon^n dA^n$. On pose $H^n = 1_{\{\varepsilon^n = 1\}}$, $K^n = 1 - H^n$, $B^n = H^n \cdot A^n$ et $C^n = K^n \cdot A^n$ ; ce sont des processus <u>croissants</u> prévisibles. Les séries $\sum_n (H^n \cdot Y^n)^*_\infty$ et $\sum (K^n \cdot Y^n)^*_\infty$ convergent p.s. Soit $R_k = \inf\{t, \sum (H^n \cdot Y^n)^*_t \vee \sum (K^n \cdot Y^n)^*_t \geq k\}$. Comme $|H^n| \leq 1$, $|K^n| \leq 1$ et $\sum_n (Y^n)^*_\infty \leq p$, on a :

$$\sum_n (H^n . Y^n)^*_{R_k} \vee \sum_n (K^n . Y^n)^*_{R_k} \leq k + p .$$

Le lemme suivant [17] montrera que la série $\sum_n Y^n_{t \wedge R_k}$ converge dans tout $\mathcal{S}^r$ $(r \geq 1)$ pour tout $k$, ce qui entraîne aisément les résultats du théorème 1.

LEMME 1.9. <u>Pour tout</u> $r \geq 1$, <u>il existe deux constantes</u> $c_r$ <u>et</u> $c'_r$ <u>telles que pour toute sous-martingale locale</u> $X$ (<u>c'est-à-dire</u> $X = M + A$, <u>où</u> $M$ <u>est une martingale locale et</u> $A$ <u>un processus croissant prévisible</u>), <u>on ait</u> :

$$c_r \|X\|_{\mathcal{S}^r} \leq \|X^*_\infty\|_{L^r} \leq c'_r \|X\|_{\mathcal{S}^r} .$$

Esquissons la démonstration de ce lemme lorsque $r = 1$. Par arrêt, on suppose que $M$ est une martingale uniformément intégrable nulle en $0$ et $E[A_\infty] < +\infty$. On a $E[X^*_\infty] \geq E[X_\infty] = E[A_\infty]$ et le lemme s'ensuit. Pour $r > 1$, on applique le lemme de Garsia.

REMARQUES 1.10.

a) EMERY [4] a défini la topologie des semimartingales par la distance $d''(X, Y) = \sup_{|H| \leq 1} \|(H \cdot (X - Y))^*_\infty\|_{L^0}$, le sup portant sur l'ensemble des processus prévisibles bornés par $1$ . On peut démontrer par un argument analogue à celui du lemme 1.2 que $d$ , $d'$ et $d''$ définissent bien la même topologie. C'est aussi un corollaire immédiat du théorème 1.8 car la convergence prélocale dans un $\mathcal{S}^p$ entraîne la convergence pour les distances $d$ , $d'$ et $d''$ .

b) Si les semimartingales $X^n$ sont prévisibles, le processus croissant prévisible $\Sigma\,(Y^n)^*_t$ est localement borné et on obtient une convergence <u>locale</u> dans $\mathcal{S}^r$ pour tout $r \geq 1$ . Ceci entraîne en particulier que la décomposition canonique de $X$ est une fonction continue de $X$ pour la topologie des semimartingales, $X$ parcourant l'espace vectoriel fermé des semimartingales prévisibles. A ce propos, notons que si $X$ est prévisible et à variation bornée sur $[0,+\infty]$ , alors $d(0,X) = E[1 \wedge \int_0^\infty |dX_s|]$ . Ainsi on retrouve simplement le résultat suivant de Meyer : l'espace vectoriel $\mathcal{G}$ des processus prévisibles à variation bornée sur $[0,+\infty]$ est fermé dans $\mathcal{S}$ , et cette topologie restreinte à $\mathcal{G}$ peut être définie par la distance à l'origine : $d(0,A) = E[1 \wedge \int_0^\infty |dA_s|]$ .

c) Soient $D$ un processus croissant localement intégrable fixé et $\mathcal{S}'_D$ l'ensemble des semimartingales $X$ telles que $|\Delta X| \leq D$ . MEMIN [10] a démontré que $\mathcal{S}'_D$ est fermé dans $\mathcal{S}$ et que si $(X^n)$ est une suite convergente de $\mathcal{S}'_D$ , alors il existe une sous-suite convergeant <u>localement</u> dans $\mathcal{S}^1$ , ce qui entraîne à nouveau que la décomposition canonique est continue sur $\mathcal{S}'_D$ .

Le théorème précédent permet de retrouver facilement ce résultat, la convergence prélocale étant évidemment équivalente à la convergence locale dans ce cas.

Nous nous proposons maintenant de généraliser les résultats b) et c) . Soient $D$ un processus croissant localement intégrable fixé et $\mathcal{S}''_D$ l'ensemble des semimartingales spéciales $X$ dont la décomposition canonique $X = M + A$ vérifie la condition : $|\Delta M| \leq D$ . Lorsqu'il n'y a pas d'ambiguïté, nous supprimons l'indice $D$ dans $\mathcal{S}''_D$ .

THEOREME 1.11. <u>$\mathcal{S}''$ est fermé dans $\mathcal{S}$ et si $(X^n)$ est une suite convergente</u>

de $\mathcal{S}''$ , il existe une sous-suite convergeant localement dans $\mathcal{S}^1$ . En outre, la topologie de $\mathcal{S}''$ peut être définie par la distance :

$$d''^{\prime}(X, Y) = \|[M, M]_\infty^{\frac{1}{2}} + \int_0^\infty |dA_s|\|_{L^0} ,$$

où $M+A$ est la décomposition canonique de $X-Y$ . En particulier, la décomposition canonique est continue sur $\mathcal{S}''$ .

Avant de passer à la démonstration de ce théorème, notons que b) et c) sont des cas particuliers. En effet, si $X$ est une semimartingale prévisible, $X$ est spéciale, de décomposition canonique $X=M+A$ avec $M$ continue. L'espace des semimartingales prévisibles est donc égal à $\mathcal{S}''_0$ . On retrouve ainsi b) . De même si $|\Delta X| \leq D$ , nous pouvons supposer par arrêt que $E[D_\infty] < +\infty$ . Soit $X=M+A$ la décomposition canonique de la semimartingale spéciale $X$ . Si $T$ est un temps d'arrêt totalement inaccessible, $\Delta M_T = \Delta X_T$ , si $T$ est un temps d'arrêt prévisible, $\Delta M_T = \Delta X_T - E[\Delta X_T | \mathcal{F}_{T-}]$ . D'où : $|\Delta M| \leq D+D'$ avec $D'_t = \sup_{s\leq t} |E[D_\infty|\mathcal{F}_s]|$ qui est localement intégrable. On retrouve ainsi c) .

Démonstration du théorème 1.11. Par un premier arrêt, nous pouvons supposer que $E[D_\infty] < +\infty$. Soit $(X^n)$ une suite de Cauchy de $\mathcal{S}''$ . On peut en extraire une sous-suite convergeant prélocalement dans $\mathcal{S}^1$ . Nous la noterons encore $(X^n)$ . Soit $(T_p)$ une suite croissante de temps d'arrêt tendant stationnairement vers $+\infty$ telle que $(X^n)^{T_p-}$ converge dans $\mathcal{S}^1$ lorsque $n$ tend vers $+\infty$ . Rappelons que $X^n$ est spéciale de décomposition canonique $X^n = M^n + A^n$ . Fixons $p$ , posons $T=T_p$ et arrêtons tous les processus à l'instant $T$ . Soient $k \geq p$ et $E_k = \{T = T_k < +\infty\}$ . On a :

$$(X^n - X^m)_t^{T_k-} + \Delta(M^n - M^m)_T \, 1_{\{t \geq T_k\}\cap E_k} = (M^n - M^m)_t + (A^n - A^m)_t^{T_k-} .$$

Pour tout $\varepsilon > 0$ donné, on peut choisir $k$ assez grand pour que $\int_{E_k} 2D_\infty dP \leq \varepsilon$ et par conséquent :

$$E[|\Delta(M^n - M^m)|_T \, 1_{E_k}] \leq \varepsilon .$$

Comme $\|(X^n - X^m)^{T_k-}\|_{\mathcal{S}^1}$ tend vers 0 lorsque $n$ et $m$ tendent vers $+\infty$ , on en déduit en introduisant la densité,

$$\varepsilon_{n,m} = \frac{|d(A^n - A^m)|}{d(A^n - A^m)}$$

( cf. la démonstration du théorème 1.8 et du lemme 1.9) que $\int_0^{T_k-} |d(A^n - A^m)|$ tend vers 0 lorsque $n \to \infty$ et $m \to +\infty$. D'où

$$\lim_{n,m} \int_0^\infty |d(A^n - A^m)| = 0 \quad \text{p.s.}$$

car les temps d'arrêt $T_p$ tendent stationnairement vers $+\infty$. Ainsi la suite $(A^n)$ converge au sens de la topologie des semimartingales vers un processus prévisible $A$ à variation bornée sur $[0, +\infty]$ (remarque b). Donc $(M^n)$ converge aussi pour la topologie des semimartingales vers une limite $M$. Mais $(A^n)$ (resp. $M^n$ ) vérifie les conditions des remarques b) (resp. c) ) et donc, on peut en extraire une nouvelle sous-suite qui converge <u>localement</u> dans $\mathcal{S}^1$. En particulier $M$ est une martingale locale telle que $|\Delta M| \leq D$ et $\mathcal{S}''$ est fermé dans $\mathcal{S}$, ce qui établit la partie i) du théorème ainsi que la continuité de la décomposition canonique. Montrons maintenant que si $(X^n)$ est une suite de $\mathcal{S}''$ qui converge pour l'une des distances, alors elle contient une sous-suite qui converge aussi pour l'autre. Si $(X^n)$ converge vers 0 pour la topologie des semimartingales, on en extrait une sous-suite $(X^{n_k})$ qui converge localement vers 0 dans $\mathcal{S}^1$ ; donc $(X^{n_k})$ converge aussi vers 0 pour $d'''$. Réciproquement, on remarque d'abord que si $(X^n)$ tend vers 0 pour $d'''$, alors $(A^n)$ tend vers 0 pour la topologie des semimartingales. Comme pour la démonstration du théorème 1, on extrait une sous-suite $(M^{n_k})$ telle que $\Sigma[M^{n_k}, M^{n_k}]_\infty^{\frac{1}{2}} < +\infty$ et on introduit les temps d'arrêt

$$T_p = \inf\{t \text{ , } Y_t = \sum_k [M^{n_k}, M^{n_k}]_t \geq p\} .$$

Comme $\lim_{k\to\infty} \Delta M^{n_k}_{T_p} = 0$ et que $|\Delta M| \leq D$, on en déduit que $\lim_{k\to\infty} E[M^{n_k}, M^{n_k}]^{\frac{1}{2}} = 0$ et $(M^{n_k})$ converge vers 0 localement dans $\mathcal{S}^1$, donc aussi vers 0 pour la topologie des semimartingales, ce qui achève la démonstration du théorème.

Voici une application de notre définition de la topologie des semimartingales. Nous avions déjà établi ce résultat dans [14] par une démonstration plus compliquée, qui fait appel à des résultats d'analyse fonctionnelle de Maurey et Pisier.

THEOREME 1.12. Soient $(A_n)$ une suite d'ensembles prévisibles et $(X^n)$ une suite de semimartingales jusqu'à l'infini, telles que $X^n = 1_{A_n} \cdot X^{n+1}$ et que pour tout ensemble prévisible $K$, la suite $(1_K \cdot X^n)_\infty$ converge en probabilité vers une variable aléatoire $J(K)$. Alors la suite $(X^n)$ converge pour la topologie des semimartingales vers une semimartingale $X$ telle que $1_{A^c} \cdot X = 0$ où $A = \liminf_n A_n$.

Notons d'abord qu'on peut supposer que la suite $(A_n)$ est croissante, de réunion $A$. En effet, comme $X^n = 1_{A_n} \cdot X^{n+1}$, la semimartingale $X^n$ est portée par l'ensemble $B_n = \bigcap_{m \geq n} A_m$. Or la suite $B_n$ tend en croissant vers $\liminf A_n$. Dorénavant nous supposerons que la suite $(A_n)$ est croissante, de réunion $A$.

Pour démontrer le théorème, nous aurons besoin d'un lemme auxiliaire analogue au lemme 1 d'EMERY [5]. Par souci de complétude, nous allons donner une démonstration détaillée de ce résultat, contenue dans [14]. Il existe une loi $Q$ équivalente à $P$ telle que toutes les semimartingales $X^n$ appartiennent à l'espace normé $\mathcal{M} \oplus \mathcal{C}$ : autrement dit, pour la loi $Q$, $X^n$ est spéciale de décomposition canonique $X^n = M^n + A^n$, $M^n$ appartenant à l'espace vectoriel $\mathcal{M}$ des martingales de carré intégrable muni de la norme $\|M^n\|^2_{\mathcal{M}} = E[M^n, M^n]_\infty$, $A^n$ appartenant à l'espace vectoriel $\mathcal{C}$ des processus à variation intégrable muni de la norme $\|A^n\|_{\mathcal{C}} = E[\int_0^\infty |dA^n|]$. $\tilde{\mathcal{P}}$ désigne la tribu quotient de la tribu prévisible $\mathcal{P}$ par la relation d'équivalence : $A \sim B$ si et seulement si pour tout $n$, $1_A \cdot X^n = 1_B \cdot X^n$. On pose :

$$\|X^n\| = \|M^n\|_{\mathcal{M}} + \|A^n\|_{\mathcal{C}},$$

$$d(A, B) = \sum_n \frac{\|(1_A - 1_B) \cdot X^n\|}{2^n(1 + \|X^n\|)} \quad \text{pour tout } A, B \in \tilde{\mathcal{P}},$$

$$J^n(A) = (1_A \cdot X^n)_\infty \quad \text{pour tout } A \in \tilde{\mathcal{P}},$$

$J(A) = \lim_{n\to\infty} J^n(A)$ , la limite étant prise en probabilité.

On désigne par $L^\circ$ l'espace vectoriel topologique des variables aléatoires p.s. finies, muni de la topologie de la convergence en probabilité avec la quasinorme $\|U\|_{L^\circ} = E[1 \wedge |U|]$ .

LEMME 1.13. <u>$d$ est une distance sur $\tilde{\mathcal{P}}$ pour laquelle $\tilde{\mathcal{P}}$ est complet. Les applications $J^n$ de $\tilde{\mathcal{P}}$ dans $L^\circ$ sont continues pour tout $n$ et $J$ est aussi continue.</u>

<u>Démonstration.</u> $d$ est évidemment une distance sur $\tilde{\mathcal{P}}$ . Si $(B_n)$ est une suite de Cauchy pour $d$ , c'est aussi une suite de Cauchy dans

$$L^2(\mathcal{P}, \sum_n \frac{d[M^n, M^n]\, dQ}{2^n(1+\|X^n\|)}) \cap L^1(\mathcal{P}, \sum_n \frac{|dA^n|\, dQ}{2^n(1+\|X^n\|)}) .$$

Donc $(1_{B_n})$ converge dans $L^2(\ldots)\cap L^1(\ldots)$ vers l'indicatrice d'un ensemble prévisible $B$ . Par conséquent $(B_n)$ converge aussi vers $B$ dans $\tilde{\mathcal{P}}$ . Les applications $J^n$ sont lipschitziennes, donc continues. Il en résulte que $J$ admet aussi un point de continuité. Comme $J$ est additive, on vérifie aisément que $J$ est continue partout.

Nous abordons maintenant la deuxième étape de notre démonstration du théorème 1.12.

Par hypothèse, pour tout $m \geq n$ , $X^n = 1_{A_n} \cdot X^m$ et par conséquent, pour tout $K \in \mathcal{P}$ , $J(K\cap A_n) = (1_{A_n \cap K} \cdot X^m)_\infty$ . D'où : $|1_K \cdot (X^m - X^n)_\infty| = |J[K\cap (A^m \setminus A^n)]|$ .
Comme $(A^n)$ tend en croissant vers $A$ , $d(K\cap (A^m\setminus A^n), \emptyset)$ tend <u>uniformément</u> vers $0$ lorsque $n$ et $m$ tendent vers $+\infty$. Il en est de même pour $J(K\cap (A^m\setminus A^n))$ grâce à la continuité de $J$ . Ainsi la suite $(X^n)$ est une suite de Cauchy pour la topologie des semimartingales qui est complète : la suite $(X^n)$ converge et le théorème est démontré.

Grâce au théorème 1.11, nous avons le corollaire suivant :

COROLLAIRE 1.14. <u>Si, outre les hypothèses du théorème 1.12, chaque</u> $X^n$ <u>est</u>

spéciale de décomposition canonique $X^n = M^n + A^n$ et s'il existe un processus croissant D localement intégrable vérifiant $|\Delta M^n| \leq D$ pour tout n, alors X est aussi spéciale de décomposition canonique $X = M + A$ et $M^n$ converge vers M, $A^n$ vers A.

En particulier, si X est une semimartingale et si pour tout n, $X^n_t = (X_t - X_{1/n}) 1_{\{t \geq 1/n\}}$ est un processus à variation finie prévisible (resp. appartient à l'espace des martingales locales continues $\mathcal{L}^c$), alors X est à variation finie prévisible (resp. $X \in \mathcal{L}^c$). Toutefois, il existe des semimartingales X telles que $X^n$ soit pour tout n une martingale locale (resp. un processus à variation finie) sans que X le soit. On prend par exemple une suite de variables aléatoires de Rademacher $Z_n$ et on pose : $X_t = \sum_{1/n \leq t} \frac{Z_n}{n}$. X est évidemment une martingale de carré intégrable pour sa filtration naturelle, mais n'est pas à variation finie. Pour un exemple de semimartingale X telle que $X^n$ soit une martingale locale pour tout n mais que X ne le soit pas, on pourra consulter EMERY [3].

Rappelons le théorème fondamental de MEMIN [10].

THEOREME 1.15. Soit $(X^n)$ une suite de Cauchy de $\mathcal{S}$. On peut en extraire une sous-suite (notée encore $(X^n)$) et trouver une probabilité Q équivalente à P de densité bornée, telles que la sous-suite $(X^n)$ soit une suite de Cauchy dans $\mathcal{S}^p(Q)$ pour tout $p \geq 1$.

Démonstration. D'après le théorème 1.8. on peut extraire une sous-suite (notée encore $(X^n)$) qui $(X^n)$ converge prélocalement dans tout $\mathcal{S}^p$. Il en résulte que pour tout $p \geq 1$ l'enveloppe convexe de $\{ |H \cdot X^n_\infty|^p, |H| \leq 1 \text{ et } n \in \mathbb{N}\}$ est bornée dans $L^0$, et donc d'après un théorème de NIKISIN [13] qui a été amélioré par Dellacherie, Meyer, Mokobodzki et Yan dans le Séminaire XIV, il existe une loi Q équivalente à P telle que $(X^n)$ soit bornée dans tout $\mathcal{S}^p(Q)$. Le lemme de La Vallée-Poussin assure l'intégrabilité uniforme de la famille des variables aléatoires $|H \cdot X^n_\infty|^p$ pour tout p fixé. Ainsi la suite $(X^n)$ est de Cauchy dans $\mathcal{S}^p(Q)$.

Voici une extension du lemme 3 de [12] à l'espace $\mathcal{S}$.

THEOREME 1.16. <u>Soient</u> $(Z^n)$ <u>une suite de semimartingales jusqu'à l'infini et</u> $(A_n)$ <u>des ensembles prévisibles deux à deux disjoints tels que</u> $1_{A_n}.Z^n = Z^n$ <u>pour tout</u> $n$ . <u>Alors la suite</u> $X^n = \sum_{i=1}^{n} Z^i$ <u>est bornée dans</u> $\mathcal{S}$ <u>si et seulement si elle converge dans</u> $\mathcal{S}$ .

<u>Démonstration</u> : Si la suite $(X^n)$ converge dans $\mathcal{S}$ elle est évidemment bornée dans $\mathcal{S}$ . Réciproquement, supposons la suite $(X^n)$ bornée dans $\mathcal{S}$ . EMERY a établi dans [3] que l'application qui à $X$ associe $[X,X]$ , était continue de $\mathcal{S}$ dans $\mathcal{S}$. (On peut aussi le voir immédiatement en notant que si $(Y^n)$ est une suite convergente dans $\mathcal{S}$ , on peut en extraire une sous-suite convergente dans $\mathcal{S}^2$ d'après le théorème 1 ) . Par conséquent, la suite $[X^n,X^n]$ est aussi bornée dans $\mathcal{S}$ . Comme $[X^n,X^n] = \sum_{i=1}^{n} [Z^n,Z^n]$ , elle converge p.s . Par prélocalisation nous pouvons supposer que $E \sum_{i=1}^{\infty} [Z^n,Z^n]_\infty < +\infty$ . Les semimartingales $Z^n$ sont spéciales, de décomposition canonique $Z^n = M^n + A^n$ . En vertu de l'inégalité $E[M^n,M^n] \leq 4E[Z^n,Z^n]$ la série $\sum_{i=1}^{\infty} M^n$ converge dans $H^2$. Ainsi la suite de processus prévisibles à variation finie $\sum_{i=1}^{n} A^i$ est aussi bornée dans $\mathcal{S}$. Les mesures aléatoires $A^i$ et $A^j$ étant étrangères pour $i \neq j$ , la série $\sum_{i=1}^{\infty} A^i$ converge aussi dans $\mathcal{S}$ d'après le théorème 1.11 .

## 2. <u>Applications aux intégrales stochastiques</u>.

Soit $X$ une semimartingale. Jacod (et indépendamment Yen) a déterminé la plus vaste classe raisonnable d'intégrales prévisibles par rapport à $X$ , c'est-à-dire l'ensemble des processus prévisibles $H$ tels qu'il existe une décomposition $X = M + A$ vérifiant :

i) $M$ est une martingale locale ;

ii) $A$ est un processus adapté à variation finie ;

iii) $(H^2.[M,M])^{\frac{1}{2}}$ est localement intégrable ;

iv) $\int_0^t |H_s|\,|dA_s|$ est fini pour tout $t$ .

On pose alors $H\cdot X = H\cdot M + H\cdot A$ , où $H\cdot M$ et $H\cdot A$ sont les intégrales stochastiques usuelles. Il existe aussi une deuxième définition plus sophistiquée que nous avions donnée dans [1]. Nous noterons $H^n$ le processus tronqué $H1_{\{|H|\leq n\}}$.

DEFINITION 2.1. Soit X une semimartingale. On dit que le processus prévisible H est X-intégrable si la suite $(H^n\cdot X)$ converge dans $\mathcal{S}$ . Dans ce cas, on note $H\cdot X$ la limite. L'ensemble des processus prévisibles X-intégrables est noté $L(X)$ .

PROPRIETES EVIDENTES 2.2.

a) Si H est intégrable au sens de Jacod par rapport à X , H est aussi intégrable par rapport à X au sens de la définition 2.1. En effet, si X est à variation finie et si $\int_0^\infty |H_s|\,|dX_s| < +\infty$, H est évidemment X-intégrable par définition de la distance d , et de plus $H\cdot X$ est l'intégrale de Stieltjes usuelle. De même si X est une martingale locale et si le processus croissant $A_t = (\int_0^t H_s^2\, d[X,X])^{\frac{1}{2}}$ est localement intégrable, H est X-intégrable et $H\cdot X$ est l'intégrale stochastique usuelle au sens des martingales locales. Pour le démontrer, il suffit de noter qu'il existe une suite de temps d'arrêt $(T_k)$ tendant stationnairement vers $+\infty$ (par hypothèse) tels que $E[A_{T_k}] < +\infty$ et on vérifie aussitôt que $(H^n\cdot X)^{T_k}$ converge dans $\mathcal{H}^1$ .

b) Comme $\mathcal{S}$ est un espace vectoriel topologique, on a l'inclusion $L(X)\cap L(Y) \subset L(X+Y)$ .

c) Si Q est absolument continue par rapport à P , un processus prévisible H , X-intégrable sous P , le reste sous Q et l'intégrale stochastique $H\cdot X$ calculée sous P est une version de celle calculée sous Q .

d) Si H est X-intégrable, on a $\Delta(H\cdot X) = H\,\Delta X$ . En effet, $\Delta(H^n\cdot X) = H^n\,\Delta X$ et quitte à extraire une sous-suite, on peut supposer que $H^n\cdot X$ converge uniformément grâce à la distance d' , ce qui entraîne $\Delta(H\cdot X) = H\,\Delta X$ par passage à la limite.

e) Considérons un espace mesurable $(\Omega, \mathcal{F}^\circ)$ , une filtration $(\mathcal{F}_t^\circ)$

continue à droite, un processus càdlàg adapté $X$ et un processus prévisible fini $H$. On sait que l'ensemble des lois de semimartingales pour $X$, i.e. des lois $P$ telles que $X$ soit une semimartingale pour $P$ et la filtration $(\mathcal{F}_t^P)$ complétée habituelle de $(\mathcal{F}_t^\circ)$ est dénombrablement convexe (voir [7]).

La proposition 1.5 montre que l'ensemble des lois $P$ qui sont des lois de semimartingales pour $X$ et telles que $H \in L(X,P)$ est aussi dénombrablement convexe.

f) Il en résulte que l'appartenance à $L(X)$ est une propriété prélocale : supposons qu'il existe des temps d'arrêt $T_k$ tendant stationnairement vers $+\infty$, des processus $J_k \in L(X)$ tels que $H = J_k$ sur $[0, T_k[$. Alors on a $H \in L(X)$ et $H\cdot X = J_k\cdot X$ sur $[0, T_k[$.

g) Soit $(\mathcal{G}_t)$ une filtration satisfaisant aux conditions habituelles, contenant $(\mathcal{F}_t)$ et telle que $X$ soit encore une semimartingale par rapport à $(\mathcal{G}_t)$. Soit $H$ un processus prévisible par rapport à $(\mathcal{F}_t)$. Si $H$ est X-intégrable par rapport à $(\mathcal{G}_t)$, il l'est par rapport à $(\mathcal{F}_t)$ et les deux intégrales stochastiques sont égales. Ce résultat est évident, compte tenu de la définition de la topologie des semimartingales.

h) Pour que $H$ soit X-intégrable, il faut et il suffit que la suite $Y^n = H1_{\{|H|\leq n\}}\cdot X$ soit bornée dans $\mathcal{S}$. En effet, il suffit d'appliquer le théorème 1.16 aux semimartingales $Z^n = H1_{\{n<H\leq n+1\}}\cdot X$.

Voici un complément à notre étude des ensembles bornés de $\mathcal{S}$. Soient $(X^n)$ une suite de semimartingales, $(H^n)$ une suite de processus prévisibles majorés par un processus prévisible $H$ et $X$ une semimartingale telle que $H$ soit X-intégrable et que $X^n = H^n\cdot X$ pour tout $n$. On vérifie immédiatement que la suite $(X^n)$ est bornée dans $\mathcal{S}$, si bien que $(X^n)$ converge dans $\mathcal{S}$ si et seulement si pour tout $A \in \mathcal{P}$, la suite $(1_A\cdot X^n)_\infty$ converge dans $L^0$.

Nous dirons que $H$ est <u>compatible avec la décomposition</u> $X = M + A$ si $H\cdot M$ et $H\cdot A$ existent au sens usuel.

UN CONTRE-EXEMPLE 2.3.

Nous allons construire ici un processus croissant $A$ (borné par 1) et un processus prévisible positif $H$, tel que le processus croissant $\int_0^t H_s\, dA_s$ soit p.s. fini, mais que le processus $\int_0^t H_s\, dB_s$ ne soit pas p.s. fini, $B$ désignant la projection duale prévisible de $A$. Autrement dit, $H$ est compatible avec la décomposition $A = 0 + A$, mais non avec la décomposition canonique $A = (A-B)+B$. Cet exemple a été trouvé avec l'aide d'Emery.

Nous reprenons l'exemple de Dellacherie ([2], p. 63) : $\Omega = \mathbb{R}_+$, $\underline{\underline{F}}^\circ$ est la tribu borélienne de $\mathbb{R}_+$ ($\underline{\underline{F}}^\circ$ est donc la tribu engendrée par $S$ sur $\Omega$), $P$ est la loi de densité $e^{-t}$ par rapport à la mesure de Lebesgue $dt$. Pour chaque $t \in \mathbb{R}_+$, nous désignerons par $\underline{\underline{F}}^\circ$ la tribu engendrée par $S \wedge t$, et par $(\underline{\underline{F}}_t)_{t\geq 0}$ la filtration complétée, qui est continue à droite. Nous posons $A_t = I_{\{t \geq T\}}$.

Soit $K$ une v.a. positive, et soit $U_t = KI_{\{t\geq s\}}$ : montrons que le processus croissant $U$ est localement intégrable si et seulement si $E[U_t] < \infty$ pour tout $t$. La condition est évidemment suffisante. Si $U$ est localement intégrable, il existe des $T_n \uparrow \infty$ tels que $E[U_{T_n}] < \infty$ ; a fortiori, $E[U_{T_n \wedge S}] < \infty$, mais d'après Dellacherie [1], on peut écrire $T_n \wedge S = t_n \wedge S$ p.s., où $t_n$ est une constante. Il est clair que $t_n \uparrow \infty$ et que $E[U_{t_n}] = E[U_{t_n \wedge S}] < \infty$ pour tout $n$.

Nous choisissons alors $K$ finie, telle que $U$ ne soit pas localement intégrable. Par exemple, $K(\omega) = \frac{1}{\omega}$.

Comme $S$ est $\underline{\underline{F}}_{S-}$-mesurable et engendre $\underline{\underline{F}}$, on a $\underline{\underline{F}} = \underline{\underline{F}}_{S-}$. Donc il existe un processus prévisible positif $H$ tel que $K = H_{S-}$, et l'on peut écrire $U = H\cdot A$. Soit $B$ la projection duale prévisible de $A$ : <u>le processus croissant</u> $H\cdot B$ <u>ne peut être à valeurs finies</u>, car étant prévisible et nul en $0$, il serait localement intégrable, et $H\cdot A$ le serait aussi.

REMARQUE 2.4. Soit $M$ la martingale locale $A-B$ ; on a $[M,M] = A$ et le processus croissant $\int_0^t H_s^2\, d[M,M]_s$ est donc à valeurs finies. Cependant les martingales locales $(H \wedge n) \cdot M$ ne convergent pas vers une semimartingale. Cela répond par la négative à une question de Meyer.

Le théorème suivant, dû à Jeulin [8], donne une condition suffisante pour que $H$ soit compatible avec la décomposition canonique de la semimartingale spéciale $X$.

THEOREME 2.5. <u>Soit $X$ une semimartingale spéciale de décomposition canonique $X = M+A$ et soit $H$ un processus prévisible $X$-intégrable. Alors $H \cdot X$ est spéciale si et seulement si $H \cdot M$ existe au sens des martingales locales et $H \cdot A$ au sens de Stieltjes. En particulier, si $X$ est à variation finie prévisible et si $H$ est $X$-intégrable, $H \cdot X$ est une intégrale de Stieljes.</u>

<u>Démonstration</u>. $X$ et $Y = H \cdot X$ sont spéciales si et seulement s'il existe un processus croissant $D$ localement intégrable tel que $|\Delta X| \vee |\Delta Y| \leq D$. Dans ce cas $|\Delta(H^n \cdot X)| \leq D$ et on conclut que la décomposition canonique de $Y^n = H^n \cdot M + H^n \cdot A$ converge vers la décomposition canonique de $Y$, ce qui entraîne l'existence de $H \cdot M$ et $H \cdot A$ au sens habituel. En effet $H \cdot A$ existe au sens usuel puisque l'espace vectoriel des processus prévisibles à variation finie est fermé dans $\mathcal{S}$ et $H \cdot M$ existe car le crochet $[H^n \cdot M, H^n \cdot M]$ tend en croissant vers le crochet de la partie martingale locale de $Y$.

Voici un corollaire important qui montre que notre définition et celle de Jacod sont équivalentes :

COROLLAIRE 2.6. <u>Si $H$ appartient à $L(X)$, le processus</u>

$$U_t = \sum_{0 \leq s \leq t} \Delta X_s\, 1_{\{|H_s \Delta X_s| > 1 \text{ ou } |\Delta X_s| > 1\}}$$

<u>est à variation bornée. Soit $Z$ la semimartingale $X - U$, dont les sauts sont bornés par $1$ et soit $Z = M + A$ sa décomposition canonique. Alors les trois intégrales stochastiques $H \cdot U$, $H \cdot M$ et $H \cdot A$ existent au sens usuel et leur somme est $H \cdot X$.</u>

Démonstration. Nous désignons par $Y$ la semimartingale $H\cdot X$. Comme $Y$ et $X$ sont des processus càdlàg, il n'y a qu'un nombre fini de sauts pour lesquels on a $|\Delta X|>1$ ou $|\Delta Y|>1$. Donc $U$ existe (c'est une somme finie !) et $H\cdot U$ existe. Ainsi $H\cdot Z$ existe par différence et $|\Delta(H\cdot Z)| = |H\Delta Z| \leq 1$. D'après le théorème 2.5, $H\cdot A$ et $H\cdot M$ existent puisque $H\cdot Z$ est aussi spéciale.

Remarques 2.7. Ce corollaire est un résultat technique essentiel. Voici quelques conséquences immédiates et fort utiles :

a) Soient $H$ et $K$ appartenant à $L(X)$. Alors $(H+K) \in L(X)$ et $(H+K)\cdot X = H\cdot X + K\cdot X$.

b) Soient $H$ et $K$ deux processus prévisibles. Supposons $H \in L(X)$. Alors $K \in L(H\cdot X)$ si et seulement si $(KH) \in L(X)$ et dans ce cas $K\cdot(H\cdot X) = (KH)\cdot X$.

c) Soient $H$ un processus $X$-intégrable, $K^n$ et $K$ des processus prévisibles, majorés en valeur absolue par $|H|$ et tels que $K^n$ converge simplement vers $K$. Alors tous ces processus sont $X$-intégrables et $K^n\cdot X$ tend vers $K\cdot X$ dans $\mathcal{S}$.

d) On suppose donné un espace mesurable $(U, \mathcal{U})$ et on considère des applications $X : (u, t, \omega) \longrightarrow X^u_t(\omega)$ à valeurs réelles sur $U \times R^+ \times \Omega$. Nous dirons que $X$ est mesurable sans autre précision pour exprimer la mesurabilité de $X$ par rapport à $\mathcal{U} \otimes \mathcal{B}(R^+) \otimes \mathcal{F}$. Nous interprétons toujours $X$ comme une famille, indexée par $u$, de processus stochastiques $X^u = (X^u_t)_{t\geq 0}$ et nous considérons la phrase "le processus $X^u$ dépend mesurablement de $u$" comme équivalente à " $X$ est mesurable". Soit $(P_u)_{u\in\mathcal{U}}$ une famille de lois telles que pour tout $A \in \mathcal{F}$, l'application $u \longrightarrow P_u(A)$ soit mesurable par rapport à $\mathcal{U}$ et qu'il existe une <u>même</u> tribu séparable $\mathcal{G}$ dont la $(\mathcal{F}, P_u)$ complétion soit égale à $\mathcal{F}$ pour tout $u \in \mathcal{U}$. D'après [15] on sait que si $(X^u)$ est une famille de $P_u$-semimartingales spéciales dépendant mesurablement de $u$, la décomposition canonique dépend aussi mesurablement de $u$. Si $(H^u)_{u\in\mathcal{U}}$ est une famille de processus prévisibles dépendant mesurablement du paramètre $u$ et si pour tout $u$ , $H^u$ est $X^u$-intégrable, le théorème 2.5 montre qu'on peut choisir une version de $H^u \cdot X^u$ dépendant mesurablement de $u$ .

## 3. Intégrales stochastiques et processus contrôlant $X$ .

Soient $X$ une semimartingale et $A$ un processus croissant. Nous dirons d'après Métivier et Pellaumail que $A$ contrôle $X$ si l'on a pour tout processus $H$ prévisible borné et tout temps d'arrêt $T$ :

$$(*) \qquad E[\sup_{t<T} (\int_0^t H_s \, dX_s)^2] \leq E[A_{T-} \int_0^{T-} H_s^2 \, dA_s] \quad (A_{0-} = 0) .$$

EMERY [6] a montré que $X^n$ converge vers 0 dans $\mathcal{S}$ si et seulement si les $X^n$ sont respectivement contrôlés par des processus croissants $A^n$ tels que $A^n_\infty$ converge vers 0 en probabilité. La proposition suivante donne une caractérisation analogue des ensembles bornés de $\mathcal{S}$ .

PROPOSITION 3.1. *Un sous-ensemble $\mathcal{X}$ de $\mathcal{S}$ est borné si et seulement s'il existe un ensemble $\mathcal{G}$ de processus croissants contrôlant $\mathcal{X}$ tel que l'ensemble $\{A_\infty , A \in \mathcal{G}\}$ soit borné dans $L^0$ .*

Démonstration. Supposons l'ensemble des variables aléatoires $A_\infty$, $A$ appartenant à $\mathcal{G}$, borné dans $L^0$. $\varepsilon > 0$ étant fixé , il existe un réel c tel que $P[A_\infty \geq c] \leq \varepsilon$ pour tout $A \in \mathcal{G}$. Si $T = \inf\{t, A_t \geq c\}$ , si A contrôle X et si $Y = X^{T-}$, alors $\sup_{H \leq 1} E|H \cdot Y_\infty|^2 \leq c^2$ . Prenons $d = c/\sqrt{\varepsilon}$. Alors $P[|H \cdot Y_\infty| \geq d] \leq \varepsilon$ et $P[|H \cdot X_\infty| \geq d] \leq 2\varepsilon$ car $P[A_\infty \geq c] \leq \varepsilon$ . Ainsi il existe un réel d tel que $P[|H \cdot X_\infty| \geq d] \leq 2\varepsilon$ pour tout $X \in \mathcal{X}$ et tout processus prévisible H borné par 1. Donc $\mathcal{X}$ est borné dans $\mathcal{S}$ . Passons à la réciproque de la proposition . Si $\mathcal{X}$ est borné dans $\mathcal{S}$ , l'ensemble $\{[X,X]_\infty , X \in \mathcal{X}\}$ est borné dans $L^0$ et il en est de même pour l'ensemble $B = \{\sum_s |\Delta X_s| \, 1_{\{|\Delta X_s| \geq 1\}} , X \in \mathcal{X}\}$ . Soient $\overline{X}_t = X_t - \sum_{s \leq t} \Delta X_s \, 1_{\{|\Delta X_s| \geq 1\}}$ et $\overline{\mathcal{X}} = \{\overline{X} , X \in \mathcal{X}\}$ . Comme l'ensemble B est borné dans $L^0$ , l'ensemble $\overline{\mathcal{X}}$ est borné dans $\mathcal{S}$ . Si $\overline{X}$ appartient à $\overline{\mathcal{X}}$ , $\overline{X}$ est à sauts bornés par 1 , si bien que $\overline{X}$ est une semimartingale spéciale de décomposition canonique $\bar{X} = M+V$ , $M$ étant une martingale locale localement de carré intégrable et $V$ un processus prévisible à variation finie. La décomposition canonique est une opération continue sur $\bar{\mathcal{X}}$ d'après le théorème 1.11. Ainsi l'ensemble $\{\int_0^\infty |dV| + [M,M]_\infty + \langle M,M\rangle_\infty , \bar{X}\in\bar{\mathcal{X}}\}$ est borné dans $L^0$ ($\langle M,M\rangle$ désigne la projection duale prévisible du processus croissant $[M,M]$ ; celle-ci existe car $[M,M]$ est localement intégrable). D'après l'inégalité de Métivier-Pellaumail [11], le processus

$$A_t = 3(1 + 4[M,M]_t + 4\langle M,M\rangle_t + \int_0^t |dV_s| + \sum_{s\le t} |\Delta X_s|\, 1_{\{|\Delta X_s|\ge 1\}})$$

contrôle la semimartingale $X$ et l'ensemble des variables aléatoires $A_\infty$ est borné dans $L^0$ lorsque $X$ parcourt l'ensemble $\mathcal{S}$ .

Voici un corollaire immédiat :

PROPOSITION 3.2. <u>Soient</u> $X$ <u>une semimartingale</u>, $A$ <u>un processus croissant contrôlant</u> $X$ <u>et</u> $H$ <u>un processus prévisible tel que</u> $\int_0^\infty H_s^2\, dA_s < +\infty$. <u>Alors</u> $H$ <u>est</u> <u>X-intégrable</u>.

<u>Démonstration</u>. Le processus croissant $B_t = \int_0^t (H_s^2 + 1)\, dA_s$ contrôle les semimartingales $Y^n = H\, 1_{\{|H|\le n\}}\cdot X$ . Cet ensemble est donc borné dans $\mathcal{S}$ et d'après la propriété 2.2f, $H$ est X-intégrable.

On peut maintenant se poser le problème de la réciproque. Soit $H$ un processus prévisible et $X$ une semimartingale telle que $H \in L(X)$ . Existe-t-il un processus croissant $A$ contrôlant $X$ tel que $\int_0^\infty H_s^2\, dA_s$ soit fini ? Lorsque $X$ est à variation finie, il semble que le meilleur contrôle possible soit donné par $A_t = \int_0^t |dX|$ , ce qui rend la réciproque douteuse ! Toutefois, on a le résultat suivant :

PROPOSITION 3.3 <u>Si</u> $H \in L(X)$ , <u>il existe un processus croissant</u> $A$ <u>contrôlant</u> $X$ <u>tel que</u> $\int_0^\infty |H_s|\, |dA_s| < +\infty$ .

<u>Démonstration</u>. Soit E l'ensemble $\{(s,\omega)\ ,\ |H_s\,\Delta X_s| \vee |\Delta X_s| > 1\}$. Comme H est X-intégrable, cet ensemble est à coupe finie pour presque tout $\omega$. Ainsi le processus $U_t = \sum_{0\leq s\leq t} \Delta X_s\, 1_E(s,\omega)$ est à variation bornée et $\int_0^\infty |H|\,|dU| < +\infty$. Grâce à l'inégalité de Schwartz, on vérifie aisément que U est contrôlé par $B_t = \int_0^t |dU_s|$ et que $Y = X-U$ est spéciale. Si $Y = M + C$ est la décomposition canonique de Y, le théorème 2.5 montre que $H\cdot M$ et $H\cdot C$ existent au sens usuel. Comme $|H\Delta Y| \leq 1$ on a même mieux ; la martingale locale $H\cdot M$ est localement de carré intégrable en vertu de l'inégalité suivante de [16] : si T est un temps d'arrêt, $E[\,H^2\cdot[M,M]_T\,] \leq 4\,E[\,H\cdot Y\ ,\ H\cdot Y\,]_T$.

En outre $|\Delta Y| \leq 1$ implique aussi que la martingale locale M est localement de carré intégrable. On en déduit que $<H\cdot M, H\cdot M>$ et $<M,M>$ existent et que $H^2\cdot <M,M> = <H\cdot M, H\cdot M>$. D'après l'inégalité de Métivier-Pellaumail [11], on sait que le processus $A_t = 4(<M,M>_t + [M,M]_t + \int_0^\infty |dU| + 1)$ contrôle la semimartingale X. De plus $\int_0^\infty |H|dA < +\infty$.

**REMARQUE. On trouvera d'autres applications de la topologie des semimartingales dans la monographie de Jeulin <u>Semimartingales et grossissement d'une filtration</u> ( Lecture Notes in Math., vol. 833 ). Soient $(\mathcal{F}_t)$ et $(\mathcal{G}_t)$ deux filtrations telles que pour tout t on ait $\mathcal{F}_t \subset \mathcal{G}_t$, et supposons que toute $\mathcal{F}$-semimartingale soit une $\mathcal{G}$-semimartingale ; on peut alors montrer que l'application identique de $\mathcal{S}(\mathcal{F})$ dans $\mathcal{S}(\mathcal{G})$ est continue, mais on ignore s'il existe une loi Q équivalente à P telle que l'application identique soit continue de $\mathcal{S}^p(\mathcal{F},P)$ dans $\mathcal{S}^p(\mathcal{G},Q)$. A ce sujet, on peut se demander si, étant donnée une partie bornée K de $\mathcal{S}$, il existe une loi Q équivalente à P pour laquelle K soit bornée dans $\mathcal{S}^p$ ( $p\geq 1$ ).**

4. La topologie des martingales locales.

Nous avons vu que l'espace des martingales locales n'est pas en général un sous-espace fermé de $\mathcal{S}$, ce qui a amené EMERY à définir une autre topologie sur l'espace des martingales locales. Si A est un processus croissant localement intégrable, on note $\tilde{A}$ sa projection duale prévisible. On désigne par $\mathcal{M}^p_{loc}$ l'espace vectoriel des martingales locales localement de puissance p-ième intégrables muni de la quasi-norme $\| M \|_p = E[\, 1 \wedge (\widetilde{M^*})^p_\infty]$. EMERY a montré que $\mathcal{M}^1_{loc}$ est un espace vectoriel métrisable complet ( Métrisabilité de quelques espaces de processus aléatoires paru dans les Lecture Notes in M. 784 p. 140-147 ) et la question se pose : est-ce que $\mathcal{M}^p_{loc}$ est aussi complet pour $p > 1$ ?

THEOREME 4.1. L'espace $\mathcal{M}^p_{loc}$ est complet pour tout $p \geq 1$.

Démonstration. Soit $(M^n)$ une suite de Cauchy de $\mathcal{M}^p_{loc}$. On peut en extraire une sous-suite encore notée $(M^n)$ telle que $P[\, \tilde{C}^n_\infty \geq (\frac{1}{2})^n] \leq (\frac{1}{2})^n$ où $C^n_t = [(M^{n+1} - M^n)^*]^p_t$. Ainsi la série $\Sigma \tilde{C}^n_t$ converge p.s. pour tout $t \leq +\infty$ et la somme est un processus croissant prévisible, donc localement borné. Par arrêt nous pouvons supposer que cette série est majorée par une constante a. Comme $E[\tilde{C}^n_\infty] \leq (\frac{1}{2})^n(1+a)$ et que les espérances $E[\tilde{C}^n_\infty]$ et $E[C^n_\infty]$ sont égales, la série $\Sigma\, E[C^n_\infty]^{1/p}$ converge aussi, si bien que la suite $(M^n)$ converge dans $\mathcal{M}^p$ et le théorème est démontré.

## REFERENCES

[1] CHOU C.S., MEYER P.A. et STRICKER C. : Sur les intégrales stochastiques de processus prévisibles non bornés. Lecture Notes in Math., 784, p. 128-139 (1980).

[2] DELLACHERIE C. : Capacités et processus stochastiques. Springer, 1972.

[3] EMERY M. : Compensation de processus à V.F. non localement intégrable. Lecture Notes in Math., 784, p. 152-160 (1980).

[4] EMERY M. : Une topologie sur l'espace des semimartingales. Séminaire de Probabilités XIII, Lecture Notes in Math., 721, p. 260-280 (1979).

[5] EMERY M. : Un théorème de Vitali-Hahn-Saks pour les semimartingales. Z. W. 51, p. 95-100 (1980).

[6] EMERY M. : Equations différentielles stochastiques. La méthode Métivier-Pellaumail. Lecture Notes in Math., 784, p. 118-124 (1980).

[7] JACOD J. : Calcul stochastique et problème de martingales. Lecture Notes in Math., 714, Springer (1979).

[8] JEULIN T. : Comportement des semimartingales dans un grossissement de filtration. Z.W. 52, 149-182 (1980).

[9] LENGLART E. : Appendice à l'exposé : présentation unifiée de certaines inégalités de la théorie des martingales. Lecture Notes in Math., 784, p. 49-52 (1980).

[10] MEMIN J. : Espace de semimartingales et changement de probabilités. Z.W. 52, p. 9-39 (1980).

[11] METIVIER M. et PELLAUMAIL J. : Stochastic integration. Ecole Polytechnique de Paris, rapport interne n° 44.

[12] MEYER P.A. et STRICKER C. : Sur les semimartingales au sens de Laurent Schwartz. A paraître dans Advances in Mathematics.

[13] NIKIŠIN E.M. : Resonance theorems and superlinear operators. Uspehi. Mat. Nauk. 25, 1970, p. 125-187 de la traduction anglaise.

[14] STRICKER C. : Prolongement des semimartingales. Lecture Notes in Math., 784, p. 104-111 (1980).

[15] STRICKER C. et YOR M. : Calcul stochastique dépendant d'un paramètre. Z.W. 45, 109-133 (1978).

[16] STRICKER C. : Quasimartingales, martingales locales, semimartingales et filtration naturelle. Z.W. 39, p. 55-63 (1977).

[17] YOR M. : Les inégalités de sous-martingales comme conséquence de la relation de domination. Stochastics, vol. 3, n° 1, p. 1-17 (1979).

Institut de Recherche
Mathématique Avancée

7, rue René Descartes

67084 STRASBOURG Cédex

niversité de Strasbourg
Séminaire de Probabilités 1979/80

# SUR LA CARACTERISATION DES SEMIMARTINGALES

par C. STRICKER

Cet exposé fait suite aux "Remarques sur la topologie des semimartingales", dont il reprend les notations et la liste de références ( mais il n'utilise pas la topologie des semimartingales ). Nous nous proposons de donner une démonstration de la forme forte du théorème de DELLACHERIE-MOKOBODZKI, suivant laquelle, si X est un processus permettant une intégration stochastique, on peut transformer X par changement de loi en une semimartingale appartenant à n'importe quelle classe $\mathcal{S}^p$ ( ici on prend p=2 ; la forme faible transforme X en une <u>quasimartingale</u> ) . Il nous semble en effet que toutes les démonstrations de ce théorème , y compris la très élégante démonstration de Lenglart [9], font appel à des outils très raffinés de théorie des semimartingales, alors que les nôtres sont élémentaires.

Précisons d'abord quelques notations : $\mathcal{E}$ désigne l'espace vectoriel des combinaisons linéaires d'indicatrices de rectangles de $R^+\times\Omega$ de la forme $]u,+\infty]\times A$ avec $A\in\mathcal{F}_u$ ; Si X est un processus adapté nous poserons $X^*=\operatorname{ess\,sup}_{t\in R} X_t$ ; Si $H=\Sigma A^i 1_{]t_i,t_{i+1}]}$ avec $A^i$ $\mathcal{F}_{t_i}$ - mesurable , on définit l'intégrale élémentaire $H.X=\Sigma A^i(X_{t_{i+1}}-X_{t_i})$ et $H.X_t=H1_{]0,t]}.X$ . Dorénavant H ou K désigneront des éléments de $\mathcal{E}$ . L'énoncé suivant équivaut au th. de DELLACHERIE-MOKOBODZKI sous sa forme forte ( établie par BICHTELER et DELLACHERIE ):

THEOREME 1 . <u>Si l'ensemble</u> $\{ (H.X)_\infty\ ,\ |H|\leq 1 \}$ <u>est borné dans</u> $L^0$<u>,il existe une loi Q équivalente à P telle que</u> $\sup_{|H|\leq 1} E^Q[ H.X_\infty ]^2<+\infty$ .

La démonstration de ce théorème comportera plusieurs étapes .

LEMME 1 . <u>L'ensemble</u> $\{ (H.X)^*\ ,\ |H|\leq 1 \}$ <u>est aussi borné dans</u> $L^0$ .

<u>Démonstration</u> . Supposons le contraire : il existe une suite $(H^n)$ de $\mathcal{E}$ telle que $|H^n|\leq 1$ et que $P[ (H^n.X)^*>n]>\varepsilon>0$ . Choisissons un ensemble dénombrable D tel que pour tout n :$(H^n.X)^*=\sup_{t\in D}|H^n.X|_t$ p.s . Pour tout n il existe un

temps d'arrêt $T_n$ ne prenant qu'un nombre fini de valeurs et tel que $P[|H^n.X|_{T_n} \geq n] > \varepsilon$. Il suffit de prendre $T_n = m \wedge \inf\{t \in \Delta, |H^n.X|_t \geq n\}$ où m est un entier assez grand et $\Delta$ une partie finie de D assez riche . Remarquant que $H^n.X_{T_n} = H^n 1_{]0,T_n]}.X_\infty$ , on voit que cela contredit l'hypothèse du théorème .

LEMME 2 <u>L'ensemble des variables aléatoires</u> $\sum_\sigma (X_{t_{i+1}} - X_{t_i})^2$ <u>est borné dans</u> <u>$L^0$ lorsque $\sigma$ parcourt les subdivisions finies de</u> $[0,\infty[$ <u>et il en est de même de son enveloppe convexe</u> .

<u>Démonstration</u> . Quitte à retrancher $X_0$ à X , on peut supposer $X_0 = 0$ . Notons d'abord une conséquence évidente du lemme précédent : $X^*$ est fini p.s. Ainsi les processus prévisibles élémentaires $H = \sum X_{u_i} 1_{]t_i,t_{i+1}]}$ avec $u_i \leq t_i$ sont majorés par $X^*$ qui est p.s. fini . Donc la famille $(H.X_\infty)$ est bornée dans $L^0$ ainsi que son enveloppe convexe et il en est de même de l'enveloppe convexe de la famille $\sum(X_{t_{i+1}} - X_{t_i})^2$ car $\sum_{i=0}^{n-1} (X_{t_{i+1}} - X_{t_i})^2 = X_{t_n}^2 - 2\sum_{i=0}^{n-1} X_{t_i}(X_{t_{i+1}} - X_{t_i})$

LEMME 3 <u>Il existe une loi</u> Q <u>équivalente à</u> P <u>telle que</u> $\sup_{|H|\leq 1} E^Q|H.X_\infty| < +\infty$

<u>Démonstration</u> . D'après le théorème de NIKIŠIN [13] il existe une loi Q équivalente à P telle que $U = \sup_\sigma E[\sum(X_{t_{i+1}} - X_{t_i})^2]$ , $E[X^*]^2$ et $\sup_{|H|\leq 1} E[H.X_\infty]$ soient tous finis . En prenant $H = \sum 1_{C_i \times ]t_i,t_{i+1}]}$ où $C_i = \{E[X_{t_{i+1}} - X_{t_i} | \mathcal{F}_{t_i}] > 0\}$ (resp. $\{E[X_{t_{i+1}} - X_{t_i} | \mathcal{F}_{t_i}] \leq 0\}$) on remarque que X est une quasimartingale, c'est-à-dire $\mathrm{Var}X = \sup_\sigma E[\sum|E[X_{t_{i+1}} - X_{t_i} | \mathcal{F}_{t_i}]|] < +\infty$. Pour toute suite de variables aléatoires $a_i$ appartenant à $\mathcal{F}_{t_i}$ on note $A_{t_j} = \sum_{i=0}^{j-1} a_i E[X_{t_{i+1}} - X_{t_i} | \mathcal{F}_{t_i}]$ et on pose $M_{t_j} = \sum_{i=0}^{j-1} a_i(X_{t_{i+1}} - X_{t_i}) - A_{t_j}$ . On obtient aisément les inégalités suivantes (1) : $E[M_{t_n}]^2 \leq 4U$ et $E|A_{t_n}| \leq \mathrm{Var}X$ . Il en résulte que l'enveloppe convexe de l'ensemble $\{|H.X_\infty| , |H| \leq 1\}$ est aussi bornée dans $L^0$. Ainsi il existe une loi Q

(1) si $|a_i| \leq 1$

équivalente à P telle que $\sup_{|H|\leq 1} E^Q|H.X_\infty| < +\infty$.

Passons maintenant à la démonstration proprement dite du théorème 1. Comme $(M_{t_j})_{j=0,\ldots,n}$ est une martingale discrète, l'inégalité classique de Doob montre que $E[M^*_{t_n}]^2 \leq 16U$. Soient H un processus prévisible élémentaire borné par 1 et $\Delta$ une partie finie de $[0,+\infty[$. On peut écrire $H = \Sigma a_i 1_{]t_i,t_{i+1}]}$ avec $\Delta$ contenu dans $\{t_0=0,\ldots,t_n\}$. Alors $E[\sup_{t\in\Delta} |H.X_t|] \leq 4U^{\frac{1}{2}} + \mathrm{Var}X$. D'où un résultat meilleur que celui du lemme 3 : $\sup_{|H|\leq 1} E^Q|H.X|^* < +\infty$. En particulier l'enveloppe convexe de $\{(H.X)^*, |H| \leq 1\}$ est bornée dans $L^0$. Si $H = \sum_{i=0}^{n-1} a_i 1_{]t_i,t_{i+1}]}$ et si $K = \sum_{j=0}^{n-1} a_j[\sum_{i=0}^{j-1} a_i(X_{t_{i+1}} - X_{t_i})]1_{]t_j,t_{j+1}]}$, alors on a l'égalité évidente: $(H.X_\infty)^2 = \sum_{i=0}^{n-1} a_i^2 (X_{t_{i+1}} - X_{t_i})^2 + 2(K.X_\infty)$. Comme $K^* \leq (H.X)^*$ si $|a_i| \leq 1$ pour tout i, l'ensemble des $K.X_\infty$ est borné dans $L^0$ ainsi que son enveloppe convexe d'après l'hypothèse du théorème 1. Il en est de même de l'enveloppe convexe de $\{(H.X_\infty)^2, |H| \leq 1\}$. Une nouvelle application du théorème de NIKIŠIN [13] permet d'affirmer l'existence d'une loi Q équivalente à P telle que $\sup_{|H|\leq 1} E^Q[H.X_\infty]^2 < +\infty$ et le théorème 1 est démontré.

## SUR CERTAINS COMMUTATEURS D'UNE FILTRATION

M.Yor.

### 1. Enoncé du problème.

$\mathbb{X} = (\Omega, \mathcal{F}, \mathcal{F}_t, P)$ est un espace de probabilité filtré usuel. On suppose $\mathcal{F}_o$ triviale, et $\mathcal{F} = \mathcal{F}_\infty (\overset{\text{déf}}{=} \bigvee_t \mathcal{F}_t)$.

On se pose la question de caractériser toute sous-tribu $\mathcal{G}$ de $\mathcal{F}$, supposée $(\mathcal{F},P)$ complète, telle que :

(C) pour tout $(\mathcal{F}_t)$ temps d'arrêt T, $E^{\mathcal{F}_T} E^{\mathcal{G}} = E^{\mathcal{G}} E^{\mathcal{F}_T}$, la notation $E^{\mathcal{U}}$ désignant l'opérateur d'espérance conditionnelle (sous P) par rapport à la tribu $\mathcal{U}$, défini sur $L^1(\Omega, \mathcal{F}, P)$.

Ce problème a été complètement résolu sous l'hypothèse suivante ([1] et [2])

(T) : $\mathbb{X}$ admet une martingale totalisatrice, c'est-à-dire :

il existe une $(\mathcal{F}_t)$ martingale de carré intégrable $(M_t)$ telle que toute variable $U \in L^2(\mathcal{F}_\infty, P)$ puisse s'écrire $U = E(U) + \int_0^\infty u_s dM_s$, avec $(u_t)$ processus $(\mathcal{F}_t)$ prévisible tel que $E[\int_0^\infty u_s^2 \, d\langle M\rangle_s] < \infty$.

On résoud ici le problème précédent, sans aucune hypothèse sur $\mathbb{X}$, répondant ainsi à une question de K.Carne et N.Varopoulos.

### 2. Rappels (d'après [2]).

On dit que $\mathcal{G}$ vérifie l'hypothèse $(\mathcal{H}_u)$ (u : pour universel) relativement à $\mathbb{X}$ si, pour toute probabilité Q équivalente à P (sur $\mathcal{F}$), et tout $t \geq 0$, on a :

$E_Q^{\mathcal{F}_t} E_Q^{\mathcal{G}} = E_Q^{\mathcal{G}} E_Q^{\mathcal{F}_t}$.

Théorème (R1) : $(\mathcal{H}_u)$ est vérifiée si, et seulement si, il existe un $(\mathcal{F}_t)$ temps d'arrêt S tel que $\mathcal{F}_{S-} \subseteq \mathcal{G} \subseteq \mathcal{F}_S$.

Lemme (R2) : Soient $(\Omega, \mathcal{F}, P)$ un espace de probabilité complet, $\mathcal{G}$ et $\mathcal{U}$ deux sous-tribus de $\mathcal{F}$, supposées $(\mathcal{F},P)$ complètes.

Les deux assertions suivantes sont équivalentes :

1) pour toute probabilité Q équivalente à P (sur $\mathcal{F}$), $E_Q^{\mathcal{G}} E_Q^{\mathcal{U}} = E_Q^{\mathcal{U}} E_Q^{\mathcal{G}}$.

2) (i) $E_P^{\mathcal{G}} E_P^{\mathcal{U}} = E_P^{\mathcal{U}} E_P^{\mathcal{G}}$

et (ii) pour toutes $g \in b\mathcal{G}$, $u \in b\mathcal{U}$, $(g - E_P^{\mathcal{U}}(g))u \in b\mathcal{G}$.

### 3) Résolution du problème.

Si $x \in L^1(\mathcal{F}, P)$, on note $(x_t)_{t \geq 0}$ une version càdlàg de $(E_P(x/\mathcal{F}_t))$.

Soit donc $\mathcal{G}$ vérifiant (C). De façon à pouvoir appliquer le théorème (R1), on va montrer que la seconde assertion du lemme (R2) est vérifiée avec $\mathcal{U} = \mathcal{F}_t$, pour tout $t \geq 0$.

(i) est vérifiée (prendre T=t dans (C)).

Il reste à montrer (ii). Fixons t, et associons à $g \in b\mathcal{G}$, $u \in b\mathcal{U}$, les martingales :
$M_s = g_s - g_{t\wedge s}$ ; $N_s = u_{t\wedge s}$ $(s\geq 0)$.

On a : $(g - E_P^{\mathcal{U}}(g))u = M_\infty N_\infty$
$$= \int_0^\infty N_{s-}dM_s + \int_0^\infty M_{s-}dN_s + [M,N]_\infty .$$

Le processus $(M_s)$ étant nul sur $[0,t]$, et $(N_s)$ constant sur $[t,\infty[$, on a :
$$(g - E_P^{\mathcal{U}}(g))u = \int_0^\infty N_{s-}dM_s = \int_t^\infty N_{s-}dg_s .$$

En conséquence, (ii) sera, a fortiori, vérifiée, une fois le lemme suivant obtenu.

<u>Lemme</u> : <u>Supposons que</u> $\mathcal{G}$ <u>vérifie</u> (C).
<u>Soit</u> $x \in L^2(\mathcal{F},P)$, <u>et</u> $g=E^{\mathcal{G}}(x)$.
<u>Alors, pour tout processus prévisible borné</u> $(p_s)$, <u>on a</u> :
$$E^{\mathcal{G}}\left[\int_0^\infty p_s dx_s\right] = \int_0^\infty p_s dg_s \ , \quad \text{P.p.s.}$$

<u>Démonstration du lemme</u> : L'égalité cherchée découle immédiatement de (C) lorsque p est un processus prévisible élémentaire, c'est-à-dire un processus de la forme $p = \Sigma\lambda_i 1_{]S_i,S_{i+1}]}$, avec $\lambda_i \in \mathbb{R}$, et $(S_i)$ une suite finie, croissante, de $(\mathcal{F}_t)$ temps d'arrêt.
Le cas général s'en déduit en approchant p, processus prévisible borné, dans $L^2(\Omega \times \mathbb{R}_+, \mathcal{P}, d\langle x_\bullet\rangle_s + d\langle g_\bullet\rangle_s)$ par une suite de processus prévisibles élémentaires, bornés ($\mathcal{P}$ désigne la tribu prévisible sur $\Omega \times \mathbb{R}_+$, associée à $(\mathcal{F}_t)$). □

On peut maintenant énoncer le

<u>Théorème</u> : <u>une sous-tribu</u> $\mathcal{G}$ <u>de</u> $\mathcal{F}$, $(\mathcal{F},P)$ <u>complète</u>, <u>vérifie</u> (C) <u>si</u>, <u>et seulement si il existe un</u> $(\mathcal{F}_t)$ <u>temps d'arrêt</u> S <u>tel que</u>
$$\mathcal{F}_{S-} \subseteq \mathcal{G} \subseteq \mathcal{F}_S .$$

<u>Démonstration du théorème</u> :
- Les arguments précédents montrent, à l'aide du théorème (R1), que si $\mathcal{G}$ vérifie (C), il existe un $(\mathcal{F}_t)$ temps d'arrêt S tel que $\mathcal{F}_{S-} \subseteq \mathcal{G} \subseteq \mathcal{F}_S$.
- Inversement, supposons l'existence d'un tel temps d'arrêt S. Soit maintenant T un temps d'arrêt, et $f_T \in L^1(\mathcal{F}_T,P)$. On a :
$$E^{\mathcal{G}}(f_T) = E^{\mathcal{G}}[f_T 1_{(T<S)} + f_T 1_{(S\leq T)}]$$
Les processus $f_T 1_{]T,\infty]}$ et $1_{[0,T]}$ étant prévisibles, les variables $f_T 1_{(T<S)}$ et $1_{(S\leq T)}$ sont $\mathcal{F}_{S-}$ mesurables. On a donc, d'après l'hypothèse :
$$E^{\mathcal{G}}(f_T) = f_T 1_{(T<S)} + E^{\mathcal{G}}(f_T)\, 1_{(S\leq T)} .$$
Toujours d'après l'hypothèse, $E^{\mathcal{G}}(f_T)$ est $\mathcal{F}_S$-mesurable, et finalement, $E^{\mathcal{G}}(f_T)$ est $\mathcal{F}_T$ mesurable. □

Remarques :

(1) Ainsi, les propriétés (C) et $(\mathcal{H}_u)$ sont équivalentes, ce qui ne semble pas immédiat a priori.

(2) Si (T) est vérifiée, et S est un $(\mathcal{F}_t)$ temps d'arrêt, il découle de [1] et [2] que les tribus $\mathcal{G}$, $(\mathcal{F},P)$ complètes, comprises entre $\mathcal{F}_{S-}$ et $\mathcal{F}_S$, sont les tribus : $\mathcal{G}_B = \{C \in \mathcal{F}_S \mid \exists C_{S-} \in \mathcal{F}_{S-},\ C \cap B = C_{S-} \cap B\}$ où $B \in \mathcal{F}_{S-}$ est tel que $S_B$ soit prévisible.

Corollaire :

Si toute $(\mathcal{F}_t,P)$ martingale est continue, les seules sous-tribus $\mathcal{G}$ de $\mathcal{F}$, $(\mathcal{F},P)$ complètes, qui vérifient (C), sont les tribus $\mathcal{F}_S$, avec S $(\mathcal{F}_t)$ temps d'arrêt.

Références :

[1] M.Yor : Remarques sur la représentation des martingales comme intégrales stochastiques.
Sém. Proba. Strasbourg XI, Lect. Notes in Maths 581 (1977)

[2] T.Jeulin et M.Yor : Nouveaux résultats sur le grossissement des tribus.
Ann. Scient. ENS. 4ième série, t.11, 1978, p.429-443.

# SUR UN TYPE DE CONVERGENCE INTERMEDIAIRE ENTRE LA CONVERGENCE EN LOI ET LA CONVERGENCE EN PROBABILITE

Jean JACOD et Jean MEMIN

## 1 - INTRODUCTION

Soit $(X_n)$ une suite de variables aléatoires définies sur un espace $(\Omega,\underline{\underline{F}},P)$, à valeurs dans un espace polonais $\mathcal{X}$.

(1.1) DEFINITION: a) $(X_n)$ converge de manière stable si elle converge en loi et si, pour tout $A\in\underline{\underline{F}}$ et toute fonction continue bornée $f$ sur $\mathcal{X}$ la suite $(E[I_A f(X_n)])$ converge.

b) Remarquer que ci-dessus, on ne précise pas la limite ! si maintenant $E[I_A f(X_n)] \longrightarrow E[I_A f(X)]$, où $X$ est une autre variable aléatoire, on dit que $(X_n)$ converge de manière stable vers $X$. ∎

Cette terminologie est celle de Rényi, qui est le premier semble-t-il à avoir introduit cette notion ([14],[15]).

Il est presque immédiat de vérifier que la suite $(X_n)$ converge de manière stable vers une limite $X$ si et seulement si elle converge en probabilité vers $X$: ainsi la convergence stable "préserve" la structure de l'espace $(\Omega,\underline{\underline{F}},P)$, à l'instar de la convergence en probabilité. Mais une suite $(X_n)$ peut converger de manière stable, sans pour autant qu'il y ait une limite au sens de (1.1,b): en fait nous verrons que la convergence stable, qui est plus forte que la convergence en loi, est en fait la convergence associée à une topologie de type "topologie faible" sur un ensemble de probabilités adéquat; ainsi, les bonnes propriétés de la convergence en loi (notamment les critères de compacité) se retrouvent-elles dans la convergence stable.

Pour donner des résultats plus précis, introduisons l'espace produit $\bar{\Omega}=\Omega\times\mathcal{X}$, $\bar{\underline{\underline{F}}}=\underline{\underline{F}}\otimes\underline{\underline{\mathcal{X}}}$ ($\underline{\underline{\mathcal{X}}}$ est la tribu borélienne de $\mathcal{X}$).

(1.2) DEFINITION: On note $M_{mc}(\bar{\Omega})$ l'espace des mesures positives finies $(\bar{\Omega},\bar{\underline{\underline{F}}})$ muni de la topologie la moins fine rendant continues les applications: $\mu \rightsquigarrow \mu(g)$, pour toute fonction mesurable bornée $g$ sur $(\bar{\Omega},\bar{\underline{F}})$ telle que chaque $g(\omega,.)$ soit continue sur $\mathcal{X}$.

On verra que cette topologie est aussi la moins fine rendant continues les applications: $\mu \rightsquigarrow \mu(I_A \otimes f)$, où $A \in \underline{\underline{F}}$ et où $f$ est continue bornée sur $\mathcal{X}$.

A toute variable aléatoire $X$ sur $(\Omega,\underline{\underline{F}},P)$ à valeurs dans $\mathcal{X}$, on associe la probabilité $R_X^P$ sur $(\bar{\Omega},\bar{\underline{F}})$ par

$$R_X^P(d\omega,dx) = P(d\omega)\, \varepsilon_{X(\omega)}(dx) \tag{1.3}$$

( $\varepsilon_a$ = mesure de Dirac en $a$ ). Il est alors aisé de vérifier que la suite $(X_n)$ converge de manière stable si et seulement si la suite $(R_{X_n}^P)$ converge dans $M_{mc}(\bar{\Omega})$ vers une limite $R$. Si de plus $R = R_X^P$ pour une variable $X$ (ce qui n'est pas nécessairement le cas), alors $(X_n)$ converge de manière stable vers $X$.

La convergence stable a d'abord été utilisée dans la théorie des théorèmes limite "classiques": voir l'article de revue [2] d'Aldous et Eagleson, et la bibliographie qu'il contient. Elle est aussi utilisée en programmation dynamique, sous la forme (1.2): cf. par exemple Schäl [16].

Toute probabilité sur $\bar{\Omega}$ dont la loi marginale sur $\Omega$ est $P$ peut être considérée (via (1.3)) comme une variable aléatoire "randomisée", ou "floue" selon la terminologie de Meyer [9], et ce point de vue a été utilisé par Baxter et Chacon [3] pour étudier certaines propriétés des temps d'arrêt. Enfin plus récemment la convergence stable a joué un rôle central dans la preuve de l'existence de solutions faibles pour certaines équations différentielles stochastiques (Pellaumail [12], [13], Jacod et Mémin [7]) et dans l'étude de la stabilité de ces solutions faibles [8].

Il est d'ailleurs vraisemblable que la convergence stable a été utilisée, dans différents contextes, par bien d'autres auteurs.

Nous proposons ici une étude systématique de cette convergence: les résultats généralisent, de manière souvent très simple, des résultats classiques sur la convergence étroite (voir par exemple [4] et [10]). Nous suivons pour une bonne part de ce qui suit l'article de Meyer [9], et aussi [7].

## 2 - LES BASES THEORIQUES: LA TOPOLOGIE DE $M_{mc}(\bar{\Omega})$

§a - Notations. Soit $(E,\underline{\underline{E}})$ un espace mesurable quelconque. On note $B(E)$ l'ensemble des fonctions mesurables bornées et $M(E)$ l'ensemble des mesures positives finies sur $(E,\underline{\underline{E}})$. L'ensemble $M(E)$ sera aussi noté $M_m(E)$ ("m" pour mesurable) lorsqu'il est muni de la topologie la moins fine rendant continues les applications: $\mu \rightsquigarrow \mu(f)$, $f \in B(E)$.

Si en outre $E$ est polonais, et $\underline{\underline{E}}$ est sa tribu borélienne, on note $C(E)$ (resp. $C_u(E)$) l'espace des fonctions continues (resp. uniformément continues) bornées sur $E$. L'ensemble $M(E)$ sera noté $M_c(E)$ ("c" pour continu) lorsqu'il est muni de la topologie étroite, i.e. la moins fine rendant continues les applications: $\mu \rightsquigarrow \mu(f)$ pour toute $f \in C(E)$ (ou, de manière équivalente, pour toute $f \in C_u(E)$).

Nos données de base sont:

$$(2.1)\quad \begin{cases} (\Omega,\underline{\underline{F}}), \text{ un espace mesurable} \\ \mathscr{X}, \text{ un espace polonais, et sa tribu borélienne } \underline{\underline{\mathscr{X}}} \\ \bar{\Omega} = \Omega \times \mathscr{X}, \quad \bar{\underline{\underline{F}}} = \underline{\underline{F}} \otimes \underline{\underline{\mathscr{X}}}. \end{cases}$$

L'espace $M(\bar{\Omega})$ sera aussi noté $M_{mc}(\bar{\Omega})$ lorsqu'il est muni de la topologie définie en (1.2), c'est-à-dire la moins fine rendant continues les applications: $\mu \rightsquigarrow \mu(g)$, $g \in B_{mc}(\bar{\Omega})$, où $B_{mc}(\bar{\Omega})$ est défini par:

$$(2.2)\qquad B_{mc}(\bar{\Omega}) = \{g \in B(\bar{\Omega}) : g(\omega,.) \text{ est continue pour chaque } \omega \in \Omega\}.$$

Si $\mu \in M(\bar{\Omega})$, on note $\mu^{\Omega}$ (resp. $\mu^{\mathscr{X}}$) sa mesure marginale sur $\Omega$ (resp. $\mathscr{X}$); il est clair que l'application: $\mu \rightsquigarrow \mu^{\Omega}$ (resp. $\mu \rightsquigarrow \mu^{\mathscr{X}}$) est continue de $M_{mc}(\bar{\Omega})$ dans $M_m(\Omega)$ (resp. $M_c(\mathscr{X})$). Si $\Omega$ (resp. $\mathscr{X}$) est réduit à un point, $M_{mc}(\bar{\Omega})$ est isomorphe à $M_c(\mathscr{X})$ (resp. $M_m(\Omega)$).

Posons enfin:

$$(2.3)\quad \begin{cases} B^1_{mc}(\bar{\Omega}) = \{g(\omega,x) = I_A(\omega) f(x) : A \in \underline{\underline{F}},\ f \in C_u(\mathscr{X})\} \\ B^2_{mc}(\bar{\Omega}) = \{g(\omega,x) = \sum_{n\geq 1} I_{A_n}(\omega) f_n(x) : f_n \in C_u(\mathscr{X}),\ g \text{ est bornée,} \\ \qquad \text{les } (A_n) \text{ constituent une partition } \underline{\underline{F}}\text{-mesurable de } \Omega\}. \end{cases}$$

On a bien-sûr $B^1_{mc}(\bar{\Omega}) \subset B^2_{mc}(\bar{\Omega}) \subset B_{mc}(\bar{\Omega})$.

§b - Une définition équivalente de la topologie de $M_{mc}(\bar{\Omega})$. On a la:

(2.4) PROPOSITION: La topologie de $M_{mc}(\bar{\Omega})$ est la moins fine rendant continues les applications: $\mu \rightsquigarrow \mu(g)$, $g \in B^1_{mc}(\bar{\Omega})$.

Commençons par un lemme.

(2.5) LEMME: <u>Si</u> K <u>est un compact de</u> $\mathfrak{X}$ <u>et si</u> $g\in B_{mc}(\bar\Omega)$, <u>il existe une suite</u> $(g_n)$ <u>d'éléments de</u> $B^2_{mc}(\bar\Omega)$ <u>qui converge uniformément vers</u> g <u>sur l'ensemble</u> $\Omega\times K$.

<u>Démonstration</u>. L'espace $C(K)=C_u(K)$ contient une suite $(V_k)$ dense pour la topologie uniforme. D'après le théorème de Tietze-Urysohn, chaque $V_k$ se prolonge en une fonction $\bar V_k\in C_u(\mathfrak{X})$. Soit $A_{n,0}=\emptyset$ et

$$A_{n,k} = \{\omega\in\Omega:\ \omega\notin \bigcup_{q\le k-1} A_{n,q},\ \sup_{x\in K}|g(\omega,x)-V_k(x)|\le \tfrac{1}{n}\},$$

$$g_n(\omega,x) = \sum_{k\ge 1} I_{A_{n,k}}(\omega)\,\bar V_k(x)\ ;$$

Les $g_n$ vérifient alors les propriétés requises. ∎

<u>Démonstration de (2.4)</u>. Il suffit de montrer que si $(\mu_\alpha)$ est une famille filtrante de $M(\bar\Omega)$ telle que $\mu_\alpha(g)\longrightarrow\mu(g)$ pour toute $g\in B^1_{mc}(\bar\Omega)$, où $\mu\in M(\bar\Omega)$, on a aussi $\mu_\alpha(g)\longrightarrow\mu(g)$ pour $g\in B_{mc}(\bar\Omega)$.

Soit d'abord $g=\sum_{n\ge1} I_{A_n}\otimes f_n\in B^2_{mc}(\bar\Omega)$, et $a=\sup|g|$. Pour tout $\varepsilon>0$ il existe $n_0\in\mathbb{N}$ tel que $\mu^\Omega(\bigcup_{n>n_0}A_n)\le\varepsilon$. Par hypothèse $(\mu^\Omega_\alpha)$ tend vers $\mu^\Omega$ dans $M_m(\Omega)$, donc $\lim_{(\alpha)}\mu^\Omega_\alpha(\bigcup_{n>n_0}A_n)\le\varepsilon$ et

$$\limsup_{(\alpha)}|\mu_\alpha(\textstyle\sum_{n>n_0} I_{A_n}\otimes f_n)| \le \varepsilon a .$$

On sait aussi que $\mu_\alpha(\sum_{n\le n_0} I_{A_n}\otimes f_n)\longrightarrow\mu(\sum_{n\le n_0} I_{A_n}\otimes f_n)$ et comme $\varepsilon$ est arbitraire on en déduit que $\mu_\alpha(g)\longrightarrow\mu(g)$.

Soit ensuite $g\in B_{mc}(\bar\Omega)$, $a=\sup|g|$, $b=\sup_{(\alpha)}\mu_\alpha(\bar\Omega)$. On a $b<\infty$ et $\mu(\bar\Omega)\le b$. Par hypothèse $(\mu^{\mathfrak{X}}_\alpha)$ tend vers $\mu^{\mathfrak{X}}$ dans $M_c(\mathfrak{X})$, donc pour tout $\varepsilon>0$ il existe un compact K de $\mathfrak{X}$ tel que $\mu^{\mathfrak{X}}(\mathfrak{X}\setminus K)\le\varepsilon$ et $\sup_{(\alpha)}\mu^{\mathfrak{X}}_\alpha(\mathfrak{X}\setminus K)\le\varepsilon$. D'après (2.5) il existe $g'\in B^2_{mc}(\bar\Omega)$ avec $|g-g'|\le\varepsilon$ sur $\Omega\times K$, et on peut supposer que $|g'|\le a$. Donc

$$|\mu_\alpha(g)-\mu_\alpha(g')| \le b\varepsilon+2a\varepsilon,\qquad |\mu(g)-\mu(g')|\le b\varepsilon+2a\varepsilon.$$

On a vu que $\mu_\alpha(g')\longrightarrow\mu(g')$. Comme $\varepsilon$ est arbitraire, on en déduit que $\mu_\alpha(g)\longrightarrow\mu(g)$. ∎

§c - <u>Compacité dans</u> $M_{mc}(\bar\Omega)$. Commençons par un théorème de Riecz.

(2.6) THEOREME: <u>La formule</u> $\phi(g)=\mu(g)$ <u>définit une correspondance biunivoque entre les</u> $\mu\in M(\bar\Omega)$ <u>et les formes linéaires positives</u> $\phi$ <u>sur l'espace vectoriel engendré par</u> $B^1_{mc}(\bar\Omega)$ <u>qui vérifient</u>:

(i) $A \rightsquigarrow \phi(I_A\otimes 1)$ <u>est une mesure sur</u> $(\Omega,\underline{\underline{F}})$ ;

(ii) <u>pour tout</u> $\varepsilon>0$, <u>il existe un compact</u> $K_\varepsilon$ <u>de</u> $\mathfrak{X}$ <u>tel que</u> $\phi(1)-\phi(1\otimes f)\le\varepsilon$ <u>pour toute</u> $f\in C_u(\mathfrak{X})$ <u>vérifiant</u> $I_{K_\varepsilon}\le f\le 1$.

Commençons par un résultat auxiliaire, analogue d'une certaine manière au théorème de Doléans sur les processus croissants (voir aussi le théorème de Morando sur les bimesures [6], ou Meyer [9], ou Pellaumail [11]).

(2.7) PROPOSITION: <u>Soit</u> $L : \underline{\underline{F}} \times \underline{\underline{\mathfrak{X}}} \longrightarrow \mathbb{R}_+$ <u>telle que</u>

(i) $A \in \underline{\underline{F}} \longrightarrow L(A,.) \in M(\mathfrak{X})$,

(ii) $B \in \underline{\underline{\mathfrak{X}}} \longrightarrow L(.,B) \in M(\Omega)$.

<u>Il existe</u> $\mu \in M(\bar{\Omega})$ <u>unique, telle que</u> $\mu(A \times B) = L(A,B)$ <u>pour</u> $A \in \underline{\underline{F}}$, $B \in \underline{\underline{\mathfrak{X}}}$.

<u>Démonstration</u>. La fonction: $A \times B \rightsquigarrow L(A,B)$ s'étend trivialement en une mesure additive positive $\mu$ sur l'algèbre $\underline{\underline{\bar{F}}}^o$ engendrée par la semi-algèbre $\underline{\underline{F}} \times \underline{\underline{\mathfrak{X}}}$. Il suffit de montrer que $\mu(C_n) \downarrow 0$ si $(C_n)$ est une suite décroissante d'éléments de $\underline{\underline{\bar{F}}}^o$ telle que $\bigcap C_n = \emptyset$.

Chaque $C_n$ s'écrit: $C_n = \bigcup_{i \leq p_n} A_n^i \times B_n^i$. Soit $\varepsilon > 0$, $n \geq 1$, $i \leq p_n$. D'après (i) il existe un compact $K_n^i$ de $\mathfrak{X}$ tel que $K_n^i \subset B_n^i$ et

$$\mu(A_n^i \times K_n^i) = L(A_n^i, K_n^i) \geq L(A_n^i, B_n^i) - \frac{\varepsilon}{p_n} 2^{-n} = \mu(A_n^i \times B_n^i) - \frac{\varepsilon}{p_n} 2^{-n}.$$

Soit $C_n' = \bigcap_{m \leq n} \bigcup_{i \leq p_m} A_m^i \times K_m^i$. On a $C_n' \subset C_n$, $C_n' \in \underline{\underline{\bar{F}}}^o$, et comme la suite $(C_n)$ est décroissante il vient:

$$\mu(C_n') \geq \mu(C_n) - \sum_{m \leq n} \sum_{i \leq p_m} \frac{\varepsilon}{p_m} 2^{-m} \geq \mu(C_n) - \varepsilon.$$

Chaque coupe $C_n'(\omega) = \{x : (\omega,x) \in C_n'\}$ est compacte, et $\bigcap C_n' = \emptyset$, donc si $F_n = \{\omega : C_n'(\omega) \neq \emptyset\}$ on a: $\lim \downarrow F_n = \emptyset$. Comme

$$\mu(C_n') \leq \mu(F_n \times \mathfrak{X}) = L(F_n, \mathfrak{X}) \longrightarrow 0$$

d'après (ii), on en déduit que: $\lim \downarrow \mu(C_n) = 0$. ∎

<u>Démonstration de (2.6)</u>. Si $\mu \in M(\bar{\Omega})$, l'application: $g \rightsquigarrow \phi(g) = \mu(g)$ vérifie trivialement les propriétés requises.

Soit inversement $\phi$ une forme linéaire positive sur l'espace vectoriel engendré par $B^1_{mc}(\bar{\Omega})$, vérifiant (i) et (ii). Soit $A \in \underline{\underline{F}}$, et $\phi_A$ : $C_u(\mathfrak{X}) \longrightarrow \mathbb{R}$ définie par $\phi_A(f) = \phi(I_A \otimes f)$. D'après le théorème d'Urysohn $\mathfrak{X}$ est un sous-espace topologique d'un compact métrique $\bar{\mathfrak{X}}$; si $\bar{f} \in C(\bar{\mathfrak{X}})$ on note $f$ sa restriction à $\mathfrak{X}$ et on pose $\bar{\phi}_A(\bar{f}) = \phi_A(f)$ : on définit ainsi une forme linéaire positive sur $C(\bar{\mathfrak{X}})$, associée d'après le théorème de Riecz à une mesure finie positive $\bar{L}(A,.)$ sur $\bar{\mathfrak{X}}$ par $\bar{L}(A,\bar{f}) = \bar{\phi}_A(\bar{f})$.

On a $\bar{L}(A,\bar{\mathfrak{X}}) = \phi(I_A \otimes 1)$. D'après (ii) et la positivité de $\phi$, on a $\phi(I_A \otimes 1) - \phi(I_A \otimes f) \leq \varepsilon$ pour toute $f \in C_u(\mathfrak{X})$ vérifiant $I_{K_\varepsilon} \leq f \leq 1$. Donc si $\bar{f} \in C_u(\bar{\mathfrak{X}})$ vérifie $0 \leq \bar{f} \leq 1$ et $\bar{f} = 1$ sur $K_\varepsilon$, on a $\bar{L}(A,\bar{\mathfrak{X}}) - \bar{L}(A,f) \leq \varepsilon$, donc $\bar{L}(A, \bar{\mathfrak{X}} \setminus K_\varepsilon) \leq \varepsilon$, donc $\bar{L}(A, \bar{\mathfrak{X}} \setminus \mathfrak{X}) = 0$. Si $L(A,.)$ désigne la restriction de $\overline{L}(A,.)$ à $\mathscr{K}$, on a alors $L(A,f) = \phi(I_A \otimes f)$ pour toute $f \in C_u(\mathscr{K})$, car toute fonction de $C_u(\mathscr{K})$ admet une extension continue bornée à $\overline{\mathscr{K}}$.

$\phi$ étant linéaire, $L(.,f)$ est additive sur $\underline{\underline{F}}$ pour toute $f \in C_u(\mathscr{K})$. En utilisant les propriétés d'approximation des mesures sur $\mathscr{K}$, on en déduit facilement que $L(.,B)$ est additive sur $\underline{\underline{F}}$ pour tout $B \in \underline{\underline{\mathscr{K}}}$. De plus $L(A,B) \leq L(A,\mathscr{K}) = \phi(I_A \otimes 1)$, ce qui permet de déduire de (i) que $L(.,B) \in M(\Omega)$. Il suffit d'appliquer (2.7) pour obtenir $\mu \in M(\overline{\Omega})$ unique, vérifiant $\mu(g) = \phi(g)$ pour $g \in B^1_{mc}(\overline{\Omega})$. ∎

(2.8) THEOREME: <u>Pour qu'une partie</u> N <u>de</u> $M_{mc}(\overline{\Omega})$ <u>soit relativement compacte, il faut et il suffit que:</u>

(i) <u>l'ensemble</u> $\{\mu^{\Omega} : \mu \in N\}$ <u>soit relativement compact dans</u> $M_m(\Omega)$,

(ii) <u>l'ensemble</u> $\{\mu^{*} : \mu \in N\}$ <u>soit relativement compact dans</u> $M_c(\mathscr{K})$.

<u>Démonstration</u>. Seule la condition suffisante n'est pas évidente. Pour simplifier les notations, on note X l'espace vectoriel engendré par $B^1_{mc}(\overline{\Omega})$.

Soit $\theta : M(\overline{\Omega}) \longrightarrow [-\infty,\infty]^X$ définie par: $\theta(\mu) = (\mu(f))_{f \in X}$, et $M' = \theta(M(\overline{\Omega}))$ l'image de $M(\overline{\Omega})$. L'application $\theta$, clairement injective, est d'après (2.4) un homéomorphisme de $M_{mc}(\overline{\Omega})$ sur M' muni de la topologie induite par la topologie produit. Si $N' = \theta(N)$ est l'image de N, il nous suffit alors de montrer que sous (i) et (ii) la fermeture de N' dans $[-\infty,\infty]^X$, qui est compact, est contenue dans M'.

Soit $(\mu_\alpha)$ une famille filtrante de N, telle que $(\theta(\mu_\alpha))$ converge dans $[-\infty,\infty]^X$: pour chaque $f \in X$, $(\mu_\alpha(f))$ converge vers une limite $\phi(f)$. Il est clair que $\phi$ est une forme linéaire positive sur X. D'après (i) il existe une sous-famille filtrante $(\mu_{\alpha'})$ telle que $(\mu^{\Omega}_{\alpha'})$ converge dans $M_m(\Omega)$ vers une limite $\nu$. Si $A \in \underline{\underline{F}}$ on a

$$\phi(I_A \otimes 1) = \lim_{(\alpha)} \mu_\alpha(I_A \otimes 1) = \lim_{(\alpha')} \mu^{\Omega}_{\alpha'}(A) = \nu(A)$$

et $\phi$ vérifie (2.6,i). D'après (ii), pour tout $\varepsilon > 0$ il existe un compact $K_\varepsilon$ de $\mathscr{K}$ tel que $\mu^{*}_\alpha(1) - \mu^{*}_\alpha(f) \leq \varepsilon$ pour tous $\alpha$, $f \in C_u(\mathscr{K})$ avec $I_{K_\varepsilon} \leq f \leq 1$: on en déduit que $\phi$ vérifie (2.6,ii). D'après (2.6) il existe donc $\mu \in M(\overline{\Omega})$ telle que $\mu(f) = \phi(f)$ pour $f \in X$, ce qui revient à dire que $\theta(\mu_\alpha) \longrightarrow \theta(\mu)$ dans $[-\infty,\infty]^X$. ∎

Dans le cas où $\Omega$ lui-même est polonais, donc $\overline{\Omega}$ aussi, on va en déduire un corollaire intéressant (qui peut aussi se montrer directement: voir [7]).

(2.9) COROLLAIRE: <u>Supposons</u> $\Omega$ <u>polonais, de tribu borélienne</u> $\underline{\underline{F}}$. <u>Pour qu'une famille filtrante</u> $(\mu_\alpha)$ <u>converge vers</u> $\mu$ <u>dans</u> $M_{mc}(\overline{\Omega})$, <u>il faut</u>

et il suffit que:

(i) la famille $(\mu_\alpha^\Omega)$ soit relativement compacte dans $M_m(\Omega)$,

(ii) la famille $(\mu_\alpha)$ converge vers $\mu$ dans $M_c(\bar{\Omega})$.

Démonstration. Seule la condition suffisante est à montrer. (i) et (ii) entrainent que la famille $(\mu_\alpha)$ satisfait les conditions de (2.8), donc est relativement compacte dans $M_{mc}(\bar{\Omega})$. (ii) entraine aussi que toute sous-famille filtrante de $(\mu_\alpha)$ qui converge dans $M_{mc}(\bar{\Omega})$, admet $\mu$ pour limite, d'où le résultat.∎

Terminons par un résultat sur la métrisabilité.

(2.10) PROPOSITION: Si $\underline{\underline{F}}$ est séparable, $M_{mc}(\bar{\Omega})$ (et donc $M_m(\Omega)$) est métrisable.

Démonstration. $\underline{\underline{F}}$ est engendrée par une algèbre dénombrable $\underline{\underline{F}}^o$. Soit $(f_n)_{n\geq 1}$ une suite dense dans $C_u(\mathscr{X})$ pour la topologie uniforme, avec $f_1 = 1$. D'après (2.4) il suffit de montrer que si $(\mu_\alpha)$ est une famille filtrante de $M(\bar{\Omega})$, si $\mu\in M(\bar{\Omega})$, et si $\mu_\alpha(I_A\otimes f_n)\longrightarrow\mu(I_A\otimes f_n)$ pour tous $A\in\underline{\underline{F}}^o$, $n\geq 1$, alors $\mu_\alpha(I_A\otimes f)\longrightarrow\mu(I_A\otimes f)$ pour tous $A\in\underline{\underline{F}}$, $f\in C_u(\mathscr{X})$.

Soit $\mathscr{H}$ la classe des fonctions $g\in B_{mc}(\bar{\Omega})$ telles que $\mu_\alpha(g)\longrightarrow\mu(g)$. $\mathscr{H}$ est un espace vectoriel, fermé pour la convergence uniforme: en effet si $b=\sup_{(\alpha)}\mu_\alpha(\bar{\Omega})$ on a $b<\infty$ et $\mu(\bar{\Omega})\leq b$, et

$$|\mu_\alpha(g)-\mu_\alpha(g')|\leq b\sup|g-g'|,\quad |\mu(g)-\mu(g')|\leq b\sup|g-g'|.$$

Si $A\in\underline{\underline{F}}^o$, on a $I_A\otimes f_n\in\mathscr{H}$ pour tout $n\geq 1$, donc $I_A\otimes f\in\mathscr{H}$ pour toute $f\in C_u(\mathscr{X})$. Si $f\in C_u(\mathscr{X})$ et si $\mathscr{H}_f=\{h\in B(\Omega): h\otimes f\in\mathscr{H}\}$, $\mathscr{H}_f$ est un espace vectoriel contenant les constantes, fermé pour la convergence uniforme, et contenant les indicatrices $I_A$ pour $A\in\underline{\underline{F}}^o$. D'après le théorème des classes monotones, on a $\mathscr{H}_f = B(\Omega)$ et donc $B^1_{mc}(\bar{\Omega})\subset\mathscr{H}$. ∎

§d - Extension des théorèmes de convergence aux fonctions non continues. Dans ce paragraphe nous considérons une suite $(\mu_n)$ convergeant vers $\mu$ dans $M_{mc}(\bar{\Omega})$. On sait que $\mu_n(g)\longrightarrow\mu(g)$ pour $g\in B_{mc}(\bar{\Omega})$. Pour quelles fonctions $g$ n'appartenant pas à $B_{mc}(\bar{\Omega})$ a-t-on encore $\mu_n(g)\longrightarrow\mu(g)$ ?

Il s'agit là de résultats essentiellement techniques, mais néanmoins très utiles. Ils généralisent, avec les mêmes méthodes de démonstration, les résultats correspondants pour la convergence étroite.

Pour tout $A\in\underline{\underline{F}}$ on note $A_\omega$ sa "coupe selon $\omega$", c'est-à-dire $A_\omega = \{x:(\omega,x)\in A\}$. On note $\bar{\underline{\underline{F}}}$ l'ensemble des $A\in\underline{\underline{F}}$ à coupes $A_\omega$ fermées dans $\mathscr{X}$.

(2.11) PROPOSITION: <u>Supposons que</u> $\mu_n \longrightarrow \mu$ <u>dans</u> $M_{mc}(\bar{\Omega})$. <u>Alors</u>

(i) $\limsup_{(n)} \mu_n(F) \leq \mu(F)$ <u>pour</u> $F \in \bar{\mathcal{F}}$.

(ii) $\limsup_{(n)} \mu_n(g) \leq \mu(g)$ <u>pour</u> $g \in B(\bar{\Omega})$ <u>telle que</u> $g \geq 0$ <u>et que chaque</u> $g(\omega,.)$ <u>soit s.c.s. sur</u> $\mathcal{X}$.

Ce résultat est démontré par Meyer [9], théorème 7, lorsque $\mathcal{X} = [0,\infty]$, mais la démonstration de [9] ne fait pas ressortir l'usage (nécessaire, semble-t-il) du théorème de section. Le théorème de section joue un rôle essentiel dans le lemme suivant:

(2.12) LEMME: <u>Soit</u> $\nu \in M(\bar{\Omega})$ <u>et</u> $F \in \bar{\mathcal{F}}$. <u>Il existe une suite décroissante</u> $(g_n)$ <u>de fonctions positives de</u> $B_{mc}(\bar{\Omega})$ <u>telle que</u> $I_F = \lim_{(n)} g_n$ $\nu$-<u>p.s.</u>

<u>Démonstration</u>. Choisissons sur $\mathcal{X}$ une distance $\delta$ pour laquelle $\mathcal{X}$ est totalement borné. Pour tout $r>0$ il existe alors un entier $N(r)$ ayant la propriété suivante: si $x_1,\dots,x_n \in \mathcal{X}$ sont tels que $\delta(x_i,x_j) \geq r$ pour tous $i,j \leq n$, $i \neq j$, alors $n \leq N(r)$. Soit $\Delta$ un point extérieur à $\mathcal{X}$; soit $\mathcal{X}_\Delta = \mathcal{X} \cup \{\Delta\}$ et $\underline{\underline{\mathcal{X}}}_\Delta$ la tribu de $\mathcal{X}_\Delta$ engendrée par $\underline{\underline{\mathcal{X}}}$.

Soit $k \in \mathbb{N}$. On va construire par récurrence une suite $(F(k,q): 0 \leq q \leq N(1/k))$ d'ensembles de $\bar{\mathcal{F}}$ de la manière suivante: on pose $F(k,0) = F$. Supposons $F(k,q) \in \bar{\mathcal{F}}$ connu. D'après le théorème de section il existe un ensemble $\nu^{\Omega}$-négligeable $A_{k,q+1} \subset \Omega$ et une application mesurable $h_{k,q+1} : (\Omega,\underline{\underline{F}}) \longrightarrow (\mathcal{X}_\Delta,\underline{\underline{\mathcal{X}}}_\Delta)$ tels que:

$$(2.13) \qquad \omega \notin A_{k,q+1} \longrightarrow \begin{cases} F(k,q)_\omega \neq \emptyset \iff h_{k,q+1}(\omega) \in F(k,q)_\omega \\ F(k,q)_\omega = \emptyset \iff h_{k,q+1}(\omega) = \Delta. \end{cases}$$

On pose alors:

$$(2.14) \qquad F(k,q+1) = \{(\omega,x) \in F(k,q) : \delta(x,h_{k,q+1}(\omega)) \geq 1/k\}.$$

Il est facile de voir que $F(k,q+1) \in \bar{\mathcal{F}}$. D'après la définition de $N(1/k)$ on a $F(k,N(1/k)) = \emptyset$. Posons

$$A = \bigcup_{k\geq 1,\ 1\leq q\leq N(1/k)} A_{k,q}$$

$$H_\omega = \{h_{k,q}(\omega) : k \geq 1,\ 1 \leq q \leq N(1/k)\}$$

$$g(\omega,x) = \inf_{k\geq 1,\ 1\leq q\leq N(1/k)} \delta(x,h_{k,q}(\omega)).$$

On a $g \in B(\bar{\Omega})$ par construction, et $g(\omega,x) = \delta(x,F'_\omega)$, distance de $x$ à la fermeture $F'_\omega$ de $H_\omega$ dans $\mathcal{X}$, donc $g(\omega,.) \in C(\mathcal{X})$ et $g \in B_{mc}(\bar{\Omega})$. D'après (2.13) et (2.14) il est facile de voir que $F'_\omega = F_\omega$ si $\omega \notin A$, tandis que $\nu^{\Omega}(A) = 0$. Il reste alors à poser $g_n = \varphi(ng)$, où $\varphi$ est la fonction $\varphi(t) = (1-t) \vee 0$ (dans ce lemme, la difficulté provient de ce qu'on ne peut pas prendre simplement $g(\omega,x) = \delta(x,F_\omega)$, car la fonction $g$ ainsi définie ne serait pas nécessairement $\underline{\underline{F}}$-mesurable). ∎

<u>Démonstration de (2.11)</u>. (i) Soit $\nu \in M(\overline{\Omega})$ une mesure dominant $\mu$ et les $\mu_n$. Soit $F \in \overline{\mathcal{F}}$. D'après (2.12) il existe une suite décroissante $(g_q)$ de fonctions positives de $B_{mc}(\overline{\Omega})$ avec $I_F = \lim_{(q)} \downarrow g_q$ $\nu$-p.s. On a alors

$$\limsup_{(n)} \mu_n(F) \leq \lim_{(n)} \mu_n(g_q) = \mu(g_q)$$
$$\lim_{(q)} \mu(g_q) = \mu(F),$$

d'où le résultat.

(ii) Pour tout $a \geq 0$ on pose $F(a) = \{g \geq a\}$. On sait que

$$\mu_n(g) = \int_0^{\infty} \mu_n(F(a))\, da,$$

et de même pour $\mu$. Mais $F(a) \in \overline{\mathcal{F}}$, donc (i) et le lemme de Fatou entraînent le résultat. ∎

(2.15) COROLLAIRE: <u>Supposons que</u> $\mu_n \longrightarrow \mu$ <u>dans</u> $M_{mc}(\overline{\Omega})$. <u>Si</u> $F \in \overline{\mathcal{F}}$ <u>vérifie</u> $\mu_n(\overline{\Omega} \setminus F) \longrightarrow 0$, <u>alors</u> $\mu(\overline{\Omega} \setminus F) = 0$.

Compte tenu de (2.11), le résultat suivant est classique (voir par exemple [6], p. 115).

(2.16) THEOREME: <u>Supposons que</u> $\mu_n \longrightarrow \mu$ <u>dans</u> $M_{mc}(\overline{\Omega})$. <u>Soit</u> $A \in \overline{\underline{F}}$. <u>Soit</u> $g$ <u>une fonction mesurable sur</u> $(\overline{\Omega}, \overline{\underline{F}})$. <u>Si</u>

(i) $\mu_n(\overline{\Omega} \setminus A) \longrightarrow 0$ <u>et</u> $\mu(\overline{\Omega} \setminus A) = 0$,

(ii) $\lim_{a \uparrow \infty} \sup_{(n)} \mu_n(|g| I_{\{|g| > a\}}) = 0$,

(iii) <u>l'ensemble</u> $\{(\omega, x) \in A :$ la restriction de $g(\omega, .)$ à la coupe $A_\omega$ est discontinue au point $x\}$ <u>est</u> $\mu$-<u>négligeable</u>.

<u>On a alors</u>: $\mu_n(g) \longrightarrow \mu(g)$.

Remarquer que l'ensemble négligeable intervenant dans (iii) est contenu dans l'ensemble des $(\omega, x) \in A$ tels que $g(\omega, .)$ soit discontinue en $x$.

<u>Démonstration</u>. Commençons par montrer le résultat lorsque $g$ est bornée. On peut alors supposer que $0 \leq g \leq 1$. La fonction $\overline{g}(\omega, x) = \limsup_{y \to x} g(\omega, y) I_A(\omega, y)$ est s.c.s. positive, et dans $B(\overline{\Omega})$. Donc

$$\limsup_{(n)} \mu_n(\overline{g}) \leq \mu(\overline{g}).$$

On a $I_A g \leq \overline{g}$, donc $g \leq \overline{g} + I_{A^c}$ et d'après (i) il vient

$$\limsup_{(n)} \mu_n(g) \leq \mu(\overline{g}).$$

Enfin l'ensemble $\mu$-négligeable dans (iii) contient $A \cap \{g < \overline{g}\}$, de sorte que (i) et (iii) impliquent que $\mu(\overline{g}) = \mu(g)$. On a donc montré que $\limsup_{(n)} \mu_n(g) \leq \mu(g)$, et on montre de même que $\liminf_{(n)} \mu_n(g) \geq \mu(g)$, donc $\mu_n(g) \longrightarrow \mu(g)$.

Passons au cas général, où $g$ vérifie (ii). Posons $g_N = (g \wedge N) \vee (-N)$ pour $N \in \mathbb{N}$. Comme $\mu_n(1) \longrightarrow \mu(1) < \infty$, (ii) implique clairement que $b = \sup_{(n)} \mu_n(|g|)$ est fini. Comme $|g_N|$ vérifie (iii) et est borné, on a

$$(2.17) \qquad \mu(|g|) = \lim_{(N)} \mu(|g_N|) = \lim_{(N)} \lim_{(n)} \mu_n(|g_N|) \leq b .$$

Par ailleurs

$$|\mu_n(g) - \mu(g)| \leq |\mu_n(g_N) - \mu(g_N)| + |\mu(g) - \mu(g_N)| + \mu_n(|g - g_N|) .$$

Comme $g_N$ vérifie (iii) et est borné, on a: $\mu_n(g_N) \longrightarrow \mu(g_N)$. D'après (ii), on a

$$\sup_{(n)} \mu_n(|g - g_N|) \leq \sup_{(n)} \mu_n(|g| I_{\{|g| > N\}})$$

tend vers 0 quand $N \uparrow \infty$. Enfin $\mu(g_N) \longrightarrow \mu(g)$ d'après (2.17). On en déduit que $\mu_n(g) \longrightarrow \mu(g)$. ∎

(2.18) COROLLAIRE: <u>Supposons que</u> $\mu_n \longrightarrow \mu$ <u>dans</u> $M_{mc}(\bar{\Omega})$. <u>Soit</u> $g$ <u>une fonction mesurable sur</u> $(\bar{\Omega}, \bar{\underline{F}})$ <u>et</u> $A \in \bar{\underline{F}}$ <u>vérifiant les conditions (2.16,i,iii). Soit</u> $(g_n)$ <u>une suite de fonctions mesurables sur</u> $(\bar{\Omega}, \bar{\underline{F}})$ <u>vérifiant</u>:

(i) $\mu_n(|g_n - g| > \varepsilon) \longrightarrow 0$ <u>pour tout</u> $\varepsilon > 0$,

(ii) $\lim_{a \uparrow \infty} \sup_{(n)} \mu_n(|g_n| I_{\{|g_n| > a\}}) = 0$.

<u>On a alors</u> $\mu_n(g_n) \longrightarrow \mu(g)$.

<u>Démonstration</u>. Supposons d'abord que $|g|$ et les $|g_n|$ soient bornées par une même constante $N$. On a alors

$$|\mu_n(g_n) - \mu(g)| \leq |\mu_n(g) - \mu(g)| + \varepsilon \mu_n(1) + 2N \mu_n(|g_n - g| > \varepsilon) .$$

On obtient le résultat en appliquant (2.16), $\mu_n(1) \longrightarrow \mu(1) < \infty$, et (i).

Passons au cas général où on a seulement (ii). Posons $g_n^N = (g_n \wedge N) \vee (-N)$ et $g^N = (g \wedge N) \vee (-N)$. (ii) implique que $b = \sup_{(n)} \mu_n(|g_n|)$ est fini. Comme la suite $(|g_n^N|, |g^N|)$ vérifie les conditions du début de la démonstration, on montre comme dans la preuve de (2.16) que $\mu(|g|) \leq b$. On a

$$|\mu_n(g_n) - \mu(g)| \leq |\mu_n(g_n^N) - \mu(g^N)| + |\mu(g^N) - \mu(g)| + \mu_n(|g_n - g_n^N|) .$$

En utilisant le début de la démonstration, le fait que $\mu(|g|) \leq b$, et (ii), on vérifie aisément que $\mu_n(g_n) \longrightarrow \mu(g)$. ∎

## <u>3 - LES VARIABLES ALEATOIRES FLOUES</u>

§a - Sauf mention contraire, une <u>variable aléatoire</u> (v.a.) est une application mesurable de $(\Omega, \underline{F})$ dans $(\mathfrak{X}, \underline{\mathfrak{X}})$. Conformément à ce qui est annoncé dans l'introduction, on pose:

(3.1) DEFINITION: Une <u>variable aléatoire floue</u> (v.a. floue) sur l'espace probabilisé $(\Omega,\underline{\underline{F}},P)$ est une probabilité $R$ sur $(\bar{\Omega},\bar{\underline{\underline{F}}})$ telle que $R^{\Omega}=P$.

A toute v.a. $X$ (non floue ! ) on associe la v.a. floue $R_X^P$ définie par (1.3):

$$R_X^P(d\omega,dx) = P(d\omega)\,\varepsilon_{X(\omega)}(dx).$$

On note $\mathcal{R}(P)$ l'ensemble des v.a. floues sur $(\Omega,\underline{\underline{F}},P)$, et par $\mathcal{R}^o(P)$ le sous-ensemble des éléments de $\mathcal{R}(P)$ associés à une v.a. non floue par la formule précédente.

$\mathcal{R}^o(P)$ est une partie propre de $\mathcal{R}(P)$, à moins que $\mathscr{X}$ ne soit réduit à un point. Il y a clairement correspondance biunivoque entre $\mathcal{R}^o(P)$ et l'ensemble $L_{\mathscr{X}}(\Omega,\underline{\underline{F}},P)$ des classes d'équivalence (pour l'égalité P-p.s.) de v.a. sur $(\Omega,\underline{\underline{F}},P)$.

La topologie induite sur $\mathcal{R}(P)$ par $M_{mc}(\bar{\Omega})$ est susceptible de diverses interprétations:

(3.2) Supposons $\Omega$ polonais, de tribu borélienne $\underline{\underline{F}}$. D'après (2.9) une famille filtrante $(R_\alpha)$ de $\mathcal{R}(P)$ converge vers une limite $R$ dans $M_{mc}(\bar{\Omega})$ si et seulement si elle converge dans $M_c(\bar{\Omega})$ vers $R$ (et alors $R\in\mathcal{R}(P)$ car $\mathcal{R}(P)$ est trivialement fermé dans $M_{mc}(\bar{\Omega})$).
En particulier si $R_\alpha = R_{X_\alpha}^P$, $R = R_X^P$, on a $R_\alpha \longrightarrow R$ si et seulement si la famille de variables aléatoires $(\omega,X_\alpha(\omega))$ à valeurs dans l'espace polonais $\bar{\Omega}$ <u>converge en loi</u> vers $(\omega,X(\omega))$. ∎

(3.3) Une famille filtrante $(R_\alpha)$ de $\mathcal{R}(P)$ converge vers $R$ dans $M_{mc}(\bar{\Omega})$ si et seulement si $(R_\alpha(A_\times .))$ converge vers $R(A_\times .)$ dans $M_c(\mathscr{X})$, pour tout $A\in\underline{\underline{F}}$ (proposition (2.4)).
En particulier si $R_\alpha = R_{X_\alpha}^P$, $R = R_X^P$, on a $R_\alpha \longrightarrow R$ si et seulement si $(X_\alpha)$ <u>tend vers</u> $X$ <u>en loi, pour chaque probabilité</u> $P_A(.) = \frac{P(A\cap .)}{P(A)}$. ∎

(3.4) PROPOSITION: <u>La suite de v.a.</u> $(X_n)$ <u>converge de manière stable sur</u> $(\Omega,\underline{\underline{F}},P)$ <u>si et seulement si la suite</u> $(R_{X_n}^P)$ <u>converge dans</u> $M_{mc}(\bar{\Omega})$.

<u>Démonstration</u>. La condition suffisante est triviale. Supposons inversement que $(X_n)$ converge de manière stable. Pour $f\in C_u(\mathscr{X})$, $A\in\underline{\underline{F}}$, on pose $\phi(I_A\otimes f) = \lim E(I_A f(X_n)) = \lim R_{X_n}^P(I_A\otimes f)$. $\phi$ s'étend en une forme linéaire sur l'espace vectoriel engendré par $B_{mc}^1(\bar{\Omega})$, qui vérifie (2.6,ii) parce que les $X_n$ convergent en loi par hypothèse, et qui vérifie trivialement (2.6,i) car $\phi(I_A\otimes 1) = P(A)$. Il existe donc $\mu\in M(\bar{\Omega})$ telle que $\mu(g) = \phi(g)$ si $g\in B_{mc}^1(\bar{\Omega})$, et d'après (2.4) $R_{X_n}^P$ tend vers $\mu$. ∎

Nous avons souligné dans l'introduction qu'en restriction à $\mathcal{R}^o(P)$, la convergence dans $M_{mc}(\bar{\Omega})$ équivaut à la convergence en probabilité des v. a. non floues associées (résultat dû à Dellacherie [5]). Plus généralement on a la:

(3.5) PROPOSITION: <u>Soit</u> $(R_\alpha)$ <u>une famille filtrante de</u> $M(\bar{\Omega})$ <u>de la forme</u> $R_\alpha = R^P_{X_\alpha}$ ; <u>soit</u> $R \in M(\bar{\Omega})$ <u>de la forme</u> $R = R^P_X$. <u>Pour que</u> $(R_\alpha)$ <u>converge vers</u> $R$ <u>dans</u> $M_{mc}(\bar{\Omega})$ <u>il faut et il suffit que</u>:

(i) $(P_\alpha)$ <u>converge vers</u> $P$ <u>dans</u> $M_m(\Omega)$ ;

(ii) $P_\alpha(\delta(X_\alpha, X) > \varepsilon) \longrightarrow 0$ <u>pour tout</u> $\varepsilon > 0$ ( $\delta$ étant une distance compatible avec la topologie de $\mathfrak{X}$).

<u>Démonstration</u>. (ii) équivaut à

$$E_{P_\alpha}[1 \wedge \delta(X, X_\alpha)] \longrightarrow 0 . \tag{3.6}$$

Supposons d'abord que $R_\alpha \longrightarrow R$. On a évidemment (i) et la fonction $f(\omega, x) = 1 \wedge \delta(X(\omega), x)$ est dans $B_{mc}(\bar{\Omega})$, tandis que $R_\alpha(f)$ égale le premier membre de (3.6), et $R(f) = 0$ : on a donc (ii).

Supposons inversement qu'on ait (i) et (ii). Soit $g = I_A \otimes f \in B^1_{mc}(\bar{\Omega})$. Soit $a = \sup|f|$ et $\varepsilon > 0$. Il existe $\eta > 0$ tel que: $\delta(x,y) \leq \eta \Longrightarrow |f(x) - f(y)| \leq \varepsilon$. Par suite

$$R_\alpha(g) = E_{P_\alpha}[I_A f(X_\alpha)] = E_{P_\alpha}[I_A f(X)] + E_{P_\alpha}[I_A(f(X_\alpha) - f(X))]$$

$$|R_\alpha(g) - E_{P_\alpha}[I_A f(X)]| \leq \varepsilon + 2a P_\alpha[\delta(X, X_\alpha) > \eta],$$

tandis que (i) entraine que $E_{P_\alpha}[I_A f(X)]$ converge vers $E_P[I_A f(X)] = R(g)$. Comme $\varepsilon$ est arbitraire, (ii) entraine que $R_\alpha(g) \longrightarrow R(g)$, et $R_\alpha \longrightarrow R$ d'après (2.4). ∎

(3.7) COROLLAIRE: <u>L'application</u>: $X \rightsquigarrow R^P_X$ <u>est un homéomorphisme de</u> $L_{\mathfrak{X}}(\Omega, \underline{\underline{F}}, P)$ <u>muni de la convergence en probabilité sur</u> $\mathcal{R}^o(P)$ <u>muni de la topologie induite par</u> $M_{mc}(\bar{\Omega})$.

En particulier, $\mathcal{R}^o(P)$ muni de la topologie induite par $M_{mc}(\bar{\Omega})$ est métrisable. Ainsi, l'espace $\mathcal{R}(P)$ constitue-t-il une extension naturelle de $L_{\mathfrak{X}}(\Omega, \underline{\underline{F}}, P)$ muni de la convergence en probabilité. Cette dernière topologie n'est guère maniable, du fait notamment qu'on ne dispose pas de critère de compacité. Au contraire on dispose de tels critères dans $\mathcal{R}(P)$ (le prix à payer étant que $\mathcal{R}^o(P)$ n'est pas fermé dans $\mathcal{R}(P)$). En effet, $\mathcal{R}(P)$ étant trivialement fermé dans $M_{mc}(\bar{\Omega})$, on a d'après (2.8):

(3.8) THEOREME: <u>Pour qu'une partie</u> $N$ <u>de</u> $\mathcal{R}(P)$ <u>soit relativement compacte pour la topologie induite par</u> $M_{mc}(\bar{\Omega})$, <u>il faut et il suffit que l'ensemble</u> $\{R^{\mathfrak{X}} : R \in N\}$ <u>soit relativement compact dans</u> $M_c(\mathfrak{X})$.

(3.9) COROLLAIRE: <u>Pour que</u> $\mathcal{R}(P)$ <u>soit compact dans</u> $M_{mc}(\bar{\Omega})$ , <u>il faut et il suffit que</u> $\mathfrak{X}$ <u>soit compact</u>.

<u>Démonstration</u>. La condition nécessaire vient de ce que l'application: $x \rightsquigarrow P\otimes\varepsilon_x$ est un homéomorphisme de $\mathfrak{X}$ sur un fermé de $\mathcal{R}(P)$ , la condition suffisante découle de (3.8), car si $\mathfrak{X}$ est compact, il en est de même de $M_c(\mathfrak{X})$ . ∎

§b - <u>Désintégration d'une variable floue</u>. Toute $R\in\mathcal{R}(P)$ se factorise ainsi:

(3.10) $$R(d\omega,dx) = P(d\omega)\, Q(\omega,dx)$$

et $R=R_X^P$ si et seulement si $Q(.,dx)=\varepsilon_{X(.)}(dx)$ P-p.s.

Commençons par énoncer un critère de convergence utilisant (3.10). On notera $\underline{\underline{F}}(R)$ la tribu engendrée par les variables $Q(.,B)$ , $B\in\underline{\underline{\mathfrak{X}}}$. Remarquer que $\underline{\underline{F}}(R)$ est une sous-tribu séparable de $\underline{\underline{F}}$ qui, aux ensembles P-négligeables près, ne dépend pas de la factorisation (3.10). Si $R=R_X^P$ on a aussi $\underline{\underline{F}}(R)=\sigma(X)$ aux ensembles P-négligeables près.

(3.11) PROPOSITION: <u>Soit</u> $(R_\alpha)$ <u>une famille filtrante de</u> $\mathcal{R}(P)$ . <u>Pour que</u> $R_\alpha \longrightarrow R$ <u>dans</u> $M_{mc}(\bar{\Omega})$ <u>il faut et il suffit que</u> $R_\alpha(I_A\otimes f)\longrightarrow R(I_A\otimes f)$ <u>pour tous</u> $f\in C_u(\mathfrak{X})$ <u>et</u> $A\in[\bigvee_{(\alpha)}\underline{\underline{F}}(R_\alpha)]\bigvee\underline{\underline{F}}(R)$ . <u>Dans ce cas, on a</u> $\underline{\underline{F}}(R)\subset\bigvee_{(\alpha)}\underline{\underline{F}}(R_\alpha)$ <u>aux ensembles</u> P-<u>négligeables près</u>.

<u>Démonstration</u>. Seule la condition suffisante est à montrer. On pose $\underline{\underline{F}}'=\bigvee_{(\alpha)}\underline{\underline{F}}(R_\alpha)$ et $\underline{\underline{F}}''=\underline{\underline{F}}'\bigvee\underline{\underline{F}}(R)$ , et on considère les factorisations (3.10): $R_\alpha(d\omega,dx) = P(d\omega)Q_\alpha(\omega,dx)$ et $R(d\omega,dx) = P(d\omega)Q(\omega,dx)$ . A l'aide d'approximations uniformes, on voit aisément que $R_\alpha(U\otimes f) \longrightarrow R(U\otimes f)$ pour toutes $f\in C_u(\mathfrak{X})$ , $U\in B(\Omega,\underline{\underline{F}}'')$ .

Soit $f\in C_u(\mathfrak{X})$ , $A\in\underline{\underline{F}}$ et $U=E(I_A|\underline{\underline{F}}'')$ . On a

$$R_\alpha(I_A\otimes f) = E[I_A\, Q(.,f)] = E[U\, Q(.,f)] = R_\alpha(U\otimes f),$$

et de même $R(I_A\otimes f)=R(U\otimes f)$ . On en déduit que $R_\alpha(I_A\otimes f)\longrightarrow R(I_A\otimes f)$ , donc $R_\alpha\longrightarrow R$ d'après (2.4). Si de plus on pose $V=E(I_A|\underline{\underline{F}}')$ , on voit comme ci-dessus que $R_\alpha(I_A\otimes f)=R\,(V\otimes f)$ pour tout $\alpha$. Ce qui précède implique que $R_\alpha(I_A\otimes f)\longrightarrow R(I_A\otimes f)$ et que $R_\alpha(V\otimes f)\longrightarrow R(V\otimes f)$ ; par suite $R(I_A\otimes f)=R(V\otimes f)$ , soit

$$E[I_A\, Q(.,f)] = E[E(I_A|\underline{\underline{F}}')\, Q(.,f)]$$

pour tout $A\in\underline{\underline{F}}$ et toute $f\in C_u(\mathfrak{X})$ . Par suite $Q(.,f)$ est $\underline{\underline{F}}'$-mesurable (aux ensembles P-négligeables près), et $\underline{\underline{F}}(R)\subset\underline{\underline{F}}'$ aux ensembles P-négligeables près. ∎

Si $R\in\mathcal{R}(P)$ , on appelle <u>support de</u> R tout ensemble $F\in\bar{\mathcal{F}}$ tel que

$$(3.12)\quad \begin{cases} R(F) = 1 \\ F'\in \overline{\mathcal{F}},\ R(F') = 1 \longrightarrow P(\{\omega : F_\omega \not\subset F'_\omega\}) = 0 . \end{cases}$$

Lorsque $\Omega$ est réduit à un point, on retrouve la notion usuelle de support d'une mesure sur l'espace polonais $\mathcal{X}$. Lorsque $\mathcal{X}$ est réduit à un point, on retrouve la notion de "support", ou "ensemble minimal portant la probabilité" $P$.

(3.13) PROPOSITION: <u>Soit</u> $R\in\mathcal{R}(P)$ <u>admettant la factorisation (3.10).</u>

(i) <u>Si</u> $F_\omega$ <u>désigne le support de</u> $Q(\omega,.)$ <u>dans</u> $\mathcal{X}$, <u>l'ensemble</u> $F$ <u>de coupes</u> $F_\omega$ <u>est un support de</u> $R$.

(ii) <u>Si</u> $F'$ <u>est un autre support de</u> $R$, <u>on a</u> $P(\{\omega : F'_\omega \neq F_\omega\}) = 0$.

<u>Démonstration</u>. Soit $(G_n)$ une suite d'ouverts constituant une base de la topologie de $\mathcal{X}$. Par définition du support de $Q(\omega,.)$ on a

$$F_\omega = [\bigcup_{n : Q(\omega,G_n)=0} G_n]^c ,$$

de sorte que

$$(3.14)\qquad F = [\bigcup_{(n)} \{(\omega,x) : Q(\omega,G_n) = 0 \text{ et } x\in G_n\}]^c .$$

Par suite $F\in\overline{\mathcal{F}}$. Il est évident que $R(F)=1$. Soit $F'\in\overline{\mathcal{F}}$ avec $R(F')=1$. Pour P-presque tout $\omega$ on a alors $Q(\omega,F')=1$, donc $F'_\omega\supset F_\omega$ par définition de $F_\omega$. Donc $F$ vérifie (3.12), et on a (i). Enfin (ii) est évident.∎

Le résultat suivant, sur la caractérisation du support de la limite d'une suite de v.a. convergeant de manière stable, est essentiellement dû à Aldous [1].

(3.15) PROPOSITION: <u>Soit</u> $(X_n)$ <u>une suite de v.a. sur</u> $(\Omega,\underline{\underline{F}},P)$, <u>convergeant de manière stable vers</u> $R\in\mathcal{R}(P)$ (i.e., $(R^P_{X_n})$ converge vers $R$ dans $M_{mc}(\overline{\Omega})$ ). <u>Soit</u> $F$ <u>un support de</u> $R$. <u>Il existe une sous-suite</u> $\mathbb{N}'\subset\mathbb{N}$ <u>telle que, pour</u> P-<u>presque tout</u> $\omega$, $F_\omega$ <u>soit égal à l'ensemble des points limite de la suite</u> $(X_n(\omega))_{n\in\mathbb{N}'}$.

On pourra comparer ce résultat à l'existence, lorsque $(X_n)$ converge en probabilité vers une v.a. $X$, d'une sous-suite convergeant p.s. vers $X$.

<u>Démonstration</u>. D'après (3.13,ii) on peut prendre pour $F$ l'ensemble défini par (3.14). Soit $G(p,m) = \{x : \delta(x,G^c_p)\geq 1/m\}$. On a $G_p = \bigcup_{(m)}G(p,m)$, et si

$$A(p,m) = \{\omega: Q(\omega,G_p) = 0\}\times G(p,m) ,$$

on a $F^c = \bigcup_{p,m}A(p,m)$, tandis que $A(p,m)\in\overline{\mathcal{F}}$. On a aussi $R(A(p,m))=0$, donc (2.11) entraine que

$$P(\{\omega: X_n(\omega)\in A(p,m)_\omega\}) \;=\; R_n(A(p,m)) \xrightarrow[(n)]{} 0 .$$

Un raisonnement classique permet alors de trouver une sous-suite $\mathbb{N}'$ et une partie P-négligeable $B$ de $\Omega$ tels que, pour tous $\omega\notin B$, $m,p\in\mathbb{N}$, il existe $N(\omega,p,m)\in\mathbb{N}$ avec $X_n(\omega)\notin A(p,m)_\omega$ pour $n\in\mathbb{N}'$, $n\geq N(\omega,p,m)$. Si $\tilde{F}_\omega$ désigne l'ensemble des points limite de la suite $(X_n(\omega))_{n\in\mathbb{N}'}$ on a donc $\tilde{F}_\omega\bigcap A(p,m)_\omega=\emptyset$ si $\omega\notin B$, soit $\tilde{F}_\omega\subset F_\omega$ pour $\omega\notin B$.

Par ailleurs $F^m=\{(\omega,x):\inf_{n\in\mathbb{N}',n\geq m}\delta(x,X_n(\omega))=0\}$ est dans $\bar{\mathcal{F}}$ et $R_n(F^m)=1$ si $n\geq m$, $n\in\mathbb{N}'$. D'après (2.11) on a donc $R(F^m)=1$. D'après (3.12) il existe une partie P-négligeable $B'$ de $\Omega$ telle que $F_\omega\subset F^m_\omega$ pour tout $m\in\mathbb{N}$ si $\omega\notin B'$. Mais $\tilde{F}_\omega=\bigcap_{(m)}F^m_\omega$. On en déduit que $\tilde{F}_\omega=F_\omega$ si $\omega\notin B\bigcup B'$. ∎

3.16) REMARQUE: Plus généralement, on pourrait se demander si on n'a pas l'assertion suivante: soit $(R_n)$ une suite de $\mathcal{R}(P)$ convergeant vers $R$; soit $F^n$ un support de $R_n$ et $F$ un support de $R$; il existe une sous-suite $\mathbb{N}'\subset\mathbb{N}$ telle que pour P-presque tout $\omega$, on ait $F_\omega=\bigcap_{(m)}[\bigcup_{n\in\mathbb{N}',n\geq m}F^m_\omega]$.

C'est évidemment faux: prendre $R_n(d\omega,dx)=\varepsilon_{\omega_0}(d\omega)S_n(dx)$, où $(S_n)$ est une suite de probabilités sur $\mathfrak{X}$ de supports égaux à $\mathfrak{X}$, mais qui converge vers une mesure de Dirac. ∎

Le résultat suivant est évident (utiliser (2.16)).

3.17) PROPOSITION: <u>Soit</u> $(R_n)$ <u>une suite de</u> $\mathcal{R}(P)$ <u>convergeant vers</u> $R$ <u>dans</u> $M_{mc}(\bar{\Omega})$, <u>avec les factorisations</u> $R_n(d\omega,dx)=P(d\omega)Q_n(\omega,dx)$ <u>et</u> $R(d\omega,dx)=P(d\omega)Q(\omega,dx)$. <u>Soit</u> $P'\ll P$. <u>Si</u> $R'_n(d\omega,dx)=P'(d\omega)Q_n(\omega,dx)$ <u>et</u> $R'(d\omega,dx)=P'(d\omega)Q(\omega,dx)$, <u>la suite</u> $(R'_n)$ <u>converge vers</u> $R'$.

En particulier si la suite de v.a. $(X_n)$ converge de manière stable sur $(\Omega,\underline{\underline{F}},P)$, elle converge aussi de manière stable sur $(\Omega,\underline{\underline{F}},P')$.

Terminons enfin ce paragraphe par un résultat dont l'idée est due à Meyer [9]. D'après la proposition (2.10), ce résultat est évidemment sans objet si $\underline{\underline{F}}$ est séparable.

3.18) PROPOSITION: <u>Si</u> $(R_n)$ <u>est une suite relativement compacte dans</u> $\mathcal{R}(P)$ <u>on peut en extraire une sous-suite convergente</u> (autrement dit: toute partie relativement compacte de $\mathcal{R}(P)$ est séquentiellement relativement compacte).

<u>Démonstration</u>. Soit $\underline{\underline{F}}'=\bigvee_{(n)}\underline{\underline{F}}(R_n)$, qui est séparable. Notons $P'$ la restriction de $P$ à $(\Omega,\underline{\underline{F}}')$, $R'_n$ celle de $R_n$ à $(\bar{\Omega},\underline{\underline{F}}'\otimes\underline{\underline{\mathfrak{X}}})$. D'après le théorème (2.8), la suite $(R'_n)$ est relativement compacte dans $\mathcal{R}(P')$,

espace des probabilités $\mu$ sur $(\bar{\Omega},\underline{\underline{F}}'\otimes\underline{\underline{\mathfrak{X}}})$ telles que $\mu^{\Omega}=P'$. Mais $\mathcal{R}(P')$ est métrisable, donc on peut extraire une sous-suite $(R'_{n_k})$ qui converge dans $\mathcal{R}(P')$ vers une limite $R'$ admettant la factorisation $R'(d\omega,dx)=P'(d\omega)Q(\omega,dx)$.

Soit alors $R\in\mathcal{R}(P)$ défini par $R(A\times B)=E[I_A\,Q(.,B)]$. Remarquer que $\underline{\underline{F}}(R)\subset\underline{\underline{F}}'$, et par définition de $R$ on a pour tous $A\in\underline{\underline{F}}'$, $f\in C_u(\mathfrak{X})$ :

$$R_{n_k}(I_A\otimes f) = R'_{n_k}(I_A\otimes f)\longrightarrow R'(I_A\otimes f) = R(I_A\otimes f).$$

D'après la proposition (3.11) on a alors $R_{n_k}\longrightarrow R$ dans $\mathcal{R}(P)$. ■

§c - <u>Variables floues et variables non floues</u>. Voici d'abord un résultat déjà annoncé plus haut.

(3.19) PROPOSITION: <u>Pour que</u> $\mathcal{R}^o(P)$ <u>soit fermé dans</u> $M_{mc}(\bar{\Omega})$, <u>il faut et il suffit que</u> $\mathfrak{X}$ <u>soit réduit à un point, ou que l'espace</u> $(\Omega,\underline{\underline{F}},P)$ <u>soit purement atomique</u>.

<u>Démonstration</u>. Lorsque $\mathfrak{X}$ est réduit à un point, on a $\mathcal{R}^o(P)=\mathcal{R}(P)$, qui est fermé. Supposons donc $\mathfrak{X}$ non réduit à un point.

Supposons d'abord $(\Omega,\underline{\underline{F}},P)$ purement atomique, d'atomes $(A_n)$. Soit $(R_\alpha=R^P_{X_\alpha})$ une famille filtrante de $\mathcal{R}^o(P)$ convergeant vers $R$ dans $M_{mc}(\bar{\Omega})$. $X_\alpha$ prend P-p.s. une valeur constante $x(\alpha,n)$ sur $A_n$, et on a pour $A\in\underline{\underline{F}}$, $f\in C(\mathfrak{X})$ :

$$R_\alpha(I_A\otimes f) = \Sigma_{(n)}\,P(A\cap A_n)\,f(x(\alpha,n)),$$

tandis qu'il existe des probabilités $Q_n$ sur $(\mathfrak{X},\underline{\underline{\mathfrak{X}}})$ telles que

$$R(I_A\otimes f) = \Sigma_{(n)}\,P(A\cap A_n)\,Q_n(f).$$

Comme $R_\alpha\longrightarrow R$, on a $\varepsilon_{x(\alpha,n)}\longrightarrow Q_n$ dans $M_c(\mathfrak{X})$ si $P(A_n)>0$. Donc si $P(A_n)>0$, $Q_n$ ne saurait être qu'une masse de Dirac $Q_n=\varepsilon_{x(n)}$, et si $X(\omega)=x(n)$ pour $\omega\in A_n$ on a $R=R^P_X$.

Supposons que $(\Omega,\underline{\underline{F}},P)$ ne soit pas purement atomique. On peut alors construire une suite $(X_n)$ de v.a. prennant seulement deux valeurs $x_1$ et $x_2$ de $\mathfrak{X}$, indépendantes, telles que: $\inf_{(n)} P(X_n=x_i)>0$ pour $i=1,2$. On ne peut extraire de $(X_n)$ aucune suite convergeant P-p.s. vers une limite $X$, donc d'après (3.5) les points limite de la suite $(R^P_{X_n})$ ne sont pas dans $\mathcal{R}^o(P)$. Cependant d'après (3.8) la suite $(R^P_{X_n})$ est relativement compacte, dont $\mathcal{R}^o(P)$ n'est pas fermé. ■

Nous allons maintenant donner un critère d'appartenance à $\mathcal{R}^o(P)$. Ce critère est fortement inspiré de la situation qu'on rencontre dans la théorie des équations différentielles stochastiques (et notamment du théorème de Yamada et Watanabe sur l'unicité trajectorielle, voir [8]).

Dans l'énoncé suivant, on considère un espace probabilisé auxiliaire $(\tilde{\Omega},\tilde{\underline{\underline{F}}},\tilde{P})$ sur lequel sont définies des variables $\overline{X},\overline{X}'$ à valeurs dans $\overline{\Omega}$: la "loi" de $\overline{X}$ sous $\tilde{P}$ est alors l'image $\tilde{P}\circ\overline{X}^{-1}$ de $\tilde{P}$ sur $(\overline{\Omega},\overline{\underline{\underline{F}}})$. La variable $\overline{X}$ admet deux "composantes" $X_1$ et $X_2$ à valeurs dans $\Omega$ et dans $\mathscr{X}$ respectivement.

(3.20) THEOREME: <u>Soit</u> $N\subset\mathcal{R}(P)$. <u>Il y a équivalence entre:</u>

(i) $N$ <u>ne contient qu'un seul élément</u> $R$, <u>qui appartient à</u> $\mathcal{R}^o(P)$;

(ii) <u>si</u> $(\tilde{\Omega},\tilde{\underline{\underline{F}}},\tilde{P})$ <u>est un espace probabilisé quelconque sur lequel sont définies deux v.a.</u> $\overline{X}=(X_1,X_2)$ <u>et</u> $\overline{X}'=(X_1',X_2')$ <u>à valeurs dans</u> $\overline{\Omega}$ <u>et vérifiant</u> $X_1=X_1'$ $\tilde{P}$<u>-p.s. et</u> $\tilde{P}\circ\overline{X}^{-1}\in N$, $\tilde{P}\circ\overline{X}'^{-1}\in N$, <u>alors</u> $\overline{X}=\overline{X}'$ $\tilde{P}$<u>-p.s.</u>

Dans la situation des équations différentielles stochastiques, $N$ représente l'ensemble des solutions faibles (solutions-mesure); une solution-mesure appartenant à $\mathcal{R}^o(P)$ est forte, et (ii) est l'unicité trajectorielle ($X_1$ est le processus directeur, $X_2$ et $X_2'$ les processus-solution)

<u>Démonstration</u>. Supposons (i). On a $R=R_X^P$. Soit $\overline{X},\overline{X}'$ deux v.a. sur $(\tilde{\Omega},\tilde{\underline{\underline{F}}},\tilde{P})$ vérifiant $X_1=X_1'$ $\tilde{P}$-p.s., $\tilde{P}\circ\overline{X}^{-1}=\tilde{P}\circ\overline{X}'^{-1}=R$. On a alors

$$\tilde{P}(\{\tilde{\omega}: X_2(\tilde{\omega})\neq X\circ X_1(\tilde{\omega})\}) = R(\{\overline{\omega}=(\omega,x): x\neq X(\omega)\}) = 0$$

d'après la forme $R(d\omega,dx)=P(d\omega)\varepsilon_{X(\omega)}(dx)$ de $R$. On a donc $X_2=X\circ X_1$ $\tilde{P}$-p.s., et de même $X_2'=X\circ X_1'$ $\tilde{P}$-p.s. Comme $X_1=X_1'$ $\tilde{P}$-p.s., on a aussi $\overline{X}=\overline{X}'$ $\tilde{P}$-p.s.

Supposons inversement (ii). Soit $R,R'\in N$ admettant les factorisations:

$$R(d\omega,dx)=P(d\omega)Q(\omega,dx), \qquad R'(d\omega,dx)=P(d\omega)Q'(\omega,dx).$$

Considérons l'espace probabilisé filtré:

$$\begin{cases} \tilde{\Omega}=\Omega\times\mathscr{X}\times\mathscr{X}, & \tilde{\underline{\underline{F}}}=\underline{\underline{F}}\otimes\underline{\underline{\mathscr{X}}}\otimes\underline{\underline{\mathscr{X}}} \\ \tilde{P}(d\omega,dx_1,dx_2) & = P(d\omega)\,Q(\omega,dx_1)\,Q'(\omega,dx_2), \end{cases}$$

avec

$$\overline{X}=(X_1,X_2), \quad \text{où } \overline{X}(\omega,x_1,x_2)=(\omega,x_1)$$

$$\overline{X}'=(X_1',X_2'), \quad \text{où } \overline{X}'(\omega,x_1,x_2)=(\omega,x_2).$$

Par construction $X_1'=X_1$, $\tilde{P}\circ\overline{X}^{-1}=R$ et $\tilde{P}\circ\overline{X}'^{-1}=R'$. D'après (ii) on a alors $\overline{X}=\overline{X}'$ $\tilde{P}$-p.s., donc $R=R'$, ce qui prouve que $N$ ne contient qu'un seul élément $R$. En outre, $\tilde{P}$ ne charge que l'ensemble $\{(\omega,x,x): x\in\mathscr{X}, \omega\in\Omega\}$. Donc en dehors d'un ensemble P-négligeable $A$, $Q(\omega,dx)Q(\omega,dx')$ ne charge que la diagonale $\{(x,x): x\in\mathscr{X}\}$. Mais ceci n'est possible que si, pour tout $\omega\notin A$, $Q(\omega,.)$ est une masse de Dirac en un point $X(\omega)\in\mathscr{X}$. En choisissant arbitrairement $X(\omega)$ pour $\omega\in A$, on définit une variable aléatoire $X$ telle que $R=R_X^P$, et on a (i).■

## BIBLIOGRAPHIE

1 D.J. ALDOUS: Limit Theorems for subsequences of arbitrarily-dependent sequences of random variables. Z. für Wahr. 40, 59-82, 1977.

2 D.J. ALDOUS, G.K. EAGLESON: On mixing and stability of limit theorems. Ann. Probability. 6, 325-331, 1978.

3 J.R. BAXTER, R.V. CHACON: Compactness of stopping times. Z. für Wahr. 40, 169-182, 1977.

4 P. BILLINGSLEY: Convergence of probability measures. Wiley and Sons: New-York, 1968.

5 C. DELLACHERIE: Convergence en probabilité et topologie de Baxter-Chacon. Sém. Probab. Strasbourg XII, Lect. Notes in Math. 649, 424, Springer: Berlin, 1978.

6 C. DELLACHERIE, P.A. MEYER: Probabilités et potentiel I (2ème édition) Hermann: Paris, 1976.

7 J. JACOD, J. MEMIN: Existence of weak solutions for stochastic differential equations driven by semimartingales. A paraitre dans Stochastics.

8 J. JACOD, J. MEMIN: Weak and strong solutions of stochastic differential equations: existence and stability. A paraitre, Proc. Durham Conf. 1980.

9 P.A. MEYER: Convergence faible et compacité des temps d'arrêt, d'après Baxter et Chacon. Sém. Probab. Strasbourg XII, Lect Notes in Math. 649, 411-423, Springer: Berlin, 1978.

10 K.R. PARTHASARATHY: Probability measures on metric spaces. Academic Press: New-York, 1967.

11 J. PELLAUMAIL: Sur l'intégrale stochastique et la décomposition de Doob-Meyer. Astérisque 9, 1973.

12 J. PELLAUMAIL: Convergence en règle. C.R.A.S. 290 (A) 289-291, 1980.

13 J. PELLAUMAIL: Solutions faibles pour des processus discontinus. C.R.A.S. 290 (A) 431-433, 1980.

14 A. RENYI: On stable sequences of events. Sankhya Ser. A, 25, 293-302, 1963.

15 A. RENYI: Probability Theory. North Holland: Amsterdam, 1970.

16 M. SCHAL: Conditions for optimality in dynamic programming and for the limit of n-stages optimal policies to be optimal. Z. für Wahr. 32, 179-196, 1975.

Département de Mathématiques et Informatique
Université de Rennes
35 042 - RENNES - Cedex

# CONVERGENCE EN LOI DE SEMIMARTINGALES ET VARIATION QUADRATIQUE

Jean JACOD

## 1 - ENONCE DES RESULTATS

Soit $(\Omega,\underline{\underline{F}},P)$ un espace probabilisé muni d'un processus càdlàg à valeurs réelles $X$. Rappelons d'abord (voir par exemple Meyer [5]) ce qu'on entend par variation quadratique de $X$. Pour chaque $t\geq 0$ et chaque subdivision $\tau=\{0=t_0<\dots<t_m=t\}$ de $[0,t]$ on pose

$$S_\tau(X) = X_0^2 + \sum_{i=1}^{m}(X_{t_i}-X_{t_{i-1}})^2 . \tag{1.1}$$

On dit que $X$ admet une variation quadratique $[X,X]$ s'il existe un processus croissant continu à droite $[X,X]$ (nécessairement unique) tel que:

(1.2) $\begin{cases} \text{pour tout } t>0, \quad S_\tau(X)\xrightarrow{P}[X,X]_t \text{ lorsque le pas } |\tau| \text{ de la} \\ \text{subdivision } \tau \text{ de } [0,t] \text{ tend vers } 0. \end{cases}$

Par ailleurs, pour chaque $n\in\mathbb{N}$ on considère un espace probabilisé filtré $(\Omega^n,\underline{\underline{F}}^n,\underline{F}^n,P^n)$ muni d'une semimartingale réelle $X^n$. On sait bien-sûr que la variation quadratique $[X^n,X^n]$ de $X^n$ existe. On note $\mathcal{L}(X^n_t)$, $\mathcal{L}(X^n)$, ... la loi de $X^n_t$, de $X^n$, ..., sous $P^n$ ; on note de même $\mathcal{L}(X_t)$, $\mathcal{L}(X)$, ... la loi de $X_t$, de $X$, ..., sous $P$: par exemple, $\mathcal{L}(X^n)$ est une probabilité sur l'espace de Skorokhod $\mathbb{D}^1=D([0,\infty[;\mathbb{R})$, qu'on suppose muni de la topologie de Skorokhod. La notation $\mathcal{L}(X^n)\longrightarrow\mathcal{L}(X)$ désigne toujours la convergence étroite.

Supposons que $\mathcal{L}(X^n)\longrightarrow\mathcal{L}(X)$. D'après (1.1) on a aussi $\mathcal{L}(S_\tau(X^n))\longrightarrow\mathcal{L}(S_\tau(X))$ dès que les points de la subdivision $\tau$ ne sont pas des temps de discontinuité fixe de $X$. On pourrait alors penser que $\mathcal{L}([X^n,X^n])\longrightarrow\mathcal{L}([X,X])$, si du moins $[X,X]$ existe. Il n'en est rien en général, comme le montre l'exemple simple suivant:

(1.3) Exemple: Soit

$$X^n_t = \sum_{k=1}^{[n^2t]}(-1)^k\frac{1}{n} .$$

On a $|X^n|\leq 1/n$, donc $\mathcal{L}(X^n)\longrightarrow\mathcal{L}(X)$ avec $X=0$ (tous ces "processus" sont des fonctions). On a aussi

$$[X^n,X^n]_t = \sum_{k=1}^{[n^2t]}\frac{1}{n^2} = \frac{[n^2t]}{n^2} ,$$

qui converge vers $t$, ce qui contredit $\mathcal{L}([X^n,X^n])\longrightarrow\mathcal{L}([X,X])$. ∎

Notre objectif, dans cet article, est d'introduire des conditions supplémentaires qui, jointes au fait que $\mathcal{L}(X^n) \longrightarrow \mathcal{L}(X)$, entrainent que $\mathcal{L}([X^n,X^n]) \longrightarrow \mathcal{L}([X,X])$. Commençons par énoncer deux résultats simples.

(1.4) THEOREME: Supposons que pour chaque $n \in \mathbb{N}$, $X^n$ soit une martingale locale, et que pour chaque $t > 0$ on ait: $\sup_n E^n(\sup_{s \leq t} |\Delta X_s^n|) < \infty$ (par exemple si $|\Delta X_t^n(\omega)| \leq c$ identiquement). Si $\mathcal{L}(X^n) \longrightarrow \mathcal{L}(X)$, la variation quadratique $[X,X]$ existe et on a $\mathcal{L}([X^n,X^n]) \longrightarrow \mathcal{L}([X,X])$.

Rebolledo [6] d'une part, Liptčer et Shiryayev [4] d'autre part, ont démontré (par deux méthodes assez différentes) le cas particulier suivant de ce théorème: $X$ est une martingale continue gaussienne, donc $[X,X]$ existe et est déterministe (avec en plus $|\Delta X_t^n(\omega)| \leq c$ identiquement dans [4], avec les $\sup_{s \leq t} |\Delta X_s^n|$ uniformément (en $n$) intégrables dans [6]). Ces auteurs généralisent eux-mêmes des résultats de Rootzen [7] et de Gänssler et Häusler [2]. La méthode utilisée dans cet article est inspirée de celle de Liptčer et Shiryayev.

Il est naturel de se demander si ce résultat reste valide sans condition de moment sur les sauts des $X^n$ ; nous n'avons pas su répondre !

Revenons au cas des semimartingales. Pour chaque $a > 0$ il existe un processus prévisible à variation finie unique $B^n(a)$, tel que

(1.5) $$X^n - \sum_{0 \leq s \leq t} \Delta X_s^n \, I_{\{|\Delta X_s^n| > a\}} - B^n(a)$$

(où $\Delta X_0^n = X_0^n$) soit une martingale locale nulle en $0$ : ainsi, $B^n(1)$ est la première caractéristique locale de $X^n$. On note $V(B^n(a))$ le processus variation: $V(B^n(a))_t = \int_0^t |dB^n(a)_s|$.

(1.6) THEOREME: Considérons les conditions:

(i) $\mathcal{L}(X^n) \longrightarrow \mathcal{L}(X)$ ;

(ii-a) on a $\lim_{b \uparrow \infty} \sup_n P^n[V(B^n(a))_t \geq b] = 0$ pour tout $t > 0$.

Si on a (i), les conditions (ii-a) pour $a > 0$ sont toutes équivalentes entre elles; (i) et (ii-1) entrainent que $[X,X]$ existe et que $\mathcal{L}([X^n,X^n]) \longrightarrow \mathcal{L}([X,X])$.

Noter que dans l'exemple (1.3) on a $B^n(1) = X^n$, donc $V(B^n(1))_t = [n^2 t]/n$, et on n'a pas (ii-1).

(1.7) REMARQUE: Soit $\tilde{\underline{F}}^n$ la filtration engendrée par $X^n$. Bien entendu la variation quadratique $[X^n,X^n]$ ne dépend pas de la filtration. Si les hypothèses de (1.4) (resp. (1.6)) sont satisfaites relativement à des filtrations $\underline{F}^n$, elles le sont a-fortiori relativement aux $\tilde{\underline{F}}^n$ : c'est facile à vérifier dans le cas de (1.4). Pour (1.6), on remarque d'abord que

$X^n$ est une $\tilde{\underline{F}}^n$-semimartingale (théorème de Stricker), ensuite que la première caractéristique locale $\tilde{B}^n(1)$ de $X^n$ relativement à $\tilde{\underline{F}}^n$ est la $\tilde{\underline{F}}^n$-projection prévisible duale de $B^n(1)$ ; il est alors facile de voir que si les $B^n(1)$ vérifient (1.6,ii-1), il en est de même des $\tilde{B}^n(1)$. ∎

Voici maintenant un théorème général.

(1.8) THEOREME: <u>Supposons que</u> $\mathcal{L}(X^n) \longrightarrow \mathcal{L}(X)$ . <u>Supposons également que pour chaque</u> $n \in \mathbb{N}$ <u>et chaque</u> $a > 0$ <u>il existe une décomposition</u>

$$X^n = \check{X}^n(a) + F^n(a) + N^n(a) \tag{1.9}$$

<u>telle que</u>:

(i) <u>pour chaque</u> $a > 0$, $N^n(a)$ <u>est une martingale locale nulle en</u> $0$ <u>et on a</u> $\sup_n E^n(\sup_{s\leq t} |\Delta N^n(a)_s|) < \infty$ <u>pour tout</u> $t > 0$ ;

(ii) <u>pour chaque</u> $a > 0$, $F^n(a)$ <u>est un processus adapté à variation finie et on a</u> $\lim_{b\uparrow\infty} \sup_n P^n[V(F^n(a))_t \geq b] = 0$ <u>pour tout</u> $t > 0$ ;

(iii) <u>pour tout</u> $t > 0$ <u>on a:</u> $\lim_{a\uparrow\infty} \sup_n P^n(\sup_{s\leq t} |\check{X}^n(a)_s| > 0) = 0$ .

<u>Sous ces hypothèses,</u> $[X,X]$ <u>existe et on a</u> $\mathcal{L}([X^n,X^n]) \longrightarrow \mathcal{L}([X,X])$ , <u>et même</u> $\mathcal{L}(X^n,[X^n,X^n]) \longrightarrow \mathcal{L}(X,[X,X])$ (convergence étroite sur $\mathbb{D}^2 = D([0,\infty[;\mathbb{R}^2))$ ).

Remarquer que (1.4) est un cas particulier de (1.8): prendre $\check{X}^n(a) = 0$ , $N^n(a) = X^n - X^n_0$ , $F^n(a) = X^n_0$ .

On verra plus loin (corollaire (2.12)) que (1.6) est aussi un cas particulier de (1.8).

(1.10) REMARQUE: Tous les résultats présentés ici sont valides si $X^n$ et $X$ sont d-dimensionnels; $[X^n,X^n]$ et $[X,X]$ sont alors à valeurs matricielles, et $V(F^n(a))$ est la somme des variations des d composantes de $F^n(a)$. ∎

## 2 - COMPLEMENTS SUR LA RELATION DE DOMINATION

La relation de domination entre processus, introduite par Lenglart, va jouer un rôle essentiel. Rappelons que si $Y$ et $Z$ sont deux processus càdlàg adaptés sur l'espace probabilisé filtré $(\Omega,\underline{F},\underline{F},P)$ et si $Z$ est positif croissant, on écrit $Y \prec Z$ si $E(|Y_T|) \leq E(Z_T)$ pour tout temps d'arrêt fini. Comme d'habitude, pour tout processus $Y$ on pose $Y^*_t = \sup_{s\leq t} |Y_s|$ . Rappelons le lemme suivant:

(2.1) LEMME [3]: <u>Si</u> $Y \prec Z$ , <u>pour tout temps d'arrêt</u> $T$ <u>et tout</u> $\alpha > 0$ <u>on a:</u>

$$P(Y^*_T \geq \alpha) \leq \frac{1}{\alpha} E(Z_T) .$$

Voici maintenant une version ad-hoc (et facile) du théorème de Lenglart.

(2.2) LEMME: <u>Supposons que</u> $Y \prec Z$ <u>et que</u> $Z = (H^2 \cdot A)^{1/2}$, <u>où</u> $A$ <u>est un processus croissant adapté et</u> $H$ <u>est un processus adapté continu à gauche</u> (rappelons la notation: $H^2 \cdot A_t = \int_0^t (H_s)^2 \, dA_s$ ). <u>Pour tout temps d'arrêt</u> $T$ <u>et tous</u> $\alpha > 0$, $\beta > 0$, $\gamma > 0$, <u>on a</u>:

$$P(Y_T^* \geq \alpha) \leq \frac{\gamma}{\alpha}[\beta + E(\sqrt{\Delta A_T^*})] + P(H_T^* > \gamma) + P(A_T > \beta^2) .$$

En particulier, si on a simplement $Y \prec Z$, le résultat précédent appliqué avec $H = 1$, $A = Z^2$, $\gamma = 1$ conduit à (cf. Rebolledo [6]):

$$P(Y_T^* \geq \alpha) \leq \frac{1}{\alpha}[\beta + E(\Delta Z_T^*)] + P(Z_T > \beta) . \tag{2.3}$$

<u>Démonstration</u>. On a

$$\{Y_T^* \geq \alpha\} \subset \{H_T^* > \gamma\} \cup \{A_T > \beta^2\} \cup \{H_T^* \leq \gamma, A_T \leq \beta^2, Y_T^* \geq \alpha\}. \tag{2.4}$$

Soit $S = \inf(t : H_t^* > \gamma$ ou $A_t > \beta^2)$. Si $S < T$ on a $H_T^* > \gamma$ ou $A_T > \beta^2$, donc $\{H_T^* \leq \gamma, A_T \leq \beta^2, Y_T^* \geq \alpha\} \subset \{Y_{T \wedge S}^* \geq \alpha\}$. En utilisant (2.1) et (2.4), il vient alors

$$P(Y_T^* \geq \alpha) \leq \frac{1}{\alpha} E[(H^2 \cdot A)_{T \wedge S}^{1/2}] + P(H_T^* > \gamma) + P(A_T > \beta^2) .$$

Comme $H$ est continu à gauche, on a $|H| \leq \gamma$ sur $]\!]0,S]\!]$, donc $H^2 \cdot A_{T \wedge S} \leq \gamma^2 A_{T \wedge S}$. On a aussi $A_{(T \wedge S)-} \leq \beta^2$, donc $A_{T \wedge S} \leq \beta^2 + \Delta A_T^*$, donc $A_{T \wedge S}^{1/2} \leq \beta + \sqrt{\Delta A_T^*}$, d'où le résultat. ∎

Dans la suite, et sauf mention contraire, $Y^n$ et $Z^n$ désignent des processus càdlàg adaptés sur $(\Omega^n, \underline{\underline{F}}^n, \underline{F}^n, P^n)$. Si on écrit $Y^n \prec Z^n$, cela suppose que $Z^n$ est croissant.

(2.5) <u>Condition (α)</u>. On dit que la suite $(Y^n)$ vérifie cette condition si pour tout $t > 0$ on a: $\lim_{b \uparrow \infty} \sup_n P^n[(Y^n)_t^* \geq b] = 0$.

(2.6) LEMME: a) <u>Soit</u> $(Y^n)$ <u>et</u> $(Z^n)$ <u>des suites vérifiant (α). Alors les suites</u> $(Y^n + Z^n)$, $(cY^n)$ <u>avec</u> $c \in \mathbb{R}$, <u>et</u> $((Y^n)^*)$, <u>vérifient (α)</u>.

b) <u>Supposons que</u> $Y^n \prec Z^n$ <u>et que</u> $\sup_n E^n[(\Delta Z^n)_t^*] < \infty$ <u>pour tout</u> $t > 0$. <u>Si</u> $(Z^n)$ <u>vérifie (α), alors</u> $(Y^n)$ <u>vérifie (α)</u>.

<u>Démonstration</u>. (a) est évident, (b) est une application triviale de (2.3). ∎

Rappelons maintenant un critère de compacité pour une suite de probabilités sur l'espace de Skorokhod $\mathbb{D}^d = D([0,\infty[;\mathbb{R}^d)$. Si $x \in \mathbb{D}^d$ on définit les modules de continuité suivants (avec $t > 0$, $\delta > 0$ ):

$$w^t(x,\delta) = \sup_{s \leq t} \sup_{r \in ]s,s+\delta]} \sup_{v \in ]s,r[} (|x(v)-x(s)| \wedge |x(v)-x(r)|) \tag{2.7}$$

On a alors le critère suivant, déduit du critère de Prokhorov (cf. [1]):

(2.8) THEOREME: <u>Pour qu'une suite</u> $(\mu^n)$ <u>de probabilités sur</u> $\mathbb{D}^d$ <u>soit relativement compacte, il faut et il suffit que:</u>

(i) $\lim_{b\uparrow\infty} \sup_n \mu^n(\{x: \sup_{s\leq t} |x(s)| \geq b\}) = 0$ <u>pour tout</u> $t>0$ ;

(ii) $\lim_{\delta\downarrow 0} \sup_n \mu^n(\{x: w^t(x,\delta) \geq \eta\}) = 0$ <u>pour tous</u> $t>0$, $\eta>0$.

(2.9) COROLLAIRE: <u>Soit</u> $(Y^n)$ <u>une suite de processus, soit</u> $a>0$, <u>et soit</u> $\tilde{Y}^n = \sum_{0\leq s\leq .} |\Delta Y^n_s| I_{\{|\Delta Y^n_s|>a\}}$. <u>Si la suite</u> $(\mathcal{L}(Y^n))$ <u>est relativement compacte, les suites</u> $(Y^n)$ <u>et</u> $(\tilde{Y}^n)$ <u>vérifient</u> $(\alpha)$.

<u>Démonstration</u>. L'assertion concernant $(Y^n)$ découle de (2.8,i). Soit $\varepsilon>0$, $t>0$. D'après (2.8,ii) il existe $\delta\in]0,1]$ tel que

$$\sup_n P^n[w^{t+1}(Y^n,\delta) \geq a/2] \leq \varepsilon/2 . \tag{2.10}$$

D'après (2.8,i) il existe $b>0$ tel que

$$\sup_n P^n[(Y^n)^*_t \geq b] \leq \varepsilon/2 . \tag{2.11}$$

Si $w^{t+1}(Y^n,\delta)<a/2$ il n'est pas difficile de vérifier que $Y^n$ a au plus $2[t/\delta]$ sauts d'amplitude $>a$ entre $0$ et $t$, et si $(Y^n)^*_t\leq b$ ces sauts sont d'amplitude $\leq 2b$. Donc d'après (2.10) et (2.11) on a

$$\sup_n P^n(\tilde{Y}^n_t \geq 4\,t\,b/\delta) \leq \varepsilon ,$$

ce qui prouve que $(\tilde{Y}^n)$ vérifie $(\alpha)$. ∎

(2.12) COROLLAIRE: a) <u>(1.6,i) entraine que les conditions (1.6,ii-a) pour</u> $a>0$ <u>sont toutes équivalentes.</u>

b) <u>Si on a (1.6,i) et (1.6,ii-1), les hypothèses de (1.8) sont satisfaites.</u>

<u>Démonstration</u>. Supposons que $\mathcal{L}(X^n) \longrightarrow \mathcal{L}(X)$. Pour tout $a>0$ on pose

$$\check{X}^n(a)_t = \sum_{0\leq s\leq t} \Delta X^n_s I_{\{|\Delta X^n_s|>a\}} ,$$

$F^n(a)=B^n(a)$ et $N^n(a)=X^n-\check{X}^n(a)-B^n(a)$. On a donc (1.9). On sait que $|\Delta N^n(a)|\leq 2a$, donc on a (1.8,i). D'après (2.9) la suite $(X^n)$ vérifie $(\alpha)$, tandis que $\check{X}^n(a)^*_t=0$ si $(X^n)^*_t\leq 2a$, donc on a (1.8,iii). Enfin (1.8,ii) équivaut à l'ensemble des conditions (1.6,ii-a).

Soit $0<a<a'$. D'après (1.5), $B^n(a')-B^n(a)$ est la projection prévisible duale de $\overline{X}^n=\check{X}^n(a)-\check{X}^n(a')$, donc $V(B^n(a')-B^n(a))$ est majoré par la projection prévisible duale de $V(\overline{X}^n)$, qui est elle-même dominée au sens de Lenglart par $V(\overline{X}^n)$. Donc

$$|V(B^n(a'))-V(B^n(a))| \leq V(B^n(a')-B^n(a)) \prec V(\overline{X}^n) .$$

$\{V(\check{X}^n(a))\}$ vérifie $(\alpha)$ d'après (2.9). Comme $V(\overline{X}^n)\leq V(\check{X}^n(a))$, la suite $(V(\overline{X}^n))$ vérifie aussi $(\alpha)$. Comme $\Delta V(\overline{X}^n)\leq a'$, (2.6,b) entraine que $\{|V(B^n(a'))-V(B^n(a))|\}$ vérifie aussi $(\alpha)$, ce qui d'après (2.6,a) entraine l'équivalence: (1.6,ii-a) $\Longleftrightarrow$ (1.6,ii-a'). On a donc prouvé (a), et d'après le début de la démonstration, (b) en découle. ■

## 3 - CONSTRUCTION DE LA VARIATION QUADRATIQUE DE X

Dans cette section nous allons construire, à partir de certaines hypothèses, la variation quadratique du processus $X$. Si on sait par avance que $[X,X]$ existe, par exemple si $X$ est une semimartingale par rapport à une certaine filtration, cette section est inutile, à l'exception des notations introduites au début.

Si $x \in \mathbb{D}^1$, on pose

$$(3.1)\qquad \begin{cases} D(x) = \{t \geq 0 : t=0 \text{ ou } \Delta x(t) = 0\} \\ U(x) = \{u > 0 : |\Delta x(t)| \neq u \text{ pour tout } t \geq 0\} \\ t_0(u,x) = 0, \quad t_{i+1}(u,x) = \inf(t > t_i(u,x) : |\Delta x(t)| > u). \end{cases}$$

On note $\mathcal{S}(t)$ l'ensemble des subdivisions de $[0,t]$. Si $\tau \in \mathcal{S}(t)$, on définit $S_\tau(x)$ par (1.1), et on note $|\tau|$ (resp. $\|\tau\|$) le pas (resp. le nombre d'intervalles) de $\tau$. Si $\tau \in \mathcal{S}(t)$ et si $u > 0$, on note $\tau(u,x)$ la subdivision de $[0,t]$ constituée:

$$(3.2)\qquad \begin{cases} \text{- des points de } \tau \\ \text{- des points } t_i(u,x) \text{ tels que } t_i(u,x) \leq t, \end{cases}$$

et on définit encore $S_{\tau(u)}(x) = S_{\tau(u,x)}(x)$ par (1.1), formule dans laquelle les $t_i$ sont alors les points de subdivision de $\tau(u,x)$.

Posons aussi:

$$(3.3)\qquad \begin{cases} D = \{t \geq 0 : t=0 \text{ ou } P(\Delta X_t \neq 0) = 0\} \\ U = \{u > 0 : P(|\Delta X_t| \neq u \text{ pour tout } t \geq 0) = 1\}, \end{cases}$$

qui sont des parties denses de $\mathbb{R}_+$. Si $\mu = \mathcal{L}(X)$, on a:

$$(3.4)\qquad D \subset D(x) \text{ et } U \subset U(x) \text{ pour } \mu\text{-presque tout } x.$$

Il est classique que les fonctions $x \rightsquigarrow x(t)$ (resp. $x \rightsquigarrow t_i(u,x)$, $x \rightsquigarrow \Delta x[t_i(u,x)]$) sont continues sur $\mathbb{D}^1$ en tout point $x$ tel que $t \in D(x)$ (resp. $u \in U(x)$), donc $S_{\tau(u)}(.)$ est également continue en tout $x$ tel que $\tau \subset D(x)$ et $u \in U(x)$. D'après (3.4) on a:

(3.5) LEMME: <u>Pour tous</u> $u \in U$, $\tau \subset D$, $i \geq 0$, <u>les fonctions</u> $t_i(u,.)$, $\Delta x(t_i(u,.))$, $S_\tau(.)$, $S_{\tau(u)}(.)$ <u>sont</u> $\mu$<u>-p.s. continues sur</u> $\mathbb{D}^1$.

Dans la suite, $D_0$ désigne une partie dénombrable de $D$ contenant $0$

et dense dans $\mathbb{R}_+$ ; si $t \in D_o$, on note $\mathcal{S}_o(t)$ l'ensemble des $\tau \in \mathcal{S}(t)$ tels que $\tau \subset D_o$. Nous allons supposer satisfaites les deux hypothèses suivantes:

(3.6) <u>Hypothèse</u>: Si $t \in D_o$, $\varepsilon > 0$, $\eta > 0$, il existe $\rho(t,\varepsilon,\eta) > 0$ et $u(t,\varepsilon,\eta) > 0$ tels que, si $\tau, \tau' \in \mathcal{S}_o(t)$ vérifient $|\tau|, |\tau'| \leq \rho(t,\varepsilon,\eta)$ et si $u, u' \in U$ vérifient $u, u' \leq u(t,\varepsilon,\eta)$, on ait:

$$P(|S_{\tau(u)}(X) - S_{\tau'(u')}(X)| > \varepsilon) \leq \eta .$$

(3.7) <u>Hypothèse</u>: Si $t \in D_o$, $\varepsilon > 0$, $\eta > 0$, il existe $\delta(t,\varepsilon,\eta) > 0$ tel que, si $s \in D_o \cap ]t, t+\delta(t,\varepsilon,\eta)]$, si $u \in U$, et si $\tau \in \mathcal{S}_o(s)$ vérifie $t \in \tau$, $\tau'$ désignant la restriction de $\tau$ à $[0,t]$, on ait:

$$P(|S_{\tau(u)}(X) - S_{\tau'(u)}(X)| > \varepsilon) \leq \eta .$$

Nous nous proposons de montrer le:

(3.8) LEMME: <u>Sous (3.6) et (3.7) la variation quadratique</u> $[X,X]$ <u>existe et, si</u> $t \in D_o$, $\tau \in \mathcal{S}_o(t)$ <u>avec</u> $|\tau| \leq \rho(t,\varepsilon,\eta)$, $u \in U$ <u>avec</u> $u \leq u(t,\varepsilon,\eta)$, <u>on a</u>:

$$P(|S_{\tau(u)}(X) - [X,X]_t| > \varepsilon) \leq \eta.$$

On va diviser la démonstration en plusieurs étapes.

<u>1ère étape</u>. Soit $t \in D_o$. Si $n \in \mathbb{N}$ on pose $\rho_n(t) = \rho(t,2^{-n},2^{-n})$ et $u_n(t) = u(t,2^{-n},2^{-n})$. On choisit pour chaque $n \in \mathbb{N}$ un point $\hat{u}_n \in U$ et une subdivision $\hat{\tau}_n \in \mathcal{S}_o(t)$ tels que

$$\hat{u}_n \leq \inf_{m \leq n} u_m(t), \quad |\hat{\tau}_n| \leq \inf_{m \leq n} \rho_m(t),$$

de sorte que d'après (3.6) on a:

$$m \geq n \implies P(|S_{\hat{\tau}_n(\hat{u}_n)}(X) - S_{\hat{\tau}_m(\hat{u}_m)}(X)| > 2^{-n}) \leq 2^{-n}.$$

Il existe donc une variable aléatoire $B_t$ telle que $S_{\hat{\tau}_n(\hat{u}_n)}(X) \xrightarrow{p.s.} B_t$.

De plus, si $\varepsilon > 0$, $\eta > 0$, et si $u \in U$ avec $u \leq u(t,\varepsilon,\eta)$, $\tau \in \mathcal{S}_o(t)$ avec $|\tau| \leq \rho(t,\varepsilon,\eta)$, on a d'après (3.6):

$$2^{-n} \leq \varepsilon \wedge \eta \implies P(|S_{\tau(u)}(X) - S_{\hat{\tau}_n(\hat{u}_n)}(X)| > \varepsilon) \leq \eta .$$

En faisant tendre $n$ vers l'infini, on obtient alors:

$$(3.9) \begin{cases} t \in D_o, \ \tau \in \mathcal{S}_o(t) \text{ avec } |\tau| \leq \rho(t,\varepsilon,\eta), \ u \in U \text{ avec } u \leq u(t,\varepsilon,\eta) \\ \longrightarrow \quad P(|S_{\tau(u)}(X) - B_t| > \varepsilon) \leq \eta. \end{cases}$$

<u>2ème étape</u>. Soit $t < s$ deux points de $D_o$. Soit $\tau \in \mathcal{S}_o(s)$ tel que $t \in \tau$ et notons $\tau'$ la restriction de $\tau$ à $[0,t]$. On a par construction même (et puisque $t \in \tau(u)$ ) : $S_{\tau'(u)}(X) \leq S_{\tau(u)}(X)$. D'après (3.9) on en

déduit immédiatement que $B_t \leq B_s$ p.s. Si de plus $s \leq t + \delta(t,\varepsilon',\eta')$ on a d'après (3.7):

$$P(|S_{\tau(u)}(X) - S_{\tau'(u)}(X)| > \varepsilon') \leq \eta' ,$$

tandis que si $u \in U$, $u \leq u(t,\varepsilon,\eta) \wedge u(s,\varepsilon,\eta)$ et $|\tau| \leq \rho(t,\varepsilon,\eta) \wedge \rho(s,\varepsilon,\eta)$ on a aussi

$$P(|S_{\tau(u)}(X) - B_s| > \varepsilon) \leq \eta \quad , \quad P(|S_{\tau'(u)}(X) - B_t| > \varepsilon) \leq \eta .$$

Par suite

$$t \leq s \leq t + \delta(t,\varepsilon',\eta') \Longrightarrow P(|B_t - B_s| > 2\varepsilon + \varepsilon') \leq 2\eta + \eta' , \quad \forall \varepsilon > 0, \forall \eta > 0 .$$

Il s'ensuit que $B_s \xrightarrow{p.s.} B_t$ si $s \downarrow t$ le long de $D_o$. Posons alors

$$[X,X]_t = \inf_{s>t, s \in D_o} B_s$$

pour tout $t \geq 0$ : on définit ainsi un processus croissant $[X,X]$, qui vérifie $[X,X]_t = B_t$ p.s. si $t \in D_o$, donc qui d'après (3.9) vérifie la seconde partie du lemme (3.8). Il nous reste à montrer que $[X,X]$ est bien la variation quadratique de $X$.

<u>3ème étape</u>. Soit $t \in D_o$, $\varepsilon > 0$, $\eta > 0$ fixés. Fixons aussi $u \in U$ avec $u \leq u(t,\varepsilon,\eta)$. Soit $N^u = \inf(i : t_{i+1}(u,X) > t)$. Si $N \in \mathbb{N}$, $\rho > 0$, on pose

$$G_{N,\rho} = \{N^u \leq N\} \cap [\bigcap_{1 \leq i \leq N} \{t_i(u,X) - t_{i-1}(u,X) > \rho ,$$
$$\sup_{0 < r,r' \leq \rho} |X_{t_i(u,X)+r} - X_{t_i(u,X)}| |X_{t_i(u,X)} - X_{t_i(u,X)-r'}| \leq \frac{\varepsilon}{2N}\}]$$

Soit $\tau = \{0 = s_0 < \ldots < s_m = t\} \in \mathcal{S}_o(t)$ tel que $|\tau| \leq \rho$. Si $\omega \in G_{N,\rho}$ il existe $N^u(\omega)$ couples $(s_{k_i}, s_{k_i+1})$ tels que $t_{i-1}(u,X) \leq s_{k_i} < t_i(u,X) \leq s_{k_i+1} < t_{i+1}(u,X)$, et un calcul élémentaire montre que

$$S_\tau(X) - S_{\tau(u)}(X) = 2 \sum_{i=1}^{N^u} (X_{s_{k_i+1}} - X_{t_i(u,X)})(X_{t_i(u,X)} - X_{s_{k_i}}) .$$

Par suite sur $G_{N,\rho}$ on a $|S_\tau(X) - S_{\tau(u)}(X)| \leq \varepsilon$.

Par ailleurs $\lim_{\rho \downarrow 0, N \uparrow \infty} G_{N,\rho} = \Omega$. Il existe donc $N \in \mathbb{N}$ et $\rho > 0$ tels que $P(G_{N,\rho}) \geq 1 - \eta$, donc

$$\tau \in \mathcal{S}_o(t), \; |\tau| \leq \rho \Longrightarrow P(|S_{\tau(u)}(X) - S_\tau(X)| > \varepsilon) \leq \eta .$$

Mais $u \leq u(t,\varepsilon,\eta)$, et $B_t = [X,X]_t$ p.s., donc d'après (3.9) il vient:

$$\tau \in \mathcal{S}_o(t), \; |\tau| \leq \rho \wedge \rho(t,\varepsilon,\eta) \Longrightarrow P(|S_\tau(X) - [X,X]_t| > \varepsilon) \leq \eta .$$

On em déduit que:

(3.10) $$\tau \in \mathcal{S}_o(t), \; |\tau| \downarrow 0 \Longrightarrow S_\tau(X) \xrightarrow{P} [X,X]_t .$$

<u>4ème étape</u>. Soit enfin $t \geq 0$, $\tau \in \mathcal{S}(t)$. Pour tout $\varepsilon > 0$ il est facile de trouver $t_\varepsilon > t$, $t_\varepsilon \in D_o$, et $\tau_\varepsilon \in \mathcal{S}_o(t_\varepsilon)$ tels que $|\tau_\varepsilon| \leq |\tau|/2$, que

$\|\tau_\varepsilon\| = \|\tau\|$, et que $P(|S_\tau(X) - S_{\tau_\varepsilon}(X)| > \varepsilon) \leq \varepsilon$. Etant donné (3.10), on en déduit que

$$\tau \in \mathcal{S}_0(t), \quad |\tau| \searrow 0 \quad \longrightarrow \quad S_\tau(X) \xrightarrow{P} [X,X]_t$$

(car $[X,X]_{t_\varepsilon} \longrightarrow [X,X]_t$ si $t_\varepsilon \searrow t$). On a donc montré que $[X,X]$ est la variation quadratique de $X$. ∎

(3.11) LEMME: Si $[X,X]$ existe, on a $\Delta[X,X] = (\Delta X)^2$.

Démonstration. Soit $(Q_n)$ une suite croissante de parties localement finies de $\mathbb{R}_+$, contenant $0$, de réunion $\mathbb{Q}_+$, de pas tendant vers $0$ quand $n \uparrow \infty$. Si $t \in Q_n$, $Q_n(t) = Q_n \cap [0,t]$ est dans $\mathcal{S}(t)$. Quitte à prendre une sous-suite, notée encore $(Q_n)$, on peut supposer que

$$t \in \mathbb{Q}_+ \implies S_{Q_n(t)}(X) \xrightarrow{p.s.} [X,X]_t$$

($S_{Q_n(t)}(X)$ existe pour tout $n$ assez grand). Quitte à jetter un ensemble négligeable, on peut même supposer que $S_{Q_n(t)}(X) \longrightarrow [X,X]_t$ identiquement pour tout $t \in \mathbb{Q}_+$.

Soit alors $t > 0$, $s_n = \inf(s \in Q_n : s \geq t)$, $s'_n = \sup(s \in Q_n : s < t)$. Il est facile de voir que

$$S_{Q_n(s_n)}(X) \longrightarrow [X,X]_t, \qquad S_{Q_n(s'_n)}(X) \longrightarrow [X,X]_{t-}$$

$$S_{Q_n(s_n)}(X) - S_{Q_n(s'_n)}(X) \longrightarrow (\Delta X_t)^2,$$

d'où le résultat. ∎

## 4 - DEMONSTRATION DU THEOREME (1.8)

Dans toute cette section on suppose que les hypothèses du théorème (1.8) sont satisfaites.

(4.1) LEMME: Pour tout $t > 0$ il existe $a_t > 0$ tel que

$$a \geq a_t \quad \longrightarrow \quad \lim_{b\uparrow\infty} \sup_n P^n([N^n(a),N^n(a)]_t \geq b^2) = 0.$$

Démonstration. D'après (1.8,iii) il existe $a_t > 0$ tel que $\sup_n P^n(\check{X}^n(a)^*_t > 0) < \infty$ pour tout $a \geq a_t$. Fixons $a \geq a_t$. Les suites $(X^n)$ et $(F^n(a))$ vérifient ($\alpha$) d'après (2.9) et (1.8,ii); la suite $(\check{X}^n(a)^t)$ des processus arrêtés $\check{X}^n(a)^t_s = \check{X}^n(a)_{t\wedge s}$ vérifie ($\alpha$) parce que $a \geq a_t$, donc si $N^n(a)^t_s = N^n(a)_{t\wedge s}$, la suite de processus $(N^n(a)^t)$ vérifie également ($\alpha$) d'après (1.9) et (2.6,a).

D'après les inégalités de Davis-Burkhölder-Gundy il existe une constante $K$ telle que si $A^n = [N^n(a)^t, N^n(a)^t]^{1/2}$ on ait $A^n \prec K N^n(a)^t$.

Etant donné (1.8,i), le lemme (2.6,b) entraine que $(A^n)$ vérifie $(\alpha)$, d'où le résultat.∎

Dans la suite, nous utilisons les notations du début du §3.

(4.2) LEMME: <u>Si</u> $t\in D_0$, $\varepsilon>0$, $\eta>0$, <u>il existe</u> $\rho(t,\varepsilon,\eta)>0$ <u>et</u> $u(t,\varepsilon,\eta)>0$ <u>tels que pour tous</u> $\tau\in\mathcal{S}_0(t)$ <u>avec</u> $|\tau|\leq\rho(t,\varepsilon,\eta)$ <u>et tout</u> $u\in]0,u(t,\varepsilon,\eta)]$ <u>on ait</u>

$$\sup_n P^n(|S_{\tau(u)}(X^n)-[X^n,X^n]_t|>\tfrac{\varepsilon}{2})\leq\tfrac{\eta}{2}.$$

<u>Démonstration</u>. Soit $\tau\in\mathcal{S}_0(t)$. On note $0=S_0^{n,\tau,u}<S_1^{n,\tau,u}<\ldots<S_{q_n}^{n,\tau,u}=t$ les points (aléatoires) de la subdivision $\tau(u,X^n)$ ; $q_n$ est aussi une variable aléatoire, et on pose $S_i^{n,\tau,u}=t$ si $i\geq q_n$. Les $S_i^{n,\tau,u}$ sont des temps d'arrêt pour $\underline{F}^n$ et d'après la formule d'Ito on a

$$(X^n_{S_i^{n,\tau,u}}-X^n_{S_{i-1}^{n,\tau,u}})^2 = 2\int_{]S_{i-1}^{n,\tau,u},S_i^{n,\tau,u}]}(X^n_{v-}-X^n_{S_{i-1}^{n,\tau,u}})\,dX^n_v + [X^n,X^n]_{S_i^{n,\tau,u}}-[X^n,X^n]_{S_{i-1}^{n,\tau,u}}.$$

Si alors

$$(4.3)\qquad H_s^{n,\tau,u} = 2\sum_{i\geq1}(X^n_{s-}-X^n_{S_{i-1}^{n,\tau,u}})\,I_{]S_{i-1}^{n,\tau,u},S_i^{n,\tau,u}]}(s),$$

on définit un processus prévisible continu à gauche nul sur $]t,\infty[$, et

$$(4.4)\qquad S_{\tau(u)}(X^n) = [X^n,X^n]_t+(H^{n,\tau,u}\cdot X^n)_t$$

(le dernier terme est une intégrale stochastique; rappelons que $[X^n,X^n]_0=(X_0^n)^2$ ). Enfin si $a>0$, on définit les processus

$$(4.5)\qquad \begin{cases} K^{n,\tau,u}(a)=H^{n,\tau,u}\cdot X^n(a), \quad G^{n,\tau,u}(a)=H^{n,\tau,u}\cdot F^n(a),\\ L^{n,\tau,u}(a)=H^{n,\tau,u}\cdot N^n(a).\end{cases}$$

Fixons $\varepsilon>0$, $\eta>0$. D'après (4.5) on a $K^{n,\tau,u}(a)^*_t=0$ si $\check{X}^n(a)^*_t=0$, donc d'après (1.8,iii) il existe $a\geq a_t$ (où $a_t$ est défini dans (4.1)) tel que

$$(4.6)\qquad \sup_n P^n(K^{n,\tau,u}(a)^*_t>0)\leq\frac{\eta}{12}.$$

D'après les inégalités de Davis-Burkhölder-Gundy, il existe une constante $K$ telle que $L^{n,\tau,u}(a)\prec K[L^{n,\tau,u}(a),L^{n,\tau,u}(a)]^{1/2}$. Etant donné (4.5),

$$L^{n,\tau,u}(a)\prec K\{(H^{n,\tau,u})^2\cdot[N^n(a),N^n(a)]\}^{1/2}.$$

De plus $\Delta[N^n(a),N^n(a)]=(\Delta N^n(a))^2$. D'après (1.8,i), $c=\sup_n E^n[\Delta N^n(a)^*_t]$ est fini, et le lemme (2.2) entraine alors que pour tous $\beta>0$, $\gamma>0$,

$$(4.7)\qquad P^n(L^{n,\tau,u}(a)^*_t\geq\tfrac{\varepsilon}{4})\leq\frac{K\gamma}{\varepsilon}(\beta+c)+P^n[(H^{n,\tau,u})^*_t>\gamma]+P^n([N^n(a),N^n(a)]_t>\beta^2)$$

D'après la définition (4.5) on a aussi, pour tout $\gamma'>0$ :

(4.8) $\quad P^n[G^{n,\tau u}(a)^*_t > \frac{\varepsilon}{4}] \leq P^n[(H^{n,\tau,u})^*_t > \gamma'] + P^n[V(F^n(a))_t > \frac{\varepsilon}{4\gamma'}]$.

Enfin on a $|\Delta X^n| \leq u$ sur tous les intervalles $]S^{n,\tau,u}_{i-1}, S^{n,\tau,u}_i[$, donc d'après (2.7) et (4.3) il n'est pas difficile de voir que $(H^{n,\tau,u})^*_t \leq u + 3\, w^t(X^n,|\tau|)$. D'après (2.8,ii) il existe donc $\delta(\gamma)>0$ tel que

(4.9) $\quad u>0,\ |\tau| \leq \delta(\gamma) \longrightarrow \sup_n P^n[(H^{n,\tau,u})^*_t > \gamma + u] \leq \frac{\eta}{12}$.

D'après (1.8,ii) et (4.1) on peut trouver $\beta>0$, $\gamma'>0$ tels que

(4.10) $\quad \sup_n P^n[V(F^n(a))_t > \frac{\varepsilon}{4\gamma'}] \leq \frac{\eta}{12},\ \sup_n P^n([N^n(a),N^n(a)]_t > \beta^2) \leq \frac{\eta}{12}$ ;

on choisit ensuite $\gamma>0$ tel que $\gamma \leq \gamma'$ et $\frac{4K\gamma}{\varepsilon}(\beta + c) \leq \frac{\eta}{12}$; soit enfin $\rho(t,\varepsilon,\eta) = \delta(\gamma/2)$ et $u(t,\varepsilon,\eta) = \gamma/2$. D'après (4.7) et (4.8) on a:

$$|\tau| \leq \rho(t,\varepsilon,\eta),\quad u \leq u(t,\varepsilon,\eta) \Longrightarrow$$
$$\sup_n P^n[L^{n,\tau,u}(a)^*_t \geq \frac{\varepsilon}{4}] \leq \frac{\eta}{4},\quad \sup_n P^n[G^{n,\tau,u}(a)^*_t > \frac{\varepsilon}{4}] \leq \frac{\eta}{6}.$$

Compte tenu de (1.9), de (4.4), et de (4.6), on en déduit que

$$|\tau| \leq \rho(t,\varepsilon,\eta),\ u \leq u(t,\varepsilon,\eta) \longrightarrow \sup_n P^n(|S_{\tau(u)}(X^n) - [X^n,X^n]_t| > \frac{\varepsilon}{2}) \leq \frac{\eta}{2}. \blacksquare$$

Le lemme précédent (4.2) nous servira à obtenir l'hypothèse (3.6), et il est en outre essentiel pour montrer que $\mathcal{L}([X^n,X^n]) \longrightarrow \mathcal{L}([X,X])$ lorsque l'existence de $[X,X]$ sera établie. Le lemme suivant, par contre, ne sert qu'à obtenir l'hypothèse (3.7): si on sait aue la variation quadratique $[X,X]$ existe, il est donc inutile.

(4.11) LEMME: <u>Si</u> $s \in D_o$, $\varepsilon>0$, $\eta>0$, <u>il existe</u> $\delta(s,\varepsilon,\eta)>0$ <u>tel que, pour tout</u> $t \in D_o \cap ]s, s+\delta(s,\varepsilon,\eta)]$, <u>tout</u> $u \in U$, <u>tout</u> $\tau \in \mathcal{S}_o(t)$ <u>avec</u> $s \in \tau$, <u>si on désigne par</u> $\tau'$ <u>la restriction de</u> $\tau$ <u>à</u> $[0,s]$, <u>on ait</u>:

$$\lim \sup_n P^n(|S_{\tau(u)}(X^n) - S_{\tau'(u)}(X^n)| > \varepsilon) \leq \eta .$$

<u>Démonstration</u>. Soit $s \in D_o$, $\varepsilon>0$, $\eta>0$. Soit $t \in D_o$, $t>s$. Soit $\tau \in \mathcal{S}_o(t)$ tel que $s \in \tau$, et notons $\tau'$ la restriction de $\tau$ à $[0,s]$. Les $S^{n,\tau,u}_i$ étant définis comme dans la preuve de (4.2), on pose:

(4.12)
$$\begin{cases} \tilde{H}^{n,\tau,u}_v = 2\sum_{i\geq 1} (X^n_{v-} - X^n_{S^{n,\tau,u}_{i-1}})\, I_{]S^{n,\tau,u}_{i-1};S^{n,\tau,u}_i] \cap ]s,t]}(v) \\ H^n_v = 2(X^n_{v-} - X^n_s)\, I_{]s,t]}(v) \\ H^{n,\tau,u} = \tilde{H}^{n,\tau,u} - H^n . \end{cases}$$

Si on utilise la formule d'Ito de la manière qui permet d'obtenir (4.4), on arrive à:

$$S_{\tau(u)}(X^n) - S_{\tau'(u)}(X^n) = [X^n,X^n]_t - [X^n,X^n]_s + (\tilde{H}^{n,\tau,u}.X^n)_t$$

$$(X_t^n - X_s^n)^2 = [X^n,X^n]_t - [X^n,X^n]_s + (H^n \bullet X^n)_t$$

(4.13) $$S_{\tau(u)}(X^n) - S_{\tau'(u)}(X^n) = (H^{n,\tau,u} \bullet X^n)_t .$$

On reprend alors les notations et la démonstration du lemme (4.2), à partir des formules (4.5), et avec $H^{n,\tau,u}$ défini par (4.12). On choisit $a \geq a_t$ de sorte qu'on ait (4.6). On a (4.7) et (4.8). Etant donné (4.12) on a $(H^{n,\tau,u})_t^* \leq f_{s,t}(X^n)$, où $f_{s,t}(x) = \sup_{s<v\leq t} |x(v) - x(s)|$. Il est bien connu que $f_{s,t}$ est une fonction continue en tout $x$ tel que $s,t \in D(x)$, donc (3.4) et le fait que $\mathcal{L}(X^n) \longrightarrow \mathcal{L}(X)$ entrainent que: $\lim \sup_n P^n[f_{s,t}(X^n) \geq \alpha] \leq P[f_{s,t}(X) \geq \alpha]$. Par ailleurs $P[f_{s,t}(X) \geq \alpha]$ tend vers 0 si $t \downarrow s$, pour tout $\alpha > 0$ ; donc pour tout $\gamma > 0$ il existe $\delta(\gamma) > 0$ tel que

(4.14) $$u > 0, \ t - s \leq \delta(\gamma) \Longrightarrow \lim \sup_n P^n[(H^{n,\tau,u})_t^* > \gamma] \leq \frac{\eta}{12} .$$

On choisit alors $\beta > 0$, $\gamma' > 0$ de sorte qu'on ait (4.10). On choisit ensuite $\gamma > 0$ tel que $\gamma \leq \gamma'$ et $\frac{4K\gamma}{\varepsilon}(\beta + c) \leq \frac{\eta}{12}$. Soit enfin $\delta(s,\varepsilon,\eta) = \delta(\gamma)$. D'après (4.5), (4.6), (4.7), (4.8) et (4.14) on a alors

$$s < t \leq s + \delta(s,\varepsilon,\eta), \ t \in D_o \Longrightarrow \lim \sup_n P^n[(H^{n,\tau,u} \bullet X^n)_t^* > \frac{\varepsilon}{2}] \leq \frac{\eta}{2} ,$$

ce qui d'après (4.13) entraine le résultat. ■

(4.15) COROLLAIRE: <u>Les hypothèses (3.6) et (3.7) sont satisfaites, avec les mêmes fonctions</u> $\rho(t,\varepsilon,\eta)$, $u(t,\varepsilon,\eta)$, $\delta(t,\varepsilon,\eta)$ <u>que dans (4.2) et (4.11)</u>.

<u>Démonstration</u>. Remarquons que d'après (4.2),

$$\sup_n P^n(|S_{\tau(u)}(X^n) - S_{\tau'(u')}(X^n)| > \varepsilon) \leq \eta$$

si $\tau, \tau' \in \mathcal{A}_o(t)$ (où $t \in D_o$), $|\tau|, |\tau'| \leq \rho(t,\varepsilon,\eta)$, $u,u' \leq u(t,\varepsilon,\eta)$. Le résultat est alors immédiat, d'après le lemme (3.5) et le fait que $\mathcal{L}(X^n) \longrightarrow \mathcal{L}(X)$. ■

<u>Démonstration du théorème (1.8)</u>. Pour simplifier on écrit $A^n = [X^n,X^n]$. D'après (3.8) et (4.15), la variation quadratique $[X,X]$ de $X$ existe, et on la note $A = [X,X]$.

Si $x \in \mathbb{D}^1$, $u > 0$, on pose

$$h_t^u(x) = x(0)^2 + \sum_{0<s\leq t} \Delta x(s)^2 I_{\{|\Delta x(s)| > u\}} =$$

$$= x(0)^2 + \sum_{0 < t_i(u,x) \leq t} \Delta x[t_i(u,x)]^2 .$$

La fonction $h_t^u$, de même que $S_{\tau(u)}$ et que $x \rightsquigarrow x(t)$, sont continues sur $\mathbb{D}^1$ en tout $x$ tel que $u \in U(x)$, $t \in D(x)$ et $\tau \subset D(x)$. D'après (3.4) et le fait que $\mathcal{L}(X^n) \longrightarrow \mathcal{L}(X)$ on en déduit que si $t_i \in D_o$, $u_i \in U$, $u \in U$, $\tau_i \in \mathcal{A}_o(t_i)$, on a

(4.16) $\mathcal{L}[(X^n_{t_i}, S_{\tau_i(u_i)}(X^n), h^u_{t_i}(X^n))_{i\le m}] \longrightarrow \mathcal{L}[(X_{t_i}, S_{\tau_i(u_i)}(X), h^u_{t_i}(X))_{i\le m}]$

Etant donnés (4.2) et la seconde assertion de (3.8), il est facile de déduire de (4.16) que si $t_i \in D_0$, $u \in U$, on a:

(4.17) $$\mathcal{L}[(X^n_{t_i}, A^n_{t_i}, h^u_{t_i}(X^n))_{i\le m}] \longrightarrow \mathcal{L}[(X_{t_i}, A_{t_i}, h^u_{t_i}(X))_{i\le m}].$$

Comme $D_0$ est dense dans $\mathbb{R}_+$ et contient $0$, il suffit donc, pour obtenir le résultat, de montrer que la suite $(\mathcal{L}(Y^n))$, où $Y^n = (X^n, A^n)$, est relativement compacte sur $\mathbb{D}^2$.

Comme $(Y^n)^* \le (X^n)^* + A^n$ et comme $\mathcal{L}(X^n) \longrightarrow \mathcal{L}(X)$ et $\mathcal{L}(A^n_t) \longrightarrow \mathcal{L}(A_t)$ pour tout $t \in D_0$, il est clair que la suite $(\mathcal{L}(Y^n))$ vérifie (2.8,i).

Posons $\hat{A}^{n,u} = A^n - h^u(X^n)$, $\hat{A}^u = A - h^u(X)$. D'après (3.11) on a

(4.18) $$\begin{aligned} \hat{A}^{n,u}_t &= A^n_t - A^n_0 - \textstyle\sum_{0<s\le t} \Delta A^n_s I_{\{\Delta A^n_s > u^2\}} \\ \hat{A}^u_t &= A_t - A_0 - \textstyle\sum_{0<s\le t} \Delta A_s I_{\{\Delta A_s > u^2\}} \end{aligned}$$

et $\Delta\hat{A}^u \le u^2$. D'après (4.17) on a aussi

(4.19) $$u \in U,\ t_i \in D_0 \Longrightarrow \mathcal{L}((\hat{A}^{n,u}_{t_i})_{i\le m}) \longrightarrow \mathcal{L}((\hat{A}^u_{t_i})_{i\le m}).$$

Soit $t \in D_0$, $\varepsilon > 0$, $\eta > 0$. Soit $u \in U$ tel que $u^2 < \varepsilon/6$. Comme $\Delta\hat{A}^u \le u^2$, il existe $\theta(\omega) > 0$ tel que $\sup_{s\le t}(\hat{A}^u_{s+\theta(\omega)}(\omega) - \hat{A}^u_s(\omega)) \le \varepsilon/6$, donc il existe $\theta_0 > 0$ tel que

(4.20) $$P(\sup_{s\le t}(\hat{A}^u_{s+\theta_0} - \hat{A}^u_s) \ge \tfrac{\varepsilon}{6}) \le \tfrac{\eta}{4}.$$

Choisissons $\tau = \{0 = s_0 < \dots < s_q = t\} \in \mathcal{S}_0(t)$, avec $|\tau| \le \theta_0$. D'après (4.19) et (4.20) il existe $n_0$ tel que

$$n \ge n_0 \Longrightarrow P^n(\sup_{i\le q}(\hat{A}^{n,u}_{s_i} - \hat{A}^{n,u}_{s_{i-1}}) \ge \tfrac{\varepsilon}{6}) \le \tfrac{\eta}{2}.$$

Comme $u^2 < \varepsilon/6$ et $\Delta\hat{A}^{n,u} \le u^2$, et comme $\hat{A}^{n,u}$ est croissant, on en déduit que

(4.21) $$n \ge n_0 \Longrightarrow P^n(\sup_{s:\, s+\theta_0 \le t}(\hat{A}^{n,u}_{s+\theta_0} - \hat{A}^{n,u}_s) \ge \tfrac{\varepsilon}{2}) \le \tfrac{\eta}{2}.$$

Par ailleurs d'après (2.8,i) il existe $\delta > 0$ tel que

(4.22) $$\sup_n P^n(w^t(X^n,\delta) \ge \tfrac{u}{4} \wedge \tfrac{\varepsilon}{2}) \le \tfrac{\eta}{2}.$$

D'après (4.18) il n'est pas difficile de vérifier que

$$w^t(X^n,\delta) \le u/4 \longrightarrow w^t(Y^n,\delta) \le w^t(X^n,\delta) + \sup_{s:\, s+\delta\le t}(\hat{A}^{n,u}_{s+\delta} - \hat{A}^{n,u}_s).$$

Mais alors, si on pose $\delta' = \delta \wedge \theta_0$, on obtient d'après (4.21) et (4.22):

$$n \ge n_0 \Longrightarrow P^n(w^t(Y^n,\delta') \ge \varepsilon) \le \eta.$$

Comme la famille finie $(\mathcal{L}(Y^n))_{n\le n_0}$ est relativement compacte, il existe

$\delta'' \in ]0,\delta']$ tel que $P^n(w^t(Y^n,\delta'') \geq \varepsilon) \leq \eta$ pour tout $n \geq n_0$, et finalement on a

$$\sup_n P^n(w^t(Y^n,\delta'') \geq \varepsilon) \leq \eta \ .$$

Par suite la famille $(\mathcal{L}(Y^n))_{n\in\mathbb{N}}$ vérifie (2.8,ii), ce qui achève la démonstration.∎

## BIBLIOGRAPHIE


1 P. BILLINGSLEY: Convergence of probability measures. Wiley and Sons: New York, 1968.

2 P. GANSSLER, E. HAUSLER: Remarks on the functional central limit theorem for martingales. Z. für Wahr. 50, 237-243, 1979.

3 E. LENGLART: Relation de domination entre deux processus. Ann. Inst. H. Poincaré (B) XIII, 171-179, 1977.

4 R. LIPTCER, A. SHIRYAYEV: Conditions nécessaires et suffisantes dans le théorème central limite fonctionnel pour des semimartingales. A paraitre (1980).

5 P.A. MEYER: Un cours sur les intégrales stochastiques. Sém. Probab. X, Lect. Notes in Math. 511, 245-400, Springer: Berlin, 1976.

6 R. REBOLLEDO: The central limit theorem for semimartingales: necessary and sufficient conditions. A paraitre (1980).

7 H. ROOTZEN: On the functional central limit theorem for martingales II. Z. für Wahr. 51, 79-94, 1980.



Département de Mathématiques et Informatique
Université de Rennes
35 042 - RENNES - Cedex

# SOLUTIONS FAIBLES ET SEMI-MARTINGALES

J.PELLAUMAIL.

**RESUME**

On montre l'existence d'une solution faible de l'équation différentielle stochastique dX = a(X) dZ où Z est une semi-martingale et a une fonctionnelle prévisible continue pour la convergence uniforme. La preuve est très différente de la méthode classique consistant à résoudre d'abord un problème de martingales.

**SUMMARY**

Let us consider the stochastic differential equation dX = a(X) dZ when Z is a semi-martingale and a is a predictable functionnal which is continuous for the uniform norm. The aim of this paper is to state the existence of a weak solution for such an equation. The method of the proof is quite new in as much it does not need the notion of "solution of a martingale problem".

**PLAN**

## 1. INTRODUCTION

Le but de cette étude est de démontrer le théorème de la section 9. Dans le théorème, on établit l'existence d'une solution "faible" de l'équation différentielle stochastique $dX = a(X)\ dZ$.

Dans cette équation, Z est une semi-martingale quelconque et a est une "fonctionnelle prévisible" qui dépend de tout le passé du processus Z, cette dépendance étant continue pour la topologie de la convergence uniforme.

La notion de solution faible considérée ici est un peu plus précise que celle introduite par Strook et Varadhan (cf. [StV-1], [StV-2] ou [Pri]).

Plus précisément, cette solution faible est une loi de probabilité R, ici appelée règle, définie sur $(D^{\mathbf{H}} \times \Omega)$ où $D^{\mathbf{H}}$ est l'espace des trajectoires cadlag possibles de X et $\Omega$ est l'espace sur lequel Z est défini : la loi marginale de R sur $\Omega$ est la probabilité P initialement donnée sur $\Omega$. Cette notion de règle est définie à la section 3.

A la section 4, on établit une condition suffisante pour avoir la compacité séquentielle d'une famille de telles règles : ce théorème est une généralisation du théorème de Prokhoroff classique. A la section 7, on montre que cette condition suffisante est satisfaite pour l'ensemble des processus de la forme $\int Y\ dZ$, avec Y prévisible et borné en norme par 1.

A la section 6, on montre comment on peut passer des fonctions $\tau_s$-continues (i.e. continues pour la topologie de Skorohod) aux fonctions $\tau_u$-continues (i.e. continues pour la topologie de la convergence uniforme).

Il faut noter que l'argument central du théorème fondamental (section 9) est profondément différent de celui utilisé par Strook et Varadhan : en effet, on n'y utilise pas l'existence d'une solution d'un "problème de martingales".

Par ailleurs, le propos de cette étude n'est pas de donner les conditions et les hypothèses les plus générales possibles (cf. les remarques de la section 10) ; au contraire, on a cherché à prouver, "au plus vite et aux moindres frais" ce qui nous semble le résultat essentiel.

Enfin, quelques commentaires, historiques notamment, sont donnés à la section 11.

## 2. DONNEES ET NOTATIONS

Pour les définitions classiques telles que base stochastique, adapté, cadlag, variation quadratique, etc... on réfère à [MeP-2].

Pour toute cette étude on se donne :

- une base stochastique probabilisée $\mathbf{B}^I := (\Omega, \mathcal{F}, P, (\mathcal{F}_t)_{t \in T})$, avec $T = [0, t_m]$, $t(m) := t_m < +\infty$ ; on suppose que cette base est complète et continue à droite ; elle sera appelée la base initiale ;
- deux espaces vectoriels de dimension finie $\mathbf{H}$ et $\mathbf{K}$ ; pour la commodité des notations, on suppose que la norme sur $\mathbf{H}$ est associée à un produit scalaire ; on notera $\mathbf{L}$ l'espace des opérateurs linéaires continus de $\mathbf{K}$ dans $\mathbf{H}$ et $\langle x,y \rangle$ le produit scalaire de x et y dans $\mathbf{H}$ ;
- une semi-martingale (cadlag) Z (au sens de [Mey-1]), à valeurs dans $\mathbf{K}$ et adaptée à la base initiale $\mathbf{B}^I$ ; ceci équivaut à dire (cf. [MeP-2]) qu'il existe un processus Q croissant, positif, cadlag, adapté à la base initiale $\mathbf{B}^I$ et qui possède les deux propriétés suivantes :

(2.1) Z est $\pi^*$-dominé par Q c'est à dire que, pour tout temps d'arrêt u et pour tout processus $\mathbf{B}^I$-prévisible Y à valeurs dans $\mathbf{L}$ ou dans le dual $\mathbf{K}'$ de $\mathbf{K}$, on a :

$$E\,\{\sup_{t<u} \|\int_{]0,t]} Y_s\, dZ_s\|^2\} \leq E\,\{Q_{u-} \int_{]0,u[} \|Y_s\|^2\, d\,Q_s\}$$

(2.2) La variation de la variation quadratique $[Z]$ de Z est majorée par la variation de Q, c'est à dire que, pour s et t éléments de T, s < t, on a $[Z]_t - [Z]_s \leq Q_t - Q_s$ (P-p.s.)

On introduit alors les notations suivantes :

- $D^{\mathbf{H}}$ est l'espace des fonctions cadlag définies sur T et à valeurs dans $\mathbf{H}$ ;
- $\tau_s$ (resp. $\tau_u$) est la topologie de Skorohod comme définie dans [Bil] (resp. la topologie de la convergence uniforme) : ces deux topologies sont définies sur $D^{\mathbf{H}}$ ;
- $\mathcal{D}_t^{\mathbf{H}}$ est la $\sigma$-algèbre des sous-ensembles de $D^{\mathbf{H}}$ engendrée par les cylindres $\{f : f \in D^{\mathbf{H}},\ f(s) \in B\}$ où $s \leq t$ et $B$ est un borélien de $\mathbf{H}$ ; on pose $\mathcal{D}^{\mathbf{H}} := \mathcal{D}^{\mathbf{H}}_{t(m)+} := \mathcal{D}^{\mathbf{H}}_{t(m)}$ et, pour $t < t(m)$, $\mathcal{D}^{\mathbf{H}}_{t+} := \bigcap_{s>t} \mathcal{D}^{\mathbf{H}}_s$ ;
- $\mathbf{B}^{\mathbf{H}} := (D^{\mathbf{H}} \times \Omega, \mathcal{D}^{\mathbf{H}} \otimes \mathcal{F}, (\mathcal{D}^{\mathbf{H}}_{t+} \otimes \mathcal{F}_t)_{t \in T})$ et cette famille sera appelée la base canonique (sous entendu pour les processus à valeurs dans $\mathbf{H}$).
- $G_t^{\mathbf{R}}$ (resp. $G_t^{\mathbf{H}}$, $G_t^{\mathbf{L}}$) est l'ensemble des fonctions g à valeurs réelles (resp. à valeurs dans $\mathbf{H}$, dans $\mathbf{L}$) uniformément bornées, définies sur $(D^{\mathbf{H}} \times \Omega)$, $(\mathcal{D}^{\mathbf{H}}_{t+} \otimes \mathcal{F}_t)$-mesurables et telles que, pour tout élément $\omega$ de $\Omega$, la fonction $f \rightsquigarrow g(f,\omega)$ est $\tau_s$-continue sur $D^{\mathbf{H}}$ ;
- $G^{\mathbf{H}} := G^{\mathbf{H}}_{t(m)}$
- $\mathcal{E}^{\mathbf{L}}$ est l'ensemble des processus b à valeurs dans $\mathbf{L}$ définis sur la base canonique $\mathbf{B}^{\mathbf{H}}$, uniformément bornés en norme par 1 et qui sont de la forme :

$$b := \sum_{i=1}^{n-1} g_i \, 1_{]s(i),s(i+1)]}$$

où $(s(i))_{1 \leq i \leq n}$ est une famille croissante d'éléments de T et, pour chaque i, $g_i$ appartient à $G^{\mathbf{L}}_{s(i)}$.

Autrement dit, b est un processus (à valeurs dans $\mathbf{L}$) $\mathbf{B}^{\mathbf{H}}$-prévisible étagé qui, pour tout élément $(\omega,t)$ de $(\Omega \times T)$, est $\tau_s$-continu en tant que fonction définie sur $D^{\mathbf{H}}$.

On vérifie facilement que $\mathcal{E}^{\mathbf{L}}$ engendre la tribu des prévisibles de la base canonique $\mathbf{B}^{\mathbf{H}}$.

Pour la commodité des notations on supposera que $Q_{t(m)} = Q_{t(m)-}$.

## 3. CONVERGENCE EN REGLE

### Définitions

On dira que R est une règle (sous-entendu définie sur $(D^H \times \Omega, \mathcal{D}^H \otimes \mathcal{F}, P)$) si R est une probabilité définie $(D^H \times \Omega, \mathcal{D}^H \otimes \mathcal{F})$ telle que, pour tout élément A de $\mathcal{F}$, $R(D^H \times A) = P(A)$.

Soit $(R(n))_{n>o}$ une série de règles. On dira que cette suite converge en règle s'il existe une règle R telle que, pour tout élément g de $G^R$, $E_R(g) = \lim_n . E_{R(n)}(g)$.
(évidemment, $E_R$ désigne l'espérance mathématique par rapport à la probabilité R).

Soit X un processus cadlag à valeurs dans $H$ et défini sur la base initiale $B^I$ ; on appellera règle associée à X la règle définie par, quel que soit $(B \times F)$ élément de $(\mathcal{D}^H \times \mathcal{F})$, $R(B \times F) := P(X^{-1}(B) \cap F)$ où X est donc considérée comme une fonction définie sur $\Omega$ et à valeurs dans $D^H$.

### Lemme

Soit $G_e^R$ l'ensemble des fonctions g qui appartiennent à $G^R$ et qui sont étagées au sens suivant :

(3.1) $g := \sum_{i \in I} g_i^*(f)\, g_i^{**}(\omega)$ où I est un ensemble fini et, pour tout élément i de I, $g_i^*$ est une fonction réelle bornée définie et continue sur $D^H$ et $g_i^{**}$ appartient à $L_R^\infty(\Omega, \mathcal{F}, P)$.

Soit $\mathcal{K}$ un $\tau_s$-compact de $D^H$. Alors, pour tout $\varepsilon > o$ et pour tout élément g de $G^R$, il existe un élément $g_e^R$ de $G_e$ tel que

$$P\{\omega : \sup_{f \in \mathcal{K}} . |g_e(\omega,f) - g(\omega,f)| > \varepsilon\} \leq \varepsilon$$

**Preuve :**

Soit $\varepsilon > o$ et soit g un élément de $G^R$. Puisque $D^H$ est $\tau_s$-séparable et que

$\mathcal{K}$ est un compact (dans l'espace polonais $D^{\mathbf{H}}$) il existe une suite $(h_n)_{n>o}$ de fonctions réelles définies et $\tau_s$-continues sur $\mathcal{K}$ qui est dense, pour la topologie de la convergence uniforme, dans l'ensemble des fonctions réelles définies et $\tau_s$-continues sur $\mathcal{K}$ (théorème d'Ascoli-Arzelà). On pose :

$$A_n := \{\omega : \exists\, f \in \mathcal{K}, \text{ tel que } |g(f,\omega) - h_n(f,\omega)| > \varepsilon\}$$

$$B(n) := (\Omega \setminus A_n) \cap (\bigcap_{k<n} A_k)$$

$(B(n))_{n>o}$ est une partition de $\Omega$ ; pour tout $n > o$, soit $\omega_n$ un élément de $B(n)$. Soit $j$ tel que $P(\bigcup_{n\leq j} B(n)) \geq 1-\varepsilon$. Il suffit de poser

$$g_e(f,\omega) := \sum_{n\leq j} 1_{B(n)}(\omega)\ g(f,\omega_n)$$

## 4. SEQUENTIELLE COMPACITE POUR LA CONVERGENCE EN REGLE

Théorème : Soit $(R^n)_{n>o}$ une suite de règles. Cette suite admet une sous-suite qui converge en règle vers une règle R si, pour tout $\varepsilon > o$, il existe un $\tau_s$-compact $\mathcal{K}$ de $D^{\mathbf{H}}$ tel que, pour tout entier n, $R^n(\mathcal{K}\times\Omega) \geq 1-\varepsilon$. Inversement, cette propriété est satisfaite si la suite $(R^n)_{n>o}$ converge en règle vers R.

Preuve :

1°) Ce théorème est évidemment une généralisation du théorème de Prokhoroff classique (cf. par exemple, [Bil]). Compte tenu de ce théorème et puisque la convergence en règle implique la convergence étroite des $R^n(\cdot\times\Omega)$, la condition indiquée est nécessaire. Montrons la réciproque.

2°) On pose $R' := \sum_{n>o} 2^{-n} R^n$ ; soit $\mathcal{F}^*$ une sous-tribu séparable de $\mathcal{F}$ telle que toutes les densités $\frac{dR^n}{dR'}$ soient mesurables par rapport à $(\mathcal{D}^{\mathbf{H}} \otimes \mathcal{F}^*)$.
Soit $\mathcal{A}$ une algèbre dénombrable qui engendre $\mathcal{F}^*$.

3°) Pour chaque élément A de $\mathcal{A}$, soit $\bar{R}^n_A$ la mesure positive définie sur

$(D^H, \mathcal{D}^H)$ par $\bar{R}^n_A(A') := R^n(A' \times A)$. Puisque $\bar{R}^n_A \leq \bar{R}^n_\Omega$, la suite $(\bar{R}^n_A)_{n>o}$ est tendue ; pour chaque élément A de $\mathcal{A}$, on peut donc appliquer le théorème de Prokhorov classique (cf. [Bil]) à la suite $(\bar{R}^n_A)_{n>o}$.

Compte tenu de la séparabilité de $\mathcal{A}$ et en utilisant la procédure diagonale, il existe une sous-suite $(R^{n(k)})_{k>o}$ extraite de la suite $(R^n)_{n>o}$ telle que, pour chaque élément A de $\mathcal{A}$, la suite $(\bar{R}^{n(k)}_A)_{k>o}$ converge faiblement vers une mesure positive $\bar{R}_A$ définie sur $(D^H, \mathcal{D}^H)$ et telle que $\bar{R}_A(D^H) = P(A)$.

4°) Pour chaque élément $(A', A)$ de $(\mathcal{D}^H \times \mathcal{A})$, on pose $R(A' \times A) := \bar{R}_A(A')$. On a $R(A' \times A) \leq R(D^H \times A) = P(A)$. La fonction R est une fonction positive définie sur $(\mathcal{D}^H \times \mathcal{A})$ et qui est $\sigma$-additive sur $\mathcal{A}$ et $\mathcal{D}^H$ séparément. Cette fonction admet donc un prolongement unique en une fonction définie sur l'algèbre engendrée par les "rectangles" $(A' \times A)$ avec $(A', A)$ élément de $(\mathcal{D}^H \times \mathcal{F}^*)$ : appelons encore R cette extension.

5°) Cette extension satisfait les deux propriétés suivantes :

(i) $R(A' \times A) \leq P(A)$ pour chaque élément $(A', A)$ de $(\mathcal{D}^H \times \mathcal{F}^*)$ ;

(ii) pour chaque $\varepsilon > o$, il existe un compact $\mathcal{K}$ de $D^H$ tel que $R((\Omega \setminus \mathcal{K}) \times A) \leq \varepsilon$ quel que soit l'élément A de $\mathcal{F}^*$.

Il peut alors être prouvé, exactement comme dans 3.5 de [Pel-1] ou dans 8.4 de [MeP-2] que R est $\sigma$-additive : ceci signifie que R admet un prolongement $\sigma$-additif unique à la tribu $(\mathcal{D}^H \otimes \mathcal{F}^*)$. On appelle encore R ce prolongement.

6°) Pour tout élément A de $\mathcal{F}$, soit $A^*$ élément de $\mathcal{F}^*$ tel que $1_{A^*}$ est la projection orthogonale de $1_A$ dans $L^2(\Omega, \mathcal{F}, P)$ sur $L^2(\Omega, \mathcal{F}^*, P)$. Pour tout élément A' de $\mathcal{D}^H$, on pose $R(A' \times A) = R(A' \times A^*)$.

Pour toute fonction g réelle bornée et $\tau_s$-continue sur $D^H$ et tout élément A de $\mathcal{F}$, on a :

- d'une part $E_R(g\, 1_A) = E_R(g\, 1_{A^*})$ par construction de R
- d'autre part $E_{R^n}(g\, 1_A) = E_{R^n}(g\, 1_{A^*})$ puisque la densité de $R^n$ est $(\mathcal{D}^H \otimes \mathcal{F}^*)$-mesurable et que $E_{R'}(1_A \mid \mathcal{D}^H \otimes \mathcal{F}^*) = 1_{A^*}$
- enfin $\lim_{k\to\infty} E_{R^{n(k)}}(g\, 1_{A^*}) = E_R(g\, 1_{A^*})$.

On a donc aussi $E_R(g\,1_A) = \lim_{k\to\infty} E_{R^{n(k)}}(g\,1_A)$

7°) Il suffit alors d'utiliser le lemme préliminaire pour voir que la sous-suite $(R^{n(k)})_{k>o}$ converge en règle vers la règle R.

## 5. PRELOCALISATION

**Proposition**

Soit $(R(n))_{n>o}$ une suite de règles qui converge en règle vers R.

Soit $\Phi$ une application de $(D^{\mathbf{H}} \times \Omega)$ dans $(D^{\mathbf{H}} \times \Omega)$ telle que

(i) $\Phi$ est $(\mathcal{D}^{\mathbf{H}} \otimes \mathcal{F})$-mesurable

(ii) pour tout élément A de $\mathcal{F}$, $\Phi^{-1}(D^{\mathbf{H}} \times A) = D^{\mathbf{H}} \times A$

(iii) pour tout $\varepsilon > o$, il existe un $\tau_s$-compact $\mathcal{K}$ de $D^{\mathbf{H}}$ tel que, pour tout n, $R(n)(\Phi^{-1}(\mathcal{K} \times \Omega)) \geq 1-\varepsilon$

Soit R' (resp. R'(n)) la probabilité image de R (resp. R(n)) par $\Phi$. Soit $\mathcal{G}$ la tribu de parties de $(D^{\mathbf{H}} \times \Omega)$ engendrée par les éléments h de $G^{\mathbf{H}}$ tels que $h \circ \Phi = h$. Alors, pour toute fonction g appartenant à $G^{\mathbf{H}}$ et $\mathcal{G}$-mesurable, on a $\lim_{n\to\infty} E_{R'(n)}(g) = E_{R'}(g)$ .

Un exemple important est le cas où $\Phi$ est l'arrêt "juste avant" un temps d'arrêt u par rapport à la base canonique $\mathbf{B}^{\mathbf{H}}$, c'est à dire que :

$\Phi((f,\omega)) = (f^u,\omega)$ où $f^u$ est défini par :

$$f^u(t) := \begin{cases} f(t) & \text{si } t < u(f,\omega) \\ \lim\limits_{t\uparrow u(f,\omega)} . f(t) & \text{si } t \geq u(f,\omega) \end{cases}$$

**Preuve :**

Les conditions (ii) et (iii) montrent qu'on peut appliquer le théorème de la section 4 à la suite $(R'(n))_{n>o}$ ; cette suite $(R'(n))_{n>o}$ admet donc une sous-suite qui converge en règle vers une règle R" ; si h appartient à G .

et est telle que $h \circ \Phi = h$, on a

$$E_{R'}(h) = \lim_{n\to\infty} . E_{R'(n)}(h) = E_{R''}(h)$$

donc R' et R" coïncident en restriction à $\mathcal{G}$ d'où le résultat.

Ceci montre notamment que la convergence en règle se prête très bien à la prélocalisation.

## 6. CAS DES FONCTIONS $\tau_u$-CONTINUES

Rappelons que les topologies $\tau_u$ et $\tau_s$ sont définies à la section 2.

Théorème : Soit g une fonction, à valeurs dans un espace vectoriel $\mathbf{J}$ de dimension finie, définie sur $(D^H \times \Omega)$, uniformément bornée, $(\mathcal{D}^H \otimes \mathcal{F})$-mesurable et telle que, pour tout élément $\omega$ de $\Omega$, $g(.,\omega)$ est $\tau_u$-continue.

1°) Soit $\mathcal{K}$ un élément de $(\mathcal{D}^H \otimes \mathcal{F})$ tel que, pour tout élément $\omega$ de $\Omega$, $\{f : (f,\omega) \in \mathcal{K}\}$ est un compact de $D^H$ pour la topologie $\tau_u$. Alors, pour tout $\varepsilon > o$, il existe une fonction $g_s$, à valeurs dans $\mathbf{J}$, $(\mathcal{D}^H \otimes \mathcal{F})$-mesurable telle que, pour tout élément $\omega$ de $\Omega$, $g_s(.,\omega)$ est $\tau_s$-continue et telle que $\sup_{(f,\omega)\in\mathcal{K}} ||g(f,\omega) - g_s(f,\omega)|| \leq \varepsilon$

2°) Soit $(R(n))_{n>o}$ une suite de règles qui converge en règle vers la règle R. On suppose que pour tout $\varepsilon > o$ il existe un élément $\mathcal{K}_\varepsilon$ de $(\mathcal{D}^H \otimes \mathcal{F})$ tel que, pour tout élément $\omega$ de $\Omega$, $\{f : (f,\omega) \in \mathcal{K}_\varepsilon\}$ est un $\tau_u$-compact de $D^H$, et tel que, pour tout entier n, $R(n)(\mathcal{K}_\varepsilon) \geq 1-\varepsilon$. Alors, $\lim_n E_{R(n)}(g) = E_R(g)$.

Preuve :

1°) Il suffit de considérer le cas où g est une fonction réelle telle que $o \leq g \leq 1$. Soit $\varepsilon > o$ et n tel que $n\,\varepsilon \geq 1 \geq (n-1)\,\varepsilon$. Pour tout entier k, $k \leq n$, on pose :

$A(k) := \{(f,\omega) : k\,\varepsilon \leq g(f,\omega)\} \cap \mathcal{K}$

$A'(k) := \{(f,\omega) : k\varepsilon \geq g(f,\omega)\} \cap \mathcal{K}$

Pour $\omega$ fixé, soit $A(k)(\omega) := \{f : (f,\omega) \in A(k)\}$ et de même pour $A'(k)(\omega)$ ; $A(k+1)(\omega)$ et $A'(k)(\omega)$ sont des $\tau_u$-compacts et donc des $\tau_s$-compacts disjoints.

Pour tout k, soit $\Phi_k$ et $\Phi'_k$ les fonctions définies par (quel que soit $\omega \in \Omega$) :

$\Phi_k(f,\omega) :=$ distance de Skorohod de f à $A(k)(\omega)$

$\Phi'_k(f,\omega) :=$ distance de Skorohod de f à $A'(k)(\omega)$

On vérifie que $\Phi_k$ et $\Phi'_k$ sont des fonctions $(\mathcal{F} \times \mathcal{D}^{\mathbf{H}})$-mesurables (cf. [JaM-2], lemme 2.12). Soit g la fonction définie par :

$$g_s = \sup_{k<n}.\{(k+1)\varepsilon \wedge (\Phi'_k/\Phi_{k+1})\}$$

On vérifie immédiatement que $g_s$ satisfait les propriétés données dans l'énoncé de la proposition.

2°) Soit $\varepsilon > 0$, $\mathcal{K}_\varepsilon$ associé puis $g_s$ associé comme au 1°) ci-dessus. Soit $\alpha = \sup_{f,\omega}.|g(f,\omega)|$ . On a

$$|(E_R - E_{R(n)})(g)| \leq 2\alpha\,\varepsilon + |(E_R - E_{R(n)})(g_s)|$$

et cette deuxième quantité tend vers zéro avec n (convergence en règle).

## 7. CRITERE DE COMPACITE

Théorème : Soit Q' le processus positif croissant adapté à la base stochastique $\mathbf{B}^I$ défini par $Q' := \alpha Q$. Soit $\mathcal{C}(Q')$ l'ensemble des processus X cadlag à valeurs dans $\mathbf{H}$ et tels que :

(i) $X_o = o$ et X est adapté à la base $\mathbf{B}^I$

(ii) la "variation quadratique" $[X]$ de X est telle que $[X]_t - [X]_s \leq Q'_t - Q'_s$ pour $s < t$

(iii) pour chaque temps d'arrêt u et pour chaque processus Y à valeurs dans $\mathbf{H}$ prévisible et uniformément borné, on a :

$$E\{\sup_{t<u} \|\int_{]o,t]} \langle Y,dX\rangle\|^2\} \leq E\{Q'_{u-} \int_{]o,u[} \|Y_t\|^2 \, dQ_t\}$$

(iv) pour tout couple (u,v) de temps d'arrêt avec $u \leq v$, on a :

$$E\{\sup_{t<v} \|X_t - X_u\|^2\} \leq E\{Q'_{v-}(Q'_{v-} - Q'_u) \, 1_{[u<v]}\}$$

Soit $(q_j)_{j>o}$ une suite croissante de réels positifs telle que, pour tout entier j,

$$P\,[Q'_{t(m)} \geq q_j] \leq \frac{1}{j^2}$$

et soit $(v_j)_{j>o}$ la suite associée de temps d'arrêt définis par

$v_j := \inf.\,\{t : Q'_t > q_j\}$

Pour tout couple (j,k) d'entiers, soit $(w(n,j,k))_{n>o}$ la suite de temps d'arrêt définie par récurrence par :

$w(1,j,k) := v_{j-1}$

$w(n+1,j,k) := v_j \wedge \inf.\,\{t := Q'_t - Q'_{w(n,j,k)} > \frac{1}{k^3} q_j\}$

(notons que $w(k^3,j,k) = v_j$).

On pose $\quad \lambda_{j,k} := [\frac{1}{k}\; j^2\, q_j^2(2 + 8q_j^2)]^{1/4}$ .

Pour tout entier m, soit $\mathcal{K}'_m$ l'ensemble des éléments $(f,\omega)$ de $(D^{\mathbf{H}} \times \Omega)$ tels que :

(i)' pour tout triplet d'entiers (n,j,k) avec $n > o$, $j \leq m$ et $k \geq m$ et pour tout élément t de $]w(n,j,k)(\omega),\, w(n+1,j,k)(\omega)[$ , on a :

$$|f_t - f_{w(n,j,k)(\omega)}| \leq \lambda_{j,k}$$

(ii)' $\sup_{t<v_m(\omega)} |f_t| \leq m\, q_m$

Soit $\varepsilon_m := \sum_{k \geq m} \frac{1}{k^2}$.

Alors, pour tout élément X de $\mathcal{G}(Q')$, on a :

$$P(\{\omega : (X(\omega),\omega) \in \mathcal{K}'_m\}) \geq 1-3\varepsilon_m$$

De plus, il existe un $\tau_s$-compact $\mathcal{K}_m$ de $D^H$ tel que

$$P(\{\omega : \exists\, f \notin \mathcal{K}_m \quad \text{avec} \quad (f,\omega) \in \mathcal{K}'_m\}) \leq 3\varepsilon_m$$

On a donc aussi, pour tout élément X de $\mathcal{C}(Q')$,

$$P(X^{-1}(\mathcal{K}_m)) \geq 1-6\varepsilon_m$$

<u>Preuve</u> :

On pose $\mathcal{C} := \mathcal{C}(Q')$ et on notera $x^2 := \langle x,x \rangle$

1°) Soit X un élément de $\mathcal{C}$ ; la propriété (iii) implique que l'on a la formule de Ito. Soit (u,v) un couple de temps d'arrêt avec $u \leq v$. On pose :

$$\beta := E\{ \sup_{u<t<v} |X_t - X_u|^4\}$$

Puisque (formule de Ito)

$$(X_t - X_u)^2 = 2 \int_{]u,t]} \langle X_{s-} - X_u,\, dX_s \rangle + [X]_t - [X]_u$$

On a :

$$\beta \leq 2\, E\{\sup_{t<v} \| \int_{]u,t]} 2\langle X_{s-} - X_u,\, dX_s\rangle \|^2\}$$

$$+ 2\, E\{([X]_{v-} - [X]_u)^2\, 1_{[u<v]}\}$$

$$\leq 8\, E\{Q'_{v-} \int_{]u,v[} (X_{s-} - X_u)^2\, dQ'_s\}$$

$$+ 2\, E\{(Q'_{v-} - Q'_u)^2\, 1_{[u<v]}\}$$

Soit $\alpha \geq o$ et $q \geq o$. On suppose que, pour tout élément $\omega$ de $\Omega$, on a $Q'_{v-} \leq q$ et $Q'_{v-} - Q'_u \leq \alpha$. Dans ce cas on a :

$$\beta \leq 8\alpha\, q\, E\,\{ \sup_{u<t<v} (X_t - X_u)^2 \} + 2\alpha^2$$

Mais

$$E\,\{ \sup_{u<t<v} (X_t - X_u)^2 \} \leq E\,\{Q'_{v-} (Q'_{v-} - Q'_u)\, 1_{[u<v]}\}$$

(propriété (iv))

ce qui donne $\quad \beta \leq \alpha^2 (2 + 8q^2)$

Notons au passage que le point important dans cette majoration est le fait que $\beta/\alpha$ tende vers zéro quand $\alpha$ tend vers zéro.

2°) Soit X un élément de $\mathcal{G}$ et (j,k) un couple d'entiers ; ce couple d'entiers étant fixé au cours de ce 2°), pour alléger les notations, on pose, pour tout entier n, $u(n) := w(n,j,k)$.

Compte tenu du 1°) qui précède et de la définition de $w(n+1,j,k)$, on a :

$$E\,\{ \sup_{u(n)<t<u(n+1)} |X_t - X_{u(n)}|^4 \} \leq \frac{1}{k^6}\, q_j^2\, (2 + 8q_j^2)$$

ce qui implique

$$P\,\{ \sup_{u(n)<t<u(n+1)} |X_t - X_{u(n)}| > \lambda_{j,k} \} \leq \frac{1}{k^5\, j^2}$$

On définit alors l'ensemble $B_{j,k}$ comme suit :

$$B_{j,k} := \{\omega : \exists\, n \leq k^3 \text{ tel que } \sup_{u(n)<t<u(n+1)} |X_t - X_{u(n)}| > \lambda_{j,k}\}$$

Puisque $u(k^3) = v_j$, on a

$$B_{j,k} = \{\omega : \exists\, n > o \text{ avec } \sup_{u(n)<t<u(n+1)} |X_t - X_{u(n)}| > \lambda_{j,k}\}$$

L'inégalité ci-dessus implique que $P(B_{j,k}) \leq \dfrac{1}{j^2\, k^2}$ .

3°) Le couple (j,k) n'est plus fixé, mais X est un élément fixé de $\mathcal{C}$ .

On pose :

$$C'_m := \{\omega : \sup_{t<v_m(\omega)} |X_t(\omega)| > m\, q_m\}$$

On a (propriété (iv)) :

$$E\{\sup_{t<v_m} |X_t|^2\} \leq E(Q'_{v_m -}) \leq q_m^2 \quad \text{donc}$$

$$P(C'_m) \leq \frac{1}{m^2}$$

Soit $\omega$ un élément de $\Omega$ tel que $(X(\omega),\omega)$ n'appartienne pas à $\mathcal{K}'_m$ ; ceci implique :

- soit $\omega \in C'_m$

- soit $\omega \in \bigcup_{j>o} \bigcup_{k\geq m} B_{j,k}$

La probabilité de cette éventualité est donc majorée par

$$\frac{1}{m^2} + \sum_{j>o} \sum_{k\geq m} \frac{1}{j^2\, k^2} \leq 3\, \varepsilon_m$$

ce qui prouve la première inégalité du théorème.

4°) On va maintenant définir $\mathcal{K}_m$. Pour tout triplet d'entiers (n,j,k) avec $n \leq k^3$, soit $\rho(n,j,k) > o$ tel que

$$P(\{w(n+1,j,k)-w(n,j,k) \leq \rho(n,j,k) \text{ et } w(n,j,k) < v_j\} \leq \frac{1}{j^2\, k^5}$$

Soit $\delta_{m,k} := \inf_{n\leq k^3,\, j\leq m} \rho(n,j,k)$.

Soit $\mathcal{K}_m$ l'ensemble des éléments f de $D^H$ tels que $\sup_t |f_t| \leq m\, q_m$ et, pour tout eniter $k \geq m$, $w'_f(\delta_{m,k}) \leq \lambda_{m,k}$ où $w'_f(\delta)$ est défini comme en 14.6, p. 110 de [Bil] (module de continuité à droite de la fonction f).

Cet ensemble $\mathcal{K}_m$ est un sous-ensemble $\tau_S$-compact de $D^H$ (cf. [Bil], théorème 14.3).

On pose alors :

$C_m := \{\omega : v_m(\omega) < t_m\}$ et

$A_{j,k} := \{\omega : \exists\ n \leq k^3$ tel que $w(n,j,k) < v_j$ et

$$(w(n+1,j,k)-w(n,j,k))(\omega) < \rho_{n,j,k}\}$$

On a $P(C_m) \leq \frac{1}{m^2}$ (par définition de $v_j$) et

$$P(A_{j,k}) \leq \frac{1}{j^2\ k^2} \quad \text{(par définition de } \rho_{n,j,k}).$$

Enfin, si $(f,\omega)$ appartient à $\mathcal{K}'_m$ et si $f$ n'appartient pas à $\mathcal{K}_m$. on a :

- soit $\omega \in C_m$
- soit $\omega \in \bigcup_{j \leq m} \bigcup_{k \geq m} A_{j,k}$

La probabilité de cette éventualité est donc majorée par

$$\frac{1}{m^2} + \sum_{j \leq m} \sum_{k \geq m} \frac{1}{j^2\ k^2} \leq 3\varepsilon_m$$

ce qui achève la démonstration du théorème.

Remarque :

Soit Y un processus à valeurs dans $\mathbb{L}$, prévisible par rapport à la base initiale $B^I$ et uniformément borné par $\alpha$ ; soit X le processus défini par $X_t := \int_{]o,t]} Y\,dZ$ .

Alors X appartient à $\mathcal{C}(Q')$ comme défini dans le théorème ci-dessus (vérification immédiate à partir des propriétés 2.1 et 2.2).

## 8. HYPOTHESES ET APPROXIMATIONS POUR LA FONCTIONNELLE a

Rappelons que le but essentiel de cette étude est de prouver le théorème de la section 9 ci-après, c'est à dire de prouver l'existence d'une solution "faible" X de l'équation différentielle stochastique

$$dX_t(\omega) = a(X,\omega,t)\ dZ_t(\omega)$$

Les hypothèses sur la fonctionnelle a sont alors les suivantes :

1°) a peut être considéré comme un processus à valeurs dans $\mathbf{L}$ , défini et prévisible par rapport à la base canonique $\mathbf{B}^{\mathbf{H}}$ .

2°) a est uniformément borné en norme par $\alpha$ .

3°) Pour tout élément $(\omega,t)$ de $(\Omega \times T)$, l'application $f \rightsquigarrow a(f,\omega,t)$ est $\tau_u$-continue.
Notons que la propriété 2°) implique la propriété suivante (cf. proposition 6.4 de [MeP-2]).

4°) Pour tout élément $(\omega,t)$ de $(\Omega \times T)$, si f et f' sont deux éléments de $D^{\mathbf{H}}$ tels que $f(s) = f'(s)$ pour $s < t$, on a $a(f,\omega,t) = a(f',\omega,t)$ (c'est à dire que a ne dépend que du passé strict en tant que fonction de f).

On peut alors approcher a de la façon suivante :

Proposition :

Soit a satisfaisant aux hypothèses ci-dessus. Soit $(w(n,j,k))$ la famille de temps d'arrêt définis dans la section 7. Pour tout entier $k > o$ et pour tout élément $(f,\omega)$ de $(D^{\mathbf{H}} \times \Omega)$, on pose :

$$f_k(\omega) := \sum_{n,j} f(w(n,j,k)(\omega))\ 1_{[w(n,j,k),w(n+1,j,k)[}$$

Ensuite, pour tout entier k, on pose :

$$a_k(f,\omega,t) = a(f_k(\omega),\omega,t)$$

Alors, la suite de processus $(a_k)_{k>o}$ est une suite de processus $\mathbf{B}^{\mathbf{H}}$-prévisibles, uniformément bornés par $\alpha$, $\tau_u$-continus et constants par morceaux en tant que fonctions de la première variable et cette suite converge vers a au sens suivant :

(8.1) quel que soit $(m,\omega,t)$ élément de $(\mathbb{N}\times\Omega\times T)$ avec $t < v_m(\omega)$

$$\lim_{k\to\infty} \{ \sup_{f\in\mathcal{K}'_m(\omega)} \|a_k(f,\omega,t)-a(f,\omega,t)\| \} = 0$$

où $v_m$ et $\mathcal{K}'_m$ sont définis comme à la section 7 et

$$\mathcal{K}'_m(\omega) := \{f : (f,\omega)\in\mathcal{K}'_m\}$$

__Preuve__ :

On suppose que $m$, $\omega$ et $t$ sont fixés avec $t < v_m(\omega)$ .

On sait que, si $(f,\omega)$ appartient à $\mathcal{K}'_m$ , l'oscillation de $f$ entre $w(n,j,k)$ et $w(n+1,j,k)$ pour $j \leq m$ et $k \geq m$ est inférieure à $\lambda_{j,k}$ ; on a donc, $\sup_t \|f_k(t)-f(t)\| \leq \lambda_{m,k}$ ; de plus, si on pose $S_m(\omega) := \{f : (f,\omega)\in\mathcal{K}'_m$ et $f = f\,1_{[o,v_m(\omega)[}\}$ , la propriété ci-dessus montre que $S_m(\omega)$ est compact pour la topologie de la convergence uniforme ; en restriction à $S_m(\omega)$, l'application $f \rightsquigarrow a(f,\omega,t)$ est donc uniformément continue ce qui achève la preuve de la proposition (puisque $\lim_{k\to\infty} \lambda_{m,k} = o$ et que $(f_k,\omega)$ appartient à $\mathcal{K}'_m$).

## 9. THEOREME FONDAMENTAL

On considère les hypothèses et notations introduites aux sections 2 et 8. Pour tout élément $(f,\omega,t)$ de $(D^H\times\Omega\times T)$, on pose $\overline{Z}_t(f,\omega) := Z_t(\omega)$, $\overline{X}_t(f,\omega) := f(t)$ (processus canonique) et $\overline{Q}_t(f,\omega) := Q_t(\omega)$ .

Alors, il existe une probabilité $R$ sur $(D^H\times\Omega, \mathcal{D}^H\otimes\mathcal{F})$ telle que

(i) pour tout élément $A$ de $\mathcal{F}$, $R(D^H\times A) = P(A)$ (c'est à dire que $R$ est une règle) ;

(ii) il existe une suite $(X^n)_{n>o}$ de processus telle que si, pour tout $n$, $R(n)$ est la règle associée à $X^n$, alors $R$ est la limite en règle de la suite $(R(n))_{n>o}$ ;

(iii) pour la probabilité R, $\overline{Z}$ est une semi-martingale.

(iv) pour la probabilité R, on a :

$$\overline{X}_t = \int_{]o,t]} a(\overline{X},\omega,s)\,d\overline{Z}_s$$

cette intégrale étant une intégrale stochastique au sens usuel.

Autrement dit, $\overline{X}$ est une "solution faible" de l'équation différentielle stochastique $dX := a(X)dZ$ en un sens un peu plus précis que celui introduit par Strook et Varadhan (voir [StV-1], [StV-2] ou [Pri]). En général, une telle probabilité R n'est pas unique.

Preuve :

1°) Soit $(a_k)_{k>o}$ la suite de processus $\mathbf{B}^{\mathbf{H}}$-prévisibles définie à la section 8. Pour tout élément $\omega$ de $\Omega$, $a_k(f,\omega,t)$ est "constant par morceaux" en tant que fonction de la variable f ; on définit donc, par trajectoires, un processus (unique) $X^k$ qui est solution (forte) de l'équation différentielle (stochastique) $dX^k_t = a_k(X^k(\omega),\omega,t)\,dZ_t(\omega)$ ; ce processus $X^k$ est à valeurs dans $\mathbf{H}$, cadlag et adapté à la base initiale $\mathbf{B}^I$. Pour tout k, soit R(k) la règle associée à $X^k$ (cf. la section 3). On se propose maintenant de montrer qu'une sous-suite extraite de la suite $(R(k))_{k>o}$ converge en règle vers une règle qui satisfait aux conditions données dans le théorème.

2°) Par construction, $X^k$ est de la forme $X^k = \int Y\,dZ$ avec $\sup_{\omega,t} |Y_t(\omega)| \leq \alpha$. Compte tenu de la remarque donnée à la fin de la section 7, $X^k$ appartient à $\mathcal{C}(Q')$ (avec $Q' := \alpha Q$) ; on peut donc appliquer le théorème de la section 7 : notamment, pour tout $\varepsilon > o$, il existe un $\tau_s$-compact $\mathcal{K}_\varepsilon$ de $D^{\mathbf{H}}$ tel que, pour tout entier $k > o$, $P\left[(X^k)^{-1}(\mathcal{K}_\varepsilon)\right] \geq 1-\varepsilon$.

On peut alors appliquer le théorème de la section 4, c'est à dire qu'il existe une sous-suite de la suite $(R(k))_{k>o}$ qui converge en règle vers une règle R. Pour la commodité des notations, on supposera que c'est la suite $(R(k))_{k>o}$ elle-même qui converge vers R.

3°) Pour toute la suite on se donne $q > o$ et un temps d'arrêt v par rapport à la base initiale $\mathbf{B}^I$ tel que $\sup_\omega Q_{v-}(\omega) \leq q$ et on pose $V = ]o,v[$.

Soit (g,b) un élément de $(G^{\mathbf{H}} \times \mathcal{E}^{\mathbf{L}})$ tel que $\sup_{f,\omega} \|g(f,\omega)\| \leq 1$

(rappelons que $\sup_{f,\omega,t} \|b(f,\omega,t)\| \leq 1$)

Pour tout entier k, on a :

$$|E_{R(k)} \{< g, \int_V b(\overline{X}(\omega),\omega,t)\, d\overline{Z}_t(\omega)>\}|$$

(inégalité de Schwarz)

$\leq$ norme dans $L^2_{\mathbf{H}}(\Omega,\mathcal{F},P)$ de $\int b(X^k,.,t)\, dZ_t$

(propriété 2.1)

(9,1) $$\leq \{q\, E_{R(k)} \{ \int_V \|b(X,.,t)\|^2\, dQ_t\}\}^{1/2}$$

$$\leq q$$

4°) Pour tout élément $\omega$ de $\Omega$, $\mathcal{K}'_m(\omega)$ est un $\tau_u$-compact : on peut donc utiliser le 2°) de la proposition de la section 6 ; la convergence en règle de $(R(k))_{k>o}$ vers R, la définition de b et celle de g impliquent alors que l'on a la même inégalité pour R, soit

$$|E_R \{< g, \int_V b(\overline{X},.,t)\, d\overline{Z}_t>\}|$$

(9.2) $$\leq [q\, E_R \{ \int_V \|b(\overline{X},.,t)\|^2\, d\overline{Q}_t\}]^{1/2}$$

$$\leq q$$

L'ensemble des éléments g de $G^{\mathbf{H}}$ étant dense dans $L^\infty_{\mathbf{H}}(D^{\mathbf{H}} \times \Omega, \mathcal{D}^{\mathbf{H}} \otimes \mathcal{F},R)$, cette inégalité s'écrit aussi :

norme dans $L^1_{\mathbf{H}}(D^{\mathbf{H}} \times \Omega, \mathcal{D}^{\mathbf{H}} \otimes \mathcal{F},R)$ de $(\int_V b(\overline{X},.,t)\, d\overline{Z}_t) \leq q$

Or l'ensemble des "processus" b qui appartiennent à $\mathcal{E}^{\mathbf{L}}$ est dense dans l'ensemble des processus $\mathbf{B}^{\mathbf{H}}$-prévisibles (à valeurs dans $\mathbf{L}$ ). Ceci implique que l'ensemble $\{z : z = \int b\, d\overline{Z}\}$ , quand b parcourt l'ensemble des processus $\mathbf{B}^{\mathbf{H}}$-prévisibles bornés.étagés, est borné dans $L^0_{\mathbf{H}}(D^{\mathbf{H}} \times \Omega, \mathcal{D}^{\mathbf{H}} \otimes \mathcal{F},R)$, c'est à dire que $\overline{Z}$ est une semi-martingale (théorème de Dellacherie-Meyer-Mokobodski : cf. théorème 2 de [Del] ou théorème VIII.4 de [DeM] ou théorème 12.12 de [MeP-2]).

En fait, le lecteur qui connaît la construction vectorielle de l'intégrale stochastique a noté que l'on n'a pas besoin de ce théorème D.M.M. : on a prouvé un peu plus, à savoir que le processus $\overline{Z}$ arrêté "juste avant v" est associé à une $L^1$-mesure stochastique (théorème 12.7 de [MeP-2]) ; autrement dit ce processus appartient à $H^1$ au sens de [Mey-2].

5°) Puisque Z (resp. $\overline{Z}$) est une semi-martingale pour P (resp. R), les inégalités (9.1) et (9.2) sont valables pour tout processus prévisible borné b.

Soit $\varepsilon > o$ et soit b un processus $\mathbb{B}^H$-prévisible borné (en norme) par $2\alpha$. Soit m un entier tel que $\varepsilon_m \leq \frac{1}{\alpha}$ où $\varepsilon_m$ est défini comme à la section 7. Rappelons que $\mathcal{K}'_m$ a été défini à la section 7 et que l'on a posé (à la section 8), $\mathcal{K}'_m(\omega) := \{f : (f,\omega) \in \mathcal{K}'_m\}$ .

On pose :

$$(9.3) \qquad b_m(\omega,t) := \sup_{f \in \mathcal{K}'_m(\omega)} ||b(f,\omega,t)||$$

et

$$(9.4) \qquad \mu := [4\, q^2\alpha^2\, \varepsilon_m + q\, E_P\, \{ \int_V b_m^2(\omega,t)\ dQ_t(\omega)\}]^{1/2}$$

En se souvenant que $R(k)(\mathcal{K}'_m) \geq 1-\varepsilon_m$ et que $R(\mathcal{K}'_m) \geq 1-\varepsilon_m$ , les inégalités (9.1) et (9.2) impliquent alors :

$$(9.5) \qquad |E_{R(k)}\ \{< g, \int_V b(\overline{X})\ d\overline{Z}>\}| \leq \mu$$

et

$$(9.6) \qquad |E_R\ \{< g, \int_V b(\overline{X})\ d\overline{Z}>\}| \leq \mu$$

6°) On pose :

$$\beta(1,n,k) := E_R\ \{< g, \int_V [a(\overline{X})-a_n(\overline{X})]\ d\overline{Z}>\}$$

$$\beta(2,n,k) := [E_R - E_{R(n+k)}]\ \{< g, \int_V a_n(\overline{X})\ d\overline{Z}>\}$$

$\beta(3,n,k) := E_{R(n+k)} \{< g, \int_V (a_n - a_{n+k})(\overline{X})\, d\overline{Z} >\}$

$\beta(4,n,k) := [E_{R(n+k)} - E_R] \{< g, \overline{X}_{V-} >\}$

$\gamma(V,g) := E_R \{< g, \int_V a(\overline{X})\, d\overline{Z} - \overline{X}_{V-} >\}$

Puisque $E_{R(n+k)} \{< g, \overline{X}_{V-} - \int_V a_{n+k}(\overline{X})\, d\overline{Z} >\} = 0$

(par construction de $X^{n+k}$), on a :

$$\sum_{j=1}^{4} \beta(j,n,k) = \gamma(V,g)$$

7°) On se propose maintenant de prouver que $\gamma(V,g) = 0$. Pour cela, il suffit de prouver que, quel que soit j, $\lim_{n,k}.\ \beta(j,n,k) \leq 2\varepsilon$ .

Or, $\lim_{n}.\ \beta(1,n,k) \leq \varepsilon$ compte tenu de l'inégalité (9.6) et de la propriété (8.1). De même, il existe n' tel que, quel que soit k,

$\beta(3,n',k) \leq 2\varepsilon$

(propriété (8.1) et inégalité (9.5)).

Par ailleurs, n' étant fixé, la convergence en règle implique que

$\lim_{k\to\infty}.\ \beta(2,n',k) = 0$ (pour n' fixé, $a_{n'}$ est un processus "étagé").

Enfin on a $\lim_{n,k}.\ \beta(4,n,k) = 0$ (convergence en règle)

soit, $\gamma(V,g) = 0$.

8°) L'ensemble $G^{\mathbf{H}}$ étant dense dans $L^{\infty}_{\mathbf{H}}(D^{\mathbf{H}} \times \Omega, \mathfrak{D}^{\mathbf{H}} \times \mathcal{F}, R)$, on a aussi

$\overline{X}_{V-} = \int_V a(\overline{X})\, d\overline{Z}$ R-p.s.

ce qui implique $\overline{X} = \int a(\overline{X})\, d\overline{Z}$

à la R-indistingabilité près.

## 10. REMARQUES

Pour simplifier l'exposition, on n'a pas cherché, dans ce papier, à donner les hypothèses les plus générales ; bien entendu, il serait possible de généraliser le théorème de la section 9 de multiples façons ; donnons-en quelques exemples.

1°) Meyer a considéré l'équation $dX = dV + b(X)\, dZ$ où V est un processus cadlag adapté (notamment V peut correspondre aux conditions initiales). Dans ce cas, Jacod et Ménin ont noté qu'on peut se ramener à l'équation ici considérée en posant $\overline{X} = X-V$ et $a(\overline{X}) = b(\overline{X}+V)$ ; précisons que, suivant les cas, il peut y avoir intérêt à effectuer ce changement de variable avant, ou après l'introduction de la notion de règle (et donc de solution faible).

2°) Jacod et Mémin ont remarqué que la propriété (ii) dans le théorème 9 impliquait la conservation de la martingalité (pour une martingale M quelconque) et des "caractéristiques locales" de Z ; précisons que cette propriété (ii) implique en fait beaucoup plus : notamment, elle implique la conservation des "caractéristiques locales" de n'importe quel processus défini sur la base initiale.

Toutes ces propriétés se vérifient facilement ; par exemple, $\overline{M}$ est une martingale si et seulement si

$$E_R \{< g, \int_{]s,t]} Y\, d\overline{M} >\} = 0 \quad \text{pour tout processus prévisible } Y \tag{10.1}$$

et pour tout élément g de $G_s^{\mathbf{H}}$ ; si $\overline{M}(f,\omega) = M(\omega)$ où M est une martingale par rapport à la base initiale $\mathbf{B}^I$, l'égalité 10.1 se vérifie immédiatement pour tout processus Y appartenant à $\mathcal{C}^L$ et donc pour tout processus prévisible borné Y (comme dans la preuve du théorème 9).

3°) Au niveau des applications, il est très rare que le processus a soit uniformément borné ; il y a lieu de considérer la notion de solution maximale introduite dans [MeP-1] (cf. aussi [MeP-2]) et donc d'utiliser la proposition de la section 5 ; dans [MeP-2], la construction de la solution maximale utilise l'unicité des solutions locales ; en fait, on peut se passer de l'unicité en utilisant l'axiome du choix (cf. [MeP-1]), comme dans le cas déterministe.

4°) Le fait que **H** soit un espace de dimension finie semble jouer un rôle fondamental ; par contre, les méthodes ici proposées, qui reposent sur la propriété de $\pi^*$-domination, peuvent être étendues au cas où Z est à valeurs dans un espace de Banach.

## 11. COMMENTAIRES

Il nous semble utile d'apporter quelques précisions "historiques" :

a) L'introduction de la notion de convergence en règle pour étudier l'existence d'une solution "faible" d'une équation différentielle stochastique est due à l'auteur ; des notions analogues, quoique moins précises, avaient été introduites précédemment pour des problèmes complètement différents (cf. [Ren-1], [Ren-2], [Sch], etc...) cf. aussi dans un cadre différent et beaucoup plus restrictif [Bac] et [Mey-2].

b) Aux détails près et sauf en ce qui concerne l'utilisation du lemme de la section 3 et du théorème de la section 6, les preuves données dans ce papier sont à peu près les mêmes que celles données par l'auteur dans [Pel-5]. Par contre, dans [Pel-5], le processus a était supposé remplir une condition de continuité pour la topologie de Skorohod, ce qui n'était pas satisfaisant.

c) Le preprint [JaM-1] dont je dispose (et qui comporte quelques inexactitudes) apporte plusieurs améliorations à [Pel-5], notamment le lemme de la section 3 et surtout le théorème de la section 6 - ce lemme et ce théorème étant d'ailleurs présentés assez différemment dans [JaM-1]. Le théorème de la section 6 est fondamental parce qu'il permet de remplacer la continuité pour la topologie de Skorohod par la continuité pour la topologie de la convergence uniforme, ce qui est beaucoup plus satisfaisant à tous points de vue.

Malheureusement, [JaM-1] n'utilise pas la méthodologie introduite dans [Pel-5] et reprise ici ; plus précisément, [JaM-1] utilise fondamentalement la notion de "caractéristiques locales" et la notion de "solution du problème des martingales", c'est à dire un arsenal technique énorme (cf. [Jac]) parfaitement inutile dans notre contexte et probablement non généralisable au cas où Z est à valeurs dans un espace de Banach.

BIBLIOGRAPHIE

[Ald] D.J. ALDOUS, *Limit theorems for subsequences of arbitrarily-dependent sequences of random variables*, Z. für Wahr. 40, 59-82, 1977.

[AlE] D.J. ALDOUS, G.K. EAGLESON, *On mixing and stability of limit theorems*, Annals of Probab. 6, 325-331, 1978.

[BaC] J.R. BAXTER, R.V. CHACON, *Compactness of stopping times*, Z. für Wahr. 40, 169-182, 1977.

[Bil] P. BILLINGSLEY, *Convergence of probability measures*, Wiley and sons, New-York, 1968.

[Del-1] C. DELLACHERIE, *Un survol de la theorie de l'intégrale stochastique*, Proceedings of the International Congress of Mathematicians, Helsinki, 1978.

[Del-2] C. DELLACHERIE, *Convergence en probabilité et topologie de Baxter Chacon*, Sém. Proba. Strasbourg XII, Lect. Notes in Math. 649, 424, Springer, Berlin, 1978.

[DeM] C. DELLACHERIE, P.A. MEYER, *Probabilités et potentiel I*, (2ème édition), Hermann, Paris, 1976.

[Jac] J. JACOD, *Calcul stochastique et problèmes de martingales*, Lect. Notes in Math. 724, Springer Verlag, Berlin, 1979.

[JaM-1] J. JACOD, J. MEMIN, *Existence of weak solutions for stochastic differnetial equations driven by semimartingales*, Preprint.

[JaM-2] J. JACOD, J. MEMIN, *Sur un type de convergence intermédiaire entre la convergence en loi et la convergence en probabilités*, Sém. Proba XV (même Lecture Notes).

[Kry] KRYLOW, *Quasi diffusion processes*, Theory of probability and applications, 1966.

[MeP-1] M. METIVIER, J. PELLAUMAIL, *Notions de base sur l'intégrale stochastique*, Séminaire de Probabilités de Rennes, 1976.

[MeP-2] M. METIVIER, J. PELLAUMAIL, *Stochastic integration*, Academic Press 1980.

[Mey-1] P.A. MEYER, *Inégalités de normes*, in Lecture Notes n° 649, Springer Verlag.

[Mey-2] P.A. MEYER, *Convergence faible et compacité des temps d'arrêt, d'après Baxter et Chacon*, Sém. Proba. XII, 411-423, Lect. Notes in Math. 649, Springer Verlag, Berlin, 1978.

[Pel-1] J. PELLAUMAIL, *Sur l'intégrale stochastique et la décomposition de Doob-Meyer*, Astérisque n° 9, Soc. Math. France, 1973.

[Pel-2] J. PELLAUMAIL, *On the use of group-valued measures in stochastic processes*, Symposia Mathematica, vol. XXI, 1977.

[Pel-3] J. PELLAUMAIL, *Convergence en règle*, C.R.A.S. 290 (A), 289-291, 1980.

[Pel-4] J. PELLAUMAIL, *Solutions faibles pour des processus discontinus*, C.R.A.S. 290 (A), 431-433, 1980.

[Pel-5] J. PELLAUMAIL, *Weak solutions for $\pi^*$-processes*, Preprint, Vancouver, janvier 1980.

[Pri] P. PRIOURET, *Processus de diffusion et équations différentielles stochastiques*, dans Lecture Notes n° 390, Springer Verlag, 1974.

[Pro] Yu. V. PROKHOROV, *Probability distributions in functional spaces*, Uspelin Matem. Nank., N.S. 55, 167, 1953.

[Ren-1] A. RENYI, *On stable sequences of events*, Sankhya Ser. A, 25, 293-302, 1963.

[Ren-2] A. RENYI, *Probability theory*, North Holland, Amsterdam, 1970.

[Sch] M. SCHAL, *Conditions for optimality in dynamic programming and for the limit of n-stages optimal policies to be optimal*, Z. für Wahr. 32, 179-196, 1975.

[Sko] A.V. SHOROKHOD, *Limit theorems for stochastic processes*, Theo. Proba. and Appl. 1, 261-290 (SIAM Translation), 1956.

[Str] C. STRICKER, *Quasimartingales, martingales locales, semimartingales et filtrations*, Z. für Wahr. 39, 55-63, 1977.

[StV-1] D.W. STROOCK, S.R.S. VARADHAN, *Diffusion processes with continuous coefficients*, com. in Pure and Appl. Math., vol. 22, 1969.

[StV-2] D.W. STROOCK, S.R.S VARADHAN, *Multidimensional diffusion processes*, Springer Verlag (Grundlehren S. 233), Berlin 1979.

Séminaire de Probabilités

Volume XV

# NON CONFLUENCE DES SOLUTIONS
# D'UNE EQUATION STOCHASTIQUE LIPSCHITZIENNE

par M. EMERY

La symétrie entre passé et futur permet, pour les équations différentielles déterministes $dx_t = f(t,x_t)\,da_t$ (où $f$ est lipschitzienne en $x$ et $a$ continue et à variation finie), de déduire de l'unicité (ou non divergence) un résultat de non confluence : Si $x$ et $x'$ sont deux solutions telles que $x_0 > x'_0$, alors $x_t > x'_t$ pour tout $t$. Bien que cette symétrie n'existe plus dans le cas stochastique, H. Doss et E. Lenglart ont établi dans [2] que si deux semimartingales $X$ et $X'$ vérifient l'équation lipschitzienne de Doléans-Dade

$$dX_t(\omega) = f(\omega,t,X_t(\omega))\,dM_t(\omega)$$

où $M$ est une semimartingale continue, l'ensemble $\{X=X'\}$ est indistinguable de $\mathbb{R}_+\times\{X_0=X'_0\}$. Nous allons dans cette note donner de ceci une nouvelle démonstration, très simple, sous des hypothèses plus légères (nous n'exigerons aucune différentiabilité de $f$ ; la semimartingale $M$ pourra être vectorielle).

Soit $\underline{\underline{E}}$ un ensemble de processus à valeurs dans $\mathbb{R}^p$ définis (comme toujours à indistinguabilité près) sur l'espace filtré habituel $(\Omega,\underline{\underline{F}},P,(\underline{\underline{F}}_t)_{t\geq 0})$. On se donne une semimartingale n-dimensionnelle $M$, un processus $H$ à valeurs dans $\mathbb{R}^p$ et des applications $F^{ik}$ $(1\leq i\leq p\ ;\ 1\leq k\leq n)$ de $\underline{\underline{E}}$ dans l'espace des processus prévisibles localement bornés (ou plus généralement des processus prévisibles intégrables par rapport à $M$). Pour tout vecteur aléatoire $\underline{\underline{F}}_0$-mesurable $x_0$, on considère le système d'équations différentielles

$$X_t^i = x_0^i + H_t^i + \sum_k \int_0^t (F^{ik}X)_s\,dM_s^k \qquad (1\leq i\leq p)$$

(que l'écriture matricielle permet d'abréger en $X_t = x_0 + H_t + \int_0^t (FX)_s\,dM_s$ ), où l'inconnue $X$ est à chercher dans $\underline{\underline{E}}$.

Nous n'allons pas résoudre ce système (cela nécessiterait des hypothèses supplémentaires sur $F$), mais établir, lorsque $M$ est continue, qu'une condition de Lipschitz sur $F$ entraîne la non confluence des solutions. Dans l'énoncé qui suit, les normes euclidiennes sur $\mathbb{R}^p$ et $\mathbb{R}^{np}$ sont notées $|\cdot|$.

PROPOSITION. <u>Soient</u> $H$, $F$, $M$ <u>comme ci-dessus,</u> $M$ <u>étant continue et nulle en zéro. Soient</u> $x_0$ <u>et</u> $x'_0$ <u>deux vecteurs aléatoires</u> $\underline{\underline{F}}_0$<u>-mesurables p.s. distincts dans</u> $\mathbb{R}^p$, <u>et</u> $X$ <u>et</u> $X'$ <u>deux processus de</u> $\underline{\underline{E}}$ <u>vérifiant</u>

$$X_t = x_0 + H_t + \int_0^t (FX)_s dM_s \quad ,$$

$$X'_t = x'_0 + H_t + \int_0^t (FX')_s dM_s \quad ,$$

$$|FX - FX'| \leq k\,|X - X'| \quad ,$$

<u>où</u> $k$ <u>est une constante, ou, plus généralement, un processus prévisible intégrable par rapport à</u> $M$. <u>L'ensemble</u> $\{X = X'\}$ <u>est alors évanescent</u>.

La condition de majoration est satisfaite en particulier pour les équations considérées par Doléans-Dade dans [1], mais pas nécessairement pour celles étudiées dans [3] ; on remarquera que $F$ n'est pas supposée non-anticipante.

<u>Démonstration</u>. Nous nous bornerons au cas scalaire $(n = p = 1)$, laissant au lecteur le soin de majorer les dérivées de la fonction $\mathrm{Log}|x|$ dans $\mathbb{R}^p$ pour $p \geq 2$.

Soient $y_0 = x_0 - x'_0$, $Y = X - X'$ et $Z = FX - FX'$, de sorte que $|Z| \leq k|Y|$ et $Y_t = y_0 + \int_0^t Z_s dM_s$. Nous voulons montrer que $Y$ ne s'annule pas. Ce processus étant continu, le début $T$ de $\{Y = 0\}$ est prévisible, et le processus $U$ qui vaut $\frac{Z}{Y}$ sur $[\![0,T[\![$ et $0$ sur $[\![T,\infty[\![$ est prévisible (et intégrable par rapport à $M$ puisque dominé par $k$). La formule du changement de variable donne, sur $[\![0,T[\![$,

$$\mathrm{Log}|Y_t| = \mathrm{Log}|y_0| + \int_{]0,t]} \frac{1}{Y_s} dY_s - \frac{1}{2} \int_{]0,t]} \frac{1}{Y_s^2} d[Y,Y]_s \quad ,$$

qu'on peut encore écrire, toujours sur $[\![0,T[\![$,

$$\mathrm{Log}|Y_t| = \mathrm{Log}|y_0| + \int_0^t U_s dM_s - \frac{1}{2} \int_0^t U_s^2 d[M,M]_s \quad .$$

Ceci entraîne $T = \infty$ p.s. car sur $\{T < \infty\}$ le premier membre devrait avoir $-\infty$ pour limite à gauche en $T$, alors que le second membre est une vraie semimartingale, sans danger d'explosion. —

REFERENCES

[1] C. DOLEANS-DADE et P.A. MEYER. Equations différentielles stochastiques. Séminaire de Probabilités XI, Lecture Notes 581, Springer-Verlag 1977.

[2] H. DOSS et E. LENGLART. Sur l'existence, l'unicité et le comportement asymptotique des solutions d'équations différentielles stochastiques. Ann. Inst. Henri Poincaré, section B, vol. XIV n° 2 (1978).

[3] M. EMERY. Equations différentielles stochastiques lipschitziennes : Etude de la stabilité. Séminaire de Probabilités XIII, Lecture Notes 721, Springer-Verlag 1979.

REMARQUE

Le même résultat a été établi indépendamment par A. Uppman (à paraître aux C.R.A.S., été 1980).

# SOME REMARKABLE MARTINGALES

D.W. STROOCK (*) and M. YOR (**)

## 0. INTRODUCTION :

In the second part (sections 5)-9)) of our previous paper [6], we discussed certain measurability problems which arise in the study of continuous martingales. In particular, we addressed the problem of determining when a continuous martingale is "pure" in the sense of Dubins and Schwarz [1]. That is, given a continuous martingale $M(\cdot)$ with $M(0) = 0$, one knows that $M(t) = B \circ \langle M,M\rangle_t$ where $B(\cdot)$ is a Brownian motion and $\langle M,M\rangle_\cdot$ is the increasing process in the Doob-Meyer decomposition of $M^2(\cdot)$. Assuming (as we do throughout) that $\langle M,M\rangle_\infty = \infty$, it is easily seen that $B(\cdot)$ is $M(\cdot)$-measurable. However, it is not true in general that $M(\cdot)$ is $B(\cdot)$-measurable.

In fact, if $M(\cdot)$ is $B(\cdot)$-measurable, then $M(\cdot)$ enjoys various special properties, of which the most interesting is that every $M(\cdot)$-adapted martingale admits a representation as a $dM(t)$-stochastic integral (cf. section 5) of [6]). Thus there is good reason for wanting to investigate when $M(\cdot)$ is $B(\cdot)$-measurable, and it is for this reason that Dubins and Schwarz assigned this property a name. The adjective which they chose is "pure".

The aim of our earlier work on this subject was to provide some insight into the property of "purity" and to relate it to questions about stochastic differential equations and martingale problems. Thus, for example, we pointed out that although a pure martingale is always extremal (cf. [1] or section (5) of [6]), a plentiful source of extremal martingales which are not pure comes from strictly weak (i.e. not strong) solutions to stochastic differential equations for which the associated martingale problem is well-posed (cf. *Theorem (6.2)* in [6]). Unfortunately, our results in [6] were far from being definitive and we are sorry to admit that even now this situation has not changed as much as we had hoped it might. Nonetheless, we present in sections 1) and 2) a few criteria which guarantee the purity of certain Brownian stochastic integrals.

In section 3) we take up a slightly different question about measurability relations between martingales which are intimately connected with one another. Here we look at a complex Brownian motion $Z(t) = X(t) + iY(t)$ starting at $z_0 \in \mathbb{C}$ and the associated "Lévy area" process

$$\mathcal{A}(t) = \int_0^t (X(s)\, dY(s) - Y(s)\, dX(s)).$$

Obviously $\mathcal{A}(\cdot)$ is $Z(\cdot)$-measurable. However, we show (cf. *Theorem (3.4)*) that $Z(\cdot)$ is $\mathcal{A}(\cdot)$-measurable if and only if $z_0 \neq 0$. As we will see, what causes problem when $z_0 = 0$ is the impossibility of defining the phase of $Z(t)$ as $t \downarrow 0$. We have included this example in the present paper not because we consider it to be closely related to the question of purity but because we believe that it provides another good example of the same sort of measurability questions coming from "naturally" connected martingales.

It remains our belief that there exist both a general formulation of such problems and a general method of attacking them. As yet, we are sorry to report that we

(*) University of Colorado (**) Université Pierre et Marie Curie

ourselves have discovered neither.

## 1. PURITY AND CERTAIN STOCHASTIC INTEGRALS :

Let $(\Omega,\mathfrak{F},(\mathfrak{F}_t),P)$ be a filtered probability space satisfying the usual completeness and continuity assumptions. Suppose that $\beta(\cdot)$ is an $(\mathfrak{F}_\cdot)$-Brownian motion and let $X(\cdot)$ be an $(\mathfrak{F}_\cdot)$-adapted solution to

$$(1.1)\qquad X(t) = x_o + \int_0^t \sigma(X(s))d\beta(s) + \int_0^t b(X(s))ds,\ t \geq 0,$$

where $\sigma$ and $b$ are locally bounded measurable functions on $R$ into itself. The main goal of this section is to prove the theorem whose statement we now give.

*Theorem (1.2)* : Let $\phi : R \to R$ be a measurable function and set

$$(1.3)\qquad M(t) = \int_0^t \phi(X(s))\ \sigma(X(s))d\beta(s),\quad t \geq 0.$$

If the following conditions hold :

i) $\phi(\cdot)$ and $\sigma^2(\cdot)$ are uniformly positive,

ii) $b(\cdot)$ is uniformly bounded,

iii) $\phi(\cdot)$ is a function of local bounded variation such that there is a bounded measurable function $f(\cdot)$ and a function $\xi(\cdot)$ of bounded variation for which $\phi(dx) = \phi^2(x)\ f(x)dx + \phi(x+)\ \xi(dx)$,

then $M(\cdot)$ is pure.

The proof of *Theorem (1.2)* will be accomplished in several steps. The first few of these steps relate the purity of $M(\cdot)$ to showing that all solutions of certain singular looking stochastic differential equations are strong solutions. To be precise, set $F(x) = \int_{x_0}^x \phi(y)dy$. Then by a generalization of Tanaka's variation on Itô's formula :

$$(1.4)\qquad F(X(t)) = M(t) + \int_0^t b(X(s))\ \phi(X(s))ds + {}^1/_2 \int L_t^a\ \phi(da),$$

where $(L_t^a)_{t>0}$ is the local time of $X(\cdot)$ at $a$ as defined by Meyer in [2] via Tanaka's formula. Hence, if $\tau(\cdot)$ is the inverse of $<M,M>_\cdot$, then

$$F(X(\tau(t))) = B(t) + \int_0^{\tau(t)} b(X(s))\ \phi(X(s))ds + {}^1/_2 \int L^a_{\tau(t)}\ \phi(da),$$

where $B(\cdot)$ is the Brownian motion appearing in the representation $M(t) = B \circ <M,M>_t$. But

$$<M,M>_t = \int_0^t \phi^2(X(s))\ \sigma^2(X(s))ds$$

and so

$$\tau(t) = \int_0^t {}^1\Big/_{\phi^2(X(\tau(s)))\ \sigma^2(X(\tau(s))} ds.$$

Thus

$$\int_0^{\tau(t)} b(X(s))\ \phi(X(s))ds = \int_0^t \frac{b}{\sigma^2\phi}\ (X(\tau(s))ds.$$

Setting $Y(t) = F(X(\tau(t)))$, we now have :

$$Y(t) = B(t) + \int_0^t \frac{b}{\sigma^2\phi} \circ F^{-1}(Y(s))ds + {}^1/_2 \int L^a_{\tau(t)}\, \phi(da).$$

Finally, if $(\mathcal{L}^b_t)_{t\geq 0}$ is the local time at $b$ of $Y(\cdot)$, then by the "density of occupation formula" :

$$L^a_{\tau(t)} = \frac{1}{\phi(a+)} \mathcal{L}^{F(a)}_t .$$

Hence,

$$Y(t) = B(t) + \int_0^t \frac{b}{\sigma^2\phi} \circ F^{-1}(Y(s))ds + {}^1/_2 \int \mathcal{L}^{F(a)}_t \frac{\phi(da)}{\phi(a+)}.$$

Finally, if $\mu$ is the image of $\frac{\phi(da)}{\phi(a+)}$ under $F$ and if we define

$\eta(da) = \frac{b}{\sigma^2\phi} \circ F^{-1}(a)da + {}^1/_2\, \mu(da)$, then we arrive at :

$$(1.5) \qquad Y(t) = B(t) + \int \mathcal{L}^a_t\, \eta(da).$$

Now suppose that we know that every solution of *(1.5)* is strong (ie. $B(\cdot)$-measurable). Then, since

$$\tau(t) = \int_0^t \frac{1}{\sigma^2\phi^2} \circ F^{-1}(Y(s))ds,$$

$\tau(\cdot)$ and therefore $\langle M,M\rangle_\cdot$ would be $B(\cdot)$-measurable. But $M(t) = B \circ \langle M,M\rangle_t$, and so we could conclude that $M(\cdot)$ is indeed pure. Thus we are led to the study of stochastic differential equations of the sort given in *(1.5)*. The key to our analysis is the following theorem due to S. Nakao [3] :

*Theorem (1.6)* : Let $(E,\mathcal{B},(\mathcal{B}_t),P)$ be a filtered probability space and let $B(\cdot)$ be a $(\mathcal{B}_\cdot)$-Brownian motion. Suppose that $a : R \to (0,\infty)$ is a bounded, uniformly positive function of local bounded variation and let $c : R \to R$ be a bounded measurable function. Then the equation

$$(1.7) \qquad \alpha(t) = \int_0^t a(\alpha(s))dB(s) + \int_0^t c(\alpha(s))ds$$

admits precisely one $(\mathcal{B}_\cdot)$-adapted solution and this solution is strong (ie. $B(\cdot)$-measurable).

*Remark (1.8)* : The existence part of *Theorem (1.6)* was not stated by Nakao, but it is an easy consequence of exercise (7.3.2) in [5]. Also as Yamada and Watanabe pointed out, the fact that $\alpha(\cdot)$ is $B(\cdot)$-measurable is a corollary of the uniqueness assertion (cf. Corollary 8.1.8 in [5]).

Using *Theorem (1.6)* we can now prove a result which will enable us to find out what we need to know about the solution of equation *(1.5)*.

*Theorem (1.9)* : Let $(E, \mathcal{B}, (\mathcal{B}_t), P)$ and $B(\cdot)$ be as in *Theorem (1.6)*. Suppose that $m : R \to R$ is a function of local bounded variation such that $m(dx) = \psi(x)dx + \nu(dx)$, where $\psi$ is a bounded measurable function and $\nu$ is a function of bounded variation satisfying $\nu(\{x\}) < {}^1/_2$, where $\nu(\{x\}) \equiv \nu(x+0)-\nu(x-0)$, for each $x \in R$. Then there is at most one $(\mathcal{B}_\cdot)$ continuous semi-martingale $\alpha(\cdot)$ which satisfies :

$$(1.10) \quad \alpha(t) = B(t) + \int L_t^a \, m(da)$$

where $(L_t^a)_{t \geq 0}$ denotes the local time of $\alpha(\cdot)$ at a (we assume, as we may, according to [4], that $L_{s\wedge t}^a(\omega)$ is $\mathcal{B}_R \times \mathcal{B}_{[0,t]} \times \mathcal{B}$-measurable for each $t \geq 0$). Moreover, if it exists, $\alpha(\cdot)$ is $B(\cdot)$-measurable.

*Proof* : The idea is to introduce an increasing function H so that $H \circ \alpha(\cdot)$ satisfies an equation like *(1.7)*. To this end, define

$$h(x) = [\exp(-2\,\nu^c((-\infty,x]))]\,[\prod_{y \leq x} (1-2\nu(\{y\}))]$$

where $\nu^c$ denotes the continuous part of $\nu$. Then h is a bounded, uniformly positive function of bounded variation and $h(dx) = -2h(x-)\,\nu(dx)$. Next set $H(x) = \int_0^x h(y)dy$. Then, by Itô's generalized formula :

$$\begin{aligned} H(\alpha(t)) &= \int_0^t h(\alpha(s)-)\, d\alpha(s) + {}^1/_2 \int L_t^a \, h(da) \\ &= \int_0^t h(\alpha(s))dB(s) + \int_0^t h\psi(\alpha(s))ds \\ &\qquad + \int L_t^a \, h(a-)\, \nu(da) + {}^1/_2 \int L_t^a \, h(da) \\ &= \int_0^t h \circ H^{-1}(H(\alpha(s))dB(s) + \int_0^t (h\psi) \circ H^{-1}(H(\alpha(s)))ds. \end{aligned}$$

Hence, by *Theorem (1.6)*, $H \circ \alpha(\cdot)$ is uniquely determined and is $B(\cdot)$-measurable

Q.E.D.

We are at last ready to complete the proof of *Theorem (1.2)*. As we have already seen, we need only show that every solution to *(1.5)* is $B(\cdot)$-measurable. In view of the preceding, this will be done once we check that the $\eta(\cdot)$ appearing on the right side of *(1.5)* satisfies the conditions put on $m(\cdot)$ in *Theorem (1.9)*. Since $\frac{b}{\sigma^2\phi}$ is bounded, this boils down to checking that $1-2\eta(\{x\}) > 0$ for each $x \in R$. But $2\eta(\{x\}) = \frac{\phi(y+) - \phi(y-)}{\phi(y+)} = 1 - \frac{\phi(y-)}{\phi(y+)}$ where $x = F(y)$. Hence $1 - 2\eta(\{x\}) = \frac{\phi(y-)}{\phi(y+)} > 0$.

We therefore know that $Y(\cdot)$ in *(1.5)* must be $B(\cdot)$-measurable. The proof of *Theorem (1.2)* is now complete.

*Corollary (1.11)* : Let $X(\cdot)$ satisfy *(1.1)* where $\sigma^2(\cdot)$ and $b(\cdot)$ are measurable functions, $b(\cdot)$ is bounded, and $\sigma^2(\cdot)$ is locally bounded and uniformly positive.
Let $\phi$ be a uniformly positive measurable function which satisfies one of the following conditions :

a) $\phi$ is a polynomial,

b) $\phi$ is bounded and non-decreasing,

c) $\phi$ is simple (ie. piecewise constant and takes only a finite number of values).

Then the $M(\cdot)$ given in *(1.3)* is pure.

*Proof* : The only case which is not obviously covered by *Theorem (1.2)* is b). However, in this case, simply take $\xi(dx)=\dfrac{\phi(dx)}{\phi(x+)}$ and notice that

$$\int_{-\infty}^{\infty} \frac{\phi(dx)}{\phi(x+)} \leq \int_{-\infty}^{\infty} \frac{\phi(dx)}{\phi(x-)} = \text{Log } \phi(\infty) - \text{Log } \phi(-\infty) < \infty.$$

Q.E.D.

*Remark (1.12)* : Of course *Theorem (1.2)* and *Corollary (1.11)* admit generalizations in various directions. However, they seem to us to cover reasonably well the situations to which the given techniques apply. The essential characteristic which all these situations share in common is the non-degeneracy of the function $\phi(\cdot)$. Indeed, as our results indicate, the smoothness of $\phi(\cdot)$ does not appear to be of great importance so long as $\phi(\cdot)$ stays away from 0.
This observation forces one to ask to what extent one can handle situations in which $\phi(\cdot)$ is allowed to vanish. We will present in the next section what little information we have on this subject.

## 2. QUESTIONS OF PURITY FOR DEGENERATE MARTINGALES :

In this section, we will be looking at martingales of the form :

$$(2.1) \qquad M(t) = \int_0^t \phi(\beta(s))d\beta(s)$$

where $\beta(\cdot)$ is a Brownian motion and $\phi : R \to R$ is locally bounded and measurable. As a consequence of *Corollary (1.11)*, we know that $M(\cdot)$ will be pure if $\phi$ is bounded, uniformly positive and non-decreasing. We now want to know what can happen if $\phi(\cdot)$ is allowed to vanish.

To see how quickly the situation can change when $\phi(\cdot)$ is permitted to vanish, consider the martingale :

$$(2.2) \qquad M_+(t) = \int_0^t 1_{(0,\infty)}(\beta(s))d\beta(s).$$

Obviously, the only condition which $\phi(\cdot)$ violates is that $\phi(\cdot)$ can vanish. As we now show, this one violation is fatal. In fact, we will show that $M_+(\cdot)$ is not even extremal and therefore certainly is not pure. To see that $M_+(\cdot)$ is not extremal, let $\{\mathfrak{F}_t : t \geq 0\}$ be the completed right-continuous filtration determined by $M_+(\cdot)$. Then, since $\int_0^t 1_{(0,\infty)}(\beta(s))ds = \langle M_+,M_+\rangle_t$, $\int_0^t 1_{(0,\infty)}(\beta(s))ds$ is $(\mathfrak{F}_\cdot)$-adapted. Now define $\sigma = \inf\{t \geq 1 : \int_{t-1}^t 1_{(0,\infty)}(\beta(s))ds = 0\}$ and $\tau = \inf\{t \geq \sigma : \int_\sigma^t 1_{(0,\infty)}(\beta(s))ds > 0\}$. Then $\sigma$ and $\tau$ are finite $(\mathfrak{F}_\cdot)$-stopping times. Furthermore, it is easy to check that $\tau$ cannot be $\mathfrak{F}_\sigma$-measurable (this can be seen from $P(\beta(\sigma) < 0) > 0$). Now suppose $M_+(\cdot)$ is extremal. Then we could find an $(\mathfrak{F}_\cdot)$-adapted $\theta(\cdot)$ such that $E[\int_0^\infty \theta_s^2 ds] < \infty$ and $e^{-\tau} = c + \int_0^\infty \theta(s)dM_+(s)$, where $c = E[e^{-\tau}]$. Since $e^{-\tau}$ is $\mathfrak{F}_\tau$-measurable, we would necessarily have, $e^{-\tau} = c + \int_0^\tau \theta(s)dM_+(s)$. But

$$E\Big[\Big(\int_0^\tau \theta(s)dM_+(s) - \int_0^\sigma \theta(s)dM_+(s)\Big)^2\Big] = E\Big[\int_\sigma^\tau \theta^2(s)\chi_{(0,\infty)}(\beta(s))ds\Big] = 0$$

since $\beta(s) \leq 0$ for $s \in (\sigma,\tau)$. Hence, we would have : $e^{-\tau} = c + \int_0^\sigma \theta(s)dM(s)$. Because, $\tau$ is not $\mathfrak{F}_\sigma$-measurable, this is impossible.

*Remark (2.3)* : With a more refined analysis one can prove more about the structure of $(\mathfrak{F}_\cdot)$-martingales. In fact, one can show that there are purely discontinuous $(\mathfrak{F}_\cdot)$-martingales, and certainly none of these could be $dM_+(t)$-stochastic integrals.

The example $M_+(\cdot)$ shows that we cannot afford to drop the positivity condition on $\phi(\cdot)$ when the only regularity hypothesis which we make is that $\phi(\cdot)$ is bounded and non-decreasing.

It is now reasonable to ask what happens if $\phi(\cdot)$ is a polynomial which is allowed to vanish. In particular, which of the martingales

$$(2.4) \qquad M_n(t) = \int_0^t \beta^n(s)d\beta(s), \qquad n \geq 1,$$

are pure ?

It is embarrassing for us to have to admit that we can only give a partial answer to this seemingly elementary question. What we will show is that for all $n \geq 1$ $M_n(\cdot)$ is extremal and that for odd $n \geq 1$ it is pure. Whether or not $M_{2n}(\cdot)$ (even for $n = 1$) is pure remains an open question. Exactly what is underlying the distinction between the odd and even cases we are unable to say, but the next proposition provides a hint.

*Proposition (2.5)* : <u>If $n$ is even, then the filtrations determined by $M_n(\cdot)$ and $\beta(\cdot)$ are a.s. equal. If $n$ is odd, then the filtrations determined by $M_n(\cdot)$ and $|\beta(\cdot)|$ are a.s. equal. For all $n \geq 1$, $M_n(\cdot)$ is extremal.</u>

*Proof* : First suppose that $n$ is even. Since $M_n(\cdot)$ is necessarily $\beta(\cdot)$ measurable, we need only show that $\beta(\cdot)$ is a.s. $M_n(\cdot)$-adapted to conclude that the two filtrations are a.s. equal. But $\langle M_n, M_n\rangle_t = \int_0^t \beta^{2n}(s)ds$ and so $|\beta(\cdot)|$ is a.s. $M_n(\cdot)$-adapted. Hence $\int_0^t \frac{\beta^n(s)}{\beta^n(s)+\varepsilon^2} d\beta(s) = \int_0^t \frac{1}{\beta^n(s)+\varepsilon^2} dM_n(s)$ is a.s. $M_n(\cdot)$-adapted. Upon letting $\varepsilon \downarrow 0$, we see that $\beta(\cdot)$ is $M_n(\cdot)$-measurable. Now that we know that $\beta(\cdot)$ and $M_n(\cdot)$ have the same completed filtrations, it is clear that $M_n(\cdot)$ is extremal. Indeed, since $\beta(\cdot)$ is extremal, every square-integrable $\beta(\cdot)$-measurable random variable $X$ can be represented as

$$X = E[X] + \int_0^\infty \theta(s)d\beta(s),$$

where $\theta(\cdot)$ is $\beta(\cdot)$-adapted and $E[\int_0^\infty \theta(s)^2 ds] < \infty$.

Thus, $X = E[X] + \int_0^\infty \frac{\theta(s)}{\beta^n(s)} dM_n(s)$ ; $\theta(\cdot)/\beta^n(\cdot)$ is $M_n(\cdot)$-adapted and satisfies

$$E[\int_0^\infty (\frac{\theta(s)}{\beta^n(s)})^2 d\langle M_n, M_n\rangle_s] < \infty.$$

Since every $M_n(\cdot)$-measurable random variable is $\beta(\cdot)$-measurable we see that $M_n(\cdot)$ has the representation property, which is equivalent to extremality.

If $n$ is odd, then again $\langle M_n, M_n\rangle_t = \int_0^t \beta^{2n}(s)ds$ and so $|\beta(\cdot)|$ is a.s. $M_n(\cdot)$-adapted. On the other hand, $M_n(\cdot) = \int_0^t |\beta|^n(s) \text{ sgn } \beta(s)d\beta(s)$ ; and by Tanaka's formula :

$$|\beta(t)| = \int_0^t \text{sgn } \beta(s)d\beta(s) + L_t^0$$

where $(L_t^0)_{t \geq 0}$ is the local time at $0$ of $\beta(\cdot)$. From Tanaka's formula it is easy to conclude that if $S(t) = \int_0^t \text{sgn } \beta(s)d\beta(s)$, then $S(\cdot)$ is a.s. $|\beta(\cdot)|$-adapted. Hence, $M_n(\cdot)$ is also a.s. $|\beta(\cdot)|$-adapted, and we see that $M_n(\cdot)$ and $|\beta(\cdot)|$ have a.s. the same filtrations. Finally, to show that $M_n(\cdot)$ is extremal, it suffices to show that $M_n(\cdot)$ and $S(\cdot)$ have a.s. the same filtrations, since $S(\cdot)$, being a Brownian motion, is extremal and therefore the same argument as we used above would apply. Hence we only have to check that $|\beta(\cdot)|$ is a.s. $S(\cdot)$-adapted. But

$$|\beta(t)|^2 = 2\int_0^t |\beta(s)|dS(s) + t$$

and so $|\beta(\cdot)|$ is a.s. $S(\cdot)$-adapted by the well-known results of T. Yamada and S. Watanabe [7].

We now turn to the proof that $M_n(\cdot)$ is pure when $n$ is odd. The first step is precisely the same as the first step in the proof of *Theorem (1.2)* :

$$\beta^{n+1}(t) = (n+1)\, M_n(t) + \frac{n(n+1)}{2} \int_0^t \beta^{n-1}(s)ds.$$

Thus, if $\tau_n(\cdot)$ is the inverse of $\langle M_n, M_n\rangle_\cdot = \int_0^\cdot \beta^{2n}(s)ds$, if $\gamma_n(\cdot) = \beta^{n+1}(\tau_n(\cdot))$ and $B_n(\cdot) = M_n(\tau(\cdot))$, then $\gamma_n(t) = (n+1)B_n(t) + \frac{n(n+1)}{2}\int_0^t \gamma_n(s)^{-1}ds$.

Hence

$$(2.6)\qquad \gamma_n^2(t) = 2(n+1)\int_0^t \gamma_n(s)dB_n(s) + \frac{(n+1)\ (3n+1)}{2}\, t.$$

Up to this point we have not used the parity of $n$.

However, if we wish to conclude from *(2.6)* that $\gamma_n^2(\cdot)$ is $B_n(\cdot)$-adapted, then we must be able to write $\gamma_n(\cdot) = (\gamma_n^2(\cdot))^{1/2}$. In other words, we need to know that $\gamma_n(\cdot) \geq 0$, and obviously this will be the case if and only if $n$ is odd. Assuming that $n$ is odd and therefore that $\gamma_n(\cdot) = (\gamma_n^2(\cdot))^{1/2}$, we can apply the previously mentioned theorem due to Yamada and Watanabe and therefore show that $\gamma_n^2(\cdot)$ is indeed a.s. $B_n(\cdot)$-adapted. But this implies that $\beta^2(\tau_n(\cdot))$ is a.s. $B_n(\cdot)$-adapted, and therefore, since $\tau_n(t) = \langle\beta(\tau_n(\cdot)),\beta(\tau_n(\cdot))\rangle_t$, $\tau_n(\cdot)$ is a.s. $(B_n(\cdot)$-adapted. From here it is clear that $\langle M_n, M_n\rangle_\cdot$ is a.s. $B_n(\cdot)$-measurable and so is $M_n(\cdot) = B_n \circ \langle M_n, M_n\rangle_\cdot$. In other words :

*Proposition (2.7)* : $M_n(\cdot)$ is pure if $n$ is odd.

*Remark (2.8)* : The argument just given to prove *Proposition (2.7)* can be used to prove the purity of certain martingales which come from the so called Bessel processes. To be precise, let $q > 1$ be given and let $\rho(\cdot)$ be the unique non-negative solution to :

$$\rho(t) = \rho_0 + \beta(t) + \frac{q-1}{2}\int_0^t {}^1/\rho(s)\ ds,$$

where $\rho_0 \in [0,\infty)$. Then for any $\lambda > 1$, the martingale $M_\lambda(t) = \int_0^t \rho^{\lambda-1}(s)d\beta(s)$ is pure. The ideas underlying the proof are exactly the same as those presented above. Furthermore, the same reasoning applies to $\rho(\cdot)$ defined by

$$\rho(t) = \rho_0 + \beta(t) + L_t^0$$

where $(L_t^0)_{t\geq 0}$ is the local time of $\rho(\cdot)$ at $0$.

## 3. COMPLEX BROWNIAN MOTION :

As mentioned in the introduction, this section deals with a slightly different topic. For those few readers who have born with us to this point, we are sure that the change of pace will come as a relief.

Let $X(\cdot)$ and $Y(\cdot)$ be independent 1-dimensional Brownian motions starting from 0 and let $(\mathcal{J}_\cdot)$ be the completed filtration determined by $(X(\cdot),Y(\cdot))$. Given $z_0 \in \mathbb{C}$, set $\mathcal{Z}(\cdot) = z_0 + X(\cdot) + iY(\cdot)$. $\mathcal{Z}(\cdot)$ is called a complex Brownian motion starting from $z_0$. Associated with $\mathcal{Z}(\cdot)$ is Lévy's area process

$$\mathcal{a}(t) = \mathcal{a}_{\mathcal{Z}}(t) \equiv \int_0^t (X(s)dY(s) - Y(s)dX(s))$$

and the two processes :

$$\beta(t) = \beta_{\mathcal{Z}}(t) \equiv \int_0^t \frac{X(s)dX(s)+Y(s)dY(s)}{\rho_{\mathcal{Z}}(s)}$$

and

$$\gamma(t) = \gamma_{\mathcal{Z}}(t) \equiv \int_0^t \frac{X(s)dY(s)-Y(s)dX(s)}{\rho_{\mathcal{Z}}(s)}$$

where

$$\rho(t) = \rho_{\mathcal{Z}}(t) \equiv |\mathcal{Z}(t)|.$$

Let $(\mathcal{F}_\cdot^{\mathcal{a}})$, $(\mathcal{F}_\cdot^{\beta})$, $(\mathcal{F}_\cdot^{\gamma})$, and $(\mathcal{F}_\cdot^{\rho})$ denote the completed filtrations determined, respectively, by $\mathcal{a}(\cdot)$, $\beta(\cdot)$, $\gamma(\cdot)$, and $\rho(\cdot)$ ; and let $(\mathcal{F}_\cdot^{(\beta,\gamma)})$ be the completed filtration determined by $(\beta(\cdot),\gamma(\cdot))$.

*Proposition (3.1) :* The processes $\beta(\cdot)$ and $\gamma(\cdot)$ are independent $(\mathcal{J}_\cdot)$-Brownian motions. Furthermore, $(\mathcal{F}_\cdot^{\rho}) = (\mathcal{F}_\cdot^{\beta})$ and $(\mathcal{F}_\cdot^{(\beta,\gamma)}) = (\mathcal{F}_\cdot^{\mathcal{a}})$. Finally, if $z_0 = \rho_0 e^{i\theta_0} \neq 0$, then

$$(3.2) \qquad \mathcal{Z}(t) = \rho(t) \exp i(\theta_0 + \int_0^t \frac{d\gamma(s)}{\rho(s)}), \quad t \geq 0 ;$$

and so, in this case, $(\mathcal{J}_\cdot) = (\mathcal{F}_\cdot^{(\beta,\gamma)}) = (\mathcal{F}_\cdot^{\mathcal{a}})$.

*Proof :* Since $\langle\beta,\beta\rangle_t = \langle\gamma,\gamma\rangle_t = t$ and $\langle\beta,\gamma\rangle_t = 0$, the first assertion is obvious. To prove that $(\mathcal{F}_\cdot^{\rho}) = (\mathcal{F}_\cdot^{\beta})$, note that

$$(3.3) \qquad \rho^2(t) - \rho_0^2 = 2\int_0^t \rho(s)d\beta(s) + 2t.$$

From *(3.3)* it is clear that $\int_0^\cdot \rho(s)d\beta(s)$ is $(\mathcal{F}_\cdot^{\rho})$-adapted and therefore that $\beta(\cdot)$ is also. Hence $(\mathcal{F}_\cdot^{\beta}) \subseteq (\mathcal{F}_\cdot^{\rho})$. At the same time, *(3.3)* plus the theorem of Yamada and Watanabe imply that $(\mathcal{F}_\cdot^{\rho}) \subseteq (\mathcal{F}_\cdot^{\beta})$. That is, $(\mathcal{F}_\cdot^{\rho}) = (\mathcal{F}_\cdot^{\beta})$.

To see that $(\mathcal{F}_{\cdot}^{(\beta,\gamma)}) = (\mathcal{F}_{\cdot}^{\mathcal{A}})$, first note that

$$\mathcal{A}(t) = \int_0^t \rho(s)d\gamma(s).$$

Since $\rho(\cdot)$ is $(\mathcal{F}_{\cdot}^{\beta})$-adapted, this proves that $(\mathcal{F}_{\cdot}^{\mathcal{A}})\subseteq(\mathcal{F}_{\cdot}^{\beta})$. On the other hand :

$$\gamma(t) = \int_0^t \frac{d\mathcal{A}(s)}{\rho(s)}$$

and so we will have $(\mathcal{F}_{\cdot}^{(\beta,\gamma)})\subseteq(\mathcal{F}_{\cdot}^{\mathcal{A}})$ once we have shown that $(\mathcal{F}_{\cdot}^{\rho})\subseteq(\mathcal{F}_{\cdot}^{\mathcal{A}})$. But $\int_0^t \rho^2(s)ds = \langle\mathcal{A},\mathcal{A}\rangle_t$, and so $\rho(\cdot)$ is $(\mathcal{F}_{\cdot}^{\mathcal{A}})$-adapted.

Finally, if $z_0 = \rho_0 e^{i\theta_0} \neq 0$, then (since $P((\exists\, t \geq 0)\ Z(t) = 0) = 0)$ we can a.s. make a unique continuous determination of the phase (ie. argument) $\theta(\cdot)$ of $Z(\cdot)$ so that $\theta(0) = \theta_0$. Moreover, $d\theta(t) = \mathrm{Im}(\frac{dZ(t)}{Z(t)}) = \frac{X(t)dY(t)-Y(t)dX(t)}{\rho^2(t)} = \frac{d\gamma(t)}{\rho(t)}$.
Hence the representation in *(3.2)* is proved. Clearly $(\mathcal{F}_{\cdot}^{\mathcal{A}}) = (\mathcal{F}_{\cdot}^{(\beta,\gamma)}) = (\mathcal{J}_{\cdot})$ follows from this plus the preceding considerations.

Q.E.D.

In order to explain what happens to the equality $(\mathcal{F}_{\cdot}^{\mathcal{A}}) = (\mathcal{J}_{\cdot})$ when $z_0 = 0$, we assume that the sample space of $Z(\cdot)$ is $C([0,\infty),\mathbb{C})$ and $Z(t)$ is the evaluation at time $t$. For $\theta\in[0,2\pi)$, define $R_\theta : C([0,\infty),\mathbb{C}) \to C([0,\infty),\mathbb{C})$ by $R_\theta Z(\cdot) = e^{i\theta}Z(\cdot)$. We next define $\mathcal{R}_t = \sigma$ ($H$ : $H$ is a $\mathcal{J}_t$-measurable random variable and $H = H\circ R_\theta$ a.s. for each $\theta\in[0,2\pi)$).

*Theorem (3.4)* : <u>If</u> $z_0 = 0$, <u>then</u> $(\mathcal{F}_{\cdot}^{\mathcal{A}_Z}) = (\mathcal{R}_{\cdot})$ .
<u>Moreover for each</u> $t > 0$, $m_t \equiv Z(t)/|Z(t)|$ <u>is a uniformly distributed random variable on</u> $S \equiv \{z\in\mathbb{C} : |z| = 1\}$ <u>and</u> $m_t$ <u>is independent of</u> $\mathcal{R}_\infty$. <u>In particular</u> $\mathcal{F}_t^{\mathcal{A}_Z} \subsetneqq \mathcal{J}_t$ <u>for each</u> $t\in(0,\infty]$.

*Proof* : We first prove that $(\mathcal{F}_{\cdot}^{\mathcal{A}})\subseteq(\mathcal{R}_{\cdot})$. To this end, note that $\rho(\cdot)$ is obviously $(\mathcal{R}_{\cdot})$-adapted.

Next, for $s > 0$ we can a.s. define a unique continuous determination $\theta_s(\cdot)$ of $\arg(Z(\cdot\vee s)/Z(s))$ such that $\theta_s(s) = 0$. Moreover, just as in the preceding

$$\theta_s(t) = \int_s^t \frac{d\gamma(u)}{\rho(u)}, \quad t \geq s.$$

Since $\theta_s(t)$ is clearly $\mathcal{R}_t$-measurable, we now see that $\int_s^{s\vee\cdot} \frac{d\gamma(u)}{\rho(u)}$ is $(\mathcal{R}_\cdot)$-adapted, and therefore that $\gamma(\cdot)$ is $(\mathcal{R}_\cdot)$-adapted. Thus, since $(\mathcal{F}^\beta_\cdot) = (\mathcal{F}^\rho_\cdot)$, $(\mathcal{F}^a_\cdot) = (\mathcal{F}^{(\beta,\gamma)}_\cdot) \subseteq (\mathcal{R}_\cdot)$.

We next show that $m_t$ is uniformly distributed on $S$ and that $m_t$ is independent of $\mathcal{R}_\infty$. But if $H$ is a bounded $\mathcal{R}_\infty$-measurable random variable then for any $f \in B(S)$ and $\theta \in [0,2\pi)$ :

$$E\left[f(m_t)H\right] = E\left[f(m_t)\ H \circ R_\theta\right] = E\left[f(e^{-i\theta}\ m_t \circ R_\theta)\ H \circ R_\theta\right]$$

$$= E\left[f(e^{-i\theta}\ m_t)\ H\right],$$

where the last equality results from the rotation invariance of the distribution of $z(\cdot)$. Hence

$$E\left[f(m_t)H\right] = E\left[\frac{1}{2\pi}\int_0^{2\pi} f(e^{-i\theta}\ m_t)d\theta\ H\right]$$

$$= \frac{1}{2\pi}\int_0^{2\pi} f(e^{-i\theta})d\theta\ E\left[H\right].$$

Finally, to prove that $(\mathcal{R}_\cdot) \subseteq (\mathcal{F}^a_\cdot)$, let $t > 0$ be fixed and note that

$$z_s = \rho(s)\ e^{-i\theta_s(t)}\ m_t, \quad 0 \le s \le t.$$

Hence $\mathcal{R}_t \subseteq \mathcal{I}_t \overset{a.s.}{\subseteq} \mathcal{F}^a_t \vee (\sigma(m_t))$. Since $\mathcal{F}^a_t \subseteq \mathcal{R}_t$ and $\mathcal{R}_t$ is independent of $\sigma(m_t)$, it follows that $\mathcal{R}_t \subseteq \mathcal{F}^a_t$.

*Remark (3.5)* : It follows easily from *(3.2)* that when $z_0 \neq 0$ we can write

$$(3.6)\qquad z(t) = \rho(t)\ \omega\left(\int_0^t ds/\rho^2(s)\right)$$

where $\omega(\cdot)$ is independent of $\rho(\cdot)$ and has the distribution of the Brownian motion on $S$ starting from $z_0/|z_0|$. The analogue of *(3.6)* when $z_0 = 0$ is

$$(3.7)\qquad z(t) = \rho(t)\ \omega\left(\int_1^t 1/\rho(s)^2\ ds\right), \quad t > 0$$

where $\omega(\cdot)$ is independent of $\rho(\cdot)$ and is the stationary Brownian motion (defined for all $t \in R$) on $S$ such that $\omega(t)$ is uniformly distributed for each $t \in R$. The proof of *(3.7)* is not difficult and is left to the reader.

*Remark (3.8)*: The situation described in *Proposition (3.1)* and *Theorem (3.4)* should be compared to the situation in one-dimension. To be precise, let $B(\cdot)$ be a one-dimensional Brownian motion starting at $0$ and set $X(\cdot) = x_0 + B(\cdot)$, where $x_0 \in R$. Then, the analogue of $\beta_z(\cdot)$ is clearly $\beta_X(t) \equiv \int_0^t \text{sgn}(X(s))dB(s)$.

It is not so clear what should be taken as the analogue of $\gamma_Z(\cdot)$. The most intuitively appealing choice would be a process which counts the "number of times" that $X(\cdot)$ passes through 0. But the only candidate for that role is $(L_t^0)_{t\geq 0}$ (the local time of $X(\cdot)$ at 0) and, since $(L_t^0)_{t\geq 0}$ is already $\beta_X(\cdot)$-adapted, nothing new is going to be gained by considering its filtration. Hence, the analogue of $(\beta_Z(\cdot), \gamma_Z(\cdot))$ is just $\beta_X(\cdot)$. Since it is well-known that the filtration of $\beta_X(\cdot)$ is a.s. equal to that of $|X(\cdot)|$, we now see that in one-dimension the analogue of the second part of *Proposition (3.1)* fails for all $x_o \in R$, not just for $x_o = 0$. Obviously, the fact which underlies this difference is the inability of a complex Brownian motion to hit 0 at a positive time.

Before closing this section, we want to reinterpret our results in terms of stochastic differential equations. To this end, let $Z(\cdot)$, starting at $z_o \in \mathbb{C}$ be given and define $\mathcal{A}(\cdot)$, $\beta(\cdot)$, $\gamma(\cdot)$, and $\rho(\cdot)$ accordingly. Then it is easy to check that

$$Z(t) = z_o + \int_0^t \frac{Z(s)}{|Z(s)|} d(\beta(s) + i\gamma(s)),$$

(where we take $Z(s)/|Z(s)| \equiv 1$ if $Z(s) = 0$). Since we know that $(\mathcal{J}_\cdot) = (\mathcal{J}_\cdot^{(\beta,\gamma)})$ when $z_o \neq 0$, we should expect that this equation uniquely determines $Z(\cdot)$ so long as $z_o \neq 0$. That is, we expect that $Z(\cdot)$ is the one and only solution to

$$(3.9) \quad \Xi(t) = z_o + \int_0^t \frac{\Xi(s)}{|\Xi(s)|} d(\beta(s) + i\gamma(s))$$

when $z_o \neq 0$. We can verify this expectation in various ways. In the first place, it is easy to check that any solution $\Xi(\cdot)$ is a complex Brownian motion starting from $z_o$. Also, using the Picard contraction argument introduced by Itô long ago, it is easy to see that for each $\varepsilon > 0$ $\Xi(\cdot)$ is uniquely determined by *(3.9)* up until $\tau_\varepsilon = \inf\{t \geq 0 : |\Xi(t)| \leq \varepsilon\}$. Since $\tau_\varepsilon \uparrow \infty$ as $\varepsilon \downarrow 0$, $\Xi(\cdot)$ is unique for all time. In particular, $\Xi(\cdot) = Z(\cdot)$ a.s..

Another approach is the following. Knowing that $\Xi(\cdot)$ is a complex Brownian motion starting at $z_o \neq 0$, we can choose a unique continuous version of $\operatorname{Log}\Xi(\cdot)$ so that $\operatorname{Log}\Xi(0) = \operatorname{Log}\rho_o + i\theta_o$, where $z_o = \rho_o e^{i\theta_o}$. Furthermore,

$d \operatorname{Log} \ (t) = \dfrac{d\Xi(t)}{\Xi(t)}$ and so

$$\Xi(t) = z_o \exp\left[\int_0^t \frac{d\Xi(s)}{\Xi(s)}\right]$$

$$= z_o \exp\left[\int_0^t \frac{d(\beta(s)+i\gamma(s))}{\rho_\Xi(s)}\right].$$

But using *(3.9)*, it is easy to derive

$$\rho_{\Xi}^{2}(t) - \rho_{o}^{2} = 2\int_{0}^{t} \rho_{\Xi}(s)\, d\beta(s) + 2t.$$

Comparing this equation for $\rho_{\Xi}(\cdot)$ with equation *(3.3)* and using the theorem of Yamada and Watanabe, we conclude that $\rho(\cdot) = \rho_{\Xi}(\cdot)$ and so

$$\Xi(t) = z_o \exp\Big[\int_{0}^{t} \frac{d(\beta_s + i\gamma(s))}{\rho_{\Xi}(s)}\Big].$$

Now suppose that $z_o = 0$ and that $\Xi(\cdot)$ satisfies *(3.9)*. Again $\Xi(\cdot)$ is a complex Brownian motion starting from 0 and again one can show in the same manner that $\rho_{\Xi}(\cdot) = \rho(\cdot)$ and that

$$(3.10)\qquad \frac{\Xi(t)}{\Xi(s)} = \exp\Big[\int_{s}^{t} \frac{d(\beta(u)+i\gamma(u))}{\rho(u)}\Big],\ 0 < s \leq t.$$

Hence, if $\mu_t = \frac{\Xi(t)}{Z(t)}$, then $|\mu_t| = 1$ and

$$\mu_s = \frac{\Xi(s)}{Z(s)} = \frac{\Xi(s)}{\Xi(t)}\,\frac{Z(t)}{Z(s)}\,\frac{\Xi(t)}{Z(t)} = \mu_t$$

since *(3.10)* holds for any $\Xi(\cdot)$ satisfying *(3.9)* and therefore it holds for $Z(\cdot)$ also. In other words if $\Xi(\cdot)$ satisfies *(3.9)* with $z_o = 0$, then

$$(3.11)\qquad \Xi(\cdot) = \mu\, Z(\cdot),$$

where $\mu$ is a random variable with values on $S$ and $\mu$ is independent of $(\mathcal{F}_{\cdot}^{(\beta,\gamma)})$. Conversely, if $\Xi(\cdot)$ satisfies *(3.11)* with a $\mu$ of this sort, then it is easy to see that $\Xi(\cdot)$ satisfies *(3.9)*.

*Theorem (3.12)* : Let $Z(\cdot)$ be a complex Brownian motion starting from $z_o \in \mathbb{C}$, and let $\mathcal{A}(\cdot) = \mathcal{A}_Z(\cdot)$, $\beta(\cdot) = \beta_Z(\cdot)$, $\gamma(\cdot) = \gamma_Z(\cdot)$, and $\rho(\cdot) = \rho_Z(\cdot)$ be defined accordingly. Then $Z(\cdot)$ satisfies *(3.9)*. Moreover, if $\Xi(\cdot)$ is any solution of *(3.9)*, then $\Xi(\cdot)$ is a complex Brownian motion starting at $z_o$ and $\mathcal{A}_{\Xi}(\cdot) = \mathcal{A}(\cdot)$, $\beta_{\Xi}(\cdot) = \beta(\cdot)$, $\gamma_{\Xi}(\cdot) = \gamma(\cdot)$, and $\rho_{\Xi}(\cdot) = \rho(\cdot)$. In fact, if $z_o \neq 0$, then $\Xi(\cdot) = Z(\cdot)$. Finally, if $z_o = 0$, then the set of solutions $\Xi(\cdot)$ to *(3.9)* is precisely the set of processes $\mu Z(\cdot)$ where $\mu$ is a random variable with values in $S$ and $\mu$ is independent of $\mathcal{F}_{\infty}^{\mathcal{A}}$.

*Proof* : The only assertions which we have not already proved are the equalities $\mathcal{A}_{\Xi}(\cdot) = \mathcal{A}(\cdot)$, $\beta_{\Xi}(\cdot) = \beta(\cdot)$, and $\gamma_{\Xi}(\cdot) = \gamma(\cdot)$. But

$$\frac{d\Xi}{\Xi} = \frac{d(\beta_{\Xi} + i\gamma_{\Xi})}{\rho_{\Xi}}$$

and from *(3.9)* :

$$\frac{d\Xi}{\Xi} = \frac{d(\beta + i\gamma)}{\rho}.$$

Since $\rho_{\equiv}(\cdot) = \rho(\cdot)$, this proves that $\beta_{\equiv}(\cdot) = \beta(\cdot)$ and $\gamma_{\equiv}(\cdot) = \gamma(\cdot)$. Finally, $d\mathcal{Q}_{\equiv} = \rho_{\equiv} d\gamma$, and so $\mathcal{Q}(\cdot) = \mathcal{Q}_{\equiv}(\cdot)$.

Q.E.D.

*Acknowledgments* : 1) We are grateful to L.A. Shepp, who kindly pointed out to us Nakao's paper [3]. The reader may be interested to see how J.M. Harrison and L.A. Shepp [8] applied Nakao's result to deal with skew Brownian motion.

2) J. Pitman kindly showed us that the content of Remark (3.5) is already (in fact, in a more general setting !) in Itô-McKean's book, p. 276.

REFERENCES :

[1] L. DUBINS, G. SCHWARZ : On extremal martingale distributions. Proc. 5th. Berkeley Symp. Math. Stat. Prob., Univ. California II, part I, 1967, p. 295-299.

[2] P.A. MEYER : Un cours sur les intégrales stochastiques. Sém. Probas. Strasbourg X, Lect. Notes in Maths 511, Springer (1976).

[3] S. NAKAO : On the pathwise uniqueness of solutions of one-dimensional stochastic differential equations. Osaka J. Math., 9, 1972, p. 513-518.

[4] C. STRICKER, M. YOR : Calcul stochastique dépendant d'un paramètre. Zeitschrift für Wahr., 45, 1978, p. 109-134.

[5] D.W. STROOCK, S.R.S. VARADHAN: Multidimensional diffusion processes. Springer-Verlag Grundlehren Series, Vol. 233, 1979, N.Y.C.

[6] D.W. STROOCK, M. YOR : On extremal solutions of martingale problems. Ann. Ecole Norm. Sup, 1980, 13, p. 95-164.

[7] S. WATANABE, T. YAMADA : On the uniqueness of solutions of stochastic differential equations. J. Math. Kyoto Univ. 11, (1971), p. 155-167.

[8] J.M. HARRISON, L.A. SHEPP : On skew Brownian Motion. To appear in Annals of Probability.

# *Extrémalité et remplissage de tribus pour certaines martingales purement discontinues.*

*D. Lépingle, P.A. Meyer, M. Yor.*

## *1. Introduction et préliminaires*

1.1) Soit $(\Omega,\mathcal{F},P)$ un espace de probabilité complet, muni d'une filtration $(\mathcal{F}_t)_{t\geq 0}$ continue à droite et $(\mathcal{F},P)$-complète. On suppose donné un processus

$$M : \mathbb{R}_+ \times \Omega \to \mathbb{R}$$

qui soit une $((\mathcal{F}_t),P)$-martingale locale, continue à droite et nulle en 0. On note $(\mathcal{F}(M)_t)_{t\geq 0}$ la famille de tribus $(\sigma\{M_s, s \leq t\})_{t\geq 0}$ tendue $(\mathcal{F},P)$ complète et continue à droite.

Rappelons tout d'abord un résultat général, énoncé et démontré en ( [10 ], théorème 1.5).

<u>Théorème 1</u>. <u>Les assertions suivantes sont équivalentes</u>

(i) P <u>est un point extrémal de l'ensemble</u>

$$\mathcal{M} = \{Q \text{ probabilité sur } (\Omega,\mathcal{F}) / M \text{ est une } ((\mathcal{F}_t),Q)\text{-martingale locale}\}$$

(ii) <u>Toute</u> $((\mathcal{F}_t),P)$-<u>martingale bornée</u> $(L_t)_{t\geq 0}$ <u>peut s'écrire sous la forme</u>

$$L_t = c + \int_0^t h_s \, d M_s \qquad (t \geq 0),$$

<u>où</u> $c \in \mathbb{R}$, <u>et</u> h <u>est un processus</u> $(\mathcal{F}_t)$-<u>prévisible convenablement intégrable</u>.

(iii) <u>Même énoncé qu'en</u> (ii), <u>en remplaçant "bornée" par "locale"</u>.

Lorsque ces conditions sont réalisées, on dit, en faisant un léger abus de langage, que M est $(\mathcal{F}_t)$-<u>extrémale</u>, et lorsque $\mathcal{F}_t = \mathcal{F}(M)_t$, on dit simplement que M est extrémale.

La propriété (ii) jouant un rôle important dans de nombreuses questions, divers auteurs ont été amenés à étudier l'existence de critères de $(\mathcal{F}_t)$-extrémalité plus opératoires que (i) ; on rappelle, au paragraphe 1.2), une partie des conditions obtenues.

1.2) Supposons ici M <u>continue</u>, et pour simplifier la discussion $\langle M \rangle_\infty = \infty$ P-p.s. Alors, si

$$\tau_t = \inf\{s / \langle M \rangle_s > t\} \qquad \text{pour } t \geq 0,$$

il existe, d'après un théorème maintenant classique, dû à Dambis et Dubins-Schwarz, un $(\mathcal{F}_{\tau_t})$-mouvement brownien $(B_t)$, égal par définition à $(M_{\tau_t})$, et tel que

$$M_t = B_{<M>_t} \quad \text{pour } t \geq 0.$$

Il a été remarqué par Dubins-Schwarz [ 6 ], puis par Jacod-Yor ([ 10 ] ;(c),p.108), que si l'une des conditions équivalentes suivantes

$$(\Pi_c) \begin{cases} \cdot\ \mathcal{F}(M)_\infty = \mathcal{F}(B)_\infty \\ \cdot \text{ pour tout } t,\ <M>_t \text{ est } \mathcal{F}(B)_\infty\text{-mesurable} \\ \cdot \text{ pour tout } t,\ \tau_t \text{ est } \mathcal{F}(B)_\infty\text{-mesurable} \\ \cdot \text{ pour tout } t,\ \mathcal{F}(M)_{\tau_t} = \mathcal{F}(B)_t \end{cases}$$

est réalisée (on dit dans ce cas que M est pure), alors M est extrémale. En abrégé : pureté ⇒ extrémalité. Mais l'implication inverse est fausse, on en trouve un premier contre-exemple dans [ 6 ] et un second, tout à fait différent, dans [ 14 ] (voir aussi [ 12 ] pour de nombreuses extensions).

1.3) Dans la troisième partie, nous étudierons le cas où M est une $((\mathcal{F}_t),P)$ martingale locale, nulle en zéro, purement discontinue, dont l'amplitude des sauts est identiquement égale à 1, ce qui entraîne en particulier que les instants de saut sont totalement inaccessibles. Les sauts de M étant uniformément bornés, M est localement bornée et $A = <M>$ est bien défini. Rappelons que, dans cette situation, on a

$$M_t = N_t - A_t,\ \text{où } N_t = \sum_{s \leq t} 1_{(\Delta M_s \neq 0)}.$$

Pour simplifier, on supposera encore que $A_\infty = \infty$ P-p.s.

L'analogue, dans ce cadre, du théorème de Dambis et Dubins-Schwarz est dû à S. Watanabe [ 13 ] (voir aussi Brémaud [ 2 ]), et s'énonce ainsi : si

$$\tau_t = \inf\{s/A_s > t\} \quad (t \geq 0),$$

le processus $K_t$, égal par définition à $N_{\tau_t}$, est un processus de Poisson.

Pour poursuivre l'analogie avec le cas continu, on dira encore que M est pure si l'une des conditions équivalentes suivantes est vérifiée :

$$(\Pi_d)\quad \begin{cases} \cdot\ \mathcal{F}(M)_\infty = \mathcal{F}(K)_\infty \\ \cdot\ \text{pour tout } t,\ A_t = \langle M \rangle_t \text{ est } \mathcal{F}(K)_\infty\text{-mesurable} \\ \cdot\ \text{pour tout } t,\ \tau_t \text{ est } \mathcal{F}(K)_\infty\text{-mesurable} \\ \cdot\ \text{pour tout } t, \mathcal{F}(M)_{\tau_t} = \mathcal{F}(K)_t . \end{cases}$$

Le théorème 3 montre toutefois que l'analogie entre les situations présentées en 1.2) et 1.3) s'arrête là.

1.4) On a montré en [ 1 ] que si $L^1(\mathcal{F}_\infty, P)$ est séparable (autrement dit : si $\mathcal{F}_\infty$ ne diffère d'une tribu séparable que par des ensembles $(\mathcal{F}_\infty, P)$ négligeables ; on dira, par la suite, d'une telle tribu qu'elle est p.s. séparable), et s'il existe un $(\mathcal{F}_t)$-mouvement brownien (ou un $(\mathcal{F}_t)$-processus de Poisson), alors $(\mathcal{F}_t)$ est la filtration naturelle d'une martingale réelle M, c'est à dire $\mathcal{F}(M)_t = \mathcal{F}_t$. La proposition-clé de la deuxième partie et son corollaire nous permettront (voir le théorème 2) d'étendre cette propriété à d'autres cas. Pour travailler dans un cadre assez général, nous avons fait appel à la notion de bon ordre et à la récurrence transfinie, mais l'application de cette proposition à la troisième partie n'utilise que le cas des suites croissantes de temps d'arrêt tendant vers l'infini.

## 2. *Martingales purement discontinues et filtrations localement constantes.*

2.1) Dans cette seconde partie, la probabilité P est fixée et toutes les propriétés de mesurabilité seront, sauf spécification contraire, relatives à une filtration $(\mathcal{F}_t)$ qui, outre les conditions habituelles rappelées en 1.1, satisfait à l'hypothèse suivante :

(BO)
- . toutes les martingales sont purement discontinues
- . il existe un ensemble optionnel D à coupes bien-ordonnées dans $\mathbb{R}_+$, qui épuise les sauts de toutes les martingales, à une indistinguabilité près.

On ne considère ici que les versions continues à droite des martingales. En reprenant les notations du chapître 0 de [ 5 ], nous allons utiliser l'ensemble I (non dénombrable) des ordinaux dénombrables, dont on rappelle que :

- . il est bien-ordonné
- . pour tout $\alpha \in I$, l'ensemble des $\beta \in I$, tels que $\beta < \alpha$ est

dénombrable

. il est composé de 0, des ordinaux avec précédent du type $\alpha+1$,

et des ordinaux limites $\alpha$, sans précédent, pour lesquels il existe une suite $\alpha_n \in I$, avec $\alpha_n < \alpha$, telle que $\alpha = \sup \alpha_n$.

En raisonnant par récurrence transfinie comme en [7], on peut associer à chaque $\alpha \in I$ un temps d'arrêt $T_\alpha$ en posant

. $T_o = 0$

. $T_{\alpha+1}(\omega) = \inf \{t > T_\alpha(\omega) / (\omega,t) \in D\}$

. $T_\beta = \sup_{\alpha<\beta} T_\alpha$ si $\beta$ est un ordinal limite.

Notons que, dans ce dernier cas, $T_\beta$ est un temps d'arrêt prévisible puisque si $\alpha_n \to \beta$ en croissant et $\alpha_n < \beta$, on a $T_{\alpha_n} < T_\beta$ sur $(T_\beta < \infty)$ et $T_\beta = \lim_n T_{\alpha_n}$.

Cette famille $(T_\alpha, \alpha \in I)$ vérifie les deux propriétés suivantes :

- $T_\alpha < T_\beta$ sur$(T_\beta < +\infty)$ si $\alpha < \beta$

- $D \subset \bigcup_{\alpha\in I} [[T_\alpha]]$.

2.2) On connaît bien, dans ce cas, la structure de la filtration $(\mathcal{F}_t)$, grâce au résultat suivant.

<u>Proposition</u>. <u>Sous l'hypothèse</u> (BO),

1) $\mathcal{F}_\infty = \bigcup_{\alpha\in I} \mathcal{F}_{T_\alpha}$

2) <u>pour tout temps d'arrêt</u> T <u>et tout</u> $\alpha \in I$,

$\mathcal{F}_T \cap (T_\alpha \leq T < T_{\alpha+1}) = \mathcal{F}_{T_\alpha} \cap (T_\alpha \leq T < T_{\alpha+1})$,

3) <u>pour tout</u> $\alpha \in I$

$\mathcal{F}_{(T_{\alpha+1})-} = \mathcal{F}_{T_\alpha} \vee \sigma(T_{\alpha+1})$.

<u>Démonstration</u>. 1) Puisque toute suite dans I admet une borne supérieure dans I, il est immédiat que $\bigcup_{\alpha\in I} \mathcal{F}_{T_\alpha}$ est une tribu. Si $A_\infty \in \mathcal{F}_\infty$, on considère la martingale

(continue à droite) $P(A_\infty | \mathcal{F}_s) - P(A_\infty | \bigcup_{\alpha\in I} \mathcal{F}_{T_\alpha} | \mathcal{F}_s)$.

Elle est purement discontinue et nulle sur $[[0,T_\alpha]]$, donc continue en $T_\alpha$ pour tout $\alpha \in I$ ; de ce fait elle n'a pas de discontinuités et est nulle partout. Cela montre que $A_\infty \in \bigcup_{\alpha\in I} \mathcal{F}_{T_\alpha}$.

2) Soient T un temps d'arrêt, $A_T$ un élément de $\mathcal{F}_T$ et $\alpha \in I$. Posons

$$A = A_T \cap (T_\alpha \leq T < T_{\alpha+1})$$
$$L_s = P(A|\mathcal{F}_s).$$

Puisque $A \in \mathcal{F}_{T_{\alpha+1}}$, la martingale $(L_s)$ est constante et vaut $1_A$ à partir de $T \wedge T_{\alpha+1}$. Ainsi, la martingale purement discontinue

$$L_s - L_{s \wedge T_\alpha}$$

admet un seul instant de saut $T_{\alpha+1}$, ce qui permet d'écrire

(*) $$L_s = L_{s \wedge T_\alpha} + \Delta L_{T_{\alpha+1}} 1_{(T_{\alpha+1} \leq s)} - B_s,$$

où $(B_s)$ désigne le compensateur prévisible de $(\Delta L_{T_{\alpha+1}} 1_{(T_{\alpha+1} \leq s)})$. Etudions le signe de la variable $\Delta L_{T_{\alpha+1}}$ :

- sur l'ensemble $A \subset (T < T_{\alpha+1})$, la martingale $(L_s)$ est identiquement égale à 1 pour $s \geq T$, donc $\Delta L_{T_{\alpha+1}} = 0$ ;
- sur l'ensemble $A^c$, $L_{T_{\alpha+1}} = 1_A = 0$, et comme L est une martingale positive, $\Delta L_{T_{\alpha+1}} \leq 0$.

Ainsi, $\Delta L_{T_{\alpha+1}} \leq 0$ p.s., donc le processus $(B_s)$ est à valeurs négatives.

Sur l'ensemble $A^c \cap (T < T_{\alpha+1})$, l'égalité (*) devient, pour s=T : (1)

$$L_T = 1_A = 0 = P(A|\mathcal{F}_{T \wedge T_\alpha}) - B_T \geq P(A|\mathcal{F}_{T \wedge T_\alpha}),$$

et cela entraîne

$$A^c \cap (T < T_{\alpha+1}) \subset \{P(A|\mathcal{F}_{T \wedge T_\alpha}) = 0\}.$$

Mais on sait que

$$\{P(A|\mathcal{F}_{T \wedge T_\alpha}) = 0\} \subset A^c$$

et par conséquent

$$A^c \cap (T < T_\alpha) = \{P(A|\mathcal{F}_{T \wedge T_\alpha}) = 0\} \cap (T < T_{\alpha+1})$$

ou encore

$$A = A \cap (T < T_{\alpha+1}) \cap (T_\alpha \leq T)$$
$$= \{P(A|\mathcal{F}_{T \wedge T_\alpha}) > 0\} \cap (T < T_{\alpha+1}) \cap (T_\alpha \leq T),$$

---

(1) Les inclusions et / ou égalités ci-dessus, sont, bien entendu, vérifiées à un ensemble négligeable près.

ce qui montre que

$$A_T \cap (T_\alpha \leq T < T_{\alpha+1}) = \{P(A|\mathcal{F}_{T_\alpha}) > 0\} \cap (T_\alpha \leq T < T_{\alpha+1}).$$

3) Il est clair que $\mathcal{F}_{T_\alpha} \vee \sigma(T_{\alpha+1}) \subset \mathcal{F}_{(T_{\alpha+1})-}$. Inversement, comme

$$\mathcal{F}_{(T_{\alpha+1})-} = \mathcal{F}_0 \vee (\bigvee_{t\geq 0} (\mathcal{F}_t \cap (t < T_{\alpha+1}))),$$

on vérifie que

$$\mathcal{F}_t \cap (t < T_{\alpha+1}) = \sum_{\beta \leq \alpha} \mathcal{F}_t \cap (T_\beta \leq t < T_{\beta+1})$$

$$= \sum_{\beta \leq \alpha} \mathcal{F}_{T_\beta} \cap (T_\beta \leq t < T_{\beta+1}) \quad \text{d'après 2)}$$

$$\subset \mathcal{F}_{T_\alpha} \vee \sigma(T_{\alpha+1}). \quad \square$$

<u>Remarque</u>. Associons à tout temps d'arrêt T la variable positive

$$T'(\omega) = \sup\{t \leq T(\omega) / (\omega,t) \in D\} \qquad \text{si } T(\omega) < \infty$$
$$= +\infty \qquad \text{si } T(\omega) = +\infty.$$

La variable T' n'est pas en général un temps d'arrêt. Toutefois, l'égalité 2) de la proposition peut être condensée en

$$\mathcal{F}_T \cap (T < \infty) = \sigma(Z_{T'}, 1_{(T' < \infty)} / Z \text{ processus optionnel}) \cap (T' < \infty).$$

Cette relation a encore un sens si D n'a plus ses coupes bien-ordonnées. Reste-t-elle encore vraie ?

2.3) <u>Corollaire</u>. <u>Supposons que</u> $(\mathcal{F}_t)$ <u>vérifie l'hypothèse</u> (BO). <u>Soit</u> $(\mathcal{G}_t)$ <u>une sous-filtration de</u> $(\mathcal{F}_t)$, <u>c'est-à-dire une filtration continue à droite</u>, $(\mathcal{F},P)$-<u>complète et telle que pour tout</u> t, $\mathcal{G}_t \subset \mathcal{F}_t$. <u>Si les</u> $(T_\alpha, \alpha \in I)$ <u>sont également des</u> $(\mathcal{G}_t)$-<u>temps d'arrêt</u>, <u>une condition suffisante</u> <u>(et évidemment nécessaire)</u> <u>pour que</u> $\mathcal{F}_t = \mathcal{G}_t$, pour <u>tout t, est que</u>

$$\mathcal{F}_{T_\alpha} \cap (T_\alpha < \infty) = \mathcal{G}_{T_\alpha} \cap (T_\alpha < \infty) \qquad \underline{\text{pour tout}}\ \alpha \in I.$$

<u>Démonstration</u>. Supposons donc vérifiée la relation ci-dessus. Si $t \geq 0$ et si $A \in \mathcal{F}_t$, d'après le 1) de la proposition, il existe $\gamma \in I$ tel que $A \in \mathcal{F}_{T_\gamma}$, et alors

$$A = \bigcup_{\alpha \leq \gamma} A \cap (T_\alpha \leq t \wedge T_\gamma < T_{\alpha+1})$$

$$= \bigcup_{\alpha \leq \gamma} A_\alpha \cap (T_\alpha \leq t \wedge T_\gamma < T_{\alpha+1}) \qquad \text{avec } A_\alpha \in \mathcal{F}_{T_\alpha} \text{ et } A_\alpha \subset (T_\alpha < \infty)$$

$$\in \mathcal{G}_{t \wedge T_\gamma}. \quad \square$$

2.4) Nous allons maintenant appliquer la proposition et son corollaire à des questions d'engendrement de filtrations (cf. [ 1 ]). Pour cela nous aurons besoin d'un lemme sur les espérances conditionnelles.

Lemme. Soit $\mathcal{A}$ une tribu p.s. séparable, et soit $\mathcal{B}$ une sous-tribu de $\mathcal{A}$. Si C désigne la borne essentielle supérieure des éléments de $\mathcal{B}$ sur lesquels les restrictions de $\mathcal{A}$ et de $\mathcal{B}$ coïncident p.s., il existe une variable X positive et bornée, engendrant p.s. la tribu $\mathcal{A}$, telle que

$$\{X=E(X|\mathcal{B})\} = C \qquad \text{p.s.}$$

Démonstration. Soit $X_o$ une variable aléatoire positive, bornée par $K > 0$, engendrant p.s. la tribu $\mathcal{A}$. Considérons alors

$$A = \{X_o=E(X_o|\mathcal{B})\}.$$

Si $B = \{P(A|\mathcal{B})=1\}$, l'ensemble B est $\mathcal{B}$-mesurable et contenu dans A, donc $X_o=E(X_o|\mathcal{B})$ sur B, ce qui montre que les tribus $\mathcal{A}$ et $\mathcal{B}$ coïncident p.s. sur B, et ainsi $B \subset C$. Il en résulte que

$$1_A - P(A|\mathcal{B}) > 0 \qquad \text{p.s.} \qquad \text{sur } A\setminus C.$$

Si l'on pose pour tout $\lambda \in ]K,2K]$

$$X_\lambda = X_o + \lambda\, 1_A$$

et

$$\Omega_\lambda = \{X_\lambda=E(X_\lambda\,|\,\mathcal{B})\}\setminus C,$$

les ensembles $\Omega_\lambda$ sont disjoints, et cela entraîne l'existence d'un $\mu \in ]K,2K]$ tel que $P(\Omega_\mu)=0$. Il est clair que $0 \leq X_\mu \leq 3K$ et que $\sigma(X_\mu)= \mathcal{A}$ p.s. □

2.5) Revenons aux filtrations localement constantes.

Théorème 2. Supposons que $(\mathcal{F}_t)$ vérifie l'hypothèse (BO) avec de plus $\mathcal{F}_\infty$ p.s. séparable. Il existe alors une $(\mathcal{F}_t)$-martingale M telle que pour tout t

$$\mathcal{F}_t=\mathcal{F}(M)_t.$$

Démonstration. i) Montrons, pour commencer, que la partie accessible $T^a_\alpha$ de chaque $T_\alpha$ est prévisible. Evidemment, $T_o=0$ est prévisible. De même, si $\alpha$ est un ordinal limite,

$T_\alpha$ est prévisible par construction. Supposons donc que $\alpha$ ait un précédent $\beta$. On sait qu'il existe une suite $(T^n_\alpha, n \geq 0)$ de temps d'arrêt prévisibles telle que

$$[[T^a_\alpha]] \subset \bigcup_n [[T^n_\alpha]].$$

Puisque le graphe $[[T^a_\alpha]]$ est contenu dans l'ensemble prévisible $]]T_\beta,+\infty[[$, on peut supposer que

$$\bigcup_n [[T^n_\alpha]] \subset ]]T_\beta,+\infty[[.$$

Pour $n \geq 0$, on considère la martingale

$$N^n_t = (1_{(T_\alpha > T^n_\alpha)} - P(T_\alpha > T^n_\alpha | \mathcal{F}_{(T^n_\alpha)-}))\, 1_{(T^n_\alpha \leq t)}.$$

Comme elle n'a pas de saut dans $]]T_\beta,T_\alpha[[$, nous avons

$$P(T_\alpha > T^n_\alpha | \mathcal{F}_{(T^n_\alpha)-}) = 1 \quad \text{sur } (T_\alpha > T^n_\alpha),$$

donc $(T_\alpha > T^n_\alpha) \in \mathcal{F}_{(T^n_\alpha)-}$. On peut ainsi restreindre $T^n_\alpha$ à $(T_\alpha \leq T^n_\alpha)$, donc supposer $T_\alpha \leq T^n_\alpha$, et ceci pour tout $n \geq 0$. Mais alors $[[T^a_\alpha]]$ est égal à l'ensemble prévisible

$$\bigcup_n [[T^n_\alpha, +\infty[[ \setminus ]]T_\alpha,+\infty[[,$$

ce qui prouve que $T^a_\alpha$ est un temps d'arrêt prévisible.

ii) Remarquons tout d'abord que la séparabilité p.s. de $\mathcal{F}_\infty$ (c'est-à-dire l'égalité

$$\mathcal{F}_\infty = \sigma(A_n, n \geq 0) \vee \mathcal{N}$$

où $\mathcal{N}$ désigne les ensembles négligeables, $(A_n)$ une suite d'éléments de $\mathcal{F}_\infty$) entraîne l'existence d'un $\gamma \in I$ tel que $\mathcal{F}_\infty = \mathcal{F}_{T_\gamma}$. Construisons maintenant une famille au plus dénombrable de variables aléatoires $(U_\alpha, \alpha \leq \gamma)$ de la façon suivante.

Si $\alpha=0$, on choisit $U_o$ bornée par un nombre $c_o$ telle que $\sigma(U_o) = \mathcal{F}_o$ p.s.

Si $\alpha$ est un ordinal limite, on choisit encore $U_\alpha$ bornée par un nombre $c_\alpha$ telle que $\sigma(U_\alpha) = \mathcal{F}_{T_\alpha}$ p.s.

Si $\alpha$ admet un précédent, remarquons que sur l'ensemble $C_\alpha$ borne essentielle supérieure des ensembles $\mathcal{F}_{(T^a_\alpha)-}$-mesurables contenus dans $(T^a_\alpha < +\infty)$ sur lesquels $\mathcal{F}_{T^a_\alpha}$ et $\mathcal{F}_{(T^a_\alpha)-}$ coïncident, nécessairement aucune martingale ne pourra avoir de saut à l'instant $T_\alpha^a$ ; on peut donc exclure de D et du graphe de $T_\alpha^a$ l'ensemble

$$\{(\omega,t)/\omega \in C_\alpha, t = T_\alpha^a(\omega)\}.$$

D'après le lemme, on peut alors choisir sur l'ensemble $(T_\alpha^a < +\infty)$ une variable $U_\alpha$ bornée par un nombre $c_\alpha$ et vérifiant

$$\begin{cases} \mathcal{F}_{T_\alpha^a} \cap (T_\alpha^a < +\infty) = \sigma(U_\alpha) \cap (T_\alpha^a < +\infty) \quad \text{p.s.} \\ U_\alpha - E(U_\alpha | \mathcal{F}_{(T_\alpha^a)-}) \neq 0 \quad \text{p.s.} \quad \text{sur } (T_\alpha^a < +\infty). \end{cases}$$

Complétons ce choix en prenant pour $U_\alpha$, sur $(T_\alpha^a = +\infty)$, une variable aléatoire à valeurs dans $]c_\alpha, 2c_\alpha]$ qui engendre p.s. la restriction de $\mathcal{F}_{T_\alpha}$ à $(T_\alpha^a = +\infty)$. Si l'on a pris soin de choisir les $c_\alpha$ de sorte que $\sum_{\alpha \leq \gamma} c_\alpha^2 < +\infty$, le processus

$$M_t = U_o + \sum_{0 < \alpha \leq \gamma} (U_\alpha 1_{(T_\alpha \leq t)} - A_t^\alpha),$$

où $(A_t^\alpha)$ désigne le compensateur prévisible de $(U_\alpha 1_{(T_\alpha \leq t)})$, est une martingale de carré intégrable.

Notons $\mathcal{G}_t = \mathcal{F}(M)_t$ et montrons que $\mathcal{G}_{T_\alpha} = \mathcal{F}_{T_\alpha}$ pour tout $\alpha \leq \gamma$. Nous aurons alors $\mathcal{G}_{T_\alpha} = \mathcal{F}_{T_\alpha}$ pour tout $\alpha \in I$ puisque

$$\mathcal{G}_{T_\gamma} = \mathcal{F}_{T_\gamma} = \mathcal{F}_\infty = \mathcal{F}_{T_\beta} \qquad \text{pour tout } \beta > \gamma,$$

et le corollaire nous donnera l'égalité $\mathcal{G}_t = \mathcal{F}_t$ désirée.

Clairement, $\mathcal{G}_o = \mathcal{F}_o$.

Si $\alpha$ est un ordinal limite, supposons que pour tout $\beta < \alpha$, $T_\beta$ soit un $(\mathcal{G}_t)$-temps d'arrêt et que $\mathcal{G}_{T_\beta} = \mathcal{F}_{T_\beta}$. Par construction, $T_\alpha = \lim_n T_{\alpha_n}$ où $\alpha_n \to \alpha$, $\alpha_n < \alpha$ et $T_{\alpha_n} < T_\alpha$ sur $(T_\alpha < +\infty)$. Il en résulte que $T_\alpha$ est un $(\mathcal{G}_t)$-temps d'arrêt prévisible et que

$$\begin{aligned} \mathcal{F}_{(T_\alpha)-} &= \vee_n \mathcal{F}_{T_{\alpha_n}} \\ &= \vee_n \mathcal{G}_{T_{\alpha_n}} \\ &= \mathcal{G}_{(T_\alpha)-}, \end{aligned}$$

tandis que de

$$\Delta M_{T_\alpha} = (U_\alpha - E(U_\alpha|\mathcal{F}_{(T_\alpha)-})\, 1_{(T_\alpha < +\infty)}$$

on déduit :

$$\begin{aligned}\mathcal{F}_{T_\alpha} &= \sigma\,(U_\alpha)\\ &\subset \sigma\,(\Delta M_{T_\alpha})\vee\mathcal{F}_{(T_\alpha)-}\\ &\subset \mathcal{G}_{T_\alpha}.\end{aligned}$$

Enfin, si $\alpha = \beta + 1$, supposons que $T_\beta$ soit un $(\mathcal{G}_t)$-temps d'arrêt et que $\mathcal{G}_{T_\beta} = \mathcal{F}_{T_\beta}$. D'après le choix de $U_\alpha$,

$$T_\alpha = \inf\{t > T_\beta / \ \Delta M_t \neq 0\}$$

puisque

$$\begin{aligned}\Delta M_{T_\alpha} &= U_\alpha - E(U_\alpha|\mathcal{F}_{(T^a_\alpha)-}) \neq 0 \quad \text{p.s. sur } (T^a_\alpha < +\infty)\\ &= U_\alpha > 0 \quad \text{p.s.} \quad \text{sur } (T_\alpha < +\infty)\cap(T^a_\alpha = +\infty)\\ &= 0 \quad \text{p.s.} \quad \text{sur } (T_\alpha = +\infty).\end{aligned}$$

Il en résulte que $T_\alpha$ est un $(\mathcal{G}_t)$-temps d'arrêt. En outre

$$\begin{aligned}\mathcal{F}_{T_\alpha} &= \sigma(U_\alpha)\\ &\subset \sigma(\Delta M_{T_\alpha})\vee\mathcal{F}_{(T_\alpha)-}\\ &= \sigma(\Delta M_{T_\alpha}, T_\alpha)\vee\mathcal{F}_{T_\beta} \quad \text{d'après le 3) de la proposition}\\ &= \sigma(\Delta M_{T_\alpha}, T_\alpha)\vee\mathcal{G}_{T_\beta}\\ &\subset \mathcal{G}_{T_\alpha}.\end{aligned}$$

Le principe de récurrence transfinie permet de conclure que $\mathcal{G}_{T_\alpha} = \mathcal{F}_{T_\alpha}$ pour tout $\alpha \in I$. □

## 3. *Extrémalité de certaines martingales purement discontinues.*

3.1) Nous travaillons à nouveau dans le cadre général défini en 1.1). Nous aurons besoin des définitions suivantes, empruntées à N. Kazamaki [ 11 ].

- On appelle $(\mathcal{F}_t)$-changement de temps tout processus $R = (r_t)$, croissant, continu à droite, à valeurs finies, tel que, pour tout r, $r_t$ soit un $(\mathcal{F}_t)$-temps d'arrêt ;
- un $(\mathcal{F}_t)$-changement de temps $T = (r_t)$ est dit M-continu si le processus M est

constant sur tous les intervalles $[r_{t-},r_t]$ ($t \geq 0$ ; $r_{0-} = 0$).

On montre aisément dans ce cas que si M est une $((\mathcal{F}_t),P)$-martingale locale, $(M_{r_t})$ est une $((\mathcal{F}_{r_t}),P)$-martingale locale ; si de plus M vérifie les conditions énoncées en 1.3), $(M_{r_t})$ les vérifie également, relativement à $(\mathcal{F}_{r_t})$.

3.2) Nous pouvons maintenant énoncer le

Théorème 3. Soit $(M_t)$ une $((\mathcal{F}_t),P)$-martingale locale, nulle en 0, de sauts d'amplitude 1 et telle que $\langle M \rangle_\infty = \infty$ P-p.s. On note $N_t = \sum_{s \leq t} \Delta M_s$. Les assertions suivantes sont équivalentes :

(j) M est $(\mathcal{F}_t)$-extrémale

(jj) pour tout t, $\mathcal{F}_t = \mathcal{F}(N)_t$

(jjj) si $(\tau_t)$ désigne l'inverse à droite de $A_t = \langle M \rangle_t$ et si $K_t = N_{\tau_t}$, alors, pour tout t, $\mathcal{F}_{\tau_t} = \mathcal{F}(K)_t$.

(jv) pour tout changement de temps $(r_t)$ M-continu tel que $r_\infty = +\infty$ P-p.s., $(M_{r_t})$ est $(\mathcal{F}_{r_t})$-extrémale.

Démonstration.

(jj) ⇒ (j) De nombreux auteurs ( [ 8 ] ,[ 4 ] ,[ 3 ] ) ont montré que si $\mathcal{F}_t = \mathcal{F}(N)_t$ pour tout $t \geq 0$, alors M a la propriété de représentation prévisible pour $(\mathcal{F}_t)$, c'est-à-dire la propriété (ii) du théorème 1, qui est équivalente à la propriété (i). D'où (j).

(j) ⇒ (jj). Remarquons tout d'abord que l'hypothèse entraîne que $\mathcal{F}_0$ est P-triviale (on peut aussi utiliser le théorème 1). Notons $T_0 = 0$ et, pour tout $n \geq 1$, $T_n$ le n-ième temps de saut de N (ou de M). Soit $A \in \mathcal{F}_{T_n}$ pour $n \geq 1$. D'après la propriété de représentation prévisible, équivalente à (j), on peut associer à la martingale $(P(A|\mathcal{F}_t))$ un processus h $(\mathcal{F}_t)$-prévisible et convenablement intégrable tel que

$$P(A|\mathcal{F}_t) = P(A) + \int_0^t h_s \, dM_s,$$

ce qui donne, en $t=T_n$ :

$$1_A = P(A) + \sum_{k=1}^{n} h_{T_k} 1_{(T_k < +\infty)} - \int_0^{T_n} h_s \, dA_s .$$

Tous les termes du second membre sont $\mathcal{F}_{(T_n)-}$ -mesurables, ce qui prouve que $\mathcal{F}_{T_n} = \mathcal{F}_{(T_n)-}$ pour tout $n \geq 1$. L'hypothèse (BO) est vérifiée, puisque, à l'aide de la propriété de représentation prévisible, les $(\mathcal{F}_t)$-martingales n'ont de sauts qu'aux instants $(T_n)$. La partie 3) de la proposition montre donc que

$$\mathcal{F}_{T_n} = \sigma(T_1,\ldots,T_n) = \mathcal{F}(N)_{T_n} \qquad \text{pour } n \geq 1.$$

On déduit alors (jj) du corollaire.

(j) ⇒ (jjj). D'après l'hypothèse, pour toute variable $X \in L^2(\mathcal{F}_\infty, P)$, il existe un processus $(\mathcal{F}_t)$-prévisible $\psi$ tel que

$$X = E(X) + \int_0^\infty \psi(s) dM_s \qquad \text{avec } E\left(\int_0^\infty \psi^2(s) dA_s\right) < \infty.$$

D'après le théorème (10.19), p. 318, du livre [9] de Jacod, on peut écrire

$$X = E(X) + \int_0^\infty \psi(\tau_{s-}) \, d(K_s - s),$$

et donc $(K_t - t)$ est $(\mathcal{F}_{\tau_t})$-extrémale. L'équivalence de (j) et de (jj) prouvée précédemment entraîne alors $\mathcal{F}_{\tau_t} = \mathcal{F}(K)_t$ pour tout t.

(jjj) ⇒ (j). Utilisons les notations du théorème 1. Soient $P_1, P_2 \in \mathcal{M}$ et $\alpha \in ]0,1[$ tels que $P = \alpha P_1 + (1-\alpha) P_2$. Les probabilités $P_i (i=1,2)$ étant absolument continues par rapport à P, $P_i' = \frac{P+P_i}{2}$ est équivalente à P, et appartient à $\mathcal{M}$. D'autre part, $(K_t)$ est un processus de Poisson sous P et sous $P_i'$. Mais comme $\mathcal{F}_\infty = \mathcal{F}(K)_\infty$ sous P (et par équivalence sous $P_i'$), on a nécessairement $P_i' = P$, ou encore $P_i = P$, ce qui veut dire que $(M_t)$ est $(\mathcal{F}_t)$-extrémale.

(jv) ⇒ (j). Il suffit de prendre $r_t = t$.

(j) ⇒ (jv). Cela découle du changement de temps dans les intégrales stochastiques, déjà utilisé pour montrer (j) ⇒ (jjj). □

3.3) **Terminons par deux remarques à ce théorème.**

- Comme cas particulièrement important de l'implication (j) ⇒ (jj), notons que <u>si</u> $(N_t)$ <u>est un</u> $(\mathcal{F}_t)$<u>-processus de Poisson tel que toute</u> $(\mathcal{F}_t)$<u>-martingale s'écrive comme intégrale stochastique par rapport à</u> $(N_t - t)$, <u>alors</u> $\mathcal{F}_t = \mathcal{F}(N)_t$ <u>pour tout</u> t.

- La propriété (jjj) est identique à l'énoncé d'une des conditions équivalentes de $(\Pi_d)$ définissant la notion de pureté pour ce type de martingales. L'équivalence (j)⇔(jjj) signifie que dans ce cas, <u>extrémalité⇔pureté</u>, contrairement à ce qui se passe pour les martinglaes continues. Remarquons en outre que si M est $(\mathcal{F}_t)$-extrémale, on a alors $\mathcal{F}_t = \mathcal{F}(M)_t$, puisque, d'après (jj) : $\mathcal{F}_t = \mathcal{F}(N)_t \subset \mathcal{F}(M)_t$.

*Références*

[1]. J. Auerhan, D. Lépingle, M. Yor : Construction d'une martingale réelle continue de filtration naturelle donnée. Séminaire de Probabilités XIV. Lecture Notes in Math. 784. Springer Verlag 1980.

[2]. P. Brémaud : An extension of Watanabe's theorem of characterization of Poisson processes. J. App. Proba. 12, 396-399, 1975.

[3]. C.S. Chou, P.A. Meyer : La représentation des martingales relatives à un processus ponctuel discret. CRAS (A) 278, 1561-1563, 1974.

[4]. M.H.A. Davis : The representation of martingales of a jump process. S.I.A.M. J. of Control, 14, 623-638, 1976.

[5]. C. Dellacherie, P.A. Meyer : Probabilités et potentiel. Ch I à IV. Hermann 1975.

[6]. L. Dubins, G. Schwarz : On extremal martingale distributions. Proc. 5th Berkeley Symp. Math. Proba. II, part I, 295-299, 1967.

[7]. R.J. Elliott. Stochastic integrals for martingales of a jump process with partially accessible jump times. Z. für Wahr., 36, 213-226, 1976.

[8]. J. Jacod : Multivariate point processes : predictable projection, Radon-Nikodym derivatives, representation of martingales. Z. für Wahr, 31, 235-253, 1975.

[9]. J. Jacod : Calcul stochastique et problèmes de martingales. Lect. Notes in Math. 714. Springer Verlag 1979.

[10]. J. Jacod, M. Yor : Etude des solutions extrémales et représentation intégrale des solutions pour certains problèmes de martingales. Z. für Wahr, 38, 83-125, 1977.

[11]. N. Kazamaki : Change of time, stochastic integrals and weak martingales. Z. für Wahr., 22, 25-32, 1972.

[12]. D. Stroock, M. Yor : On extremal solutions of martingale problems. Ann. ENS, 4ième Série, t. 13, 95-164, 1980

[13]. S. Watanabe : On discontinuous additive functionals and Lévy measures of a Markov process. Japan J. Math., 34, 53-79, 1964.

[14]. M. Yor : Sur l'étude des martingales continues extrémales. Stochastics, 2, 191-196, 1979.

# PROCESSUS PONCTUELS MARQUES STOCHASTIQUES. REPRESENTATION DES MARTINGALES ET FILTRATION NATURELLE QUASI-CONTINUE A GAUCHE.

ITMI Mhamed
Université de Hte-Normandie
Laboratoire de Mathématiques
BP. 67 - 76 130 Mt-St-Aignan.

## 0 - Introduction :

Il ressort du présent éxposé deux résultats liés par la quasi-continuité à gauche (q-càg) de la filtration naturelle du processus ponctuel marqué stochastique (PPMS) :

i) Une condition nécessaire et suffisante pour la q-càg (situation fréquente dans les applications : c'est, par exemple, le cas des processus ponctuels stochastiques (PPS) admettant une intensité), suivie d'une classification des temps d'arrêt pour une filtration pas forcément q-càg.

ii) Une caractérisation de la filtration naturelle du PPMS, dans le cas où elle est q-càg, en tant que seule filtration q-càg permettant la "représentation des martingales" comme intég--rales stochastiques. En effet, on sait que pour la filtration naturelle du PPMS, les "martingales locales jusqu'à $T_\infty$" s'écrivent comme intégrales stochastiques par rapport au "compensé" du PPMS, mais on ne sait rien de la réciproque.

## I - Généralités et notations :

Soit $(\Omega,F)$ un espace mesurable; $(E,\xi)$ un espace polonais muni de ses boréliens, ou bien fini ou dénombrable muni de la tribu de ses parties.

Un processus ponctuel marqué (PPM) est la donnée d'une suite $(T_n,Z_n)_{n\geq 1}$ telle que :

- $(T_n)$ est un processus ponctuel (dont le processus de comptage associé sera noté $N_t$), c'est à dire : une suite de variables aléa--toires (v.a.) strictement positives, telles que : $T_n<T_{n+1}$ quand $T_n<\infty$. On rappelle que : $N_t=\sum_{n\geq 1} 1_{\{T_n\leq t\}}$.
- $(Z_n)$ est une suite de v.a. de $\Omega$ dans $E\cup\{\Delta\}$, $\Delta$ étant un point exterieur à E qui facilite les calculs; $Z_n$ prenant la valeur $\Delta$ lorsque $T_n=\infty$ .

On pose : $T_o=0$, $T_\infty=\lim T_n$ et $Z_o=\delta$ constante de E.
$\tilde{E}=]0,\infty[\times E$ , $\tilde{\xi}=\beta(]0,\infty[)\otimes\xi$

Le PPM $(T_n,Z_n)$ est complétement déterminé par la mesure aléatoire $\mu$ positive et discréte, de $(\Omega,F)$ sur $(\tilde{E},\tilde{\xi})$, définie par :

$$(\forall B\in\tilde{\xi}) : \mu(\omega,B)=\sum_{n\geq 1} 1_B(T_n(\omega),Z_n(\omega))1_{\{T_n(\omega)<\infty\}}$$

$(\forall C\in\tilde{\xi})$, soit $N_t^C=\mu(\cdot;]0,t]\times C)$. On a en particulier $N_t=N_t^E$.
$N_t^C$ est un processus de comptage "dénombrant les points $T_n$ dont la marque est dans C".

On désignera par filtration naturelle du PPM, la filtration $(G_t^\circ)_{t\geq 0}$ définie par $G_t^\circ=(N_s^C ; C\in\xi, s\leq t)$. On pose $G_{0-}^\circ=G_0^\circ$ (pour l'usage des prévisibles) et $G_\infty^\circ=\bigvee_t G_t^\circ$.

Soit P une probabilité sur $(\Omega,F)$. Le PPM est alors dit PPM stochastique (PPMS). Pour travailler dans les "conditions habituelles", on va devoir compléter la filtration $(G_t^\circ)$ qui devient $(G_t)$ où $G_t$ est la tribu engendrée par $G_t^\circ$ et tous les négligeables de $G_\infty^\circ$.

## II - Q-càg de la filtration naturelle :

Voici à présent quelques résultats utiles pour la suite :

Proposition 1 : [I]

a) Les familles $(G_t^\circ)$ et $(G_t)$ sont càd (continues à droite).

b) Pour tout $n\geq 0$ $T_n$ est un $G_t^\circ$-temps d'arrêt (et donc un $G_t$-t.a.)

c) Pour tout $G_t^\circ$-t.a. T, on a : $G_T^\circ=(N_{T\wedge t}^C ; C\in\xi, t\geq 0)$ avec en particulier :

$G_{T_n}^\circ=(T_i,Z_i ; i\leq n)$ ; $G_{T_\infty}^\circ=G_{T_\infty -}^\circ=G_\infty^\circ=G_{\infty -}^\circ$.

Proposition 2 : [II]

Soit T un $G_t$-t.a. prévisible. Il existe alors un $G_t^\circ$-t.a. prévisible T' tel que T=T' ps. De plus :

$G_{T-}=\{A\in G_\infty \ / \ (\exists A'\in G_{T'-}^\circ)$ tel que $P(A\Delta A')=0\}$.

On introduit à présent ce que représente la situation de q-càg d'une filtration $(F_t)$ vérifiant les conditions habituelles.

Définition 3 :

On dit que $(F_t)$ est q-càg si l'on a $F_T=F_{T-}$ pour tout $F_t$-t.a. prévisible T.

Théorème 4 : [II]

Supposons $(F_t)$ q-càg. Alors :

a) Tout $F_t$-t.a. accessible est prévisible (c'est aussi une condition suffisante pour la q-càg).

b) Pour toute suite croissante $(S_n)$ de temps d'arrêt, on a en posant $S=\lim S_n$ : $F_S = \bigvee_n F_{S_n}$ .

c) Les martingales càd sont q-càg (ie : $M_S=M_{S-}$ pour tout $F_t$-t.a. prévisible S) et ont leurs sauts totalement inaccessibles.

Dans la suite, pour tout $n\geq 1$ on designera par $T_{An}$ (resp. $T_{In}$) la partie accessible de $T_n$ (resp. totalement inac--cessible de $T_n$). Pour ces notions voir [II]. A présent on peut énoncer le résultat i) de l'introduction :

Théorème 5 :

La filtration $(G_t)$ est q-càg si et seulement si pour tout $n\geq 1$ on a : $T_{An}$ est un $G_t$-t.a. prévisible et $Z_n$ est une v.a. $G_{T_{An}^-}$ -mesurable.

Démonstration :

a) Condition nécessaire : On suppose $(G_t)$ q-càg, alors les $G_t$-t.a. accessibles sont prévisibles par le théorème 4. En par--ticulier $T_{An}$ est prévisible. D'autre part, par la proposition 1, c) on a $Z_n$ est $G_{T_n}$ -mesurable, mais $G_{T_n} \subset G_{T_{An}} = G_{T_{An}^-}$ . D'où le résultat.

b) Condition suffisante : Soit S un $G_t$-t.a. prévisible. Mont--rons que $G_S=G_{S-}$.

Par la proposition 2 on a :

$\exists$ T $G_t^\circ$-t.a. prévisible tel que T=S ps, et par conséquent $G_T=G_S$ et $G_{T-}=G_{S-}$. En montrant que $G_T^\circ \subset G_{T-}$ le théorème sera établi.

Par la proposition 1, c) on a : $G_T^\circ = (N_{T\wedge t}^C ;\ C\in\xi,\ t\geq 0)$.

Montrons que $(\forall t\geq 0)(\forall C\in\xi)$ : $N_{T\wedge t}^C$ est $G_{T-}$-mesurable. Pour celà il suffit de montrer que $(\forall n\geq 1)$ : $\{T\wedge t\geq T_n\}\{Z_n\in C\}\in G_{T-}$ de part l'éc-riture de $N_{T\wedge t}^C$.

$$\{T\wedge t\geq T_n\}\{Z_n\in C\}=\{T\wedge t>T_n\}\{Z_n\in C\}+\{T\wedge t=T_n\}\{Z_n\in C\}$$
$$= \quad A_1 \quad + \quad A_2$$

$A_1\in G_{T\wedge t-}\subseteq G_{T-}$. Montrons que $A_2\in G_{T-}$.

$$A_2=\{T\wedge t=T_{An}\}\{Z_n\in C\}+\{T\wedge t=T_{In}\}\{Z_n\in C\} \text{ ps}$$
$$= \quad A_3 \quad + \quad A_4$$

$A_3=\{T\wedge t=T_{An\{Z_n\in C\}}\}$ ; comme $Z_n$ est $G_{T_{An}^-}$-mesurable, $T_{An\{Z_n\in C\}}$ est prévisible (voir [II]) et donc $A_3\in G_{T\wedge t-}\subseteq G_{T-}$.

$T\wedge t$ étant prévisible et $T_{In}$ totalement inaccessible, on a :

$P\{T\wedge t=T_{In}\}=0$ et donc $A_4 \in G_{T-}$. CQFD.

On cite à présent un corollaire de ce théorème pour le cas des processus ponctuels stochastiques simples (PPS) :

Corollaire 6 :

La filtration naturelle du PPS $(T_n)$ est q-càg si et seulement si $(\forall n \geq 1)$ : $T_{An}$ est prévisible.

Commentaire :

Des exemples simples de la situation de q-càg des PPMS correspondent au cas où le PPS $(T_n)$ est constitué de temps d'arrêt totalement inaccessibles (ou bien que le compensateur de N est continu). En effet, dans ce cas, $T_{An}=\infty$ (pour $n \geq 1$) et $G_{T_{An}^-}=G_{\infty^-}=G_\infty$ par conséquent $Z_n$ est $G_{T_{An}^-}$-mesurable.

C'est en particulier le cas des processus de Poisson pour leur filtration naturelle.

Maintenant qu'on a vu l'influence des parties accessibles des $T_n$ sur la filtration naturelle du PPMS, on va montrer comment elles interviennent dans la classification des temps d'arrêt, la filtration naturelle n'étant pas forcément q-càg. On rappellera tout d'abord quelques propositions.

Soit T un $G_t$-t.a. On désignera par S(T) la famille des suites croissantes $(S_n)$ de $G_t$-t.a. telles que $S_n \leq T$ pour tout n. Si $(S_n) \in S(T)$, on posera :

$$K(S_n)=\{\omega/\lim S_n(\omega)=T(\omega)<\infty \ ; \ S_n(\omega)<T(\omega) \text{ pour tout } n\}.$$

Théorème 7 : [III]

a) Un $G_t$-t.a. T est accessible si et seulement si l'ensemble $\{0<T<\infty\}$ est la réunion d'une suite d'ensembles de la forme $K(S_n)$ où $(S_n)$ est un élément de S(T).

b) Un $G_t$-t.a. est totalement inaccessible si et seulement si l'on a : $P\{T=0\}=0$ et $P\{K(S_n)\}=0$ pour toute suite $(S_n)$ élément de S(T).

Théorème 8 : [III]

Soit T un $G_t$-t.a. et A un élément de $G_t$. Si T est accessible (resp. totalement inaccessible), le $G_t$-t.a. $T_A$ est également accessible (resp. totalement inaccessible).

Théorème 9 : [I], [V]

Soit T un $G_t$-t.a. Alors il existe une suite $(R_n)_{n\in\overline{\mathbb{N}}}$ de v.a. réelles positives, $G_{T_n}$-mesurables pour tout n, telles que : $T\wedge T_{n+1}=(T_n+R_n)\wedge T_{n+1}$ $(T=T_\infty+R_\infty$ quand $n=\infty)$ sur $\{T\geq T_n\}$.

Voici à présent la classification des temps d'arrêt :

Théorème 10 :

Soit T un $G_t$-t.a. On a :

a) T est totalement inaccessible si et seulement si $P\bigcap_{\mathbb{N}^*}\{T_{In}\neq T<\infty\}=0$.

b) T est accessible si et seulement si $P\bigcup_{\mathbb{N}^*}\{T_{In}=T<\infty\}\neq 0$.

Démonstration :

a) Condition nécessaire : Soit T un $G_t$-t.a. totalement inaccessible. Alors :

$\{T<\infty\}=\bigcup_{\mathbb{N}}\{T<\infty\}\{T_n<T<T_{n+1}\}+\bigcup_{\overline{\mathbb{N}}}\{T<\infty\}\{T=T_n\}+\{T<\infty\}\{T>T_\infty\}$.

Soit $B_n=\{T_n<T<T_{n+1}\}$. Montrons que $P\{B_n\}=0$.

Comme $B_n$ est élément de $G_t$ et T est totalement inaccessible, donc $T_{Bn}$ est totalement inaccessible par le théorème 8 (on a noté $T_{B_n}$ par $T_{Bn}$).

D'autre part, $\exists R_n$ v.a. réelle positive (strictement sur $B_n$) $G_{T_n}$-mesurable, telle que $T=T_n+R_n$ sur $B_n$. (Théorème 9).

$(\forall i\geq 1)$, soit $S_n^i=\frac{2^i-1}{2^i}R_n$. $S_n^i$ est une variable aléatoire réelle $G_{T_n}$ mesurable et positive (strictement sur $B_n$). Donc $T_n+S_n^i$ est un $G_t$ t.a. (car plus grand que $T_n$ et $G_{T_n}$-mesurable. Voir [II]).

Comme $(T_n+S_n^i)_i\in S(T_{Bn})$ et $T_{Bn}$ est totalement inaccessible, on a donc : $P\{K(T_n+S_n^i)\}=0$ par le théorème 7. Mais $B_n\subset K(T_n+S_n^i)$, donc $P\{B_n\}=0$. De la même façon on peut démontrer que $P\{\{T<\infty\}\{T>T_\infty\}\}=0$. On a donc $\{T<\infty\}=\bigcup_{\overline{\mathbb{N}}}\{T<\infty\}\{T=T_n\}$ ps, et on peut supprimer n=0 ou $\infty$, les $T_n$ correspondant étant prévisibles.

Alors, $(\forall n\in\mathbb{N}^*)$ on a :

$\{T<\infty\}\{T=T_n\}=\{T<\infty\}\{T=T_{An}\}+\{T<\infty\}\{T=T_{In}\}$ ps

$=\{T<\infty\}\{T=T_{In}\}$ ps car Ttotalement inaccessible et $T_{An}$ accessible. (Voir [II]).

Par conséquent $\{T<\infty\}\subset\bigcup_{\mathbb{N}^*}\{T=T_{In}\}$, d'où $P\bigcap_{\mathbb{N}^*}\{T_{In}\neq T<\infty\}=0$. cqfd

Condition suffisante : Soit T un $G_t$-t.a. tel que $P \underset{\mathbb{N}^*}{\cup}\{T_{In} \neq T<\infty\}=0$. Alors : $\{T<\infty\} \subset \underset{\mathbb{N}^*}{\cup}\{T=T_{In}\}$.
Soit $T_A$ la partie accessible de T,
$\{T_A<\infty\} \subset \underset{\mathbb{N}^*}{\cup}\{T_A=T_{In}<\infty\}$ qui est négligeable, donc T est totalement inaccessible.

b) Condition nécessaire : évidente.

Condition suffisante : Soit T un $G_t$-t.a. tel que $P \underset{\mathbb{N}^*}{\cup}\{T_{In}=T<\infty\}=0$. Montrons que T est accessible.

Soit U un $G_t$-t.a. totalement inaccessible. Il suffit de montrer que $P\{T=U<\infty\}=0$. Or on a par a) :
$\{U<\infty\} \subset \underset{\mathbb{N}^*}{\cup}\{T_{In}=U\}$, donc :

$$\{T=U<\infty\}= \underset{\mathbb{N}^*}{\cup}\{T=U<\infty\}\{T_{In}=U\}= \underset{\mathbb{N}^*}{\cup}\{T=U<\infty\}\{T_{In}=T<\infty\} \text{ ps}$$

L'hypothèse sur T permet de conclure : $P\{T=U<\infty\}=0$. cqfd.

## III Représentation des martingales sous la q-càg :

Soit $(F_t)$ une filtration satisfaisant aux conditions habituelles, constituée de sous-tribus de F telles que $(\forall t\geq 0)$ $G_t \subset F_t$. On notera $\mathcal{P}$ la tribu des $F_t$-prévisibles sur $\Omega\times[0,\infty[$ et $\tilde{\mathcal{P}}=\mathcal{P}\otimes\xi$. On rappelle la définition suivante :

Définition 11 : [V]

Une mesure aléatoire est dite prévisible si pour tout processus H $\tilde{\mathcal{P}}$-mesurable et positif, le processus défini par :

$(\nu H)_t(\omega)=\int_0^t \int_E H(\omega,s,x)\,\nu(\omega;ds,dx)$ est prévisible ($\tilde{\mathcal{P}}$-mesurable).

Soit $\nu$ la mesure aléatoire prévisible associée à $\mu$, et $A_t=\nu(]0,t]\times E)$ le compensateur de $N_t$ (voir [V]). Lorsque $F_t=F_0 \vee G_t$, il est démontré dans [V] que toute "martingale locale jusqu'à $T_\infty$" : $M_t$ (ie : processus càd tel qu'il existe une suite de t.a. $S_n \uparrow T_\infty$ ps avec $\forall n\geq 0$ : $M_{S_n\wedge t}$ est une martingale uniformément intégrable), admet la représentation :

$$M_t=M_0+\int_0^t \int_E H(s,x)\,(\mu(ds,dx)-\nu(ds,dx)) \quad \text{ps sur } \{t<T_\infty\},$$

le processus H vérifiant : $\int_0^t \int_E |H(s,x)|\,\nu(ds,dx)<\infty$ ps sur $\{t<T_\infty\}$ et est $\tilde{\mathcal{P}}$-mesurable. On se propose de démontrer que dans un cer-

-tain sens celà caractérise $(G_t)$. On commence par faire la convention términologique suivante : On désignera par condition de "représentation des martingales" la situation où toute $F_t$-martingale bornée s'écrit $M_t=c+\int_0^t\int_E H(s,x)(\mu(ds,dx)-\nu(ds,dx))$ ps, où $c\in\mathbb{R}$, H est $\tilde{\mathcal{P}}$-mesurable (on n'est plus forcément dans le cas $F_t=F_0\vee G_t$).

Proposition 12 :

On suppose $(F_t)$ q-càg. Alors la suite $(T_{An})$ de t.a. prévisibles épuise les temps de saut de A, de plus A y saute de 1 ps.

Démonstration :

En effet les sauts de A pouvant être choisis prévisibles [III], on a pour tout t.a. S prévisible : $E(\Delta N_S/F_{S-})=\Delta A_S$ ps.
La q-càg de $(F_t)$ permet d'écrire : $\Delta N_S=\Delta A_S$ ps. cqfd.

Commentaire :

Remarquons à pré ent que dans la "représentation des martingales", les intégrales stochastiques sont en fait des intégrales de Stieltjes, et les martingales admettant cette représentation sont purement discontinues ([II]). De plus, la filtration étant supposée q-càg fait que les martingales càd sont q-càg et ont leurs sauts totalement inaccessibles, par conséquent elles sautent sur les $(T_{In})$ par le théorème 10.

Proposition 13 : [IV]

Supposons que toute les $F_t$-martingales soient purement discontinues et ne sautent qu'aux instants $(T_n)$ au plus. Alors pour tout $F_t$-t.a. T on a ($(F_t)$ n'est pas supposée q-càg ici) :

a) $F_T\cap\{T_\infty\leq T\}=F_{T_\infty^-}\cap\{T_\infty\leq T\}$

$F_T\cap\{T_n\leq T<T_{n+1}\}=F_{T_n}\cap\{T_n\leq T<T_{n+1}\}$

b) $F_{T_{n+1}^-}=F_{T_n}\vee\sigma(T_{n+1})$.

Proposition 14 :

Les résultats de la proposition précédente restent valables sous l'hypothése de q-càg de $(F_t)$ et de la représentation des martingales.

Démonstration :

En effet, le commentaire ci-dessus fait que les conditions de la proposition 13 sont vérifiées.

Proposition 15 : [IV]

Sous les conditions de la proposition 13, on a :

$[\forall t\geq 0\ ,\ G_t=F_t] \iff [\forall n\geq 0\ ,\ G_{T_n}=F_{T_n}]$.

(C'est donc vrai sous les conditions de la proposition 14).

Proposition 16 :

Sous les conditions de q-càg de $(F_t)$ et de "représentation des martingales", on a : $\forall t\geq 0\ ,\ G_t=F_t$.

Démonstration :

On utilise la proposition 15 et on fait un raisonnement par récurrence :

a) Il est à remarquer que $F_o=G_o$ par la "représentation des mar--tingales".

b) Cas de $T_1$ : Soit $B\in F_{T_1}$, montrons que $B\in G_{T_1}$.

On pose $M_s=P(B/F_s)$. On a :

$M_{T_1}=1_B=c+\int_o^{T_1}\int_E H(d\mu-d\nu)$ H est $\tilde{\mathcal{T}}$-mesurable.

$=c+H(T_1,Z_1)1_{\{T_1<\infty\}}-\int_o^{T_1}\int_E H(s,x)\nu(ds,dx)$.

H étant prévisible, $H(T_1,Z_1)$ est $F_{T_1-}\vee G_{T_1}$ mesurable. En effet, celà est vrai pour les processus élèmentaires $\tilde{\mathcal{T}}$-mesurables, qui s'écrivent $h_t(\omega).\phi(x)$ où h est $\mathcal{T}$-mesurable et $\phi$ est $\xi$-mesurable, en remarquant que $Z_1$ est $G_{T_1}$-mesurable par la proposition 1 et donc $\phi o Z_1$ est $G_{T_1}$-mesurable. ($h_T$ est $F_{T-}$-mesurable).

Mais $F_{T_1-}=F_o\vee\sigma(T_1)$, donc $F_{T_1-}\subseteq G_{T_1}$ (proposition 1).

D'autre part : H étant $\tilde{\mathcal{T}}$-mesurable, la définition 11 permet de dire que le processus $(\nu H)_t=\int_o^t\int_E Hd\nu$ est prévisible, et donc $(\nu H)_{T_1}$ est $F_{T_1-}$-mesurable, soit $G_{T_1}$-mesurable, et $B\in G_{T_1}$. (Remarquons que $F_{T_1-}\subseteq G_{T_1-}$, mais c'est sans interêt ici).

c) Cas de $T_n$ : On suppose $F_{T_{n-1}}=G_{T_{n-1}}$.

Soit $B\in F_{T_n}$ et $M_s=P(B/F_s)$.

$1_B=c+\int_o^{T_n}\int_E H(d\mu-d\nu)$

$=M_{T_{n-1}}+H(T_n,Z_n)1_{\{T_n<\infty\}}-\int_{T_{n-1}}^{T_n}\int_E Hd\nu$.

$M_{T_{n-1}}$ est $G_{T_{n-1}}$-mesurable par l'hypothèse de récurrence.

$H(T_n,Z_n)$ est $F_{T_n-}\vee G_{T_n}$-mesurable (Comme ci-haut). Mais par la propo-

-sition 13 : $F_{T_n^-}=F_{T_{n-1}} \vee \sigma(T_n)$ (tribu contenue dans $G_{T_n^-}$), donc $H(T_n,Z_n)$ est $G_{T_n}$-mesurable.

De même que ci-haut, $(\nu H)_{T_n} = \int_0^{T_n}\int_E 1_{]\!]T_{n-1},T_n]\!]} H d\nu$ est $F_{T_n^-}$-mesurable et donc $G_{T_n}$-mesurable, et $B \in G_{T_n}$. CQFD.

Remarque finale :

Signalons que dans [IV], les auteurs, en s'interessant à l'éxt-rémalité des martingales locales, démontrent (entre-autre) que sous cértaines conditions, la filtration pour laquelle une martingale locale est éxtrémale, est identique à la filtration naturelle de cette martingale locale, et à celle du PPS formé des sauts de cette martingale locale (supposés totalement inaccessibles). Ce résultat, appliqué au cas du compensé d'un PPS $(T_n)$ dont les parties acces-sibles sont prévisibles, et celui de la proposition 16 permettent d'affirmer de plus que les filtrations naturelles de $(T_n)$ et de $(T_{In})$ sont alors identiques. Les $(T_{An})$ ne paraîssent pas, ils ont en fait joué leur rôle pour la condition de q-càg de $(G_t)$.

Réferences :

[I] P. BREMAUD : Point Processes and Queues : Martingale Dynamics. Livre à paraître.

[II] P. A. MEYER, C. DELLACHERIE : Probabilités et Potentiel. Nouvelle édition chez Hermann.

[III] C. DELLACHERIE : Capacités et Processus Stochastiques. Springer Verlag (1972).

[IV] P. A. MEYER, D. LEPINGLE, M. YOR : Extrémalité et remplis-sage de tribus pour certaines martingales purement discon-tinues. Dans ce volume.

[V] J. JACOD : Multivariate Point Processes (1975). Springer Verlag.

# SOME REMARKS ON PROCESSES WITH INDEPENDENT INCREMENTS

by WANG Jia-Gang

Let $(\Omega,\underline{\underline{F}},P)$ be a complete probability space. In this note we consider processes $X=(X_t,\ t\in\mathbb{R}_+)$ with ( non homogeneous ) independent increments, which have no fixed discontinuities :

i. $P\{X_0=0\}=1$

ii. For $0\leq t_1<t_2\ldots<t_n$ , $X_{t_n}-X_{t_{n-1}},\ldots,X_{t_2}-X_{t_1}$ , $X_{t_1}$ are independent random variables

iii. Every sample function of X is right continuous with left hand limits, and $P\{\Delta X_t\neq 0\}=0$ for every $t\in\mathbb{R}_+$ .

$\underline{\underline{F}}^o_t$ is the $\sigma$-field $\sigma(X_s,s\leq t)$ , and $\underline{\underline{F}}_t$ the $\sigma$-field generated by $\underline{\underline{F}}^o_t$ and all sets of measure 0 in $\underline{\underline{F}}$ .

1. In this section we are going to prove that <u>the filtration $(\underline{\underline{F}}_t)$ satisfies the usual conditions and is quasi-left continuous</u>, a fact which is essentially well-known, but difficult to find in the literature in the non homogeneous case. We also give some auxiliary results.

We need some notations concerning martingales. First of all, we denote by $M_t(u,r,s)$ the following martingale, for $u\in\mathbb{R}$ , $r\leq s$

$$M_t(u,r,s)=E[e^{iu(X_s-X_r)}|\underline{\underline{F}}^o_t] = \begin{cases} e^{iu(X_s-X_r)} & \text{if } t\geq s \\ e^{iu(X_t-X_r)}\varphi_{t,s}(u) & \text{if } r\leq t<s \\ \varphi_{r,s}(u) & \text{if } t\leq r \end{cases} \tag{1}$$

where $\varphi_{a,b}$ is the characteristic function of $X_b-X_a$ $(a\leq b)$. This process is right continuous with left-hand limits, and jumps only at jump times of X . Next, consider the set H of all random variables

$$Z = e^{i(u_1X_{t_1}+u_2(X_{t_2}-X_{t_1})+\ldots+u_n(X_{t_n}-X_{t_{n-1}}))} \tag{2}$$

with $u_1,\ldots,u_n\in\mathbb{R}$ , $0\leq t_1<\ldots<t_n$ . Then the linear span of H is dense in $L^1$ and we have

$$Z_t= E[Z|\underline{\underline{F}}^o_t] = M_t(u_1,0,t_1)\ldots M_t(u_n,t_{n-1},t_n) \tag{3}$$

and therefore $Z_t$ has the same continuity properties as $M_t$ above.

PROPOSITION 1[1]. For every $t\in\mathbb{R}_+$ we have $\underline{\underline{F}}_t=\underline{\underline{F}}_{t+}$ ( $=\underline{\underline{F}}_{t-}$ if $t>0$ ).

Proof. Since $Z_t$ is bounded and right continuous, $E[Z|\underline{\underline{F}}^o_{t+}]=Z_{t+}=Z_t=E[Z|\underline{\underline{F}}^o_t]$ a.s. This extends to all random variables in $L^1$. In particular, any r.v.

in $L^1(\underline{\underline{F}}^o_{t+})=L^1(\underline{\underline{F}}_{t+})$ is a.s. equal to a r.v. in $L^1(\underline{\underline{F}}^o_t)$. Hence $\underline{\underline{F}}_t=\underline{\underline{F}}_{t+}$ . The reasoning is the same on the left side.

PROPOSITION 2. If $T$ is a stopping time of $(\underline{\underline{F}}_t)$ , then

$$\underline{\underline{F}}_{T-} = \sigma(T, X^{T-}, \underline{\underline{N}})$$

where $X^{T-}$ is $X$ stopped at $T-$ , and $\underline{\underline{N}}$ is the class of all negligible sets.

Proof. This result is true for any process X which is continuous with left hand limits.

It is obvious that the $\sigma$-field $\underline{\underline{K}}$ on the right is contained in $\underline{\underline{F}}_{T-}$. To prove the reverse inclusion it suffices to show that $\underline{\underline{K}}$ contains $A\cap\{t<T\}$ for $t\in\mathbb{R}_+$ , $A\in\underline{\underline{F}}^o_t=\sigma(X_s, s\leq t)$. Hence it suffices to show that, for $s\leq t$, any function $f(X_s)1_{\{t<T\}}$ is $\underline{\underline{K}}$-measurable. This is true since $X_s=X_s^{T-}$ on $\{t<T\}$.

PROPOSITION 3. If $T$ is a stopping time of $(\underline{\underline{F}}_t)$, then

$$\underline{\underline{F}}_T = \sigma(T, X^T, \underline{\underline{N}})$$

Proof. It is obvious that the $\sigma$-field $\underline{\underline{L}}$ on the right is contained in $\underline{\underline{F}}_T$. To prove the reverse inclusion it suffices to show that for any random variable $Z\in L^1$ , $E[Z|\underline{\underline{F}}_T]$ is $\underline{\underline{L}}$-measurable, and it suffices to prove it for the random variables (2). Because of (3) it suffices to prove that $M_T(u,r,s)$ is $\underline{\underline{L}}$-measurable, which is obvious.

COROLLARY. If T is a.s. finite, $\underline{\underline{F}}_T=\sigma(\underline{\underline{F}}_{T-}, X_T)$.

THEOREM 1. The filtration $(\underline{\underline{F}}_t)$ is quasi-left continuous.

Proof. It is well known ( [2], chap. 3 ) that all jump times of X are totally inaccessible. Therefore at any bounded predictable time $T$ we have $X_T=X_{T-}$ a.s., and from the corollary above we have $\underline{\underline{F}}_T=\underline{\underline{F}}_{T-}$ .

2. Assume now that X has only finitely many jumps in every finite interval, and is constant between jumps. Then we may consider X ( or rather its jump process ) as a multivariate point process, and it is natural to ask which kind of conditions on X , <u>considered as a multivariate point process with values in $\mathbb{R}$</u>, express that X has independent increments, with Lévy measure $\nu(dt,dx)$.

Let us introduce some notation : we denote by $T_1(\omega)$, $T_2(\omega)$... the successive jump times ( if $T_m(\omega)$ is the last finite jump, we set $T_n(\omega)=+\infty$ for $n>m$ ) ; $\Delta_1(\omega),\Delta_2(\omega)$... are the successive jump sizes ( if $T_n(\omega)=+\infty$ , we make the convention that $\Delta_n(\omega)=0$ ). We denote by $n_t(\omega)$ the total number of jumps of $X_.(\omega)$ on $[0,t]$. Given the Lévy measure $\nu$ , we set $\nu([0,t]\times\mathbb{R})=\Lambda(t)$, a non decreasing, continuous function with $\Lambda(0)=0$. Using the existence of regular conditional distributions, we may deduce that there exists a transition probability $N(t,dx)$ from $]0,\infty[$ to $\mathbb{R}$ such that $N(t,\{0\})=0$ and we have for any Borel set $A$

(4) $$\nu([0,t]\times A) = \int_{[0,t]} N(u,A)d\Lambda(u).$$

We extend this definition to $t=+\infty$, setting then $N(+\infty,.)=\varepsilon_0$. We are going to prove ( assuming always $X$ is a multivariate point process ).

THEOREM 2. If $X$ is a process with independent increments, then it satisfies the following two properties.

A) $(n_t)$ is a Poisson process relative to $(\underline{\underline{F}}_t^o)$, with expectation $E[n_t]=\Lambda(t)$.

B) Conditional to the event $T_1=t_1$, $T_2=t_2,\ldots,T_n=t_n$ ( i.e., conditional to the sample path of the process $(n_t)$ ), the random variables $\Delta_1,\Delta_2,\ldots$ are independent, the law of $\Delta_n$ being $N(t_n,.)$.

Conversely, if $X$ satisfies the slightly weaker properties

A') $(n_t)$ is a Poisson process ( w.r. to its natural filtration ) and $E[n_t]=\Lambda(t)$.

B') $P\{\Delta_{n+1}\in dx|T_1,\Delta_1,\ldots,T_n,\Delta_n,T_{n+1}\} = N(T_{n+1},dx)$

Then $X$ has independent increments, and its Lévy measure is given by (4).

REMARK. Like all statements concerning conditional distributions, it must be understood that property B) holds for almost every path of $(n_t)$. In particular, different choices of $N(u,.)$ in (4) will differ only for a set of values of $u$ which has $d\Lambda$-measure 0, and the conditional distributions will be the same for almost every path, but not for every path.

Proof. We first show that A') and B') imply $X$ has independent increments. We begin by assuming that $\Lambda(t)=t$. Then $(n_t)$ is a homogeneous Poisson process with parameter 1, so all differences $T_{n+1}-T_n$ are independent exponential random variables. We then can compute

$$\begin{aligned} G_n(dt,dx) &= P\{T_{n+1}\in dt,\ \Delta_{n+1}\in dx|T_1,\Delta_1,\ldots,T_n,\Delta_n\} \\ &= 1_{\{t>T_n\}}e^{-(t-T_n)}N(t,dx)dt \end{aligned}$$

and also $\quad H_n(]t,\infty[) = P\{T_{n+1}>t|T_1,\Delta_1,\ldots,T_n,\Delta_n\} = e^{-(t-T_n)}$ for $t>T_n$

According to [2], p. 86, prop. 3.41, we can compute the predictable compensating measure of the process $X$ as

$$\nu(dt,dx) = \Sigma_{n=0}^{\infty} \frac{G_n(dt,dx)}{H_n(]t,\infty[)} 1_{\{T_n<t\leq T_{n+1}\}}$$

According to the above computations, this is a deterministic measure, which implies ( [2], p. 91, theorem 3.51 ) that $X$ has independent increments. The Lévy measure of this process is $\nu(dt,dx)=N(t,dx)dt$ .

The case of arbitrary $\Lambda(t)$ reduces to the preceding one by a deterministic change of time. If $\Lambda$ is unbounded the reduction is trivial, while if $\Lambda(\infty)=a$, we are reduced to a homogeneous Poisson process on the finite interval $[0,a[$. But then we may extend X by an independent Poisson process on $[a,\infty[$, and apply the preceding reasoning. So finally A') and B') are sufficient conditions.

Conversely, we want to show that the process X with independent increments and Lévy measure $\nu$ satisfies A) and B). Property A) is well known. On the other hand, it is simple to construct a multivariate point process $\overline{X}$ such that 1) the corresponding process $(\overline{n}_t)$ is Poisson with expectation $E[\overline{n}_t]=\Lambda(t)$ and 2) the conditional law of the jump sizes given $(\overline{n}_t)$ is given by B). Since this process satisfies A') and B), it also satisfies A') and B'), hence from the first part of the proof it is a process with independent increments and Lévy measure $\nu$ , and finally it has the same law as X. This implies that, inversely, X has the same conditional law given $(n_t)$ as $\overline{X}$ given $(\overline{n}_t)$. That is, X satisfies B).

3. We have used martingale theory to prove theorem 2, but we may interpret it in a way which doesn't use the order structure of the time set. Let us denote by $(E,\underline{\underline{E}})$ the measurable space $(\mathbb{R}_+,\underline{\underline{B}}(\mathbb{R}_+))$, and by $(F,\underline{\underline{F}})$ the space $(\mathbb{R}\setminus\{0\},\ \underline{\underline{B}}(\mathbb{R}\setminus\{0\}))$. We are given a measure $d\Lambda$ on $(E,\underline{\underline{E}})$, which ascribes finite mass to the sets $A_n=[n,n+1[$ whose union in E, and we construct the Poisson random measure $dn_t$ with expectation measure $d\Lambda$.

On the other hand, we are given a transition probability $N(t,du)$ from E to F , and construct a new random measure on ExF as follows : for each sample $\eta = \Sigma_n \varepsilon_{t_n}$ of the measure dn , we choose independently elements $\Delta_n$ in F, each one according to the law $N(t_n,.)$, and set $\xi=\Sigma_n \varepsilon_{t_n,\Delta_n}$ . Then theorem 2 asserts that $\xi$ _is again a Poisson random measure, with expectation measure_ $\nu(dt,dx)=N(t,dx)\Lambda(dt)$.

Of course, we have proved it only for particular spaces, but on the other hand, if we start from the above description, assuming just that $(E,\underline{\underline{E}})$ and $(F,\underline{\underline{F}})$ are _Lusin_ measurable spaces, we may identify $A_n$ to a Borel subset of $[n,n+1[$ ( [4], chapter III, 20 ), F to a Borel subset of $\mathbb{R}\setminus\{0\}$, and it is very easy to see that theorem 2 for $\mathbb{R}_+$ , $\mathbb{R}\setminus\{0\}$ will imply that the above statement applies to E and F.

This statement is well known in the theory of Poisson random measures, the oldest version being probably that of Doob's book ( [3], chapter VIII, § 5 , p. 404-406 ), and in this form it is true for general measurable spaces, without the Lusin restriction. But still it is interesting to see that a theorem like theorem 2 which seems very special contains fairly general " abstract" results.

REFERENCES

[1]. Wang Jia-gang. The continuity of natural $\sigma$-fields generated by stochastic processes ( in Chinese ). Fudan Journal ( natural science ) 19, 1980, p. 196-205.

[2]. Jacod, J. Calcul stochastique et problèmes de martingales. Lect. Notes in Math. 714, Springer-Verlag 1979.

[3]. Doob, J.L.. Stochastic processes. New York, Wiley, 1953.

[4]. Dellacherie, C. and Meyer, P.A.. Probabilities and Potential. Hermann, Paris and North Holland, Amsterdam, 1978.

Wang Jia-gang
Research Institute of Mathematics
Fudan University, Shanghai
People's Republic of China

Université de Strasbourg
Séminaire de Probabilités 1979/80

# MESURES A ACCROISSEMENTS INDEPENDANTS ET P.A.I. NON HOMOGENES

par R. SIDIBÉ

Dans le volume XIII du séminaire de probabilités, nous avons publié une note prouvant que tout processus à accroissements indépendants ( p.a.i.) et homogènes, qui est une martingale locale par rapport à sa famille de tribus naturelle, est une vraie martingale. A la fin de cette note, nous signalons qu'une méthode due à M. Jacod permet de donner une meilleure démonstration de ce résultat (voir p. 136 ), et en particulier, de traiter le cas d'une filtration quelconque. Dans une thèse de troisième cycle, soutenue à Strasbourg en Mai 1980, nous avons étendu le même résultat aux p.a.i. non homogènes. Dans cette thèse, nous présentions aussi la structure des p.a.i. non homogènes, à partir de la théorie des martingales, d'une manière assez différente de celle de Jacod [1], p. 90-97, et qui possède peut être un certain intérêt pédagogique. Comme d'autre part la structure des p.a.i. non homogènes fait connaître celle des mesures à accroissements indépendants sur tous les espaces mesurables << raisonnables >>, M. P.A. Meyer a suggéré d'extraire de cette thèse la note qui suit.

## 0. MESURES ALEATOIRES A ACCROISSEMENTS INDEPENDANTS

Soit $(E,\mathcal{E})$ un espace mesuré, et soit $(\Omega,\mathcal{F},P)$ un espace probabilisé. On appelle mesure aléatoire à accroissements indépendants un processus $(X_A)_{A\in\mathcal{E}}$ , à valeurs réelles finies, possédant les propriétés suivantes :

i) Si $A_1,\dots,A_n$ sont des éléments de $\mathcal{E}$ disjoints deux à deux, les v.a. $X_{A_1},\dots,X_{A_n}$ sont indépendantes, et $X_{A_1\cup A_2\dots\cup A_n} = X_{A_1}+X_{A_2}+\dots+X_{A_n}$ .

ii) Pour toute suite décroissante $(A_n)$ d'éléments de $\mathcal{E}$, d'intersection vide, $X_{A_n}$ tend vers 0 en probabilité.

Nous n'abordons pas ici le problème de construction d'une mesure aléatoire à accroissements indépendants par prolongement à partir d'une mesure définie sur une algèbre de Boole engendrant $\mathcal{E}$ : supposant la mesure construite sur $\mathcal{E}$ tout entier, nous nous proposons de décrire sa structure, sous quelques hypothèses assez anodines concernant la tribu $\mathcal{E}$ . La première sera que la tribu est <u>séparable</u>, ce qui entraîne que les atomes de $\mathcal{E}$ sont mesurables. Nous ferons l'hypothèse supplémentaire :

iii) $X_A = 0$ pour tout atome A de $\mathcal{E}$ .

Sans cette hypothèse, on ne peut rien faire d'intéressant : par exemple, si $(E,\mathcal{E})$ est un ensemble fini, la notion de mesure à accroissements indépendants se réduit à celle de système fini de v.a. indépendantes, et celles-ci n'ont aucune autre structure particulière.

Sous les hypothèses i), ii), iii), on peut effectivement ( Kingman [1]) déterminer la structure de la mesure aléatoire, sous la forme d'une formule de Lévy-Khintchine, dont les divers éléments sont des mesures . Mais les démonstrations de Kingman sont laborieuses, et en voici une beaucoup plus simple, qui couvre tous les cas usuels.

D'après le théorème I.12 de Dellacherie-Meyer [1], si les atomes de $\mathcal{E}$ sont les points de E ( ce que l'on peut toujours supposer, quitte à faire un passage au quotient ), il existe une application bijective f de E dans l'intervalle [0,1], qui est un <u>isomorphisme</u> de E sur f(E). Autrement dit, les éléments de $\mathcal{E}$ sont exactement les images réciproques par f des boréliens de f(E) ou, ce qui revient au même, des boréliens de [0,1] . Posons alors, pour tout borélien B de [0,1]

$$Y_B = X_{f^{-1}(B)}$$

Il est clair que Y satisfait aux hypothèses i), ii). Si l'on pose $Y_t = Y_{[0,t]}$, on définit donc un p.a.i. usuel ( non homogène ) sur [0,1]. La condition iii) permet d'affirmer que Y est <u>continu en probabilité</u> sur [0,1].

Nous allons déterminer la structure de Y en nous appuyant sur la théorie des martingales. Il restera ensuite à revenir sur l'espace initial $(E,\mathcal{E})$ : ce retour est immédiat si cet espace est <u>lusinien</u> ( i.e. si E est un espace polonais, ou plus généralement un sous-ensemble borélien d'un espace polonais muni de la tribu induite ), car on peut montrer dans ce cas que f(E) est <u>borélien</u> dans [0,1] ( Dellacherie-Meyer, chap. III, théorème 21 ). Cela couvre tous les cas usuels, et nous ne chercherons pas à en dire davantage sur ce sujet.

## 1. STRUCTURE DES P.A.I. NON HOMOGENES

Nous désignons par $(\Omega,\mathcal{F},P)$ un espace probabilisé complet muni d'une filtration $(\mathcal{F}_t)$, par $(X_t)$ un processus adapté, nul en 0, tel que :

(1.1) <u>si</u> $s<t$, <u>l'accroissement</u> $X_t-X_s$ <u>est indépendant de</u> $\mathcal{F}_s$

( X est un p.a.i. relativement à la filtration $(\mathcal{F}_t)$) . Nous supposerons de plus que X est <u>continu en probabilité</u>.

Si aucune filtration n'est donnée a priori, on dira que X est un p.a.i. lorsque la condition (1.1) est satisfaite, $\mathcal{F}_s$ étant engendrée par les v.a. $X_r$, $r\leqq s$ ( ou, ce qui revient au même puisque $X_0=0$, par les accroissements $X_v-X_u$, $u\leqq v\leqq s$ ). On peut toujours augmenter la tribu $\mathcal{F}_s$ de tous les ensembles négligeables de $\mathcal{F}$, sans perdre (1.1) . Puis remarquons que si $s<u<t$, $X_t-X_u$ est indépendante de $\mathcal{F}_u$, donc aussi de $\mathcal{F}_{s+}\subset\mathcal{F}_u$ . Faisant tendre u vers s[1], on voit que $X_t-X_s$ est indépendante de $\mathcal{F}_{s+}$ .

On ne perd donc pas de généralité en supposant que <u>la famille</u> $(\mathcal{F}_t)$ <u>satisfait aux conditions habituelles de la théorie des processus</u>.

Maintenant, nous allons prouver que <u>le processus X admet une modification à trajectoires càdlàg.</u> : cette partie de la démonstration est tout à fait classique, et figure dans le livre de Doob [1].

A. Pour $s\leqq t$, nous posons $\varphi_{st}(\lambda) = E[e^{i\lambda(X_t-X_s)}]$, et en particulier $\varphi_t(\lambda)=\varphi_{0t}(\lambda)$ . La continuité de X en probabilité entraîne que $\varphi_t(\lambda)$ est fonction continue de t, et $\varphi_0(\lambda) = 1$ .

(1.2) $|\varphi_t(\lambda)|$ <u>est borné inférieurement pour</u> $t\in[0,k]$ , k <u>fini</u>.

En effet, écrivons que l'application $t\mapsto X_t$ de l'intervalle compact $[0,k]$ dans l'espace métrique $L^0$ est uniformément continue :

$$\forall\varepsilon>0\ \exists\eta>0\quad 0\leqq u\leqq v\leqq k\ ,\ v-u\leqq\eta \Rightarrow P\{|X_v-X_u|\geqq\varepsilon\} < \varepsilon$$

En choisissant bien $\varepsilon$, la condition de droite entraînera

$$E[\cos\lambda(X_v-X_u)]\geqq 1/2\ ,\ \text{donc}\ |E[e^{i\lambda(X_v-X_u)}]|\geqq 1/2$$

---

1. Peut être vaut-il la peine de donner les détails ? Soit $A\in\mathcal{F}_{s+}$ et soit $\lambda\in\mathbb{R}$ . On a $\int_A e^{i\lambda(X_t-X_u)}dP = P(A)E[e^{i\lambda(X_t-X_u)}]$. D'où le même résultat pour u=s par passage à la limite, et c'est le résultat d'indépendance cherché.

Soit n entier tel que $k/n < \eta$ ; on a $X_k - X_0 = (X_{1/n} - X_0) + (X_{2/n} - X_{1/n}) + \ldots$ donc, en utilisant le résultat précédent et l'indépendance, on a

$$|\varphi_k(\lambda)| = |E[e^{i\lambda X_k}]| \geq 1/2^n$$

et alors pour $t \leq k$, comme on a $|\varphi_k(\lambda)| = |\varphi_t(\lambda)|\,|\varphi_{tk}(\lambda)| \leq |\varphi_t(\lambda)|$, on a aussi $|\varphi_t(\lambda)| \geq 1/2^n$ .

B. Le processus $M_t^\lambda = e^{i\lambda X_t}/\varphi_t(\lambda)$ est une martingale complexe, bornée sur tout intervalle $[0,k]$.

En effet, d'après A ci-dessus la v.a. $M_t^\lambda$ est bornée pour tout t , et l'on a $M_t^\lambda = M_s^\lambda\, Z$ pour $s<t$ , où la v.a. $Z = e^{i\lambda(X_t - X_s)}/\varphi_{st}(\lambda)$ est telle que $E[Z|\mathcal{F}_s]=1$ . On a donc $E[M_t^\lambda|\mathcal{F}_s] = M_s^\lambda$ p.s. .

C. D'après la théorie des martingales, il existe un ensemble négligeable $N \subset \Omega$ tel que, pour tout $\omega \in N^c$, tout $\lambda$ rationnel :

la fonction $t \mapsto M_t^\lambda(\omega)$ sur l'ensemble Q des rationnels admette une limite à droite en tout point de $[0,\infty[$, une limite à gauche en tout point de $]0,\infty[$ .

Comme le dénominateur $\varphi_t(\lambda)$ de $M_t^\lambda$ est une fonction continue de t, on obtient le même résultat pour les fonctions $t \mapsto e^{i\lambda X_t(\omega)} = M_t^\lambda(\omega)\varphi_\lambda(t)$ pour $\lambda$ rationnel, puis par convergence uniforme pour tout $\lambda$ réel.

Nous sommes ramenés à établir le lemme suivant :

<u>Soit</u> $(x_n)$ <u>une suite de nombres réels.</u> <u>Si</u> $e^{i\lambda x_n}$ <u>a une limite pour tout</u> $\lambda$, <u>la suite</u> $(x_n)$ <u>a une limite finie dans</u> $\mathbb{R}$ .

Soit $\hat{\mathbb{R}}$ le compactifié d'Alexandrov de $\mathbb{R}$ . Il est clair que la suite $(x_n)$ ne peut avoir dans $\hat{\mathbb{R}}$ deux valeurs d'adhérence finies a et b distinctes ( prendre $\lambda$ tel que $e^{i\lambda a} \neq e^{i\lambda b}$ ). Il suffit donc d'exclure la possibilité d'une valeur d'adhérence infinie . Quitte à remplacer $(x_n)$ par une suite extraite, il suffit d'exclure la possibilité d'une <u>limite</u> infinie.

Posons $f(\lambda) = \lim_n e^{i\lambda x_n}$ ; f est une fonction borélienne bornée de $\lambda$, et l'on a pour toute fonction intégrable $g(\lambda)$

$$\int f(\lambda)g(\lambda)d\lambda = \lim_n \int e^{i\lambda x_n} g(\lambda)d\lambda = \lim_n \hat{g}(x_n) = 0$$

d'après le lemme de Riemann-Lebesgue. Donc f est nulle p.p., ce qui est absurde, car $|f|=1$ partout. ▯

D. Posons pour $\omega \in N$ $Y_t(\omega)=0$ pour tout $t$, et pour $t \in N^c$ $Y_t(\omega)=X_{t+}(\omega)$ pour tout t. Le processus $Y$ est adapté ( $N$ appartient à $\mathcal{F}_0$ d'après les conditions habituelles ). Comme $X$ est continu en probabilité, $Y$ est une modification càdlàg. de $X$. Désormais, nous écrirons à nouveau $X$ au lieu de $Y$

Nous pouvons maintenant parler des sauts du processus $X$. Si $B$ est un borélien de $\mathbb{R}$ non adhérent à 0, nous poserons

$$N_t^B = \Sigma_{u \leq t} 1_{\{\Delta X_u \in B\}}$$

$$(1.3) \qquad Y_t^B = \Sigma_{u \leq t} \Delta X_u 1_{\{\Delta X_u \in B\}}$$

$$Z_t^B = X_t - Y_t^B$$

Si $B = ]-\infty,-1]\cup[1,+\infty[$, nous écrirons simplement $N_t$, $Y_t$, $Z_t$. Il est immédiat de vérifier que ces processus sont des p.a.i. ( non homogènes ) : en effet, si $s<t$, les v.a. $N_t^B$, $Y_t^B$, $Z_t^B$ sont mesurables par rapport à la tribu engendrée par les accroissements de $X$ entre **s et t** : $\sigma(X_u - X_v,\ s \leq u < v \leq t)$, tribu indépendante de $\mathcal{F}_s$.

Le théorème suivant s'appliquera en particulier à $Y^B$ ou $N^B$, et $Z^B$

THEOREME 1.1. <u>Soient</u> $Y$ <u>et</u> $Z$ <u>deux p.a.i.</u>[1] <u>relativement à la même filtration</u> $(\mathcal{F}_t)$. <u>On suppose que</u>

1) <u>Les trajectoires de</u> $Y$ <u>sont à variation finie</u>.

2) $Y$ <u>et</u> $Z$ <u>ne sautent jamais en même temps</u>.

**<u>Alors</u>** $Y$ **<u>et</u>** $Z$ **<u>sont indépendants</u>**.

<u>Démonstration</u>. Soient u et v deux nombres réels. Considérons les deux martingales de carré intégrable ( complexes )

$$M_t^u = e^{iuY_t}/E[e^{iuY_t}] \qquad N_t^v = e^{ivZ_t}/E[e^{ivZ_t}]$$

( on a vérifié plus haut que les dénominateurs ne sont pas nuls ). Si nous pouvons montrer que ces deux martingales sont orthogonales, nous aurons

$$\frac{E[e^{iuY_t + ivZ_t}]}{E[e^{iuY_t}]E[e^{ivZ_t}]} = E[M_0^u N_0^v] = 1$$

ce qui prouve que les v.a. $Y_t$ et $Z_t$ sont indépendantes. Mais alors le p.a.i.h. à deux dimensions $(Y_t, Z_t)$ et le p.a.i.h. produit de deux copies

1. A trajectoires càdlàg., et continus en probabilité.

indépendantes de $Y$ et $Z$ ont mêmes lois d'accroissements, ils ont donc même loi, et on voit que <u>les tribus</u> $\sigma(Y_s,\ s\geq 0)$ , $\sigma(Z_s,\ s\geq 0)$ <u>sont indépendantes</u> .

Pour montrer que $M^u$ et $N^v$ sont orthogonales, il nous suffit de montrer que $[M^u,N^v] = 0$ . Or ces martingales n'ont pas de saut commun. Il nous suffit donc de montrer que $M^u$ est à variation finie. Ce n'est pas tout à fait évident, mais voici une raison : le processus $1/E[e^{iuY_t}] = M_t^u e^{-iuY_t}$ est déterministe, et d'autre part c'est un produit de semimartingales, donc une semimartingale, et cela entraîne qu'il est à variation finie. Il en résulte que les trajectoires de $M^u$ sont à variation finie.

Voici l'étape principale de la démonstration, qui nous a été expliquée par M. J. Bretagnolle. Elle montre que si l'on enlève les sauts du processus $X$ dont la valeur absolue dépasse une constante $M$ , il reste un p.a.i. auquel va s'appliquer la théorie des martingales <u>de carré intégrable</u>.

THEOREME 1.2 . <u>Soit</u> $X$ <u>un p.a.i.</u> <u>dont les sauts sont bornés en valeur absolue par une constante</u> $M$ . <u>Alors les v.a.</u> $X_t$ <u>ont des moments de tous les ordres</u>.

DEMONSTRATION. A. Pour tout t, posons

(1.4) $$T_t^a = \inf\{\ s>t\ :\ |X_t-X_s|>M+a\}\qquad (a>0)$$

Nous ne disposons pas d'une bonne propriété de Markov forte : notre premier but est d'établir l'<u>existence</u>, <u>pour tout</u> $k$ <u>fixé</u>, <u>d'une constante</u> $\lambda<1$ <u>telle que l'on ait</u> , <u>pour tout temps d'arrêt</u> $S\leq k$

(1.5) $$E[e^{-(T_S^a-S)}|\mathcal{F}_S\ ] \leq \lambda \text{ p.s. .}$$

Il suffit d'établir cela pour $S$ <u>étagé</u> . En effet, tout temps d'arrêt $S$ est limite d'une suite décroissante $(S_n)$ de temps d'arrêt $S_n\leq k$ étagés, et l'on a $|X_{T_S^a}-X_S| \geq M+a$ sur $\{T_S^a < \infty\}$ , donc $|X_{T_S^a}-X_{S_n}|>M+a/2$ pour $n$ assez grand, et $T_S^a-S \geq \limsup_n T_{S_n}^{a/2}-S_n$ . D'où il résulte aisément, grâce au lemme de Fatou, que la constante $\lambda$ relative à $a/2$ et aux temps d'arrêt étagés convient à $a$ et aux temps d'arrêt quelconques.

Mais pour établir (1.5) pour $S$ étagé, il suffit de démontrer que pour tout $t$ fixé appartenant à $[0,k]$ , on a

(1.6) $$E[e^{-(T_t^a-t)}|\mathcal{F}_t] \leq \lambda \text{ p.s. }.$$

et cette espérance conditionnelle est en fait une espérance ordinaire, puisque $X$ est un p.a.i. .

Supposons que (1.6) n'ait pas lieu : il existe des $t_n \in [0,k]$ et un $a>0$ tels que $\lim_n E[e^{-(T_{t_n}^a-t_n)}] = 1$ . Il en résulte que les v.a. $T_{t_n}^a - t_n$ tendent vers 0 en probabilité. Extrayant une sous-suite, on peut supposer que $T_{t_n}^a - t_n \to 0$ p.s. . D'autre part, la suite $(t_n)$ a au moins une valeur d'adhérence $t\in[0,k]$, et celle-ci est, soit valeur d'adhérence à droite, soit valeur d'adhérence à gauche, soit les deux à la fois. Quitte à extraire une sous-suite, on peut supposer la suite $(t_n)$ monotone.

La suite $(t_n)$ ne peut être décroissante : en effet, si elle l'était, on aurait pour tout $\varepsilon>0$ $t_n \in [t,t+\varepsilon[$ , $T_{t_n}^a \in [t,t+\varepsilon[$ , et l'inégalité $|X_{T_{t_n}^a} - X_{t_n}| \geq M+a$ sur $\{T_{t_n}^a < \infty\}$ serait incompatible avec l'existence d'une limite à droite en $t$ . En particulier, la suite $(t_n)$ ne peut être stationnaire, et quitte à faire une nouvelle extraction on peut la supposer strictement croissante.

L'existence d'une limite à gauche au point t entraîne alors, de la même manière que ci-dessus, que l'on a p.s. $t_n < t \leq T_{t_n}^a$ pour n assez grand. Mais alors, $|X_{T_{t_n}^a} - X_{t_n}|$ tend vers $|\Delta X_t|$ lorsque $n\to\infty$, et le saut en $t$ dépasse $M$ en valeur absolue, ce qui est absurde. Ainsi la propriété (1.6) est établie.

B. Nous fixons maintenant $a>0$ et nous posons

$$T_0=0 \quad , \quad T_{n+1} = T_{T_n}^a$$

Alors un raisonnement simple de récurrence nous donne, à partir de (1.6)

(1.7) $$E[e^{-T_n} 1_{\{T_n \leq k\}}] \leq \lambda^n$$

On en déduit que $P\{T_n \leq k\} \leq e^k \lambda^n$. Pour fixer les idées, prenons $a=1$ . Les sauts de $X$ étant bornés par M, on a sur $\{T_{n-1} \leq t < T_n\}$

$$|X_t| \leq |X_{T_1-}| + |X_{T_1} - X_{T_1-}| + |X_{T_2-} - X_{T_1}| + |X_{T_2} - X_{T_2-}| + \ldots + |X_{T_{n-1}} - X_{T_{n-1}-}| + |X_t - X_{T_{n-1}}| \leq n(1+M)$$

donc aussi $t<T_n \Rightarrow |X_t|<n(1+M)$ , et en posant comme d'habitude $X_k^* = \sup_{t\leq k} |X_t|$ , on a

$$P\{X_k^*>n(1+M)\} \leq P\{T_n<k\} \leq e^k\lambda^{-n}$$

Cette suite étant à décroissance exponentielle en $n$ , on voit que $X_k^*$ a des moments de tous les ordres . Comme $k$ est arbitraire, le théorème est établi.

<u>Première conséquence du théorème 1.2</u> . Revenons à la décomposition $X_t=Y_t+Z_t$ de la formule (1.3), avec le choix particulier de $B$ indiqué. Les sauts de $Z$ étant bornés par 1 en valeur absolue, les v.a. $Z_t$ , $t\leq k$, forment un ensemble borné dans $L^2$, donc uniformément intégrable. La fonction $t\mapsto E[Z_t]$ ( que nous noterons $m_t$ ) est donc <u>continue</u>, puisque $Z$ est continu en probabilité. Ecrivant $X_t = Y_t + (Z_t-m_t) + m_t$ , le premier terme est à variation finie, le second est une martingale de carré intégrable, et on voit que $X$ <u>est une semimartingale si et seulement si le processus déterministe</u> $(m_t)$ <u>est une semimartingale</u>, autrement dit, si la fonction continue $m_t$ est à variation finie.

<u>Seconde conséquence du théorème 1.2</u> . Pour tout borélien $B$ non adhérent à 0, pour tout $t$ , la v.a. $N_t^B$ de la formule (1.3) est intégrable. Il est clair que $B\mapsto E[N_t^B]$ est une fonction croissante et continue de $t$, et une mesure en $B$ pour $t$ fixé. Il existe donc une mesure $\Lambda(dt,dx)$ sur $\mathbb{R}_+\times\mathbb{R}^*$ , telle que l'on ait

$$E[N_t^B] = \Lambda([0,t]\times B )$$

Cette mesure ne charge pas $\{0\}\times\mathbb{R}^*$ . Il n'y a pas de difficulté à vérifier la propriété suivante ( cf. Dellacherie-Meyer, VIII.68 )

<u>Si</u> $X$ <u>est une semimartingale</u>, <u>la mesure de Lévy</u> $\nu$ <u>de</u> $X$ <u>est donnée par</u>

(1.8) $$\nu(\omega, ds, dx ) = \Lambda(ds, dx )$$

Même si $X$ n'est pas une semimartingale, il existe un p.a.i. $X_t'=X_t-m_t$ qui est une semimartingale, et la fonction $m_t$ étant continue, les mesures aléatoires associées aux sauts de $X$ et de $X'$ sont les mêmes. On peut donc considérer $\nu$ aussi comme la mesure de Lévy de $X$ ( et c'est d'ailleurs le point de vue classique sur la question, antérieur à la théorie des semimartingales ).

Revenons au processus $N_t^B$ : nous savons que la fonction $m_t^B=E[N_t^B]$ est continue croissante, et le processus $Q_t^B=N_t^B-m_t^B$ est une martingale à sauts unité. Un théorème dû à S. Watanabe affirme qu'une telle martingale est un processus de Poisson non homogène ( peut se ramener à un processus de Poisson homogène par un changement de temps déterministe ). D'autre part, si des boréliens $B_i$ sont disjoints, les processus $N_t^{B_i}$ sont indépendants d'après le théorème 1.1. Il en résulte sans peine que la mesure aléatoire $\mu(\omega,ds,dx)$ qui compte les sauts de $X$ d'amplitude comprise entre $x$ et $x+dx$ est une mesure aléatoire de Poisson sur $\mathbb{R}_+\times\mathbb{R}^*$, de paramètre ( i.e. d'espérance ) $\Lambda(ds,dx)$. La somme des sauts de $X$ d'amplitude $\geqq 1$ peut s'écrire

$$Y_t(\omega) = \int_{\substack{]0,t]\times]-\infty,-1] \\ \cup \\ ]0,t]\times[1,\infty[}} x\mu(\omega, ds, dx)$$

On étudie ensuite la structure du processus $(Z_t)$. Retranchant son espérance $m_t$ ( fonction déterministe continue ), on a une martingale de carré intégrable, dont la partie purement discontinue ( somme compensée de sauts) est donnée par

$$Z_t^d(\omega) = \int_{]0,t]\times(]-1,1[\setminus\{0\})} x(\mu(\omega,ds,dt)-\Lambda(ds,dt))$$

Reste enfin la partie martingale continue : un théorème de Paul Lévy, dont une démonstration très simple au moyen de la théorie des martingales est due à Kunita-Watanabe, affirme que c'est un mouvement brownien non homogène ( se ramenant au mouvement brownien par un changement de temps déterministe ).

Ainsi, les théorèmes 1.1 et 1.2 permettent de décrire complètement les p.a.i. non homogènes au moyen de la théorie des martingales, et, du même coup, les mesures aléatoires à accroissements indépendants sur des espaces très généraux.

REMARQUE. Supposons que le processus $X$ provienne d'une mesure aléatoire à accroissements indépendants, comme on l'a expliqué au début de ce paragraphe. Alors $X$ s'écrit $X'+m$ , où $X'$ est une semimartingale, et $m$ est une fonction continue déterministe. La possibilité de définir l'intégrale stochastique en probabilité $\int I_A(s)dX'_s$ pour une partie borélienne $A$ de $\mathbb{R}_+$ ( déterministe ) entraîne par différence la possibilité de définir $\int I_A(s)dm_s$ , ce qui entraîne que $m$ est <u>à variation bornée</u>. Donc $X$ est en fait une semimartingale.

## 2. UNE APPLICATION

Le résultat suivant améliore celui que nous avons publié dans le volume XIII du séminaire. Nous désignons toujours par $X$ un p.a.i. ( non nécessairement homogène ) continu en probabilité, et nous conservons les autres notations du paragraphe 1. Nous supposons que $X$ est une semimartingale.

THEOREME 2.1. $X$ <u>est une semimartingale spéciale si et seulement si</u> $E[|X_t|]$ <u>est fini pour tout</u> $t$ .

DEMONSTRATION. Nous revenons à la décomposition (1.3) , $X=Y+Z$ , où $Y$ est la somme des sauts de $X$ dépassant $1$ en valeur absolue. Il est clair que $Z$ ne pose aucun problème ( th. 1.2 ) , et que $X$ est une semi-martingale spéciale si et seulement si $Y$ en est une. Or dire que $Y$ est une semimartingale spéciale revient à dire que le processus croissant

$$(2.1)\qquad A_t = \Sigma_{s\leqq t} |\Delta Y_s| = \Sigma_{s\leqq t} |\Delta X_s| I_{\{|\Delta X_s|\geq 1\}}$$

est localement intégrable ( Dellacherie-Meyer, VII. 25 ). Or les processus croissants $\Sigma_{s\leqq t} |\Delta Y_s| I_{\{|\Delta Y_s|<n\}}$ sont intégrables, et admettent comme compensateurs prévisibles les processus croissants <u>déterministes</u>

$$\widetilde{A}^n_t = \Lambda([0,t]\times(]-n,-1]\cup[1,n[)\,)$$

Dire que $A_t$ est localement intégrable revient à dire que les $\widetilde{A}^n_t$ ont p.s. une limite finie. Comme ils sont déterministes, cela revient à dire que $E[\widetilde{A}^n_t]$ a une limite finie, ou encore, que $E[A_t]<\infty$ . Alors $E[|X_t|]$ est finie.

Inversement, si $E[|X_t|]$ est finie, le processus $X_t-E[X_t]$ est une martingale, donc une semimartingale spéciale, et le processus $E[X_t]$ une semimartingale déterministe, donc aussi une semimartingale spéciale.

REFERENCES

C. DELLACHERIE et P.A. MEYER . [1]. Probabilités et Potentiel . Hermann, Paris 1975, Actualités Sci. et Ind. 1372 , et 1980, A.S.I. 1385 .

J.L. DOOB. [1]. Stochastic Processes. Wiley, New York 1953.

J. JACOD. [1]. Calcul stochastique et problèmes de martingales. Lecture Notes in M. n° 714, Springer, Heidelberg 1979.

J.F.C. KINGMAN. [1]. Completely random measures. Pacific J. Math. 21, 1967.

Ph. MORANDO. [1]. Mesures Aléatoires. Sém. Prob. Strasbourg, vol. I, 1969, Lecture Notes in M. n) 88, Springer, Heidelberg 1969.

H. KUNITA et S. WATANABE. [1] . On square integrable martingales. Nagoya Math. J., 30, 1967, p. 209-245.

S. WATANABE. [1]. On discontinuous additive functionals and Lévy measures of a Markov process. Japanese J. Math. 36, 1964, p. 53-70.

M. YOR. [1]. Sur les intégrales stochastiques optionnelles et une suite remarquable de formules exponentielles. Sém. Prob. X, 1976, p. 501-504, Lecture Notes in M. n°511, Springer-Verlag 1976.

La méthode utilisée dans ce travail pour ramener les mesures à accroissements indépendants aux p.a.i. ordinaires est due à J. WALSH ( cf. Sém. Prob. V , p. 181 ).

Institut de Recherche Mathématique Avancée
L.A. au CNRS
rue du Général Zimmer
F-67084 Strasbourg-Cedex.

# LES FILTRATIONS DE CERTAINES MARTINGALES DU MOUVEMENT BROWNIEN DANS $R^n$ . II

-=-=-=-

J. AUERHAN & D. LEPINGLE

## INTRODUCTION.

Comme le lecteur assidu des Séminaires de Probabilité l'aura compris au vu du titre, nous avons voulu donner une suite au travail de M. YOR paru sous le même chapeau dans le Séminaire XIII (6). Notre étude concerne le même objet : les filtrations naturelles des martingales $M^A$, où A est une matrice n x n à coefficients réels, où

$$M^A = \int_0^{\cdot} (AX_s, dX_s),$$

X étant un mouvement brownien de dimension n. YOR n'a traité essentiellement que le cas A symétrique, qui est suffisant pour caractériser les filtrations des formes quadratiques browniennes.

Pour notre part, nous allons envisager le cas général en résolvant d'abord le cas où A est une matrice normale, et même un peu mieux : dans ce cas, conformément à la conjecture énoncée à la fin de l'article de YOR, la filtration de $M^A$ est celle d'un mouvement brownien dont la dimension se calcule de façon relativement compliquée par rapport aux caractéristiques de A. Si la technique, largement inspirée par celle de (6), est claire, le résultat demeure pourtant un peu mystérieux.

Dans le cas tout à fait général, nous ne savons pas conclure et nous sommes tout juste capables d'obtenir une minoration probablement assez grossière de la multiplicité de la filtration ; faute de majoration, nous n'avons aucune idée précise de la vraie valeur de cette multiplicité.

Une quatrième partie est consacrée à l'étude de la même question dans le cadre complexe ; les résultats obtenus sont du même type, mais avec leurs particularités.

Par rapport à l'article (6), nous avons introduit la petite complication qui consiste à situer l'étude dans un espace hilbertien séparable plutôt que dans l'espace $R^n$ : c'est un peu une coquetterie (pourquoi faire simple quand on peut faire compliqué ?), mais en fait cela nous a incités à abandonner le langage des matrices, des lignes et des colonnes, pour celui, mieux adapté, des opérateurs linéaires ; nous mettons aussi mieux en relief la propriété d'isotropie du mouvement brownien.

A cela près, les notations seront les mêmes que celles de (6), mais pour éviter au lecteur des reports fréquents, nous rappelons dans la première partie les définitions et résultats de (6) qui seront utilisés dans la suite.

## I. RAPPELS ET PRELIMINAIRES.

### 1.1. *Equivalence de processus.*

On se donne un espace de probabilité complet $(\Omega , F , P)$ muni d'une filtration $\mathfrak{F} = (\mathfrak{F}_t)$ vérifiant les conditions habituelles. Une sous-filtration de $\mathfrak{F}$ est une filtration $\mathcal{G} = (\mathcal{G}_t)$ également (F,P)-complète et continue à droite, vérifiant $\mathcal{G}_t \subset \mathfrak{F}_t$ pourtout $t \geq 0$, ce qu'on notera $\mathcal{G} \subset \mathfrak{F}$.

La filtration naturelle d'une suite finie ou infinie de processus réels $(Z_i)$ définis sur $(\Omega, F , \mathfrak{F} , P)$ est la plus petite sous-filtration de $\mathfrak{F}$ rendant encore adaptés les processus $(Z_i)$. Elle est notée $\mathfrak{F}((Z_i))$.

Si $(Z_i)$ et $(Y_j)$ sont deux suites de processus sur $(\Omega , F , \mathfrak{F}, P)$, on dit que $(Z_i)$ domine $(Y_j)$ ou que $(Y_j)$ est dominée par $(Z_i)$ si $\mathfrak{F}((Y_j)) \subset \mathfrak{F}((Z_i))$. Si $(Z_i)$ domine $(Y_j)$ et $(Y_j)$ domine $(Z_i)$, les suites $(Z_i)$ et $(Y_j)$ ont même filtration naturelle et on dit alors qu'elles sont équivalentes.

Très fréquemment, nous emploierons ces définitions pour des suites de processus réduites à un seul élément. C'est le cas notamment dans les deux résultats fondamentaux suivants (6).

(1.1) Soient M et N deux martingales locales continues telles que M domine N. Alors M domine également $<M, N>$, et si $d<M,N> \ll dt$ p.s., alors M domine de plus $\frac{d<M,N>}{dt}$.

(1.2) Si B est un mouvement brownien $(B_1,\dots,B_p)$ à valeurs dans $R^p (1 \leq p < \infty)$, alors $|B| = \sqrt{B_1^2 + \dots + B_p^2}$ est équivalent au mouvement brownien réel $\int \frac{\sum_{i=1}^{p} B_i \, dB_i}{|B|}$. Ce dernier processus sera dit associé à $|B|$.

## 1.2. *Les martingales* $M^A$.

Donnons-nous de plus un espace hilbertien réel séparable H, dont on note n la dimension $(1 \leq n \leq +\infty)$ et $(.,.)$ le produit scalaire. Soit $\gamma_s$ la probabilité cylindrique de Gauss de paramètre s sur H. On sait (2) qu'il existe une fonction aléatoire

$$X : R_+ \times H \to L^2(\Omega, F, P)$$

appelée mouvement brownien cylindrique, telle que

$$X(0, h) = 0 \qquad \text{pour tout } h \in H,$$

et telle que pour toute suite finie $o < t_1 < t_2 \dots < t_m$, les accroissements

$$X(t_i) - X(t_{i-1}) : H \to L^2(\Omega, F, P)$$

soient indépendants et suivant la loi cylindrique $\gamma_{\sqrt{t_i - t_{i-1}}}$.

Nous choisirons une version de cette fonction aléatoire telle que pour tout $h \in H$, le processus X(h) soit un mouvement brownien réel à trajectoires continues et adapté à la filtration $\mathfrak{F}$.

Si n est fini, la donnée de X est celle d'un mouvement brownien ordinaire à valeurs dans $R^n$, tandis que si n est infini, on peut construire et représenter X à partir d'une suite dénombrable de mouvements browniens réels indépendants.

Soit maintenant A un élément de l'espace $\mathcal{L}_2(H)$ des opérateurs de Hilbert-Schmidt. Il existe (5) un processus noté AX, à valeurs dans H, tel que $X(s, \tilde{A}(h)) = (AX(s), h)$ p.s. pour $s \in R_+$, $h \in H$, où $\tilde{A}$ est le transposé de A. On notera $|AX|$ le processus positif $(AX, AX)^{1/2}$ et on remarquera que

$$E(|AX|^2(s)) = s \, \|A\|^2_{\mathcal{L}_2(H)}$$

En particulier, si P désigne la projection sur un sous-espace de dimension m de H, PX est un mouvement brownien à valeurs dans ce sous-espace.

Si B est un élément de l'espace $\mathcal{L}_1(H)$ des opérateurs nucléaires, on vérifie aisément que lorsque $B_1$ et $B_2$ sont dans $\mathcal{L}_2(H)$ avec $B = B_1 B_2$, alors le processus $(B_2 X, \tilde{B}_1 X)$ ne dépend que de B, et on le note (BX, X) par un petit abus de notation.

L'espace $\mathcal{M}^2_f$ des martingales réelles, nulles en zéro, de carré intégrable pour tout t fini, est muni de la topologie de Fréchet définie par la famille des semi-normes $(E[M^2_t])^{1/2}$. Le cône $\mathcal{S}^1_f$ des processus Z positifs, intégrables pour tout t, nuls en zéro, est muni de la topologie analogue définie par la famille des semi-normes $E(Z_t)$. Par <u>sous-espace stable</u>, nous désignerons une partie fermée de $\mathcal{M}^2_f$ stable par l'intégration stochastique des processus prévisibles bornés.

Nous pouvons maintenant définir la martingale $M^A$. Pour $A \in \mathcal{L}_2(H)$, on note $M^A$ l'unique élément du sous-espace stable de $\mathcal{M}^2_f$ engendré par les browniens réels X(h) pour $h \in H$ tel que

$$\langle M^A, X(h)\rangle_t = \int_0^t (AX(s),h)ds \qquad \text{pour tout } h \in H$$

On pourrait encore, comme en (6), utiliser pour $M^A$ la notation $\int(AX,dX)$, dont le sens est clair dans le cas fini.

Il est immédiat de constater que

$$\langle M^A\rangle_t = \int_0^t |AX|^2(s)\, ds.$$

Un peu de calcul permet de montrer la formule d'Itô suivante : si B est un opérateur nucléaire,

$$(BX, X)_t = M_t^{B+\tilde{B}} + t \text{ trace } B.$$

Les deux propriétés fondamentales suivantes en résultent.

(1.3) Si $A \in \mathcal{L}_2(H)$, $M^A$ domine $|AX|$.

(1.4) Si $B \in \mathcal{L}_1(H)$, $(BX, X)$ et $M^{B+\tilde{B}}$ sont équivalents.

## 2. EQUIVALENCE DE FILTRATIONS.

Soient donc X un mouvement brownien cylindrique sur l'espace hilbertien réel séparable H de dimension n, et A un opérateur de Hilbert-Schmidt $\neq 0$ sur H ; nous allons étudier la filtration naturelle de $M^A$, que nous noterons $\mathfrak{F}^A$, en cherchant à montrer qu'elle coïncide avec celle d'une suite de $K(1 \leq K \leq +\infty)$ mouvements browniens réels indépendants, ce que nous traduirons en disant que $\mathfrak{F}^A$ est la filtration d'un mouvement brownien de dimension K (y compris par abus de langage lorsque $K = +\infty$). La propriété de représentation prévisible du mouvement brownien entraîne qu'une même filtration ne peut être engendrée simultanément par un brownien de dimension K et un autre de dimension $K' \neq K$ ; cette valeur pourra donc être appelée la caractéristique de A, nous la noterons $\rho(A)$, si elle existe.

Le cas des opérateurs symétriques va d'abord retenir notre attention dans le résultat suivant.

LEMME FONDAMENTAL.

a) *Si* $S \in \mathcal{L}_1(H)$ *est symétrique, alors* $(SX, X)$ *domine* $(S^p X, X)$ *pour tout* $p \geq 1$.

b) *Si* B *et* C *sont deux opérateurs symétriques tels que* $B \in \mathcal{L}_2(H)$ *et* $BC = CB \in \mathcal{L}_1(H)$, *la suite des processus* $((B^p C X, X), p \geq 1)$ *domine la suite* $((C_i X, X))$, *où* $C_i = P_i C$, $P_i$ *désignant la projection sur le sous-espace propre* $H_i$ *de* B, *et ceci pour tous les* $H_i$ *correspondant à une valeur propre non nulle de* B.

DEMONSTRATION.

a) Soit $p \geq 1$ et supposons que $(SX, X)$ domine $(S^p X, X)$. D'après (1.4), ces processus sont équivalents respectivement à $M^S$ et $M^{S^p}$. D'après (1.1), $M^S$ domine

$$\frac{d}{dt}\langle M^S, M^{S^p}\rangle = (SX, S^p X) = (S^{p+1}X, X)$$

b) Notons $(\lambda_i, H_i)$ où $i = 1,\dots k$ et $1 \leq k \leq +\infty$ la suite des valeurs propres différentes de zéro et des sous-espaces correspondants de B, avec une numérotation telle que

$$|\lambda_i| \leq |\lambda_j| \quad \text{pour } i \geq j ,$$

ce qui est possible puisque B est de Hilbert-Schmidt. Des hypothèses faites sur B il résulte que dans l'espace $\mathcal{L}_2(H)$

$$B = \sum_{i=1}^{k} \lambda_i \quad P_i$$

et par conséquent, dans l'espace vectoriel $\mathcal{S}_f^1 - \mathcal{S}_f^1$,

$$(B^p\, C\, X\, ,\, X) = \sum_{i=1}^{k} \lambda_i^p\, (C_i\, X\, ,\, X).$$

En supposant $B \neq 0$, nous avons par exemple pour tout $p \geq 1$

$$(C_1 X, X) = \frac{(B^{2p} C\, X,\, X)}{\lambda_1^{2p}} - \sum_{i>1} \frac{\lambda_i^{2p}}{\lambda_1^{2p}}\, (C_i\, X,\, X)$$

$$= \frac{(B^{2p-1}\, CX,\, X)}{\lambda_1^{2p-1}} - \sum_{i>1} \frac{\lambda_i^{2p-1}}{\lambda_1^{2p-1}}\, (C_i\, X,\, X)$$

$$= \frac{1}{2} \left[ \frac{((B+\lambda_1 I) B^{2p-1} CX, X)}{\lambda_1^{2p}} - \sum_{i>1} \frac{(\lambda_i + \lambda_1) \lambda_i^{2p-1}}{\lambda_1^{2p-1}}\, (C_i,\, X,\, X) \right]$$

Si $\lambda_2 = -\lambda_1$, il n'y a pas de terme $(C_2 X,\, X)$ dans la somme qui figure dans le dernier membre, et par conséquent dans tous les cas, lorsque p tend vers l'infini, cette somme converge vers zéro dans $\mathcal{S}_f^1 - \mathcal{S}_f^1$, d'où

$$(C_1 X,\, X) = \frac{1}{2} \lim_{p \to \infty} \frac{((B + \lambda_1 I)\, B^{2p-1} CX,\, X)}{\lambda_1^{2p}} \qquad \text{dans } \mathcal{S}_f^1 - \mathcal{S}_f^1 .$$

Plus généralement, on vérifie de façon analogue que pour tout $i = 1,\ldots,k$,

$$(C_i X, X) = \frac{1}{2} \lim_{p\to\infty} \frac{((B+\lambda_i I)B^{2p-1}CX,X) - \sum_{j=1}^{i-1} (\lambda_j+\lambda_i)\lambda_j^{2p-1}(C_jX, X)}{\lambda_i^{2p}}$$

et cela prouve que chaque $(C_iX, X)$ est dominé par la suite $((B^pCX, X), p \geq 1)$.

Nous allons en déduire pour commencer deux résultats qui figuraient déjà dans (6). Le premier règle le cas des opérateurs symétriques, le second est au contraire très général.

THEOREME 1. *Si* $A$ *est symétrique,* $\mathfrak{F}^A$ *est la filtration d'un mouvement brownien de dimension* $\rho(A)$ *égale au nombre* $r$ *de valeurs propres distinctes non nulles de* $A$.

DEMONSTRATION.

On sait (1.3) que $M^A$ domine $(A^2X, X) = |AX|^2$. Si $M^A$ domine $(A^pAX, X)$, alors (1.1) $M^A$ domine

$$(A^pAX, AX) = (A^{p+1}AX, X),$$

donc le b) du lemme permet de conclure que $M^A$ domine les processus

$$(P_j AX, X) = \mu_j |P_jX|^2,$$

où $P_j$ est la projection sur le sous-espace propre (de dimension finie) de $A$ correspondant à la valeur propre $\mu_j \neq 0$ ; d'après (1.2), chacun des processus $|P_j X|$ est équivalent au mouvement brownien réel associé

$$Y_j = \int \frac{dM^{P_j}}{|P_jX|}$$

Inversement, dans $\mathcal{M}_f^2$,

$$M^A = \sum_{j=1}^{r} M^{P_jA} = \sum_{j=1}^{r} \mu_j M^{P_j},$$

et chaque $M^{P_j}$ est équivalente à $|P_jX|$ (1.4), ou encore à $Y_j$.

*THEOREME 2. Si* $q$ $(1 \leq q \leq n)$ *est le nombre de valeurs propres distinctes non nulles de* $\tilde{A}A$ , $\mathcal{F}^A$ *est la filtration engendrée par un mouvement brownien de dimension* $q$ *et un mouvement brownien réel.*

DEMONSTRATION.

Puisque (1.3) $M^A$ domine $|AX|^2 = (\tilde{A}AX, X)$, d'après le a) du lemme $M^A$ domine $((\tilde{A}A)^p X, X)$ pour tout $p \geq 1$ ; d'après le b), $M^A$ domine les processus

$$(P_i X, X) = |P_i X|^2 , \ i = 1,\ldots,q,$$

$P_i$ étant la projection sur le sous-espace propre $H_i$ de $\tilde{A}A$ correspondant à la valeur propre $\lambda_i$ strictement positive. Mais chaque $|P_i X|$ est équivalent au mouvement brownien réel associé

$$Y_i = \int \frac{dM^{P_i}}{|P_i X|} ,$$

et ces browniens sont indépendants puisque les $P_i$ sont des projecteurs orthogonaux.

Posons de plus

$$Y_A = \int \frac{dM^A}{|AX|}$$

Comme $\{|AX| = 0\}$ est p.s. de mesure de Lebesgue nulle, $Y_A$ est un mouvement brownien réel, évidemment dominé par $M^A$. Ainsi, $M^A$ domine $(Y_i,\ i = 1,\ldots,q \ ; \ Y_A)$.

Inversement, comme

$$|AX|^2 = \sum_{i=1}^{q} \lambda_i \ |P_i X|^2$$

et

$$M^A = \int |AX| \ dY_A ,$$

il est clair que $M^A$ est dominé par $(Y_i,\ i = 1,\ldots,q \ ; \ Y_A)$.

On peut se demander si le dernier brownien $Y_A$ n'est pas inutile, c'est-à-dire si $Y_A$ n'est pas déjà dans la filtration $\mathcal{F}((Y_i), i = 1,\ldots,q)$. Nous allons voir qu'il n'en est rien en général.

<u>Proposition 1. Avec les notations de la démonstration précédente, le brownien</u> $Y_A$ <u>est adapté à la filtration</u> $\mathcal{F}((Y_i), i = 1,\dots q)$ <u>si et seulement si</u> A <u>est symétrique à valeurs propres non opposées</u>.

<u>DEMONSTRATION</u>.

Remarquons pour commencer que $Y_A$ est adapté à la filtration $\mathcal{G} = \mathcal{F}((Y_i), i=1,\dots,q)$ si et seulement si $M^A$ y est elle-même adaptée. Si la condition de l'énoncé est satisfaite, A et $\tilde{A}A$ ont mêmes espaces propres correspondant à des valeurs propres non nulles, et le théorème 1 nous montre que $M^A$ est adaptée à $\mathcal{G}$.

Inversement, supposons que $M^A$ soit adaptée à $\mathcal{G}$. Pour tout $i \in \{1,\dots q\}$, choisissons $h_o$ de norme 1 et orthogonal à $H_i$ et notons $X_o = X(h_o)$. Puisque $M^A$ et $M^{P_i}$ sont $\mathcal{G}$-adaptés, il en est de même de $(AX, P_iX)$, qui est donc également adapté à la filtration plus grosse $\mathcal{G}'$ engendrée par $(|X_o|\ ;\ X(h),\ h \perp h_o)$. Si P est la projection sur $h_o$, alors

$$(AX, P_iX) = (AP\,X, P_iX) + (A(I-P)X, P_iX).$$

Le dernier terme ne dépend que des $X(h)$ pour $h \perp h_o$, il est donc $\mathcal{G}'$-adapté. Ainsi, $(APX, P_iX)$ est $\mathcal{G}'$-adapté. Mais pour tout $h \in H$,

$$(APX, h) = X(P\tilde{A}(h)) = X_o\,(A(h_o), h)$$

et par conséquent

$$(APX, P_iX) = X_o(A(h_o), P_iX) = X_o\,X(P_iA(h_o)).$$

Le produit de ces deux mouvements browniens dont l'un est $\mathcal{G}'$-adapté mais pas l'autre ne peut être $\mathcal{G}'$-adapté que si $X(P_iA(h_o)) = 0$, ce qui entraîne $P_iA(h_o) = 0$, c'est-à-dire en fait $P_iA\,(I-P_i) = 0$.

Si maintenant nous choisissons $h_o$ de norme un dans $H_i$, la décomposition

$$(AX,P_iX) = (AP\,X, P_iX) + (A(I-P)X, P\,X) + (A(I-P)X, P_i(I-P)X)$$

montre par le même argument que précédemment que

$$P_iA\,(h_o) + (I-P)\tilde{A}\,(h_o) = 0,$$

autrement dit pour tout h dans $H_i$ orthogonal à $h_o$,

$$(A(h_o),h) + (A(h), h_o) = 0.$$

Si l'on pose

$$D_i = \frac{1}{2}\,(P_i\,A + \tilde{A}\,P_i),$$

il résulte de la première relation trouvée que $D_i$ est nul sur le supplémentaire orthogonal de $H_i$, tandis que

$$(D_i(h), k) = 0 \qquad \text{si } h \in H_i \text{ et } k \perp h.$$

Ainsi, pour tout $h \in H_i$, $D_i(h)$ est colinéaire à h.

Nécessairement $D_i$ est de la forme $\mu_i P_i$. Considérons alors la martingale

$$M = M^A - \sum_{i=1}^{q} \mu_i M^{P_i}$$

Elle est $\mathcal{G}$-adaptée et pour tout i = 1,...q,

$$\langle M, Y_i\rangle = \int \frac{1}{|P_i X|} \, d\langle M, M^{P_i}\rangle$$

$$= \int \frac{1}{|P_i X|} \left((AX, P_i X) - \mu_i |P_i X|^2\right) ds$$

$$= 0.$$

Comme $(Y_i \,;\, i = 1,\dots q)$ possède la propriété de représentation prévisible pour $\mathcal{G}$, il en résulte que M = 0, donc $M^A = \sum_{i=1}^{q} \mu_i M^{P_i}$, ce qui entraîne $A = \sum_{i=1}^{q} \mu_i P_i$.

Nous allons maintenant faire une hypothèse sur l'opérateur A afin de faire apparaître de nouveaux mouvements browniens réels.

HYPOTHESE (C). Soient $H_0$ l'espace image de $\tilde{A}A$ et $P_0$ la projection sur $H_0$. On dit que A vérifie l'hypothèse (C) si $P_0A$ et $\tilde{A}A$ commutent.

**THEOREME 3.** *Supposons vérifiée l'hypothèse (C) et notons* $S = \frac{1}{2}(P_0A + \tilde{A}P_0)$. *Pour chaque sous-espace propre* $H_i$ *de* $\tilde{A}A$ *correspondant à une valeur propre non nulle, on note* $m_i$ *le nombre de valeurs propres distinctes de la restriction de* S *à* $H_i$. *Alors* $\mathcal{F}^A$ *est engendrée par un mouvement brownien de dimension* $s = \sum_{i=1}^{q} m_i$ *et un mouvement brownien réel.*

DEMONSTRATION.

Montrons que $M^A$ domine $((\tilde{A}A)^p SX, X)$ pour tout $p \geqslant 1$. Pour $p = 1$, $M^A$ domine $M^{\tilde{A}A}$ d'après (1.3) et (1.4), donc aussi $(AX, \tilde{A}AX)$ d'après (1.1). Mais

$$\begin{aligned}(AX, \tilde{A}AX) &= (\tilde{A}AAX, X)\\ &= (\tilde{A}A P_o AX, X)\\ &= \frac{1}{2}\left[(\tilde{A}AP_o AX, X) + (\tilde{A}P_o \tilde{A}AX, X)\right]\\ &= \frac{1}{2}\left[\tilde{A}A(P_o A + \tilde{A}P_o)X, X)\right]\\ &= (\tilde{A}ASX, X).\end{aligned}$$

Si $M^A$ domine $((\tilde{A}A)^p SX, X)$, alors $M^A$ domine $M^{(\tilde{A}A)^p S}$ et $M^{\tilde{A}A}$, donc aussi

$$((\tilde{A}A)^p SX, \tilde{A}AX) = ((\tilde{A}A)^{p+1} SX, X),$$

ce qui établit par récurrence le résultat désiré. Il résulte alors de la partie b) du lemme fondamental que $M^A$ domine les processus $(S_i X, X)$, où $S_i = P_i S$. Si $P_i^j$ désigne la projection sur un sous-espace propre de $S_i$ correspondant à une valeur propre non nulle, en utilisant à nouveau le lemme on vérifie que $M^A$ domine les $|P_i^j X|^2$. On a déjà vu dans le théorème 2 que $M^A$ domine les $|P_i X|^2$, donc en fait $M^A$ domine tous les $|P_i^j X|^2$ en comptant dans les $P_i^j$ toutes les projections sur les différents sous-espaces propres de la restriction de S à $H_i$, y compris éventuellement pour la valeur propre nulle. Comme dans le théorème 2, $M^A$ domine encorele brownien réel $Y_A$.

Inversement, dans $\mathfrak{S}^1_f$,

$$|AX|^2 = \sum_{i=1}^{q} \lambda_i \sum_{j=1}^{m_i} |P_i^j X|^2$$

est dominé par les processus $|P_i^j X|$, donc

$$M^A = \int |AX| \quad dY_A$$

est adaptée à la filtration engendrée par les $|P_i^j X|$ et $Y_A$.

On peut encore se poser la question de l'adaptation du brownien $Y_A$ à la filtration engendrée par les $|P_i^j X|$ . La réponse est donnée par le résultat suivant.

<u>Proposition 2</u>. <u>Supposons vérifiée l'hypothèse</u> (C). <u>Alors, le brownien réel</u> $Y_A$ <u>n'est adapté à la filtration</u> $\mathcal{F}((|P_i^j X|) ; i = 1,\dots q ; j = 1,\dots,m_i)$ <u>que si</u> A <u>est normal</u>.

<u>DEMONSTRATION</u>.

Posons $\mathcal{G} = \mathcal{F}((|P_i^j X|) ; i = 1,\dots q ; j = 1,\dots,m_i)$.

La suitedes mouvements browniens réels

$$Y_i^j = \int \frac{dM^{P_i^j}}{|P_i^j X|}$$

a la propriété de représentation prévisible, et si $M^A$ est adaptée à $\mathcal{G}$,

$$M^A = \sum_{i=1}^{q} \sum_{j=1}^{m_i} \int \frac{d\langle M^A , M^{P_i^j}\rangle}{ds} \frac{dY_i^j}{|P_i^j X|}$$

$$= \sum_{i=1}^{q} \sum_{j=1}^{m_i} \int (AX, P_i^j X) \frac{dM^{P_i^j}}{|P_i^j X|^2}$$

$$= \sum_{i=1}^{q} \sum_{j=1}^{m_i} (P_o AX, P_i^j X) \frac{dM^{P_i^j}}{|P_i^j X|^2}$$

Il en résulte que

$$|AX|^2 = \sum_{i=1}^{q} \sum_{j=1}^{m_i} \frac{(P_o AX, P_i^j X)^2}{|P_i^j X|^2}$$

$$\leqslant |P_o AX|^2$$

et par conséquent $A = P_o A$. L'hypothèse (C) entraîne donc que A et $\tilde{A}A$ commutent et c'est une propriété caractéristique des opérateurs normaux.

Nous voyons s'introduire naturellement l'hypothèse de normalité de A. Cette hypothèse va s'avérer extrêmement utile (bien qu'on montrera plus tard que dans la proposition précédente en fait A doit être symétrique et pas seulement normal).

Définition. Nous dirons que A est sous-normal si :

- il vérifie l'hypothèse (C) : $P_o A$ et $\tilde{A}A$ commutent ;

- $P_o A$ est normal.

On peut vérifier que si A est normal, $P_o A = A$, donc A est sous-normal.

Voici maintenant notre réponse à la conjecture de Yor.

THEOREME 4. *Si* A *est sous-normal non symétrique,* $\mathcal{G}^A$ *est la filtration d'un mouvement brownien de dimension* $\rho(A) = s + 1$.

Rappelons que s a été défini au théorème 3.

DEMONSTRATION.

Considérons

$$S = \frac{1}{2} (P_o A + \tilde{A} P_o)$$

$$T = P_o A - S$$

$$U = A - P_o A$$

Puisque $M^A$ domine les processus $(S_i X, X)$, elle domine les martingales $M^{S_i}$, donc aussi $M^S = \sum_{i=1}^{q} M^{S_i}$ et $M^{T+U} = M^A - M^S$. Comme $P_o A$ est normal, S et T commutent ; de plus T est antisymétrique, donc

$$\begin{aligned}(TX, SX) &= (STX, X) \\ &= (TSX, X) \\ &= -(SX,TX) \\ &= 0,\end{aligned}$$

tandis que

$$(UX, SX) = (AX, SX) - (P_o AX, SX) = (AX, (S - P_o S)X) = 0,$$

car de $AP_o = A$ on déduit facilement que $S = P_o S$. Ainsi,

$$|(T + U)X|^2 = |AX|^2 - |SX|^2$$

est également dominé par les $|P_i^j X|$ , donc aussi par $M^A$ d'après la démonstration du théorème 3. Cela entraîne que le mouvement brownien réel

$$Y_{T+U} = \int \frac{dM^{T+U}}{|(T+U)X|}$$

est dominé par $M^A$. Inversement,

$$M^A = \sum_{i=1}^{q} M^{S_i} + \int |(T+U)X| \, dY_{T+U}$$

est dominée par les $|P_i^j X|$ et $Y_{T+U}$ .

Il reste à montrer que $Y_{T+U}$ est orthogonal aux mouvements browniens $(Y_i^j)$. D'une part, T commute avec $\tilde{A}A$, donc les $P_i$ ; T commute aussi avec S, donc avec les $S_i = P_i S$, donc avec les $P_i^j$ ; comme de surcroît T est antisymétrique, nous avons

$$(TX , P_i^j X) = (TP_i^j X, P_i^j X) = 0 \text{ pour } i=1,\dots,q \ ; \ j=1,\dots,m_i.$$

D'autre part,

$$(UX, P_i^j X) = ((A - P_o A)X, P_i^j X) = ((A - P_o A)X, P_o P_i^j X) = 0 \quad \text{pour } i=1,\dots,q \ ; \ j=1,\dots,m_i.$$

Il en résulte que

$$< M^{T+U} , M^{P_i^j} > = 0$$

et de même

$$< Y_{T+U} , Y_i^j > = 0 \quad \text{pour } i=1,\dots,q \ ; \ j=1,\dots m_i.$$

REMARQUE.

Les opérateurs tels que $A^2 = 0$, déjà signalés dans (6), sont bien des opérateurs sous-normaux : dans ce cas en effet, $\tilde{A}A^2 = 0$, donc $P_0 A = 0$.

Exemples.

a) n = 4. Soit $(X_1, X_2, X_3, X_4)$ un mouvement brownien à valeurs dans $R^4$. Considérons les opérateurs A, B, C de matrices associées

$$A : \begin{pmatrix} 0 & a & 0 & 0 \\ -a & 0 & 0 & 0 \\ 0 & 0 & 0 & b \\ 0 & 0 & -b & 0 \end{pmatrix} \qquad B : \begin{pmatrix} c & a & 0 & 0 \\ -a & c & 0 & 0 \\ 0 & 0 & c & b \\ 0 & 0 & -b & c \end{pmatrix} \qquad C : \begin{pmatrix} c & a & 0 & 0 \\ -a & c & 0 & 0 \\ 0 & 0 & d & b \\ 0 & 0 & -b & d \end{pmatrix}$$

où a, b, c, d sont réels, $a^2 \neq b^2$, $c \neq d$ et $ab \neq 0$. Ces opérateurs étant normaux les filtrations $\mathcal{G}^A$, $\mathcal{G}^B$ et $\mathcal{G}^C$ sont égales à celle du mouvement brownien dans $R^3$ défini par

$$Z_1 = \int \frac{X_1 dX_1 + X_2 dX_2}{\sqrt{X_1^2 + X_2^2}}$$

$$Z_2 = \int \frac{X_3 dX_3 + X_4 dX_4}{\sqrt{X_3^2 + X_4^2}}$$

$$Z_3 = \int \frac{a(X_2 dX_1 - X_1\, dX_2) + b(X_4 dX_3 - X_3 dX_4)}{\sqrt{a^2(X_1^2 + X_2^2) + b(X_3^2 + X_4^2)}}$$

b) n = 3. Soient A, B, C de matrices associées

$$A : \begin{pmatrix} a & 0 & 0 \\ b & 0 & 0 \\ c & 0 & 0 \end{pmatrix} \qquad B : \begin{pmatrix} a & 0 & 0 \\ 0 & b & 0 \\ c & 0 & 0 \end{pmatrix} \qquad C : \begin{pmatrix} a & b & 0 \\ -b & a & 0 \\ c & c & 0 \end{pmatrix}$$

où $b^2 + c^2 \neq 0$ $\qquad$ où $bc \neq 0$ $\qquad$ où $b^2 + c^2 \neq 0$

$\rho(A) = 2$ $\qquad$ $\rho(B) = 3$ $\qquad$ $\rho(C) = 2$

Remarquons que $\rho(A) > \text{rang de } A$ et $\rho(B) > \text{rang de } B$.

En fait, on a pour tout A $\rho(A) \leqslant \text{rang de } A + 1$, car nécessairement $s \leqslant \text{rang de } A$.

c) Donnons-nous une suite de (n-1) nombres $(a_i)$ tous différents appartenant à $[-1, +1]$, et soient $(b_i \ ; i = 1,\dots,-1)$ des nombres tels que $a_i^2 + b_i^2 = 1$ pour $i = 1,\dots,n-1$. Si $H = R^n$, l'opérateur A de matrice associée

$$a_{ii} = a_i \qquad \text{pour } i = 1,\dots,n-1$$

$$a_{ni} = b_i \qquad \text{pour } i = 1,\dots,n-1$$

$$a_{ij} = 0 \qquad \text{sinon}$$

est sous-normal et vérifie $\rho(A) = n$. Cependant, d'après le théorème 2, $\mathcal{G}^A$ est engendrée par le couple de browniens réels

$$\left( \int \frac{\sum_{i=1}^{n-1} X_i \, dX_i}{\left(\sum_{i=1}^{n-1} X_i^2\right)^{1/2}} \, , \, \int \frac{dM^A}{\left(\sum_{i=1}^{n-1} X_i^2\right)^{1/2}} \right),$$

non orthogonaux. On aboutit au résultat, un peu paradoxal a priori, que <u>deux</u> browniens réels peuvent engendrer la même filtration que <u>n</u> browniens réels.

## 3. MULTIPLICITE DES FILTRATIONS.

Nous avons pu définir la caractéristique $\rho(A)$ lorsque A est nous-normal, mais en déhors de ce cas nous ignorons si $\mathcal{F}^A$ est encore la filtration d'un mouvement brownien. A défaut nous allons étudier une notion plus large que celle de caractéristique, qui est celle de multiplicité, et qui présente l'avantage d'être toujours définie.

Rappelons d'après Davis-Varaiya (1) que si $\mathcal{H}$ est un sous-espace stable séparable de $\mathcal{M}^2_f(\mathcal{G}, P)$, la multiplicité de $\mathcal{H}$ est l'unique nombre m $(1 \leqslant m \leqslant +\infty)$ tel qu'il existe des martingales $(M_i \ ; i=1,\dots,m)$ de $\mathcal{H}$ vérifiant

(i) $\mathcal{H}$ est le sous-espace stable engendré par les $(M_i)$ ;

(ii) Pour tous i,j tels que $i \neq j$, $M_i$ et $M_j$ sont orthogonales ;

(iii) Sur la tribu $(\mathcal{F})$-prévisible, on a la relation

$$d\langle M^1\rangle \otimes dP \gg d\langle M^2\rangle \otimes dP \gg \ldots$$

Bien entendu, pour sous-espace stable nous pouvons prendre $\mathcal{M}_f^2(\mathcal{F}, P)$ tout entier s'il est séparable (on dira de façon équivalente que $\mathcal{F}$ est séparable). On parlera alors de la multiplicité de la filtration $\mathcal{F}$, et on la notera $M(\mathcal{F})$. Nous aurons besoin du résultat suivant, qui s'établit facilement à partir de (1).

(3.1) Si $\mathcal{L}$ et $\mathcal{L}'$ sont deux sous-espaces stables de $\mathcal{M}_f^2(\mathcal{F}, P)$ tels que $\mathcal{L} \subset \mathcal{L}'$, la multiplicité de $\mathcal{L}$ est inférieure ou égale à celle de $\mathcal{L}'$.

De la définition de la multiplicité et de la propriété de représentation prévisible d'un mouvement brownien de dimension k $(1 \leq k \leq +\infty)$, il résulte que la multiplicité de la filtration $(\mathcal{Y}_k)$ engendrée par ce brownien est $M(\mathcal{Y}_k) = k$.

Revenons comme dans la seconde partie à un espace hilbertien réel séparable H, muni d'un mouvement brownien cylindrique X et soit encore $A \in \mathcal{L}_2(H)$ différent de zéro.

Comme la filtration engendrée par X est séparable, $\mathcal{F}^A$ l'est également. D'après le théorème 4 et ce que l'on vient de dire pour les filtrations browniennes, si A est sous-normal, $M(\mathcal{F}^A) = \rho(A)$. Que dire dans le cas général ?

<u>Proposition 3</u>. (i) <u>Si</u> A <u>est quelconque</u>, $M(\mathcal{F}^A) \geq q$, <u>où</u> q <u>désigne comme dans le théorème 2 le nombre de valeurs propres distinctes différentes de zéro de</u> $\check{A}A$.

(ii) <u>Si</u> A <u>vérifie l'hypothèse</u> (C), $M(\mathcal{F}^A) \geq s$, <u>où</u> s <u>a le même sens que dans le théorème 3</u>.

<u>DEMONSTRATION</u> :

Dans un cas comme dans l'autre, il existe un mouvement brownien de dimension k (q ou s) adapté à $\mathcal{F}^A$, donc le sous-espace stable engendré par ce brownien a pour multiplicité k et d'après (3.1), $k \leq M(\mathcal{F}^A)$.

Nous allons tenter d'améliorer légèrement ce résultat en cherchant à savoir si la martingale $M^A$ appartient au sous-espace $\mathcal{L}_q$ engendré par $(Y_i \ ; \ i = 1,\dots,q)$ dans la filtration $\mathfrak{F}^A$. Si ce n'est pas le cas, le sous-espace stable engendré par $(Y_i \ ; \ i = 1,\dots,q \ ; \ Y_A)$ sera de dimension $q + 1$, donc $M(\mathfrak{F}^A) \geq q + 1$.

Proposition 4. Une condition nécessaire et suffisante pour que $M^A \in \mathcal{L}_q$ est que l'on ait

. $P_o A = A$

. $P_i A$ proportionnel à $P_i$ pour tout sous-espace propre $H_i$ de dimension $> 1$.

DEMONSTRATION.

Il est clair que $M^A \in \mathcal{L}_q$ si et seulement si

$$\frac{d}{dt} \langle M^A \rangle_t = \sum_{i=1}^{q} \left(\frac{d}{dt} \langle M^A , Y_i \rangle_t\right)^2$$

soit

$$|AX|^2 = \sum_{i=1}^{q} \frac{(AX, P_i X)^2}{|P_i X|^2}$$

Mais par ailleurs

$$AX = \sum_{i=1}^{q} P_i AX + (I-P_o)AX,$$

donc

$$|AX|^2 = \sum_{i=1}^{q} |P_i AX|^2 + |(I-P_o)AX|^2.$$

Il résulte de l'égalité de ces deux valeurs de $|AX|^2$ que

. $(I-P_o)AX = 0$, donc $A = P_o A$

. pour tout $i = 1,\dots,q$

$$(*) \quad (P_i X, P_i AX)^2 = |P_i X|^2 \ |P_i AX|^2$$

Cette relation est naturellement satisfaite si $H_i$ est de dimension un, c'est-à-dire si la valeur propre $\lambda_i$ correspondante est simple. Sinon, ( ✱) entraîne que les vecteurs aléatoires $P_iX$ et $P_iAX$, qui prennent leurs valeurs dans $H_i$, sont colinéaires, ce qui implique que si h et k sont deux éléments orthonormés de $H_i$, on ait

$$(P_iX,\ h)\ (P_iAX,\ k) = (P_iX,\ k)\ (P_iAX,\ h)$$

soit encore

$$X(h)\ X(\tilde{A}(k)) = X(k)\ X(\tilde{A}(h)).$$

Il existe deux browniens réels X' et X" indépendants de X(h) et de X(k) tels que

$$X(\tilde{A}(h)) = (A(h),h)\ X(h) + (A(k),h)\ X(k) + X'$$

$$X(\tilde{A}(k)) = (A(h),k)\ X(h) + (A(k),k)\ X(k) + X''$$

et par conséquent

$$X(h)\left[(A(h),k)\ X(h) + (A(k),k)\ X(k) + X''\right]$$

$$= X(k)\left[(A(h),h)\ X(h) + (A(k),h)\ X(k) + X'\right].$$

Mais cela entraîne nécessairement

$$X' = X'' = 0$$

$$(A(h),k) = (A(k),h) = 0$$

$$(A(h),h) = (A(k),k).$$

Ainsi $P_iA$ est proportionnel à $P_i$.

<u>REMARQUE</u>.

On peut montrer que les conditions del'énoncé entraînent de plus la relation

$P_i\ A\ P_i = AP_i$ si $\dim H_i > 1$.

De façon analogue, nous pouvons utiliser les mouvements browniens apparus sousl'hypothèse (C) dans le théorème 3, et voir si $M^A$ appartient au sous-espace stable $\mathcal{L}_s$ engendré dans $\mathcal{G}^A$ par les mouvements browniens $(Y_i^j)$. Le résultat est très simple.

Proposition 5. Sous l'hypothèse (C), une condition nécessaire et suffisante pour que $M^A \in \mathcal{L}_s$ est que A soit symétrique.

DEMONSTRATION.

On doit avoir

$$|AX|^2 = \sum_{i=1}^{q} \sum_{j=1}^{m_i} \frac{(AX,\ P_i^j\ X)^2}{|P_i^j\ X|^2}$$

Cela entraîne tout d'abord que $A = P_o A$, donc en fait A est normal, et sa partie antisymétrique T commute avec les $(P_i^j)$. Comme dans la proposition précédente, si $\dim H_i^j > 1$, alors $P_i^j A$ est proportionnel à $P_i^j$, donc $P_i^j\ T = 0$, tandis que si $\dim H_i^j = 1$, $P_i^j T$ est naturellement nul. Ainsi $T = 0$, et cette condition est évidemment suffisante d'après le théorème 1 pour que $M^A \in \mathcal{L}_s$.

Ces deux propositions nous apportent un gain très modéré quant à la connaissance de $M(\mathfrak{F}^A)$.Pourtant, grâce à elles, le lecteur consciencieux pourra à titre d'exercice vérifier par exemple que pour $n = 3$, s'il n'existe pas de projecteur P de dimension deux tel que $PAP = A$, et si A n'est pas sous-normal, alors $M(\mathfrak{F}^A) \geq 3$ (étudier successivement les différentes possibilités pour les valeurs propres de $\tilde{A}A$). Nous ne savons rien démontrer d'analogue pour $n > 3$, faute d'avoir suffisamment de $\mathfrak{F}^A$-martingales à notre disposition.

## 4. LE CAS COMPLEXE.

Donnons-nous cette fois un espace hilbertien séparable complexe H, de dimension n $(1 \leq n \leq +\infty)$, de produit scalaire noté encore $(.,.)$. Munissons-le d'un mouvement brownien cylindrique complexe X ; pour tout $h \in H$, $X(h)$ est un mouvement brownien complexe (de dimension un) normalisé si h est de norme unité. Si A est un opérateur de Hilbert-Schmidt sur H $(A \in \mathcal{L}_2(H))$, on peut encore définir le processus AX, à valeurs dans H, tel que

$$X(s,\ A^*(h)) = (AX(s),h) \qquad \text{pour } s \in R_+,\ h \in H,$$

où $A^*$ est l'adjoint de A. On note encore $|AX|$ le processus $(AX,\ AX)^{1/2}$, mais cette fois

$$E\ (|AX|^2(s)) = 2\ s\|\ A\|^2_{\mathcal{L}_2(H)}$$

En particulier, si P est la projection sur un sous-espace de H de dimension finie, le processus PX est un mouvement brownien complexe à valeurs dans ce sous-espace.

On définit comme dans la deuxième partie le processus (BX,X) pour $B \in \mathcal{L}_1(H)$, espace des opérateurs nucléaires sur H.

Rappelons (3) qu'une martingale conforme est une martingale complexe de décomposition N + iN', où N et N' sont réelles, <N> = <N'> et <N,N'> = 0. En particulier, les mouvements browniens X(h) et $\overline{X(h)}$ sont des martingales conformes.

L'espace $\mathcal{M}_f^{2,c}$ des martingales conformes M, nulles en zéro, de carré intégrable pour tout t fini, est muni de la topologie définie par les semi-normes $(E\,|M_t|^2)^{1/2}$ ; un sous-espace stable de $\mathcal{M}_f^{2,c}$ est naturellement une partie fermée de $\mathcal{M}_f^{2,c}$ stable par l'intégration des processus prévisibles bornés.

Si $A \in \mathcal{L}_2(H)$, nous notons encore $M^A$ l'unique élément du sous-espace stable de $\mathcal{M}_f^{2,c}$ engendré par les browniens complexes $\overline{X(h)}$ $(h \in H)$ tel que

$$<M^A, \overline{X}(h)>_t = 2\int_0^t (AX(s), h)\, ds.$$

On pourrait encore noter cette martingale $\int (AX, dX)$. On a cette fois

(4.1) $$< M^A>_t = 2\int_0^t |AX|^2(s)\, ds.$$

Notons

$$N^A = \operatorname{Re} M^A$$
$$N'^A = \operatorname{Im} M^A.$$

Si S est un opérateur hermitien nucléaire, on peut démontrer la formule d'Ito suivante

(4.2) $$(SX,X)_t = 2N_t^S + 2\, t \text{ trace } S.$$

Laissant de côté les questions de multiplicité, nous nous bornerons à donner un équivalent complexe du théorème 4 sur les opérateurs réels sous-normaux. Contrairement à ce que l'on pourrait croire au premier abord, notre "unité de mesure" dans la caractérisation des filtrations reste le brownien réel, et non le brownien complexe. Cela tient largement à ce que, si P est la projection sur un sous-espace de dimension finie, $|PX|^2$ est encore équivalent à un mouvement brownien réel.

<u>THEOREME 5</u>. *Soit* $A$ *un opérateur de Hilbert-Schmidt non nul tel que, si* $P_o$ *désigne la projection sur l'image de* $A^*A$ , $P_oA$ *soit normal, commute avec* $A^*A$ *et ait ses valeurs propres réparties sur deux axes orthogonaux du plan complexe. Si* $m_k$ *désigne le nombre de valeurs propres distinctes de la restriction de* $P_oA$ *à chaque sous-espace propre* $H_k$ *de* $A^*A$ *correspondant à une valeur propre non nulle, la filtration de* $M^A$ *est celle d'un mouvement brownien de dimension* $\sum_k m_k + 2$ *sauf si* $A$ *est proportionnel à un opérateur hermitien, auquel cas cette dimension est égale au nombre de valeurs propres de* $A$ *distinctes et non nulles, augmenté de un.*

<u>DEMONSTRATION</u>.

Comme on peut à l'évidence multiplier A par un scalaire complexe sans rien changer à la filtration naturelle de $M^A$, on pourra supposer que les valeurs propres de $P_oA$ sont soit réelles, soit imaginaires pures. D'après (4.1), $M^A$ domine $|AX|^2$, et d'après le lemme fondamental, il en résulte que $M^A$ domine les q processus $|P_kX|$, où les $(P_k)$ désignent les projections sur les sous-espaces propres $(H_k)$ correspondent à des valeurs propres de $A^*A$ non nulles. Joint à (4.2), ceci montre que $M^A$ domine les $(N^{P_k})$, donc également les $(<M^A, N^{P_k}>)$. Les martingales $M^{(I-P_k)A}$ et $N^{P_k}$ sont orthogonales, car la première est dans le sous-espace stable engendré par les $\overline{X}(h)$ $(h \perp H_k)$, tandis que la seconde est indépendante de ces mêmes browniens. Nous avons donc

$$<M^A , N^{P_k}> = <M^{P_kA} , N^{P_k}>$$

D'après les hypothèses faites sur $P_oA$, il existe pour tout k = 1,....,q des nombres réels $(\alpha_k^j \ ; \ j = 1,...r_k)$, des nombres imaginaires purs $(i\beta_k^j \ ; \ j = r_k+1,...r_k+s_k)$, et des projections correspondantes $(P_k^j \ ; \ j = 1,...r_k+s_k)$ sur des sous-espaces $(H_k^j)$ mutuellement orthogonaux tels que

$$P_kA = \sum_{j=1}^{r_k} \alpha_k^j P_k^j + i \sum_{j=r_k+1}^{r_k+s_k} \beta_k^j P_k^j$$

On calcule alors que

$$< M^{P_k A}, N^{P_k} >_t = \sum_{j=1}^{r_k} \alpha_k^j < M^{P_k^j}, N^{P_k} >_t + i \sum_{j=r_k+1}^{r_k+s_k} \beta_k^j < M^{P_k^j}, N^{P_k} >_t$$

$$= \sum_{j=1}^{r_k} \alpha_k^j \int_0^t |P_k^j X|^2 \, ds + i \sum_{j=r_k+1}^{r_k+s_k} \beta_k^j \int_0^t |P_k^j X|^2 \, ds.$$

Le lemme fondamental nous permet de voir que $M^A$ domine les divers processus $|P_k^j X|^2$, en y incluant éventuellement le processus

$$|P_k X|^2 - \sum_{j=1}^{r_k+s_k} |P_k^j X|^2,$$

qui, s'il n'est pas nul, est un processus du même type correspondant à la projection sur le noyau de la restriction de $P_k A$ à $H_k$. A k fixé, on obtient ainsi $m_k$ processus $|P_k^j X|$, où

$$m_k = r_k + s_k \qquad \text{si ce noyau est réduit à 0}$$
$$= r_k + s_k + 1 \qquad \text{si ce noyau est de dimension au moins un.}$$

Considérons maintenant les deux opérateurs hermitiens

$$S_1 = \sum_{k=1}^{q} \sum_{j=1}^{r_k} \alpha_k^j P_k^j$$

$$S_2 = \sum_{k=1}^{q} \sum_{j=r_k+1}^{r_k+s_k} \beta_k^j P_k^j$$

On a alors $P_o A = S_1 + i S_2$, donc

$$M^A = M^{S_1} + i M^{S_2} + M^{(I-P_o)A}$$

$$= N^{S_1} + i N'^{S_1} + i N^{S_2} - N'^{S_2} + N^{(I-P_o)A} + I N'^{(I-P_o)A)}$$

Les $(N^{P^j_k}$ ; $k = 1,\dots,q$ ; $j = 1,\dots m_k)$ étant dominées par $M^A$, il en est de même de leurs sommes $N^{S_1}$ et $N^{S_2}$. Ainsi, les martingales réelles

$$V = N^{(I-P_o)A} - N'^{S_2}$$

$$W = N'^{S_1} + N'^{(I-P_o)A}$$

sont dominées par $M^A$. Elles sont orthogonales entre elles et orthogonales aux différentes martingales $(N^{P^j_k})$. De plus,

$$<V>_t = <N'^{S_2}>_t + <N^{(I-P_o)A}>_t$$

$$= \frac{1}{2}(<M^{S_2}>_t + <M^{(I-P_o)A}>_t$$

$$= \int_o^t (|AX|^2 - |S_1 X|^2)\, ds$$

est dominé par $M^A$, ainsi que

$$<W>_t = \int_o^t (|AX|^2 - |S_2 X|^2)\, ds.$$

Ainsi, si $A \neq S_1$ et $A \neq iS_2$, $M^A$ domine les mouvements browniens orthogonaux

$$Z_1 = \int \frac{dV}{|(A-S_1)X|}$$

$$Z_2 = \int \frac{dW}{|(A-iS_2)X|}$$

Inversement, puisque

$$V = \int |(A-S_1)\, X|\, dZ_1$$

$$W = \int |(A-iS_2)\, X|\, dZ_2$$

$$M^A = N^{S_1} + i\, N^{S_2} + V + iW,$$

et par ailleurs $N^{S_1}$, $N^{S_2}$, $|(A-S_1)X|^2$ et $|(A-iS_2)\, X|^2$ sont dominés par les $(|P^j_k X|$; $k = 1,\dots,q$ ; $j = 1,\dots m_k)$, il en résulte aisément que $M^A$ est dominée par le mouvement brownien réel de dimension $\sum_{k=1}^{q} m_k + 2$ donné par

$$(Z_1 , Z_2, \int \frac{P_k^j dN}{|P_k^j X|} ; k = 1,\dots,q ; j = 1,\dots,m_k).$$

Si A est proportionnel à un opérateur hermitien, posons pour simplifier $A = S_1$ ; on a $m_k = 1$ ou 2, et chaque $P_k^j$ correspond à la projection sur un sous-espace propre de A correspondant à une valeur propre non nulle. Comme V = 0, $M^A$ a même filtration que

$$(Z_2 , \frac{P_k^j dN}{|P_k^j X|} ; k = 1,\dots,q ; 1 \leq j \leq m_k).$$

Retenons pour clore cette partie que cette valeur qu'on peut encore appeler la "caractéristique" de A ne peut jamais être égale à un, est égale à deux dans le cas simple des projecteurs P sur un sous-espace de dimension finie, mais peut cependant être impaire, ce qui interdit de compter en "nombre de browniens complexes". Par exemple l'opérateur associé à la matrice suivante

$$\begin{pmatrix} 1 & 0 & 0 \\ 0 & 1 & 0 \\ i & i & 0 \end{pmatrix}$$

a pour caractéristique trois.

## 5. QUELQUES QUESTIONS EN SUSPENS.

Nous avons dit à plusieurs reprises que cette étude n'était pas achevée. Pour ne parler que du cas réel, il reste de vastes zones d'ombre dès que l'on sort du cadre sous-normal. Voici quelques-unes des questions que l'on peut légitimement se poser si A n'est pas sous-normal.

- Existe-t-il une $\mathcal{F}^A$-martingale discontinue ? A priori, cela semble peu raisonnable, mais Lane (4) a montré qu'on peut obtenir simplement des sous-filtrations de la filtration d'un mouvement brownien réel comportant des martingales discontinues.

- A l'inverse, existe-t-il toujours un mouvement brownien de dimension appropriée ayant $\mathcal{F}^A$ pour filtration ? C'est la conjecture de Yor, mais nous n'y croyons guère.

- La multiplicité de $\mathcal{F}^A$ est-elle infinie dans ce cas ?

C'est possible, compte-tenu de la difficulté d'obtenir une base de martingales. Mais à l'opposé on peut tout aussi bien se poser la question suivante.

- La multiplicité de $\mathcal{F}^A$ est-elle majorée par n, dimension du mouvement brownien de départ ?

## REFERENCES.

(1) **Davis, M.H.A. et Varaiya, P.** *The multiplicity of an increasing family of σ-fields.* Ann. Proba.2, 958-963, 1974.

(2) **Gaveau, B.** *Intégrale stochastique radonifiante.* C.R.A.S. Paris, 276, 617-620, 1973.

(3) **Getoor, R.K. et Sharpe, M.** *Conformal martingales.* Invent. Math. 16, 271-308, 1972.

(4) **Lane, D.** *On the fields of some brownien martingales.* Ann. Proba. 6, 499-508, 1978.

(5) **Schwartz, L.** *Applications radonifiantes.* Séminaire de l'Ecole Polytechnique, 1969-1970.

(6) **Yor, M.** *Les filtrations de certaines martingales du mouvement brownien dans* $R^n$. Sém. Proba. XIII, Lect. Notes in Math. 721, Springer 1979.

# UNE REMARQUE SUR LES LOIS DE CERTAINS TEMPS D'ATTEINTE

D. Lépingle

---

Soit B un mouvement brownien linéaire issu de zéro et soient c et d des réels strictement positifs. Si l'on pose

$$T = \inf \{ t>0 : B_t = c \text{ ou } -d \} ,$$

il est bien connu que $P(T<+\infty)=1$ et que

$$E \left[ \exp -1/2 \, \alpha^2 T \right] = \frac{\operatorname{ch} \alpha \frac{c-d}{2}}{\operatorname{ch} \alpha \frac{c+d}{2}} .$$

On en trouve une démonstration dans le livre d'Itô et Mc Kean, qui ajoutent sans commentaire

$$E \left[ \exp 1/2 \, \alpha^2 T \right] = \frac{\cos \alpha \frac{c-d}{2}}{\cos \alpha \frac{c+d}{2}} \qquad \text{pour} \quad 0 \leq \alpha < \frac{\pi}{c+d} .$$

Cette dernière formule découle assez facilement de la première par prolongement analytique; mais beaucoup de probabilistes actuels connaissent mieux les martingales que les fonctions analytiques, alors voici pour eux une démonstration simple et directe, qui ne semble pourtant pas classique.

<u>Démonstration</u>. Pour $\alpha \geq 0$, le processus

$$Z_t = \exp \{ i\alpha(B_t - \frac{c-d}{2}) + 1/2 \, \alpha^2 t \}$$

est une martingale complexe de partie réelle

$$\cos \alpha(B_t - \frac{c-d}{2}) \exp 1/2 \, \alpha^2 t .$$

Pour tout t fini,

$$E \left[ \cos \alpha(B_{T\wedge t} - \frac{c-d}{2}) \exp 1/2 \, \alpha^2 (T\wedge t) \right] = \cos \alpha \frac{c-d}{2}$$

et donc pour $\alpha < \frac{\pi}{c+d}$

$$E\left[\exp 1/2\,\alpha^2(T\wedge t)\right] \leq \frac{\cos\alpha\frac{c-d}{2}}{\cos\alpha\frac{c+d}{2}} \quad ,$$

d'où

$$E\left[\exp 1/2\,\alpha^2 T\right] \leq \frac{\cos\alpha\frac{c-d}{2}}{\cos\alpha\frac{c+d}{2}} \quad .$$

Ainsi la martingale complexe $Z_{T\wedge t}$ est bornée par une variable aléatoire intégrable, ce qui entraîne que

$$E\left[Z_T\right] = \exp -i\alpha\frac{c-d}{2} \quad .$$

Un calcul direct aboutit ensuite à l'égalité dans la dernière inégalité.

. ——— .

On obtient un résultat analogue pour la marche de Bernoulli.

<u>Soit</u> $(m_k,\ k\geq 1)$ <u>une suite de variables aléatoires indépendantes équidistribuées de loi</u> $P(m_k=+1) = P(m_k=-1) = 1/2$ . <u>Si</u> c <u>et</u> d <u>sont deux entiers</u> $\geq 1$, <u>on pose</u>

$$T = \inf\{\ n\geq 1 : \sum_{k=1}^{n} m_k = c \text{ ou } -d\ \} \quad .$$

<u>Alors</u> $P(T<+\infty)=1$ <u>et</u>

$$E\left[(\cos\alpha)^{-T}\right] = \frac{\cos\alpha\frac{c-d}{2}}{\cos\alpha\frac{c+d}{2}} \quad \underline{\text{pour}} \quad 0\leq\alpha<\frac{\pi}{c+d} \quad .$$

La démonstration utilise cette fois la martingale complexe

$$Z_n = (\cos\alpha)^{-n} \exp i\alpha\left(\sum_{k=1}^{n} m_k - \frac{c-d}{2}\right) \quad .$$

. ——— .

En temps continu on a encore l'énoncé suivant.

<u>Soit</u> $Q_t = N_t - N'_t$ <u>la différence de deux processus de Poisson indépendants de même paramètre</u> $\lambda$. <u>Si</u> c <u>et</u> d <u>sont deux entiers</u> $\geq 1$, <u>on pose</u>

$$T = \inf\{\ t>0 : Q_t = c \text{ ou } -d\ \} \quad .$$

<u>Alors</u> $P(T<+\infty)=1$ <u>et</u>

$$E\left[\exp 2\lambda(1-\cos\alpha)T\right] = \frac{\cos\alpha\frac{c-d}{2}}{\cos\alpha\frac{c+d}{2}} \quad \text{pour} \quad 0\leq\alpha<\frac{\pi}{c+d} \quad .$$

On utilise ici la martingale complexe

$$Z_t = \exp\{\ i\alpha(Q_t-\frac{c-d}{2}) + 2\lambda(1-\cos\alpha)t\ \} \quad .$$

Université de Strasbourg
Séminaire de Probabilités 1979/80

# UNE REMARQUE SUR LES SEMIMARTINGALES A DEUX INDICES

par D. Bakry

Considérons un espace probabilisé complet $(\Omega,\underline{\underline{F}},P)$, muni de deux filtrations $(\underline{\underline{F}}^1_s)$ et $(\underline{\underline{F}}^2_t)$ satisfaisant à la relation de commutation de Cairoli et Walsh. Il est naturel de dire qu'un processus à deux indices $(X_{st})$ est une <u>semimartingale</u> si l'intégrale stochastique des processus prévisibles élémentaires se prolonge en une mesure aléatoire sur la tribu prévisible, à valeurs dans l'espace $L^0$. On connaît jusqu'à maintenant trois modèles de semimartingales à deux indices :

- Les processus à variation finie.
- Les martingales de carré intégrable.
- Un modèle mixte, étudié par Wong et Zakai [1], qui est du type

$$X_{st}=E[A_t|\underline{\underline{F}}^1_s] \quad ( = E[A_t|\underline{\underline{F}}_{st}] ) \tag{1}$$

où $(A_t)$ est un processus à variation finie adapté à la filtration $(\underline{\underline{F}}^2_t)$, et satisfaisant à des conditions très restrictives : les mesures $dA_t(\omega)$ sont absolument continues par rapport à une mesure déterministe $\mu(dt)$, avec des densités $Y_t(\omega)$ satisfaisant à $\int Y^2_t(\omega)\mu(dt)P(d\omega)<\infty$.

P.A. Meyer nous a demandé si nous pouvions affaiblir ces conditions. Nous allons répondre partiellement à sa question en donnant <u>un exemple de processus croissant</u> $(A_t)$ , <u>de variation totale égale à</u> 1 <u>p.s., et tel que le processus</u> $(X_{st})$ <u>ne soit pas une semimartingale à deux indices</u>.

## CONSTRUCTION DU CONTRE-EXEMPLE

Nous prenons comme ensemble d'indices, non pas $\mathbb{R}_+\times\mathbb{R}_+$ , mais $[0,1]\times[0,1]$. Nous aurons aussi $\Omega=]0,1]$, avec sa tribu borélienne $\underline{\underline{F}}$ ( cette tribu ne sera pas complétée, mais la complétion ne changerait rien aux calculs ), et la filtration discrète $(\underline{\underline{F}}^p)$ constituée par les tribus <u>dyadiques</u> ( nous précisons les notations plus loin). Pour construire notre première filtration $(\underline{\underline{F}}^1_s)$, nous choisissons une suite $(s_p)$ telle que $s_0=0$, $s_p\uparrow\uparrow 1$ , et nous posons

$$\underline{\underline{F}}^1_s = \underline{\underline{F}}^p \quad \text{pour } s\in[s_p,s_{p+1}[$$

La seconde filtration sera tout simplement $\underline{\underline{F}}^2_t=\underline{\underline{F}}$ ; les processus prévisibles à deux indices sont donc les processus prévisibles en $s$ dépendant mesurablement de t. Enfin, la loi P sur $\Omega$ sera la loi uniforme. La relation de commutation est trivialement satisfaite.

Le processus croissant que nous considérerons sera

$$A_t(\omega) = I_{\{t\geq\omega\}}$$

et nous allons vérifier que $X_{st}$ donné par (1) n'est pas une semimartingale. Comme ce processus est à variation finie sur $[0,u]\times[0,1]$ pour tout $u<1$, nous ne prendrons pas la peine de vérifier que nos processus prévisibles ( qui seront pour commencer nuls hors d'un tel rectangle ) sont "élémentaires" , bien qu'ils le soient en fait.

La tribu $\underline{\underline{F}}^p$ admet pour atomes les intervalles $H_i^p = ]i2^{-p},(i+1)2^{-p}]$, pour $0\leq i<2^p$ ; lorsqu'on passe de $\underline{\underline{F}}^p$ à $\underline{\underline{F}}^{p+1}$ , chaque atome $H_i^p$ se subdivise en les deux atomes $H_{2i}^{p+1}$ et $H_{2i+1}^{p+1}$ . Nous emploierons la notation $c_p(\omega)$ pour désigner l'indice i tel que $\omega\in H_i^p$ ; le processus $(c_p)$ est markovien par rapport à $(\underline{\underline{F}}^p)$ , avec $P\{c_{p+1}=2i\,|\,c_p=i\}=P\{c_{p+1}=2i+1\,|\,c_p=i\}=1/2$ .

Puisque la mesure $dA_t(\omega)$ est une masse unité au point $\omega$, la mesure $d_tE[A_t|\underline{\underline{F}}^p]$ est une loi uniforme sur l'atome de $\underline{\underline{F}}^p$ qui contient $\omega$ . D'une manière générale, nous désignerons par $\lambda_i^p(dt)$ la répartition uniforme sur $H_i^p$ , et nous pouvons écrire ce que vaut $dX_{st}(\omega)$, considérée comme mesure sur le carré $[0,1[\times[0,1]$ :

$$d_{st}X_{st}(\omega) = \sum_p \sum_{ij} I_{\{c_p(\omega)=i,\,c_{p+1}(\omega)=j\}}\varepsilon_{s_{p+1}}(ds)\otimes(\lambda_j^{p+1}(dt)-\lambda_i^p(dt))$$

( pour chaque $\omega$, cette somme est en fait réduite à un terme ). Considérons le processus prévisible $f_p(s,t,\omega)$ qui est nul si $s\neq s_{p+1}$ , et qui si $s=s_{p+1}$ vaut $2I_{H^{p+1}_{2c_p(\omega)}}(t)$ . La variable aléatoire

$$M_p = \int f_p(s,t,\omega)dX_{st}(\omega)$$

vaut 1 si $c_{p+1}(\omega)=2c_p(\omega)$, $-1$ si $c_{p+1}(\omega)=2c_p(\omega)+1$ .

Considérons maintenant les processus prévisibles élémentaires positifs, bornés par 2 , $g_n=\sum_{p\leq n} f_p$ ; ils tendent en croissant vers un processus prévisible borné. D'autre part

$$\int g_n(s,t)dX_{st} = M_1+\ldots+M_n$$

et nous avons ici les sommes partielles d'un jeu de pile ou face : elles ne convergent pas en probabilité lorsque $n\to\infty$ , et X ne peut donc être une semimartingale.

[1]. Wong (E.) et Zakai (M.). Weak martingales and stochastic integrals in the plane. Ann. Prob. 4, 1976, p. 570-586.

Institut de Recherche Mathématique Avancée
7 rue René Descartes, 67084 Strasbourg-Cedex

( Laboratoire Associé au CNRS )

# UN EXEMPLE DE PROCESSUS A DEUX INDICES SANS L'HYPOTHESE F4

G. MAZZIOTTO et J. SZPIRGLAS

---

La théorie des processus à indices dans $\mathbb{R}_+^2$, est essentiellement développée, (1, 2, 3,...), relativement à une filtration $\underline{\underline{F}} = (\underline{\underline{F}}_{st}, (s,t)\in\mathbb{R}_+^2)$ définie comme l'intersection de deux filtrations $\underline{\underline{F}}^1 = (\underline{\underline{F}}_s, s\in\mathbb{R}_+)$, $\underline{\underline{F}}^2 = (\underline{\underline{F}}_t, t\in\mathbb{R}_+)$ vérifiant une propriété d'indépendance conditionnelle traditionnellement notée F4. Cette hypothèse réalisée dans le cas de la filtration du mouvement brownien ( convenablement complétée pour vérifier les conditions "habituelles" (4) ), permet de ramener la plupart des problèmes à la résolution successive de deux problèmes à un indice. Malheureusement, elle n'est pas conservée lors d'un changement de probabilité équivalente, ce qui a déjà soulevé des difficultés dans les questions de filtrages (5), (6). Dans l'exemple particulièrement simple et classique suivant, inspiré de (7, 8, 4 ), la filtration qui s'impose naturellement ne peut, en général , posséder la propriété F4. Néanmoins on obtient de façon élémentaire les théorèmes généraux de la théorie des processus à deux indices avec F4 (3, 9 ) sur les projections droites et duales ainsi que sur la représentation des martingales. Les processus autres que continus ont, à notre connaissance, été étudiés dans (10) pour la représentation des martingales relativement à un processus de Poisson, dans (1) pour le calcul stochastique général et dans (11) pour le processus de Poisson et les problèmes de filtrage associés. La première étude sur les processus à un seul saut est (12). Elle présente des résultats différents de ceux obtenus dans ce papier dans la mesure où la filtration sous-jacente à (12) est strictement plus grosse que celle utilisée ici.

Le plan de l'exposé est le suivant. Etant donné un point aléatoire (S,T) sur $\mathbb{R}_+^2$, on étudie dans la première partie la plus petite filtration $\underline{\underline{F}}$, continue à droite (c.à.d.) qui fasse de Z = (S,T) un point d'arrêt. On en déduit la forme générale des processus optionnels, prévisibles, relatifs à celle-ci. Dans la deuxième partie on définit les projections droites et duales de processus mesurables. Enfin dans la dernière partie on établit un théorème de représentation des martingales dont la forme était suggérée par les équations du filtrage ( sans F4) de (11).

On rappelle que $\mathbb{R}_+^2$ est muni de la relation d'ordre partiel $<$ et de sa relation renforcée $<<$ définies, pour $z = (s,t)$ et $z' = (s',t')$ quelconques de $\mathbb{R}_+^2$, $z<z'$ si et seulement si (ssi) $s\leqslant s'$ et $t\leqslant t'$ et $z<<z'$ ssi $s<s'$ et $t<t'$. On note $\not<$ et $\not\ll$ les relations inverses. Avec cet ordre, on définit les intervalles classiques du type $]z,z'] = \{x: z<<x<z'\}$, soit $R_z = ]0,z]$. On note $\underline{\underline{B}}_z^\circ$ (resp. $\underline{\underline{B}}^\circ$) la tribu borélienne associée sur $R_z$ (resp. $\mathbb{R}_+^2$).

Une fonction borélienne f sur $\mathbb{R}_+^2$ est dite c.à d.31 si on a $\lim\,(z'\to z\ z'>z)\ f(z') = f(z)\ \forall z>o$ , et les limites existent dans les trois autres quadrants définis par z.

On appelle variation d'une fonction f sur $]z,z']$ la quantité $f(]z,z']) = f(s',t')-f(s,t')-f(s',t)+f(s,t)\ \forall z'>>z$. Une fonction f est dite croissante si elle est c.à.d.31 et si $f(]z,z'])\geqslant 0\ \forall z<<z'$. On convient dans toute la suite que $\frac{0}{0} = 0$. Les notions de martingale, martingale faible sont classiques (1).On note $\mathcal{E}_{ST}(ds,dt)$, la mesure de Dirac au point (S,T).

# I. ETUDE D'UN POINT ALEATOIRE SUR $\mathbb{R}_+^2$ :

Sur un espace mesurable $(\Omega, \underline{\underline{A}}^\circ)$, on considère une v.a., $Z = (S,T)$, à valeurs dans $\mathbb{R}_+^2 \cup \{\infty\}$. La probabilité $\mathbb{P}$ sur $(\Omega, \underline{\underline{A}}^\circ)$ décrivant la loi de Z, est définie par sa fonction de répartition $F(z) = \mathbb{P}(Z<z)$ où F est une fonction croissante, c.à.d 31, nulle sur les axes, donnée. On note $\underline{\underline{A}}$ (resp. $\underline{\underline{B}}$) la tribu $\underline{\underline{A}}^\circ$ (resp. $\underline{\underline{B}}^\circ$) augmentée des ensembles $\mathbb{P}$-négligeables de $\underline{\underline{A}}^\circ$ (resp. négligeables pour la mesure dF associée à F sur $(\mathbb{R}_+^2, \underline{\underline{B}}^\circ)$). On considère, la plus petite famille croissante de sous-tribus de $\underline{\underline{A}}$, $\underline{\underline{F}} = (\underline{\underline{F}}_{st}, (st) \in \mathbb{R}_+^2)$ telle que $\underline{\underline{F}}$ est c.à.d., $\underline{\underline{F}}_z$ contient tous les $\mathbb{P}$-négligeables, $\forall$ z et Z est un $\underline{\underline{F}}$ point d'arrêt (i.e. $\{Z<z\} \in \underline{\underline{F}}_z \ \forall z$). C'est l'exemple bien connu de (4, 7, 8), transposé à deux indices. Par construction, la filtration $\underline{\underline{F}}$ satisfait aux conditions habituelles (4) appelées F1, F2, F3 dans (1) ; mais par contre, on va voir qu'elle ne vérifie pas, en général, la condition F4, classique (1) dans la théorie des processus à deux indices.

En adaptant les raisonnements du cas à un indice, (4, 13), on caractérise facilement les éléments de la filtration $\underline{\underline{F}}$ et la forme générale des divers types de processus s'en déduit :

$$\forall\ A \in \underline{\underline{A}} : A \in \underline{\underline{F}}_z \ (\text{resp. } \underline{\underline{F}}_{z-} = \bigvee_{z'<<z} \underline{\underline{F}}_{z'}) \text{ ssi } \exists\ B \in \underline{\underline{B}} \text{ t.q.}$$

$$A \cap \{z > (\text{resp.} >>) Z\} = \{Z \in B\} \cap \{z > (\text{resp.} >>) Z\}$$

$$\text{et } A \cap \{z \not> (\text{resp.} \not\gg) Z\} = \emptyset \text{ ou } \{z \not> (\text{resp.} \not\gg) Z\}$$

Un processus X est optionnel (resp. prévisible) ssi il existe des fonctions $\underline{\underline{B}} \otimes \underline{\underline{B}}^\circ$ et $\underline{\underline{B}}^\circ$ - mesurables, H et h, telles que

$$X_z = H(Z,z)\ I(z>Z) + h(z)\ I(z \not> Z)$$

$$(\text{resp. } X_z = H(Z,z)\ I(z>>Z) + h(z)\ I(z \not\gg Z)).$$

Un processus croissant A, est adapté (resp. prévisible) ssi il existe un noyau positif sur $\underline{\underline{B}}^\circ \otimes \underline{\underline{B}}$ et h une mesure positive sur $\underline{\underline{B}}°$ tels que :

$$A_Z = H(Z,[Z,z])\ I(z>Z) + \int_{R_Z} I(x \not> Z)\ h(dx)$$

$$(\text{resp. } A_Z = H(Z,]Z,z])\ I(z>>Z) + \int_{R_Z} I(x \not>> Z)\ h(dx))$$

Les filtrations $\underline{\underline{F}}^1$ et $\underline{\underline{F}}^2$, indexées sur $\mathbb{R}_+^2$, sont définies par :

$\underline{\underline{F}}_s^1 = \bigvee_t \underline{\underline{F}}_{st}$, $\underline{\underline{F}}_t^2 = \bigvee_s \underline{\underline{F}}_{st}$ avec $(s,t) \in \mathbb{R}_+^2$.

On remarque que $\underline{\underline{F}}^1$ est la filtration associée naturellement à un processus à un indice qui n'a qu'un saut d'amplitude T à l'instant S. En effet, on établit (13)

$A \in \underline{\underline{F}}_s^1$ ssi $\exists\ B \in \underline{\underline{B}}$ t.q.

$A \cap \{s \geq S\} = \{Z \in B\} \cap \{s \geq S\}$ et $A \cap \{s<S\} = \emptyset$ ou $\{s<S\}$.

La forme générale des processus progressifs ou prévisibles relativement à $\underline{\underline{F}}^1$ est bien connue (13). on a des résultats symétriques pour $\underline{\underline{F}}^2$.

Le résultat principal de ce paragraphe est le suivant:

<u>PROPOSITION 1</u> : *Si sur $(\Omega, \underline{\underline{A}}, \mathbb{P})$, la filtration $\underline{\underline{F}}$ possède la propriété F4 suivante :*

*F4: $\forall (s,t) \in \mathbb{R}_+^2$, $F_s^1$ et $F_t^2$ sont $\underline{\underline{F}}_{st}$ - conditionnellement indépendantes,*

*alors la loi de Z est portée par un chemin croissant déterministe.*

<u>DEMONSTRATION</u> : Pour chaque (s,t) l'indépendance conditionnelle est équivalente à :

$\forall A \in \underline{\underline{F}}_s^1$ : $E(A/\underline{\underline{F}}_t^2) = E(A/\underline{\underline{F}}_{st})$. D'après (13), on a p.s.

$I(A) = H(S,T)\ I(s \geq S) + h\ I(s<S)$, et alors

$E(I(A)/\underline{\underline{F}}_t^2) = H(S,T)\ I(s \geq S, t \geq T) + h\ I(s<S, t \geq T)$

$\qquad + \mathbb{P}(t<T)^{-1}\ E[I(A)\ I(t<T)]\ I(t<T)$ p.s.

$E(I(A)/\underline{\underline{F}}_{st}) = H(S,T)\ I(z>Z) + \mathbb{P}(z \not> Z)^{-1}\ E[I(A)\ I(z \not> Z)]\ I(z \not> Z)$ p.s.

Ces deux expressions ne peuvent être identiques pour tout H et h que si $\mathbb{P}(s\geq S, t<T) = 0$ ou $\mathbb{P}(s<S, t\geq T) = 0$.

On en déduit donc que F possède la propriété suivante :
$\forall (s,t) \in \mathbb{R}_+^2 : F(s,t) = F(\infty,t)$ ou $F(s,t) = F(s,\infty)$.

Un calcul simple montre qu'alors toute la masse de la mesure dF est nécessairement concentrée sur un chemin croissant de $\mathbb{R}_+^2$.

<u>REMARQUE 1</u> : Cette proposition montre que F4 n'est réalisée que dans une situation dégénérée, correspondant à un problème à un indice. A ce propos, la première rédaction de ce travail comportait une erreur, et nous remercions TH. EISELE, de nous l'avoir signalée.

Par contre, on vérifie facilement que $\underline{\underline{F}}$ possède la propriété suivante, nécessaire à F4 (14) :

$$\forall (s,t) \in \mathbb{R}_+^2 : \underline{\underline{F}}_{st} = \underline{\underline{F}}_s^1 \cap \underline{\underline{F}}_t^2.$$

L'intérêt de celle-ci est d'être conservée lors d'un changement de probabilités équivalentes, ce qui n'était pas le cas de F4, (sauf forme particulière de la densité de Radon-Nikodym (6,17)).

<u>REMARQUE 2</u> : Dans (12), la filtration, soit $\underline{\underline{F}}'$, employée, est construite sur le produit tensoriel des plus petites filtrations à un indice qui font des coordonnées S et T du point aléatoire Z, des temps d'arrêt. La forme générale des processus $\underline{\underline{F}}'$ - optionnels est, par exemple :

$$X_{st} = H(S,T\ ;\ s,t)\, I(s\geq S, t\geq T) + H'(S;s,t)\, I(s\geq S, t<T)$$
$$+ H''(T;s,t)\, I(s<S, t\geq T) + h(s,t)\, I(s<S, t<T)$$

avec H,H',H",h des fonctions mesurables. On voit donc que la filtration $\underline{\underline{F}}$ utilisée ici est strictement plus petite que $\underline{\underline{F}}'$. Néanmoins, on vérifie aussi (R.J. ELLIOTT, communication personnelle) :

$$\forall (s,t) \in \mathbb{R}_+^2 : \underline{\underline{F}}'_{s\infty} \cap \underline{\underline{F}}'_{\infty t} = \underline{\underline{F}}'_{st}$$

et une condition nécessaire et suffisante pour que $\underline{\underline{F}}'$ possède la propriété F4 est que les coordonnées S et T soient indépendantes.

La forme explicite de toutes les martingales bornées dans $L^p$ pour p>1, se déduit des calculs précédents :

$$M_z = H(Z)\ I(z>Z) + \mathbb{P}(z \not> Z)^{-1}\ E[H(Z)\ I(z \not> Z)]\quad I(z \not> Z)\quad \text{p.s.}$$

avec H une fonction $\underline{\underline{B}}$ - mesurable telle que $\lim_{z \to \infty} M_z = H(Z)$ dans $\mathbb{L}^p$.

On montre facilement, par cette formule, le théorème de convergence des martingales bornées dans $\mathbb{L}^p$ (sans F4 (1)). A cause du dénominateur $\mathbb{P}\ [z \not> Z] = 1 - F(z)$, il faut au préalable étudier le comportement de F autour de sa valeur limite 1.

<u>LEMME 2</u> : *La fonction de répartition F étant donnée, il existe un point unique $z_o$ de $R_+^2 \cup \{\infty\}$, tel que :*

$z_o = \inf \{z \in \mathbb{R}_+^2 : F(z) = 1\}$

$= \infty$ *si l'ensemble est vide.*

<u>DEMONSTRATION</u> : Il faut montrer que l'écriture, inf {z : F(z) = 1} a bien un sens, c'est-à-dire que l'ensemble des points z tels que $F(z') = 1\ \forall z'>z$, est filtrant décroissant. Tout d'abord, si F(z) = 1, alors $F(z') = 1\ \forall z'>z$, car F est croissante bornée par 1. D'autre part, si (s,t) et (s',t') sont deux points incomparables, tels que $s \leq s'$, $t \geq t'$, et F(s,t) = F(s',t') = 1, alors, F(s,t') = 1. En effet, F étant croissante, $F\ (](s,t')\ ,\ (s',t)]) = F(s,t') - 1 \geq 0$.

On distinguera comme dans (8), entre les diverses configurations de F autour de $z_o$ :

1) $z_o = \infty$
2) $z_o << \infty$, $F\ (s_o^-,\ t_o) < 1$ et $F(s_o,\ t_o^-) < 1$
3) $z_o << \infty$, $F\ (s_o^-,\ t_o) < 1$ et $F(s_o,\ t_o^-) = 1$
4) $z_o << \infty$, $F\ (s_o^-,\ t_o) = 1$ et $F(s_o,\ t_o^-) < 1$
5) $z_o << \infty$ et $F(s_o^-,\ t_o^-) = 1$.

Dans chacun de ces cas, on montre directement que quand z croît vers $z_o$, strictement, $M_z$ converge p.s. vers $E(H(S,T)/\underline{\underline{F}}_{z_o^-})$, ce qui constitue bien un théorème de convergence des martingales.

On vérifie de plus que :

$\forall\ (s,t) \in R_+^2 : M_{st} = M_{s \wedge s_o,\ t \wedge t_o}$

et que dans le cas 1) (resp. 2), 3), 4), 5)),

$$H(S,T) = M_\infty \text{ (resp. } M_{s_\circ t_\circ},\ M_{s_\circ t_\circ^-},\ M_{s_\circ^- t_\circ},\ M_{s_\circ^- t_\circ^-}) \text{ p.s..}$$

Cette dernière remarque nous permettra, au paragraphe III, de restreindre l'étude des martingales au rectangle D défini par : $D = \mathbb{R}_+^2$ (resp. $]0,s_\circ] \times ]0,t_\circ]$, $]0,s_\circ] \times ]0,t_\circ[$, $]0,s_\circ[ \times ]0,t_\circ]$ $]0,s_\circ[ \times ]0,t_\circ[$) dans le cas 1) (resp. 2), 3), 4), 5)).

D'autre part, d'après la forme explicite précédente, toute martingale bornée admet une version cad.31 que nous choisirons désormais. C'est la propriété sous-jacente au paragraphe II.

## II. PROJECTIONS DROITES ET DUALES

La projection prévisible droite d'un processus mesurable et la projection d'un processus croissant adapté relativement à la filtration $\underline{\underline{F}}$, sont construites dans (9) et (15) à partir de projections successives sur les filtrations $\underline{\underline{F}}^1$ et $\underline{\underline{F}}^2$. Cette méthode est particulièrement efficace si les opérations de projection sur $\underline{\underline{F}}^1$ et $\underline{\underline{F}}^2$ commutent, c'est-à-dire si $\underline{\underline{F}}$ vérifie F4. Une autre méthode, suggérée dans (9), et classique à un indice (4), fait appel à l'existence de versions c.à d.-l.à g. des martingales bornées. Avec F4, ces deux méthodes sont bien sûr équivalentes grâce aux résultats de (16). Ici, la forme explicite et très régulière des martingales permet de définir directement les projections droite et duale. Il ne reste plus ensuite qu'à établir les propriétés que l'on attend d'eux et qu'ils sont les seuls dans ce cas. C'est-à-dire que le problème le plus difficile, celui de l'existence, (9), (15), est ici évité. On construit de même, les projections optionnelles droite et duale.

Si U est une v.a. de $(\Omega,\underline{\underline{A}})$ bornée, il est naturel de choisir comme projection optionnelle (resp. prévisible) du processus associé, la version c.à d. 31, M définie à la fin du I, de la martingale $E(U/\underline{\underline{F}}_z)$ (resp. la version c.à g., $M^-$ définie par une formule analogue, du processus $E(U/\underline{\underline{F}}_{z^-})$. Plus généralement, on pose :

<u>DEFINITION 3</u> : *Si $X_z = X(Z,z)$ est un processus mesurable borné sur $(\Omega,\underline{\underline{A}},\mathbb{P})$, on appelle projection optionnelle (resp. prévisible), le processus $X^o$ (resp. $X^p$) optionnel (resp. prévisible) défini par :*

$$X^o_z = X(Z,z)I(z>Z) + \mathbb{P}(z \not> Z)^{-1}\ E(X(Z,z)I(z \not> Z)).I(z \not> Z)$$

*(resp.* $X^p_z = X(Z,z)I(z>>Z) + \mathbb{P}(z \not\gg Z)^{-1}\ E(X(Z,z)I(z \not\gg Z)).I(z \not\gg Z)$*).*

Par un simple calcul, on vérifie que si X est déjà optionnel (resp. prévisible), il coïncide avec sa projection optionnelle (resp. prévisible) et que l'opération ainsi définie possède toutes les propriété de linéarité, monotonie et continuité que l'on peut attendre d'une projection. On définit une projection dans l'ensemble des processus croissants par dualité. Pour celà, on rappelle ((9), (15)) qu'à tout processus A, croissant et intégrable, est associée une mesure de Doléans, $\mathbb{M}^A$, sur $(\Omega \times \mathbb{R}^2_+,\ \underline{\underline{A}} \otimes \underline{\underline{B}})$ qui néglige les ensembles évanescents et qui est définie par :

$$\mathbb{M}^A(X) = E\int_{\mathbb{R}^2_+} X_z dA_z \quad \forall\ X \text{ processus mesurable borné.}$$

De plus, la correspondance entre $\mathbb{M}^A$ et A est biunivoque. (la démonstration est analogue à celle du cas à un indice (4) et ne fait pas intervenir la filtration $\underline{\underline{F}}$ et donc pas F4).

<u>THEOREME-DEFINITION 4</u> : *Etant donné un processus croissant intégrable A, il existe un unique processus croissant adapté $^oA$ (resp. prévisible $^pA$) tel que :*

$$\forall\ X \text{ borné } \mathbb{M}^A(X^o) = \mathbb{M}^{\,^oA}(X) \quad (\text{resp. } \mathbb{M}^A(X^p) = \mathbb{M}^{\,^pA}(X)).$$

*et on l'appelle projection duale optionnelle (resp. prévisible).*

<u>DEMONSTRATION</u> : On se restreint au cas optionnel, l'autre étant analogue. Grâce aux propriétés de linéarité, monotonie et continuité de la projection optionnelle, la fonction d'ensemble $\mu$, définie par $\mu(X) = \mathbb{M}^A(X^o)$, est une mesure sur $\Omega \times \mathbb{R}^2_+$ qui néglige les évanescents. Il lui correspond donc un processus croissant

intégrable unique $^\circ A$, tel que $\mu(x) = \mathbb{M}^{{}^\circ A}(X)$. Pour s'assurer que $^\circ A$ est adapté, il suffit de montrer que pour toute martingale bornée M, on a :

$$E((M_\infty - M_Z).{}^\circ A_Z) = 0 \ \forall\ z \in \mathbb{R}_+^2.$$

Or : $E(M_\infty {}^\circ A_Z) = \mathbb{M}^{{}^\circ A}(M_\infty\ I(R_Z)) = \mathbb{M}^A(MI(R_Z))$.

Si on définit le processus $N^Z$ par $N_x^Z = M_Z I(X \in R_Z)$, $x \in \mathbb{R}_+^2$, alors :

$(N^Z I(R_Z))^\circ = MI(R_Z)$ et donc :

$$E(M_\infty {}^\circ A_Z) = \mathbb{M}^A((N^Z I(R_Z))^\circ) = \mathbb{M}^{{}^\circ A}(N^Z I(R_Z)) = E(M_Z {}^\circ A_Z).$$

Cette définition ne fait appel qu'à des raisonnements de dualité. Pour rendre la dénomination de projection consistante, le résultat suivant est indispensable :

<u>*PROPOSITION 5*</u> : *Si $X^\circ$ (resp. $X^p$) est la projection optionnelle (resp. prévisible) d'un processus X mesurable borné, alors pour tout processus croissant, A, adapté (resp. prévisible) et intégrable, on a :*

$$\mathbb{M}^A(X^\circ) = \mathbb{M}^A(X) \quad (\text{resp. } \mathbb{M}^A(X^p) = \mathbb{M}^A(X)).$$

*De plus, si A est un processus croissant adapté (resp. prévisible) il est indistinguable de sa projection duale optionnelle (resp. prévisible).*

<u>DEMONSTRATION</u> : Soient $X_Z = X(Z,z)$ un processus mesurable et $A_Z = H(Z,[Z,z])\ I(z>Z) + \int_{R_Z} I(x \not> Z) h(dx)$ un processus croissant adapté. Alors, comme h est non aléatoire,

$$\mathbb{M}^A(X) = E\int_{\mathbb{R}_+^2} X_Z I(z>Z)\,dA_Z + \int_{\mathbb{R}_+^2} E(X_Z I(z\not>Z))\,h(dz)$$

Or d'après la définition 3 :

$X_Z I(z>Z) = X_Z^\circ I(z>Z)$ et $E[X_Z I(z\not>Z)]\ I(z\not>Z) = X_Z^\circ \mathbb{P}(z\not>Z) I(z\not>Z)$ partout.

Si A est un processus croissant adapté, alors : $\mathbb{M}^A(X) = \mathbb{M}^A(X^\circ)$ et par définition, c'est aussi $\mathbb{M}^{{}^\circ A}(X)$. Par unicité, A et °A sont indistinguables . Le cas prévisible est analogue.

Finalement, on établit le résultat d'unicité suivant, nécessaire au paragraphe III.

<u>PROPOSITION 6</u> : *Si X est un processus mesurable borné, X°, (resp. $X^p$) est l'unique processus optionnel (resp. prévisible) qui satisfait à la proposition 5.*

*Si A est un processus croissant adapté et intégrable, sa projection duale prévisible ${}^pA$ est l'unique processus croissant prévisible, tel que A-${}^pA$ soit une martingale faible.*

<u>DEMONSTRATION</u> : Un processus mesurable borné X étant donné, on suppose qu'il existe Y optionnel tel que pour tout processus croissant adapté intégrable, on ait : $\mathbb{M}^A(X) = \mathbb{M}^A(Y)$. D'autre part, $\mathbb{M}^A(X) = \mathbb{M}^A(X^\circ)$. Soit C l'ensemble aléatoire, C = $\{Y>X^\circ\}$. D'après le théorème de section sans filtration (4), il existe une v.a. mesurable Q à valeurs dans $\mathbb{R}_+^2 \cup \{\infty\}$, telle que $\{(\omega,z) : z = Q(\omega) \text{ et } z<<\infty\}$ est contenu dans C et $\mathbb{P}(Q<<\infty) = \mathbb{P}$ (projection de C). On définit un processus croissant mesurable par $B_z = I(z>Q)$. On a alors :

$\mathbb{M}^{{}^\circ B}(X^\circ) = \mathbb{M}^{{}^\circ B}(Y) = \mathbb{M}^{{}^\circ B}(X)$ par hypothèse ; et $\mathbb{M}^{{}^\circ B}(Y) = \mathbb{M}^B(Y)$ et

$\mathbb{M}^{{}^\circ B}(X^\circ) = \mathbb{M}^B(X^\circ)$ d'après la proposition 5. On en déduit :

$E(Y_Q I(Q<<\infty)) = \mathbb{M}^B(Y) = \mathbb{M}^B(X^\circ) = E(X_Q^\circ I(Q<<\infty))$.

Ce qui est impossible sauf si Q = ∞ p.s. c'est-à-dire C évanescent. On montrerait de même que $\{Y<X^\circ\}$ est évanescent, donc X et Y sont indistinguables. Le cas prévisible se traite de même. Pour la deuxième partie de la proposition : A-${}^pA$ est, par construction, un processus c.à.d. 31. adapté tel que la mesure $\mathbb{M}^{A-{}^pA}$ ne charge pas la tribu prévisible. Il en résulte (15,11) que A-${}^pA$ est une martingale faible. L'unicité se déduit de ce qui précède.

## III. REPRESENTATION DES MARTINGALES

On considère des martingales sur $(\Omega,\underline{\underline{A}},\underline{\underline{F}},\mathbb{P})$ centrées, et pour plus de simplicité bornées ; on établit, comme dans (8), des formules de représentation par des intégrales stochastiques. Celles-ci sont différentes de celles de (12) dans la mesure où les filtrations considérées ne sont pas identiques. D'après I, si M est une martingale bornée et centrée :

(3.1) $M_{st} = H(S,T)I(s\geq S,\ t\geq T) - h(s,t)I(s<S \text{ ou } t<T)$

avec h(z) définie, sur $\mathbb{R}_+^2$, par :

(3.2) $h(z) = (1 - F(z))^{-1} \int_{R_z} H(y)\ F(dy)$ si $F(z) < 1$

et $h(z) = 0$ si $F(z) = 1$

et avec H choisie borélienne bornée telle que :

$$\int_{R_{z_o}} H(z)\ F(dz) = 0.$$

Le caractère particulièrement simple de l'espace $(\Omega,\underline{\underline{A}},\underline{\underline{F}},\mathbb{P})$ permet de calculer explicitement diverses projections duales prévisibles de processus croissants élémentaires. De plus, une analogie évidente avec les problèmes de filtrage (6,11) conduit à chercher une représentation des martingales en fonction des processus "d'innovation" c'est-à-dire les compensés prévisible, 1- et 2- prévisible du processus croissant $I(z>Z)$. On définit donc les mesures suivantes :

(3.3) $\nu^{\circ}(du,dv) = \varepsilon_{ST}(du,dv) - I(u\leq S \text{ ou } v\leq T)(1 - F(u-,v-))^{-1}\ F(du,dv)$

(3.4) $\nu^{1}(t;du,dv) = \varepsilon_{ST}(du,dv) - I(u\leq S \text{ ou } t<T)(1-F(u-,t))^{-1}\ F(du,dv)$

(3.5) $\nu^{2}(s;da,db) = \varepsilon_{ST}(da,db) - I(s<S \text{ ou } b\leq T)(1-F(s,b-))^{-1}\ F(da,db)$.

La proposition suivante montre que ces mesures ont un caractère de martingales faibles.

<u>PROPOSITION 7</u> : *Pour toutes fonctions boréliennes bornées non aléatoires, $k(u,v)$, $f(t;u,v)$, $\tilde{f}(s;a,b)$, $g(a,b;u,v)$, $\tilde{g}(a,b;u,v)$, les intégrales $M^i$, $i = 0,1,2$ et $N^j$, $j = 1,2$, ci-dessous, ont bien un sens :*

$$M^\circ_{st} = \int_{R_{st}} k(u,v)\ \nu^\circ(du,dv)$$

$$M^1_{st} = \int_{R_{st}} f(t;u,v)\ \nu^1(t;du,dv),\quad M^2_{st} = \int_{R_{st}} \tilde{f}(s;a,b)\ \nu^2(s;da,db)$$

$$N^1_{st} = \int_{]0,s]\times]0,t]\times[a,s]\times]0,b[} g(a,b;u,v)\ \nu^1(b-;du,dv)\ F(da,db)$$

$$N^2_{st} = \int_{]0,s]\times]0,t]\times]0,u[\times[v,t]} \tilde{g}(a,b;u,v)\ \nu^2(u-;da,db)\ F(du,dv)$$

*De plus, $M^1_{\cdot t}$ et $M^2_{s\cdot}$ sont, respectivement, des $\underline{F}_{\cdot t}$ et $\underline{F}_{s\cdot}$ martingales (à un indice) et $M^\circ$, $N^1$, $N^2$ sont des martingales faibles.*

<u>DEMONSTRATION</u> : On examine par exemple le cas de $M^1$, et on est amené à moduler les calculs selon les 5 configurations de F énoncées au paragraphe I. Tout d'abord, comme $F(dz)$ et $\varepsilon_z(dz)$ ne chargent que $R_{z_\circ}$, il suffit d'étudier l'intégrale sur ce domaine. Dans les cas 1), 2) et 3), le terme $I(u \leq S \text{ ou } t<T)(1 - F(u-,t))^{-1}$ est borné, sur tout rectangle $R_{st} \subset R_{s_\circ t_\circ}$, par $(1 - F(s-,t))^{-1}$ fini. Dans les cas 4) et 5), $\mathbb{P}[S<s_\circ] = 1$ et le terme en question est uniformément majoré par $(1 - F(S,t_\circ))^{-1}$ qui est p.s. fini. L'intégrale définissant $M^1$ a donc bien un sens sur $\mathbb{R}^2_+$, p.s.. On vérifie ensuite que $M^1_{st}$ est, pour t fixé, $\underline{F}_{st}$ - mesurable et $\mathbb{P}$- intégrable. On établit enfin la propriété de martingale en prouvant, comme dans (7,8), que

$$E\left[(X(S,T)I(s\geq S,t\geq T) + I(s<S \text{ ou } t<T))\ \ (M^1_{s't} - M^1_{st})\right] = 0 \quad \forall\ s'>s$$

pour X non aléatoire quelconque.
Le calcul est analogue pour $M^2$, ainsi que pour les martingales faibles $N^j$ en remplaçant l'accroissement du processus par sa variation sur tout rectangle.

Les formules de représentation des martingales se déduisent, comme dans le cas à un indice, des diverses représentations intégrales de h sur un domaine de $\mathbb{R}_+^2$. Il faut considérer séparément les 5 cas énoncés au I (au lieu des 3 de (8)) pour cela:

LEMME 8 : *Sur le domaine $\{s<s_\circ$ ou $t<t_\circ\}$, la fonction h admet les représentations intégrales suivantes :*

$$(3.6)\quad h(s,t) = \int_{R_{st}} \left[H(u,v) + h(u,t)\right]\left[1 - F(u-,t)\right]^{-1} F(du,dv)$$

$$(3.7)\quad h(s,t) = \int_{R_{st}} \left[H(a,b) + h(s,b)\right]\left[1 - F(s,b-)\right]^{-1} F(da,db)$$

$$(3.8)\quad h(s,t) = \int_{R_{st}} \left[H(u,v) + h(u,v)\right]\left[1 - F(u-,v-)\right]^{-1} F(du,dv)$$

$$+ \int_{]0,s]\times]0,t]\times[a,s]\times]0,b[} \left[H(a,b) + h(u,b)\right]\left[1 - F(u-,b-)\right]^{-1}\left[1 - F(u,b-)\right]^{-1} F(du,dv)\,F(da,db)$$

$$+ \int_{]0,s]\times]0,t]\times]0,u[\times[v,t]} \left[H(u,v) + h(u,b)\right]\left[1 - F(u-,b-)\right]^{-1}\left[1 - F(u-,b)\right]^{-1} F(da,db)\,F(du,dv)$$

DEMONSTRATION : Sur $\{s<s_\circ$ ou $t<t_\circ\}$, les seconds membres de (3.6), (3.7) et (3.8) sont bien définis. En effet $F(s,t) < 1$ et donc toutes les fonctions H, h, $(1 - F)^{-1}$ sont bornées sur $R_{st}$. Les formules (3.6) et (3.7) s'obtiennent par intégration par parties de (3.2) respectivement en t et s fixés. La formule (3.8) se déduit alors de (3.6) et (3.7) par une nouvelle intégration par parties.

Pour énoncer le théorème de représentation des martingales, on rappelle au préalable que D désigne un domaine de $\mathbb{R}_+^2$ variable selon la configuration de F autour de $z_\circ$ : Dans le cas 1) (resp. 2), 3), 4), 5)), on a :

$D = \mathbb{R}_+^2$ (resp. $]0,s_\circ] \times ]0,t_\circ]$ , $]0,s_\circ] \times ]0,t_\circ[$, $]0,s_\circ[ \times ]0,t_\circ]$ $]0,s_\circ[ \times ]0,t_\circ[$) et on note $\hat{D}$ l' "ombre" de D dans $\mathbb{R}_+^4$, i.e. $\hat{D} = \{(u,v;a,b) \in \mathbb{R}_+^4 : (\sup(u,a), \sup(v,b)) \in D\}$.

*THEOREME 9* : *Pour toute* $(\Omega,\underline{\underline{F}},\mathbb{P})$ - *martingale bornée centrée*, $M$, *il existe une fonction borélienne bornée* $H$ *telle que* $\int_{R_{z_o}} H(z)\,F(dz) = 0$ *et une fonction borélienne* $h$ *définie par* (3.2), *telles que l'on ait les représentations horizontale, verticale et diagonale suivantes* :

$$(3.9)\quad M_{st} = \int_{R_{st}} \left[H(u,v) + h(u,t)\right] \nu^1(t;du,dv)$$

$$(3.10)\quad M_{st} = \int_{R_{st}} \left[H(a,b) + h(s,b)\right] \nu^2(s;da,db)$$

$$(3.11)\quad M_{st} = \int_{]o,s]\times]o,t]\cap D} \left[H(u,v) + h(u,v)\right] \nu^{\circ}(du,dv)$$

$$+ \int_{]o,s]\times]o,t]\times[a,s]\times]o,b[\cap\hat{D}} \left[1 - F(u,b-)\right]^{-1} \left[H(a,b) + h(u,b)\right] \nu^1(b-;du,dv)\,F(da,db)$$

$$+ \int_{]o,s]\times]o,t]\times]o,u[\times[v,t]\cap\hat{D}} \left[1 - F(u-,b)\right]^{-1} \left[H(u,v) + h(u,b)\right] \nu^2(u-;da,db)\,F(du,dv)$$

*avec* $\nu^{\circ}$, $\nu^1$, $\nu^2$ *définies par* (3.3), (3.4) *et* (3.5).

DEMONSTRATION : La démonstration des formules horizontale et verticale (3.9) et (3.10) est identique à celle de (8). Pour la représentation diagonale, on va établir l'égalité des expressions définies par les formules (3.1) et (3.11). Sur le domaine $\{s < s_o$ ou $t < t_o\}$, le second membre de (3.11) est bien défini, comme au lemme 8 ; et en effectuant une intégration, on a :

$$M_{st} = \left[H(S,T)+h(S,T)\right] I(s\geq S,t\geq T) - \int_{R_{st}} \left[H(u,v)+h(u,v)\right]\left[1-F(u,v-)\right]^{-1} I(u\leq S \text{ ou } v\leq T)\,F(du,dv)$$

$$+ I(s\geq S,t\geq T)\int_{]o,S]\times]T,t]} \left[H(a,b)+h(S,b)\right]\left[1-F(S,b-)\right]^{-1} F(da,db)$$

$$- \int_{]o,s]\times]o,t]\times[a,s]\times]o,b[} I(u\leq S \text{ ou } b\leq T)\left[H(a,b)+h(u,b)\right]\left[1-F(u-,b-)\right]^{-1}\left[1-F(u,b-)\right]^{-1} F(du,dv)\,F(da,db)$$

$$+ I(s\geq S,t\geq T)\int_{]S,s]\times]o,T]} \left[H(u,v)+h(u,T)\right]\left[1-F(u-,T)\right]^{-1} F(du,dv)$$

$$- \int_{]o,s]\times]o,t]\times]o,u[\times[v,t]} I(u\leq S \text{ ou } b\leq T)\left[H(u,v)+h(u,b)\right]\left[1-F(u-,b-)\right]^{-1}\left[1-F(u-,b)\right]^{-1} F(da,db)\,F(du,dv)$$

En utilisant systématiquement (3.6), (3.7) et (3.8), on obtient (3.1). Dans le cas 1), la démonstration est terminée ; dans les autres cas, il reste à en établir la validité au point$(s_\circ,t_\circ)$. Dans le cas 3) (resp. 4), 5)), on a remarqué au paragraphe I que $M_{s_\circ t_\circ}$ est p.s. égal à $M_{s_\circ t_\circ^-}$ (resp. $M_{s_\circ^- t_\circ}$, $M_{s_\circ^- t_\circ^-}$). On en déduit que $M_{s_\circ t_\circ}$ est bien donné par la formule (3.11) où l'intégration est restreinte au domaine D (avec la convention classique à un indice, qu'une intégrale sur un domaine ouvert à droite, i.e. $]0,t[$, est la limite des intégrales prises sur des domaines fermés à droite croissant vers l'ouvert, i.e. $]0,t_n]$ avec $t_n\uparrow\uparrow t$). Dans le cas 2), il y a une probabilité non nulle que la martingale soit discontinue au point $(s_\circ,t_\circ)$. Pour conclure, il suffit de vérifier que les processus définis par les formules (3.1) et (3.11) ont la même variation au point $(s_\circ,t_\circ)$ :

$$\Delta M_{s_\circ t_\circ} = M_{s_\circ t_\circ} - M_{s_\circ^- t_\circ} - M_{s_\circ t_\circ^-} + M_{s_\circ^- t_\circ^-}$$

Pour le processus défini par la formule (3.1), on a :

$$\Delta M_{s_\circ t_\circ} = H(S,T)\, I(s_\circ = S, t_\circ = T) - h(s_\circ^-, t_\circ^-)\, I(S = s_\circ \text{ ou } T = t_\circ) + h(s_\circ^-, t_\circ)\, I(S = s_\circ) + h(s_\circ, t_\circ^-)\, I(T = t_\circ)$$

La variation du second membre de (3.11) est, quant à elle :

$$\Delta M_{s_\circ t_\circ} = H(s_\circ, t_\circ)\Delta\nu^\circ(s_\circ,t_\circ) + \int_{]0,s_\circ]\times]0,t_\circ[} H(a,t_\circ)\left[1-F(s_\circ,t_\circ^-)\right]^{-1} \nu^1(t_\circ^-;\{s_\circ\},dv)\, F(da,\{t_\circ\})$$
$$+ \int_{]0,s_\circ[\times]0,t_\circ]} H(s_\circ,v)\left[1-F(s_\circ^-,t_\circ)\right]^{-1} \nu^2(s_\circ^-;da,\{t_\circ\})\, F(\{s_\circ\}, dv).$$

En utilisant la définition de h et la relation $\int_{]0,s_\circ]\times]0,t_\circ]} H(u,v)\, F(du,dv) = 0$ on montre que ces deux expressions sont égales.

## REFERENCES

(1) R.CAIROLI-J.B.WALSH: Stochastic Integrals in the plane. Acta Math. 134(1975)
(2) E.WONG-M.ZAKAI: Martingales and Stochastic Integrals for Processes with a multidimensional Parameter.Z. Wahrsch. V. Geb. 29(1974) p.109-122.
(3) E.MERZBACH: Stopping for Two-dimensional Stochastic Processes (à paraitre)
(4) C.DELLACHERIE-P.A.MEYER: Probabilités et potentiel Hermann(1975).
(5) E.WONG-M.ZAKAI: Likelihood Ratios and Transformation of Probability Associated with Two-parameter Wiener Processes. Z. Wahrsch. V. Geb., 40 (1977) p283-308.
(6) H.KOREZLIOGLU-G.MAZZIOTTO-J.SZPIRGLAS: Equations du filtrage non linéaire pour des processus à deux indices. Lect. Notes in Control and Information Sc. N°16 p.481-489 Springer Verlag (1979)
(7) C.DELLACHERIE: Un exemple de la théorie générale des processus. Sém.Proba.IV Lect.Notes in Math. N°124 Springer Verlag (1970)
(8) C.S.CHOU-P.A.MEYER:Sur la représentation des martingales comme intégrales stochastiques dans les processus ponctuels. Sém.Proba.IX Lect.Notes in Math. N°465 Springer Verlag (1975)
(9) C.DOLEANS DADE-P.A.MEYER:Un petit théorème de projection pour processus à deux indices.Sém.Proba.XIII Lect.Notes in Math. N°721 Springer Verlag (1979)
(10) M.YOR:Représentation des martingales de carré intégrable relatives au processus de Wiener et de Poisson à n paramètres. Z.Wahrsch.V.Geb. 35(1976) p.121-129
(11) G.MAZZIOTTO-J.SZPIRGLAS:Equations du filtrage pour un processus de Poisson mélangé à deux indices. C.R.Acad.Sc.Paris t.288 (28 Mai 1979)Série A p.953-956 et t.289 (16 Juillet 1979)Série A p.229-232.
(12) A.AL HUSSAINI-R.J.ELLIOTT:Weak Martingales Associated With a Two-Parameter Jump Process. Lect.Notes in Control and Information Sc. N°16 p.252-263 Springer Verlag (1979)
(13) J.JACOD:Calcul stochastique et problèmes de martingales.Lect.Notes in Math. N°714 Springer Verlag (1979)
(14) P.BREMAUD-M.YOR:Changes of Filtration and of Probability Measures.Z.Wahrsch. V.Geb. 45 (1978) p.269-295
(15) E.MERZBACH-M.ZAKAI:Predictable and Dual Predictable Projections of Two-Parameter Stochastic Processes. (à paraitre)
(16) D.BAKRY:Sur la régularité des trajectoires des martingales à deux indices. Z.Wahrsch.V.Geb. 50(1979) p.149-157
(17) X.GUYON-B.PRUM:Thèse, Université Paris-Sud (1980)

Centre National d'Etudes des Télécommunications
196 rue de Paris 92220 BAGNEUX

## TABLE GENERALE DES EXPOSES DU SEMINAIRE DE PROBABILITES ( VOLUMES I A XIV )

### VOLUME I : 1967 ( année 1966-67, LN n° 39 )



* Voir rectifications dans le vol. III, p. 162.

### VOLUME II : 1968 ( année 1966-67, 2e partie , LN n° 51 )



* Voir rectifications dans le vol. III , p. 160.

### VOLUME III : 1969 ( LN n° 88)

table générale- vol. 3



* Voir rectification, vol. V p. 86.

VOLUME IV : 1970 ( LN n° 124 )



VOLUME V : 1971 ( LN n° 191 )

table générale - vol 5



* Feuille volante insérée dans le volume VIII pour rectifier une erreur de priorité ( premières lignes de l'exposé ).

* Rectification dans le vol. VI, p.253.

Volume VI : 1972 ( LN n° 258 )



* Une partie de l'article omise par erreur. Voir le volume suivant.

VOLUME VII : 1973 ( LN n° 321 )

table générale - vol 7



*Correction dans le vol. XII, p.740. +Cet article aurait dû figurer dans le vol. VI. ° Démonstration insuffisante, corrigée dans le vol. IX, p. 237. × Correction dans le vol. XV. ‡ Fin de l'article portant le même titre dans le vol. VI. ǂ La dernière page manquante a été insérée comme feuille volante dans le vol. VIII. :: Correction vol. IX, p. 589.

Volume VIII : 1974 ( LN n° 381 )

*Correction, vol. IX, p. 494. ǂ Correction et compléments, vol. IX , p. 518.

Volume IX : 1975 ( LN n° 465 )

table générale - vol. 9



* Article supprimé ( cf. Sém. X, p. 544) . ‡ Corrections, sém. X, p.544

## VOLUME X : 1976 ( LN n° 511 )



* Correction vol. XII, p. 478. ° Correction vol. XII, p. 739. ×Corrections vol. XII, p. 741 et vol. XV.

Volume XI : 1977 ( LN n° 581 )

table générale - vol XI



* Corrections vol. XII, p. 739. ‡ Correction vol. XII, p. 740. +Correction vol. XII, p. 523.

VOLUME XII : 1978 ( LN n° 649 )

table générale - vol. 12

* Rectification dans le Sém. XIII, p. 647 ( l'article a été republié ailleurs sous forme améliorée )

\+ Correction dans le vol. XV.

## VOLUME XIII : 1979 ( LN n° 721 )

Les articles précédés du signe §, et consacrés à la "formule de balayage d'Azéma-Yor", sont étroitement liés les uns aux autres.

table générale - vol. 13

*Correction, vol. XIV p. 17. + Correction vol. XIV p. 255. ǂ Voir la feuille d'errata du vol. XV. ° Correction, vol. XIV p. 254.

## VOLUME XIV : 1980 ( LN n° 721 )

Les rectifications ne sont pas connues au moment où cette table est préparée

Corrections à des volumes antérieurs

Volume XII, p. 486, dans l'article de Yor et Meyer sur le théorème de Doob d'après Mokobodzki, ligne 3 du bas, il faut prendre pour $\underline{\underline{E}}$ la tribu faible de $L^{\infty}$ (qui est aussi la tribu induite par tous les $L^p$, p fini) et non la tribu forte (C. Dellacherie).

Volume VII, p. 198, une relecture des limites médiales met en évidence les erreurs suivantes : 1ère ligne du texte, on a oublié de dire X est convexe. P. 199, l. 9, supprimer s.c.s. et l. 17 remplacer partie atomique par partie absolument continue.

Volume XII, p. 132. Les problèmes laissés ouverts dans cette note ont été résolus par l'auteur (Thèse de 3ème Cycle, Strasbourg, 1980).

Volume XIV, p. 189, ligne 12 : il faut lire : (H') toute $\hat{\mathcal{F}}$-martingale est une $\mathcal{G}$-semi-martingale, au lieu de : $\mathcal{G}$-martingale.

Vol. 700: Module Theory, Proceedings, 1977. Edited by C. Faith and S. Wiegand. X, 239 pages. 1979.

Vol. 701: Functional Analysis Methods in Numerical Analysis, Proceedings, 1977. Edited by M. Zuhair Nashed. VII, 333 pages. 1979.

Vol. 702: Yuri N. Bibikov, Local Theory of Nonlinear Analytic Ordinary Differential Equations. IX, 147 pages. 1979.

Vol. 703: Equadiff IV, Proceedings, 1977. Edited by J. Fábera. XIX, 441 pages. 1979.

Vol. 704: Computing Methods in Applied Sciences and Engineering, 1977, I. Proceedings, 1977. Edited by R. Glowinski and J. L. Lions. VI, 391 pages. 1979.

Vol. 705: O. Forster und K. Knorr, Konstruktion verseller Familien kompakter komplexer Räume. VII, 141 Seiten. 1979.

Vol. 706: Probability Measures on Groups, Proceedings, 1978. Edited by H. Heyer. XIII, 348 pages. 1979.

Vol. 707: R. Zielke, Discontinuous Čebyšev Systems. VI, 111 pages. 1979.

Vol. 708: J. P. Jouanolou, Equations de Pfaff algébriques. V, 255 pages. 1979.

Vol. 709: Probability in Banach Spaces II. Proceedings, 1978. Edited by A. Beck. V, 205 pages. 1979.

Vol. 710: Séminaire Bourbaki vol. 1977/78, Exposés 507–524. IV, 328 pages. 1979.

Vol. 711: Asymptotic Analysis. Edited by F. Verhulst. V, 240 pages. 1979.

Vol. 712: Equations Différentielles et Systèmes de Pfaff dans le Champ Complexe. Edité par R. Gérard et J.-P. Ramis. V, 364 pages. 1979.

Vol. 713: Séminaire de Théorie du Potentiel, Paris No. 4. Edité par F. Hirsch et G. Mokobodzki. VII, 281 pages. 1979.

Vol. 714: J. Jacod, Calcul Stochastique et Problèmes de Martingales. X, 539 pages. 1979.

Vol. 715: Inder Bir S. Passi, Group Rings and Their Augmentation Ideals. VI, 137 pages. 1979.

Vol. 716: M. A. Scheunert, The Theory of Lie Superalgebras. X, 271 pages. 1979.

Vol. 717: Grosser, Bidualräume und Vervollständigungen von Banachmoduln. III, 209 pages. 1979.

Vol. 718: J. Ferrante and C. W. Rackoff, The Computational Complexity of Logical Theories. X, 243 pages. 1979.

Vol. 719: Categorial Topology, Proceedings, 1978. Edited by H. Herrlich and G. Preuß. XII, 420 pages. 1979.

Vol. 720: E. Dubinsky, The Structure of Nuclear Fréchet Spaces. V, 187 pages. 1979.

Vol. 721: Séminaire de Probabilités XIII. Proceedings, Strasbourg, 1977/78. Edité par C. Dellacherie, P. A. Meyer et M. Weil. VII, 647 pages. 1979.

Vol. 722: Topology of Low-Dimensional Manifolds. Proceedings, 1977. Edited by R. Fenn. VI, 154 pages. 1979.

Vol. 723: W. Brandal, Commutative Rings whose Finitely Generated Modules Decompose. II, 116 pages. 1979.

Vol. 724: D. Griffeath, Additive and Cancellative Interacting Particle Systems. V, 108 pages. 1979.

Vol. 725: Algèbres d'Opérateurs. Proceedings, 1978. Edité par P. de la Harpe. VII, 309 pages. 1979.

Vol. 726: Y.-C. Wong, Schwartz Spaces, Nuclear Spaces and Tensor Products. VI, 418 pages. 1979.

Vol. 727: Y. Saito, Spectral Representations for Schrödinger Operators With Long-Range Potentials. V, 149 pages. 1979.

Vol. 728: Non-Commutative Harmonic Analysis. Proceedings, 1978. Edited by J. Carmona and M. Vergne. V, 244 pages. 1979.

Vol. 729: Ergodic Theory. Proceedings, 1978. Edited by M. Denker and K. Jacobs. XII, 209 pages. 1979.

Vol. 730: Functional Differential Equations and Approximation of Fixed Points. Proceedings, 1978. Edited by H.-O. Peitgen and H.-O. Walther. XV, 503 pages. 1979.

Vol. 731: Y. Nakagami and M. Takesaki, Duality for Crossed Products of von Neumann Algebras. IX, 139 pages. 1979.

Vol. 732: Algebraic Geometry. Proceedings, 1978. Edited by K. Lønsted. IV, 658 pages. 1979.

Vol. 733: F. Bloom, Modern Differential Geometric Techniques in the Theory of Continuous Distributions of Dislocations. XII, 206 pages. 1979.

Vol. 734: Ring Theory, Waterloo, 1978. Proceedings, 1978. Edited by D. Handelman and J. Lawrence. XI, 352 pages. 1979.

Vol. 735: B. Aupetit, Propriétés Spectrales des Algèbres de Banach. XII, 192 pages. 1979.

Vol. 736: E. Behrends, M-Structure and the Banach-Stone Theorem. X, 217 pages. 1979.

Vol. 737: Volterra Equations. Proceedings 1978. Edited by S.-O. Londen and O. J. Staffans. VIII, 314 pages. 1979.

Vol. 738: P. E. Conner, Differentiable Periodic Maps. 2nd edition, IV, 181 pages. 1979.

Vol. 739: Analyse Harmonique sur les Groupes de Lie II. Proceedings, 1976–78. Edited by P. Eymard et al. VI, 646 pages. 1979.

Vol. 740: Séminaire d'Algèbre Paul Dubreil. Proceedings, 1977–78. Edited by M.-P. Malliavin. V, 456 pages. 1979.

Vol. 741: Algebraic Topology, Waterloo 1978. Proceedings. Edited by P. Hoffman and V. Snaith. XI, 655 pages. 1979.

Vol. 742: K. Clancey, Seminormal Operators. VII, 125 pages. 1979.

Vol. 743: Romanian-Finnish Seminar on Complex Analysis. Proceedings, 1976. Edited by C. Andreian Cazacu et al. XVI, 713 pages. 1979.

Vol. 744: I. Reiner and K. W. Roggenkamp, Integral Representations. VIII, 275 pages. 1979.

Vol. 745: D. K. Haley, Equational Compactness in Rings. III, 167 pages. 1979.

Vol. 746: P. Hoffman, τ-Rings and Wreath Product Representations. V, 148 pages. 1979.

Vol. 747: Complex Analysis, Joensuu 1978. Proceedings, 1978. Edited by I. Laine, O. Lehto and T. Sorvali. XV, 450 pages. 1979.

Vol. 748: Combinatorial Mathematics VI. Proceedings, 1978. Edited by A. F. Horadam and W. D. Wallis. IX, 206 pages. 1979.

Vol. 749: V. Girault and P.-A. Raviart, Finite Element Approximation of the Navier-Stokes Equations. VII, 200 pages. 1979.

Vol. 750: J. C. Jantzen, Moduln mit einem höchsten Gewicht. III, 195 Seiten. 1979.

Vol. 751: Number Theory, Carbondale 1979. Proceedings. Edited by M. B. Nathanson. V, 342 pages. 1979.

Vol. 752: M. Barr, *-Autonomous Categories. VI, 140 pages. 1979.

Vol. 753: Applications of Sheaves. Proceedings, 1977. Edited by M. Fourman, C. Mulvey and D. Scott. XIV, 779 pages. 1979.

Vol. 754: O. A. Laudal, Formal Moduli of Algebraic Structures. III, 161 pages. 1979.

Vol. 755: Global Analysis. Proceedings, 1978. Edited by M. Grmela and J. E. Marsden. VII, 377 pages. 1979.

Vol. 756: H. O. Cordes, Elliptic Pseudo-Differential Operators – An Abstract Theory. IX, 331 pages. 1979.

Vol. 757: Smoothing Techniques for Curve Estimation. Proceedings, 1979. Edited by Th. Gasser and M. Rosenblatt. V, 245 pages. 1979.

Vol. 758: C. Năstăsescu and F. Van Oystaeyen; Graded and Filtered Rings and Modules. X, 148 pages. 1979.

Vol. 759: R. L. Epstein, Degrees of Unsolvability: Structure and Theory. XIV, 216 pages. 1979.

Vol. 760: H.-O. Georgii, Canonical Gibbs Measures. VIII, 190 pages. 1979.

Vol. 761: K. Johannson, Homotopy Equivalences of 3-Manifolds with Boundaries. 2, 303 pages. 1979.

Vol. 762: D. H. Sattinger, Group Theoretic Methods in Bifurcation Theory. V, 241 pages. 1979.

Vol. 763: Algebraic Topology, Aarhus 1978. Proceedings, 1978. Edited by J. L. Dupont and H. Madsen. VI, 695 pages. 1979.

Vol. 764: B. Srinivasan, Representations of Finite Chevalley Groups. XI, 177 pages. 1979.

Vol. 765: Padé Approximation and its Applications. Proceedings, 1979. Edited by L. Wuytack. VI, 392 pages. 1979.

Vol. 766: T. tom Dieck, Transformation Groups and Representation Theory. VIII, 309 pages. 1979.

Vol. 767: M. Namba, Families of Meromorphic Functions on Compact Riemann Surfaces. XII, 284 pages. 1979.

Vol. 768: R. S. Doran and J. Wichmann, Approximate Identities and Factorization in Banach Modules. X, 305 pages. 1979.

Vol. 769: J. Flum, M. Ziegler, Topological Model Theory. X, 151 pages. 1980.

Vol. 770: Séminaire Bourbaki vol. 1978/79 Exposés 525–542. IV, 341 pages. 1980.

Vol. 771: Approximation Methods for Navier-Stokes Problems. Proceedings, 1979. Edited by R. Rautmann. XVI, 581 pages. 1980.

Vol. 772: J. P. Levine, Algebraic Structure of Knot Modules. XI, 104 pages. 1980.

Vol. 773: Numerical Analysis. Proceedings, 1979. Edited by G. A. Watson. X, 184 pages. 1980.

Vol. 774: R. Azencott, Y. Guivarc'h, R. F. Gundy, Ecole d'Eté de Probabilités de Saint-Flour VIII-1978. Edited by P. L. Hennequin. XIII, 334 pages. 1980.

Vol. 775: Geometric Methods in Mathematical Physics. Proceedings, 1979. Edited by G. Kaiser and J. E. Marsden. VII, 257 pages. 1980.

Vol. 776: B. Gross, Arithmetic on Elliptic Curves with Complex Multiplication. V, 95 pages. 1980.

Vol. 777: Séminaire sur les Singularités des Surfaces. Proceedings, 1976-1977. Edited by M. Demazure, H. Pinkham and B. Teissier. IX, 339 pages. 1980.

Vol. 778: SK1 von Schiefkörpern. Proceedings, 1976. Edited by P. Draxl and M. Kneser. II, 124 pages. 1980.

Vol. 779: Euclidean Harmonic Analysis. Proceedings, 1979. Edited by J. J. Benedetto. III, 177 pages. 1980.

Vol. 780: L. Schwartz, Semi-Martingales sur des Variétés, et Martingales Conformes sur des Variétés Analytiques Complexes. XV, 132 pages. 1980.

Vol. 781: Harmonic Analysis Iraklion 1978. Proceedings 1978. Edited by N. Petridis, S. K. Pichorides and N. Varopoulos. V, 213 pages. 1980.

Vol. 782: Bifurcation and Nonlinear Eigenvalue Problems. Proceedings, 1978. Edited by C. Bardos, J. M. Lasry and M. Schatzman. VIII, 296 pages. 1980.

Vol. 783: A. Dinghas, Wertverteilung meromorpher Funktionen in ein- und mehrfach zusammenhängenden Gebieten. Edited by R. Nevanlinna and C. Andreian Cazacu. XIII, 145 pages. 1980.

Vol. 784: Séminaire de Probabilités XIV. Proceedings, 1978/79. Edited by J. Azéma and M. Yor. VIII, 546 pages. 1980.

Vol. 785: W. M. Schmidt, Diophantine Approximation. X, 299 pages. 1980.

Vol. 786: I. J. Maddox, Infinite Matrices of Operators. V, 122 pages. 1980.

Vol. 787: Potential Theory, Copenhagen 1979. Proceedings, 1979. Edited by C. Berg, G. Forst and B. Fuglede. VIII, 319 pages. 1980.

Vol. 788: Topology Symposium, Siegen 1979. Proceedings, 1979. Edited by U. Koschorke and W. D. Neumann. VIII, 495 pages. 1980.

Vol. 789: J. E. Humphreys, Arithmetic Groups. VII, 158 pages. 1980.

Vol. 790: W. Dicks, Groups, Trees and Projective Modules. IX, 127 pages. 1980.

Vol. 791: K. W. Bauer and S. Ruscheweyh, Differential Operators for Partial Differential Equations and Function Theoretic Applications. V, 258 pages. 1980.

Vol. 792: Geometry and Differential Geometry. Proceedings, 1979. Edited by R. Artzy and I. Vaisman. VI, 443 pages. 1980.

Vol. 793: J. Renault, A Groupoid Approach to C*-Algebras. III, 160 pages. 1980.

Vol. 794: Measure Theory, Oberwolfach 1979. Proceedings 1979. Edited by D. Kölzow. XV, 573 pages. 1980.

Vol. 795: Séminaire d'Algèbre Paul Dubreil et Marie-Paule Malliavin. Proceedings 1979. Edited by M. P. Malliavin. V, 433 pages. 1980.

Vol. 796: C. Constantinescu, Duality in Measure Theory. IV, 197 pages. 1980.

Vol. 797: S. Mäki, The Determination of Units in Real Cyclic Sextic Fields. III, 198 pages. 1980.

Vol. 798: Analytic Functions, Kozubnik 1979. Proceedings. Edited by J. Ławrynowicz. X, 476 pages. 1980.

Vol. 799: Functional Differential Equations and Bifurcation. Proceedings 1979. Edited by A. F. Izé. XXII, 409 pages. 1980.

Vol. 800: M.-F. Vignéras, Arithmétique des Algèbres de Quaternions. VII, 169 pages. 1980.

Vol. 801: K. Floret, Weakly Compact Sets. VII, 123 pages. 1980.

Vol. 802: J. Bair, R. Fourneau, Etude Géometrique des Espaces Vectoriels II. VII, 283 pages. 1980.

Vol. 803: F.-Y. Maeda, Dirichlet Integrals on Harmonic Spaces. X, 180 pages. 1980.

Vol. 804: M. Matsuda, First Order Algebraic Differential Equations. VII, 111 pages. 1980.

Vol. 805: O. Kowalski, Generalized Symmetric Spaces. XII, 187 pages. 1980.

Vol. 806: Burnside Groups. Proceedings, 1977. Edited by J. L. Mennicke. V, 274 pages. 1980.

Vol. 807: Fonctions de Plusieurs Variables Complexes IV. Proceedings, 1979. Edited by F. Norguet. IX, 198 pages. 1980.

Vol. 808: G. Maury et J. Raynaud, Ordres Maximaux au Sens de K. Asano. VIII, 192 pages. 1980.

Vol. 809: I. Gumowski and Ch. Mira, Recurences and Discrete Dynamic Systems. VI, 272 pages. 1980.

Vol. 810: Geometrical Approaches to Differential Equations. Proceedings 1979. Edited by R. Martini. VII, 339 pages. 1980.

Vol. 811: D. Normann, Recursion on the Countable Functionals. VIII, 191 pages. 1980.

Vol. 812: Y. Namikawa, Toroidal Compactification of Siegel Spaces. VIII, 162 pages. 1980.

Vol. 813: A. Campillo, Algebroid Curves in Positive Characteristic. V, 168 pages. 1980.

Vol. 814: Séminaire de Théorie du Potentiel, Paris, No. 5. Proceedings. Edited by F. Hirsch et G. Mokobodzki. IV, 239 pages. 1980.

Vol. 815: P. J. Slodowy, Simple Singularities and Simple Algebraic Groups. XI, 175 pages. 1980.

Vol. 816: L. Stoica, Local Operators and Markov Processes. VIII, 104 pages. 1980.